U0647392

Instances of Building Vibration Engineering

建筑振动工程实例

（第二卷）

徐 建 主编

中国建筑工业出版社

图书在版编目（CIP）数据

建筑振动工程实例 = Instances of Building Vibration Engineering. 第二卷 / 徐建主编. -- 北京 : 中国建筑工业出版社, 2024. 10. -- ISBN 978-7-112-30358-8

Ⅰ. TU311.3

中国国家版本馆 CIP 数据核字第 20243FJ502 号

工程振动具有结构类型多、控制精度高、效果可检验、多学科交叉等特性，为确保工程振动控制达到高标准要求，本书选取了 118 个具有代表性的工程实例，主要内容包括工程背景、控制方案、分析方法、关键技术和控制效果等，涉及动力机器基础振动控制，精密装备工程微振动控制，建筑结构振动控制，交通工程振动控制，古建筑振动测试、监测及控制，建筑工程振震双控，工程振动测试，振害诊断与治理，国家大科学装置振动控制领域。

本书是在《建筑振动工程实例》（第一卷）的基础上，对国内外先进工程振动控制实例的又一系统梳理和总结，对工程振动控制理论研究、技术研发、危害治理、专项施工、装置设计与制造等具有重要的指导意义。

本书可供从事工程振动控制设计、施工和控制装置的研发人员使用，也可供大专院校、科研院所有关师生参考。

责任编辑：刘瑞霞　梁瀛元　咸大庆

责任校对：张惠雯

建筑振动工程实例（第二卷）

Instances of Building Vibration Engineering

徐　建　主编

*

中国建筑工业出版社出版、发行（北京海淀三里河路 9 号）

各地新华书店、建筑书店经销

国排高科（北京）人工智能科技有限公司制版

河北鹏润印刷有限公司印刷

*

开本：787 毫米 × 1092 毫米　1/16　印张：58¼　字数：1452 千字

2025 年 4 月第一版　2025 年 4 月第一次印刷

定价：**218.00** 元

ISBN 978-7-112-30358-8

（43718）

本书编委会

主　编： 徐　建

副主编： 胡明祎　黄　伟

编　委： 吕西林　万叶青　陈　骝　尹学军　高星亮　王卫东

朱忠义　刘　枫　阮　兵　张令心　陈硕晖　李宏男

邵　斌　邵晓岩　于跃平　杨　娜　马　蒙　宫海军

兰日清　兰春光　王建立　陈志强　高广运　顾晓强

王建刚　庄海洋　郭　彤　陈文礼　鲁　正　丁选明

胡四兵　杜林林　王建宁　夏　艳　杨　俭　韩腾飞

王　建　梁希强　董本勇　施卫星　辛红振　肖承波

周忠发　张清利　王鸿振　胡云霞　刘建磊　吴清华

岳建勇　夏　倩　陈　娟　陶　旭　王　松　陈小峰

董敏璇（日）　上冈孝弘（日）　久保和康（日）

佐藤毅治（日）　平田贵光（日）　昆正哲（日）

足立允教（日）　C. Meinhardt（德）　A. Herrmann（德）

F. Dalmer（德）　G. Hüffmann（德）　Adam Fox（英）

本书主要作者

（按姓氏拼音排序）

第一章　动力机器基础振动控制

常　超　陈启明　程　静　董本勇　董敏璇　杜林林
冯　颖　耿茂飞　胡四兵　胡云霞　久保和康　李伟科
李小仨　李学勤　梁希强　林　虹　刘涵硕　马同峰
上冈孝弘　邵晓岩　唐　红　万叶青　王　弼　王　浩
王　松　王进沛　王文俊　王亚峰　许　岩　杨　超
杨　俭　尹绪超　岳方方　张成彦　张铁良　张晓勤
周广俊　佐藤毅治

第二章　精密装备工程微振动控制

蔡忠祥　柴　浩　陈　骝　董敏璇　窦　硕　胡明祎
黄　伟　昆正哲　兰日清　李瑞丹　梁希强　刘　鑫
刘海宏　苗钟月　平田贵光　阮　兵　孙　宁　万叶青
王　菲　王　辛　王宏业　王建刚　王建宁　王沁平
王希慧　吴清华　吴彦华　伍文科　夏　艳　徐　建
许　岩　颜　枫　岳建勇　张　頔　赵　雷

第三章　建筑结构振动控制

董本勇　高星亮　耿　卓　韩艳艳　胡明祎　黄　杰
黄燕平　江海鸿　姜　磊　李剑群　李瑞丹　李长亭
梁希强　鲁　正　罗　勇　吕西林　祁文昌　阮　兵
施卫星　石　波　涂贵田　万叶青　王　鑫　王海明
王宏业　王进沛　吴彦华　徐　建　杨　言　杨正东
尹绪超　张　頔　赵广名　周　蓉　A. Herrmann
Adam Fox　C. Meinhardt

第四章　交通工程振动控制

陈高峰　陈文礼　陈志强　董敏璇　付学智　高星亮
顾晓强　郭　彤　韩艳艳　郝晨星　黄　承　孔祥斐
李会超　刘　枫　刘永强　罗　艺　罗　勇　孟　伟

邵　斌　　孙方道　　王　建　　王　双　　王海明　　王建立
王乾安　　王新章　　许孝堂　　闫作为　　尹学军　　曾　飞
张　斌　　张　宁　　张高明　　张文科　　张玉娥　　足立允教
C. Meinhardt　　F. Dalmer　　G. Hüffmann

第五章　古建筑振动测试、监测及控制
白　凡　　陈　娟　　胡明祎　　黄燕平　　兰日清　　李懿卿
李元庆　　刘　鑫　　罗　勇　　王　亮　　伍文科　　夏　倩
肖承波　　徐　建　　杨　娜　　张　斌　　C. Meinhardt

第六章　建筑工程振震双控
董本勇　　杜林林　　宫海军　　韩蓬勃　　韩艳艳　　胡明祎
兰日清　　李志坤　　罗　勇　　马同峰　　陶　旭　　万叶青
王建立　　王尚麒　　伍文科　　徐　建　　杨　俭　　张国良
周忠发　　朱忠义

第七章　工程振动测试
陈小峰　　丁选明　　高广运　　耿茂飞　　郭　彤　　黄　伟
李懿卿　　刘　枫　　刘　鑫　　刘建磊　　刘军军　　刘青林
马　蒙　　马　明　　秦　格　　阮　兵　　王　浩　　王　亮
王　双　　王　辛　　王金剑　　王希慧　　伍文科　　夏　倩
肖承波　　辛红振　　杨　程　　杨建生　　杨晓斌　　杨振奎
杨正东　　张成彦　　张令心　　张清利　　赵　瑾　　钟江荣
周珍伟　　庄海洋

第八章　振害诊断与治理
段威阳　　高　涛　　高鹏飞　　韩腾飞　　胡明祎　　贾中州
李晓东　　李懿卿　　刘　峰　　邱金凯　　孙　健　　孙丽娟
王　弼　　王　亮　　王　臬　　王卫东　　伍文科　　夏　倩
许　岩　　于跃平　　岳建勇　　张　皡　　张广灿　　张俊傥
赵立勇

第九章　国家大科学装置振动控制
陈硕晖　　付　兴　　韩蓬勃　　胡明祎　　黄　伟　　兰春光
李宏男　　李学勤　　苗　寅　　荣慕宁　　孙思源　　万叶青
王　辛　　王鸿振　　伍文科　　徐　建　　张　皡

前　言

《建筑振动工程实例》（第一卷）自出版发行以来，受到了建筑、机械、冶金、电力、航空航天、大科学工程等多领域工程技术人员的广泛关注，书中翔实介绍的振动控制解决方案、振动控制的新思路和新方法、关键技术等解决了动力机器基础、精密装备工程、建筑结构振震双控、古建筑以及大科学工程领域的系列难题，对工程振动控制学科发展、科技进步及重点工程开展具有重要的指导作用。

本书在第一卷的基础上，继续吸纳动力机器基础振动控制，精密装备工程微振动控制，建筑结构振动控制，交通工程振动控制，古建筑振动测试、监测及控制，建筑工程振震双控，工程振动测试，振害诊断与治理，国家大科学装置领域的优秀振动控制实例，此外，引入了日本、德国、英国等多个优秀振动工程实例，进一步丰富了我国与国际优秀工程振动控制技术经验的对比。

本书在实例征集、编写过程中，与实例完成单位、主要技术人员开展了较为详细的沟通、交流，对实例的典型特征、主要难题以及解决方案等进行了全面了解，此外，编制组还与国际实例的提供单位开展了交流，对本书中凝练的主要技术应用有了较为深入的理解，对我国工程振动控制技术发展及与国际接轨具有重要的促进作用。

随着工程振动控制技术的不断更新迭代，后续仍将会继续出版最新振动工程实例，感谢我国各行业、各领域的工程振动控制技术人员对我国该领域科技进步做出的贡献，同时也感谢国际工程振动相关研究机构、高校以及优秀企业对本书编制工作的大力支持！

本书不妥之处，请批评指正。

中　国　工　程　院　院　士
中国机械工业集团有限公司首席科学家

2024 年 3 月

目　录

第一章　动力机器基础振动控制

第一节　旋转式机器

[实例 1-1] 多功能综合性建筑的辅助加压泵振动噪声控制

一、工程概况

根据城市规划，发展节能型城市，东京都中心地段新建集商业店铺、办公楼、停车场等于一体的多功能综合性高层建筑。建筑地下 2 层，地上 36 层，占地面积约 1.4 万 m^2。

临近设备试运行时，发现 15 层（设备层）用于防止消防灭火设备产生故障的辅助加压泵造成 16 楼噪声扰民。

设计阶段已考虑到高层建筑中设备安装的隔振防噪措施，加压泵安装在隔振架台上。由于没有对泵的管道采取减振措施，虽然排放管较细，仍然成为固体声的传播途径，引起环境噪声问题。

二、振动及噪声控制方案

1. 调查测试

辅助加压泵装置（图 1-1-1）是防止消防灭火系统发生故障的一整套泵设备。

图 1-1-1　辅助加压泵装置

当自动喷水灭火系统、泡沫灭火系统等管道内的压力下降时，辅助加压泵会自动运行，在消防泵启动前恢复管道压力。

辅助加压泵是柱塞泵，额定压力高，激振力大。因此，在压力泵下方配备了弹簧减振架台。

15 楼振动测点分布如图 1-1-2 所示，16 楼振动和噪声的测点分布如图 1-1-3 所示，16 楼各测点测试结果如表 1-1-1 所示。

16 楼各测点的振动、噪声值 **表 1-1-1**

测点	设备运行		允许值
	振动（VL）	噪声（NC）	
1	VL-34	NC-40	VL ≤ 50 NC ≤ 40
2	VL-38	NC-45	
3	VL-40	NC-45	
4	VL-40	NC-45	
5	VL-37	NC-45	

测试结果表明，16 楼室内设置的 5 个测点的振动全部满足环境要求指标，噪声值有 4 处超过允许值 NC-40。

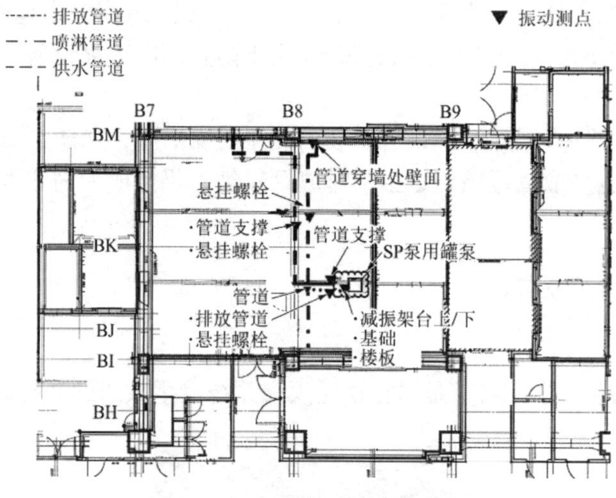

图 1-1-2　15 楼振动测点分布图

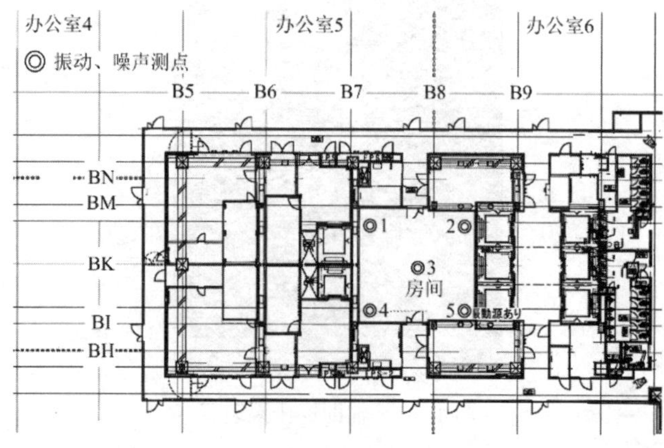

图 1-1-3　16 楼振动和噪声测点分布图

2. 减振降噪方案

在传播途径上采取隔振措施，降低振动传播引起的固体声。噪声值应满足相关环境噪声规范要求（表 1-1-2）。

使用弹簧减振吊架取代 15 楼顶棚上的悬吊管道支架，降低管道的振动传播，可有效解决 16 楼的房间内噪声问题。

各种环境的振动噪声推荐值　　表 1-1-2

振动	VL（dB）	45		50			55			60
	不适感	无感 ---------------- 一部分人开始感觉到振动 ------------------ 不甚在意 --------------- 开始感到不舒适								
噪声	dB(A)	20	25	30	35	40	45	50	55	60
	NC	～15	15～20	20～25	25～30	30～35	35～40	40～45	45～50	50～55
	噪声等级	无声 ------------------ 非常安静 ----------- 不在乎 ------------------ 感觉有噪声 ----------------- 受噪声困扰								
	对会话及电话的影响	相距 5m -------------------------- 相距 10m 无法对话 ----------------------- 3m 以内对话 ----------- 3m 内大声讲话 略可听见，无碍电话沟通 --- 可电话沟通 -------------- 电话沟通困难								
空间用途	录音室、演播室	静音室	录音室	电台演播室	电视演播室	主控室				
	会场、大厅		音乐厅	剧场	舞台剧场	电影院、天象馆		大堂、候车室		
	医院		测听室	专科医院	手术室、病房	诊察室	检查室			
	酒店、住宅		卧室	卧室、客房	卧室、客房、书房	客房	宴会厅			
	办公室				高管办公室、大会议室	会客室	办公室、小会议室	办公室	办公室	打字房、计算机房
	公共建筑				公会堂	美术馆、博物馆		公会堂兼体育馆	室内体育设施	
	学校、教会				音乐教室	礼堂、礼拜堂	研究室、阅读室	教室	走廊	
	商业建筑					音乐咖啡厅、珠宝店	书店、艺术品商店	商店、银行、饭店、餐厅	商店、食堂	

注：本表引自日本建筑学会编《建筑设计资料集成：环境篇》。

三、问题排查及分析

15 楼消防泵房上方 16 楼房间内噪声测试结果如图 1-1-4 所示。所有测点在 125Hz 频段的声压级都很高，决定了噪声等级的 NC 值。

以测点 5 为例，对比声压频谱图（图 1-1-5），可见 146.25Hz 峰值。对比振动频谱图（图 1-1-6），同样可见 146.25Hz 峰值。由此可认为，房间内的噪声是 15 楼辅助加压泵在运行时产生的固体声。

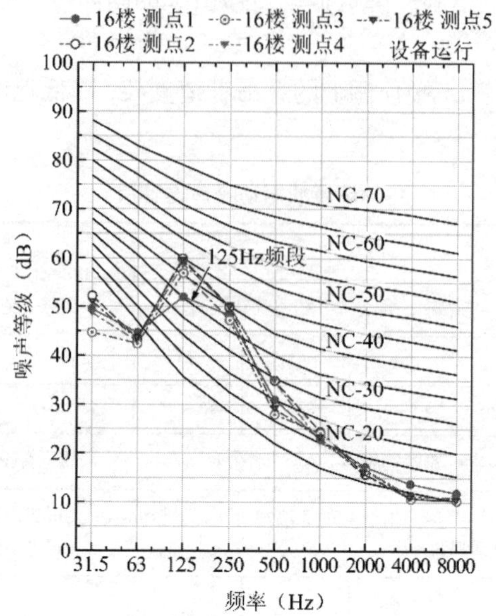

图 1-1-4　房间内的噪声 NC 值评估

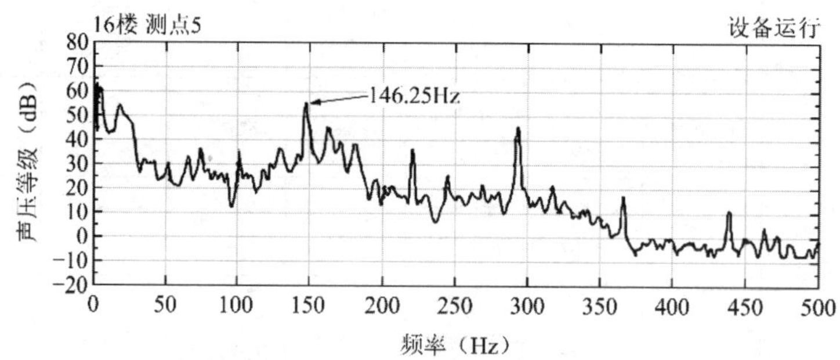

图 1-1-5　16 楼房间内声压频谱

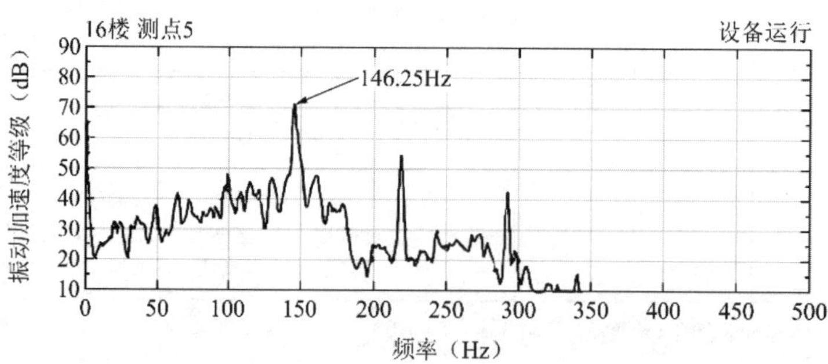

图 1-1-6　16 楼房间地板面振动频谱

与 16 楼振动频谱中相同的振动峰值，也出现在辅助加压泵排放侧的管道和连接喷淋泵的管道的振动测试数据中（图 1-1-7 和图 1-1-8）。15 楼辅助加压泵装置周围地板面振动（图 1-1-8）在 146.25Hz 处的峰值成分小于 16 楼房间的地板面振动（图 1-1-6）。由此可推断，造成 16 楼房间内固体声噪声的振动源是 15 楼消防泵房顶棚的悬吊配管。

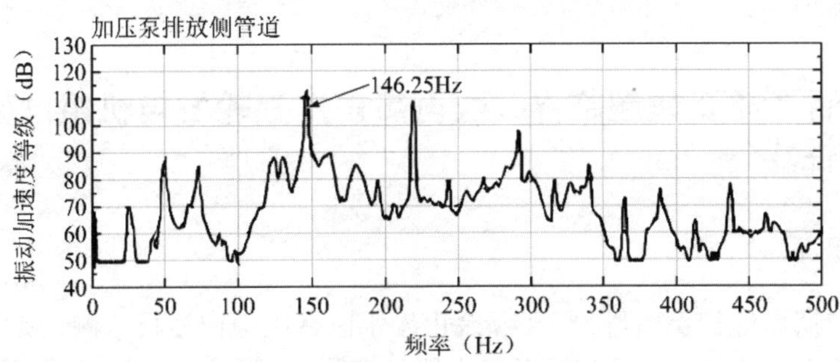

图 1-1-7　加压泵排放侧管道的振动

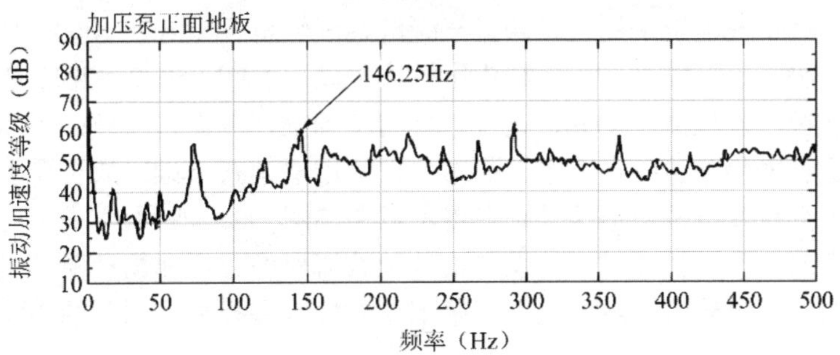

图 1-1-8　消防泵房地板面的振动

四、振动、噪声控制效果

减振降噪措施实施完毕后，效果显著，建筑项目顺利通过验收，已正式投入使用。

［实例 1-2］百万千瓦超超临界二次再热东汽汽轮发电机组框架基础动力性能

一、工程概况

大唐新余二期异地扩建项目，位于新余市渝水区良山镇白沙村东侧，项目总投资 83 亿元，占地面积约 864.19 亩，由大唐国际发电股份有限公司和江西省投资集团有限公司合资建设，中国安能集团第二工程局有限公司承建。项目建设 2 × 1000MW 超超临界二次再热燃煤发电机组，汽轮发电机采用五缸四排气凝汽式汽轮机，型号 N1000-32/600/620/620，为新型机组，按照《火力发电厂土建结构设计技术规程》DL 5022—2012 的要求，宜对汽机基础动力特性进行模型试验研究，选择合理的基础梁柱截面；另外，当前的类似二次再热机组，基础普遍采用弹簧隔振方案，而本工程使用框架式基础，故更需要模型试验论证基础动力特性。汽轮发电机组框架基础布置示意图如图 1-2-1 所示。

基于以上情况，本项目通过汽轮发电机基础数值模型分析和物理模型试验的方法，综合分析百万千瓦二次再热汽轮发电机框架基础动力特性和扰力作用下的响应情况，为基础设计提供支撑。

图 1-2-1　新余二期电厂和汽轮发电机组框架基础布置示意图

1000MW 超超临界二次再热机组汽轮发电机轴系长、转子重，作为电厂关键核心动力装备，汽轮发电机振动控制是保障电厂安全可靠运行的重要环节。汽轮发电机基础作为支撑结构，合理的基础选型和设计可以有效控制汽轮发电机基础振动响应，开展基础动力性能分析是指导基础选型和优化设计的关键环节。根据《动力机器基础设计标准》GB 50040—2020、《建筑工程容许振动标准》GB 50868—2013 得到扰力点振动容许值，见表 1-2-1。

汽轮发电机基础振动控制指标　　表 1-2-1

频率范围（Hz）	对应限值（μm）
0～37.5	30
37.5～62.5	20
62.5～70	30

二、振动控制方案

新余工程 2 × 1000MW 二次再热机组采用东方电气五缸四排气凝汽式汽轮机，额定转速为 3000r/min。机组布置超高压缸、高压缸、中压缸、两个低压缸和发电机，其中超高压缸、高压缸、中压缸为落地轴承，低压缸为座缸轴承，发电机为端盖轴承。超高压缸、高压缸和中压缸为单轴双支点轴承，低压缸为单轴多支点轴承。中压缸和低压缸间轴承为推力轴承。各轴承重量信息见表 1-2-2。

各轴承重量（kN）　　**表 1-2-2**

编号	重量	编号	重量	编号	重量	编号	重量
BRG1	52	BRG4	131	BRG7	368.9	BRG10	420
BRG2	108	BRG5	170	BRG8	405.9	BRG11	525
BRG3	105	BRG6	210	BRG9	371.6	BRG12	525

基础台板总长 64.17m，宽 15m。基础高度为 23m，其中，运转层标高+17m，中间平台标高+8.6m，底板顶标高−6m。在标高+8.6m 中间平台，汽轮机超高压缸、高压缸、中压缸下方设计了钢梁面铺钢格栅中间平台，对应发电机下方设计了混凝土中间平台。基础运转层平面图和剖面图如图 1-2-2、图 1-2-3 所示。基础底板混凝土强度等级为 C40，基础柱及上部台板混凝土强度等级为 C35。

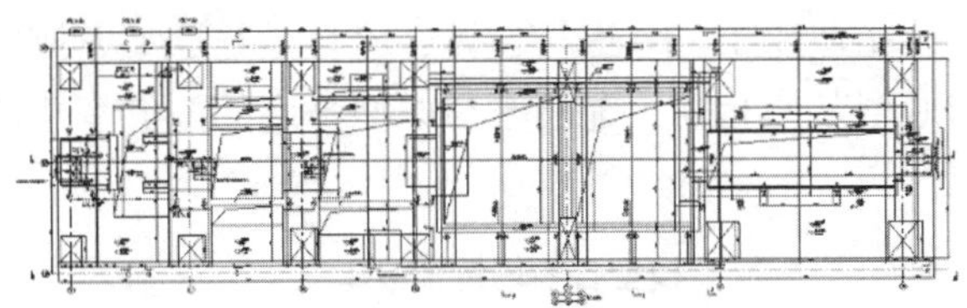

图 1-2-2　刚性框架基础运转层平面图

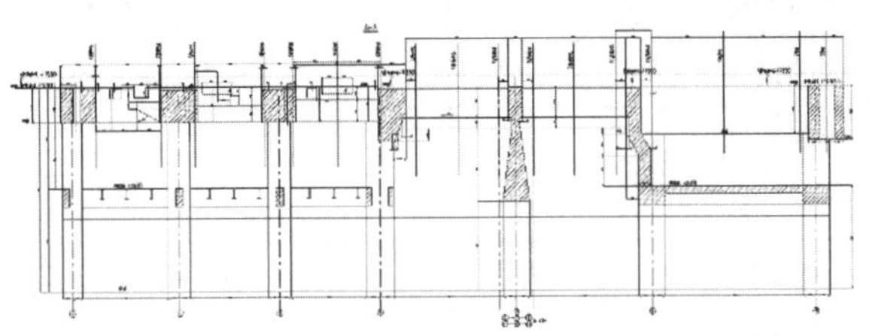

图 1-2-3　基础运转层剖面图

三、振动控制分析

1. 有限元模型

汽轮发电机基础分别选用 ANSYS 建立实体有限元模型，采用 SAP2000 建立杆系单元模型，实体和杆系模型如图 1-2-4 所示。

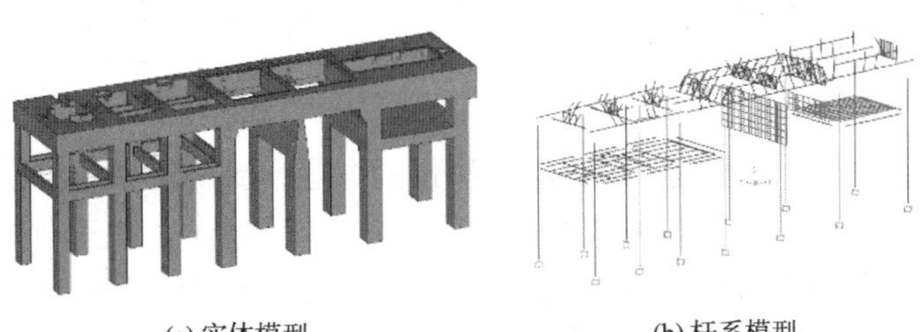

(a) 实体模型　　(b) 杆系模型

图 1-2-4　实体和杆系分析模型

基础自振频率和振型计算结果见表 1-2-3。

刚性框架基础自振频率对比 **表 1-2-3**

模型	实体（ANSYS）			杆系（SAP2000）		
方向	纵向	横向	竖向	纵向	横向	竖向
频率（Hz）	1.88	1.98	13.95	1.81	2.04	14.31
模态阶数	1	2	33	1	2	18

在自振频率和振型上，ANSYS 分析得到第 1 阶振型是水平纵向（结构长边方向）平动，自振频率为 1.88Hz，第 2 阶振型为水平横向（结构短边方向）平动，自振频率为 1.98Hz，出现竖向振型的频率为 13.95Hz。与 SAP2000 分析结果相比，二者数值上差异较小，比较接近，说明实体模型和杆系模型在反映基础整体振型和自振频率方面吻合良好。

2. 模型试验研究

为进一步论证基础的动力性能，同时采用模型试验分析基础动力性能。

（1）模型设计

模型外形以几何尺寸相似比 1：10 进行设计，材料是与原型基座同种材料的钢筋混凝土，混凝土强度等级与原型基座相同，配筋率与原型基座的配筋率相匹配。经计算得到模型相似比见表 1-2-4。

模型各物理量相似比 **表 1-2-4**

序号	内容	符号	相似比
1	几何相似比	$C_l = L_r/L_m$	10
2	材料密度相似比	$C_\rho = \rho_r/\rho_m$	1
3	材料弹性模量相似比	$C_e = E_r/E_m$	1
4	动力放大系数相似比	C_β	1
5	质量相似比	$C_M = C_r/C_m = C_\rho C_l^3$	1000
6	刚度相似比	$C_k = C_e C_l$	10
7	自振频率相似比	$C_f = (C_k/C_m)^{1/2}$	0.1
8	力相似比	$C_F = C_k \cdot C_l$	100
9	加速度相似比	$C_a = C_F/C_m$	0.1
10	时间相似比	$C_t = \sqrt{C_m/C_k}$	10
11	周期相似比	$C_T = C_t$	10
12	线位移相似比	$C_A = \dfrac{C_F}{C_k}C_\beta = \dfrac{C_k \cdot C_l}{C_k}C_\beta = C_l \cdot C_\beta$	10

（2）物模动力特性测试

模态测试采用三点空间激振、多点空间测量的方法，激励源采用猝发随机信号，采用 LMS SCADASIII 动态信号分析仪采集数据，采用 LMS Test 9A 模块进行数据采集。测点布置方面，根据设备扰力点情况，在结构表面布置 40 个扰力点（图 1-2-5）。台板测点布置：在较长的纵梁中部布置 2 个测点；横梁上，除扰力点外，在轴承中心线两侧各布置 1 个测点；在柱顶对应的位置布置测点。柱子测点布置：每根柱子沿高度布置了 4 个测点。包括中间平台和运转层平台中间位置、柱子与中间层的横梁相连处。Ⅴ、Ⅵ轴墙体测点布置：沿结构横向方向，在墙体中间位置布置测点，每片墙沿高度方向布置3个测点。

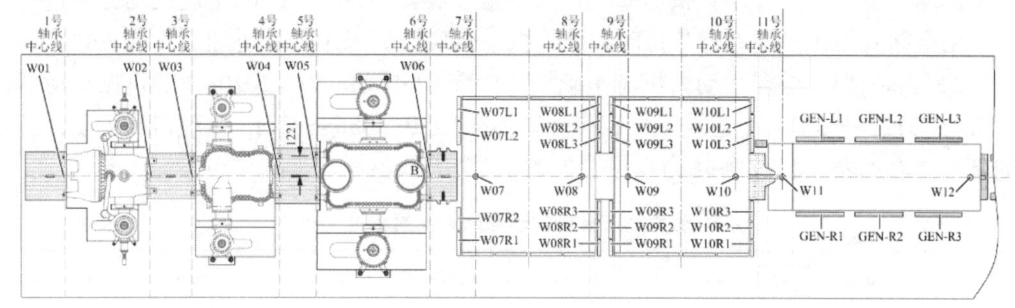

图 1-2-5　扰力点位置

动力特性测试共布置166个测点，其中台板布置86个测点（包括40个扰力点），中间平台布置14个测点，柱子和墙布置66个测点。为避开结构振型节点，使激振能量尽可能均匀地分布在整个基础结构上，合理选择水平纵向（X向）、水平横向（Y向）和竖向（Z向）的激振点。

根据模型动力特性测试数据、试验模态分析技术，运用 LMS Test 9A——Spectral Testing 模态分析软件，分析可得结构的模态频率、模态阻尼比和模态振型，典型振型如图 1-2-6 所示。

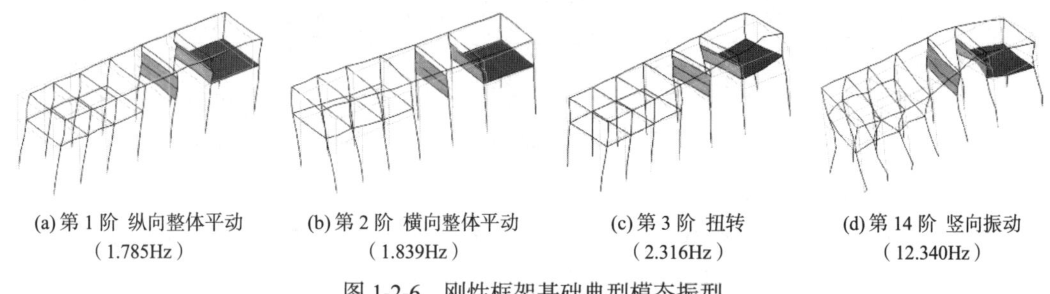

(a) 第 1 阶　纵向整体平动（1.785Hz）　(b) 第 2 阶　横向整体平动（1.839Hz）　(c) 第 3 阶　扭转（2.316Hz）　(d) 第 14 阶　竖向振动（12.340Hz）

图 1-2-6　刚性框架基础典型模态振型

统计汽机基础动力特性数模计算和模型试验结果，见表 1-2-5。

刚性基础数模计算与模型试验结果的自振频率比较　　　　**表 1-2-5**

典型振型	试验		ANSYS		SAP2000	
	阶数	频率（Hz）	阶数	频率（Hz）	阶数	频率（Hz）
水平纵向整体平动	1	1.785	1	1.883	1	1.812
水平横向整体平动	2	1.839	2	1.976	2	2.043
竖向一阶弯曲	14	12.340	33	13.952	17	14.285

对比试验和计算结果可得：

（1）基础主要振型特点一致，说明在反映基础整体平动方面试验结果和计算结果吻合良好。

（2）自振频率试验结果整体小于计算结果，这是由于计算中柱底采用固结约束，而实际模型试验中，地基和底板约束达不到固结的情况，从而产生误差。

3. 强迫振动响应分析

根据《动力机器基础设计标准》GB 50040—2020 和设备厂家相关要求，本机组汽轮发电机基础动力响应采用《动力机器基础设计标准》GB 50040—2020 中规定的方法进行计算。采用空间有限元模型进行分析时，强迫振动响应计算采用振型叠加法并取 70Hz 频率范围内的全部振型。根据《动力机器基础设计标准》GB 50040—2020、《建筑振动荷载标准》GB/T 51228—2017、《建筑工程容许振动标准》GB 50868—2013 梳理得到关于计算标准的基本要求见表 1-2-6，各扰力点位置如图 1-2-7 所示。

动力响应分析的动参数和衡量标准 **表 1-2-6**

标准	平衡品质	扰力变化	频率范围（Hz）	加载方式	组合方式	阻尼比	限值（μm）
GB	G6.3	$(f_i/f_m)^2$	0～37.5 37.5～62.5 62.5～70	三向分别加载	SRSS	0.0625	30 20 30

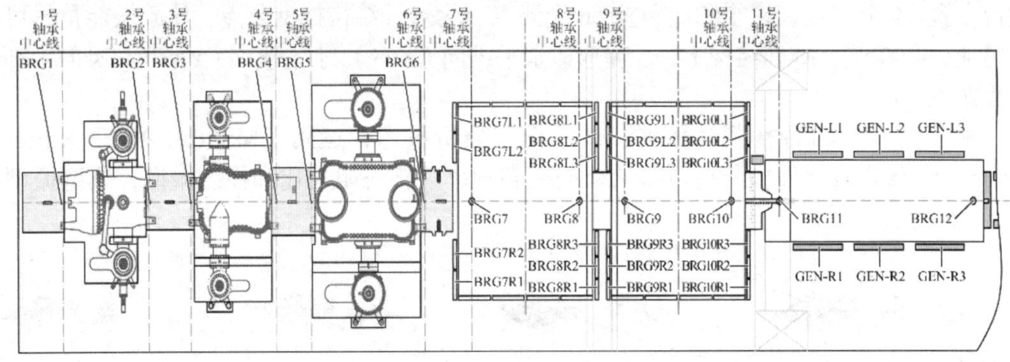

图 1-2-7 扰力点位置示意图

（1）数值模型强迫振动响应

经计算，得到实体和杆系模型各扰力点在竖向、横向、推力轴承在纵向上的振动线位移响应幅频曲线，如图 1-2-8 所示。

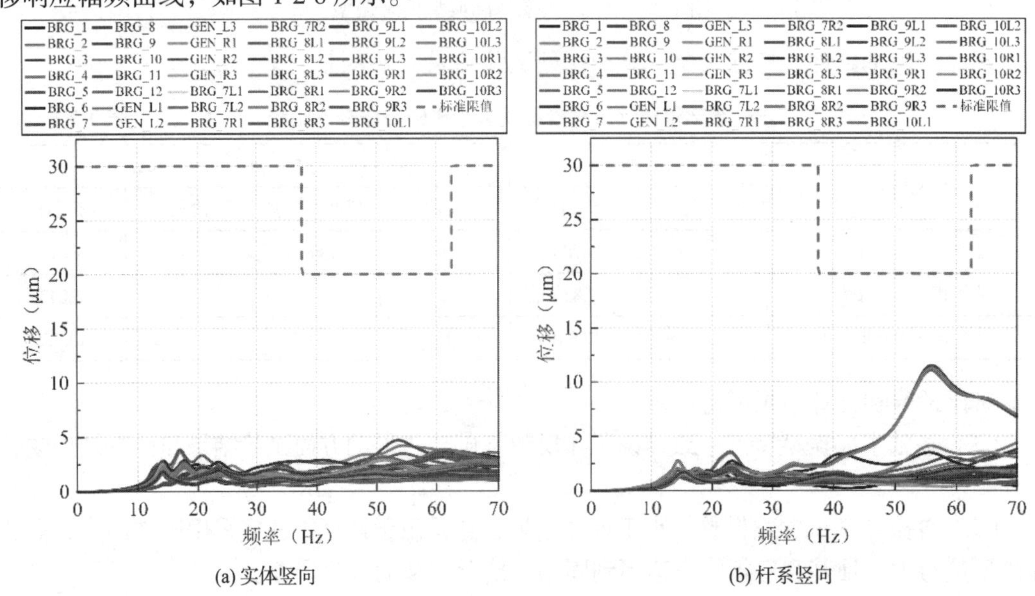

(a) 实体竖向

(b) 杆系竖向

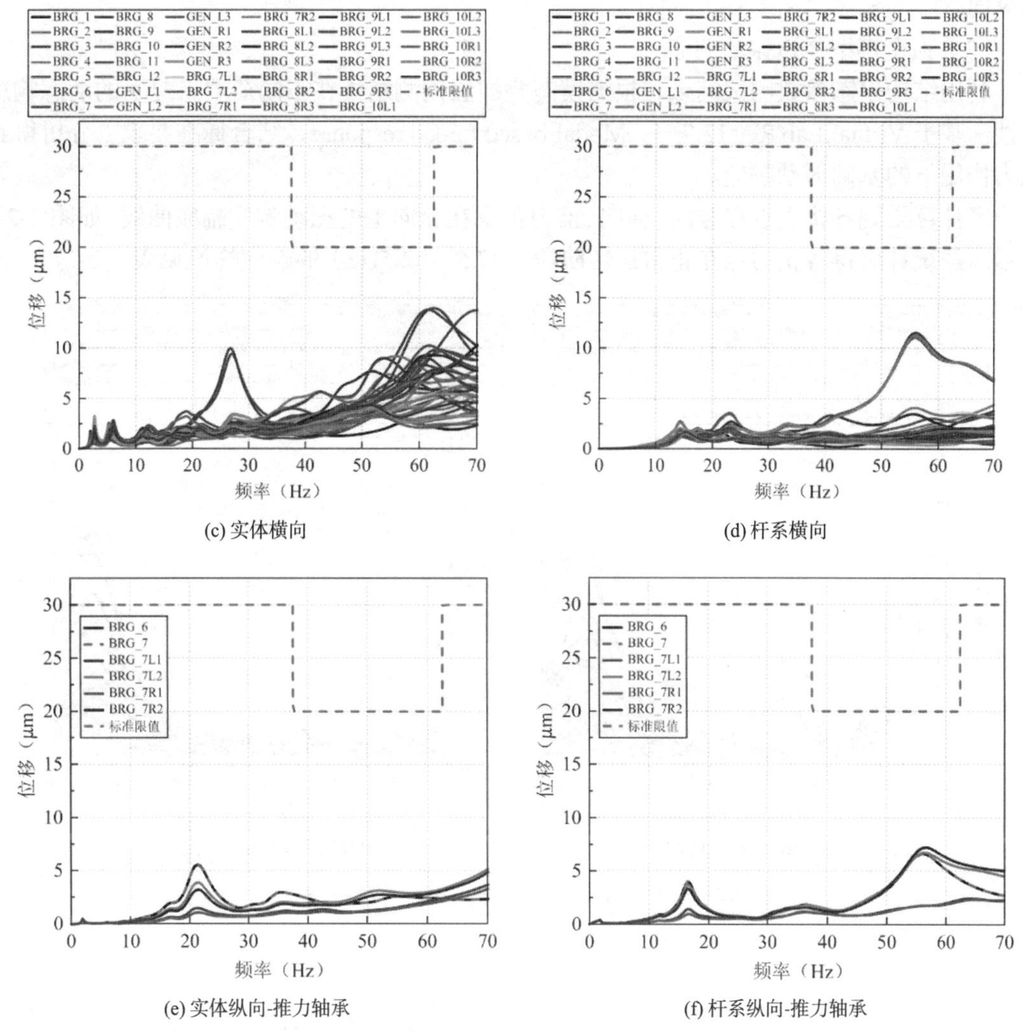

(c) 实体横向

(d) 杆系横向

(e) 实体纵向-推力轴承

(f) 杆系纵向-推力轴承

图 1-2-8　实体和杆系模型振动响应结果

观察图 1-2-8 可知：

1）实体模型和杆系模型计算结果表明：各扰力点在竖向和水平横向以及推力轴承在水平纵向上的振动线位移响应幅值均满足位移限值要求。

2）0～37.5Hz 范围内，对于基础结构为较明显的纵横梁框架体系部分（超高压缸、高压缸、中压缸、发电机部分），两模型竖向、横向、纵向振动响应计算结果变化趋势基本一致，位移响应幅值较为接近，说明实体和杆系的建模方法对于梁单元框架体系在低频动力特性方面（即整体性振动特性方面）具有良好的一致性，误差较小。

3）37.5Hz 以上频段（结构的中、高频区段），两模型间的响应趋势及响应幅值的差异逐渐增大，反映出随着频率的提高，计算模型中的整体振动型态减弱，局部振动占主导，而这种振动型态与建模方法、单元类型有着更密切的关系。

4）对于基础两低压缸对应的结构Ⅴ、Ⅵ轴，由于存在墙体，杆系模型将结构Ⅴ、Ⅵ轴位置处的梁和墙体简化为深梁单元和板单元，而实体模型按实际设计形状进行建模，从而引起了这部分的计算响应结果与有明显梁单元特征的框架体系相比差异增大，尤其是横向和纵向。

（2）物理模型强迫振动响应

利用结构模态参数测试结果，根据模态叠加法预测结构在不同荷载工况下的动态响应特性。基于 Virtual.Lab Rev 13.7——Modal-based forced response，结合标准要求，分析得到扰力作用下的基础振动响应。

经计算得到各扰力点在竖向、横向、推力轴承在纵向上的振动响应幅频曲线，如图 1-2-9 所示。经统计可得各扰力点在正常运转阶段（37.5～62.5Hz）的响应峰值见表 1-2-7。

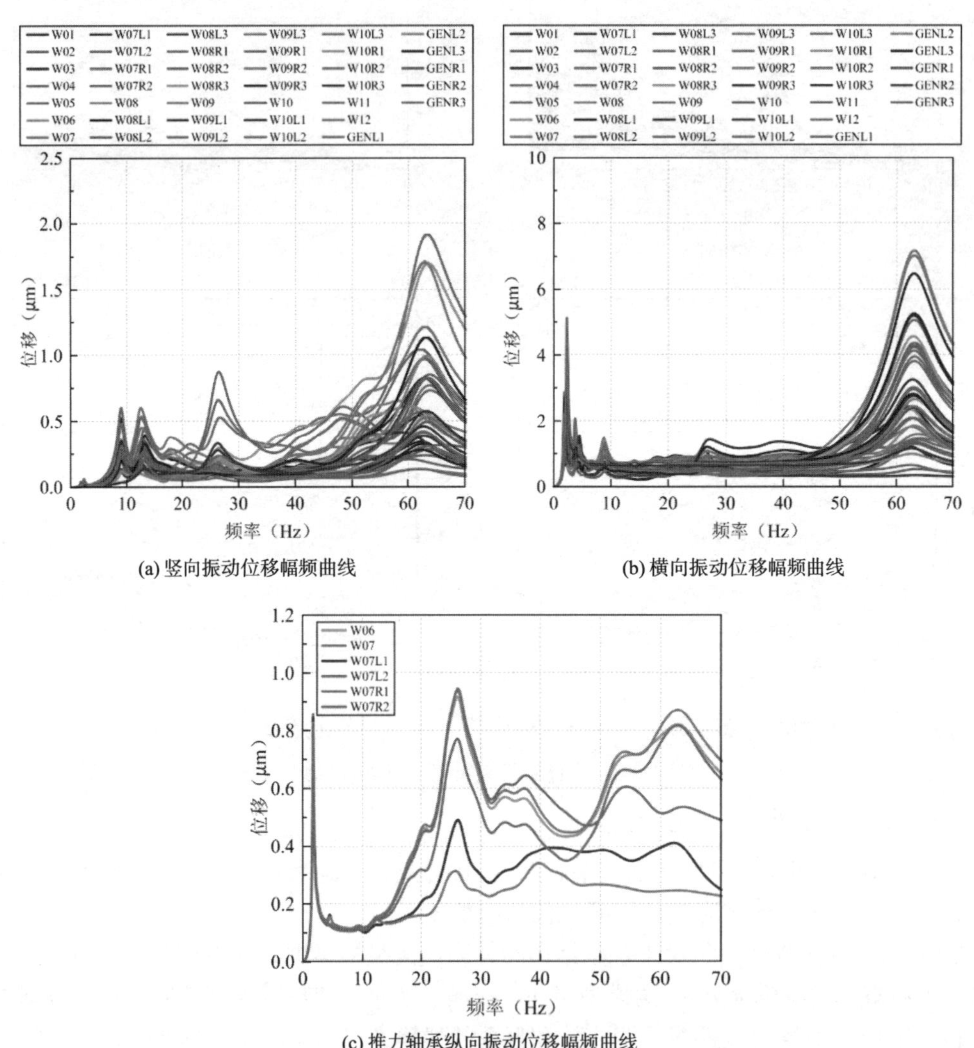

(a) 竖向振动位移幅频曲线

(b) 横向振动位移幅频曲线

(c) 推力轴承纵向振动位移幅频曲线

图 1-2-9　强迫振动下基础动力响应幅频曲线

正常运转阶段振动响应最大值统计（试验）　　**表 1-2-7**

方法	方向	量值（μm）	位置	对应频率（Hz）
数模结果	竖向	11.53	BRG7	55.96
	横向	14.17	BRG11	62.40
	纵向	7.23	BRG7R2	56.74

续表

方法	方向	量值（μm）	位置	对应频率（Hz）
物模结果	竖向	1.88	W04	62.5
	横向	7.08	W09	62.5
	纵向	0.87	W07	62.5

观察分析图 1-2-9、表 1-2-7 可知：

1）各轴承点竖向、横向振动位移以及推力轴承所在位置 W06、W07 的纵向振动位移均满足《建筑工程容许振动标准》GB 50868—2013 的限值要求。

2）物模测试值总体小于数模计算值。

3）关于扰力点振动响应计算结果和试验结果有一定的误差，主要涉及以下影响因素：①试验模型中包含弹性地基和基础底板的作用，而计算模型柱底采用固结约束，忽略了弹性地基底板的作用，使得扰力点振动响应偏大；②由于在计算中扰力作用点位置、响应提取点位置都是轴承中心，而模型试验中因无法模拟轴承，轴承点响应的测点布置在对应的结构梁上，二者扰力作用点和响应输出点的位置均有一定的不同，因此，试验和计算会存在一定的误差，特别是在水平横向、纵向。

四、振动控制关键技术

1. 数值模拟分析关键技术

（1）汽轮发电机基础动力分析模型构建。模型边界条件、材料属性、材料阻尼特性、质量分布等对数模分析结果有潜在影响，需结合工程特点、材料特点、荷载分布和项目经验，有针对性地构建精细化数值仿真分析模型。

（2）实体模型和杆系模型响应分析校核。本项目采用实体模型和杆系模型进行动力仿真分析，实体单元和杆系单元作用特点有一定的区别，实体单元可充分模拟基础截面变化等因素引起的响应变化，杆系单元传力机理更为清晰准确，二者均有一定的优势，需结合项目特点和分析经验，实现两类模型的有效校核，指导工程设计。

（3）基于振动特点的结构优化。汽轮发电机数模一方面是验证既有设计方案，另一方面是根据结构计算分析结果，优化设计方案。优化工作中既要保证结构动力响应，又要适当优化截面尺寸，需对结构体系的动力特性、关键影响因素有深刻理解，把握关键灵敏参数，实现双目标优化。

（4）轴承扰力作用范围确定。轴承扰力是预测汽轮发电机运转时基础振动响应的振源，其荷载作用范围的确定是进行动力响应分析的前提，结合汽轮发电机基础动力分析相关规范、厂家提供资料，明确扰力作用范围，准确预测汽轮发电机运行时引起的振动响应。

（5）模型中轴承扰力作用路径分析。汽轮发电机通过轴承作用于基础平台上，其荷载分布、扰力作用非直接作用于台板模型节点上，而是作用于距台板一定距离的支点上，支点的确立、传力路径对响应分析具有显著影响，需准备传递荷载并保证分析的准确性。

2. 模型试验关键技术

（1）模型的制作。结合项目设计文件及缩尺要求，按照相似比进行设计并养护完成模型，模型制作的准确性和合理养护是确保物模试验的基础。

（2）模态的准确判定。通过激振器激发结构振动，通过多点拾取结构振动响应，经分析可得到系统模态，在模态准备识别和判定上，需结合测试数据，准确选择正则归一方法，控制模态置信度准则 MAC 值，保证实测模态响应准确反映体系振动特点。与此同时，模态准确性是进行后续结构响应预测分析的基础，需准确分析结果。

（3）汽机运行时基础动力响应预测分析。预测汽轮发电机正常工作时的基础动力响应特点是模型试验的关键环节，以设备扰力为基础，结合实测分析的模态响应数据，可预测得到扰力作用下结构的动力响应特性，结合结构响应特性验证设计方案的有效性。

（4）系统动刚度测试。基于动刚度测试理论，选择锤击法测出结构动刚度，在进行测试时，需选择合理的锤击方法，确保实测结果能够准确反映结构特点。

五、振动控制效果

本项目围绕 1000MW 超超临界二次再热汽轮发电机组刚性框架基础动力性能开展研究，通过数值分析和模型试验研究发现：

（1）1000MW 超超临界二次再热机组汽轮发电机刚性框架式基础动力性能良好，正常运转阶段，基础在竖向和水平横向以及推力轴承在水平纵向上的振动线位移小于 20μm，满足《建筑工程容许振动标准》GB 50868—2013 的控制要求。

（2）基础前几阶振型主要为基础结构整体振动，如纵向平动、横向平动、扭转，结构整体振动情况方面，试验结果与计算结果吻合良好。

（3）扰力点振动响应试验结果与计算结果有一定误差，物模测试值总体小于数模计算值。这一方面是由于计算模型中柱底采用固结约束，忽略了底板和地基的弹性作用；另一方面是由于在计算中扰力作用点位置、响应提取点位置都是轴承中心，而模型试验中无法模拟轴承，轴承点测点布置在对应的结构梁上，二者扰力作用点和响应输出点的位置均有一定的不同，因此，试验和计算会存在一定的误差，特别是在水平横向、纵向。

[实例 1-3] 造纸厂大型鼓风机的振动噪声测试、评估和控制方案

一、工程概况

造纸厂周围的居民抱怨工厂在生产时产生噪声，测试结果表明设置在 1 楼的鼓风机运转时，工厂边界的噪声超过限值。

调查显示，噪声传递有两条途径：一是固定的鼓风机和配管的振动产生固体声，经由建筑结构从外墙向外扩散；二是厂房内部产生的固体声传到 2 楼，从靠近边界的 2 楼窗户透射传播。

由于工厂每天 24 小时连续运营，为了保障周围居民的健康和舒适度，无论昼夜，噪声须降低到夜间噪声限值以内，满足噪声环境标准（表 1-3-1）。

噪声环境标准（1998 年 9 月 30 日 日本环境厅第 64 号公告）　　表 1-3-1

区域	基准值		注
	昼间	夜间	昼间（6:00—22:00）夜间（22:00—6:00）
AA	50dB 以下	40dB 以下	AA 区域适用于需要特别宁静的地区，如疗养院，社会福利设施等集中的地区
A 和 B	55dB 以下	45dB 以下	A 区域适用于专门用于居住的地区，B 区域适用于主要用于居住的地区
C	60dB 以下	50dB 以下	C 区域适用于住宅与商业，工业或其他用途的混合区

面向道路区域的环境标准

区域	昼间	夜间
A 区域中面向双车道以上道路的区域	60dB 以下	55dB 以下
B 区域中面向双车道以上道路的区域 C 区域中面向车道的区域	65dB 以下	60dB 以下

临近交通干线的环境标准

交通干道沿线范围	昼间	夜间
（1）在有双车道以下的交通干线，距离道路边缘 15m （2）在有双车道以下的交通干线，距离道路边缘 20m	70dB 以下	65dB 以下

备注：在某些个别住宅中，如果日常生活中容易受到噪声影响方位的窗户基本上一直关闭，可采用室内透射噪声标准（白天 45dB 以下、夜晚 40dB 以下）

注：交通干道指下列道路：
（1）高速公路，一般国道，都道府县道和市政道路（市政道路仅指四车道以上的路段）。
（2）除第 1 条所示道路以外，普通机动车道，即《城市规划法实施条例》第 7 条第 1 款第 1 项所定义的机动车道。

二、振动噪声测试方案

对鼓风机运行造成的噪声，进行了振动噪声调查测试，鼓风机共有 4 台，安装在 1 楼。鼓风机技术参数见表 1-3-2。

为正确把握振动传递途径，在 1 楼地面、外墙壁面、鼓风机本体及基础、地面管道支架部、地面配管框架支撑部、竖向管道支架、吊顶管道支架、2 楼楼板、壁面、窗面设备基础等各处布置了振动测点。在厂房 1 楼室内和 2 楼室内的相同位置和离地高度布置噪声测

点。噪声测定布置如图 1-3-1 所示。

鼓风机技术参数 **表 1-3-2**

鼓风机序号	动力（kW）	转速（r/min）	电机功率
1	363～85	630～300	400kW-8P
2	440	740	550kW-8P
3	212	980	300kW-6P
4	212	980	300kW-6P

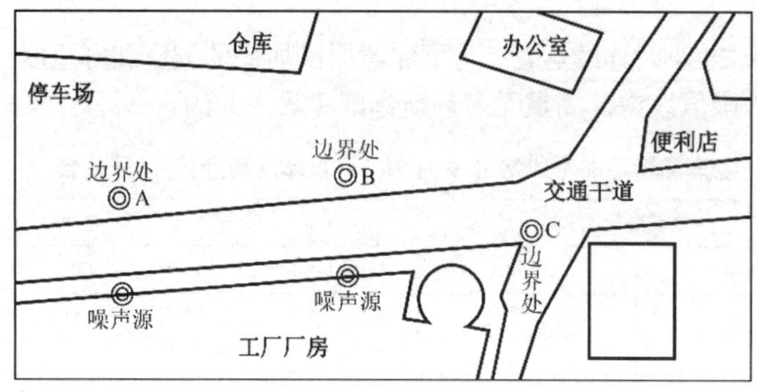

图 1-3-1　工厂边界噪声测点布置示意图

三、测试数据分析

1. 工厂边界噪声测试

以工厂边界处噪声测点 A 的噪声为例，整套鼓风机停止和运行时的 1/3 倍频程噪声值比较测试数据如图 1-3-2 所示，鼓风机运行时噪声频谱如图 1-3-3 所示。工厂边界噪声测点的测试结果如表 1-3-3 所示。

从测试数据可知，整套鼓风机停止运行时，工厂正面的边界处噪声接近环境监管标准值。鼓风机运行时，在 100～500Hz 频段，噪声超过 50dB。

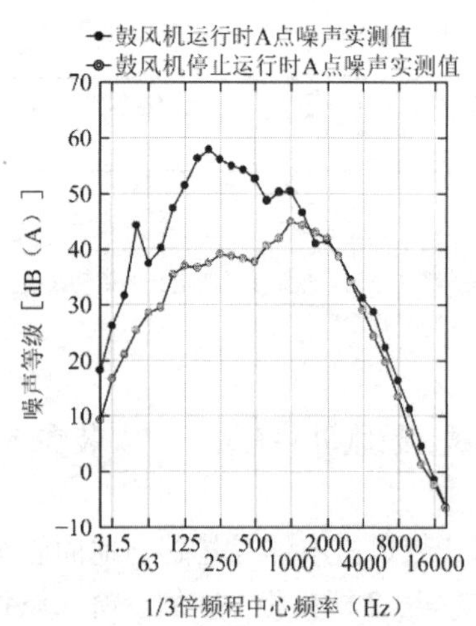

图 1-3-2　工厂边界噪声测点 A 的噪声值

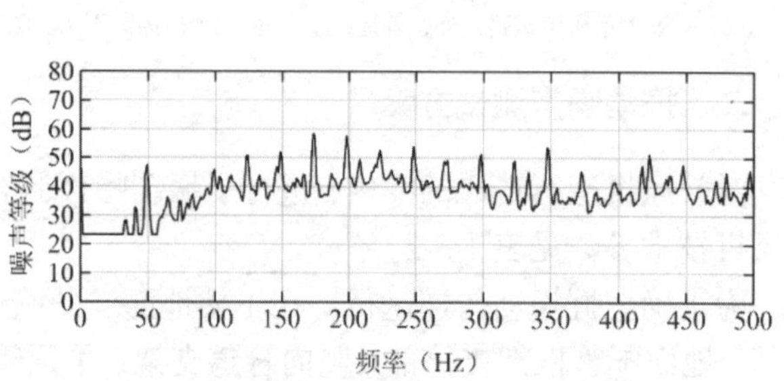

图 1-3-3　噪声测点 A 的噪声频谱图

工厂边界环境噪声测试结果　　表 1-3-3

测点	噪声值（dB）	监管标准（dB）	判定
A	64	55 以下	超标
B	60	55 以下	超标
C	60	65 以下	符合标准

2. 固体声传播的影响

振动在固体中传播而产生的声音称为固体声。厂房内的鼓风机和配管的现场照片如图 1-3-4 所示。从图中可知，所有鼓风机和管道都直接安装在建筑的框架结构上。

(a) 鼓风机本体

(b) 横向管道的地面管道支架

(c) 穿墙管道的管架

(d) 吊顶管道支架

图 1-3-4　鼓风机和配管的现场照片

鼓风机运行时，设备本体和配管的振动沿着结构传播产生固体声。传播途径示意如图 1-3-5 所示。

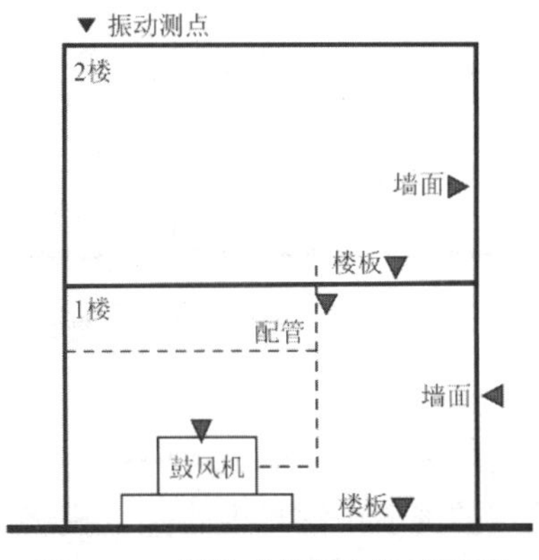

图 1-3-5　固体声传播途径示意图

固体的振动衰减小，振动产生的固体声能够沿着连续的结构传播到相邻或更远的空间，造成大范围影响。鼓风机运行时产生的振动传递途径包括以下两方面：

（1）鼓风机本体基础⇒1 楼楼板⇒1 楼墙面。

（2）配管固定支座⇒2 楼楼板⇒2 楼墙面。

鼓风机运转时 1 楼振动测试数据如图 1-3-6 所示，2 楼振动测试数据如图 1-3-7 所示。

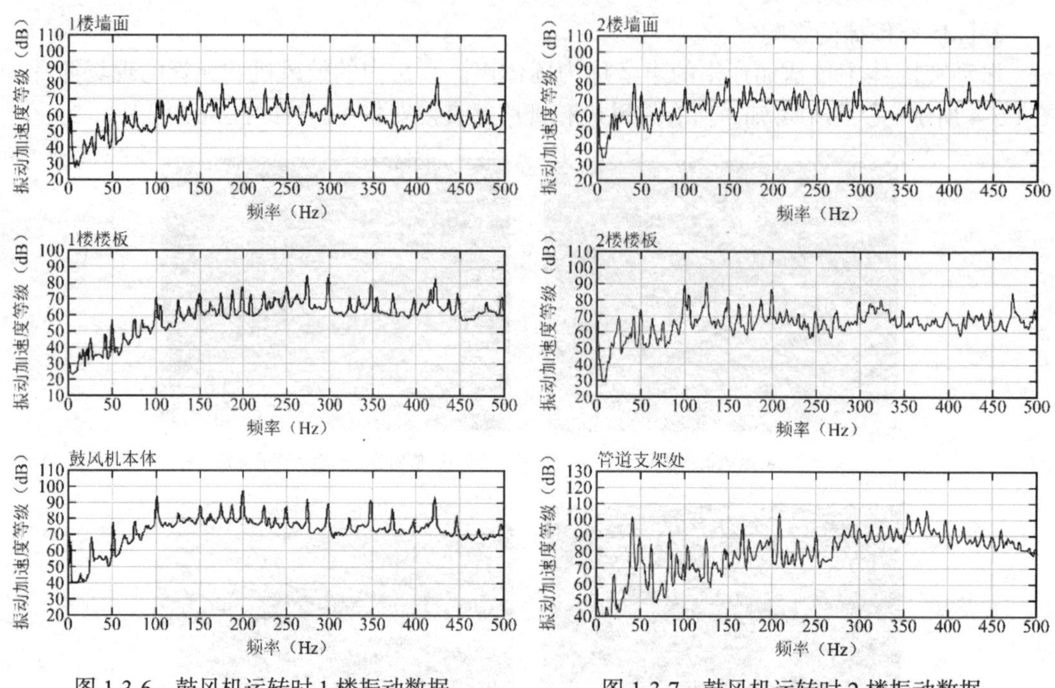

图 1-3-6　鼓风机运转时 1 楼振动数据　　图 1-3-7　鼓风机运转时 2 楼振动数据

3. 透射声的影响

建立计算模型，仿真计算 1 楼和 2 楼的声传输损耗，预估厂房内发生的鼓风机噪声对噪声向室外传播造成的影响。测试评估点（实测点）示意如图 1-3-8 所示。

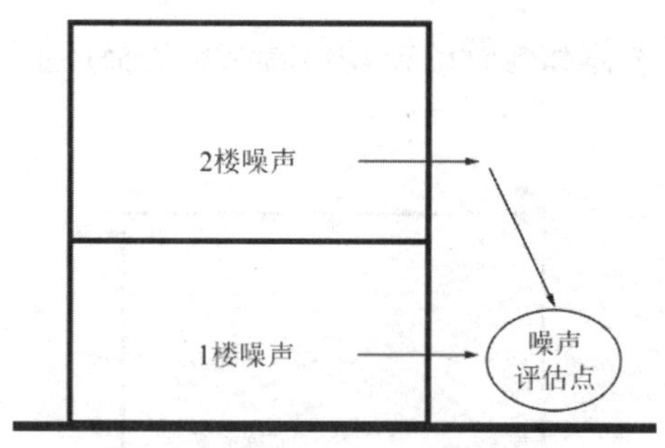

图 1-3-8　噪声测试评估点示意图

设定条件：

（1）2 楼到噪声评估点的透射声玻璃窗的透射损耗。

（2）1 楼机房到噪声评估点的透射声混凝土墙壁＋机房内玻璃棉板的透射损耗仿真计算结果如图 1-3-9 和图 1-3-10 所示。

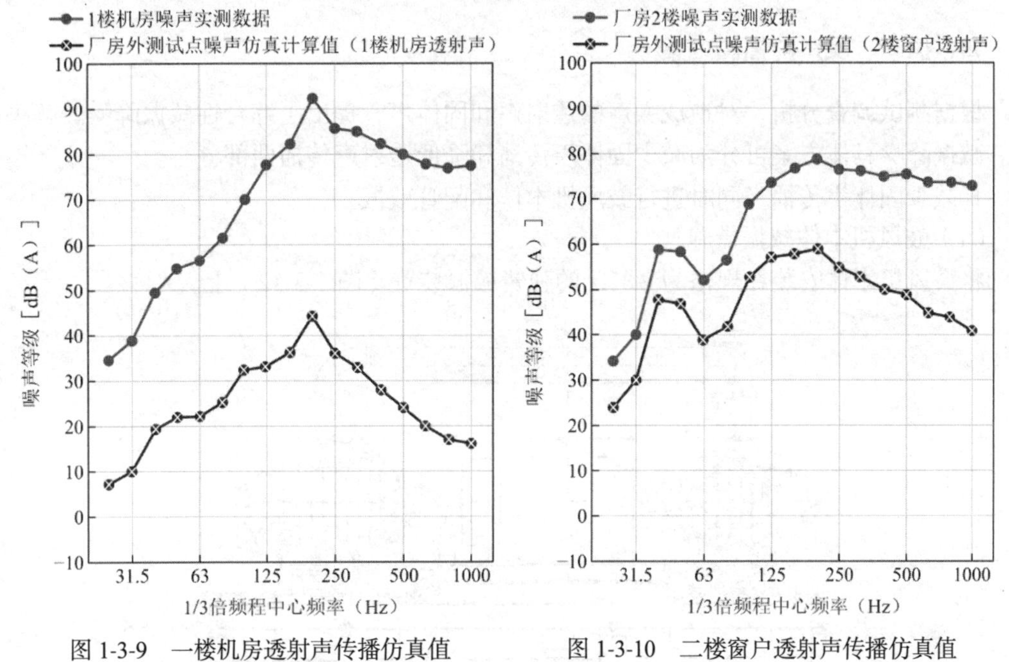

图 1-3-9 一楼机房透射声传播仿真值　　图 1-3-10 二楼窗户透射声传播仿真值

计算结果表明，由于 1 楼机房的墙壁使用了玻璃棉面板，隔声性能显著。二楼的玻璃窗隔声效果比较差。

4. 工厂边界噪声测试数据与仿真计算结果比较

工厂边界噪声测试数据与仿真计算结果比较如图 1-3-11 所示。

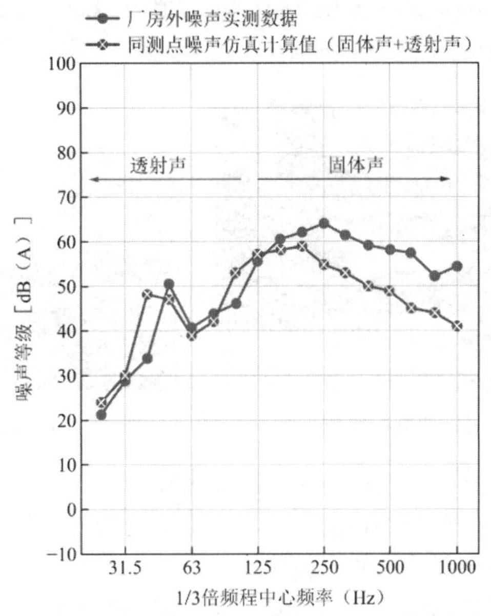

图 1-3-11 实测数据与仿真计算结果对比

将 1 楼和 2 楼的噪声综合预测值与实测数据进行比较，可见 200Hz 频段以下是透射声，200Hz 频段以上是固体声传播。由此可推断，室外的鼓风机运行噪声是透射声和固体声的混合噪声。

四、振动、噪声的控制方案

根据测试调查分析，对造成噪声的透射声和固体声，提出了综合性减振降噪的解决方案。减振降噪具体方案可分为减少固体声传播和降低透射声传播两部分。

1. 减少固体声传播，同时进行鼓风机本体和配管减振

（1）鼓风机本体减振措施

将鼓风机本体安装在规格为 2.3Hz 的弹簧减振装置（图 1-3-12）上。

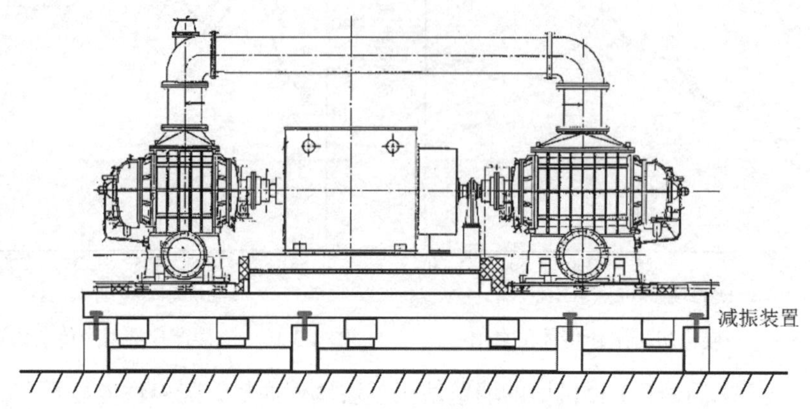

图 1-3-12　鼓风机本体减振示意图

（2）管道支架减振措施

使用吊顶专用弹簧减振吊架取代现场的管道吊架。管道吊架适用于小口径管道，安装如图 1-3-13 所示。使用底座式弹簧减振器，防止管道与地面直接接触。底座式弹簧减振器适用于大口径管道，安装如图 1-3-14 所示。

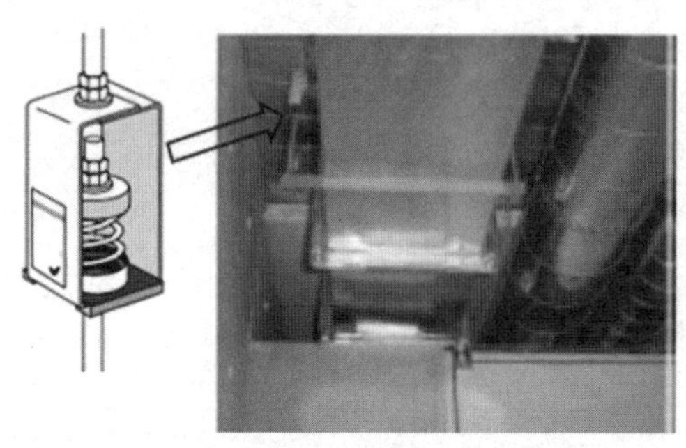

图 1-3-13　管道吊架减振实例

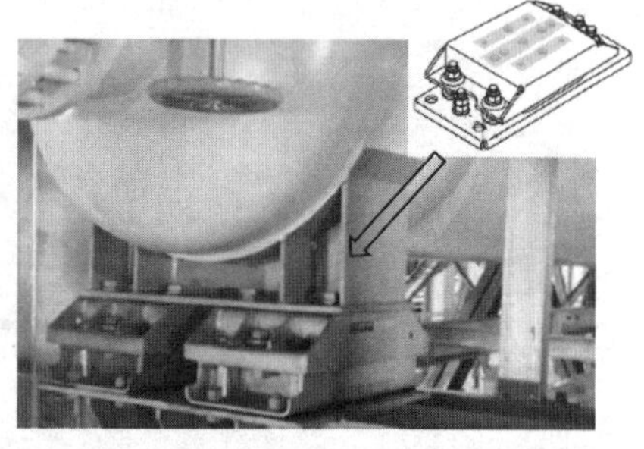

图 1-3-14　底座式弹簧减振器实例

2. 降低透射声传播，分厂房内措施和厂房外措施

（1）室内降噪措施降低窗户的透射声：与一楼机房相同的隔声处理，用混凝土堵塞 2 楼窗户，所有内墙和顶棚全部追加使用玻璃棉板。

（2）户外降噪措施降低透射声：声屏障，在厂房外的工厂边界处设置具有足够高度和宽度的隔声墙。

五、振动、噪声控制效果

采用综合性减振降噪措施施工完毕后，能在昼夜都满足噪声环境标准。

以工厂边界处噪声测点 A 为例，减振降噪效果仿真评估如图 1-3-15 所示；噪声值从超标的 64dB 下降至 53dB，低于夜间环境标准值 55dB。

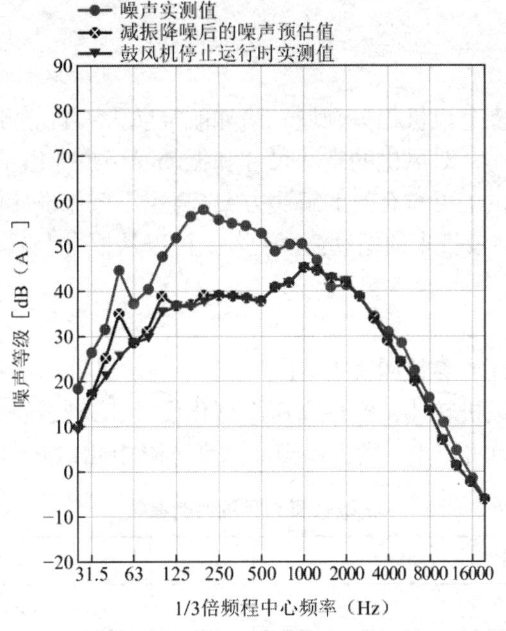

图 1-3-15 减振降噪效果仿真评估

[实例 1-4] 风机高速小型化设计对振动的影响分析

一、工程概况

随着技术的发展，多个风机相关领域，诸如航空航天、新能源汽车、家用电器等，在风机性能逐渐提升的同时，对风机的空间尺寸和振动噪声也提出了更高的要求。由此，为风机高速小型化设计提供了可靠有效的解决方案。高速小型化设计使得风机结构更加紧凑，叶轮更小巧，叶轮不平衡量带来的振动激励更小，可以从根本上减小风机振动及结构噪声。

二、振动控制目标

某型号离心风机的性能参数如表 1-4-1 所示，在满足风机基本性能（流量和静压升）不变的条件下，通过提高风机转速，实现高速小型化设计，完成新型号风机研制。新风机较原风机体积、重量减小 40%以上，风机机脚加速度下降 10dB 以上，噪声下降 6dB(A)以上。

某型号离心风机性能参数 **表 1-4-1**

流量	800m^3/h
静压升	⩾ 6200Pa
转速	2900r/min
质量	139kg
体积（深 × 宽 × 高）	449mm × 654mm × 710mm
噪声	74.0dB(A)
机脚加速度（10Hz～8kHz）	122.7dB

三、振动控制方案

1. 风机采用高速小型化设计

该型号风机电机与叶轮直连，如图 1-4-1 所示，电机驱动叶轮旋转做功，通过提高驱动电机的转速，使叶轮直径变小，相应的蜗壳、集流器和底座的尺寸也会变小，但提高电机转速会带来振动的增加。

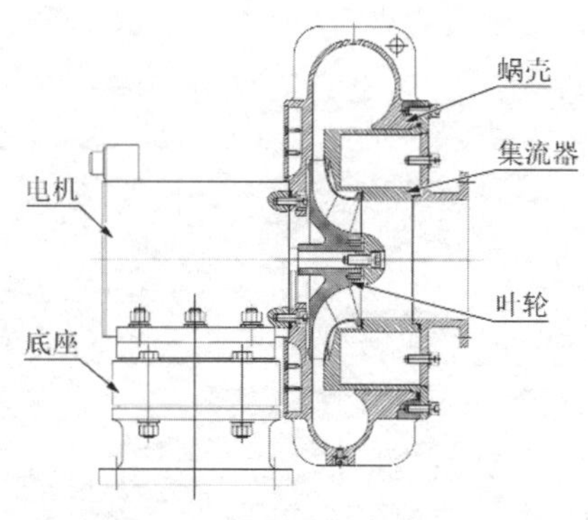

图 1-4-1 离心风机结构示意图

2. 高效低噪声气动模型设计

叶轮、进口集流器和蜗壳是离心通风机气动模型最主要的构成部分。其中，叶轮旋转将机械能转化为气体的能量，包括动能（流速）、势能（压力）和噪声等，是风机最主要的做功部件；进口集流器和蜗壳具有叶轮进口气流的导入、叶轮出口气流的收集和流动导向作用，是离心风机不可或缺的通流部件。

原风机叶轮采用通风机模型等比例放大的方法进行设计，而新型号风机叶轮采用三元流动设计（图 1-4-2），在风机通流部件的全空间流场内，对气体的流动进行优化和合理布局，减小气流脉动，控制振动噪声的源头。

在优化气动模型基础上，进一步降低风机叶轮的进口和出口振动噪声，采取的主要技术措施有：（1）叶轮采用长短分流叶片，降低叶轮进口的气流速度，减小叶轮进口的气流冲击；（2）叶轮出口设置无叶扩压器，降低叶轮出口气流速度 30%以上，减小了叶轮出口气流对蜗舌的冲击强度，从而可有效降低叶轮出口的振动噪声；（3）叶轮出口叶片采用倾斜布置，叶轮出口气流与蜗舌冲击点有相应的延时，从而进一步降低叶轮出口气流对蜗舌的冲击强度，如图 1-4-3 所示。

图 1-4-2　叶轮三维图

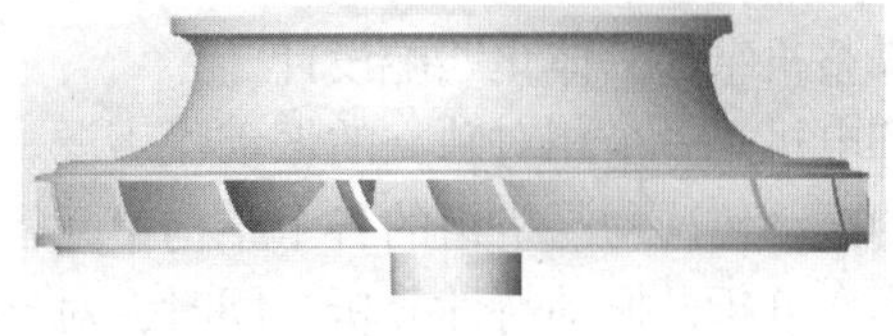

图 1-4-3　叶轮出口叶片倾斜布置图

3. 采用多相高速永磁电机

多相永磁同步电机兼具永磁同步电机和多相电机的双重优点，特别适合于航空航天、舰船、电动车辆等领域。与三相电机驱动系统相比，多相电机驱动系统除了可以在低电压（低电流）情况下实现大功率以外，在减小振动和噪声方面有着独特的优势，主要表现为：减少谐波含量，降低转矩脉动，改善低速特性，减小振动和噪声。随着电机相数的增加，磁动势的谐波含量降低，特别是由基波电流产生的低次谐波磁动势的次数增大，谐波幅值下降，电机在稳态时的转矩脉动减小，驱动系统的低速特性得到改善，振动和噪声减小。

4. 采用更加先进的加工工艺

新型号风机的叶轮、进口集流器和蜗壳相较于原风机，采用更加先进的加工工艺。

原风机的叶轮采用不锈钢板焊接后机加工而成，虽然加工简单，但由于焊接工艺的局限性，会存在叶片一致性差、轮盘跳动大、叶轮不平衡量大等缺点，这些对振动噪声的控制都是不利的因素，相互叠加更容易增加整机的振动噪声。而新风机的叶轮由五轴数控机床整体铣制成型，加工过程采用三坐标检测形位公差尺寸及校检叶型轮廓度公差，加工精度完全能确保叶片型线的公差要求，所有叶片具有良好的一致性，轮盘跳动接近于 0，不平衡量也会降低很多。

原风机的进口集流器和蜗壳同样采用不锈钢板焊接后机加工而成，存在薄壁结构振动响应高、内流道均匀性差等问题。新风机的进口集流器采用铝合金厚板通过精密车床整体机加工成型。蜗壳采用铝合金低压铸造毛坯件，再采用精密车床机加工成型。在蜗壳加工时，结合气流激振作用下结构振动响应，针对蜗壳结构的薄弱部位采取进一步的结构优化，从而降低蜗壳的振动响应。

采用先进的加工工艺，不仅使整机的振动噪声值降低，而且使风机的外形变得更加整洁美观，如图 1-4-4 所示。

图 1-4-4　原风机与新风机外形对比

5. 减振降噪整机结构一体化匹配设计

风机本体和电机是一个相对独立的振动噪声源，通过结构传递影响整个机组的振动噪声，风机整机的振动传递均与机组的各个结构单元密不可分。通过分析振动传递路径，进行一体化结构模态分析及振动特性分析，同时，对整机（包括风机及电机）各部件结构进行优化设计，降低激励力，避开主要激励频率，降低风机及电机结构的振动响应，减少或阻断振动传递路径，实现整机低噪声和低振动。

叶轮组件与电机转子构成整个风机的运行转子（图 1-4-5）。因此，从方案论证阶段到结构设计的整个过程中，叶轮与电机转子需作为一个整体来进行设计，研究整个转子的动力学特性，并在一起进行动平衡校正（图 1-4-6），模拟实际运行时的装配状况，从而进一步提高风机转子的平衡精度。

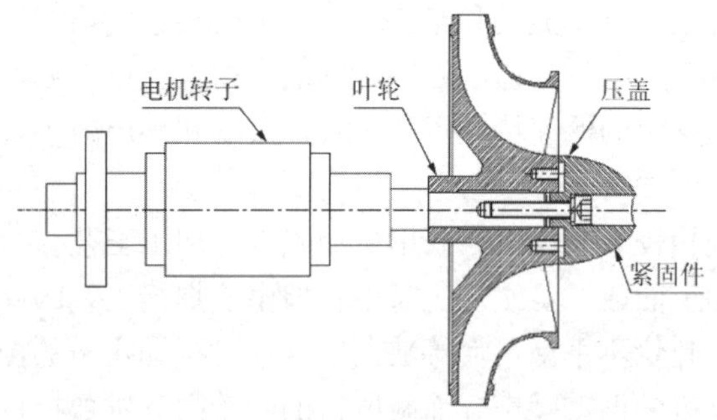

图 1-4-5　叶轮组件与电机转子连接示意图

图 1-4-6　叶轮组件与电机转子整体动平衡校正

四、振动控制效果

通过以上几项振动控制方案，对新型号风机和原风机进行测试，测试结果如表 1-4-2 所示。

原风机与新风机性能对比　　**表 1-4-2**

风机类型	原风机	新风机
流量（m^3/h）	800	800
静压升（Pa）	⩾ 6200	⩾ 6200
转速（r/min）	2900	8900
质量（kg）	139	70.2
外形尺寸（深 × 宽 × 高）（mm）	449 × 654 × 710	394 × 433 × 481
体积（m^3）	0.208	0.082
噪声［dB(A)］	74.0	60.8
机脚加速度（dB）	122.7（10Hz～8kHz）	99.1（10Hz～8kHz）

从表 1-4-2 可以看出，新风机通过高速小型化设计和减振降噪措施，质量减小 49.5%，体积减小 60.6%，噪声下降 13.2dB(A)，机脚加速度下降 23.6dB，减振降噪效果显著。

[实例 1-5] 广东粤电大埔电厂二期工程汽轮发电机基础模型动力性能试验研究

一、工程概况

广东粤电大埔电厂二期扩建工程，位于广东省梅州市大埔县三河镇汇东村，如图 1-5-1 所示。项目总投资 80 亿元，由广东粤电大埔发电有限公司建设。项目建设 2 × 1000MW 超超临界二次再热燃煤发电机组，汽轮发电机采用上海电气五缸四排气凝汽式汽轮机，型号 N1000-32/605/622/620，为新型机组。当前类似的上海电气二次再热机组普遍采用隔振基础，本工程使用框架式基础，因此需要通过汽轮发电机基础数值模型分析和物理模型试验的方法，综合分析百万千瓦二次再热汽轮发电机框架基础动力特性和扰力作用下的响应情况，为基础设计提供支撑。

图 1-5-1　广东粤电大埔电厂二期扩建工程

根据《动力机器基础设计标准》GB 50040—2020、《建筑工程容许振动标准》GB 50868—2013、上海电气厂家标准得到扰力点振动容许值，见表 1-5-1。

汽轮发电机基础振动控制指标　　表 1-5-1

	评价物理量	频率范围（Hz）	对应限值
《动力机器基础设计标准》	位移峰值	0～37.5	30μm
		37.5～62.5	20μm
		62.5～70	30μm
厂家标准	速度有效值	45～57.5	3.8mm/s

二、振动控制方案

大埔工程 2 × 1000MW 二次再热机组采用上海电气五缸四排气凝汽式汽轮机，额定转速为 3000r/min。机组布置超高压缸、高压缸、中压缸、二个低压缸，轴系是由 5 根转子和 6 个单轴单支点组成的落地轴承。发电机为端盖轴承。各轴承重量信息见表 1-5-2。

各轴承重量　　**表 1-5-2**

轴承	BRG1	BRG2	BRG3	BRG4	BRG5	BRG6	BRG7	BRG8	BRG9	总计
重量（kN）	64	191	380	786	1068	511	450	450	13	3913

基础台板总长 53.65m，汽机端基础宽 16m，发电机端基础宽 11.00m。基础高度为 20.6m，其中，运转层标高+17.000m，中间平台标高+8.600m，底板顶标高−3.600m。基础底板混凝土等级为 C40，基础柱以及上部台板混凝土等级为 C35。标高+8.600m 中间平台采用钢筋混凝土梁 + 钢梁 + 面铺钢格栅。

针对初始方案中结构Ⅴ、Ⅵ轴对应的 BRG5 和 BRG6 轴承座在水平横向和纵向振动相对较大的问题，对初始方案作了如下修改：

（1）对于Ⅴ轴，在中间横梁和顶板横梁间增设了 1m 宽的短柱，如图 1-5-2 所示。

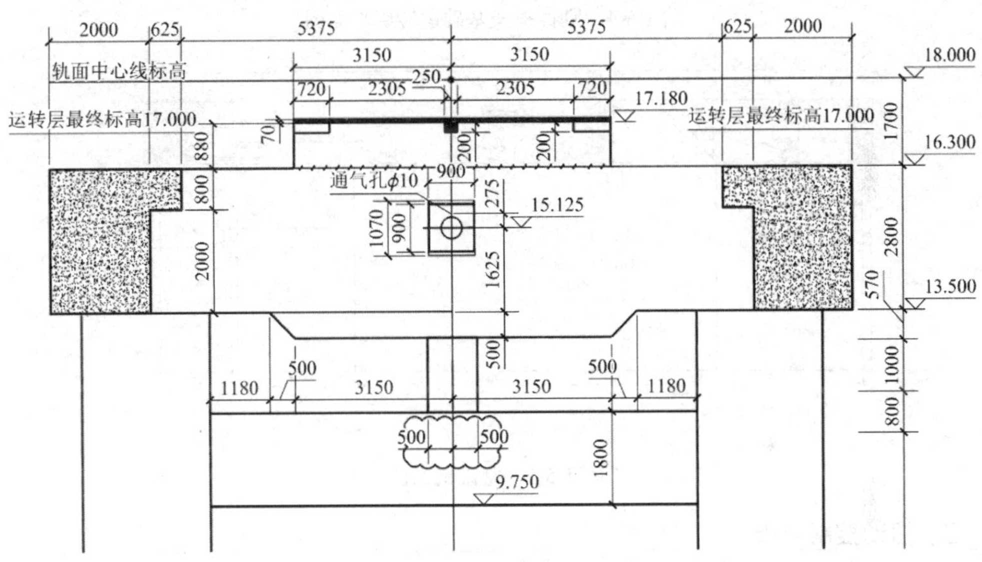

图 1-5-2　结构Ⅴ轴局部构件修改内容

（2）对于Ⅵ轴的 L 形梁加高了 500mm，如图 1-5-3 所示。

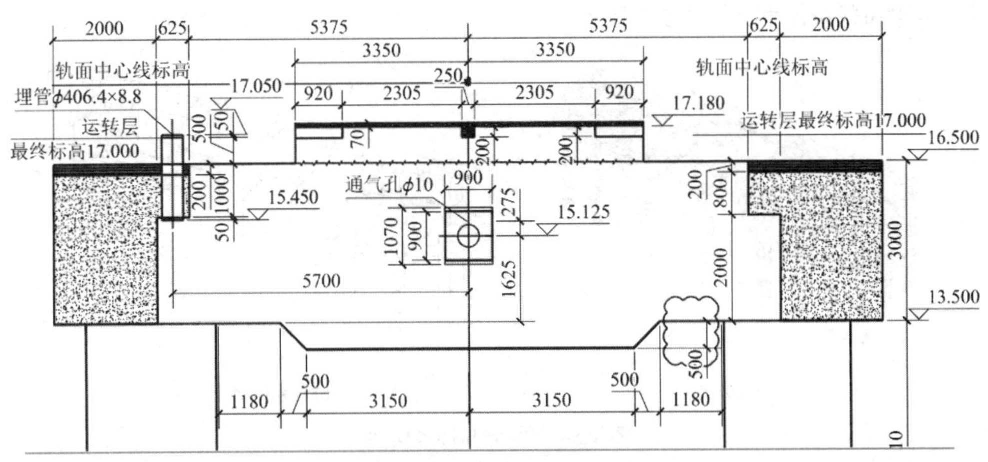

图 1-5-3　结构Ⅵ轴局部构件修改内容

计算结果表明，通过优化局部结构构件尺寸，有效地改善了结构动力性能。优化后的基础运转层平面图和剖面图如图 1-5-4 和图 1-5-5 所示。

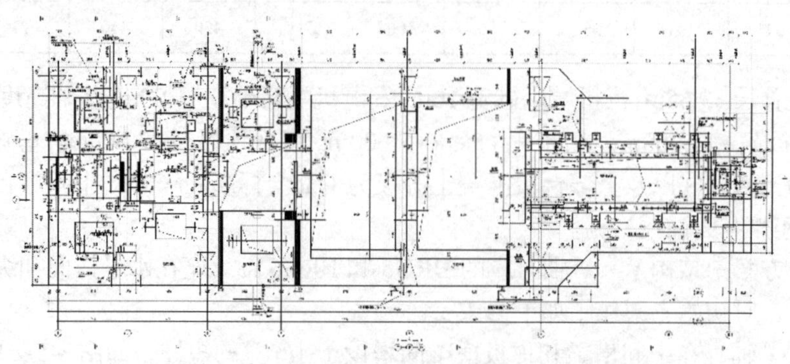

图 1-5-4　刚性框架基础运转层平面图

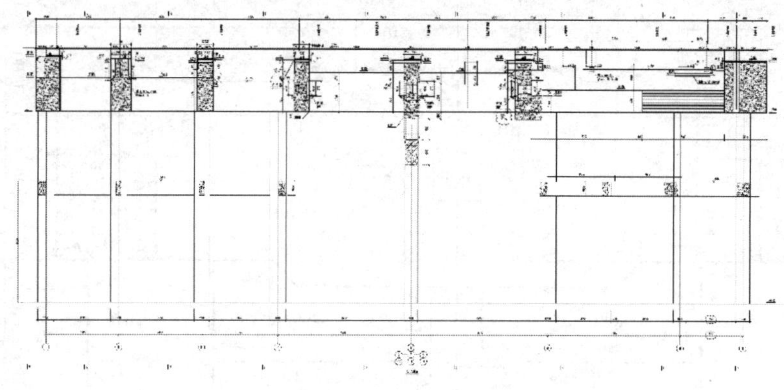

图 1-5-5　基础剖面图

三、振动控制分析

1. 有限元模型

汽轮发电机基础分别选用 ANSYS 建立实体有限元模型，采用 SAP2000 建立杆系单元模型，实体和杆系模型如图 1-5-6 所示。

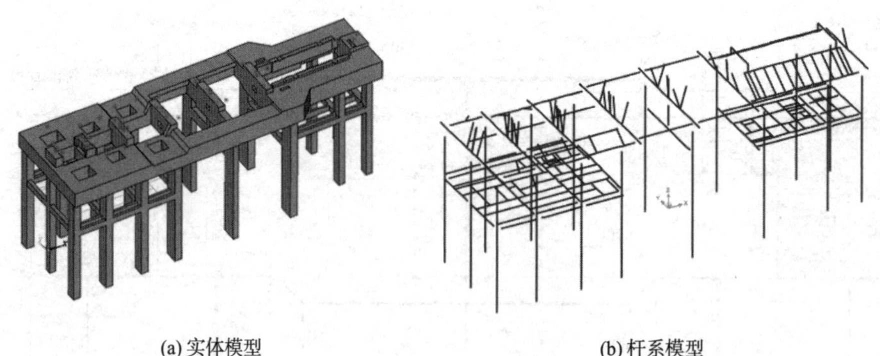

(a) 实体模型　　(b) 杆系模型

图 1-5-6　实体和杆系模型

基础自振频率和振型计算结果见表 1-5-3。

刚性框架基础自振频率对比　　表 1-5-3

模型	实体			杆系		
方向	纵向	横向	竖向	纵向	横向	竖向
频率（Hz）	1.294	1.855	13.421	1.259	1.809	13.667
模态阶数	1	3	16	1	3	13

在自振频率和振型上，ANSYS 分析得到第 1 阶振型是水平纵向（结构长边方向）平动，自振频率为 1.29Hz，第 2 阶振型为水平横向（结构短边方向）平动，自振频率为 1.86Hz，出现竖向振型的频率为 13.42Hz。与 SAP2000 结果相比，二者数值上差异较小，比较接近，说明实体模型和杆系模型在反映基础整体振型和自振频率方面吻合良好。

2. 模型试验研究

为进一步论证基础的动力性能，同时采用模型试验分析基础动力性能。

模型外形设计以几何尺寸相似比 1∶10 进行设计，材料是与原型基座同种材料的钢筋混凝土，混凝土强度等级与原型基座相同，配筋率与原型基座的配筋率相匹配。模态测试采用三点空间激振、多点空间测量的方法，激励源采用猝发随机信号，采用 LMS SCADASIII 动态信号分析仪采集数据，采用 LMS Test 9A 模块进行数据采集。

根据模型动力特性测试数据、试验模态分析技术，运用 LMS Test 9A-Spectral Testing 模态分析软件，分析可得结构的模态频率、模态阻尼比和模态振型，典型模态振型如图 1-5-7 所示。

第 1 阶 纵向整体平动（1.240Hz）

第 2 阶 横向整体平动（1.557Hz）

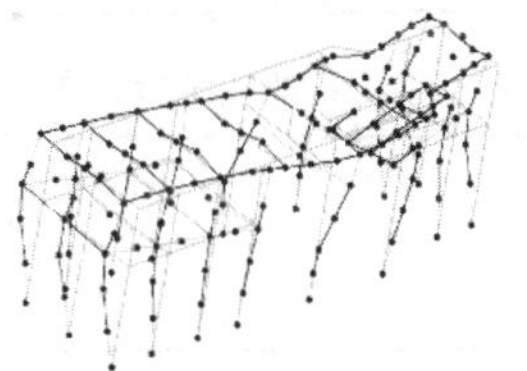
第 4 阶 整体水平横向二阶弯曲（7.204Hz）

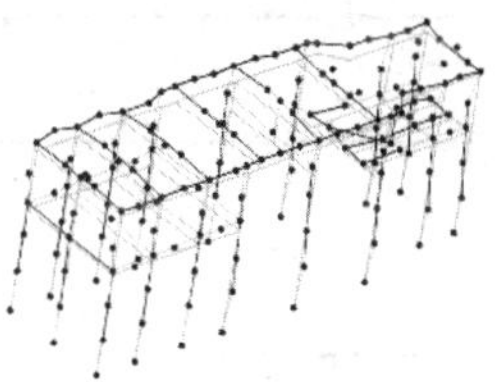
第 15 阶 竖向弯曲（11.806Hz）

图 1-5-7　框架基础典型模态振型

统计汽机基础动力特性数模计算和试验结果，见表 1-5-4。

刚性基础数模计算与试验结果的自振频率比较　　表 1-5-4

典型振型	试验		ANSYS		SAP2000	
	阶数	频率（Hz）	阶数	频率（Hz）	阶数	频率（Hz）
水平纵向整体平动	1	1.240	1	1.294	1	1.259
水平横向整体平动	2	1.557	3	1.855	3	1.809
水平二阶弯曲	4	7.204	4	6.135	4	6.421
竖向弯曲	15	11.806	16	13.421	14	13.667

对比试验和计算结果可得：

（1）基础前2阶振型特点一致，说明在反映基础整体平动方面试验结果和计算结果吻合良好，其中试验结果自振频率整体小于计算结果，这是由于计算中柱底采用固端约束，而实际模型试验中，底板约束达不到固结的情况，从而产生误差。

（2）在反映台板弯曲模态振型及频率上，试验结果和计算结果有一定吻合度，但数模计算中对应的阶数显著增高，这是由于计算中模型构件局部振型丰富引起的。

3. 强迫振动响应分析

根据《动力机器基础设计标准》GB 50040—2020和设备厂家相关要求，本机组汽轮发电机基础动力响应分别采用《动力机器基础设计标准》GB 50040—2020和厂家标准中规定的方法进行计算。关于计算标准的基本要求见表1-5-5。采用厂家标准进行分析时，动参数和衡量标准如表1-5-6所示，扰力如表1-5-7所示。

动力响应分析的动参数和衡量标准——国家标准　　表1-5-5

标准	平衡品质	扰力变化	频率范围（Hz）	加载方式	组合方式	阻尼比	限值（μm）
GB	G6.3	$(f_i/f_m)^2$	0～37.5 37.5～62.5 62.5～70	三向分别加载	SRSS	0.0625	30 20 30

动力响应分析的动参数和衡量标准——厂家标准　　表1-5-6

标准	扰力变化	频率范围（Hz）	加载方式	组合方式	阻尼比	振动速度有效值限值（mm/s）
厂家	$(f_i/f_m)^2$	45～57.5	竖向、水平横向分别加载	SRSS	0.03	3.8

最大动荷载LC7和强迫振动扰力幅值　　表1-5-7

	LC7最大动荷载（kN）		强迫振动扰力幅值（kN）
	F_y	F_z	F
BRG1	70	35	23.48
BRG2	109	57	36.90
BRG3	196	80	63.51
BRG4	227	118	76.75
BRG5	284	94	89.75
BRG6	181	100	62.04
BRG7	157	81	53.00
BRG8	83	74	33.36
BRG9	27	34	13.02

（1）数值模型强迫振动响应——《动力机器基础设计标准》GB 50040—2020

经计算得到实体和杆系模型各扰力点在竖向、横向、推力轴承在纵向上的振动线位移响应幅频曲线，如图1-5-8所示。

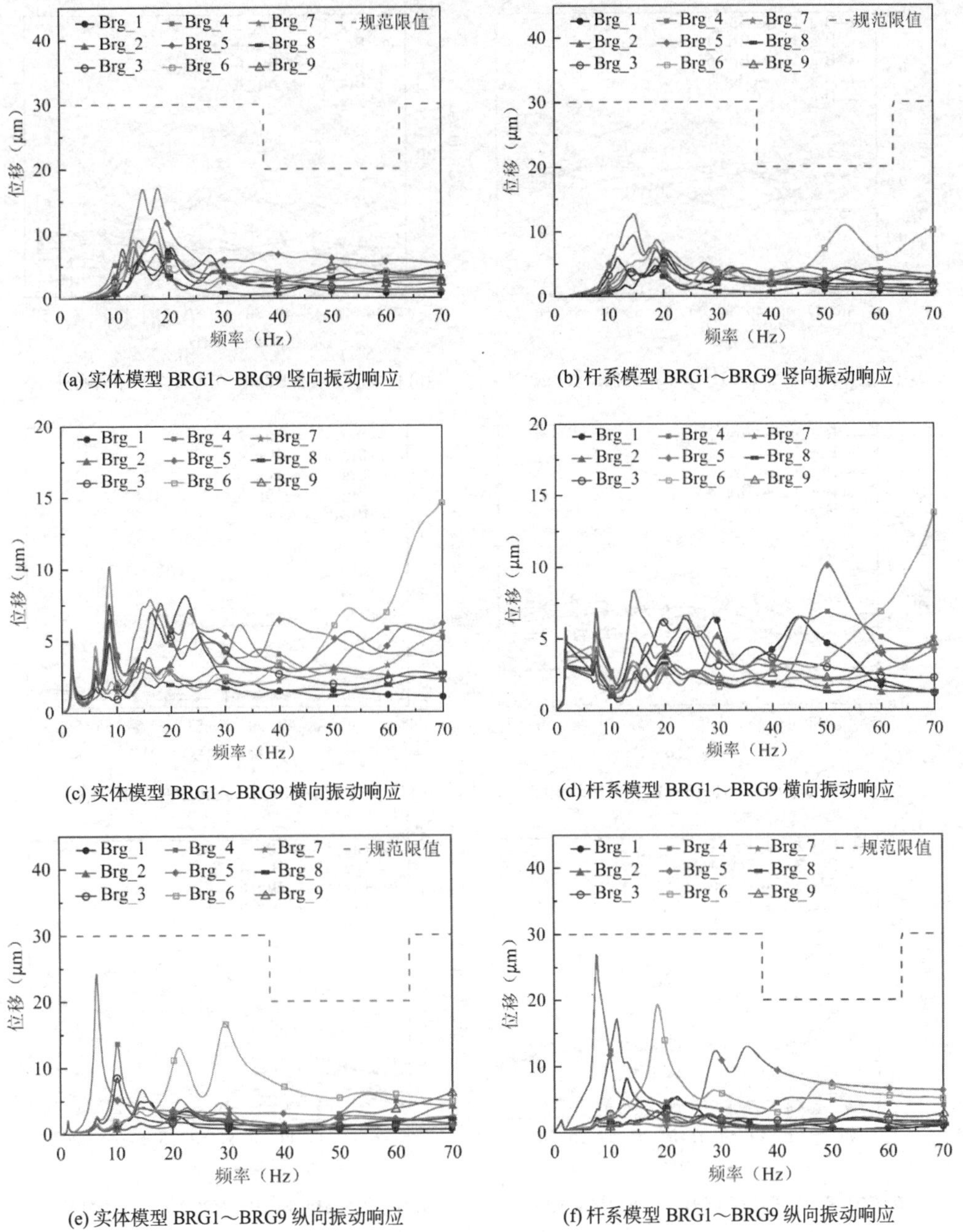

(a) 实体模型 BRG1～BRG9 竖向振动响应

(b) 杆系模型 BRG1～BRG9 竖向振动响应

(c) 实体模型 BRG1～BRG9 横向振动响应

(d) 杆系模型 BRG1～BRG9 横向振动响应

(e) 实体模型 BRG1～BRG9 纵向振动响应

(f) 杆系模型 BRG1～BRG9 纵向振动响应

图 1-5-8　实体和杆系模型中轴承 BRG1～BRG9 竖向、横向及纵向振动位移响应

观察图 1-5-8 可知：

1）BRG1～BRG9 竖向、横向、纵向振动线位移均满足《动力机器基础设计标准》GB 50040—2020、《建筑工程容许振动标准》GB 50868—2013 的要求。

2）实体模型和杆系模型计算结果显示：BRG5 轴、BRG6 轴，对应于结构Ⅴ、Ⅵ轴振动响应显著。

（2）数值模型强迫振动响应——厂家标准

根据厂家标准的计算要求，经分析得到实体和杆系模型各扰力点在竖向、横向及纵向上的振动速度有效值幅频曲线，如图 1-5-9 所示。

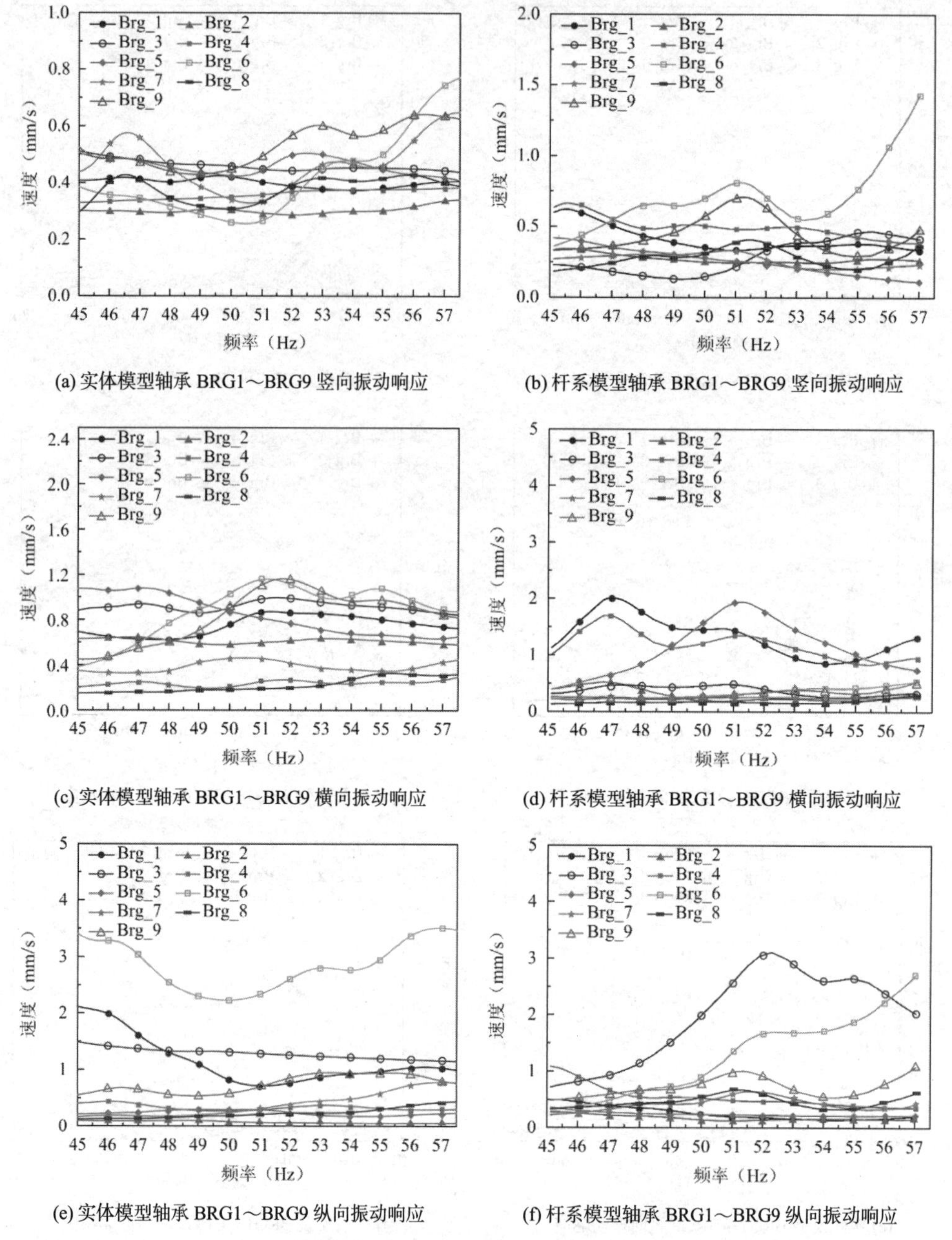

(a) 实体模型轴承 BRG1～BRG9 竖向振动响应

(b) 杆系模型轴承 BRG1～BRG9 竖向振动响应

(c) 实体模型轴承 BRG1～BRG9 横向振动响应

(d) 杆系模型轴承 BRG1～BRG9 横向振动响应

(e) 实体模型轴承 BRG1～BRG9 纵向振动响应

(f) 杆系模型轴承 BRG1～BRG9 纵向振动响应

图 1-5-9　实体和杆系模型轴承 BRG1～BRG9 振动速度有效值

图 1-5-9 表明：

1）BRG1～BRG9 竖向、横向、纵向振动速度有效值均满足厂家标准限值要求。

2）竖向、纵向响应方面 BRG6 轴响应均为最大，分别为 1.43mm/s、3.51mm/s；横向 BRG5 轴响应最大，为 1.94mm/s。

3）实体模型和杆系模型计算结果显示：BRG5 轴、BRG6 轴，对应于结构Ⅴ、Ⅵ轴振动响应显著，其中 BRG6 轴纵向响应虽然接近厂家标准限值，但仍有一定的安全储备。

（3）物理模型强迫振动响应——《动力机器基础设计标准》GB 50040—2020

利用结构模态参数测试结果，根据模态叠加法预测结构在不同荷载工况下的动态响应特性。基于 Virtual.Lab Rev 13.7——Modal-based forced response，结合标准要求，分析得到扰力作用下的基础振动响应。

经计算得到各扰力点在竖向、横向及纵向上的振动位移幅频曲线，如图 1-5-10 所示。

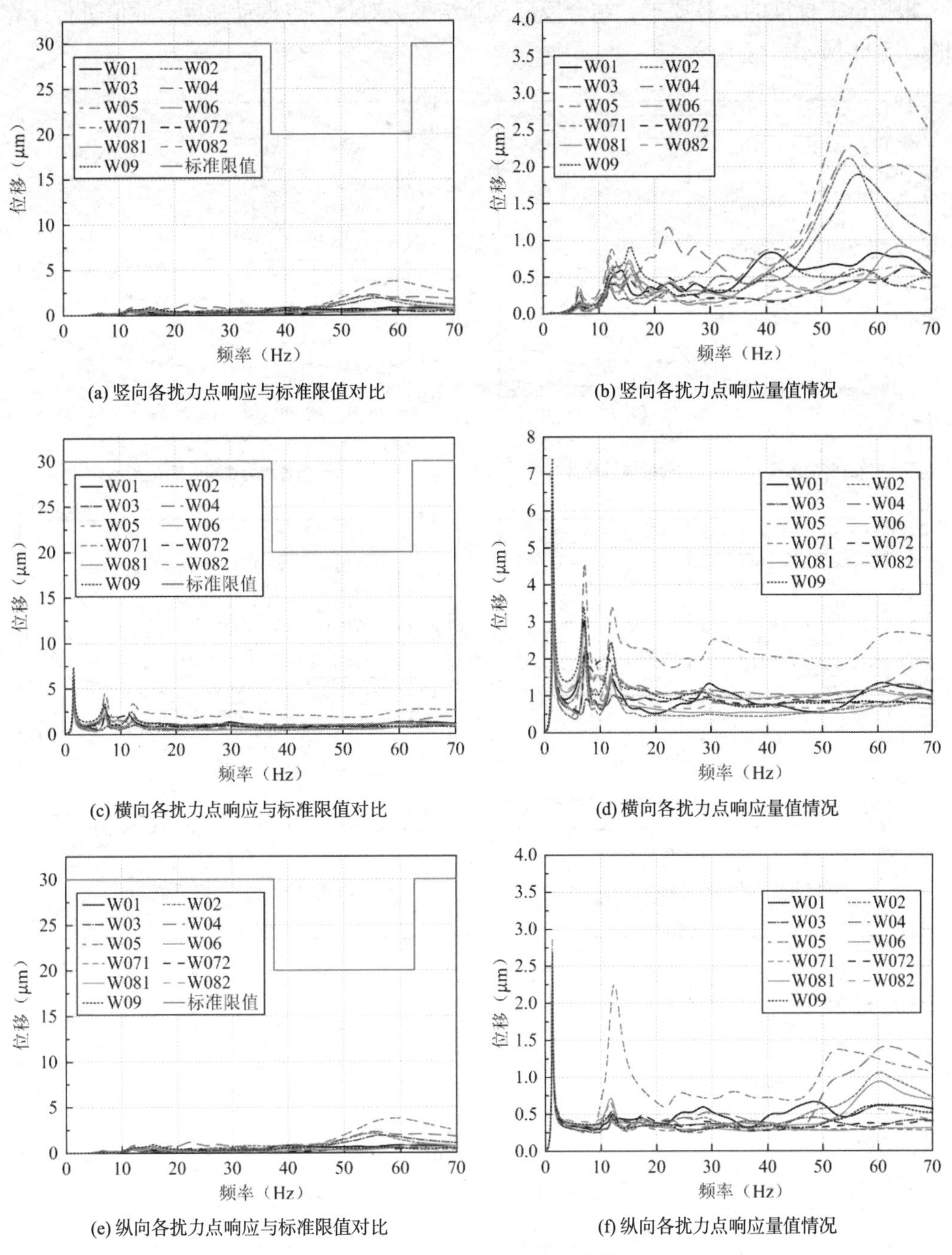

(a) 竖向各扰力点响应与标准限值对比

(b) 竖向各扰力点响应量值情况

(c) 横向各扰力点响应与标准限值对比

(d) 横向各扰力点响应量值情况

(e) 纵向各扰力点响应与标准限值对比

(f) 纵向各扰力点响应量值情况

图 1-5-10　振动位移幅频曲线

由图 1-5-10 可得：

1）各轴承点竖向、横向以及纵向振动线位移均满足《动力机器基础设计标准》GB 50040—2020、《建筑工程容许振动标准》GB 50868—2013 的限值要求。

2）从幅频曲线看，各轴承点振动线位移在工作转速 50Hz ± 25%范围内响应峰值远小于标准限值要求，具有一定的安全储备。

（4）物理模型强迫振动响应——厂家标准

根据厂家标准的计算要求，结合模型试验结果，对扰力点振动速度有效值进行计算，如图 1-5-11 所示。

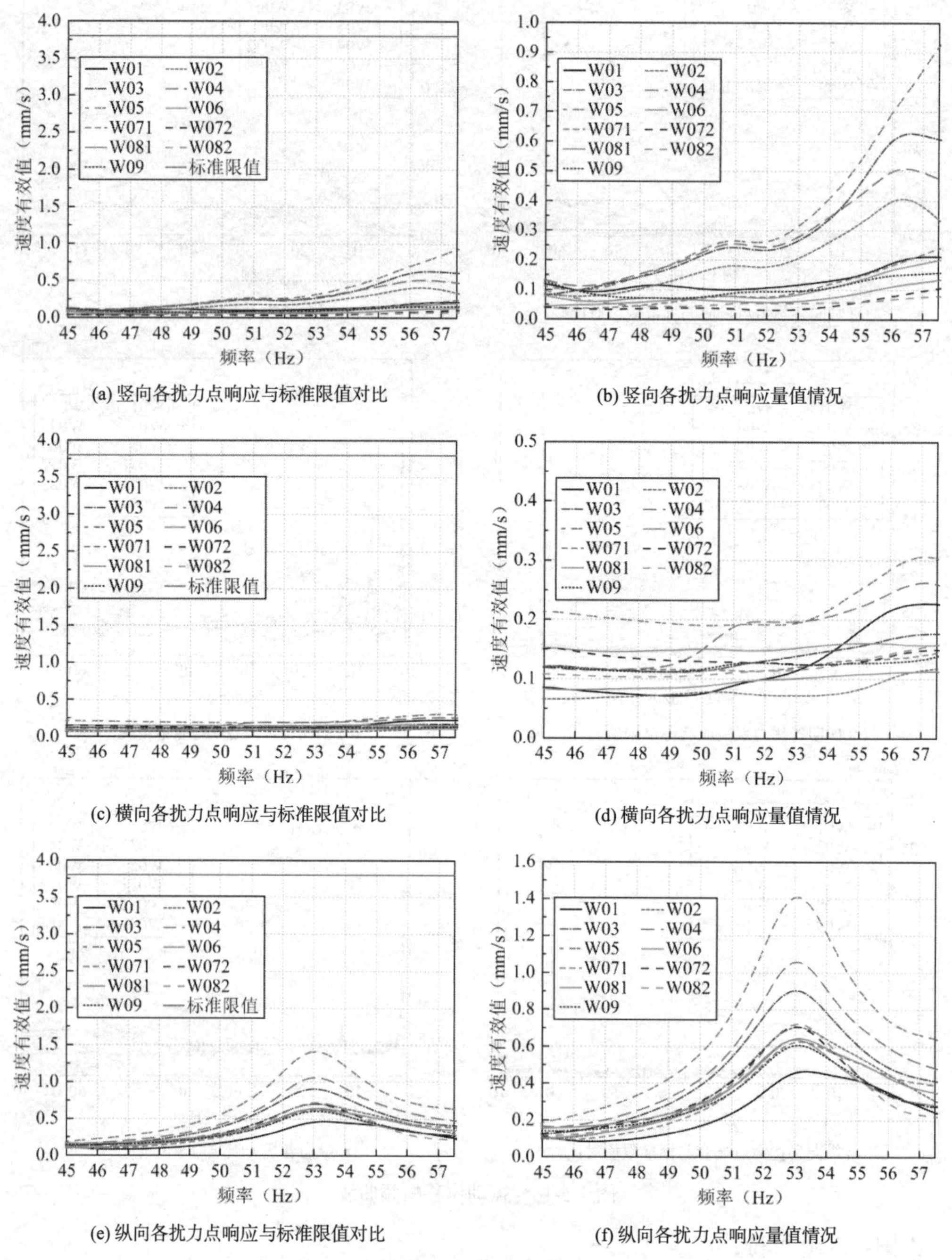

(a) 竖向各扰力点响应与标准限值对比

(b) 竖向各扰力点响应量值情况

(c) 横向各扰力点响应与标准限值对比

(d) 横向各扰力点响应量值情况

(e) 纵向各扰力点响应与标准限值对比

(f) 纵向各扰力点响应量值情况

图 1-5-11　振动速度有效值幅频曲线

由图 1-5-11 可得：

1）各轴承点竖向、横向、纵向振动速度有效值均满足厂家标准限值要求。

2）各轴承点竖向、横向和纵向振动速度有效值最大值均发生在 W05 轴承位置。

3）从各轴承点振动速度有效值幅频曲线看，各轴承点振动速度有效值远小于标准限值要求，具有一定的安全储备。

四、振动控制关键技术

1. 扰力点振动速度和位移峰值双指标控制

本项目中上汽机型需同时满足《动力机器基础设计标准》GB 50040—2020 和厂家标准对扰力点振动响应的要求。其中《动力机器基础设计标准》GB 50040—2020 采用容许振动位移峰值，厂家标准采用振动速度有效值。不同标准间对扰力取值、加载方式、阻尼比、频率范围等均有不同要求，在系统使用各类不同标准时，对结构部分构件进行优化分析，满足双指标控制要求。

2. 数模分析和物模试验关键技术

《动力机器基础设计标准》GB 50040—2020 和厂家标准对质量分布、扰力取值、荷载作用方向有明确的要求，在数值计算和物模分析时，应在质量布置、扰力施加和响应分析时进行系统考虑，满足各类标准的使用规定。

五、振动控制效果

通过模型试验的研究，广东粤电大埔电厂二期工程 2 × 1000MW 二次再热燃煤机组汽轮发电机基础的动力特性综合评价如下：

（1）基础前几阶振型主要为基础结构整体振动，如纵向平动、横向平动，在结构整体振动情况方面，试验结果与计算结果吻合良好。

（2）试验结果表明：基础在竖向、水平横向以及水平纵向上的振动线位移均满足《动力机器基础设计标准》GB 50040—2020、《建筑工程容许振动标准》GB 50868—2013 的控制要求；基础在竖向、水平横向以及水平纵向上的振动速度有效值均满足厂家标准《基础设计要求》SQES 03.05.01-01E 的控制要求。

（3）试验结果与计算结果的振动线位移响应均满足《动力机器基础设计标准》GB 50040—2020、《建筑工程容许振动标准》GB 50868—2013 的限值要求，振动速度有效值响应结果满足厂家标准《基础设计要求》SQES 03.05.01-01E 的限值要求。在振动线位移响应方面，物模试验值总体小于数模计算值。这是由于在计算中扰力作用点位置、响应提取点位置都是轴承中心，而模型试验中无法模拟轴承，轴承点响应的测点布置在对应的结构梁上的位置，二者扰力作用点和响应输出点的位置均有一定的不同，因此，试验和计算会存在一定的误差。

通过试验表明，广东粤电大埔电厂二期工程 2 × 1000MW 二次再热燃煤机组汽轮发电机基础的动力特性满足规范要求。

第二节 压缩式机器

[实例 1-6] 压缩机系统及管路减振技术

一、工程概况

振动过大是大型往复压缩机停机、泄漏、疲劳失效、高噪声、火灾和爆炸的主要原因，特别是对于超高压压缩机和大型工艺压缩机（如超高压聚乙烯压缩机，排气压力可达350MPa以上）的管网系统，振动控制尤为重要。压缩机管网的振动主要分为管道内部的气流脉动和管道机械振动，压缩机自身结构、运行工况和管网布局都会对管网的振动产生直接影响。对于排气压力35MPa以下的压缩机，振动需满足API618 Reciprocating Compressors for Petroleum Chemical and Gas Industry Services 和《石油及天然气工业 往复压缩机》GB/T 20322—2023的要求，对于排气压力35MPa以上的压缩机，尚无明确规定。本实例着重介绍35MPa以上高压及超高压压缩机（图1-6-1）气流脉动管路减振技术。

图 1-6-1 超高压压缩机

二、振动控制方案

对于排气压力35MPa以下的压缩机，相关标准和规范已经形成了较为成熟的振动要求和控制方法。对于排气压力超过35MPa的压缩机，由厂家和用户协商确定振动指标，一般是通过声学分析结合管道循环应力分析，确保振动符合设计需求。对于气流脉动，可以通过改变管道参数（如直径、长度）、管网布局、增加缓冲罐和孔板等措施，抑制气流脉动幅值。

1. 气流脉动声学分析

管路气流脉动本质上是流体力学问题，理论上可采用CFD方法求解，然而实际管路系统的支系和管路元件较多，且混合器、分离器、换热器、阀门等元件及气缸吸排气通道的内部结构十分复杂，给三维流场分析带来巨大的建模困难和时间成本。本实例所述声学分析采用基于平面波动理论的频域方法，可直接得到气流脉动的精确解析解，计算量低且能较准确模拟管路气流的压力脉动情况。

根据平面波动理论和传递矩阵法对压缩机管道系统进行声学建模，计算管路系统的气柱固有频率及管路任意位置的气流脉动响应。具体实现方式上，采用声学分析软件进行建模和计算。气流脉动建模需要在建模前进行必要的数据准备工作，数据准备的核心任务是对管路系统的参数描述，包括收集管路系统各元件的几何数据（管道的管径、长度、缓冲罐体积、阀门开度等），以及管路结构的划分。

具体建模时，应根据实际情况对复杂管路系统进行简化，确定模型的起点和终点，对其中的各个管段及管路部件进行建模（包括确定几何参数及热力参数），给定边界条件后，进行脉动计算与分析。图 1-6-2 为管路气流脉动模型示例。

在完成全管系的声学模型建立后，基于平面波动理论（也可以采用一维非线性流体方程），可以获得管路中的气流脉动时域与频域参数（图 1-6-3）。

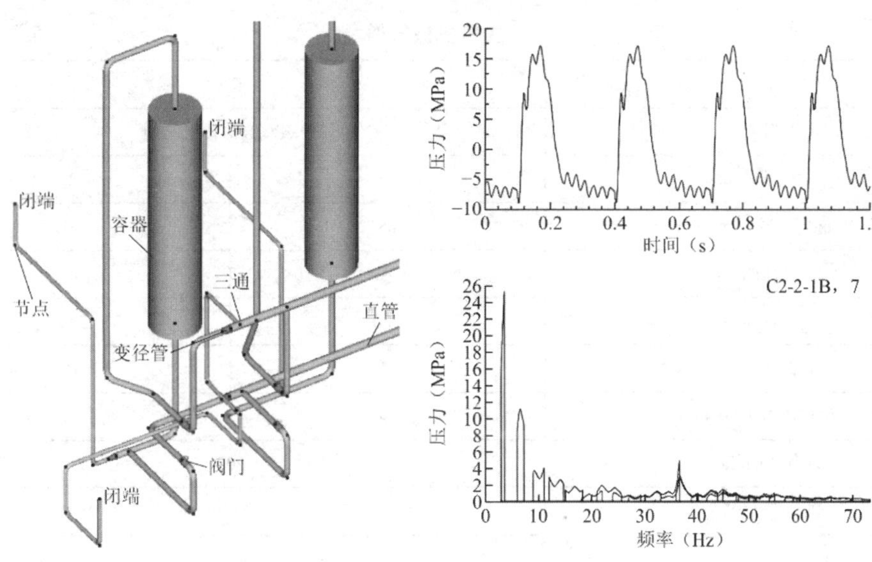

图 1-6-2　管路的气流脉动模型　　　　图 1-6-3　声学分析时域图与频谱图

2. 管道循环应力分析

API618 第 5 版对平均压力 350bar（35MPa）以下一般管道的压力脉动峰值作出如下限定：

$$P_1=\sqrt{\frac{a}{350}}\frac{400}{(P_L\times D_I\times f)^{0.5}} \tag{1-6-1}$$

式中：P_1——与基频及各谐波频率对应的脉动压力峰峰值，以管路平均压力百分数表示；

P_L——管路平均压力；

D_I——管道内径；

f——基频及各谐波频率；

a——声速。

对压缩机气缸吸排气管道的压力脉动峰值作出如下限定：

$$P_1=0.03R \tag{1-6-2}$$

式中：R——气缸吸排气压比。

本实例所研究的排气压力大于 350bar，此时，除脉动压力应满足限定值外，还应进一步评估脉动压力导致的管道循环应力，即展开管道力学分析，判断脉动是否过大。

具体按照以下步骤开展管道循环应力分析：

（1）根据声学分析或现场测试，确定循环荷载。

（2）通过未爆先漏判定采用疲劳分析法或断裂力学法。

（3）确定循环次数，判断是否符合要求。

（4）若满足要求，则完成分析，否则返回第一步，通过施加脉动抑制措施，重新确定循环荷载。

三、振动控制效果

本实例以某聚乙烯超高压压缩机管路系统为例，其二次压缩机压缩到压力 170MPa 以上，送入釜式反应器内。其中，二次机的机械规格如表 1-6-1 所示。

二次机机械规格 **表 1-6-1**

型号	F-8	
形式	两级八缸对置平衡型	
级号	1	2
柱塞直径（mm）	88	80
气缸数	4	4
冲程（mm）	380	340
余隙比（%）	25	31
设计压力（MPa）	144	270
转速（r/min）	200	
轴功率（kW）	5860	

实践和理论分析都表明，在超高压压缩机管路系统中，增加缓冲罐容积对管路的气流脉动抑制效果非常有限，且大容积高压缓冲罐会增加现场的安全隐患。

通过上述气流脉动声学分析方法，针对二次机一级至二级之间管路，在缓冲罐出口后添加孔板（孔径比 0.35），以及在一级气缸出口后管道添加孔板（孔径比 0.5），可使管路中缓冲罐附近气流脉动有效降低（图 1-6-4）。

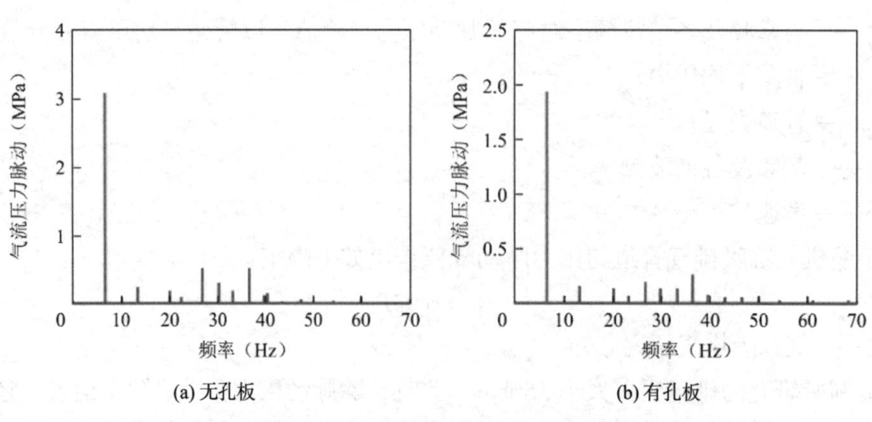

(a) 无孔板　(b) 有孔板

图 1-6-4　孔板对缓冲罐附近管路气流脉动抑制效果

［实例 1-7］高压往复活塞压缩机组振动控制

一、工程概况

压缩机应用十分广泛，作为一种通用机械广泛应用于石油化工、金属冶炼、海洋工程以及国防军工等国民经济各领域。高压往复活塞压缩机组是船舶动力系统关键装备，担负着为全船提供气源的任务，如柴油机、燃气轮机的启动，气动设备供气等。往复活塞压缩机在高压等特殊领域发挥着不可替代的作用，但因其存在往复质量，运转过程中的惯性力、惯性力矩控制较为复杂，其振动烈度、机脚加速度等较回转机械大且减振、降噪相对困难。

本项目针对船用高压往复活塞压缩机组振动控制技术开展研究，采用主动、被动减振相结合的技术路线，有效降低了机组振动值，使其控制在一定范围内，达到船用设备要求。主要技术指标：（1）排气量：$120m^3/h$；（2）排气压力：15MPa；（3）机脚总振级（略）；（4）机脚各频段振级（略）；（5）振级落差（略）。

二、振动控制方案

往复压缩机工作过程中，在复杂激振力作用下产生振动，按激振力来源的不同主要包括以下几个方面：（1）压缩机动平衡性能导致的振动，往复式压缩机在运行过程中，通过曲柄连杆机构将原动力机器的回转运动转变成活塞的往复运动，运动过程中产生的往复惯性力、旋转惯性力及其对应的惯性力矩作为外力向外传递，引起机组振动；（2）作用在十字头（或活塞）上的侧向力与作用在主轴颈上的力偶形成的倾覆力矩引起的压缩机振动；（3）气体压缩过程中工作荷载大小和方向周期性变化形成的干扰力矩，与轴系固有频率接近时产生扭转共振，常见于大型多列压缩机中；（4）压缩机运转时，运动副间产生摩擦和撞击产生振动；（5）压缩气体气流脉动引起振动。

往复机械运转过程中产生振动是不可避免的，只能通过相应的技术手段尽量减小而不能完全避免。除动平衡性能外，对于不同结构形式及排量、压力的往复式压缩机，各相关因素对振动的影响程度又各不相同，针对主要矛盾开展研究攻关工作。作为船用设备，除主动减振措施外，阻断振动传递途径，采用隔振器等被动减振措施也是防止振动传递到甲板的有效手段。因此，为保证项目要求的技术指标，从如下几个方面入手：

1. 压缩机结构形式的确定

为了减小压缩机的振动，合理的结构方案（适当的形式、列数、曲柄错角）直接关系到惯性力及惯性力矩平衡效果。船用设备还要考虑外形结构尺寸及对倾斜、摇摆等船用条件的适应性能等。本项目压缩机结构形式及气缸布置方式如图 1-7-1 所示，四级压缩，两列立式级差结构，曲柄错角 180°。一般来说，同样条件下，振动指标随着转速的升高而加大，降低主机转速也是降低振动的有效手段，但为了保证压缩机排气量、排气压力等指标，采用低转速方案，势必会增大压缩机总体尺寸，因此需要相互兼顾，选择理想的主机转速，本项目主机转速为 1000r/min。为尽可能降低惯性力及惯性力矩向外传递，通过结构尺寸的设计及活塞材料的不同来保证两列往复质量相等，可实现一阶惯性力和二阶惯性力矩完全平衡。

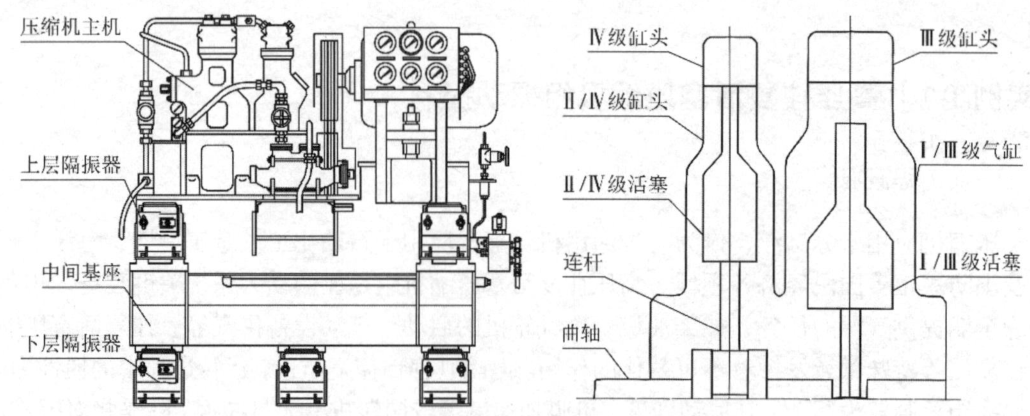

图 1-7-1　压缩机结构形式及气缸布置方式

2. 动力学设计技术

由曲轴、连杆、活塞等运动部件构成的多体系统是一个具有一定刚度和惯量的弹性体，在实际工况中曲轴承受活塞、连杆传递的交变荷载作用，受力情况复杂，传统静力学计算方法很难完成对曲轴运行过程中动态变化边界条件的描述及曲柄连杆机构复杂的受力过程的精确求解，不能真实反映曲轴在实际运行工况下的力学特性。为此，采用多体系统动力学对曲轴系统进行动力优化分析，将曲轴、活塞、连杆等部件的柔性特性及运动副间的摩擦、刚度、阻尼以及主轴承油膜作用纳入分析范围，准确分析曲柄连杆机构各部件的运动学与动力学特性，并为机体的振动与噪声分析研究提供可靠的边界条件。

除仿真分析外，通过测试和试验手段验证惯性力及惯性力矩平衡效果，在一定范围内调整往复质量和平衡重，以获得最优设计结果。

3. 隔振系统设计技术

船用设备常用机脚振动加速度级、振动烈度、振级落差三项指标来表征设备振动情况和评价隔振系统对振动的隔离效果。其中，振级落差表示的是隔振器上（机脚位置）与隔振器下振动加速度差值，直接反映了振动衰减程度。单层隔振系统和双层隔振系统是船用机械设备常用的两种隔振形式，当激振频率大于二次谐振频率后，双层隔振系统振动传递以 $1/\omega^4$ 衰减，而单层隔振系统则以 $1/\omega^2$ 衰减。为了达到振级落差要求，单层隔振系统隔振器刚度必须很小，但刚度过小会导致系统稳定性变差。船用隔振系统的设计还要考虑使用环境条件的影响，如倾斜、摇摆姿态以及整体抗冲击性能等。本项目采用双层隔振系统，见图 1-7-1，很好地克服了单层隔振系统的弊端，采用刚性大的双层隔振系统代替柔软的单层隔振系统，既保证了隔振效果，又有很好的稳定性。

弹簧隔振器和橡胶隔振器为两种常用的隔振器形式，弹簧隔振器固有频率低，低频隔振性能好，而橡胶隔振器内部阻尼比金属大得多，高频振动隔离性能好。为保证隔振器在全频段都有优异的振动隔离效果，双层隔振系统中上、下两层隔振器采用不同形式，即上层为橡胶隔振器（图 1-7-2），下层采用弹簧隔振器（图 1-7-3），合理配置阻尼系数和弹簧刚度，来保证机脚加速度、振动烈度以及振级落差均在允许范围内。

为验证两种隔振器对机脚加速度的影响，上层隔振器分别安装弹簧隔振器、橡胶隔振器测得的机脚加速度值见图 1-7-4，可以看出，上层隔振器采用橡胶隔振器后，在高频段的机脚加速度值较弹簧隔振器下降明显，低频段机脚加速度值变化较小。

图 1-7-2 橡胶隔振器

图 1-7-3 弹簧隔振器

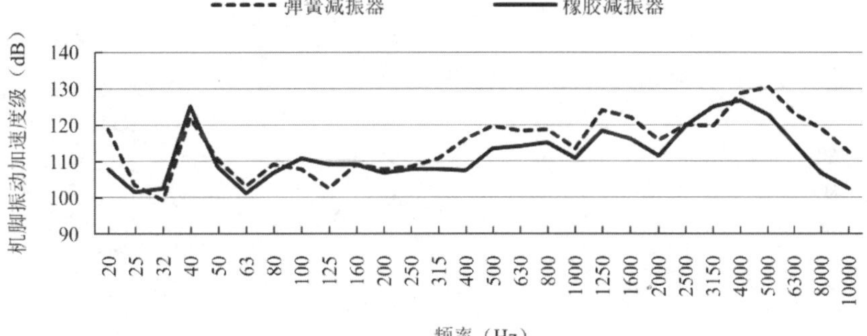

图 1-7-4 两种形式隔振器机脚加速度测试结果

三、振动控制效果

研发的船用高压往复活塞压缩机组产品见图 1-7-5，机脚加速度总振级比规定值低 2dB，各频段振动值均符合相应的标准及规范要求，机脚加速度值见图 1-7-6。低频段（20～200Hz）振级落差为 35dB，优于要求值 15dB；中频段（250Hz～2.5kHz）振级落差为 35dB，优于要求值 5dB；高频段（3.15～10kHz）振级落差为 53dB，优于要求值 18dB。

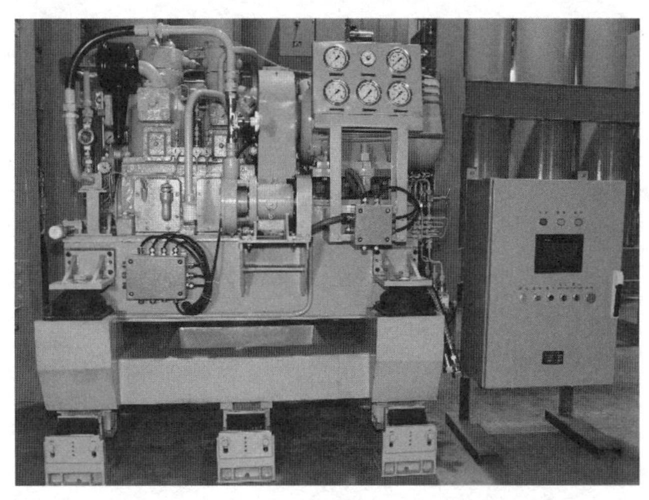

图 1-7-5 高压往复活塞压缩机组

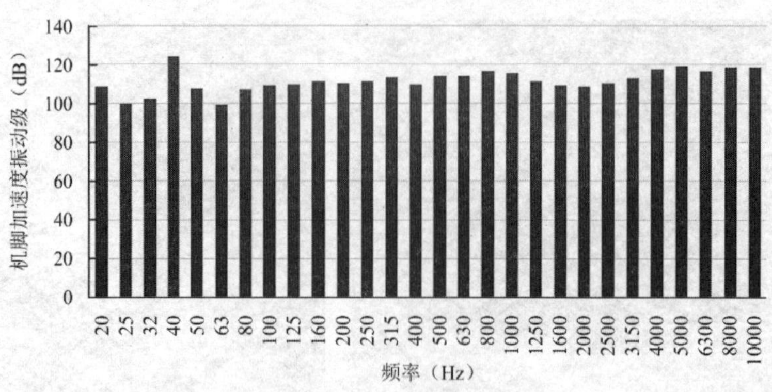

图 1-7-6　机脚加速度测试值

第三节　冲击式机器

[实例 1-8] 工业园区大型冲床振动控制

一、工程概况

2016 年，洛维工业园区柳州东方工程橡胶制品有限公司 3 号厂房安装一台 23.6t JB 21-250A 型号的开式固定台冲床，设备投入使用后发现，厂房振感明显，并伴随较大噪声。冲床工作时产生的剧烈振动严重影响了附近其他设备的正常运行和操作工人的身心健康，同时对冲床本身也带来严重的危害，需进行振动控制。

二、振动控制方案

该项目采用高阻尼橡胶隔振器的振动控制方案，隔振系统包括隔振器和隔振基础台座两部分：隔振器提供刚度与阻尼；隔振基础台座可以增加冲床的配重，减小隔振后冲床的晃动。

经过参数优化设计，设置了尺寸为 4500mm × 4500mm × 1165mm 的 59t 钢筋混凝土隔振基础台座，选用高阻尼橡胶隔振器同时提供所需的刚度和阻尼，并按照刚度中心与质量中心水平重合的原则将 24 个隔振器布置在隔振基础底部。

冲床隔振系统立面图、侧面图和平面图如图 1-8-1～图 1-8-3 所示。

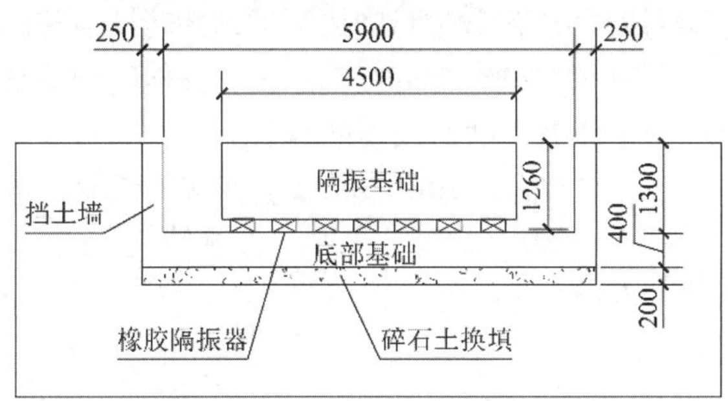

图 1-8-1　冲床隔振系统立面图

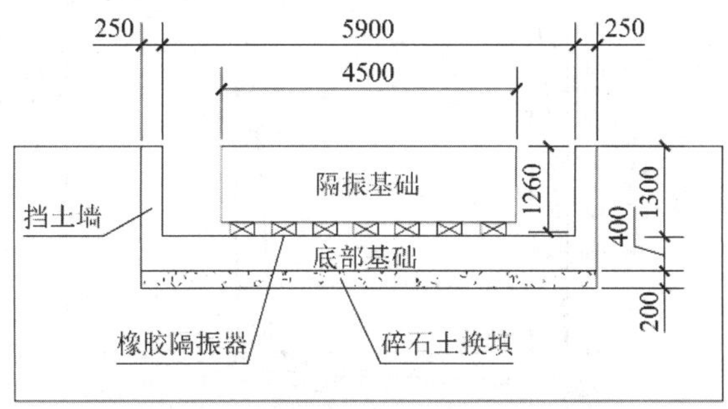

图 1-8-2　冲床隔振系统侧面图

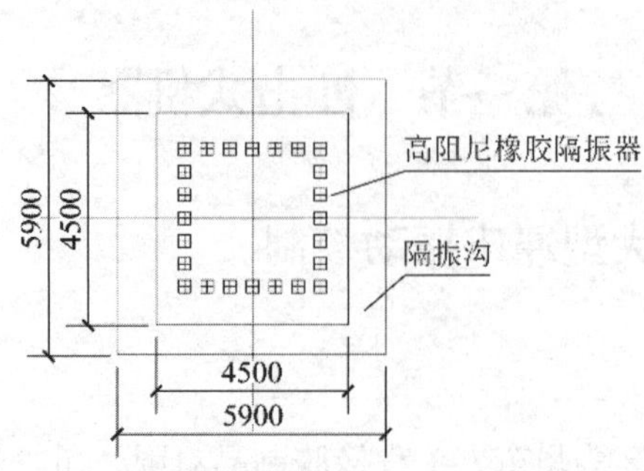

图 1-8-3　冲床隔振系统平面图

三、振动控制分析

1. 分析模型

冲床减振计算分析模型，通常将锤头和其他部分视作 2 自由度体系，装在梁上的机器，视作 3 自由度体系。本项目中，由于机器老旧，已无法确定锤头质量及刚度等相关数据资料。工程设计中，取单自由度计算的工作台振动幅值偏小，引入 1.1～1.3 的修正系数后，其误差在可接受范围内。

因此，设计取单自由度弹簧阻尼模型，其动力方程为：

$$m\ddot{u}(t)+c\dot{u}(t)+ku(t)=P(t) \tag{1-8-1}$$

等式右边为冲床工作时体系产生的振动荷载。

2. 激振荷载

冲床冲压作业荷载不同于其他动力设备荷载，没有固定的频率特征，也不满足正态分布规律。现有技术手段通过对冲压荷载进行间接测试，并转换为理论模型。

冲压时，荷载是一个不断增加到突然卸载的过程，其他时刻荷载输入几乎为零，直到下一个冲压周期。取 1/4 个正弦波，则荷载模型如下：

$$P(t)=\begin{cases}P_{\max}\cdot\sin(0.5\pi t/\Delta t) & 0\leqslant t\leqslant\Delta t\\0 & \text{其他}\end{cases} \tag{1-8-2}$$

式中：$P_{\max}$——冲击荷载最大值；

Δt——冲击时间。

冲压荷载时程曲线形状如图 1-8-4 所示。

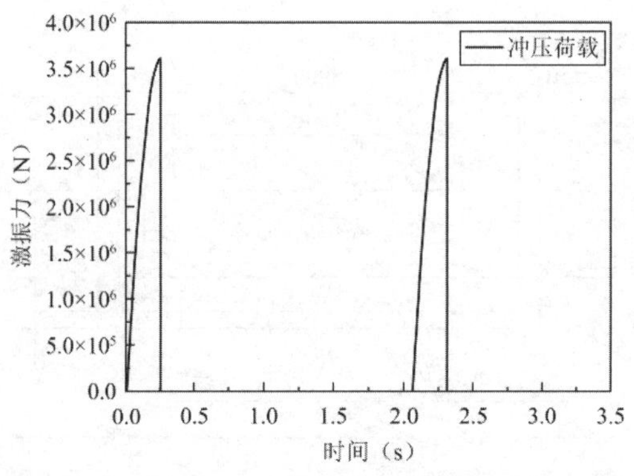

图 1-8-4　冲压荷载时程曲线

取前述隔振设计参数，按冲压荷载模型模拟两次冲击荷载，通过计算可以得到设备平台的响应如图 1-8-5 所示。

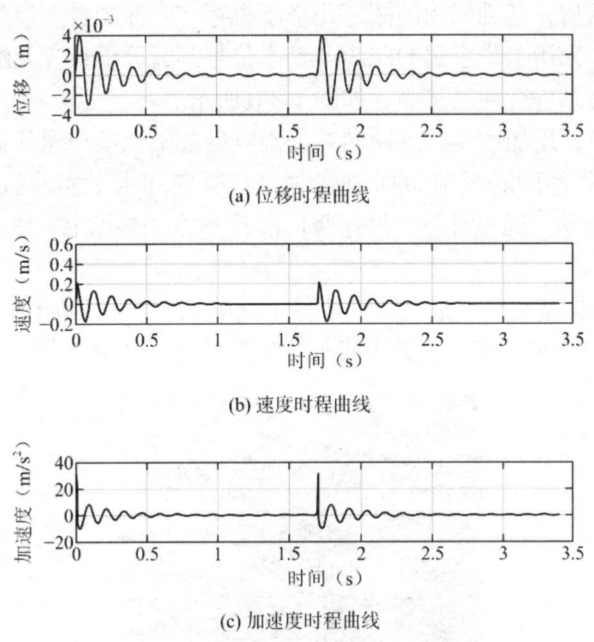

(a) 位移时程曲线

(b) 速度时程曲线

(c) 加速度时程曲线

图 1-8-5　隔振基础台座振动响应曲线

输入力最大值 3.66×10^6N，隔振后传递到地基的力最大值为 7.11×10^5N，隔振率 80.6%。从计算结果来看，该荷载模型方法与已有文献所提及的减振效果较为接近。

3. 隔振参数

对于冲压荷载输入模型，设备隔振率与冲击时间、隔振台座质量、隔振层刚度等参数相关。根据隔振设计理论，隔振基础平台质量越大，其响应值会越小，通常取隔振基础平台质量与设备质量比大于 2.0。经多次优化设计，最终确定隔振参数如表 1-8-1 所示。

隔振设计参数　　**表 1-8-1**

冲床质量	基础台座质量	隔振器竖向总刚度	阻尼比	隔振体系固有频率
23.6t	59t	2.18×10^5N/mm	0.03	8.2Hz

注：容许振动位移为 300μm，来源于《工程隔振设计标准》GB 50463—2019。

四、振动控制关键技术

本工程涉及的振动控制关键技术主要有：

（1）合理地设计隔振系统参数，通常需对设备隔振系统进行动力学分析，但目前很难准确地确定冲床产生的冲压荷载力学模型。

（2）隔振器安装在厂房内隔振基础底部，将直接承受连续性的较大冲压荷载，须具备足够的承受静、动荷载的能力。

（3）隔振器工作环境复杂、散热条件差，其阻尼元件需具备足够的温度稳定性。

（4）隔振系统的设计，需同时满足较好的隔振效果和较小的冲床晃动幅度。隔振器需满足稳定性、耐久性的要求，且阻尼元件在连续多次冲压后能够保持阻尼系数无明显下降。

五、振动控制效果

对冲床进行隔振后，基础周围的振感几乎不再存在，冲床噪声显著降低，操作工人体感舒适度大幅提升。采用东华公司 DH8304 动态信号测试分析系统及配套的磁电式加速度传感器对冲床隔振体系进行现场实测，如图 1-8-6 所示。

冲床正常作业时，用加速度传感器同时采集隔振基础台座和地基基础上的振动响应，用于评估隔振效果。冲床隔振前后加速度对比，竖向和水平实测振动数据曲线分别如图 1-8-7 和图 1-8-8 所示，通过计算，冲床竖向隔振率达 91%以上，水平隔振率高达 95%，振动控制效果显著。

隔振后，冲床隔振基础竖向最大振动位移 109μm，水平最大振动位移 96.9μm，均小于规范规定的 300μm 临界值，满足设计要求。隔振系统至今正常运行。

图 1-8-6　冲床隔振效果测试

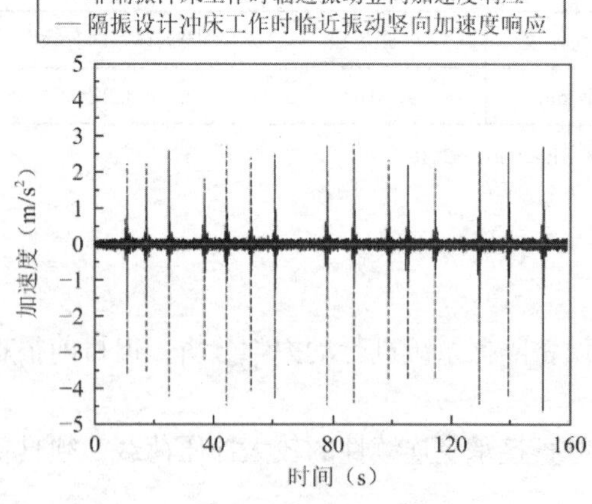

图 1-8-7　冲床隔振前后竖向加速度响应

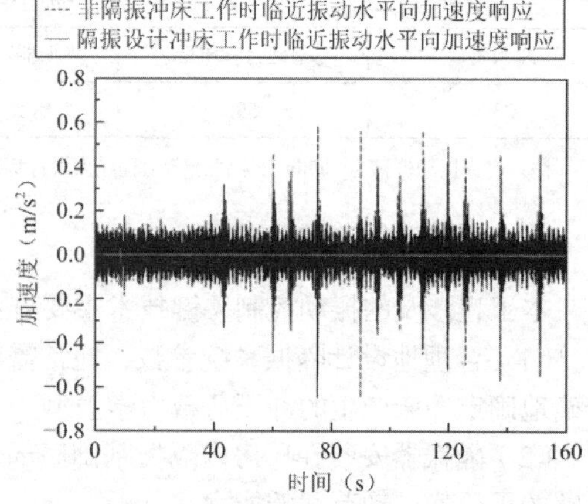

图 1-8-8　冲床隔振前后水平向加速度响应

[实例 1-9] 北方易初冲压车间振动噪声控制

一、工程概况

北方易初拟建冲焊联合厂房，长度 82m，宽度 68m。柱距为 10m × 8m，跨度为 24m + 2 × 18m，外加 7.6m 跨附房；屋架下弦高度 13.00m；最大吊车吨位 20t。冲焊联合厂房内设有 4 台液压压力机，两台 800t 压力机，两台 630t 压力机。4 台压力机安装在带状基础上。厂房西侧山墙靠近一个营房宿舍，距离仅 14m，压力机加工作业时产生的振动影响不可忽略。对于这样的状况，压力机的高效隔振、减振技术应用是必须采取的措施。压力机设备布置和建筑物位置关系如图 1-9-1 和图 1-9-2 所示。

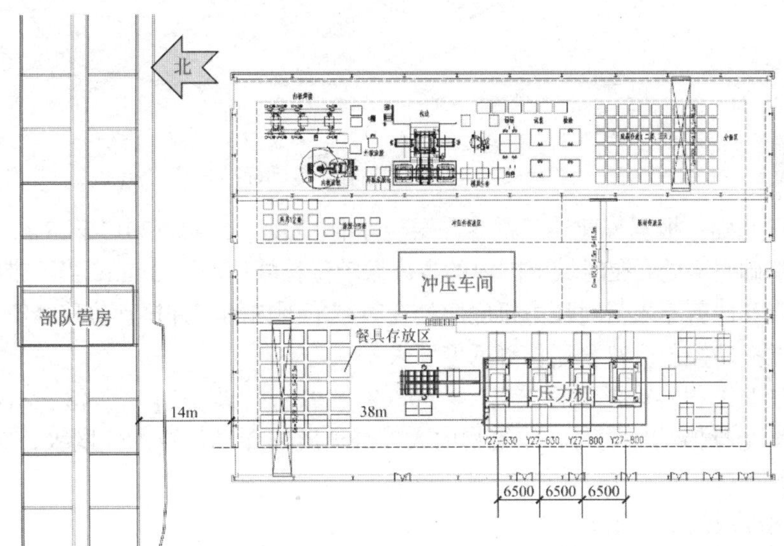

图 1-9-1　车间与营房平面位置

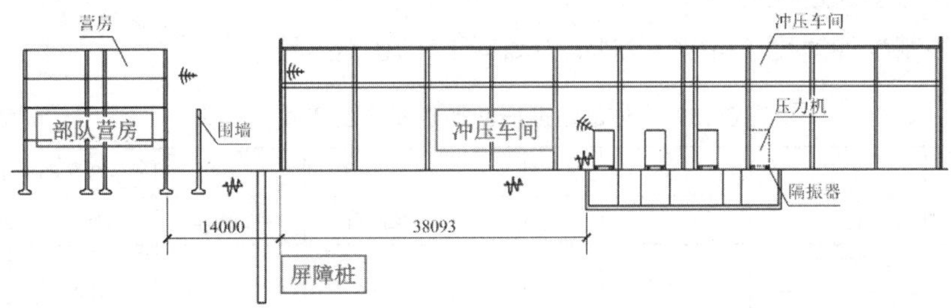

图 1-9-2　车间与营房剖面位置

二、振动控制目标

本项目中，压力机基础振动的控制目标包括两个部分：

1. 压力机基础振动应符合生产适用性要求

（1）非隔振基础：根据《建筑工程容许振动标准》GB 50868—2013 第 5.4.1 条的规定，基础容许振动标准如表 1-9-1 和图 1-9-3 所示。

压力基础容许振动标准 **表 1-9-1**

基组固有频率（Hz）	容许振动位移峰值（mm）
$f_n \leqslant 3.6$	0.5
$3.6 < f_n \leqslant 6.0$	$1.8/f_n$
$6.0 < f_n \leqslant 15.0$	0.3
$f_n > 15.0$	$0.1 + 3/f_n$

注：f_n为基组固有频率。

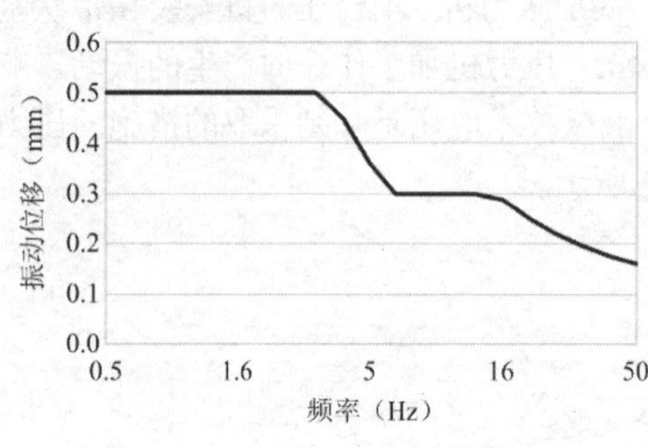

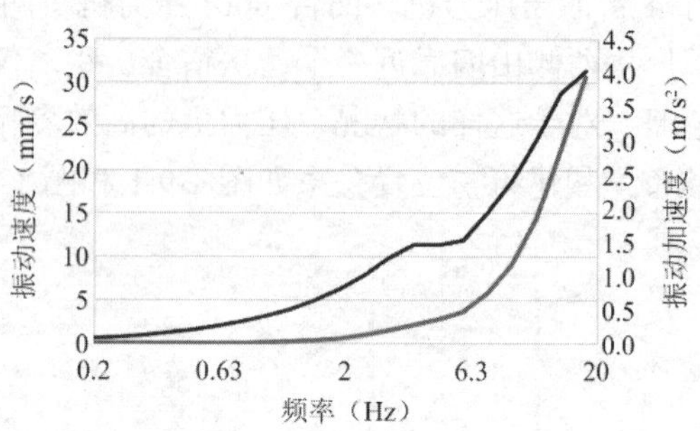

图 1-9-3　压力机基础容许振动标准

（2）隔振基础：根据《建筑工程容许振动标准》GB 50868—2013 第 5.4.2 条的规定，压力机隔振基础底座处，在时域范围内的容许振动位移峰值应取 3mm；当不带有动平衡机构的高速冲床和冲剪厚板料时压力机底座处在时域范围内的容许振动位移峰值应取 5mm。

2. 对厂界振动控制应符合居住舒适度要求

根据《建筑工程容许振动标准》GB 50868—2013，当采用单一数值表示建筑物内不同轴向的人体全身振动环境时，建筑物内人体舒适度的振动计权加速度级，应按表 1-9-2 采用。

振动加速度级按下式定义：

$$VL = 20 \times \lg(a/a_0) \tag{1-9-1}$$

式中：a——振动加速度有效值（m/s²）；

a_0——基准加速度（m/s²），规定为$a_0 = 1 \times 10^{-6}$m/s²。

建筑物内人体舒适度振动加速度级容许值（dB） **表 1-9-2**

地点	时间	重复性冲击			每天只发生数次的冲击振动		
		水平向	竖向	混合向	水平向	竖向	混合向
振动要求严格的工作区	昼间	71	74	71	71	74	71
	夜间						
住宅区	昼间	77～83	80～86	77～83	101～110	110～113	101～110
	夜间	74	77	74	74～97	77～110	74～97
办公室	昼间	83	86	83	113	116	113
	夜间						
生产车间	昼间	89	92	89	113	116	113

根据表 1-9-2 提供的住宅区夜间竖向振动容许值，可按照 77dB 取值。

三、振动控制方案

本项目冲压车间内有 4 台大型压力机。冲压车间距离营房非常近，厂界振动要求高，振动控制难度大。考虑压力机振源，工程中采用多重隔振技术组合方案。

主要控制方案为：(1) 压力机设备选型，采用振动较小的液压压力机；(2) 压力机设备下直接隔振，即为柔性隔振方案；(3) 基坑下打桩，提高地基刚度，即为刚性减振方案；(4) 非连续屏障隔振，即为路径隔振方案。

本项目将这些隔振技术组合在一起，形成了综合隔振措施，取得了良好效果。

当工艺方案确定以后，选取液压压力机，就可以确定振动荷载条件，由此可以选取相应的隔振方案，具体如下：

1. 压力机设备下直接隔振方案

压力机下直接隔振如图 1-9-4 所示。

基坑下打桩提高地基刚度，刚性减振方案；基础下打桩提高地基刚度，桩基方案如图 1-9-5 所示。

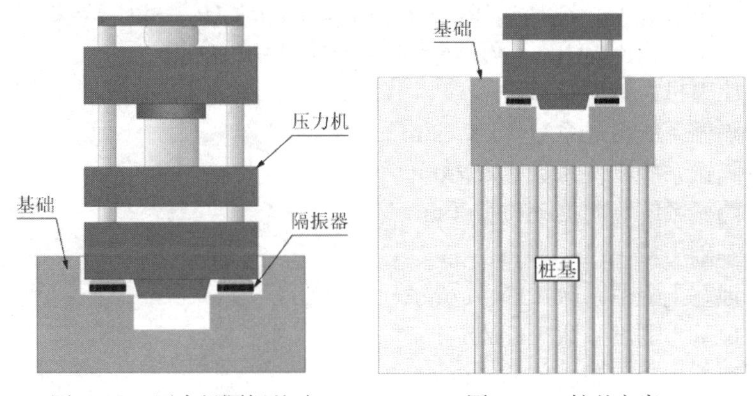

图 1-9-4　压力机隔振基础　　图 1-9-5　桩基方案

2. 非连续屏障隔振方案

在振动传播路径上设置屏障隔振，采用的是非连续双排屏障桩。屏障桩平面布置如图 1-9-6 所示。

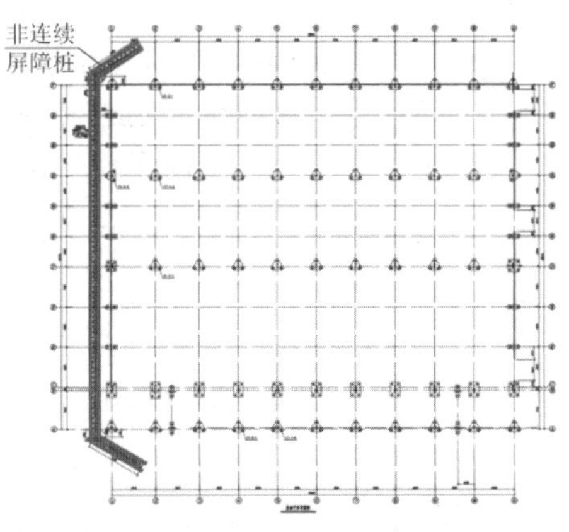

图 1-9-6　屏障桩平面布置

四、振动控制分析

1. 压力机直接隔振

压力机基础隔振简化模型见图 1-9-7。

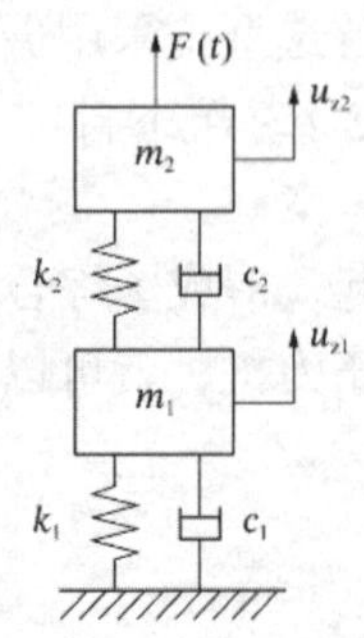

图 1-9-7　隔振模型

振动微分方程为：

$$\begin{cases} m_1\ddot{u}_{z1} + c_1\dot{u}_{z1} + c_1(\dot{u}_{z1} - \dot{u}_{z2}) + k_1u_{z1} + k_2(u_{z1} - u_{z2}) = 0 \\ m_2\ddot{u}_{z2} + c_2(\dot{u}_{z2} - \dot{u}_{z1}) + k_2(u_{z2} - u_{z1}) = F(t) \end{cases} \tag{1-9-2}$$

式中：m_2——压力机设备质量（t）;

c_2——隔振系统阻尼系数（kN · s/m）;

k_2——隔振系统刚度系数（kN/m）;

u_{z2}——隔振系统竖向振动位移（m）;

m_1——基础质量（t）;

c_1——地基土阻尼系数（kN · s/m）;

k_1——地基土刚度系数（kN/m）;

u_{z1}——地基土竖向振动位移（m）;

$F(t)$——压力机冲击作用力（kN）。

用矩阵表示：

$$\begin{bmatrix} m_1 & 0 \\ 0 & m_2 \end{bmatrix}\begin{Bmatrix} \ddot{u}_{z1} \\ \ddot{u}_{z2} \end{Bmatrix} + \begin{bmatrix} c_1 + c_2 & -c_1 \\ -c_1 & c_2 + c_1 \end{bmatrix}\begin{Bmatrix} \dot{u}_{z1} \\ \dot{u}_{z2} \end{Bmatrix} + \begin{bmatrix} k_1 + k_2 & -k_1 \\ -k_1 & k_2 + k_1 \end{bmatrix}\begin{Bmatrix} u_{z1} \\ u_{z2} \end{Bmatrix} = \begin{Bmatrix} 0 \\ F(t) \end{Bmatrix} \tag{1-9-3}$$

或：

$$[M]\{\ddot{u}_z\} + [C]\{\dot{u}_z\} + [K]\{u_z\} = \{F(t)\} \tag{1-9-4}$$

对于两自由度系统瞬态响应，可以采用振型叠加法或时程分析方法。采用 Newmark 方法，该方法既可以用于线性系统，也可以用于非线性系统；既可以解决稳态振动问题，也可以分析瞬态响应。

具体步骤如下：

（1）根据微分方程解$\{\ddot{u}_z\}$

$$\{\ddot{u}_z(t)\} = [M]^{-1} \cdot \left(\{F(t)\}^{-1} - [C]\{\dot{u}_z(t)\} - [K]\{u_z(t)\}\right) \tag{1-9-5}$$

（2）确定增量数列$\{\Delta u_z\}$

$$\left[\overline{K}\right]\{\Delta u_z\} = \left\{\Delta \overline{F}\right\} \tag{1-9-6}$$

式中：$[\overline{K}]=[K]+\frac{1}{\beta\cdot\Delta t^2}[M]+\frac{\gamma}{\beta\cdot\Delta t}[C]$

$$\{\Delta\overline{F}\}=\{\Delta F\}+\left(\frac{1}{\beta\cdot\Delta t}\cdot\{\dot{u}_z\}+\frac{1}{2\beta}\cdot\{\ddot{u}_z\}\right)\cdot[M]+\left[\frac{\gamma}{\beta}\cdot\{\dot{u}_z\}+\left(\frac{\gamma}{2\beta}-1\right)\cdot\Delta t\cdot\{\ddot{u}_z\}\right][C]$$

（3）根据Δu_z求出$\{\Delta u_z(t+\Delta t)\}$和$\{\Delta\dot{u}_z(t+\Delta t)\}$

$$\{\Delta u_z(t+\Delta t)\}=\{\Delta u_z(t)\}+\{\Delta u_z\}$$

$$\{\Delta\dot{u}_z(t+\Delta t)\}=\frac{1}{\beta\cdot\Delta t}\cdot\{\Delta u_z\}+\left(1-\frac{\gamma}{\beta}\right)\{\Delta\dot{u}_z(t)\}-\left(\frac{\gamma}{2\beta}-1\right)\cdot\Delta t\cdot\{\ddot{u}_z(t)\} \tag{1-9-7}$$

800t液压压力机属于大型压力机，其基础振动分析，考虑冲裁和拉伸两种工况进行分析：

（1）冲裁作业：$F_{max}=400\text{kN}$，$t_0=10\text{ms}$，正矢脉冲；

（2）拉伸作业：$F_{max}=267\text{kN}$，$t_0=20\text{ms}$，后峰齿形脉冲。

两种工况的冲击脉冲如图1-9-8所示。冲裁阶段基础振动位移、速度和加速度响应如图1-9-9～图1-9-11、表1-9-3所示。

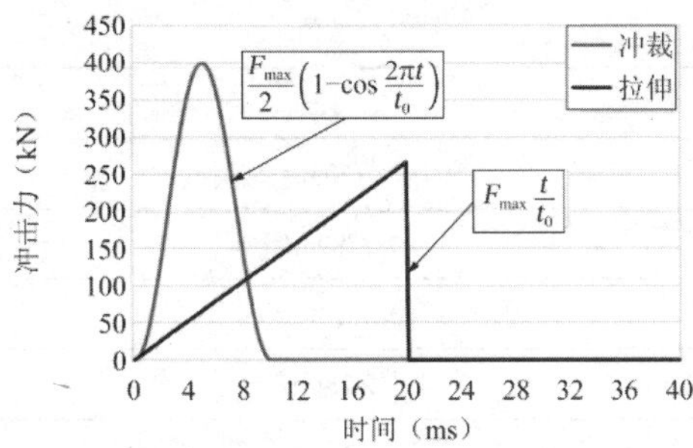

图1-9-8　压力机冲击脉冲

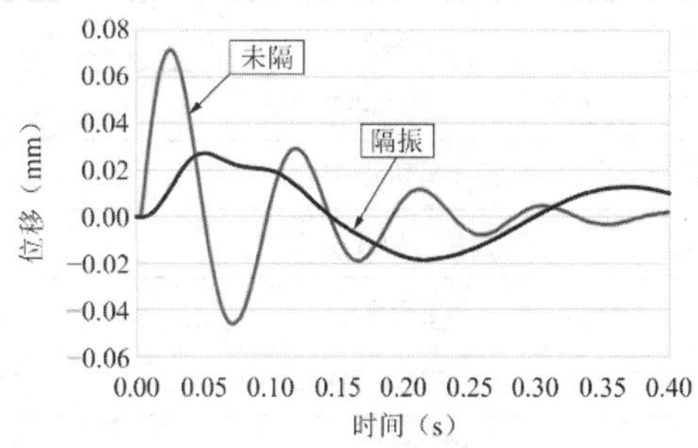

图1-9-9　振动位移

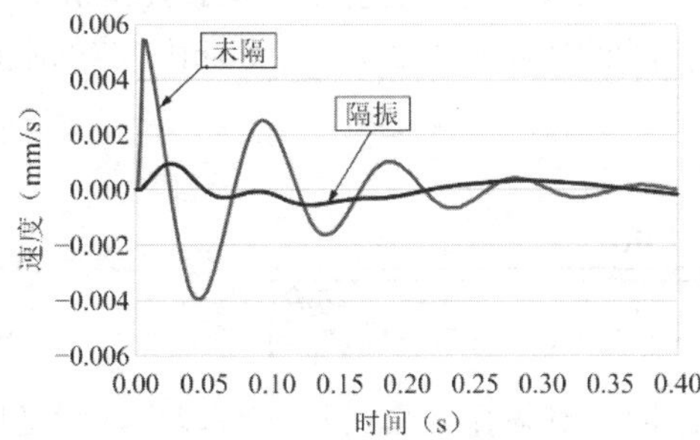

图1-9-10　振动速度

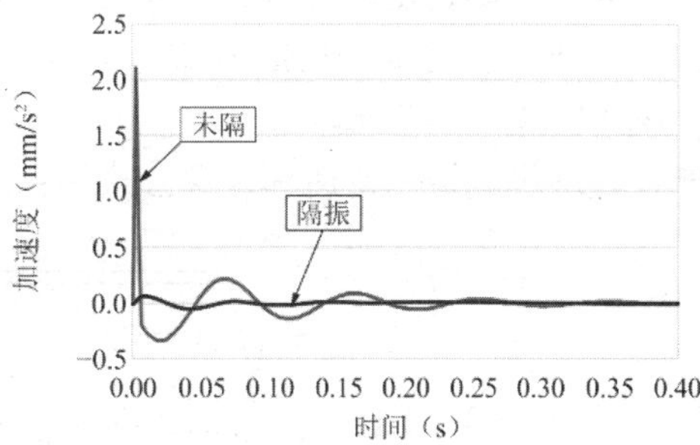

图1-9-11　振动加速度

压力机基础振动　　**表1-9-3**

序号	工况	位置	u_{zmax}（mm）	v_{zmax}（mm/s）	a_{zmax}（m/s^2）
1	冲裁	未隔振基础	0.143	0.010	2.065
2	冲裁	隔振基础	0.055	0.002	0.122
3	冲裁	隔振设备	1.024	0.024	4.471
4	拉伸	未隔振基础	0.182	0.012	0.955
5	拉伸	隔振基础	0.072	0.002	0.148
6	拉伸	隔振设备	1.362	0.032	3.087

2. 非连续屏障隔振

屏障宽度$B = 1.1\text{m}$，屏障长度$L = 73.6\text{m}$，桩径$d = 0.6\text{m}$，桩距$s = 1.0\text{m}$，净距$s_j = 0.4\text{m}$，如图 1-9-12 所示。计算参数见表 1-9-4。

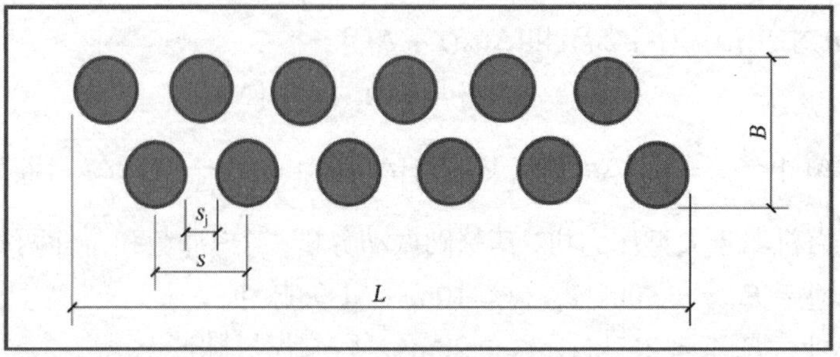

图 1-9-12　屏障桩参数

计算参数　表 1-9-4

名称	数值
屏障宽度B	1m
土剪切波速V_s	150m/s
屏障剪切波速V_b	2789m/s
土密度ρ_s	1.814t/m^3
屏障等效密度ρ_b	2.28t/m^3
波的阻抗比a	23.37

考虑面波作用，土的等效剪切波速为$V_s = 150.3\text{m/s}$。地基土密度$\rho_s = 1.814\text{t/m}^3$，钢筋混凝土 C30 剪切波速取平均值为$V_B = 4000\text{m/s}$，钢筋混凝土密度$\rho_B = 2.6\text{t/m}^3$，波的阻抗比$a = (\rho_B V_B)/(\rho_s V_s) = 17.36$。

非连续屏障隔振的传递率计算公式为：

$$T_R = \frac{u_1}{u_2} = \frac{4a}{\sqrt{(1+a)^4 + (1-a)^4 - 2(1-a^2)^2 \cos\left(\frac{\omega B}{V_s}\right)}} \tag{1-9-8}$$

计算结果见图 1-9-13。当振动频率大于 8Hz 时，其隔振效率可达 50%以上。设备隔振后基础的振动频率为 14.84Hz，传递率为$T_R = 0.343$；此时的隔振效率大于 65%。

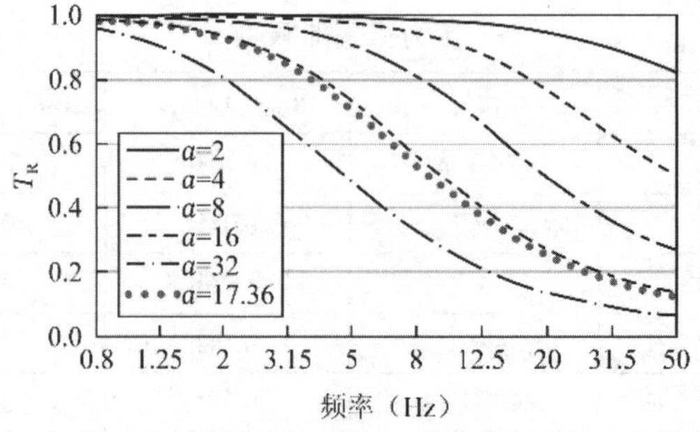

图 1-9-13　屏障隔振效率

五、振动控制关键技术

（1）工艺设备选型，压力机采用低振动噪声的液压式压力机。

（2）压力机设备直接隔振，选用阻尼钢弹簧隔振器。

（3）增加压力机基础地基刚度，基坑下采用预应力管桩。

（4）合理布局，压力机设备置于车间中段，增加振动传播路径的长度。

（5）车间外侧，设置非连续屏障桩，形成振动传播路径的屏障隔振。

（6）山墙不设门窗，采用 370 砌体墙。

（7）门斗作隔声消声处理。

六、振动控制效果

设备直接隔振：衰减超过 10dB；基坑下打桩提高地基刚度：减振率超过 3dB；屏障桩隔振：隔振约 3～5dB；设备基础至营房建筑基础的传播距离为 52m，振动衰减超过 20dB。

对于压力机冲裁作业时的基础振动为 126.3dB，拉伸作业时基础振动为 119.6dB。上述的隔振措施可以确保振动控制对象，冲裁作业时的振动达到 65dB 以下，拉伸作业时的振动达到 55dB 以下。对于压力机拉伸作业工况，由于振动幅值较小，需要考虑背景振动的叠加影响，可以加上 1～2dB，即厂界振动为 56～57dB，与现场实测结果（测点 6 为 57dB）一致（表 1-9-5）。因此，该工程满足居住环境容许振动加速度级 77dB 的要求。

振动测试结果（dB）　　　　**表 1-9-5**

测点	背景工况总振动加速度级	压力机运行工况总振动加速度级
1	54.4	78.9
2	51.6	70.3
3	63.0	69.2
4	52.5	60.0
5	48.9	57.2
6	49.5	57.0

第四节　通用机械设备

［实例 1-10］高层商住建筑送排风及空调系统的振动控制

一、工程概况

位于东京繁华商业区的高层商住建筑，大楼一楼是宽敞的大堂、商场和商店，二楼以上是商务办公楼层，商务楼层以外是住宅。

一楼顶棚上方的楼板隔层内安装的送/排风设备运行时产生振动，导致二楼办公室的办公桌上也出现了明显的振动。

二、振动控制方案

不同的建筑功能区域，对建筑物内的振动等级要求不同。为满足舒适度，振动等级应符合各种环境的振动推荐值（表 1-10-1）。

各种环境的振动推荐值　　表 1-10-1

<table>
<tr><td rowspan="2">振动</td><td>VL（dB）</td><td>45</td><td colspan="4">50</td><td colspan="3">55</td><td>60</td></tr>
<tr><td>不适感</td><td colspan="9">无感 ------------------ 一部分人开始感觉到振动 ------------------------------ 不甚在意 ---------- 开始感到不舒适</td></tr>
<tr><td rowspan="8">环境对象</td><td>录音室、演播室</td><td>静音室</td><td>录音室</td><td>电台演播室</td><td>电视演播室</td><td>主控室</td><td></td><td></td><td></td><td></td></tr>
<tr><td>会场、大厅</td><td></td><td>音乐厅</td><td>剧场</td><td>舞台</td><td>电影院、天象馆</td><td></td><td>大堂、候车室</td><td></td><td></td></tr>
<tr><td>医院</td><td></td><td>测听室</td><td>专科医院</td><td>手术室、病房</td><td>诊察室</td><td></td><td></td><td></td><td></td></tr>
<tr><td>酒店、住宅</td><td></td><td>卧室</td><td>卧室、客房</td><td>卧室、客房、书房</td><td>客房</td><td>宴会厅</td><td></td><td></td><td></td></tr>
<tr><td>办公室</td><td></td><td></td><td></td><td>高管办公室、大会议室</td><td>会客室</td><td>办公室、小会议室</td><td>办公室</td><td>办公室</td><td>打字房、计算机房</td></tr>
<tr><td>公共建筑</td><td></td><td></td><td></td><td>公会堂</td><td>美术馆、博物馆</td><td></td><td>公会堂兼体育馆</td><td colspan="2">室内体育设施</td></tr>
<tr><td>学校、教会</td><td></td><td></td><td></td><td>音乐教室</td><td>礼堂、礼拜堂</td><td>研究室、阅读室</td><td>教室</td><td>走廊</td><td></td></tr>
<tr><td>商业建筑</td><td></td><td></td><td></td><td></td><td>音乐咖啡厅、珠宝店</td><td>书店、艺术品商店</td><td>银行、饭店、餐厅</td><td>商店、食堂</td><td></td></tr>
</table>

注：本表引自日本建筑学会编《建筑设计资料集成：环境篇》。

1. 振动调查测试

为了把握振动状态，制定有效可行的振动控制方案，对现场进行了振动测试。测试点如表 1-10-2 所示，风机位置振动测试点位置如图 1-10-1 所示。

振动测试点分布　　**表 1-10-2**

测试场所	办公区域	仓库区域
测试点	送风机	排风机
	楼板	楼板
	OA 地板	OA 地板
	办公桌桌面	—

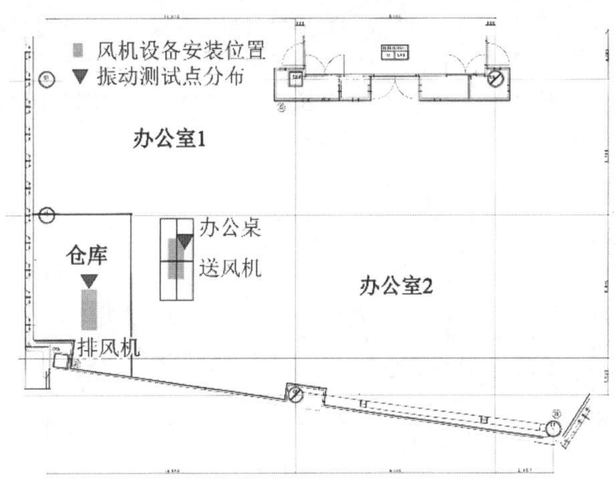

图 1-10-1　风机位置和振动测试点位置示意图

2. 风机设备隔振

在要求安静的办公环境中，防振装置的选择对隔振性能有较大影响。要降低风机设备带来的振动，达到减振效果，需要在低频范围进行振动隔绝。

采用在低频范围内具有良好的绝缘性能的防振弹簧吊架取代橡胶垫。采取防振对策前的状况如图 1-10-2 所示，安装后的效果如图 1-10-3 所示。

图 1-10-2　风机设备（防振对策前：橡胶垫）

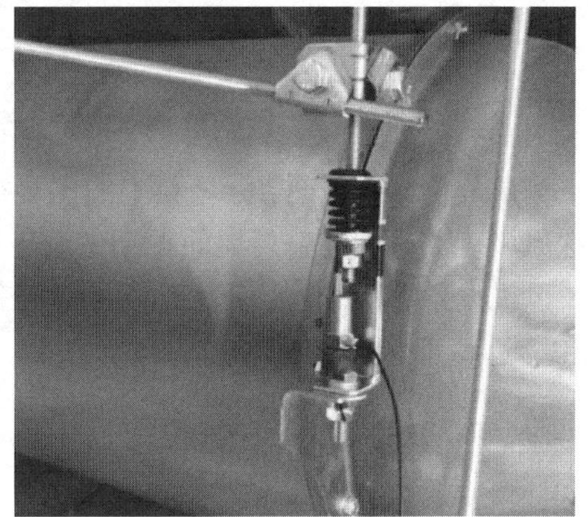

图 1-10-3　风机设备（防振对策后）

三、振动控制分析

测试点实测结果如图 1-10-4～图 1-10-8 所示。

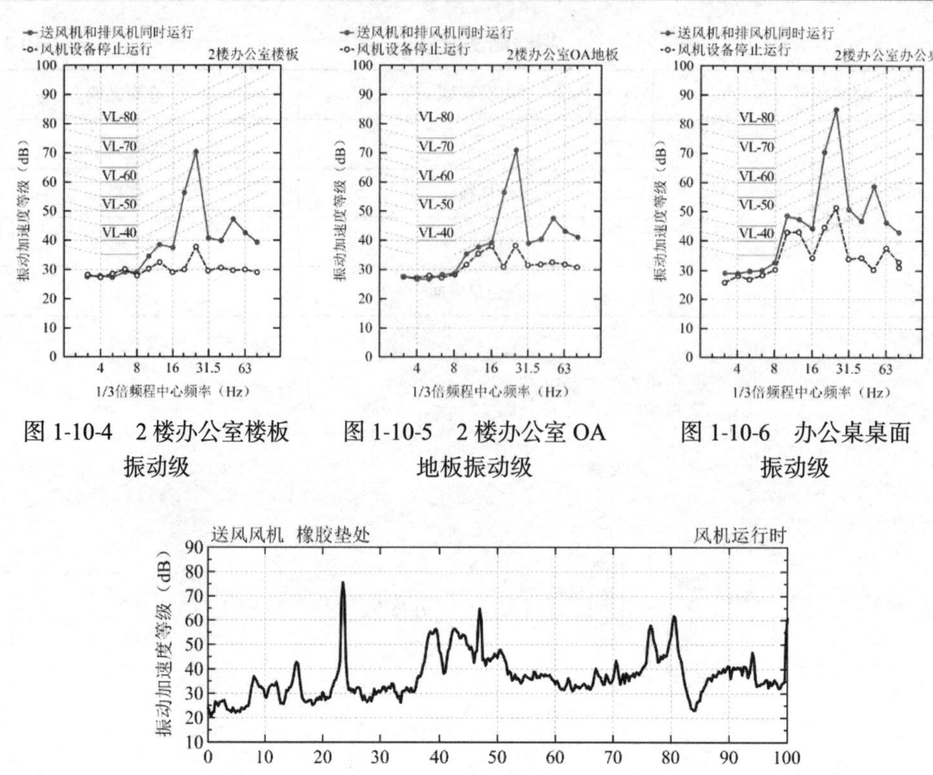

图 1-10-4 2 楼办公室楼板振动级

图 1-10-5 2 楼办公室 OA 地板振动级

图 1-10-6 办公桌桌面振动级

图 1-10-7 送风机防振橡胶垫的振动加速度级

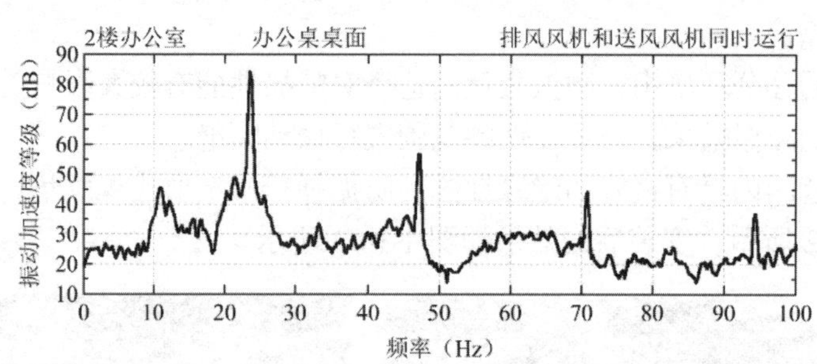

图 1-10-8 2 楼办公室的办公桌桌面振动加速度级

测试分析结果表明：办公桌上的主要振动峰值在 23.75Hz，风机也具有同样的峰值。位于送风风机上方的办公桌桌面振动来源于风机。

风机设备运行时，办公室地板的振动等级为 61dB，办公桌上进一步增幅，振动级高达 75dB，远高于标准值 60dB。

四、振动控制关键技术

1. 振动测试分析技术

选择测试点，根据调查测试数据，分析振动传播途径，确定振动激励源，便于从根本上解决振动问题。

2. 设计和采用防振弹簧吊架

防振弹簧吊架可有效地降低橡胶垫无法解决的低频振动问题。

精巧型防振弹簧吊架优点：便于检查弹簧的压缩量，确认隔振性能。显著减少与设备悬挂螺栓的接触故障，改善隔振性能的劣化。集金属配件与弹簧于一体，施工简单方便、省时省力。外形精巧，可整齐地安装在空调设备的悬挂部位，无须占据多余的空间。

五、振动控制效果

实施防振对策后，进行了振动测试。施工完成前后各振动测试点的测试结果比较如表 1-10-3 所示。

测试点振动级 VL（dB）　　　　**表 1-10-3**

测试场所和测试点		风机设备运行状态		
		停止	同时送风和排风（工程前）	同时送风和排风（工程后）
办公区域	办公桌面	46	75	57
	OA 地板	39	61	43
	楼板	37	61	43
仓库	OA 地板	36	47	36
	楼板	36	47	36

测试结果表明，地板振动下降到【无感】的 43dB，办公桌上的振动级相比施工前减小 18dB，降至【不甚在意】的 57dB。办公桌上的振动级比较如图 1-10-9 所示。测试结果和办公室的实际使用环境显示，振动控制效果显著。

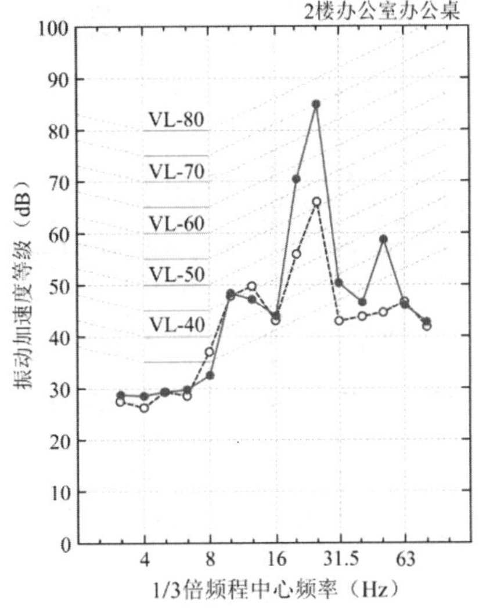

图 1-10-9　防振对策实施前后办公桌上的振动级比较

[实例1-11] 服务器机房空调设备的振动控制

一、工程概况

日本某著名信息技术企业服务器机房，空调室设备运行时，相邻的办公室有明显的振动发生。

空调设备风机的振动频率为 18.25Hz，与办公室地板的竖向自振频率相同，共振使办公室地板振动放大，造成振动舒适度问题，需采取振动控制措施。

由于服务器机房的空调系统 24 小时连续运行，无法停机。故不可能对振动激励源实施防振措施。经研究，在办公室的楼板上安装 TMD 减振装置，并取得了显著的减振效果。

二、振动控制方案

对设备引起的振动，通常采用的措施是对设备（振动激励源）进行振动控制。本案例中，因为 24 小时连续运行的服务器机房的空调设备无法停机，所以采取了 TMD 减振方案。通过对受振动影响的办公室楼板振动进行控制，有效降低了振动，解决了办公室的振动舒适度问题。

本方案采用 12 台 TMD 减振装置，分别在两处主次梁节点位置各安装 6 台 TMD，每台 TMD 的质量为 60kg。由于造成振动舒适性的主要成分是 18.25Hz 振动，因此，采用了无阻尼的反共振 TMD。TMD 布置方案如图 1-11-1 所示，装置的外观如图 1-11-2 所示，安装现场如图 1-11-3 所示。

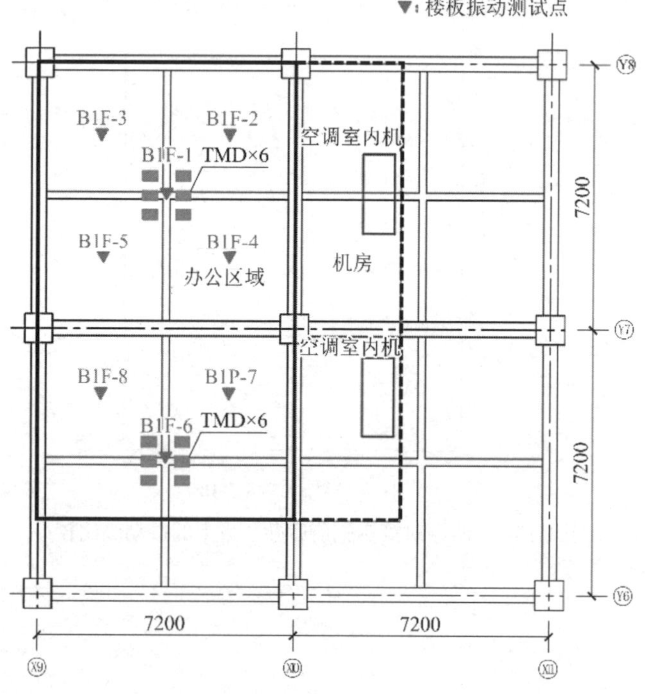

图 1-11-1　地下 1 楼平面图（TMD 的分布、振动测试点位置）

图 1-11-2　TMD 外观图

图 1-11-3　TMD 的架空地板内安装图

三、振动控制分析

不同的建筑功能区域，对建筑物内的振动等级要求不同。为满足舒适度，振动级应符合各种环境的振动推荐值（表 1-11-1）。

各种环境的振动推荐值　　　　**表 1-11-1**

振动	VL（dB）	45		50			55			60
	不适感	无感 ------------------- 一部分人开始感觉到振动 --------------------- 不甚在意 -------- 开始感到不舒适								
环境对象	录音室、演播室	静音室	录音室	电台演播室	电视演播室	主控室				
	会场、大厅		音乐厅	剧场	舞台	电影院、天象馆		大堂、候车室		
	医院		测听室	专科医院	手术室、病房	诊察室				
	酒店、住宅		卧室	卧室、客房	卧室、客房、书房	客房	宴会厅			
	办公室				高管办公室、大会议室	会客室	办公室、小会议室	办公室	办公室	打字房、计算机房
	公共建筑				公会堂	美术馆、博物馆		公会堂兼体育馆	室内体育设施	
	学校、教会				音乐教室	礼堂、礼拜堂	研究室、阅读室	教室	走廊	
	商业建筑					音乐咖啡厅、珠宝店	书店、艺术品商店	银行、饭店、餐厅	商店、食堂	

注：本表引自日本建筑学会编《建筑设计资料集成：环境篇》。

为了把握振动状态，制定有效可行的振动控制方案，对现场进行了振动测试。测试点如图 1-11-1 所示。对测试数据进行振动加速度级（VAL，Vibration Acceleration Level），振动级（VL，Vibration Level）分析，作舒适度定量评估。

四、振动控制关键技术

1. 振动测试分析技术

选择合适的测试点，进行振动测试。对测试数据进行建模分析，确定共振频率。

2. TMD 设计制造技术

根据振动实测值，模拟分析结果，优化 TMD 设计参数、所需台数和布置方案。

3. TMD 安装调试技术

现场安装 TMD，按设计规格要求完成调试。

五、振动控制效果

TMD 安装完毕后，对办公室内 TMD 安装前相同位置的测试点进行振动测试，检测振动控制效果。

测试结果表明，安装 TMD 减振装置后，由空调设备引起的 18.25Hz 振动得到控制，各测试点振动级下降。办公室楼板振动得到有效抑制，基本上控制在 50dB 以下，达到人体无感标准，振动控制效果显著。

控制前、后楼板各测试点的竖向振动数据如表 1-11-2 所示。

办公区域安装 TMD 前、后振动加速度等级、振动等级对比（dB）　　表 1-11-2

测试点	18.25Hz 的振动加速度等级 VAL			振动等级 VL	
	TMD 安装前	TMD 安装后	减振量	TMD 安装前	TMD 安装后
B1F-1	57.9	36.3	21.6	52	46
B1F-2	51.1	45.4	5.7	49	46
B1F-3	50.4	38.3	12.1	47	44
B1F-4	57.1	50.8	6.3	52	48
B1F-5	56.7	34.8	21.9	52	49
B1F-6	68.4	34.5	33.9	61	51
B1F-7	61.5	51.3	10.2	55	50
B1F-8	65.6	35.8	29.8	59	51

测试点 B1F-6 的振动加速度级的比较如图 1-11-4 所示，振动加速度级从 68.4dB 下降到 34.5dB，峰值下降了 33.9dB。振动级的比较如图 1-11-5 所示，振动级从 61dB 下降至 51dB。

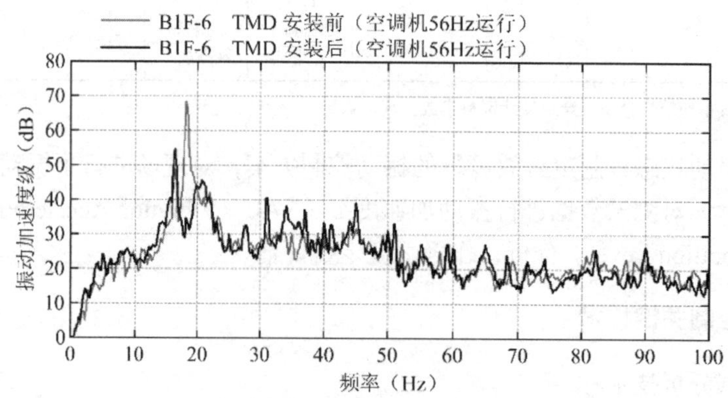

图 1-11-4　办公区域楼板（测试点 B1F-6）控制前后的振动加速度级

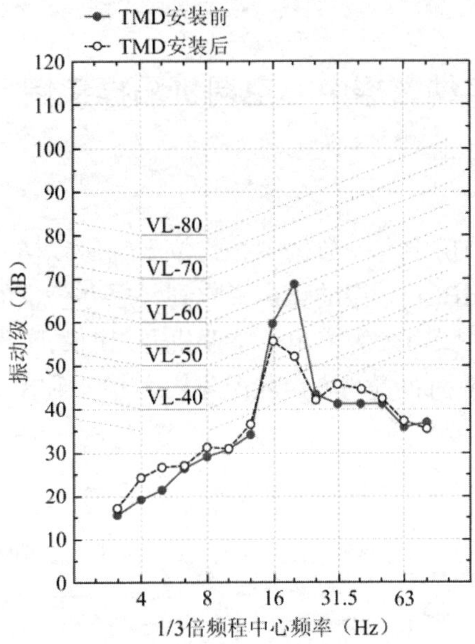

图 1-11-5 办公区域楼板（测试点 B1F-6）控制前后的振动级

[实例 1-12] 北汽麦格纳数据中心空调机隔振实例

一、工程概况

北汽总装车间的内部辅房中有一数据中心，位于辅房二楼。数据中心机房空调机振动噪声较大，测试噪声为 75dB(A)。振动噪声影响到一层办公室的工作环境，特别是一层独立隔开的小办公室，空调机噪声较为突出，空调机开启时的噪声为 45dB(A) [背景噪声仅为 28dB(A)]，一、二层的平面布置与噪声状况见图 1-12-1 和图 1-12-2。空调机振动噪声需要进行隔振降噪治理。

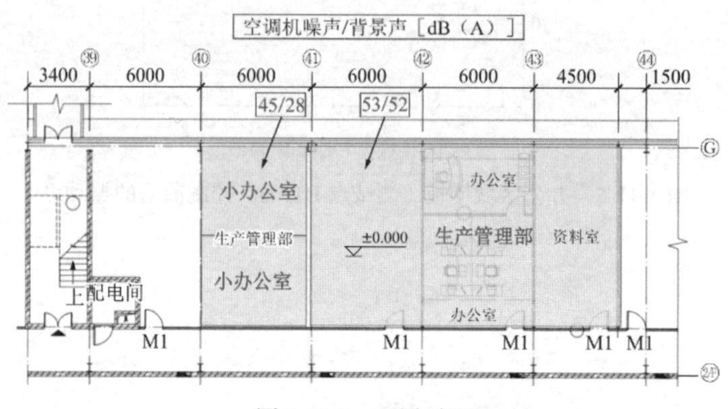

图 1-12-1　一层平面

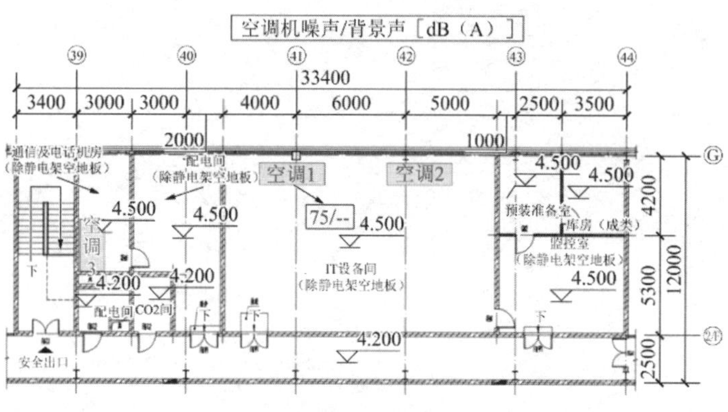

图 1-12-2　二层平面

二、振动控制目标

根据《建筑工程容许振动标准》GB 50868—2013 第 9 章声环境振动的要求（表 1-12-1），对办公室楼面结构振动产生噪声进行控制。

噪声敏感建筑物内房间的声环境功能区类别 [dB(A)]　　表 1-12-1

房间类别	A 类房间		B 类房间		声环境功能区类别
时段	昼间	夜间	昼间	夜间	
噪声排放限值	40	30	40	30	0

续表

房间类别	A类房间		B类房间		声环境功能区类别
时段	昼间	夜间	昼间	夜间	
噪声排放限值	40	30	45	35	1
	45	35	50	40	2、3、4

按照昼间1类声环境功能区的噪声控制标准为40dB(A)，对应的楼面振动响应振动加速度均方根值见表1-12-2。

A类房间容许振动加速度均方根值（mm/s^2）　　表1-12-2

功能区类别	时段	倍频程中心频率			
		31.5Hz	63Hz	125Hz	250Hz、500Hz
0、1	昼间	20.0	6.0	3.5	2.5
	夜间	9.5	2.5	1.0	0.8
2、3、4	昼间	30.0	9.5	5.5	4.0
	夜间	13.5	4.0	2.0	1.5

三、振动控制方案

二楼数据中心机房有两台空调机，设备布置见图1-12-2。空调机直接搁置在楼板上，引起楼面振动，导致结构固体振动声辐射，振动与噪声传播如图1-12-3所示。

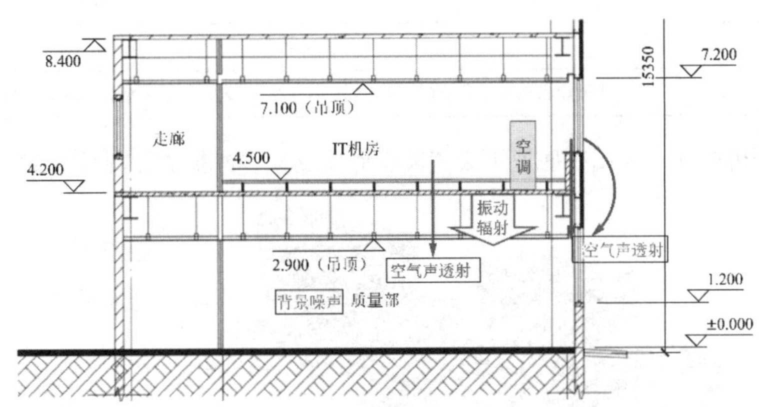

图1-12-3　剖面图

本项目采用油液阻尼减振器，具有隔振效率高、快速稳定的优点。系统垂向频率3～5.5Hz，设备运行时对周围环境的影响降低≥90%。本方案的油液阻尼减振器采用独立式设计，体积小、便于安装，可独立使用也可根据承载要求组合使用。具有调节水平功能和保证水平基准功能，该产品解决了市场中绝大多数隔振器无法保证统一安装高度的难题，不论设备重量如何，均可保证所有设备安装面为同一水平基准。减振器外观及尺寸见图1-12-4，性能参数见表1-12-3。

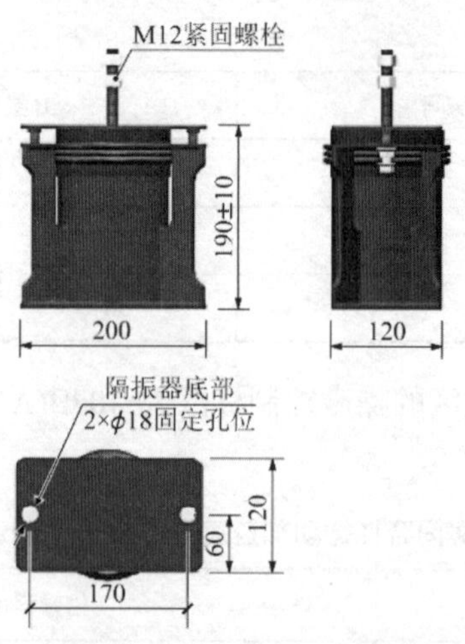

图 1-12-4　油液阻尼减振器

油液阻尼减振器性能参数　　**表 1-12-3**

型号	E01	E02	E03	E10	E15	E20	E25
尺寸（mm）	200 × 120 × 200			800 × 800 × 248			
负载（kg）	50～200	200～500	500～1000	10000	15000	20000	25000
系统刚度（N/mm）	110 ± 10	210 ± 20	615 ± 60	3800 ± 300	5700 ± 500	7600 ± 700	9500 ± 900
固有频率（Hz）	垂直方向 3～5.5						
阻尼比	0.05～0.2						
稳定时间（s）	< 3						
水平调节精度	0.5mm			无			
减振效率	⩾ 90%						
应用领域	中、小型设备的减振和防振			大型、超大型设备的减振和防振			

针对空调机振动，采用在底座下设置减振底座支架，减振方案见图 1-12-5。

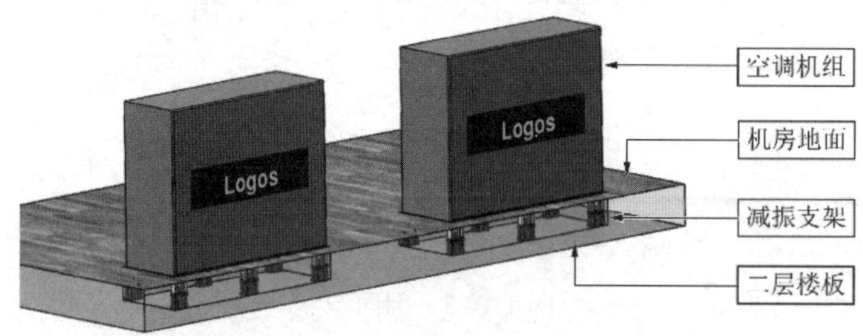

图 1-12-5　空调机减振底座安装示意

四、振动控制分析

二楼数据机房的空调机运行引起楼板振动，辐射噪声致使一楼小办公室产生低频噪声。一般而言，固体声的振动频率较高。可听声频率都在 20Hz 以上。考虑隔振频率小于 5Hz，对于 10Hz 以上的振动具有良好的隔振效果。

根据隔振理论，隔振系统的传递率为：

$$H_{\text{p-u}}=\frac{P}{k}\frac{1}{\sqrt{(1-\lambda^2)^2+(2\zeta\lambda)^2}}=\frac{P}{k}\eta \tag{1-12-1}$$

其中

$$\eta=\frac{1}{\sqrt{(1-\lambda^2)^2+(2\zeta\lambda)^2}} \tag{1-12-2}$$

频率比为：

$$\lambda=\frac{f}{f_{\text{n}}} \tag{1-12-3}$$

当隔振频率$f_{\text{n}}=3.5\text{Hz}$，阻尼比$\zeta=0.1$时，传递率如图1-12-6所示。分析与实测结果进行对比，隔振效果比较吻合，见图1-12-7。在10Hz处的隔振效率在50%以上，在20Hz处的隔振效率接近80%。

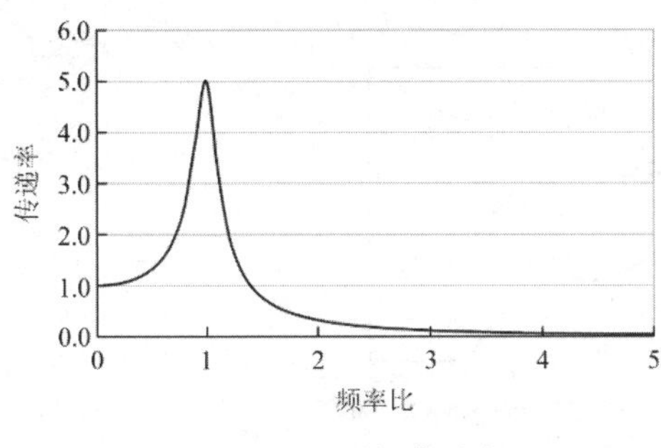

图1-12-6　隔振传递率

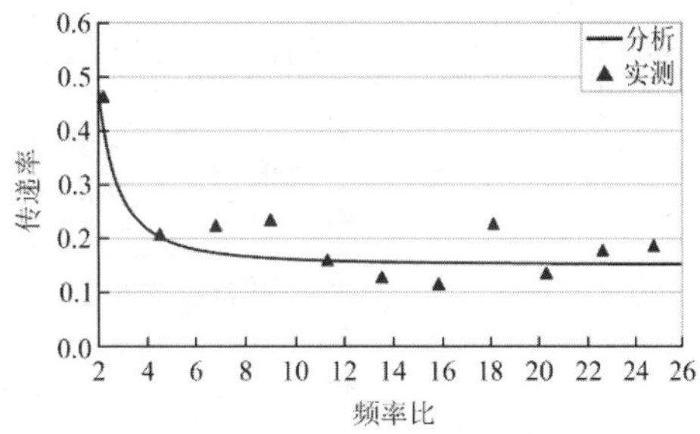

图1-12-7　分析与实测比较

五、振动、噪声控制关键技术

本项目振动控制的关键是解决固体声的振动传递问题，具体内容包括：

（1）对于固体声传递，采取隔振降噪措施。

（2）对于空气声传递，采取隔声减噪处理。

（3）对于环境声叠加，采取吸声降噪方案。

从噪声贡献度方面考虑，同时也根据建设方要求，本环节重点解决固体声问题。

六、振动、噪声控制效果

对两台空调机采取柔性隔振方案，有效地降低了振动传播噪声的影响。在对空调机进行隔振前后都进行了振动噪声测试。测试内容包括空调机运行和不运行的振动噪声比较。

1. 噪声控制方面

（1）一楼生产管理部的大办公室

背景噪声为52dB(A)，空调机运行时噪声为53dB(A)。

可以看出，大办公室背景噪声较大，人的主观感受基本察觉不到。

（2）一楼小办公室

背景噪声为28dB(A)，空调机运行时噪声为45dB(A)。

可以看出，小办公室隔声效果好，背景噪声较小，空调机的振动噪声感觉较为明显，容易使人感觉不舒服。

对空调机采取隔振措施后，小办公室空调机运行时的噪声为 42dB(A)，比隔振前减小 3dB(A)。

2. 振动控制方面

（1）隔振前

小办公室上方楼板振动为：128.15mm/s^2，超过了 55dB(A)的振动限值。由于该办公室上方有吸声吊顶，对辐射噪声有一定的削弱。

（2）隔振后

小办公室上方楼板振动为：16.9mm/s^2，低于 40dB(A)的振动限值。隔振效果非常明显，见图 1-12-8。

本工程已经达到 B 类声房间中 1 类声环境功能区的噪声要求。如果进一步改进，可达到 A 类声房间的要求。为此提出建议：若能对办公室侧墙的彩钢板结构采取密封措施，还可以进一步降低噪声影响。

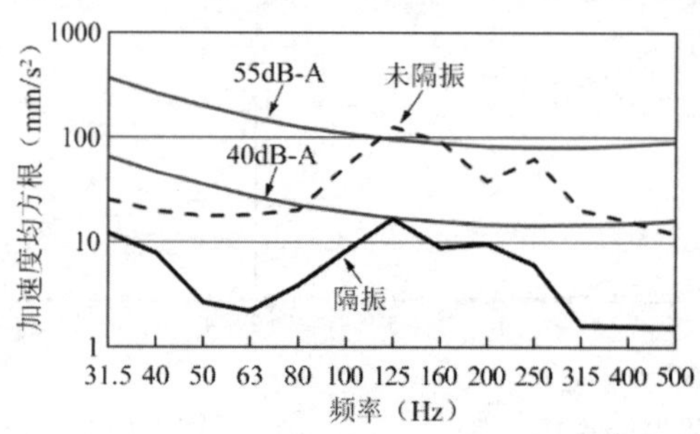

图 1-12-8 隔振前后楼板振动比较

[实例 1-13] GPH 制冷机组的固体声控制

一、工程概况

东京都内某母婴专科医院，不仅为孕产妇提供各种专业医疗服务，还配备有新生儿重症监护室（NICU），24 小时为新生儿和低出生体重儿提供高度专业化的医疗护理。

新建 4 层医务大楼的楼顶安装有 GHP 制冷机组。制冷机运转时，正下方的值班医生休息室内产生噪声，影响休息和睡眠，需采取减振降噪措施。

二、振动及噪声的测试分析

1. 调查测试

混凝土基础上是钢制底座，弹簧隔振架台设置在钢制底座上，制冷机安装在弹簧隔振架台上。屋顶制冷设备和振动测点分布如图 1-13-1 所示。对应的下方 4 楼值班医生休息室的振动噪声测点分布如图 1-13-2 所示。

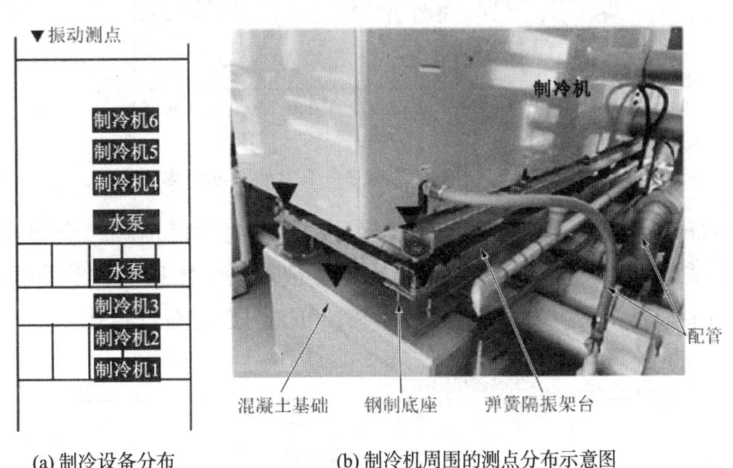

(a) 制冷设备分布　　(b) 制冷机周围的测点分布示意图

图 1-13-1　屋顶制冷设备和振动测点分布

● 噪声测点

4号 3号 2号 1号

走廊

5号 6号 7号

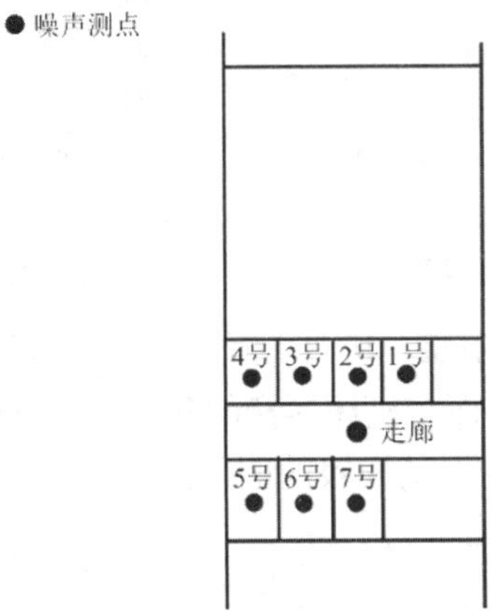

图 1-13-2　休息室编号及振动噪声测点分布

2. 测试分析

制冷机机身下方的弹簧隔振架台固有频率为 2.3Hz，配管从机身直接下垂至隔振架台下的钢制底座。

测试结果表明，当制冷机组全体运行时，制冷机本体在 50～60Hz 及 100～120Hz 附近有振动峰值出现。以制冷机 2 为例，功率谱如图 1-13-3 所示。

振动加速度等级（VAL）：

$$\mathrm{VAL(dB)} = 20\lg\frac{a_{\mathrm{rms}}}{a_0} \tag{1-13-1}$$

式中：a_{rms}——振动加速度的实测值（$\mathrm{cm/s^2}$）；

a_0——振动加速度的基准值（$10^{-3}\mathrm{cm/s^2}$）。

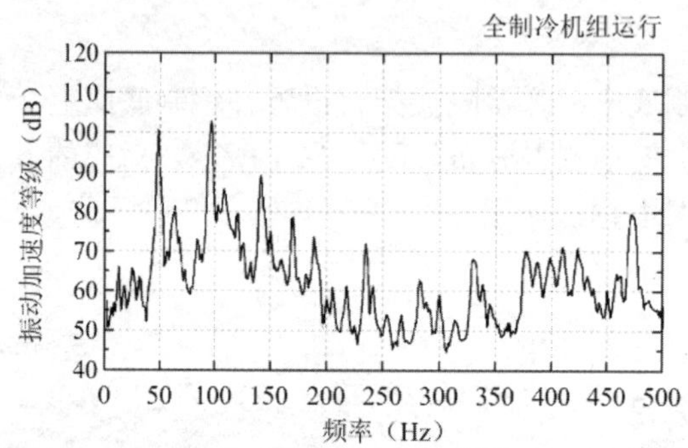

图 1-13-3　制冷机隔振架台上方的振动功率谱

GHP 引擎的转速会随运行负荷变化，导致制冷机的振动峰值频率会随测量时间发生变化。但是，从测试结果可以看出，制冷机下方 4 楼值班医生休息室的壁面振动（图 1-13-4）和室内声压（图 1-13-5）在 50～60Hz 及 100～120Hz 附近也有峰值出现。

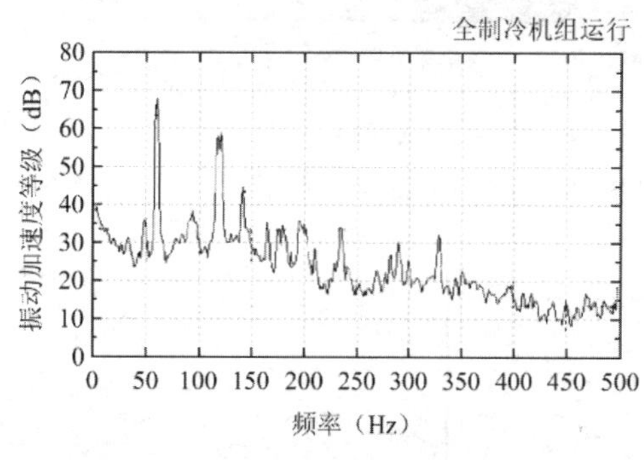

图 1-13-4　休息室壁面振动功率谱

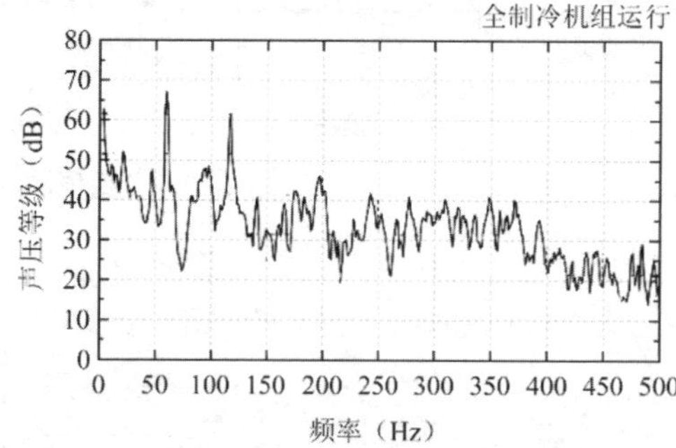

图 1-13-5　4 楼休息室声压频谱

GHP 制冷机组的振动源是引擎，机身振动较大。测试结果显示，虽然制冷机机身配备有隔振架台，但隔振性能不足。而与机体连接的配管的振动传播所造成的影响也不容忽视。4 楼值班医生休息室的噪声是由振动导致的固体声。

三、振动、噪声控制方案

针对隔振架台的性能不足和配管的振动传播，采取在制冷设备机身、水泵和配管的钢材底座下面配备弹簧隔振垫的措施，降低振动造成的固体声，方案如图 1-13-6 所示。采取隔振措施前后的现场照片如图 1-13-7 所示。

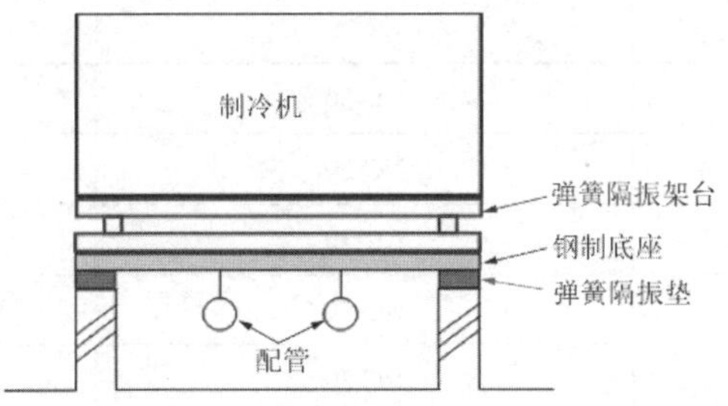

图 1-13-6　振动噪声控制方案概略图

(a) 采取措施前的 GHP 制冷机

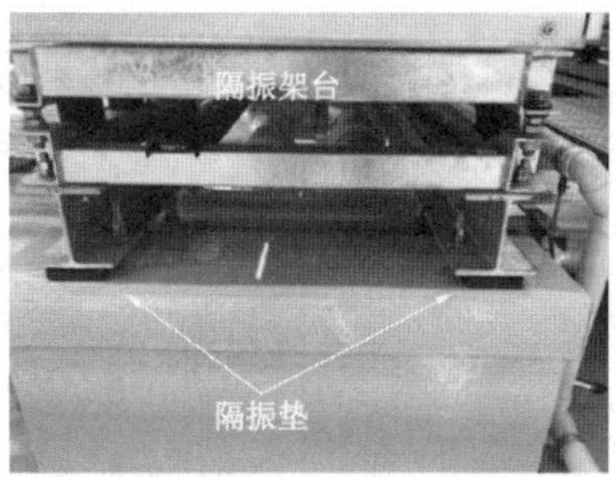

(b) 采取措施后的隔振架台下钢制底座

(c) 采取措施后的水泵钢制底座

(d) 钢制底座下的弹簧隔振垫

图 1-13-7　采取隔振措施前后的现场照片

四、振动、噪声控制效果

采取隔振措施后，固体声明显降低，效果显著。各值班医生休息室的噪声值均达到卧房噪声等级的 NC-30 以下，满足环境噪声规范要求。

噪声控制前、后的各值班医生休息室的噪声 NC 值对比如表 1-13-1 所示。噪声控制前、后的休息室走廊的噪声 NC 曲线如图 1-13-8 所示。

值班医生休息室噪声控制前、后 NC 值对比　　**表 1-13-1**

测点	噪声等级（NC）	
	对策前	对策后
休息室 1	NC-30	NC-20
休息室 2	NC-25	NC-25

续表

测点	噪声等级（NC）	
	对策前	对策后
休息室 3	NC-30	NC-15
休息室 4	NC-30	NC-20
休息室 5	NC-30	NC-25
休息室 6	NC-40	NC-25
休息室 7	NC-30	NC-30
休息室走廊	NC-45	NC-30

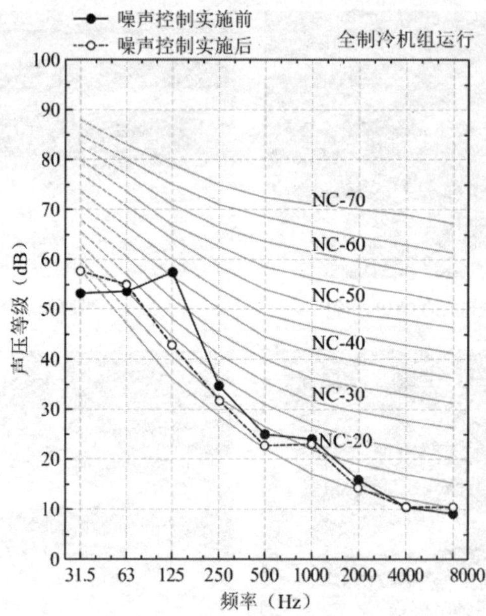

图 1-13-8　休息室噪声控制前、后 NC 曲线

第五节　振动试验台

[实例 1-14] 华晨汽车检测中心振动台基础设计

一、工程概况

该项目为华晨汽车集团控股有限公司二期工程，东综合车间检测中心振动室改造项目。建筑为三层框架结构，纵向柱距 3600mm，跨度 9600mm。振动室面积：$A = (3.6 \times 3.6) \times 9.6 = 124.4\text{m}^2$。

在原有建筑中进行改造，增设一台 30kN 激振力的电动振动试验台。17～18 轴线间为原有振动台，新振动台设在 18～19 轴线间。中间部分墙体拆除。具体要求如图 1-14-1 所示。

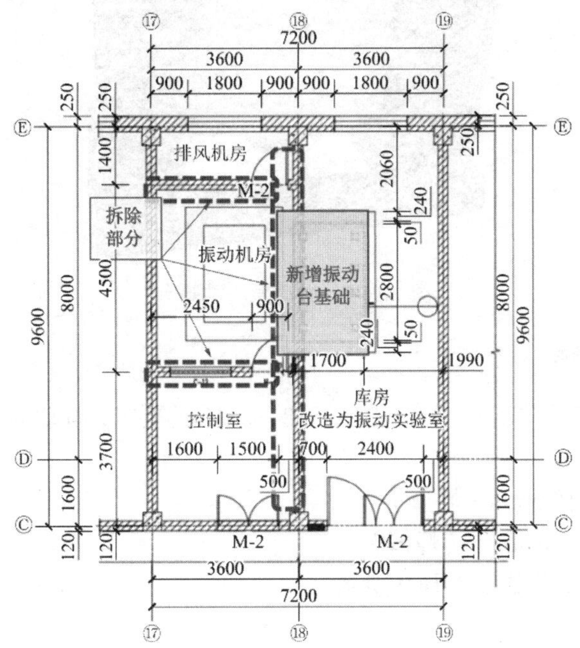

图 1-14-1　检测中心平面布置

电动振动台为航天希尔 30kN（最大可达 40kN）电动式振动试验台。电动振动试验台的主要技术参数见表 1-14-1，电动振动试验台实物见图 1-14-2。

电动振动台主要技术参数　　表 1-14-1

项目名称	参数指标
额定正弦推力	≥ 30kN
额定随机推力	≥ 30kN
额定冲击推力	≥ 64kN
最大加速度	980m/s^2（100g）
最大速度	2m/s

续表

项目名称	参数指标
最大位移	≥ 51mmp-p
最大荷载	500kg
额定频率范围	5～2500Hz
工作频率范围	2～2500Hz
台面尺寸	≥ ϕ370mm
功放信噪比	≥ 65dB

图 1-14-2　电动振动试验台

二、振动控制目标

根据《建筑工程容许振动标准》GB 50868—2013 的要求，电动振动试验台基础控制点的容许振动标准为：

（1）振动速度：10mm/s（峰值）。

（2）振动加速度：0.8m/s²（峰值）。

基础容许振动标准值如图 1-14-3 所示。

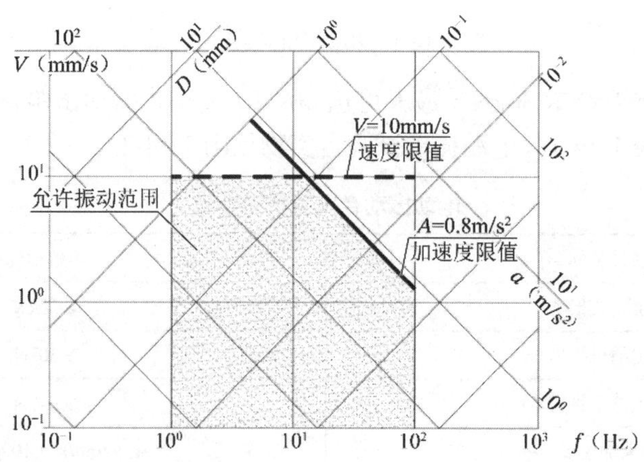

图 1-14-3　电动振动试验台基础容许振动值

三、振动控制方案

根据试验装置的技术条件、加载特点以及控制目标等要求，结合试验工艺布置资料，考虑到基础工程的适用性、舒适性和经济性等要求，将实验室设备的基础方案拟定为块状基础，周边设防振沟。电动振动试验台基础平面图见图 1-14-4，基础剖面图见图 1-14-5。

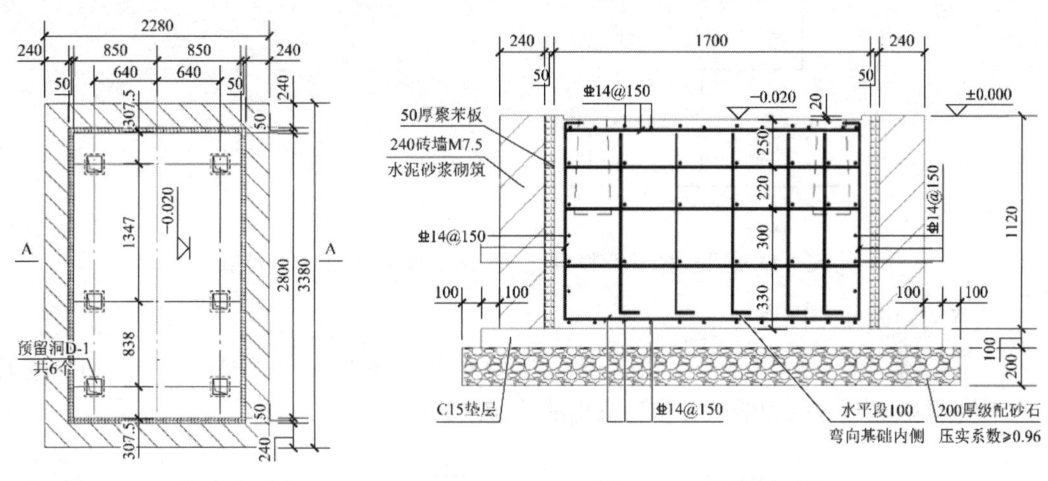

图 1-14-4　基础平面图　　　　图 1-14-5　基础剖面图

四、振动控制分析

振动台和基础结构体系如图 1-14-6 所示，根据质量弹簧分布可以简化力学模型，如图 1-14-7 所示。

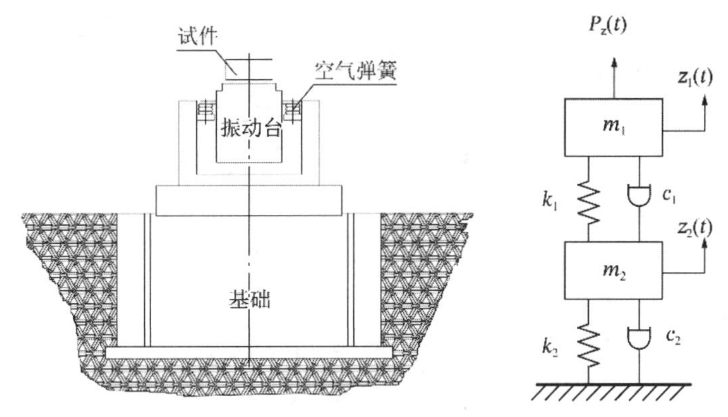

图 1-14-6　振动台及基础结构　　　　图 1-14-7　简化力学模型

为了简化计算，考虑到振动台与基础的质量相差较大，不是一个数量级；再加上振动台的振动位移响应要比基础大很多，可以将振动台空气弹簧隔振器以上部分分离出来，计算出空气弹簧的振动位移响应及支座反力。将空气弹簧隔振器的支座反力作为基础振动的输入。电动振动台装备的隔振装置，对减小装置振动对基础的影响较为有利。

分离后的振动台基本力学模型如图 1-14-8 所示。

运用 SAP2000（图 1-14-9），并结合理论计算，两种方法计算的振动位移响应结果较为接近（图 1-14-10）。研究表明：对振动台基础影响较大的振动能量主要表现在 100Hz 以下的部分。振动设备基础对高频振动减振效果较好。因此，本工程仅考虑 100Hz 以下的动力分析。

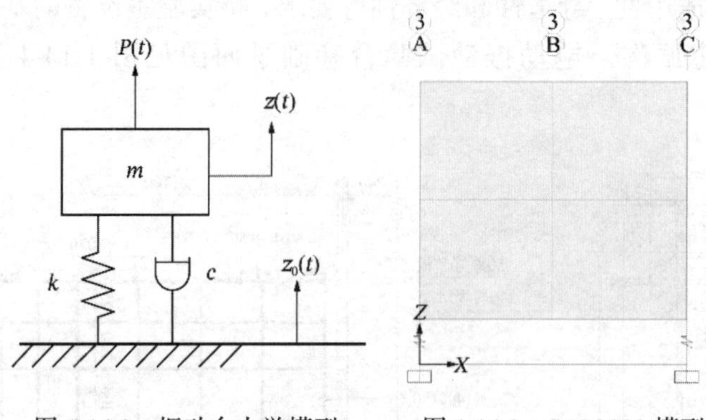

图 1-14-8　振动台力学模型　　　图 1-14-9　SAP2000 模型

基本运动微分方程为：

$$m \cdot z''(t) + c \cdot z'(t) + k \cdot z(t) = c \cdot z_0'(t) + k \cdot z_0 + P(t) \tag{1-14-1}$$

激振器隔振部分的力输入—位移输出的传递函数：

$$|H(f)|_{\mathrm{P-d}} = \frac{1/k_{\mathrm{z}}}{\sqrt{\left[1-(f/f_{\mathrm{n}})^2\right]^2 + (2\zeta_{\mathrm{z}} f/f_{\mathrm{n}})^2}} \tag{1-14-2}$$

$$d(f) = P(f)|H(f)|_{\mathrm{P-d}} = \frac{P(f)/k_{\mathrm{z}}}{\sqrt{\left[1-(f/f_{\mathrm{n}})^2\right]^2 + (2\zeta_{\mathrm{z}} f/f_{\mathrm{n}})^2}} \tag{1-14-3}$$

取振动台隔振器上部质量：$m = 1.47\mathrm{t}$，隔振频率：$f_{\mathrm{n}} = 3\mathrm{Hz}$，因此，$k_{\mathrm{z}} = (2\pi f_{\mathrm{n}})^2 m = (2\pi \times 3)^2 \times 1.47 = 522.3\mathrm{kN/m}$。

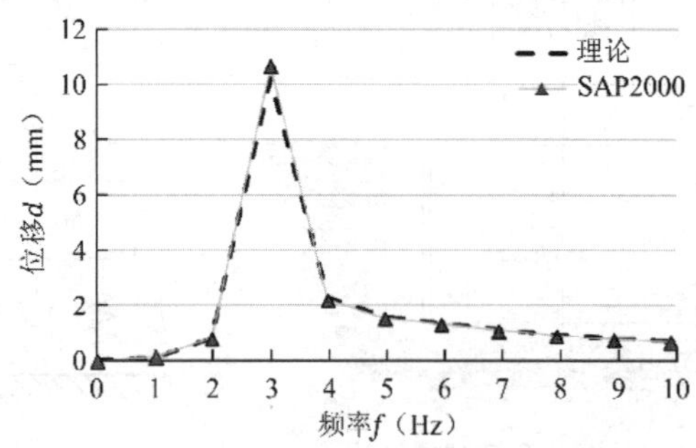

图 1-14-10　两种结果比较

五、振动控制关键技术

电动振动试验台激振力较大，频率覆盖范围宽，而且激振频率高。基础设计时，不但需要确保工程的安全性和适用性，尚应考虑其经济性和便于施工。基础为动力机器基础，振动控制关键技术包括：

1. 振动荷载的确定

电动振动台激振力与其加速度有关。依据振动台的加速度特性就可以根据牛顿第二定律估算激振力，亦即：$F = ma$；式中，F为作用力，m为振动台上运动部分质量，a为振动台运动部分加速度。加速度特性曲线如图 1-14-11 所示。

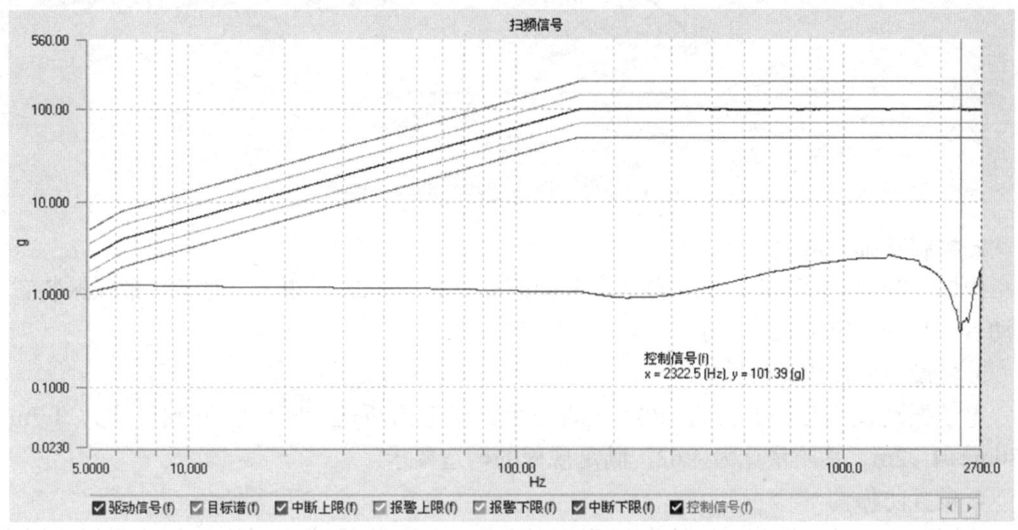

图 1-14-11 振动台加速度特性曲线

电动振动台测试有五条线：

中间绿色为目标谱线

上侧黄色为报警上限

上侧红色为中断上限（+6dB，亦即乘以 100.30 = 2.0 倍）

上侧黄色为报警上限（+3dB，亦即乘以 100.15 = 1.41 倍）

下侧红色为中断下限（−6dB，亦即除以 100.30 = 2.0 倍）

下侧黄色为报警下限（−3dB，亦即除以 100.15 = 1.41 倍）

在进行振动台基础和实验室设计时，需要了解液压振动试验台以下基本参数：

（1）额定正弦激振力：$F_e = 30\text{kN}$。

（2）振动台频率范围：$f = 5\sim2500\text{Hz}$。

（3）最大振动位移：$D_{max} = 51\text{mm}$。

（4）最大振动速度：$V_{max} = 2\text{m/s}$。

（5）最大振动加速度：$A_{max} = 1000\text{m/s}^2$。

（6）额定负载：$m_t = 400\text{kg}$。

液压振动台可分为三个荷载区间：

（1）低频部分的位移控制区段：$a_1 = D_{max}\omega^2$（频率区段为$f_0\sim f_1$）。

（2）中频部分的速度控制区段：$a_2 = V_{max}\omega$（频率区段为$f_1\sim f_2$）。

（3）高频部分的加速度控制区段：$a_3 = A_{max}$（频率区段为$f_2\sim f_3$）。

考虑到作用力与加速度特性的关系，先对加速度特性进行分析。振动台加速度特性在双对数坐标下可由三段折线表示：位移控制段、速度控制段和加速度控制段。因此，加速度特性曲线可用图 1-14-12 表示。

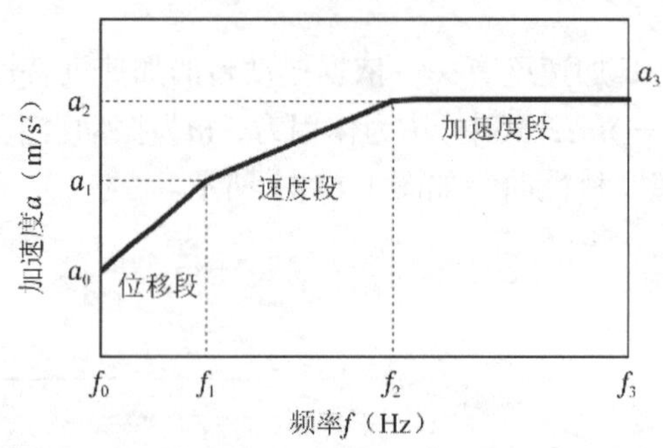

图 1-14-12　加速度特性曲线分段

2. 控制基础质量比

根据《振动试验台基础技术规程》T/CECS 1129—2022 的规定，对于自带隔振装置的振动台，基础的质量比不应小于 4。

3. 建设方的使用条件

电动振动试验台激振力为 30kN（设备最大激振力可达 40kN）。基础尺寸为 1.7m × 2.80m × 1.12m，其质量比为 4.62，满足规程的构造要求。

4. 设置防振沟

为了防止振动台工作时，振动对环境的影响，采用屏障隔振措施基础周边设置防振沟，以 50mm 厚聚苯板填充。基础底面设置波阻板，以 200mm 厚级配砂石换填。在确保工程使用性能的前提下，不但方便施工作业，也节省了投资。

六、振动控制效果

（1）计算结果表明：根据现有资料和国家标准要求，本项目的振动台基础设计，在极端试验条件下，能达到国家标准的要求，计算结果见表 1-14-2 和表 1-14-3。

Z 向激振结果　　**表 1-14-2**

振动响应	激振力 30kN	激振力 40kN	限值	频率（Hz）
a_z（m/s²）	0.1186	0.1581	0.8	19.0
a_x（m/s²）	0.0707	0.0943	0.8	12.0
V_z（mm/s）	0.9931	1.3241	10	19.0
V_x（mm/s）	0.9373	1.2497	2.4995	12.0

X 向激振结果　　**表 1-14-3**

振动响应	激振力 30kN	激振力 40kN	限值	频率（Hz）
a_z（m/s²）	0.2125	0.2833	0.8	12.0
a_x（m/s²）	0.2617	0.3493	0.8	12.0
V_z（mm/s）	2.818	3.747	10	12.0
V_x（mm/s）	3.470	4.626	10	12.0

（2）由于该建筑物三楼有精密计量室，并为了确保结构安全，该振动台基础设计，已

经考虑在额定负荷下的振动试验具备一定的安全储备。

（3）分析表明：振动台基础的共振频率区间为10～20Hz。建议振动台在使用过程中，应注意避免或减少在共振区域内出现超载试验。

［实例 1-15］宇通 APB 道路模拟试验机基础设计

一、工程概况

郑州宇通客车股份有限公司道路模拟实验室建于 2012 年。试验区柱网布置，柱距：12 × 7.5m = 90m，跨度：2 × 18m = 36m；试验区建筑面积：3240m^2。实验室内有 6 套较大的试验装置，包括六立柱道路模拟试验机 1 套，12 通道 APB 道路模拟试验机 1 套，六自由度 MAST 振动台 1 个，零部件疲劳试验机 2 套，传动试验台 1 套。如图 1-15-1 所示。

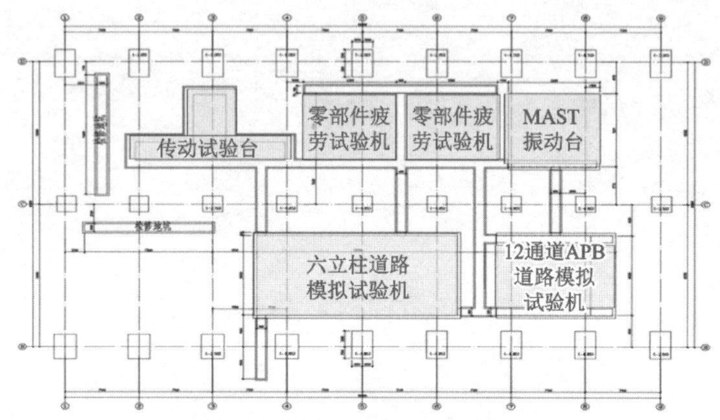

图 1-15-1　实验室平面布置

为了做好振动控制，需要根据振动试验装置的激振作用特点进行基础设计。一般的振动试验装置可分为开式加载和闭式加载两类。开式加载装置是以惯性力为主，对地基基础的振动作用较大，而闭式加载本身带有支承结构，主要激振作用通过设备自身结构形成内力循环，作用到地基上的激振力较小。12 通道 APB 道路模拟试验机为闭式加载试验装置，其技术参数见表 1-15-1，设备示意见图 1-15-2。

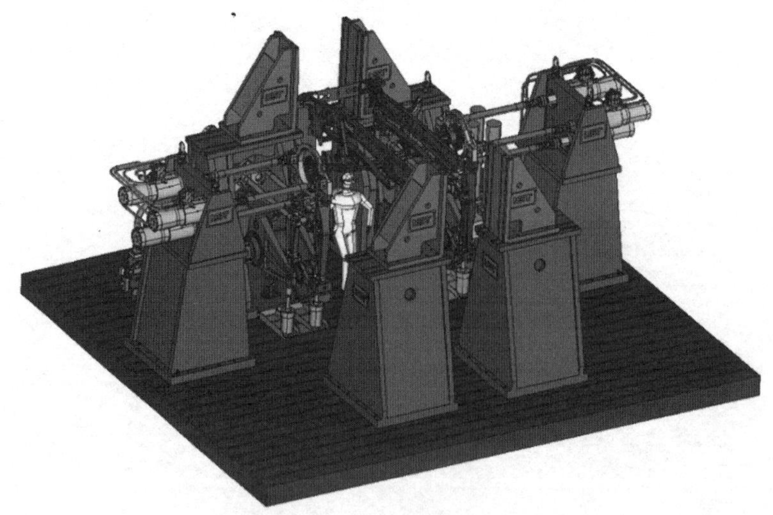

图 1-15-2　APB 道路模拟试验机

12 通道 APB 道路模拟试验机技术参数 **表 1-15-1**

	动态力/力矩	静荷载	位移/角度	速度/角速度	加速度
垂向力	+/−180kN	F_{stat} = 90kN	+/−200mm	3.5m/s	+/−250m/s^2
牵引力	+/−120kN	—	+/−150mm	1.5m/s	—
侧向力	+/−100kN	—	+/−150mm	2.0m/s	—
转向扭矩	+/−25kN · m	—	A_{max} = +/−8 度	ω_{max} = 200rad/s	—
外倾角矩	+/−25kN · m	—	A_{max} = 10 度	ω_{max} = 200rad/s	—
制动力矩	+/−50kN · m	—	A_{max} = +/−20 度	ω_{max} = 200rad/s	—

二、振动控制目标

根据《建筑工程容许振动标准》GB 50868—2013 的要求，液压振动台基础控制点的容许振动标准为：

（1）振动加速度：1.0m/s^2。

（2）振动位移：0.1mm。

基础容许振动标准值如图 1-15-3 所示。

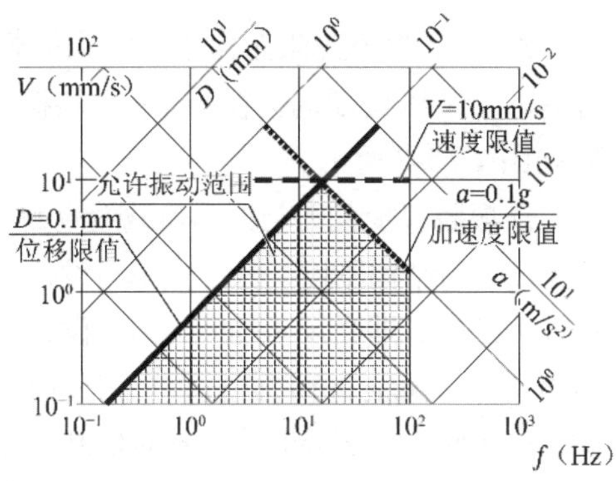

图 1-15-3 液压振动试验台基础容许振动值

三、振动控制方案

根据试验装置的技术条件、加载特点以及控制目标等要求，结合试验工艺布置资料，考虑到基础工程的适用性、舒适性和经济性等要求，将实验室设备的基础方案分为三类：（1）基础隔振方案：如试验台基础采用钢弹簧隔振基础；（2）提高地基刚度方案：如 MAST 振动台、六立柱道路模拟试验机等开始加载的试验装置，采用块状基础下打桩；（3）天然地基方案：对于 APB 道路模拟试验机、零部件疲劳试验机等闭式加载装置，基础采用块状基础。

12 通道 APB 道路模拟试验机为闭式加载装置，根据场地和设备安装需要，基础顶面的尺寸 12m × 10m，基础高度 3.5m，APB 试验机基础的质量为 1050t。试验设备的竖向激振力最大，为 180kN（2 个），质量比为 29.1，满足设备厂家振动试验台基础的质量比不应小于 10 的要求。基础平面如图 1-15-4 所示，基础剖面如图 1-15-5 所示。

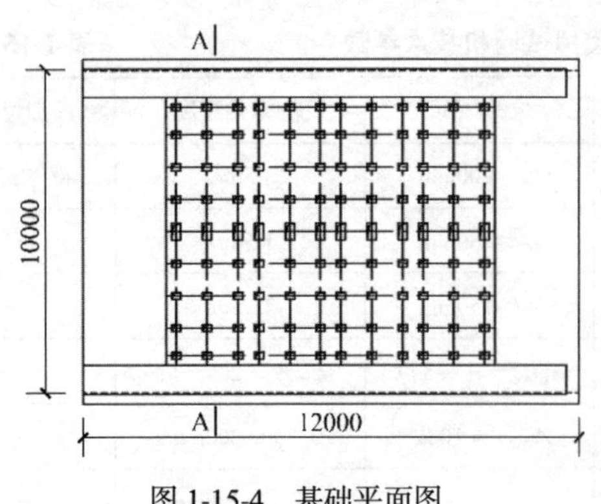

图 1-15-4　基础平面图

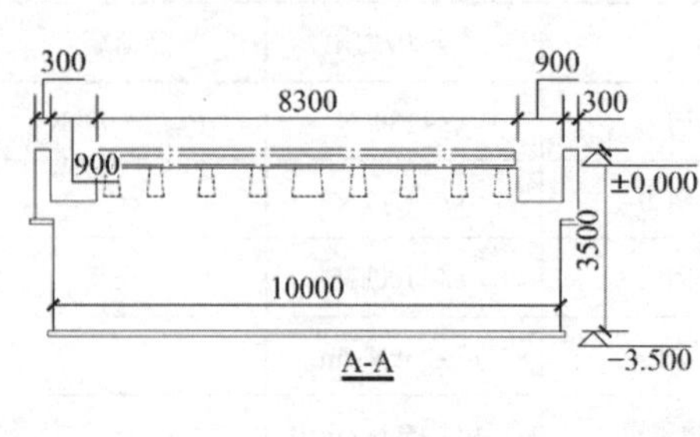

图 1-15-5　基础剖面图

四、振动控制分析

1. 基础容许振动标准

根据道路模拟试验设备的使用要求，基础容许振动加速度为 0.1g，容许振动位移为 0.1mm。

当试验设备周边有办公区域或有对振动较为敏感的对象时，尚应控制基础振动，以免影响附近区域的适用性和舒适性。

2. 试验装置激励作用

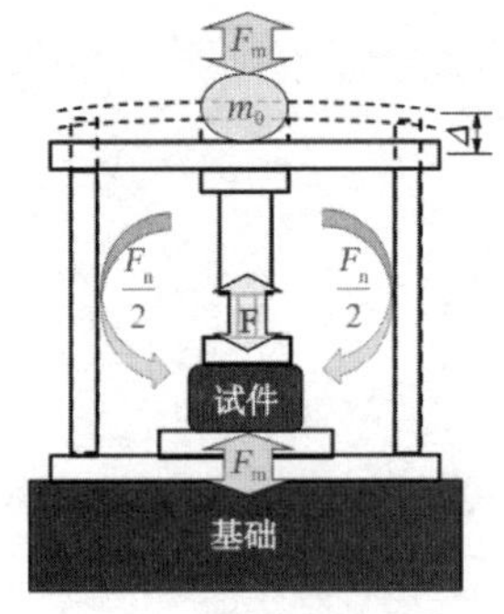

图 1-15-6　闭式加载试验台

APB 试验装置激振作用为闭式加载类型，闭式加载包括两部分内容：结构振动内力循环（F_n）和振动惯性力（F_m），其基本原理如图 1-15-6 所示。

激振装置加载力与振动荷载效应的关系：$F = F_m + F_n$，振动内力（F_n）与结构刚度、振动频率与设备有关。振动对基础作用，由惯性力产生，即当设备加载力时，设备变形，部分质量运动引起惯性力：$F_m = m_0 a = m_0 \Delta(2\pi f)^2$。闭式加载的惯性力部分相对内力振动，一般较小。试验时，设备对地基的振动作用也小很多。根据以往的经验，闭式设备对地基的激振力不超过最大激振力的 10%。

3. 分析工况

（1）设备调试工况。

（2）扫频试验工况。

（3）随机试验工况。

（4）正弦试验工况。

（5）设备故障工况（作为备选工况）等。

五、振动控制关键技术

液压振动试验台激振力大，频率覆盖范围宽，作用方向多，振动控制难度大。基础设计时，不但需要确保工程的安全性和适用性，尚应考虑其经济性和便于施工。APB 道路模拟试验机属于液压振动试验台，是一种闭式加载设备。其基础为动力机器基础。振动控制关键技术包括：

1. 振动荷载的确定

液压振动试验台的激振力特性与设备基本参数相关，基本参数包括：激振器的行程（$2U_{max}$）、最大速度（V_{max}）、最大加速度（A_{max}）和额定激振力（F_{max}）等。液压振动台激振特性可按加速度分为三个区段：

（1）低频部分的位移控制区段：$a_U = \omega^2 U_{max}$。

（2）中频部分的速度控制区段：$a_V = \omega V_{max}$。

（3）高频部分的加速度控制区段：$a_A = A_{max}$。

根据上述计算结果，可以得到全频域的通式：

$$a(f) = \begin{cases} 10^{c_1} f^{k_1} & (0.01 \leqslant f < f_1) \\ 10^{c_2} f^{k_2} & (f_1 \leqslant f < f_2) \\ a_{max} & (f_2 \leqslant f < f_3) \end{cases} \tag{1-15-1}$$

振动试验台振动荷载为：$F(f) = \min[ma(f), F_{max}]$。

在此条件下，可以得到液压振动试验台的激振力在频率坐标下的对数三折线的形式。如果考虑出现故障的工况，可以按照最大激振力的 20%来计算，得到的加载曲线如图 1-15-7 所示。该方法对振动试验装置的激振作用，在频域上具有包络特性。

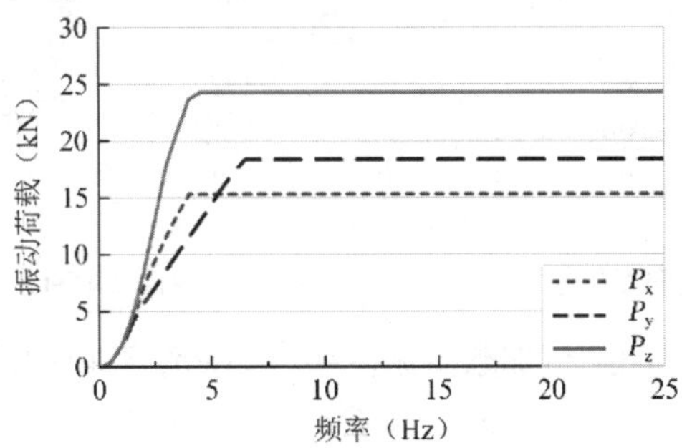

图 1-15-7　对数三折线激振力

2. 控制基础质量比

根据《动力机器基础设计标准》GB 50040—2020，对于多轴向液压激振装置的基础，质量比不应小于 15。这个质量比是为了满足液压振动试验台基础容许振动标准 0.1g要求的最低要求，也是确保试验精度的基本条件。由于厂房近旁尚有办公楼，基础振动应当控制得更加严格。

12 通道 APB 道路模拟试验机基础的质量为 1050t。试验设备的竖向激振力最大，为 180kN（2 个），其质量比为 29.1，满足设计标准的要求。

3. 控制地基刚度

以往的试验研究表明：较好的地基刚度对控制基础的振动有利。本场地持力层为粉土，承载力特征值$f_{ak} = 180\text{kPa}$，地基条件较好，鉴于基础是在既有建筑内施工，考虑施工过程的可实施性，拟采用大块式基础下的天然地基。在确保工程使用性能的前提下，不但方便施工作业，也可节省投资。

六、振动控制效果

APB 道路模拟试验机基础动力分析，采用具有激振力包络特性的对数三折线特性曲线。分别对振动试验台基础的中点和角点进行分析，振动位移和振动加速度结果见图 1-15-8～图 1-15-11。

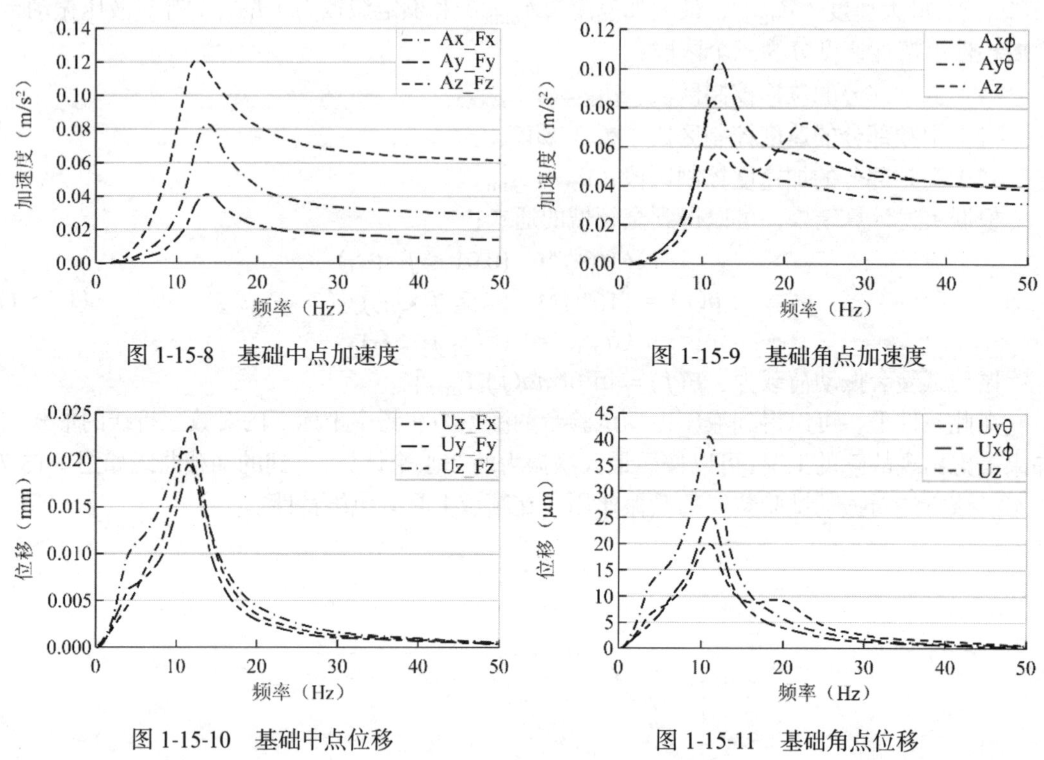

图 1-15-8　基础中点加速度

图 1-15-9　基础角点加速度

图 1-15-10　基础中点位移

图 1-15-11　基础角点位移

根据实际试验工况，竖向随机加载激振位移为 2mm；对振动试验台基础的中点和角点进行分析，结果见图 1-15-12、图 1-15-13 和表 1-15-2、表 1-15-3。

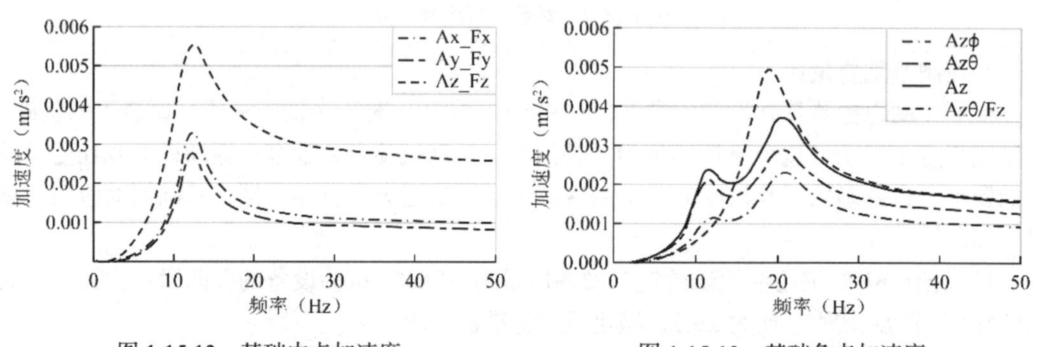

图 1-15-12　基础中点加速度

图 1-15-13　基础角点加速度

分析表明：APB 道路模拟试验机基础振动响应均满足设计要求。

基础振动加速度分析结果　　**表 1-15-2**

序号	位置	测试方向	加速度a（m/s²）
1	中点	X	0.133
2	中点	Y	0.110
3	中点	Z	0.111

续表

序号	位置	测试方向	加速度a（m/s^2）
4	角点	X	0.199
5	角点	Y	0.239
6	角点	Z	0.219

基础振动位移分析结果　　**表 1-15-3**

序号	位置	测试方向	位移u（mm）
1	中点	X	0.024
2	中点	Y	0.020
3	中点	Z	0.021
4	角点	X	0.026
5	角点	Y	0.041
6	角点	Z	0.020

2018 年 8 月，12 通道 APB 道路模拟试验系统基础进行了一次振动测试，测试工况包括：

（1）背景振动。

（2）锤击振动测试。

（3）X轴向扫频激励，扫频范围 0.5～30Hz，振动位移 2mm，激振力 200kN。

（4）Y轴向扫频激励，扫频范围 0.5～30Hz，振动位移 2mm，激振力 200kN。

（5）Z轴向扫频激励，扫频范围 0.5～30Hz，振动位移 2mm，激振力 200kN。

（6）X轴向随机激励，频率范围 0.5～30Hz，激振力 1.25kN。

（7）Y轴向随机激励，频率范围 0.5～30Hz，激振力 2.20kN。

（8）Z轴向随机激励，频率范围 0.5～22Hz，激振位移 2mm。

（9）常规试验工况。

测试结果表明：基础振动实测的结果（表 1-15-4 和表 1-15-5）与计算分析的结果（表 1-15-2 和表 1-15-3）基本吻合，基础中点和角点的振动加速度小于容许振动标准的规定。闭式加载激振力可以折减。折减比例宜取 0.2。

基础振动加速度测试结果　　**表 1-15-4**

序号	位置	测试方向	加速度a（m/s^2）
1	中点	X	0.043
2	中点	Y	0.101
3	中点	Z	0.078
4	角点	X	0.048
5	角点	Y	0.109
6	角点	Z	0.135

基础振动位移测试结果　　表 1-15-5

序号	位置	测试方向	位移u（mm）
1	中点	X	0.018
2	中点	Y	0.041
3	中点	Z	0.042
4	角点	X	0.015
5	角点	Y	0.042
6	角点	Z	0.081

工况（8）Z轴向随机激励，频率范围 0.5～22Hz，激振位移 2mm 的测试结果见图 1-15-14 和图 1-15-15。

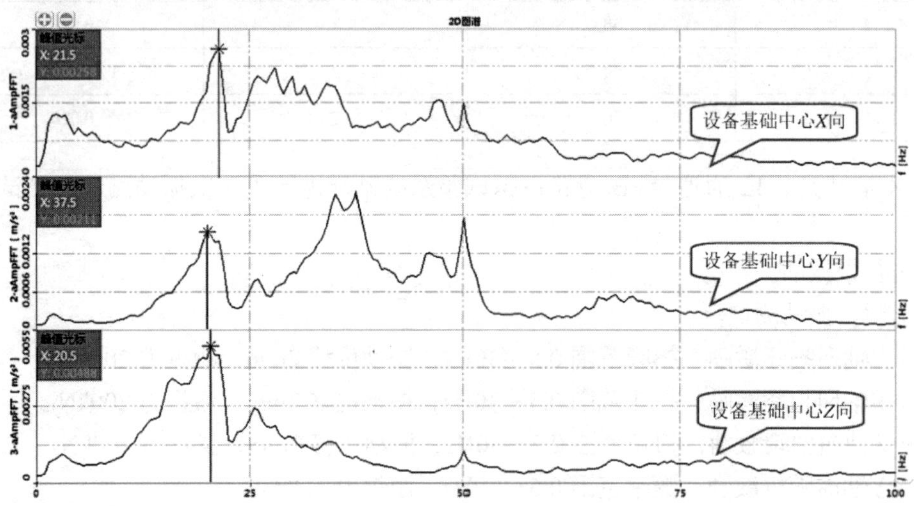

图 1-15-14　基础中点频域振动加速度

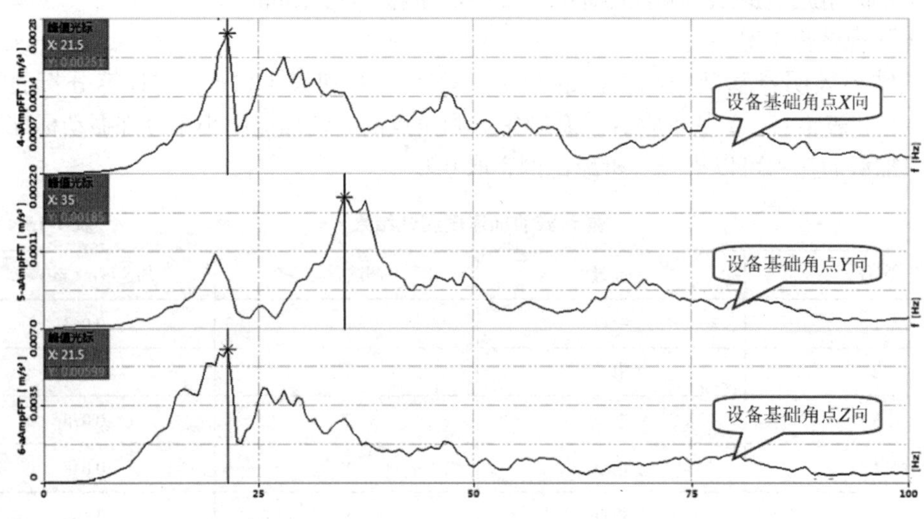

图 1-15-15　基础角点频域振动加速度

［实例 1-16］银隆新能源检测中心振动台基础设计

一、工程概况

银隆新能源检测中心项目位于珠海市金湾区三灶镇金湖路，珠海广通汽车有限公司厂区内东北侧，场地为填方地段。拟建建筑物概况：一层，门式刚架结构，外围有局部地下室，地下室尺寸 10m（东西）× 20m（南北），距北侧已建一层钢结构厂房约 8m，地下室挖深约 6m。

该实验室设有六立柱整车道路模拟试验机，该试验设备设有 6 个 250kN 液压作动器，工作频率 0.1～100Hz，作动器最大行程±150mm，最大加载速度 3m/s，最大加载加速度 26g。根据《建筑工程容许振动标准》GB 50868—2013 规定的振动试验台基础容许振动指标，稳态振动容许振动位移峰值为 0.1mm，容许振动加速度峰值为 1.00m/s^2。该试验设备作用力较大，振动频带较宽，振动最大加速度达到 26g，基础的容许振动指标较为严格，振动控制难度较大。根据地勘，该场地具有大量淤泥层，增加了振动控制难度。如图 1-16-1、图 1-16-2、表 1-16-1 所示。

为了保证试验精度，满足基础容许振动指标的控制要求，该设备基础采用大体积混凝土质量块加桩基础。质量块尺寸 20.3m × 10.0m × 6m，结合地质情况，采用了 50 根桩径为 500mm 的高强预应力管桩，穿透淤泥层，保证基础的承载能力和基础刚度需求，按照抗拔桩设计。最终该基础的振动控制满足振动试验要求，达到了《建筑工程容许振动标准》GB 50868—2013 中关于振动台的容许振动指标。

道路模拟试验机参数　　　　**表 1-16-1**

序号	项目	参数内容
1	试验设备的名称规格	六立柱道路模拟试验机
2	试验设备的种类和数量	振动台液压设备 1 套（高响应动态作动器 6 套）
3	设备及铁地板与基础连接方式	铸铁地板、预埋件和基础浇筑到一起，设备与基础或预埋件通过螺栓连接
4	设备自身质量	800kg
5	设备运动部分质量	
6	最大试件质量	车重
7	试验台最大作用力	6 个作动器合计最大动态力：1358.42kN
8	试验台的工作频率	0.1～100Hz
9	试验台作动器最大行程	±150mm
10	作动器加载最大振幅	150mm
11	作动器加载最大速度	3m/s
12	作动器加载最大加速度	26g
13	设备基础振动位移限值	0.1mm
14	设备基础振动加速度限值	1.0m/s^2

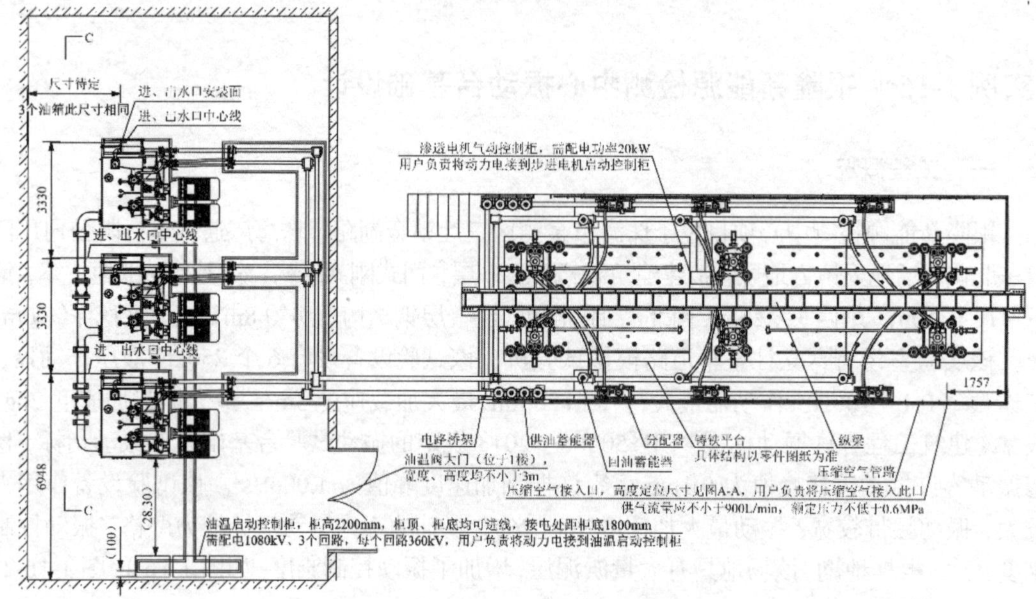

图 1-16-1　六立柱道路模拟试验台平面布置图

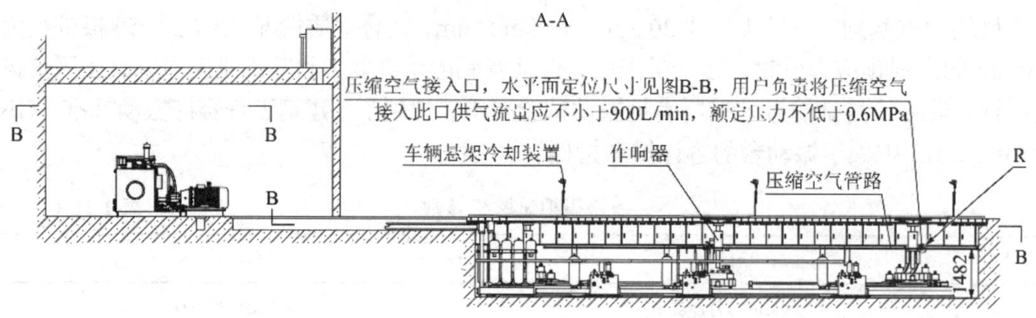

图 1-16-2　六立柱道路模拟试验台剖面图

二、容许振动指标

按照《建筑工程容许振动标准》GB 50868—2013 关于振动台有关标准的规定，液压振动台基础的容许振动峰值分别为：容许振动位移峰值$[u]=0.1$mm，容许振动加速度峰值为$[a]=1.0$m/s^2，容许振动峰值分别由位移和加速度控制。

三、地质条件

根据《银隆 39 号文实验室勘察报告》，拟建银隆新能源股份有限公司实验室场地位于珠海市金湾区三灶镇金湖路。场地普遍存在素填土、淤泥软土特殊性土。素填土与淤泥为欠固结土，厚度较大，在土的自重应力或附加应力作用下，普遍存在地面沉降。

根据《建筑抗震设计规范》GB 50011—2010（2016 年版）及《中国地震动参数区划图》GB 18306—2015，珠海市金湾区三灶镇抗震设防烈度为 7 度，设计地震分组为第二组，场地类别为Ⅲ类，设计基本地震加速度为 0.10g，特征周期为 0.55s，地震动峰值加速度为 0.125g。水平地震影响系数最大值多遇地震时为 0.08，罕遇地震时为 0.50。

根据场地条件，拟建建筑物适宜采用预应力管桩，以强风化花岗岩层③$_2$层作桩端持力层。拟建场地预应力混凝土管桩承载力设计参数如表 1-16-2 所示。

预应力混凝土管桩承载力设计参数　　表 1-16-2

地层		预制桩			负摩阻力系数ξ
		桩侧摩阻力特征值 q_{sa}（kPa）	桩的端阻力特征值q_{pa}（kPa）桩入土深度（m）		
			$16 < L \leqslant 30$	$L > 30$	
碎石素填土①	稍密	12	—	—	0.40
淤泥②$_1$	流塑	7	—	—	0.25
粉质黏土②$_2$	软塑	20	—	—	0.35
粗砂②$_3$	中密	35	4500（5250）	5000（6000）	0.45
全风化花岗岩③$_1$	全风化	80	4500（5000）		—
强风化花岗岩③$_2$	强风化	—	6500（7500）		—

四、道路模拟试验机基础设计

该项目道路模拟试验机基础采用大体积混凝土质量块固定基础方案，即刚性基础方案，由于地基承载力不足，且场地分布有淤泥层，因此，采用桩基础，桩型采用预应力管桩，按抗拔桩设计。基础设计方案如下：桩身采用 C80 高强预应力混凝土（PHC-B-500-125 型，桩径 500mm），桩长 30m，以强风化花岗岩层③$_2$作桩端持力层。横向桩间距 2.14m，纵向桩间距 2.25m，满足 4～5 倍桩间距的要求。单桩承载力不小于 750kN，桩身抗渗等级不应低于 P10。基桩平面布置见图 1-16-3。

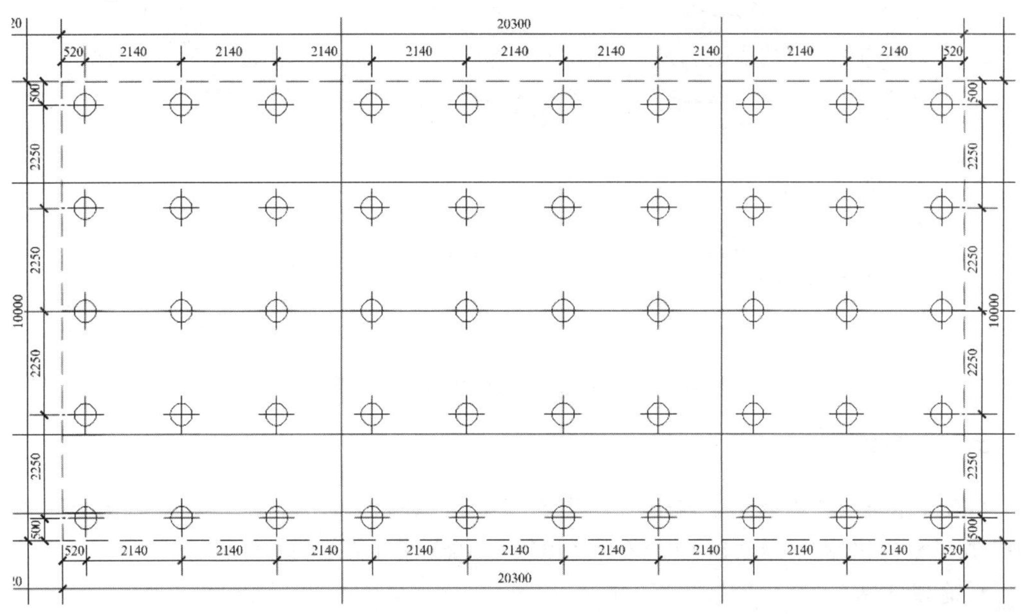

图 1-16-3　基桩平面布置图

结合基坑要求进行质量块设计，基坑深度为 2.3m，基础埋深−6m，质量块尺寸 20.3m × 10.0m × 6m（长 × 宽 × 高），基坑尺寸 16.6m × 6m × 2.3m（长 × 宽 × 深），基坑侧壁 2.0m 厚。基础采用 C30 混凝土，抗渗等级 P6，防水等级二级，HRB400 钢筋保护层厚度，外侧壁 50mm，其他 40mm。二次浇灌层用 C35 微膨胀细石混凝土。垫层采用 C15 混凝土，四周挑出 100mm，厚 100mm。基础质量块平面图及剖面图如图 1-16-4、图 1-16-5 所示。

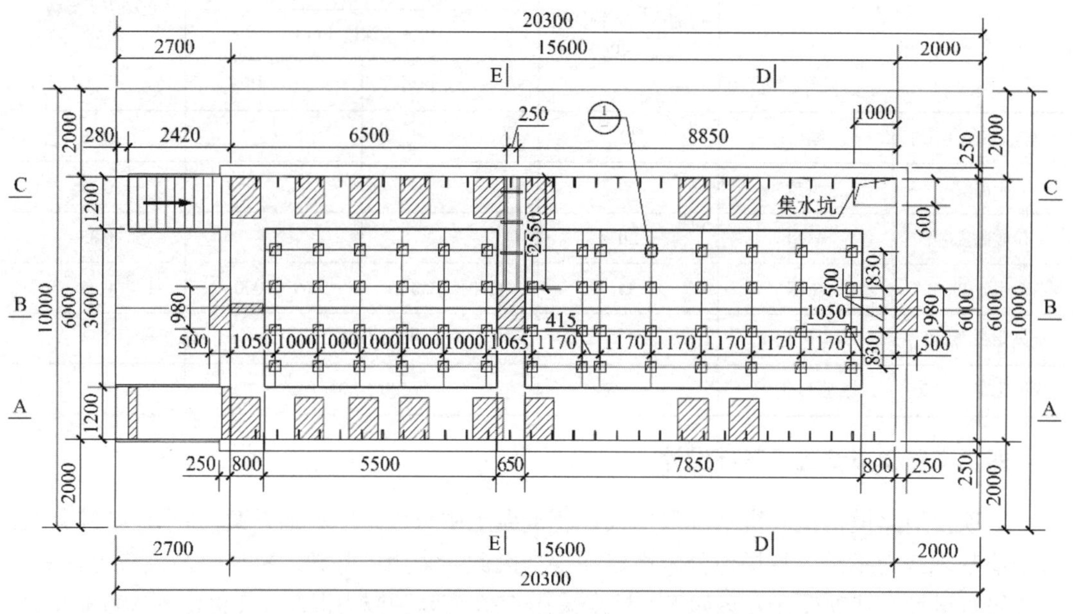

图 1-16-4　道路模拟试验机基础质量块平面图

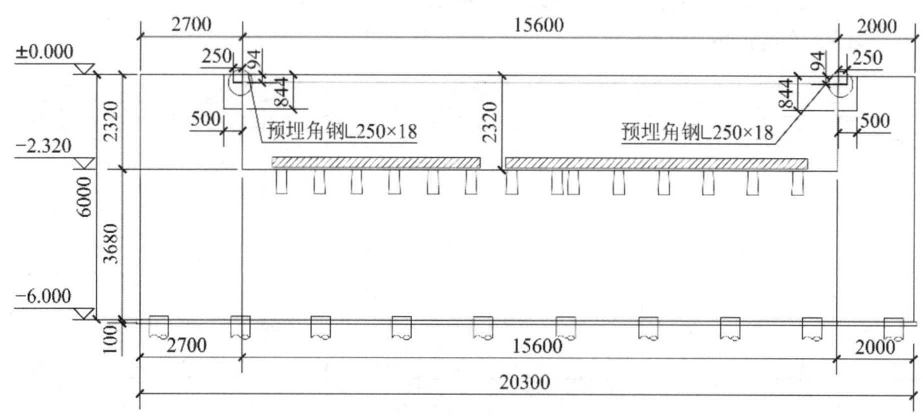

图 1-16-5　道路模拟试验机基础质量块剖面图

五、动力计算

根据《建筑振动荷载标准》GB/T 51228—2017、《建筑工程容许振动标准》GB 50868—2013 和《动力机器基础设计标准》GB 50040—2020 进行基础动力计算。

1. 荷载计算

根据《建筑振动荷载标准》GB/T 51228—2017 进行荷载计算，取试件和运动部分质量为

0.8t，单个作动器激振力计算，激振力的反作用力作用在基础上。如图 1-16-6、图 1-16-7 所示。

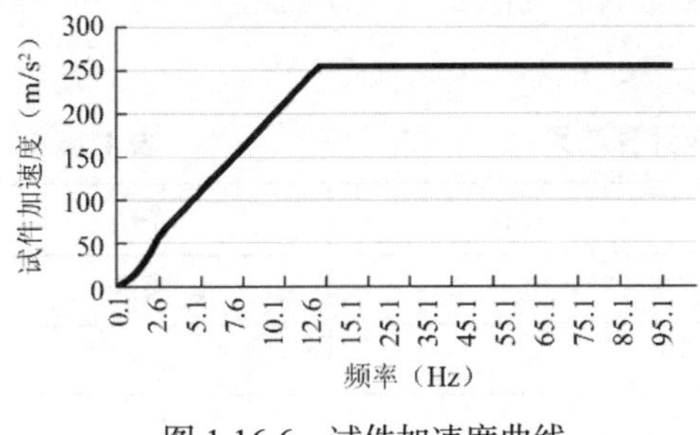

图 1-16-6　试件加速度曲线

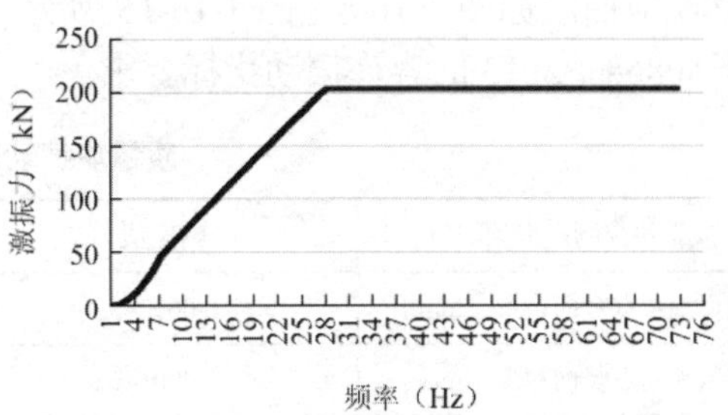

图 1-16-7　作动器激振力曲线

2. 地基刚度计算

根据《动力机器基础设计标准》GB 50040—2020 开展桩基础刚度计算。见表 1-16-3、表 1-16-4。

桩基础刚度计算　　　　**表 1-16-3**

土层z_k65 孔	底层岩性	u（ϕ500）	C_{pt}	l_i	$C_{pt}l_i$	A_p	C_{pz}	A_pC_{pz}
1	①填土	1.57000	0	0	0	—	—	—
2	②$_1$淤泥	1.57000	6000	14.15	133293	—	—	—
3	②$_2$粉质黏土	1.57000	8000	6.2	77872	—	—	—
4	②$_3$粗砂	1.57000	22000	2.7	93258	—	—	—
5	③$_1$全风化花岗岩	1.57000	15000	3.98	93729	—	—	—
6	③$_2$强风化花岗岩	1.57000	20000	4.84	151976	—	—	—
7	③$_3$中风化花岗岩	1.57000	25000	1	39250	0.196250	1800000	353250
					589378			353250
		桩端在 7 层		32.87			7 层	
小计	桩径	500					942628	

桩基础刚度计算结果　　　　**表 1-16-4**

桩数	50 根
桩基抗压刚度	47131400kN/m
抗弯刚度$K_{p\psi}$	1780704415kN · m
抗剪刚度K_x	2884185kN/m
抗扭刚度K_ψ	184620288kN · m

3. 动力响应计算

按照《动力机器基础设计标准》GB 50040—2020，质量块振动响应计算结果如表 1-16-5 所示，以质量块角点作为控制点。质量块角点竖向位移 0.009265mm，质量块角点竖向速度 0.00014m/s，质量块角点竖向加速度 0.002307m/s^2；质量块角点水平位移

0.006288mm，质量块角点水平速度 9.92×10^{-5}m/s，质量块角点水平加速度 0.001566m/s^2。振动响应曲线如图 1-16-8～图 1-16-15 所示。振动响应均满足《建筑工程容许振动标准》GB 50868—2013 的容许振动指标要求。

质量块振动响应计算结果 **表 1-16-5**

质量块控制点振动响应	响应值	限值	备注
质量块角点竖向位移（mm）	0.009265	0.1	满足
质量块角点竖向速度（m/s）	0.000146	—	—
质量块角点竖向加速度（m/s^2）	0.002307	1	满足
质量块角点水平位移（mm）	0.006288	0.1	满足
质量块角点水平速度（m/s）	9.92×10^{-5}	—	—
质量块角点水平加速度（m/s^2）	0.001566	1	满足

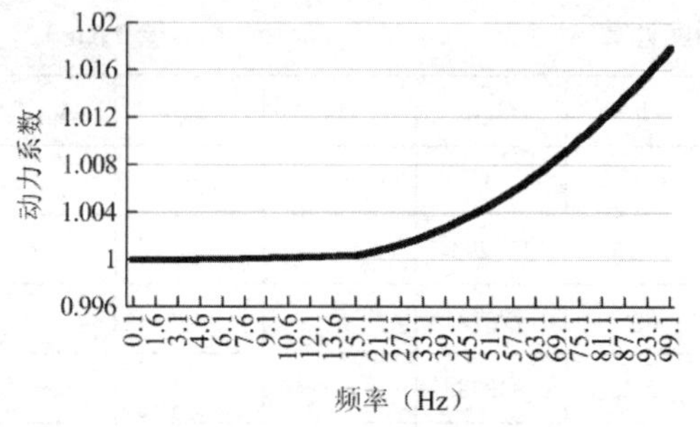

图 1-16-8 动力系数

试件加速度曲线

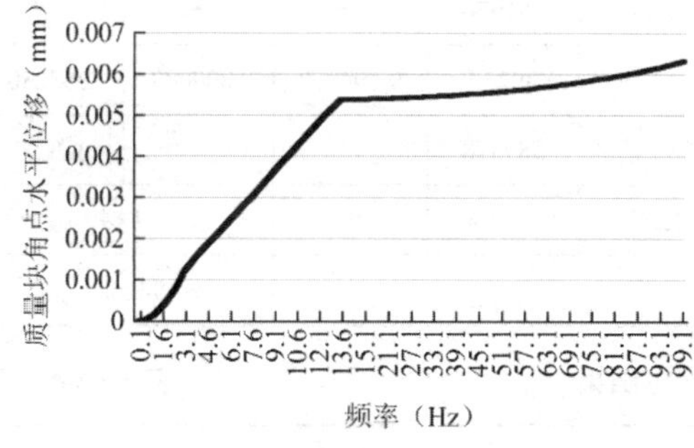

图 1-16-10 控制点水平位移曲线

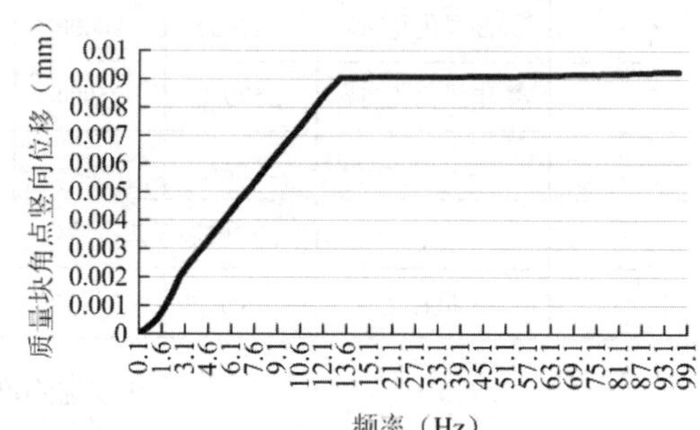

图 1-16-11 控制点竖向位移曲线

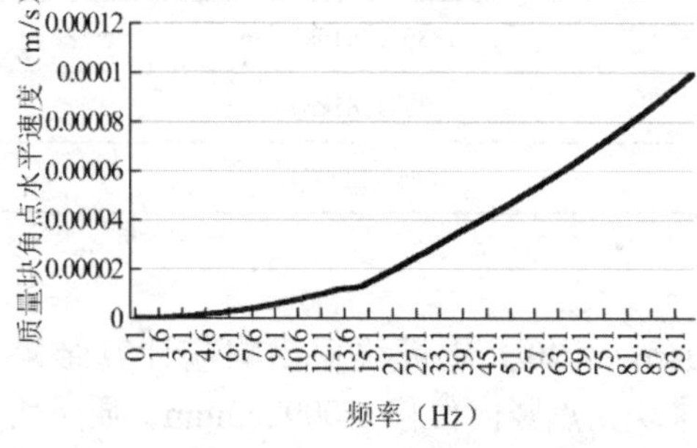

图 1-16-12 控制点水平速度曲线

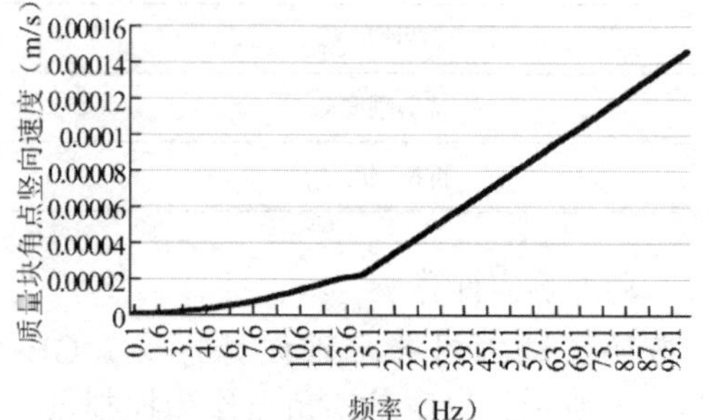

图 1-16-13 控制点竖向速度曲线

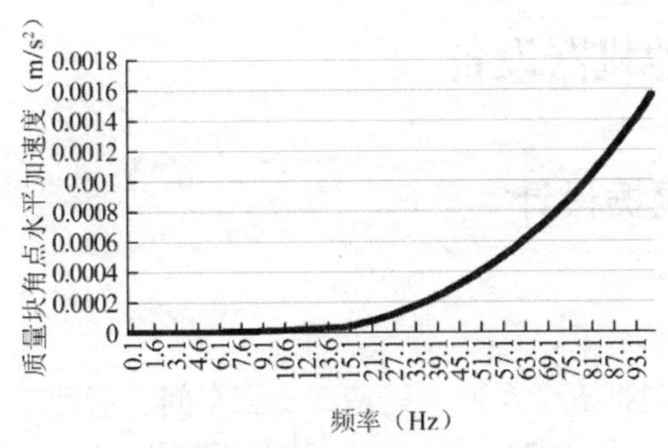

图 1-16-14 控制点水平加速度曲线

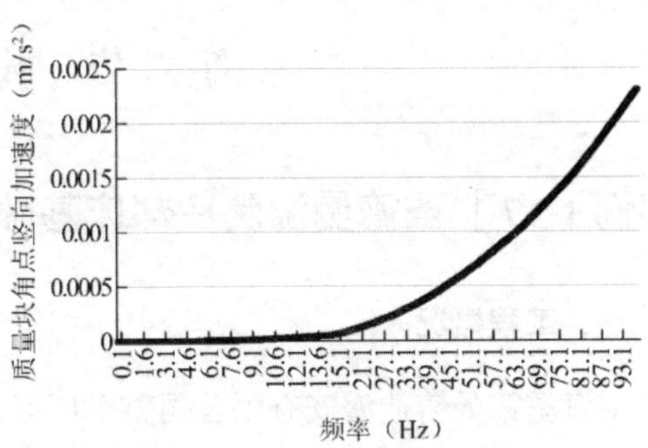

图 1-16-15 控制点竖向加速度曲线

六、振动控制效果

银隆新能源股份有限公司检测中心项目，位于珠海市金湾区，该项目设有六立柱整车道路模拟试验机，该试验设备设有 6 个 250kN 液压作动器，工作频率 0.1～100Hz，作动器最大行程±150mm，最大加载速度 3m/s，最大加载加速度 26g。该试验设备作用力较大，振动频带较宽，基础的容许振动指标较为严格，振动控制难度较大。该项目场地具有较厚淤泥层，增加了振动控制难度。

为了满足《建筑工程容许振动标准》GB 50868—2013 振动试验台基础容许振动指标的要求，按照《建筑振动荷载标准》GB/T 51228—2017 进行荷载计算，按照《动力机器基础设计标准》GB 50040—2020 进行动力响应计算。最终采用大体积现浇混凝土质量块，高强预应力管桩穿透淤泥层，最终振动响应满足稳态振动容许振动位移峰值 0.1mm，容许振动加速度峰值 1.00m/s^2 的要求。最终该基础的振动控制满足振动试验要求，取得较好的振动控制效果，满足试验精度的要求。

第六节　其他机器设备

[实例 1-17] 圣德曼沸腾冷却床基础隔振设计

一、工程概况

上海圣德曼铸造海安有限公司整个厂区共包括五个车间：铸造二、三车间，清理二车间，粗加工检验一、二车间。其中，铸造二车间：长 193m，宽 90m；建筑面积为 19300m^2，铸造二车间工艺平面布置如图 1-17-1 所示。厂房主体为单层门式刚架，局部为钢框架结构，柱距分别为 6m、7m 和 7.5m，刚架分四跨，跨度为 21m + 21m + 24m + 24m，基础采用独立基础。根据生产需要，图 1-17-1 所示的精密加工区和机加工区原设计为壳型生产线，现改为机械加工区域。功能区更改后，对环境的振动要求较高。

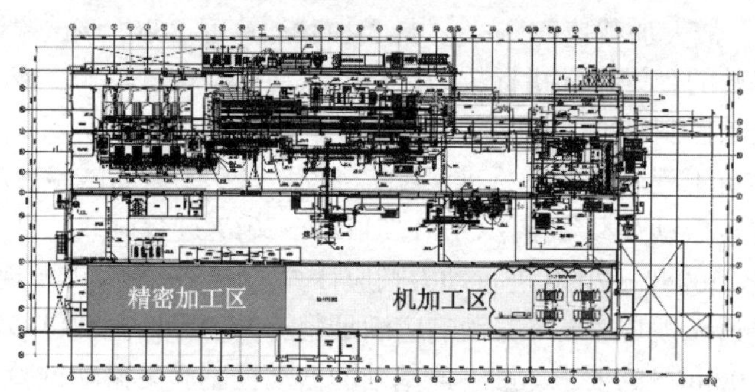

图 1-17-1　铸造二车间工艺平面布置图

在图 1-17-1 所示的工艺布置图中，沸腾冷却床位于已设加工中心设备的正上方，直线距离约 30m，其中沸腾冷却床设备如图 1-17-2 所示。

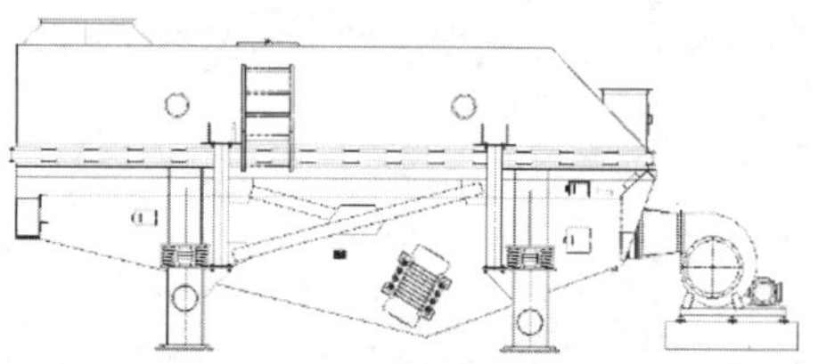

图 1-17-2　沸腾冷却床设备

沸腾冷却床的振动很容易传递到机加工区域。据现场反映“在 5QD 转向节加工区域，有明显的抖动感，加工设备防护罩振颤异响，触摸工作台振动”。比较加工精度受振动影响的检测数据，以 30 件加工尺寸对比振动影响和正常状况：在平面度 0.05 方面，差异为 1μm；在加工精度 123.3μm ± 0.2μm 方面，级差差异为 10μm。虽然两组数据相差不大，但反映了振动的影响，该振动影响主要是由沸腾冷却床设备在运行时产生的。

沸腾冷却床电机工作转速为 740r/min，即激振扰频为 12.33Hz。沸腾冷却床单个设备内包含两台电机，单台电机运行时最大激振力可达 140kN，设备自重为 22t。为有效采取振动控制措施，根据现场振动测试结果，参照有关国际和国家标准对沸腾冷却床的隔振基础进行设计。

二、容许振动标准

以沸腾冷却床振动对机加工车间 5QD 转向节加工设备的影响为例，进行振动分析与振动控制研究。容许振动标准可参考国家标准和国际上常用的标准（如 VDI 2038 等）。振动与机加工精度对照可参见表 1-17-1。一般加工设备的公差等级为 IT5，公差数值为 18μm。可按照Ⅰ级精度控制。根据《建筑工程容许振动标准》GB 50868—2013 的规定，取容许振动标准$[v]$ = 70μm/s。

振动与机加工精度对照　　**表 1-17-1**

振动等级	振动速度（μm/s）	机加工精度（μm）	标准代号
VC-D	6.25	0.3	VDI 2038
VC-C	12.5	1	VDI 2038
VC-B	25	3	VDI 2038
VC-A	50	10	VDI 2038
Ⅰ级	70	（15）	GB 50868
Ⅱ级	100	（20）	GB 50868
Ⅲ级	200	（45）	GB 50868

注：括号中数据为拟合结果。

三、隔振基础设计

针对加工中心受砂处理生产线设备的振动影响，专门进行了现场振动测试与分析，结果如图 1-17-3 所示，其中，带点实线表示沸腾冷却床的振动情况，带实三角点虚线表示机加工区域的振动环境。基于图 1-17-3，在砂处理设备运行时，加工中心地面的振动环境超过了Ⅰ级设备的容许振动标准。

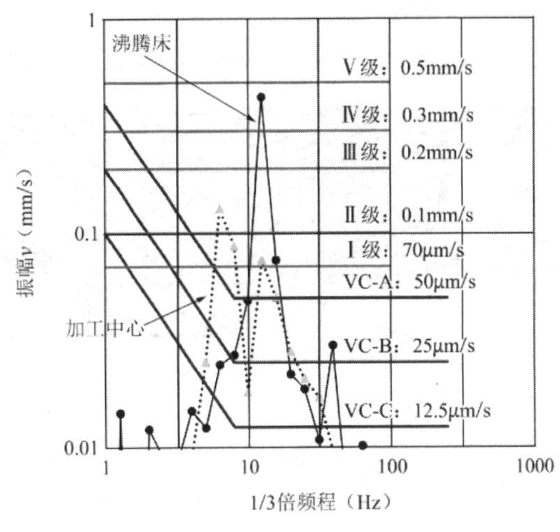

图 1-17-3　振动测试结果

沸腾冷却床振动频率为 12.33Hz，测试振动速度均方根值为 75.1μm/s，大于容许振动标准$[v]=70\mu m/s$的要求。

隔振设计时，考虑设备下设钢筋混凝土配重块的方案，其中配重块质量大于 60t，设定隔振频率f_n为 3.5Hz，隔振后传递率$\eta<0.2$。

沸腾冷却床隔振后，振动传递到加工中心处的振动为：

$$v_{zg}=\eta v_{z0}<0.2\times75.1=15.0\mu m/s$$

沸腾冷却床隔振后，加工中心区域满足容许振动要求。沸腾冷却床基础隔振设计的结构方案如图 1-17-4 所示，隔振器参数如表 1-17-2 所示。

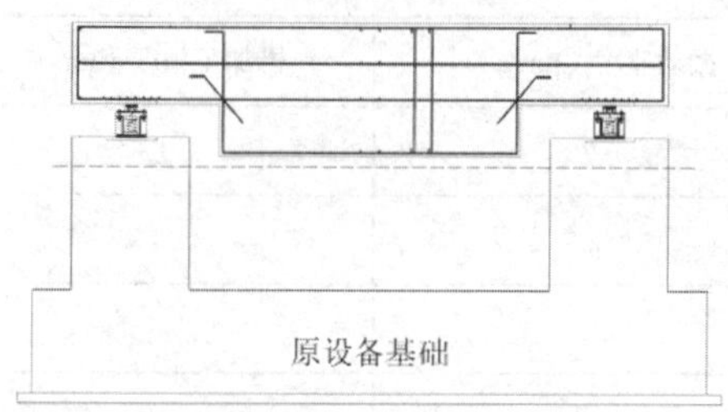

图 1-17-4　基础隔振

隔振器参数　　**表 1-17-2**

序号	隔振器代号	数量	最佳荷载（kN）	竖向刚度（kN/mm）	阻尼比
1	GZQ-1	4	120	480	0.15
2	GZQ-2	4	120	480	0.05

四、振动控制效果

在该工程项目施工前与设备再次投入使用后，分别进行了现场振动测试与分析工作，现场情况如图 1-17-5 所示。

改造前后，通过分析设备钢结构支腿处测点的环境振动测试频域数据可知，原沸腾床弹簧阻尼系统以上部分的一阶固有频率为 3.43Hz，新加装的金属螺旋弹簧阻尼系统以上部分的一阶固有频率为 5.31Hz。

为评估沸腾冷却床改造前后的隔振效率，考虑如图 1-17-6 所示的现场振动测试测点。

(a) 改造前

(b) 改造后

图 1-17-5　沸腾冷却床设备改造前后现场图

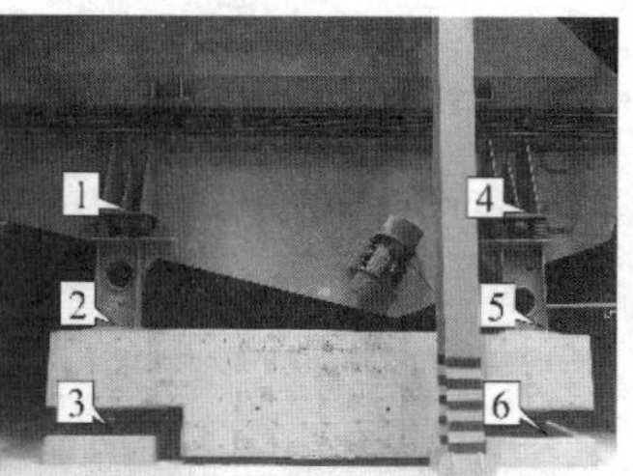

图 1-17-6　沸腾床振动测试测点布置图

在图 1-17-6 所示的沸腾冷却床振动测试测点布置图中，测点 1 和 4 位于设备自带隔振金属螺旋弹簧的上部；测点 2 和 5 位于设备支腿与混凝土连接的埋件上；测点 3 和 6 位于基础支腿上。在设备改造前，无测点 2 和 5。测点 1、3、4 和 6 改造前后振动测试数据对比如表 1-17-3 所示。

振动测试数据对比（m/s^2）　　表 1-17-3

测点	改造前		改造后	
	时域峰值	频域峰值（rms）	时域峰值	频域峰值（rms）
1	11.720	6.836	10.990	7.345
4	8.775	5.492	9.413	5.747
3	0.127	0.016	0.019	0.004
6	0.193	0.009	0.020	0.007

通过表 1-17-3 给出的振动测试数据可以看出，改造后基础振动响应明显减小，尤其是时域测试结果。

机加工区域的测点布置如图 1-17-7 所示。

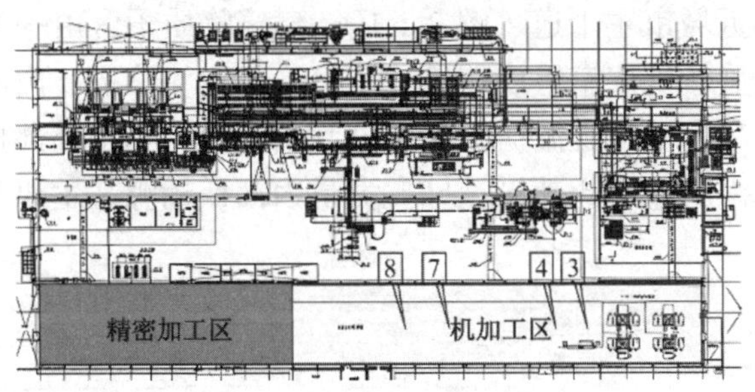

图 1-17-7　机加工区域测点布置图

机加工区域 4 个测点改造前后的振动响应统计如表 1-17-4 所示。

振动测点改造前后数据对比　　表 1-17-4

测点	12.5Hz 对应频域值（rms）（m/s^2）			减振效率（%）
	背景振动	处理前	处理后	
3	0.0002	0.0039	0.0021	46
4	0.0003	0.0026	0.0022	15
7	0.0002	0.0014	0.0010	29
8	0.0002	0.0022	0.0011	50

通过表 1-17-4 给出的振动测点改造前后数据对比可以发现，机加工区域在 12.5Hz（沸腾冷却床工作主频）的减振效果在 15%～50%之间，减振效果明显。

第二章　精密装备工程微振动控制

[实例 2-1] 合肥某医学中心精密装置基础微振动控制

一、工程概况

合肥某医学中心作为国内首个引进美国瓦里安 ProBeam®质子治疗系统的离子医学治疗项目，是国家质子重离子医学领域的重要组成部分，具有很大的影响力。一期质子治疗项目占地约 70 亩，建筑面积约 3.4 万 m^2，位于合肥高新区长宁大道与燕子河路交叉口东南角，周边邻近城市主干道（图 2-1-1）。建筑物质子区由一个回旋加速器室、两个固定束流室和三个旋转机架室组成，另外还有一个束流隧道，内部设置众多精密仪器设备，对振动要求较高。本项目振动源主要分为两类：一类是外部振动源，包括道路交通、规划地铁和场地内的施工活动等；另一类是内部振动源，主要是一些设备机房的设备产生的振动等。

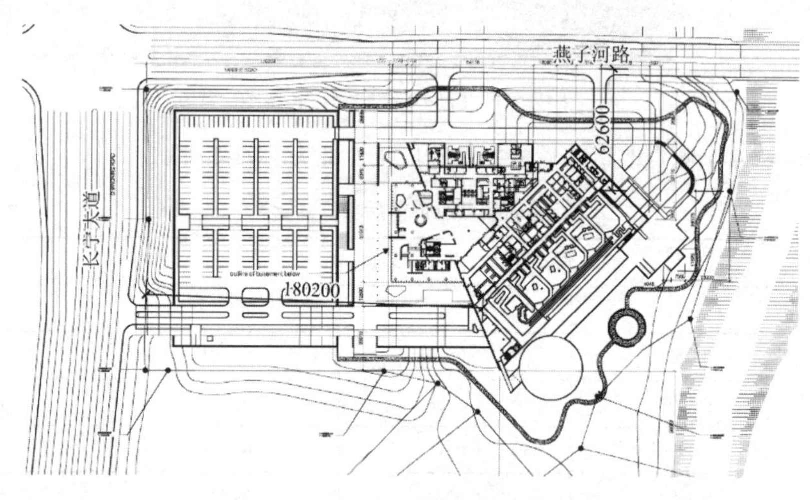

图 2-1-1　场地平面图

本项目结构基础形式为桩筏基础。离子区基础底板厚度为 1500mm，其他区域底板厚度为 600mm。桩基础为人工挖孔扩底桩，桩身直径为 1.2m，桩端扩径至 2.4m。质子区桩长不小于 25.5m，一般区域桩长不小于 22m，桩端进入嵌岩（⑦层中风化粉砂质泥岩）深度不小于 3m。结构桩基础平面及桩身大样图如图 2-1-2 所示。

拟建场地属于江淮波状平原地貌单元，微地貌场地西部为岗地，东部为坳沟。拟建场地地基土构成层序自上而下依次为①层杂填土、②层粉质黏土、③层黏土、④层粉质黏土、

⑤层粉质黏土、⑥层强风化粉砂质泥岩和⑦层中风化粉砂质泥岩。土层的物理力学参数如表 2-1-1 所示。质子区结构基础采用人工挖孔桩，桩端进入中风化粉砂泥岩。

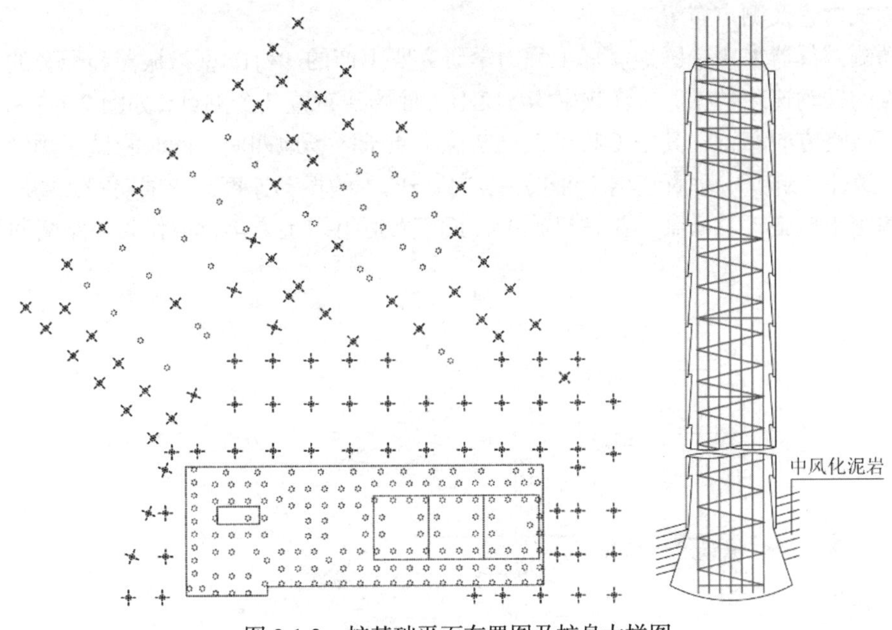

图 2-1-2 桩基础平面布置图及桩身大样图

土层的物理力学参数 **表 2-1-1**

层序	重度（kN/m³）	动泊松比ν	剪切波速（m/s）	动剪切模量G_d（MPa）	动弹性模量E_d（MPa）
①杂填土	17.7	0.466	130	31.0	90.9
②粉质黏土	19.3	0.461	225	99.8	291.7
③黏土	19.9	0.463	276	151.9	444.7
④粉质黏土	19.7	0.457	286	161.4	499.2
⑤粉质黏土	20.5	0.442	335	230.5	664.7
⑥强风化粉砂质泥岩	21.0	0.442	440	409.9	1182.6
⑦中风化粉砂质泥岩	23.1	0.411	694	1111.8	3136.2

二、振动控制要求

本项目振动控制标准为：在质子治疗的常规操作过程中，建筑物基础底板振动应满足国际振动 VC 标准中对 A 类实验楼的振动控制要求（VC-A），在未注明频率情况下，建筑物基础底板振动的最大振动速率不应大于 100μm/s。

借鉴以往国内外精密设备微振动控制的工程经验，考虑到本工程振动控制要求较高，为最大限度保证工程振动控制的成功，本项目采取现场测试与数值模拟相结合且分阶段实施的技术路线，具体包括以下阶段：（1）天然场地的振动测试；（2）采用天然场地实测振动作为激励荷载进行数值分析；（3）建筑物主体结构施工完成后进行现场振动测试。

三、天然场地振动测试分析

1. 测试内容及测点布置

振动测试仪器采用中国地震局工程力学研究所生产的 941B 型拾振器和配套的采集仪采集测点的振动速度数据，采样频率为 512Hz。现场共布置 7 个测点，如图 2-1-3 所示，测点沿垂直道路方向布置，其中 C4、C5、C7 位于质子区场地四周，同时测试车辆经过时各测点平行道路（x向）、垂直道路（y向）、竖向（z向）的振动速度。测试期间，场地内部有推土机和挖土机施工及勘察单位钻机施工，长宁大道组织土方车行走作为道路交通激励。

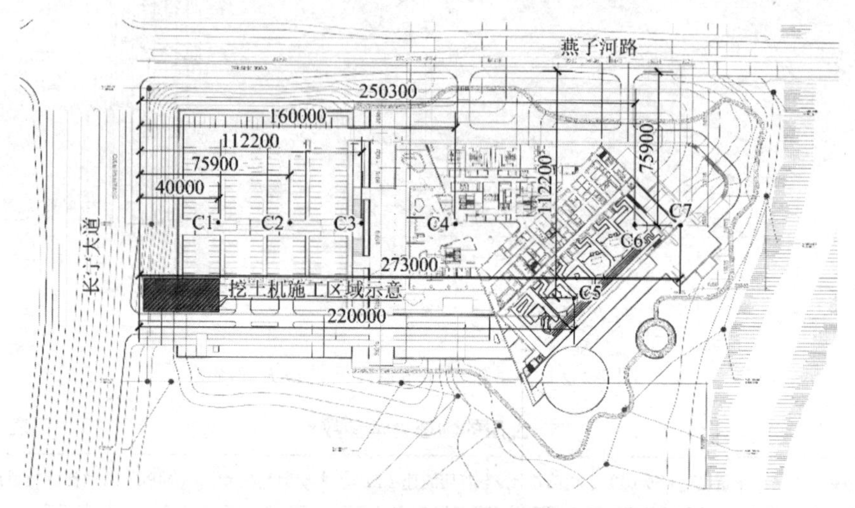

图 2-1-3　现场测点布置图

2. 道路交通振动实测结果

选取车辆经过时各测点振动的多个样本进行整理，典型测点的振动速度时程及傅里叶谱如图 2-1-4 所示，由结果可以看出，道路交通引起的天然场地振动主频基本在 10Hz 以下，主要为中低频振动。

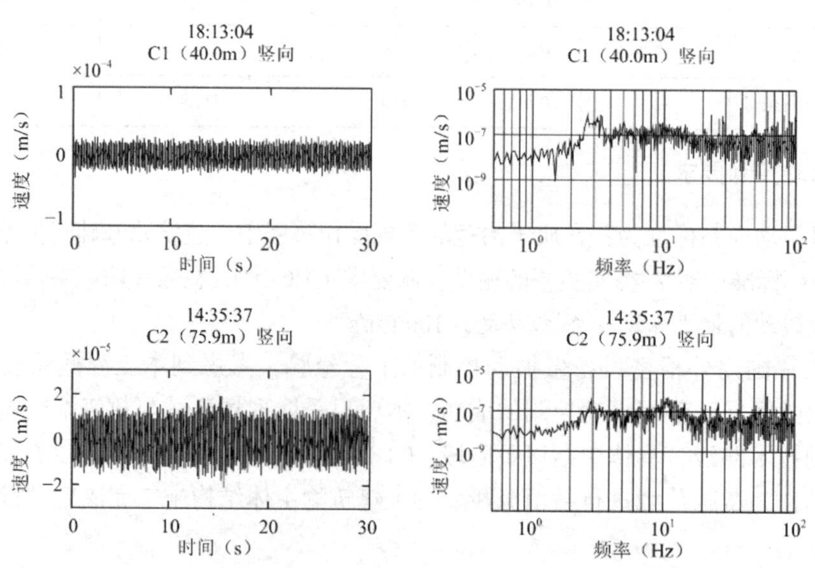

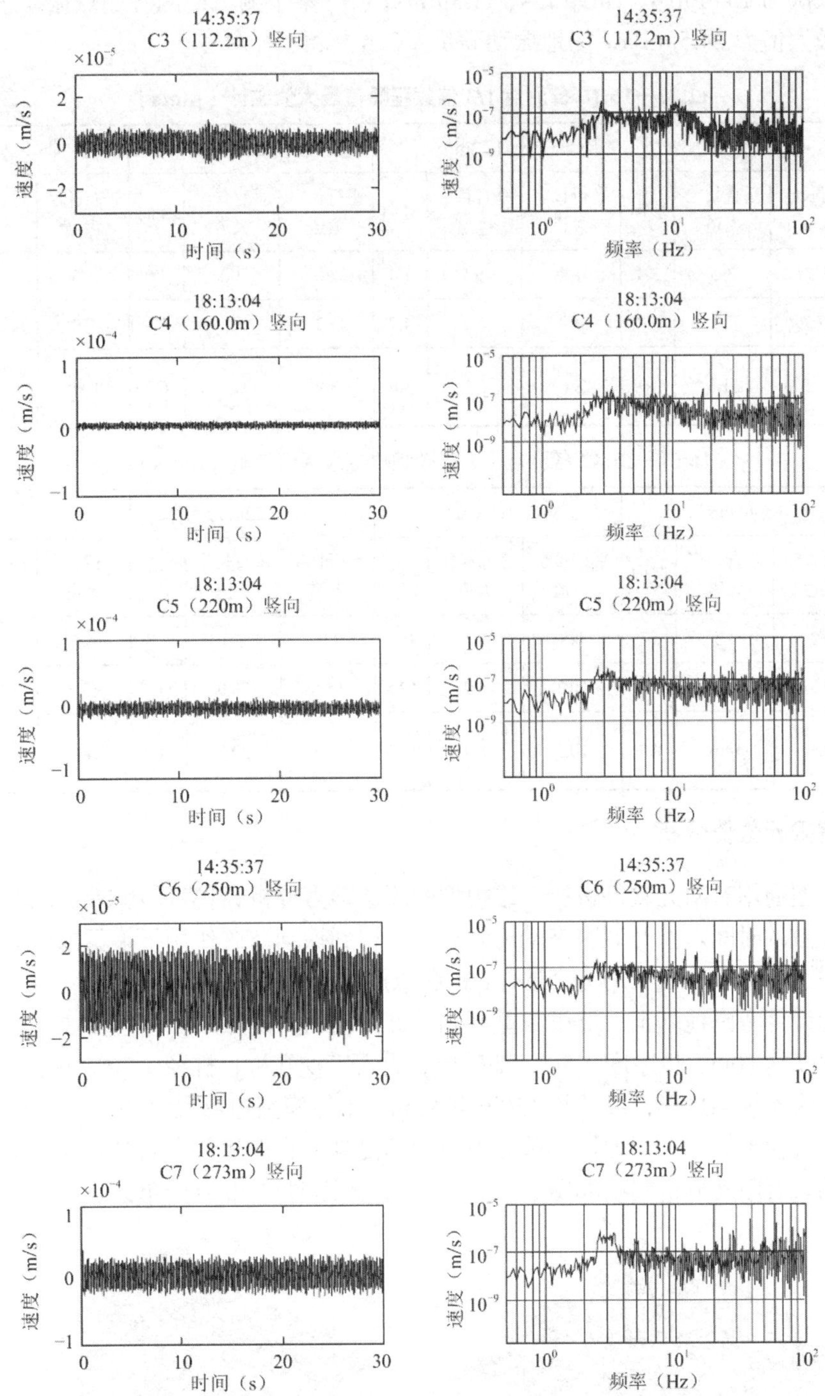

图 2-1-4　车辆经过时各典型测点的振动速度时程及傅里叶谱

根据各测点振动速度时程信号，计算 1/3 倍频程峰值最大值统计结果如表 2-1-2、表 2-1-3 所示。由表可知：（1）土方车经过时质子区内测点 6 振动最大，平行长宁大道方向、垂直长宁大道方向、竖向 1/3 倍频程峰值依次为 5.3μm/s、5.3μm/s、5.4μm/s；（2）挖土机工作时质子区测点 5 振动最大，平行长宁大道方向、垂直长宁大道方向、竖向 1/3 倍频程峰值依次为 15.8μm/s、20.9μm/s、11.3μm/s；（3）整个测试期间各测点振动速度 1/3 倍频程峰值最大值为 24.5μm/s，场地振动满足 VC-A 标准。

12:32—16:16 各测点 1/3 倍频程峰值最大值统计（μm/s）　　表 2-1-2

测点	C2（75.9m）			C3（112.2m）			C5（220m）			C6（250m）		
方向	平行长宁大道	垂直长宁大道	竖向	平行长宁大道	垂直长宁大道	竖向	平行长宁大道	垂直长宁大道	竖向	平行长宁大道	垂直长宁大道	竖向
土方车	3.5	3.4	3.4	1.4	1.5	1.4	3.0	3.0	3.0	5.3	5.3	5.4
挖土机	17.7	7.7	8.7	4.8	3.3	4.7	7.2	8.5	2.8	6.9	5.0	5.0
所有时段	24.5	21.6	18.9	8.6	6.1	5.6	8.9	10.2	6.0	10.9	9.4	7.8

16:51—18:42 各测点 1/3 倍频程峰值最大值统计（μm/s）　　表 2-1-3

测点	C1（40.0m）			C4（160.0m）			C5（220m）			C7（273m）		
方向	平行长宁大道	垂直长宁大道	竖向	平行长宁大道	垂直长宁大道	竖向	平行长宁大道	垂直长宁大道	竖向	平行长宁大道	垂直长宁大道	竖向
土方车	4.3	4.3	4.1	0.8	1.2	0.8	1.7	1.7	1.8	4.9	4.9	4.9
挖土机	9.3	14.6	9.7	10.3	8.9	12.5	15.8	20.9	11.3	18.7	11.7	9.4
所有时段	9.3	14.6	9.7	10.3	8.9	12.5	15.8	20.9	11.3	18.7	11.7	9.4

四、有限元数值分析

采用大型通用有限元软件进行三维模型的瞬态动力分析，计算采用 Newmark 时间积分方法，在离散的时间点上开展瞬态动力学分析，得到振动荷载作用下模型随时间变化的位移响应。瞬态动力学分析采用完全法、DJCG 求解器。

有限元计算考虑地基土、群桩、基础和上部结构的共同作用。本项目质子区底板长度约 85m，宽度约 30m，板厚度 1.5m，基础形式为人工挖孔桩，桩径 1.2m，桩长 25.5m；非质子区结构为不规则矩形，尺寸约 150m 和 93m；土体模型边界尺寸为 180m 和 170m。采用实体单元模拟土体，采用弹性壳单元模拟钢筋混凝土底板和剪力墙等，采用空间梁单元模拟桩基础。有限元分析模型如图 2-1-5 所示，整体模型约 20 万个单元。

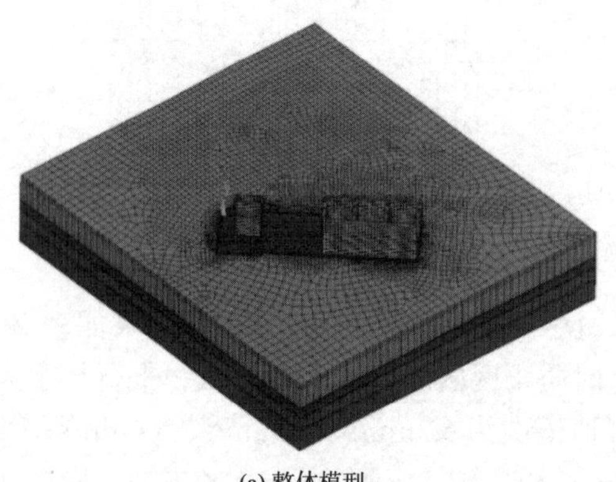
(a) 整体模型

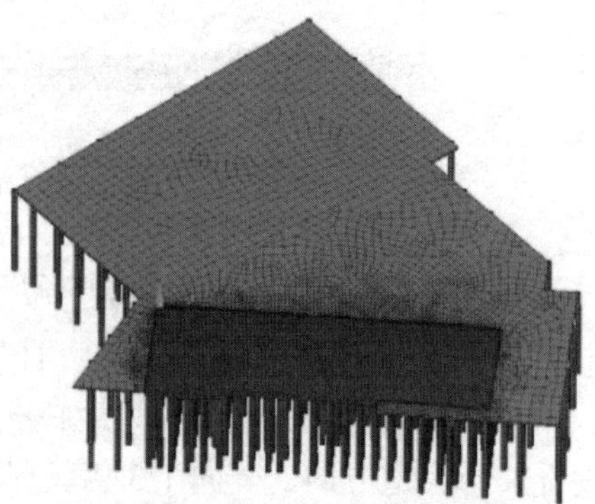
(b) 基础底板及桩基础

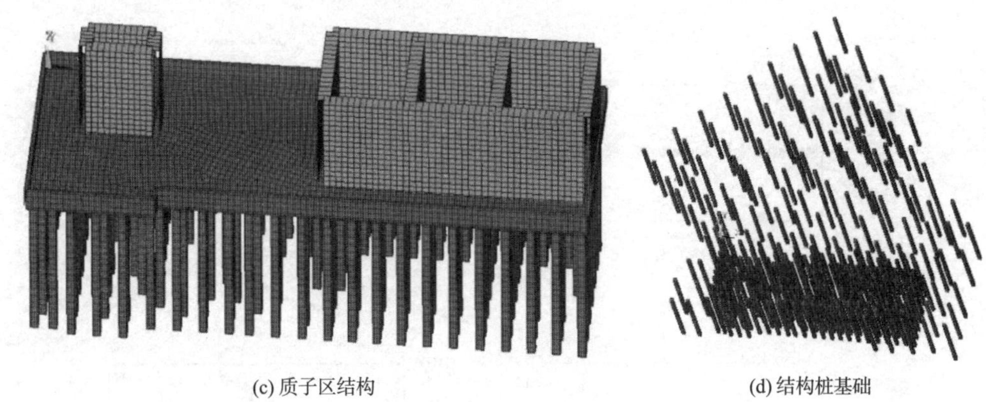
(c) 质子区结构 (d) 结构桩基础

图 2-1-5 有限元分析模型

本分析模型中，以现场实测结果作为边界强迫位移输入。数值模拟分析的振源采用实测时有组织车辆的工况，即在固定时段组织车辆沿着周边道路行驶，模拟实际情况下周边环境振动激励情况。采用车辆经过时的振动时程作为激励荷载，结合有限元分析模型的边界，选取测点 C3、C5、C6 的实测振动时程数据作为激励荷载，考虑本工程地下室埋深较浅，同时基底以下为强风化、中风化岩，振动沿深度方向衰减较小，沿深度方向振动边界偏保守地按照不考虑振动衰减输入，有限元模型边界条件如图 2-1-6 所示。

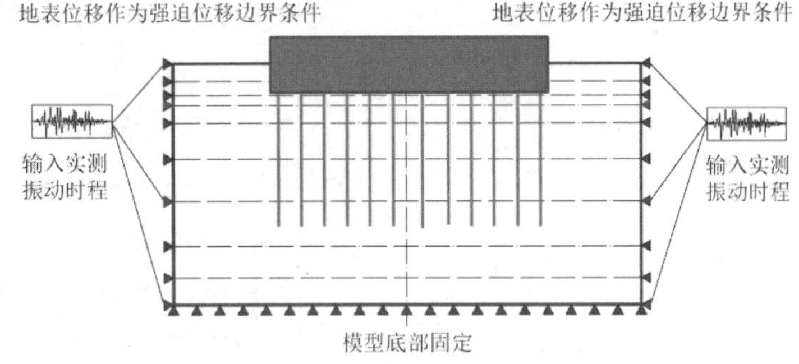

图 2-1-6 有限元模型边界条件

提取图 2-1-7 所示重点区域楼板中点 1～点 4 的计算结果，通过整理可以得到车辆经过时各点的竖向振动速度时程及傅里叶谱，如图 2-1-8 所示。再依据 VC 标准计算各点振动速度的 1/3 倍频程（图 2-1-9），基础底板各计算点的 1/3 倍频程峰值如表 2-1-4 所示。

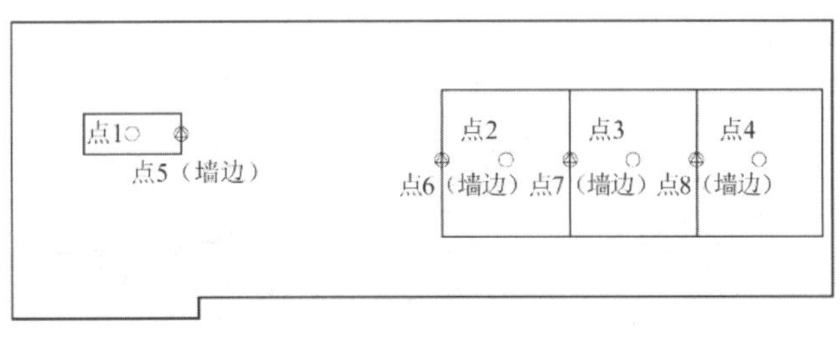

图 2-1-7 计算点位置示意图

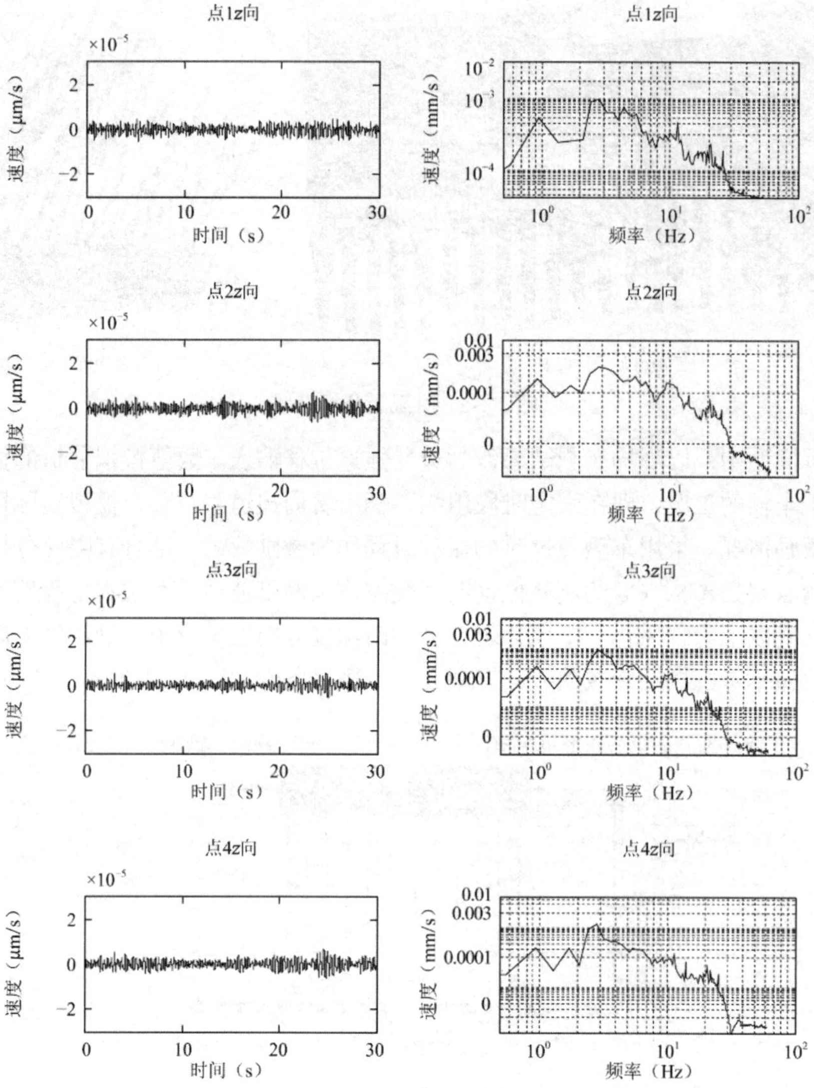

点1z向 点1z向

点2z向 点2z向

点3z向 点3z向

点4z向 点4z向

图 2-1-8　车辆经过时各计算点的竖向振动速度时程及傅里叶谱

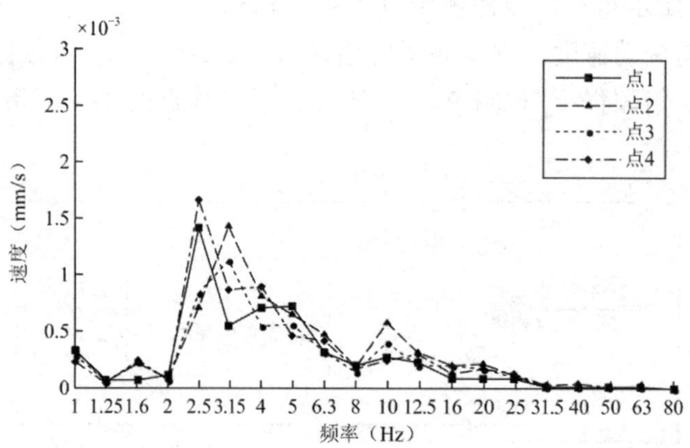

图 2-1-9　车辆经过时各计算点竖向振动速度的 1/3 倍频程

基础底板各计算点的 1/3 倍频程峰值统计（μm/s）　　表 2-1-4

计算点	x向	y向	z向
点 1	3.2	3.5	1.3
点 2	3.4	4.0	1.2
点 3	3.4	4.0	1.0
点 4	3.3	3.9	1.5

由结果可以看出：（1）车辆经过时，基础底板处各计算点竖向振动频率主要分布在 2～10Hz，峰值频率在 3Hz 左右，可以解释为，经过场地土层过滤及结构自身作用，高频振动成分得到显著抑制，基础底板振动主要表现为低频振动；（2）总体而言，车辆经过时基础底板的竖向振动速度幅值均小于 100μm/s，各计算点竖向振动速度的 1/3 倍频程峰值远小于 50μm/s；（3）通过上述计算分析，道路交通激发的医学离子中心基础振动满足控制标准。

五、振动控制效果

为验证减振效果，进行了主体结构完成后的现场振动测试。分别在基础房中房底板上布置测点（图 2-1-10），每个测点均同时测试平行道路、垂直道路、竖向的振动位移。测试结果见表 2-1-5。

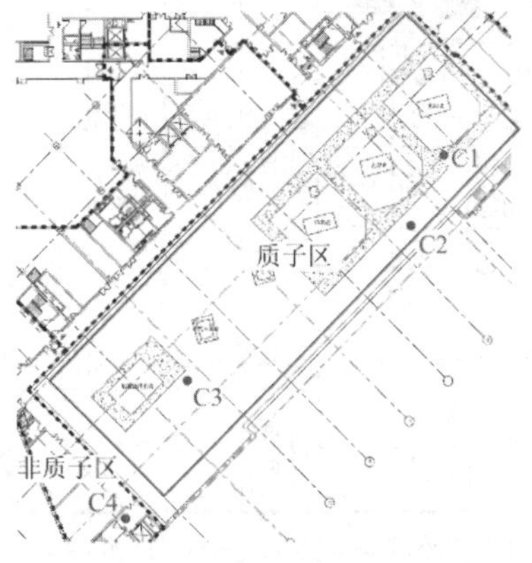

图 2-1-10　测点布置图

各测点 1/3 倍频程峰值统计（μm/s）　　表 2-1-5

测点	C1（质子区）			C2（质子区）			C3（质子区）			C4（非质子区）		
最大值	17.6	23.5	2.2	10.8	19.2	10.2	29.5	23.5	3.8	17.5	33.7	17.0
最小值	0.1	0.1	0.1	0.2	0.1	0.1	0.1	0.1	0.1	0.3	0.4	0.2
平均值	0.5	0.5	0.3	0.5	0.5	0.3	0.5	0.5	0.4	1.2	1.3	1.0
方向	平行质子区长边	垂直质子区长边	竖向	平行质子区长边	垂直质子区长边	竖向	平行质子区长边	垂直质子区长边	竖向	平行质子区长边	垂直质子区长边	竖向

基于现场实测与数值模拟分析结果，项目从振源、传播途径和建筑结构三方面采取综合技术措施控制精密设备基础振动，项目主体结构施工完成后现场振动实测结果表明：测试期间质子区各测点振动速度 1/3 倍频程峰值最大约 29.5μm/s，非质子区测点振动速度 1/3 倍频程峰值最大约 33.7μm/s，满足 VC-A 标准。

［实例 2-2］沈阳金杯三坐标测量机隔振基础设计

一、工程概况

根据三坐标测量间及三坐标基础设计资料，三坐标测量间及其基础位于总装和车身车间北侧，紧靠冲压车间。按照原布置方案，三坐标测量机距离压力机生产线非常近。距离 800t 压力机生产线约 40m，距离 2000t 压力机生产线也只有约 60m，如图 2-2-1 所示。压力机为机械压力机，具有较大的振动。压力机生产线和三坐标测量机的位置如图 2-2-1 所示。在三坐标测量间安装两台三坐标测量机，分别是德国温泽（Wenzel）公司和瑞典海克斯康（Hexagon）公司的产品，为通用型悬臂三坐标测量系统，其水平测量臂对环境振动要求较高。

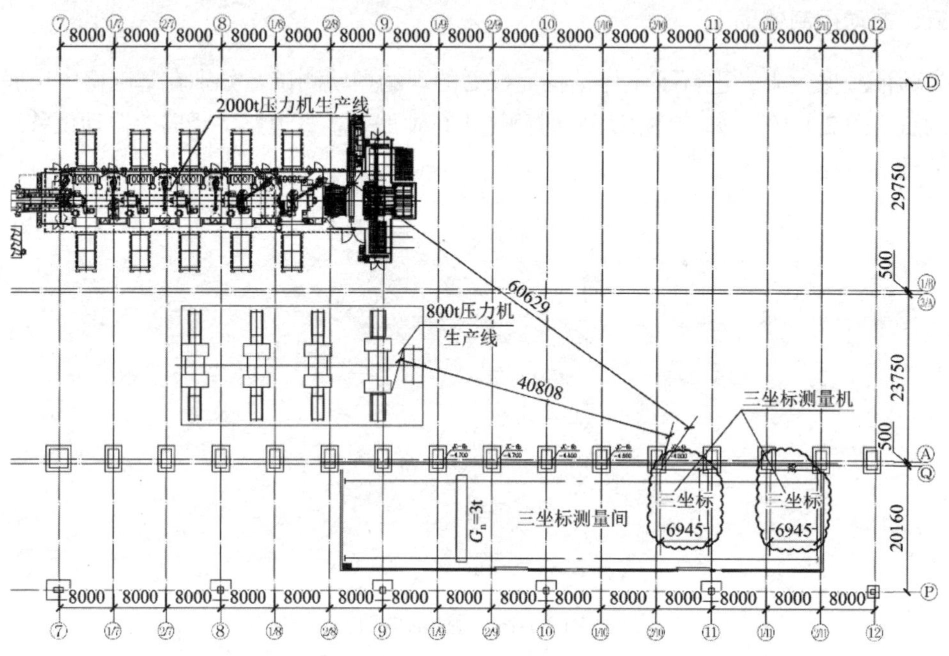

图 2-2-1　三坐标测量间布置图

二、振动控制目标

德国温泽（Wenzel）RAF 型三坐标测量机和瑞典海克斯康（Hexagon）Toro 型三坐标测量机设备形式如图 2-2-2、图 2-2-3 所示。其基础对振动加速度的要求如图 2-2-4 和图 2-2-5 所示。由此可见，对于 25Hz 以下的容许振动加速度峰峰值为：

$$[a]_{\mathrm{p-p}} = 30\mathrm{mm/s^2}$$

容许振动加速度峰值应为峰峰值的一半，即为：

$$[a]_{\mathrm{p}} = 15\mathrm{mm/s^2}$$

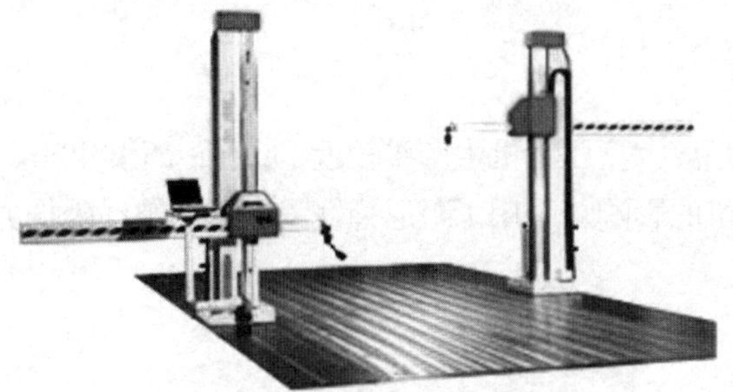

图 2-2-2　RAF 型三坐标测量机

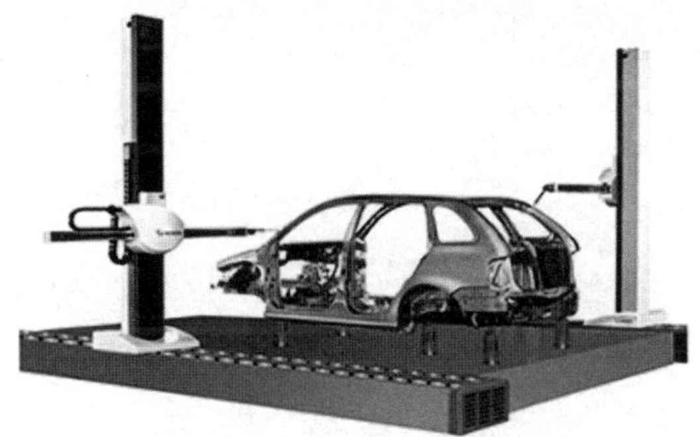

图 2-2-3　Toro 型三坐标测量机

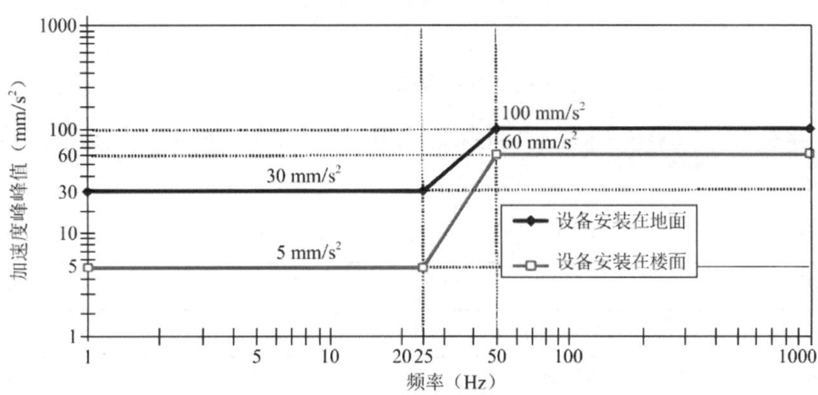

图 2-2-4　RAF 基础加速度峰峰值

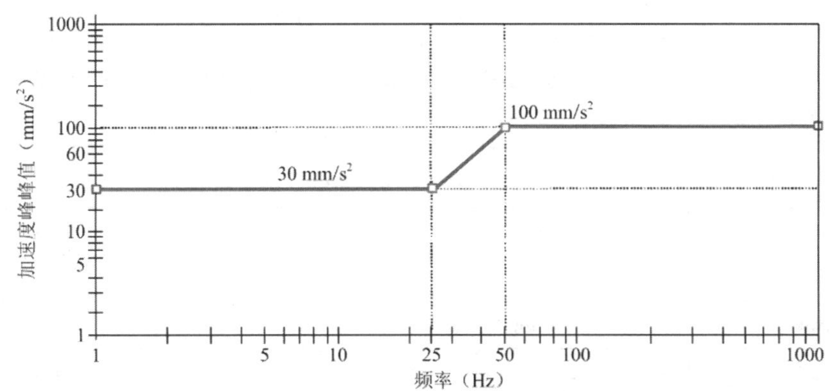

图 2-2-5　Toro 基础加速度峰峰值

三、振动控制方案

由于三坐标测量机距离大型压力机生产线较近，最近距离仅 40m。为了避免两条压力机生产线振动对三坐标测量机的影响，采用了阻尼弹簧隔振器的被动隔振方案，如图 2-2-6 所示。

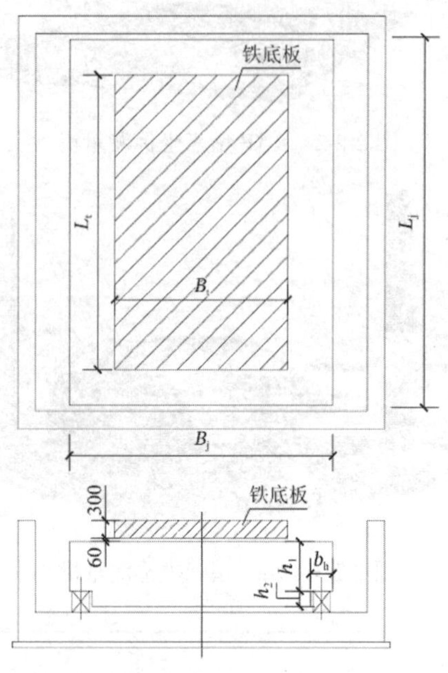

图 2-2-6　隔振基础方案

温泽三坐标测量机隔振基础选用隔振器规格 ZJ/YZJ-12000-40，隔振系统技术参数如表 2-2-1 所示。

温泽三坐标测量机隔振系统技术参数　　表 2-2-1

名称	数值	名称	数值
总质量	213.1t	承载力	120kN
总刚度	54000kN/m	高度	348mm
阻尼比	0.1	刚度	3000kN/m
数量	18 个	隔振频率	2.53Hz

海克斯康三坐标测量机隔振基础选用隔振器规格 ZJ/YZJ-12000-40，隔振系统技术参数如表 2-2-2 所示。

海克斯康三坐标测量机隔振系统技术参数　　表 2-2-2

名称	数值	名称	数值
总质量	92.7t	承载力	120kN
总刚度	24000kN/m	高度	348mm
阻尼比	0.1	刚度	3000kN/m
数量	8 个	隔振频率	2.56Hz

四、振动控制分析

三坐标测量机隔振基础的力学模型如图 2-2-7 所示。

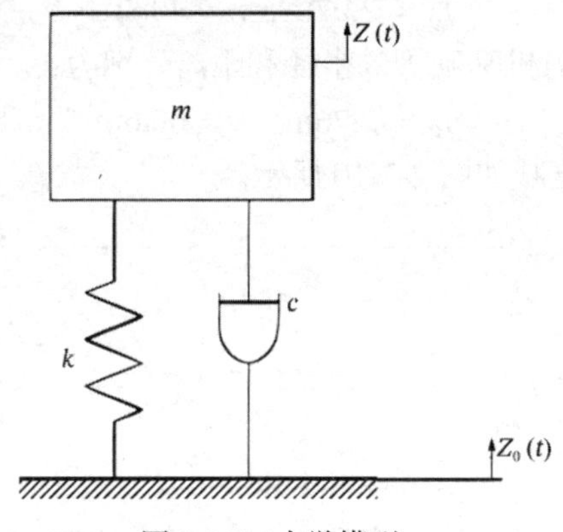

图 2-2-7　力学模型

基本运动微分方程为：

$$m\ddot{Z}(t)+c\dot{Z}(t)+kZ(t)=c\dot{Z}_0(t)+kZ_0(t) \tag{2-2-1}$$

该振动模式为基础运动的隔振方法，可以得到基础位移激励-振动位移输出的传递函数（图 2-2-8）：

$$|H(f)|_{u-u}=\sqrt{\frac{1+(2\zeta f/f_n)^2}{\sqrt{\left[1-(f/f_n)^2\right]^2+(2\zeta f/f_n)^2}}} \tag{2-2-2}$$

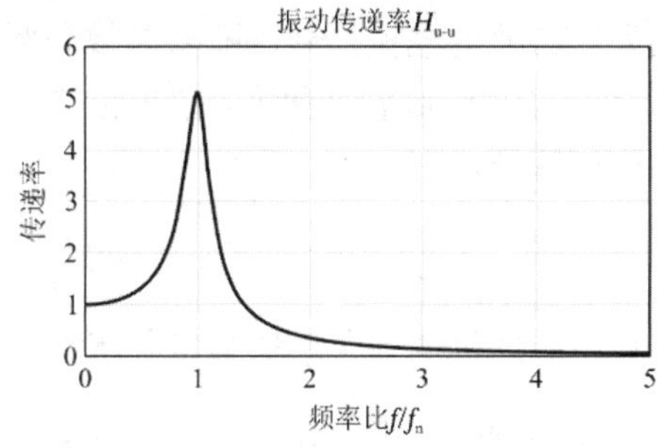

图 2-2-8　传递率

压力机基础振动速度见图 2-2-9。

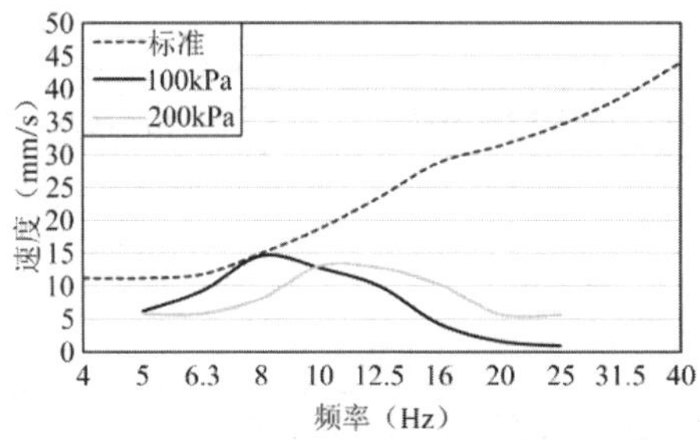

图 2-2-9　压力机基础振动速度

分析表明，压力机基础振动速度幅值和振动频率分别为：

$$v_z = 11\text{mm/s}，f_n = 14\text{Hz}$$

公称压力 8000kN 压力机基础等效半径和距离分别为：

$$r_0 = 2.07\text{m}，r = 40.8\text{m}$$

公称压力 20000kN 压力机基础等效半径和距离分别为：

$$r_0 = 2.76\text{m}，r = 60.6\text{m}$$

压力机基础振动传播衰减如图 2-2-10 所示。

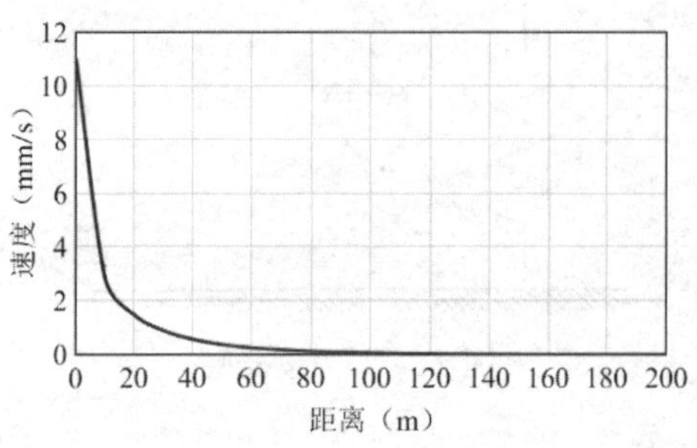

图 2-2-10　压力机基础振动传播衰减

五、振动控制关键技术

经过初步估算，三坐标基础附近的振动较强，严重超标，即使对三坐标测量机基础采取隔振措施也存在振动超限的可能。

为了确保三坐标测量机满足使用条件，拟定采取的技术措施包括：

（1）调整三坐标测量机的位置，尽量远离压力机生产线。

（2）三坐标测量机基础采取必要的隔振措施，隔振参数需要仔细选取。

（3）有条件的情况下，对压力机基础采取有效的隔振措施，以减小振动激励。

（4）地坪与三坐标基础应该脱开。

六、振动控制效果

计算结果表明，压力机基础振动传递至三坐标测量机所在场地的振动加速度峰值为：

$$a_p = 46.8\text{mm/s}^2 > [a]_p = 15\text{mm/s}^2$$

场地地基振动超过三坐标测量机容许振动标准，需要采取必要的隔振措施。

根据上述隔振方案可知，当隔振频率为$f_n = 2.56\text{Hz}$时，隔振系统的传递率为 0.075，隔振基础的振动加速度为：

$$a_{pg} = 3.51\text{mm/s}^2 < [a]_p = 15\text{mm/s}^2$$

满足使用要求。

［实例 2-3］光波导实验线精密设备防微振控制实例

一、工程概况

中航光电科技股份有限公司位于河南省洛阳市洛龙区宇文凯街 10 号，位于厂区南侧大门附近的光波导实验室内新增光刻机振敏设备，厂区总平面布置（局部）和光波导实验室内平面布置如图 2-3-1 所示。

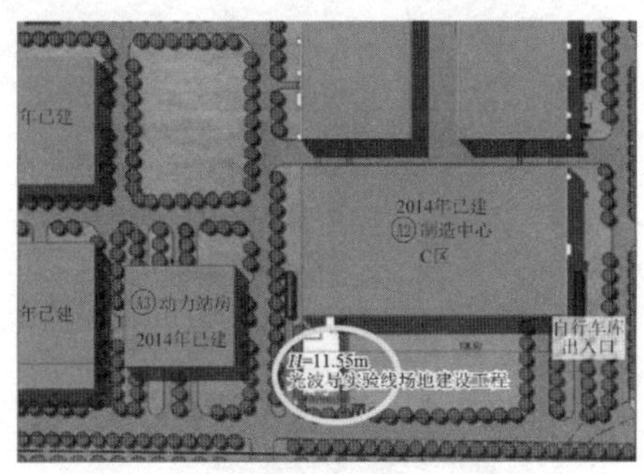

(a) 厂区总平面布置（局部）

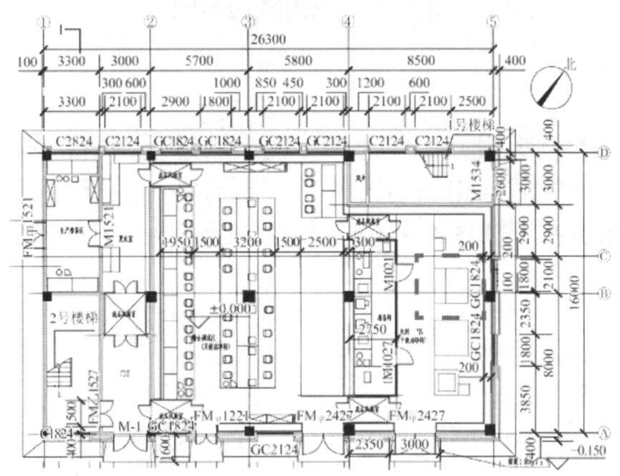

(b) 光波导实验室内平面布置

图 2-3-1　厂区及实验室平面布置图

在图 2-3-1 所示的厂区及实验室平面布置图中，光波导实验室位于物流大门附近，且靠近厂区内部道路，光波导实验室西侧和南侧分别为制造中心和动力站房，在制造中心和动力站房内部均有动力设备运行，光刻机振敏设备位于光波导实验室内，见图 2-3-1（b）虚线方框内。光刻机设备资料如表 2-3-1 所示。

光刻机设备资料　　**表 2-3-1**

设备名称	光刻机
型号	URE-2000/A12D
容许振动值	VC-B（25μm/s）
加工精度	3μm

续表

设备质量	300kg
设备尺寸	2000mm × 2000mm × 2500mm

表 2-3-1 给出了光刻机设备资料，设备容许振动值为 25μm/s（振动速度）；设备总质量为 300kg；设备尺寸为 2000mm × 2000mm × 2500mm，设备如图 2-3-2 所示。

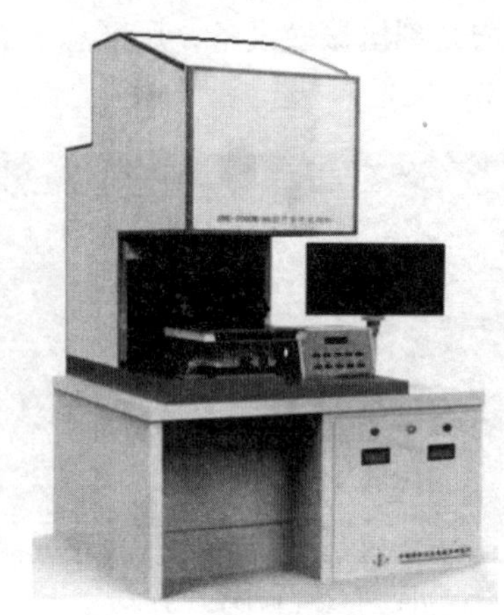

图 2-3-2　光刻机设备图

二、环境振动调研

项目启动后，设计方组织相关工程师对环境振动进行调研，并进行现场振动测试。测试内容包含拟建设备基础区域、相邻动力站房、制造中心风机设备以及厂区道路和市政道路的振动传递测试。测点布置如图 2-3-3 所示。

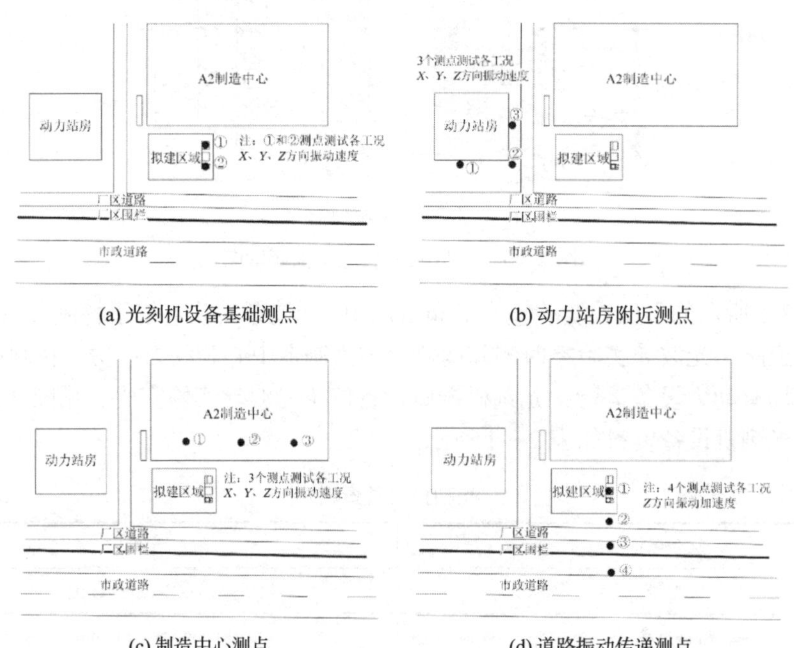

(a) 光刻机设备基础测点　(b) 动力站房附近测点

(c) 制造中心测点　(d) 道路振动传递测点

图 2-3-3　现场振动测试测点布置简图

通过现场振动测试，可得到如下结论：

（1）在市政道路和厂区道路没有车辆经过时，场地三个方向的振动速度的均方根值（频域）小于3.2μm/s；在市政道路和厂区道路有车辆经过时，场地三个方向的振动速度的均方根值（频域）位于4.0～10.9μm/s之间；对照VDI 20038的振动等级标准，可基本判定场地的振动等级为VC-C级。此外，极端工况下，重型车辆通过市政道路路面毁损处时，场地三个方向的振动速度的均方根值（频域）达到31.0～38.5μm/s，对照VDI 20038的振动等级标准，场地的振动等级为VC-A级。

（2）与拟建场地相邻的动力站房和A2制造中心内产生的振动以稳态振动为主，无明显的冲击振动，频率成分以50Hz以上为主，对拟建场地的影响较小。拟建场地相邻的厂区道路和市政道路不确定的振源较多，特别是相邻市政道路，虽为铺装路面，但是路况较差，不同类型车辆经过道路不同位置时产生的振动具有较大的变异性。本次测试时间有限，全时段的振动监测才能更准确地反映市政道路车流产生的振动对拟建场地的影响。相邻厂区道路小货车经过时振动明显增大，且该路段存在井盖和路口等情况，大型车辆通过井盖或者路口制动等工况将对拟建区域产生更大的影响，建议采取相关的管理措施。

三、基础方案比选

根据以往工程经验，基于不同的振动环境给出了三种基础设计方案，如表2-3-2所示。三种设计方案的剖面图如图2-3-4所示。

基础设计方案一为简单块式基础，适用于现场振动环境满足设备容许振动限值的情况，该基础设计方案无隔振效果，其隔振效率为零；基础设计方案二为屏障式基础，适用于现场振动环境基本满足设备容许振动限值，可通过制度管理等方式有效控制现场振动环境的情况，该基础设计方案有一定的隔振效率，特别是对于高频分量占主导的激励，其隔振效率可达60%以上；基础设计方案三为气浮式隔振基础，适用于现场环境无法满足设备容许振动限值的情况，该基础设计方案具有非常好的隔振效果，通常隔振效率可达95%以上。

光刻机基础设计方案　　　　**表2-3-2**

方案	类型	基础方案	隔振效果
方案一	$V_E < V_S$	简单块式基础	无隔振效果
方案二	$V_E = V_S$	屏障式基础	一般
方案三	$V_E > V_S$	气浮式基础	非常好

注：1. V_E表示环境振动；V_S表示设备容许振动；
2. 表格中的“<”“=”和“>”并非数值上的严格意义，而是泛指相对关系。

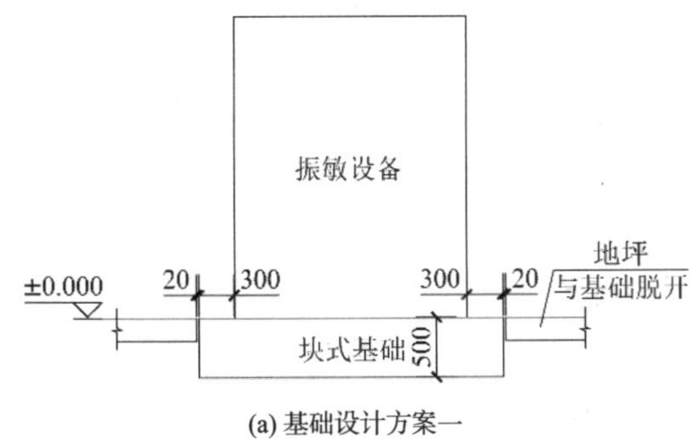

(a) 基础设计方案一

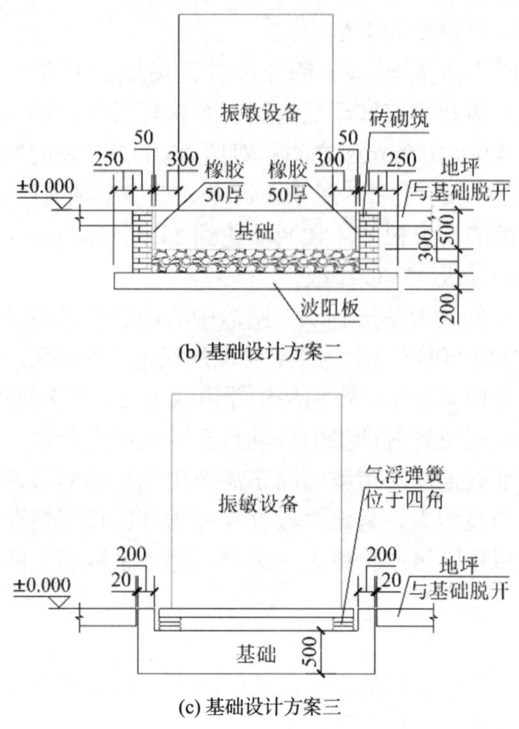

(b) 基础设计方案二

(c) 基础设计方案三

图 2-3-4　光刻机基础设计方案

根据环境振动调研结果，对于光刻机振敏设备应采取基础设计方案三，在保障设备能够正常运行的前提下，经济合理。在振动环境调研中，重型车辆通过市政道路路面毁损处时，场地三个方向的振动速度的均方根值（频域）达到 31.0～38.5μm/s，设备隔振后的幅值约为 2μm/s，满足光刻机设备的容许振动限值。

四、隔振基础设计

光刻机设备采用气浮式隔振基础，如图 2-3-5 所示。光刻机设备坐落在钢平台上（平台由钢板和方钢焊接而成，平面尺寸为 1500mm × 1100mm）。隔振器位于钢平台下方（均匀布置），落于混凝土基础上。

图 2-3-5 给出了光刻机基础设计，从图中可以看出，混凝土基础下方采用了砂垫层，可在一定程度上减小环境振动对基础的振动响应；与此同时，混凝土基础侧壁与周围地坪脱开，避免了地坪振动对基础的振动影响。

在对光刻机进行基础设计时，在靠近隔振器一侧设立了检修沟，目的是方便对隔振器的维修、保养以及更换等。

光刻机设备钢平台下方采用 6 组隔振器，每组隔振器参数符合下列性能指标的要求：

（1）防微振平台整体模态 > 100Hz。

（2）水平恢复精度 < ±0.05mm。

（3）阻尼比 0.05～0.15 可调。

（4）稳定时间 < 3.0s。

（5）垂向固有频率 < 1.5Hz。

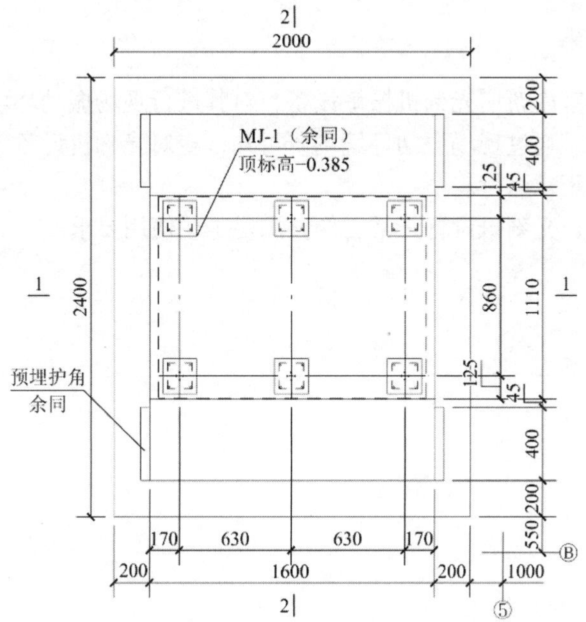

(a) 平面布置图

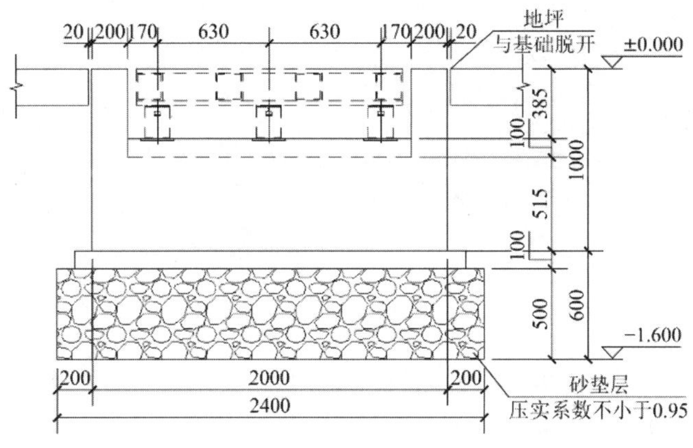

(b) 1-1 剖面图

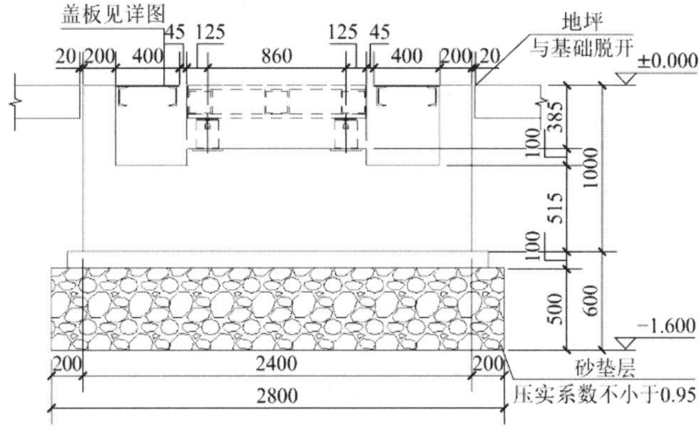

(c) 2-2 剖面图

图 2-3-5　光刻机基础设计

五、振动控制效果

针对光波导实验室内新增光刻机振敏设备，对其进行现场振动环境调研、设计方案比选、基础设计等内容。通过现场振动环境调研可知，应对光刻机设备采取被动隔振设计方可保证光刻机设备的正常运行。

项目投入使用后，光刻机设备正常工作，满足工艺使用要求。

[实例 2-4] 独立式主动隔振器的主动隔振台设计

一、工程概况

半导体厂的精密制造和检测设备对安装场地的微振动环境要求严格。在场地的振动不能满足设备安装的振动允许值时，会采用主动隔振系统进行振动控制。

为保证主动隔振台的正常工作，主动隔振台通常由隔振平台、主动隔振器和底板（底座）固定在一起，构成刚性体，保持主动隔振器的相对位置稳定和系统的安定，进行振动控制。

然而，由于安装环境或设备布局的原因，会有要求主动隔振器各自独立安装的情形。

根据精密设备的规格和场地条件，本次主动隔振台采用 3 个独立安装的主动隔振器。独立式主动隔振器如果固定不当，会造成主动隔振系统在运行时隔振器间的相对位置发生变化，导致主动隔振台得不到所需的作用力，无法进行有效的振动控制。

二、振动控制方案

1. 主动隔振台设计

设备荷载 950kg，根据设备的形状和规格，隔振设计采用了 3 点支撑的主动隔振系统。设备安装场地除了平面度大于常规的隔振台安装平面度要求（2mm）外，厂方还指定了隔振器安装位置。主动隔振台（主动隔振器布置）如图 2-4-1 所示。

2. 独立式主动隔振器的固定设计

首先，采用垫片解决平面度问题。其次，受到指定安装位置环境的限制，隔振器安装时无法使用环氧树脂固定地锚螺栓。为确保隔振器彻底固定，防止主动隔振台在运行时无法进行有效的振动控制，采用夹具进行定位和固定，确保各个轴向的隔振器的相对位置保持不变。夹具定位和固定如图 2-4-2 所示。

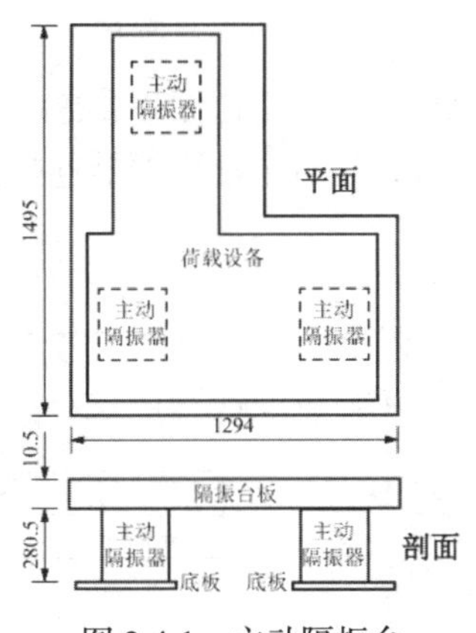

图 2-4-1　主动隔振台

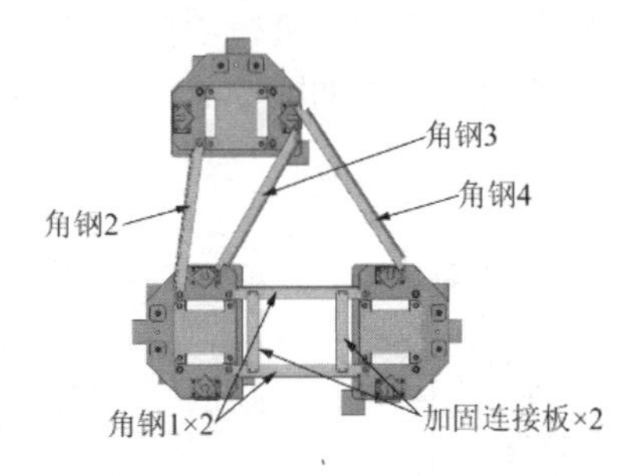

图 2-4-2　主动隔振器的定位固定示意图

三、振动控制关键技术

1. 主动隔振台设计

根据精密设备的外形尺寸、重量和重心等参数，设计主动隔振台。

为保证隔振台的刚度，进行有限元建模、振型模态分析、隔振性能仿真计算，以满足设备对微振动控制的要求。

2. 由独立式主动隔振器构成的主动隔振系统的安装技术

3. 微振动主动控制系统的调试技术

四、振动控制装置

主动隔振台的隔振系统由钢制隔振台板、气压式主动隔振器、控制器等构成（表 2-4-1）。

主动隔振系统　　表 2-4-1

隔振台板	ss400 钢材的钢制隔振台板
主动隔振器	α2s-201M × 2，α-201M × 1
控制器	6 自由度前馈 + 反馈主动控制

主动隔振器实物如图 2-4-3 所示，控制原理如图 2-4-4 所示。

图 2-4-3　主动隔振器实物

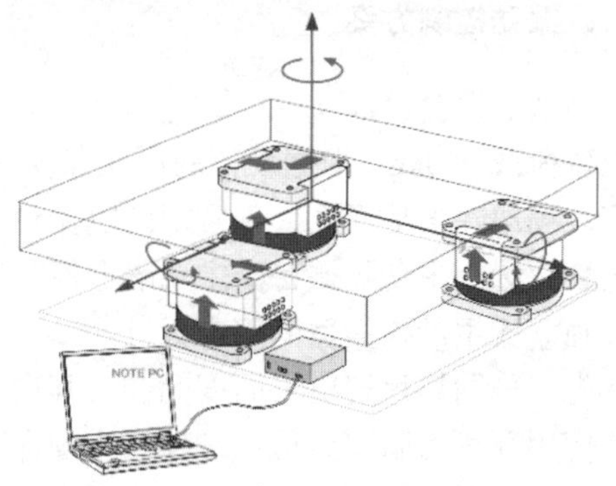

图 2-4-4　3 点支持主动隔振台原理图

五、振动控制效果

主动隔振系统安装完毕后，进行了控制效果测试。独立式主动隔振器在未使用夹具进行连接固定时的振动测试结果如图 2-4-5 所示。在使用夹具对主动隔振器连接固定后，主动隔振台的隔振效果如图 2-4-6 所示。

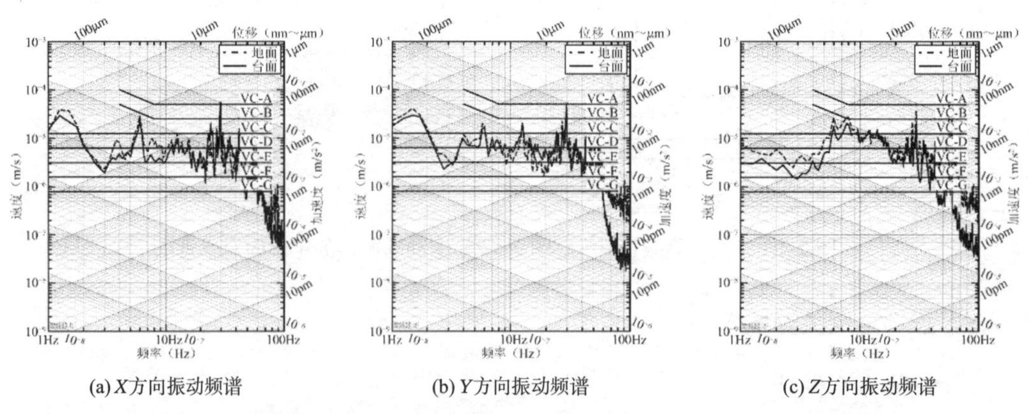

(a) X方向振动频谱　(b) Y方向振动频谱　(c) Z方向振动频谱

图 2-4-5　主动隔振器连接固定前测点分析诺莫图（平均化处理：峰值保持）

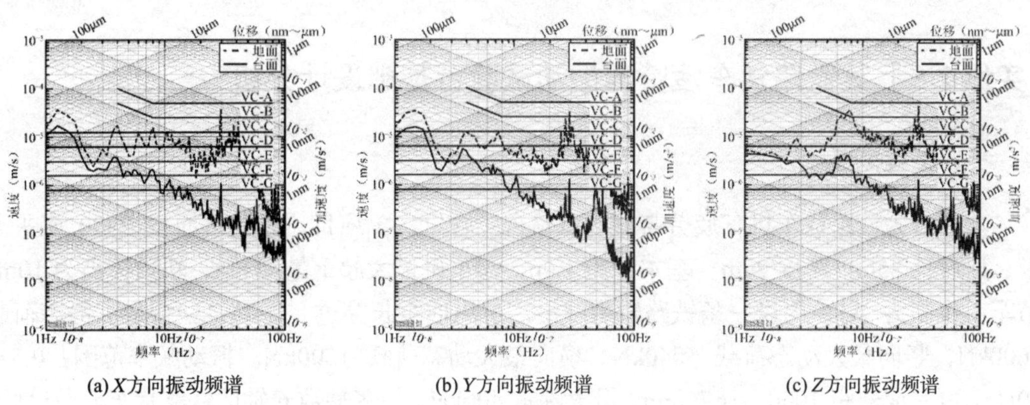

(a) *X*方向振动频谱　(b) *Y*方向振动频谱　(c) *Z*方向振动频谱

图 2-4-6　主动隔振器连接固定后测点分析诺莫图（平均化处理：峰值保持）

［实例 2-5］某铁路货车疲劳与振动试验台基础设计分析

一、工程概况

本项目为铁路货车机车疲劳与振动试验台（含厂房）项目，总建筑面积 2300 多平方米，厂房长 85m，跨度 27m，基本柱距 12m，起重机最大起重量为 80t，轨顶标高为 10m，吊车工作制为 A5，内设一条铁路轨道线沿厂房纵向全长穿过。振动试验台最大静态荷载 1600kN，竖向最大动态荷载 5040kN，横向最大动态荷载 1500kN。振动频率范围：0.5～30Hz。可完成轨距 1000～1676mm，最大轴重 400kN，最多轴数 6 轴的铁路货车疲劳试验、振动试验和转向架参数测试三大功能。图 2-5-1 为试验台设备平面示意图，图 2-5-2 为剖面示意图。

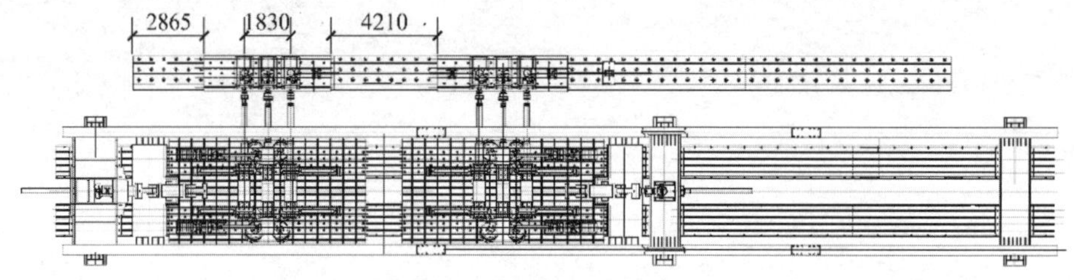

图 2-5-1　平面示意图

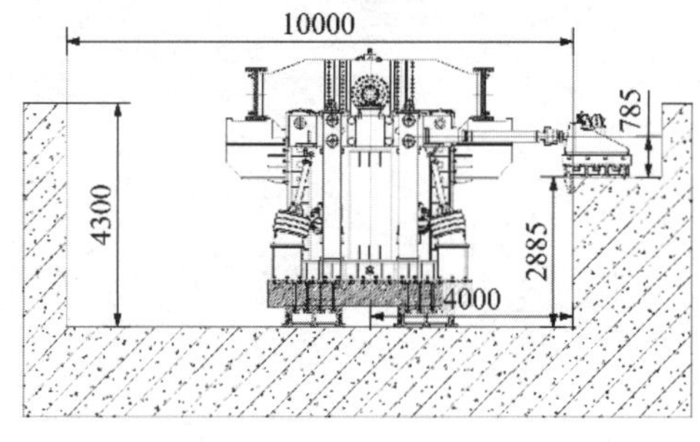

图 2-5-2　剖面示意图

二、基础资料

1. 试验台的主要技术参数

（1）试验台基础内净长为 45m，净宽为 10m，底面标高为−4.300m。

（2）运动自由度：六自由度（水平轴X/Y向振动，竖向轴Z向振动，纵向摇摆，横向摇摆，水平摇摆）。

（3）台面自重及载重：平台、钢构等质量约 5×10^5kg、被测试车辆最大质量为 1.6×10^5kg、作动器等液压设备质量约 10^5kg，总计约 7.6×10^5kg。

（4）台面最大加速度限值：最大试车质量为 1.6×10^5kg 时，竖向（Z轴）最大加速度为 0.7g，水平（X、Y轴）最大加速度为 0.5g。

（5）振动频率容许值：各轴 0.5～30Hz。

试验台上部荷载示意图见图 2-5-3。

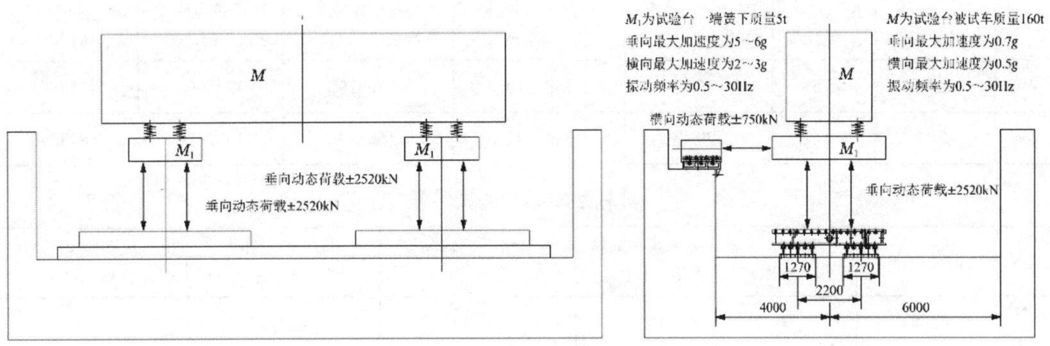

图 2-5-3　试验台上部荷载示意图

2. 试验台基础资料

建设场地位于原有厂区内，地质构造简单，地形平坦，区域稳定性好，无不良地质现象，为均匀地基，场地类别为Ⅲ类。地下水埋深在自然地面下 4.3～4.5m，对混凝土、钢筋无腐蚀性。地层分布自上而下为杂填土层、粉质黏土层、细砂层、圆砾层、淤泥质粉质黏土层、细砂层、圆砾层和砾砂层。

试验台基础采用钻孔灌注桩，并采用后注浆工艺。桩径 800mm，桩长 22m，单桩承载力特征值R_a不小于 4300kN。正方形布置，间距 2600～2900mm。基础布置如图 2-5-4 和图 2-5-5 所示。

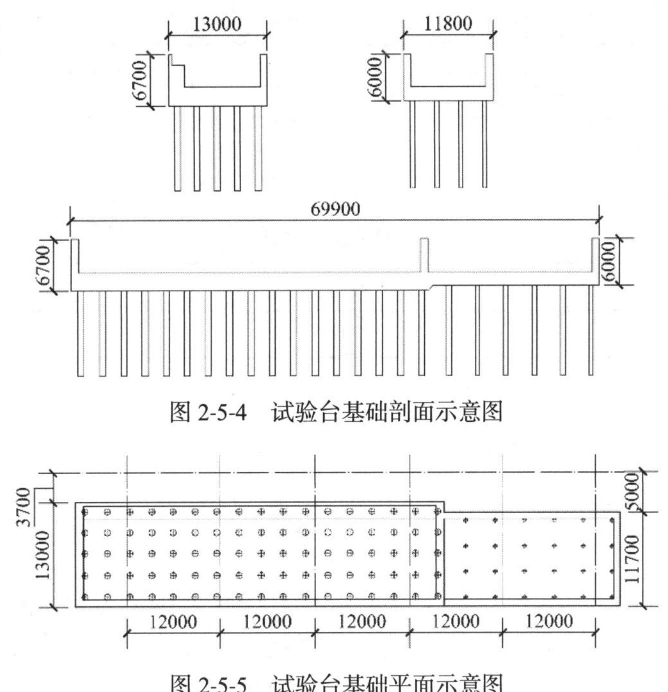

图 2-5-4　试验台基础剖面示意图

图 2-5-5　试验台基础平面示意图

3. 现场测试情况

为了得到更精确的资料，从现场选取 2 根基桩进行了桩基动力特性测试，测试结果如表 2-5-1～表 2-5-4 所示。

桩基竖向振动测试结果 **表 2-5-1**

桩基	第一振型共振频率f_m	桩基竖向阻尼比ζ_z	桩基竖向参振总质量m_z（t）	桩基抗压刚度K_z（kN/m）	桩基抗压刚度系数C_z（kN/m^3）	单桩抗压刚度K_{pz}（kN/m）	桩基抗弯刚度$K_{p\varphi}$（kN · m）
1号	21	0.151	136.07	2483216	170316	1241608	4525661
2号	20	0.142	170.43	2805372	166787	1402686	5898294

桩基回转振动测试结果 **表 2-5-2**

桩基	振动方向	第一振型共振频率f_m	桩基水平回转阻尼比$\zeta_{x\varphi}$	桩基水平回转参振总质量$m_{x\varphi}$（t）	桩基抗剪刚度K_x（kN/m）	桩基抗剪刚度系数C_z（kN/m^3）
1号	沿y轴	16	0.146	154.13	1626595	111563
	沿x轴	19	0.137	275.34	4078444	279728
2号	沿y轴	18	0.180	86.06	1137753	67642
	沿x轴	18	0.149	209.65	2805242	166780

桩基扭转振动测试结果 **表 2-5-3**

桩基	振动方向	第一振型共振频率f_m	桩基扭转向阻尼比ζ_ψ	桩基扭转振动参振总质量m_ψ（t）	桩基抗扭刚度K_ψ（kN · m）	桩基抗剪刚度系数C_ψ（kN/m^3）
1号	绕z轴	17	0.151	238.46	7903194	211191
	绕y轴	26	0.251	101.77	3115595	117392
	绕x轴	14	0.157	142.05	983089	193521
2号	绕z轴	21	0.122	185.53	1098700	228277
	绕y轴	24	0.188	185.38	12287719	337760
	绕x轴	15	0.200	153.92	1301277	216951

地脉动测试结果 **表 2-5-4**

方向	场地卓越频率（Hz）	场地卓越周期（s）
东西	4.000	0.250
南北	3.875	0.258
竖向	7.250	0.138

三、振动控制分析

1. 标准计算法

当振动台工作时，振动台基础受到连续往复的扰力作用而发生振动。目前基本的动力计算均是以弹性半空间理论为基础，得到扰力与位移的一般关系后，按基础振动分析的一般方法建立基础振动方程，从而对基础的振动进行分析。在实际应用中，可采用两种方法，第一种是不随频率变化的集总参数法（简称理想集总参数法或常集总参数法），此方法假定刚度和阻尼等参数为常数，可根据试验和经验确定；第二种是随频率变化的集总参数法（简称等效集总参数法或频变集总参数法），认为刚度和阻尼等参数是随频率的变化而变化的，可以看作三维六自由度的空间体系。对于该振动台基础计算，可采用随频率变化的集总参数法。假定槽形承台为有质量的刚体，桩作为弹簧并起阻尼器的作用。

振动台工作的振动频率为 0.5～30Hz，选择机器的扰力圆频率分别为 3Hz、10Hz、20Hz、30Hz 的工况进行动力计算。基组在水平扰力和竖向扰力偏心作用下的回转耦合振动，以及基组在回转力矩和竖向扰力下的回转耦合振动，按照国家标准《动力机器基础设计标准》GB 50040—2020 第 5.2 节中公式进行计算。

基础顶面控制点沿z轴的竖向振动位移公式为：

$$U_{zz}=\frac{F_{vz}}{K_{pz}}\cdot\frac{1}{\sqrt{\left(1-\frac{\omega^2}{\omega_{nz}^2}\right)^2+4\zeta_{pz}^2\frac{\omega^2}{\omega_{nz}^2}}} \tag{2-5-1}$$

$$\omega_{nz}=\sqrt{\frac{K_{pz}}{m_{pz}}} \tag{2-5-2}$$

式中：U_{zz}——基础顶面控制点由于竖向振动产生的沿 z 轴竖向振动位移（m）；

F_{vz}——机器的竖向扰力（kN）；

K_{pz}——桩基的抗压刚度（kN/m）；

ω——机器的扰力圆频率（rad/s）；

ω_{nz}——基组的竖向振动固有圆频率（rad/s）；

ζ_{pz}——桩基的竖向阻尼比；

m_{pz}——桩基上基组的质量（t）。

基础顶面控制点处沿z轴、y轴的水平向扭转振动位移公式为：

$$u_{x\psi}=u_{\psi}l_y \tag{2-5-3}$$

$$u_{y\psi}=u_{\psi}l_x \tag{2-5-4}$$

$$u_{\psi}=\frac{M_{\psi}+F_{vx}e_y}{K_{p\psi}\sqrt{\left(1-\frac{\omega^2}{\omega_{n\psi}^2}\right)^2+4\zeta_{p\psi}^2\frac{\omega^2}{\omega_{n\psi}^2}}} \tag{2-5-5}$$

$$\omega_{n\psi}=\sqrt{\frac{K_{p\psi}}{J_{p\psi}}} \tag{2-5-6}$$

式中：$u_{x\psi}$——基础顶面控制点由于扭转振动产生的沿x轴的水平振动位移（m）；

$u_{y\psi}$——基础顶面控制点由于扭转振动产生的沿y轴的水平振动位移（m）；

u_{ψ}——基础绕z轴的扭转振动角位移（rad）；

l_x、l_y——基础顶面控制点至z轴的距离分别在x轴、y轴的投影长度（m）；

M_{ψ}——机器的扭转扰力矩（kN · m）；

F_{vx}——机器沿x轴的水平扰力（kN）；

e_y——机器水平扰力F沿y轴向的偏心距（m）；

$K_{p\psi}$——桩基的抗扭刚度（kN · m）；

$\omega_{n\psi}$——基组的扭转振动固有圆频率（rad/s）；

$\zeta_{p\psi}$——桩基的扭转振动阻尼比；

$J_{p\psi}$——基组（桩基）对扭转轴z轴的转动惯量（t · m^2）。

由上述公式和现场桩基动力测试结果，计算可得振动位移如表 2-5-5～表 2-5-8 所示。

$\omega=3$Hz 振动位移（μm） **表 2-5-5**

振动类型	竖向振动位移	水平振动位移	
		*X*向	*Y*向
竖向振动	48.70	—	—
扭转振动	—	576.00	152.00
水平倾侧耦合振动	102.30	—	10.90
竖向偏心振动	57.90	10.10	—

$\omega=10$Hz 振动位移（μm） **表 2-5-6**

振动类型	竖向振动位移	水平振动位移	
		*X*向	*Y*向
竖向振动	60.60	—	—
扭转振动	—	51.80	13.60
水平倾侧耦合振动	188.10	—	3.50
竖向偏心振动	58.30	2.30	—

$\omega=20$Hz 振动位移（μm） **表 2-5-7**

振动类型	竖向振动位移	水平振动位移	
		*X*向	*Y*向
竖向振动	154.00	—	—
扭转振动	—	12.90	3.86
水平倾侧耦合振动	—	—	—
竖向偏心振动	—	—	—

$\omega=30$Hz 振动位移（μm） **表 2-5-8**

振动类型	竖向振动位移	水平振动位移	
		*X*向	*Y*向
竖向振动	46.10	—	—
扭转振动	—	5.76	1.52
水平倾侧耦合振动	—	—	—
竖向偏心振动	—	—	—

2. 有限元数值计算法

用 MIDAS 对扰力频率分别为 3Hz、10Hz、20Hz、30Hz 的工况进行动力计算，10Hz、20Hz、30Hz 计算结果如图 2-5-6～图 2-5-8、表 2-5-9 所示。

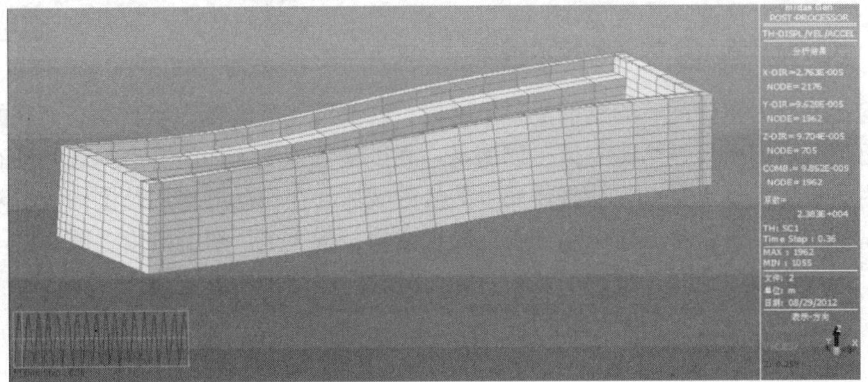

图 2-5-6 10Hz 频率 MIDAS 计算

图 2-5-7 20Hz 频率 MIDAS 计算

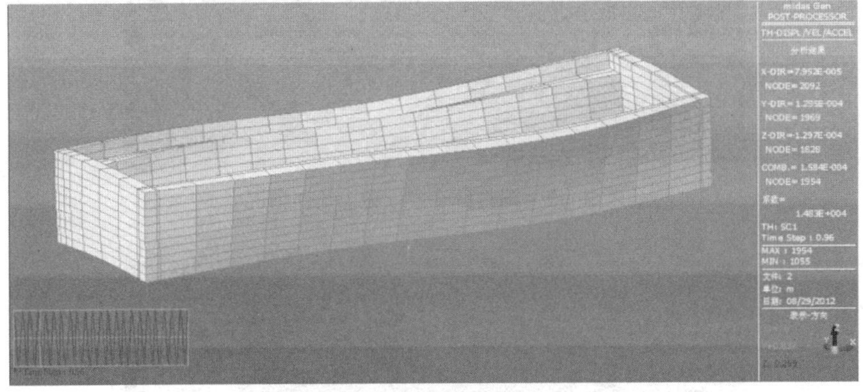

图 2-5-8 30Hz 频率 MIDAS 计算

MIDAS 计算结果 **表 2-5-9**

试验频率（Hz）	最大振幅（μm）	速度（m/s）	加速度（m/s^2）
3	96.5	0.0004	0.003
10	104.0	0.0150	0.420
20	185.0	0.0370	2.710
30	94.7	0.0270	3.100

四、试验台基础采取的其他技术措施

试验台基础为整体浇筑的钢筋混凝土结构，底部及北侧区域为承载动态荷载的主要区域。主承载区域内增设钢结构支撑，以满足承载试验台承受施加的静态荷载和动态荷载的需要。为了避免混凝土在高频荷载作用下的疲劳破坏，在作动器作用范围内的混凝土墙内埋设了型钢构件。试验台厂房采用钢管混凝土结构，增大了厂房的刚度，减小柱子截面，增大了厂房内部使用空间，减小了试验台运行时对厂房结构的影响。

五、振动控制效果

该项目是为更好地满足重载、快捷铁路货车基础研究和技术创新要求建成的世界第二台铁路货车整车疲劳与振动试验台。该试验台建成后（图 2-5-9），在试验台上就能模拟出货车在世界各国不同铁路设施、工况下运行的科学数据。铁路货车在该试验台上试验 20 天，就能取得在线路上运行 25 年的各种数据（图 2-5-10），极大地缩短了从研发、试制到投入运营的周期，系统地提升了中国铁路货车研发、试验、制造水平。

目前，试验台已安全平稳运行多年，在试验台调试期间，就已经接到了来自国内外数十家单位请求试验的订单，试验台的经济和社会效益十分显著。

图 2-5-9　试验台（含厂房）整体情况

图 2-5-10　中央电视台对本项目的专题新闻报道

[实例 2-6] 北京某科技公司设备主动控制隔振升级

一、工程概况

北京某科技公司研发实验室位于亦庄开发区，周边环境包括城市主干道、内部道路、高速公路等，规划用地性质为商业办公用地。其中，由商业办公楼改建的研发实验室位于该楼一层。周边环境振源复杂，除交通振源外，还存在大量内部振源，其中包括：空调、真空泵等。该实验室的精密设备主要是用于研发半导体检测的核心电子束扫描设备，该设备受振动环境影响较大。

微振动主动隔振技术是一种基于主动控制策略的隔振技术，其主要思想是通过外部系统产生的作用力来实时抑制振动。与被动控制相比，主动控制技术需要采集系统内部和外部振动，通过智能算法进行计算，并通过精密作动器进行输出，以达到振动控制的目的。

二、主动隔振原理

主动隔振模块是隔振平台控制系统的重要组成部分，它根据外部振动环境，经控制器叠加算法后，通过作动机构输出作用力，使其有效改善被动系统带来的低频振动或不通过被动系统直接降低外部带来的振动。

主动隔振模块由传感器、作动器和控制器组成，通过对振动的采集，根据控制器的算法运算，实时进行控制作动，从而抑制振动。通过安装模块，可以将被动式的空气弹簧隔振平台升级为主动隔振平台，从而达到更好的隔振效果。

主动隔振模块分为垂直作动式和水平作动式两种，每个模块均可分为作动器、传感器、控制器三部分。在当前应用中，每个隔振平台需要安装 3 个以上垂直作动式主动控制模块和 4 个以上水平作动式主动控制模块，其中每个水平矢量方向包含 2 个以上的主动控制模块。

主动控制系统采用电磁及气动原理，采用多级结合的控制理念，即振动控制由主动控制系统完成，台座及设备荷载由被动系统承担，实现由主动控制系统弥补被动控制系统低频幅值偏高的缺点，以及由被动控制系统弥补主动控制系统承载能力较差的缺点，达到单纯主动或被动控制系统在大型隔振平台上无法实现的控制效果。

系统整体可以看作一个弹簧，其中m为负载质量，k为系统刚度，c为系统阻尼系数，X和Y分别是地基的位移和负载的位移。对于不添加主动控制的被动隔振系统，其振动方程为：

$$m\ddot{Y}+c\left(\dot{Y}-\dot{X}\right)+k(Y-X)=0 \tag{2-6-1}$$

故被动隔振系统的传递函数为：

$$G_{\mathrm{p}}(s)=\frac{Y(s)}{X(s)}=\frac{cs+k}{ms^{2}+cs+k} \tag{2-6-2}$$

若采用相对速度反馈控制，作动器的输出力与负载和地基的相对速度成正比，假设作动器的阻尼系数为c_{a}，则此时隔振系统的传递函数为：

$$G_{\mathrm{r}}(s)=\frac{(c+c_{\mathrm{a}})s+k}{ms^{2}+(c+c_{\mathrm{a}})s+k} \tag{2-6-3}$$

若采用绝对速度反馈控制，作动器的输出力与负载的绝对速度成正比，此时隔振系统的传递函数为：

$$G_{\mathrm{a}}(s)=\frac{cs+k}{ms^{2}+(c+c_{\mathrm{a}})s+k} \tag{2-6-4}$$

因机械结构的特性使得被动隔振系统有明显的共振峰存在，与被动系统相比，采用相对速度反馈控制或者通过增大被动隔振元件的阻尼系数时，能够有效抑制共振峰即降低固有频率处的峰值，使其接近 0dB，但是高频段的振动抑制能力变弱，而采用绝对速度反馈控制在抑制共振峰的同时还能保持良好的高频振动衰减率。由此可见，采用绝对速度反馈控制能很好地提高隔振系统的高、低频率隔振能力。

虽然采用绝对速度反馈可以有效地对共振峰处的幅值进行抑制并保持良好的高频衰减特性，但由于控制系统中的反馈增益受到反馈环路中某些部分的限制，例如传感器和作动器引起的相位滞后、作动器的输出功率限制等，反馈控制对系统施加的阻尼力有限，并且反馈控制总是滞后于隔振对象的振动，存在固有延时，导致隔振系统的隔振性能受到限制。为了进一步提高系统的隔振性能，可以引入前馈控制，使其抵消一部分环境振动的影响并加快系统的响应速度。

精密隔振系统中的前馈控制可分为台面前馈控制和地基前馈控制。为了抑制负载中运动部件引起的直接扰动，采用 PID 和 LQR 算法的反馈控制并不能满足精密设备对环境振动的严苛要求，因此，可以考虑采用台面前馈控制的方法。在控制环路中同时采用反馈控制和台面前馈控制，台面前馈控制和反馈控制共用一套传感器，反馈控制的目的是抑制地基振动的传递，采用前馈控制是为了增强隔振系统对直接扰动的响应。由于负载中运动部件带来的扰动多为周期扰动，故可以采用离线或在线的方式测量扰动信号的规律，然后再根据扰动信号和其传递路径的传递函数设计前馈控制器。

采用地基前馈控制的目的是更好地隔离地基振动，提高隔振系统对地基振动信号的衰减率。由于地基振动为宽频随机信号，因此，在进行前馈控制时必须实时测量并且需要在各个自由度方向上都安装传感器。隔振系统主要是为了隔离地基的振动，故可以在控制环路中添加地基前馈控制。在控制环路中同时使用反馈控制和地基前馈控制，前馈控制通过地基传感器将与地基振动有关的信号输入给控制器，控制器采用某些控制策略生成控制信号使作动器产生相应的作用力来抵消干扰输入。地基前馈控制能完美抵消一部分地基振动信号对负载平台的干扰，大大增强了隔振系统的隔振性能。

结合上述原理设计相关装置，在本工程案例中，通过加装主动隔振模块改造，对被动系统的固有频率位置抑制明显，峰值降低约 2～3 个 VC 等级。本工程在已建隔振系统或精密设备改造中有比较典型的应用指导价值。

三、隔振装置改造

精密设备 A 位于由四个小型气囊作为核心隔振器的小型被动式隔振平台中央。由于隔振性能不理想，造成图像扭曲、模糊。因此，在此基础上加装主动隔振模块，进行振动抑制。如图 2-6-1 所示。

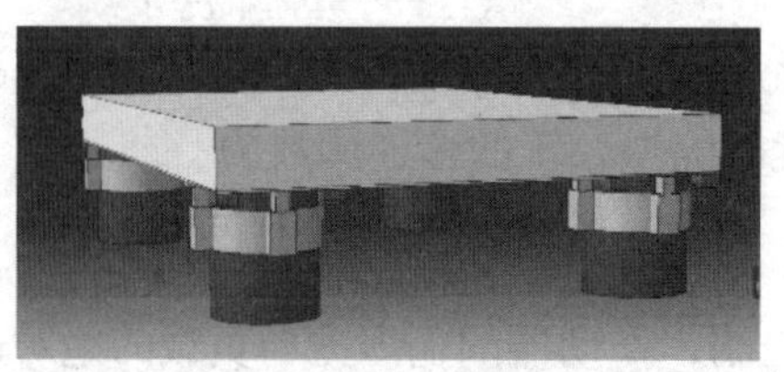

图 2-6-1　主动控制隔振装置 3D 图

主动隔振装置内置自研算法进行计算，算法主要包括：（1）线序预测算法；（2）多源模型算法；（3）自适应参数整定；（4）传输干扰补偿；（5）分频特征算法；（6）经调试人员调试完成后，设备达到使用标准。

四、振动控制效果

改造前后三方向时域波形如图 2-6-2 所示，图中上部三条曲线为改造前Z、X、Y三方向振动波形曲线，下部三条曲线为改造后Z、X、Y三方向振动波形曲线。

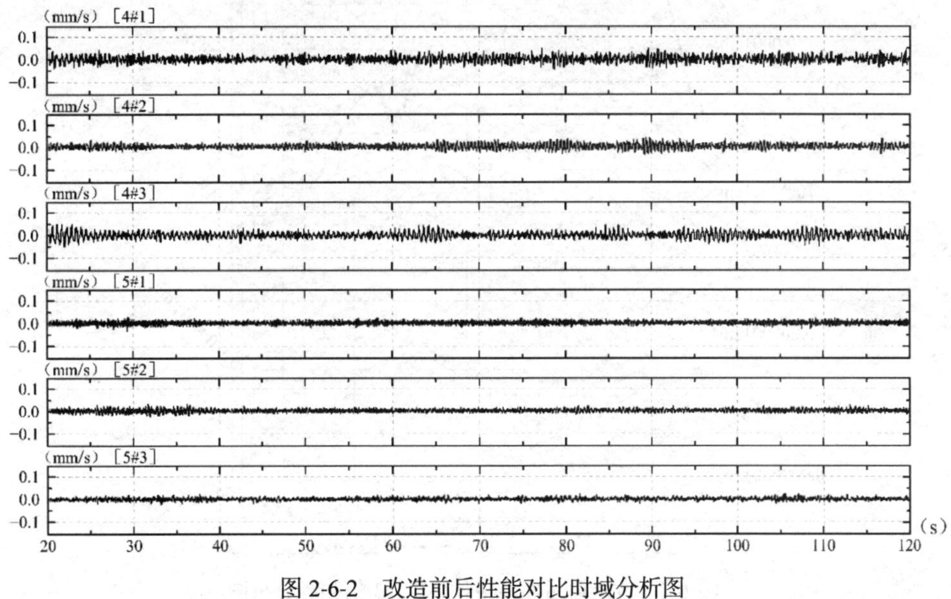

图 2-6-2　改造前后性能对比时域分析图

改造前后Z方向频域波形如图 2-6-3、图 2-6-4 所示，其中灰色为改造后，黑色为改造前。

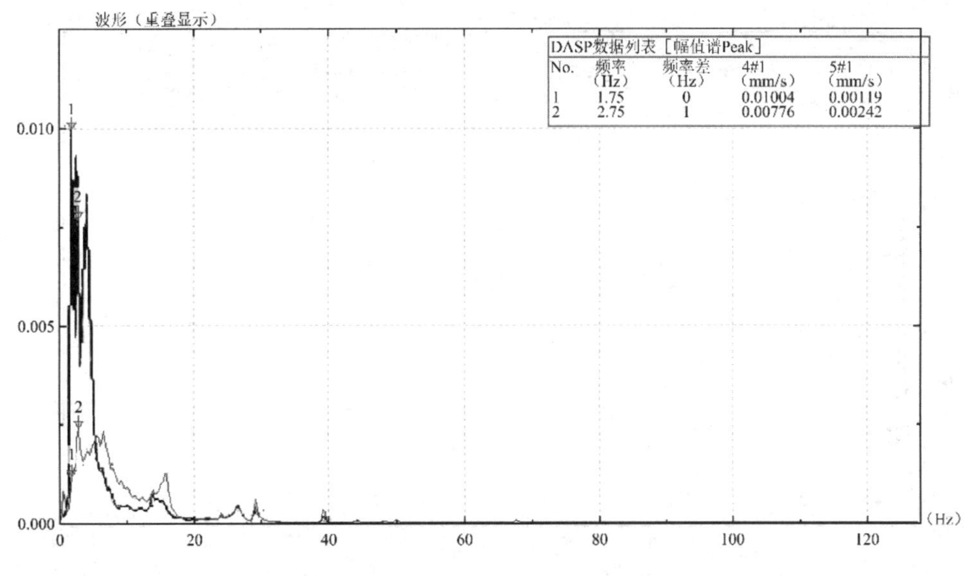

图 2-6-3　改造前、后性能对比（Z向）

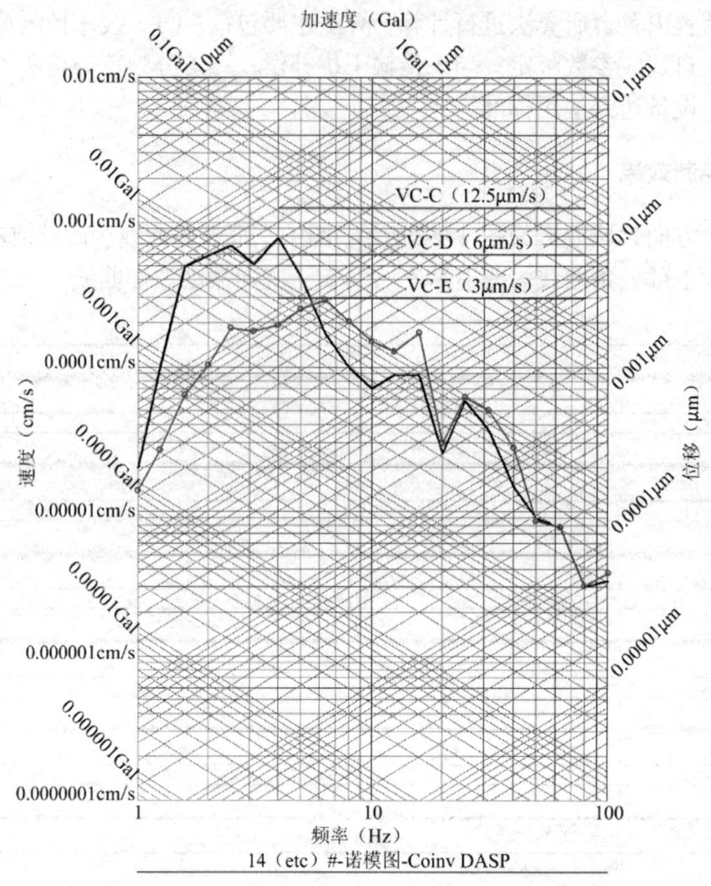

图 2-6-4　改造前后性能对比Z向 1/3 倍频程分析图

改造前后X方向频域波形如图 2-6-5、图 2-6-6 所示，其中黑色为改造前、灰色为改造后。

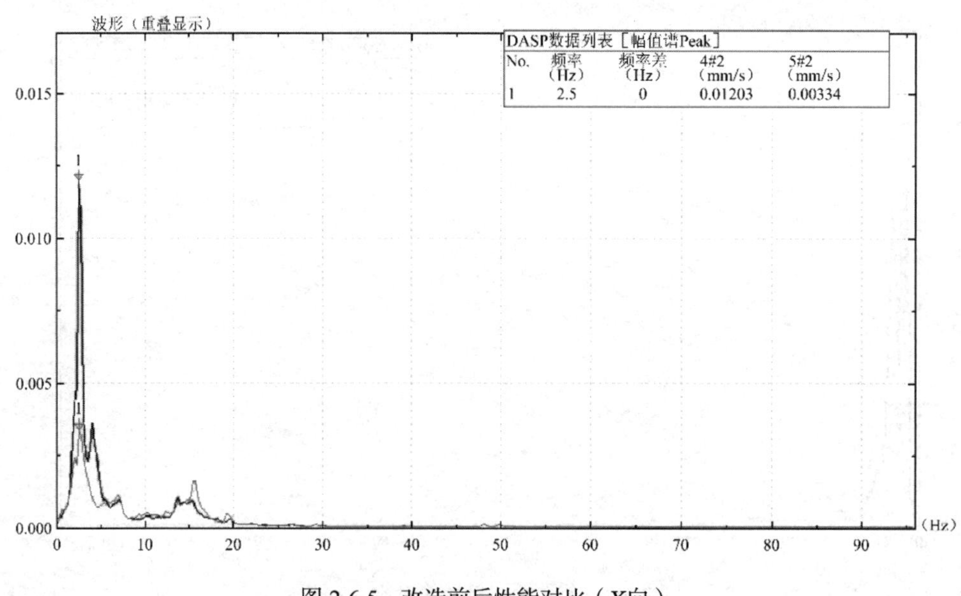

图 2-6-5　改造前后性能对比（X向）

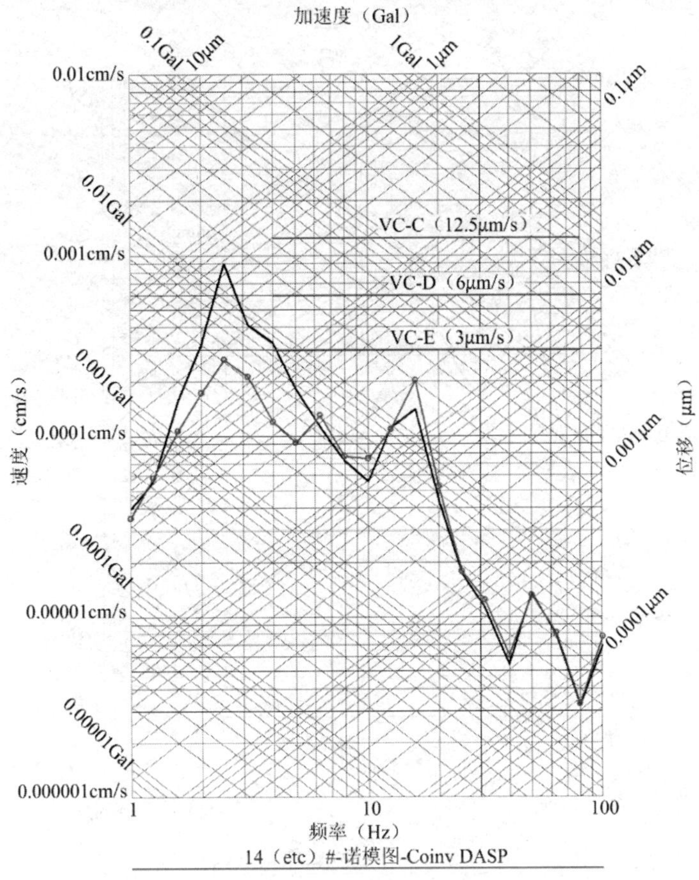

图 2-6-6　改造前后性能对比X向 1/3 倍频程分析图

改造前后Y方向频域波形如图 2-6-7、图 2-6-8 所示，其中黑色为改造前、灰色为改造后。

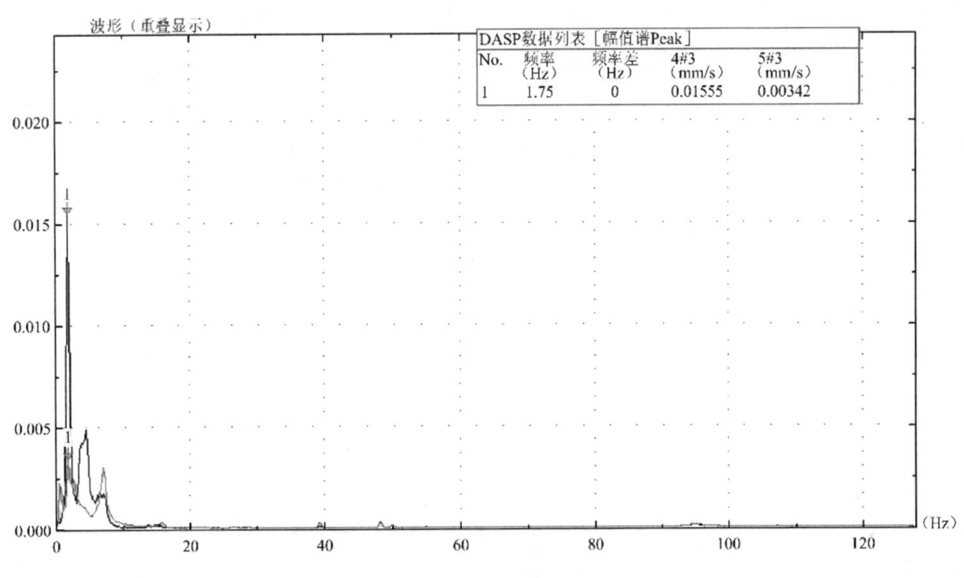

图 2-6-7　改造前后性能对比（Y向）

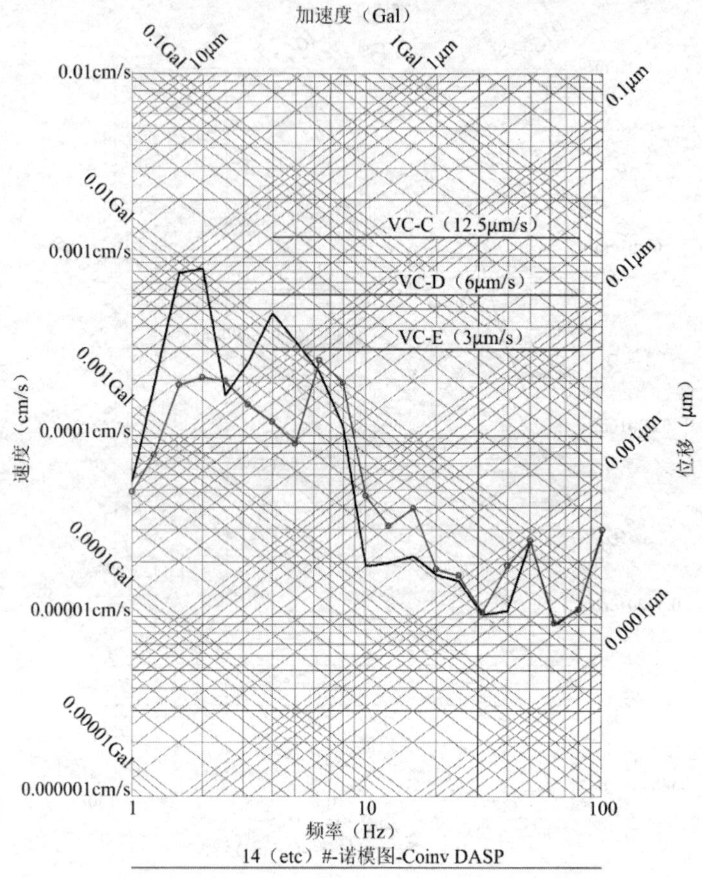

图 2-6-8　改造前后性能对比Y向 1/3 倍频程分析图

[实例 2-7] 航天某所气浮隔振系统

一、工程概况

气浮平台隔振系统采用穿透式隔振方案，通过支撑柱支撑容器安装，容器内部检测设备通过支撑立杆穿透容器壁与气浮隔振平台连接，气浮隔振平台只对容器内部设备进行隔振。气浮平台隔振系统由高刚性平台、隔振装置（空气弹簧）、控制系统、气源气路及外围地坑组成。

气浮隔振平台由气浮隔振器以及隔振控制系统组成。台体为平板形结构，尺寸约：直径 8.2m × 厚 2.9m，台体采用高强度钢模结构，整体由型钢混凝土浇筑而成，在保证平台的稳定性能下，平台设计为实心机构，使得平台有很高的刚性、抗弯曲强度、抗扭曲强度。

二、振动控制方案

（1）固有频率：气浮隔振平台水平两方向固有频率$f \leqslant 1.5$Hz 和垂直方向的固有频率$f \leqslant 1.0$Hz。

（2）气浮隔振平台水平和垂直 3 个方向，在 2～105Hz 频段内任意一频率点的振动速度幅值$V_{rms} \leqslant 0.01$mm/s。

隔振平台系统方案设计详见图 2-7-1、图 2-7-2。

图 2-7-1　隔振平台系统总体布置图

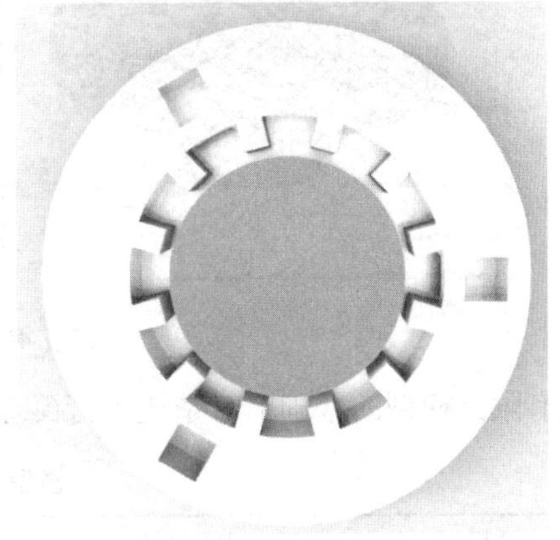

图 2-7-2　隔振平台系统总体图

本项目采用穿透式隔振，气浮隔振平台台座采用 T 形设计，内部结构主要由型钢混凝土组成，具有高刚性特点。高刚性台板下端采用 9 个空气弹簧作为支撑，单个空气弹簧承载力 25t，本组空气弹簧共可以承载 225t，气浮平台留有罐体支座洞口。支撑罐体柱通过气浮平台预留洞口支撑容器，容器内部检测设备通过支撑立杆穿透容器壁与气浮隔振平台连接，气浮隔振平台只对容器内部设备进行隔振。高刚性台体采用实体单元 Solid45，空气弹簧采用弹簧单元 Combin14 进行模拟，几何模型如图 2-7-3 所示。对隔振系统进行模态分析，经反复迭代计算确定最优隔振方案。

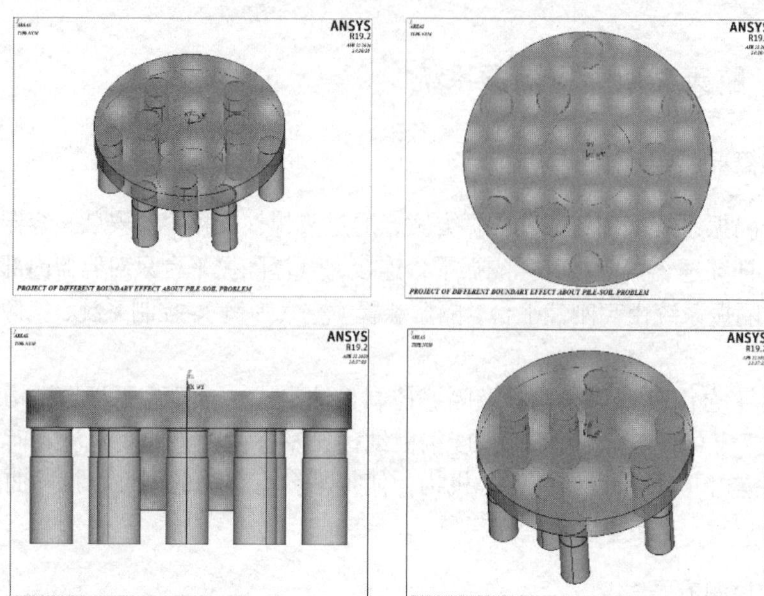

图 2-7-3　几何模型

在系统几何模型的基础上建立有限元模型，只对型钢混凝土台体采用实体单元，空气弹簧系统采用弹簧单元进行模拟，具体有限元模型如图 2-7-4 所示。

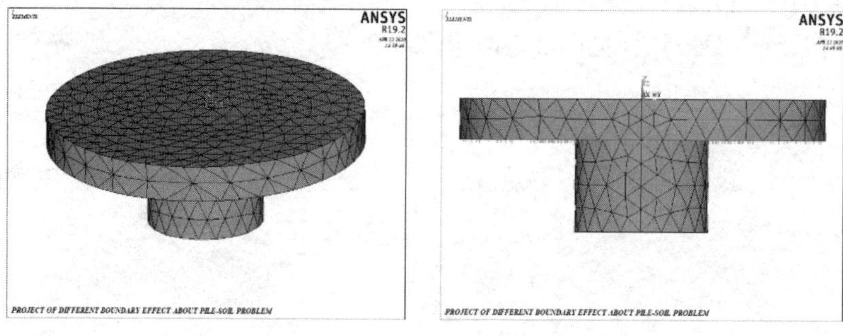

图 2-7-4　有限元模型

在有限元模型的基础上对系统进行模态计算，所得固有频率计算结果如表 2-7-1 所示。

模型固有频率　　**表 2-7-1**

阶数	固有频率（Hz）	阶数	固有频率（Hz）
1	0.966	7	56.104
2	0.979	8	56.121
3	0.979	9	71.528
4	1.098	10	99.978
5	1.098	11	100.161
6	1.192	12	103.124

为明确台面的振动模态特性，下面给出了系统前 12 阶模态振型图，如图 2-7-5 所示。

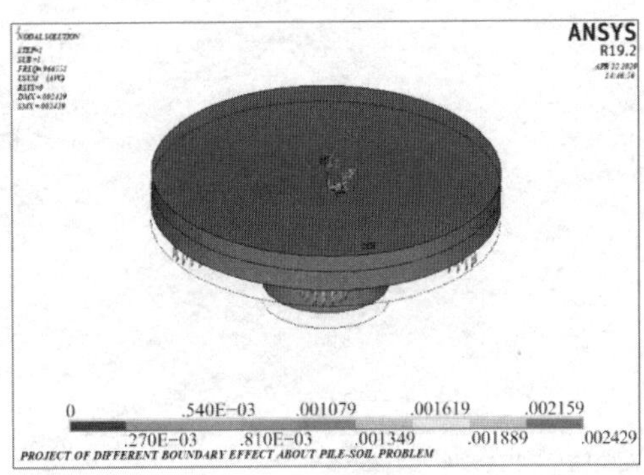

(a) 第 1 阶模态

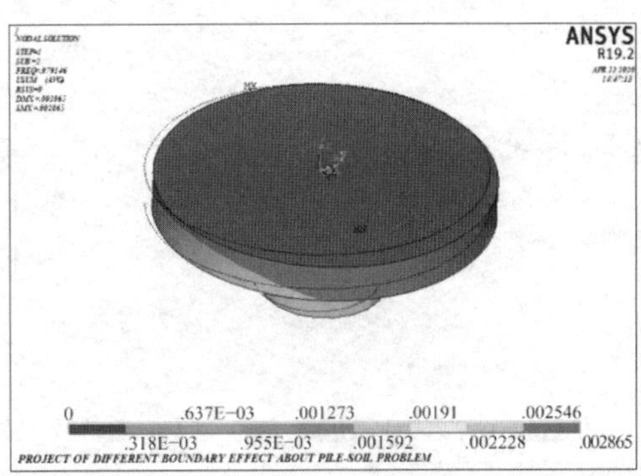

(b) 第 2 阶模态

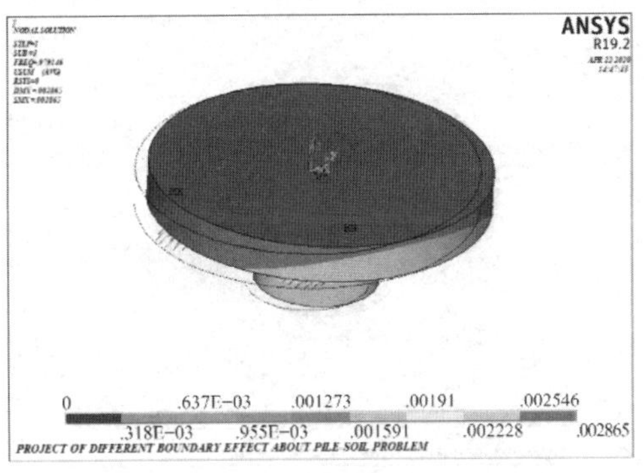

(c) 第 3 阶模态

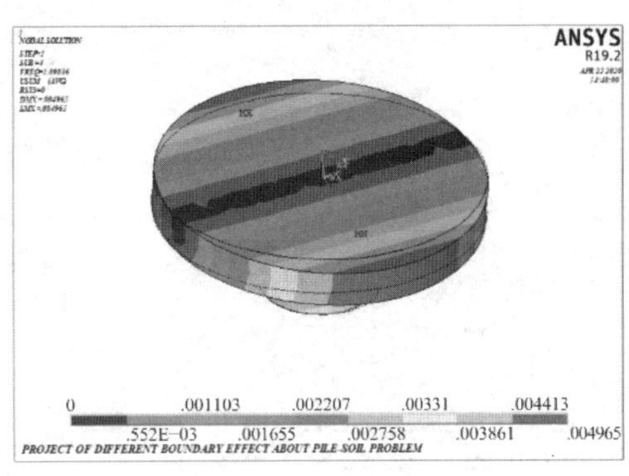

(d) 第 4 阶模态

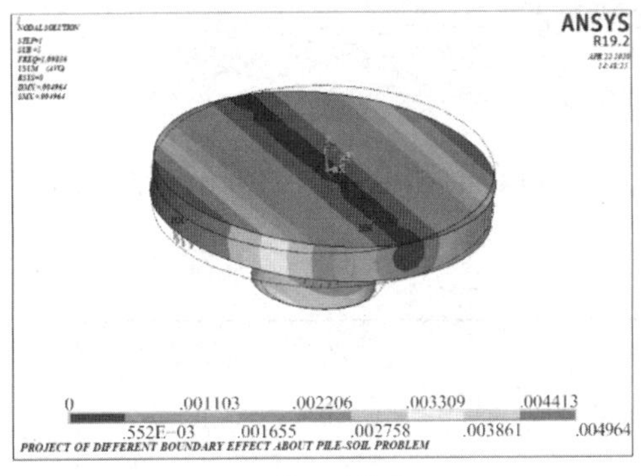

(e) 第 5 阶模态

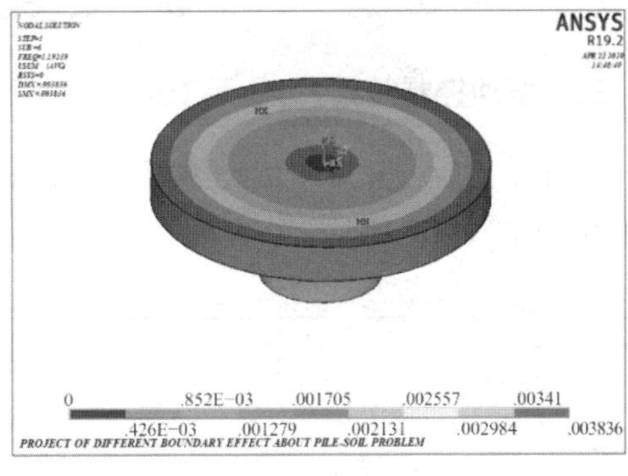

(f) 第 6 阶模态

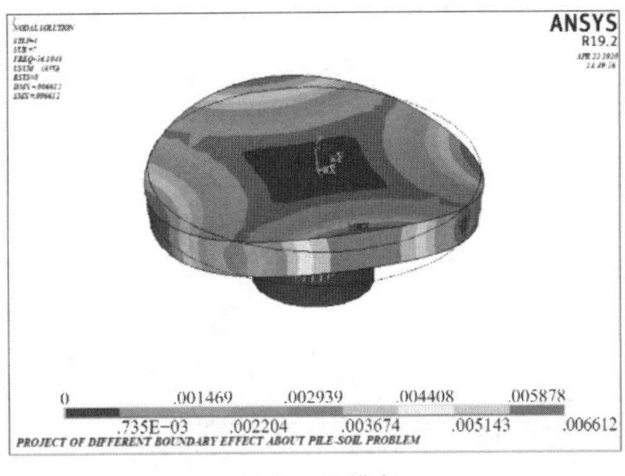

(g) 第 7 阶模态

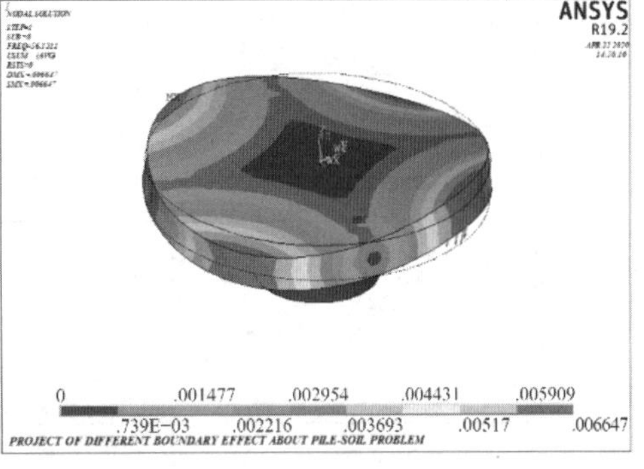

(h) 第 8 阶模态

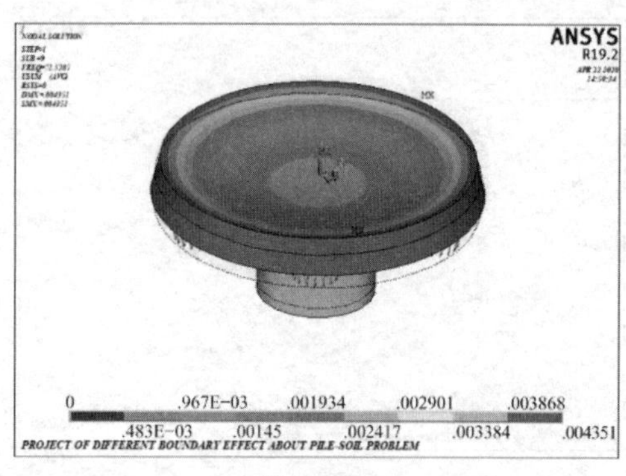

(i) 第 9 阶模态

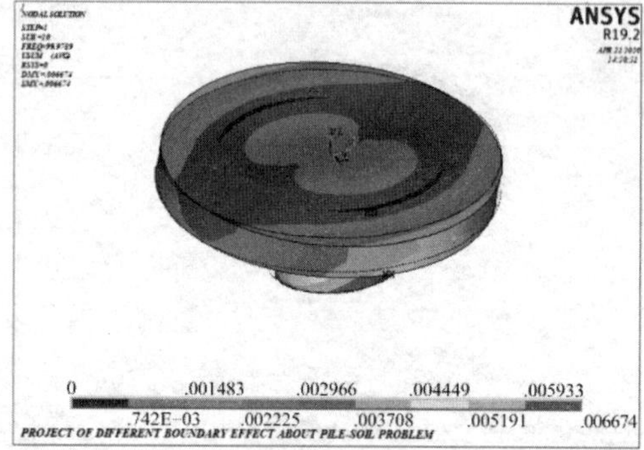

(j) 第 10 阶模态

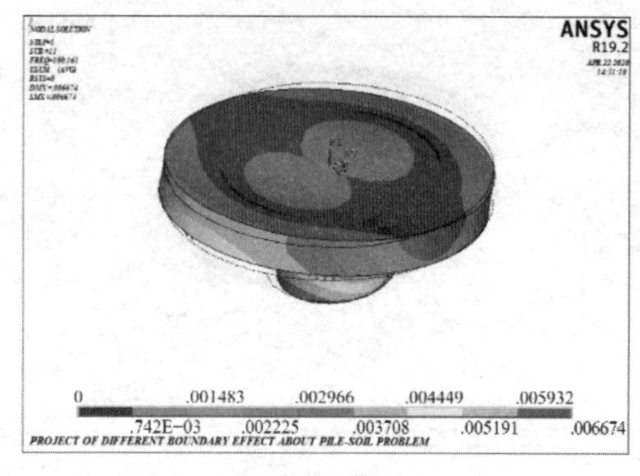

(k) 第 11 阶模态

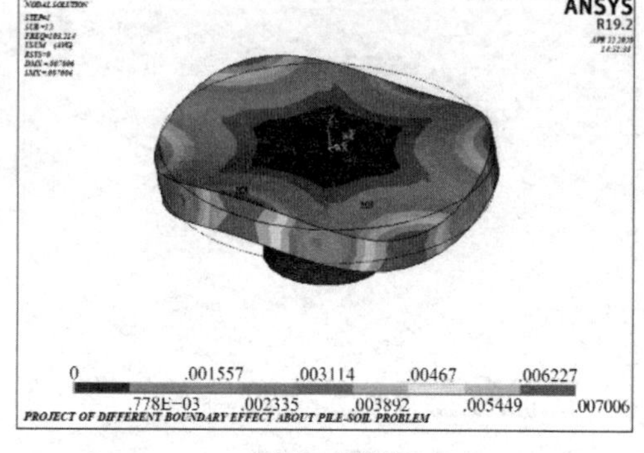

(l) 第 12 阶模态

图 2-7-5　系统前 12 阶模态图

三、振动控制效果

项目竣工后，开展了振动测试，经过对气浮平台台面和地面振动测试，测试结果如图 2-7-6 和图 2-7-7 所示。

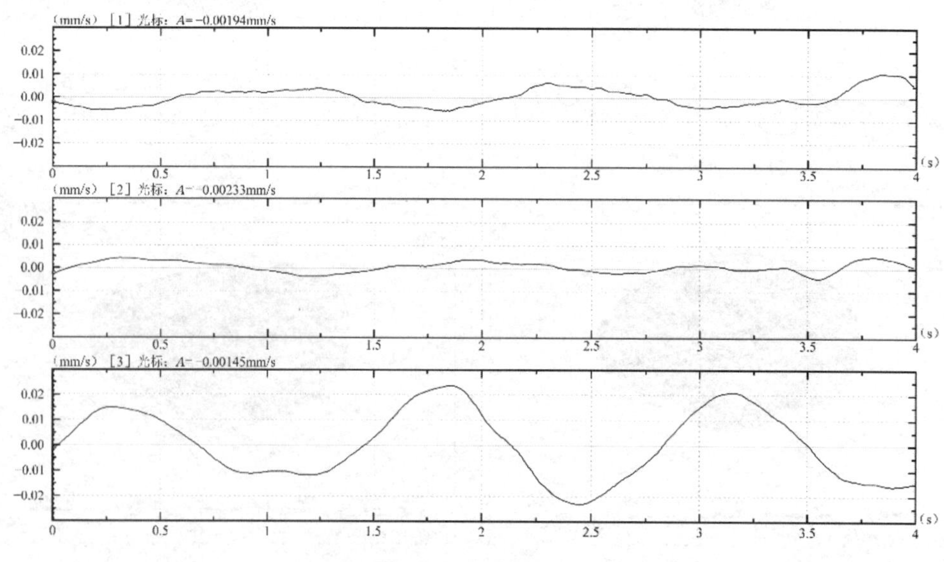

图 2-7-6　气浮隔振平台时域分析图Z（上）X（中）Y（下）

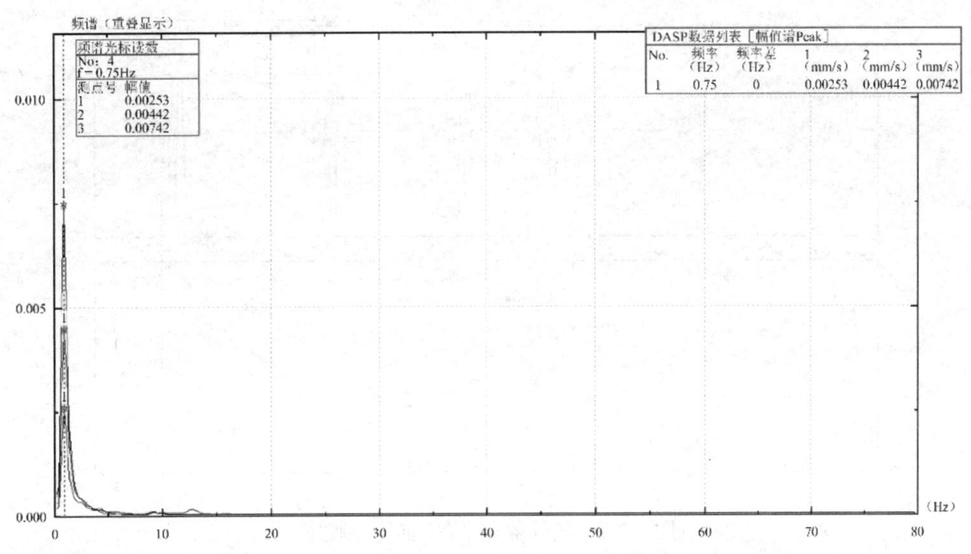

图 2-7-7 气浮隔振平台频域分析图Z（绿色）X（红色）Y（蓝色）

（1）经测试可以得到气浮隔振平台频域分析Z、X、Y的最大幅值分别为 0.00253mm/s、0.00442mm/s、0.00742mm/s（表 2-7-2），均小于等于 0.01mm/s。

（2）气浮隔振平台Z、X、Y向固有频率均为 0.8Hz（图 2-7-8～图 2-7-10、表 2-7-3）。

气浮隔振平台频域分析主频率和最大值 **表 2-7-2**

方向	主频（Hz）	最大值（mm/s）
Z	0.75	0.00253
X	0.75	0.00442
Y	0.75	0.00742

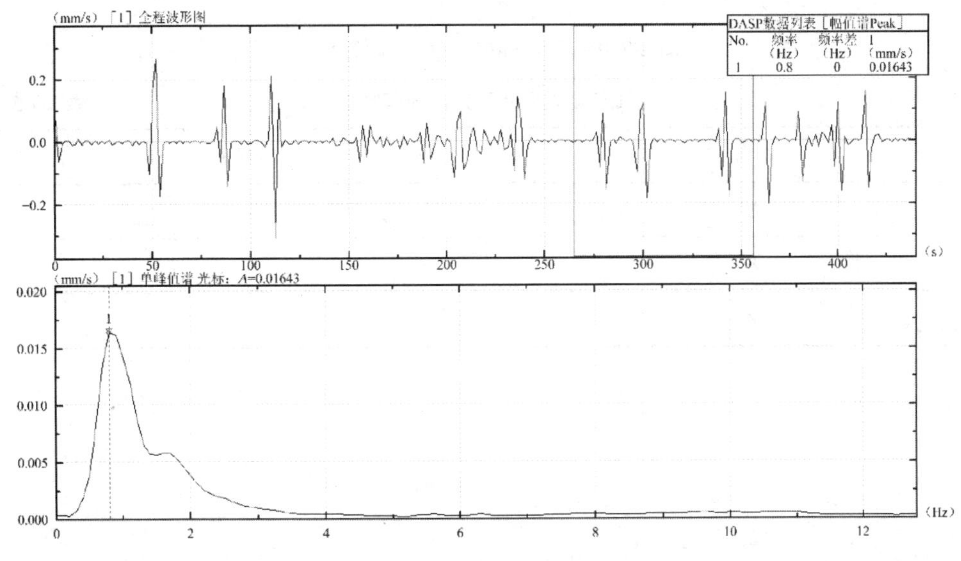

图 2-7-8 气浮隔振平台Z向固有频率

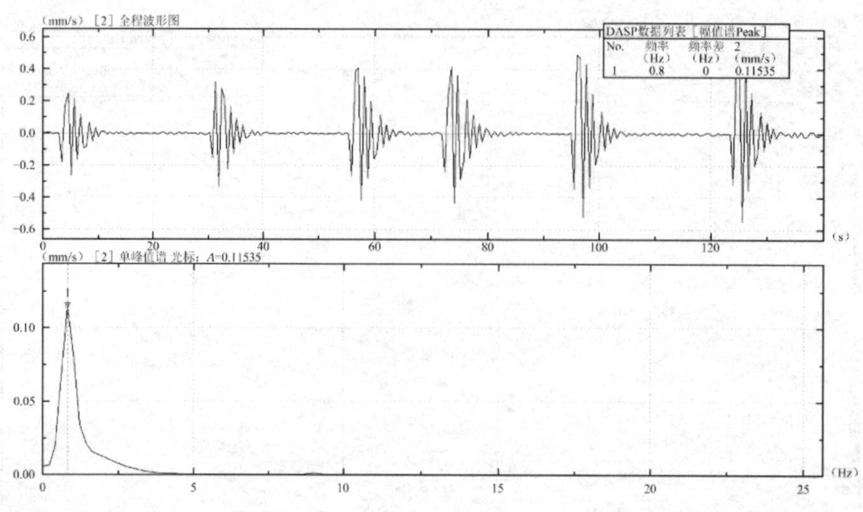

图 2-7-9　气浮隔振平台X向固有频率

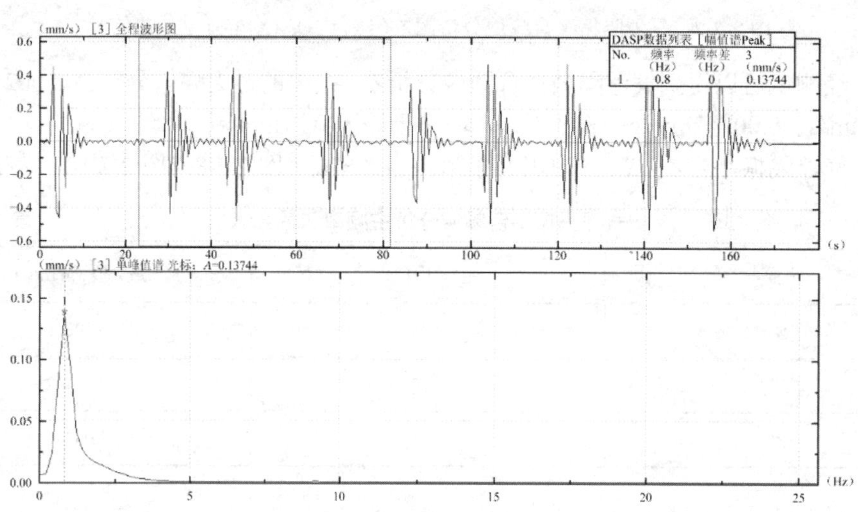

图 2-7-10　气浮隔振平台Y向固有频率

气浮隔振平台三方向固有频率　　**表 2-7-3**

方向	固有频率（Hz）
Z	0.8
X	0.8
Y	0.8

[实例 2-8] 中科院某所穿舱式气浮隔振系统

一、工程概况

气浮平台隔振系统采用穿透式隔振方案，通过支撑柱支撑容器安装，容器内部检测设备通过支撑立杆穿透容器壁与气浮隔振平台连接，气浮隔振平台只对容器内部设备进行隔振。气浮平台隔振系统由高刚性平台、隔振装置（空气弹簧）、控制系统、气源气路及外围地坑组成。

气浮平台根据工艺要求分为主罐部分和光管部分，光管部分平台与主罐部分平台采用异形设计（顶面标高不同）。光管部分台面与实验室地面平齐，主罐部分台面低于光管部分隔振台面 0.75m。设计主罐部分隔振平台平面尺寸为 6m × 8m，光管部分隔振平台平面尺寸为 6.5m × 8m。

主罐部分气浮平台台面承重 ≥ 55t，副罐部分气浮平台台面承重 ≥ 30t。

二、振动控制方案

本项目的振动控制标准为：①气浮隔振平台水平和垂直共 3 个方向的固有频率 $f \leq 1.0$Hz；②气浮隔振平台水平和垂直 3 个方向，在 2～100Hz 频段内任意一频率点的振动速度幅值 $V_{rms} \leq 0.01$mm/s。

气浮平台尺寸是 12.5m × 8m，现有地坑开孔尺寸最大为 6.2m，最小为 4.8m，小于平台 8m 宽度。为解决以上问题，系统设计分别对隔振平台、隔振系统进行针对性设计，经过方案比选副罐部分台面降低至挑檐下部，确定采用本方案。方案设计详见图 2-8-1。

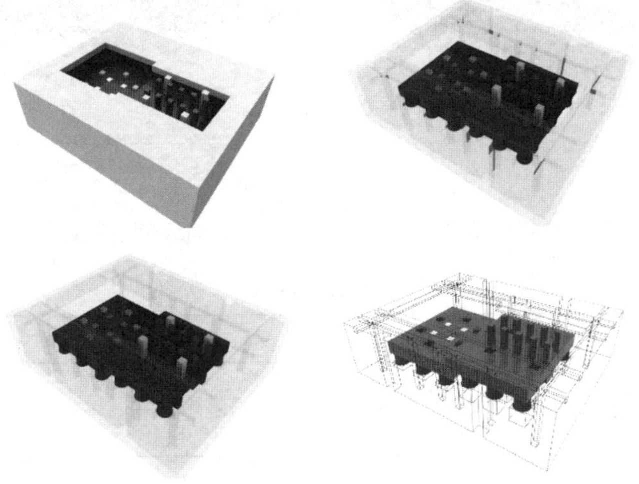

图 2-8-1　隔振平台系统总体图

本项目采用穿透式隔振方式，气浮平台留有罐体支座洞口。支撑罐体柱通过气浮平台预留洞口支撑容器，容器内部检测设备通过支撑立杆穿透容器壁与气浮隔振平台连接，气浮隔振平台只对容器内部设备进行隔振。高刚性台体采用实体单元 Solid45，空气弹簧采用弹簧单元 Combin14 进行模拟，几何模型如图 2-8-2 所示。对隔振系统进行模态分析，经反复迭代计算确定最优隔振方案。

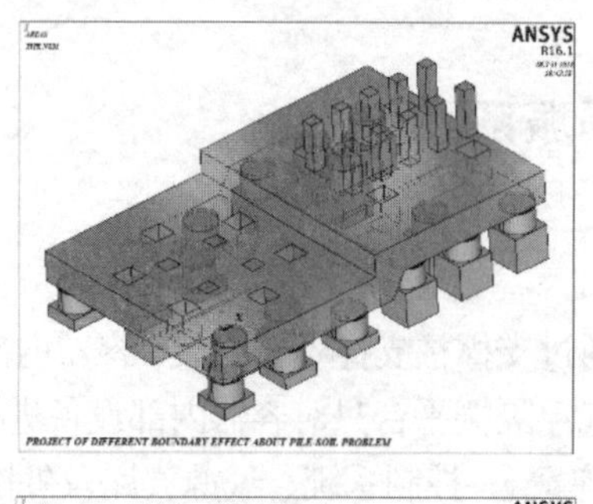

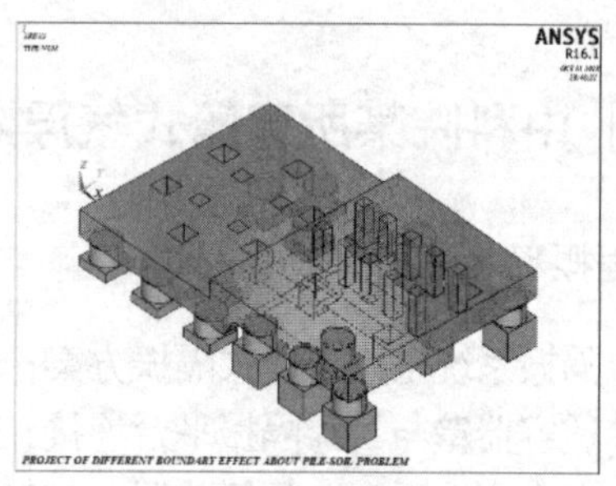

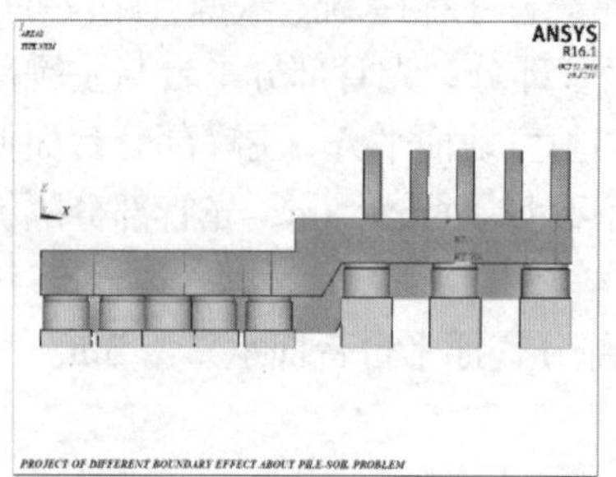

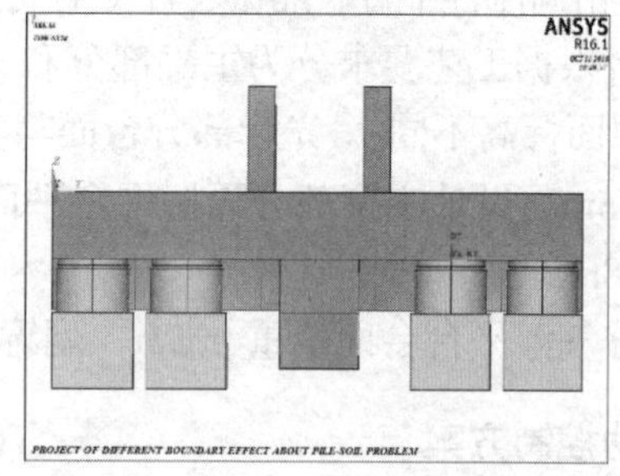

图 2-8-2　几何模型

在系统几何模型的基础上建立有限元模型，只对型钢混凝土台体采用实体单元，空气弹簧系统采用弹簧单元进行模拟，有限元模型如图 2-8-3 所示。

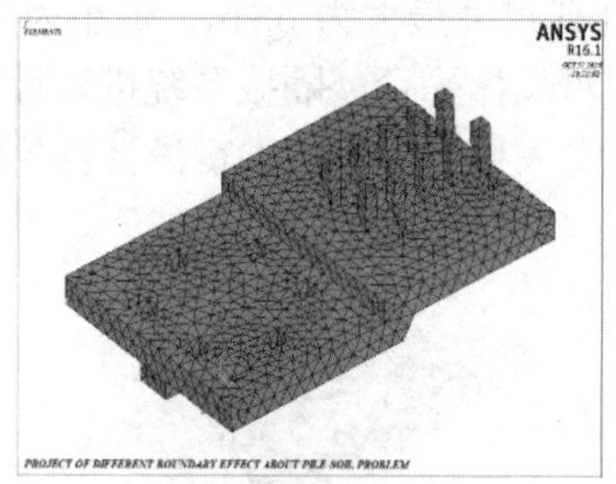

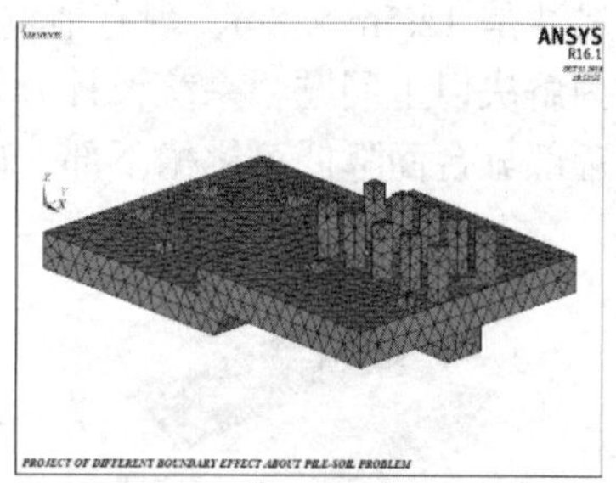

图 2-8-3　有限元模型

在有限元模型的基础上对系统进行模态计算，所得固有频率计算结果如表 2-8-1 所示。

模型固有频率　　**表 2-8-1**

阶数	固有频率（Hz）	阶数	固有频率（Hz）
1	0.699	7	23.944
2	0.714	8	27.637
3	0.718	9	46.942
4	0.793	10	54.963
5	0.850	11	60.559
6	0.994	12	66.448

由表 2-8-1 可以看出，系统的前 6 阶固有频率均小于 1.0Hz，满足技术要求。为明确台面的振动模态特性，下面给出了系统前 12 阶模态振型图，如图 2-8-4 所示。

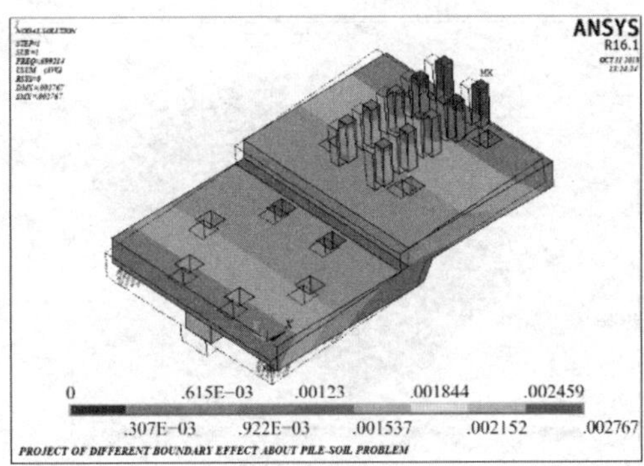

(a) 第 1 阶模态

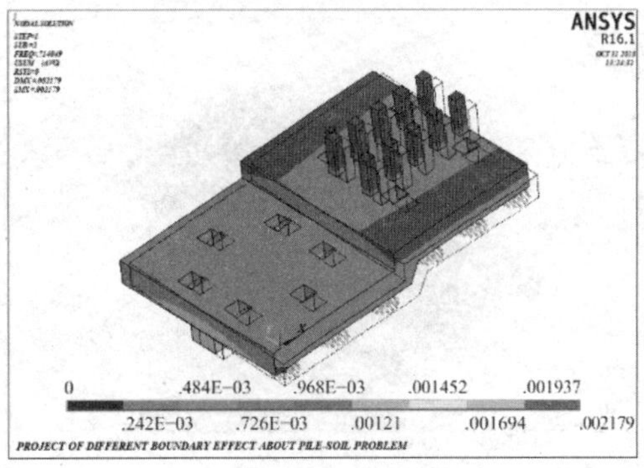

(b) 第 2 阶模态

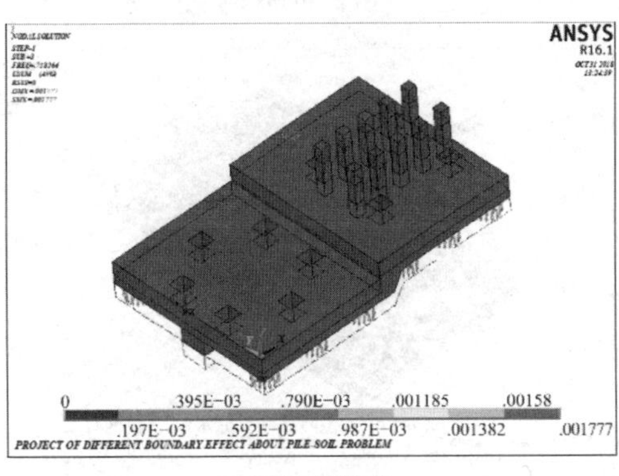

(c) 第 3 阶模态

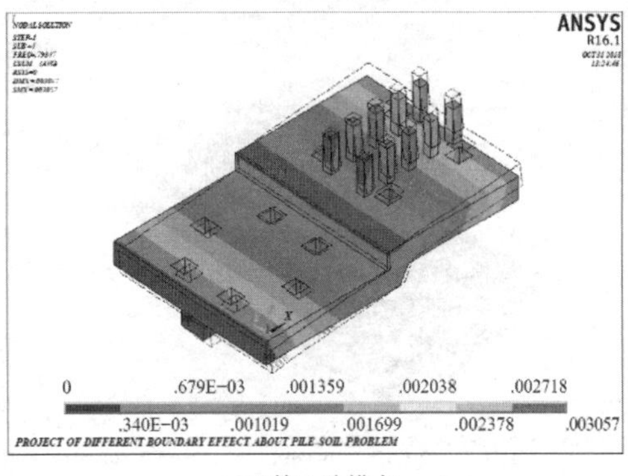

(d) 第 4 阶模态

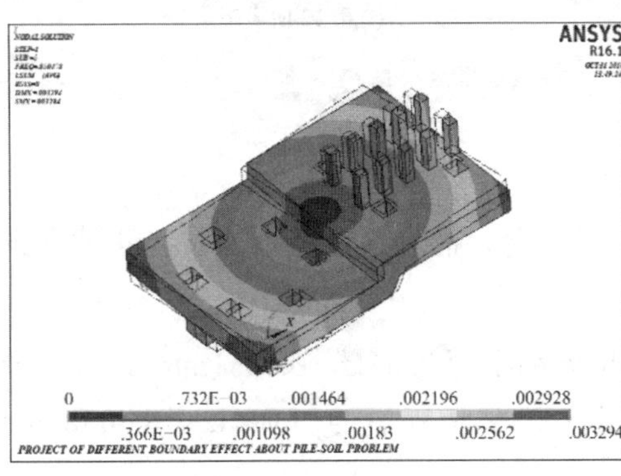

(e) 第 5 阶模态

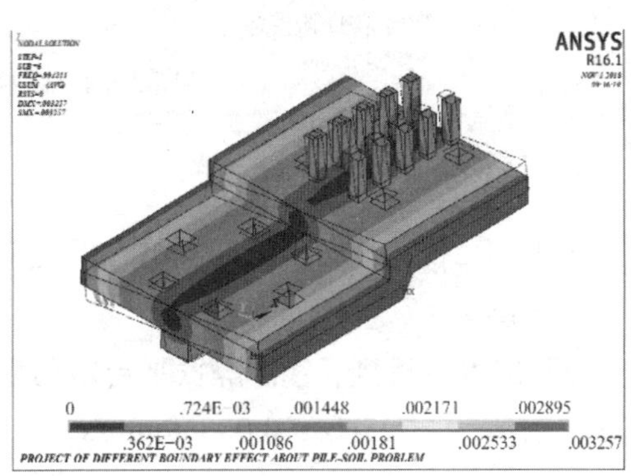

(f) 第 6 阶模态

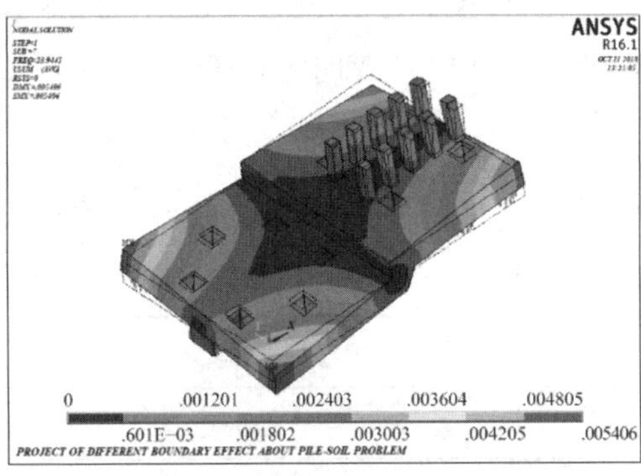

(g) 第 7 阶模态

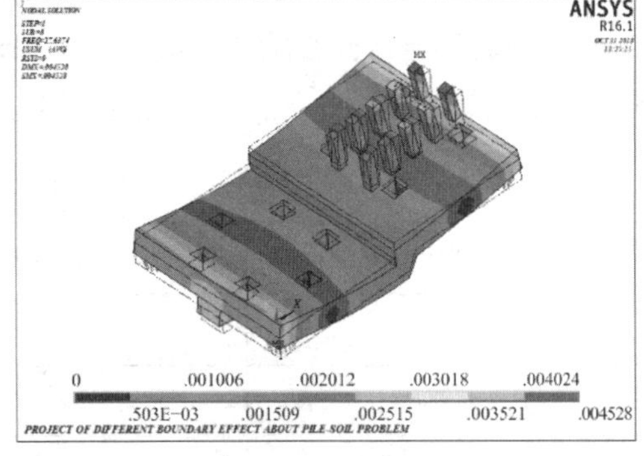

(h) 第 8 阶模态

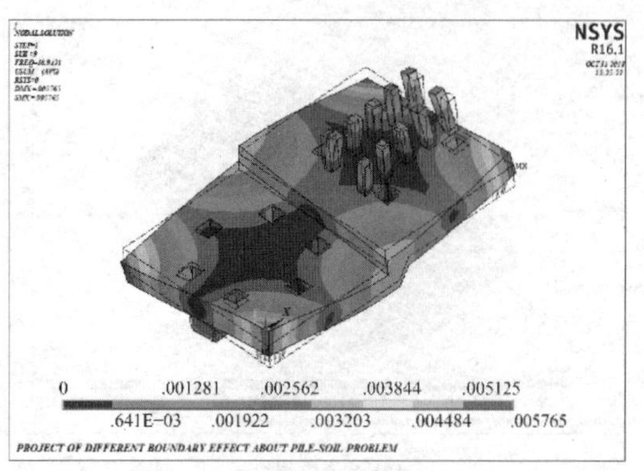

(i) 第 9 阶模态

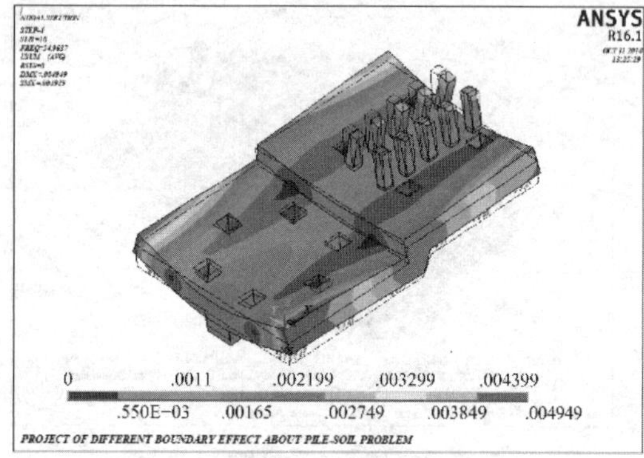

(j) 第 10 阶模态

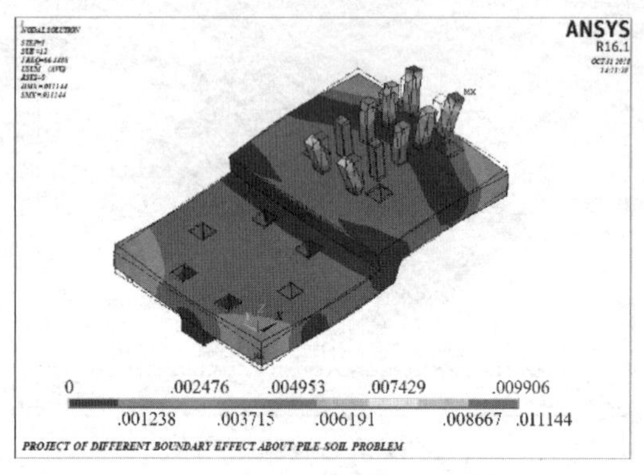

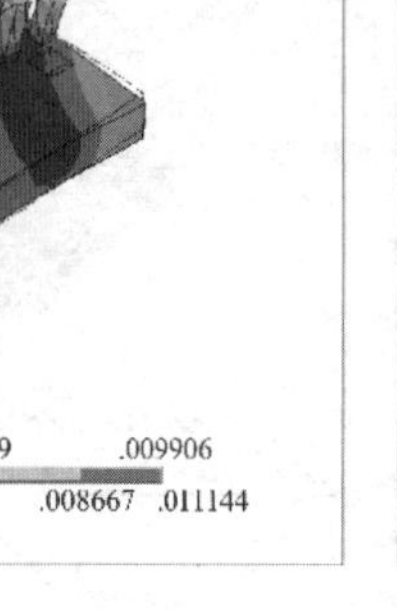

(k) 第 11 阶模态

(l) 第 12 阶模态

图 2-8-4　系统前 12 阶模态图

三、振动控制效果

项目竣工后，开展了振动测试，经过对气浮平台台面和地面振动测试，测试结果如图 2-8-5～图 2-8-7 所示。

经测试可以得到，气浮隔振平台*Z*向最大频率和幅值为 1Hz、0.0051mm/s，*X*向最大频率和幅值为 1.25Hz、0.00539mm/s，*Y*向最大频率和幅值为 1.25Hz、0.00328mm/s（表 2-8-2）。

*Z*向固有频率为 1Hz，*X*向固有频率为 1Hz，*Y*向固有频率为 1Hz（图 2-8-8～图 2-8-10）。

气浮隔振平台台面视轴抖动值*Z*向为 0.188″，*X*向为 0.140″，*Y*向为 0.106″，均小于±0.2″（图 2-8-11～图 2-8-13），满足技术指标要求。

台面最大频率及幅值　　**表 2-8-2**

方向	频率（Hz）	速度最大幅值（mm/s）
*Z*向（垂向）	1	0.0051
*X*向（长轴向）	1.25	0.00539
*Y*向（短轴向）	1.25	0.00328

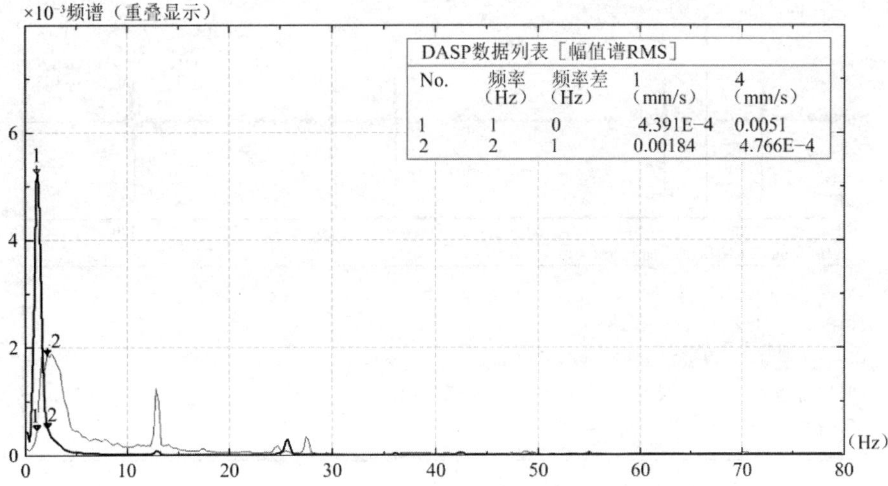

图 2-8-5　台面和地上频域分析对比图Z向台面（黑色）地上（灰色）

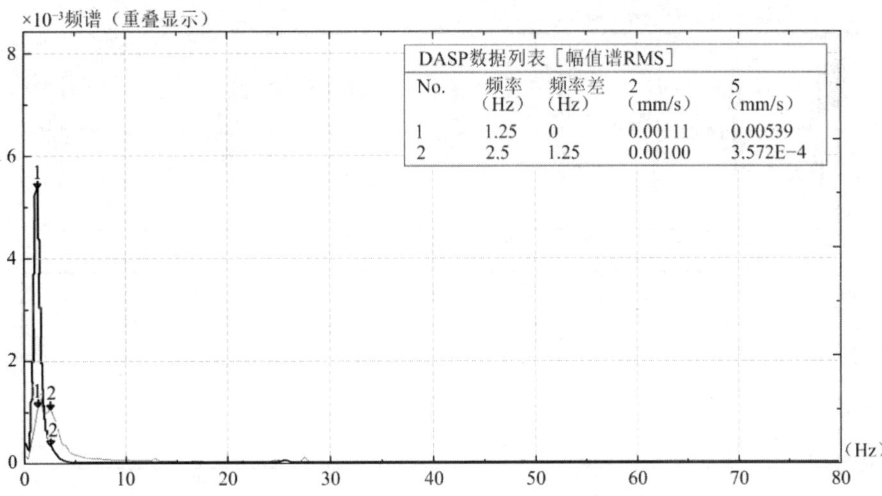

图 2-8-6　台面和地上频域分析对比图X向台面（黑色）地上（灰色）

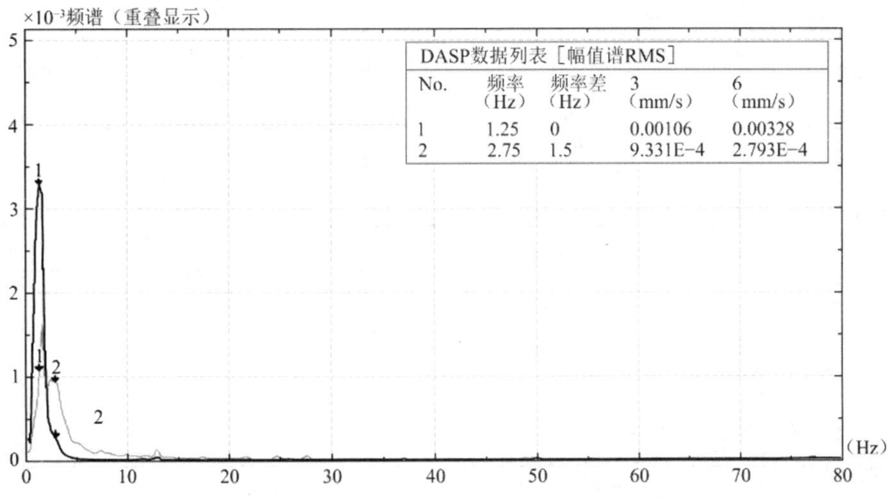

图 2-8-7　台面和地上频域分析对比图Y向台面（黑色）地上（灰色）

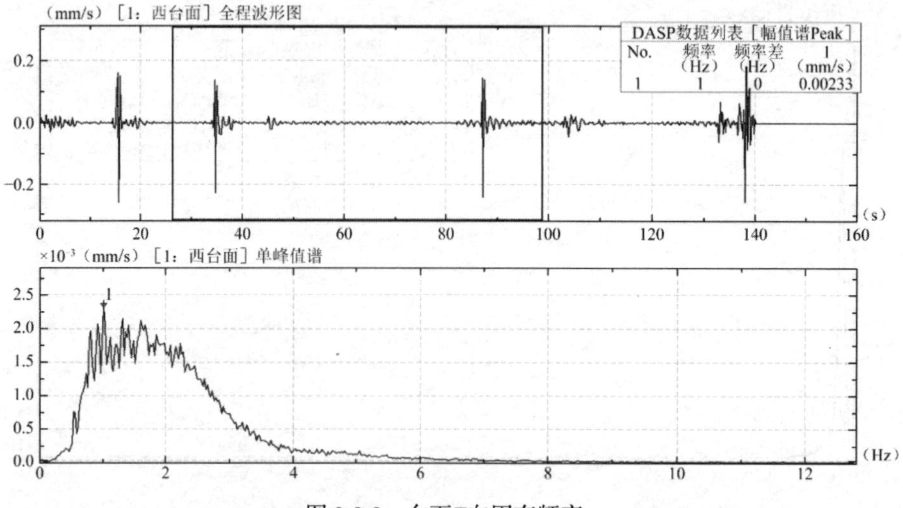

图 2-8-8　台面Z向固有频率

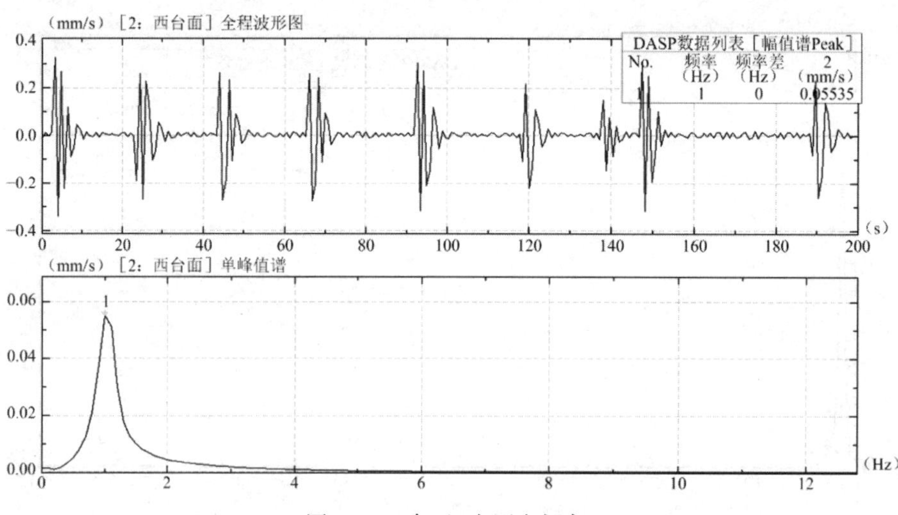

图 2-8-9　台面X向固有频率

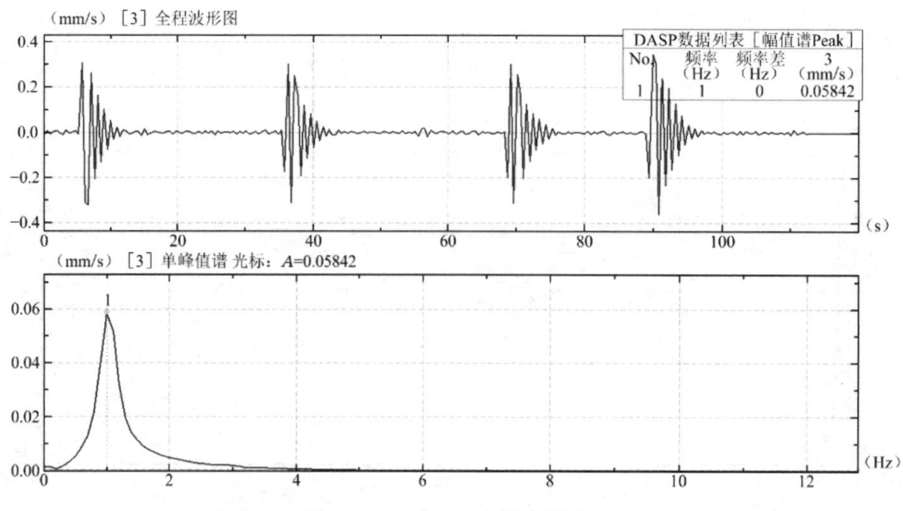

图 2-8-10　台面Y向固有频率

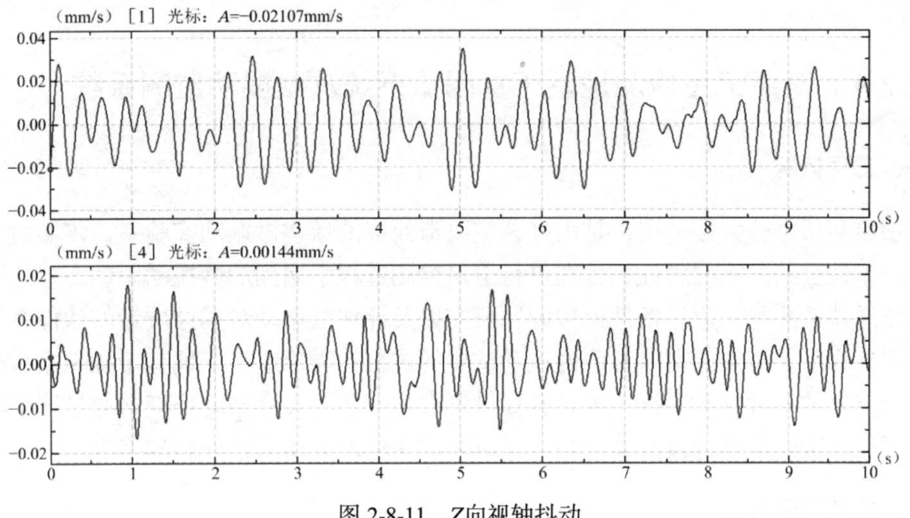

图 2-8-11　*Z*向视轴抖动

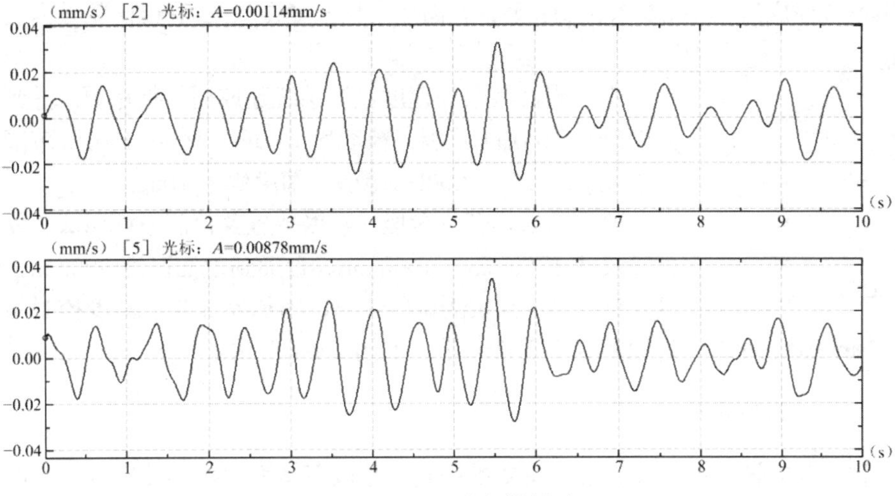

图 2-8-12　*X*向视轴抖动

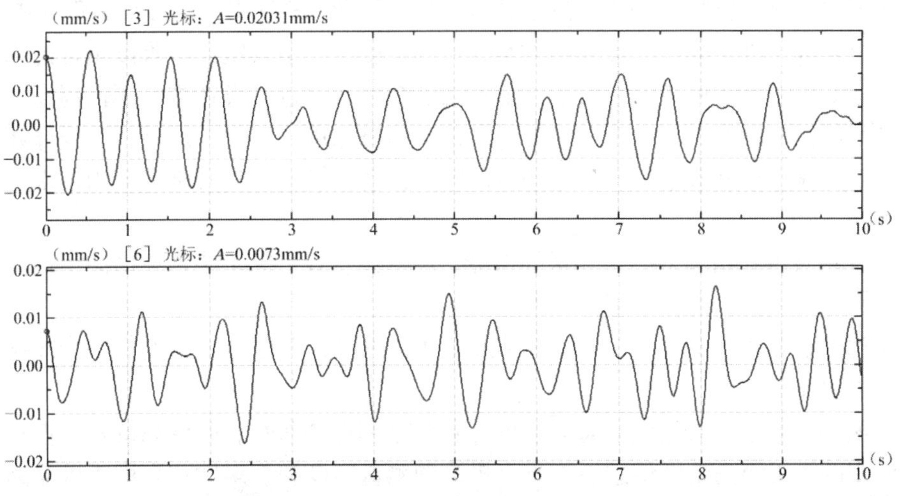

图 2-8-13　*Y*向视轴抖动

［实例 2-9］某所卫星检测地基干扰隔振系统及微振动监测系统

一、工程概况

该项目某所办公大楼一层，是由办公室改造而成的新建微振动实验室。该实验室具有对各用户单位公共开放的属性，旨在进行卫星检测过程中遇到的微振动源动态特性测量、微振动传递特性测量、边界条件模拟问题研究以及评估微振动对成像质量的软件系统的影响性研究。为了保障实验室内各项微振动试验的进行，需建造一个地基干扰隔振系统，以隔除地面传来的各种振动干扰，为试验提供可靠的“超”安静振动环境。通过这个项目，实验室可以更准确地进行微振动试验，以研究和评估微振动的各种影响因素。

二、振动控制方案

隔振系统建成后，指标要求达到：平台表面残余加速度在 0.5～100Hz 频域内三个方向小于 4μg。

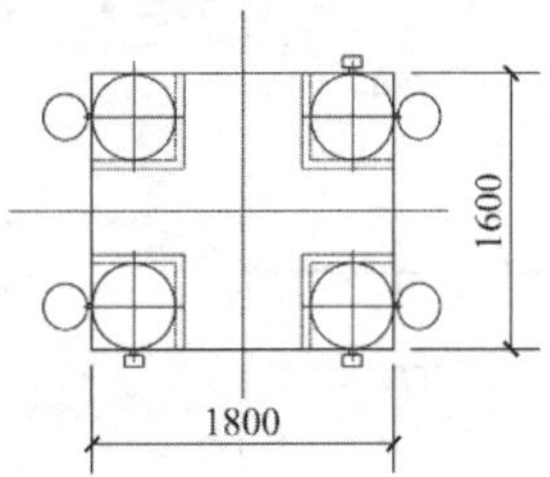

图 2-9-1　隔振系统设计图

平台表面残余加速度监测系统建成后，指标要求达到：三个方向 0.5～100Hz 范围，精度优于 1μg；100～250Hz 范围，精度优于 4μg；250～1000Hz 范围，精度优于 10μg。

隔振系统由铸钢台座、隔振装置及控制系统组成，隔振系统平面尺寸 1800mm × 1600mm、台面到地面高度 900mm，台座质量 9.5t。空气弹簧隔振器 4 只，阻尼器 4 只，高度控制阀 3 只，其他控制零部件若干。如图 2-9-1 所示。

三、振动控制关键技术

本工程涉及的振动控制关键技术主要围绕超宽频段高精度微振动控制设备、微振动监控系统设计，内容如下：

（1）通过采用铸钢材料和十字形下挂设计的一体化铸造工艺，具备了多重优势。首先，基于质刚重合理论进行的多次计算和试验，成功克服了小型台座质心难以重合的问题，确保了模态前 6 阶振型质量参与系数累计值达到 98%以上。这一设计方案不仅提高了台座的稳定性和耐用性，还在提升振动性能方面发挥了积极作用。因此，通过精心设计和优化，实现了高效的振动控制效果，为超宽频段高精度振动控制设备的研制和应用带来了重要的技术突破。

（2）采用自由式结构型空气弹簧隔振器，使隔振装置三向（特别在横向）均具有较低刚度，隔振系统三向固有频率很低。

（3）通过优化阻尼器结构，研发具有较大阻尼系数的阻尼介质，使得整个隔振系统具有较高的阻尼比。

（4）实现高精度实时监测试验系统的运行状态和振动参数，确保系统稳定性和精度。本工程应用的军工级高精度传感器，具有极高的测量精度和稳定性；采用了可靠的数据采集设备，能够实现高效的信号采集和传输；利用先进的数据处理和分析算法，可以对大量数据进行快速准确的处理，实现对系统运行状态和振动参数的实时监测和分析，为系统的稳定性和精度提供了可靠的保障。

四、振动控制装置

采用本团队自主研发的专利产品——ZYM 系列空气弹簧，隔振系统固有频率$f_V \leqslant$ 1.2Hz，$f_H \leqslant$ 1.2Hz；阻尼比$\zeta_V \geqslant 0.15$，$\zeta_H \geqslant 0.06$。隔振系统实物见图 2-9-2。

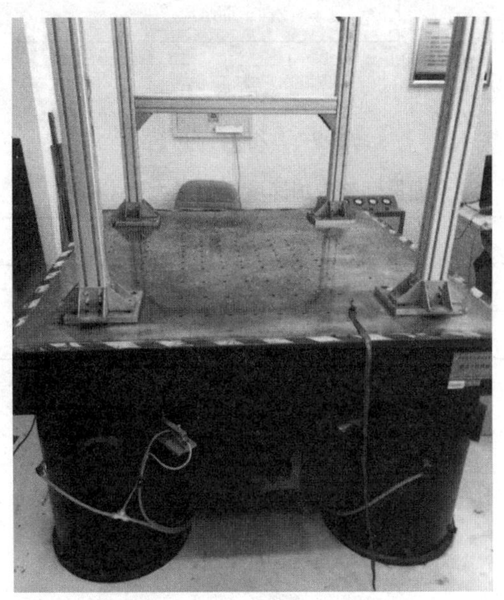

图 2-9-2　隔振系统实物图

五、振动控制效果

在隔振台座顶面布置测点，测试内容包括：

（1）常时微动台面响应。

（2）过车时台面响应。

由于测点 7 和 4 的实测结果差别不大，列出测点 7 的实测结果，如图 2-9-3～图 2-9-5、表 2-9-1 所示。

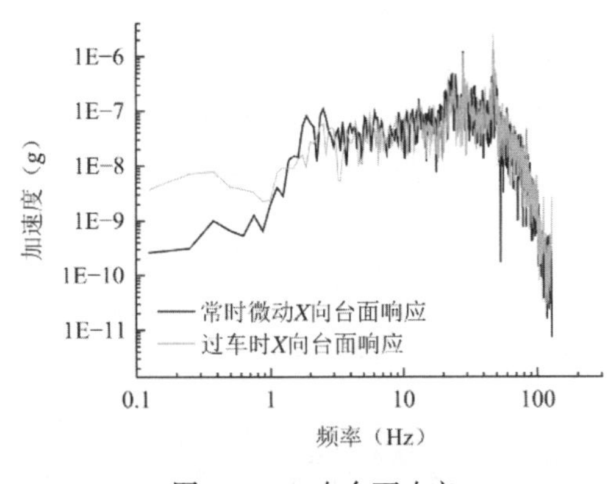

图 2-9-3　X向台面响应

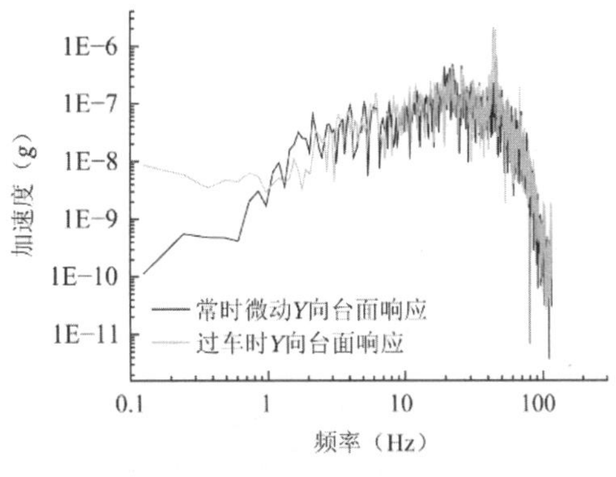

图 2-9-4　Y向台面响应

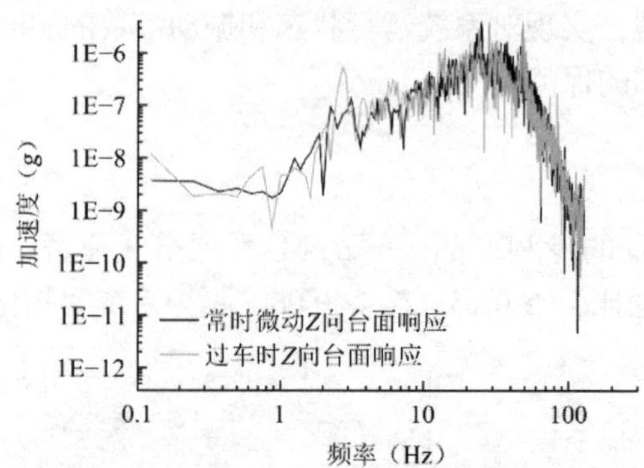

图 2-9-5　Z向台面响应

台面振动响应加速度幅值最大值（μg）　　**表 2-9-1**

工况	X向	Y向	Z向
常时微动	1.23	1.41	3.66
过车	2.65	2.17	3.98

[实例 2-10] 暨南大学实验室防微振基础设计

一、工程概况

本项目为暨南大学光子技术研究院二期高精密恒温恒湿超净系统建设项目直写间，其直写台尺寸为 2600mm × 2500mm × 2300mm，其房间布置如图 2-10-1 所示。直写台下部刚性混凝土基础尺寸 3300mm × 3000mm × 1700mm，详细尺寸如图 2-10-2 所示。

图 2-10-1　直写间平面图

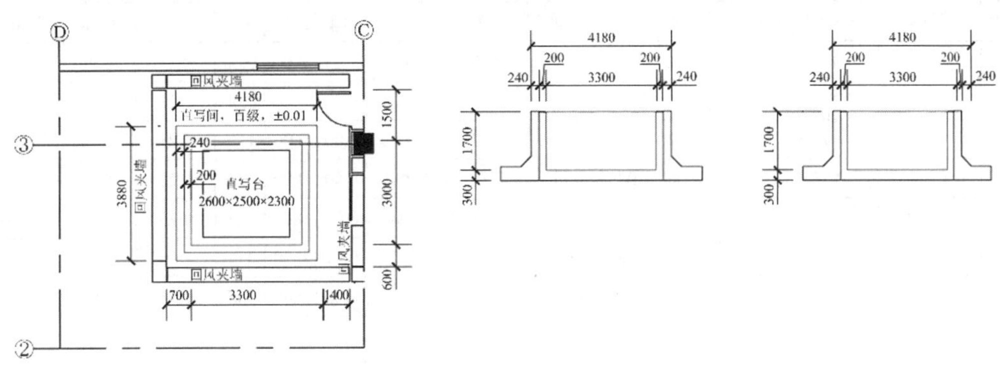

图 2-10-2　直写台刚性混凝土基础设计图

二、振动控制方案及分析

1. 建立有限元模型

本项目采用 SAP2000 有限元软件建立数值模型，版本型号 V21.0.2，采用 Solid 单元模拟混凝土基础，混凝土等级为 C30，Link 单元模拟土弹簧，有限元模型如图 2-10-3 所示。由于该项目缺乏地勘报告，由甲方确认，混凝土基础下部土弹簧采用《动力机器基础设计标准》GB 50040—2020 第 3.4.2 条天然地基抗压刚度系数表中最高等级砂土数值（表 2-10-1），计算各节点土弹簧刚度为 4254.55kN/m。

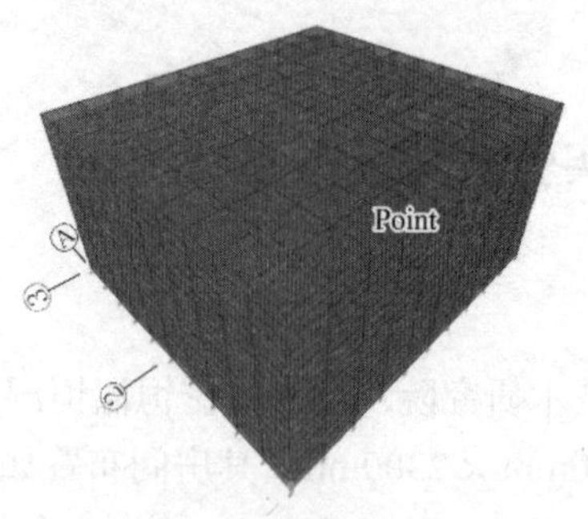

图 2-10-3 基础有限元模型

规范规定天然地基抗压刚度系数表（kN/m³） **表 2-10-1**

地基承载力特征值f_{ak}（kPa）	土的名称		
	黏性土	粉土	砂土
300	66000	59000	52000
250	55000	49000	44000
200	45000	40000	36000
150	35000	31000	28000
100	25000	21000	18000
80	18000	16000	—

2. 模态分析

典型模态如表 2-10-2 所示。

典型模态 **表 2-10-2**

阶数	周期（s）	频率（Hz）	UX	UY	UZ	SumUX	SumUY	SumUZ	RX	RY	RZ	SumRX	SumRY	SumRZ
1	0.12	8.51	0.00	0.77	0.00	0.00	0.77	0.00	0.23	0.00	0.00	0.23	0.00	0.00
2	0.11	8.91	0.77	0.00	0.00	0.77	0.77	0.00	0.00	0.23	0.00	0.23	0.23	0.00
3	0.07	14.37	0.00	0.00	0.00	0.77	0.77	0.00	0.00	0.00	1.00	0.23	0.23	1.00
4	0.06	15.39	0.00	0.00	1.00	0.77	0.77	1.00	0.00	0.00	0.00	0.23	0.23	1.00
5	0.05	21.30	0.23	0.00	0.00	1.00	0.77	1.00	0.00	0.77	0.00	0.23	1.00	1.00
6	0.05	21.71	0.00	0.23	0.00	1.00	1.00	1.00	0.77	0.00	0.00	1.00	1.00	1.00
7	0.00	208.73	0.00	0.00	0.00	1.00	1.00	1.00	0.00	0.00	0.00	1.00	1.00	1.00

前 10 阶部分振型模态图如图 2-10-4 所示。

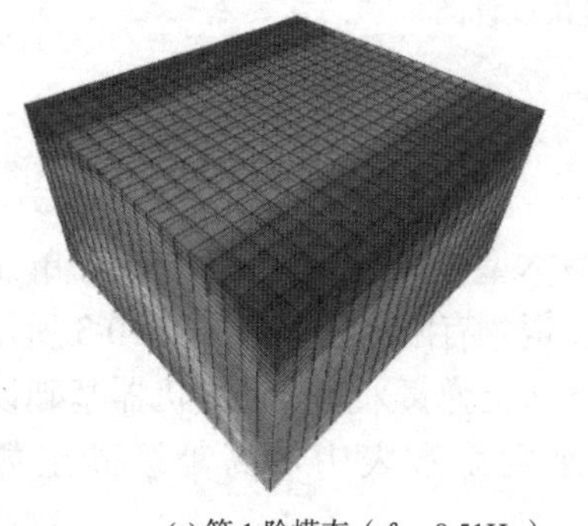

(a) 第 1 阶模态（$f = 8.51$Hz）

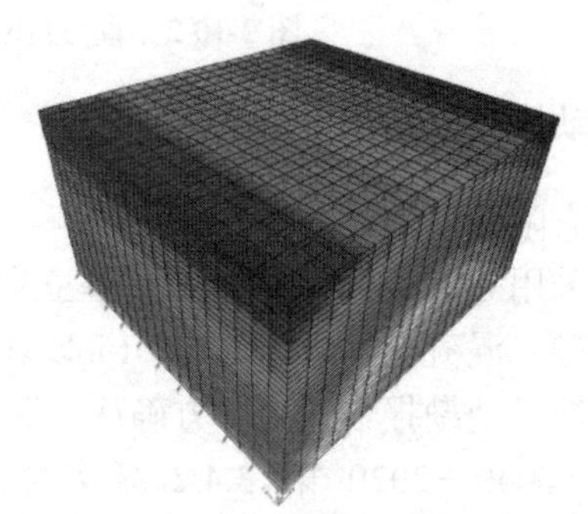

(b) 第 2 阶模态（$f = 8.91$Hz）

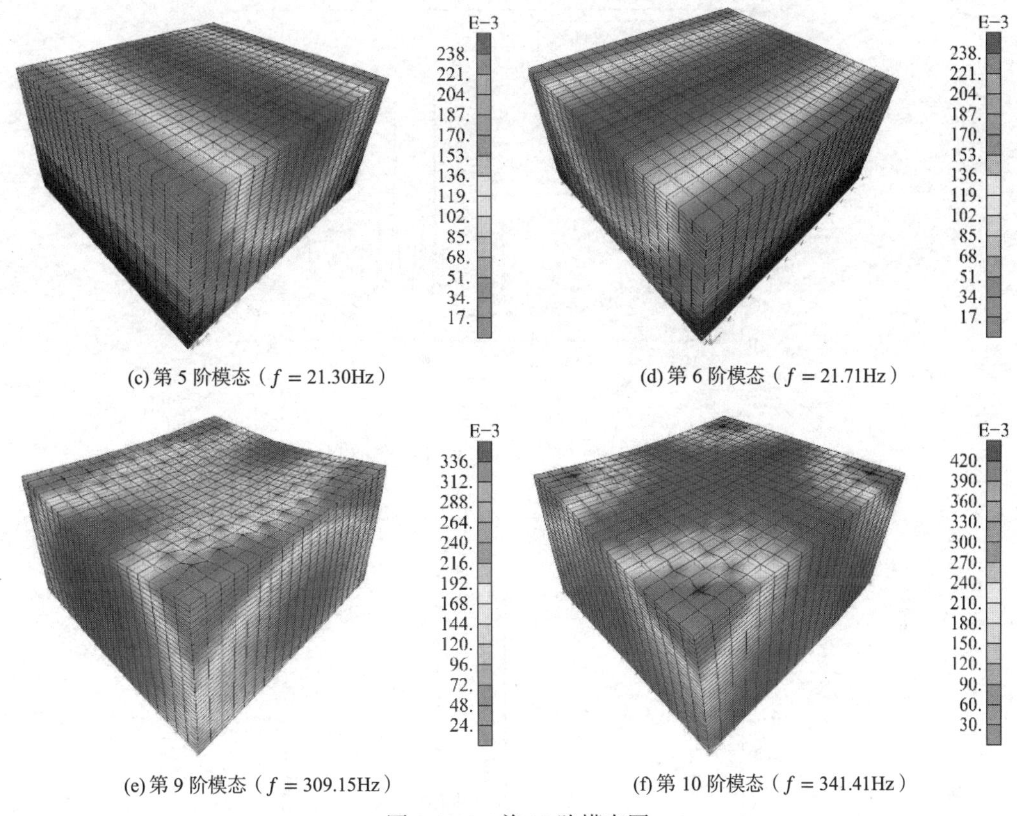

(c) 第 5 阶模态（$f = 21.30$Hz）　(d) 第 6 阶模态（$f = 21.71$Hz）

(e) 第 9 阶模态（$f = 309.15$Hz）　(f) 第 10 阶模态（$f = 341.41$Hz）

图 2-10-4　前 10 阶模态图

3. 瞬态动力分析

本项目采用实测场地常时时段振动测试数据作为振动输入进行动力时程分析，计算数据长度为 200s，采样频率 200Hz，时程分析采用模态叠加法，模态阻尼比采用 0.05。动力时程分析完成后提取刚性基础顶面中心点，进行频谱分析与 1/3 倍频程分析，并绘制成诺模图，计算振动输入荷载和实测振动输入荷载如图 2-10-5～图 2-10-9 所示。

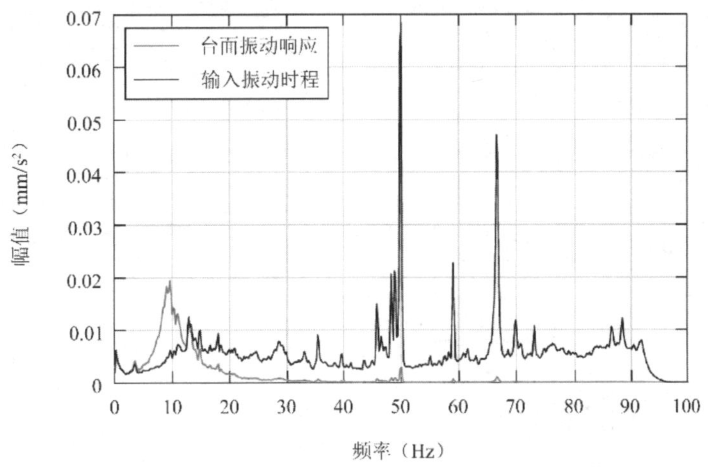

图 2-10-5　X向振动输入时程与台面振动响应频域对比图

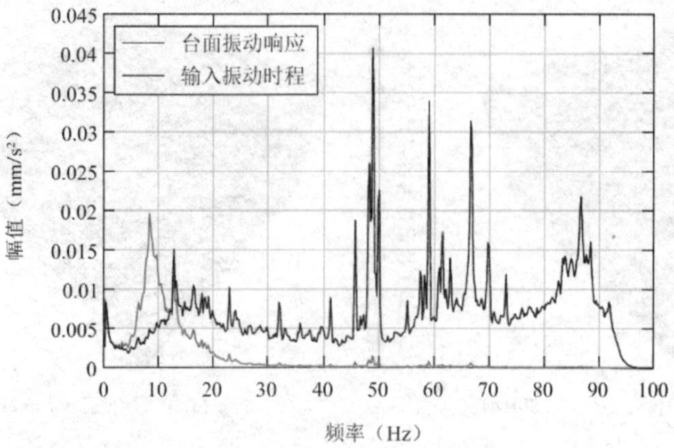

图 2-10-6　*Y*向振动输入时程与台面振动响应频域对比图

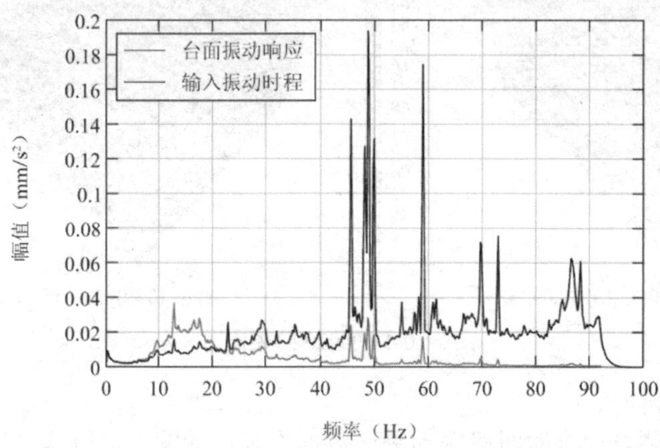

图 2-10-7　*Z*向振动输入时程与台面振动响应频域对比图

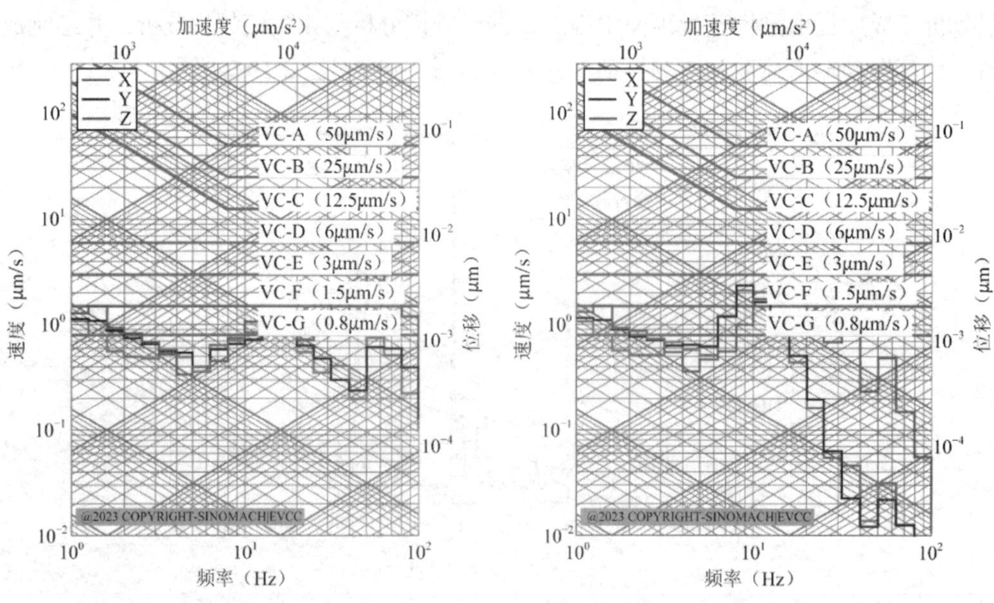

图 2-10-8　振动输入时程 VC 曲线图　　图 2-10-9　台面振动响应 VC 曲线图

三、振动控制效果

（1）输入时程卓越频段主要集中在 50～80Hz，台面振动响应卓越频段主要集中在 8～15Hz。

（2）基础顶面三向振动响应 50～80Hz 高频段衰减明显，但是在基础自振频段的 8～15Hz 台面振动放大明显。

（3）输入时程水平向振动水平为 VC-F，竖向振动水平达到 VC-D；基础顶面振动响应三向振动水平均为 VC-E。

[实例 2-11] 南方科技大学科研大楼防微振工程

一、工程概况

南方科技大学科研大楼防微振工程项目位于深圳市南山区桃源街道南方科技大学校内工学院北侧，项目建设用地面积约 2.53 万 m^2，建筑面积约 10.84 万 m^2。科研大楼 1～4 层为科研实验室，层高最高 12m，5～10 层为科研办公室，总建筑高度为 73.3m。科研大楼配套设备用房，动力站约 0.5 万 m^2（其中负一层 0.1 万 m^2），地上 3 层，地下 1 层，高度为 22.5m。

图 2-11-1　南方科技大学科研大楼效果图

本项目建设单位为深圳市建筑公务署，使用单位为南方科技大学，由中建三局集团有限公司总承包施工建设。科研大楼 1 层（3A 区、4A 区）、2 层（5 区、6 区、7A 区）的科研实验室为百级、千级洁净实验室（图 2-11-2），实验室内分布大量超精密实验设备，为保证设备的正常运行需开展严格的微振动控制。

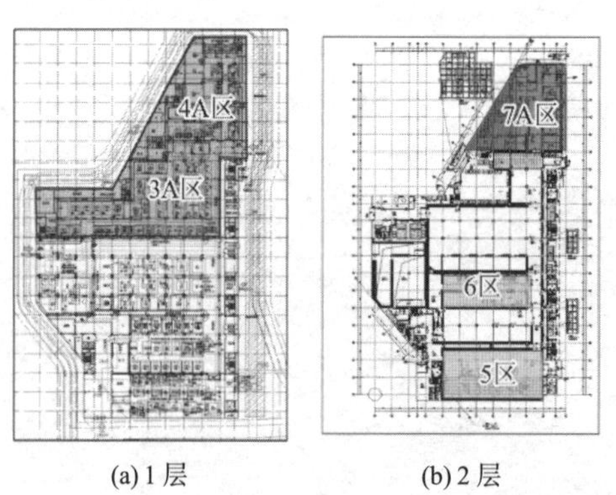

(a) 1 层　　(b) 2 层

图 2-11-2　南方科技大学科研大楼 1 层、2 层平面图

本项目中精密设备的振动控制目标较为严格，设备基础应采用防微振基础，1 层防微振基础的振动控制要求为 VC-E（3μm/s），垂直动刚度 $\geqslant 1\times10^{-8}$N/m，2 层防微振基础的

振动控制要求为 VC-D（6μm/s），垂直动刚度 ≥ 1 × 10^{-8}N/m。

二、振动控制方案

根据本项目需求对设备防微振基础开展了施工图深化设计，本项目防微振基础采用高刚性防微振基台设计方案。高刚性防微振基台由两部分组成，基台下部是 250mm × 250mm 方钢管和 200mm × 200mm 方钢管拼装焊接而成的型钢框架，基台上部是 150mm × 150mmH 型钢、12mm 厚钢板、ϕ8@150 × 150 钢筋网拼装焊接的型钢框架浇筑 C30 混凝土而成的型钢混凝土台板，如图 2-11-3～图 2-11-9 所示。

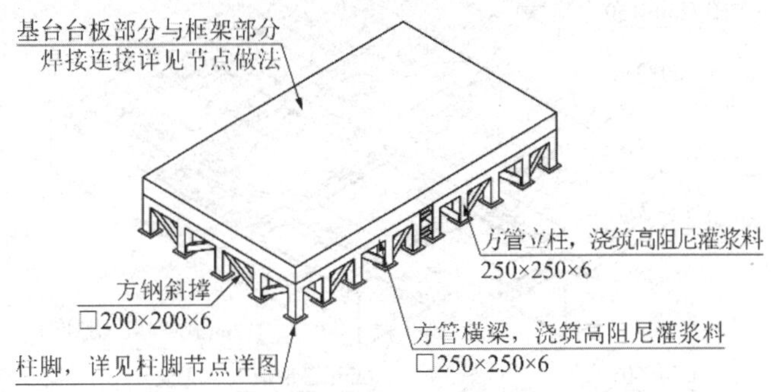

图 2-11-3 高刚性防微振基台方案图

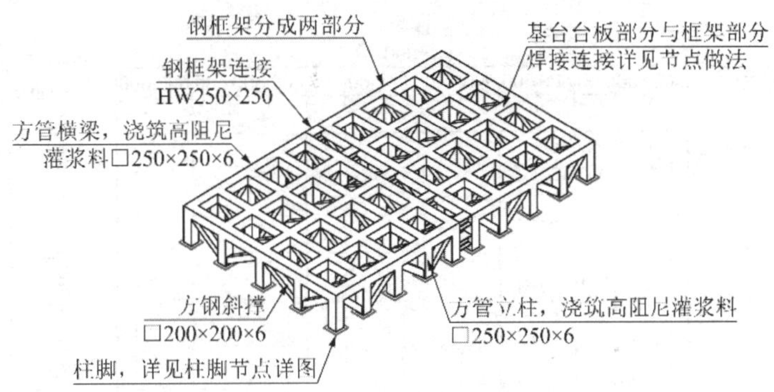

图 2-11-4 高刚性防微振基台下部型钢框架方案图

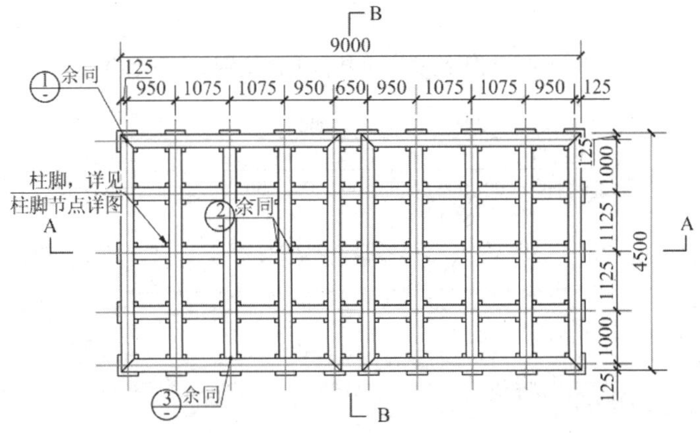

图 2-11-5 高刚性防微振基台下部型钢框架平面图

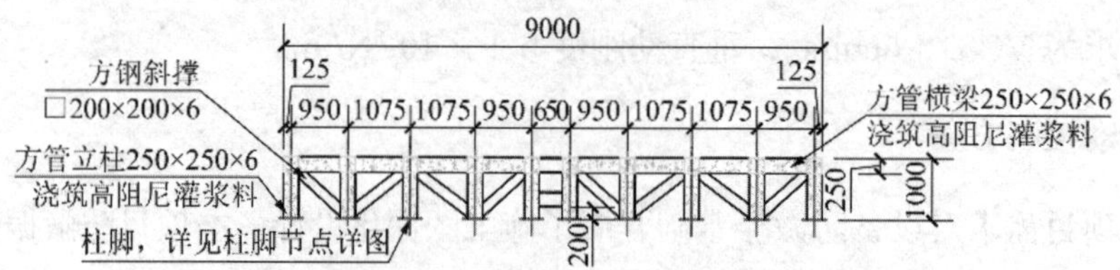

图 2-11-6　高刚性防微振基台下部型钢框架剖面图

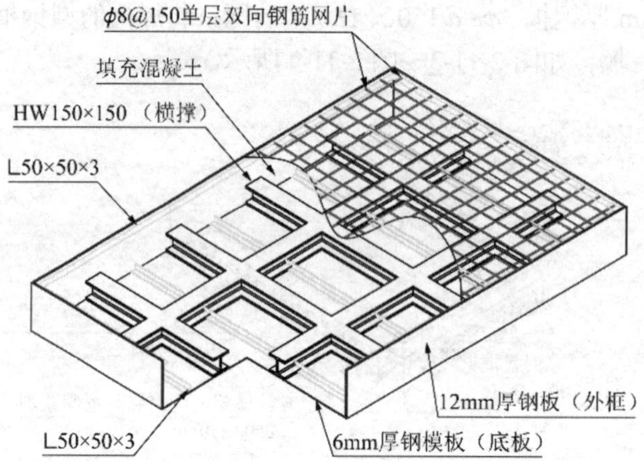

图 2-11-7　高刚性防微振基台上部型钢框架方案图

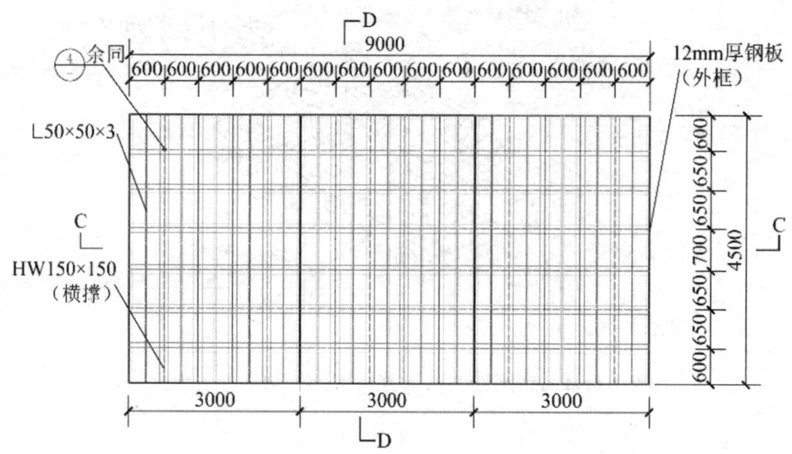

图 2-11-8　高刚性防微振基台上部型钢框架平面图

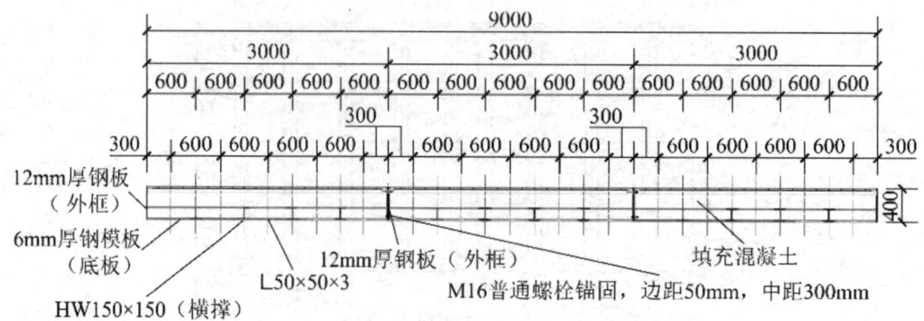

图 2-11-9　高刚性防微振基台上部型钢框架剖面图

三、振动控制关键技术

1. 高刚性防微振基台结构设计方法

基台上部和下部采用型钢整体拼装焊接，焊缝均为满焊，基台上部台板采用 C30 混凝土一次性浇筑而成，为有效增大基台整体刚性，保证刚度设计要求，基台下部方钢管框架内压力注入高阻尼灌浆料，如图 2-11-10～图 2-11-12 所示。

图 2-11-10　高刚性防微振基台型钢框架拼装焊接

图 2-11-11　高刚性防微振基台混凝土浇筑

图 2-11-12　高刚性防微振基台环氧面层

2. 高刚性防微振基台高精密平面度施工工艺

基台面层对平面度要求较高，本项目基台顶面平整度误差＜2mm/1000mm，平面度小于 5mm，基台在建造施工过程中采取精密调平柱脚连接板、拼装焊接高精度测量辅助技术、钢构件焊接应力控制措施、基台面层打磨环氧找平等施工工艺，以保证基台的平面度要求，如图 2-11-13 和图 2-11-14 所示。

图 2-11-13　高刚性防微振基台精密调平柱脚连接板

图 2-11-14 高刚性防微振基台拼装焊接精密测量

四、振动控制效果

项目完工后经测试，4A-5 基台振动水平达到 VC-F，垂直动刚度为 2×10^9N/m，均优于设计要求，如图 2-11-15 和图 2-11-16 所示。

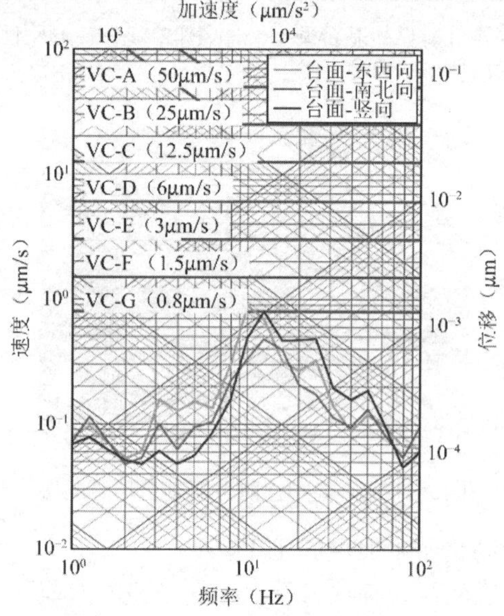

图 2-11-15 高刚性防微振基台实测 VC 曲线

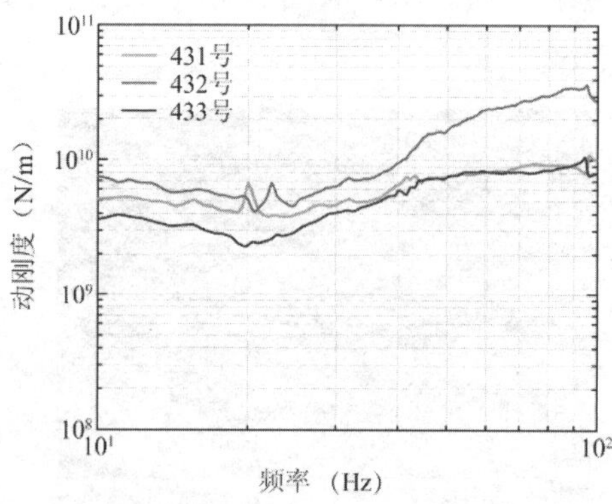

图 2-11-16 高刚性防微振基台实测垂直竖向刚度曲线

［实例 2-12］之江实验室精密装备工程微振动控制项目

一、工程概况

之江实验室一期工程，建设单位为杭州南湖小镇投资开发有限公司，建设地点位于浙江省杭州市余杭区。一期西区占地面积 466 亩，西区地上 304679m^2，地下 151284m^2，总建筑面积 455963m^2。西区规划用地内规划设计的建筑功能包括：主楼、大数据中心、大科学装置、人工智能研究院、未来网络研究院、感知科学技术中心及芯片中心、网络健康中心、网络安全中心组团、智能机器人研究中心、食堂、变电站、超净间、消音室。用地内设计 1 处集中的地下室，主要功能为人防汽车库、设备用房、园区食堂。人工智能研究院与智能机器人研究中心设置地下夹层，主要功能为非机动车库。感知科学技术中心及芯片中心与网络健康中心、网络安全中心组团设置独立地下室，主要功能为实验用房及设备用房。

大科学装置建筑共 5 层，地上 4 层，地下 1 层局部有夹层，建筑整体高度 22.7m，建筑面积为地上 16516.9m^2、地下 5581.9m^2。建筑结构形式为钢筋混凝土框架结构，建筑结构安全等级为二级，设计使用年限 50 年，抗震设防烈度为 6 度，防火设计耐火等级为地上二级、地下一级。如图 2-12-1 所示。

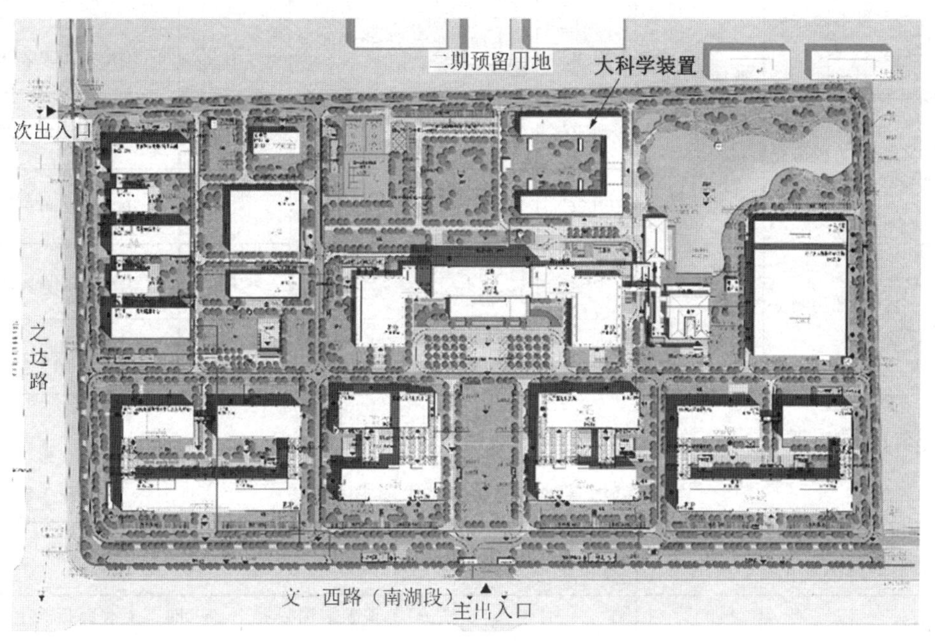

图 2-12-1　之江实验室一期工程园区平面布局图

位于大科学装置地下一层的精密实验室对振动要求非常严格，本次项目为地下一层的×××惯性测量装置研究实验室、×××加速度和极弱力大科学装置实验室、×××重力仪研究实验室、×××极弱磁测量装置实验室采购 8 套防微振基础平台成套设备（图 2-12-2），这四个实验室防微振平台成套设备的需求情况如表 2-12-1 所示。

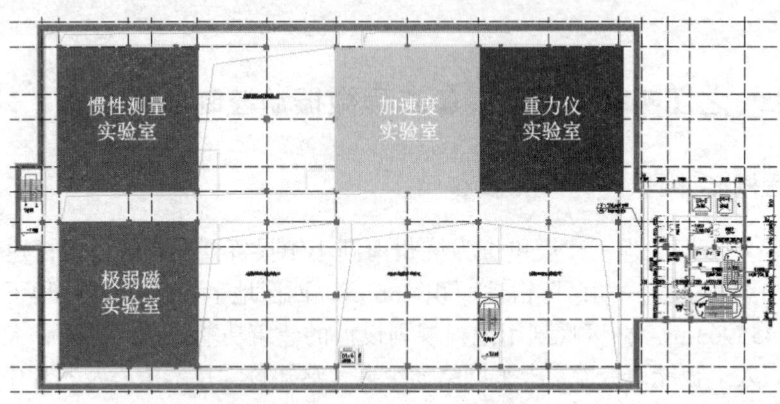

图 2-12-2　大科学装置地下实验室布局图

实验室防微振基础平台成套设备情况　　表 2-12-1

序号	实验室名称	设备名称	编号	类型	数量（套）	规格（mm）（长×宽×高）
1	×××惯性测量装置研究实验室	防微振基础平台	SJ-2	主动隔振空气弹簧 + T形混凝土平台	1	2000 × 2000 × 2000
			SJ-2C	主动隔振装置 + 钢框架底座	1	2000 × 2000 × 2000
2	×××加速度和极弱力大科学装置实验室		SJ-3	主动隔振空气弹簧 + T形混凝土平台	1	3000 × 3000 × 2000
			SJ-4C	主动隔振装置 + 钢框架底座	1	3000 × 2000 × 2000
3	×××重力仪研究实验室		SJ-3C	主动隔振装置 + 钢框架底座	1	3000 × 3000 × 2000
			SJ-2C	主动隔振装置 + 钢框架底座	1	2000 × 2000 × 2000
4	×××极弱磁测量装置实验室		SJ-2	主动隔振空气弹簧 + T形混凝土平台	1	2000 × 2000 × 2000
			SJ-2C	主动隔振装置 + 钢框架底座	1	2000 × 2000 × 2000

部分防微振基础平台总体技术要求如表 2-12-2 所示。

防微振基础平台总体技术要求一览表　　表 2-12-2

序号	设备编号	数量（套）	设备特征	规格（mm）（长×宽×高）	总体要求
1	SJ-2C	3	主动隔振装置 + 钢框架底座	2000 × 2000 × 2000	（1）基础结构载重 ≥ 2500kg，上表面板产生形变 ≤ 0.1mm； （2）安装完毕后防微振基础上表面需与实验室地面平齐，防微振基础上平面需保持水平； （3）荷载为 1500～2500kg 时，0.1～1.0Hz 防微振基础环境振动等级须高于 VC-E 等级； （4）≥ 1.0Hz 频段，振动均方根速度 ≤ 3.125μm/s； （5）防微振基础可进行改装； （6）主动防微振基础平台 2.5～3Hz 减振效率 ≥ −20dB

续表

序号	设备编号	数量（套）	设备特征	规格（mm）（长×宽×高）	总体要求
2	SJ-3	1	主动隔振装置＋钢混底座	3000×3000×2000	（1）基础结构载重≥2500kg，上表面板产生形变≤0.1mm； （2）安装完毕后防微振基础上表面需与实验室地面平齐，防微振基础上平面需保持水平； （3）荷载为1000～2000kg时，0.1～1.0Hz防微振基础环境振动等级须高于VC-E等级； （4）≥1.0Hz频段，振动均方根速度≤3.125μm/s； （5）主动防微振基础平台2.5～3Hz减振效率≥−20dB

二、防微振基础平台设计

限于篇幅，此处只展示SJ-2C和SJ-3的设计。

（1）SJ-2C防微振基础平台（2000mm×2000mm×2000mm）设计效果及设计图如图2-12-3和图2-12-4所示。

图 2-12-3　SJ-2C 防微振基础平台效果图

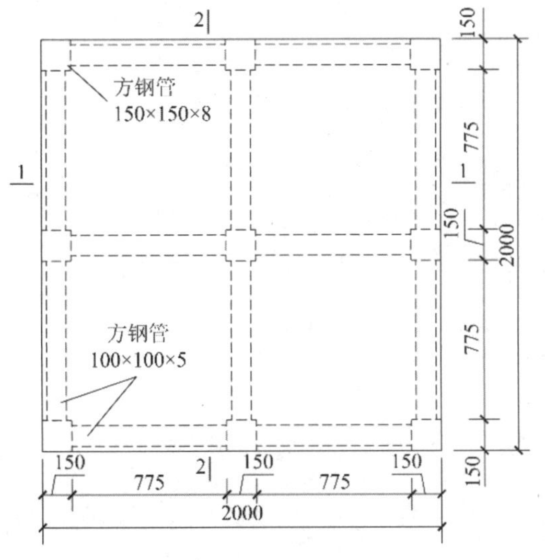

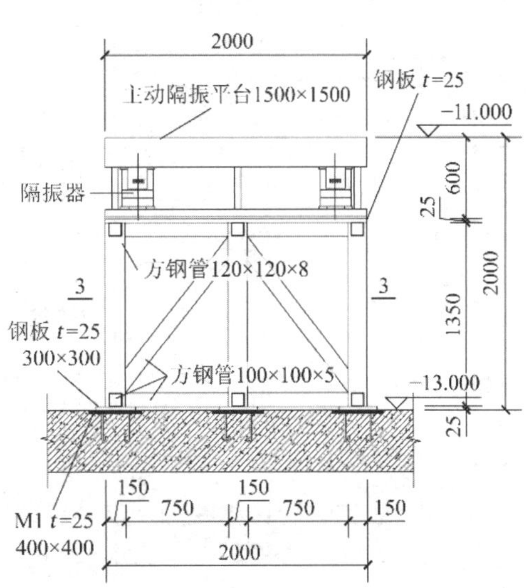

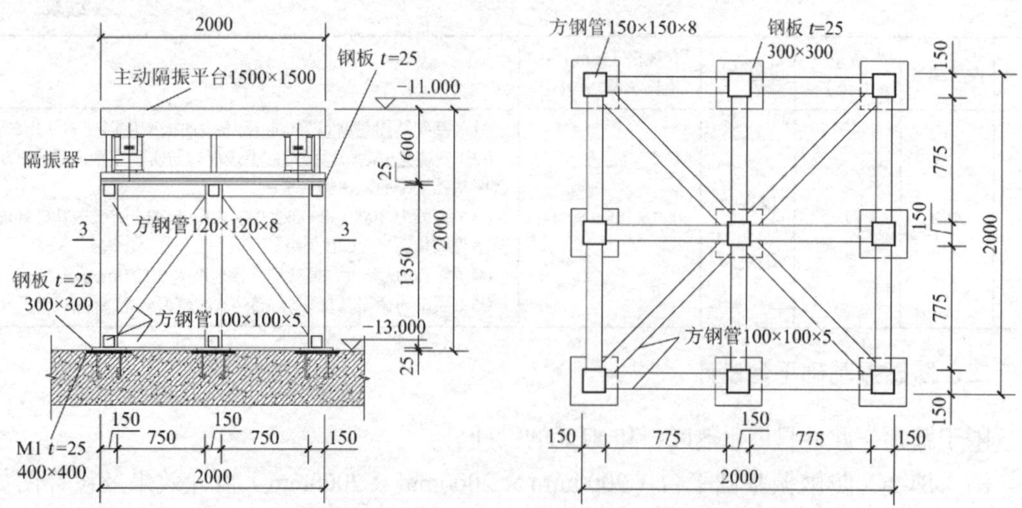

图 2-12-4　SJ-2C 防微振基础平台设计示意图

（2）SJ-3 防微振基础平台（3000mm × 3000mm × 2000mm）设计效果及设计图如图 2-12-5 和图 2-12-6 所示。

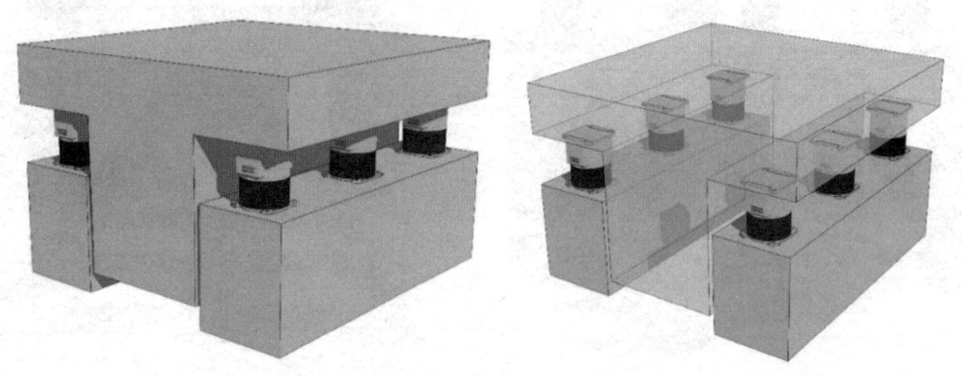

图 2-12-5　SJ-3 防微振基础平台效果图

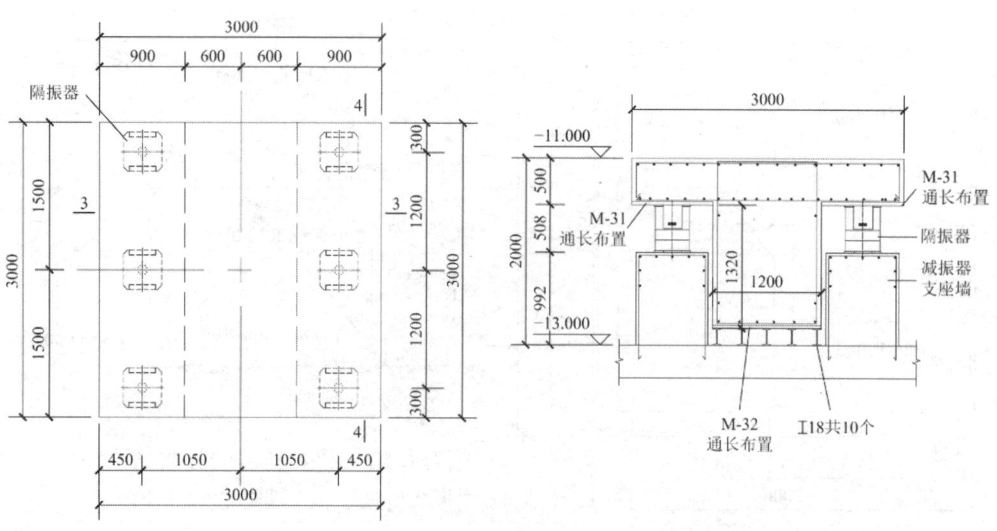

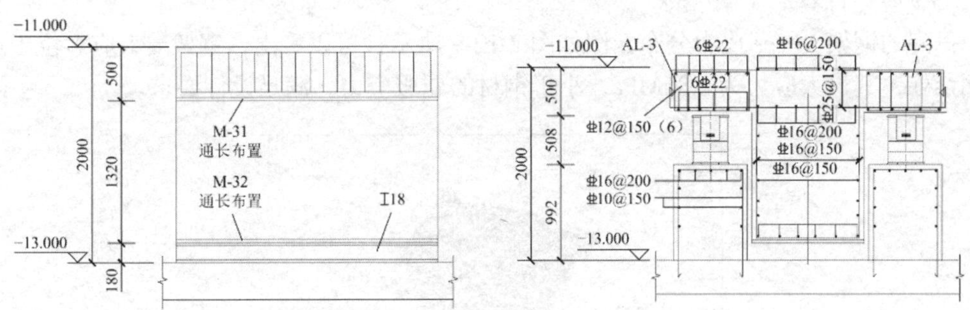

图 2-12-6　SJ-3 防微振基础平台设计示意图

三、防微振基础平台仿真计算分析

1. SJ-2C 防微振基础平台计算分析

（1）有限元模型

应用 ANSYS 有限元软件建立钢架有限元模型，其中空心矩形钢管采用 beam188 单元模拟，钢板采用 shell63 单元模拟，钢材弹性模量取为 2.06×10^{11}Pa，泊松比取为 0.3，密度取为 7850kg/m^3。最终建立的钢架有限元模型如图 2-12-7 所示。

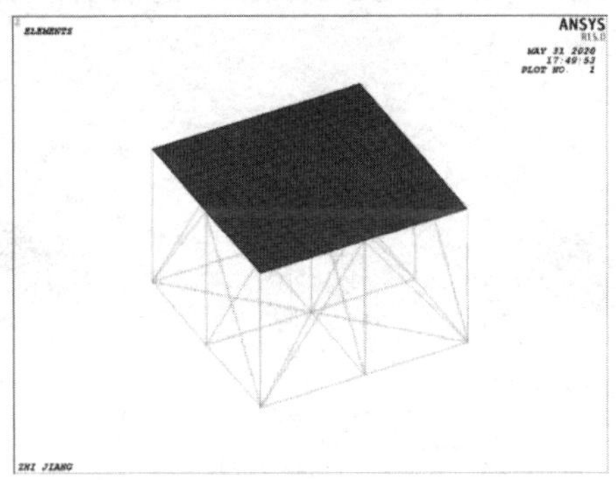

图 2-12-7　SJ-2C 防微振基础平台有限元模型示意图

（2）荷载输入

将设备重力等效为均布荷载施加在隔振器的支撑位置，同时考虑结构的重力效应施加重力加速度，加载情况如图 2-12-8 所示。

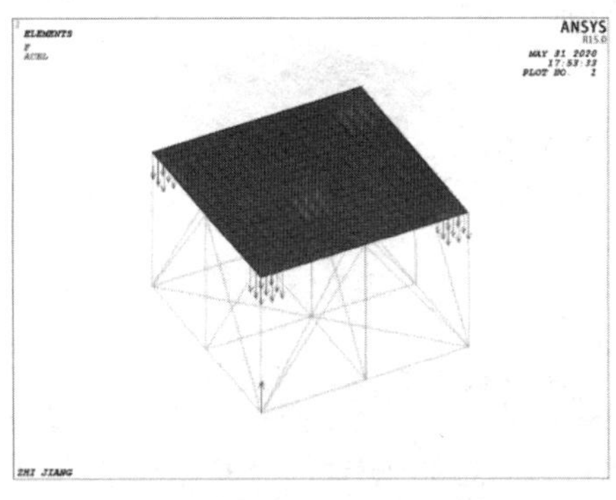

图 2-12-8　SJ-2C 防微振基础平台加载示意图

（3）应力计算

得到的钢架 Mises 应力分布云图如图 2-12-9 所示，可以看出，钢架最大应力位于最上层钢梁处，其最大应力为 0.86MPa，小于钢材的屈服应力，满足设计要求。

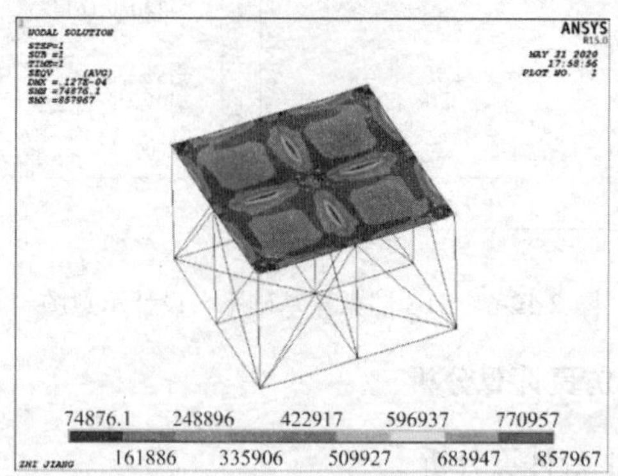

图 2-12-9　SJ-2C 防微振基础平台应力分布云图

（4）钢架动力分析

对钢架进行模态分析，得到的钢架前 3 阶振型如图 2-12-10 所示，可以看出，钢架前 3 阶自振频率分别为 161.25Hz、171.06Hz、177.42Hz。这表明钢架整体刚度较大，稳定性良好，可以满足设计的承载需求。

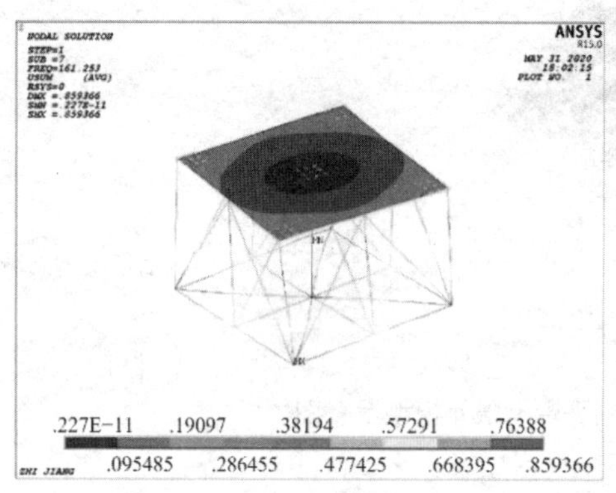

(a) 第 1 阶模态（161.25Hz）

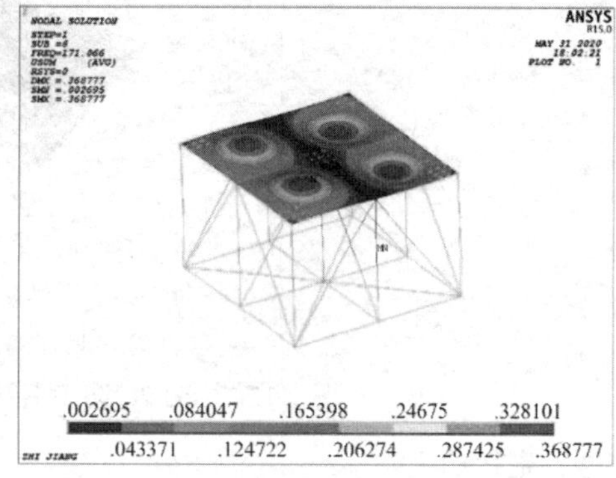

(b) 第 2 阶模态（171.06Hz）

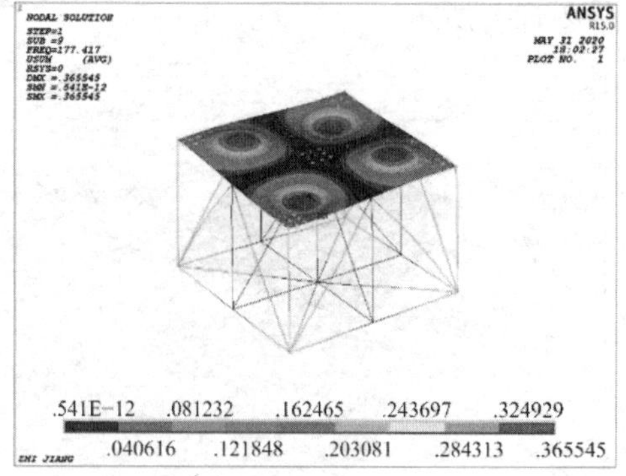

(c) 第 3 阶模态（177.42Hz）

图 2-12-10　SJ-2C 防微振基础平台前 3 阶振型示意图

（5）钢板变形

对上顶板进行静力分析，由得到的钢板变形云图（图 2-12-11）可知，上顶板最大变形为 0.018mm，小于 0.1mm，满足设计要求（0.1mm）。

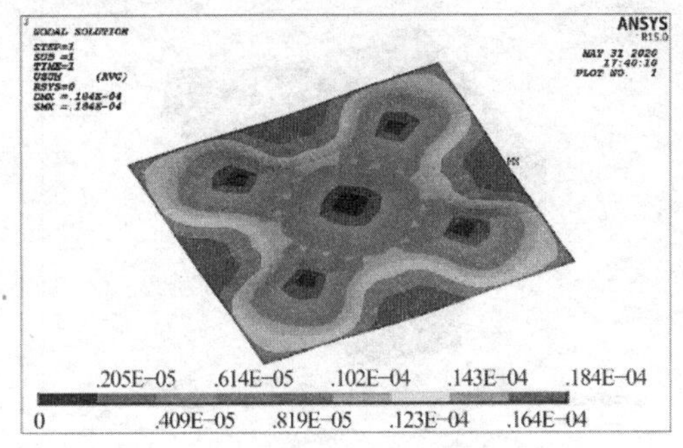

图 2-12-11　SJ-2C 防微振基础平台钢板表面变形示意图

2. SJ-3 防微振基础平台计算分析

（1）有限元模型

应用有限元分析软件 ANSYS（R15.0）建立 T 形台的有限元模型，其中 T 形混凝土台采用 solid45 单元模拟，设备质量采用 mass21 单元进行等效。混凝土弹性模量取为 2.85×10^{10}Pa，泊松比取为 0.2，密度取为 2500kg/m^3。建立的有限元模型如图 2-12-12 所示。

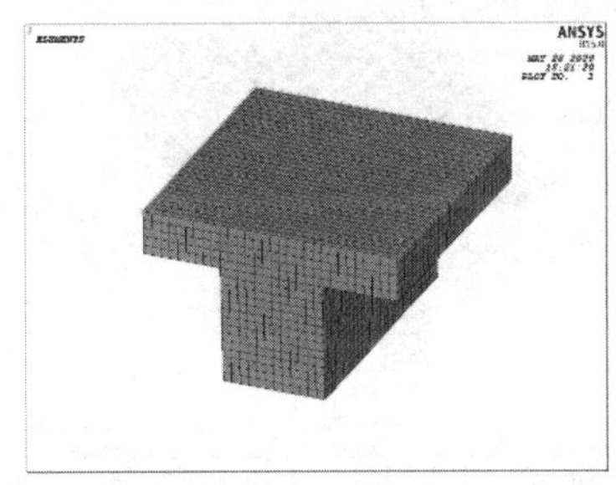

图 2-12-12　SJ-3 防微振基础平台有限元模型示意图

（2）荷载输入

将设备的重力效应等效为均布荷载施加在 T 形台上表面，同时考虑 T 形台自身的重力作用，施加加速度。加载情况如图 2-12-13 所示。

图 2-12-13　SJ-3 防微振基础平台加载示意图

（3）应力计算

在隔振器布置位置施加固端约束，对 T 形台进行静力分析，得到的 Mises 应力分布云图如图 2-12-14 所示，可以看出 T 形台最大应力位于隔振器支撑位置，且最大应力为 0.61MPa，小于混凝土抗压强度，满足设计要求。

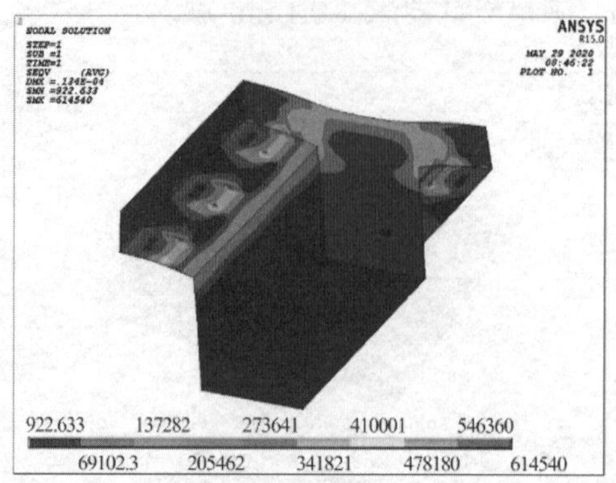

图 2-12-14　SJ-3 防微振基础平台应力分布云图

（4）T 形台变形

对 T 形台进行静力分析得到的变形云图如图 2-12-15 所示，可以看出，T 形台最大变形位于其上表面中部，最大变形为 0.013mm，满足设计要求（0.1mm）。

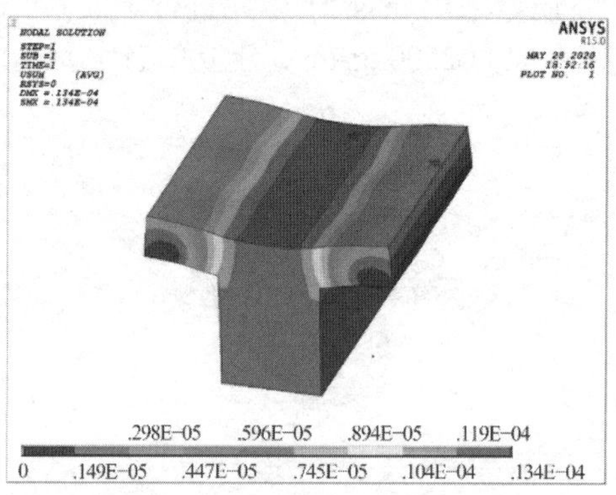

图 2-12-15　SJ-3 防微振基础平台变形云图

（5）动力分析

对 T 形台进行模态分析得到的 T 形台前 3 阶振型如图 2-12-16 所示，可以看出，T 形台前 3 阶振型分别为 180.62Hz、202.44Hz、237.35Hz。

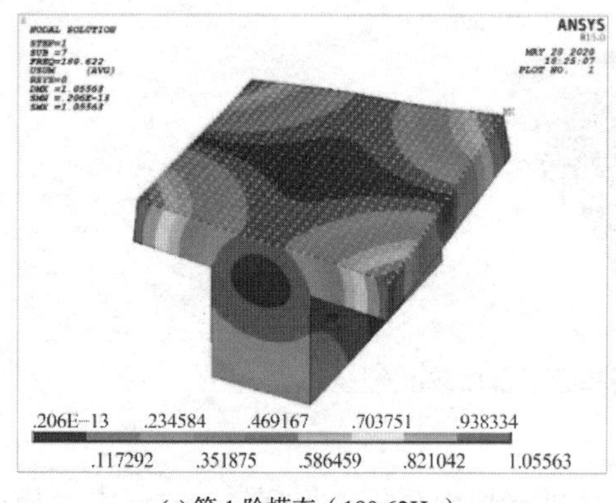

(a) 第 1 阶模态（180.62Hz）

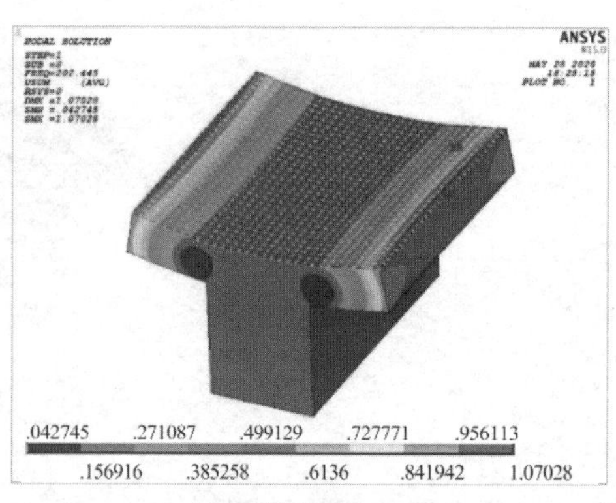

(b) 第 2 阶模态（202.44Hz）

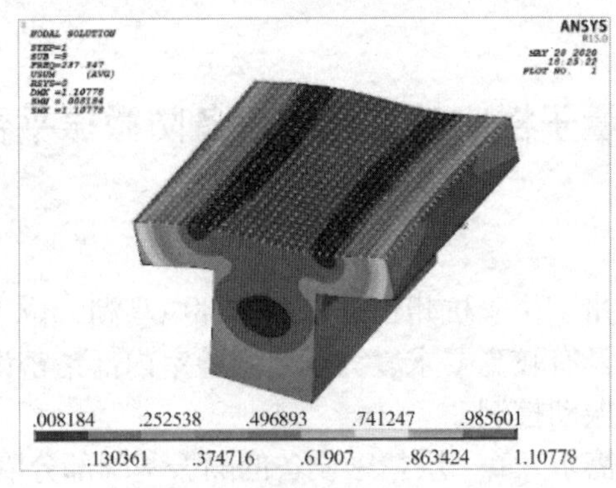

(c) 第 3 阶模态（237.35Hz）

图 2-12-16　SJ-3 防微振基础平台前 3 阶振型示意图

四、振动控制效果

项目竣工后，对防微振基础平台进行了现场振动测试，结果如图 2-12-17 和图 2-12-18 所示。

1. SJ-2C 防微振基础平台

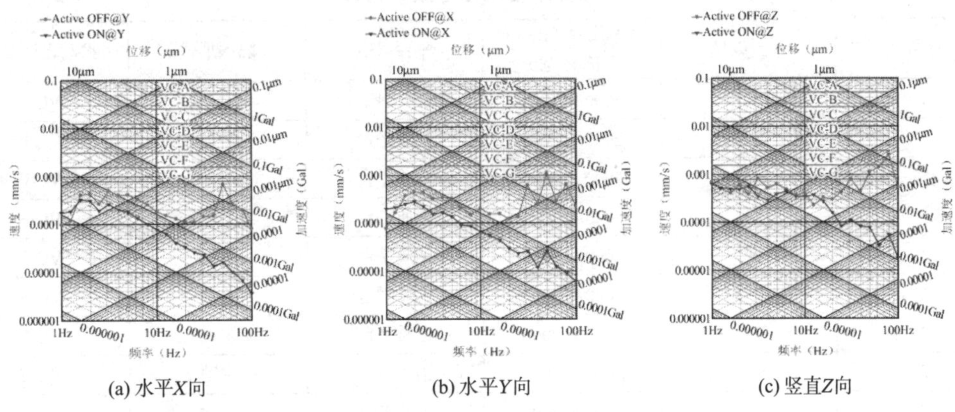

(a) 水平X向　(b) 水平Y向　(c) 竖直Z向

图 2-12-17　SJ-2C 防微振基础平台振动控制效果测试结果示意图

2. SJ-3 防微振基础平台

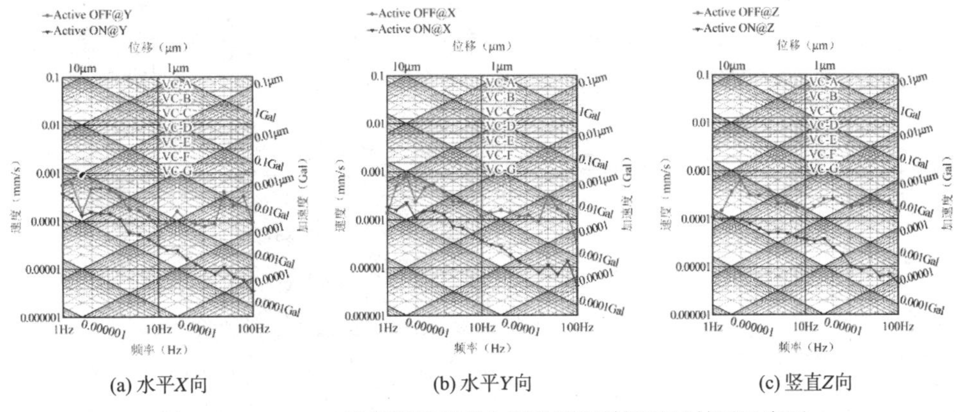

(a) 水平X向　(b) 水平Y向　(c) 竖直Z向

图 2-12-18　SJ-2C 防微振基础平台振动控制效果测试结果示意图

［实例 2-13］白马湖量子楼实验室精密设备防微振平台效果评价

一、项目概况

北航量子实验室（杭州）位于杭州市滨江区南部白马湖，位于量子楼地下的实验室内大量精密设备对环境振动具有较高要求，为满足实验室内部精密设备的正常运行，本项目需针对不同精密设备进行振动控制。

根据实验室振动控制需求，负一层精密设备的隔振基础部分隔振标准需达到 VC-F，部分隔振标准需达到 VC-E。

二、振动控制方案

依据现场实际情况以及设备的振动需求，分别配备 10 套隔振平台振动控制系统，其中包括 1 套 5m × 5m 混凝土主动控制平台、8 套 2m × 2m 钢质主动控制平台、1 套 2m × 2m 混凝土被动气浮平台，具体型号规格如表 2-13-1 所示。防微振平台结构如图 2-13-1 所示。

防微振平台规格参数一览表　　表 2-13-1

序号	平台编号	规格尺寸（mm）（长 × 宽）	平台材质	隔振形式	振动设计要求
1	1 号	5000 × 5000	混凝土平台	主动	VC-F
2	2 号	2000 × 2000	钢质平台	主动	VC-F
3	3 号	2000 × 2000	钢质平台	主动	VC-F
4	4 号	2000 × 2000	钢质平台	主动	VC-F
5	5 号	2000 × 2000	钢质平台	主动	VC-F
6	6 号	2000 × 2000	钢质平台	主动	VC-F
7	7 号	2000 × 2000	钢质平台	主动	VC-F
8	8 号	2000 × 2000	钢质平台	主动	VC-F
9	9 号	2000 × 2000	钢质平台	主动	VC-F
10	10 号	2000 × 2000	混凝土平台	被动	VC-E

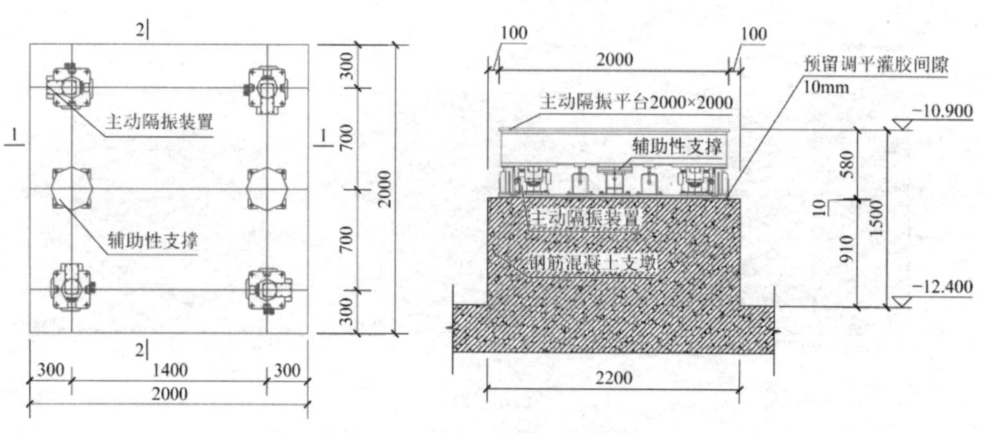

图 2-13-1　防微振平台结构示意图

三、振动控制分析

1. 主动控制

主动隔振系统控制原理如图 2-13-2 所示，放置于负载上的地音传感器测量负载的振动速度，用于反馈控制，增加系统阻尼，衰减隔振系统固有频率附近的振动，放置在地面上的地音传感器测量地基振动，用于前馈控制，在反馈控制基础上提高隔振性能。反馈控制主要作用是消掉谐振峰，而前馈控制主要作用是降低起始隔振频率，提高振动衰减率。

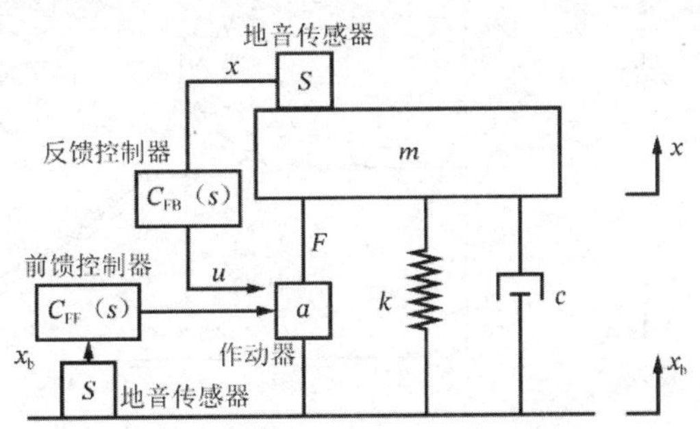

图 2-13-2　主动隔振系统控制原理

对于主动隔振系统，反馈控制是保证主动隔振系统稳定的关键。图 2-13-3 为主动隔振系统反馈控制框图。地音传感器作为反馈控制回路的一个环节，它的各个参数影响闭环系统的零极点分布，从而影响隔振系统的稳定性和隔振性能。反馈控制框图中$G_1(s)$为地基振动速度到隔振平台上力的传递函数，$G_2(s)$为隔振平台受力到平台振动速度的传递函数，$G_3(s)$为速度传感器的传递函数，$G_{FB}(s)$和$G_{FF}(s)$分别为反馈和前馈控制器，$G_4(s)$为作动器传递函数。

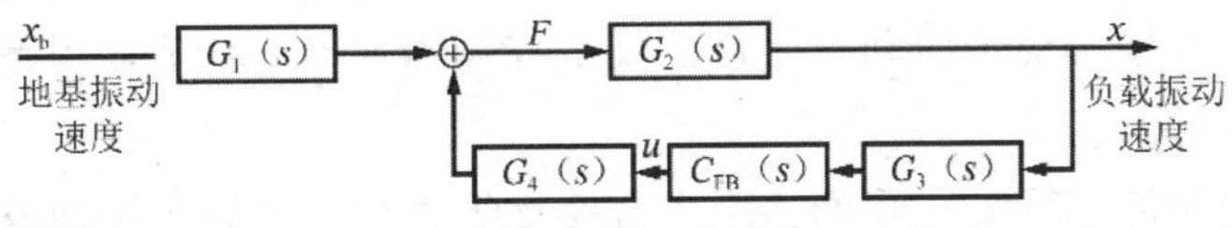

图 2-13-3　主动隔振系统反馈控制框图

2. 被动控制

如图 2-13-4 所示，单摆在微幅振动时，其周期为：$T=\sqrt{L/g}$，而频率为：$f=1/T$。

单摆近似于无阻尼系统，对该种系统只能减振而不能隔振，其振动的能量不能快速被消耗。图 2-13-5 为典型的隔振器，包括弹簧和阻尼器。对其进行简化得到如图 2-13-6 所示的计算模型。振动中的基本参数：刚度k，质量m，阻尼c，阻尼比ζ，自然频率ω_0。

$$\omega_0=\sqrt{\frac{k}{m}},\ \zeta=c/c_0=c/\left(2\sqrt{km}\right)=c/(2m\omega_0) \tag{2-13-1}$$

一般来说，隔振器应尽量降低自身固有频率，从而起始隔振频率越小，有效隔振的频段越宽。系统的刚度k越低，固有频率越小；负载m越大，固有频率越小，但负载过大弹簧容易过载而失效，所以一般通过降低隔振器的刚度k来实现更小的固有频率。

图 2-13-7 为阻尼比影响共振点的放大倍数。合适的阻尼比能发挥更好的隔振效果。

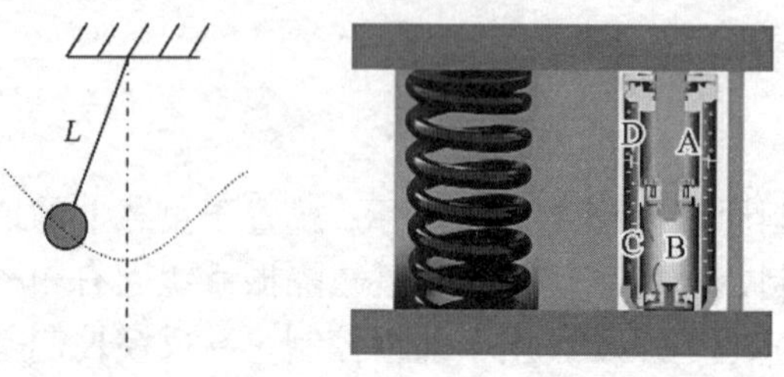

图 2-13-4 单摆示意图　图 2-13-5 隔振器示意图

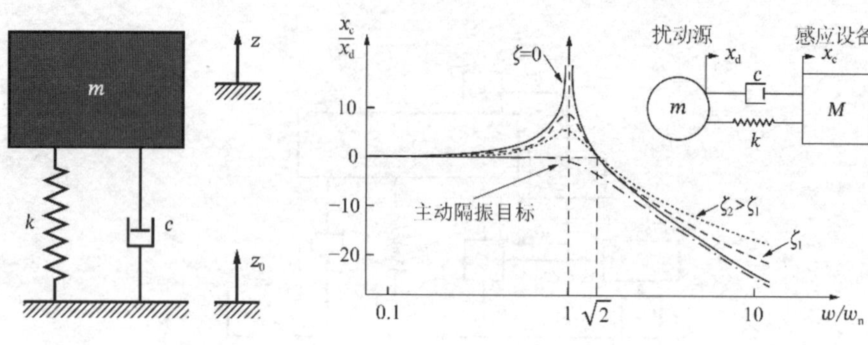

图 2-13-6 隔振器原理图　　图 2-13-7 隔振器的阻尼比影响传递率的原理图

四、振动控制关键技术

主动隔振系统用于支撑超精密机器设备。它不仅可抑制安装精密机器的地板振动，还可消除精密机器运行时本身内部产生的振动，同时，其性能可满足超精密机器的振动允许值及保持相对位置稳定的严密要求。主动控制装置系统模型如图 2-13-8 所示。

与普通的被动隔振系统相比，主动防微振系统在所有频率范围内均无放大，具有可达到 99%或更高的衰减比的优势。虽然两种系统都含有弹簧和质量，主动防微振系统的优异且独具一格的特点可使其难于摇动。而且，天空挂钩阻尼器的构成使得系统在高频率范围的隔振性能不会降低。

此外，反馈控制使得系统在受到如工作台移动等直接干扰后可迅速反应，抑制振动。

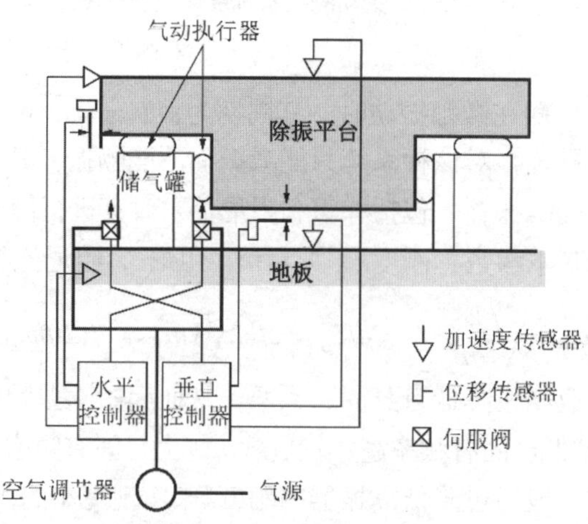

图 2-13-8 主动控制装置系统模型

主动控制的主要特点：

（1）实现全振动频率范围内的衰减，无共振频率，无增幅现象。

（2）对影响精密仪器工作性能的微振动实时主动控制，保障良好工作环境。

（3）在 1Hz 能实现衰减 90%的优秀效果，是其他同类产品所达不到的。

（4）即使将来设备增多，或者由于地铁开通等引起了环境变化时可以通过重新设置参数来实现环境优化。

五、振动控制装置

主动隔振平台如图 2-13-9 所示，其系统组成及技术参数见表 2-13-2。

主动隔振平台系统组成及技术参数　　**表 2-13-2**

<table>
<tr><th rowspan="2">名称</th><th rowspan="2">类型</th><th colspan="2">系统组成</th><th rowspan="2">技术参数与指标</th></tr>
<tr><th>硬件设备</th><th>数量（个）</th></tr>
<tr><td rowspan="5">防微振平台</td><td rowspan="5">主动隔振平台</td><td>钢筋混凝土平台</td><td>1</td><td>尺寸：5.0m × 5.0m
成分：C30 混凝土</td></tr>
<tr><td>主动控制装置</td><td>6</td><td>尺寸：0.32m × 0.32m × 0.5m
组成：气压执行器，加速度传感器，位移传感器和空气伺服阀</td></tr>
<tr><td>辅助性支撑</td><td>4</td><td>尺寸：0.65m × 0.65m × 0.5m</td></tr>
<tr><td>控制器</td><td>1</td><td>输入/输出控制信号采样。频率加速度：2000Hz，位移：125Hz
分辨率输入：18bit；输出：16bit
电源：AC100-240V50-60Hz</td></tr>
<tr><td>气管、线缆</td><td>若干</td><td>气管：①聚氨酯橡胶管 ϕ12、黑色（供气）；②聚氨酣橡胶管 ϕ12、橙色（排气）
线缆：①20 芯导、线连接主动除振装置与连接器；②80 芯导、线连接控制器与连接器</td></tr>
</table>

图 2-13-9　主动隔振平台示意图

六、振动控制效果

以本项目 5m×5m 主动控制隔振平台为例，图 2-3-10 为该平台正常工作状态下的测试结果，可以看出防微振等级满足设计的 VC-F 要求，减振效果明显。

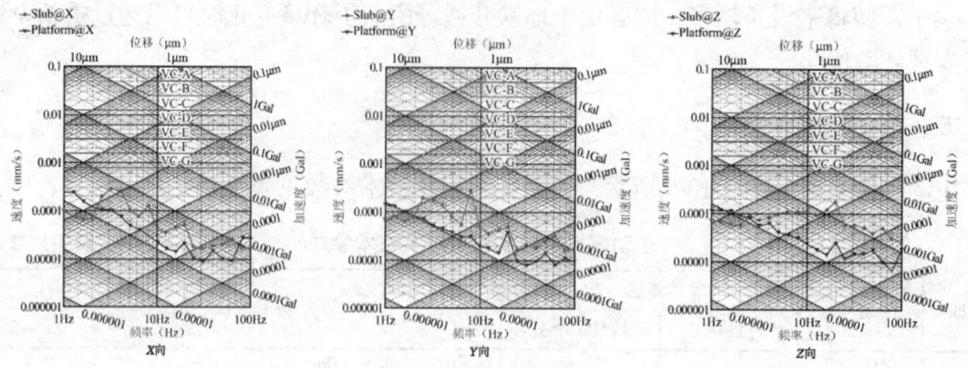

图 2-13-10　主动隔振平台效果

[实例 2-14] 清华大学纳米级超微振实验室微振动控制

一、工程概况

清华大学建筑声学实验室建于 1956 年，建成之初结合中央主楼规划设计，建立了隔声室、混响室、消声室，总面积约 500m²，是国内最早的符合 ISO 标准的声学实验室，不但为建筑学、景观、规划、技术等建筑学科提供声环境教学科研支持，还参与过人民大会堂、国家大剧院、载人航天、高速铁路、70 周年国庆等多项重大国家科研项目，是国内最知名的建筑声学实验室。

声学实验室于 1956 年建成，实验室内部电路系统、试验设备等老化严重，房间内基础硬件条件不能满足试验环节的机械化、自动化、无尘化、智能化等要求，需对试验环境进行升级改造换代，进一步满足为建筑学科提供试验平台支撑，并为环境、材料、土木等学科提供交叉支撑的需求。

1. 工程改造现场施工条件

根据图纸与现场实际踏勘情况，拟进行改造的区域如图 2-14-1 和图 2-14-2 所示。从了解到的信息中得知：拟改造的区域地下绝大多数墙体无法改造，且空间较为狭小，故为现场施工带来了一定的困难。同时，由于改造时该栋建筑物也在正常使用，改造时还应尽量减小噪声，材料、建筑垃圾及时清理，尽可能减小施工带来的影响，故对文明施工提出了较高的要求。

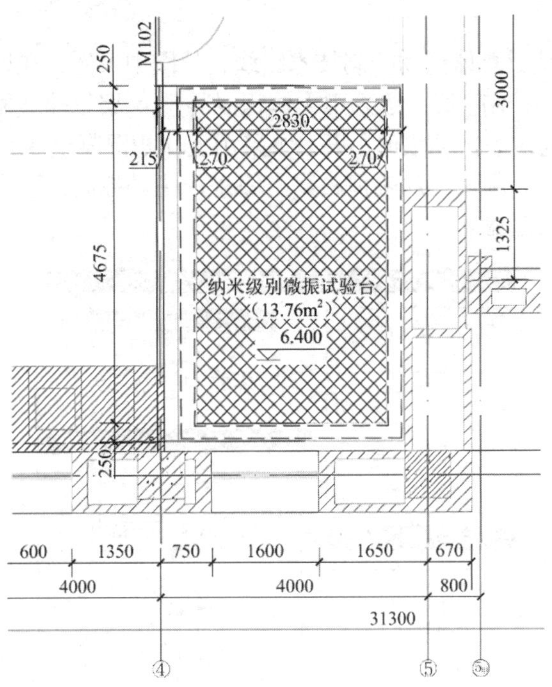

图 2-14-1　拟改造场地尺寸信息

为进一步提高隔振效果，以达到纳米级超微振实验室标准，为环境系城市振动研究、电子信息的纳米蚀刻机及高分辨率成像、生命科学的人蛋白质晶体生长、工物系的高纯锗探测器晶体生长等高精端研究提供基础试验平台，拟对现有微振平台进行升级改造。

图 2-14-2　拟改造场地现状

2. 工程目标

结合建筑物理实验室现状，通过现有的微振数据和图纸进行深化设计，打造纳米级超微振量级的试验台；针对实验室使用环境及试验记录需求，设计稳定、及时、可靠、直观的长期监测预警系统及视音频演示系统。

（1）通过三级防微振系统设计分析与安装，实现试验台纳米级超微振量级（世界级）的最终效果，为高精尖研究提供基础试验平台。

（2）通过长期监测预警系统及视音频演示系统设计分析与安装，实现长期对纳米级超微振试验台数据和视音频的采集、存储及演示功能。既可以保证试验的高效顺利进行，又可以通过演示屏介绍实验室内部的试验情况，利于教学和科研工作，提高校级科研平台的展示性和参观便利性。

二、振动控制方案

图 2-14-3 给出该项目总体振动控制技术路线，从图中可知：在该项目中拟采用三级减隔振的方式对振动进行控制。第一级采用大体积混凝土 + 聚氨酯减振垫的方式对振动进行粗调粗控，可以较大地减小振动幅值；第二级采用大体积混凝土 + 气浮隔振系统进行稳调稳控，进一步耗能滤波，降低振动幅值；第三级采用主动控制伺服进行精调精控，主要是对不同频率的振动进行过滤。

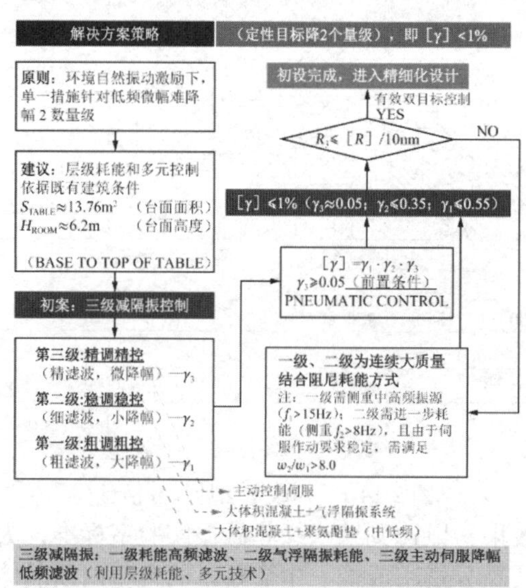

图 2-14-3　项目总体振动控制技术路线

三、振动控制分析

1. 一级隔振系统振动控制分析

一级控制方案为大体积混凝土基础 + 聚氨酯减振垫，大体积基础采用 C35 混凝土材料进行建模计算，隔振垫层采用面单元进行模拟。为保证混凝土基础的质量，大体积混凝土下部收缩段采用 20%配比的钢渣混凝土，建模时该位置混凝土密度调整为 $2.8 \times 10^3 kg/m^3$ 进行计算，模型底部固结。计算模型如图 2-14-4 所示。

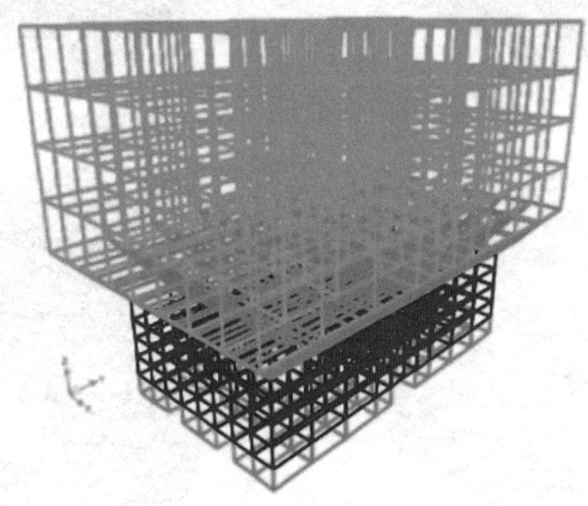

图 2-14-4　一级隔振基础模型图

前 9 阶模态计算结果如表 2-14-1 所示。

一级隔振系统模态信息表　　表 2-14-1

阶数	周期（s）	频率（Hz）	UX	UY	UZ
1	0.01752	57.07871741	0.67	0	0
2	0.012584	79.46765615	3.708×10^{-17}	0.68	6.068×10^{-19}
3	0.010964	91.20997333	1.228×10^{-19}	4.682×10^{-20}	0
4	0.005114	195.5238075	8.273×10^{-16}	2.086×10^{-17}	0.9
5	0.004663	214.4618815	2.749×10^{-16}	0.25	1.048×10^{-16}
6	0.004643	215.3691738	0.26	1.989×10^{-17}	2.632×10^{-16}
7	0.003411	293.172596	1.938×10^{-15}	2.862×10^{-16}	1.623×10^{-15}
8	0.003296	303.3665053	0.01367	1.241×10^{-15}	9.505×10^{-16}
9	0.003092	323.430979	4.352×10^{-14}	4.905×10^{-14}	0.004791

系统的第 1 阶固有频率为 57.08Hz，振型为沿长轴方向翻转，满足技术需求表中固有频率 > 30Hz 的要求。一级隔振系统前 4 阶模态振型如图 2-14-5 所示。

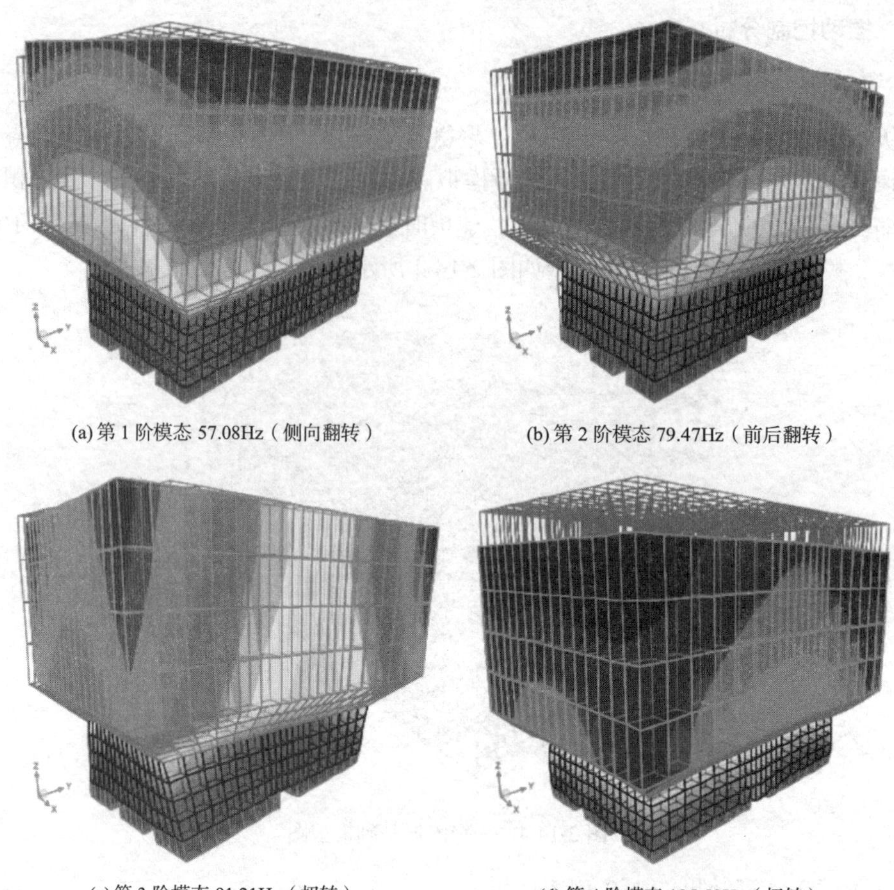

(a) 第 1 阶模态 57.08Hz（侧向翻转）　　(b) 第 2 阶模态 79.47Hz（前后翻转）

(c) 第 3 阶模态 91.21Hz（扭转）　　(d) 第 4 阶模态 195.52Hz（扭转）

图 2-14-5　一级隔振系统前 4 阶模态振型图

2. 二级隔振系统振动控制分析

二级隔振系统采用“T 形台 + 空气弹簧”的气浮平台系统设计方案，自身附带空气压缩机作为供气气源。

对二级控制方案进行建模计算，分析其模态信息，提取质量刚度等关键参数，确认其动力特性是否满足隔振设计要求。T 形台采用 C35 混凝土材料进行实体建模，空气弹簧为 link 单元，根据其正常工作状态刚度阻尼进行赋值计算。数值模型如图 2-14-6 所示。

图 2-14-6　二级隔振系统数值模型

系统前 10 阶频率信息及各方向质量参与系数如表 2-14-2 所示。

二级隔振系统模态信息表 **表 2-14-2**

阶数	周期（s）	频率（Hz）	UX	UY	UZ
1	1.288616	0.7760266467	1.394×10^{-13}	1	0
2	1.288609	0.7760304990	1	1.394×10^{-13}	0
3	0.744031	1.3440305804	0	0	1
4	0.052457	19.063347783	0	0	0
5	0.043665	22.901469528	0	0.000005735	0
6	0.024682	40.514634469	6.907×10^{-7}	0	0
7	0.008938	111.88739612	0	0	0
8	0.005917	169.01282897	0	0	8.633×10^{-9}
9	0.005223	191.44939726	0	0	9.855×10^{-9}
10	0.005182	192.96425820	0	1.909×10^{-11}	0

气浮平台隔振系统前两阶振型为水平平动，运动方向的质量参与系数均为 1，刚性平台整体平动，对应模态频率基本一致，约 0.78Hz，满足技术需求表中水平向基本频率 < 0.8Hz 的要求。第 3 阶振型为竖向运动，刚性平台整体上下运动，竖直方向振动频率为 1.34Hz，满足垂向基本频率 < 1.5Hz 的要求。第 4 阶振型为 T 形台转动，第 5 阶振型为 T 形台前后摆动，第 6 阶振型为 T 形台左右摆动。隔振系统的模态信息符合理论规律，可信度高。气浮隔振系统前 6 阶的模态振型图如图 2-14-7 所示。

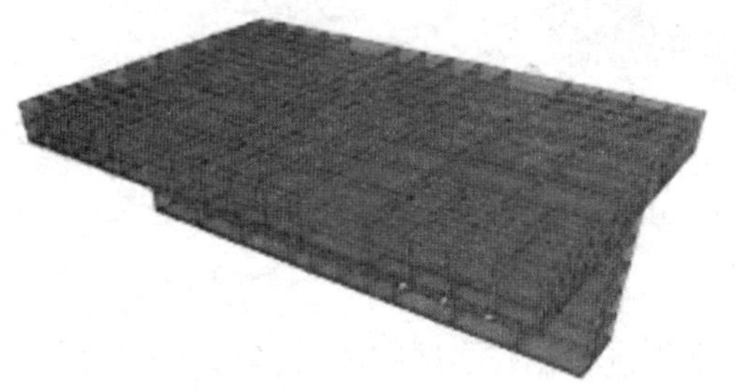

(a) 第 1 阶模态 0.78Hz（水平平动）

(b) 第 2 阶模态 0.78Hz（水平平动）

(c) 第 3 阶模态 1.34Hz（竖向振动）

(d) 第 4 阶模态 19.06Hz（翻转）

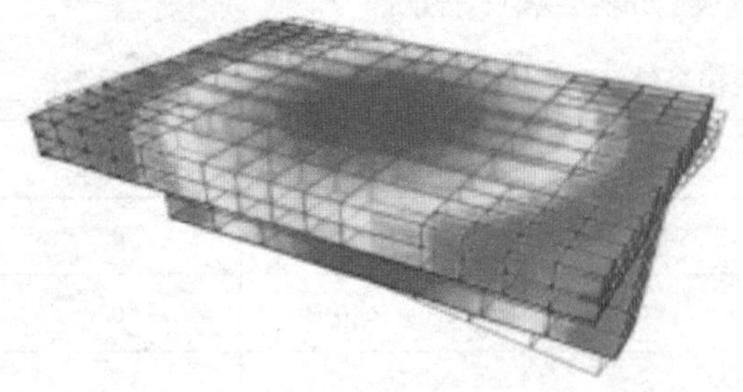

(e) 第 5 阶模态 22.90Hz（扭转）

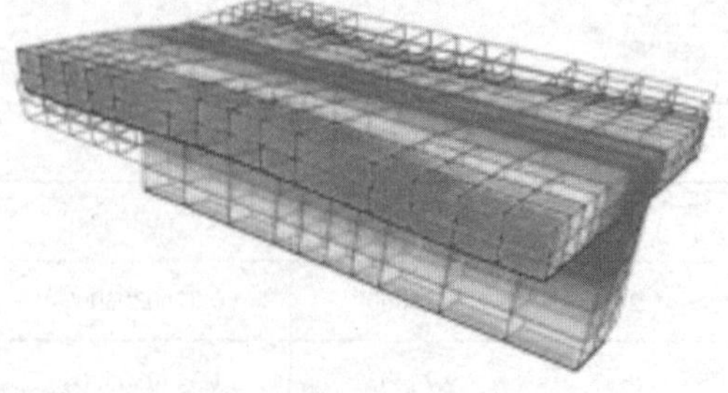

(f) 第 6 阶模态 40.51Hz（翻转）

图 2-14-7　二级隔振系统模态振型图

以气浮平台板底面为中心，T 形台质心坐标为$X = -0.2976 \times 10^{-15}$m，$Y = 0.41291 \times 10^{-16}$m，$Z = -0.079$m，质心与刚心基本重合，系统稳定性高。

一级隔振系统总质量为 95.85t，二级隔振系统总质量为 16t，质量比约为 6，满足一、二级质量比应大于 5 的要求。

另行建模，去除所有对 T 形台施加的约束，计算悬空状态下隔振台板结构本身的自振频率，得到 T 形台自振基频为 79.06Hz，振型为扭转振动。满足固有频率$f_0 \geqslant 30$Hz 的要求。振型图如图 2-14-8 所示。

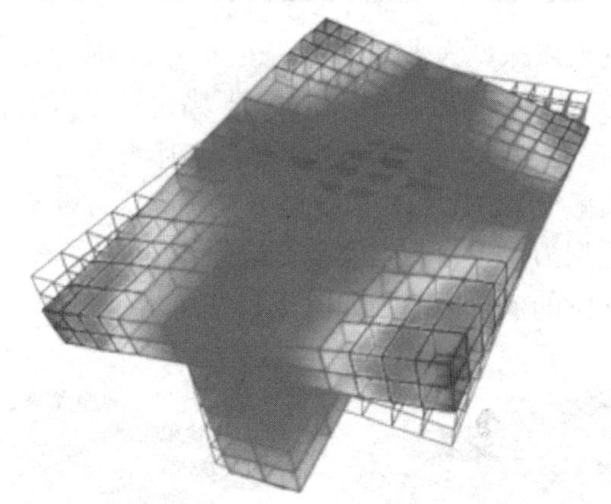

图 2-14-8　T 形台基频振型

3. 三级隔振系统振动控制分析

三级隔振系统的平台板采用高性能蜂窝芯钢板进行制作，具有质量轻、刚度大的优点，满足平台板的高刚性要求。为验证钢平台自振频率，对其采用 ANSYS 进行建模计算，平台板不加约束，计算其悬空状态下的自振频率，钢平台板模型及模态计算结果如图 2-14-9 和图 2-14-10 所示。

由计算结果可知，其第 1 阶模态为 102.22Hz，满足技术规格要求中高刚性钢平台基本频率$f_0 > 100$Hz 的要求。刚性板采用精磨处理，表面光滑平整，平面度达 0.3mm，满足高刚性钢平台平面度$\lambda_{\mathrm{III}} \leqslant 0.3$mm 的要求。

三级振动控制方案为主动控制，由设备方提供减振效率曲线，因其采用作动器进行前馈、反馈控制调节，无固定频率，可实现全频段隔振。针对一、二级隔振系统进行时程计算，采用一、二级隔振系统的计算结果作为三级隔振系统的振动输入，结合主动控制设备的隔振效率曲线，计算三级隔振系统的振动响应。一、二级隔振系统的数值模型如图 2-14-11 所示。

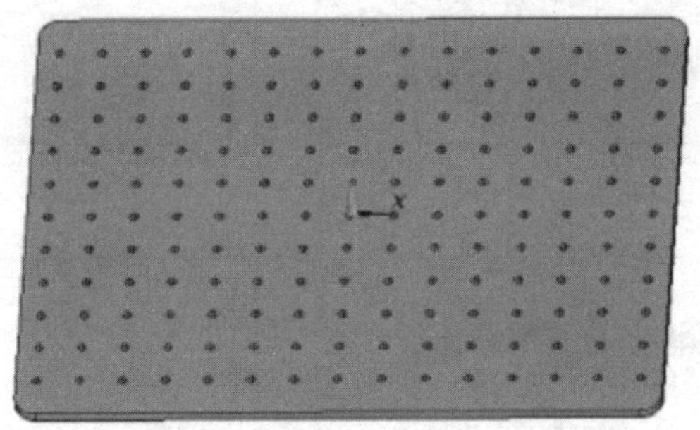

图 2-14-9　三级隔振系统高性能蜂窝芯钢板

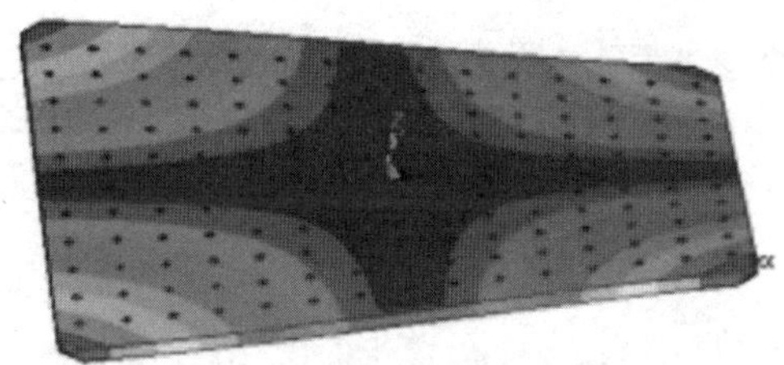

第 1 阶模态 102.22Hz（扭曲）

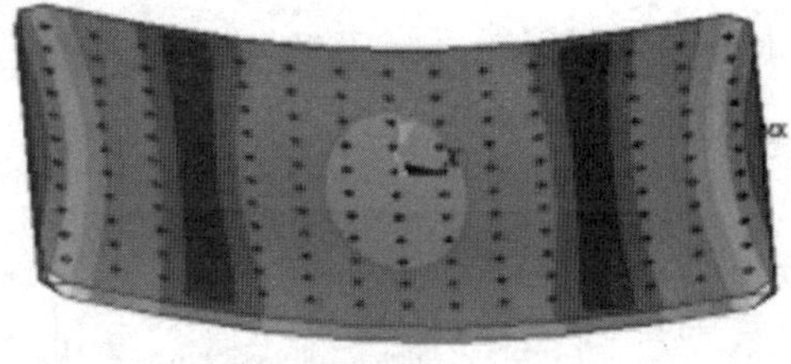

第 2 阶模态 143.87Hz（弯曲）

图 2-14-10　三级隔振系统高性能蜂窝芯钢板模态

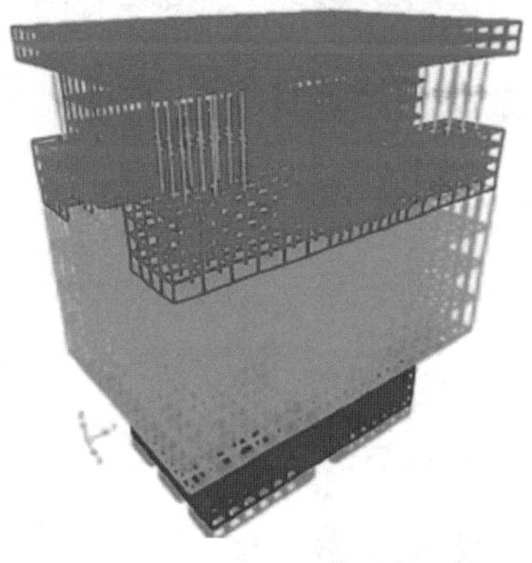

图 2-14-11　一、二级隔振系统数值模型

一、二级隔振系统计算输入采用招标文件中附带的声学实验室背景振动测试数据，数据为加速度数据。计算时，截取测试数据前 100s 进行计算，将其作为加速度场输入，输入数据如图 2-14-12 所示。

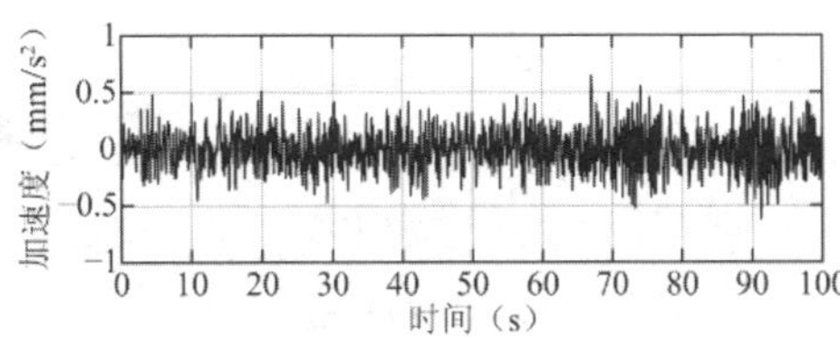

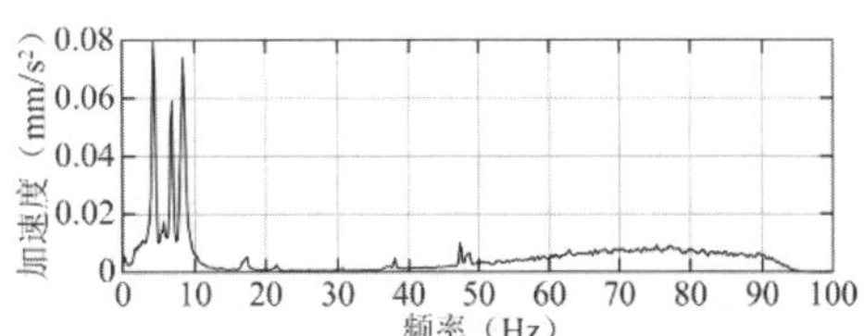

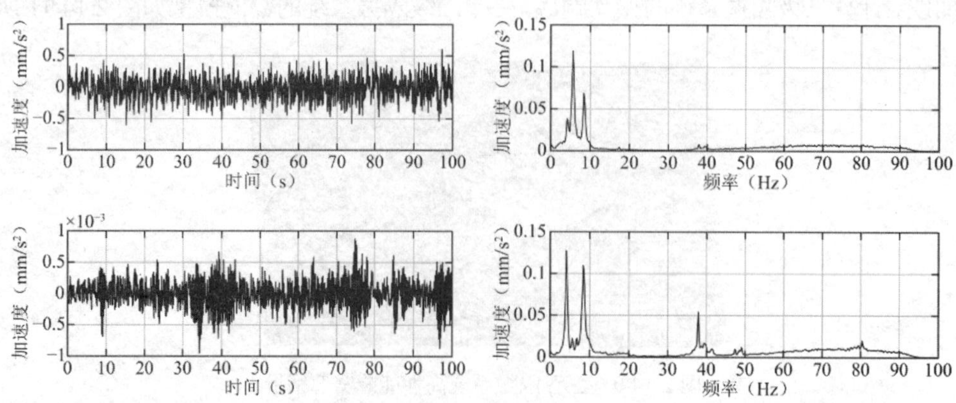

图 2-14-12　三方向加速度输入数据

提取二级防微振系统 T 形台板中心节点加速度，与输入荷载的时域对比及传递函数如图 2-14-13～图 2-14-16 所示。

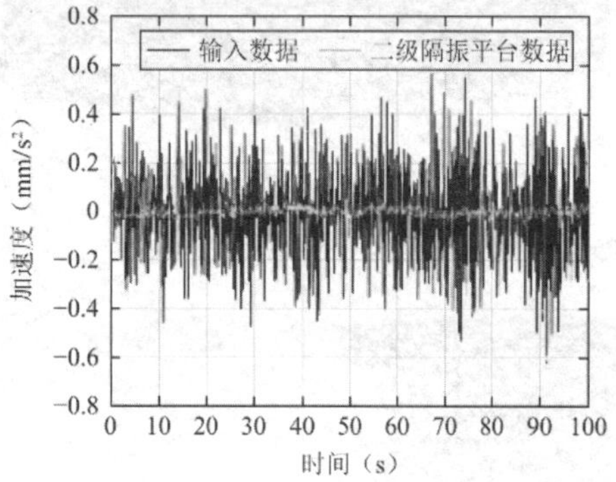

图 2-14-13　*X*方向数据对比

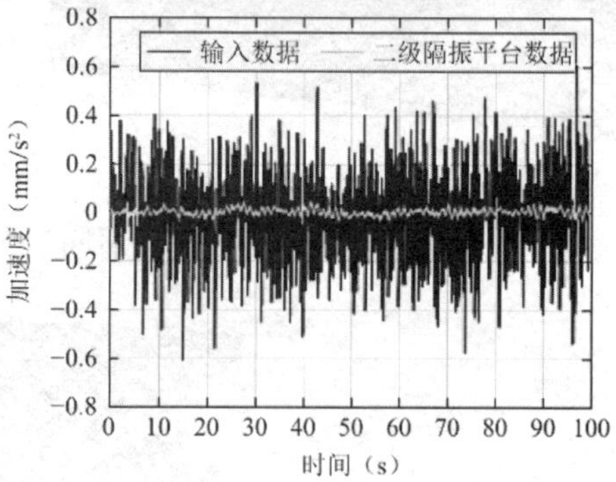

图 2-14-14　*Y*方向数据对比

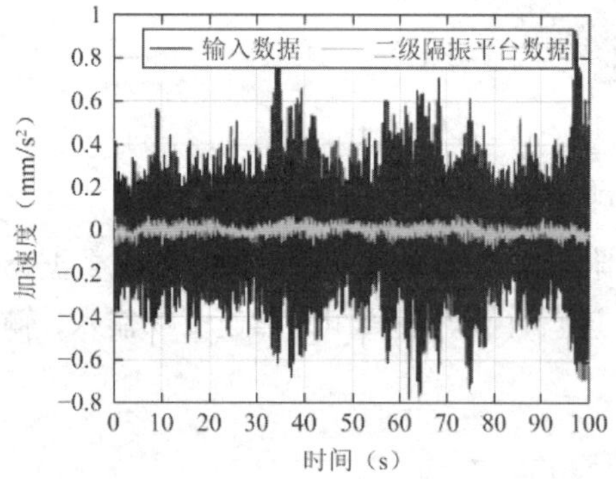

图 2-14-15　*Z*方向数据对比

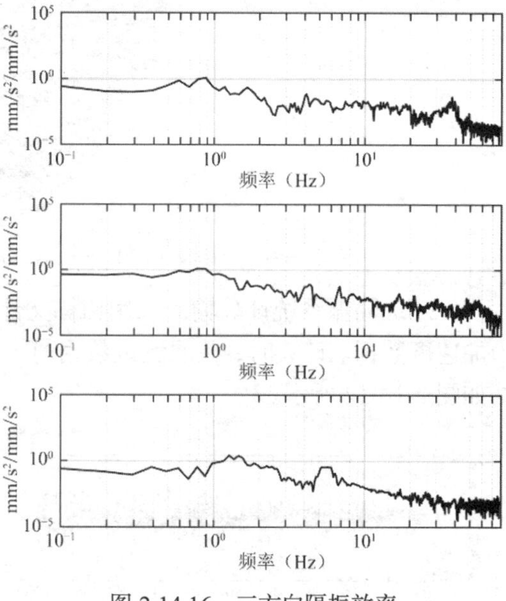

图 2-14-16　三方向隔振效率

由计算结果可知，一、二级隔振系统整体隔振效果较好，除二级系统基频部分对振动稍有放大外，其余频段均对振动具有抑制作用，特别是在高频部分减振效果明显。

以上述计算数据及主动控制的振动传递率曲线（非幅值曲线，含实部虚部数据）共同计算得到三级隔振系统表面振动加速度响应。并将得到的三级隔振系统表面振动加速度数据，绘制于三重对数谱中，得到对应的位移值，数据显示结果如图 2-14-17 所示。

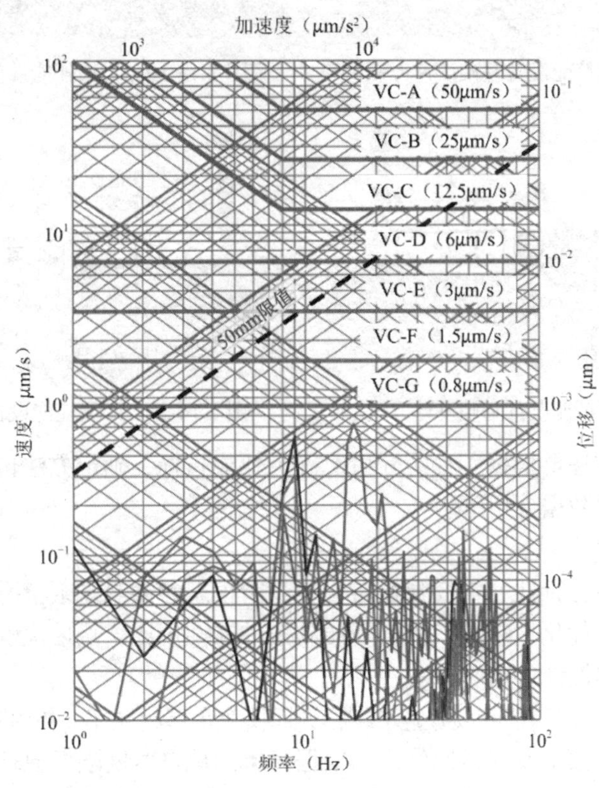

图 2-14-17　三重对数谱位移值对比

根据计算结果可知，主动控制隔振效果良好，三方向 1～80Hz 振动频率对应的位移值均在 10nm 以下，满足精密微振动控制系统台面振动位移值$S_d < 50$nm（1～80.0Hz）的要求，且留有足够设计余量。

四、振动控制关键技术

1. 层级耗能量化

层级耗能的原理主要指通过延长振动传递路径并增设振动传递屏障等方法，逐级消耗振动传递能量，从而最终减小振动对振敏对象如精密设备等的影响。本方案共三级振动控制方案，确定每级的耗能指标是层级耗能的关键技术。

传统的设备振动控制方法主要利用动力设备基础的合理设计进行振动抑制处理，图 2-14-18～图 2-14-21 提出针对设备振动采用的逐级耗能振动控制设计方法。可以看出，通过延长振动传递路径的设计方法，可以通过逐级耗能来减小振源对振敏设备产生的不利影响。

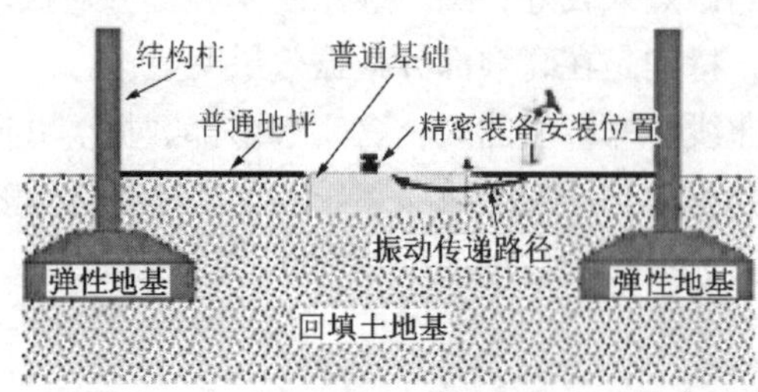

图 2-14-18　一级耗能设备基础设计方法

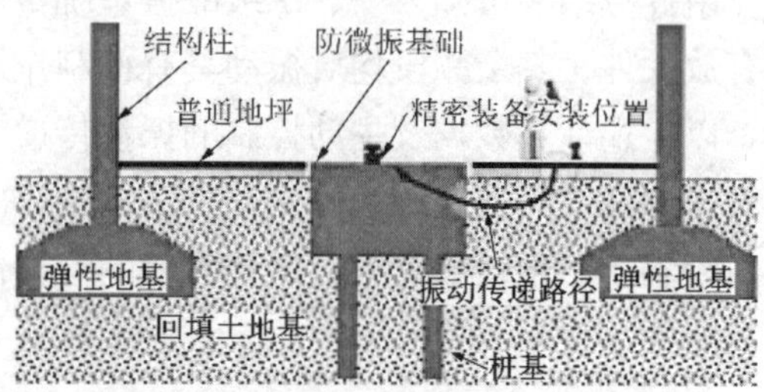

图 2-14-19　二级耗能设备基础设计方法

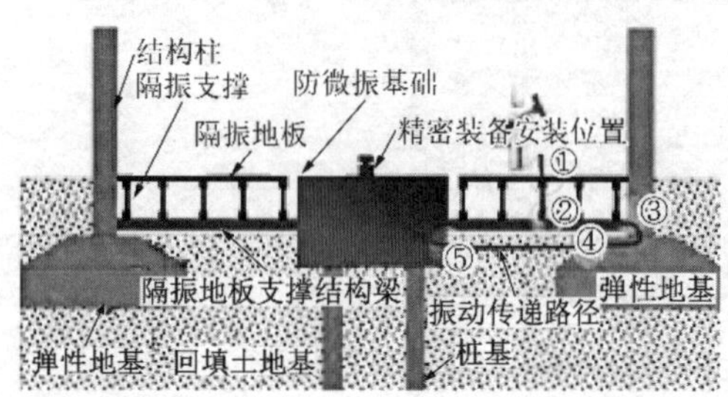

图 2-14-20　三级耗能设备基础设计方法

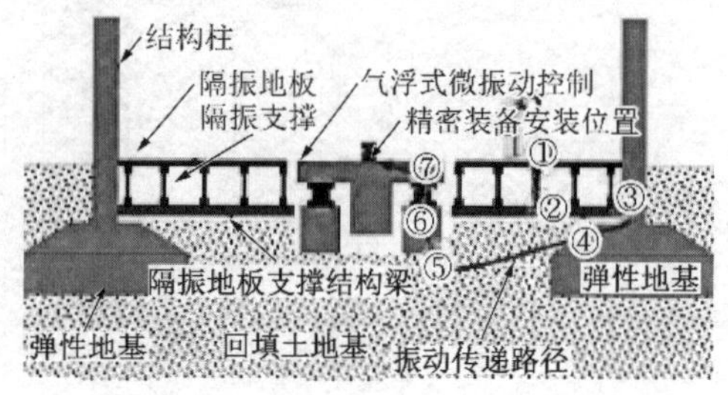

图 2-14-21　四级耗能设备基础设计方法

逐级耗能设计方法要根据工程实际情况确定耗能指标，确定方法包括工程实际测试、数值模拟分析、经验数据分析等。

2. 气浮优化配置

综合考虑精密装备特性、空气弹簧布置、高阶模态参振等复杂情况，通过两层设计方法，对目标参数进行优化，结合工程实际便利条件和性价比，从最优解中确定高性能气浮平台振动控制的基本设计参数。

第一部分为初步方案确定，通过实测振动荷载确定卓越频率，利用隔振原理避免共振，确定气浮平台的基本频率设计目标值，并根据简单的单自由度隔振原理，确定初始气浮平台振动控制整体刚度和每个空气弹簧单元刚度，根据精密设备质量及初始空气弹簧刚度确定所需空气弹簧的数量，然后根据精密设备质量分布特点确定空气弹簧布置方式，从而确定气浮式振动控制系统的初步设计方案。

第二部分针对空气弹簧单元规格化刚度变量和布置位置变量，建立双目标优化模型，目标一以系统模态结果中前 3 阶振型累加系数和取最大值为目标，多模态参振尤其是高阶模态参振难以控制，不利于计算，模态前 3 阶振型累加参与系数越大，越有利于降低高阶模态参振对系统隔振效率造成的影响，当模态前 3 阶振型累加参与系数大于 95%时，可以忽略高阶模态的振动响应；目标二以有限元瞬态动力分析模型响应的最小值为目标，将测试的环境振动数据输入到模型中，计算得到时域频域曲线，评价气浮平台振动响应，取响应最小者的设计参数。通过双重优化得到最优解，最后结合工程可行性条件、性价比、安装维护便利性，确定气浮平台被动控制系统的关键设计参数。

3. 主动伺服控制

对于主动控制隔振系统，其隔振器的组合设计属于主动伺服控制的关键技术，主要遵从三个原则：

（1）支撑系统的承载性能。确保合理组合和搭配隔振器，保证隔振台座及未来台面荷载在设计承载范围内。

（2）支撑系统的稳定性。包括水平和竖直方向隔振器的合理组合，确定平台不会发生转动或扭动。

（3）控制器的可操作性。主要是合理选用支撑元件和控制元件，确保系统在控制过程的易操作性。

下面是两种最基本的主动控制隔振系统组合控制方式，即三点控制和四点控制。对于多点支撑系统，则服从三点或四点控制原则，确保作动器数量最少。图 2-14-22 为三点主动控制隔振系统基本组合原理图，图 2-14-23 为四点主动控制隔振系统基本组合原理图。有效的控制方程可以通过建立简化的平衡静力方程进行推导。

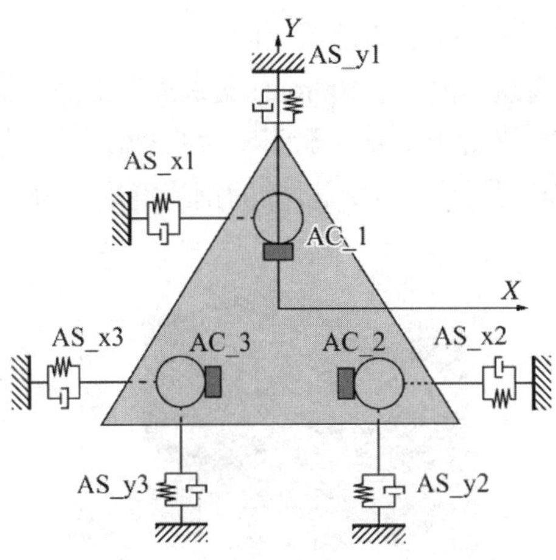

图 2-14-22　三点主动控制隔振系统基本组合原理图

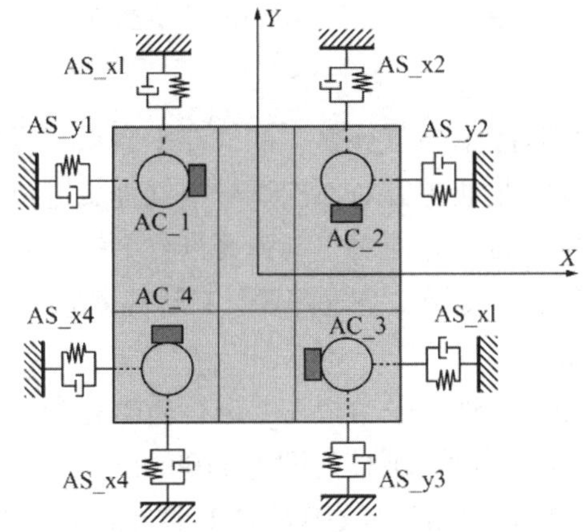

图 2-14-23　四点主动控制隔振系统基本组合原理图

采用主动控制隔振装置实现振动控制时，除要遵循基本原理外，由于制动过程是个复杂行为，包括数据采集、存储、读取、计算、分析、输出控制信号和制动，所以选择合理有效的主动控制优化算法是实现主动控制的有效手段，尤其是对于带自适应前馈系统的隔振装置更需要高效便捷的优化算法。

目前，针对控制优化算法，不再采用传统的神经网络、遗传算法等低效算法，而是采用国际上较为先进的智能算法，主要包括 ACO 蚁群算法、PSO 粒子群算法和 DE 差分演化算法。

五、振动控制装置

1. 一级隔振系统

一级隔振系统采用“大体积混凝土基础 + 聚氨酯减振垫”的设计方案，主要部分包括：基础垫层、基础支墩、减振垫、大体积混凝土基础。设计尺寸如图 2-14-24 所示。

地下空间清理完毕后首先铺设 100mm 厚垫层，起找平、防水、防腐作用。大体积混凝土基础整体采用下部收缩设计，在保障系统稳定性的同时，为隔振系统的安装、检修及监控设备的布设、维护预留操作空间。大体积混凝土基础下设六组支墩，满足承载力要求的同时为减振垫层的更换或系统升级改造预留空间。

垫层采用 C15 混凝土浇筑，厚度为 100mm；支墩采用 C35 混凝土浇筑，配筋率为 0.3%；大体积混凝土基础采用 C35 混凝土浇筑，配筋率为 0.3%，同时为降低系统重心，大体积混凝土基础内 1300mm 以下采用配比在 20%以上的钢渣混凝土进行浇筑。

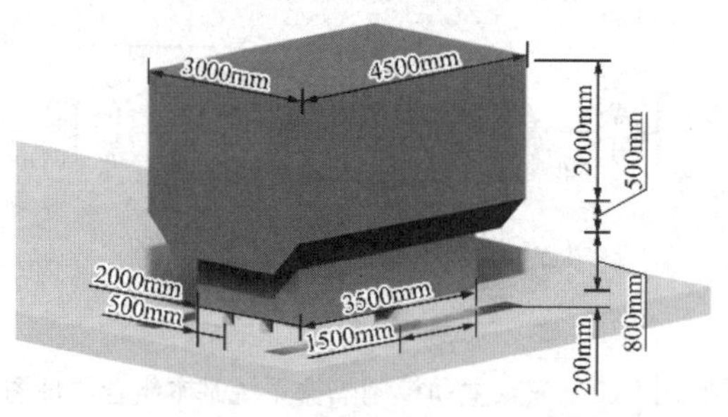

图 2-14-24　一级隔振系统示意图

2. 二级隔振系统

二级隔振系统采用“T 形台 + 空气弹簧”的气浮平台系统设计方案，自身附带空气压缩机作为供气气源。同时为满足业主方对不同型号空气弹簧进行更换的需求，在隔振系统侧面建立独立的多功能操作平台，方便对空气弹簧进行更换，并对设备进行调试、检查、维护。二级系统组成主要包括：支墩、空气弹簧、T 形台、空气压缩机、多功能操作平台。设计尺寸如图 2-14-25 所示。

为保证气浮平台系统的稳定性，平台板需要进行质刚重合设计，因此在平台板下方设置下挂，平台板整体呈 T 形台形状，下挂高度为 1100mm。鉴于空气弹簧高度约 600mm，在其下部设置 700mm 高度支墩，保证空气弹簧对 T 形台的支撑作用及气浮平台工作空间。同时考虑空气弹簧便于更换的需求，支墩通长设计，并在其顶层铺设聚四氟乙烯板，该材料表面光滑，更换空气弹簧时可直接拖拽。T 形台下方设顶升装置，更换空气弹簧时采用顶升装置对 T 形台进行支撑。综合考虑 T 形台的重量与单个空气弹簧的承载力，本系统设计使用 4 个空气弹簧进行对称式布置，空气弹簧下底面通过螺栓固定到条形支墩上的预埋件内，上部不固定。

条形基础采用 C35 混凝土，配筋率为 0.3%；T 形台采用 C35 混凝土，配筋率为 0.3%。

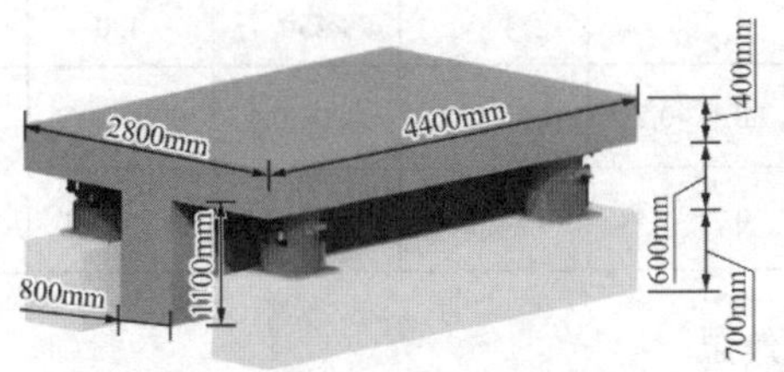

图 2-14-25 二级隔振系统示意图

3. 三级隔振系统

三级隔振系统采用“高刚性钢平台 + 控制单元”的主动伺服系统设计方案，设计内容主要为：“主动伺服装置 + 高架地板”。气浮系统尺寸如图 2-14-26 所示。

主动控制装置的控制单元上下两端均需进行固定，需按尺寸标注在下方 T 形台上增设预埋件，并在高刚性平台板对应位置打孔。因三级隔振系统较二级隔振系统尺寸小，为保障房间内使用空间及人员安全，需在周边架设高架地板，地板底部通过架设的钢梁支撑，地板表面与主动隔振系统齐平。考虑周边振动环境恶化，选用高性能主动控制单元，保证足够的冗余性设计。

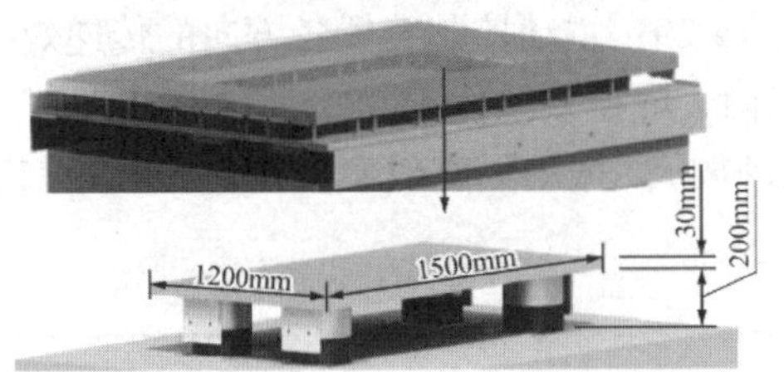

图 2-14-26 三级隔振系统示意图

六、振动控制效果

1. 一级隔振控制效果

一级隔振系统主要包含两部分，分别为大体积混凝土基础与聚氨酯隔振垫层。支墩与惰性块间采用聚氨酯减振垫进行隔振，聚氨酯减振垫具有重量轻、安装简单、无需维修、减振效果好、耐冲击、抗压性能好的特点，使用过程中平稳可靠。本项目在一级隔振系统中，采用大体积混凝土基础配合减振垫的形式进行减隔振设计，减振垫规格参数见表 2-14-3。

聚氨酯减振垫主要参数 **表 2-14-3**

主要参数	200	300	400	450	480	550	800	1000
永久静荷载（N/mm^2）	0.02	0.05	0.10	0.12	0.15	0.30	0.80	1.50
最佳荷载范围（N/mm^2）	0.004～0.014	0.01～0.05	0.05～0.1	0.1～0.15	0.15～0.3	0.2～0.8	0.2～0.8	0.8～1.5
抗拉强度（N/mm^2）	0.12	0.30	0.34	0.15	0.36	0.60	0.90	2.30
机械容许因子	0.22	0.18	0.17	0.2	0.17	0.16	0.18	0.16

续表

主要参数	200	300	400	450	480	550	800	1000
静弹性模量（N/mm^2）	0.02～0.08	0.1～0.2	0.3～0.55	0.2～0.4	0.25～0.8	0.5～1.7	1.2～2.9	4～11
压缩硬度（N/mm^2）	0.05～0.38	0.2～1.4	0.9～2.4	0.45～2.7	1.2～3.3	2.2～7	3.6～18.2	15～45

2. 二级隔振系统控制效果

二级隔振系统主要为气浮平台采用的空气弹簧及其供气系统。空气弹簧具备优异的垂直隔振性能和水平隔振性能，并可选配阻尼器以保证加速系统稳定。空气弹簧拟垂直方向固有频率为 0.8～1.5Hz，水平方向固有频率为 0.7～1Hz。普通控制阀的水平位置精度为 ±0.1mm，满足水平恢复精度 ⩽ ±0.1mm 的要求。稳定时间小于 2s，满足技术规格要求中额定作业状态下非平稳作用时最大稳定时间 T_b < 3s 的要求。

3. 三级隔振系统控制效果

三级隔振系统为主动控制系统，是指在振动控制过程中，根据所检测到的振动信号，应用一定的控制策略，经过实时计算，进而驱动作动器对控制目标施加一定的影响，达到抑制或消除振动的目的。拟采用的隔振系统，以线性电磁感应电动机作为传动装置，凭借无共振的振动传递特性，实现高效的隔振性能。

根据图 2-14-27～图 2-14-29，主动控制装置各方向的传递效率在 1Hz 以内，隔振效果优于 90%，在 1～10Hz 以内，隔振效果优于 98%，在 10Hz 以上，隔振效果优于 99%。满足 1～80.0Hz 频段内无振动放大；振动隔离效率：50%～90%@1Hz，95%～98%@2～10Hz，98%～99%@10Hz 以上。

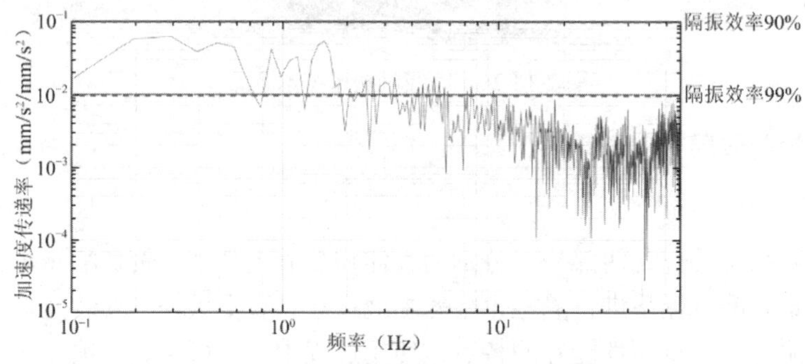

图 2-14-27　主动控制装置X方向隔振效率曲线

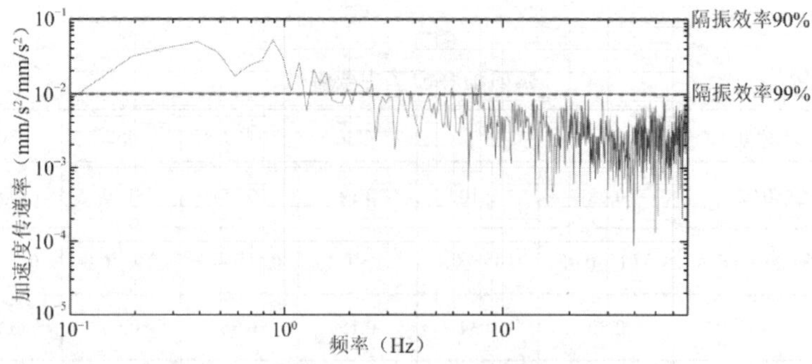

图 2-14-28　主动控制装置Y方向隔振效率曲线

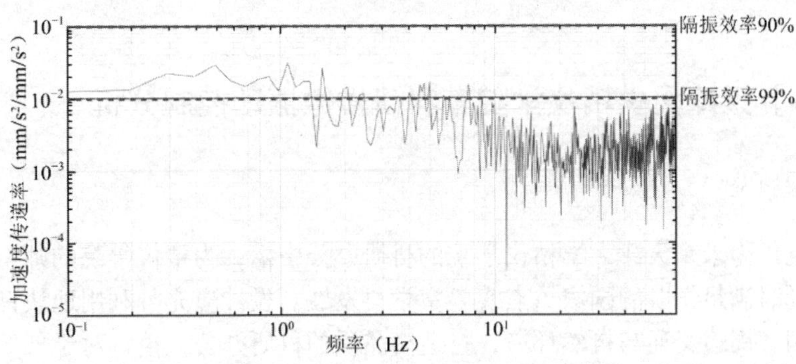

图 2-14-29　主动控制装置Z方向隔振效率曲线

[实例 2-15] 天津大学精仪学院某科研楼微振动控制分析

一、工程概况

本项目定位为未来天津大学精仪学院的科研办公中枢，为精仪学院的师生提供良好的科研环境，同时满足学院的国家重点实验室学科发展。设计应充分利用地块良好的地理位置，依托校园、周边交通与自然环境，打造高品质的科研办公大楼。对于外部交通的便捷性要求较高，既需要邻近连接城市道路的校园出入口，同时还有一定的停车需求。因此选址的外部交通条件非常符合该项目的未来运营使用。如图 2-15-1 所示。

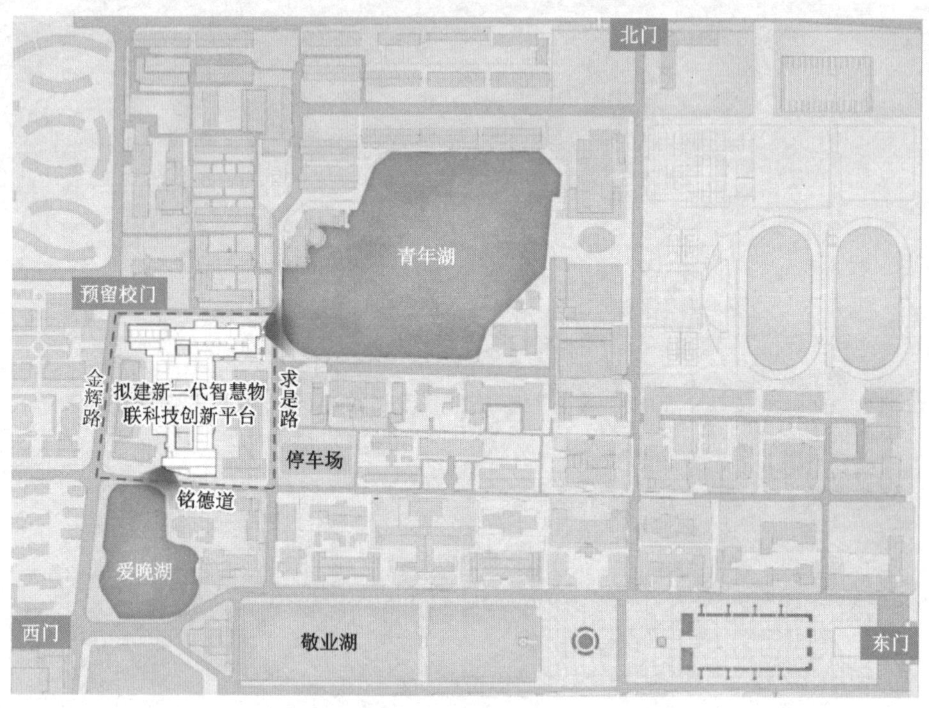

图 2-15-1　天津大学新建科研办公楼规划示意图

由于拟建科研办公大楼内部的精密仪器实验室有大量的精密仪器，对环境振动控制水平较高。该新建办公大楼地下两层，地上五层，精密仪器实验室主要分布在地下两层和一层，因此重点控制地下两层和一层的振动水平。精密仪器实验室具体分布及振动控制要求如表 2-15-1 所示。

精密仪器实验室分布及振动控制要求　　**表 2-15-1**

楼层	仪器名称	数量	振动要求
地下二层	几何量基准实验室、微纳精密制造等	12	VC-A、VC-C、VC-D、VC-E、VC-F
地下一层	微纳测量、微纳精密制造等	6	VC-A、VC-C、VC-D
地上一层	微纳测量、大尺寸精密测量等	15	VC-A、VC-B、VC-C、VC-D、VC-E

二、场地振动水平测试

1. 测试方案

本次测试采用 941B 型传感器，测点布置如图 2-15-2 所示。本项目使用的分析软件为 DASP-V11 工程版，它是一套运行在 Windows 平台上的多通道信号采集和实时分析软件，通过和东方所的不同硬件配合使用，即可进行数据的分析与处理。

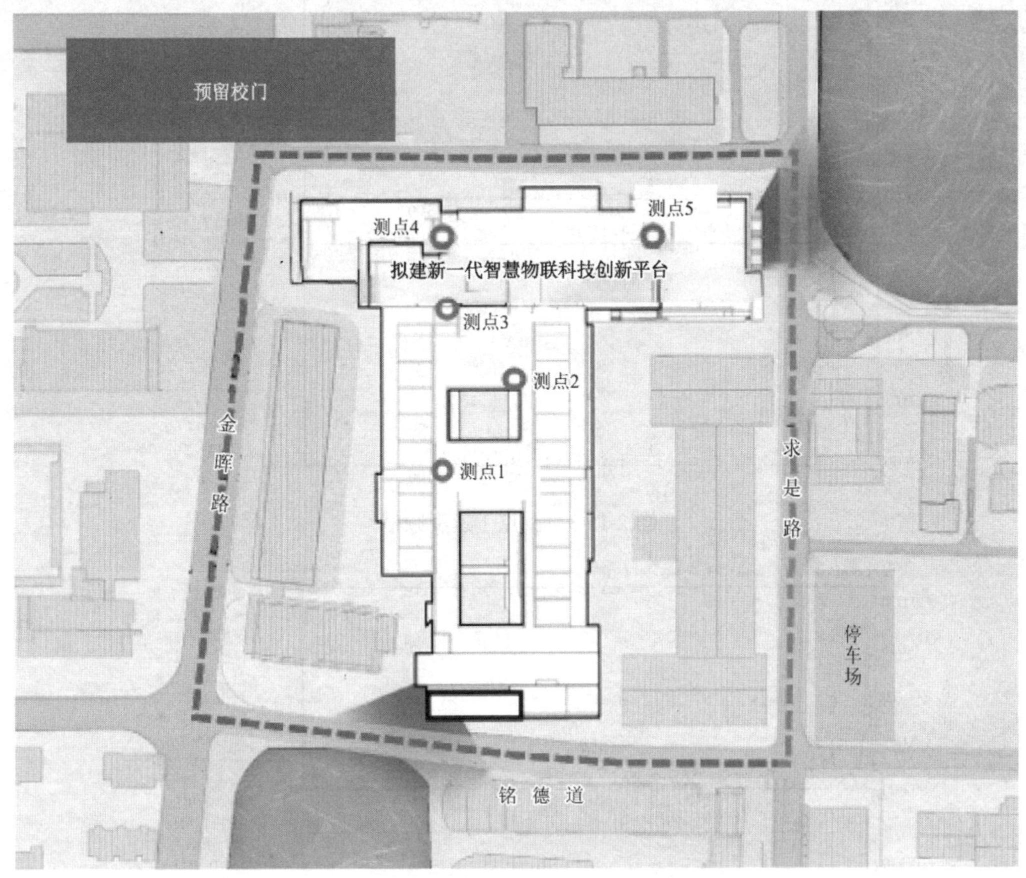

图 2-15-2　场地测点布置示意图

2. 测试结果分析

基于测点 1、测点 2 和测点 3 的实测数据，开展频域和 1/3 倍频程的分析。

（1）频域分析

通过 FFT 变换（快速傅里叶变换）得到测点 1 至测点 3 的速度频谱，如图 2-15-3～图 2-15-5 所示。从频谱曲线可以看出，峰值主要集中于中高频，同时在低频 2Hz 左右也存在波峰，应引起重视。从幅值来看，测点 1 的幅值较大。

从频域波形可以看出，峰值主要存在于中高频段，同时在低频 2Hz 左右也存在峰值，对于低频段的振动放大效应应予以重视，可采用空气弹簧隔振。

从三个测点的位置来看，测点 1 更接近精密仪器布置的中心位置，同时测点 1 的幅值较大，因此在数值模型计算中，采用测点 1 的时程数据作为输入荷载。

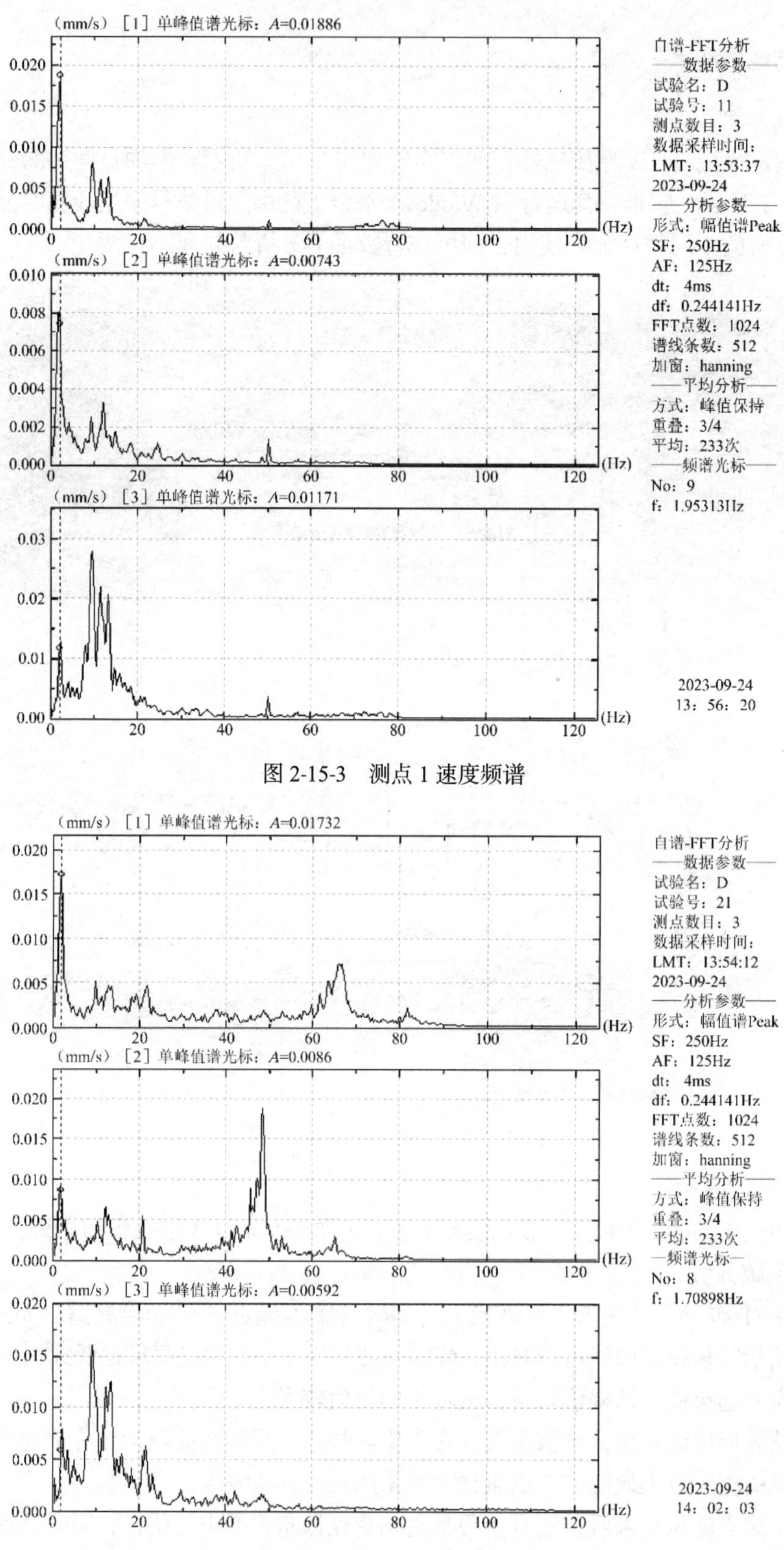

图 2-15-3　测点 1 速度频谱

图 2-15-4　测点 2 速度频谱

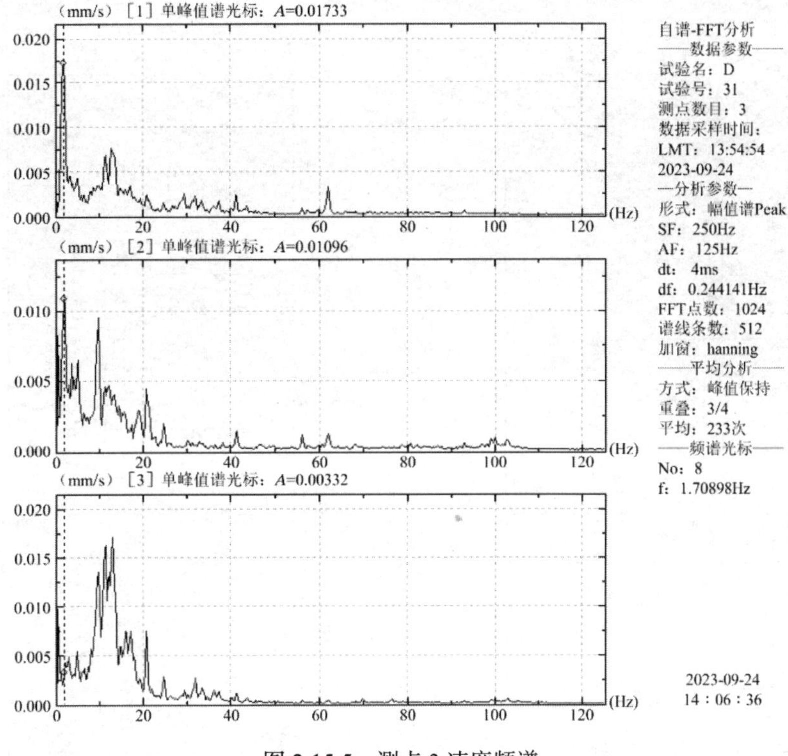

图 2-15-5　测点 3 速度频谱

（2）1/3 倍频程分析

通过 1/3 倍频程转换，得到测点 1 至测点 3 的诺模图（蓝线代表Z向，红线代表Y向，绿线代表X向），如图 2-15-6～图 2-15-8 所示。峰值保持和线性平均两种处理方法结果差别较为明显，峰值保持达到了 VC-B，线性平均达到了 VC-C，对于采用何种方法较为合理，需要根据测试工况和设备使用条件进一步讨论。

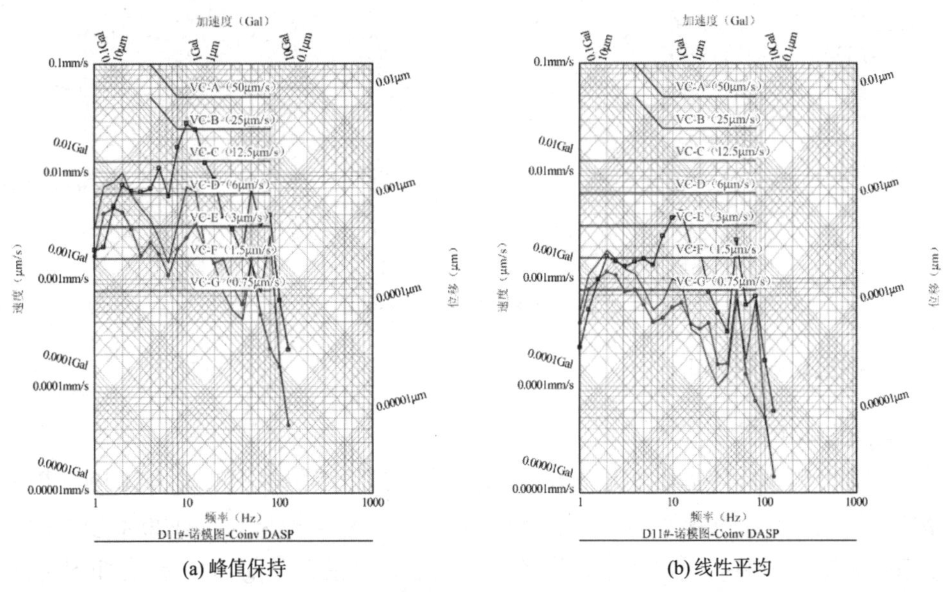

(a) 峰值保持　　(b) 线性平均

图 2-15-6　测点 1 诺模图

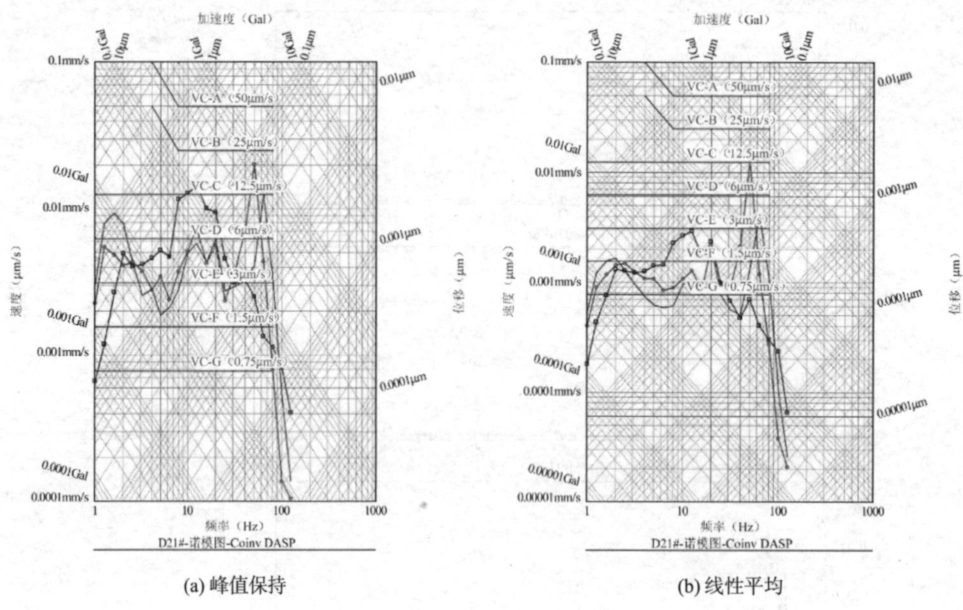

(a) 峰值保持　　(b) 线性平均

图 2-15-7　测点 2 诺模图

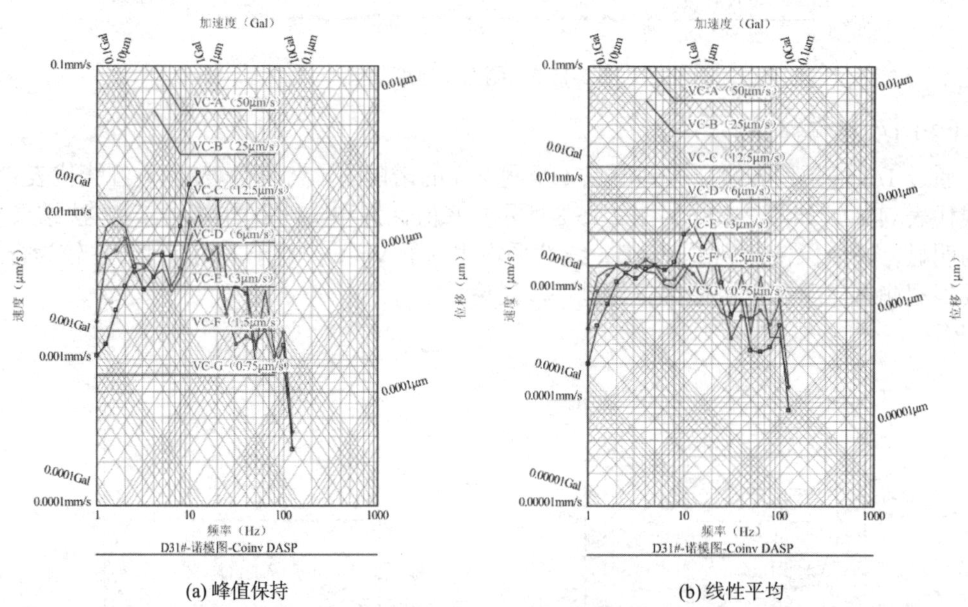

(a) 峰值保持　　(b) 线性平均

图 2-15-8　测点 3 诺模图

三、结构振动响应分析

1. 有限元模型的建立

结构计算模型设计院提供的是 YJK 模型，本例计算单位采用的是 SAP2000 模型，并对模型的结构重量、模态频率等进行了复核，经确认，YJK 模型与 SAP2000 模型的结构重量、模态频率基本一致，可以正常开展计算，数值计算模型及前 3 阶模态如图 2-15-9 和图 2-15-10 所示。

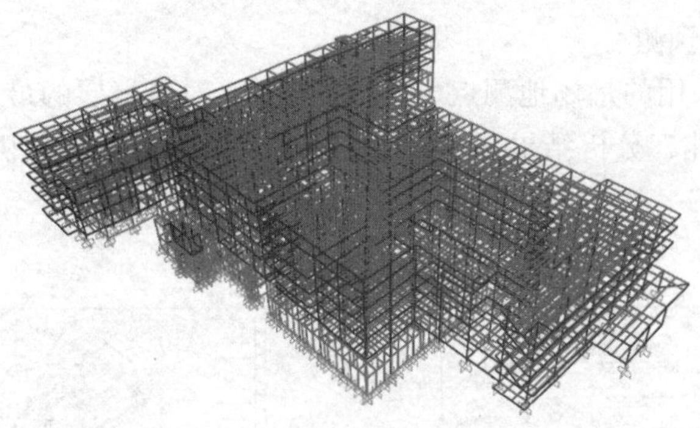

图 2-15-9　结构 SAP2000 模型

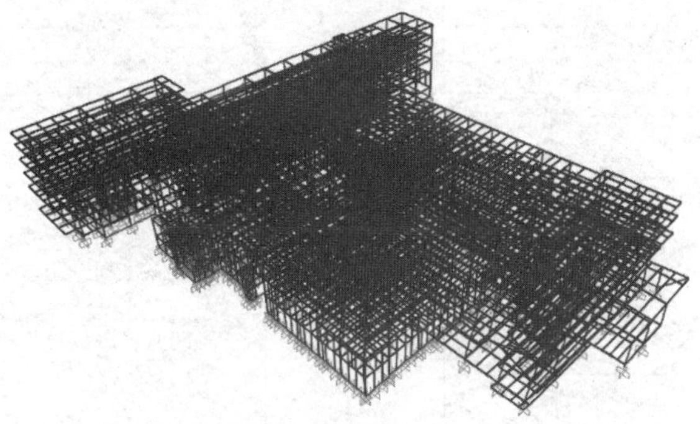

(a) 第 1 阶模态 $f = 0.97\text{Hz}$

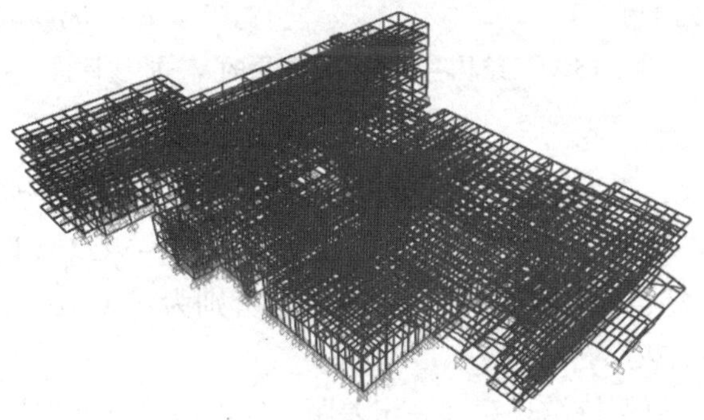

(b) 第 2 阶模态 $f = 1.043\text{Hz}$

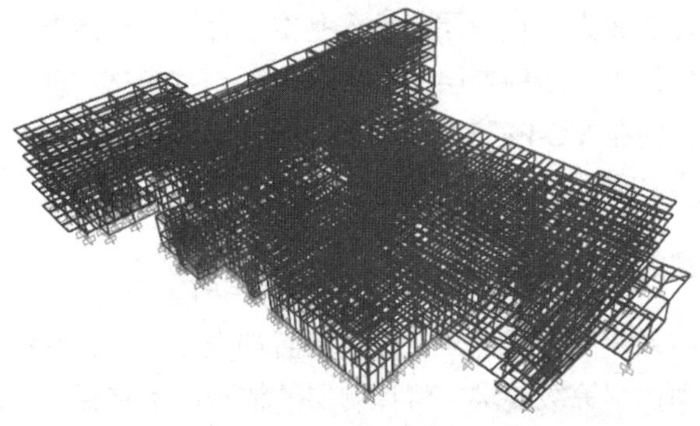

(c) 第 3 阶模态 $f = 1.125\text{Hz}$

图 2-15-10　结构前三阶模态

2. 楼板振动水平预测

结构输入振源采用的是场地测点 1 实测的振动。对各楼层的最大响应进行提取，并进行 VC 曲线的对比，分析结果分别采用线性平均及峰值保持分析方法，如图 2-15-11 所示。

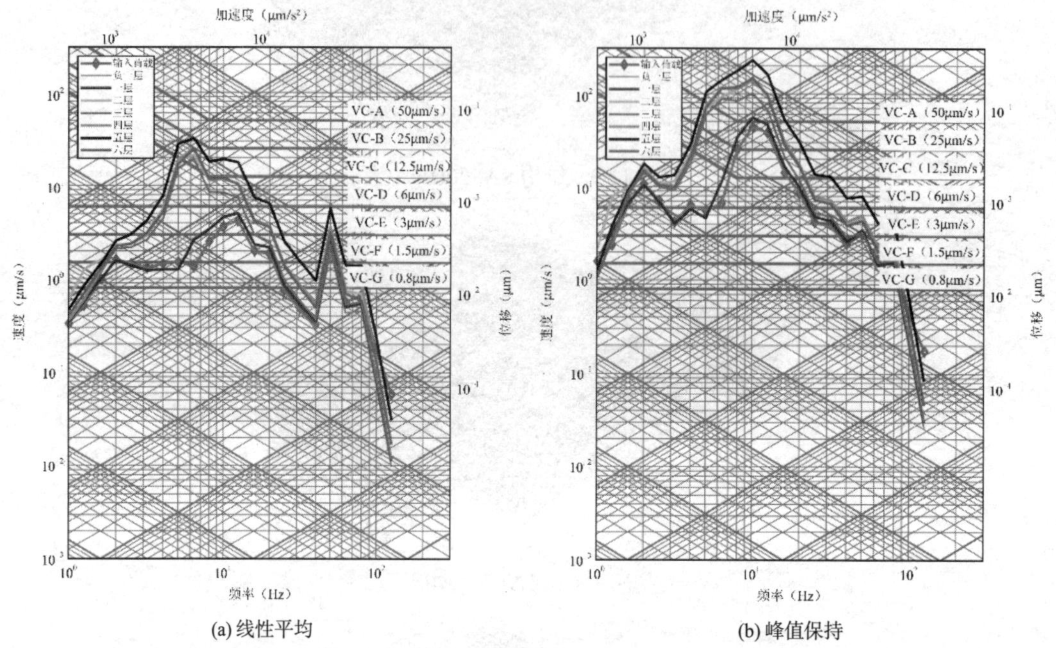

(a) 线性平均

(b) 峰值保持

图 2-15-11　结构各层微振动结果的 VC 曲线评价

由结果可知：

（1）线性平均结果，负一层至六层分别为：VC-D～VC-E（负一层）、VC-D～VC-E（一层）、VC-B～VC-C（二层）、VC-B～VC-C（三层）、VC-B～VC-C（四层）、VC-B（五层）、VC-B～VC-C（六层）。峰值保持结果，负一层至六层分别为：VC-A～VC-B（负一层）、VC-A（一层）、二层以上超过 VC-A。

（2）线性平均与峰值保持结果存在一定差距，应考虑这种偶然振动发生的原因，是否充分考虑，关系到精密设备采取的隔振措施和方案。

（3）振动沿楼层逐步放大，负一层与输入基本重合，符合微振动计算规律。

（4）对于线性平均结果，结构各层的卓越频带在 5～20Hz，输入中的 2Hz 卓越成分在结果中未现明显放大，约在 VC-E；对于峰值保持结果，结构各层的卓越频带在 5～20Hz，输入中的 2Hz 卓越成分在结果中有一定放大，约在 VC-C。

四、基于速度云图的工艺设备布局

基于微振动计算结果速度云图的工艺设备布置如图 2-15-12 所示，根据振动水平分布情况和精密仪器的振动控制等级要求，将控制层的精密设备布置在云图上，以便于设备采取隔振措施的建议分析。由于负二层有限元模型中无楼板，因此，只列出负一层和一层的工艺设备布局图。

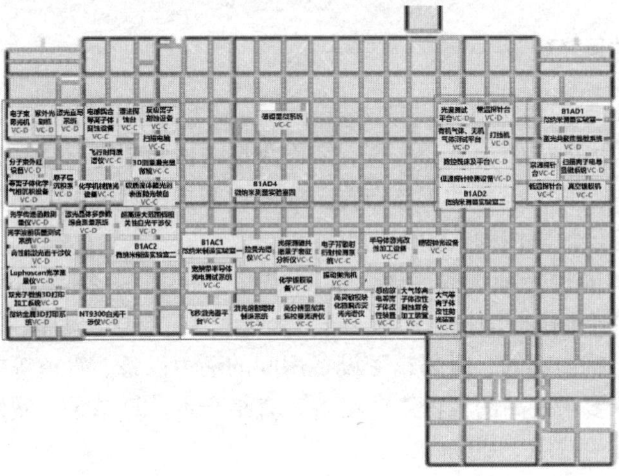

(a) 负一层基于速度云图的工艺设备布置

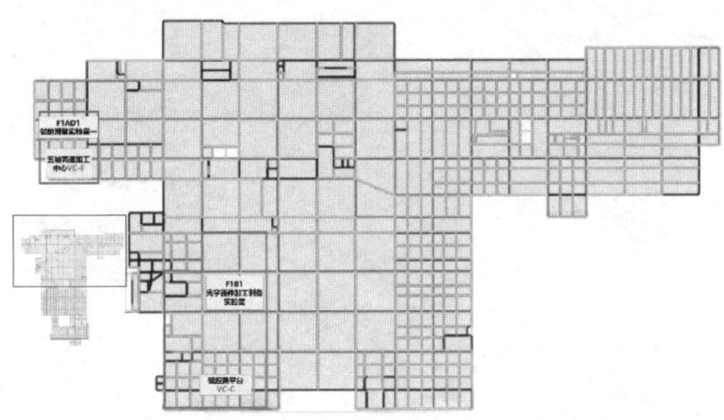

(b) 一层（PART A）基于速度云图的工艺设备布置

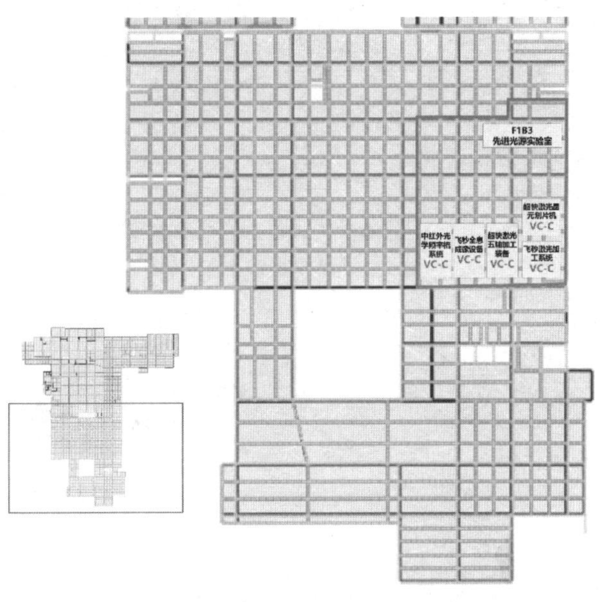

(c) 一层（PART B）基于速度云图的工艺设备布置

图 2-15-12　基于速度云图的工艺设备布置关系图

五、振动控制效果及建议

（1）负一层至一层的结构微振动放大效应不甚显著，基本符合结构微振动设计的预期，但三层以上的放大效应较为显著，若后期作为精密试验用途，宜充分考虑不利因素。

（2）负二层至一层精密设备的工艺布置，应结合微振动计算结果，建议由使用单位、微振设计单位、工艺设计单位等共同优化布置。

（3）精密设备的隔振措施选取，建议根据结构微振动计算结果的频域分布及幅值情况，针对精密设备的详细微振动控制需求，进一步分种类、分情况考虑采取何种隔振措施。

（4）对于建筑结构内部的、毗邻精密设备房间的动力设备、管道等振源宜考虑措施降低或消除影响；对于要求较高的精密工艺设备，宜结合本计算结果，做好避开、远离振源影响，减少隔振措施的费用。

（5）对于未来可能发生的外界地面或轨道交通影响，宜提前做好预案，如隔振措施升级换代的空间。

第三章　建筑结构振动控制

第一节　建筑工程舒适度设计

[实例 3-1] 大疆天空之城空中连廊 TMD 减振

一、工程概况

深圳大疆天空之城位于深圳市南山区留仙洞区域，项目包括两座高约 200m 的预制钢结构超高层建筑和一座 90m 跨度的缆索钢结构连廊桥，连廊桥在 100m 的高度将两座建筑连通起来。钢结构连廊桥结构形式为悬索桥，主跨 76m，两边跨 6.9m。桥面纵断面为拱形，跨中矢高约 2m，如图 3-1-1 所示。横断面为两端较宽，中间较窄的钢加劲梁，桥面两侧有护栏。

该人行桥跨度较大、桥面很窄，对人行激励敏感，需要考虑结构的舒适性，连廊效果图如图 3-1-1 所示。

图 3-1-1　空中连廊效果图

二、振动控制方案

根据连廊的固有特性，对人员不同频率激励下行走时桥面的竖向加速度进行了分析，最终共设计了 10 套调谐质量减振器（TMD）。TMD 的单个质量为 0.4t，频率为 2.3Hz，TMD 分别布置在连廊桥的跨中、1/4 跨和 3/4 跨位置，如图 3-1-2 所示。

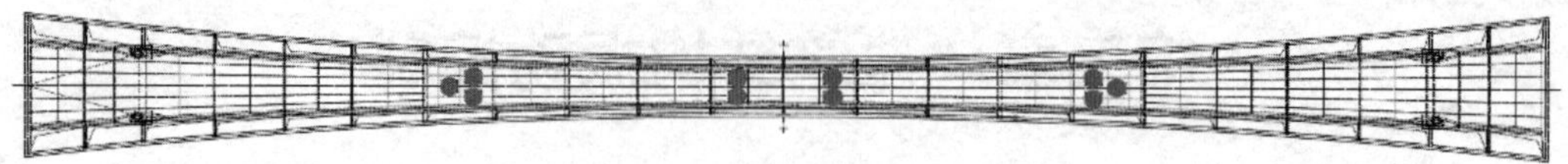

图 3-1-2　连廊桥 TMD 平面布置图

TMD 布置在连廊桥的箱梁内，由于跨中和两侧箱梁净高不同，根据跨中净高特别设计了用于跨中的特殊 TMD（图 3-1-3、图 3-1-4）。在不改变结构强度与刚度的前提下，利用调谐质量减振技术解决楼板的共振问题。

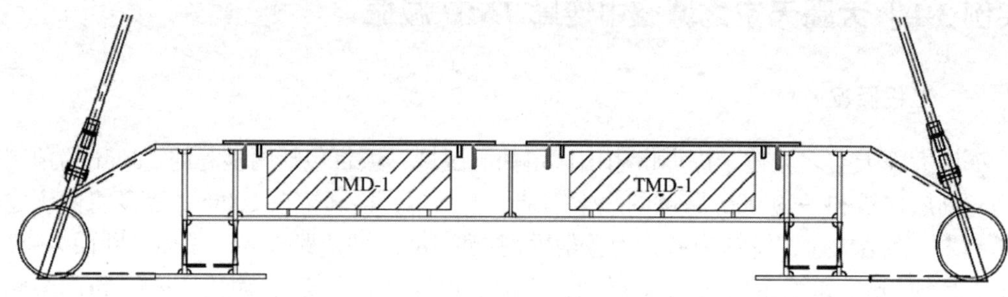

图 3-1-3　跨中 TMD 剖面布置图

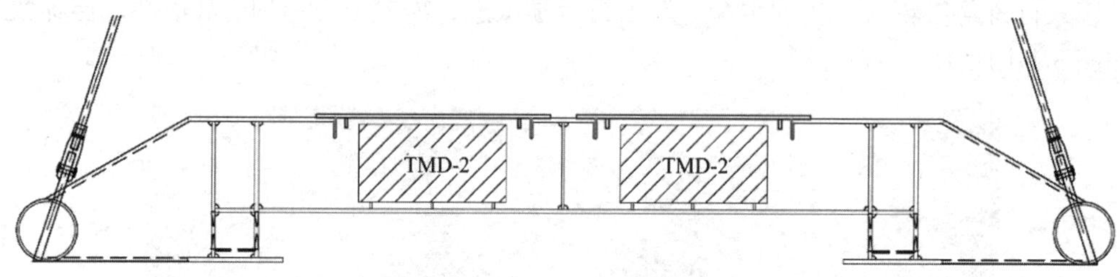

图 3-1-4　1/4 跨和 3/4 跨 TMD 剖面布置图

连廊桥整体结构有限元模型如图 3-1-5 所示。

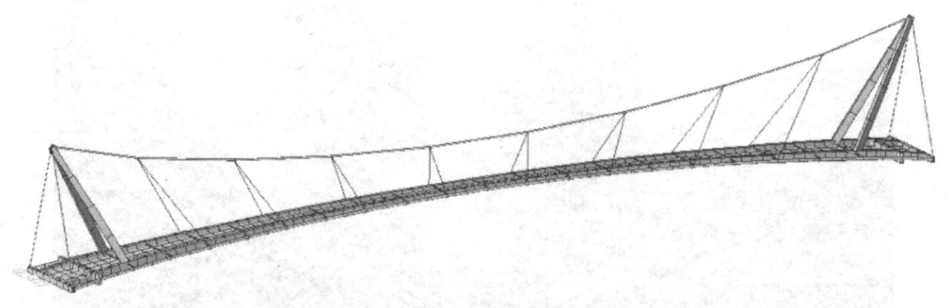

图 3-1-5　连廊桥有限元模型

连廊桥竖向弯曲前 3 阶固有频率分别为 0.98Hz、1.25Hz 和 2.3Hz。考虑到人行频率范围主要集中在 1.25～2.5Hz，没有考虑人员在第 1 阶固有频率下行走对连廊桥竖向舒适度的影响，只考虑了第 2 阶和第 3 阶的不利作用。该模型的模态图如图 3-1-6～图 3-1-8 所示。

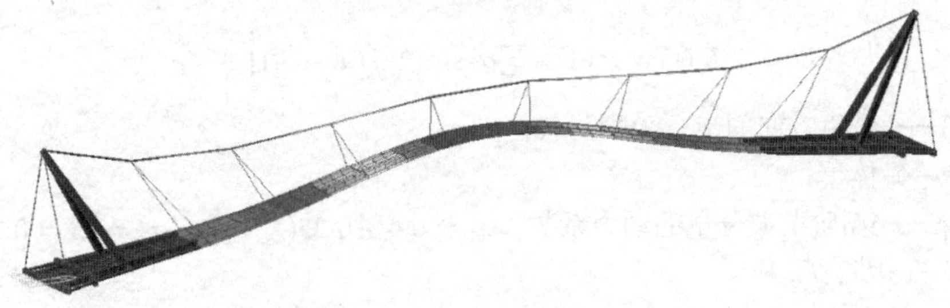

图 3-1-6　第 1 阶竖弯振型（0.98Hz）

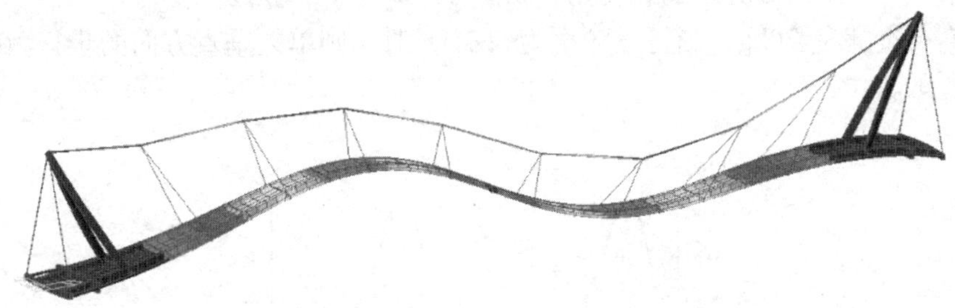

图 3-1-7　第 2 阶竖弯振型（1.25Hz）

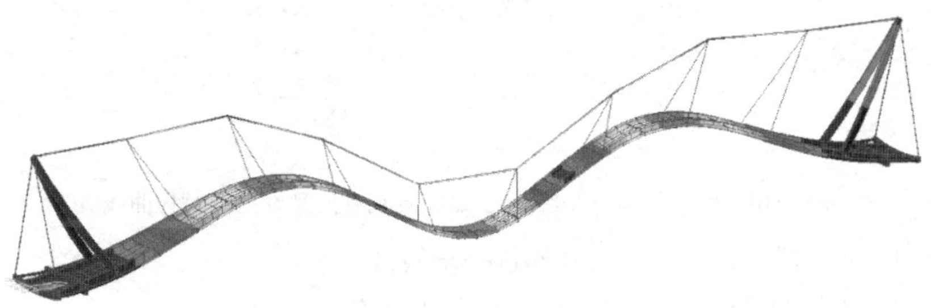

图 3-1-8　第 3 阶竖弯振型（2.3Hz）

TMD 在有限元模型中的模拟布置见图 3-1-9。

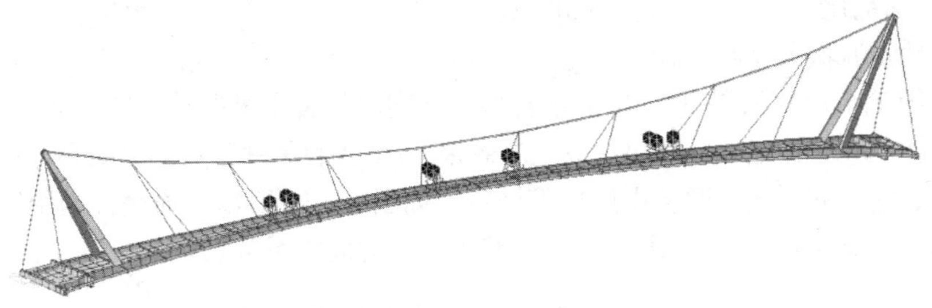

图 3-1-9　TMD 布置方案

三、振动控制分析

1. 舒适度评价目标

根据业主要求，连廊桥竖向加速度限值为 0.32m/s^2。

2. 人行激励荷载

垂直方向的人行激励时程曲线采用国际桥梁及结构工程协会（IABSE）连续步行的荷载模式，这一荷载模式考虑了步行力幅值随步频增大而增大的特点，计算公式为：

$$F_v(t) = P\left[1 + \sum_{i=1}^{3}\alpha_i \sin(2\pi i f_s t - \varphi_i)\right] \tag{3-1-1}$$

式中：$F_v(t)$——垂直方向的步行激励荷载；

P——体重；

α_i——第i阶谐波分量的动力系数，$\alpha_1 = 0.4 + 0.25(f_s - 2)$，$\alpha_2 = \alpha_3 = 0.1$；

f_s——步行频率；

t——时间；

φ_i——第i阶谐波分量的相位角，$\varphi_1 = 0$，$\varphi_2 = \varphi_3 = \pi/2$。

假设单人质量为 70kg，当行进频率为 2.3Hz 时，则单人垂直方向的步行激励荷载如图 3-1-10 所示。

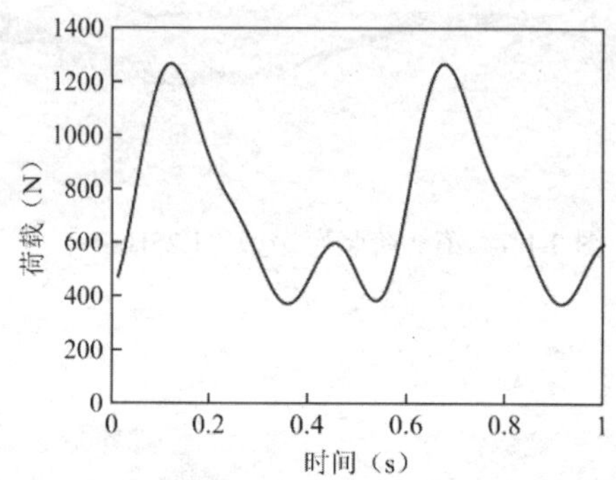

图 3-1-10　单人 70kg 行进频率 2.3Hz 垂直方向激励荷载时程曲线

参考国内外研究成果，对步行荷载作进一步假设如下：

（1）桥面上人员的密度为 1 人/2.4m²，桥面上共有$n = 120$人。

（2）廊桥上行人和某阶固有频率同步的人数为：

$n = 10.8\sqrt{\zeta n} = 10.8 \times \sqrt{0.0038 \times 120} = 7$人；

ζ为连廊阻尼比，设计给定值为 0.0038。

3. 调谐质量减振器参数设计

通过采用 TMD 减振，在原结构上耦合多个不同的弹簧质量振动系统，使 TMD 的固有频率与主结构的频率接近，可以起到减振的效果。TMD 的关键参数为有效质量、调谐频率和阻尼比，这些参数可通过两自由度模型确定，如图 3-1-11 所示。横坐标为调谐比（激励频率与主结构固有频率之比），纵坐标为位移响应动力放大系数。

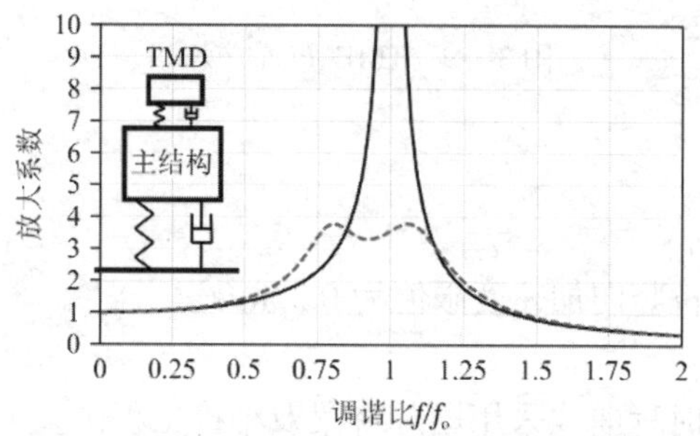

图 3-1-11　TMD 减振原理

学者 Den Hartog 提出了一种 TMD 参数最优值设计方法，该方法不考虑结构阻尼。当主系统没有阻尼或阻尼很小时，TMD 系统最优参数为：

$$f_{\mathrm{opt}} = \frac{f_{\mathrm{H}}}{1+\mu}, \zeta_{\mathrm{opt}} = \sqrt{\frac{3\mu}{8(1+\mu)}} \tag{3-1-2}$$

式中：μ——TMD 质量与结构模态质量之比；

f_{H}——主结构固有频率；

f_{opt}——TMD 最优频率；

ζ_{opt}——TMD 最优阻尼比。

根据连廊桥的固有特性，TMD 设计参数见表 3-1-1。

TMD 设计参数　　**表 3-1-1**

TMD 单个质量	400kg
TMD 频率	2.3Hz
TMD 数量	10 套
TMD 总质量	4000kg
TMD 质量与主结构模态质量之比（μ）	5.3%
TMD 阻尼比	10%

4. 理论分析结果

理论分析计算过程中共分析了两个工况，分别为：

工况 1：步行激励，激励频率 1.25Hz；

工况 2：步行激励，激励频率 2.3Hz。

工况 1 激励荷载作用下桥面加速度峰值为 0.26m/s²，小于设计要求限值 0.32m/s²，可以不采取减振措施（图 3-1-12）。

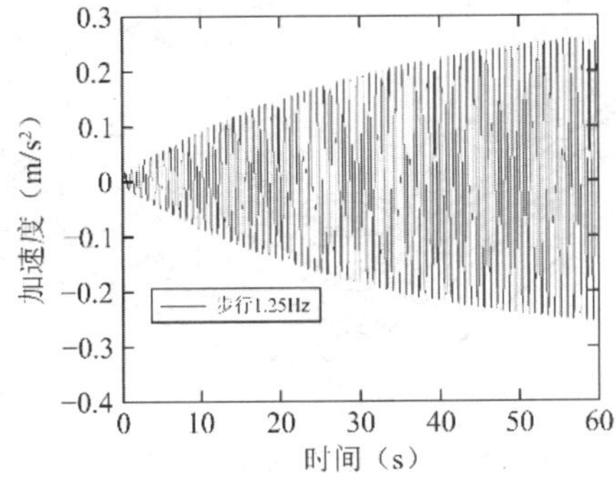

图 3-1-12　工况 1 步行激励下连廊桥竖向振动加速度响应

工况 2 激励荷载作用下桥面加速度为 0.76m/s²，加上 TMD 后结构的竖向加速度峰值减小至 0.095m/s²，减振效率达 80%以上（图 3-1-13）。

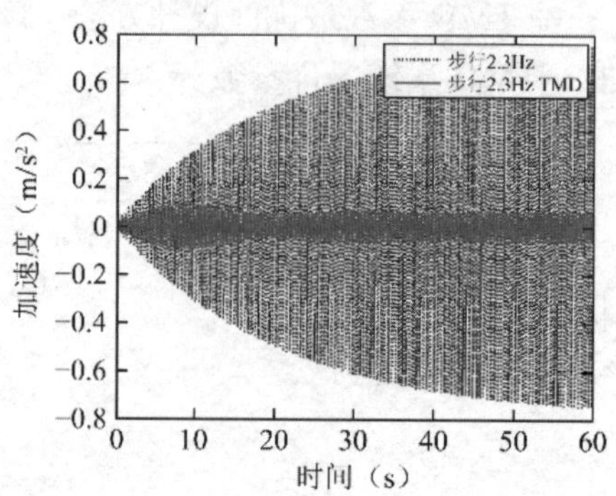

图 3-1-13　工况 2 步行激励下加 TMD 前后连廊桥竖向振动加速度响应

四、振动控制关键技术

本项目连廊桥 TMD 振动控制关键技术如下：

（1）本项目连廊桥主梁为变截面箱梁，内腔净高中间小两侧大，但整个跨度区间箱梁净高均不满足人员内部作业的要求，所以，TMD 需要在外部调试完成后再安装，前期设计过程中预先将 TMD 支架设计完成，并施工到位。

（2）由于箱梁跨中净空非常小，只有 230mm（图 3-1-14），常规 TMD 的产品高度不能满足此净高要求。针对此项目设计了高度 200mm、频率 2.3Hz 的专用 TMD（图 3-1-15）。

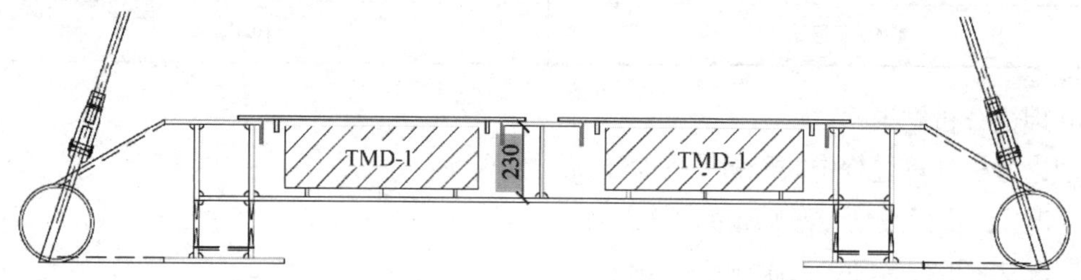

图 3-1-14　跨中箱梁净高

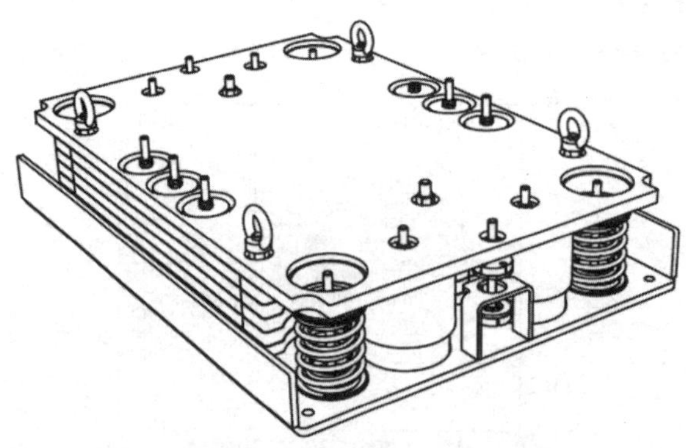

图 3-1-15　高度 200mm 的 TMD

（3）TMD 调试。廊桥完工后，经测试其主要频率为 1.4Hz 和 2.75Hz，现场在不改变 TMD 外形及质量的情况下，通过调整弹簧的刚度将原 TMD 的频率调整到 1.4Hz 和 2.75Hz 附近，即现场将单一型号的 TMD 调整为两种型号。

五、振动控制效果

连廊桥完工后进行了现场实测，测点布置如图 3-1-16 所示。

图 3-1-16　测点布置图

测试结果显示，连廊的主要固有频率为 1.4Hz 和 2.75Hz，且人员以频率 1.4Hz 和 2.75Hz 在桥上行走时，其竖向加速度均大于加速度限值 $0.32m/s^2$。所以，最终按照测试结果对 TMD 频率进行了调试，将 4 套 TMD 的频率调整为 1.4Hz，6 套 TMD 的频率调整为 2.75Hz，具体布置见图 3-1-17。

图 3-1-17　调试后的 TMD 布置图

TMD 释放前后，人员分别按相同的频率 1.4Hz 和 2.75Hz 在桥面上同步行走，桥面振动加速度如图 3-1-18 和图 3-1-19 所示。测试结果显示，TMD 释放后，桥面竖向加速度大幅度降低，TMD 减振效率达 70%以上。

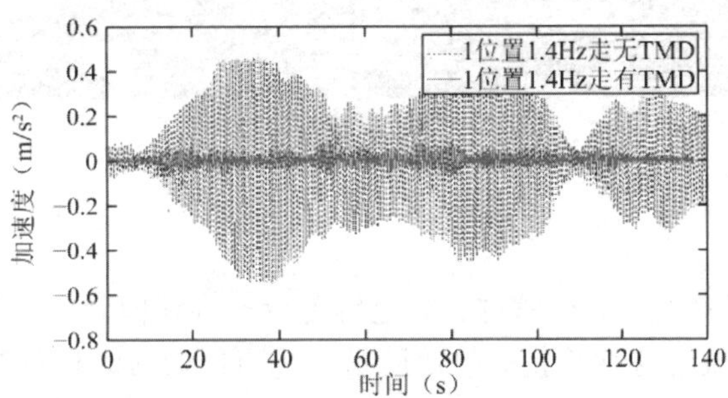

图 3-1-18　测点 1 TMD 释放前后振动加速度响应

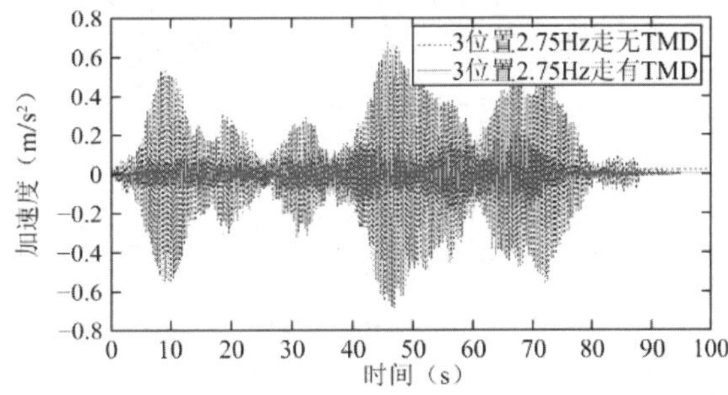

图 3-1-19　测点 3 TMD 释放前后振动加速度响应

［实例 3-2］某美术馆连桥振动控制

一、工程概况

某美术馆由四个三角锥形相连而成，形成金字塔式布局，在主体结构周边设置五座钢桁架连桥用作观光人行桥，其中连桥 A、B、D、E 的跨度较大，分别为 55.2m、43.5m、52.2m 和 62.9m。连桥主体为矩形钢管组成钢桁架，上部浇筑 100mm 厚混凝土楼板，连桥实景如图 3-2-1 所示。

图 3-2-1　连桥实景

二、振动控制方案

通过 SAP2000 通用有限元分析软件，对连桥进行三维建模分析，模型建立后，可以通过模态分析了解结构的振动特性并获取等效质量，还可以通过时程分析得到结构的振动响应。连桥的分析模型及前 3 阶竖向振型如图 3-2-2 所示。

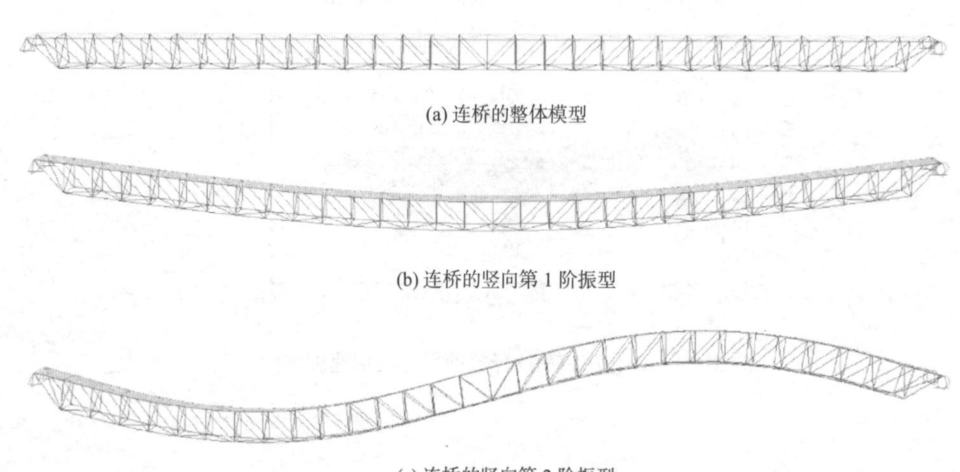

(a) 连桥的整体模型

(b) 连桥的竖向第 1 阶振型

(c) 连桥的竖向第 2 阶振型

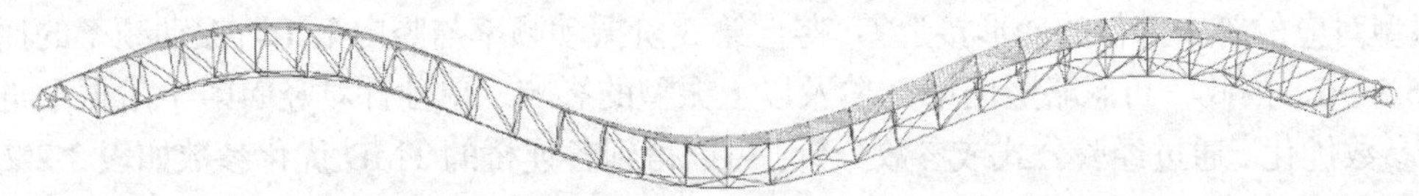

(d) 连桥的竖向第 3 阶振型

图 3-2-2　连桥的分析模型及前 3 阶竖向振型

各振型对应的振动频率如表 3-2-1 所示，将有限元模型分析结果与实测结果对比可以看出，实测频率与有限元模型分析频率结果基本一致，有限元模型可信。

连桥的振动频率及阻尼比　　**表 3-2-1**

连桥竖向振动		频率实测值（Hz）	频率分析值（Hz）	误差	阻尼比
连桥 A	1 阶	2.55	2.55	0.00%	0.35%
	2 阶	7.96	7.18	−9.80%	—
	3 阶	14.00	13.86	−1.00%	—
连桥 B	1 阶	3.63	3.63	0.00%	0.25%
	2 阶	10.80	9.97	−7.69%	—
	3 阶	18.40	18.16	−1.30%	—
连桥 D	1 阶	2.57	2.57	0.00%	0.24%
	2 阶	8.14	7.77	−4.55%	—
	3 阶	15.40	14.74	−4.29%	—
连桥 E	1 阶	1.88	1.88	0.00%	0.20%
	2 阶	6.10	5.90	−3.28%	—
	3 阶	10.70	11.25	5.14%	—

根据上述分析结果可以发现，连桥 A、D、E 的竖向第 1 阶自振频率与人行荷载频率接近，容易发生共振，且振动舒适度不能满足设计要求，所以采用调谐质量阻尼器（Tuned Mass Damper，TMD）减振系统进行振动控制。根据现场的安装条件等要求，连桥 A、D、E 各布置 3 个 TMD，布置位置如图 3-2-3 所示。

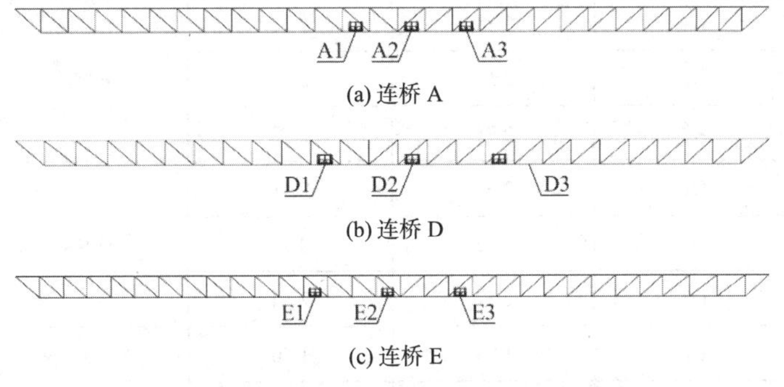

(a) 连桥 A

(b) 连桥 D

(c) 连桥 E

图 3-2-3　各连桥的 TMD 布置位置及编号

连桥 A、D、E 的竖向第 2 阶振动频率与竖向第 1 阶振动频率的比值均在 3 左右，且第

2 阶振型对应的跨中部位的变形接近零，竖向第 3 阶振动频率与竖向第 1 阶振动频率的比值均在 5.5～6，因此，可忽略竖向第 2 阶及以上振型的影响，单独针对竖向第 1 阶振型进行 TMD 参数优化。通过经验公式或参数分析，可以得到各连桥的 TMD 优化参数如表 3-2-2 所示。加工生产的 TMD 实测值与设计值的对比如表 3-2-3 所示。

连桥的 TMD 优化参数 **表 3-2-2**

连桥	A			D			E		
频率（Hz）	2.55			2.57			1.88		
阻尼比	0.35%			0.24%			0.20%		
质量（t）	155.60			146.67			242.48		
TMD 个数	3			3			3		
TMD 编号	A1	A2	A3	D1	D2	D3	E1	E2	E3
归一化振型系数（$\times 10^{-3}$）	3.50	3.54	3.33	3.64	3.62	3.19	2.74	2.84	2.77
等效质量（t）	81.6	79.8	90.2	75.5	76.3	98.3	133.2	124.0	130.3
TMD 质量（t）	1.0	1.0	1.0	1.0	1.0	1.0	1.2	1.2	1.2
TMD 质量比	1.2%	1.3%	1.1%	1.3%	1.3%	1.0%	0.9%	1.0%	0.9%
TMD 总质量比	3.6%			3.7%			2.8%		
优化带宽（公式）	0.159			0.000			0.137		
优化带宽（数值分析）	0.160			0.000			0.140		
中心频率比	1.000			0.982			1.000		
中心频率	2.55			2.52			1.88		
TMD 频率（Hz）	2.35	2.55	2.75	2.52	2.52	2.52	1.75	1.88	2.01
优化阻尼（公式）	5.7%			11.6%			5.0%		
优化阻尼（数值分析）	6.0%			11.9%			5.2%		

TMD 的振动频率实测值与设计值对比 **表 3-2-3**

连桥	编号	设计频率（Hz）	实测频率（Hz）	设计阻尼	实测阻尼
A	A1	2.35	2.32	6.0%	5.7%～6.3%
	A2	2.55	2.54		
	A3	2.75	2.72		
D	D1	2.52	2.53	11.9%	10.5%～12.0%
	D2	2.52	2.52		
	D3	2.52	2.54		
E	E1	1.75	1.76	5.2%	4.9%～5.5%
	E2	1.88	1.89		
	E3	2.01	2.03		

三、振动控制分析

TMD 在现场安装完成后（图 3-2-4），在连桥跨中、TMD 质量块上、TMD 底座附近分别布置传感器采集振动加速度，采取的人行激励工况含步行、跑步、跳跃、蹬地，激励频率的设置与无 TMD 时基本一致，其中单人跳跃和蹬地荷载与加速度进行同步采集。

图 3-2-4　TMD 实物图

以连桥 D 为例，将实测的单人跳跃荷载代入附加 TMD 系统的模型进行分析，将分析得到的振动响应与实测值进行对比。连桥 D 在 2.57Hz（连桥的竖向第 1 阶自振频率）跳跃荷载的作用下，振动响应对比结果如图 3-2-5 所示，由图可见分析值与实测值基本吻合，说明分析模型准确可信。

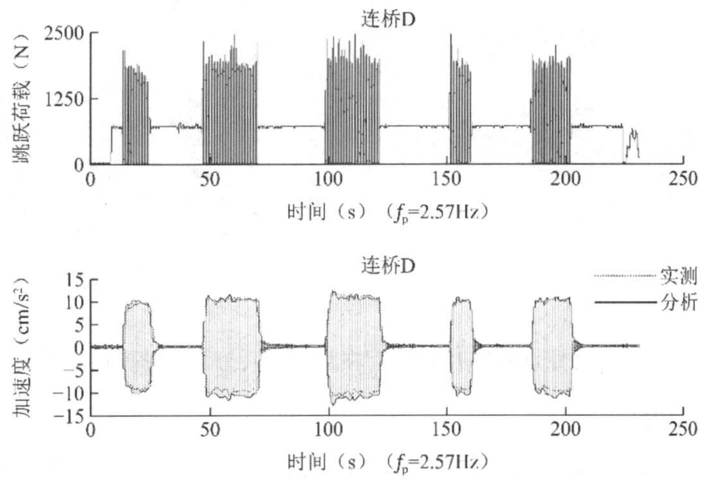

图 3-2-5　连桥 D 在跨中跳跃荷载下的振动响应

图 3-2-6 为附加 TMD 减振系统前后，连桥 D 在共振频率激励（连桥竖向第 1 阶自振频率）下振动响应实测值对比。由图可见，在附加 TMD 之后，连桥 D 的振动响应大幅度降低，且振动衰减明显加快。

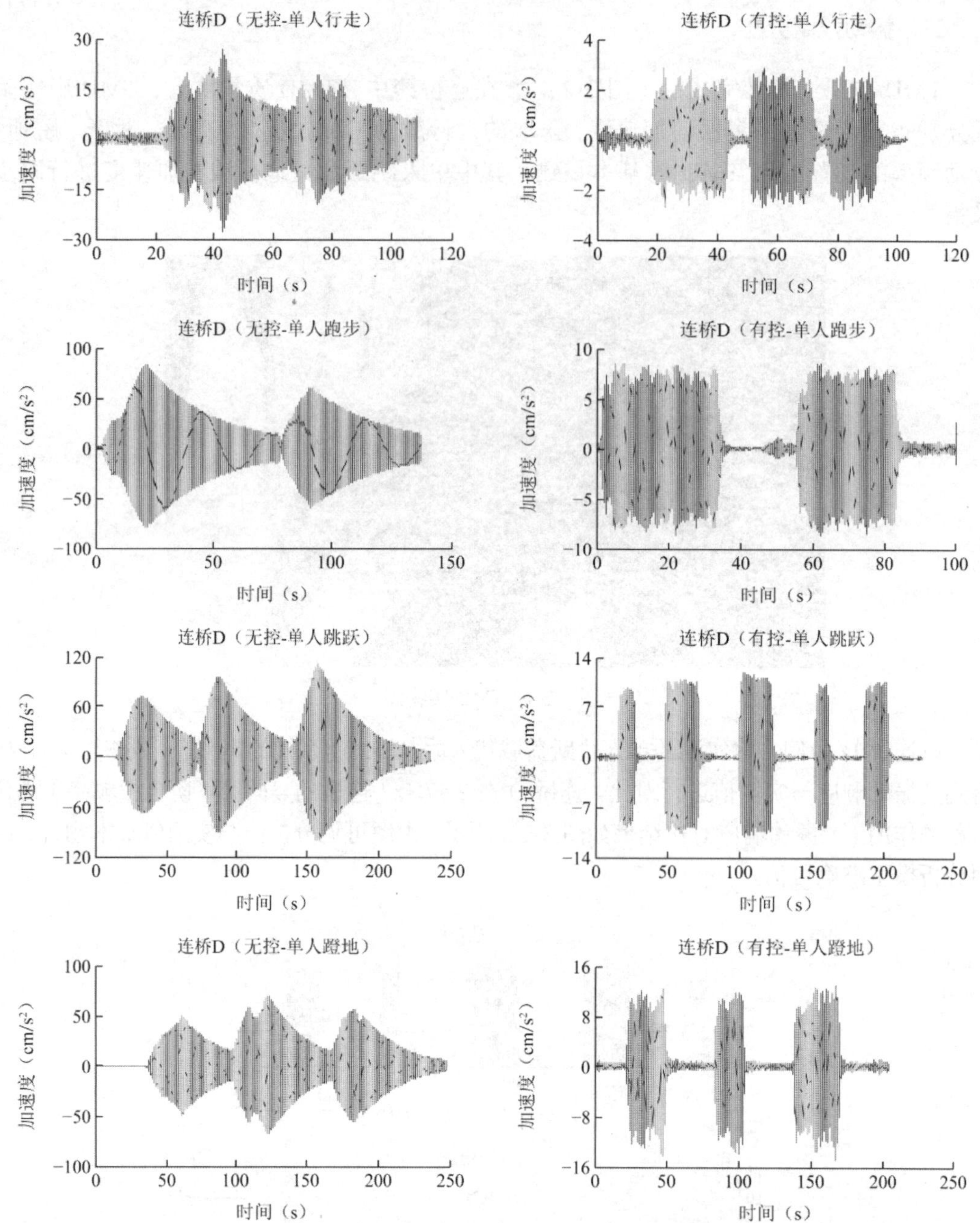

图 3-2-6　连桥 D 附加 TMD 前后在共振频率激励下的振动响应对比

四、振动控制效果

以共振频率（连桥的竖向第 1 阶自振频率）在连桥 A 跨中进行跳跃激励时 TMD 质量块和连桥（TMD 支座部位）的加速度实测值对比如图 3-2-7 所示，连桥和 TMD 加速度时程曲线间存在约 90°的相位差，说明能量在 TMD 与连桥之间相互传递，而具备适当阻尼的 TMD 对连桥施加与其运动趋势相反的作用力，并快速地将能量耗散，从而有效地抑制连桥的振动，并且加速了连桥的振动衰减。

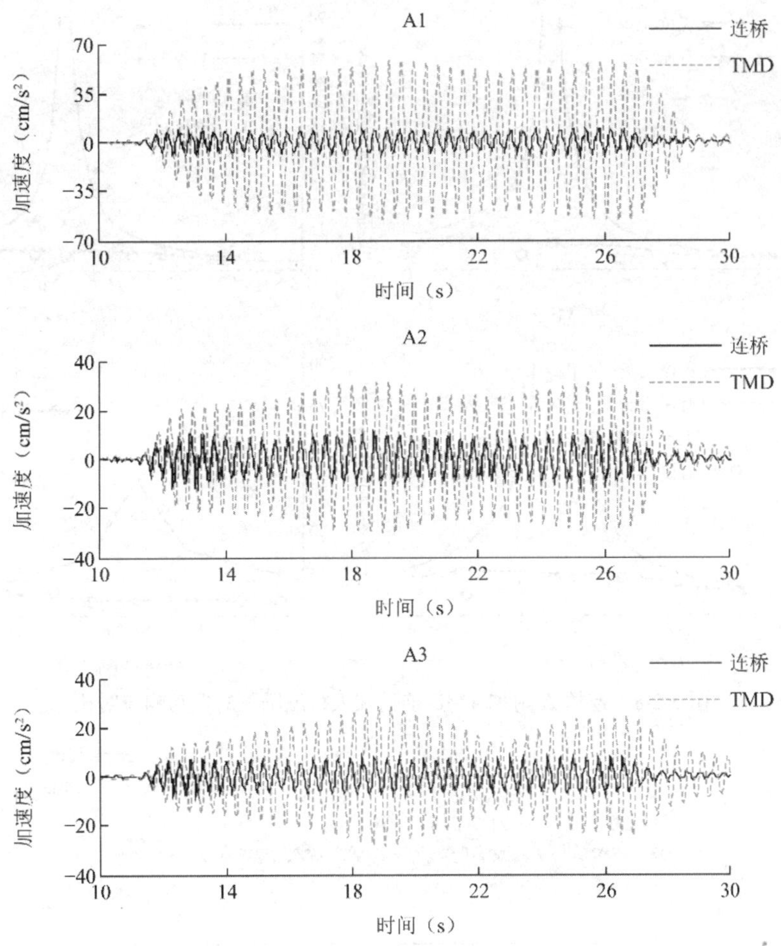

图 3-2-7　连桥 A 的 TMD 质量块与连桥（TMD 支座）振动响应对比

图 3-2-8 为附加 TMD 减振系统前后，连桥 A 的振动响应分析结果和实测值。由图可见，分析值与实测值基本吻合，在人行频率接近共振频率时，未附加 TMD 系统的连桥振动响应实测值明显小于分析值，主要因为连桥附加 TMD 之前阻尼比较小，激起共振响应幅值至少需要 100s 的激励时间，但实测时为避免振动响应过大引起现场人员恐慌或对连桥造成损伤，人行激励时间控制在 25s 左右。结果表明，该激励时间已能反映连桥的共振响应情况且足以激起其他频率工况下的振动响应幅值。

TMD 系统能够在较宽的频带范围内有效地抑制连桥的振动，当人行频率接近连桥被控振型频率时，实测减振率可以达到 70%～90%，说明连桥 A 附加的 TMD 系统参数合理，工作性能良好，能够起到预期的减振效果。在采用 TMD 系统进行减振后，连桥 A 的人致振动舒适度能够满足设计要求。

图 3-2-9 和图 3-2-10 分别为以共振频率（连桥的竖向第 1 阶自振频率）在连桥 D 和连桥 E 跨中进行跳跃激励时 TMD 质量块和连桥（TMD 支座部位）的加速度实测值对比。由图可见，连桥 D、E 在附加 TMD 后加速度响应显著减小，并且实测减振率可以达到 70%～90%，减振效果显著。

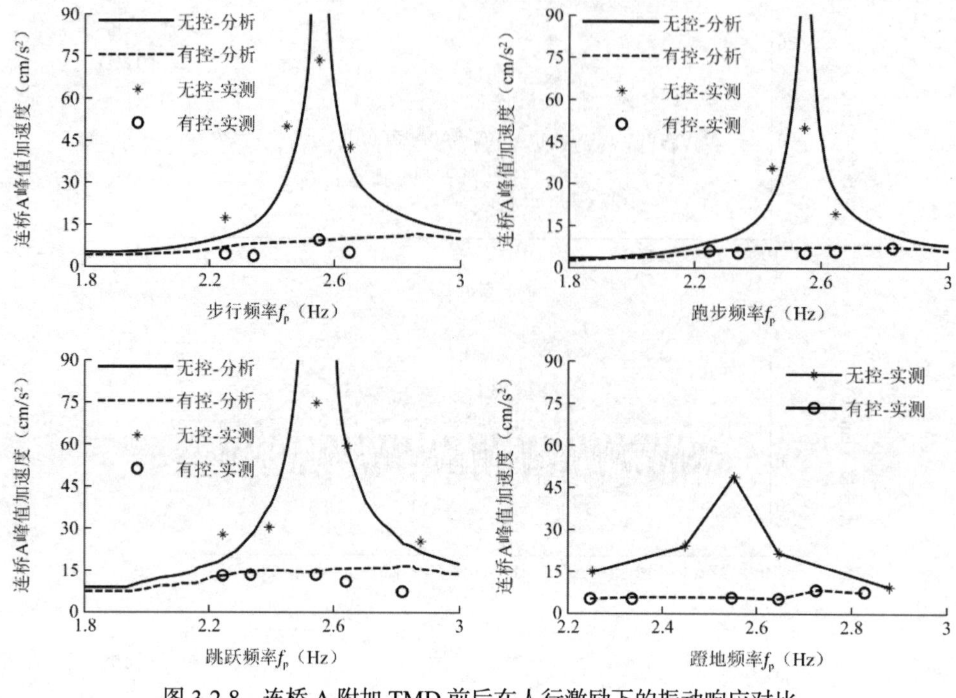

图 3-2-8　连桥 A 附加 TMD 前后在人行激励下的振动响应对比

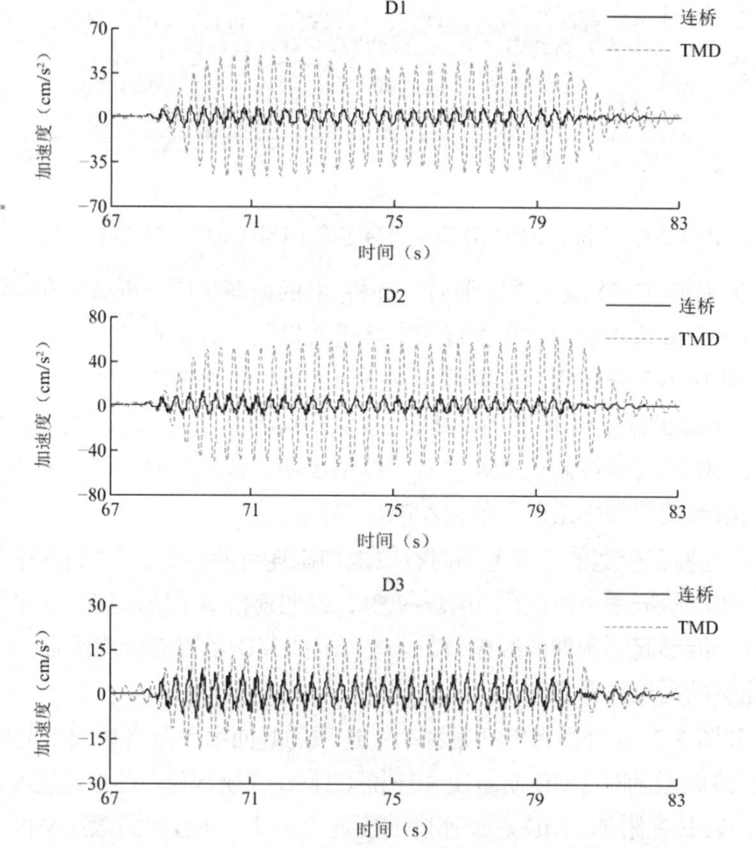

图 3-2-9　连桥 D 的 TMD 质量块与连桥（TMD 支座）振动响应对比

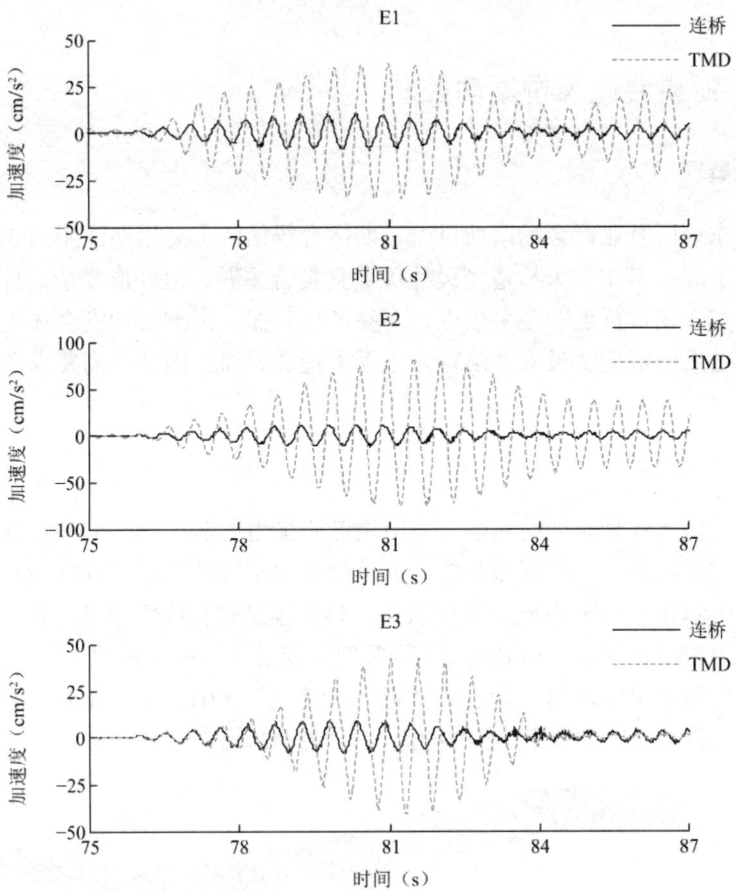

图 3-2-10　连桥 E 的 TMD 质量块与连桥（TMD 支座）振动响应对比

[实例 3-3] 亚青会北天桥振动控制

一、工程概况

汕头大学东校区暨亚青会场馆项目（一期体育场馆区）总用地面积约 365 亩，总建筑面积约 14.64 万 m^2。其中，天桥造型设计优美且契合主题，但外形复杂，且跨度较大。第 1 阶自振频率与人正常行走的频率接近，容易产生共振，影响结构安全和正常使用，而且振动有可能超过人体舒适度极限，给行人心理上造成恐慌。因此，需要采取相应措施进行振动控制。

二、振动控制方案

针对这类天桥人致竖向振动问题，采用调谐质量阻尼器（Tuned Mass Damper，TMD）来达到减小振动反应是一个很好的办法，也是经工程实践证实切实可行的办法。

使用 MIDAS GEN 2019 有限元分析软件对整体模型进行线性模态分析，竖向为主的振型如图 3-3-1～图 3-3-3 所示。得到前 20 阶振型周期及质量参与系数见表 3-3-1。振型结果显示，天桥竖向振型集中在第 3 阶和第 4 阶，频率为 3.72Hz 与 3.81Hz，振型质量参与系数分别为 50.5%和 15.8%，体现为各跨的侧边竖向振动。

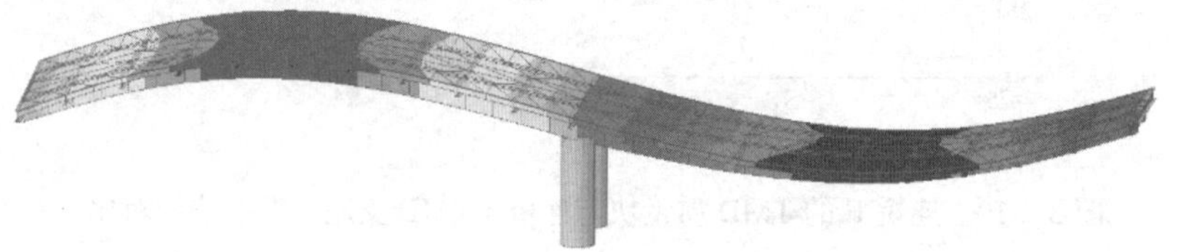

图 3-3-1　第 1 阶振型竖向变形云图（2.39Hz）

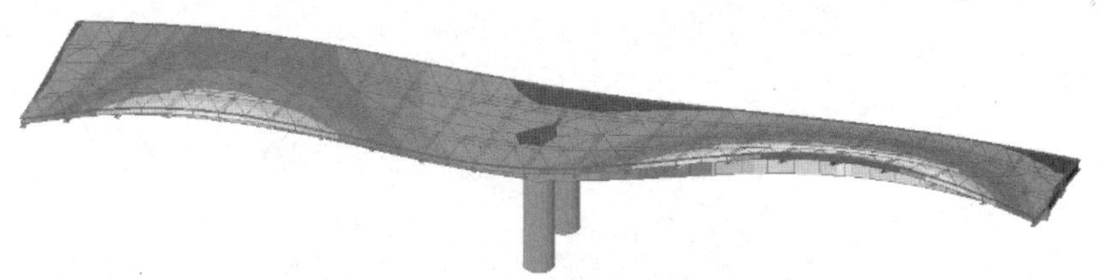

图 3-3-2　第 3 阶振型竖向变形云图（3.72Hz）

图 3-3-3　第 4 阶振型竖向变形云图（3.81Hz）

非减振结构振型周期及质量参与系数 **表 3-3-1**

振型	频率	周期	UX	UY	UZ	RX	RY	RZ
	Hz	s	%					
1	2.385	0.419	0.00	0.45	1.72	63.20	8.61	0.00
2	3.279	0.305	0.03	0.00	0.05	0.00	12.88	0.25
3	3.719	0.269	0.05	0.05	**50.53**	0.70	10.33	0.03
4	3.811	0.262	0.20	0.01	**15.82**	0.52	44.29	0.03
5	4.542	0.220	0.05	99.15	0.01	0.52	0.04	0.00
6	6.505	0.154	83.46	0.05	0.00	0.01	0.09	1.04
7	7.039	0.142	0.98	0.03	0.00	0.67	0.12	0.36
8	7.401	0.135	0.00	0.02	0.00	1.29	0.48	0.03
9	7.468	0.134	0.00	0.10	0.79	7.45	0.93	0.02
10	7.590	0.132	0.11	0.00	0.02	0.00	1.52	0.00
11	7.856	0.127	0.01	0.05	0.93	3.76	0.33	0.25
12	9.136	0.109	0.01	0.00	0.97	0.00	0.03	0.02
13	9.632	0.104	0.01	0.00	0.02	0.01	7.00	0.06
14	9.844	0.102	0.01	0.01	0.90	0.40	0.12	1.66
15	10.035	0.100	0.00	0.00	0.00	0.05	0.06	0.00
16	10.183	0.098	0.19	0.00	0.05	1.13	0.28	18.45
17	10.429	0.096	0.36	0.00	0.16	0.21	0.01	38.10
18	10.762	0.093	0.01	0.00	2.92	1.08	0.17	1.03
19	10.976	0.091	0.01	0.00	0.00	0.00	0.04	0.10
20	11.298	0.089	0.00	0.00	0.04	0.56	0.09	0.04

天桥第 3 阶、第 4 阶自振频率与人行荷载频率接近。因此，针对各跨的侧边布置 TMD 进行振动控制，TMD 布置位置见图 3-3-4。

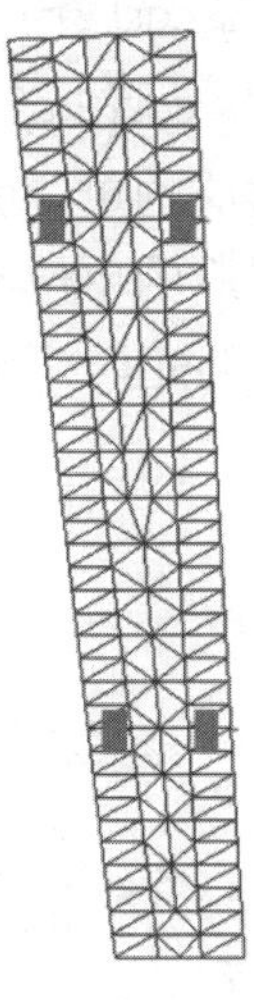

图 3-3-4　桥面 TMD 布置位置

布置的 TMD 质量与振型质量比在 1%～5%时，可以兼顾减振效果和经济性。TMD 设计参数见表 3-3-2。

TMD 设计参数　　表 3-3-2

参数	取值	备注
TMD 质量	1000kg	只包含质量块的质量
自振频率	3.72Hz	通过调整弹簧刚度进行控制
弹簧刚度	137 × 4kN/m	质量块与支架之间有 4 个主弹簧支撑，TMD 总刚度为 4 个弹簧刚度之和
刚度调整范围	±15%	添加额外的调整弹簧来调整刚度
阻尼比	0.1	—
阻尼系数	4.68kN/(m/s)	由黏滞阻尼器提供，安装在质量块中心，下端固定在支座上
阻尼指数	1.0	考虑黏滞阻尼器的非线性

三、振动控制分析

1. 舒适度评价标准

大量的研究和试验证明，人的舒适性感受可以采用楼盖的振动加速度响应来进行评价。目前振动加速度评价指标有很多种，包括峰值加速度、均方根加速度、计权均方根加速度、计权加速度级、四次方振动剂量级等。

依据《建筑楼盖结构振动舒适度技术标准》JGJ/T 441—2019，本项目中，对行走激励，以加速度峰值作为评价指标，取竖向加速度限值为 50cm/s^2。

2. 人行荷载模拟

人的行走可能产生垂直作用力、横向作用力以及纵向作用力。横向荷载大小约为竖向的 1/10～1/8，不会引起连桥等的共振，一般在舒适度分析时不予考虑。根据《建筑楼盖结构振动舒适度技术标准》JGJ/T 441—2019，建筑中供行人通行的走道、连桥等高密度流动人群区域，行走的人群密度较大，且可能出现同步行走的情况，其舒适度标准可参照天桥进行设计。

连廊和室内天桥单位面积的人群密度荷载激励按下列计算：

$$p_1(t) = P_b r' \psi \cos\left(2\pi \overline{f}_{s1} t\right) \tag{3-3-1}$$

$$p_2(t) = P_b r' \psi \cos\left(2\pi \overline{f}_{s2} t\right) \tag{3-3-2}$$

式中：$p_1(t)$——第 1 阶竖向人群荷载频率对应的单位面积人群竖向荷载（kN/m^2）；

$p_2(t)$——第 2 阶竖向人群荷载频率对应的单位面积人群竖向荷载（kN/m^2）；

P_b——连廊和室内天桥上单个行人行走时产生的竖向作用力，可取值 0.28kN；

$\overline{f}_{s1}$——第 1 阶竖向人群荷载频率；

$\overline{f}_{s2}$——第 2 阶竖向人群荷载频率。

$\overline{f}_{s1}$、$\overline{f}_{s2}$可以按照下式确认：

$$\overline{f}_{s1} = \begin{cases} 1.25 & \dfrac{f_1}{n} < 1.25 \\ \dfrac{f_1}{n} & 1.25 \leqslant \dfrac{f_1}{n} \leqslant 2.50 \\ 2.50 & \dfrac{f_1}{n} > 2.50 \end{cases} \tag{3-3-3}$$

$$\overline{f}_{s2} = 2\overline{f}_{s1} \tag{3-3-4}$$

等效人群密度计算如下式：

$$r' = \frac{10.8\sqrt{\zeta N}}{A} \tag{3-3-5}$$

式中：ζ——舒适度分析时的结构阻尼比，本项目中采用的是混凝土楼板，行走工况阻尼比取值为 0.02；

N——行人总人数，取值为$N = 0.5A$；

A——连桥区域面积；

n——等效行人人数。

竖向荷载折减系数应按下式进行：

$$\psi = \begin{cases} 0 & \overline{f}_{s1} \leqslant 1.25 \\ \dfrac{\overline{f}_{s1} - 1.25}{1.7 - 1.25} & 1.25 < \overline{f}_{s1} \leqslant 1.7 \\ 1 & 1.7 < \overline{f}_{s1} \leqslant 2.1 \\ 1 - \dfrac{\overline{f}_{s1} - 2.1}{2.3 - 2.1} & 2.1 < \overline{f}_{s1} \leqslant 2.25 \\ 0.25 & 2.25 < \overline{f}_{s1} \leqslant 2.5 \\ 0.25 & 2.5 < \overline{f}_{s2} \leqslant 4.2 \\ 0.25\left(1 - \dfrac{\overline{f}_{s2} - 4.2}{4.6 - 4.2}\right) & 4.2 < \overline{f}_{s2} \leqslant 4.6 \\ 0 & \overline{f}_{s2} > 4.6 \end{cases} \tag{3-3-6}$$

四、振动控制效果

原结构在未布置 TMD 时，进行各工况的时程分析，得到结果如表 3-3-3 所示。从表中结果可以看出，南跨在共振工况下最大竖向加速度为 75.7cm/s^2，北跨在共振工况下最大竖向加速度为 56.2cm/s^2，均超出了舒适度标准。

未减振结构动力响应　　　　**表 3-3-3**

荷载工况	行走频率（Hz）	北跨（cm/s^2）	南跨（cm/s^2）
TC1	2.39	8.2	8.2
TC2	1.86	9.6	8.0
TC3	1.90	9.9	9.5
TC4	3.72	56.2	75.7
TC5	3.80	40.9	51.6

对布置 TMD 后的结构进行时程动力分析，得到动力响应见表 3-3-4。减振后，竖向振动加速度均能满足舒适度标准。减振效果见图 3-3-5 和图 3-3-6。

减振后竖向加速度　　　　**表 3-3-4**

荷载工况	行走频率（Hz）	北跨（cm/s^2）	南跨（cm/s^2）
TC1	2.39	6.4	7.5
TC2	1.86	8.4	8.5

续表

荷载工况	行走频率（Hz）	北跨（cm/s^2）	南跨（cm/s^2）
TC3	1.90	8.6	8.9
TC4	3.72	19.2	22.0
TC5	3.80	18.2	20.3

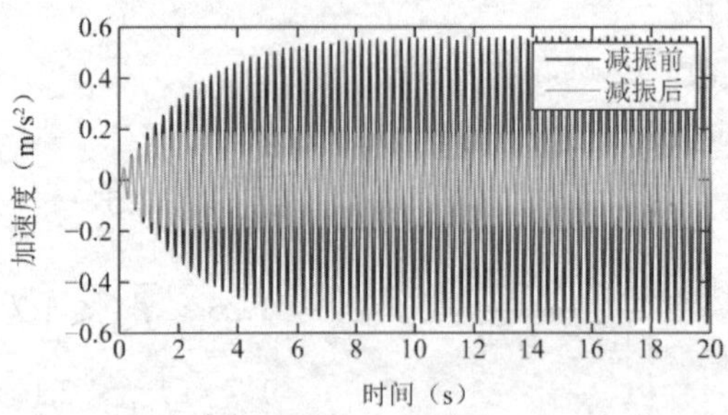

图 3-3-5　北跨行走工况下减振前后加速度时程对比

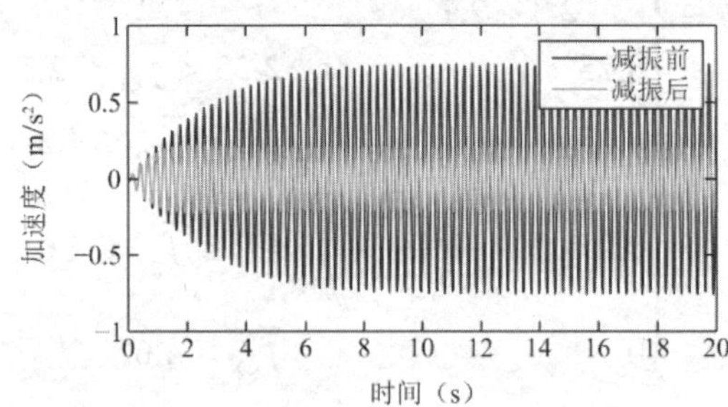

图 3-3-6　南跨行走工况下减振前后加速度时程对比

测试在多人行走时景观桥的竖向加速度。在使用 MIDAS 软件进行人行天桥的舒适度分析时，人行荷载作为均布面荷载施加在天桥振型剧烈的位置。为了使实际调试过程与设计分析更为接近，理论上在现场安排相同的人数，以桥跨的实测频率做原地踏步运动，出于人数限制，找到八人行走进行测试，为与计算相近，实测结果据此线性放大。结果如图 3-3-7～图 3-3-10 所示，测点 1 减振前加速度最大值为 58.2cm/s^2，减振后加速度最大值为 35.0cm/s^2，减振率达到 40%，减振后满足舒适度要求。测点 2 减振前加速度最大值为 46.8cm/s^2，减振后加速度最大值为 31.1cm/s^2，减振率达到 33.6%，减振后满足舒适度要求。

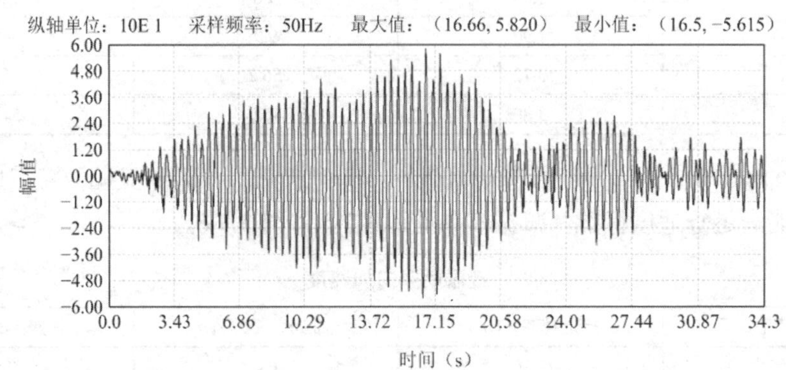

图 3-3-7　八人行走解锁 TMD 前工况下测点 1 桥面竖向加速度时程曲线

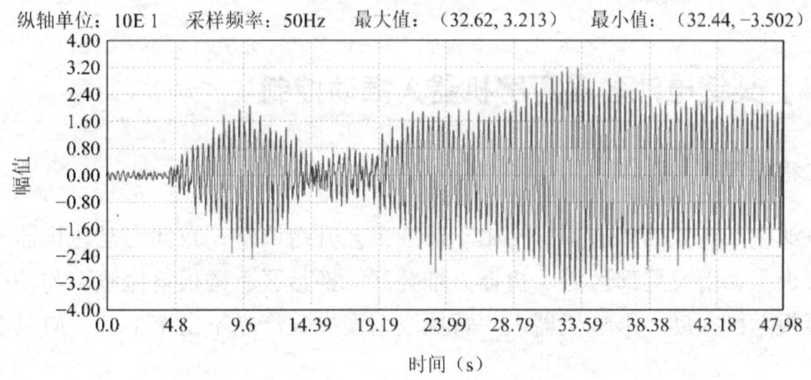

图 3-3-8　八人行走解锁 TMD 后工况下测点 1 桥面竖向加速度时程曲线

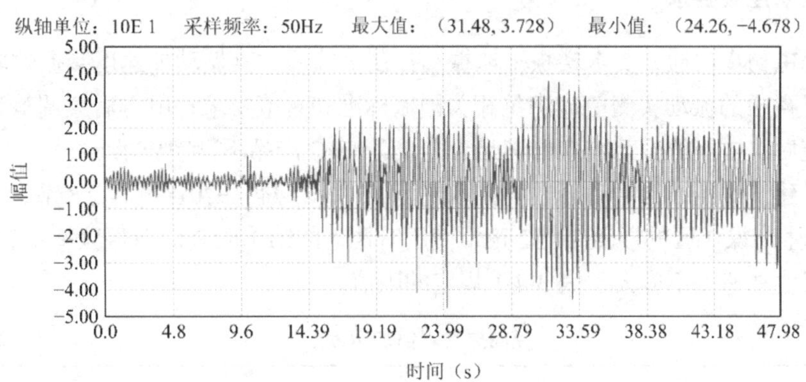

图 3-3-9　八人行走解锁 TMD 前工况下测点 2 桥面竖向加速度时程曲线

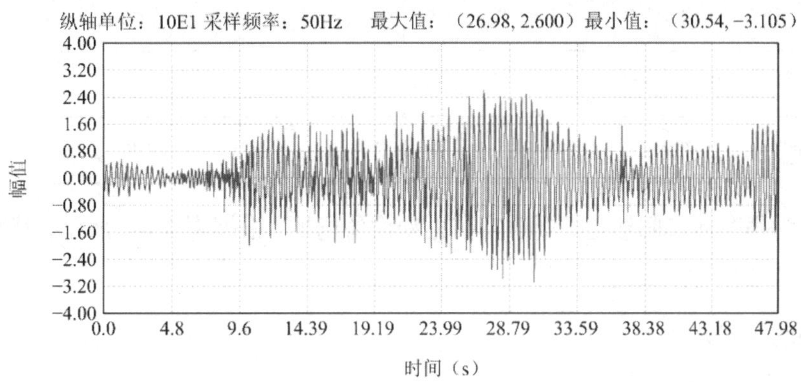

图 3-3-10　八人行走解锁 TMD 后工况下测点 2 桥面竖向加速度时程曲线

根据舒适度标准，要求加速度峰值不超过 50cm/s²。而现场实测的结果显示，在各种工况下人行天桥各测点的竖向加速度反应均满足舒适度要求，说明 TMD 起到了很好的减振效果。

步行荷载激励时的最大竖向加速度为 35cm/s²，均小于舒适度标准要求的 50cm/s²。通过对比 TMD 解锁前和解锁后的加速度峰值，可评估得到 TMD 的减振效果在 33%～40%之间。

由现场测试结果可知，在多人步行荷载激励下，安装 TMD 之后的人行天桥的竖向振动加速度可满足舒适度要求，可见 TMD 起到了较好的减振效果。

［实例 3-4］某锂电池多层厂房机器人振动控制

一、工程概况

某锂电池生产企业的多层厂房，由于产线工艺升级调整，致使自动化机器人手臂布置到各楼层楼板上，引发局部区域（机器人堆叠区、换盘区）楼板自振频率与动荷载频率相近，产生楼板随机振动，影响机器人手臂抓取精度导致产品不良率上升，应采取振动控制措施。

二、振动控制要求

经与业主初步沟通，要求楼板采取振动控制措施后，其振动加速度减振效率应至少达到 50%，且楼板的振动实测值应满足相关国家标准和规范要求；甲方后续调整为：采取振动控制措施后，楼板的振动响应能满足工艺设备 PLC 产品不良率要求。

根据《建筑楼盖结构振动舒适度技术规范》JGJ/T 441—2019 第 4.2.3 节，车间办公、振动设备、生产操作区的楼盖结构，正常使用时楼盖的第 1 阶竖向自振频率不宜低于 3Hz，竖向振动峰值加速度不应大于表 3-4-1 规定的限值。

竖向振动峰值加速度限值　　表 3-4-1

楼盖使用类别	峰值加速度限值（m/s^2）
车间办公室	0.20
安装振动设备	0.35
生产操作区	0.40

本项目为锂电池车间楼盖，属于安装振动设备场地，根据表 3-4-1 所示，其竖向加速度限值宜取 $0.35m/s^2$。

三、振动控制方案

方案 A：采用楼板上布置 TMD 控制方案，如图 3-4-1 所示，在不改变楼板结构强度与刚度前提下，通过能量转移调整楼板振动效应。此方法对工艺设备布置有一定干扰，如果工艺设备已提前安装，将不得不调整产线布置以让出 TMD 最佳布置位置。减振实测结果见表 3-4-2。

方案 B：采用增设支点加固法，如图 3-4-2 所示，在机器人密集区域增设结构柱，并在机器人底座处增加二级次梁，新加结构柱层层下落至建筑地坪板，并在地坪板对应位置处后补锚杆静压钢管桩。为确保增设支点加固法为优选加固方案，进行了多种结构加固方案比选，加固方案及减振分析结果见表 3-4-3、表 3-4-4。机器人手臂侧视图见图 3-4-3。

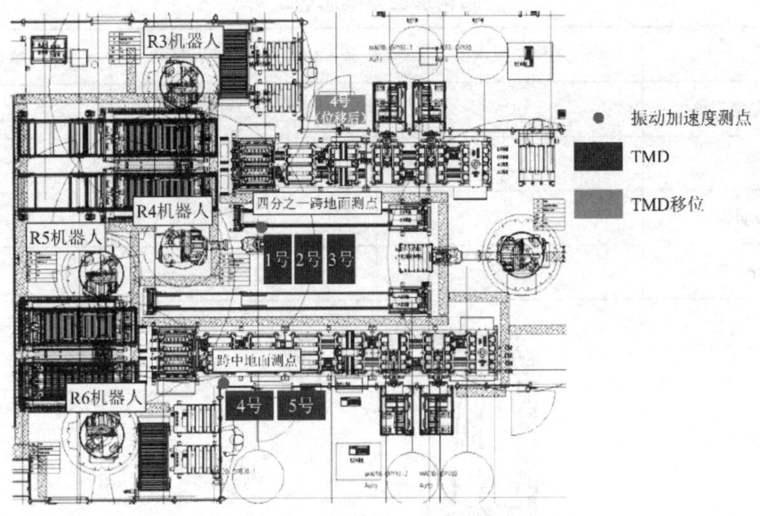

图 3-4-1 TMD 位置和测点布置图

TMD 减振实测结果 **表 3-4-2**

位置	TMD 锁止（mm/s²）	TMD 启用（mm/s²）	减振率
1/4 跨楼板	11.08	6.09	45%
跨中楼板	10.82	4.87	55%

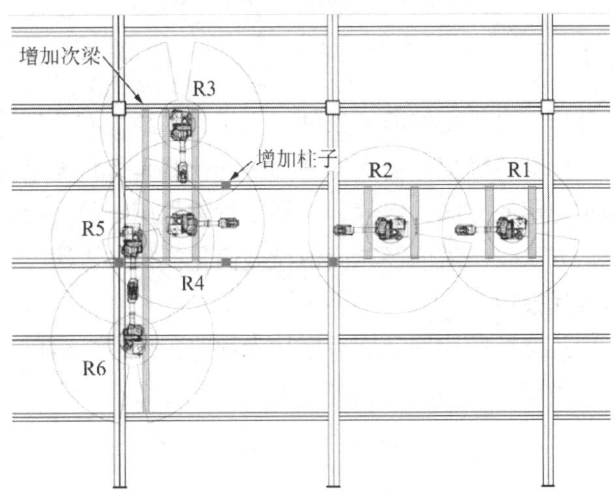

图 3-4-2 增设支点加固布置图

结构加固方案比选一 **表 3-4-3**

位置	未加固	增设支撑	梁端加腋
1/4 跨楼板振动当量	0.3	0.3	0.29
减振率	—	0%	3%
跨中楼板振动当量	0.45	0.45	0.44
减振率	—	0%	2%

结构加固方案比选二　　表 3-4-4

位置	增设二级次梁	板厚由 100mm 增至 150mm	增设结构柱
1/4 跨楼板振动当量	0.26	0.24	0.1
减振率	15%	20%	67%
跨中楼板振动当量	0.36	0.33	0.1
减振率	20%	27%	78%

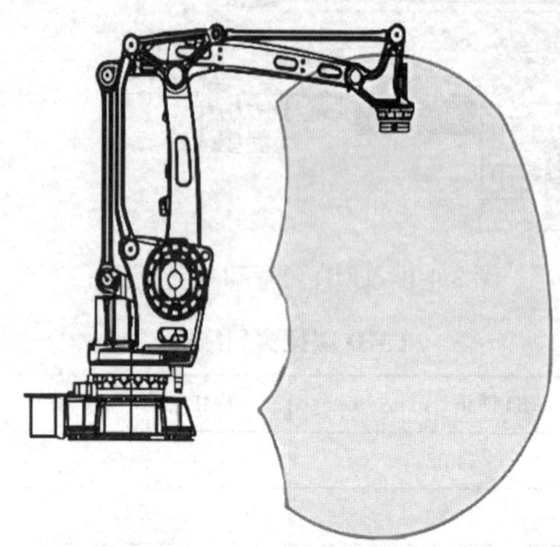

图 3-4-3　机器人手臂侧视图

四、振动控制分析

荷载工况是振动分析中最重要的前置条件，由于目前缺少有关锂电池厂房机器人动荷载的相关研究文献，如何准确模拟机器人振动源振动荷载是楼板振动分析的难点。动力荷载参数应包括扰力和扰力矩的方向、幅值、频率、扰力作用点等，故采用两种方法对未知动荷载进行模拟计算，方法一：借助经典简谐荷载简化模拟；方法二：借助现场采集机器人测点时程响应变向等代模拟。

方法一：根据《建筑楼盖结构振动舒适度技术规范》JGJ/T 441—2019 第 7.2 节的规定，无实测数据时，室内设备振动的荷载可按下式简化计算：

$$P_{\mathrm{m}}(t) = P_{\mathrm{m}}\sin(w_{\mathrm{m}}t) \tag{3-4-1}$$

$$P_{\mathrm{m}}(t) = m_{\mathrm{m}}e_{\mathrm{m}}w_{\mathrm{m}}^{2} \tag{3-4-2}$$

式中：$P_{\mathrm{m}}(t)$——机器设备的动力荷载（N）；

P_{m}——机器扰力（N）；

m_{m}——机器人手臂旋转的总质量（kg）；

e_{m}——旋转部件总质量对转动中心的当量偏心距（m）；

w_{m}——机器人手臂的工作圆周频率（rad/s）。

方法二：根据现场实测机器人基座三向时程信号作为机器人荷载时程等代计算（图 3-4-4）。

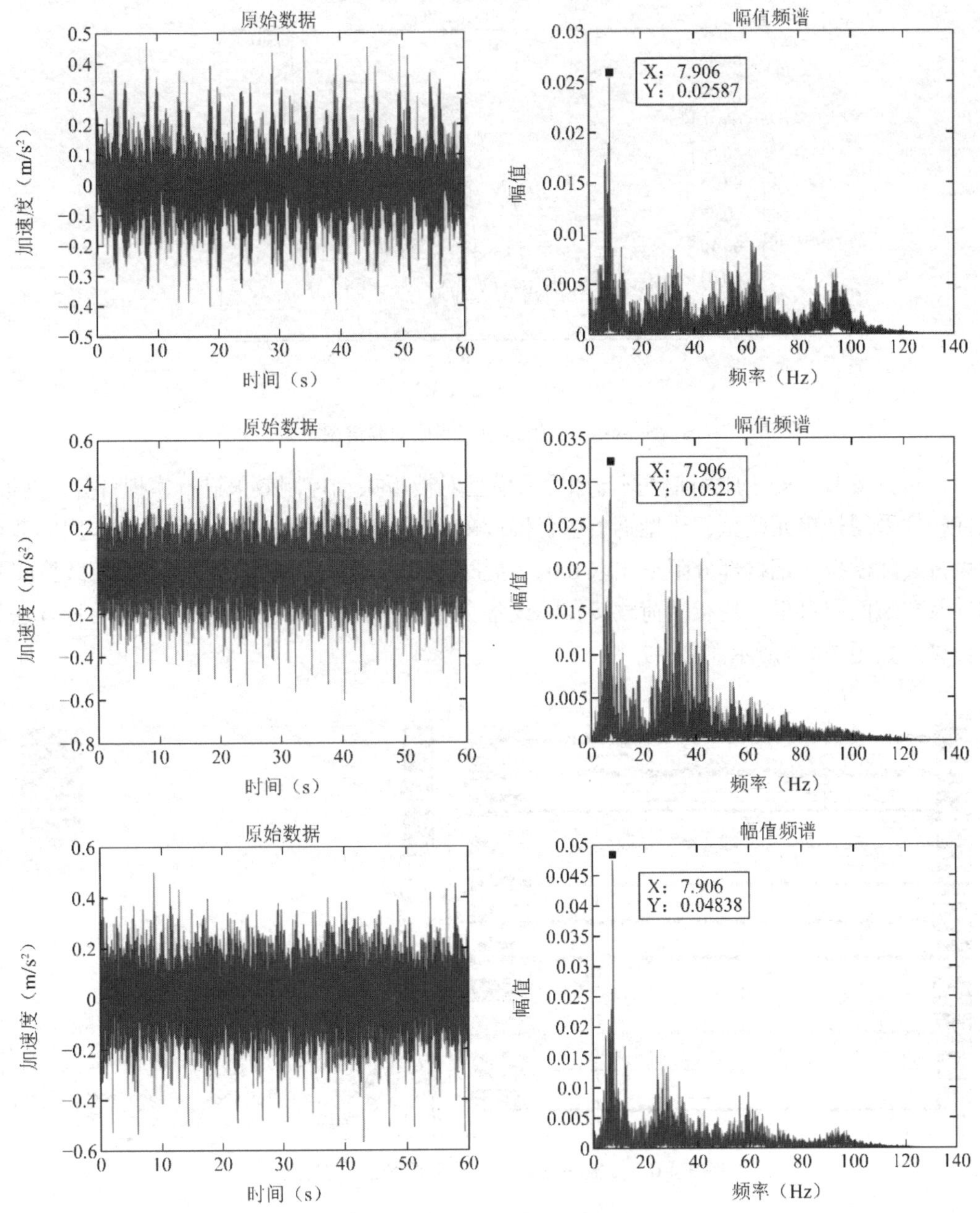

图 3-4-4　三类机器人典型运动实测振动响应时程

针对方案 A，采用了 MTMD 点阵对楼板振动控制效果进行模拟计算，使用 SAP2000 及 MIDAS 并行计算，现场实测信号可见楼盖振动为典型多频振动，针对各主频定制 MTMD 计算参数，跨中 MTMD 质量分别取 1、3、5 阶振型参与质量的 2%，由经验公式计算阻尼比取 0.1，频率取相应阶自振频率；1/4 跨 MTMD 质量分别取 2、3、4、5 阶振型参与质量的 2%，由经验公式计算阻尼比取 0.1，频率取相应阶自振频率；考虑到布置 TMD 后实际质量有所增加，TMD 频率可根据质量修正略小于计算被控频率。如图 3-4-5 所示。

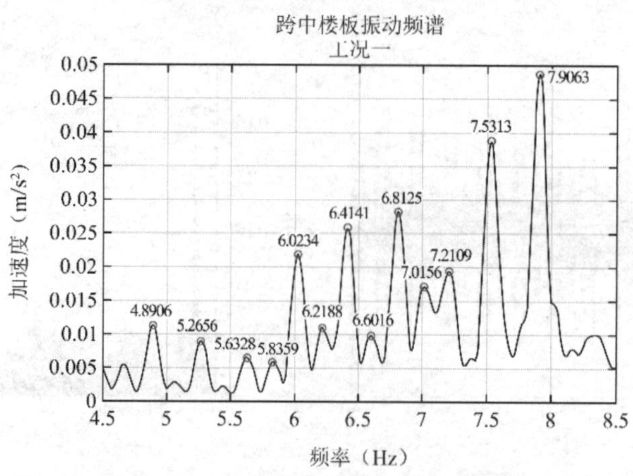

图 3-4-5　楼板跨中实测振动频谱图

针对方案 B，采用加固前模型与加固后模型对楼板振动控制效果进行模拟计算。钢梁、钢柱构件采用杆单元模型，压型钢板组合楼板采用壳单元模型并考虑实际配筋作用；节点约束按实际模拟；钢材部分阻尼比取 0.02，混凝土部分阻尼比取 0.05；均布恒荷载按实际构件及建筑面层自重，均布活荷载按实际设备自重折算，机器人动荷载按前述两种方法分别计算。如图 3-4-6 所示。

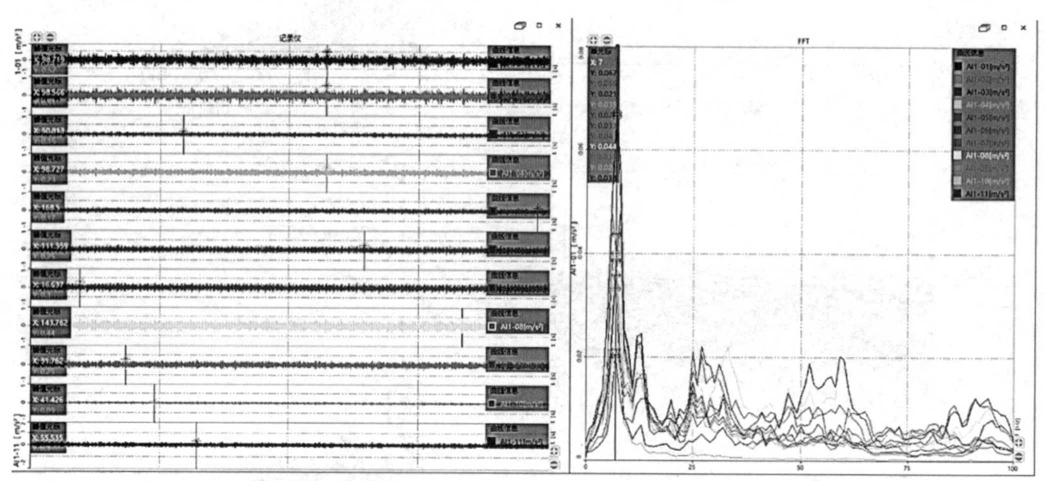

图 3-4-6　楼板多方案加固振动控制信号对比图

五、加固关键技术

采用增设支点加固法对楼盖进行减振时，主要有以下关键技术：

（1）现场不具备卸载条件，需根据位移计算结果，采用反顶措施。

（2）新增二级次梁与原一级次梁刚接。

（3）原一级次梁与主梁刚接。

（4）新增二级次梁与原一级次梁通长设置横向加劲肋。

（5）新增结构柱端部铰接。

（6）增设支点加固后，新老结构构件均应满足抗震承载力验算。

六、振动控制效果

方案 A：布置 TMD 减振控制

从实测结果来看，采用 TMD 减振措施后，时域上加速度峰值减小 30%（图 3-4-7），不达标；频域上加速度峰值可减小 50%（图 3-4-8），达标。总体未达到业主要求，若采用 TMD 方案，需要生产线降速 50%方可达到振动控制要求，此方案使产能降低，未被业主采纳。

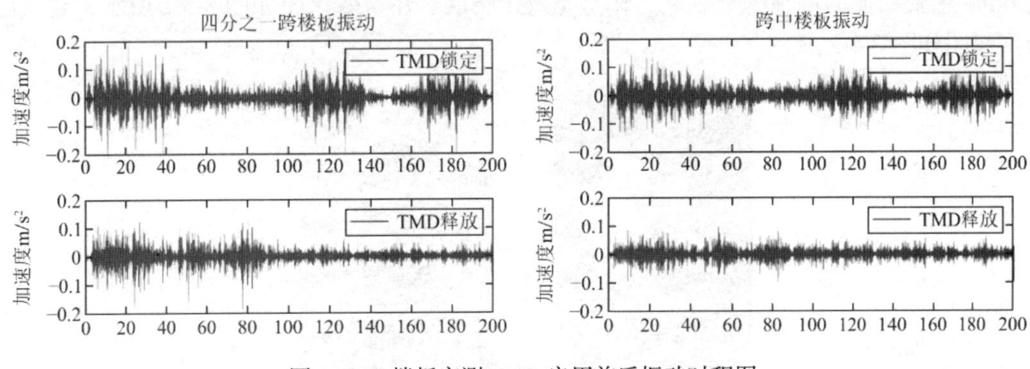

图 3-4-7　楼板实测 TMD 启用前后振动时程图

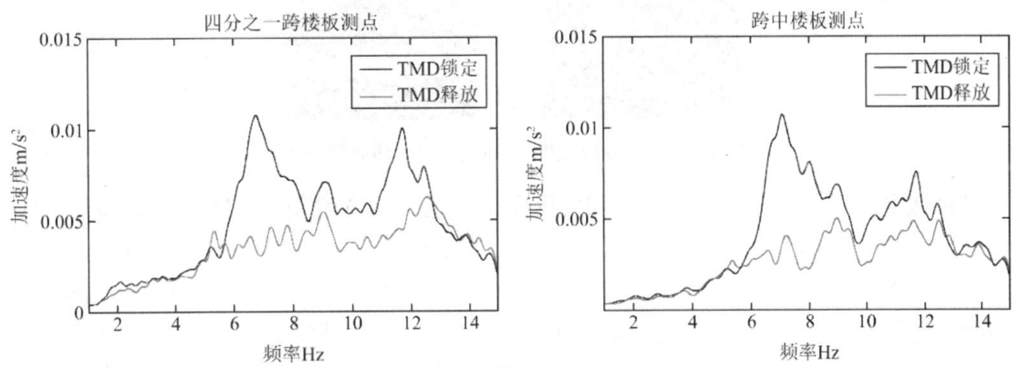

图 3-4-8　楼板实测 TMD 启用前后振动频谱图

方案 B：结构加固减振控制

采用增设支点加固法措施后，在控制区域内楼板振动均可达到业主要求，产线不降速（甚至可以提速），产品不良率降低，得到了业主的认可。

结论：对于强振控制，采用 TMD 的减振率一般为 30%～50%，要求控制频率数值不得改变、数量不宜多且有减振延迟滞后的特性，不适用于多频、变频振动的控制，对锂电池厂房生产线机器人振动控制难以有较大改善，建议采用结构加固措施。

[实例 3-5] 青岛胶东国际机场塔台风致振动控制

一、工程概况

青岛胶东国际机场塔台为一栋单塔式建筑，地上 17 层，地下 2 层，总高度 92.8m，层高 6m。主要功能为塔顶的管制室、休息室及设备层。建筑效果图如图 3-5-1 所示，建成后的实景图如图 3-5-2 所示。

图 3-5-1 塔台效果图

图 3-5-2 塔台实景图

塔台地上 17 层，其中 12 层为空调机房层，14 层为站坪管制室，15 层为设备层，16 层为休息室，17 层为指挥室，其余楼层均为竖向交通体。1～15 层采用混凝土内筒 + 钢外网筒组合的结构形式，中部利用电梯井道设置钢筋混凝土核心筒，混凝土筒延伸至 16 层，顶层指挥室为钢框架结构。混凝土内筒直径 7.65m，钢外网筒底部为圆形，直径 15.34m，中部收窄，顶部放大，中部最窄处直径约为 13.89m。钢外网筒平面形状沿高度逐渐过渡为弧边三角形，顶部弧边三角形边长约为 18m。钢外网筒每 6m 设置水平环梁一道，内筒与钢外网筒之间通过两端铰接的矩形管连杆相连，连杆每隔 3 层布置一道。在 14 层，由于功能需要，对钢外网筒进行了抽空处理，结构设计时对抽空的楼层杆件进行了加强，避免了形成薄弱层。典型楼层的结构布置如图 3-5-3 所示。

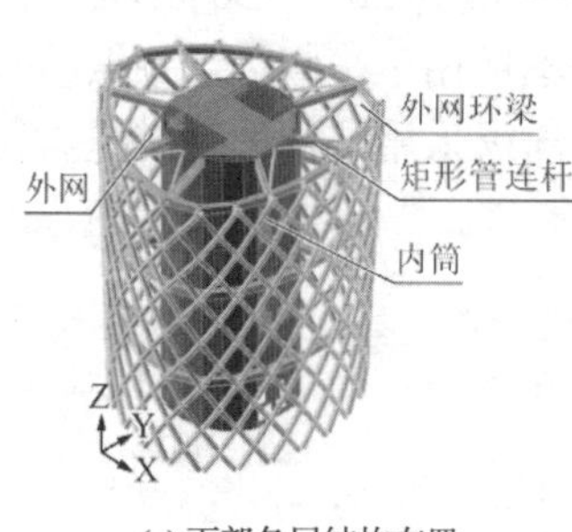

(a) 下部各层结构布置

(b) 顶部钢框架结构布置

图 3-5-3 典型结构布置

塔台为减小交通体面积，消防楼梯被设置在混凝土筒体外，使得筒体比常见塔台更小，内筒高宽比约 11.4，结构刚度相对较低；同时青岛地处沿海，风荷载较大（基本风压 $0.6kN/m^2$），而塔台结构刚度较低，风荷载作用下结构横风向振动问题突出，处理不好将导致工作人员舒适度较差。

基于以上原因，对于本工程，如何在满足建筑效果前提下尽可能地提高结构抗侧刚度，并采取更有效的措施进行风致振动控制成为本工程的关键点。

二、主要设计参数

塔台结构设计基准期为 50 年，建筑结构安全等级一级，建筑抗震设防类别高于重点设防类。抗震设防烈度为 7 度，设计地震分组为第三组，设计基本地震加速度为 0.10g，场地类别为Ⅱ类；进行结构抗震分析时，阻尼比取值为 0.03；进行风荷载作用下位移计算时，阻尼比取 0.02；进行风振加速度计算时，阻尼比取 0.01。

风荷载的取值：正常使用极限状态：$0.6kN/m^2$；承载能力极限状态：$0.66kN/m^2$，地面粗糙度 B 类。根据国家标准《建筑结构荷载规范》GB 50009—2012 第 8.5.1 条及条文说明，塔台高宽比约为 6，需考虑横风向风振。

三、结构选型优化

1. 结构方案选型

在项目方案选型阶段，对多种结构方案进行了对比，如表 3-5-1 所示。

结构方案优缺点对比　　　　**表 3-5-1**

方案编号	内筒做法	外框/筒做法	优点	缺点
1	钢筋混凝土筒	常规混凝土框架 + 外围幕墙装饰外网	设计施工简单	混凝土框架线条与外围斜向幕墙装饰外网不和谐统一，虚假的装饰外网，不能体现结构之美
2	钢筋混凝土筒	结合建筑幕墙造型，设斜交网格钢网筒	外网筒同时属于结构受力体系和幕墙体系，充分体现结构力度	外网设计施工较为复杂

为保证建筑美观效果的同时获得更大的结构刚度，采用了建筑、结构及幕墙装饰一体化设计的方案 2（钢外网筒-混凝土核心筒结构方案）。

2. 钢外网优化分析

由于钢外网筒提供了结构主要的抗侧刚度，对风振控制起到至关重要的作用，故本工程详细分析了外网的受力特性。

（1）参数化建模

塔台钢外网筒杆件截面采用圆管，网格形状为菱形，结构模型如图 3-5-4 所示。外网杆件所在曲面为空间异形曲面，难以通过传统手段进行建模，同时为研究钢外网筒网格尺寸及杆件与水平面的夹角对结构整体受力性能的影响，需建立多个不同网格尺寸的钢外网筒模型进行对比计算，利用犀牛中的 Grasshopper 插件对外网建立了参数化几何模型，形成的外网参数化模型如图 3-5-5 所示。

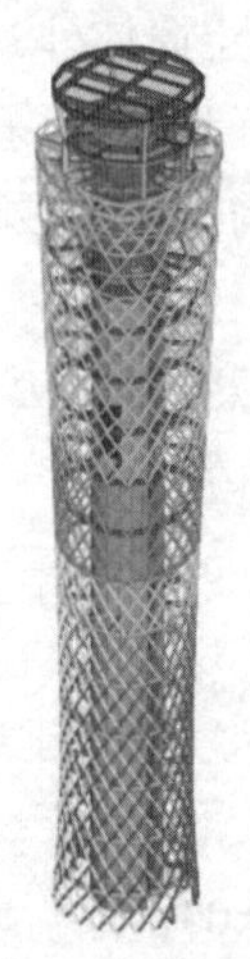

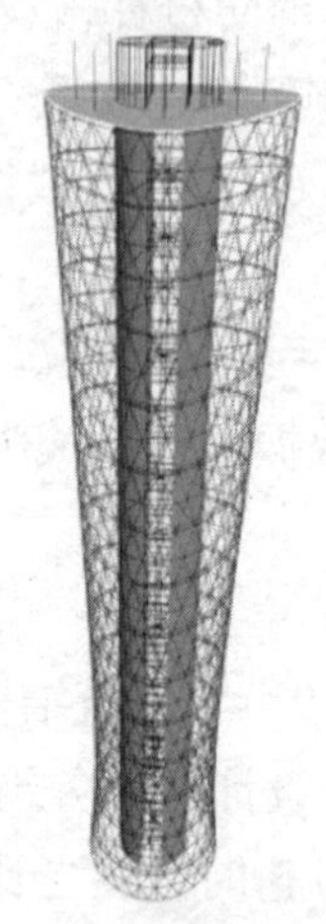

图 3-5-4　结构模型　　图 3-5-5　外网参数化模型

（2）外网参数分析优化

为找到受力性能较优的网格划分尺寸，利用外网参数化几何模型，建立了多种网格尺寸的结构模型，考察了不同网格尺寸下结构的受力性能。重点分析了水平向和竖向网格划分数量，在分析中，每层竖向划分数量取 1～4（每半个网格对应一段划分），水平向划分数量取 20、22、24、26，共形成了 16 个结构模型，这些模型除外网网格尺寸不同，其他条件均保持一致。为方便描述，对应每种网格划分的结构模型名称为“h＋水平网格划分数”，如，水平划分数 20 则命名为“h20”。统计了不同的网格划分形式下，结构在风荷载和地震作用下 1～15 层的最大层间位移角及结构顶部位移，如图 3-5-6 和图 3-5-7 所示。图中，WX、WY 分别代表X、Y向顺向风荷载；VX、VY 分别代表X、Y向横向风荷载。

由图 3-5-6 和图 3-5-7 可以看出，在风荷载和地震作用下结构 1～15 层最大层间位移角及结构顶部位移随着网格划分尺寸的变化趋势是一致的，由于结构层间位移角越大，结构抗侧刚度越小，故可得出以下结论：①每层竖向网格划分数量多于 2 时，结构整体抗侧刚度随着竖向网格数量的上升而下降；②水平向网格划分数量越多，结构抗侧刚度越大；③竖向网格划分越密，结构抗侧刚度对水平向网格划分数量越敏感。

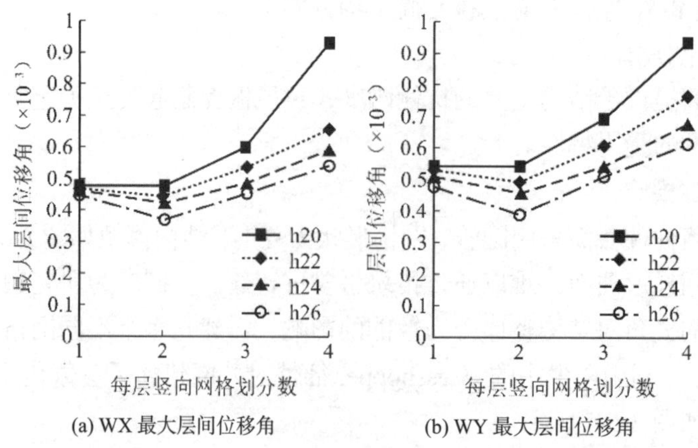

(a) WX 最大层间位移角　　(b) WY 最大层间位移角

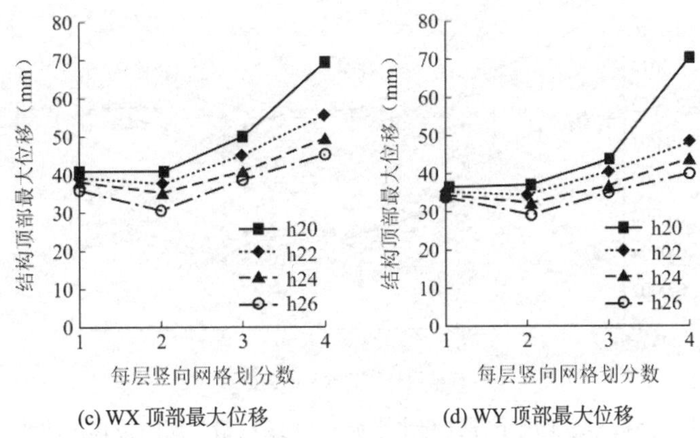

(c) WX 顶部最大位移　(d) WY 顶部最大位移

图 3-5-6 顺向风作用下结构最大层间位移角及顶部位移

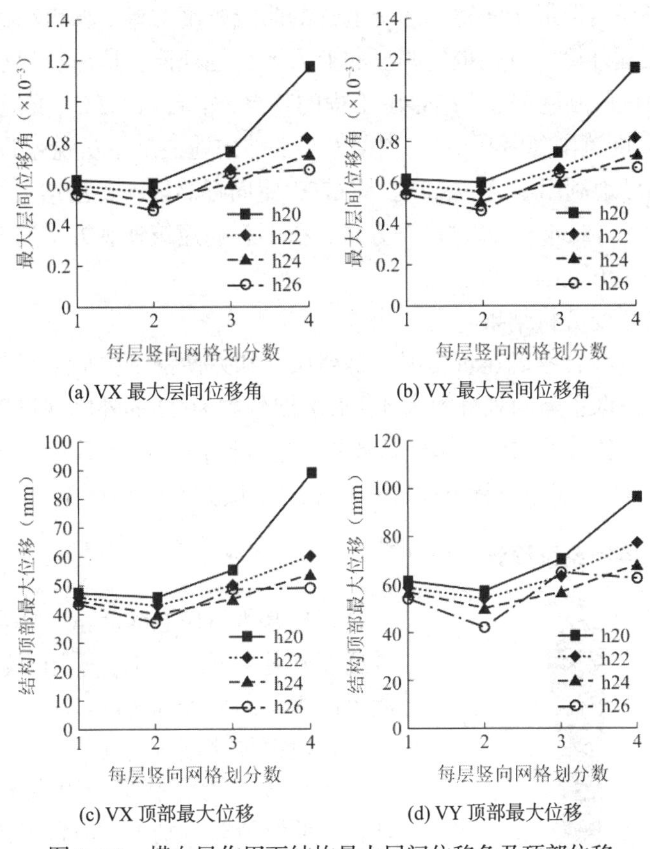

(a) VX 最大层间位移角　(b) VY 最大层间位移角

(c) VX 顶部最大位移　(d) VY 顶部最大位移

图 3-5-7 横向风作用下结构最大层间位移角及顶部位移

同时，水平向和竖向网格划分数量均会影响到外网杆件与水平面的夹角，本工程研究了该夹角与结构位移的关系，统计数据可以得到各工况下该夹角与结构位移的关系如图 3-5-8 所示。

从图 3-5-8 可以看出，该夹角和结构最大层间位移角有较强的相关性。得出以下结论：①一般来说，钢外网筒杆件与水平面夹角越大，结构抗侧刚度越大；②若需获得最大结构抗侧刚度，则钢外网筒杆件与水平面的最优夹角为 70°～75°。

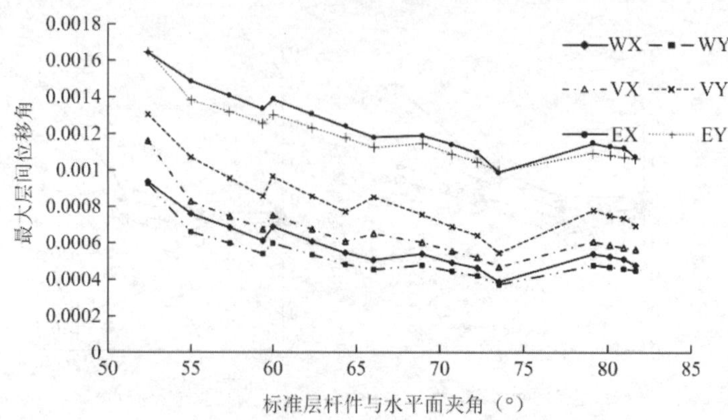

图 3-5-8　各工况下杆件与水平面夹角-结构最大层间位移角曲线

（3）外网格底部尺寸放大处理

青岛胶东机场塔台取形于海螺，螺旋上升的曲线，寓意青岛城市积极向上、蓬勃上升的发展趋势。本工程外筒体直径也呈明显的上大下小的规律。按原有建筑方案，塔台底部直径为 11m，结构抗侧刚度偏弱。结合本工程的特点，塔台与 GTC（交通换乘中心）共建，塔台下部约 19m 高度范围隐藏在 GTC 内部（两个结构地上是相互脱开的），从外观上看不到，结构选型时巧妙地利用了这一特点，从 GTC 屋面标高以下逐渐增大外筒直径，修改之后的外筒底部直径为 15.34m。通过这一方式，在不影响建筑外观方案的前提下，提高了结构抗侧刚度，约为原方案的 1.28 倍。

3. 结构设计及主要分析结果

结合以上分析，综合考虑建筑美观、幕墙尺寸和方便钢结构加工制造等因素，最终在进行结构布置时，采取了竖向划分数为 4、水平划分数为 22 的外网网格划分形式。为增强结构刚度、减小结构位移，综合考虑建筑效果，使外网杆件直径不大于 350mm，同时考虑方便施工，在外网 1～7 层逆时针方向旋转的钢管中填充 C50 混凝土。

四、风致振动控制系统设计

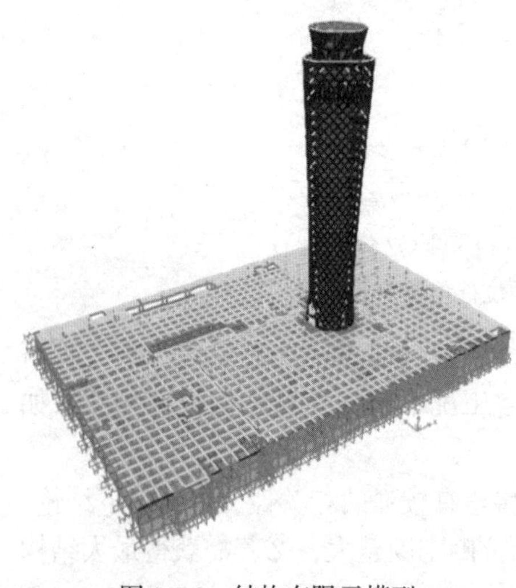

图 3-5-9　结构有限元模型

青岛基本风压 0.6kN/m^2，塔台结构细长，风振舒适度问题明显，本工程采用设置 TMD 的形式控制上部楼层的风振加速度。

1. 风振加速度分析模型建立

塔台顶层为管制室使用用房，固定有人员活动，长期风荷载激励下对塔台工作人员的心理、安全性有一定影响，为减小使用人员的心理恐惧，提高塔台内工作人员的舒适度，本工程结构顶点的风振加速度限值按 0.15m/s^2 控制。

为了分析风振加速度，利用 SAP2000 建立有限元模型（图 3-5-9），计算分析得到结构的固有频率见表 3-5-2，第 1 阶和第 2 阶周期分别为 2.2s 和 2.0s，对应的模态分别为X向平动和Y向平动。

结构的固有频率及质量参与系数　　　表 3-5-2

模态	频率（Hz）	Ux	Uy	Uz	备注
1	0.4478	0.0764	8.46×10^{-6}	1.10×10^{-8}	X向振动
2	0.4901	6.06×10^{-6}	0.07669	6.94×10^{-9}	Y向振动
3	2.2255	0.01823	$8.22\text{E}\times10^{-5}$	9.08×10^{-9}	—
4	2.3295	0.000131	0.01351	2.29×10^{-9}	—
5	2.8659	$1.84\text{E}\times10^{-7}$	1.81×10^{-7}	7.18×10^{-6}	—
6	2.9869	0.01589	0.00017	1.99×10^{-7}	—
7	3.1251	3.73×10^{-5}	0.01947	2.75×10^{-7}	—

2. TMD 控制系统的设计

由于塔台顶部两层分别为空中管制和空管休息层，不具备设置 TMD（调谐质量阻尼器）的条件，本工程巧妙地利用楼梯下方的空间，在内筒 77.250m 标高处设置单摆式 TMD（图 3-5-10）。单摆式 TMD 由单摆和阻尼器组成（图 3-5-11）。

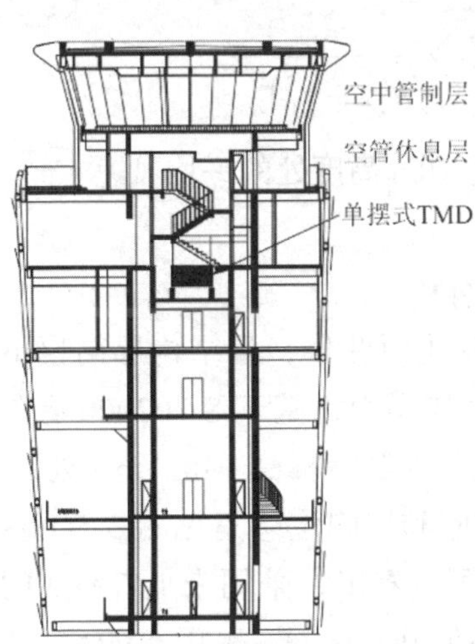

图 3-5-10　TMD 布置位置示意

图 3-5-11　单摆式 TMD

其工作原理为：调整单摆的自振频率至主结构的控制频率，当风荷载等外力作用于结构上使之产生振动时，单摆产生与主结构运行方向相反的摆动，摆动产生的惯性力作用于主结构上，从而控制结构的振动，使主结构的各项反应值（振动位移、速度和加速度）都大大减小，达到控制主结构风荷载作用下振动的目的，TMD 中的阻尼元件消耗作用在主结构上的能量。

根据有限元模型，结构的总质量约为 52164t，一阶模态的振型参与质量系数为 7.6%，其模态质量为 3965t。

鉴于塔台建筑的特殊性和重要性，本工程分别对比分析了不设置 TMD、设置 30tTMD（以下命名为 TMD-A）、设置 40tTMD（以下命名为 TMD-B）三种不同方案的结构顺风向和横风向振动加速度及顶点位移情况，具体对比结果详见下一节。根据模态分析结果，两种型号的 TMD 参数见表 3-5-3。

TMD 参数 **表 3-5-3**

数量	控制频率（Hz）	质量（t）	质量比	TMD 阻尼比	刚度（kN/m）	阻尼系数（kN · s/m）
TMD-A	0.448	30	0.76%	6%	237.72	16.88
TMD-B	0.448	40	1.01%	6%	316.4	22.52

五、结构动力分析及风荷载的模拟

1. 脉动风荷载模拟

由于脉动风荷载具有一定的随机性，时域分析可直观地描述风荷载作用和结构振动响应的全过程，因此，本工程在时域范围内进行脉动风荷载的计算分析。

风工程专家对水平阵风功率谱进行研究得到了不同形式的风速谱表达式，且一般随高度变化而变化，但是 Kaimal 等研究表明，高度变化对风谱的影响不大，忽略高度的影响完全可以满足工程精度要求。因此，本项目采用参数简单、不随高度变化、便于工程应用的 Davenport 脉动风速谱函数模型来模拟顺风向脉动风速谱。

$$S_{\mathrm{u}}(n) = 4 \times Kv_{10}^2 \times \frac{x_0^2}{n\left(1 + x_0^2\right)^{4/3}} \tag{3-5-1}$$

其中，$x_0 = \frac{1200n}{v_{10}}$，$n$为频率（Hz）；$v_{10}$为 10m 高度处的平均风速（m/s²）；$K$为表面阻力系数。

2. 10 年一遇脉动风作用下结构风振响应分析

由于塔台核心筒结构的直径随着高度变化而变化，且结构层高也不尽相同，根据面积等效原则，计算得到结构各层的风荷载作用力，基于 SAP2000 有限元模型，进行顺风向结构风致响应的 TMD 控制效果分析。管制室标高（88.1m）处的无控/有控（不同 TMD 参数）的结构加速度响应、位移响应和层间位移角见图 3-5-12～图 3-5-14，峰值加速度、风致位移见表 3-5-4。由图、表可以看出，采用未加 TMD 的方案时管制室的加速度峰值为 0.1660m/s²，大于舒适度限值 0.15m/s²，采用 TMD 后能可使管制室标高处结构的峰值加速度和峰值位移降低约 30%，且能够有效地减小风荷载作用的层间位移角。

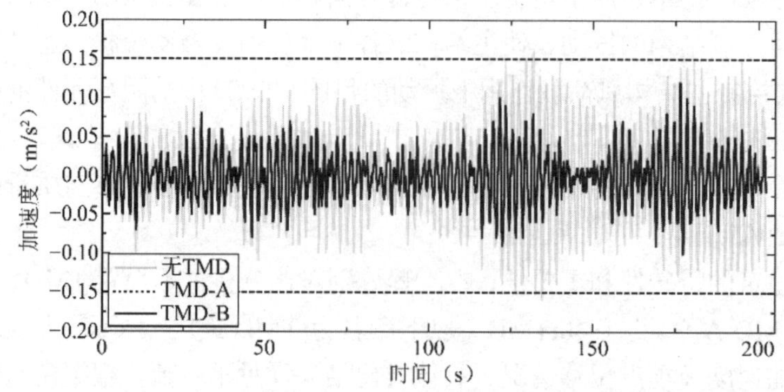

图 3-5-12　10 年一遇风荷载作用下无控/有控加速度时程曲线

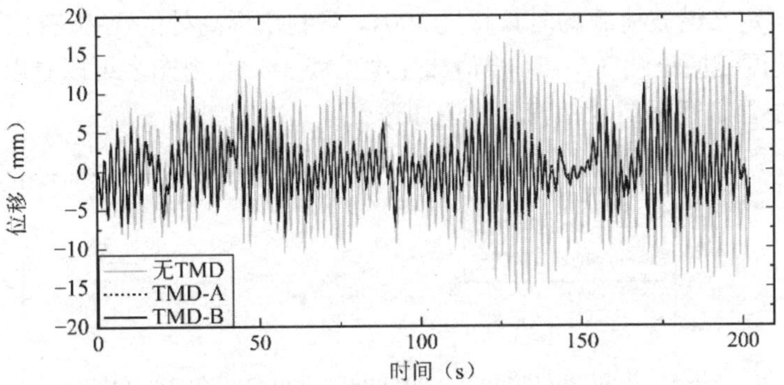

图 3-5-13　10 年一遇风荷载作用下无控/有控位移时程曲线

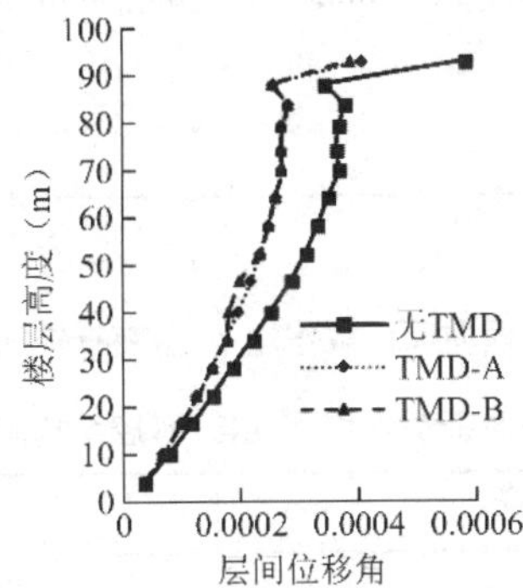

图 3-5-14　10 年一遇风荷载作用下无控/有控层间位移角

10 年一遇风荷载作用下无控/有控结构响应　　**表 3-5-4**

结构响应		峰值加速度（m/s^2）	峰值位移（mm）	TMD 行程（mm）
控制室	无 TMD	0.1660	16.67	—
	TMD-A	0.1150	11.71	45
	控制效果	31%	30%	—
	TMD-B	0.1095	10.76	40
	控制效果	34%	35%	—

注：以 TMD-A 为例，控制效果 = (TMD-A−无 TMD)/无 TMD × 100%，余同。

同理，分析得到：无 TMD 方案及 TMD-A 方案在 50 年一遇风振作用下管制室的加速度峰值大于舒适度限值 0.15m/s²，采用 TMD-B 方案后能可使管制室标高处结构的峰值加速度和峰值位移降低约 30%，且能够有效地减小风荷载作用的层间位移角。

3. 横向风振响应

结构横风向风振加速度根据国家标准《建筑结构荷载规范》GB 50009—2012 附录 J.2 的规定，计算如下所示，得到 10 年一遇风荷载作用下的最大加速度为 0.184m/s²。

$$a_{\mathrm{L,Z}} = \frac{2.8 g w_{\mathrm{R}} \mu_{\mathrm{H}} B}{m} \phi_{\mathrm{L_1}}(z) \sqrt{\frac{\pi S_{\mathrm{FL}} C_{\mathrm{sm}}}{4(\xi_1 + \xi_{\mathrm{a1}})}} \tag{3-5-2}$$

有限元模型计算中采用谐波激励模拟横向风荷载（漩涡脱落），根据上面计算得到的最大加速度，在塔顶将荷载缩放为最大振幅为 0.184m/s² 的激励荷载。为确保塔台具有稳态的最大振幅响应，定义谐波荷载的时长超过 300s。管制室标高处的无控/有控（不同 TMD 参数）的结构加速度响应见图 3-5-15，峰值加速度见表 3-5-5。由图表可以看出，采用 TMD 后能够有效地减小管制室标高处结构的峰值加速度。

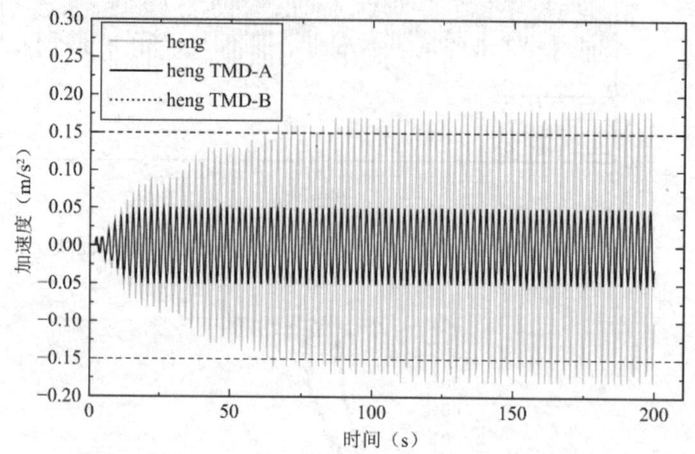

图 3-5-15　横向风荷载作用下无控/有控加速度时程

横向风荷载作用下无控/有控结构响应　　**表 3-5-5**

结构响应		峰值加速度（m/s²）
管制室	无 TMD	0.1842
	TMD-A	0.054
	控制效果	70%
	TMD-B	0.0481
	控制效果	74%

六、振动控制效果

TMD 安装好后，进行了减振效果的实地测试。在塔台内壁东西方向和南北方向各布置一个加速度传感器（图 3-5-16），采集塔台水平向振动加速度响应。在 TMD 相同方向上各布置一个加速度传感器采集 TMD 的振动加速度响应。

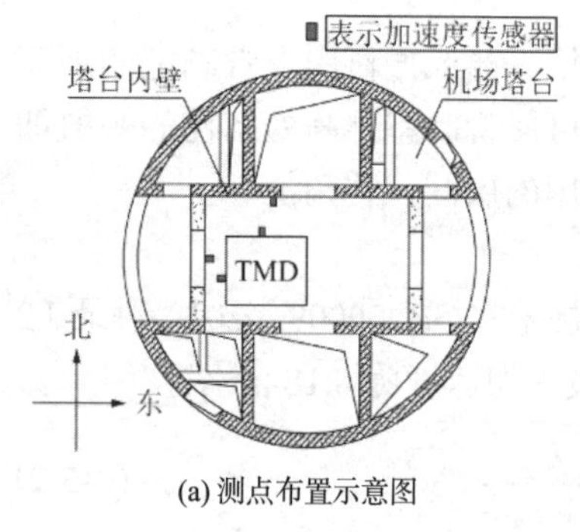

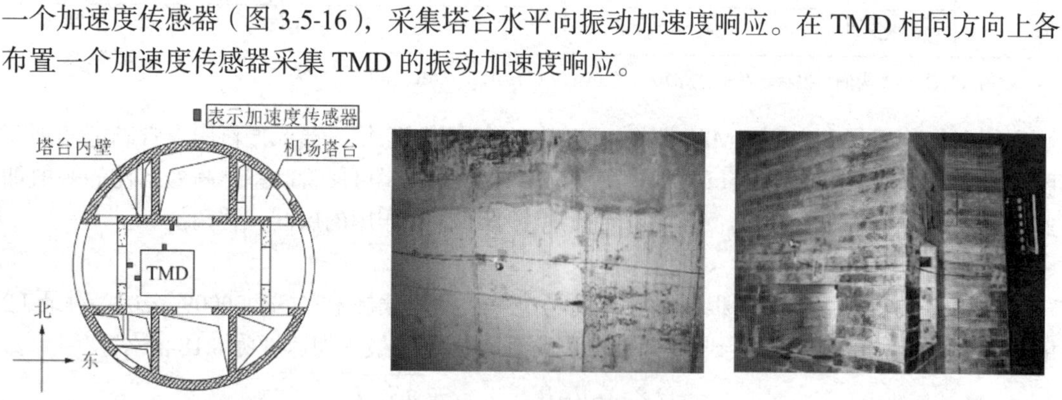

(a) 测点布置示意图

(b) 塔台内壁的加速度传感器图

(c) TMD 的加速度传感器图

图 3-5-16　测点布置图

在 TMD 锁死的情况下，先采集自然激励工况下的塔台振动加速度响应，分析两个水平方向的固有频率。

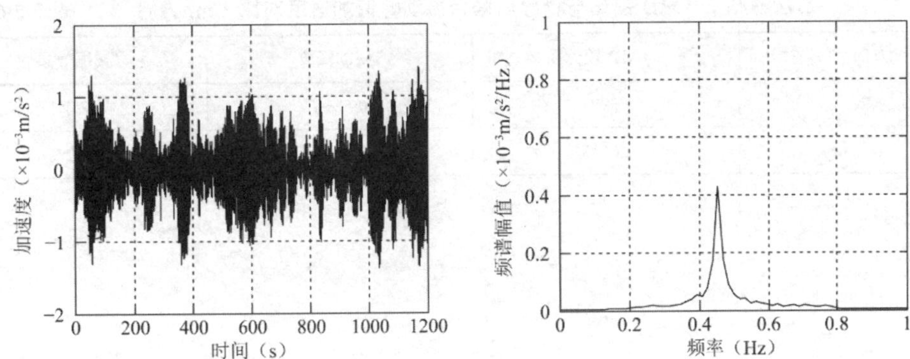

图 3-5-17　自然激励工况下塔台东西方向振动加速度响应时程曲线和频谱曲线

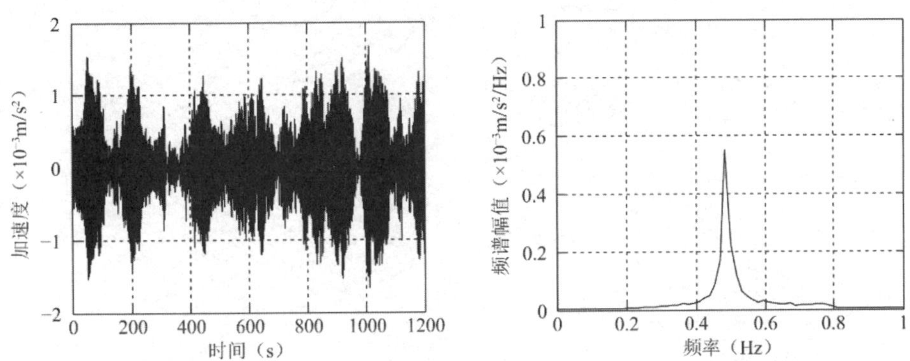

图 3-5-18　自然激励工况下塔台南北方向振动加速度响应时程曲线和频谱曲线

从图 3-5-17 和图 3-5-18 曲线可知，塔台在自然激励下即有明显的共振现象，固有频率东西方向为 0.45Hz、南北方向为 0.48Hz。

根据上述实测塔台固有频率调整各 TMD 频率及阻尼比，使其能更好地发挥减振效果。将调整后的 TMD 释放，采集自然激励下的塔台振动，得到时程曲线如图 3-5-19 所示。

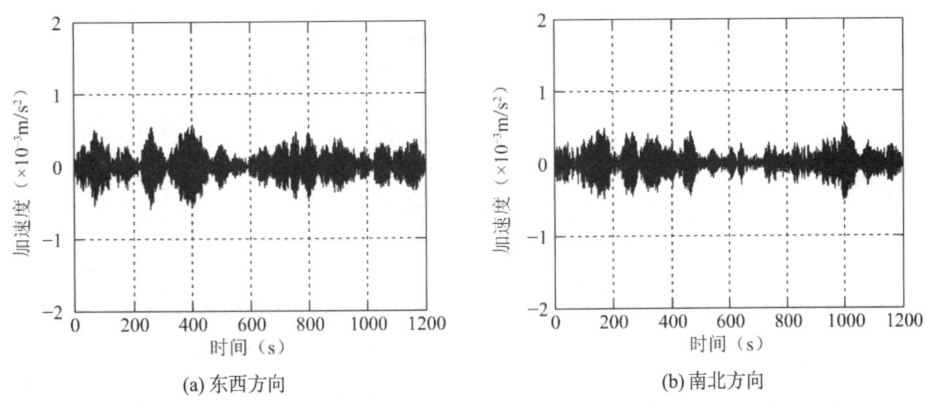

图 3-5-19　自然激励工况下 TMD 释放后塔台振动加速度响应时程曲线

对比 TMD 锁死与释放后自然激励下的塔台振动响应可以得到 TMD 的减振效果，见

表 3-5-6。

自然激励下 TMD 锁死与释放后塔台振动峰值加速度对比（mm/s²）　　表 3-5-6

方向	TMD 锁死	TMD 释放	减振效果
东西	1.3997	0.5816	58.4%
南北	1.6610	0.5283	68.2%

第二节 构筑物振动控制

[实例 3-6] 波浪荷载下海上风电结构的 TMD 减振

一、工程概况

本实例为一座海上风电变电站，位于比利时海岸线外 50km 处，设计时发现需要额外的结构阻尼来满足设计标准。由于甲板上的空间有限，考虑把 TMD 安装在甲板下的密闭过渡段内，所以必须选用免维护被动式 TMD 减振系统。由于固有频率随潮汐和泥面高度变化，且 TMD 的质量和安装空间受限，给 TMD 设计带来了巨大挑战。海上风电变电站如图 3-6-1 所示。

图 3-6-1 海上风电变电站

二、振动控制方案

由于结构基频变化范围难以精确预测，为了覆盖不确定性，TMD 减振系统也必须设计为可调的。对于本项目，TMD 的频率调节范围为 0.27～0.47Hz。频率调整是通过连接在风电变电站结构和 TMD 质量块之间的拉弹簧来实现的（质量块本身由钢绳悬挂，钢绳再连接到上部操作甲板的支撑结构上）。TMD 的阻尼装置也设计为可根据调谐频率来调节阻尼系数，以达到优化设计确定的阻尼比 10%。

TMD 减振系统的另一个设计难点是如何安装。由于阻尼装置被安装在下层甲板上，因此，在安装过渡段上部之前，它必须被安装到指定的位置，最好是在陆上完成。此外，在过渡段组装之前，质量块必须就位。因此，质量块也在陆上安装，并用螺栓固定在阻尼装置上（图 3-6-2）。

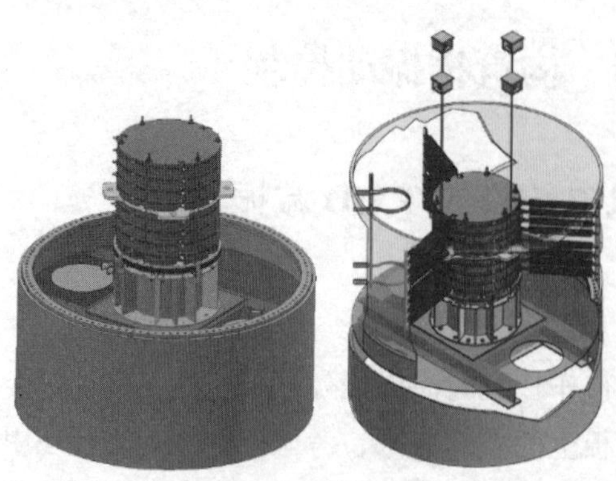

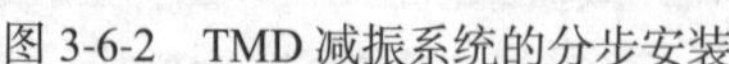

图 3-6-2　TMD 减振系统的分步安装

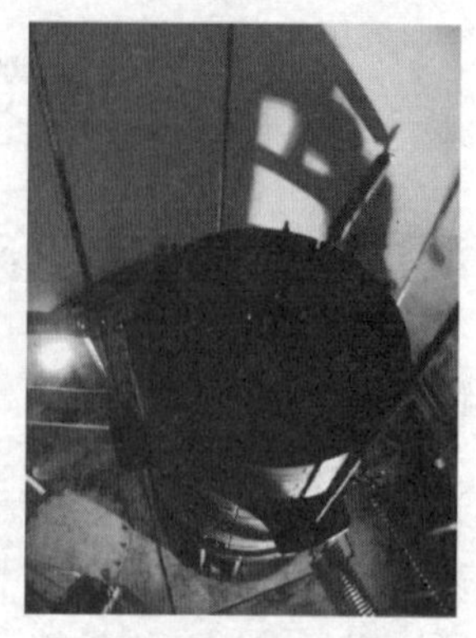

图 3-6-3　安装好的 TMD 减振系统

由于该结构竖立在海上，有 3 个月的时间没有上部部分、操作甲板和完整 TMD 系统，因此，所有连接件设计必须满足正常波浪荷载的要求。在海上风电变电站结构最终组装后，安装 TMD 吊索，释放并顶起 TMD 质量块，根据此前的振动测试结果安装调频弹簧。安装好的 TMD 减振系统见图 3-6-3。

三、振动控制测试分析

为了识别海上风电变电站结构的动态参数，在过渡段顶部测试了结构在波浪和风荷载下的环境振动。传感器的方向与风向一致，因此，可以捕获顺风向和横风向激励以及波浪作用引起的动态响应。

识别结构的基本固有频率，可以使用归一化功率谱密度（PSD）法。为此，所记录的时程信号首先被分成几个段，再将这些分段时程信号转换到频域，所得到的频谱需要归一化和平均，并与复共轭频谱相乘。通过这种处理，所有的随机振动将被消除，只有结构重复产生的自由振动出现在平均频谱中，这就反映了结构被激起的主要固有频率。采用该方法对一天 3 个不同时间所测试的时程信号进行分析，确定结构基本固有频率与潮汐位的关系。图 3-6-4 显示了一天的潮汐变化图和环境振动的测试时间。

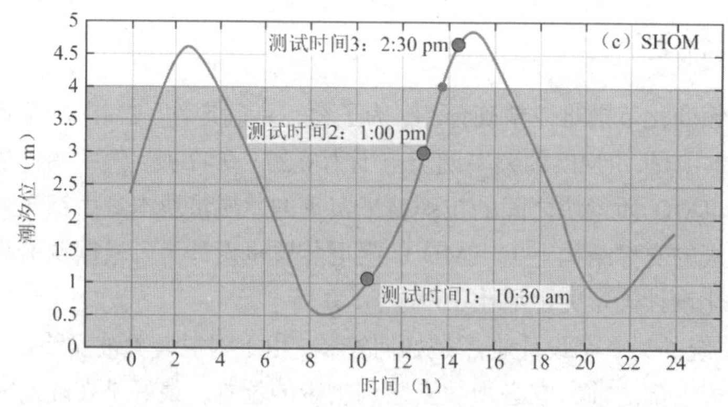

图 3-6-4　潮汐变化图和环境振动的测试时间点

图 3-6-5 给出了持续测试的 x 和 y 方向环境振动的典型时程信号。

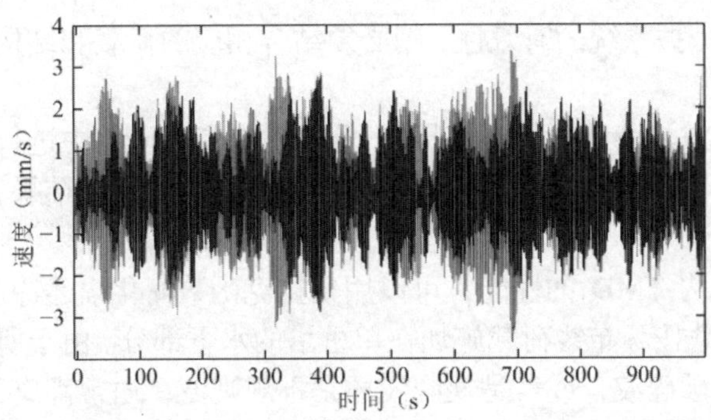

图 3-6-5　时程信号-风/浪荷载作用下海上风电变电站结构的环境振动

图 3-6-6 为提取的一小段时程信号，由图可以看出在风/浪荷载作用下结构以其基频振动，振动特性与数值分析结果一致。

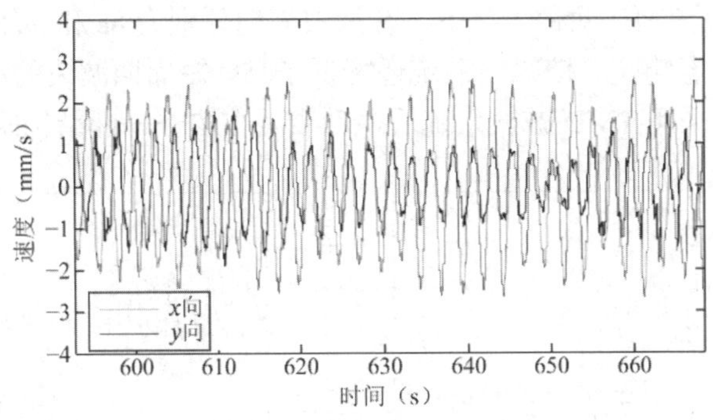

图 3-6-6　提取的时程信号

所得到的功率谱密度如图 3-6-7 所示。可以看出，该结构在x方向和y方向具有不同的固有频率（0.41Hz 和 0.43Hz），这些差异不是由理论模态分析确定的。与理论模态分析类似，不能确定海上风电变电站结构固有频率随潮汐位的变化，即变化在一个非常小的频率范围内。

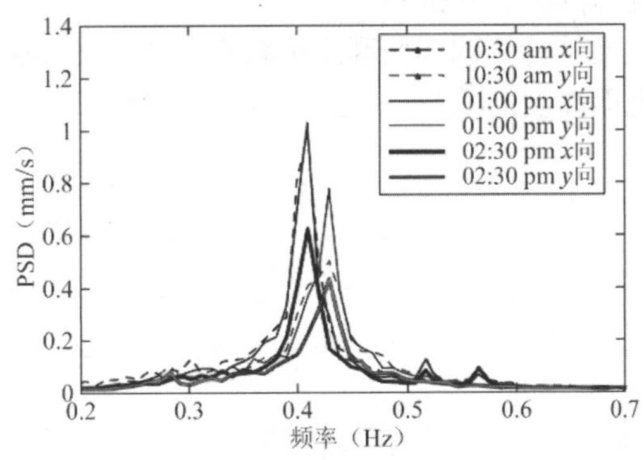

图 3-6-7　3 个潮汐位对应的x和y方向的功率谱密度

四、振动控制关键技术

1. 波浪荷载作用下的动态特性

对结构额外阻尼的要求来自设计标准。为了降低随机波浪谱作用下的动态放大系数，需要增加特定数量的额外结构阻尼，可以通过应用 TMD 减振系统来实现。

为了评估 TMD 减振系统的有效性，则必须结合相应的荷载和结构动态响应进行研究，最好是通过时域分析。

细长海上结构在波浪荷载下的动态特性，此前已在有关研究中进行了试验和理论分析。对于未破碎规则波和不规则波，根据波浪与结构相互作用的研究结果，荷载时程可用冲击荷载函数来描述。

为了确定海上结构 TMD 的性能，可以用狄拉克函数简化描述冲击荷载函数特征，并应用于时程分析。荷载按分布线荷载施加在单桩塔的水下部分。由于所有类型的波浪荷载，无论是破碎波还是未破碎波，或者是规则波还是不规则波，通常都属于冲击荷载，因此使用狄拉克函数进行简化是适宜的。其差异主要与冲击时间有关，破碎波的冲击时间较短，激励力更大，这一特性通过狄拉克函数和参数a来表达，如下式：

$$\delta_a(t)=\frac{1}{a\sqrt{\pi}}\mathrm{e}^{-t^2/a^2} \tag{3-6-1}$$

图 3-6-8 给出有无 TMD 两种工况下，在波浪周期分别为 8s 和 5s 的荷载作用下，海上风电变电站结构的动态响应。该减振系统还降低了 5s 短周期波浪的动态响应。还可以看出，在停止加载后，采用 TMD 减振系统后振动衰减很快——即结构阻尼增加了。

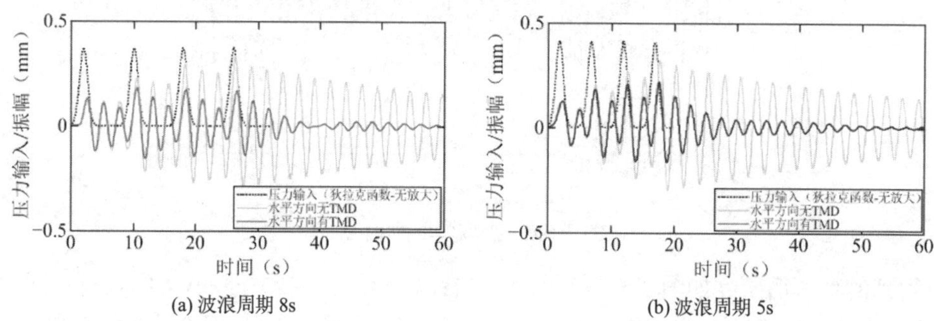

(a) 波浪周期 8s　　(b) 波浪周期 5s

图 3-6-8　波浪周期分别为 8s 和 5s 的荷载作用下海上风电变电站结构的动态响应

2. 不同潮汐和泥面高度的模态分析

进行了海上风电变电站结构不同泥面高度的模态分析，图 3-6-9 表示相应模态振型和第 1 阶水平固有频率与泥面高度的关系。

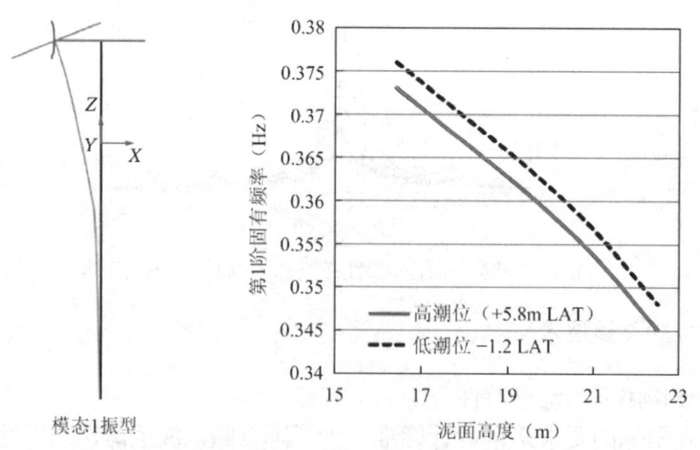

图 3-6-9　相应模态振型和第 1 阶水平固有频率与不同潮位泥面高度的关系

3. 针对不同泥面高度的优化

海上风电变电站结构和 TMD 的安装位置，限制了 TMD 调谐质量和 TMD 的最大行程。TMD 调谐质量被限制在 20t，相对于海上风电变电站结构的模态（广义）质量 1292t，其质量比为 1.55%。基于过渡段内部空间的限制，TMD 的最大行程确定为±300mm。

TMD 减振系统必须采用上述的模型和简化冲击荷载函数进行优化，以确保在一定频率变化范围内足够有效。作为设计标准，需要达到整体结构阻尼比 > 3.2%。

作为初始参考值，采用 DEN HARTOG 优化准则进行分析得到 TMD 阻尼对减振效果频率相关性的影响。可以看出，当 TMD 阻尼比高于最优值时，可以提高 TMD 的鲁棒性。

图 3-6-10 表明，更高的阻尼比有助于控制 TMD 行程，并将其控制在所容许的±300mm。因此，TMD 阻尼比被确定为 10%，比最优值高出 25%。

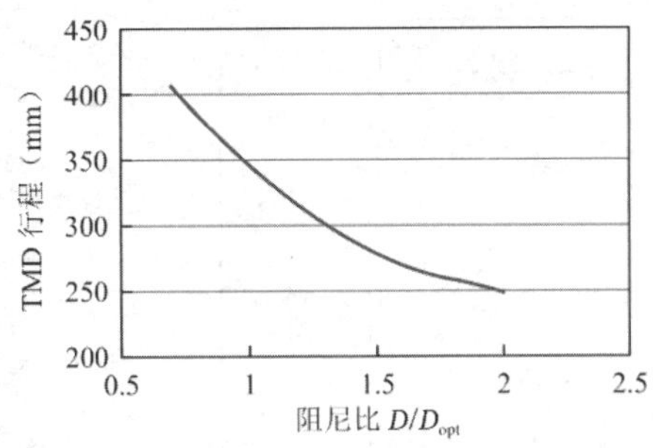

图 3-6-10　TMD 行程随 TMD 阻尼比的变化曲线（质量比 1.5%）

五、振动控制效果

1. TMD 激活后的振动特性

在 TMD 减振系统激活和调试后，在类似的风速和潮汐条件下，测试了顺风向和横风向的水平环境振动。图 3-6-11 所示为测试的随机振动速度时程信号，并与 TMD 锁紧状态相比。同时进行 FFT 频谱分析，以确定动态特性的可能变化（图 3-6-12）。

非常相似的风和潮汐条件允许直接对比测试的振动速度，特别是由此得出的 FFT 频谱（图 3-6-12）。可以看出，TMD 减振系统激活后显著降低了海上风电变电站的动态响应，共振峰也不那么明显。

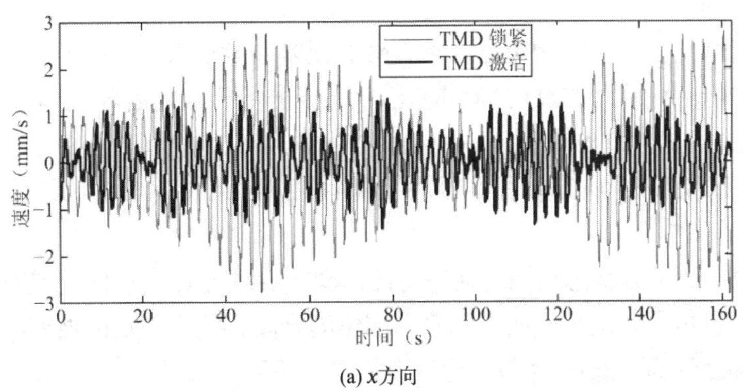

(a) x方向

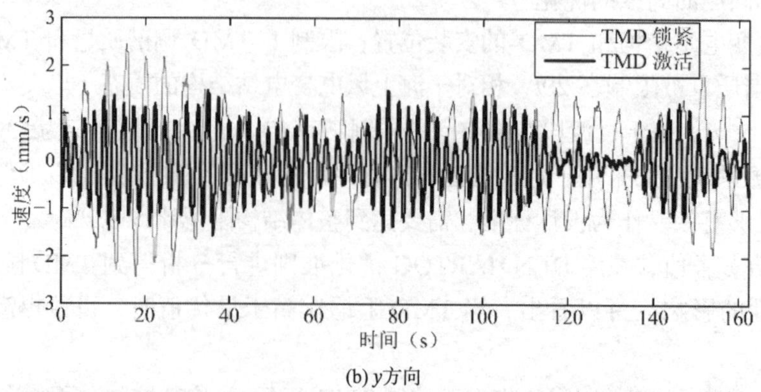

(b) y方向

图 3-6-11　TMD 锁紧和激活状态结构环境振动的随机时程信号比较

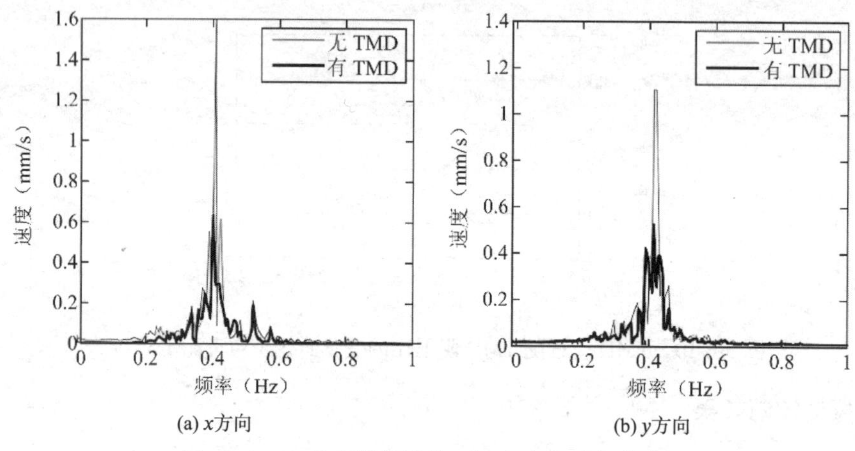

(a) x方向　　(b) y方向

图 3-6-12　3 个不同潮汐位x和y方向的功率谱密度

2. TMD 对结构阻尼的影响

因为只有海上风电变电站结构的环境振动测试信号，所以仅在相关的固有频率下分析衰减特性，还不能确定出结构阻尼比。此外，由于激励力是未知的，排除了一些分析方法，如互相关分析或互谱分析。一种基于环境振动测试信号（仅输出）的系统识别技术是随机减量法。其理论基础是，随机振动由对应自由振动的确定分量和对应强迫振动的随机分量组成，可以通过从时域信号中提取的大量时长为τ的子样平均来消除随机部分，子样是借助于阈值水平选取的。

为了用随机减量法识别结构阻尼，对 TMD 锁紧和激活状态下的振动速度时程信号进行了研究。图 3-6-13 所示为 TMD 锁紧和激活状态下的随机减量信号。由此可以确定，TMD 使结构阻尼比在x方向从 0.8%增加到 3.7%，在y方向从 0.7%增加到 3.5%。

该方法可以确定每个所测时程信号的结构阻尼，因此可以评估潮汐位如何影响结构阻尼。

为了研究 TMD 锁紧状态结构的动态特性，图 3-6-14 给出三个时间点对应的归一化和平均后的随机减量信号。结果表明，随着潮汐位的升高，结构阻尼的增加幅度很小。全潮差的阻尼增加幅度约为 0.2%，这与理论假设相符。

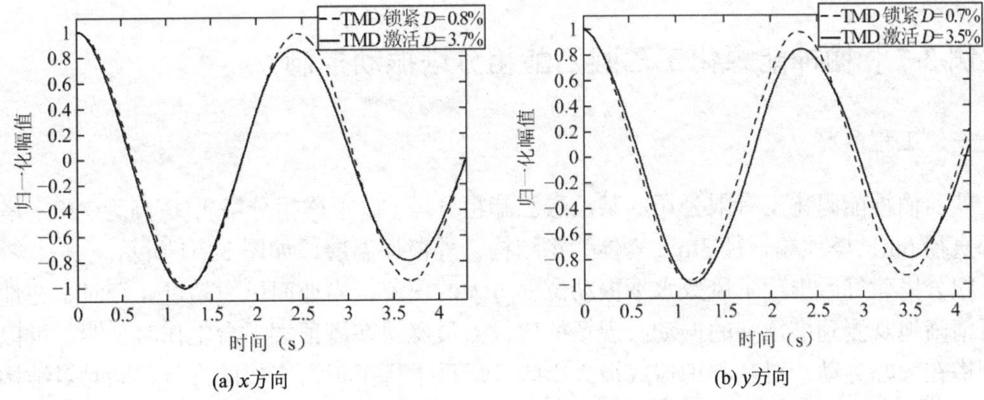

(a) x方向　　(b) y方向

图 3-6-13　TMD 锁紧和激活状态下x、y方向测试环境振动的随机减量信号

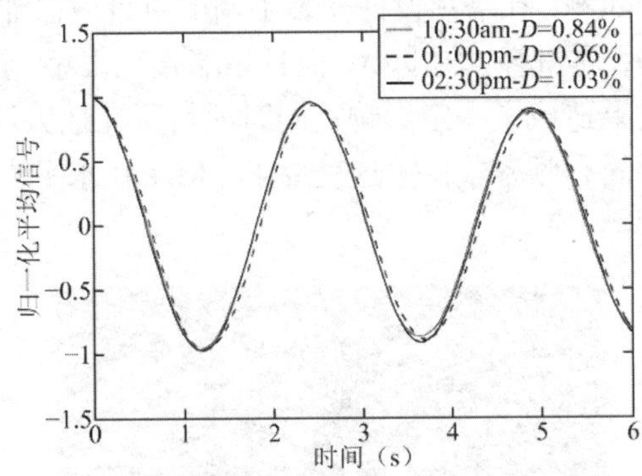

图 3-6-14　不同潮汐位对应的归一化和平均后的随机减量信号

[实例 3-7] 榆神能源化工乙酸乙酯粗分塔振动控制

一、工程概况

陕西榆神能源化工有限公司的某乙酸乙酯粗分塔（以下称粗分塔），塔高为 72m，塔体底部直径 6m，塔顶端直径 3m，塔体为钢结构，外覆保温层，如图 3-7-1 所示。

粗分塔建好后出现了风致水平振动位移过大的现象，当地面风力超过 4 级时，在地面即可清晰地观测到塔顶端的振动。现场的建设人员反映在塔顶端平台工作时，明显可以感觉到塔在大幅晃动，对其心理造成极大影响，严重干扰了正常工作的进行，同时对结构的疲劳寿命也有不利影响。

为解决塔的风致振动问题，在塔顶设计安装了调谐质量减振器（TMD）。本项目难点在于粗分塔整体均为钢结构，质量轻、刚度小，而且顶端直径很小，严重限制了 TMD 的有效质量，对 TMD 的减振效果造成了一定影响；同时项目所在地大风天气频繁，塔顶端风致振动位移很大，而且塔的固有频率较低，这就要求 TMD 在水平方向 360°的有效行程都要很大。

图 3-7-1　粗分塔

二、振动频率分析

为确定粗分塔一阶固有频率、校核有限元计算结果，在设计 TMD 之前对粗分塔进行了振动测试。测试当天天气晴，东偏北风，风力 3～4 级。

1. 测点布置

粗分塔总高 72m，人员可到达高度约 70m，在塔的东北方向及西北方向，从塔顶可达高度到塔下部均布加速度传感器，每个方向分别布置 4 个传感器。因此，自然风激励振动测试共采集 8 个测点的振动数据，具体测点布置如图 3-7-2 所示。

测试过程中，风向略有变化，但保持传感器布置方向不变。

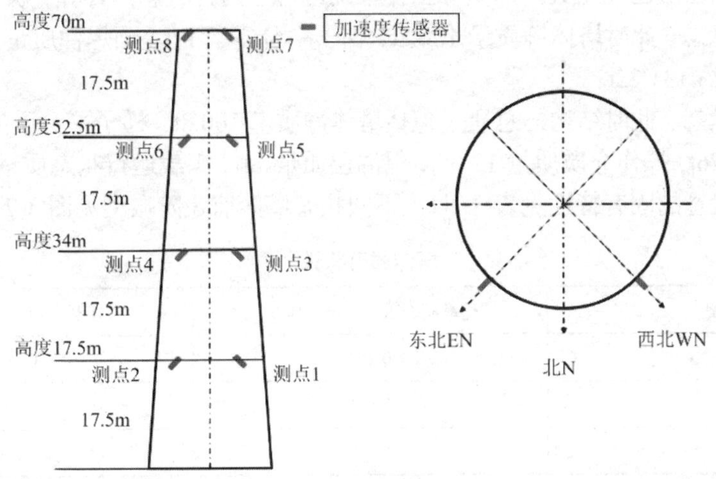

图 3-7-2 测点布置示意图

2. 测试结果

测试得到 8 个加速度传感器时程数据如图 3-7-3 所示。

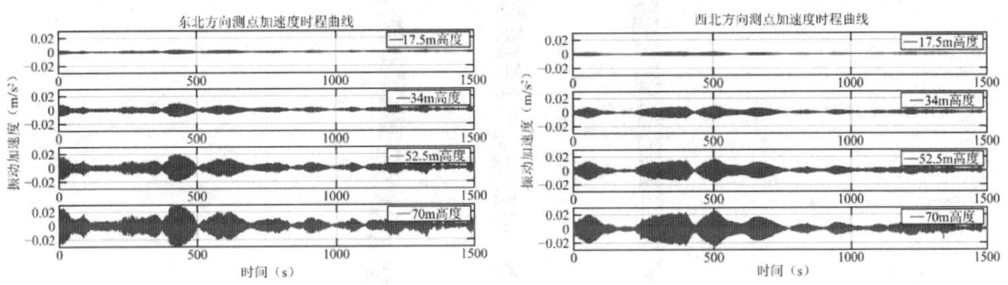

图 3-7-3 各测点加速度时程

对时程数据进行频谱分析如图 3-7-4 所示。

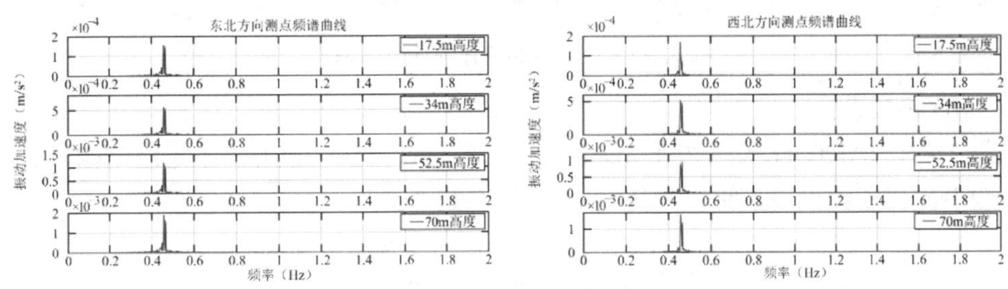

图 3-7-4 各测点振动加速度频谱

由频谱分析可以得到粗分塔的固有频率为 0.46Hz。

三、振动控制方案

1. 结构固有特性

对塔体空载状态的实测结果显示，东北和西北两个方向阻尼比分别为 0.590%和

0.258%。鉴于此，动力计算过程中，塔体的阻尼比取 0.26%。

计算中根据乙酸乙酯粗分塔的实际工作情况进行了两种状态的计算，分别如下：

（1）空载状态：此时塔体静质量 100.8t，梯子平台质量 17t，预焊件质量 2.42t，保温层质量 11t，共计约 131.22t。

（2）工作状态：此时结构的总质量包括塔体静质量 100.8t，梯子平台质量 17t，预焊件及填料质量 42.26t，操作介质质量 12.65t，保温层质量 11t，满载运行状态质量共计 183.71t。

塔体两种状态的固有特性见表 3-7-1。不同状态塔体前 3 阶振型见图 3-7-5。

塔体固有特性 **表 3-7-1**

振型	空载状态模型频率（Hz）	工作状态模型频率（Hz）
1	0.462	0.381
2	2.541	2.130
3	6.747	5.670

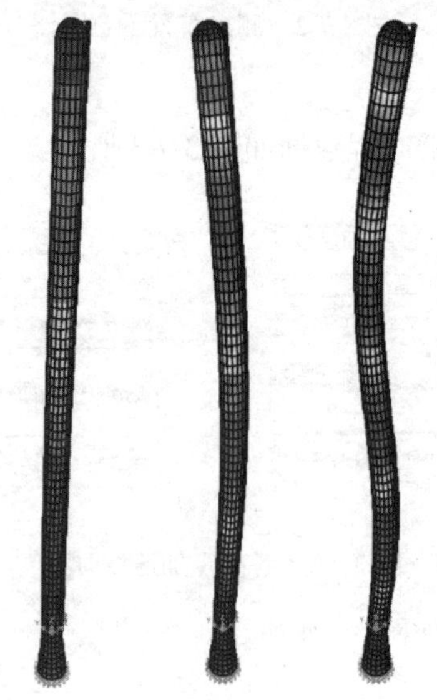

图 3-7-5 不同状态塔体前 3 阶振型

2. TMD 参数设计

根据 DEN HARTOG 提出的 TMD 参数最优值设计方法，该方法不考虑结构阻尼。当主系统没有阻尼或阻尼很小时，TMD 系统最优参数为：

$$f_{\mathrm{opt}}=\frac{f_{\mathrm{H}}}{1+\mu},\ \zeta_{\mathrm{opt}}=\sqrt{\frac{3\mu}{8(1+\mu)}} \tag{3-7-1}$$

式中：μ——TMD 质量与结构模态质量之比；

f_{H}——主结构固有频率；

f_{opt}——TMD 最优频率；

ζ_{opt}——TMD 最优阻尼比。

有限元分析中，采用谐波激励模拟横向风荷载（漩涡脱落），使塔顶最大振幅达到理论公式计算的最大位移，再进行 TMD 参数设计，TMD 参数见表 3-7-2。

TMD 参数　　表 3-7-2

TMD 有效质量m_T	2000kg
空载状态模态质量比μ	0.0775
工作状态模态质量比μ	0.0518
频率调整范围	0.35～0.52Hz
TMD 阻尼比	14%～16%
TMD 行程	±120mm

3. 振动响应分析

根据《塔式容器》NB/T 47041—2014 设计标准，塔体空载状态和工作状态顶部横向振幅分别为 345mm 和 235mm。

利用两自由度计算模型，分别计算结构在安装 TMD 减振系统前后，系统在外部激励下的振动响应，得到安装 TMD 前后系统振动稳态响应。见图 3-7-6 和表 3-7-3。

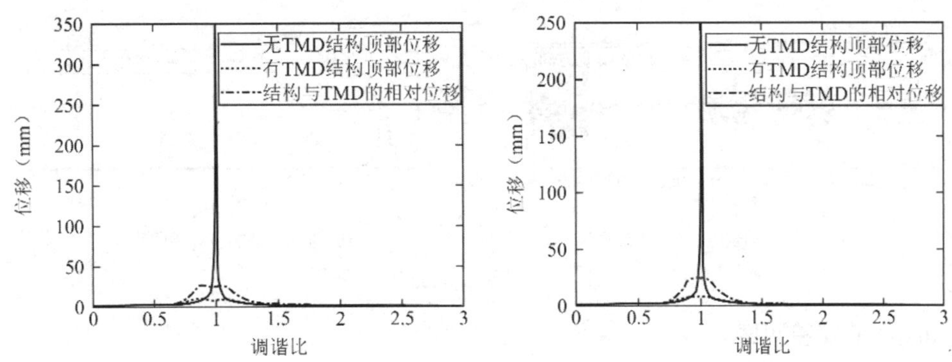

图 3-7-6　塔体空载状态、工作状态 TMD 振动稳态响应的减振效果

安装 TMD 前后结构振动响应对比　　表 3-7-3

塔体	TMD 质量比	无 TMD 塔顶位移	有 TMD 塔顶位移	减振率	TMD 行程
空载	0.0775	345mm	9.2mm	97.3%	26.3mm
工作	0.0518	235mm	7.6mm	96.8%	24.2mm

加上 TMD 后，塔体空载状态横向风振振幅从 345mm 减小为 9.2mm，工作状态从 235mm 减小为 7.6mm，加上 TMD 后横向风振作用下减振效果良好。

四、振动控制关键技术

本项目粗分塔主体建成后未投入使用前风致振动严重，调谐质量减振器需要控制塔体两个状态的振动，在减振系统的整个实施过程中主要有以下关键点：

（1）塔体已经建设完成，TMD 减振器需要后装，塔体高 72m，TMD 的安装难度增加。

（2）TMD 需要控制塔体建成后空载状态下的风致振动，待结构全部运行后，再重新调试 TMD，使 TMD 的频率与工作状态的系统频率一致，控制正常运行状态下的风致振动。

五、振动控制效果

1. 塔固有频率复测

在 TMD 设计生产过程中，粗分塔内、外部的附件也在安装完善中。因此，在粗分塔附件安装完成后、TMD 安装前，需要再次进行固有频率测试，并对 TMD 进行调整以达到最佳工作状态。为更好地观察塔体位移变化以及塔在一阶固有频率处的共振情况，将加速度积分为位移。

从图 3-7-7 可知，附件安装完成后，粗分塔在自然激励下的一阶固有频率为 0.44Hz，固有频率略有降低。

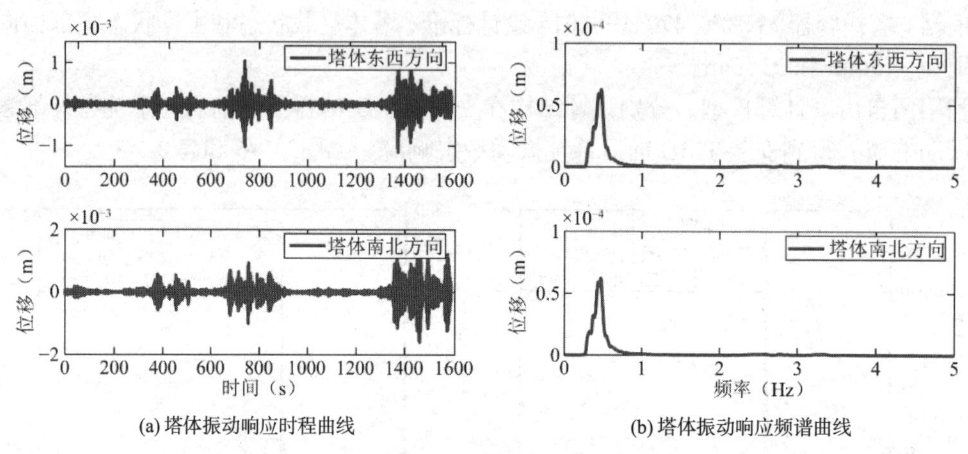

(a) 塔体振动响应时程曲线　　(b) 塔体振动响应频谱曲线

图 3-7-7　塔体振动响应

2. TMD 的安装调试

根据上述实测塔体的固有频率调整 TMD 频率及阻尼比，在人工激励下，实测 TMD 质量块的振动位移时程曲线如图 3-7-8 所示。

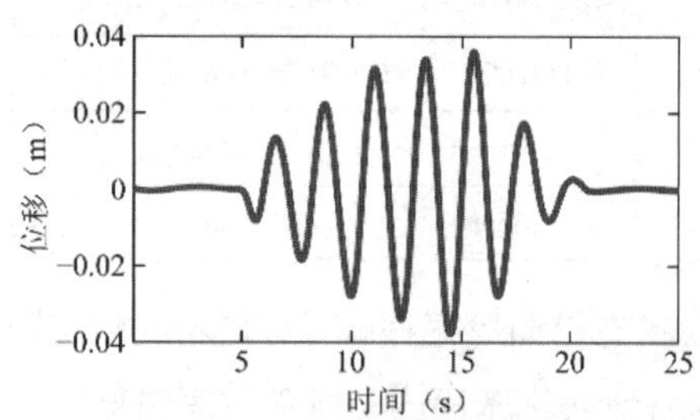

图 3-7-8　人工激励下 TMD 调谐后振动响应时程曲线

调谐后 TMD 的频率为 0.441Hz，阻尼比为 9.7%。然后将 TMD 装置锁定，并吊装到粗分塔上，高度为 67m 处的 TMD 安装平台上。图 3-7-9 为安装现场的照片。

3. 振动控制效果测试

TMD 安装到位后，在自然风激励下（测试当天风力 2～3 级），分别测试塔体在 TMD 锁定（不工作）以及释放后（正常工作）的振动响应。

对 TMD 工作前后塔体的振动响应进行对比，得到 TMD 的减振效果如图 3-7-10 和表 3-7-4 所示。

图 3-7-9　安装现场照片

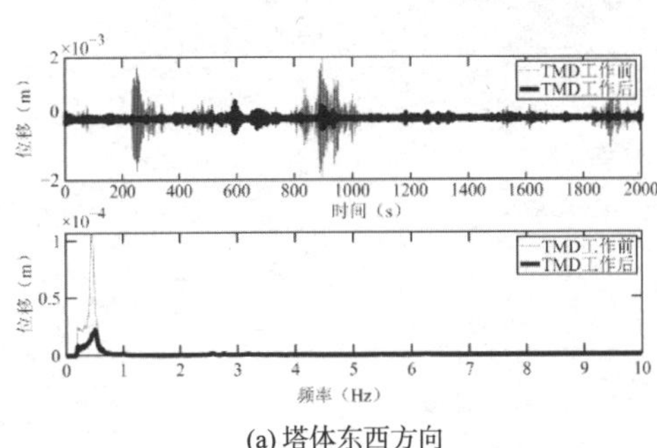

(a) 塔体东西方向

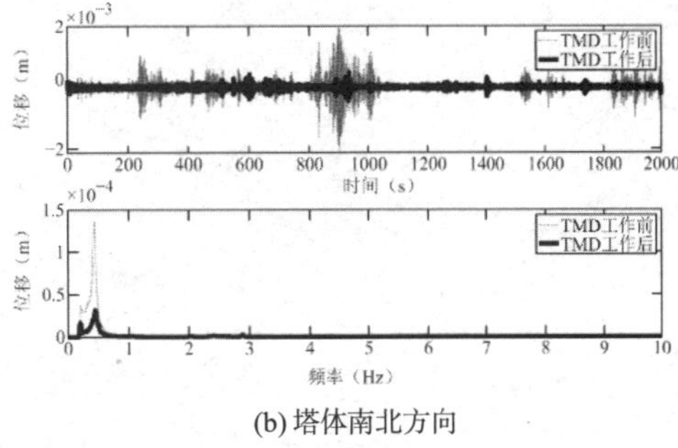

(b) 塔体南北方向

图 3-7-10　TMD 工作前后塔体振动响应

自然激励下 TMD 工作粗分塔振动位移峰值对比　　表 3-7-4

测点	塔体东西方向	塔体南北方向
TMD 工作前	1.95mm	1.99mm
TMD 工作后	0.56mm	0.48mm
峰值减振效果	71.3%	75.9%

使用自然激励技术（NExT）处理采集到的塔体振动响应数据，得到粗分塔的自由衰减振动过程，从而求得塔体的阻尼比，如图 3-7-11 所示。

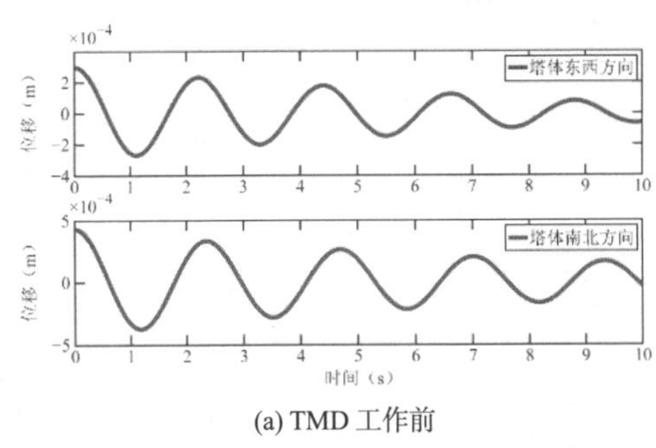

(a) TMD 工作前

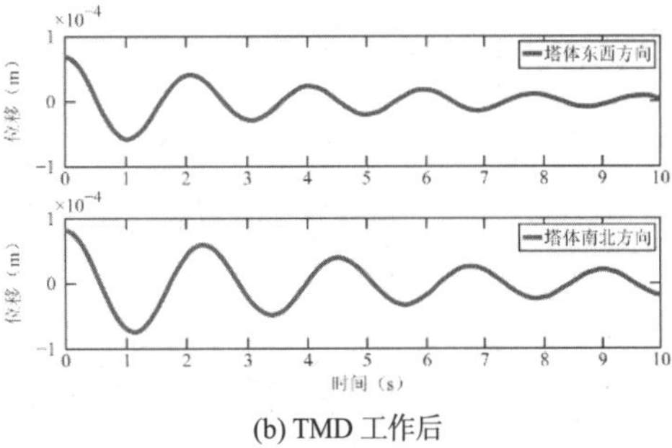

(b) TMD 工作后

图 3-7-11　TMD 工作前后塔的自由衰减振动

根据自由衰减法得到TMD工作前后粗分塔的阻尼比变化如表3-7-5所示。

自然激励下TMD工作前后粗分塔阻尼比对比 **表3-7-5**

工况	阻尼比	
	东西方向	南北方向
TMD工作前	4.51%	4.13%
TMD工作后	7.53%	6.54%

可以看到，TMD工作前后粗分塔的阻尼比由4%左右增加到了7%左右。

第三节　建筑减振降噪与声学处理

［实例 3-8］宝马 LYDIA 工厂主办公楼噪声振动控制

一、工程概况

宝马 LYDIA 工厂位于沈阳市铁西区经济技术开发区宝马大道 1 号。其主办公楼，总建筑面积 26045m^2，建筑长 186m，宽 56m，结构主体共二层。该大楼主要用于企业办公、产品质量试验等。

对于办公楼部分，采用区域办公与工厂生产功能相融合的创意理念设计，将产品展示、企业办公、员工餐饮和产品检测试验等功能融为一体。并结合企业工艺生产流线，在办公楼内设计了悬挂于建筑钢桁架结构下弦的产品车身输送线装置。立意于完美融合连接车身车间、涂装车间和总装车间工艺输送流程。鉴于此建筑物为企业的主办公楼性质，对建筑内部的振动、噪声的要求很高。故必须做到整个工艺输送线的传输过程“无振动”“低噪声”，还要求输送线装饰与色彩，完全融入建筑主体装修风格中，要充分体现工业美学及工业旅游的现代设计理念。

建筑平面图和剖面图、工艺动线图见图 3-8-1～图 3-8-3。为更好地保证办公楼内具有良好的振动、噪声环境，在工程建设的全过程进行了振动噪声控制。

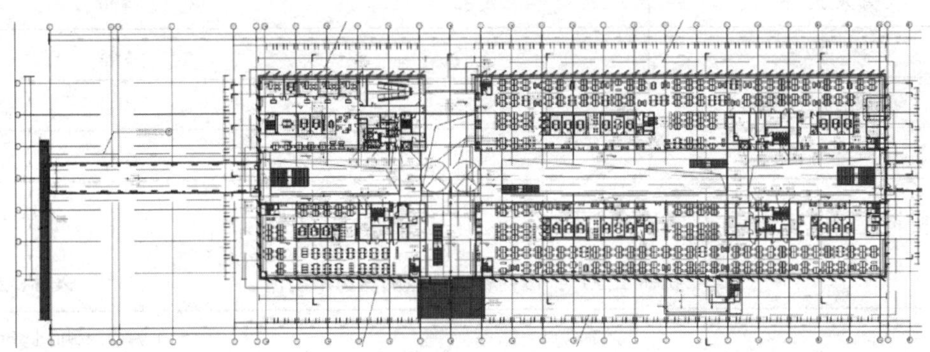

图 3-8-1　建筑平面图

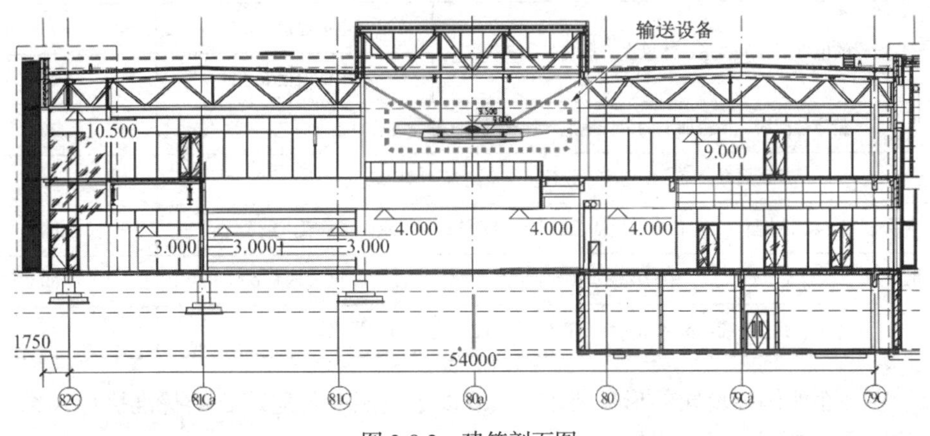

图 3-8-2　建筑剖面图

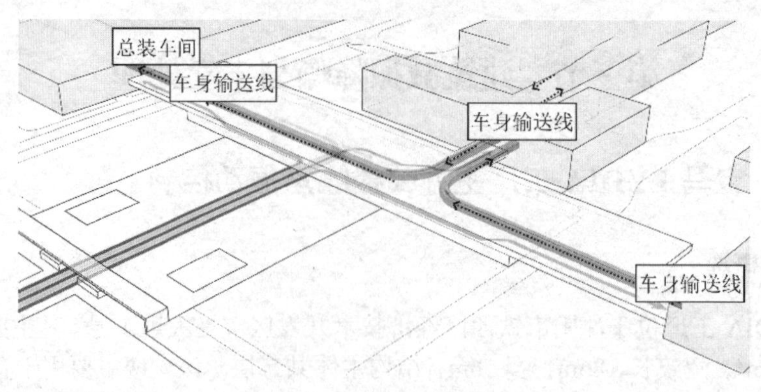

图 3-8-3　建筑工艺动线图

二、振动、噪声控制目标

1. 办公建筑的噪声控制标准

《办公建筑设计规范》JGJ/T 67—2019 要求见表 3-8-1。

办公室、会议室内允许噪声级　　**表 3-8-1**

房间名称	允许噪声级［dB(A)］	
	A 类、B 类办公建筑	C 类办公建筑
单人办公室	≤35	≤40
多人办公室	≤40	≤45
电视电话会议室	≤35	≤40
普通会议室	≤40	≤45

《机械工业厂房建筑设计规范》GB 50681—2011 要求见表 3-8-2。

机械工业厂厂区内各类地点的噪声限制值　　**表 3-8-2**

地点类别		噪声限制值［dB(A)］
生产厂房及作业场所（工人每天连续接触噪声 8h）		85
高噪声厂房设置的值班室、观察室、休息室（室内背景噪声级）	无电话通信要求时	75
	有电话通信要求时	70
精密装配线、精密加工的工作地点、计算机房（正常工作状态）		70
厂房所属办公室、实验室、设计室（室内背景噪声级）		65
主控制室、集中控制室、通信室、电话总机室、消防值班室（室内背景噪声级）		60
厂部所属办公室、会议室、设计室、中心实验室（包括试验、化验、计量室）（室内背景噪声级）		60
医务室、教室、哺乳室、托儿所、工人值班宿舍（室内背景噪声级）		55

鉴于宝马企业国际公司的形象要求，最终商定按照办公建筑 B 类标准执行，要求比一般工厂建筑要求更高。具体指标为：

（1）办公室：35dB(A)。

（2）会议室：40dB(A)。

（3）中庭共享空间：60dB(A)。

2. 办公区域振动控制标准

根据《建筑工程容许振动标准》GB 50868—2013 对建筑声环境要求振动控制标准，对应办公楼建筑室内的噪声控制要求，见表 3-8-3。

声环境振动加速度控制标准（mm/s²） **表 3-8-3**

频率（Hz）	35dB(A)	40dB(A)	45dB(A)	50dB(A)
31.5	35.0	60.0	100	100
63	15.0	25.0	45.0	85.0
125	10.0	17.0	30.0	50.0
250～500	8.5	15.0	25.0	45.0

三、振动、噪声控制方案

办公楼公共空间内部是本项目振动噪声控制的关键部位，在此区间设有工艺输送线，以作为工业景观的重要元素。集办公、生产、景观于一体的设计理念，给工业建筑设计提出了新课题，也给振动噪声控制提出了挑战。这样的设计已经突破了中国传统工业设计的理念。因此，需要全方位考量振动噪声控制的工作思路和关键技术措施。

针对输送设备为主要振动噪声的根源，围绕本项目的工艺条件，从工艺布置、设备选型和建筑减振降噪等方面入手拟定振动噪声控制方案。

1. 工艺布置

在总体布局（masterplan）阶段，对工艺输送线（conveyor）进行方案优化。工艺提出了三个技术方案：（1）在交流中心内部靠外墙边通过；（2）在交流中心中间位置通过；（3）工艺输送线与交流中心分离，在交流中心以外单独设置。

考虑工艺要求、建筑功能、声环境等综合因素，选取了方案（2）在交流中心中间上空通过。平面布置和剖面图见图 3-8-4 和图 3-8-6，效果图见图 3-8-5 和图 3-8-7。

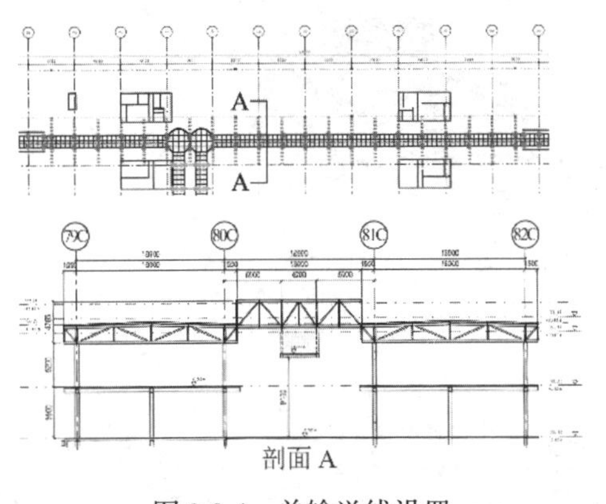

图 3-8-4　单输送线设置

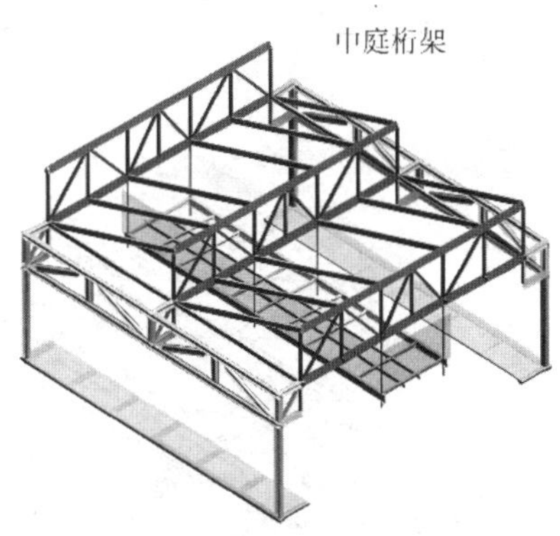

图 3-8-5　单输送线效果图

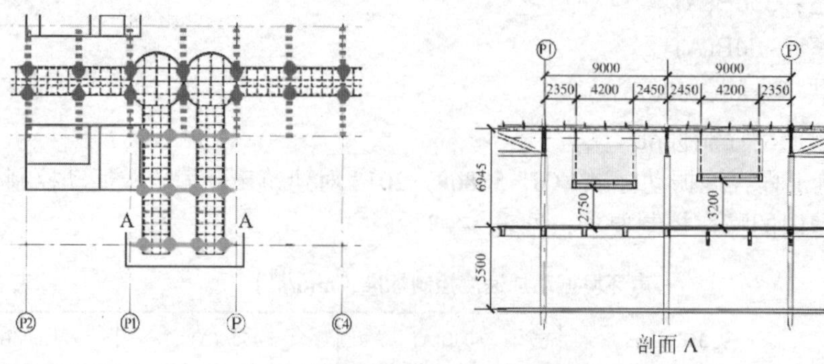

图 3-8-6　双输送线设置

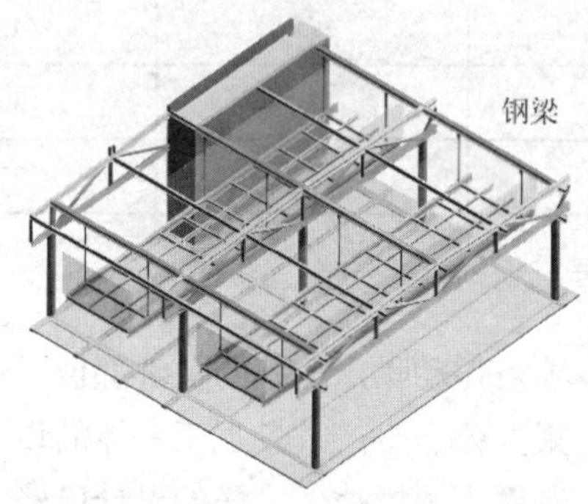

图 3-8-7　双输送线效果图

2. 设备选型

工艺输送线常用的类型包括链式输送线和皮带式输送线两大类。

链式输送线具有效率高、使用可靠等优点，但振动大，噪声大。而皮带式输送线具有运行稳定、振动噪声小的优点。针对本工程的特点，结合现场振动噪声测试，确定了根据所在区域的环境要求选用合适的设备。在生产车间内选用链式输送线，在办公楼公共空间采用皮带式输送线。

同时，皮带式输送线配备静音电机，进一步减小输送线的噪声影响。皮带式输送线见图 3-8-8。

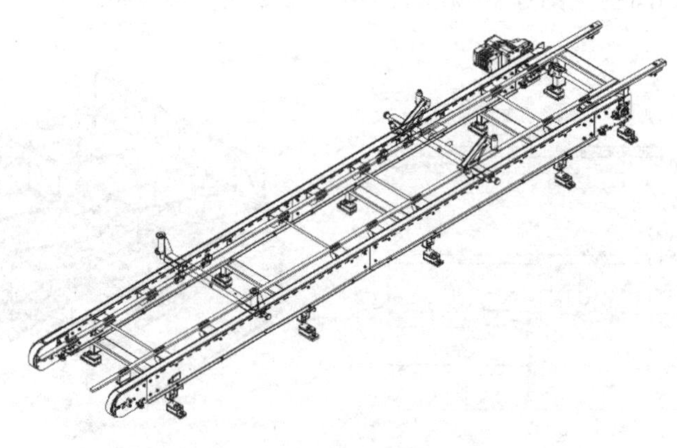

图 3-8-8　皮带式输送线

3. 隔声降噪

针对工艺方案和设备选型的条件，在建筑工程设计中进一步采用隔声降噪的措施，为工程中的办公区域提供优越的声环境。

隔声及吸声设计内容包括：

（1）中庭玻璃隔断隔声：8mm + 0.76mm + 6mm 夹胶玻璃 + 80mm 空气层 + 6mm 厚钢化玻璃［平均隔声量 28～30dB(A)］。

（2）中庭石膏板隔墙：12mm + 12mm 双层纸面石膏板 + 100mm 厚岩棉 + 12mm + 12mm 双层纸面石膏板。

（3）工艺输送线下部设穿孔铝板吊顶，50mm 厚细石混凝土减振隔声层。

（4）中庭环廊及连桥下部设穿孔铝板吊顶。

建筑做法如图 3-8-9 所示。

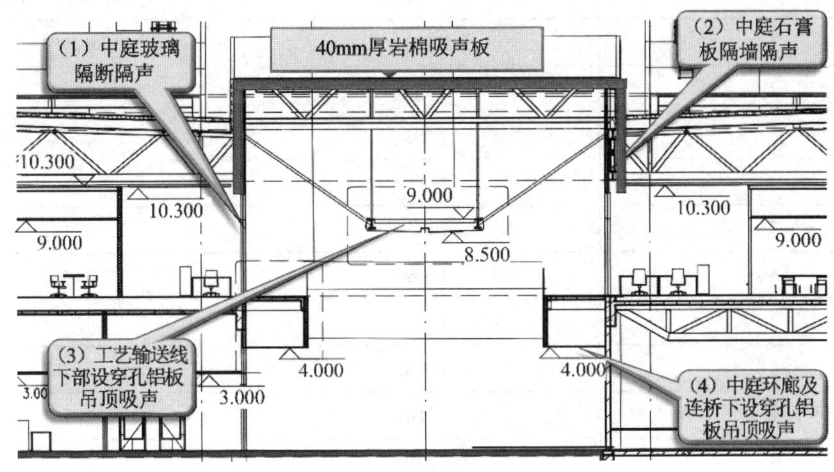

图 3-8-9　建筑隔声降噪措施

四、振动、噪声控制分析

经过通廊的输送线为主要振动噪声源，输送线悬挂在屋架上。如果振动控制不当，可能引起屋架共振，使得办公区内产生较大的振动噪声，影响人员正常工作。

为此，采用 MIDAS 对办公楼的结构进行建模分析。计算模型见图 3-8-10，第 1～3 阶模态见图 3-8-11～图 3-8-13。屋架前 6 阶模态频率见表 3-8-4。可以看出屋架频率较低，前 10 阶频率都在 5Hz 以下。对于固体声 20Hz 以上的频率分量具有良好的隔振效果。

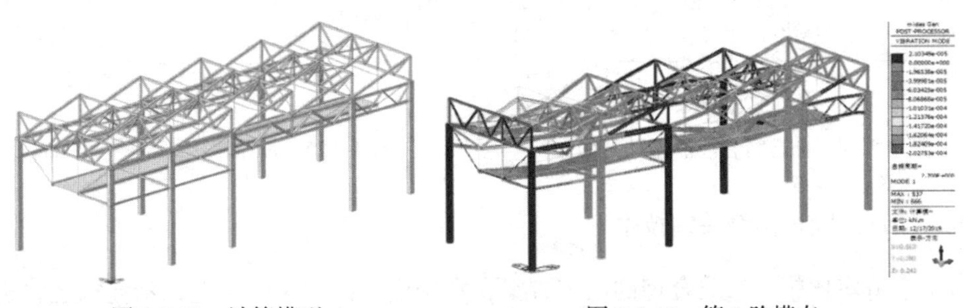

图 3-8-10　计算模型　　　　图 3-8-11　第 1 阶模态

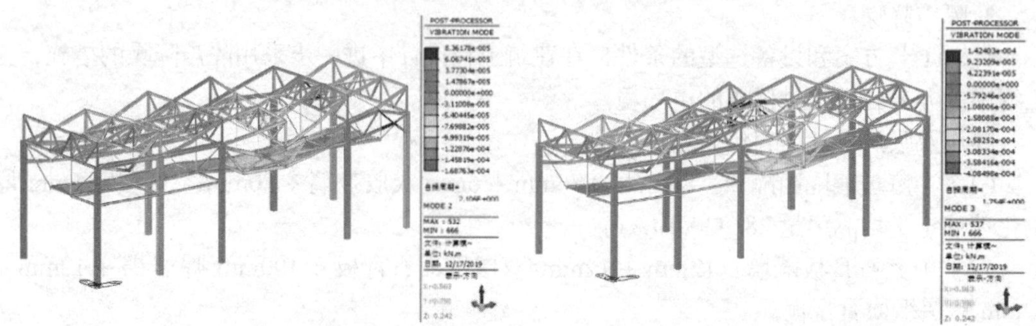

图 3-8-12　第 2 阶模态　　　　图 3-8-13　第 3 阶模态

屋架振动模态　　　　**表 3-8-4**

模态	自振周期（s）	自振频率（Hz）
1	2.7001	0.3704
2	2.1056	0.4749
3	1.7537	0.5702
4	1.6993	0.5885
5	1.6281	0.6142
6	1.5499	0.6452
7	1.3416	0.7454
8	1.1485	0.8707
9	0.7547	1.3251
10	0.6306	1.5858

从计算结果可以看出（见图 3-8-14 和图 3-8-15），输送线悬挂点的振动加速度比较大，为 4.588m/s^2。而屋架结构的最大振动加速度为 0.1917m/s^2，振动衰减超过 95%。

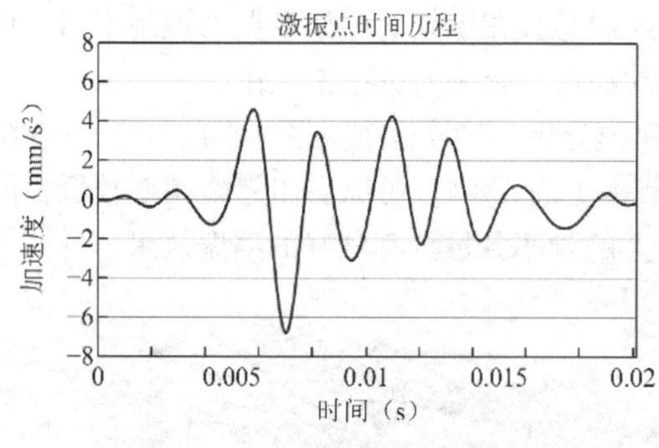

图 3-8-14　输送线悬挂点振动时程

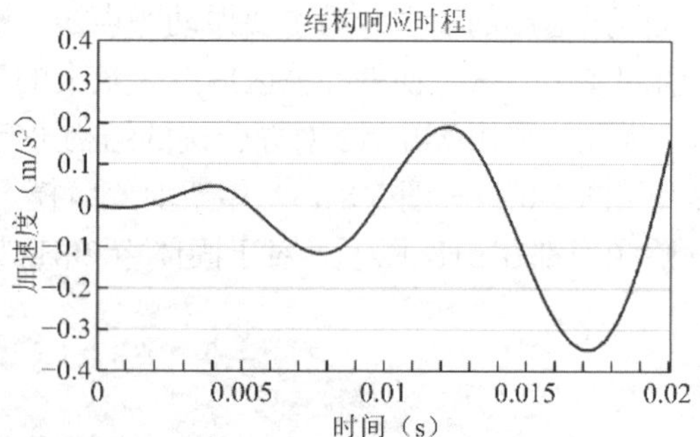

图 3-8-15　屋架最大结构响应时程

五、振动、噪声控制关键技术

（1）多方案比较，选取合理的工艺方案，在中庭上部中央屋架上，悬挂输送轨道。

（2）根据工厂生产和建筑功能的需要，在办公区域内选择适用的皮带式输送线，并配备高性能的静音电机部件。

（3）建筑内的公共区域，对 conveyer 工艺输送线下，采用设穿孔铝板吊顶，50mm 厚细石混凝土减振隔声吸声层；环廊及连桥下部设穿孔铝板吊顶吸声，并减少混响时间 0.2～0.4s。

（4）区域内小办公室，采用多道隔声吸声措施，确保区域环境噪声达标；包括中庭玻璃隔断配合石膏板隔墙隔声。

（5）结构动力特性匹配，避免屋架共振产生噪声和振动传递，引起二次结构固体声辐射。

（6）在办公区域内降低输送线运行速度，有效降低振动噪声。

六、振动、噪声控制效果

分析与现场测试表明：Crossbar 链式输送线运行时，噪声值可高达 80dB(A)，而皮带式输送线噪声值约为 67dB(A)。在本工程中，对于皮带式输送线的电机，选用了高性能静音电机，同时在输送线上加上隔声罩，综合效果可降低噪声 15dB 左右，实测结果见图 3-8-16，满足设计要求。

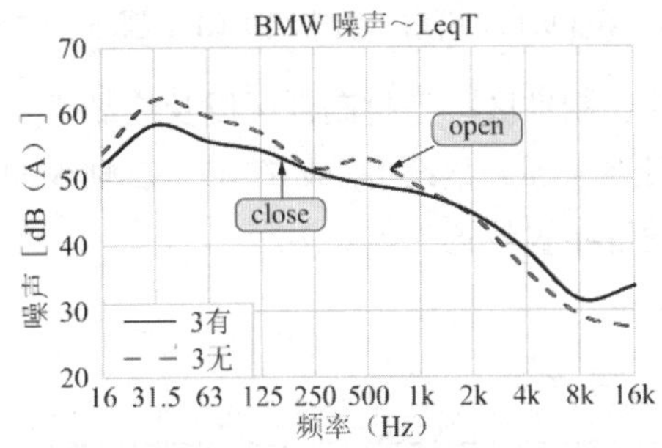

图 3-8-16　实测隔声效果

建筑隔声做法效果：

（1）中庭玻璃隔断隔声：平均隔声量 28～30dB(A)。

（2）中庭石膏板隔墙：平均隔声量 38～40dB(A)。

（3）conveyer 工艺输送线下穿孔铝板吊顶：平均吸声量 2～3dB(A)。

（4）中庭环廊及连桥下部设穿孔铝板吊顶：平均吸声量 2～3dB(A)；混响时间减少 0.2～0.4s。

采用软件“绿建斯维尔-建筑声环境”SEDU2018 分析，在采取上述各项措施的情况下，在更加严苛的噪声条件下，办公区域的噪声均能满足使用条件。

工程竣工后的 2023 年初，对主办公楼各功能区的噪声值及主观振动感受进行了全面的测量和评估。结果与设计技术参数基本吻合，部分指标甚至优于原模拟参数。噪声测试结果见表 3-8-5。

噪声测试结果［dB(A)］　　**表 3-8-5**

输送线工况	二层小办公区	办公等候区	开敞式办公区	共享中庭环廊
停车状况	30.4	32.0	34.7	39.0
开车状况	33.3	43.7	38.5	42.5

［实例 3-9］宇通型材加工车间减振降噪控制实例

一、工程概况

宇通型材加工车间为多跨轻钢结构厂房，纵向长约 300m，总宽度 120.44m，柱距 6m，跨度 24m，共 5 跨。横截面结构形式为高、低跨分布，在 C、D、E 轴线上分布等间隔的 H 型钢立柱，钢立柱纵向间隔 7.5m，如图 3-9-1 所示。

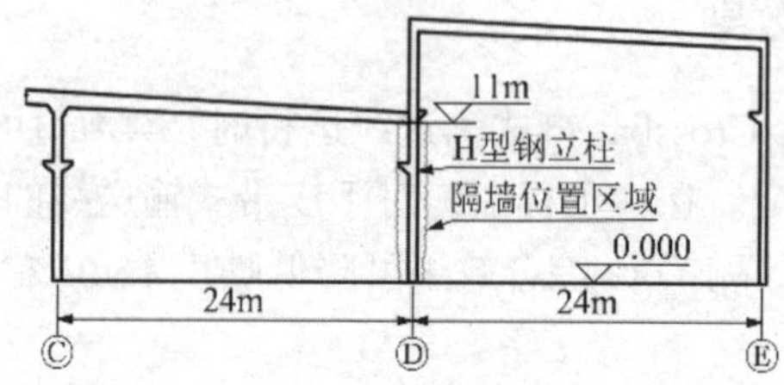

图 3-9-1　车间厂房剖面图（1-1 剖面）

由于车间中包括冲压区、制件区、型材制件区以及成品库、模具库、金属材料库等，存在液压机、压力机、龙门刨床等大型设备。如在 D、E 轴纵向区域，集中布置有多台大型冲压机设备，其中三台设备布置位置见图 3-9-2。

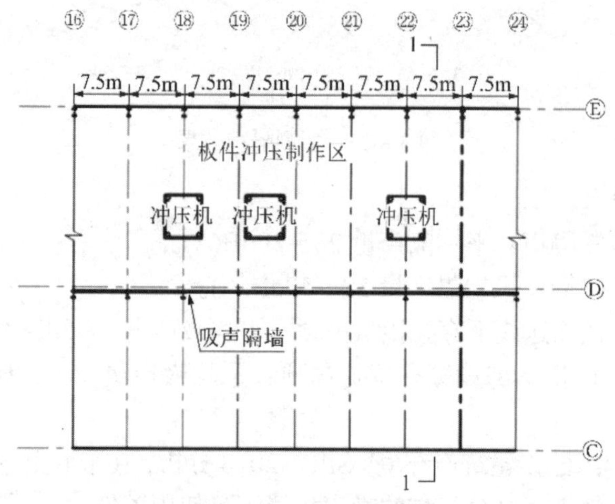

图 3-9-2　冲床设备布置区域

C、D 轴之间区域为其他小型设备的工作区域，噪声相对较为安静。多台冲床在相对封闭的车间内部，同时运转过程中产生的冲裁噪声和运转噪声，不可避免地影响干扰到相邻工作区域。由于以钢结构为主体构造的车间吸声性能不佳，声反射较强，导致在车间内部产生不同程度的混响，附近现场作业人员均会感受到不同声源的叠加噪声干扰。通过在冲压机附近约 1m 处随机布置 3 个测点进行现场噪声测试，发现最大总声压级可达到 82dB，见图 3-9-3。

噪声频谱在整个频段较为平稳，能量多集中在 315～5000Hz 的中高频段。

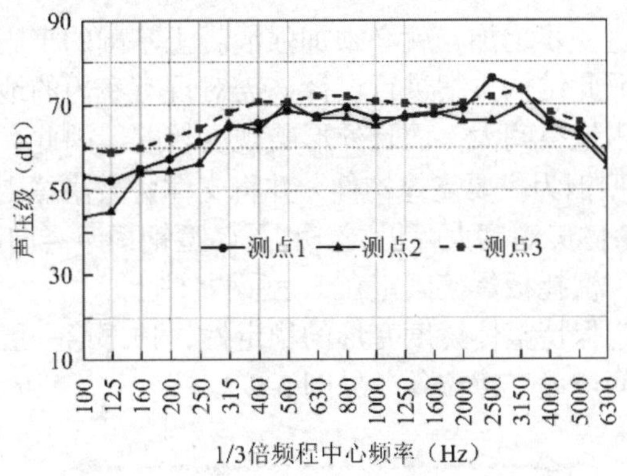

图 3-9-3　冲压机现场测试噪声频谱曲线

二、减振降噪控制目标

采取减振降噪措施后，实现车间不同功能作业区域的动、静分隔，同时兼备吸声功能，减少车间内部杂乱噪声的相互干扰，达到车间的声舒适度标准，改善工人的现场作业条件。

三、减振降噪控制方案

为实现降噪控制目标，利用原厂房钢柱建立一条隔声墙。隔声墙体依托原有 H 型钢立柱结构上建造，布置在 H 型钢立柱翼板内部之间区域，同时采用水平冷弯薄壁 C 型钢为主要支撑构件，并将支撑骨架隐藏内嵌在吸声层内部。水平 C 型钢檩条竖向间距 1.2m，两端与 H 型钢立柱通过檩托板连接，檩托板焊接固定在 H 型钢立柱上。隔墙声学部件为双层对称结构，最外一层采用铝合金穿孔吸声板，穿孔率 30%，通过三角龙骨固定在 C 型钢外表面。这样既可以具备隔声功能，又因整体结构紧凑，可充分合理利用空间，支撑钢结构可完全不外漏，整体美观度大幅提高。

整个隔墙长度约为 300m，分为等间隔的 40 跨，每跨隔墙宽度等同每个 H 型钢立柱之间的距离（约 7.5m），高度为 11m。为尽量避免漏声现象的发生，在隔墙顶部做成倒 L 形结构形式，即隔墙顶端水平伸出一定距离延伸至低跨屋面，形成封闭墙体面，见图 3-9-4。隔声墙体上另外设有采光透明隔声玻璃，部分位置设有隔声门。

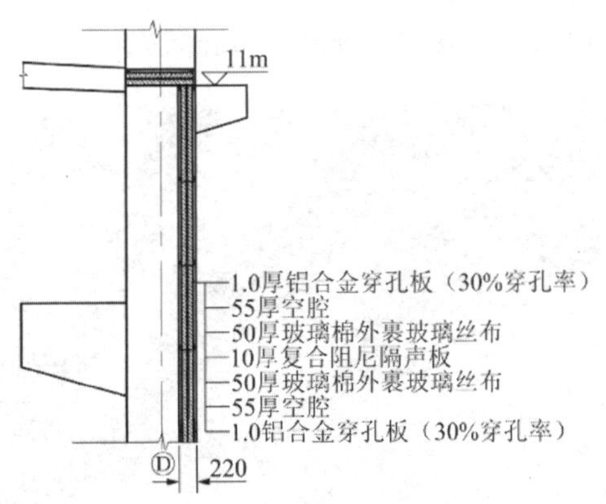

图 3-9-4　吸声结构顶部横剖面图

由于隔声墙模块两端跨度及高度均较大，其支撑结构形式必须保证足够的强度及稳定性。一般插板式声屏障多采用 H 型钢立柱作为支撑，通过锚固螺栓与混凝土基础固接，高度约在 2～4m。若尺度进一步增加，就必须加强混凝土基础的牢固程度，甚至需在外立面搭建斜支撑钢架。若按照此结构方案进行设计，需对现有室内的地面基础进行升级改造，不仅明显增加工程量，占地空间大，而且外形美观度较差。因此，通过综合权衡考虑，决定采用水平冷弯薄壁 C 型钢为主要支撑构件，并将支撑骨架隐藏内嵌在吸声层内部。支撑钢结构可完全不外漏，整体美观度大幅提高。水平 C 型钢檩条竖向间距 1.2m，两端与 H 型钢立柱通过檩托板连接，檩托板焊接固定在 H 型钢立柱上。

由于结构跨度大，为保持整体挠度变形的稳定性，顶部第一层增设斜拉条及套筒结构支撑，其余水平龙骨之间增设支撑拉条，见图 3-9-5。

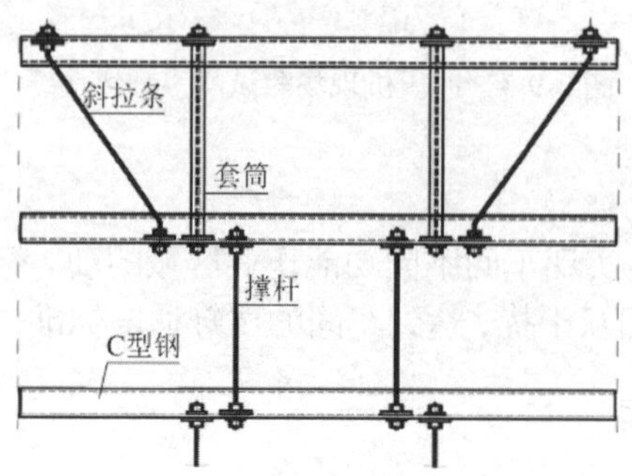

图 3-9-5　隔墙骨架结构图

隔墙声学部件为双层对称结构，最外一层采用铝合金穿孔吸声板，穿孔率 30%，通过三角龙骨固定在 C 型钢外表面。相对不穿孔板如彩钢板，铝合金穿孔板可增加声波的透射及吸声能力，降低厂房室内声波反复反射带来的混响干扰。隔墙中心采用带有薄阻尼层的复合隔声板，主要起到隔声作用。复合隔声板内面板为 4mm 厚高密度菱镁板，外面板采用 6mm 厚高密度 FC 水泥板，通过阻尼胶粘接复合而成，两侧板材厚度及密度不一，可避免声音吻合效应的产生，整体板材面密度为 11kg/m^2。阻尼隔声板和铝合金穿孔板之间加有 50mm 厚密度为 32kg/m^3 的超细玻璃棉，并留有空腔，以提高吸声效果。

四、现场隔声测试分析

1. 工况设置及测点布置

整个隔墙工程施工完毕后，整体外形如图 3-9-6 所示。

图 3-9-6　隔墙外立面

此时冲床设备在正常生产运转过程中，工作人员几乎感受不到来自冲床设备噪声的干扰，声舒适度明显改善，噪声指标满足工厂噪声标准要求。

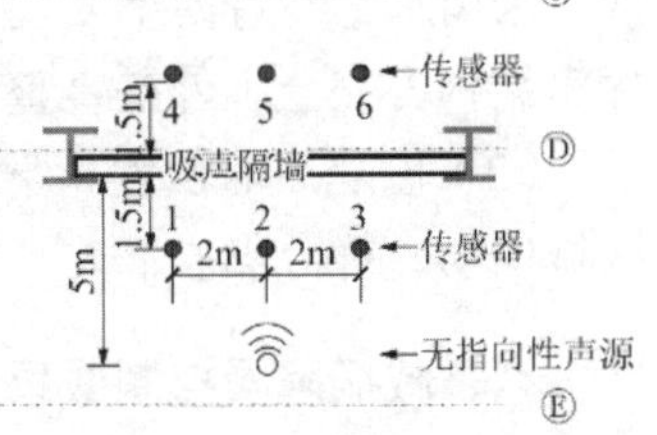

图 3-9-7 测点布置示意图

由于吸声隔墙两侧均有产生噪声的动力设备且数量众多，不同时间段测量的隔声效果受周围噪声源影响较大。为准确评估该隔声墙结构能够达到的最大隔声能力，决定在设备全部关停（工人休息）状态下，采用人工声源（12 面体无指向声源）发出强噪声源，同时在隔墙两侧布置传感器，比较两侧声压级差值，测点布置如图 3-9-7 所示。

2. 测试结果及分析

选取任意跨隔墙，在距其中心 5m 处放置人工声源，声源球心距地面高度为 2m，传感器沿长度方向等间隔布置。测试时，软件输出白噪声信号，通过功率放大器放大后输入到无指向性声源装置发出强噪声，传感器对声压信号进行拾取并通过采集仪进行数据采集分析，设置传感器每次采样时间约为 30s，重复 3 次，数据处理时对 3 次测试结果取平均。

通过比较隔墙两侧前、后测点的声压级差，可以获取隔声量大小。信号分析频段取 250～5000Hz，此频段人工声源输出功率高，信噪比高，数据可靠性好。

图 3-9-8 给出噪声频谱曲线，可见：

（1）强噪声源传递过程中通过吸声隔墙后，对立面测点声压级明显降低，特别是中高频段，噪声衰减效果明显。

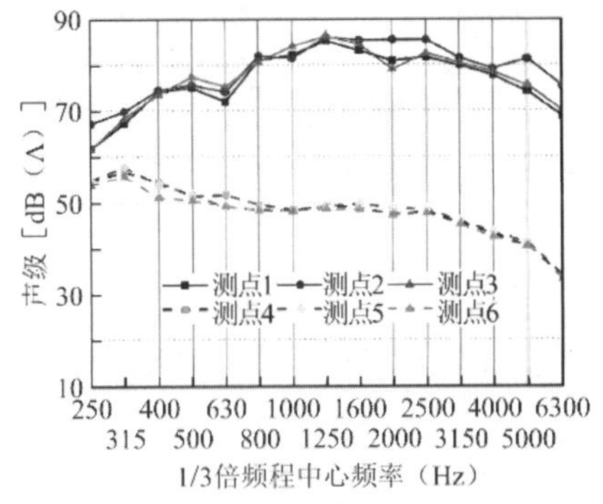

图 3-9-8 不同位置测点噪声频谱曲线

（2）表 3-9-1 给出了隔墙前、后测点的总声压级及对应声压级差，总声压级差最小可达到 29dB，最大为 31dB。

隔墙两侧声压级（dB） **表 3-9-1**

测点位置	前测点声压级	后测点声压级	前后测点声压级差（隔声量）
1	91.3	62.5	28.8
2	93.5	62.7	30.8
3	92.2	61.2	31.0

五、减振降噪关键技术

采用隔声墙进行减振降噪时，主要有以下关键技术：

（1）隔声墙模块两端跨度及高度均较大，其支撑结构形式必须保证足够的强度与稳定性，采用水平冷弯薄壁C型钢为主要支撑构件，并将支撑骨架隐藏内嵌在吸声层内部；支撑钢结构可完全不外漏，整体美观大幅提高。

（2）该隔声墙设置声学结构层，使之兼备吸声和隔声功能，实现了车间不同功能作业区域的动、静分隔。

六、减振降噪控制效果

针对车间的噪声水平分析状态，综合权衡考虑现场实际状况，在设备噪声源头上无法进行消声或隔声处理后，决定采用建立一道吸声隔墙的噪声处理方法，实现动静区域的隔离。在未对现有结构做出大的改动情况下，设计了一种高尺度的吸声隔墙结构。该隔墙兼备吸声和隔声功能，最大隔声能力可达到31dB，实现了车间不同功能作业区域的动、静分隔。从实际应用效果来看，该设计结构不仅满足兼具隔声、吸声功能的声学要求，而且满足了厂房在结构强度、美观度及造价等多方面的要求。

[实例 3-10] 消声水池隔振设计实例

一、工程概况

本项目位于长沙市某大学三号院西北角。消声水池位于 2 号附属楼内，建筑剖面见图 3-10-1 和图 3-10-2。消声水池尺寸为 50m × 20m × 10m，水池为半埋，壁板埋深为 5m（底板埋深另计）。

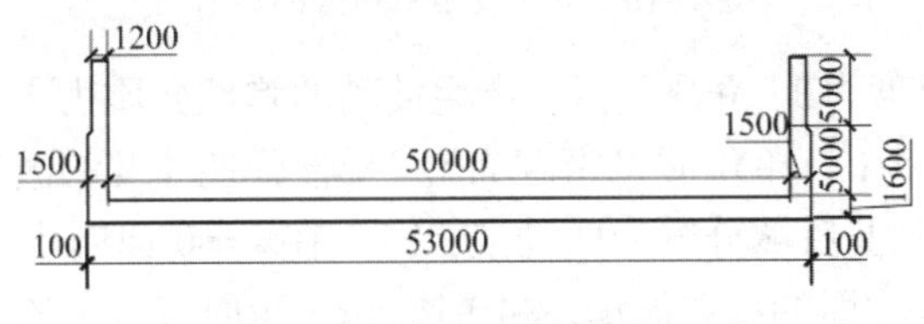

图 3-10-1　消声水池剖面图（一）

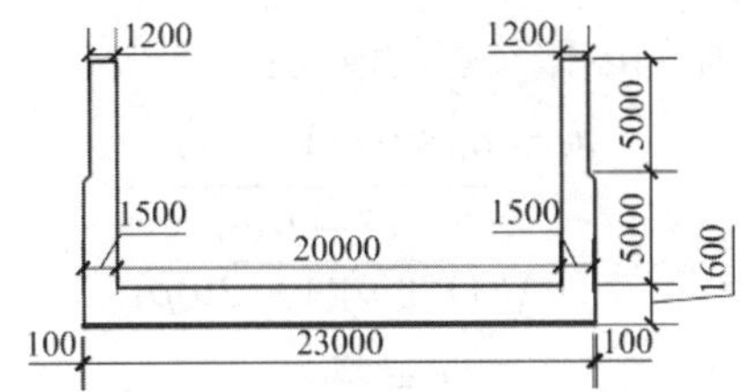

图 3-10-2　消声水池剖面图（二）

二、振动控制目标

采取屏障隔振控制措施后，通过选用不同的屏障厚度进行隔振效率对比和优化，综合考虑隔振效率和经济性后，振动容许值应满足相关国家标准和规范要求。

三、振动控制方案

波障是在波传播介质中设置一定尺度的物体，该物体与波传播介质具有较大差异的阻抗比（波传播介质的质量密度与剪切波速的乘积与波障质量密度与剪切波速的乘积之比），能屏蔽一部分传播振波的物体。

波障隔振是一种实用而有效的地面防振对策，桩排和井排屏障是在效益和经济上可供选择的方案。根据桩排隔振的理论及模型试验研究指出，桩径必须等于或大于被屏蔽的波长的 1/6 才有隔振效果。根据这个条件，要屏蔽常见波长的振波，根据工程经验，桩的直径一般需 4～5m 以上才有效，所以从经济性和适用性的角度出发，拟采用级配砂石作为隔振屏障对本项目的消声水池和信道水池进行隔振设计。

四、隔振原理分析

弹性波在弹性介质中传播时，遇到有与其传播介质的波速和质量密度不同的物体时，该波即产生反射、散射和衍射，这就是波能通过波障后被屏障一部分的本质。因此，可将波障假定为一弹性介质中的异性弹性体，如图 3-10-3 所示。

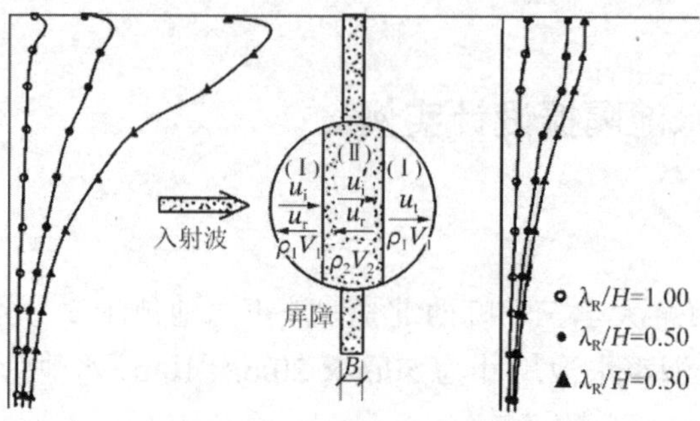

图 3-10-3　通过波障后波的透射

该异性弹性体的厚度为B，介质为Ⅱ。产生波动的弹性介质为Ⅰ，波通过Ⅱ后，传递到Ⅰ。弹性介质Ⅰ的波速为V_1，单位质量密度为ρ_1，异性弹性体Ⅱ的波速为V_2，单位质量密度为ρ_2。当Ⅰ中的波u遇到Ⅱ后被分解为四种波：（1）在$x=0$面向Ⅰ反射的u_r；（2）进入Ⅱ的透射波u_i'；（3）在$x=d$面的反射波u_r'；（4）透过$x=d$面传入Ⅰ的透射波u_t。这四种波和入射波u_i保持一定的比例关系。

设入射波u_i为圆频率ω、振幅u_0作稳态的波动：

$$u_i = u_0 \sin r(Vt - x) \tag{3-10-1}$$

$$V_1 = \sqrt{\frac{(1-\upsilon)E_1}{(1+\upsilon)(1-2\upsilon)\rho_1}} \tag{3-10-2}$$

$$r = \frac{\omega}{V_1} \tag{3-10-3}$$

式中：υ——泊松比；

E_1——介质Ⅰ的弹性模量；

r——波数。

在$x=d$面与$x=0$面的透射波与入射波的振幅之比称为传递系数或透射系数，以波的透射率或隔振效率T_R来表示。

本工程利用级配砂石作为隔振屏障。

屏障隔振效率计算公式为：

$$T_R = \frac{u_t}{u_i} = \frac{4\alpha}{\sqrt{(1+\alpha)^4 + (1-\alpha)^4 - 2(1-\alpha^2)^2 \cos(\frac{\omega B}{V_{ss}})}} \tag{3-10-4}$$

$$\alpha = \frac{\rho_{cB} \times V_{cB}}{\rho_{ss} \times V_{ss}} \tag{3-10-5}$$

式中：T_R——波障的透射系数；

α——波的阻抗比；

B——波障厚度；

ρ_{cB}——波障的质量密度；

V_{cB}——波障的波速；

ρ_{ss}——土介质的质量密度；

V_{ss}——土介质的波速；

ω——入射波的圆频率。

图 3-10-4 为T_R与$\omega B/V_{ss}$的关系曲线，其中$\alpha < 1$表示软屏障，$\alpha > 1$表示硬屏障，即只要屏障的材料波速低于或高于土介质波速，弹性波遇波障后就有隔振效果，其差别越大，隔振效果越好。本工程利用粗砂作为隔振屏障，粗砂的波速与土介质波速不同，可以起到隔振作用，具体隔振效率将通过下述计算分析给出。

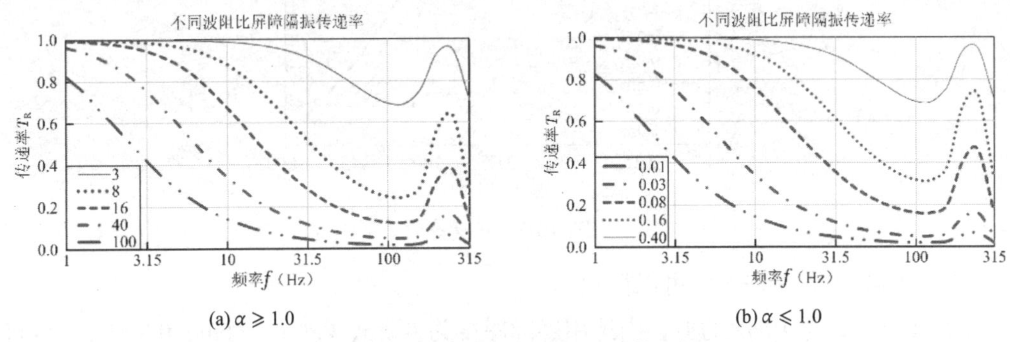

(a) $\alpha \geqslant 1.0$　　(b) $\alpha \leqslant 1.0$

图 3-10-4　弹性波遇波障后的透射系数T_R

根据初勘报告，地基土水池埋深附近土层以中风化泥质板岩为主，地基承载力特征值1200～2000kPa，剪切波速取V_{ss} =1000m/s，密度$\rho_{ss} = 2.4\text{t/m}^3$。粗砂剪切波速$V_{cB} = 180\text{m/s}$，粗砂密度$\rho_{cB} = 1.7\text{t/m}^3$，波的阻抗比$\alpha = (\rho_{cB}V_{cB})/(\rho_{ss}V_{ss}) = 1.7 \times 180/(2.4 \times 1000) = 0.128$。将各计算参数汇总如表 3-10-1 所示。

计算参数　　**表 3-10-1**

参数	数值
板岩波速（V_{ss}）	1000m/s
波障波速（V_{cB}）	180m/s
板岩密度（ρ_{ss}）	2.4t/m^3
波障密度（ρ_{cB}）	1.7t/m^3
波的阻抗比（α）	0.128

为了得到最经济适用的屏障厚度，分别选取屏障厚度为 0.2m、0.4m、0.6m、0.8m 和1.0m。将不同的屏障厚度和表 3-10-1 中的各项计算参数带入式(3-10-4)中，由此计算不同屏障厚度对应的透射系数T_R。计算结果如表 3-10-2 所示。

各个频率的波在不同屏障厚度下的透射系数（$\alpha = 0.35$）　　**表 3-10-2**

B（m）	f（Hz）						
	1	3.15	10	31.5	100	315	1000
0.2	1.0000	1.0000	0.9997	0.9971	0.9719	0.7967	0.4035
0.4	1.0000	0.9999	0.9988	0.9885	0.9003	0.5579	0.2630
0.6	1.0000	0.9997	0.9974	0.9748	0.8104	0.4204	0.2630
0.8	1.0000	0.9995	0.9953	0.9565	0.7216	0.3423	0.4035
1.0	0.9999	0.9993	0.9927	0.9344	0.6427	0.2962	1.0000

依据表 3-10-2 中各项数据，针对不同的屏障结构厚度和隔振频率，绘制屏障隔振传递

率，如图 3-10-5 所示。

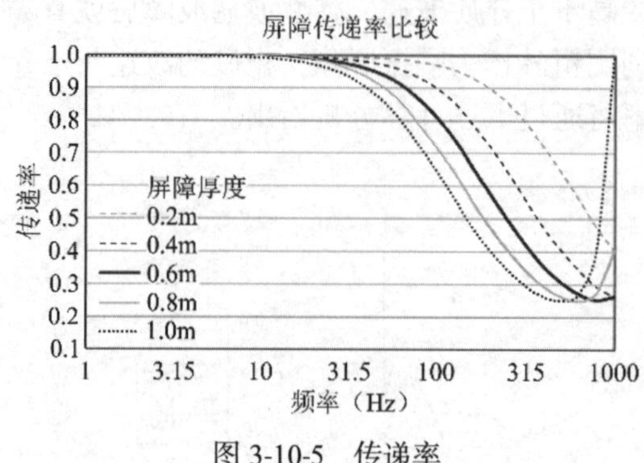

图 3-10-5　传递率

从表 3-10-2 和图 3-10-5 中可以得知：

（1）对于频率为 10Hz 的波，当选用屏障厚度为 0.2m、0.4m、0.6m、0.8m 和 1.0m 时传递率分别为 0.9997、0.9988、0.9974、0.9953 和 0.9927。

（2）对于 100Hz 的波，当选用屏障厚度为 0.2m、0.4m、0.6m、0.8m 和 1.0m 时传递率分别为 0.9719、0.9003、0.8104、0.7216 和 0.6427。

（3）对于 1000Hz 的波，当选用屏障厚度为 0.2m、0.4m、0.6m、0.8m 和 1.0m 时传递率分别为 0.4035、0.2630、0.2630、0.4035 和 1.0000。

通过选用不同的屏障厚度进行隔振效率对比和优化，综合考虑隔振效率和经济性后，最终选定屏障厚度为 0.6m。

由于缺少场地环境振动资料，无法进行有针对性的隔振验算。根据以往的经验，这里参考一些地铁振动的测试数据来推算。假设地铁线路距离水池 120m，一趟列车经过时，地铁振动传播到水池的振动加速度为$a_{120}=0.016\text{mm/s}^2$，超过消声水池标准。采用屏障隔振方案，按下式计算：

$$a_{\mathrm{v}}=T_{\mathrm{R}}a_{120}=0.4204\times0.016=0.0067\text{mm/s}^2<0.015\text{mm/s}^2$$

可以满足设计要求。

考虑可能两趟地铁列车同时经过，以及其他环境振动因素，为了确保消声水池的正常使用，建议 150m 范围内不应规划地铁线路。

五、振动控制关键技术

（1）根据工程规划条件和场地状况，综合经济性和适用性等因素，再结合屏障隔振优化分析，初步拟定粗砂作为屏障的隔振技术方案。

（2）根据优化分析结果，粗砂屏障厚度选用 0.6m 时，隔振效果最佳。

（3）基于以上两条，本工程项目中的消声水池建议采用 0.6m 厚的粗砂作为隔振屏障。

（4）为了减小环境振动的影响，建议水池附近周边区域，不宜设置较大振源的设施，例如地铁线路、城市主干道、大型工业装置等。

（5）施工图设计时，需要根据环境振动因素，分析屏障隔振的特性，避免屏障吻合效应的影响。

六、振动控制效果

采用 0.6m 厚的粗砂隔振屏障，分析表明：效果较好。

对于距离 120m 的地铁线路，振动传播到消声水池处的振动加速度为：$a_{120} = 0.016\text{mm/s}^2$，超过消声水池的振动要求。

根据《建筑工程容许振动标准》GB 50868—2013 的规定，消声水池下限频率都在 400Hz 以上。对于本项目的隔振屏障方案，取 315Hz 的隔振传递率$T_\text{R} = 0.4204$，隔振效率接近 60%。

消声水池上的振动加速度$a_\text{v} = 0.0067\text{mm/s}^2 < 0.015\text{mm/s}^2$，满足设计标准的要求。

[实例3-11] 德国汉堡易北爱乐音乐厅的振动控制

一、工程概况

易北爱乐音乐厅位于德国汉堡港历史悠久的仓库区南部，是一座基于历史文物的改造建筑。老建筑被称为A号码头仓库，是汉堡老港口最大的仓库，最初建于1875年。二战中这座建筑严重损毁，1963年在原址上新建红砖仓库，用于存放可可豆、茶叶和烟草。20世纪末，随着集装箱运输的崛起，仓库逐渐没落，最终空置下来。2003年，汉堡市委托赫尔佐格和德梅隆建筑事务所（Herzog & de Meuron）对旧仓库进行改造设计。整个建筑综合体包含了一个交响音乐厅、一个室内音乐厅、一个观景平台以及各种餐厅、酒吧、酒店和停车设施，综合体的核心就是易北爱乐厅。赫尔佐格和德梅隆完整地保留了仓库的红砖结构表皮，内部2/3的区域被改造成立体停车库，其余空间则作为音乐培训的场所及后台区。作为综合体核心的音乐厅建在既有的37m红砖仓库之上，新建筑的轮廓完全源自旧仓库，整个建筑轻盈、通透、似冰山又像浪花，最高点高度110m。目前，易北爱乐音乐厅已是德国汉堡新的地标建筑。德国汉堡易北爱乐音乐厅如图3-11-1所示。

图3-11-1 德国汉堡易北爱乐音乐厅全景

汉堡易北爱乐音乐厅不仅仅是为音乐设计，它也是一个住宅和文化综合体，其中包括一个2150座的大音乐厅，一个550座的小音乐厅，一个拥有250个房间的五星级酒店，45套高档公寓，一个6层500个车位的停车库。在第8层为一个360°全景观光平台，设有多个咖啡馆、酒吧和餐厅，游人可自由出入。

新建部分的核心是音乐厅，声学设计源自世界著名的声学设计师丰田泰久。古典音乐欣赏听起来必须非常优美，这样不仅音乐厅的形状在起着决定性的作用，而且来自外部的噪声也必须被消除。来自船舶喇叭的低频声音和来自环境的冲击噪声可能穿透音乐厅而形成结构噪声。此外，音乐厅周围的建筑也必须不受音乐的影响，以确保音乐会期间周围酒店和居民区的安静氛围。

二、音乐厅的结构设计和隔振设计方案

为了隔离外部的振动和噪声干扰，使音乐厅实现完美的音质效果，其结构采用了所谓房中房的特殊双层结构体系。音乐厅由两个相互嵌套的内壳和外壳构成，外壳是船形的钢筋混凝土结构，厚度为 20～40cm。内壳底部和侧壁通过弹簧隔振器支撑在外壳之上，内壳的屋顶则通过弹簧隔振器悬挂在外壳屋面之下。为了防止声音的传播，内壳与外壳完全由钢弹簧隔振器连接，且留有一定的间隙。这样，无论是观光平台的喧嚣、建筑外车辆行驶、周边地铁的运行，还是港口船舶的经过，都不会对音乐会产生任何干扰。

两座音乐厅被设计成独立的结构，仅通过螺旋钢弹簧与周边结构相连，以其中大音乐厅有 2150 个座位，质量为 12500t，支撑在 362 台钢弹簧隔振器上，设计隔振频率为 4.5Hz；小音乐厅有 550 个座位，质量为 2000t，支撑在 56 台钢弹簧隔振器上，设计隔振频率为 3.5Hz。

两座音乐厅在建筑中的位置及隔振示意见图 3-11-2。

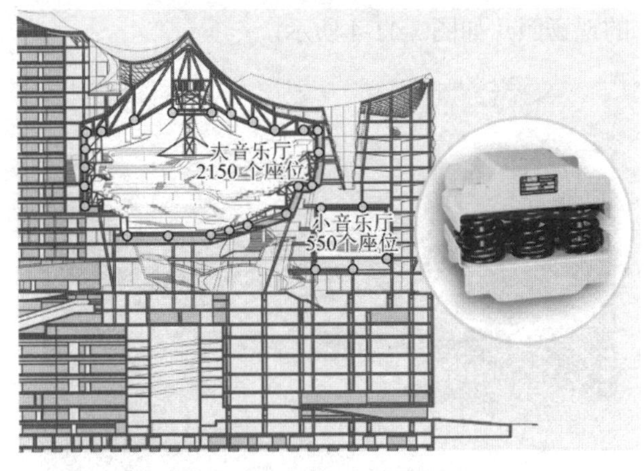

图 3-11-2　音乐厅隔振示意图

在音乐厅的声学设计中，结构的振动特性是一个基本要素，在结构设计初期就借助二维和三维有限元模型进行了研究。对于采用了钢弹簧整体隔振系统的音乐厅，采用较低的系统频率可获得较高的隔振降噪效果，但较低的系统频率会增加结构自身对振动的敏感性。作为观演类建筑音乐厅人流密度较大，较低的系统频率易产生人致振动，因此，隔振系统频率确定极为关键。综合考虑上述两个因素，两座音乐的钢弹簧隔振系统频率设计为 4.5Hz 和 3.5Hz。

三、振动控制测试分析

音乐厅的振动设计目标，是对竖向固有频率的要求。为验证这一设计目标，在施工阶段进行了固有频率的测试，并进一步推测到完工状态的固有频率。

1. 施工阶段振动测试

在主体结构已经完工，但白色墙体、吊顶和座椅安装之前，对两座音乐厅进行了振动

测试。测试前所有的弹簧隔振都已释放进入工作状态，且所有施工期间搭建的水平悬架和竖向支撑都被拆除，并检查确认音乐厅与外层结构无刚性连接，隔振缝内无杂物。

在大型厅内选定的测量位置如图 3-11-3 所示。测点 1 和 2 位于大厅地板的钢梁上，测点 3 位于大厅地板下面隔振层中的弹簧隔振器上，测点 4 位于大厅地板下面隔振层的地板上。为了进行比较，还选择了一个位于大型厅外、弹簧隔振器下方的测量点。

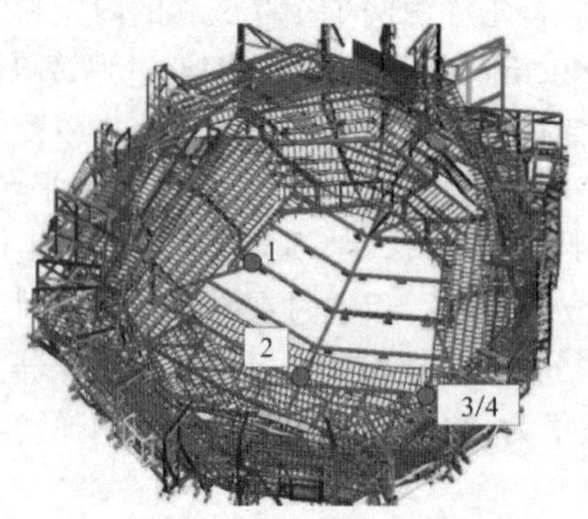

图 3-11-3　大音乐厅的测点布置图

大音乐厅测点 3 的现场照片如图 3-11-4 所示。

图 3-11-4　大音乐厅测点 3

在环境激励下，测试得到各点的振动加速度。通过傅里叶变换，获得各测点的加速度频谱，图 3-11-5 所示为大音乐厅测点 3 的频谱。

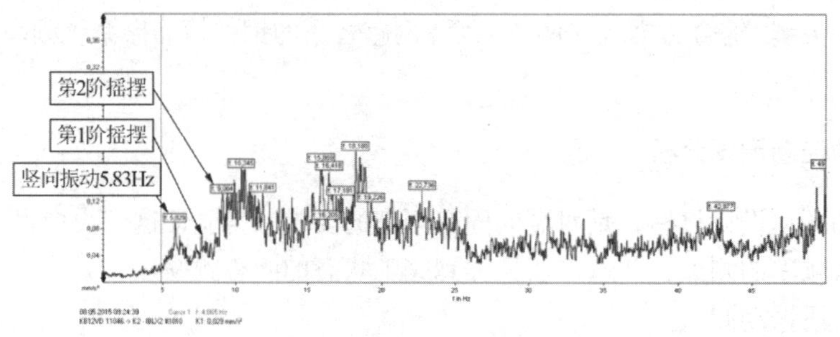

图 3-11-5　大音乐厅测点 3 的频谱

通过与理论分析结果对比，可以识别频谱中的各峰值点所对应的振动模态。第一个峰值点对应于第 1 阶竖向固有频率约为 5.8Hz，第二个明显峰值点对应于第 2 阶扭转固有频率约为 9.1Hz。与纯平移振动相比，摇摆振动的测试结果更清晰，因为频率更高，加速度更大，因此更容易测量，并且大音乐厅外部环境激励更容易激起摇摆振型。

通过测试结果，可以进一步证实弹簧隔振器已进入工作状态，外部结构和大音乐厅之间完全弹性连接。对比测点 3 和测点 4 的频谱时（图 3-11-6），可以发现两个频谱存在明显差异，这表明内部和外部结构完全解耦。

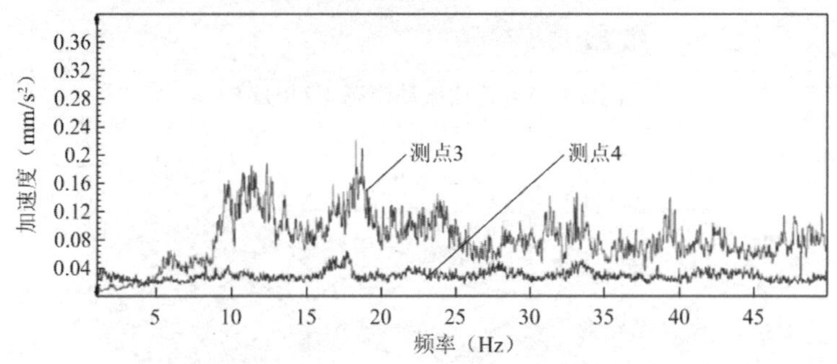

图 3-11-6　测点 3（蓝）和测点 4（紫）的频谱对比

测点 3 位于弹簧隔振器 GP-2.2-S7 的正上方，测得隔振器的弹簧静变形约为 8mm，对应的固有频率约为 5.7Hz。这个值与测得的固有频率约 5.8Hz 非常吻合。将隔振结构简化为单质点-单自由度的振动系统，该系统的固有频率为$f_0=\frac{1}{2\pi}\sqrt{\frac{k}{m}}$，其中，$m$为隔振建筑的质量，$k$为钢弹簧隔振系统的刚度。根据弹簧隔振器的刚度及结构总重量可得到隔振系统的理论固有频率为 5.3Hz。

2. 施工阶段理论分析

为了识别测试频谱中各峰值点对应的模态振型和固有频率，利用三维有限元模型进行了理论模态分析。各构件之间为刚性连接，根据测试得到的隔振器静变形量及隔振器刚度可计算得到整个隔振结构的总质量为 4917t，并根据此质量调整有限元模型的荷载分布，使其与施工阶段结构参数相一致。计算得到结构不同振型及频率。图 3-11-7～图 3-11-9 显示了主要的模态振型以及相关的固有频率。

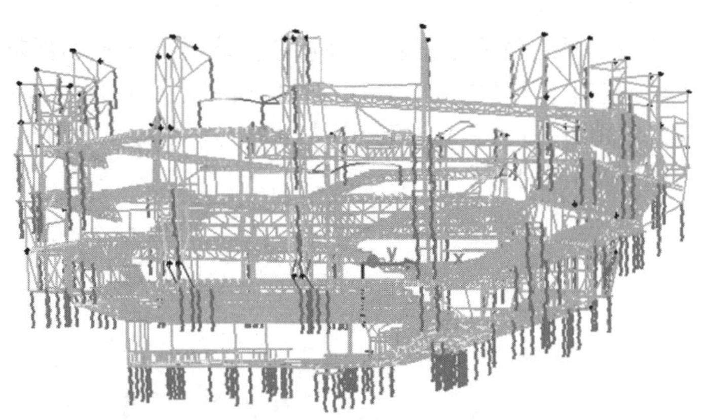

图 3-11-7　垂直振动模态（5.6Hz）

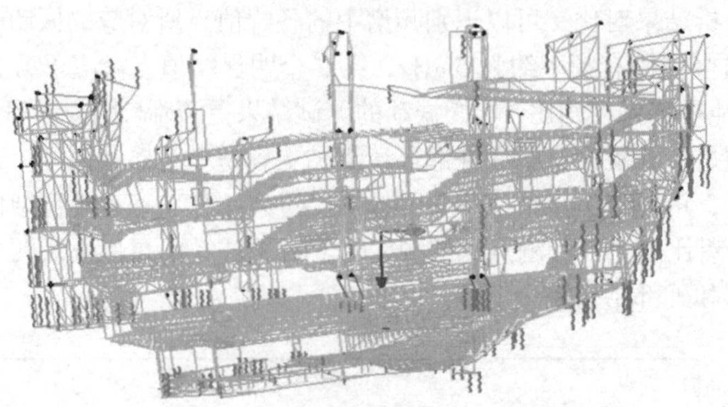

图 3-11-8　摇摆振动模态（7.9Hz）

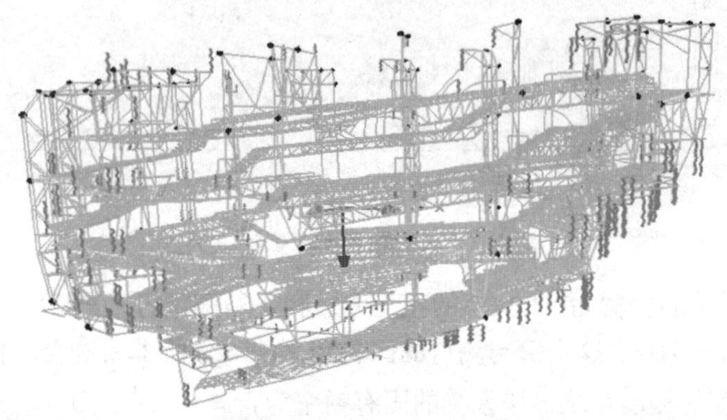

图 3-11-9　摇摆振动模态（9.9Hz）

四、振动控制效果

与正常使用状态相比，振动测试时，大音乐厅内的木地板、墙体、吊顶以及座椅等荷载均未加载，这部分荷载总质量约为 583.3t，另外，在结构设计时楼面活荷载按照 200t 加载。因此，在正常使用状态下，包括楼面活荷载在内的预测质量荷载为 5700.3t（= 4917t + 583.3t + 200t）。按照正常使用状态下的荷载，根据单质点-单自由度系统频率计算公式，计算可得大音乐厅在建成后的隔振系统频率为 4.9Hz。采用同样的方法，可得小音乐厅在建成后的隔振系统频率为 3.8 Hz。

2017 年开幕后不久，易北爱乐音乐厅的音质就远远超出了人们的预期，其节目质量和演出种类在国际上名列前茅，除常驻合作乐团北德广播易北爱乐乐团、回声乐团、汉堡交响乐团和汉堡国立爱乐乐团外，许多私人演出团体也在这里举办音乐会。丰田泰久认为“就声学而言，易北爱乐厅是世界上最好的音乐厅之一”。

［实例 3-12］汾湖站枢纽跨穿高铁减振降噪二元一体系统解决方案

一、工程概况

苏州南站枢纽综合体位于苏州市吴江区，站房面积为 40000m²，配套工程总建筑面积为 256947.5m²，建设单位为上海铁路枢纽工程建设指挥部（国铁站房）和长三角投资发展（江苏）有限公司（配套及开发），国铁站房设计单位为筑境设计，配套工程联合体单位为筑境设计和华设设计集团，由中建三局第一建设工程有限责任公司和中铁建设集团总承包公司承建，预计 2024 年 11 月底前完工。

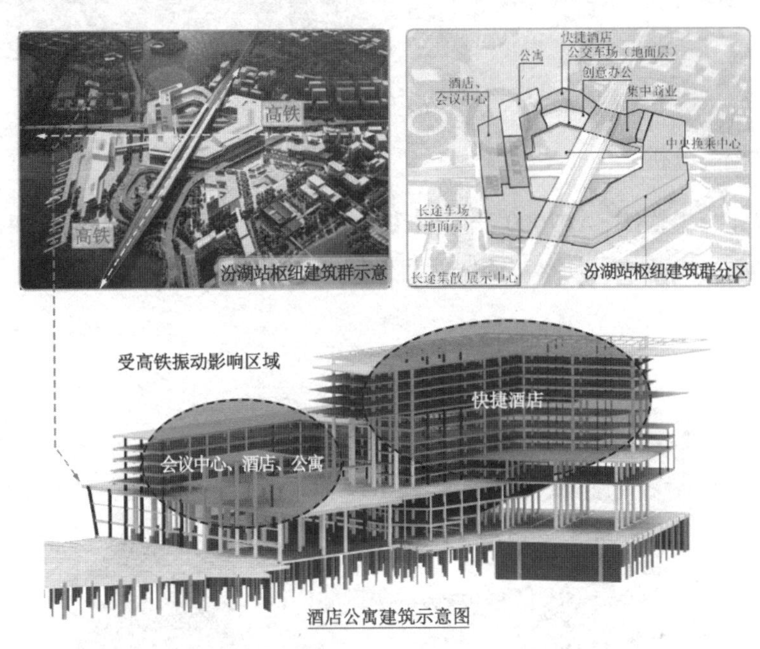

图 3-12-1　苏州南站项目振噪影响示意图

苏州南站综合枢纽由两条城际高铁交互贯通，其运行将对汾湖站枢纽建筑群中的酒店、公寓、会议中心等产生明显的振动及噪声（图 3-12-1）。因此，需通过合理方案将振动及噪声控制在标准限值内，且尽量避免居民的投诉。《城市区域环境振动标准》GB 10070—1988 给出轨道交通引起的建筑振动振级限值通过计算应符合：昼间 75dB、夜间 72dB。但建筑楼板振动振级限值也需结合建筑使用需求适当调整。

二、振动控制方案

针对毗邻轨道交通的高层建筑结构抗震体系振动和二次辐射噪声危害控制，以结构性动力参数零修改为边界条件，以 3 阶段优化调整后白天与夜间控制标准为设计目标，提出以隔振型浮筑板技术为白天振动噪声控制主要手段、以耗能型阻尼墙为夜间变荷载下振动噪声控制为冗余补充手段，并有效结合墙板对建筑结构的质量、刚度、阻尼的优化设计，形成不同特征荷载下的阶梯型振动噪声防御体系，并且通过浮筑板集成化和阻尼墙轻型化，使得该体系在工程应用中转变成原有结构的隐形附加耗能机制，且对结构体系的地震设防性能有所提升，方案设计思路如图 3-12-2 所示。

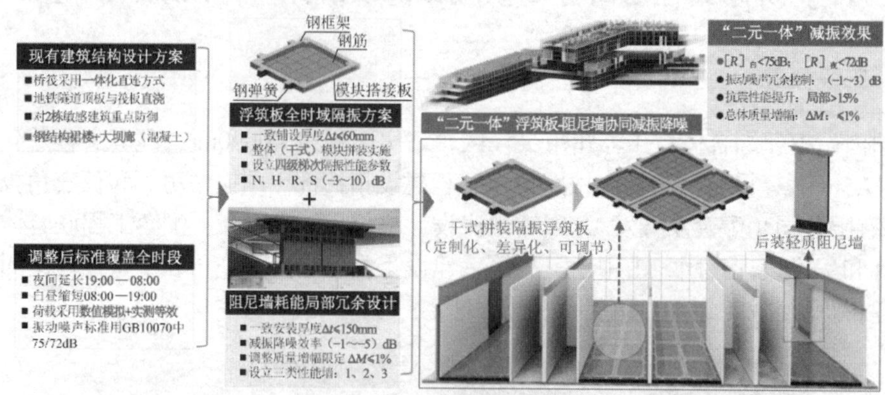

图 3-12-2 “二元一体”隐形耗能机制减振降噪方案设计思路

三、振动控制分析

通过有限元分析软件 SAP2000 开展地铁作用下的结构振动响应评估，通过 YJK4.3 软件开展结构抗震分析。结构有限元模型如图 3-12-3 所示。

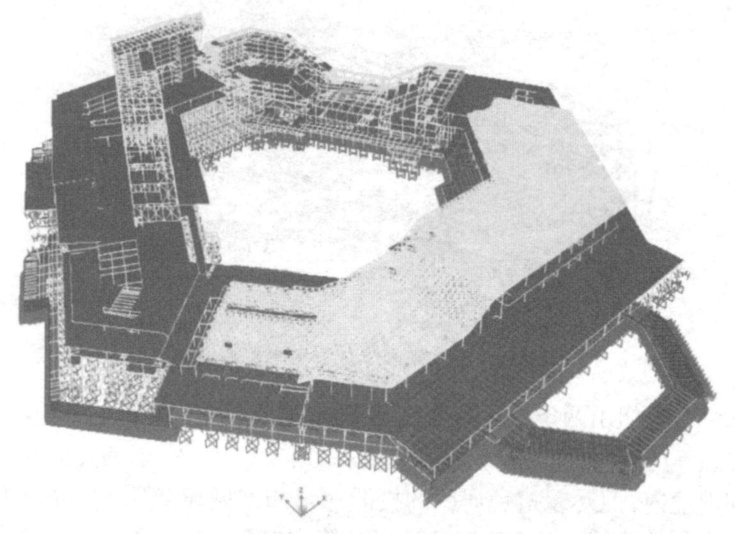

图 3-12-3 结构整体有限元模型

根据昼间 75dB、夜间 72dB 的评价标准，经计算统计得到的建筑楼板振动超标区域面积汇总如表 3-12-1 所示。

建筑楼板振动超标区域汇总 **表 3-12-1**

建筑		快捷酒店		酒店及配套会议公寓								
楼层		F5	F7	F4	F5	F6	F7	F8	F10	F11	F12	F13
振动超标区域（＞70dB）	面积（m^2）	190	125	3560	3990	4345	2195	2275	2565	2145	2360	2765

续表

建筑		快捷酒店		酒店及配套会议公寓								
楼层		F5	F7	F4	F5	F6	F7	F8	F10	F11	F12	F13
振动超标区域（> 70dB）	房间数	4	2	64	76	82	37	42	42	39	40	46
相对于白天75dB 标准增加	面积（m^2）	190	125	1350	1700	2095	405	425	2055	945	1210	1165
	房间数	4	2	24	35	44	7	12	34	16	18	24
振动超标区域（> 70dB）总面积（m^2）		26515										
相对于白天 75dB 标准增加总面积（m^2）		11565										

抗震验算结果汇总如表 3-12-2 所示。计算结果表明：阻尼墙方案位移角、位移比等整体指标有所改善，有效提高结构抗侧刚度及抗扭刚度，有助于提升结构动力性能。

抗震验算结果汇总　　表 3-12-2

指标项		黏弹性方案	原方案	变化量
总质量（t）		129012.34	129012.16	0%
质量比		5.86 > [1.5]	5.86 > [1.5]	0%
最小刚度比	*X*向	0.70 < [1.0]	0.74 < [1.0]	0%
	*Y*向	0.31 < [1.00]	0.29 < [1.0]	6.9%
楼层受剪承载力	*X*向	0.65 < [0.80]	0.65 < [0.80]	0%
	*Y*向	0.81 > [0.80]	0.81 > [0.80]	0%
结构自振周期（s）	*X*	1.5811	1.7021	7.11%
	Y	1.8092	2.0365	11.16%
	T	0.7090	1.6279	56.45%
有效质量系数	*X*向	100.00% > [90%]	100.00% > [90%]	0%
	*Y*向	99.99% > [90%]	99.99% > [90%]	0%
最小剪重比	*X*向	3.63% > [1.60%]	3.72% > [1.60%]	—
	*Y*向	2.89% > [1.60%]	2.82% > [1.60%]	—
最大位移角（地震）	*X*向	1/541 > [1/550]	1/496 > [1/550]	8.31%
	*Y*向	1/582 < [1/550]	1/530 > [1/550]	8.93%
最大位移比	*X*向	1.18 < [1.50]	1.15 < [1.50]	1.74%
	*Y*向	1.43 < [1.50]	1.42 < [1.50]	0.70%
最大层间位移比	*X*向	1.41< [1.50]	1.50 = [1.50]	6.0%
	*Y*向	1.43< [1.50]	1.53> [1.50]	6.5%
刚重比	*X*向	20.44> [10.0]	17.27> [10.0]	18.36%
	*Y*向	21.01> [10.0]	18.09> [10.0]	16.14%

四、振动控制关键技术

1. 振动控制评价标准确定方法

考虑到本项目实际适用场景与标准规定的昼间、夜间划分存在交叉，应结合实际适用需要，进一步调整本项目振动噪声控制限值。图 3-12-4 给出了基于振动舒适度及人体烦恼率的振动标准取值修正的夜间各房间振动水平等效计算评估的方法。图 3-12-5 给出了关于夜间各房间振动水平等效计算评估的方法说明。

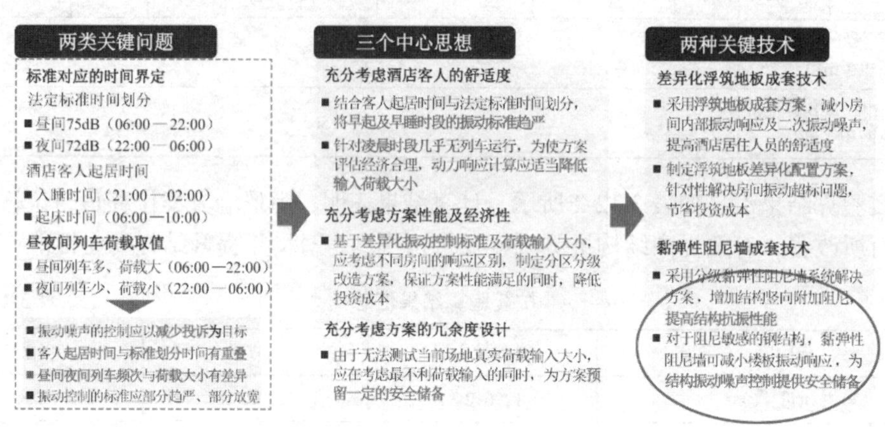

图 3-12-4　基于振动舒适度及人体烦恼率的振动标准取值修正

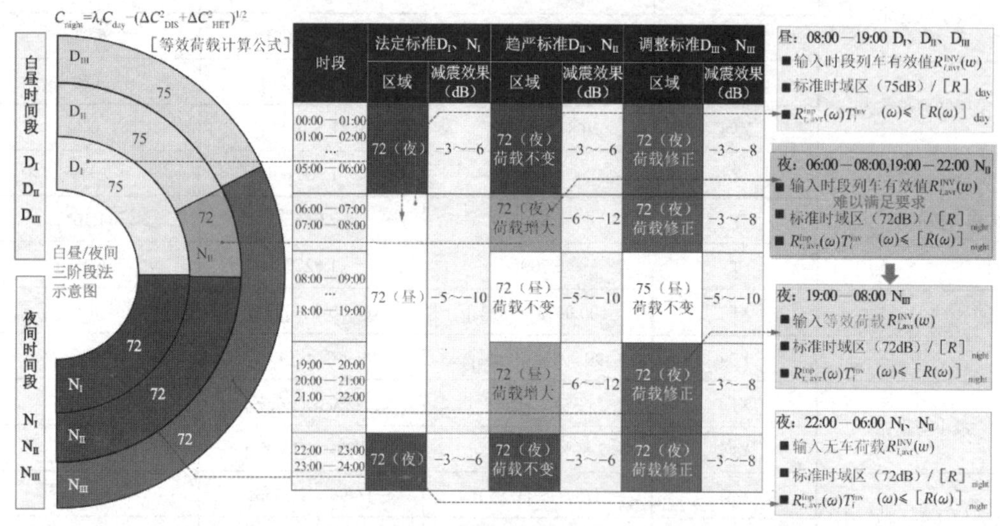

图 3-12-5　夜间各房间振动水平等效计算评估方法说明

2.“二元一体”隐形耗能机制减振降噪技术

“二元一体”隐形耗能机制减振降噪技术如图 3-12-6 所示，建立了振动噪声主辅控制策略，即以浮筑板为主隔振措施，以阻尼墙为优化补充措施；建立了振动噪声方案引起结构变化对建筑抗震性能影响的互校评估机制，确保减振降噪对建筑原有抗震性能有提升；控制容量设计中，通过浮筑板与阻尼墙的组合方式，设立了建筑未来服役环境变化冗余控制量，约–1～–3dB。

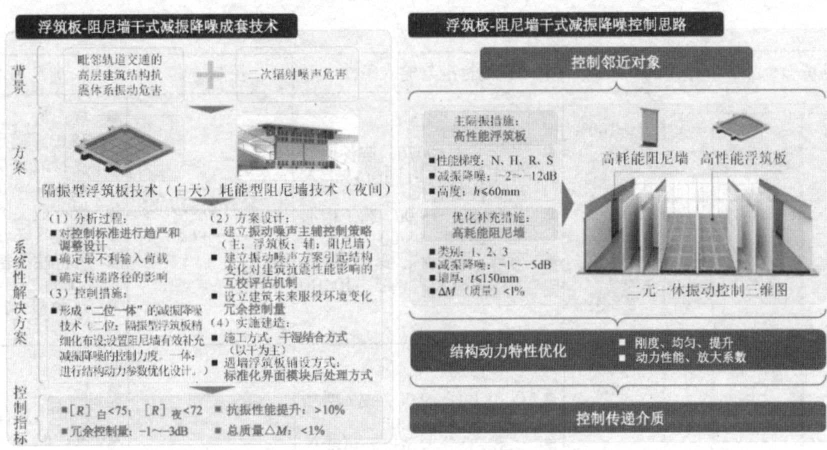

图 3-12-6　“二元一体”隐形耗能机制减振降噪技术

五、振动控制装置

本工程中所使用的振动控制装置为浮筑板和阻尼墙，分别如图 3-12-7 和图 3-12-8 所示，相关参数见表 3-12-3。

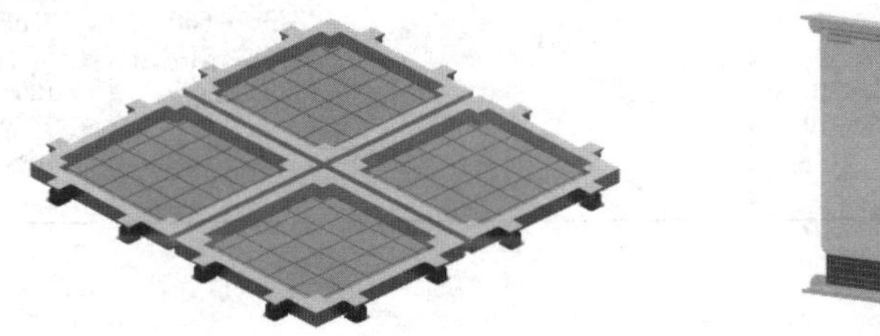

图 3-12-7　高性能浮筑板　　　　图 3-12-8　高耗能阻尼墙

振动控制装置参数　　　　**表 3-12-3**

名称	参数
高性能浮筑板	高度$h \leqslant 60$mm；重量 1.3kN/m^2；减振降噪性能为 3～10dB
高耗能阻尼墙	墙厚$t \leqslant 150$mm；ΔM（质量）$\leqslant$ 1%；减振降噪性能为 1～5dB

六、振动控制效果

表 3-12-4 给出了不同方案的振动控制效果。

振动控制效果汇总　　　　**表 3-12-4**

可行性覆盖率δ_C，冗余度δ_R	控制标准与输入条件	控制方案	满足需求情况
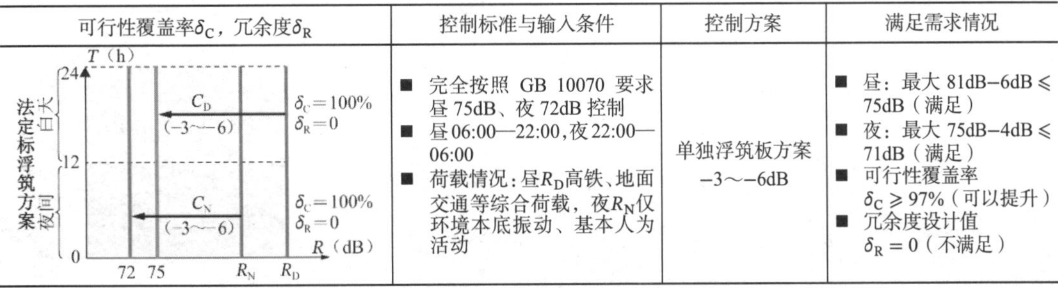	■ 完全按照 GB 10070 要求昼 75dB、夜 72dB 控制 ■ 昼 06:00—22:00，夜 22:00—06:00 ■ 荷载情况：昼R_D高铁、地面交通等综合荷载，夜R_N仅环境本底振动、基本人为活动	单独浮筑板方案 −3～−6dB	■ 昼：最大 81dB−6dB ≤ 75dB（满足） ■ 夜：最大 75dB−4dB ≤ 71dB（满足） ■ 可行性覆盖率 $\delta_C \geqslant 97\%$（可以提升） ■ 冗余度设计值 $\delta_R=0$（不满足）

续表

可行性覆盖率δ_C，冗余度δ_R	控制标准与输入条件	控制方案	满足需求情况
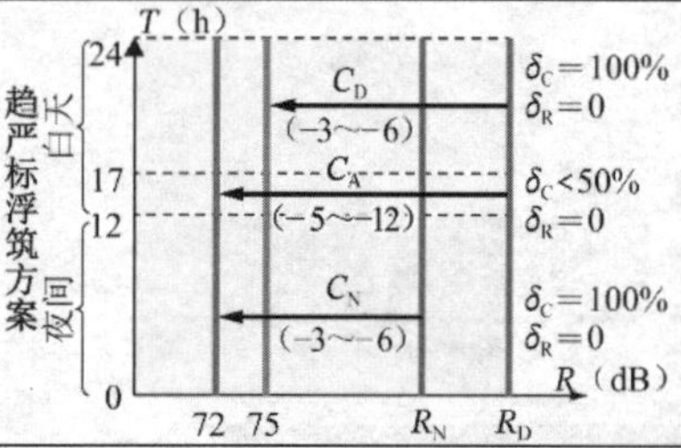 趋严标浮筑方案 T（h）24 白天 17 12 夜间 0 C_D（−3～−6） $\delta_C=100\%$ $\delta_R=0$ C_A（−5～−12） $\delta_C<50\%$ $\delta_R=0$ C_N（−3～−6） $\delta_C=100\%$ $\delta_R=0$ R（dB） 72 75 R_N R_D	■ 基于 GB 10070，按各地环保主要投诉时间统计扩大夜间控制时长 ■ 昼 08:00—19:00，夜（增加 5h）19:00—08:00 ■ 荷载，原区域不变，新修改时区荷载增大（+5～10dB）	单独浮筑板方案 −3～−6dB	■ 昼：最大 81dB−6dB ⩽ 75dB（满足） ■ 夜：最大 75dB−4dB ⩽ 72dB（满足） ■ 夜：最大 81dB−6dB ⩽ 75dB（不满足） ■ 可行性覆盖率$\delta_c \leqslant 50\%$（不满足） ■ 冗余度设计值$\delta_R=0$（不满足）
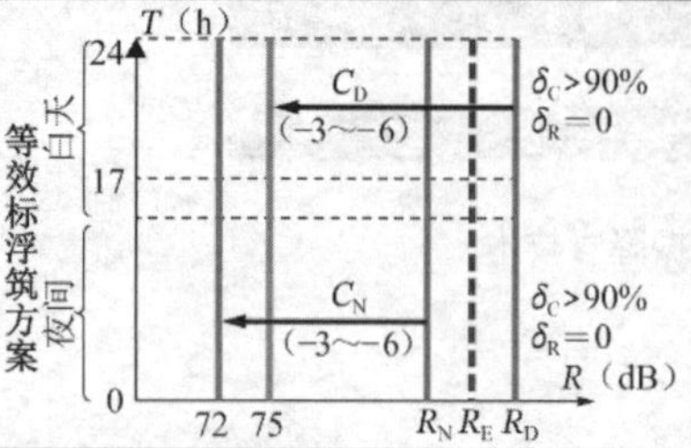 等效标浮筑方案 T（h）24 白天 17 夜间 0 C_D（−3～−6） $\delta_C>90\%$ $\delta_R=0$ C_N（−3～−6） $\delta_C>90\%$ $\delta_R=0$ R（dB） 72 75 R_N R_E R_D	■ 昼 08:00—19:00，夜（增加 5h）19:00—08:00 ■ 荷载，充分考虑夜间可能单车经过和地面交通较低，新修改时区荷载修正至R_E，相当于比原夜间R_E上调（+3～8dB）	单独浮筑板方案 −3～−6dB	■ 昼：最大 81dB−6dB ⩽ 75dB（满足） ■ 夜：最大 76dB−4dB ⩽ 72dB（满足） ■ 可行性覆盖率$\delta_c \geqslant 90\%$（必须提升） ■ 冗余度设计值$\delta_R=0$（不满足）
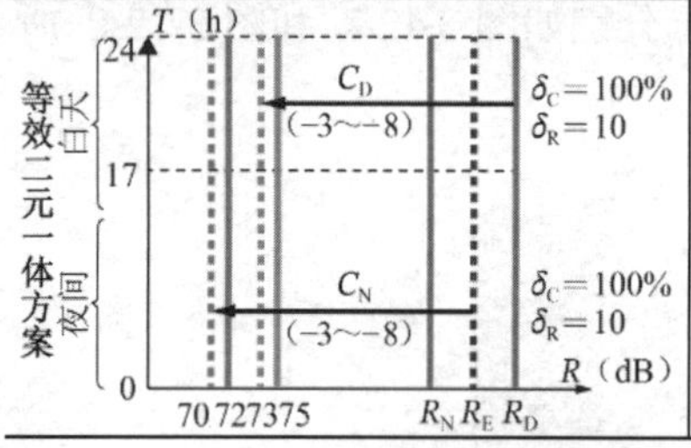 等效二元一体方案 T（h）24 白天 17 夜间 0 C_D（−3～−8） $\delta_C=100\%$ $\delta_R=10$ C_N（−3～−8） $\delta_C=100\%$ $\delta_R=10$ R（dB） 70 72 73 75 R_N R_E R_D	同上	单独浮筑板方案 −3～−6dB 局部构造阻尼墙 −2～−4dB	■ 昼：最大 81dB−8dB ⩽ 75dB（满足） ■ 夜：最大 77dB−7dB ⩽ 72dB（满足） ■ 可行性覆盖率$\delta_c=100\%$（满足） ■ 冗余度设计值$\delta_R \geqslant 10\%$（满足）

［实例 3-13］新卡罗琳斯卡医院楼顶直升机停机坪振动控制

一、工程概况

位于瑞典斯德哥尔摩的新卡罗琳斯卡医院是一个集医院、科研和教学为一体的新型建筑结构。其中，包括一些振动敏感区域，例如：核磁共振成像、扫描电子显微镜等。过大的振动会妨碍此类设备的正常运行，现有的振动源有内部（人员行走、车门开关灯）和外部（轨道交通、直升机移动等）。

振动产生的主要原因是医院楼顶停机坪（图 3-13-1），由于瑞典面积大，人口相对较少，直升机使用的概率极大，直升机工作时转子叶片的脉动影响了下面医院内的振敏设备使用。

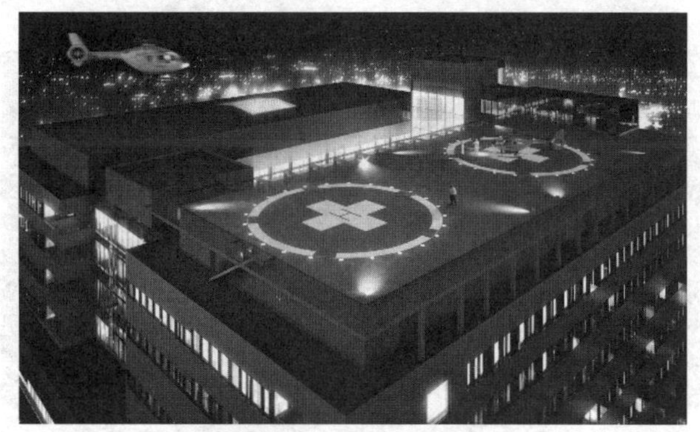

图 3-13-1　医院楼顶停机坪

二、振动控制方案及分析

对于这些振敏设备可以采用单独的底座或地板进行振动控制，但这个方法会限制这些设备在以后的使用。因此，首选的方式是采用隔离振源的策略。

为了解决停机坪振动问题，对现有的直升机停机坪进行了测试，振动频率最大的情况是起飞和降落。测试数据显示，直升机产生的峰值频率为 25Hz，但能量存在于整个频谱中。在直升机飞走或着陆断电后，振源消失，图 3-13-2 代表暂时的测试情况。

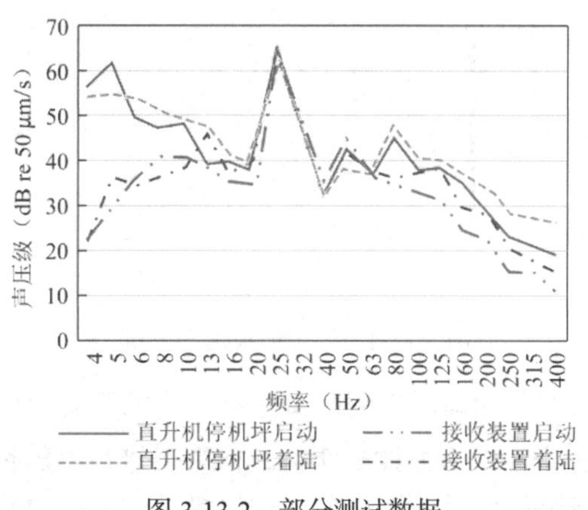

图 3-13-2　部分测试数据

由于直升机使用频率无法预测到，因此正确的隔离至关重要。初步建议是隔离 25Hz 峰值，目标隔离效率为 90%。对此初步建议是使用具有 8Hz 支撑自然频率的天然橡胶隔振垫隔离直升机停机坪，这样可以有效地隔离 25Hz 的频率。

作为钢结构建筑加上直升机数据显示能量分布在整个频谱，为确保该解决方案不会引起结构放大/共振的风险，进行建筑结构模型分析至关重要。

对建筑结构模型（图 3-13-3）进行分析显示，结构地板最低模态为 3.3Hz，还有包括 6.0Hz 和 7.5Hz 的地板模态（图 3-13-4），因此，在直升机运行期间，8Hz 的隔离无法防止这些模式的放大。

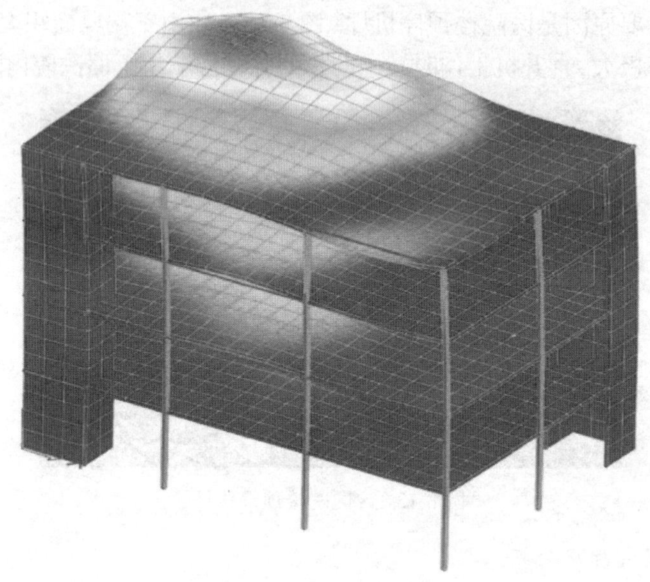

图 3-13-3　建筑结构模型

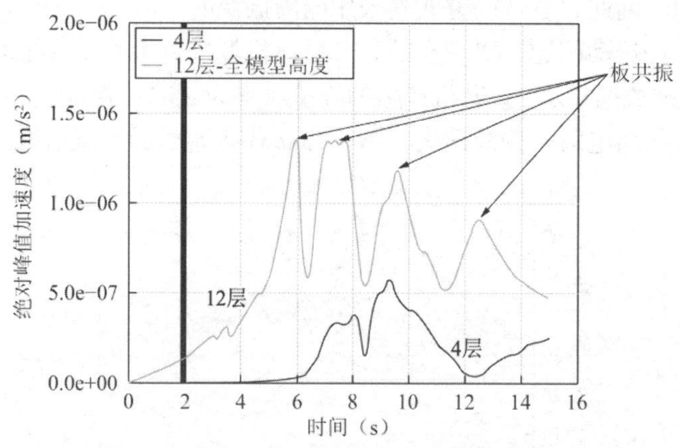

图 3-13-4　结构地板模态分析

为了确保直升机在这部分频谱产生的能量没有放大的风险，因此，隔离支撑采用自然频率为 2Hz 的钢制螺旋弹簧。由于弹性制作材料很难提供足够的挠度达到该频率，在考虑了重力、风力和应急荷载等条件后，为每个支撑位置设计了钢弹簧隔振器（图 3-13-5）。

图 3-13-5 钢弹簧隔振器

钢弹簧隔振器安装时被插入到柱头中现场安装（图 3-13-6），安装完成后使用液压千斤顶将建筑的最终重量转移到弹簧上（图 3-13-7），这种技术确保建筑结构移动距离 ≤ 2mm，当钢弹簧压缩 > 60mm 后达到 2Hz 的自然频率。

图 3-13-6 钢弹簧隔振器安装

图 3-13-7 钢弹簧安装后压缩

三、振动控制效果

设备安装后，在弹簧隔振器的上方和下方进行了振动测试。得出结论，钢弹簧隔振器成功地将直升机运行产生的振动与建筑结构隔离开来，因此，在振动敏感区域受到的振动可忽略不计，起到了很好的隔振效果。

[实例 3-14] 超静音输送设备振动噪声控制

一、工程概况

某项目工件输送线承担贯穿不同车间的输送功能任务，并穿越交流中心办公区，将产品展示、办公场所、生产过程和休息茶饮等功能融为一体，由于生产与办公区域结合得紧密，因此，对输送机输送过程的减振和静音方面提出了很高的要求。

静音输送线总长度约 400m，单个输送机长度 6m，前后皮带轮中心距 5.7m，双皮带输送，单个输送机自重 820kg，水平输送速度 18m/min；单个输送机额定输送工件荷载 1000kg，输送工件高度 0.5m。

二、振动、噪声控制目标

采取振动控制措施后，输送设备振动噪声满足国家标准《工业企业噪声控制设计规范》GB/T 50087—2013 对办公室或会议室的噪声限值要求，同时满足办公环境要求，振动噪声低于 60dB(A)。

三、振动、噪声控制方案

1. 皮带输送机替代链条输送机

研究表明啮合噪声是链传动最重要和显著的噪声来源，其次是链传动过程中的多边形效应引起的，第三种噪声是辊子链与链条导轨之间的撞击产生。试验表明通过润滑或者调节张紧对减少噪声有一定效果，然而减少链传动的噪声是非常困难的，且啮合噪声不可能被完全消除。

皮带输送机取消了链轮、链条及链条张紧装置，代替为圆皮带轮、皮带，进而规避了啮合噪声和多边形效应，另外，由于皮带内部用钢丝绳作为载体，外部采用橡胶或编织物包覆，强度高、振动小，能够使设备噪声大幅降低。如图 3-14-1、图 3-14-2 所示。

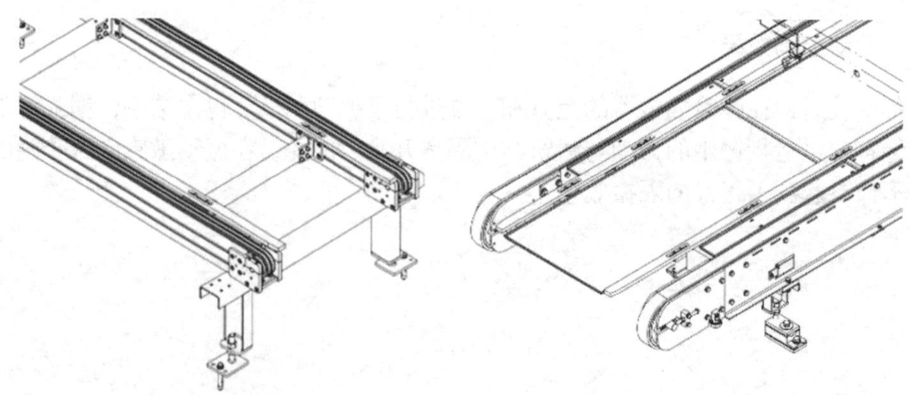

图 3-14-1　链条输送机　　　图 3-14-2　皮带输送机

2. Movigear 电机代替普通能效电机

相比于标准的电机，Movigear 电机由于采用了无风扇设计、优化了声学设计，无振动风扇的护罩，没有振动的散热片；Movigear 电机从电机到齿轮箱完全集成、刚性连接，因此，机械励磁更少，进而减小振动，降低噪声效果明显。如图 3-14-3、图 3-14-4 所示。

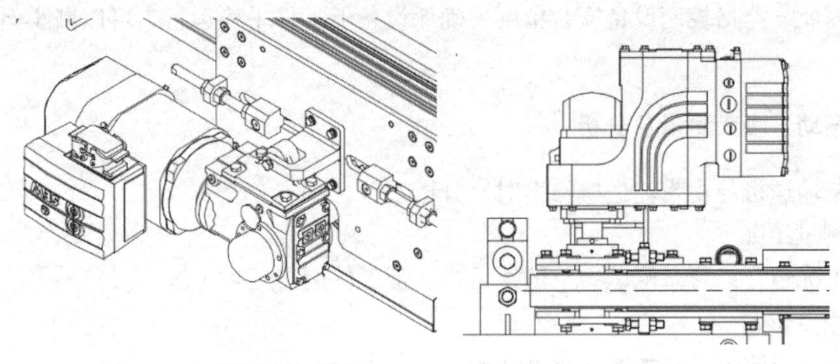

图 3-14-3　普通能效电机　　　　图 3-14-4　Movigear 电机

3. 增加隔声盖板

通过增加隔声盖板，可以从一定程度上吸收并阻止声音从内部向外传播，阻断噪声传播途径，进而起到一定的降噪作用。如图 3-14-5、图 3-14-6 所示。

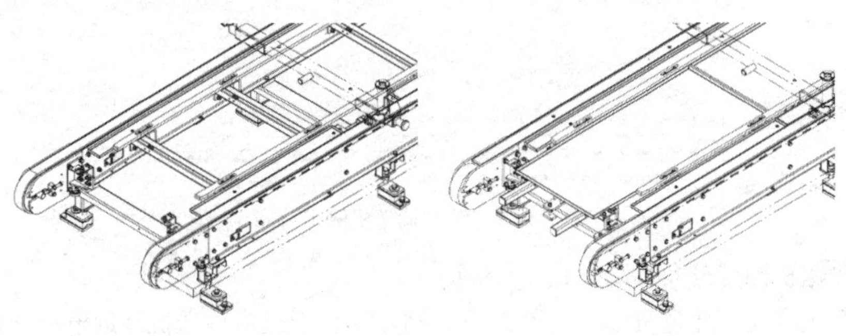

图 3-14-5　无盖板　　　　图 3-14-6　增加盖板

4. 隔振地脚代替普通地脚

相较于普通地脚，隔振地脚中间内嵌了一层橡胶垫，具有良好的弹性和吸能性能，可以将外界振动转化为垫子内部的微小振动，并消耗掉能量，达到减振的效果；同时可以通过其弹性和吸能特性，有效隔离声波传播，减小设备对环境产生的噪声。如图 3-14-7、图 3-14-8 所示。

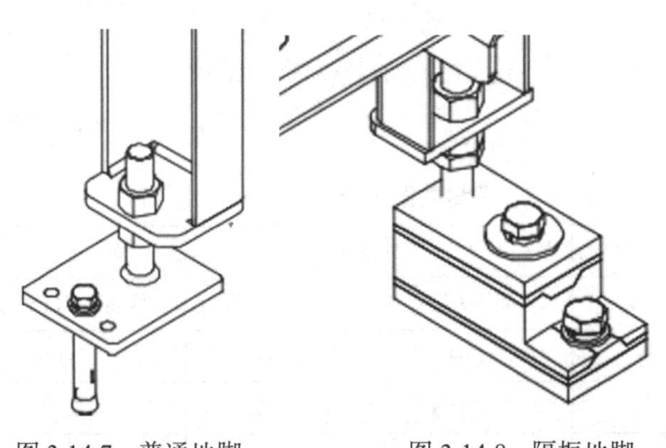

图 3-14-7　普通地脚　　　　图 3-14-8　隔振地脚

5. 提高设备安装精度

工件在输送设备上运行，输送设备之间与输送设备本身的安装精度会影响工件传输的稳定性，因此，严格控制设备安装精度，确保设备上下件平稳运行，可以减小运行中的振动噪声。

四、振动、噪声测量及分析

1. 链条输送机与皮带输送机噪声对比分析

（1）测量工况

测试工况包含：背景测试、空链条运行、带工件运行三种工况。

（2）测点位置

链条输送机测点分布如图 3-14-9 所示：

测点①距离链条输送机设备边界 5.0m，测点②位于链条输送机靠近电机的位置，距离链条输送机设备边界 0.5m。

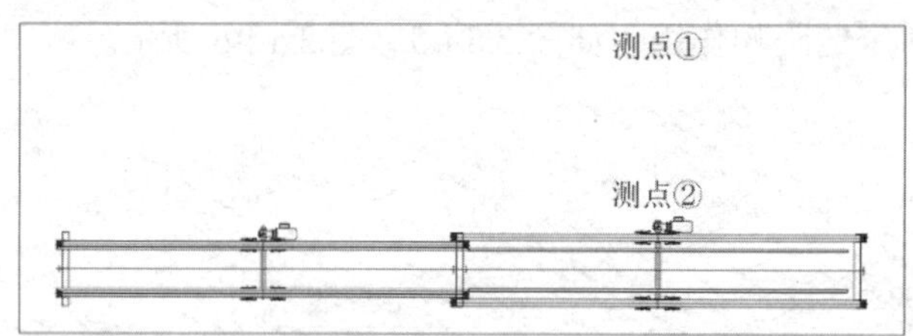

图 3-14-9 链式输送机测点分布

皮带输送机测点分布如图 3-14-10 所示：

测点③距离皮带输送机设备边界 5.0m，测点④位于皮带输送机靠近电机的位置，距离皮带输送机设备边界 0.5m。

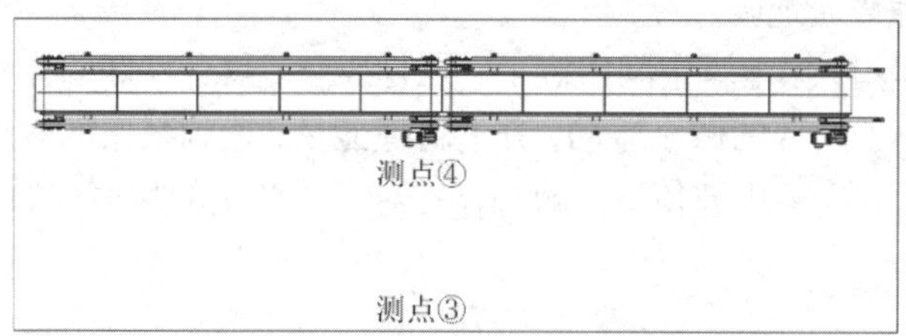

图 3-14-10 皮带输送机测点分布

（3）测量结果

测量数据［dB(A)］ 表 3-14-1

测点	背景	空载运行		带载运行	
	实测值（Leq，T）	实测值（Leq，T）	增加值	实测值（Leq，T）	增加值
①	49.6	62.5	12.9	63.4	13.8
②	49.1	71.9	22.8	72.85	23.75
③	45	48.2	3.2	55	10

续表

测点	背景	空载运行		带载运行	
	实测值（Leq，T）	实测值（Leq，T）	增加值	实测值（Leq，T）	增加值
④	45.3	46.6	1.3	51.5	6.2

注：Leq，T 表示平均噪声值，是指在测试 10s 时间范围内的平均声压加权值（A 计权）。

由噪声测试数据（表 3-14-1）可以发现：

链式输送机空载运行时，设备附近噪声约 71.9dB(A)，距离设备 5m 的噪声值比距离设备 0.5m 的测点噪声值低约 10dB(A)；链条输送机带载运行时，设备附近噪声约 72.85dB(A)，距离设备 5m 的噪声值比距离设备 0.5m 的测点噪声值低约 10dB(A)。

皮带输送机空载运行时，设备附近噪声约 48.2dB(A)，距离设备 5m 的噪声值比距离设备 0.5m 的测点噪声值低约 2dB(A)；皮带输送机带载运行时，设备附近噪声约 55dB(A)，距离设备 5m 的噪声值比距离设备 0.5m 的测点噪声值低约 4dB(A)。

通过分析数据可以发现，链条输送机本身运行噪声达到 71.9dB(A)，皮带输送机噪声为 48.2dB(A)，链式输送机比皮带输送机高 23.7dB(A)。说明皮带输送机的静音效果要明显好于链条输送机。

此外，链条输送机空载运行与带载运行产生的噪声相对而言相差不大，大概在 1dB(A) 左右，说明链条输送机产生的噪声来源主要在链传动设备本身，即链条啮合噪声和多边形效应等产生的噪声。

而皮带输送机的噪声空载运行与带载运行产生的噪声相差偏大，大概在 5dB(A)左右，说明皮带输送机的噪声来源主要是工件本身以及工件在输送机上的导向运行产生的噪声。此外噪声随着与输送机之间距离的增大呈现衰减趋势。

2. Movigear 电机与普通电机的噪声对比分析

（1）测量工况

选取位于同一输送系统的两台规格相同的输送机，分别测量其在空载启动的振动频谱和空载连续运行的噪声数值，以分析 Movigear 产品与普通能效电机在工频启动的输送机在振动和噪声上的差异。

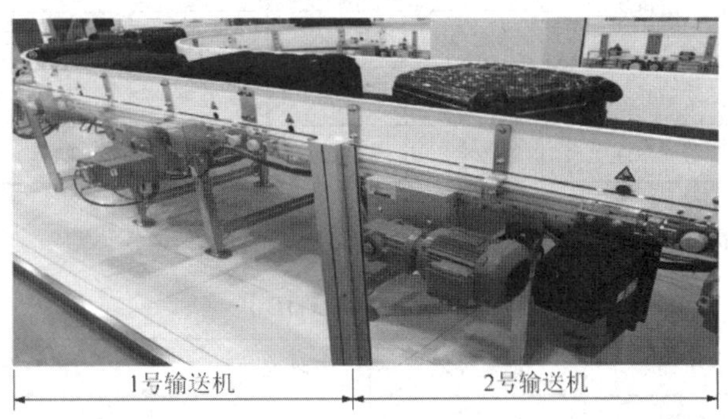

图 3-14-11 输送机分布

图 3-14-11 中，1 号输送机：Movigear 变频一体机；2 号输送机：普通能效减速电机。

（2）测点位置

1）振动测点位置（图 3-14-12）

图 3-14-12　振动测点位置

2）噪声测点位置（图 3-14-13）

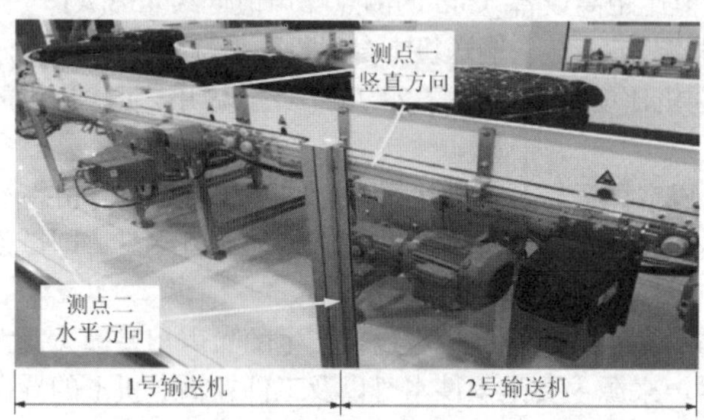

图 3-14-13　噪声测点位置

（3）测试结果

1）振动测量数据（表 3-14-2）

振动测量数据（m/s²）　　　　**表 3-14-2**

序号	输送机编号	电机类型	测点一		测点二		测点三	
			最大值	最小值	最大值	最小值	最大值	最小值
1	1 号输送机	Movigear	2.4	−2	0.9	−0.9	0.7	−0.7
2	2 号输送机	普通减速电机	28	−32	10	−8	6	−5.7

2）噪声测量数据（表 3-14-3）

噪声测量数据（dB）　　　　**表 3-14-3**

序号	输送机编号	电机类型	环境噪声	测点一	测点二
1	1 号输送机	Movigear	42	57	51
2	2 号输送机	普通减速电机	42	59	53.5

3）结果分析

通过测量结果显示，在相同工况下，采用 Movigear 驱动的输送机振动和噪声均优于普通能效减速电机驱动的输送机。

3. 隔声罩对噪声的影响分析

为有效评估隔声罩的隔声量，只对皮带输送机的电机进行有无隔声罩的对比分析（图 3-14-14、图 3-14-15）。如图 3-14-16 所示，在整个现场噪声测试过程中只考虑测点①，位于皮带输送机端部（电机位于此处），测点垂直标高约为 1.000m（地面标高为±0.000）。针对皮带输送机的不同工况的现场噪声进行测试分析。

图 3-14-14 电机未带隔声罩

图 3-14-15 电机带隔声罩

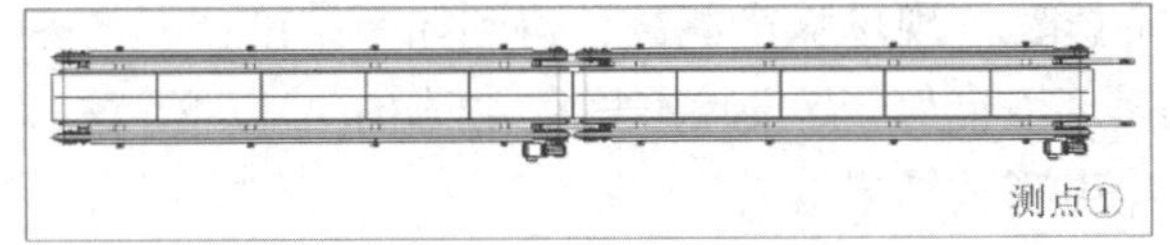

图 3-14-16 噪声测点位置

噪声测量数据（dB） **表 3-14-4**

序号	工况	隔声罩	吸声棉	测试结果	
				Leq, T	LFmax
1	环境噪声	—	—	42.4	47.2
2	空载运行	无	—	58.1	63.4
3	空载运行	有	有	55.5	60.0
4	空载运行	有	无	56.5	61.9
5	带载运行	无	—	58.7	61.2
6	带载运行	有	有	55.5	59.3
7	带载运行	有	无	56.9	60.9

注：1.Leq, T 表示平均噪声值，是指在测试 10s 时间范围内的平均声压加权值（A 计权）；

2.LFmax 表示瞬时最大噪声值，是指在测试 10s 时间范围内的瞬时最大噪声加权值（A 计权）。

背景环境噪声良好，通过数据对比（表 3-14-4）可以发现，对电机采取隔声罩（有无吸声棉）措施，可有效降低噪声值；输送机空载或带载运行时，当隔声罩有吸声棉时，隔声罩的隔声量约为 3dB(A)，当隔声罩无吸声棉时，隔声罩的隔声量约为 2dB(A)。

五、振动、噪声控制关键技术

超静音输送机主要采取了如下技术：

（1）皮带输送机替代链条输送机，减少输送设备本体的运行噪声，规避了链条啮合噪声和多边形效应以及链条与导轨摩擦产生的噪声，使输送噪声大幅降低。

（2）Movigear 电机的使用，采用无风扇设计、优化声学设计，无振动风扇的护罩，没有振动的散热片，电机与齿轮箱完全集成、刚性连接，减小电机的噪声。

（3）阻断噪声传播途径，进而起到一定的降噪作用。

（4）隔振地脚的弹性和吸能特性，可有效隔离声波传播，减小设备对环境产生的噪声。

（5）严格控制设备安装精度，确保设备平稳运行，减小运行中的振动噪声。

六、振动、噪声控制效果

在项目运行现场，皮带式输送线共有输送床 65 个，选取部分皮带输送机进行测量。

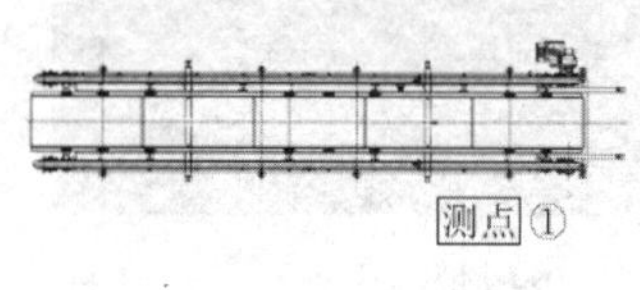

图 3-14-17　输送机测点布置图

如图 3-14-17 所示，在皮带输送线上距离电机水平距离为 0.5m，距离输送线地面 1.2m，如图中测点①；与之相对的测点位于办公区域，该测点距离楼面 1.4m，与办公室走廊围栏齐平，如图中测点②。

经过采用以上静音措施，通过对连廊上皮带输送机进行现场噪声测试，得到如下结论：

（1）现场背景噪声环境良好，背景噪声均在 42.6dB(A)以下，该背景噪声环境满足测试要求，对输送线进行噪声测试结果有效。

（2）车体在输送线运行时，输送线上噪声值约为 57.3dB(A)，办公区域噪声值约为 48.5dB(A)。

（3）各个位置的噪声值均未超过限值 60dB(A)，满足相关国家标准和规范的要求。

第四章　交通工程振动控制

［实例 4-1］青岛胶东机场航站楼隔振

一、工程概况

青岛胶东机场航站楼（图 4-1-1）高速铁路正下穿，过站车辆设计速度 250km/h。由于高铁隧道正下穿机场航站楼结构，且高铁隧道结构断面宽度较大、影响范围较广，存在多种振动传递途径（图 4-1-2）。机场结构支撑于隧道结构，振动可以通过两排支撑柱直接向上传递，此外，振动也可以通过侧壁的土壤、结构底部的土壤间接进行传递。青岛胶东机场航站楼隔振是国内首个解决高铁运行振动影响航站楼舒适度的隔振项目，隔振区域有限，隔振效果要求高，周围结构不能有刚性连接，施工难度大。

图 4-1-1　青岛胶东机场鸟瞰图

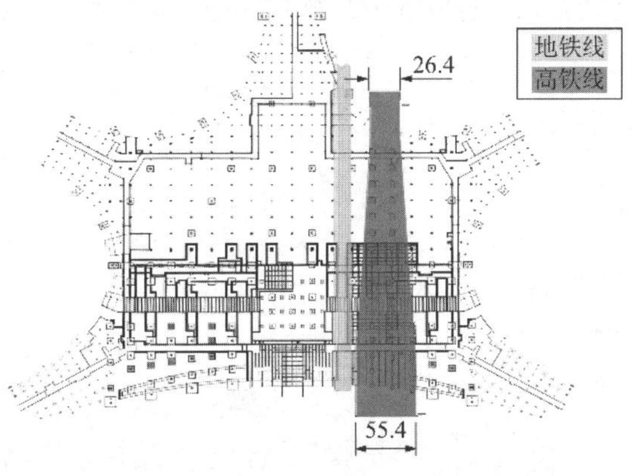

图 4-1-2　机场与高铁平面位置关系

二、振动控制目标

隔振后建筑结构应满足《城市轨道交通引起建筑物振动与二次辐射噪声限值及其测量方法标准》JGJ/T 170—2009、《城市区域环境振动标准》GB 10070—1988 及《建筑楼盖结构振动舒适度技术标准》JGJ/T 441—2019 等规范要求。

根据机场不同的使用功能区域，结合人员处于不同功能区域时的行为特征、心理预期、敏感程度、持续时间等因素制定振动控制目标的不同等级。

以《城市区域环境振动标准》GB 10070—1988 评价，第一级的控制区域（候机区、工作区）采用标准中居民、文教区的昼间限值 65dB；第二级的控制区域（值机区、安检区、商业区）采用标准中居住商业混合区、商业中心区的昼间限值 70dB。

以《建筑楼盖结构振动舒适度技术标准》JGJ/T 441—2019 评价，第一级的控制区域（候机区、工作区）采用标准中住宅、医院病房、办公室的限值 0.05m/s^2；第二级的控制区域（值机区、安检区、商业区）采用标准中商场、餐厅、公共交通等候大厅的限值 0.15m/s^2。

三、振动控制方案

振动控制方案相当于在隧道顶柱支撑方案的基础之上在隧道结构顶部支撑点处设置隔振器，切断主要传递途径（图 4-1-3）。

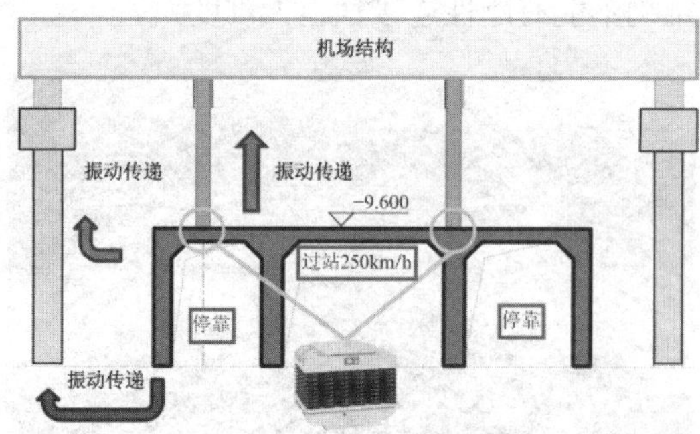

图 4-1-3　局部隔振方案

由于高速铁路下穿机场结构，无论采取何种结构措施，都会产生振动影响。

对于轨道交通下穿建筑最为有效的振动控制方案为轨道隔振与建筑整体隔振。轨道隔振属于主动隔振，在振源进行控制，直接减小振源（隧道结构）所产生的振动；建筑整体隔振属于被动隔振，在保护目标处进行控制，通过调整隔振体系（隔振层及建筑）的固有频率隔离振动干扰。

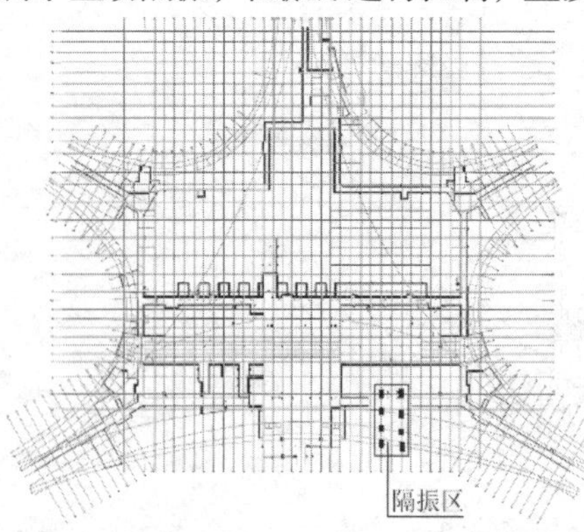

图 4-1-4　隔振区域

然而对于本项目，由于隧道结构形式所限，难以进行轨道隔振设计；而对于建筑结构来说，建筑总体体量较大，采用整体隔振方案的造价过高。

所以，基于现有条件，可以采用局部隔振的振动控制方案，在隧道结构及与隧道结构相连接的柱底之间设置隔振器，切断振动主要传递途径。局部隔振区域位于航站楼东南侧高铁下穿区域，共 8 个柱子底部设置隔振器（图 4-1-4）。

四、振动控制分析

1. 车辆运行振动激励分析

轨道不平顺是引起机车车辆产生振动的重要原因，而造成环境振动的主要因素是列车竖向荷载，列车侧滚及横向振动荷载往往忽略不计。建立车辆-轨道相互作用力学模型，即列车激励荷载模型。根据列车的构造特点，建立包含机车车体、转向架、轮对等部件的简化模型以及体系运动方程；由于目前尚不具备实测的列车对航站楼的激励荷载数据，需要根据统计的铁路轨道竖向不平顺谱模拟轨道竖向不平顺历程，得到机车车辆-轨道系统的激励荷载函数，通过求解车辆-轨道振动微分方程，得到轮轨作用力时程。

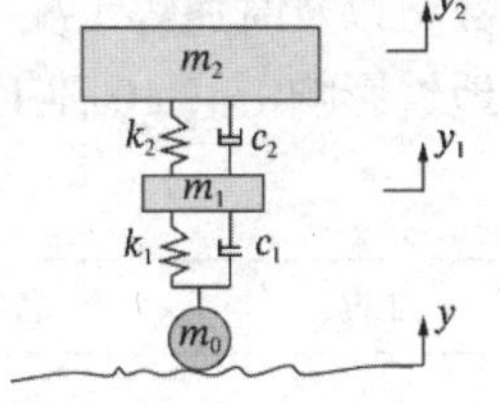

图 4-1-5　列车半个转向架-轨道力学模型

根据高速列车的构造特点和前述简化条件，建立列车半个转向架-轨道力学模型，如图 4-1-5 所示。

车辆轮系竖向运动微分方程：

$$\begin{cases} m_2\ddot{y}_2 + c_2(\dot{y}_2 - \dot{y}_1) + k_2(y_2 - y_1) = 0 \\ m_1\ddot{y}_2 + c_2(\dot{y}_1 - \dot{y}_2) + c_1(\dot{y}_1 - \dot{y}) + k_2(y_1 - y_2) + k_1(y_1 - y) = 0 \end{cases} \tag{4-1-1}$$

式中：m_0、m_1、m_2——轮对、转向架和车体质量（kg）；

c_1、c_2——轮对和转向架阻尼系数（N · s/m）；

k_1、k_2——轮对和转向架弹簧系数（N/m）；

y——轨道高低不平顺函数，根据统计的轨道不平顺谱模拟获得。

2. 航站楼结构动力响应分析

建立包含轨道、隧道、土体、基础等下部结构有限元模型，如图 4-1-6 所示。通过在列车轨道位置处施加车辆-轨道相互作用力时程，得到航站楼结构基础部位的位移时程和加速度时程，作为荷载输入；根据不同轨道上列车空间分布和速度分布，得到不利荷载组合，用于计算航站楼结构的动力响应和隔振分析。

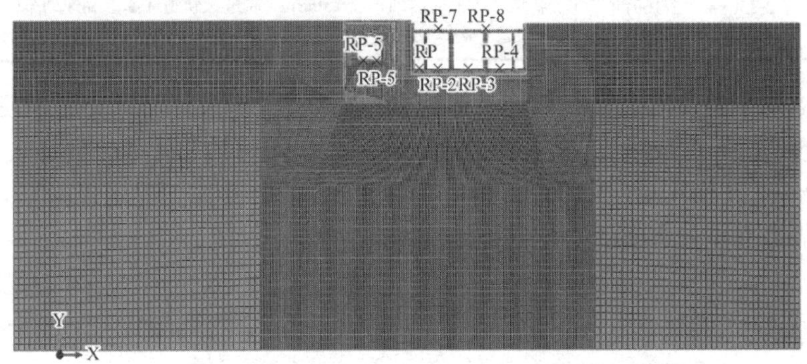

图 4-1-6　轨道-隧道-土体-基础有限元模型

采用航站楼结构的 SAP2000 模型，将获得的荷载激励数据施加在航站楼结构柱的基础底部，由于列车进站或过站具有一定时速，因此，荷载激励具有时间、空间的非一致性，计算时考虑列车行进速度和不同轨道上方的荷载分布特征，计算分析航站楼结构在列车荷载非一致激励下的响应，检验其响应是否超过相关规范规定。

3. 隔振后航站楼结构动力响应分析

依据航站楼结构楼板的固有频率和模态，初步确定隔振系统频率。通过结构静力分析结果确定隔振器基本参数。设计并在航站楼结构柱基础底部安装竖向隔振器，分析安装隔振器前后的减振效果，同时针对减振效果对隔振器参数进行进一步的优化。

在分析航站楼结构柱根部的荷载激励时，需要考虑高速铁路与地铁线路上开行的列车数量以及时速等工况，在分析时考虑两大类（仅考虑高速铁路影响和同时考虑高速铁路与地铁影响）共 10 种工况，如表 4-1-1 所示。

高速铁路与地铁列车空间分布与车速组合工况　　表 4-1-1

工况	名称	说明
仅高速列车通过工况		
Case-1	T-2(50)	轨道 T-2 上列车以 50km/h 慢速通过或减速进站
Case-2	T-2(200)	轨道 T-2 上高速列车以 200km/h 通过
Case-3	T-3(100)	轨道 T-3 上高速列车以 100km/h 通过
Case-4	T-3(200)	轨道 T-3 上高速列车以 200km/h 通过
高速列车与地铁组合工况		
Case-5	T-2(100) + S-2(80)	轨道 T-2 上高速列车以 100km/h 通过，同时轨道 S-2 地铁列车最高速度 80km/h 通过
Case-6	T-2(200) + S-2(80)	轨道 T-2 上高速列车以 200km/h 通过，同时轨道 S-2 地铁列车最高速度 80km/h 通过
Case-7	T-2(200) + T-4(50) + S-2(80)	轨道 T-2 上高速列车以 200km/h 通过，T-4 轨道上高速列车减速进站，同时轨道 S-2 地铁列车最高速度 80km/h 通过
Case-8	T-3(250) + T-4(50) + S-2(80)	轨道 T-3 上高速列车以 250km/h 通过，T-4 轨道上高速列车减速进站，同时轨道 S-2 地铁列车最高速度 80km/h 通过
Case-9	T-2(250) + T-4(50) + S-2(80)	轨道 T-2 上高速列车以 250km/h 通过，T-4 轨道上高速列车减速进站，同时轨道 S-2 地铁列车最高速度 80km/h 通过
Case-10	T-2(250) + T-3(100) + T-4(50) + S-2(80)	轨道 T-2 上高速列车以 250km/h 通过，轨道 T-3 上高速列车以 100km/h 通过，T-4 轨道上高速列车减速进站，同时轨道 S-2 地铁列车最高速度 80km/h 通过

综合考虑列车通过航站楼时的速度影响，在航站楼隔振设计时重点考虑使柱根部产生最大竖向加速度的 Case-6 工况［T-2(200) + S-2(80)］、使柱根部产生最大竖向位移的 Case-10 工况［T-2(250) + T-3(100) + T-4(50) + S-2(80)］，其他工况用于验算。

航站楼隔振支座分布如图 4-1-7 所示。

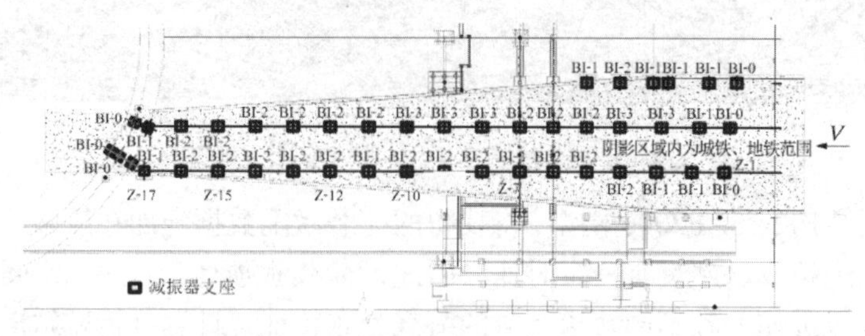

图 4-1-7　航站楼隔振支座分布

通过计算可以得到隔振前航站楼结构不同楼层竖向加速度沿轨道两侧（自轨道中心线至远方）的衰减规律，也即在轨道交通上方区域施加激励荷载时航站楼沿垂直铁路方向受影响的区域大小，如图 4-1-8 所示，其中，Zhu-1、Zhu-2 和 T-3 位于轨道交通范围，承受交通荷载激励。结果表明，随着与轨道交通区域的距离的增加，结构的加速度响应衰减迅速，近似呈指数衰减。

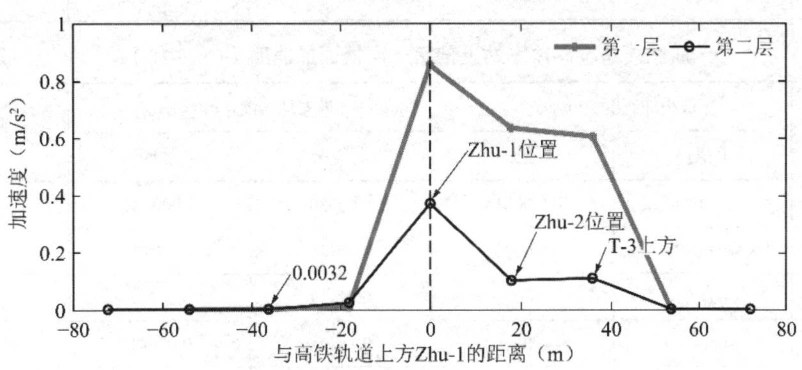

图 4-1-8　轨道两侧航站楼结构加速度衰减规律（Case-6）

Case-6 和 Case-10 工况下安装隔振支座前后航站楼结构竖向加速度的比较结果如表 4-1-2～表 4-1-5 所示。

航站楼跨越高铁车站上部第一层楼面加速度（Case-6）　　表 4-1-2

与 Zhu-1 间距（m）	最小加速度（m/s^2）		最大加速度（m/s^2）		控制效果
	非隔振	隔振	非隔振	隔振	
−54	−0.00027	−0.00001	0.00025	0.00011	60.2%
−36	−0.00120	−0.00044	0.00117	0.00035	62.5%
−18	−0.00998	−0.00183	0.00996	0.00174	81.7%
0(Zhu-1)	−0.85579	−0.08028	0.85306	0.07216	90.6%
18	−0.56577	−0.03891	0.63237	0.03744	93.8%
36	−0.54413	−0.03622	0.60346	0.03974	93.4%
54	−0.00165	−0.00057	0.00179	0.00069	61.5%

航站楼跨越高铁车站上部第二层楼面加速度（Case-6）　　表 4-1-3

与 Zhu-1 间距（m）	最小加速度（m/s^2）		最大加速度（m/s^2）		减振效果
	非隔振	隔振	非隔振	隔振	
−54	−0.00070	−0.00028	0.00064	0.000307	56.2%
−36	−0.00322	−0.00124	0.00321	0.000971	61.5%
−18	−0.02573	−0.00488	0.02559	0.00404	81.0%
0(Zhu-1)	−0.54180	−0.06857	0.36980	0.06376	87.3%
18	−0.11350	−0.02013	0.10020	0.01569	82.3%

续表

与 Zhu-1 间距（m）	最小加速度（m/s^2）		最大加速度（m/s^2）		减振效果
	非隔振	隔振	非隔振	隔振	
36	−0.11860	−0.01943	0.10990	0.02232	81.2%
54	−0.00319	−0.00154	0.00347	0.00165	52.5%

航站楼跨越高铁车站上部第一层楼面加速度（Case-10）　　表 4-1-4

与 Zhu-1 间距（m）	最小加速度（m/s^2）		最大加速度（m/s^2）		控制效果
	非隔振	隔振	非隔振	隔振	
−54	−0.00040	−0.00014	0.00030	0.000124	65.4%
−36	−0.00170	−0.00047	0.00128	0.000428	72.4%
−18	−0.01090	−0.00219	0.01119	0.00182	80.4%
0(Zhu-1)	−0.89310	−0.06871	0.88371	0.07481	91.6%
18(Zhu-2)	−0.68200	−0.06488	0.81328	0.05474	92.0%
36	−0.65930	−0.05665	0.75227	0.04854	92.5%
54	−0.00400	−0.00113	0.00366	0.000958	71.8%

航站楼跨越高铁车站上部第二层楼面加速度（Case-10）　　表 4-1-5

与 Zhu-1 间距（m）	最小加速度（m/s^2）		最大加速度（m/s^2）		减振效果
	非隔振	隔振	非隔振	隔振	
−54	−0.00100	−0.00040	0.00080	0.00040	60.0%
−36	−0.00460	−0.00130	0.00350	0.00120	71.7%
−18	−0.02660	−0.00590	0.02730	0.00520	78.4%
0(Zhu-1)	−0.20560	−0.05800	0.14180	0.06780	67.0%
18(Zhu-2)	−0.22960	−0.03270	0.15970	0.02970	85.8%
36	−0.08300	−0.03660	0.00760	0.03090	55.9%
54	−0.02000	−0.00260	0.00220	0.00210	87.0%

Case-6 和 Case-10 工况下，当列车自进站至通过 Z-1、Z-2 时，Z-3 柱上方第一层楼面的竖向加速度时程如图 4-1-9 所示。

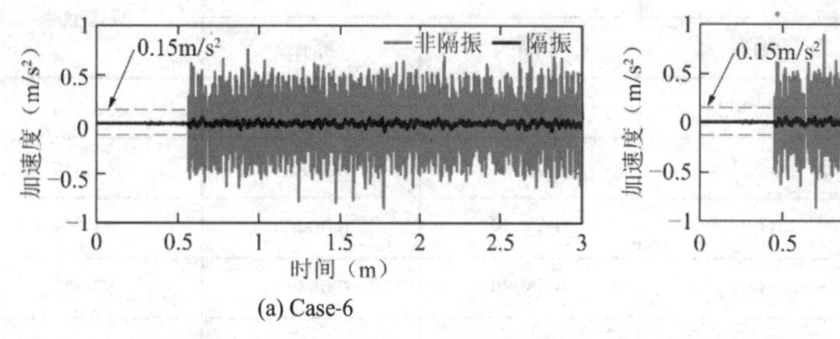

图 4-1-9　隔振前后第一层楼面加速度时程对比

从图 4-1-10 可以看出，安装竖向隔振器之后，航站楼一层、二层等上部结构的竖向加速度趋于一致，第一层楼面的竖向加速度峰值为 0.0803m/s²，不同高度处的加速度峰值均小于 0.15m/s²，满足第二区域控制标准要求，隔振效果明显。

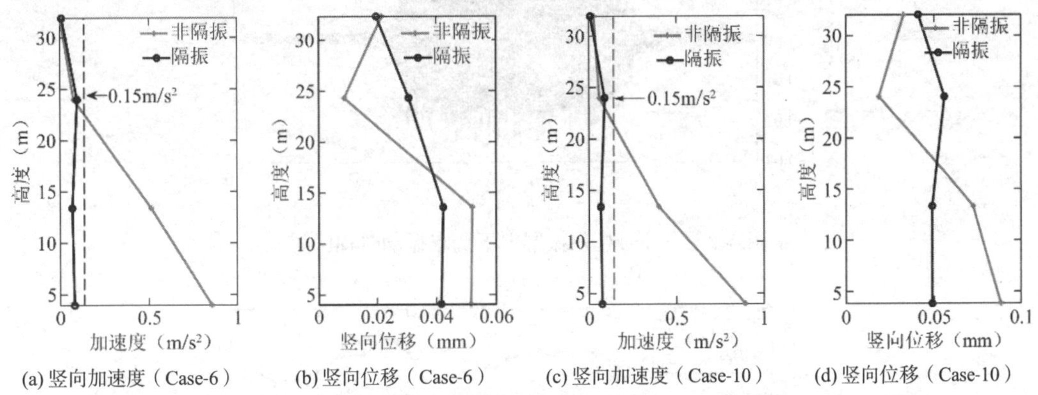

图 4-1-10 隔振前后航站楼结构不同高度处加速度和位移比较

五、振动控制关键技术

对轨道交通影响的建筑结构采取隔振措施时，主要有以下关键技术：

（1）航站楼设计之前，轨道交通尚未运行，确保车辆激励尽量与实际情况一致。

（2）模态分析准确，确保振动传递系数准确。

（3）根据隔振装置所需参数，制作弹簧、阻尼等组件，确保与设计一致。

（4）确保施工质量，避免隔振层上下刚性连接。

（5）测试楼板振动反应，保证在舒适度要求范围之内。

六、振动控制效果

为量化评价高铁列车通过时对上部航站楼的影响，以及钢弹簧隔振系统的减振效果，需对隔振部分航站楼进行系统测试分析。主要测试分析内容为：隔振部分航站楼隔振层下（未隔振）与隔振层上（隔振）振动加速度响应及隔振系统减振效果。测试现场见图 4-1-11。以 6 号柱为例，测试结果见图 4-1-12 和图 4-1-13。

图 4-1-11 测试现场

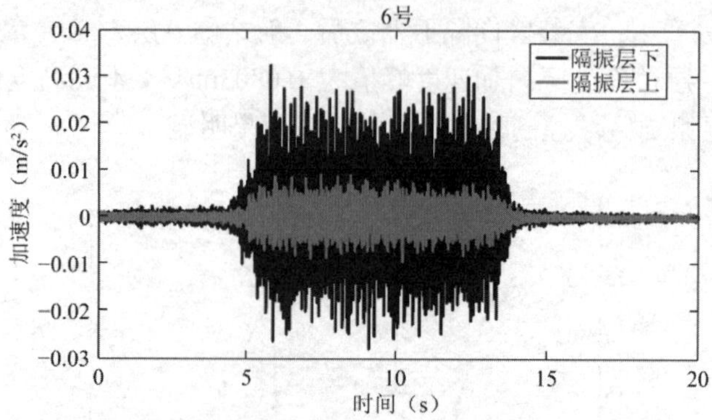

图 4-1-12　6 号柱隔振层上下测点振动时程区间

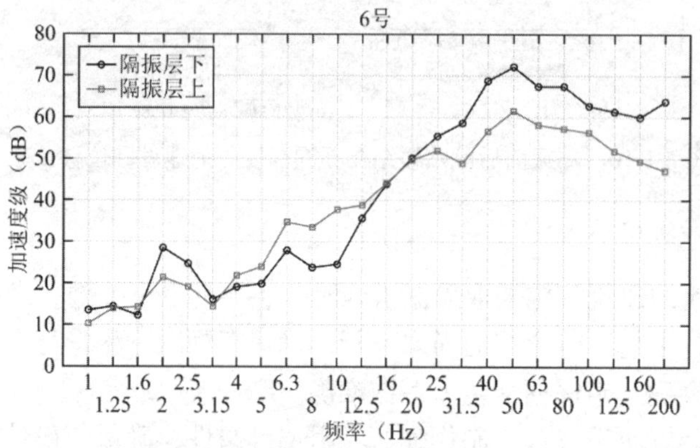

图 4-1-13　6 号柱隔振层上下振动加速度级均值

经测试，隔振器上部各测点振动分频最大振级均满足《城市轨道交通引起建筑物振动与二次辐射噪声限值及其测量方法标准》JGJ/T 170—2009 规定的商业中心区 70dB（昼间）的要求。

［实例 4-2］市域快线预制钢弹簧浮置板道床应用研究

一、工程概况

广州地铁 18 号线，是广州地铁市域快线之一，也是中国国内第一条时速 160km 的全地下市域快线。线路穿越城区众多敏感点，按照环评报告要求对横沥—番禺广场区间和龙潭—磨碟沙区间设置特殊减振道床，即钢弹簧浮置板道床，总铺设长度为 1238.4m。此工程也是国内首条时速 160km 的钢弹簧浮置板减振道床。

二、振动控制设计重点与难点

本线减振效果须满足以下要求：列车通过时，传到隧道壁的VL_Z振级（1～80Hz）比普通道床减少 13dB 以上。这一要求对于钢弹簧浮置板道床来说，并不算高。

但是，为适应市域快线钢弹簧浮置板轨道的工期要求，并提升浮置板板体质量，本线计划采用预制浮置板。此前，预制浮置板道床在国内设计应用的最高设计速度为 120km/h，比如青岛地铁 13 号线，采用了 370mm 厚预制板。其他最高设计速度 120km/h 的线路大多采用了现浇长板，比如上海地铁 16 号线、深圳地铁 11 号线、杭州至临安城际铁路、杭州至海宁城际铁路等。另外，还有成都地铁 18 号线最高设计速度 140km/h（瞬时超速可达 160km/h），也是按现浇长板设计，板厚 430mm。本线预制浮置板道床如何选型面临巨大挑战。

国家标准《铁路桥涵设计规范》TB 10002—2017 与欧洲标准 Eurocode 1：Actions on structures-Part 2：Traffic loads on bridges 一致，对于行车速度 200km/h 以上的线路，建议进行车桥耦合动力分析，即低于此速度，可不进行车桥耦合动力分析。但预制浮置板相对现浇长型浮置板，其节点显著增多；前期相关研究也表明，预制板板端节点处相对现浇长板内部，其加速度等指标有显著增大；采用预制短板是否会带来行车安全性和平稳性的改变，需要重点分析。

因而，本线浮置板道床设计的重点与难点在于，采用预制钢弹簧浮置板，同时满足高速线路安全性、平稳性要求。

三、预制浮置板初步方案

基于预制浮置板应用经验，预制浮置板初步方案如下：板宽 2.9m，长度 4.8m 和 3.6m 两种，板厚选取 350mm、450mm、550mm 三种，见图 4-2-1～图 4-2-4；采用 GSIU 双筒隔振器，其基本参数见表 4-2-1。

隔振器参数　　**表 4-2-1**

隔振器基本参数	垂向	横向
刚度值（kN/mm）	13.2	9.8
阻尼值（N·s/mm）	0～100	40

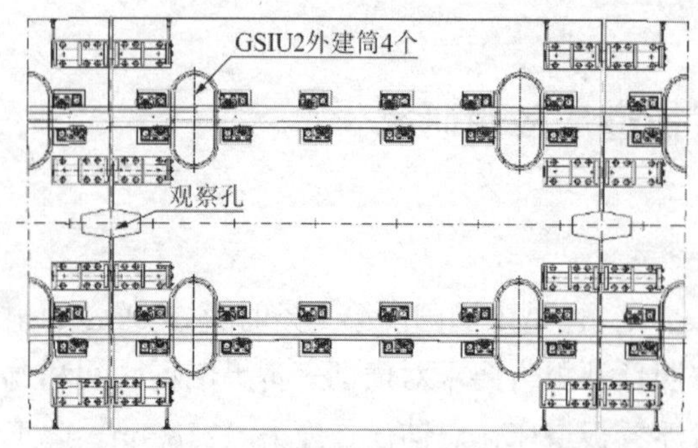

图 4-2-1　3.6m 长预制浮置板平面图

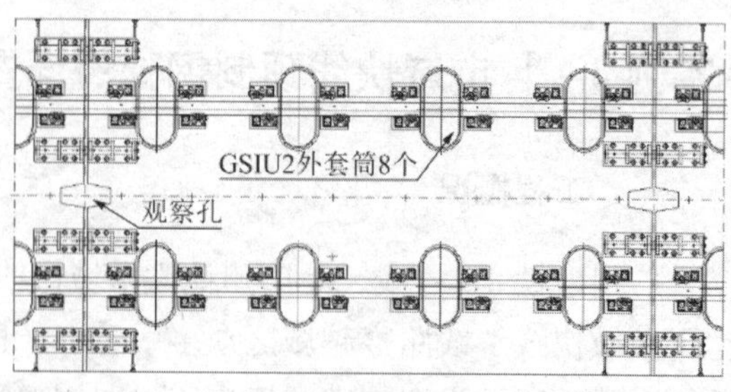

图 4-2-2　4.8m 长预制浮置板断面图

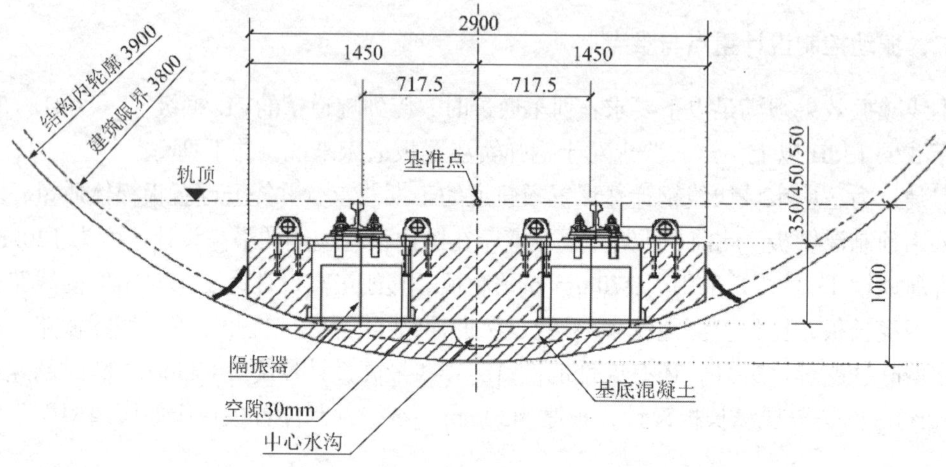

图 4-2-3　直线地段预制浮置板断面图

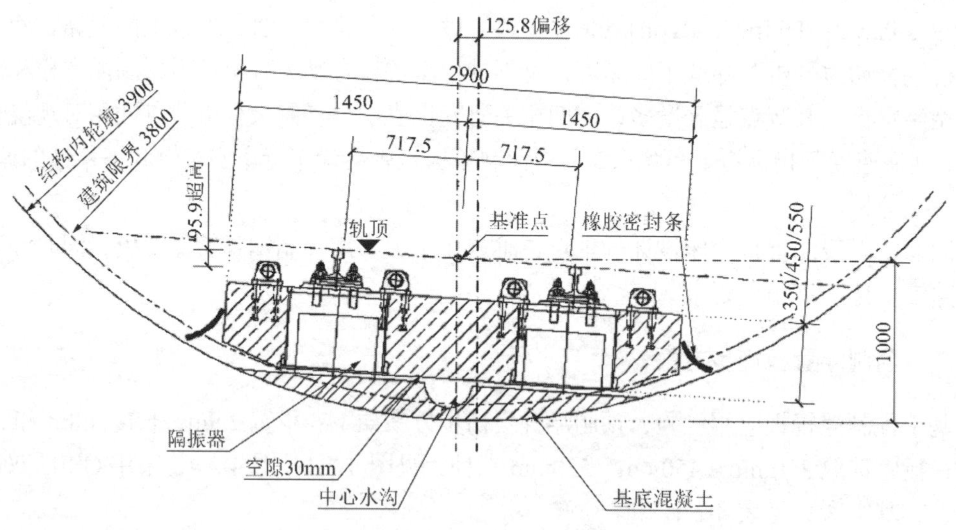

图 4-2-4　曲线地段预制浮置板断面图

四、理论分析及浮置板方案比选

基于车辆-轨道耦合动力学理论及钢弹簧浮置板道床参数，建立城际动车组车辆-浮置板轨道耦合动力学模型。选取速度 140km/h、160km/h、200km/h 直线工况，速度 140km/h

半径$R = 1100m$曲线工况，和速度160km/h半径$R = 1500m$曲线工况，分别对比初步方案不同板长、板厚对于行车安全性、舒适性及浮置板稳定性的影响；基于分析结果提出改进方案（板端增加侧置式隔振器），进一步分析改进方案下行车安全性、舒适性和稳定性；基于改进方案分析结果，最终确定广州18号线推荐方案。

1. 动力学分析基本参数

车辆参数：本报告车辆-轨道耦合动力学仿真所需的车辆参数采用CRH6城际动车组的动车满载参数，该车型参数整体偏于安全。

轨道参数：本报告涉及的板式无砟轨道基本计算参数见表4-2-2。

轨道基本参数 **表4-2-2**

名称	量值	单位
钢轨弹性模量	2.059×10^{11}	Pa
钢轨泊松比	0.3	—
钢轨密度	7.83×10^{3}	kg/m^3
钢轨外形	CN60	—
扣件垂向刚度	3.0×10^{7}	N/m
扣件横向刚度	2.0×10^{7}	N/m
扣件垂向阻尼	7.5×10^{4}	N · s/m
扣件横向阻尼	5.0×10^{4}	N · s/m
扣件间距	0.600/0.625	m
轨道板长度	3.6/4.8/25	m
轨道板宽度	2.9/3.2	m
轨道板厚度	0.45	m
轨道板杨氏模量	3.9×10^{10}	Pa
轨道板泊松比	0.24	—
轨道板密度	2.5×10^{3}	kg/m^3
基础等效刚度	5.1×10^{10}	N/m
基础等效阻尼	3.5×10^{4}	N · s/m

2. 板长对于行车安全平稳及轨道稳定性的影响

对比长度为3.6m和4.8m初步方案道床上城际动车的运行安全性、平稳性、舒适性及轨道稳定性。

（1）板长对轮轨动力性能的影响分析

由图4-2-5 可知，两种预制钢弹簧浮置板道床上城际动车组的运行安全性指标与乘坐舒适性指标均相近，即对于初步方案3.6m和4.8m长预制浮置板，快速行车条件下城际动车组的动力学性能相当；4.8m长预制浮置板上城际动车的运行安全性略大于3.6m钢弹簧浮置板道床；而其对应的车体垂向振动加速度则略小于后者。

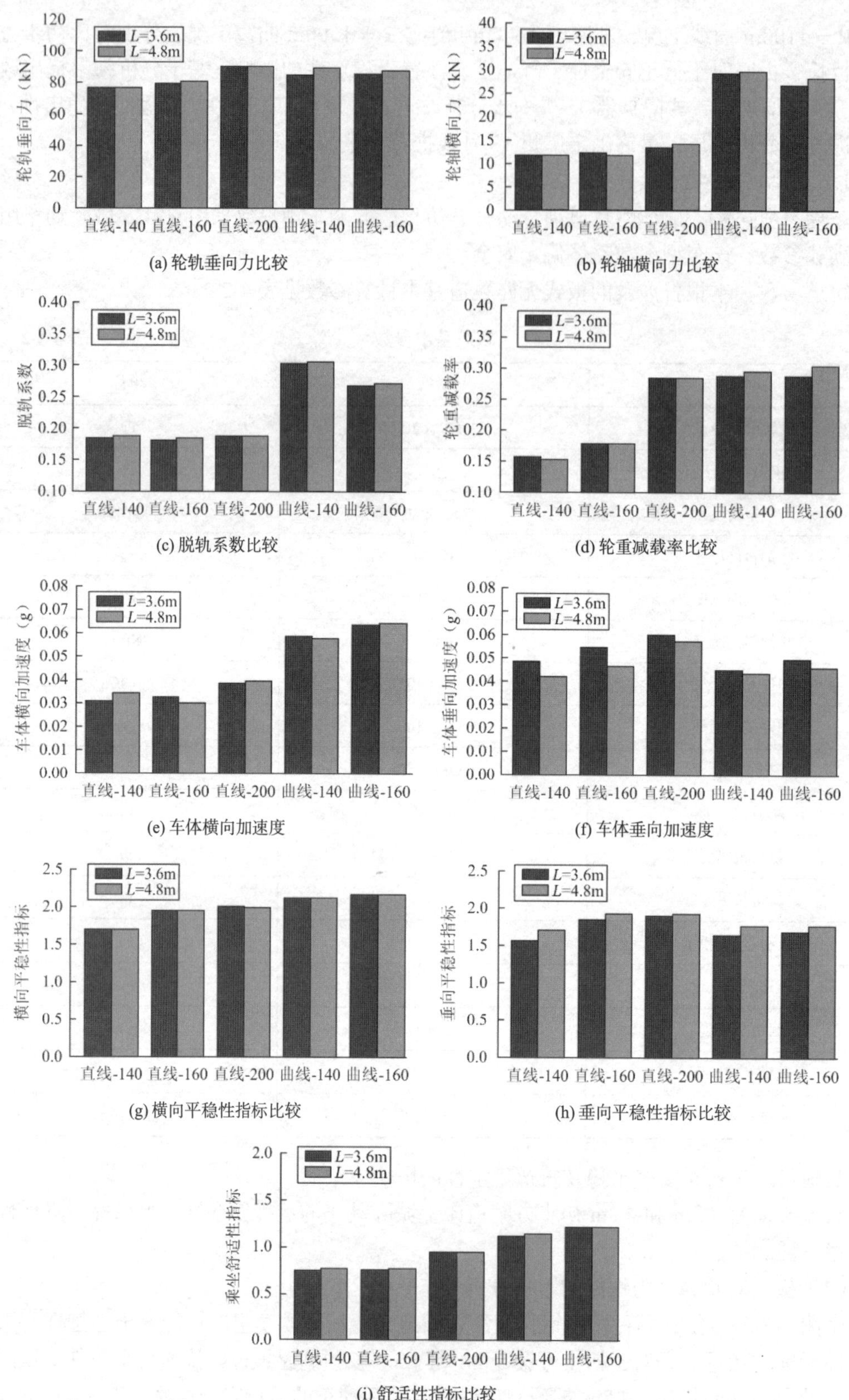

(a) 轮轨垂向力比较

(b) 轮轴横向力比较

(c) 脱轨系数比较

(d) 轮重减载率比较

(e) 车体横向加速度

(f) 车体垂向加速度

(g) 横向平稳性指标比较

(h) 垂向平稳性指标比较

(i) 舒适性指标比较

图 4-2-5 两种预制钢弹簧浮置板道床城际动车组动力性能指标对比

（2）板长对轨道稳定性的影响分析

由图 4-2-6 可知，4.8m 长预制浮置板的振动位移和加速度均小于 3.6m 长预制浮置板，即轨道稳定性随着板长的增加而增强。

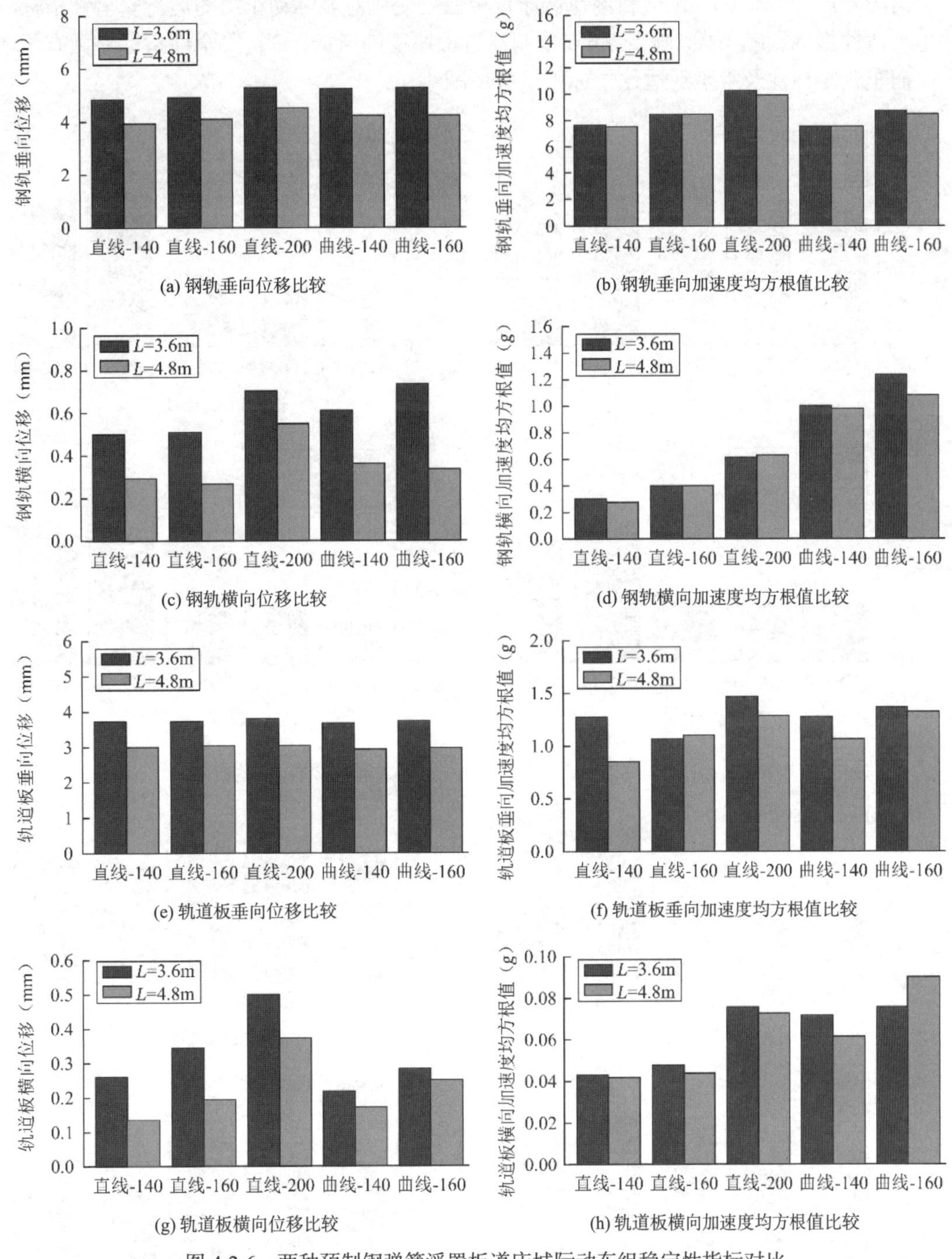

(a) 钢轨垂向位移比较　(b) 钢轨垂向加速度均方根值比较

(c) 钢轨横向位移比较　(d) 钢轨横向加速度均方根值比较

(e) 轨道板垂向位移比较　(f) 轨道板垂向加速度均方根值比较

(g) 轨道板横向位移比较　(h) 轨道板横向加速度均方根值比较

图 4-2-6　两种预制钢弹簧浮置板道床城际动车组稳定性指标对比

3. 板厚对轮轨动力性能及轨道稳定性的影响

对比预制浮置板厚度分别为 350mm、450mm、550mm 时轮轴横向力、轮轨垂向力、脱轨系数、轮重减载率、车体横向平稳性指标、车体垂向平稳性指标以及乘坐舒适性指标的影响规律。

（1）3.6m 预制浮置板厚度对轮轨动力性能的影响分析

由图 4-2-7 可知，3.6m 预制钢弹簧浮置板厚度变化对城际动车组的运行安全性指标与乘坐舒适性指标影响不大。随着 3.6m 预制浮置板厚度的增加，轮轨安全性指标略微有所增大，而车辆平稳性及乘坐舒适性指标稍微有所减小。

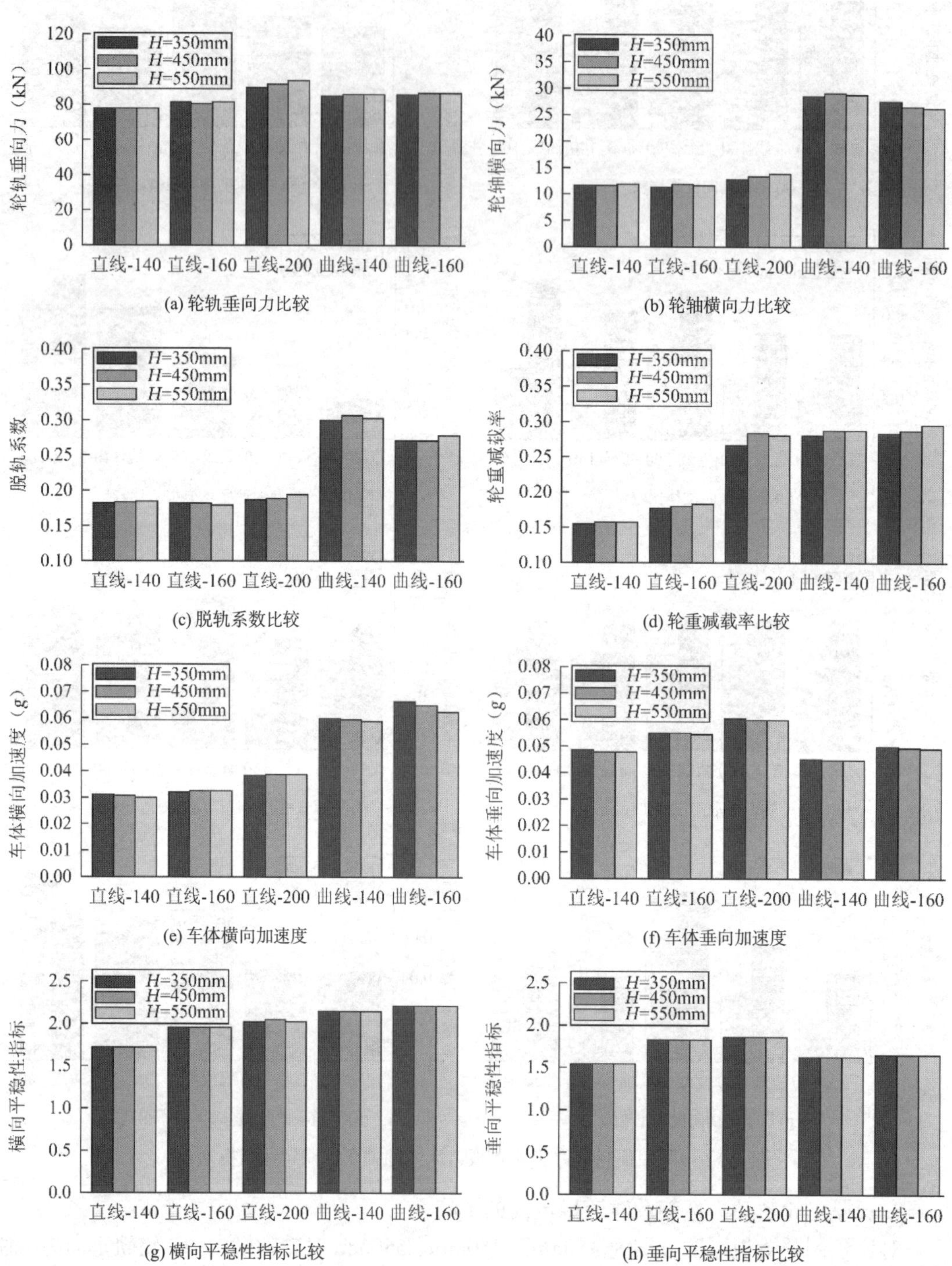

(a) 轮轨垂向力比较

(b) 轮轴横向力比较

(c) 脱轨系数比较

(d) 轮重减载率比较

(e) 车体横向加速度

(f) 车体垂向加速度

(g) 横向平稳性指标比较

(h) 垂向平稳性指标比较

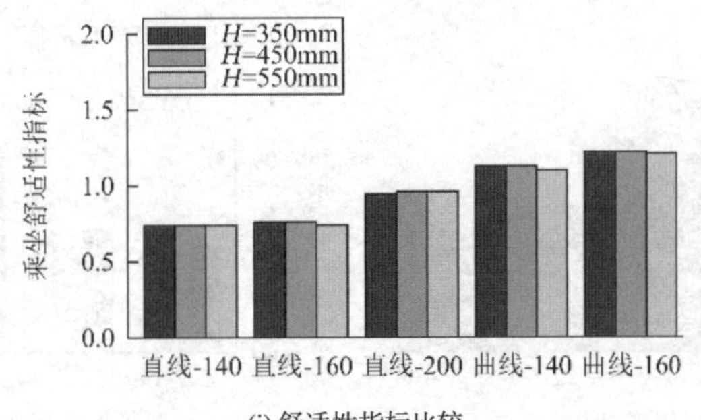

(i) 舒适性指标比较

图 4-2-7　3.6m 预制浮置板厚度对轮轨动力性能的影响

（2）3.6m 预制浮置板厚度对轨道稳定性的影响分析

由图 4-2-8 可知，3.6m 预制钢弹簧浮置板厚度变化对钢轨垂向位移、钢轨垂向振动加速度、浮置板中部垂向位移、浮置板中部垂向振动加速度影响不大。

随着 3.6m 预制钢弹簧浮置板厚度的增加，钢轨垂向位移轻微增大，钢轨横向位移和加速度有一定幅度的减小，轨道板横向位移和横向加速度有所减小；随着板厚的增加，道床垂向位移有所增大，而横向稳定性变好。

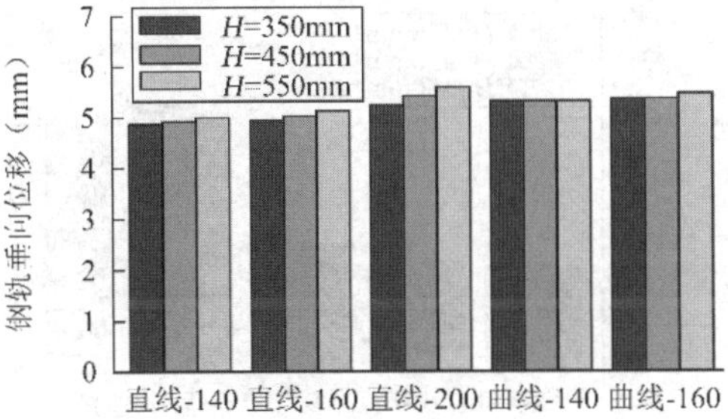

(a) 钢轨垂向位移比较

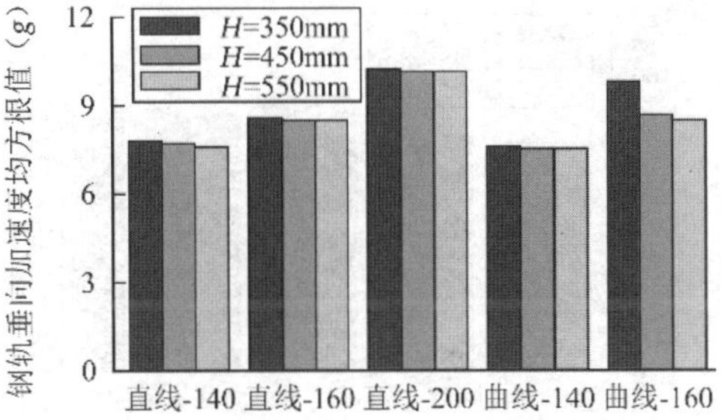

(b) 钢轨垂向加速度均方根值比较

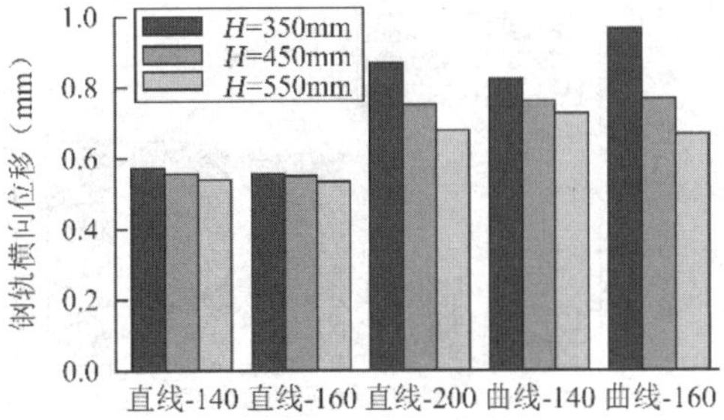

(c) 钢轨横向位移比较

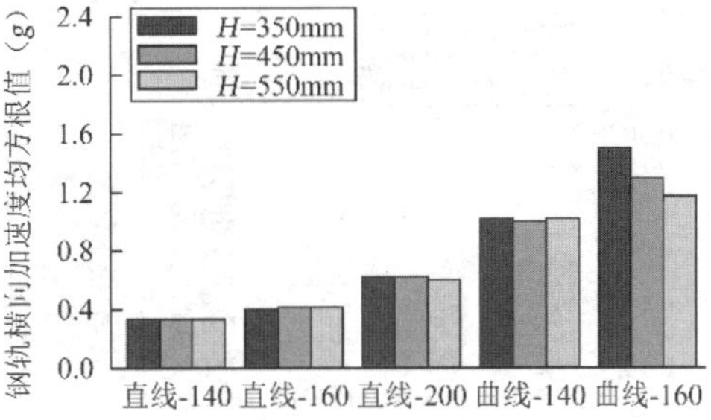

(d) 钢轨横向加速度均方根值比较

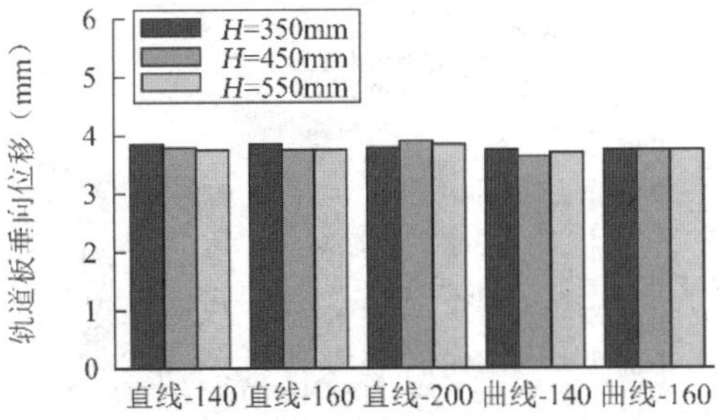

(e) 轨道板垂向位移比较

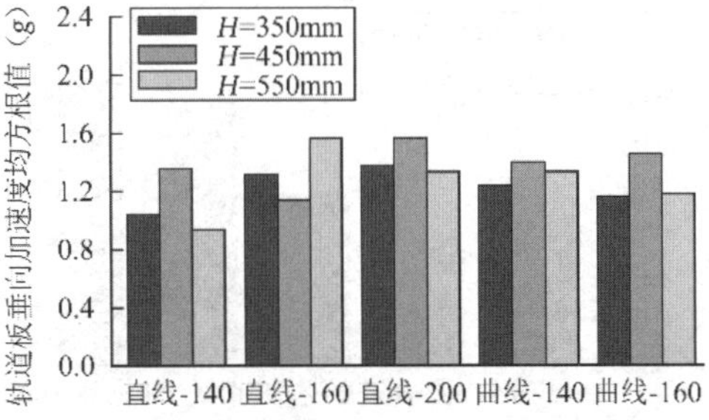

(f) 轨道板垂向加速度均方根值比较

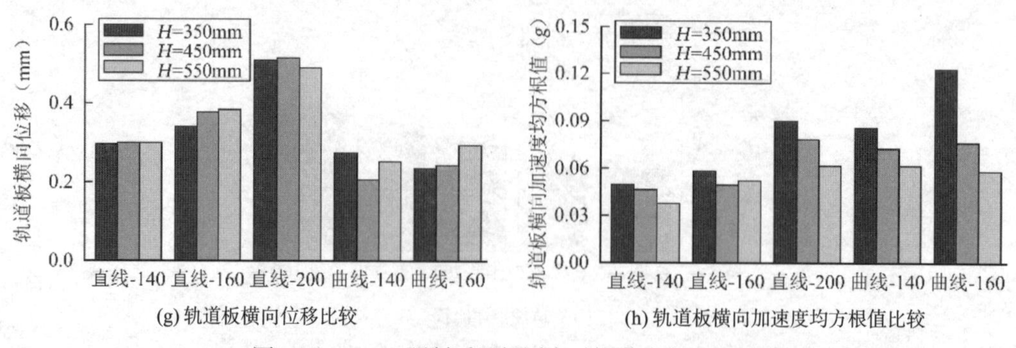

(g) 轨道板横向位移比较

(h) 轨道板横向加速度均方根值比较

图 4-2-8　3.6m 预制浮置板厚度对轨道稳定性的影响

（3）4.8m 预制浮置板厚度对轮轨动力性能的影响分析

由图 4-2-9 可知，4.8m 预制钢弹簧浮置板厚度变化对城际动车组的运行安全性指标与乘坐舒适性指标影响不大。随着 4.8m 预制钢弹簧浮置板厚度的增加，轮轨安全性指标及车辆垂向平稳性指标略微有所增大，而车辆横向平稳性指标稍微有所减小。使得轮轨安全性指标有所增大的原因在于，浮置板厚度的增加将使得轨道板过渡接缝处轮轨冲击有所增大。

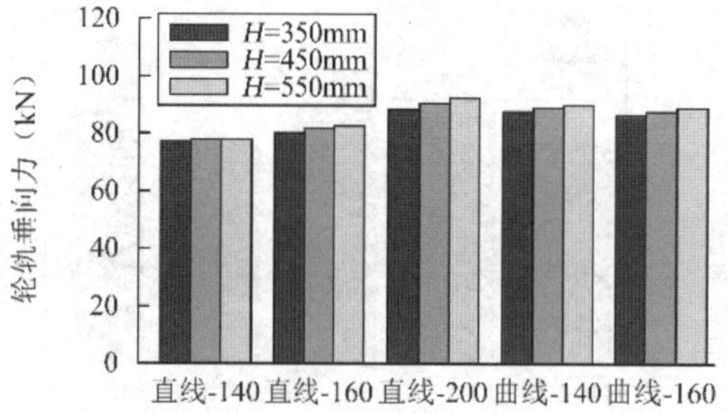

(a) 轮轨垂向力比较

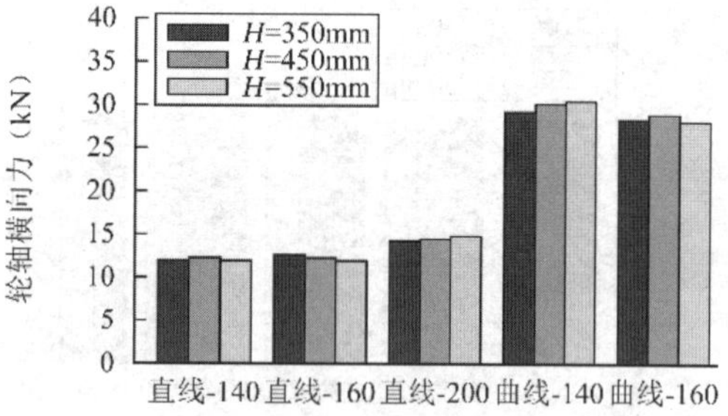

(b) 轮轴横向力比较

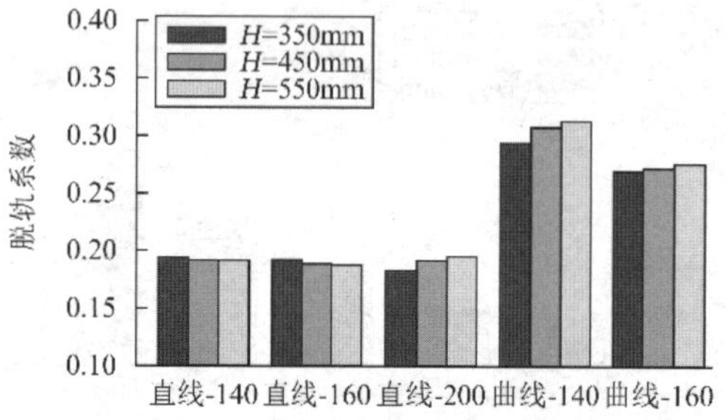

(c) 脱轨系数比较

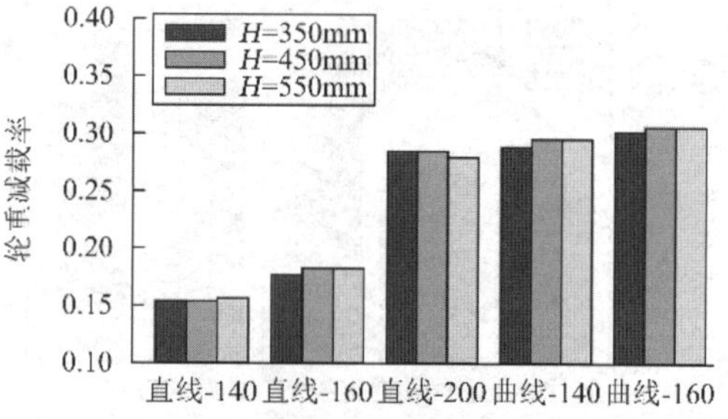

(d) 轮重减载率比较

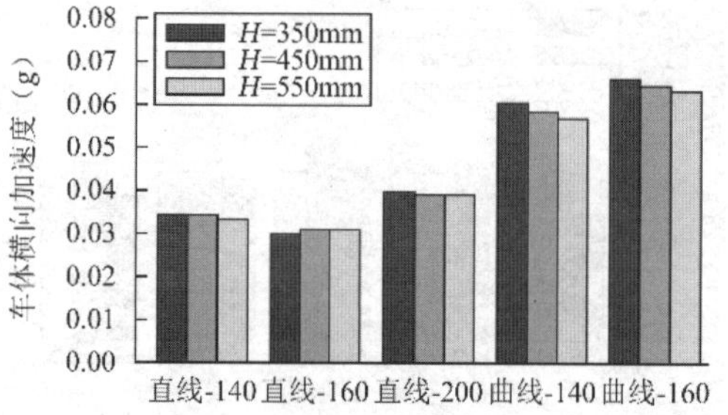

(e) 车体横向加速度

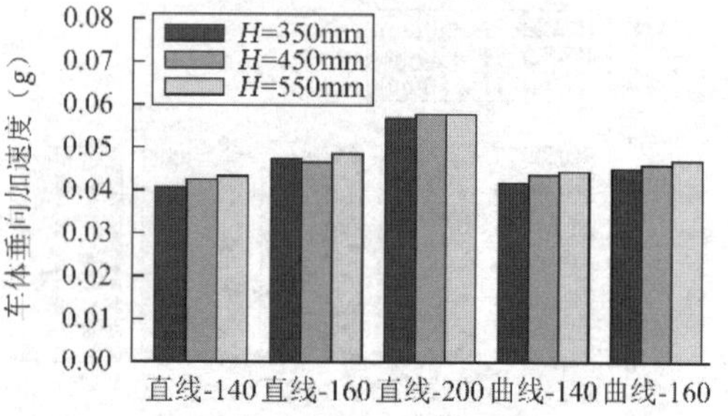

(f) 车体垂向加速度

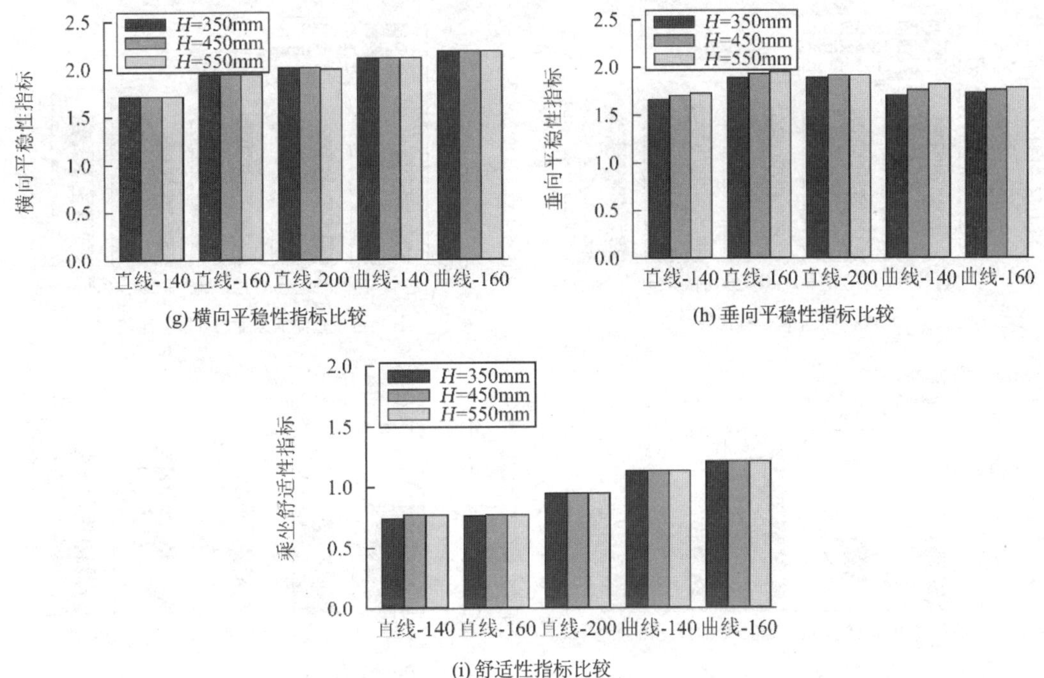

(g) 横向平稳性指标比较

(h) 垂向平稳性指标比较

(i) 舒适性指标比较

图 4-2-9　4.8m 预制浮置板厚度对轮轨动力性能的影响

（4）4.8m 预制浮置板厚度对轨道稳定性的影响分析

由图 4-2-10 可知，4.8m 预制钢弹簧浮置板厚度变化对钢轨垂向位移、钢轨垂向振动加速度、浮置板中部垂向位移、浮置板中部垂向振动加速度影响不大。随着 4.8m 预制钢弹簧浮置板厚度的增加，钢轨垂向位移轻微增大，钢轨横向位移和加速度有一定幅度的减小，轨道板横向位移和横向加速度有所减小。

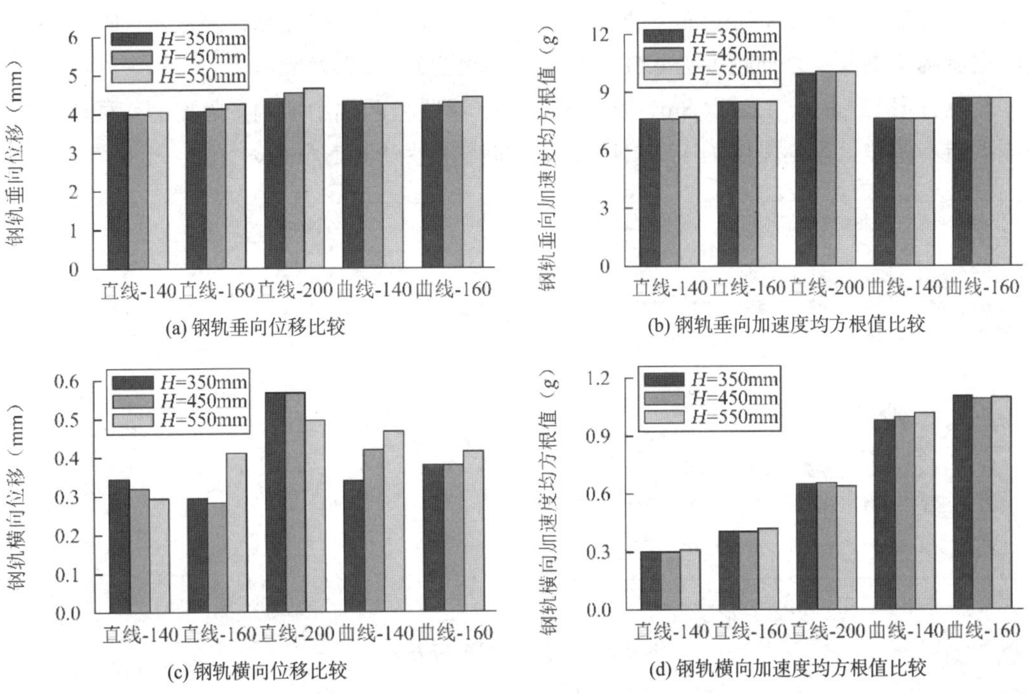

(a) 钢轨垂向位移比较

(b) 钢轨垂向加速度均方根值比较

(c) 钢轨横向位移比较

(d) 钢轨横向加速度均方根值比较

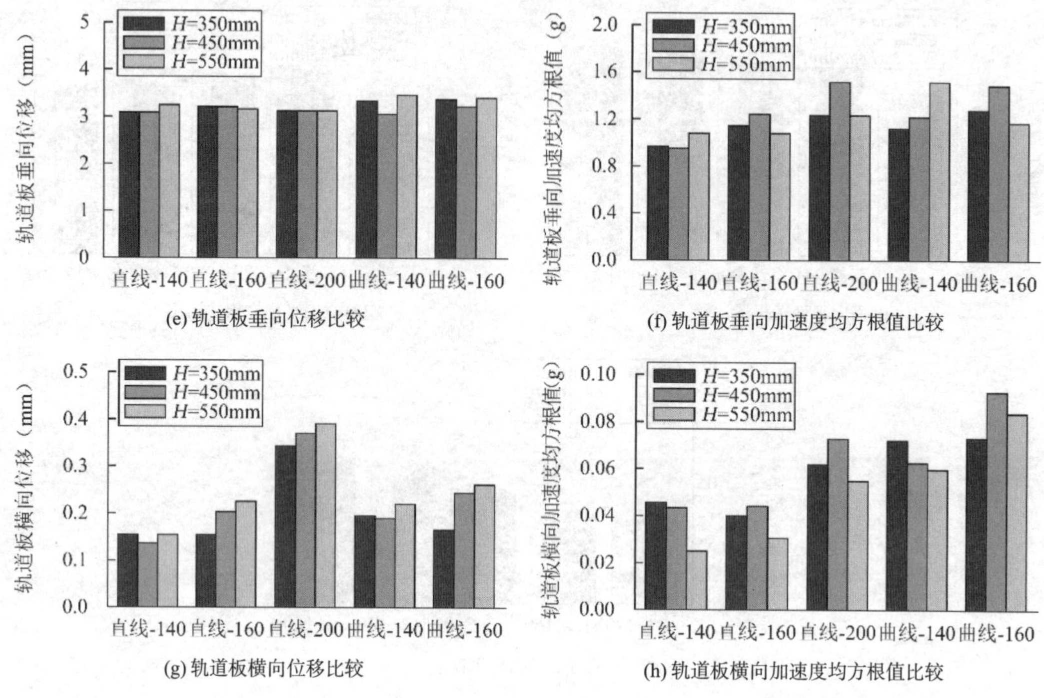

(e) 轨道板垂向位移比较

(f) 轨道板垂向加速度均方根值比较

(g) 轨道板横向位移比较

(h) 轨道板横向加速度均方根值比较

图 4-2-10 4.8m 预制浮置板厚度对轨道稳定性的影响

4. 改进方案及其影响分析

为进一步控制接缝两侧浮置板的垂向错动，减小浮置板垂向位移，提出改进方案：在初步方案（图 4-2-11a、图 4-2-12a）板端增加侧置隔振器（图 4-2-11b、图 4-2-12b）。改进方案中，侧置隔振器由相邻板共享，每套侧置隔振器的垂向刚度为 20.8kN/mm，横向刚度为 9.8kN/mm。增加侧置隔振器之后的改进方案又包含两种：

改进方案一，板长 3.6m/4.8m，板厚 550mm，浮置板两端增加侧置隔振器，原 GSIU 双筒隔振器调整刚度：垂向刚度为 6.6kN/mm，横向刚度为 4.9kN/mm。

改进方案二，板长 3.6m/4.8m，板厚 550mm，浮置板两端增加侧置隔振器，原 GSIU 双筒隔振器不调整：垂向刚度为 13.2kN/mm，横向刚度为 9.8kN/mm。

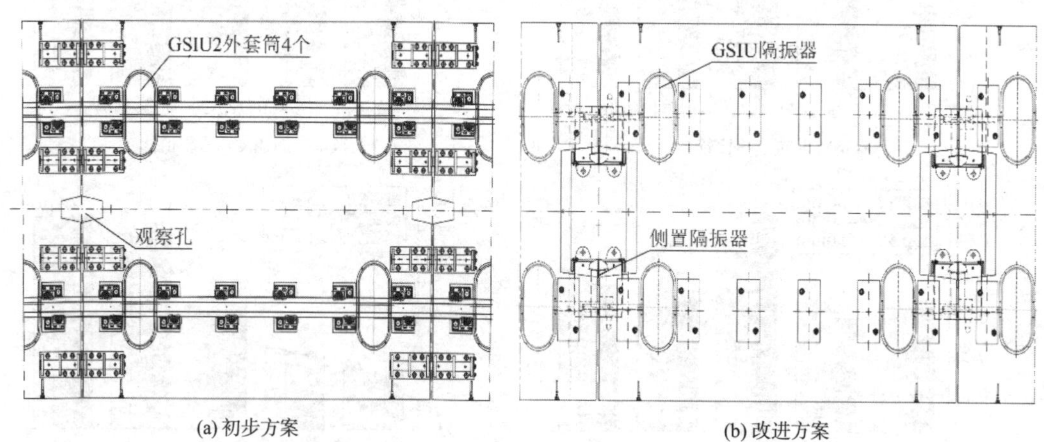

(a) 初步方案

(b) 改进方案

图 4-2-11 3.6m 浮置板方案

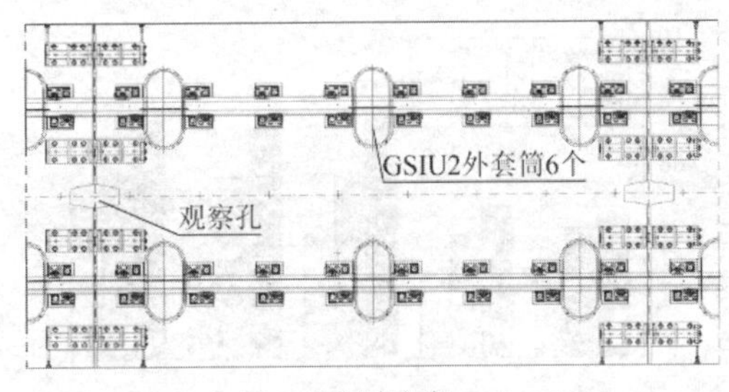

(a) 初步方案

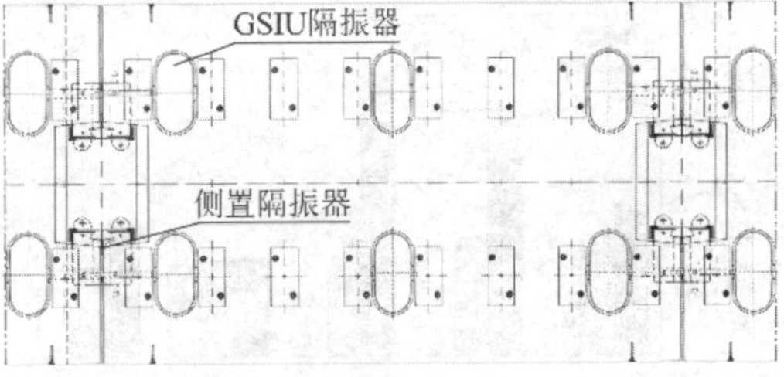

(b) 改进方案

图 4-2-12　4.8m 浮置板方案

（1）3.6m 预制浮置板改进方案对轨道稳定性的影响分析

由图 4-2-13 可知，“改进方案一”和“改进方案二”所得轨道变形及振动响应指标均明显低于“初步方案”下浮置板的稳定性能指标，即增加了侧置隔振器的“改进方案”使得 3.6m 浮置板道床的自身稳定性能有了显著提高。特别是，增设侧置隔振器能大大降低浮置板道床的动态垂向位移。相对于初步方案（图 4-2-11a），改进方案一的钢轨动态垂向位移从 5.2mm 降低至 4.3mm，幅度为 17%；改进方案二的钢轨动态垂向位移从 5.2mm 降低至 2.6mm，幅度接近 50%。

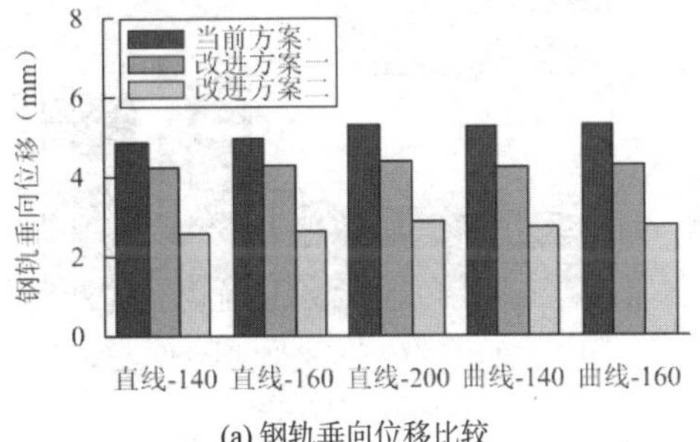

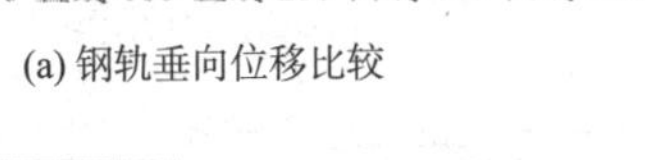

(a) 钢轨垂向位移比较

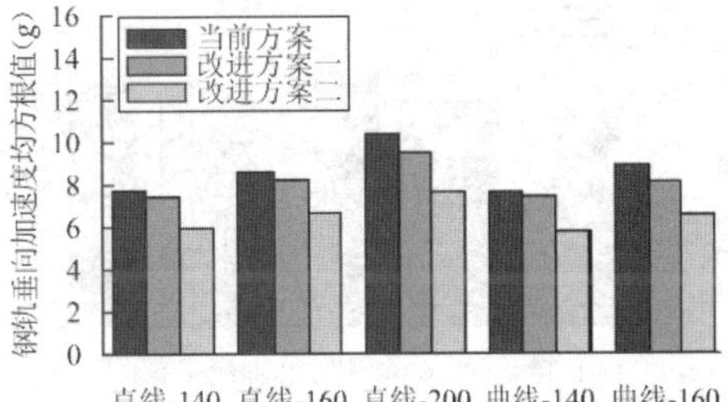

(b) 钢轨垂向加速度均方根值比较

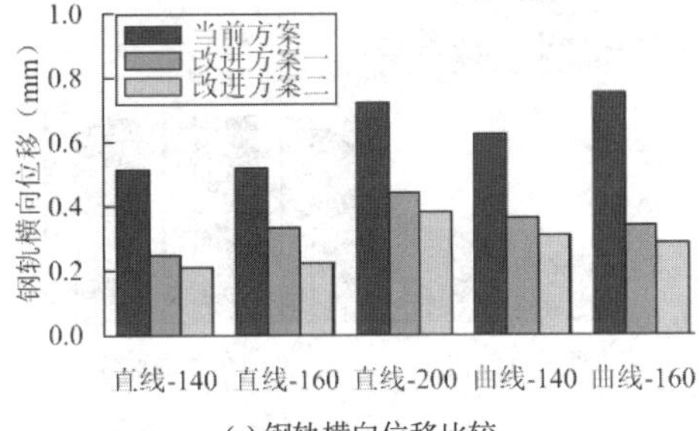

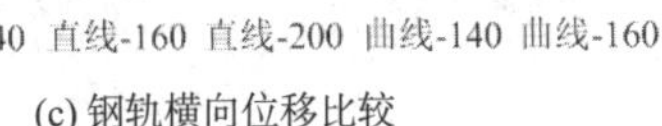

(c) 钢轨横向位移比较

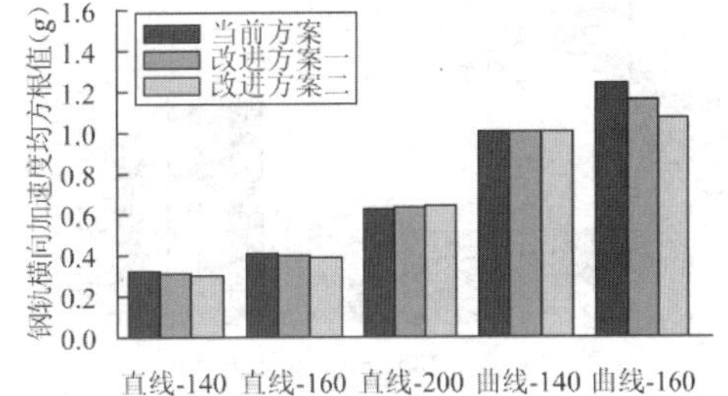

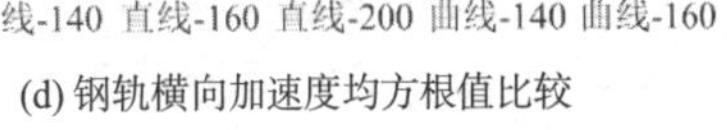

(d) 钢轨横向加速度均方根值比较

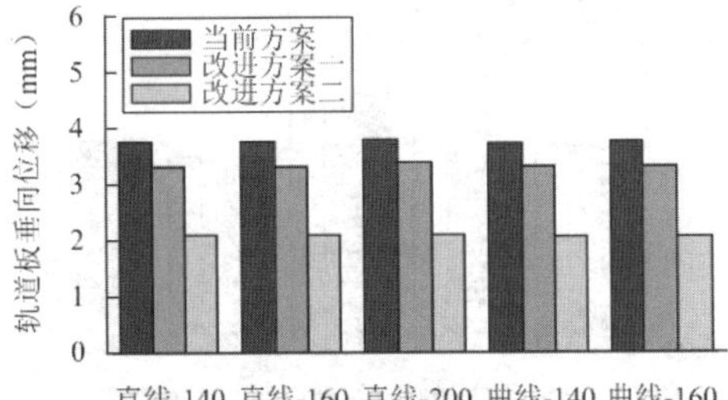

(e) 轨道板垂向位移比较

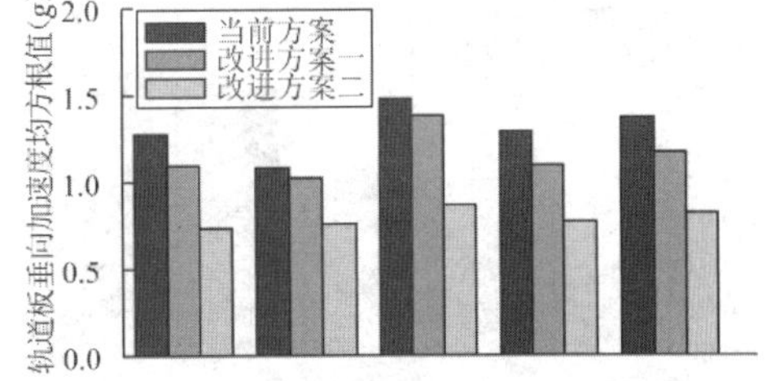

(f) 轨道板垂向加速度均方根值比较

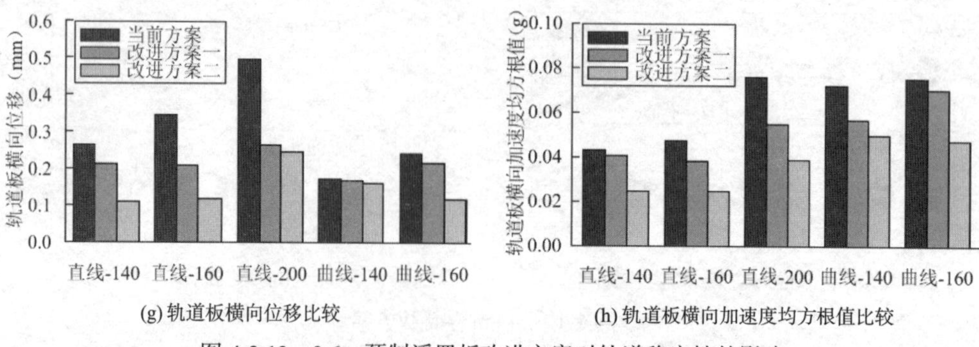

(g) 轨道板横向位移比较

(h) 轨道板横向加速度均方根值比较

图 4-2-13　3.6m 预制浮置板改进方案对轨道稳定性的影响

（2）3.6m 预制浮置板改进方案对轮轨动力性能的影响分析

由图 4-2-14 可知，“改进方案”道床上城际动车组的运行安全性指标与乘坐舒适性指标与“初步方案”相近，即对于初步方案 3.6m 浮置板道床，增设侧置隔振器对城际动车组的动力学性能影响不大。“改进方案一”和“改进方案二”使得车辆的垂向轮轨力、车体垂向振动加速度、车体垂向平稳性指标及乘坐舒适性指标略有降低，即提高了车辆的垂向动力性能。

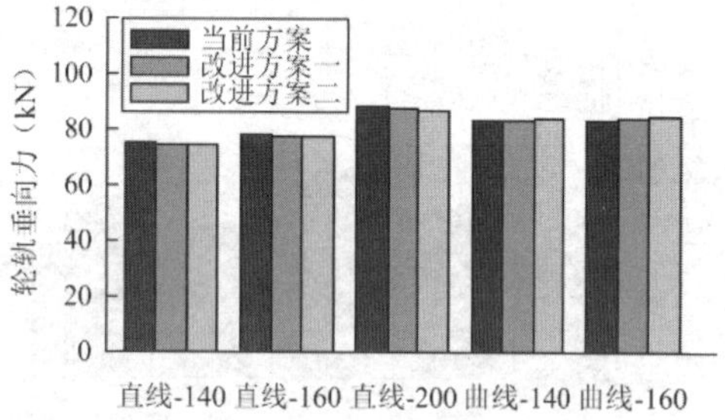

(a) 轮轨垂向力比较

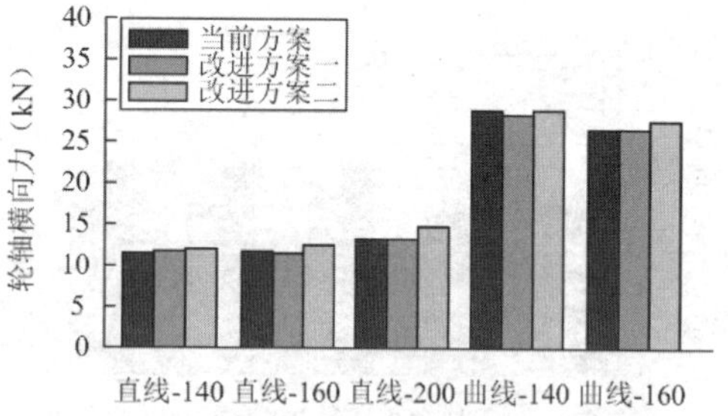

(b) 轮轴横向力比较

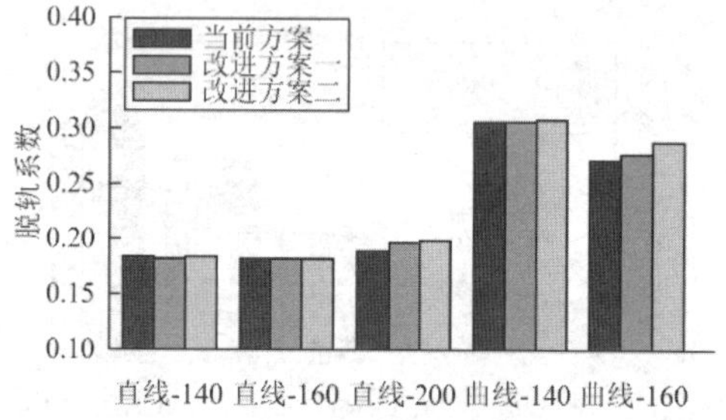

(c) 脱轨系数比较

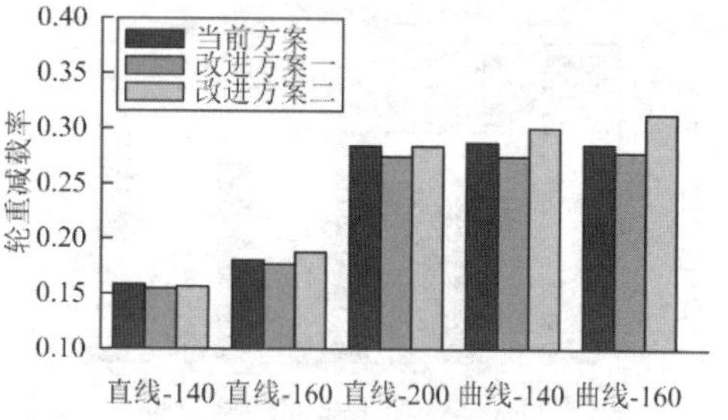

(d) 轮重减载率比较

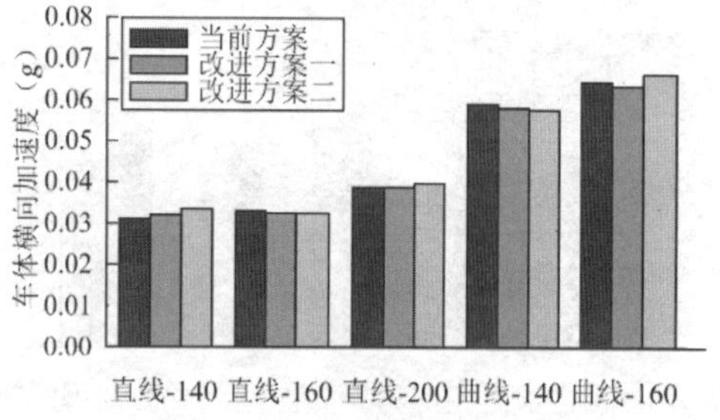

(e) 车体横向加速度

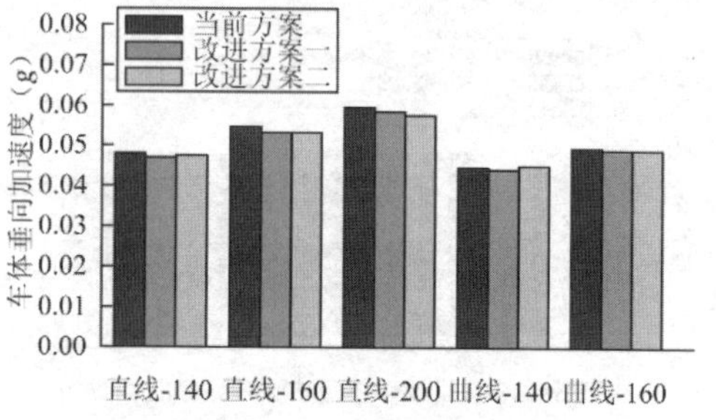

(f) 车体垂向加速度

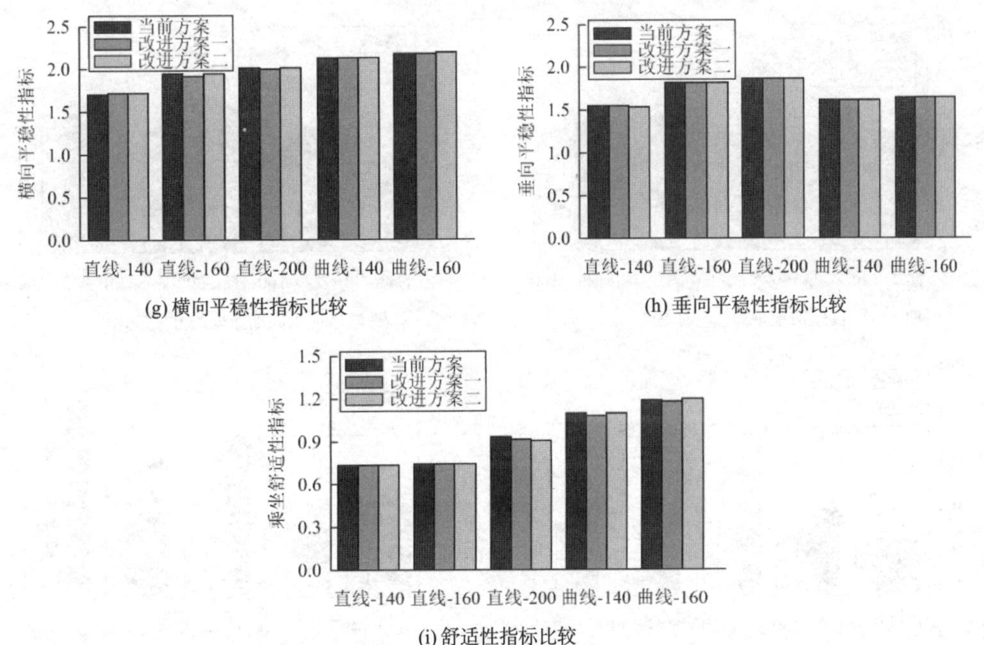

(g) 横向平稳性指标比较

(h) 垂向平稳性指标比较

(i) 舒适性指标比较

图 4-2-14　3.6m 预制浮置板改进方案对轮轨动力性能的影响

（3）4.8m 预制浮置板改进方案对轨道稳定性的影响分析

由图 4-2-15 可知，“改进方案一”和“改进方案二”所得轨道变形及振动响应指标均明显低于“初步方案”下浮置板的稳定性能指标，即增加了侧置隔振器的“改进方案”使得 4.8m 浮置板道床的自身稳定性能有了显著提高。

特别是，增设侧置隔振器能大大降低浮置板道床的动态垂向位移。相对于初步方案（图 4-2-12a），改进方案一的钢轨动态垂向位移从 4.5mm 降低至 3.9mm，幅度为 13%；改进方案二的钢轨动态垂向位移从 4.5mm 降低至 2.5mm，幅度超过 40%。

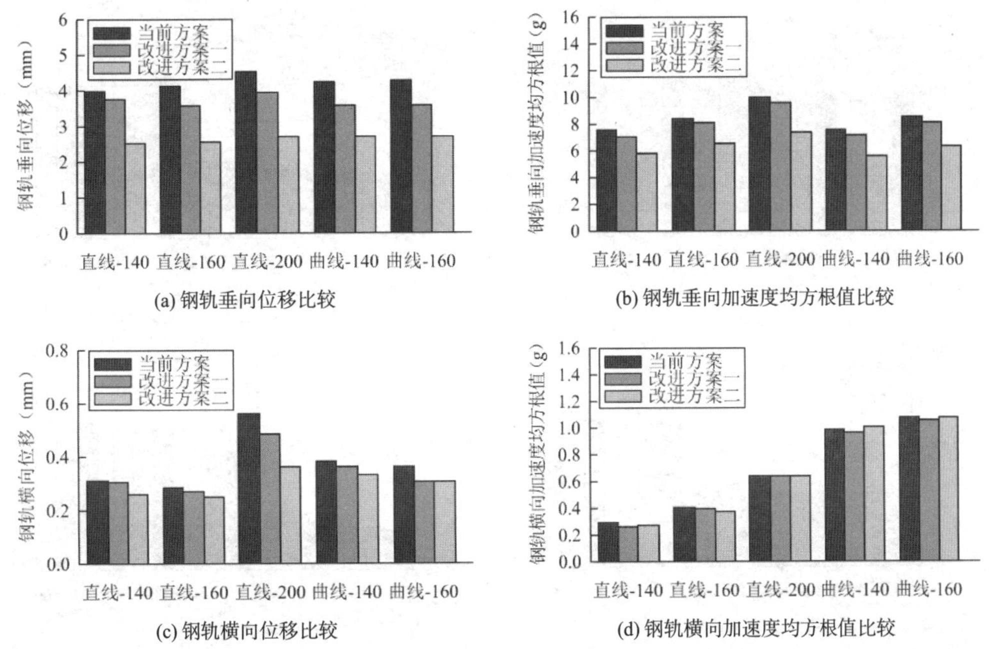

(a) 钢轨垂向位移比较

(b) 钢轨垂向加速度均方根值比较

(c) 钢轨横向位移比较

(d) 钢轨横向加速度均方根值比较

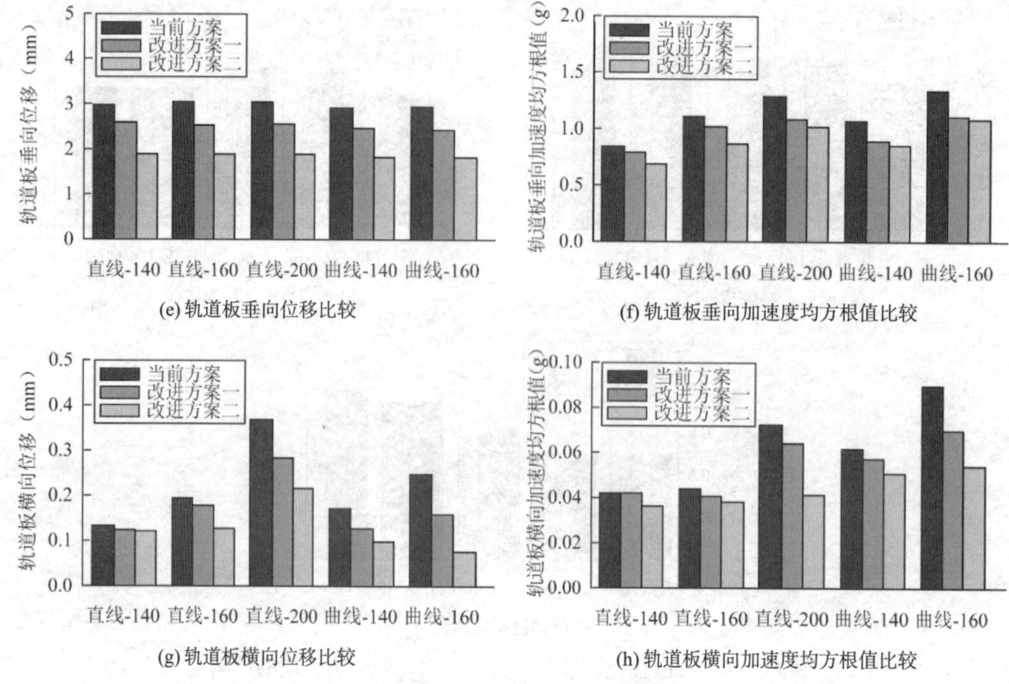

(e) 轨道板垂向位移比较

(f) 轨道板垂向加速度均方根值比较

(g) 轨道板横向位移比较

(h) 轨道板横向加速度均方根值比较

图 4-2-15　4.8m 预制浮置板改进方案对轨道稳定性的影响

（4）4.8m 预制浮置板改进方案对轮轨动力性能的影响分析

由图 4-2-16 可知，“改进方案”道床上城际动车组的运行安全性指标与乘坐舒适性指标与“初步方案”相近，即对于初步方案 4.8m 浮置板道床，增设侧置隔振器对城际动车组的动力学性能影响不大。“改进方案一”和“改进方案二”使得车辆的垂向轮轨力、车体垂向振动加速度、车体垂向平稳性指标及乘坐舒适性指标略有降低，即提高了车辆的垂向动力性能及乘坐舒适性。

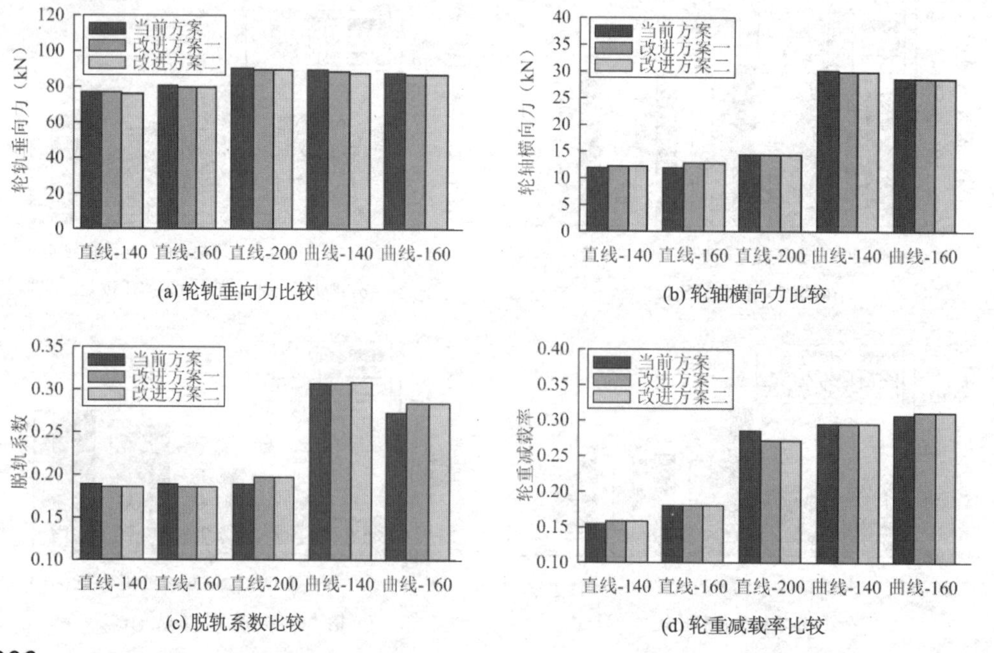

(a) 轮轨垂向力比较

(b) 轮轴横向力比较

(c) 脱轨系数比较

(d) 轮重减载率比较

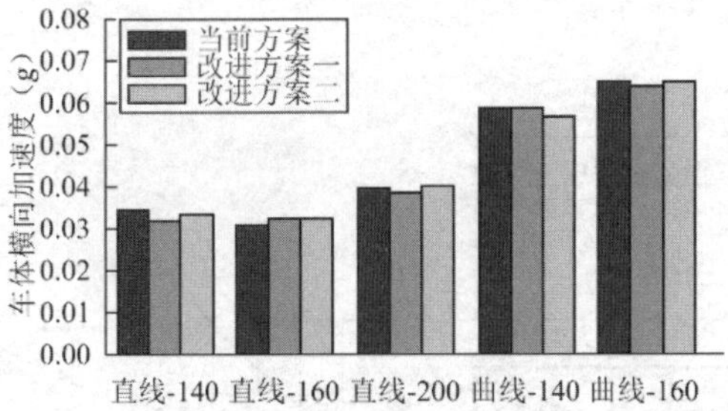

(e) 车体横向加速度

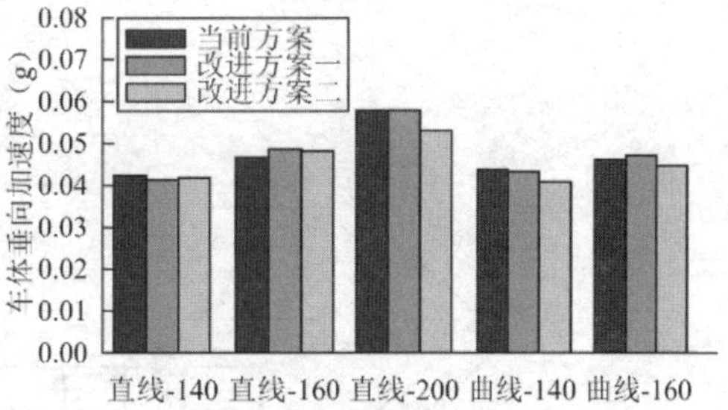

(f) 车体垂向加速度

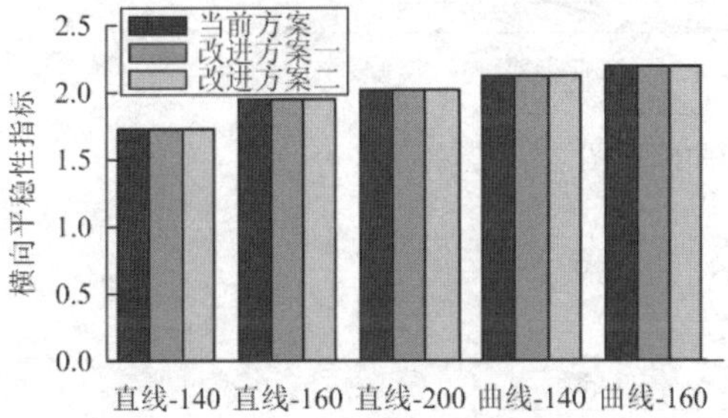

(g) 横向平稳性指标比较

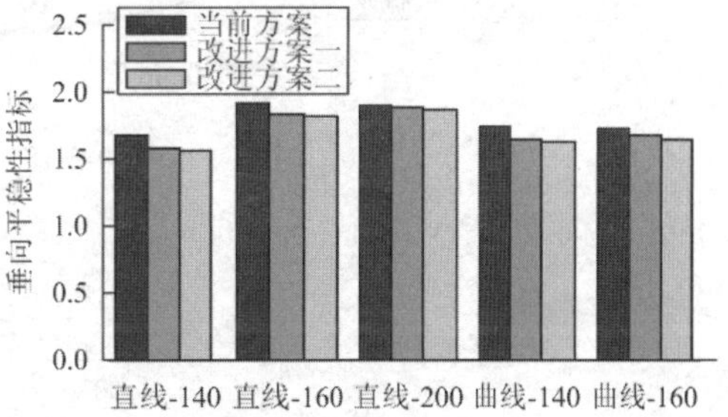

(h) 垂向平稳性指标比较

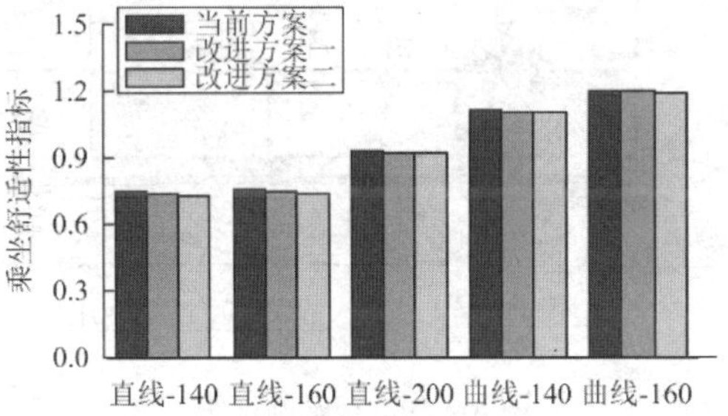

(i) 舒适性指标比较

图 4-2-16　4.8m 预制浮置板改进方案对轮轨动力性能的影响

5. 推荐方案

基于改进方案分析结果，选定广州 18 号线预制浮置板推荐方案：板端设侧置隔振器（竖向刚度 20.8kN/mm），板内 GSIU 隔振器刚度不变（竖向刚度 13.2kN/mm），板长 4.8m，板宽 2.9m，板厚 550mm。即，选择了“改进方案二”的 4.8m 板方案，见图 4-2-17～图 4-2-19。

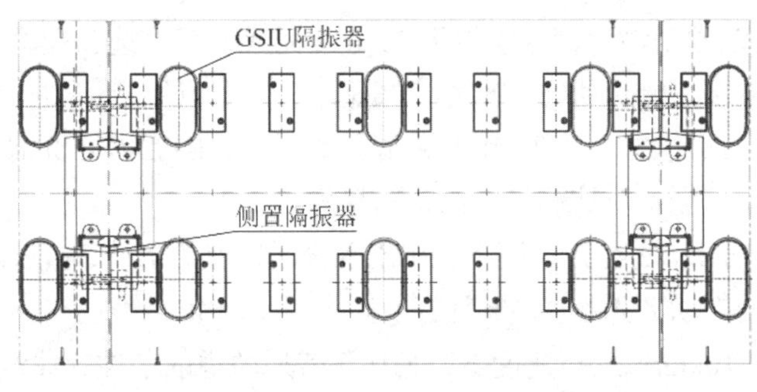

图 4-2-17　推荐方案平面布置图

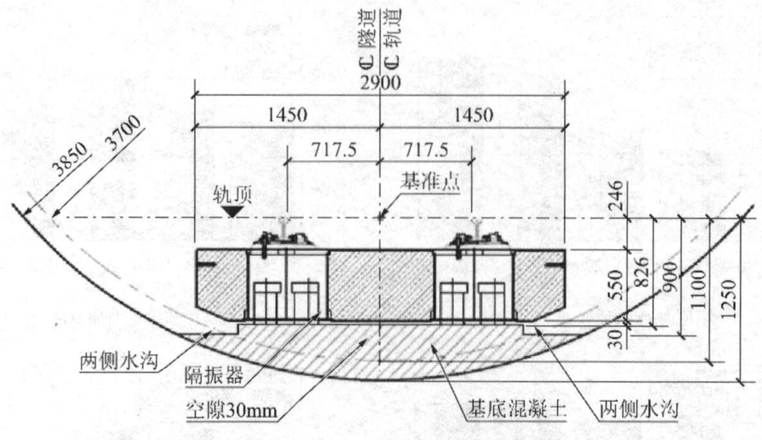

图 4-2-18　板中断面图

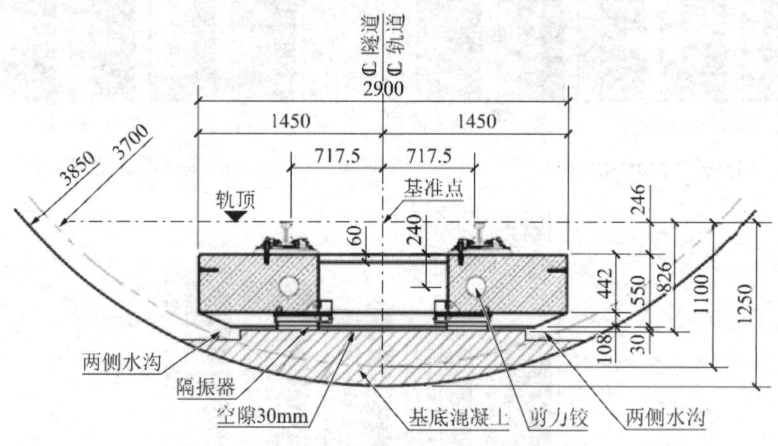

图 4-2-19　板端断面图

采用 4.8m 板，相对 3.6m 板的节点更少，板长影响分析表明其动力性能相对更优，自身稳定性有增强，列车运行安全性也略有提升；广州 18 号线浮置板铺设地段最小曲线半径 $R = 2200$m，采用 4.8m 完全可应对；采用“改进方案二”，即 GSIU 刚度不调小，影响分析表明其动力性能更优，尤其是道床稳定性更优。

五、振动控制效果

广州地铁 18 号线预制钢弹簧浮置板于 2018 年完成方案比选和理论分析，2020 年完成施工设计，施工图方案与分析研究的推荐方案基本一致，仅结合剪力铰对隔振器布置作了微调，总刚度一致。18 号线于 2021 年 9 月底开通运营，随后为评价钢弹簧浮置板道床减振效果，进行了隧道壁振动对比测试，测试结果为：

（1）在直线段 160km/h 运行速度下，相比于普通轨道的条件，直线段钢弹簧浮置板的应用令隧道壁的垂向振动 Z 振级（Wk 计权）减小了 15.1dB；

（2）在曲线段 110km/h 运行速度下，相比于普通轨道的条件，曲线段（$R = 2400$m）钢弹簧浮置板的应用令隧道壁的垂向振动 Z 振级（Wk 计权）减小了 15.0dB。

同期进行了车辆平稳性测试，测试结果为：在直线段 160km/h 运行速度下，垂向平稳性指标最大值 2.2，横向平稳性指标最大值 1.9；在曲线段 110km/h 运行速度下，垂向平稳性指标最大值 1.4，横向平稳性指标最大值 1.6。

减振效果测试结果满足本线要求；车辆平稳性满足最优级限值要求，且相对低速区间的平稳性指标小于高速区间的平稳性指标。

［实例 4-3］韩国首尔—釜山高速铁路天安站振动控制

一、工程概况

韩国高速铁道（Korea Train Express，KTX）首尔—釜山线连接韩国首都首尔（Seoul）和第二大城市釜山（Busan），2004 年 4 月 1 日开通运营，设计最高速度 350km/h，运营最高速度 300km/h，线路全长 430km。在首尔和釜山之间共设置天安站、大田站、大丘站、庆州站 4 座车站，其中天安站位于首尔东南方向 100km，该处铁路位于宽约 10km 的山谷里，天安站位于峡谷最低点。由于复杂的山谷地势，该路段被迫采用高架结构。按照城市规划方案，该站设计为这个 200 万人口的新兴城市中心，车站主楼集商业、服务业、购物于一体。车站全长 1250m，共设 4 条轨道，外边 2 条用于停靠，中间 2 条列车高速通过。

由于列车从车站大楼的第 4 层通过，下面 3 层将用于办公及商业，设计要求办公商业区噪声水平控制在 55dB(A)以内；而根据前期研究分析预期，如果减振措施车站内声压级可达 85dB(A)。采用何种减振措施以控制高铁运营给办公、商业带来的振动和噪声影响成为本项目的关键。

二、振动、噪声控制方案

天安站最初考虑只用道砟减振垫方案，但道砟垫减振降噪效果有限，预计在 5～7dB(A)，下部区域无法达到设计要求的噪声指标。

最终设计采用重型道砟复合式浮置板道床，主体道床由 800mm 碎石道砟与 800mm 厚的浮置板复合组成，浮置板采用下承式钢弹簧隔振器将上部轨道结构和下部建筑结构弹性隔离，从而减小上部轨道结构过车振动对下部建筑结构的影响。同时，道床两侧还设计了声屏障，以隔离一次噪声。

浮置板道床分段长度 20m，宽度 22.8m，设计轴重 22t。隔振器主要位于框架结构柱头，少部分位于钢筋混凝土梁上（图 4-3-1 和图 4-3-2）。设计钢弹簧浮置板道床系统垂向频率仅为 6Hz，钢弹簧压缩量约为 7mm。钢弹簧隔振器在工厂预紧，运抵施工现场就位；待碎石道砟铺设以后，弹性道床系统有了足够荷载，预紧螺栓自动放松后隔振器开始正常工作。钢弹簧隔振器上、下部用自粘防滑垫板固定。这种防滑垫板的摩擦系数为 2.0，能够不用预埋件直接承担上部构件 19.6m/s^2 的水平加速度。理论上，当列车行进时，垂向会产生 0.5mm 的位移，水平方向在急刹车及横向碰撞时会产生大约 1mm 的位移。浮置板和钢弹簧隔振器典型布置见图 4-3-3。

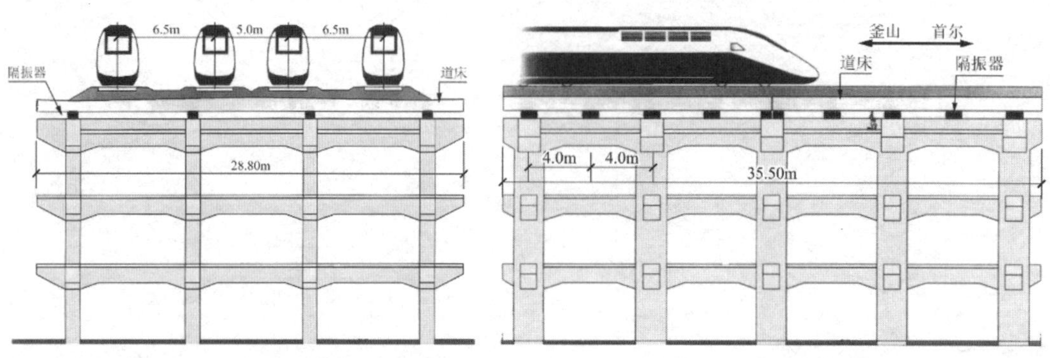

图 4-3-1　车站断面示意图

图 4-3-2　车站侧面示意图

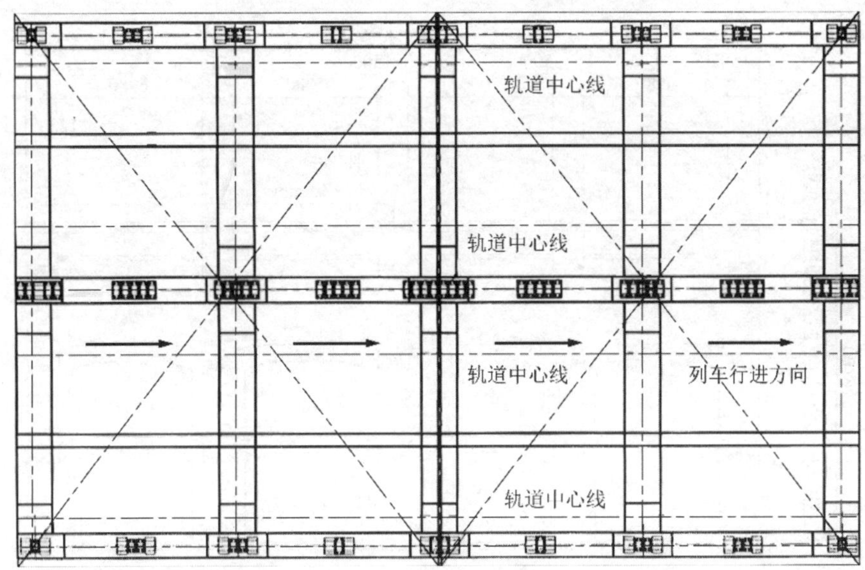

图 4-3-3　浮置板和钢弹簧隔振器典型布置图

三、车站典型位置振动、噪声实测

为了研究车站上部浮置板的动态特性，本工程对其典型框架结构处噪声和振动进行了实地测量。典型框架类型断面图及测量位置见图 4-3-4。图 4-3-4（b）中黑点处表示噪声和振动采集点。噪声测点位于该典型框架类型的 3 楼和 2 楼，测量时列车速度分别为 230km/h 和 240km/h。振动测点位于 3 楼，列车速度为 230km/h。

由于设备灵敏，为了取得精确结果，在列车通过时保持绝对安静。共监测了两列火车通过，同时进行测试。列车经过时的噪声和振动时程响应分别见图 4-3-5 和图 4-3-6。

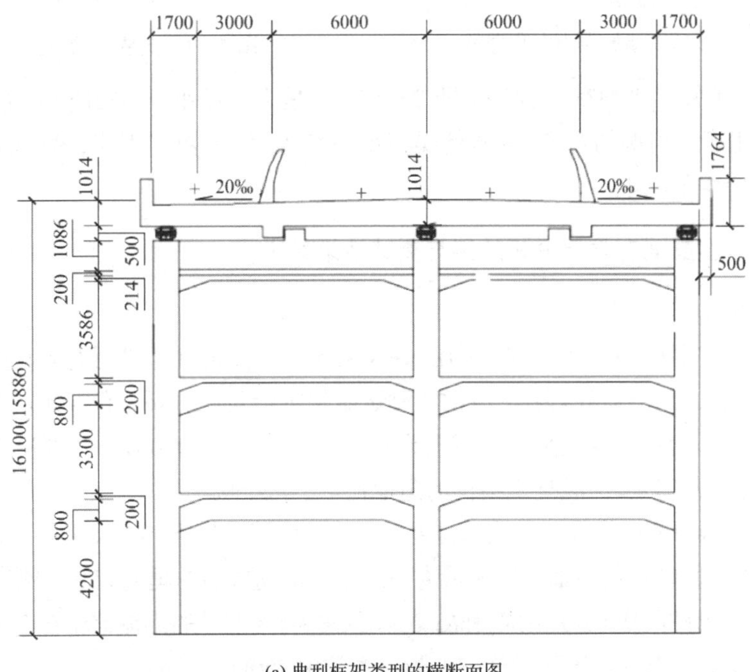

(a) 典型框架类型的横断面图

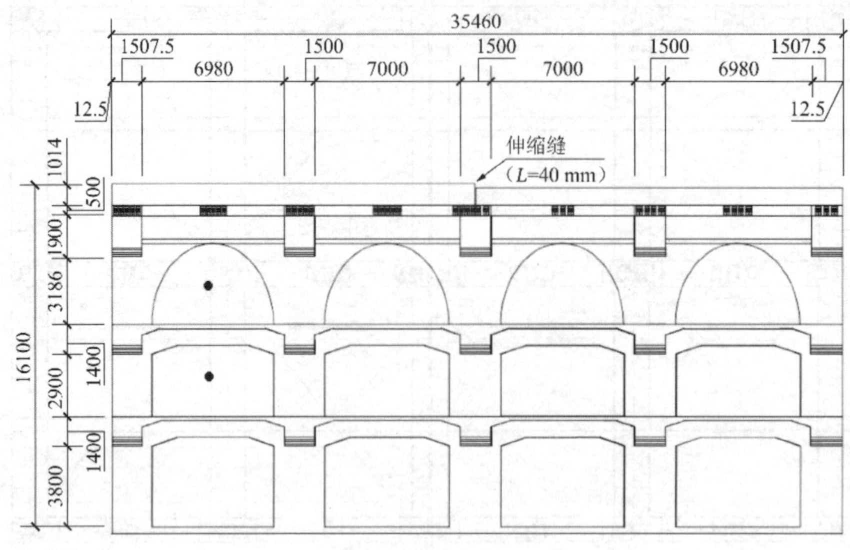

(b) 典型框架类型的侧视图

图 4-3-4　典型框架类型断面图及测量位置

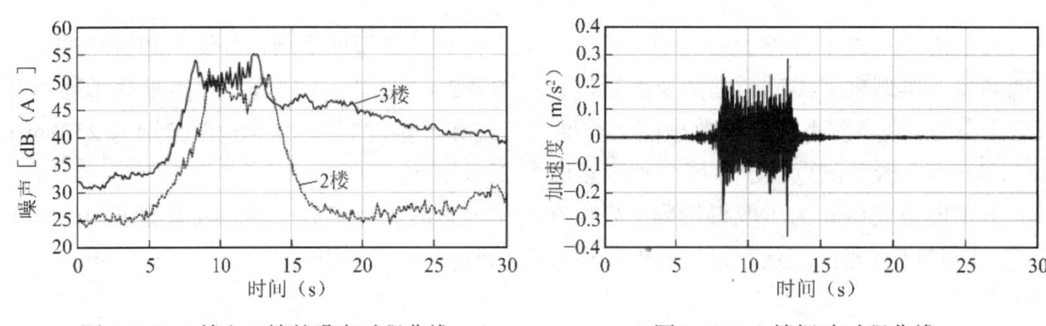

图 4-3-5　2 楼和 3 楼的噪声时程曲线

图 4-3-6　3 楼振动时程曲线

由图 4-3-5 可知，当列车经过时（即 7～14s），最大声压小于 55dB(A)。2 楼和 3 楼的声压差表明，由于与声源的距离，3 楼的噪声水平略高。测试数据表明，钢弹簧浮置板充分发挥了其减振降噪的功能。

四、车站典型断面有限元分析结果与测试结果对比

1. 有限元模型

针对上文所述的典型框架结构，采用 NENastra 数值分析软件进行有限元建模，并采用 PEMAP 作为分析结果的后处理器，以便与测试结果进行对比分析。有限元模型见图 4-3-7。有限元分析采用下列输入参数：混凝土弹性模量为$E_c = 25000$MPa，混凝土密度为$\rho = 2.5$t/m^3，泊松比为$\nu = 0.2$，混凝土结构的阻尼比取$\xi = 2.5\%$。

钢弹簧隔振器的确切位置、钢轨的位置、各构件横截面的不同厚度都已经被考虑在内。对于有限元分析，假设弹簧的垂向压缩量为 7mm，可得隔振器的垂向和水平刚度，如表 4-3-1 所示。垂向刚度及水平刚度分别由K_v和K_h表示。GPV-4.4 型号的隔振器中包含有阻尼器，垂向阻尼系数为 575kN · s/m，纵向及横向的阻尼系数为 950kN · s/m。

图 4-3-7 中两个黑点代表分析模型中噪声和振动的输出点，与测试点相对应。有限元分析采用两个不同的模型，一个带有隔振系统，另一个则没有隔振系统（即轨道板与车站结构相连）。在 GP 系列隔振器的位置，浮置板与下部结构之间采用弹性连接；带有阻尼器的 GPV 系列隔振器，其阻尼器通过非线性弹性连接单元来模拟。每个弹性连接都根据表 4-3-1 赋予了垂向和水平刚度。对于没有隔振器的有限元模型，板和下部结构之间采用刚性连接。此外，在有限元分析中未考虑道砟与隔声屏障的影响。

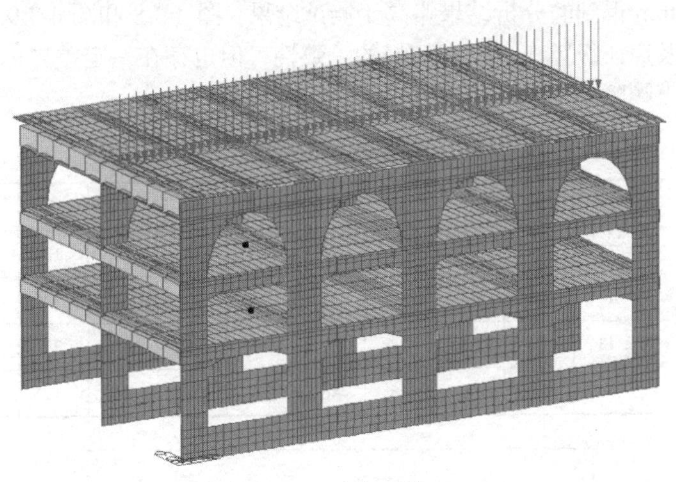

图 4-3-7　有限元模型

天安车站浮置板系统隔振器理论刚度（kN/mm）　表 4-3-1

隔振器	K_v	K_h
GP-6.0	32.50	41.18
GP-6.2	35.22	42.70
GP-8.0	43.34	54.91
GP-8.2	46.05	56.42
GP-8.4	48.77	57.94
GPV-4.4	27.10	30.48

2. 有限元分析结果与测试结果对比

速度 230km/h 时所作的理论研究和试验研究，均得到了 3 楼振动加速度的时程曲线，进一步必须通过下列步骤转化：首先对加速度时程函数进行积分得出速度时程函数，然后利用 FFT 变换得到速度频率函数，再转化为以 dB 表示的速度谱，最后得到 1/3 倍频程速度谱，频率范围为人可识别频带，并可表示为速度级L_v，进一步用在下式：

$$L_p = L_v + \lg\left(\frac{4\sigma S T_r}{0.16V}\right) \tag{4-3-1}$$

式中：L_p——声压级（基准值 2×10^{-5}m/s^2）；

L_v——速度级（基准值 5×10^{-8}m/s）；

σ——辐射系数；

S——房屋辐射表面；

T_r——房屋回响时间；

V——房屋容积。

并给定下列参数：$S=160\text{m}^2$，$V=480\text{m}^3$，$\sigma=1$，$T_r=1\text{s}$。

当列车以 230km/h 通过天安站时，通过测试获得了其速度级（L_v），进而推算天安站内的声压级（L_p）。从实测（实线）及有限元分析（虚线）经 1/3 倍频程处理后得到L_v和L_p见表 4-3-2，相应的 1/3 倍频程曲线见图 4-3-8 和图 4-3-9。

利用 NENastran 得到的分析结果略高于测试结果。图 4-3-8 和图 4-3-9 均包括了在同一点的速度级频谱及声压级频谱，均有较好的一致性，但也存在一定差异，部分原因是分析中忽略了道砟和声频障的贡献。

速度级和声压级 **表 4-3-2**

频率（Hz）	16	20	25	32	40	50	63	80	100	125	160	200
L_v（dBLin），实测	31	37	39	25	26	15	14	13	13	4	—	—
L_p［dB(A)］，实测	40	46	48	34	35	24	23	22	22	16	—	—
L_v（dBLin），FEM	43	47	51	37	37	29	29	25	23	21	19	17
L_p［dB(A)］，FEM	52	56	60	46	46	38	38	34	32	30	28	26

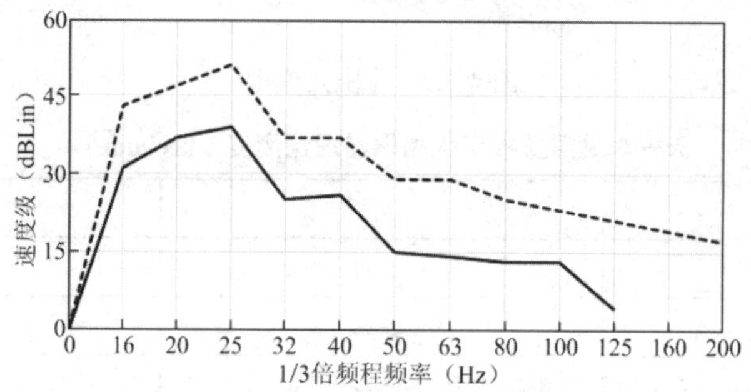

图 4-3-8　速度级 1/3 倍频程曲线

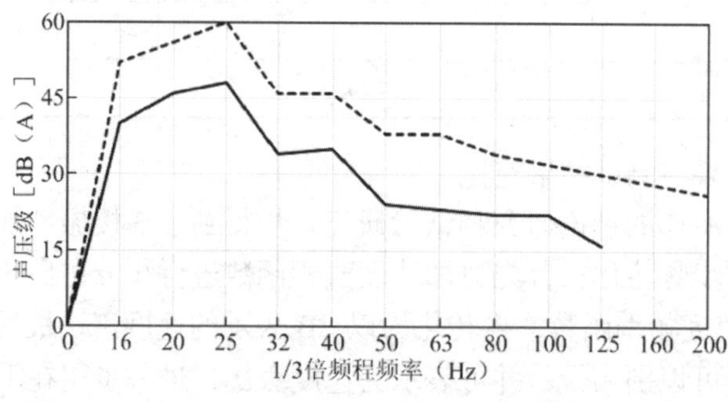

图 4-3-9　声压级 1/3 倍频程曲线

五、两种模型对比分析

基于两种（有、无隔振系统）有限元模型，研究了 230～350km/h 速度范围内两个模型声压级。最大速度级和最大声压级与速度的关系分别见图 4-3-10 和图 4-3-11。虚线表示具有隔振系统，实线表示没有隔振系统。

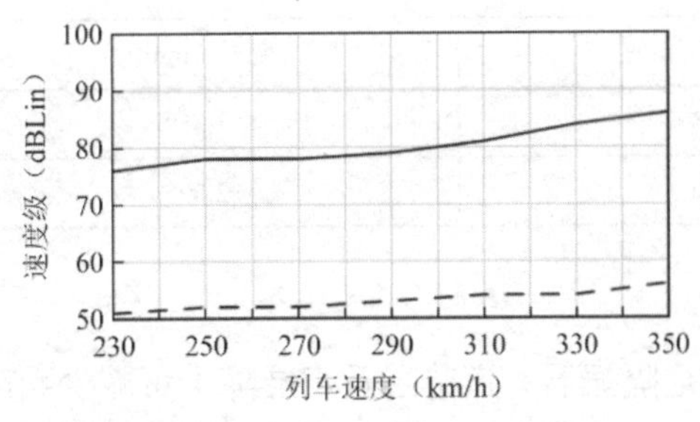

图 4-3-10　速度级与列车速度关系

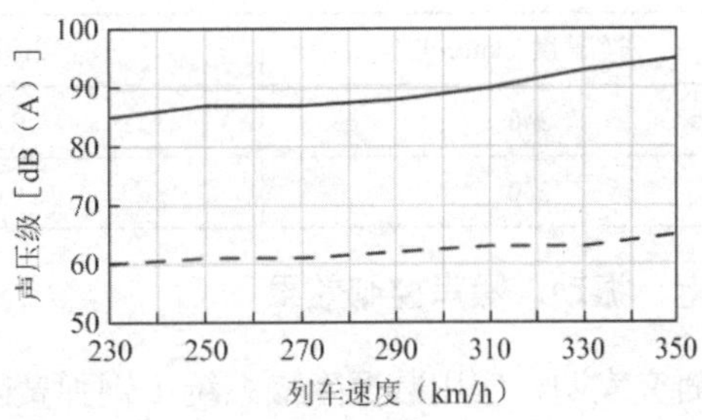

图 4-3-11　声压级与列车速度关系

结果说明，在天安车站结构顶板与上部道床板之间插入隔振系统可减小噪声 25～30dB(A)。至此，安装隔振系统的实际效果得到实测和理论验证。

六、浮置板稳定性校核

由于钢弹簧隔振器的弹性和阻尼作用，隔振系统的应用可能增大了道床结构和车站结构顶板的相对变形。因此，需要检算以下三个运行安全指标：浮置板垂向加速度、浮置板变形、浮置板纵向位移。

由于列车速度高于 200km/h，须校核浮置板垂向加速度。荷载根据实际 TGV 列车荷载输入。道床垂向加速度限值为 0.35g。对于速度范围 230～350km/h，浮置板垂向加速度汇总见表 4-3-3，结果表明浮置板垂向加速度均小于 $0.35g = 3.43m/s^2$。

浮置板变形的校验采用国际铁路联盟规定的荷载，不考虑冲击因素，变形限值如下：

$$f \leqslant \frac{L}{1700} \tag{4-3-2}$$

式中：f——桥梁最大变形；

L——桥跨长度。

最大总变形必须满足：$f \leqslant 17730/1700 = 10.43$mm。

表 4-3-3 总结了列车速度范围 230～350km/h 时浮置板的变形，分析结果满足限值。

假设列车制动力和加速力完全作用在浮置板上，浮置板与结构顶板之间或相邻两块浮置板之间的相对纵向位移应限制在 10mm 以内。经分析，浮置板实际纵向相对位移为 1.12mm，满足限值。

分析结果表明，浮置板稳定性均满足限值。

列车不同速度下浮置板的垂向加速度和变形　　**表 4-3-3**

列车速度（km/h）	垂向加速度（m/s^2）	变形（mm）
230	0.180	0.584
250	0.230	0.351
270	0.210	0.478
290	0.237	0.674
310	0.278	0.758
330	0.380	0.955

续表

列车速度（km/h）	垂向加速度（m/s^2）	变形（mm）
340	0.487	1.358
350	0.631	2.095

七、振动、噪声控制效果

研究表明，应用减振降噪系统（钢弹簧阻尼隔振器、道碴层及声屏障）可减少噪声及振动的影响。在不考虑道碴层及声屏障的情况下，使用钢弹簧隔振器减振降噪系统可减小噪声 25～30dB(A)。测验结果表明最大声压级为 48dB(A)，因此，天安站站内噪声能满足低于 55dB(A)的声学要求。

天安站在应用减振降噪系统的同时也满足了浮置板稳定性指标。该项目充分考虑了应用减振降噪系统的所有可能的负面影响，最大程度保证铁路运营中乘客舒适度的要求。该减振降噪系统的成功应用对我国现阶段高速铁路车站的建设具有一定的借鉴作用。

［实例 4-4］江苏崇启大桥主桥钢箱梁 TMD 减振

一、工程概况

崇启长江大桥工程位于江苏省东南部，上海市北部，长江入海口附近。大桥起自上海崇明岛上的陈家镇，终于江苏省启东市，与已建成的宁启高速公路相接。大桥全长 7km，主桥为 6 跨连续钢箱梁，总跨度为 944m（102m + 4 × 185m + 102m），全线设计双向 6 车道，如图 4-4-1 所示。

图 4-4-1　崇启大桥

在桥梁设计阶段，通过全桥气弹模型在低阻尼比的条件下观察到了涡激共振，而在桥梁施工过程中也发现了涡激振动现象。共振将引起结构振幅过大，导致结构耐久性降低；或者在长期使用过程中，钢结构的焊缝处在较大的交变荷载下容易引起疲劳破坏；此外，振动有可能超过人体舒适度耐久极限，给司乘人员的心理造成恐慌。因此，进一步补充了考虑阻尼减振的气弹模型风洞试验，并对减振装置提出了具体的控制目标和指标要求。

二、振动控制方案

为减小风荷载下主桥竖向涡激振动，设计制造了 TMD 减振装置。TMD 布置在 4 个跨度为 185m 的钢箱梁中部，每跨布置 4 个 TMD，每个 TMD 质量块质量为 3.6t，双向 8 跨共 32 个 TMD，TMD 质量块的总质量为 115.2t。TMD 调谐频率范围为 0.46～0.55Hz，阻尼比为 8%～10%，如图 4-4-2 所示。

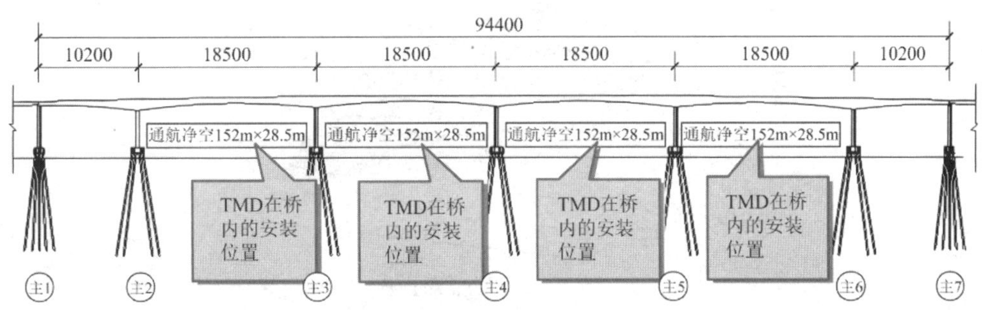

图 4-4-2　TMD 布置位置

三、振动控制分析

1. 崇启大桥的动力特性

为了评估桥梁涡激振动的敏感性，需要进行桥梁结构的模态分析，据此可评价临界风速。临界风速是桥面高度b、桥梁固有频率f和 Strouhal 数的函数：

$$v_{\text{crit}} = \frac{b \cdot f}{St} \tag{4-4-1}$$

通过理论模态分析，以确定相关固有频率和相应的振型。图 4-4-3 给出确定的敏感振型，其固有频率约为 0.47Hz。

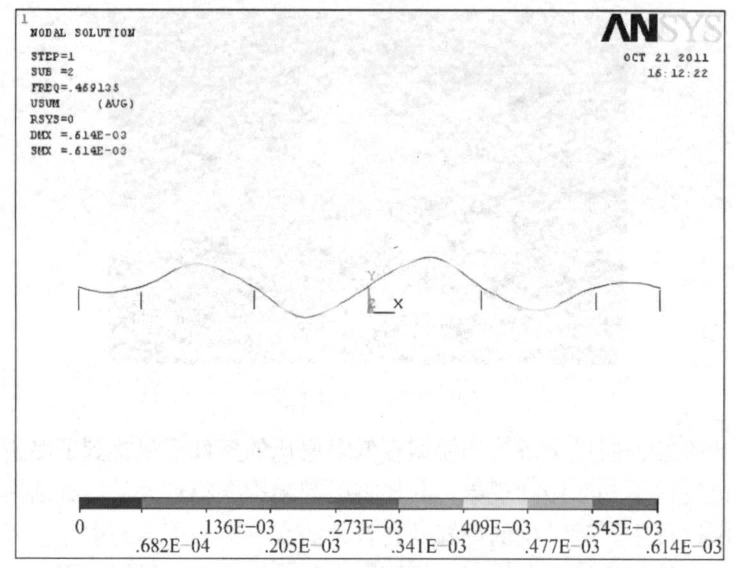

图 4-4-3　第 1 阶垂向弯曲模态（0.47Hz）

临界风速作为式(4-4-1)所定义的函数，对于所关注的频率范围和 Strouhal 数，可计算其风速值（图 4-4-4）。由此可以看出，对于较小的 Strouhal 数和较低的固有频率，临界风速处于常见风速范围内，会引起桥梁钢结构的疲劳问题。

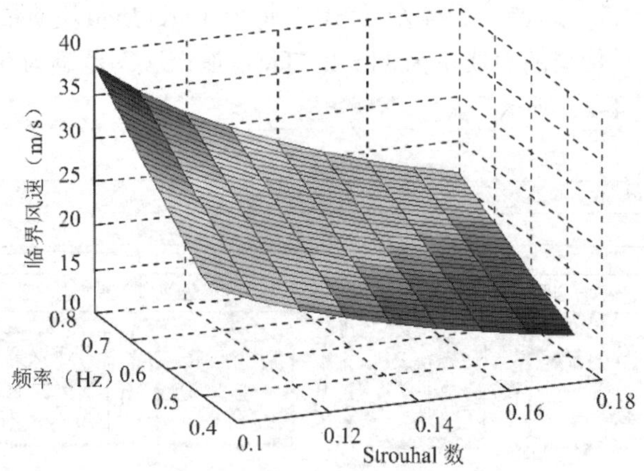

图 4-4-4　涡激临界风速随 Strouhal 数和桥面基频的变化

2. TMD 系统的减振性能

TMD 的减振性能分析，采用频域设计时域验证的方法。频域设计采用 2 自由度理论模型，计算时假设涡振激励为谐波激励（图 4-4-5）。

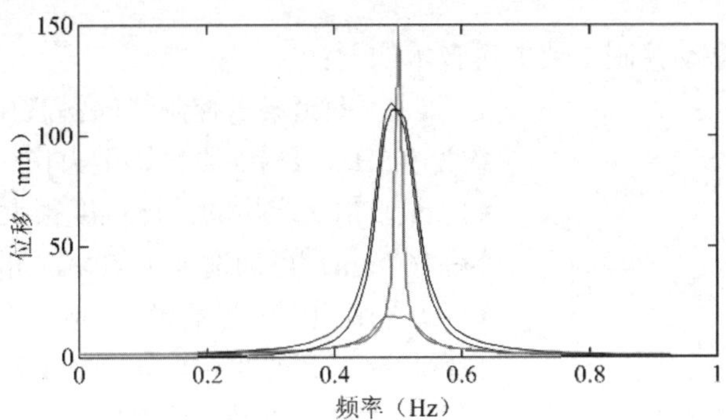

绿-结构无 TMD 时的位移　红-结构有 TMD 时的位移

蓝-TMD 的位移　　　　　黑-TMD 相对于结构的位移

图 4-4-5　有效性的理论分析

进一步采用有限元法，建立桥梁及 TMD 的数值模型，计算分析桥梁安装 TMD 前后的动态响应以及 TMD 的行程（图 4-4-6）。

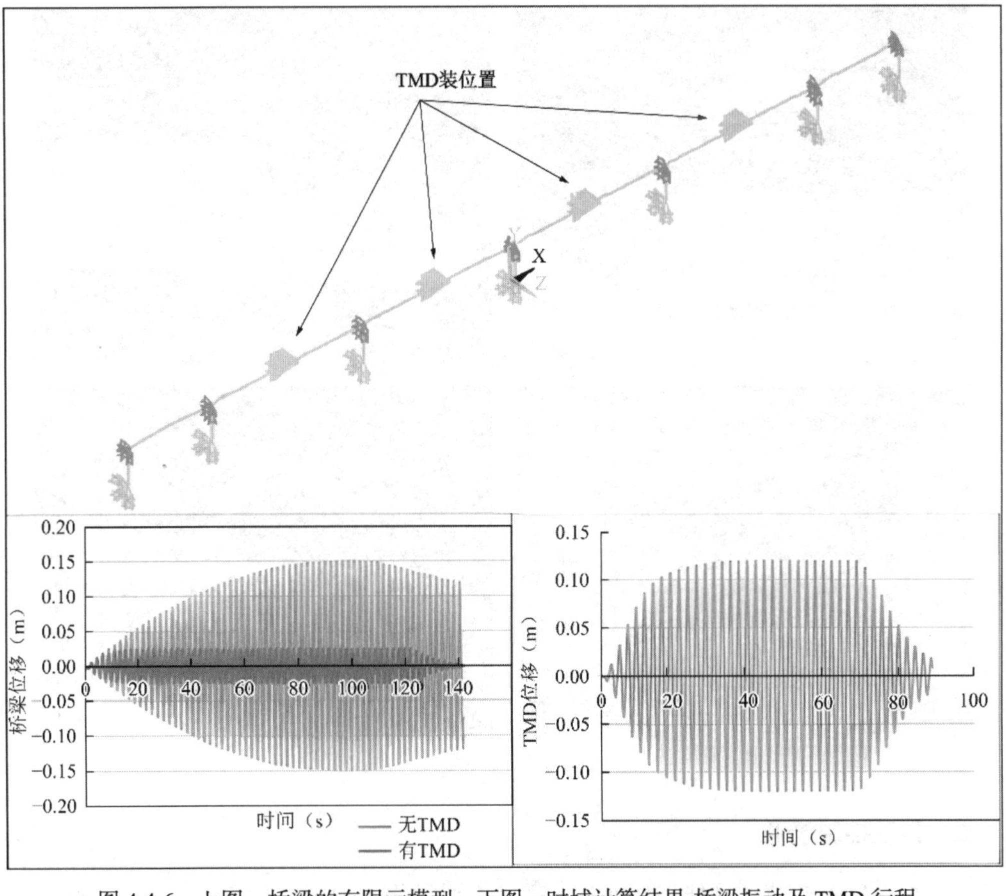

TMD装位置

图 4-4-6　上图：桥梁的有限元模型；下图：时域计算结果-桥梁振动及 TMD 行程

可以看出，采用 TMD 减振系统后，崇启大桥在诸如涡振等谐波动态激励下的动力响应将会明显减弱，桥的振动小于 50mm，TMD 本身的最大振幅约 110mm。

四、振动控制关键技术

崇启大桥 TMD 振动控制主要关键技术如下：

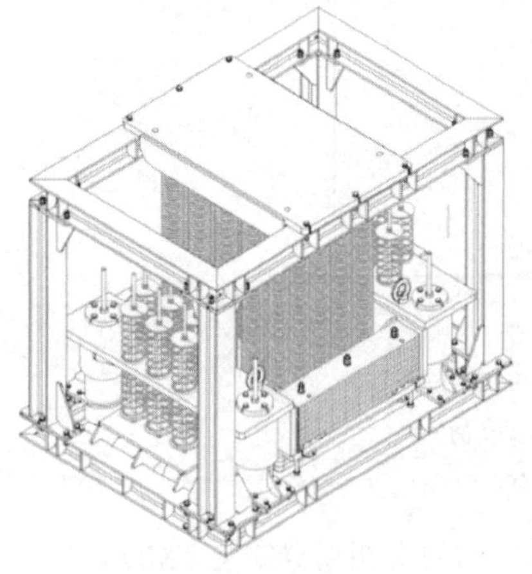

图 4-4-7　TMD 的设计简图

（1）钢箱梁需控制竖向涡激振动的模态频率低，约为 0.5Hz，TMD 质量块重力作用下的弹簧静变形量约 1m，TMD 产品的设计难度很大；TMD 的设计行程为±160mm，更加增加了 TMD 的设计难度。因此，TMD 采用预应力拉簧设计，成功解决了弹簧静变形量和行程要求高的问题。如图 4-4-7 所示。

（2）由于钢箱梁已经安装施工完成，桥梁处于正常的运营状态，所以 TMD 采用散件运输、现场组装的方式。在产品设计时，根据现场安装空间和运输通道，每个零件的重量和尺寸都控制在一定范围内。零部件首先运输到桥面，再搬运到钢箱梁内，现场组装并进行精确调试。如图 4-4-8 所示。

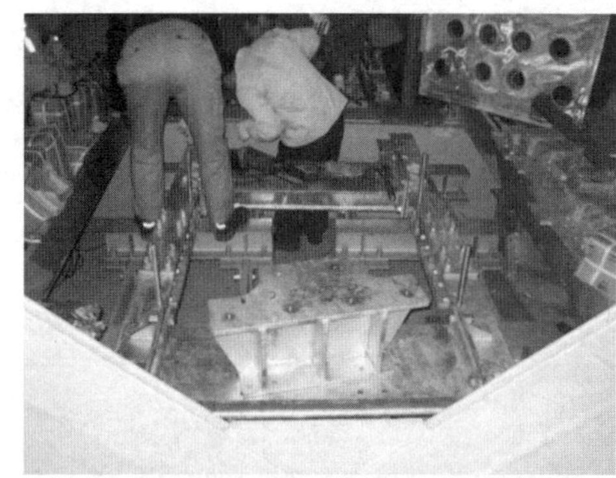

图 4-4-8　现场组装

五、振动控制效果

为了将 TMD 调节到最佳工作状态，需确定桥梁相应的固有频率。为此，测量了桥梁在环境激励下的垂向振动加速度，记录时间为1500s。将时程信号分成100s长的数据块，应用 FFT 转换到频域，得到的频谱乘以其复共轭并平均。典型进程信号及频谱如图4-4-9所示。其相应的固有频率为0.52Hz。

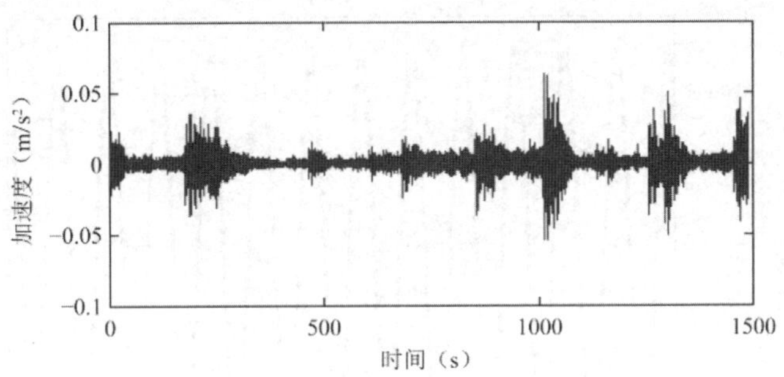

(a) 钢箱梁环境激励下垂向振动的时程信号

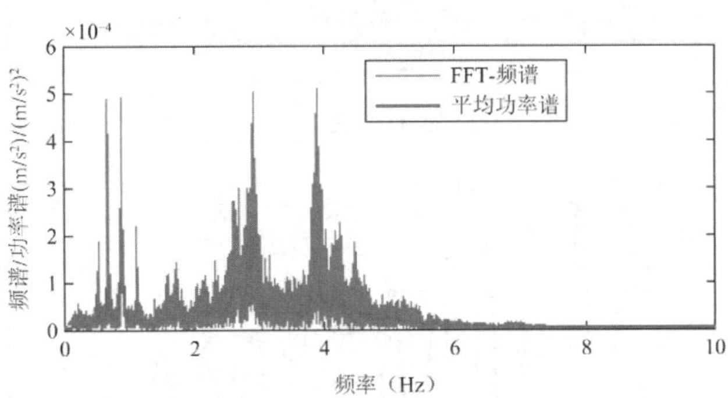

(b) 信号的频谱和平均功率谱

图4-4-9　典型进程信号及频谱图

根据桥梁实测固有频率调整 TMD 的参数，使 TMD 达到最佳工作状态。

崇启大桥是一个大型钢结构桥梁，它处于复杂的环境荷载作用下，这种环境荷载是无法直接测量的。因此，通过直接测量结构响应来分析结构的特性，即把随机响应信号转化为结构的自由衰减信号，自由衰减仅包括结构信息而没有随机荷载的信息，这就是随机减量法（RDM）的基本原理（图4-4-10）。随机减量法主要应用在对结构阻尼比、特征频率及模态参数的试验计算中。

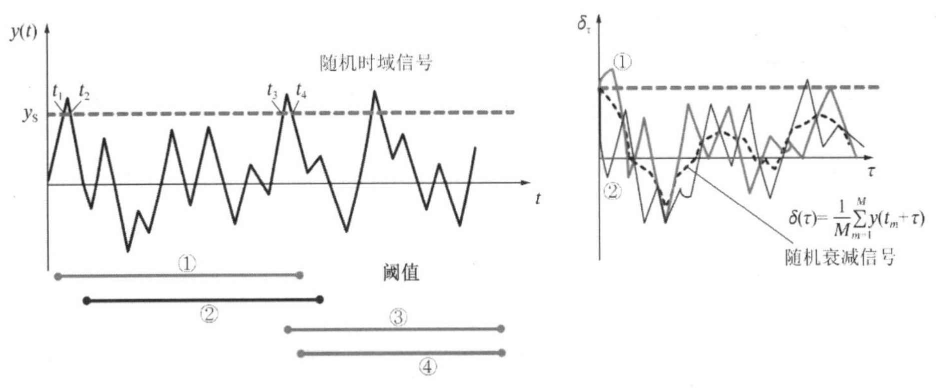

图4-4-10　随机减量法的基本原理

图 4-4-11 所示为 TMD 锁定与激活时桥梁的随机减量信号。TMD 锁定时桥梁的阻尼比为 0.28%，而当 TMD 激活时桥梁阻尼比提高到 1.95%。TMD 工作时桥梁的阻尼比显著提高，满足安装 TMD 后主梁结构阻尼比大于 1.1%的技术要求。

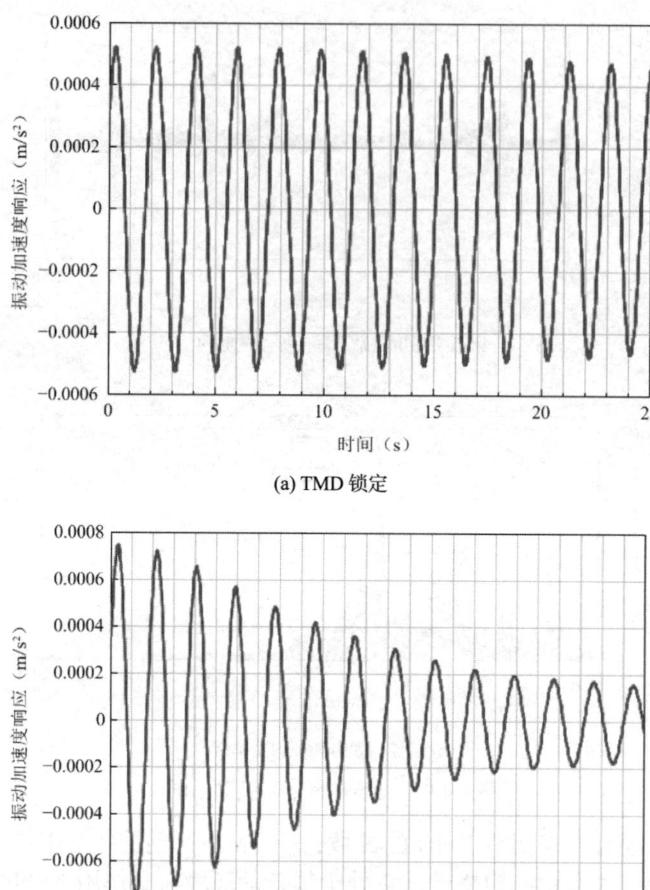

(a) TMD 锁定

(b) TMD 激活

图 4-4-11　桥梁振动的随机减量信号

[实例 4-5] 预制湿接长型浮置板研究与应用

一、技术背景

钢弹簧浮置板道床是轨道交通实现高等级减振降噪的重要方式，目前最为主流的预制钢弹簧浮置板施工速度快、板体质量好，但是与现浇长板相比，预制短板节点急剧增多，隔振器和剪力铰也随之增多，减振效率有所降低，运营维护工作量却有所增加。因此，如何在确保浮置板施工质量和速度的同时，有效减少节点，提升减振效果，是高质量发展城市轨道交通必须解决的迫切问题。结合预制短板和现浇长板各自优点，利用预制技术提升单元板质量，提高施工速度，同时通过现场湿接实现刚性连接，减少板缝，减少减振元件，进而降低运营维护工作量，也相对提升系统性能。

在预制钢弹簧浮置板应用发展多年后，项目组开始了预制湿接长型浮置板研究，并成功应用于上海 18 号线。

二、预制湿接长型浮置板方案设计

预制浮置板的板体由预制板厂完成，简化了现场施工步骤，大大提高了施工速度和浮置板板体质量，解决了现浇板质量不稳定的问题。但受限于施工吊装运输能力，预制浮置板主要板长只有 3.6m、4.8m 和 6m 三种。

预制湿接长型浮置板是通过现场浇筑湿接缝把预制短板刚性连接成长板，减少节点（板长可到 30m 或更长），优化隔振器布置，提高浮置板的整体性能。基于全内置式预制浮置板，提出了初版湿接方案：接缝材料选用微膨胀混凝土，接缝宽度 600～800mm，湿接缝位置的钢筋可以选用机械连接和环形搭接，如图 4-5-1 和图 4-5-2 所示。

随着研究的深入，上面两个方案的弊端越发清晰：接缝处钢筋过密，钢筋接头面积百分率达到 100%，施工难度大，包括湿接缝过宽使得总有一对承轨台需要后浇实现等。

2019 年，在深入了解超高性能混凝土（UHPC）的性能和应用场景后，提出了新方案：接缝材料选用 UHPC，湿接缝宽度压缩至 300mm，湿接缝位置的钢筋采用交错搭接（图 4-5-3）。湿接缝处板端设置企口，加强连接能力（图 4-5-4）。板端厚度中心处呈等腰三角形。

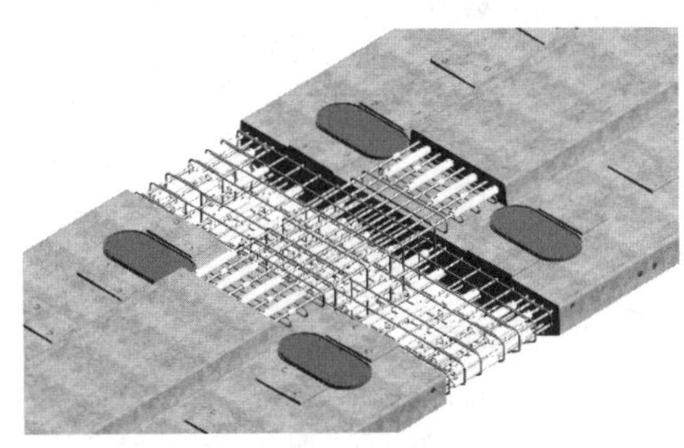

图 4-5-1　湿接缝位置机械连接

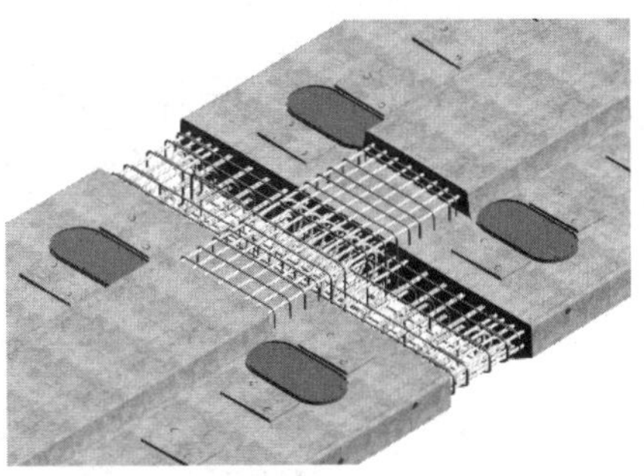

图 4-5-2　湿接缝位置环形搭接

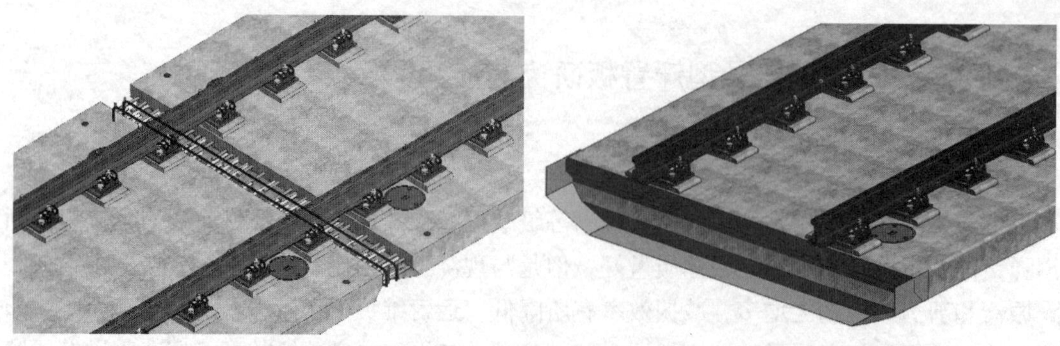

图 4-5-3　湿接缝位置钢筋交错搭接　　　　图 4-5-4　企口形式

2020 年，在上道评审通过后，上海地铁 18 号线一期工程湿接长型浮置板试验段开工，位于国权路站至复旦大学站区间上行线，里程 SK31 + 650～SK31 + 848，铺设长度 198m，线路条件含半径 350m 圆曲线段、缓和曲线段和直线段三种情况。如图 4-5-5 所示。

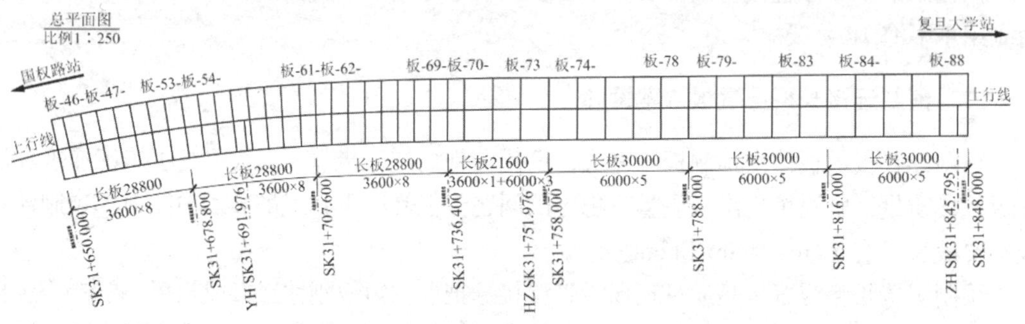

图 4-5-5　浮置板总平面图

湿接缝宽度 300mm，因而标准预制单元板长度为 5700mm 和 3300mm，为方便起见，仍旧称之为 6m 单元板和 3.6m 单元板。另外考虑标准板和过渡板，单元板又分别包含标准单元板和过渡单元板。如图 4-5-6～图 4-5-9 所示。

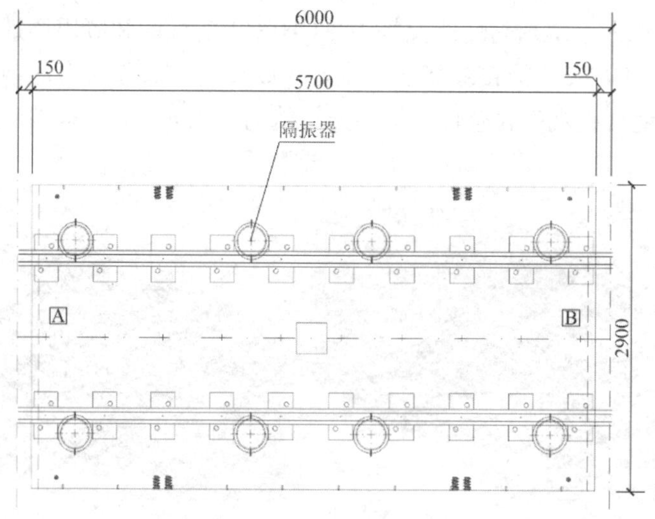

图 4-5-6　6m 标准单元板平面图

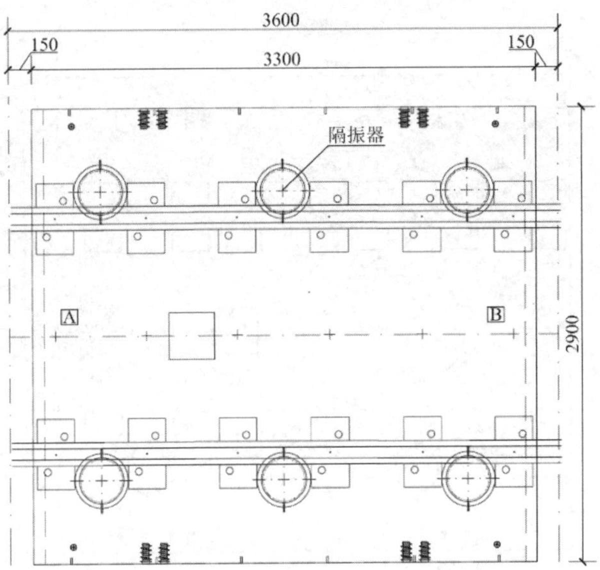

图 4-5-7　3.6m 标准单元板平面图

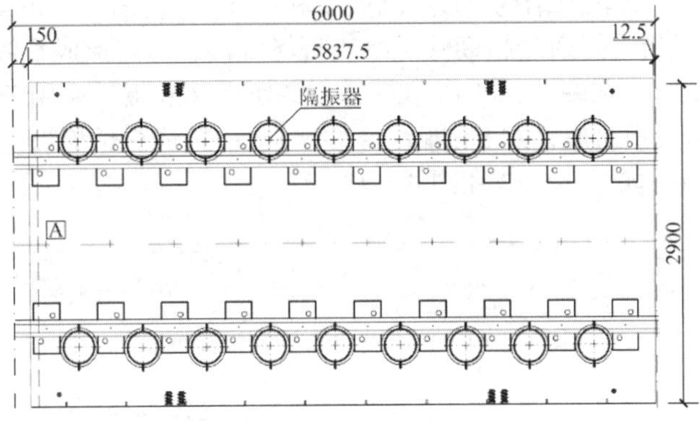

图 4-5-8　6m 过渡单元板平面图

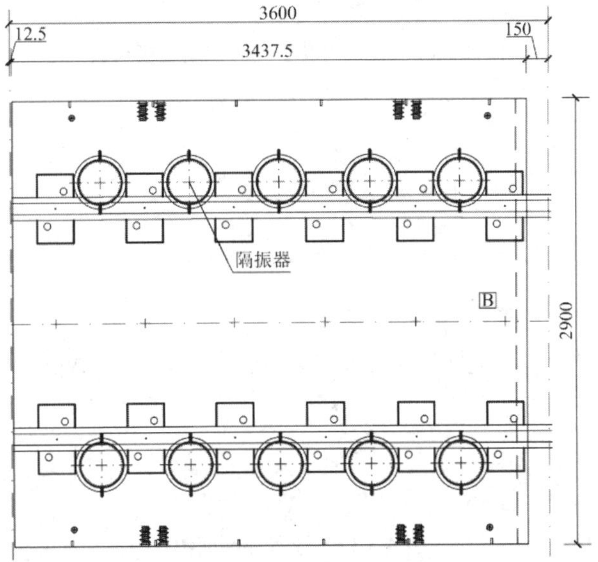

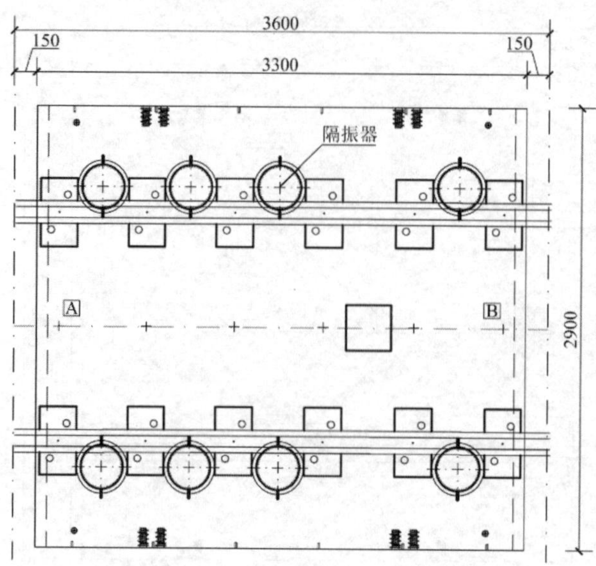

图 4-5-9　3.6m 过渡单元板平面图

结合隧道断面形式和轨道结构高度，圆曲线和缓和曲线上采用 3.6m 单元板，直线段采用 6m 单元板；单元板之间通过超韧性混凝土现场湿接，最终形成直线段 30m 和曲线段 28.8m 长板，如图 4-5-10 和图 4-5-11 所示。另有一块 21.6m 板，应用于缓和曲线段。其中 30m 板由 5 块 6m 单元板组成，28.8m 板由 8 块 3.6m 板组成。长板板缝处采用 4 套上置式剪力铰，连接相邻板。如图 4-5-12 和图 4-5-13 所示。

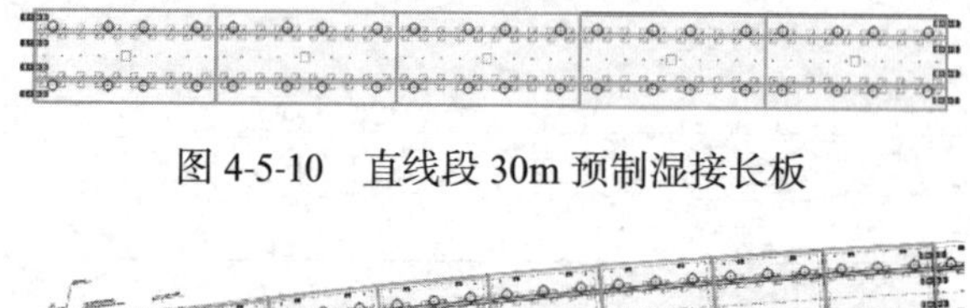

图 4-5-10　直线段 30m 预制湿接长板

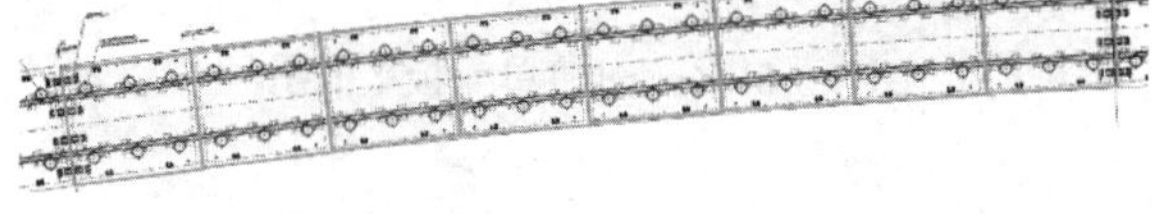

图 4-5-11　圆曲线段 28.8m 预制湿接长板

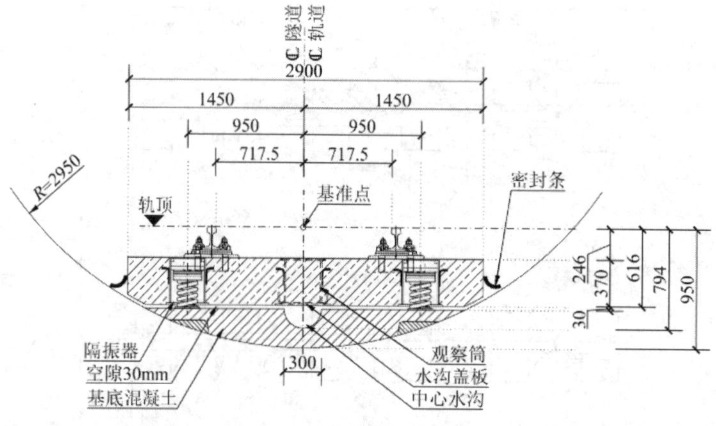

图 4-5-12　浮置板断面图

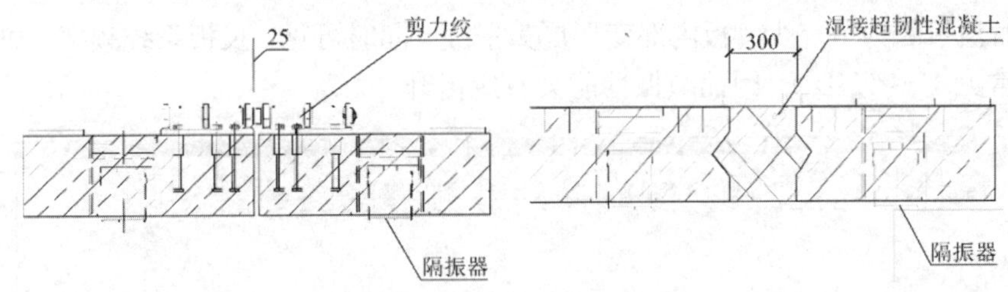

图 4-5-13　板缝位置纵断面图

三、预制湿接长型浮置板理论分析

以下理论分析针对预制浮置板现场湿接连接所成的长型浮置板，分析基于以下前提条件：湿接缝处疲劳性能不低于其他位置，即湿接缝（含企口形式、钢筋连接形式、湿接材料）能够适应轨道交通动力荷载的长期往复作用；不会在接缝处先发生疲劳破坏，无论是钢筋（接头）还是混凝土（湿接材料）均不会先发生疲劳破坏。湿接缝的疲劳性能通过室内试验进行针对性验证。分析计算中过渡板和标准板有限元模型如图 4-5-14 和图 4-5-15 所示。

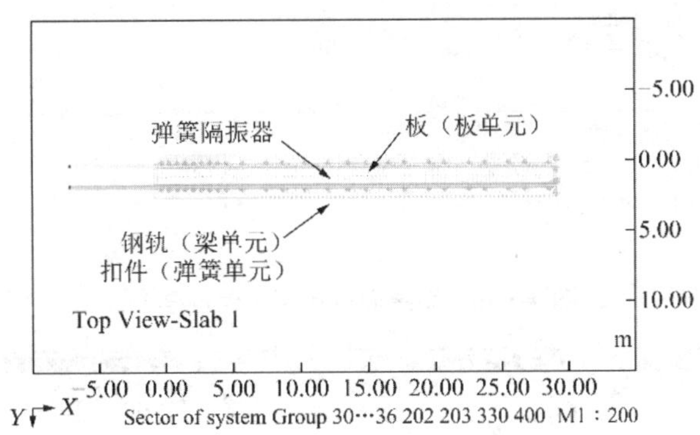

图 4-5-14　过渡板有限元模型

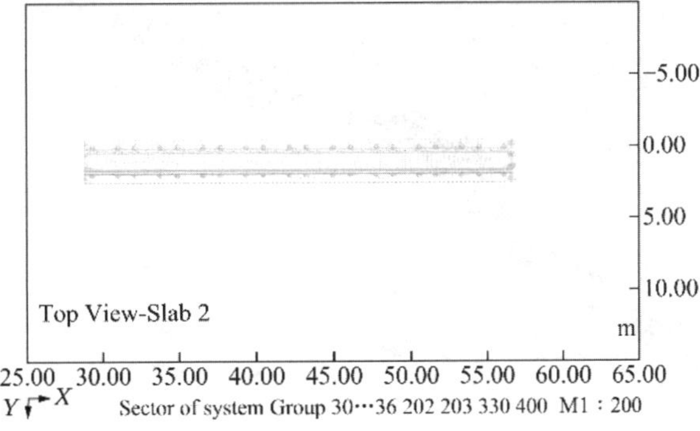

图 4-5-15　标准板有限元模型

其中，隔振器采用弹簧单元，浮置板采用板单元，钢轨采用梁单元，扣件采用弹簧单元，剪力铰采用梁单元。浮置板有限元计算模型中，包含三块板，以中间板作为研究对象；建立 3 块板的目的是减少边界条件带来的计算误差。

长板计算分析相对常规，这里仅给出系统固有频率和板的最大转角（图 4-5-16～图 4-5-19）。最大转角 1.66mrad，远小于限值 0.0035rad。同时，可以看到最大转角总是发生在板端，而长板因为节点少，板内部变形更为平缓。同时可见，长板系统频率 7.9Hz，低于预制板（常见 11～12Hz），因而减振性能会有所提升。

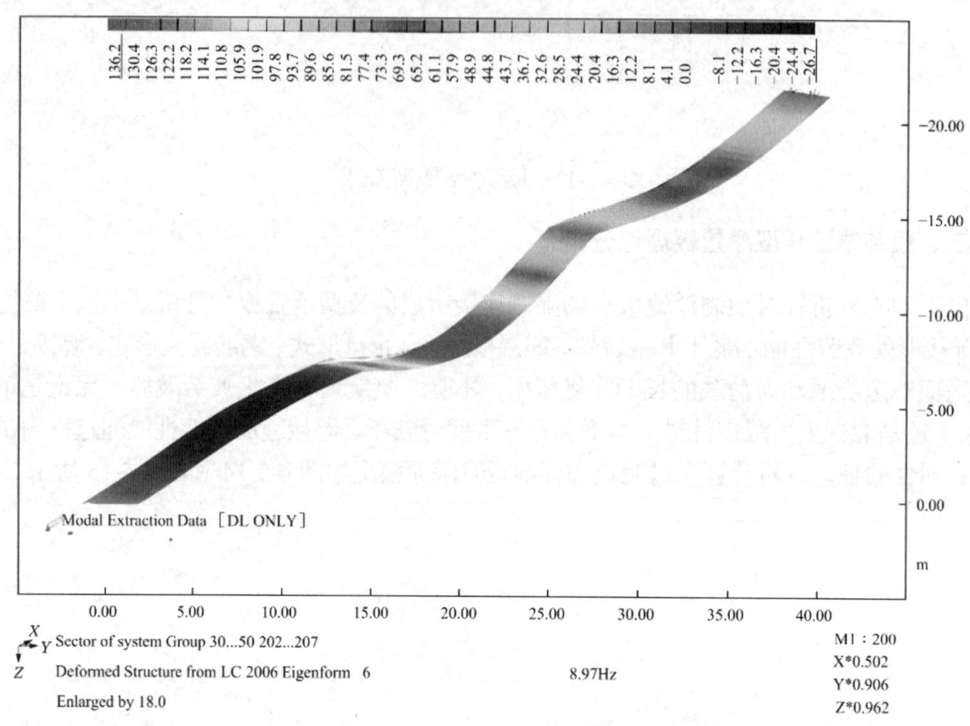

图 4-5-16　系统固有频率（仅自重）

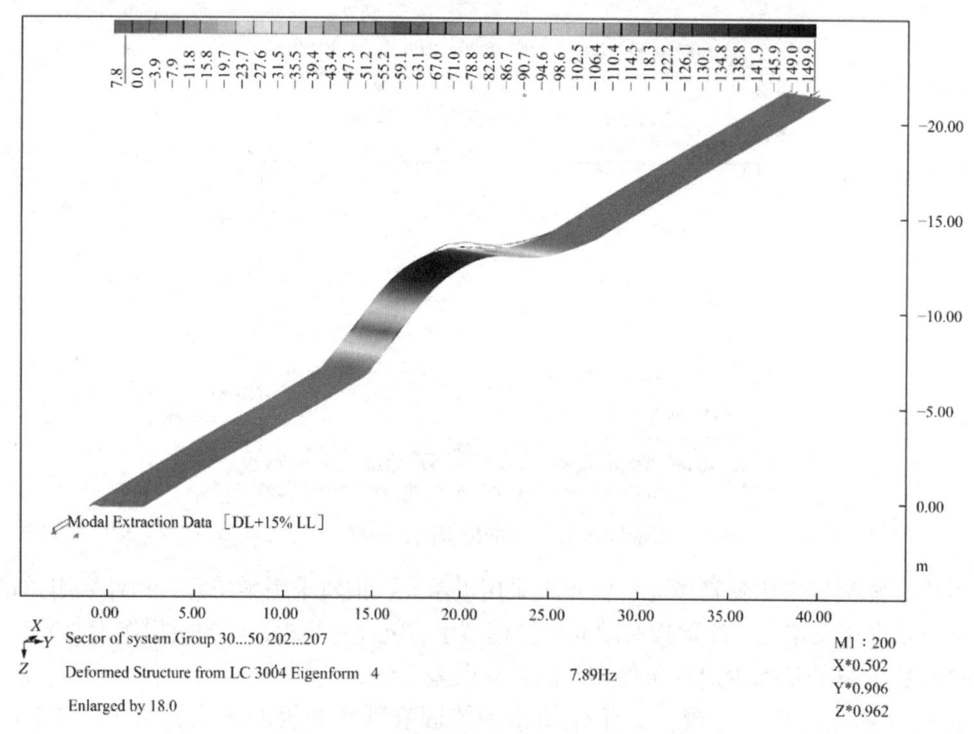

图 4-5-17　系统固有频率（自重 + 15%轴重）

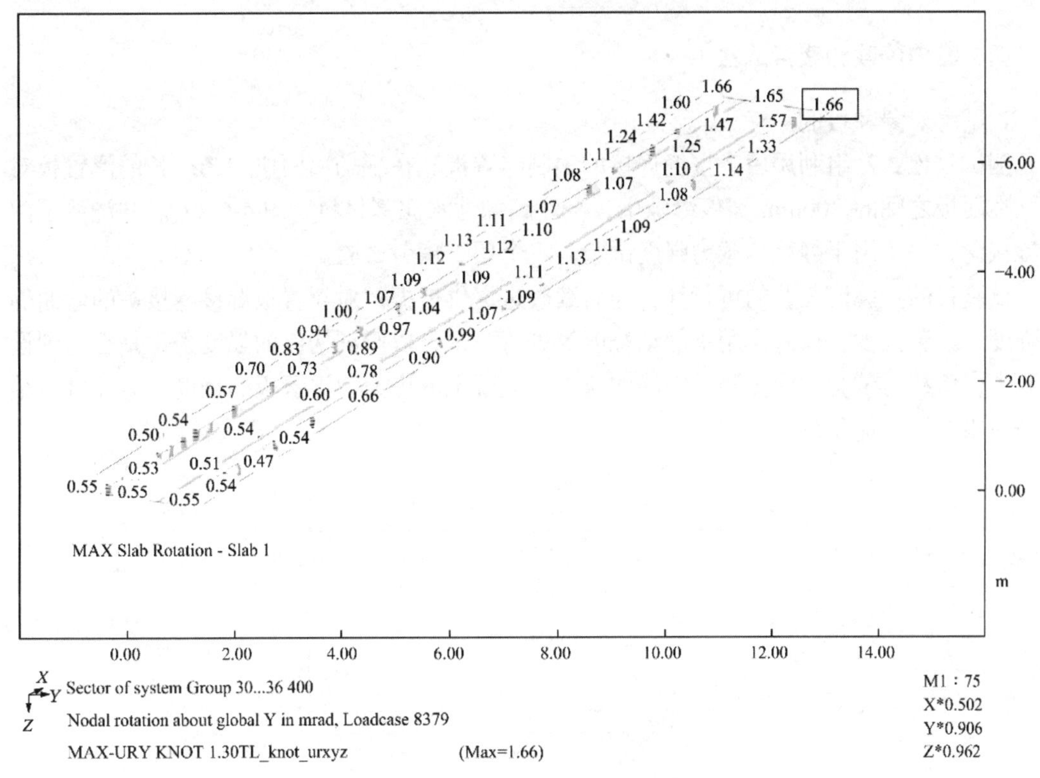

图 4-5-18　过渡板最大转角（mrad）

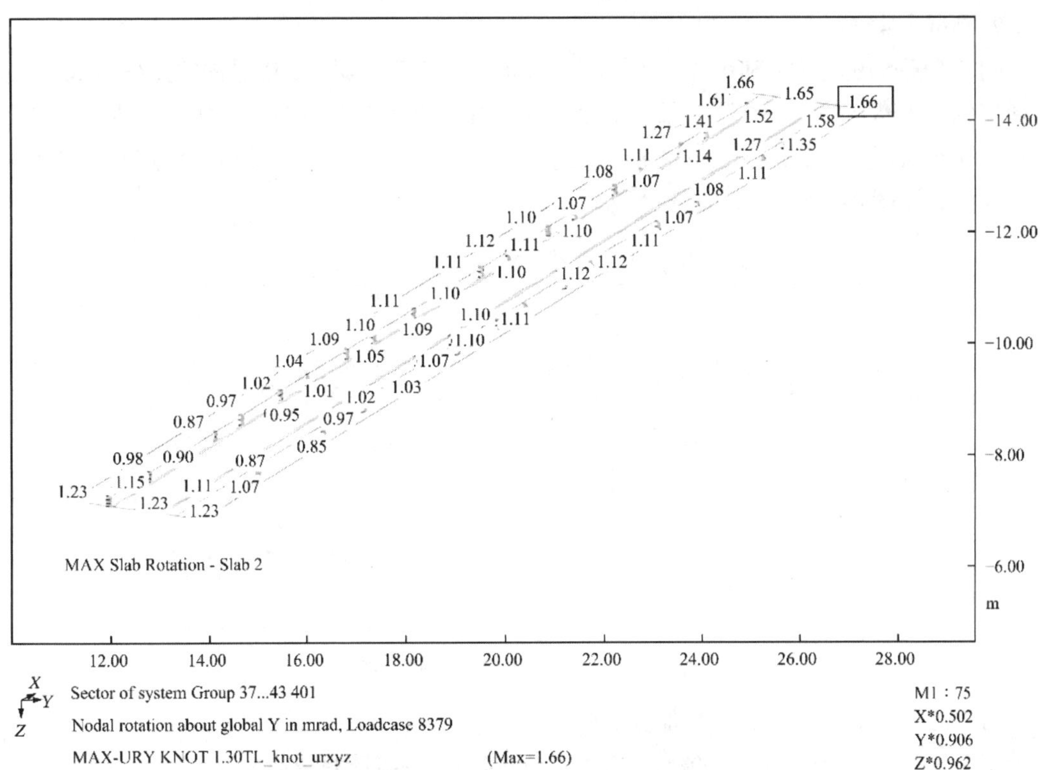

图 4-5-19　标准板最大转角（mrad）

四、室内静载和疲劳试验

1. 试验对象和目的

测试对象：2 组利用后浇接缝连接的预制浮置板。在现场用两块 3.3m 长的浮置板对接，在两板之间的 300mm 宽度缝隙中，浇注超韧性水泥基材料（图 4-5-20）。共浇注了两个湿接缝，一个用于静载承载力强度试验，一个用于疲劳试验。

试验目的：验证工艺的可行性，为后续改进提供依据；对浮置板湿接缝接头的弯曲静载强度、疲劳强度、荷载作用下静动挠度等进行测试，以验证构件的强度条件是否达到设计要求；承载力试验时同步测试钢筋的应力、混凝土的应力、浮置板的挠度，为浮置板结构进一步的设计优化提供依据。

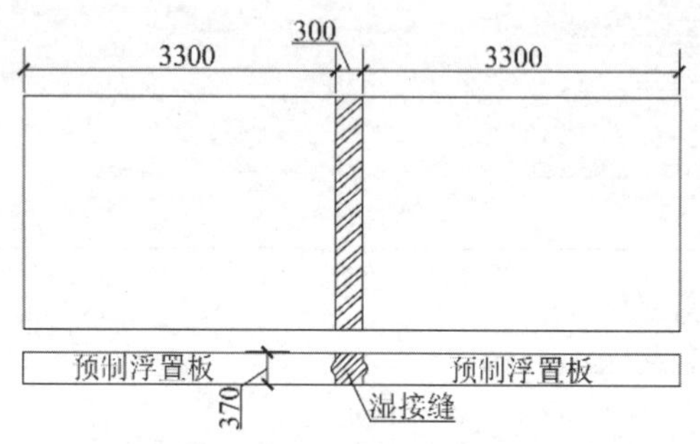

图 4-5-20　试验预制板示意图

2. 测试方案

（1）静载测试方案：利用 4 个支墩将浮置板设置为简支梁，支墩纵向间距$l = 4.8$m，支墩横向位于钢轨支座中心线下，铰支。预制板上加载点为湿接缝边上的两个钢轨支座中间位置，纵向间距为 1.2m。千斤顶作用点位于湿接缝中间。千斤顶上放荷载传感器，以测量试验荷载。如图 4-5-21 和图 4-5-22 所示。

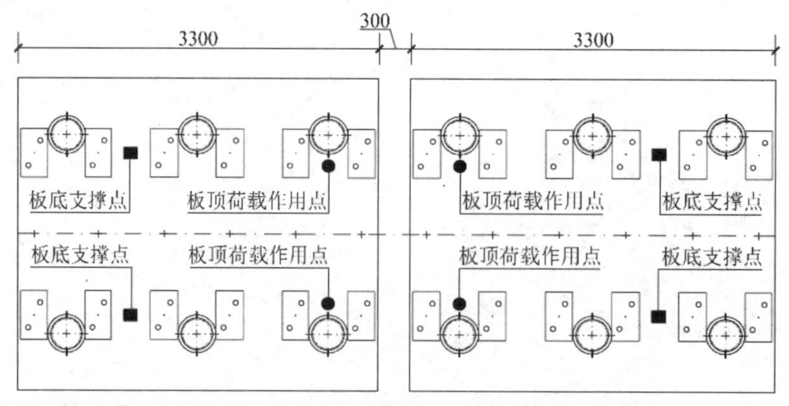

图 4-5-21　预制板支撑、加载位置

对于静载承载力试验，荷载加载次序如下：

工况 1：0kN，100kN，200kN，300kN，400kN，每级荷载持荷 100s；

工况 2：0kN，200kN，400kN，600kN，800kN，1000kN，每级荷载持荷 100s。

（2）对于疲劳试验，荷载和作用次数如下：

0～300 万次：荷载 30～180kN，试验湿接头的疲劳强度达到要求与否；

301～500 万次：荷载 50～400kN，试验湿接头的疲劳发展情况。

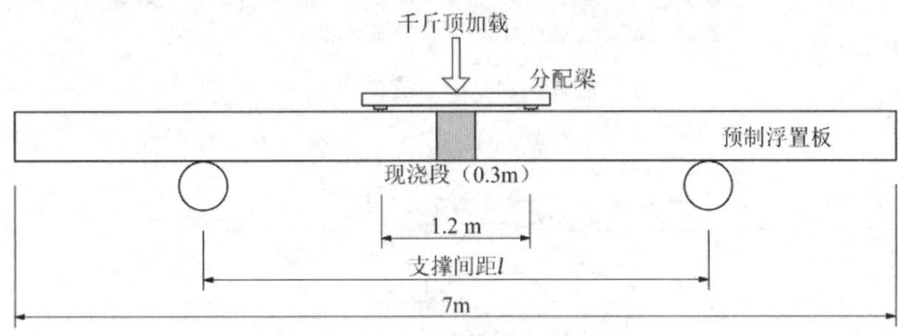

图 4-5-22 试验加载、设备示意图

（3）测点布置

混凝土应变测点，湿接缝当中板面 3 点，板底侧面 2 点，板面新老混凝土接缝中心线位置板面 3 点，板底侧面 2 点，共 10 点。钢筋应变测点，应变片布置于钢轨中心线下方顶层与底层 4 根及板中部顶层与底层 2 根钢筋，共 6 点。位移测点，板顶 2 个位移计测挠度，板底两侧和板底中部 3 个位移计监测裂纹发展，共 5 点。如图 4-5-23～图 4-5-25 所示。

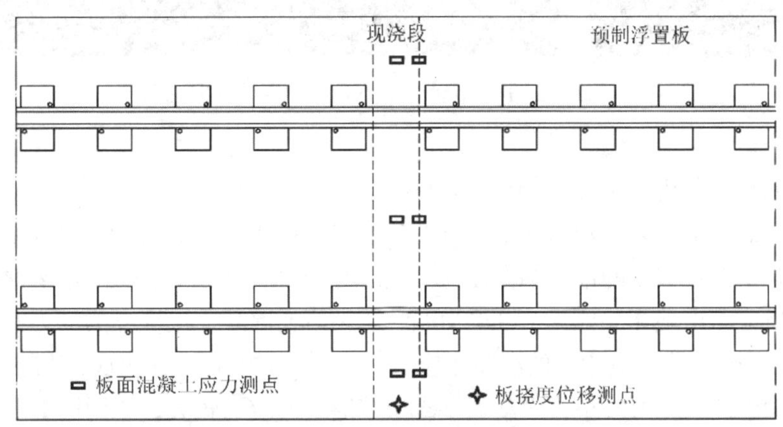

图 4-5-23 测点平面布置

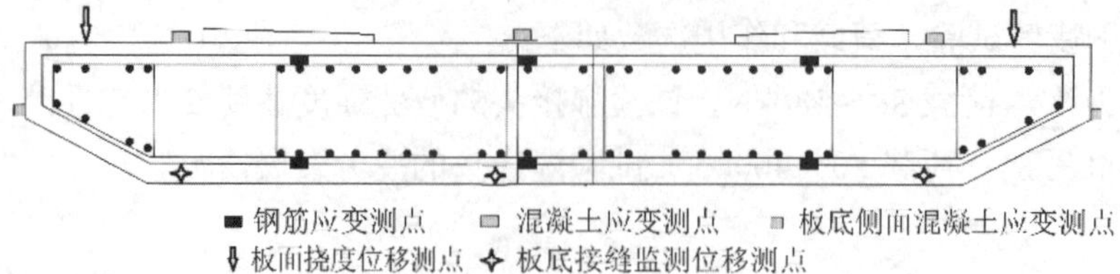

图 4-5-24　测点立面布置

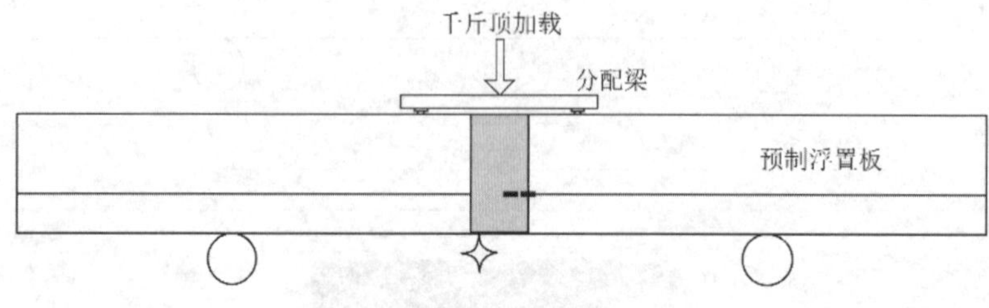

图 4-5-25　测点侧面布置

疲劳测点布置，钢筋的应力和板顶挠度垂向位移测点与静态承载力试验相同，共 8 点，板底中部钢模板与混凝土相对纵向位移测点 1 点，疲劳荷载压力传感器测点 1 点。疲劳试验动态测点共 10 点。不测混凝土应力。如图 4-5-26 所示。

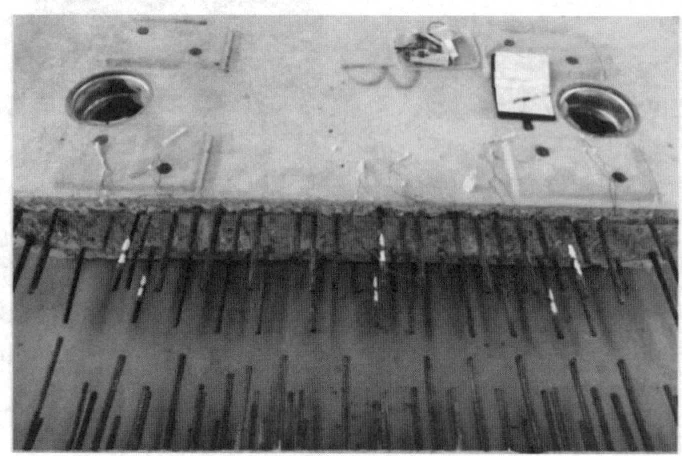

图 4-5-26　混凝土应变测点、钢筋应变测点（红白色钢筋）

3. 试验分析

（1）静载试验分析，工况 1 加载到 400kN

从板顶的混凝土应力可知，接缝中部的应力要明显小于新老混凝土接缝处的应力。加载到 400kN 时，湿接头中的最大纵向压应力出现在南侧，为−4.88MPa，新老混凝土接缝处的最大纵向压应力出现在北侧为−43.07MPa。认为新老混凝土接缝处的应力不真实，原因是接缝间存在空隙。湿接头侧面的混凝土应力测点位置靠近板中偏板底，故应力水平较低，但也是湿接头中部的应力较小，而新老混凝土接缝处的应力较大，原因同上。

顶部钢筋均处于受压状态，钢筋应力随荷载的增加线性增大，也是在荷载 100～300kN

时，应力变化很小，与混凝土的应力相对应。加载到 400kN 时，顶部钢筋的最大压应力出现在中部，为 33.54MPa，底部钢筋均处于受拉状态，底部钢筋的最大拉应力也出现在中部，为 36.66MPa，远小于钢筋的屈服强度。

浮置板位移基本随荷载增大而增大。在 200～400kN 荷载时，板的挠度变化很小。但加载到 400kN 时，板的最大挠度出现在此侧，为 1.835mm；板底纵向位移很小，板中最大的位移也只有−0.065mm，说明在荷载 400kN 时，湿接缝的工作状态仍良好，没有出现混凝土与钢模板之间滑移的现象。如图 4-5-27 所示。

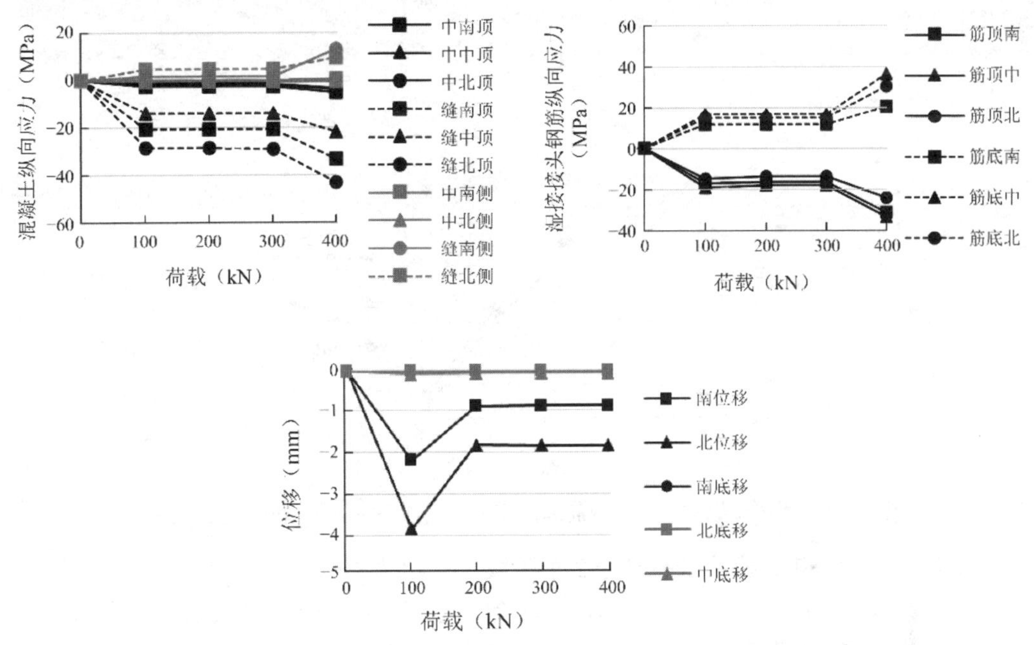

图 4-5-27　混凝土纵向应力、钢筋纵向应力、板顶垂向位移和板底纵向位移

（2）静载试验分析，工况 2 加载到 1000kN

浮置板顶部混凝土均处于纵向受压状态，纵向应力随荷载的增加而增大，其线性比工况 1 的好，在 200～400kN 之间也呈增大趋势。从板顶的混凝土应力可知，湿接头中的应力要明显小于新老混凝土接缝处的应力。加载到 800kN 时，湿接头中的最大纵向压应力出现在南侧，为−29.06MPa，新老混凝土接缝处的最大纵向压应力出现在北侧为−176.44MPa。

顶部钢筋均处于受压状态，钢筋应力随荷载的增加线性增大。且板底的拉应力增大速度远大于板顶的压应力，这也与板顶混凝土受压分担了压应力有关。加载到 400kN 时，为 58.15MPa，较工况 1 的 33.54MPa 大。加载到 800kN 时，顶部钢筋的最大压应力出现在中部，为 88.95MPa，底部钢筋均处于受拉状态，底部钢筋的最大拉应力也出现在中部，为 346.66MPa，已接近钢筋的屈服强度。

浮置板位移基本随荷载增加线性增大。加载到 800kN 时，最大挠度垂向位移出现在北侧，为 23.64mm。此时板底纵向位移达 1.31mm，说明钢模板与湿接头混凝土已产生相对移动，湿接头和浮置板原混凝土都已处于开裂状态，认为浮置板已达到了强度极限。当荷载接近 1000kN 时，湿接头发出“咔嗒、咔嗒”声，说明板底钢模板已与混凝土产生相对移动，此时板挠度位移计读数急剧增大，板侧和板底纵向位移也急剧增大，混凝土和钢筋的应变急剧增大，无法读取，说明湿接头已处于破坏状态。如图 4-5-28 所示。

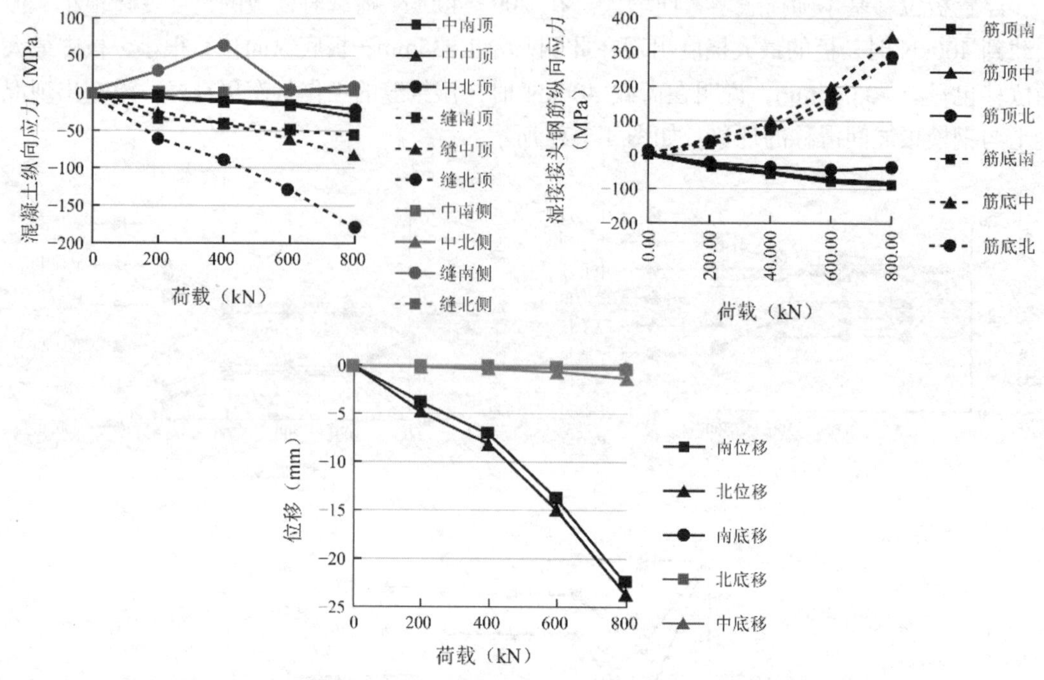

图 4-5-28　混凝土纵向应力、钢筋纵向应力、板顶垂向位移和板底纵向位移

（3）疲劳试验分析，疲劳试验时分 2 个阶段

第一阶段 0～300 万次，荷载 30～180kN；第二阶段 301～500 万次，荷载 50～400kN。钢筋应力和位移波形与荷载波形一致；板顶钢筋受压，板底钢筋受拉；接头的垂向位移约为 2mm；北侧板顶位移大于南侧板顶位移约 0.13～0.15mm，与北侧底钢筋的拉应力大于南侧底钢筋的拉应力相对应。

经过荷载 30～180kN 的 300 万次疲劳试验，浮置板湿接头的状态良好，经仔细观察，未发现裂纹。后增大荷载 50～400kN，作用 200 万次，没有发现湿接头处有疲劳裂纹（而在浮置板本体，靠近湿接头的隔振器外套筒断面处，也是荷载作用点位置，浮置板侧面有小于 0.05mm 裂纹）。如图 4-5-29 和表 4-5-1、表 4-5-2 所示。

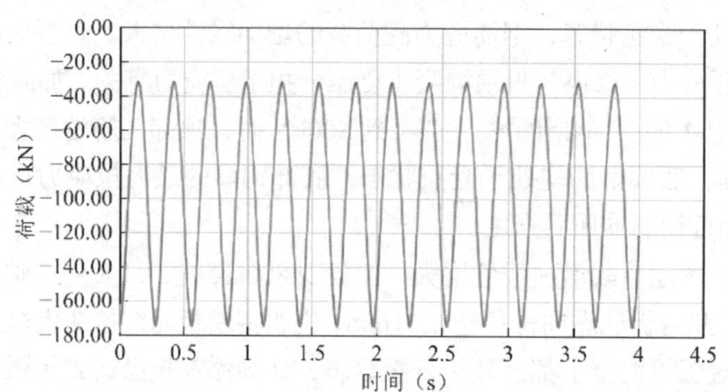

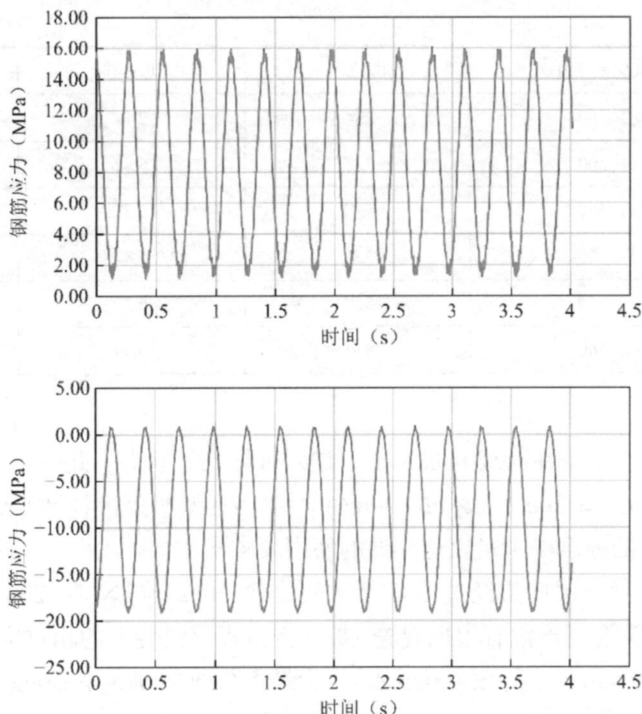

图 4-5-29　疲劳加载荷载曲线、中底面钢筋纵向应力、中顶面钢筋纵向应力

湿接头疲劳试验钢筋纵向应力峰-峰值（MPa）　　表 4-5-1

荷载（kN）	荷载次数（万次）	筋顶南	筋顶中	筋顶北	筋底南	筋底中	筋底北
30～180	0	−15.54	−20.80	−13.09	16.82	15.29	27.16
	50	−16.23	−21.46	−13.77	17.65	15.88	27.71
	100	−16.45	−22.49	−14.58	18.42	16.74	29.06
	200	−16.56	−22.10	−13.97	17.99	16.33	28.11
	300	−17.00	−22.56	−14.75	18.51	16.65	28.62
50～400	300	−30.82	−38.23	−25.75	32.09	32.17	61.01
	350	−31.13	−39.41	−25.98	32.51	33.60	80.61
	400	−31.23	−39.65	−26.24	32.54	33.48	79.16
	450	−33.17	−43.52	−27.28	34.17	35.34	70.66
	500	−34.59	−45.49	−28.77	35.63	36.70	100.59

疲劳试验板顶垂向位移和板底纵向位移峰-峰值（mm）　　表 4-5-2

荷载（kN）	荷载次数（万次）	南位移	北位移	中底纵移
30～180	0	1.99	2.16	0.16
	50	1.98	2.11	0.16
	100	1.98	2.12	0.17
	200	1.99	2.10	0.16

续表

荷载（kN）	荷载次数（万次）	南位移	北位移	中底纵移
30～180	300	2.00	2.11	0.16
50～400	300	5.13	5.42	0.36
	350	5.41	5.77	0.37
	400	5.51	5.87	0.40
	450	5.76	6.26	0.41
	500	5.98	6.54	0.43

4. 试验结论

承载力试验：湿接头在荷载 800kN 时，进入破坏临界状态，此时对应的湿接头承载弯矩能力为 720kN · m［$= 800 \div 2 \times (2.4 - 0.6)$］，约为浮置板最大设计弯矩 250kN · m 的 3 倍，故认为浮置板的强度能满足轨道交通的使用要求。

疲劳试验：浮置板湿接头经过 300 万次的荷载 30～180kN 和 200 万次的荷载 50～400kN 作用，湿接头混凝土没有出现裂缝。板底钢模板与混凝土的相对位移分别为 0.16mm（荷载 180kN）和 0.43mm（荷载 400kN），认为最大荷载 180kN 和荷载幅值 150kN 时，即疲劳弯矩幅约 135kN · m［$= 150 \div 2 \times (2.4 - 0.6)$］时，湿接头处于安全工作状态，说明试验的浮置板湿接头疲劳强度满足使用要求。

五、振动控制效果

为评估湿接钢弹簧浮置板轨道在上海地铁 18 号线的实际应用效果，在相应区段分别选取浮置板段和临近普通整体道床段典型位置进行测试。

1. 线路条件和测试位置

线路条件：上海地铁 18 号线车辆为国标 A 型列车，采用接触网授电模式，6 辆编组、列车全长约 140m。列车设计轴重 ≤ 16t，设计最大运行速度 80km/h。测试工况为列车正常运行速度工况。测试位置及轨道信息见表 4-5-3。

测试位置及轨道信息汇总表 **表 4-5-3**

区间	测试里程	轨道结构	线路/曲线半径	备注
国权路站至复旦大学站	SK31 + 698	湿接钢弹簧浮置板	曲线/$R = 350$m	测试位置距离轨道接头不小于 10m
殷高路站至长江南路站	SK35 + 200	普通扣件整体道床	曲线/$R = 450$m	

2. 测试布置

在钢轨、道床和隧道壁分别布置振动传感器。钢轨测点设于钢轨底部，在同一断面的左、右两根钢轨上分别布置垂向加速度测点，获取列车通过时钢轨的垂向振动数据；道床振动测量位置位于道床面，在道床中心布置垂向加速度测点；隧道壁振动测量位置设置在高于轨顶面 1.25m 处，分别在隧道壁上布置垂向振动测点，传感器灵敏度方向为铅垂向。如图 4-5-30、图 4-5-31 所示。

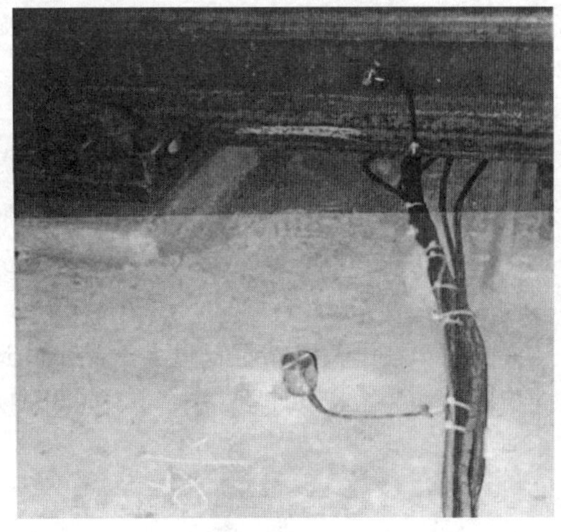

图 4-5-30　湿接钢弹簧浮置板隧道壁测点、道床测点

图 4-5-31　湿接钢弹簧浮置板测点现场布置照片、普通道床测点现场布置照片

3. 减振效果测试

依据《环境影响评价技术导则 城市轨道交通》HJ 453—2018 测得的上海地铁 18 号线正常运营工况下，殷高路站至长江南路站普通轨道内、外侧隧道壁 Z 振级平均值分别为 82dB 和 85dB，样本最大值约为 90dB；国权路站至复旦大学站区间湿接钢弹簧浮置板内、外侧隧道壁 Z 振级平均值分别为 61dB 和 62dB，样本最大值约为 65dB。

依据《浮置板轨道技术规范》CJJ/T 191—2012，湿接钢弹簧浮置板与普通轨道对比位置处内、外侧隧道壁减振效果的平均有效值ΔL_a分别为 18.4dB 和 20.4dB。

4. 运行安全平稳性测试结果

为评估预制湿接长型浮置板在上海地铁 18 号线的实际效果，选取国权路站至复旦大学站区间下行线区段浮置板轨道典型位置进行轮轨力测试，并测试列车在浮置板曲线区段运行时的平稳性指标。

（1）轮轨垂向力

外侧钢轨垂向力样本最大值和平均值分别为 83.99kN 和 61.98kN；内侧钢轨垂向力样本最大值和平均值分别为 99.41kN 和 82.07kN。

（2）轮轨横向力

外侧钢轨轮轨横向力（指向轨道外侧方向）样本最大值及其平均值分别为 27.87kN 和

25.75kN。内侧钢轨轮轨横向力（指向轨道外侧方向）样本最大值及其平均值分别为 44.61kN 和 40.22kN。

（3）轮重减载率和脱轨系数

轮重减载率样本最大值为 0.47，平均值为 0.34，均小于限值 0.6。内侧钢轨脱轨系数样本最大值为 0.64，平均值为 0.58；外侧钢轨脱轨系数样本最大值为 0.75，平均值为 0.69；均小于限值 0.8。

（4）平稳性指标

不同列车在国权路站至复旦大学站区间运行时，浮置板区段对应的列车垂向、横向平稳性指标分别为 1.42 和 1.43 左右，均小于 2.5，评定为优。

[实例 4-6] 青岛胶东国际机场振动控制分析及实测

一、工程概况

青岛胶东国际机场场址位于青岛胶州市东北 11km，大沽河西岸地区，北侧紧邻胶济客运专线，南侧紧邻胶济铁路，距离青岛市中心约 40km。青岛胶东国际机场旅客吞吐量近期 2030 年 3500 万人次，远期 2045 年 5500 万人次。

青岛胶东国际机场规划近期征地约 15.65 平方公里，建设 T1 航站楼（约 47.8 万 m^2），2 条跑道，以及配套的综合交通中心（GTC，包含高铁站房、轨道交通车站）、高架桥、出租车场、长途车场、社会车库、商业服务、维修、货运、办公楼、酒店、能源中心等设施。航站楼共 6 层，其中地上 4 层，地下 2 层。建筑高度 37.15m，屋面最高点 42.15m。建筑主体结构采用钢筋混凝土结构形式，屋面采用钢网架结构形式。机场鸟瞰图见图 4-6-1。

图 4-6-1　青岛胶东国际机场鸟瞰图

济青高铁和地铁布置于机场中轴线东侧，下穿机场飞行区、航站楼及办公区，南北向布置，车站为两台四线，车站长度为 1850m，且高铁线路包含正线，预计列车通过速度为 250km/h。

为了降低列车正线通过带来的结构振动影响，青岛胶东国际机场在中心区范围内主要采取了隧道形式，形成一个封闭空间，且与上部结构不直接相连。在南部局部采用了梁板设计，且在梁板区段的 8 根柱子上设置了减振支座，如图 4-6-2 和图 4-6-3 所示。

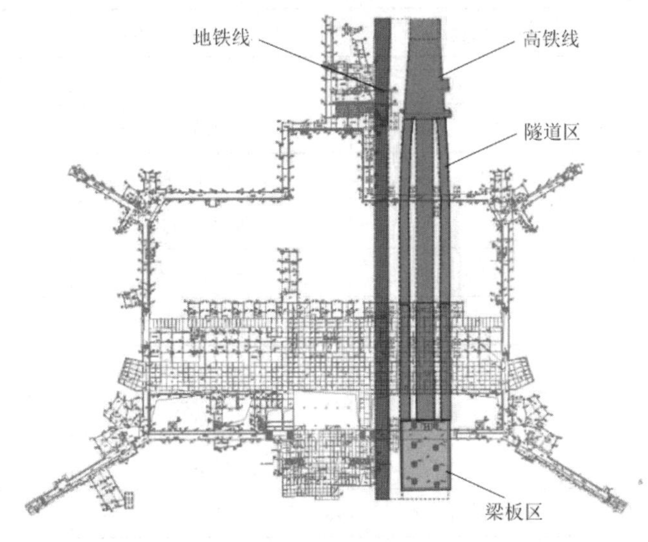

图 4-6-2　中心区隧道区与梁板区位置示意图

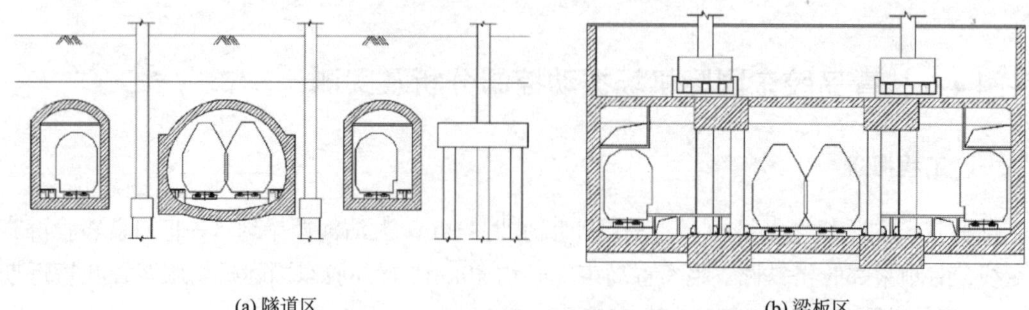

(a) 隧道区　　(b) 梁板区

图 4-6-3　中心区高铁与上部结构剖面示意图

二、振动分析工况

经过对实际运行情况的考察，拟对下列 20 个工况进行计算，并选取列车 250km/h 过站时单独施加轮轨激励和列车风荷载来对两种荷载的振动影响进行对比分析。表 4-6-1 未注明的列车均为 8 节编组。

计算工况　表 4-6-1

区域	站场	编号	工况	描述
中心区	济青高铁	1	250km/h 过站	—
		2	250km/h 过站	16 节
		3	250km/h 过站 A	仅轮轨激励
		4	250km/h 过站 B	仅列车风
		5	250km/h 会车	中间位置
		6	250km/h 会车	南部位置
		7	250km/h 会车	南部位置，不设减振支座
		8	进站	—
		9	出站	—
	地铁	10	进站	—
		11	出站	—
E 指廊	济青高铁	12	250km/h 通过	—
	地铁	13	80km/h 通过	—
GTC	济青高铁	14	250km/h 过站	—
		15	250km/h 过站	16 节
		16	250km/h 会车	—
		17	进站	—
		18	出站	—
	地铁	19	进站	—
		20	出站	—

三、振动分析模型

采用ANSYS软件建立有限元模型，航站楼中心区、E指廊和GTC单独建立三个模型分别计算。所有模型均按照施工图纸建立了桩基和筏板，按照地勘报告建立了分层土体，土体最外侧为半无限黏弹性边界单元。航站楼中心区的有限元模型如图4-6-4所示。

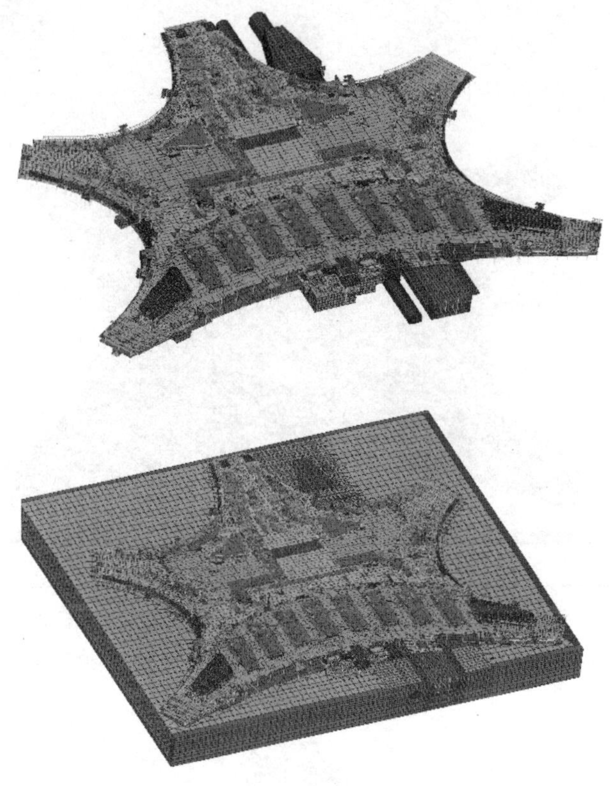

图4-6-4 中心区有限元模型

四、振动控制标准

1. 首先采用《城市区域环境振动标准》GB 10070—1988对振动响应进行评判，对青岛胶东国际机场的中心区、指廊和GTC区域可参照混合区、商业中心区，对航站楼内的建筑功能来说，夜间（22:00—6:00）时段站内旅客并无睡眠需求，因此，Z振级容许值均取为昼间75dB、夜间75dB。

2. 由于列车运行时通过速度快，时间短（数秒内），而间隔时间相对通过时间较长（一般为数分钟），属于典型间歇性振动，故采用计权均方根加速度的基本评价方法可能会低估振动造成的舒适度影响。参考《建筑工程容许振动标准》GB 50868—2013采用四次方振动剂量值的评价方法进行评价，该评价标准适合于评价一段时间内舒适度的总体水平。对青岛胶东国际机场的中心区、指廊和GTC区域，竖向四次方振动剂量值容许值取0.4m/s$^{1.75}$。

3. 采用美国钢结构协会的《钢结构设计指南》AISC-11 的不同频率加速度峰值进行评价。对青岛胶东国际机场的中心区、指廊和 GTC 区域，其竖向振动加速度峰值限值为150mm/s^2。

五、振动计算结果

振动计算结果以航站楼中心区为例进行说明。列车在济青高铁以 250km/h 过站时，中心区 F1 层楼板的典型竖向加速度云图和竖向位移云图如图 4-6-5 和图 4-6-6 所示。可以看到，最大的加速度响应出现在列车上方楼板的跨中或悬挑位置。

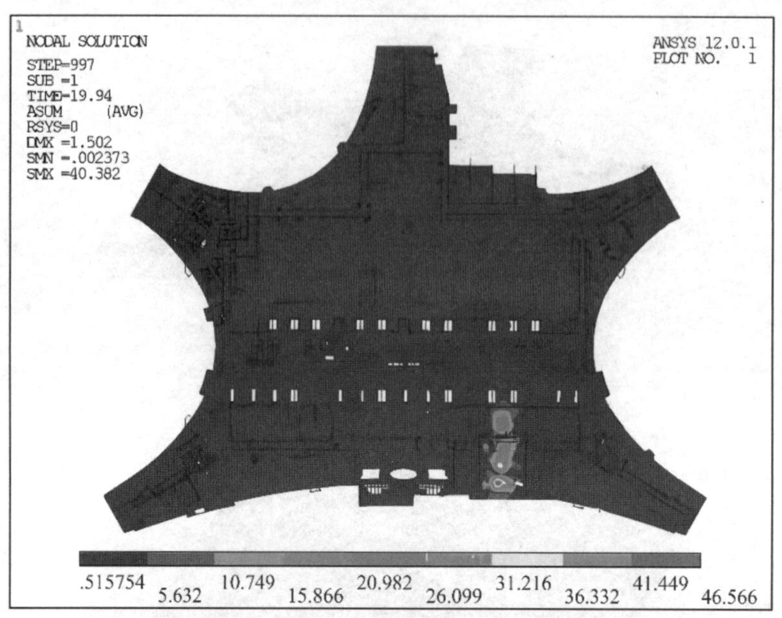

图 4-6-5　中心区 F1 层结构竖向加速度云图（mm/s^2）

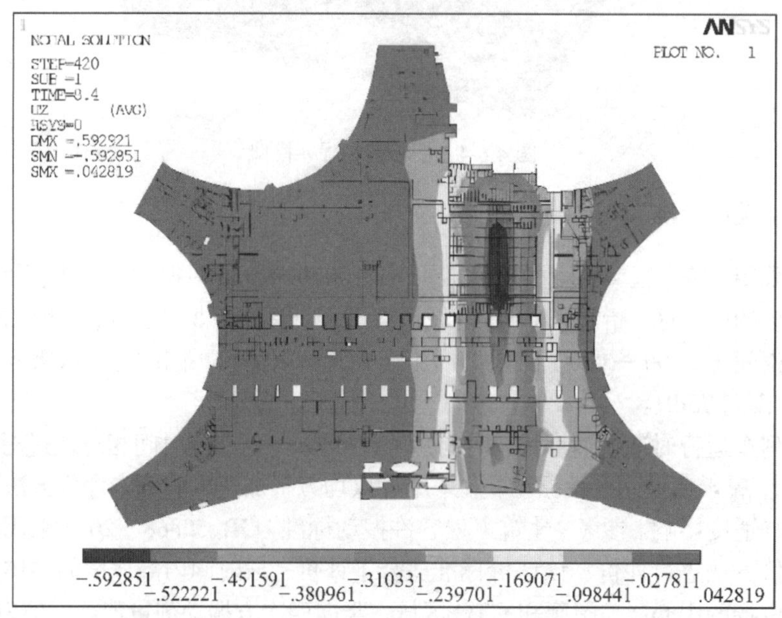

图 4-6-6　中心区 F1 层结构竖向位移云图（mm）

中心区结构各层最大竖向加速度如表 4-6-2 所示，中心区结构各层最大 Z 振级如表 4-6-3 所示，中心区结构各层最大竖向四次方振动剂量值如表 4-6-4 所示。

中心区结构各层最大竖向加速度（mm/s^2）　　表 4-6-2

站场	工况	B2	B1	F1	F2	F3	F4
高铁	250km/h 过站	30.5	27.3	49.1	38.8	34.8	62.6
	250km/h 会车/南部/不设减振支座	37.8	28.5	163.5	123.5	35.4	179.4
	250km/h 过站（仅轮轨激励）	30.4	25.8	48.1	37.9	33.8	62.5
	250km/h 过站（仅列车风）	3.3	6.7	6.3	5.0	3.9	1.6
	进站	18.0	20.5	23.6	18.0	13.7	23.7
	出站	18.5	21.0	25.7	18.6	14.9	25.1
地铁	进站	24.0	20.0	39.4	29.1	20.3	27.0
	出站	24.2	20.2	39.7	29.3	20.5	27.1

中心区结构各层最大 Z 振级（dB）　　表 4-6-3

站场	工况	B2	B1	F1	F2	F3	F4
高铁	250km/h 过站	72.7	72.6	73.9	73.0	72.6	74.1
	250km/h 会车/南部/不设减振支座	72.9	72.8	77.7	74.1	72.6	77.9
	进站	70.5	70.4	71.3	70.4	70.1	70.7
	出站	70.6	70.3	71.5	70.4	70.0	70.9
地铁	进站	70.5	70.4	71.3	70.4	70.1	70.7
	出站	70.6	70.3	71.5	70.4	70.0	70.9

中心区结构各层最大竖向四次方振动剂量值（$m/s^{1.75}$）　　表 4-6-4

站场	工况	B2	B1	F1	F2	F3	F4
高铁	250km/h 过站	0.10	0.18	0.28	0.18	0.12	0.20
	250km/h 过站（16 节）	0.10	0.18	0.30	0.18	0.12	0.22
	进站	0.05	0.06	0.15	0.08	0.05	0.12
	出站	0.05	0.06	0.16	0.08	0.06	0.10
地铁	进站	0.09	0.04	0.13	0.07	0.06	0.09
	出站	0.09	0.05	0.14	0.07	0.07	0.09

六、振动控制效果

机场建成后，在青岛胶东国际机场验收通过且正式运营之前进行现场振动测试。实测进场时，青岛机场主体结构已经验收完毕，内部装修工作仍在开展，但是对测试影响较大的地面已经铺装完成，且现场振动作业较少，振动实测结果应能代表实际情况。现场传感器及仪器布置见图 4-6-7。

图 4-6-7　青岛胶东国际机场测试仪器布置

列车在济青高铁以 250km/h 过站时，中心区典型楼层楼板的实测竖向加速度时程如图 4-6-8 所示，从振动时程可以看出一次列车通过过程中，振动幅度相对较大的持续时间大约在 10s 以内。

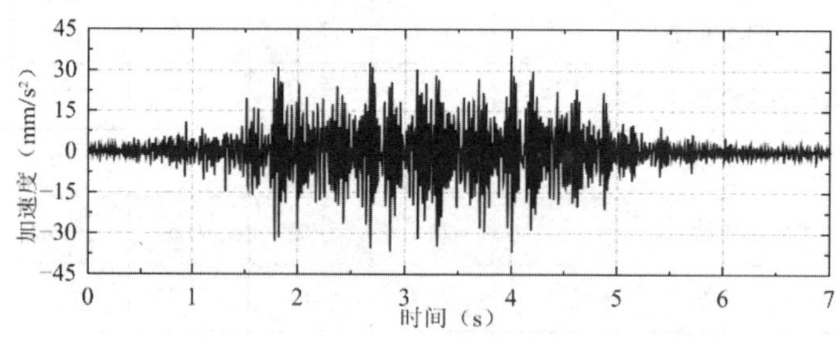

图 4-6-8　F1 层结构典型位置点实测加速度时程

为了对实测振动数据进行评价，需要按频谱对加速度时程的自功率谱密度曲线进行加权计算；同时为了进一步分析结构各部位车致振动的基频分布，对结构各部分典型节点的实测加速度响应进行了频谱分析。航站楼中心区 F1 层楼板的典型竖向加速度功率谱如图 4-6-9 所示。

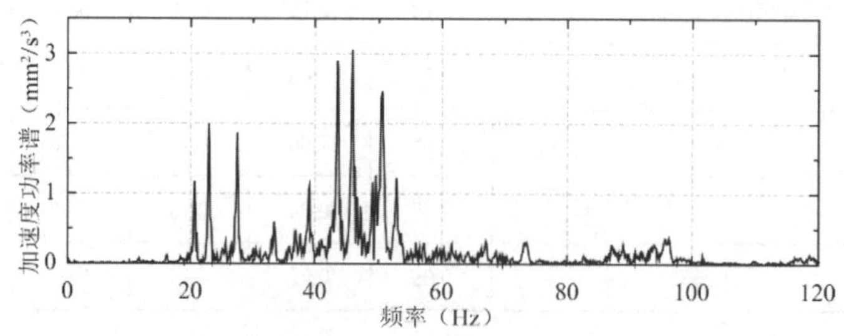

图 4-6-9　F1 层结构典型位置点竖向加速度功率谱

以航站楼中心区为例，列车在正线以 250km/h 通过时，其实测和计算竖向加速度峰值对比如表 4-6-5 所示，实测加速度位置与有限元计算提取结果的位置对应。可以看到，实测竖向加速度比计算结果小，主要存在以下原因：

（1）有限元分析模型中由于对楼板、节点刚度的简化等因素，与实际情况可能存在一定偏差。

（2）振动分析的各种假定，如轨道不平顺状态、车辆的载重等均会按照最不利方式设置，造成列车输入振源的差别。

中心区结构加速度响应对比——竖向加速度（mm/s^2）　　**表 4-6-5**

分类	工况	B1	F1	F2	F3	F4
计算	250km/h 过站	27.3	49.1	38.8	34.8	62.6
实测	250km/h 过站	2.3*	37.0	18.3	16.3	8.5
隔振	250km/h 过站	—	21.7	—	—	—

注：*中心区 B1 层实测位置为隔振支座的结构空间，人员无法进入，测试位置偏离行车位置 20m。

中心区各层实测竖向加速度峰值与计算值相比，各楼层之间的大小关系规律是基本一致的。其中 F4 层计算值出现在一局部悬挑位置，与实测加速度位置不一致，因而数据偏离较远。

列车在正线以 250km/h 通过时，中心区结构的实测和计算竖向 Z 振级对比如表 4-6-6 所示。

中心区结构最大 Z 振级对比（dB）　　**表 4-6-6**

分类	工况	B1	F1	F2	F3	F4
计算	250km/h 过站	72.6	73.9	73.0	72.6	74.1
实测	250km/h 过站	54.4*	73.9	70.4	64.2	62.8
隔振	250km/h 过站	—	70.8	—	—	—

注：*中心区 B1 层实测位置为隔振支座的结构空间，人员无法进入，测试位置偏离行车位置 20m。

从实测数据来看，中心区各层的实测竖向 Z 振级与计算值规律基本吻合，Z 振级随着楼层的升高而下降。

列车在济青高铁以 250km/h 过站时，中心区 F1 层楼板的计算加速度时程与实测加速度时程对比如图 4-6-10 所示，可以看到，F1 层的有限元计算加速度时程与实测加速度时程对比较好，峰值很接近。

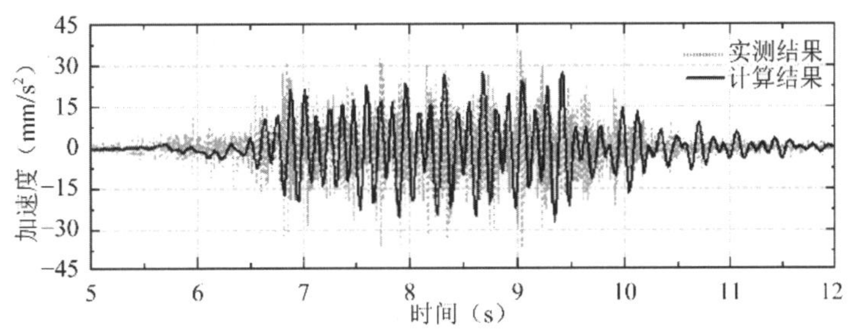

图 4-6-10　F1 层结构对应位置竖向加速度时程对比

基于以上结果，总结如下：

（1）列车造成的结构振动影响主要集中在行车位置附近，其影响范围一般向两侧各扩展一至三跨，更远区域的振动响应一般较小；最大的加速度响应一般出现在楼板跨中或悬挑位置。

（2）由于中心区地下铁路大部分为隧道结构，所以列车风对中心区造成的振动加速度响应相对较小，中心区结构振动响应主要由列车轮轨激励产生。

（3）若不设减振支座，列车以 250km/h 的速度在中心区范围内相向会车时，F1 和 F4 层在减振支座位置上部区域的加速度响应最大值均大于 150mm/s^2，Z 振级值大于 75dB 的限值，不满足规范要求；设置减振支座后，各工况下中心区所有区域的振动舒适性均满足规范要求。

（4）根据实测结果，列车在济青高铁以 250km/h 过站时，结构的实测竖向加速度时程显示了列车通过实测位置的整个过程，振动幅度相对较大的持续时间大约在 10s 以内；结构的典型竖向加速度功率谱显示各层响应的主要频率分量均在 40～60Hz 范围内，各层频率分量的分布主要与各层楼板自振频率及激励荷载的频率分布有关。

（5）通过实测可知，结构的振动舒适性满足规范要求。

[实例 4-7] 北京清河站列车振动控制分析及实测

一、工程概况

新建北京至张家口铁路清河站工程位于北五环以北海淀区清河镇，小营西路与西二旗大街之间，距离北京北站 11km，西侧紧邻地铁 13 号线和 G7 京新高速公路。清河站是在既有清河站原址新建，鸟瞰效果如图 4-7-1 所示。

图 4-7-1　清河站鸟瞰效果图

清河站为铁路综合交通枢纽工程，包括地下两层、地上两层、局部夹层，总建筑面积约 13.8 万 m^2。清河站最长位置 660m，最宽位置 195m，采用混凝土框架结构形式，中心站房上部为曲面形式的钢结构屋面。地下二层为轨道交通昌平线南延、19 号线支线；地下一层为换乘空间、城市通廊；首层为进站厅、京张高铁站台层、站台雨棚以及地铁 13 号线清河站；地上二层为候车厅。

清河站共有京张高铁、地铁 13 号线、昌平线南延和地铁 19 号线支线共 4 条线路从站房穿过，其中京张高铁有正线，速度为 120km/h 以下，本项目主要对高铁振动影响开展研究工作。清河站主体结构剖面如图 4-7-2 所示。

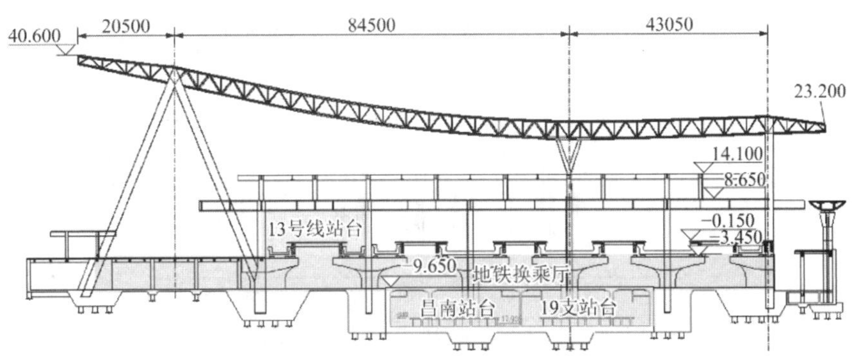

图 4-7-2　清河站主体结构剖面图

二、振动分析模型、分析工况及典型轮轨激励

1. 分析模型

本研究采用 ANSYS 软件建立有限元模型，考虑了基础形式和筏板，建立了承台和桩基，并建立了与结构共节点的环境土体。土体最外侧一层单元为半无限黏弹性边界单元，模型如图 4-7-3 所示。

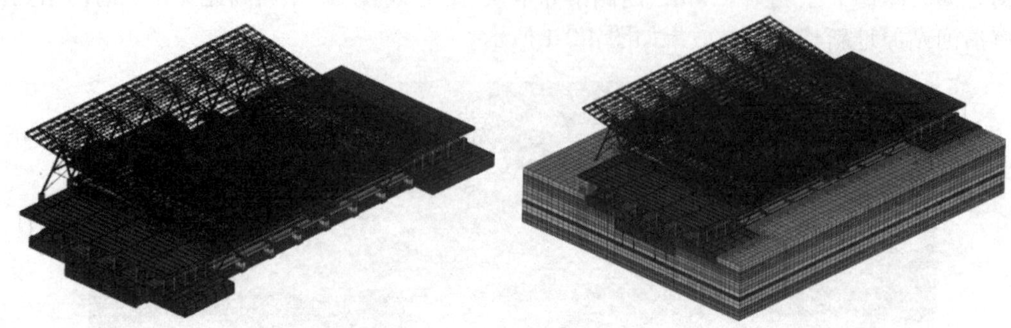

图 4-7-3　清河站列车振动分析模型

2. 分析工况

振动分析共考虑三个工况：（1）列车在正线以 120km/h 速度通过；（2）列车在到发线进站；（3）列车在到发线出站。

3. 典型轮轨激励

列车在正线过站时，承轨层单节点上典型竖向轮轨激励力时程如图 4-7-4 所示；列车在到发线进站时，承轨层单节点上典型竖向轮轨激励力时程如图 4-7-5 所示。

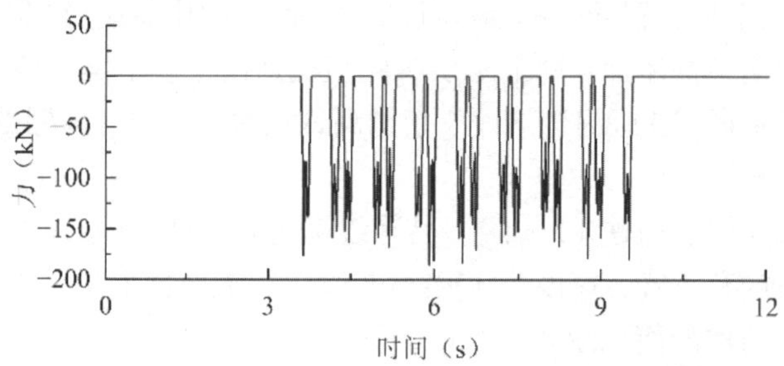

图 4-7-4　过站时典型竖向轮轨激励力时程

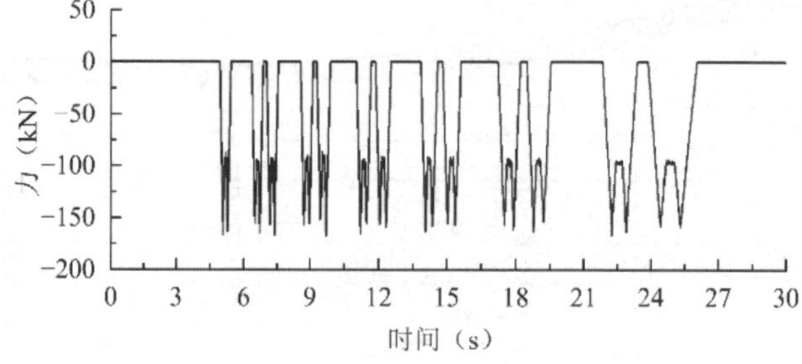

图 4-7-5　进站时典型竖向轮轨激励力时程

三、振动计算结果

振动计算结果以候车层为例进行说明，列车在正线过站时，候车层典型时刻竖向振动加速度响应及位移响应分布如图 4-7-6 所示。

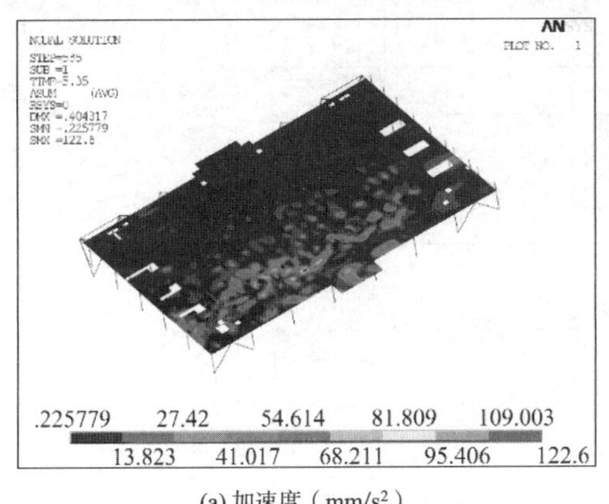

(a) 加速度（mm/s^2）

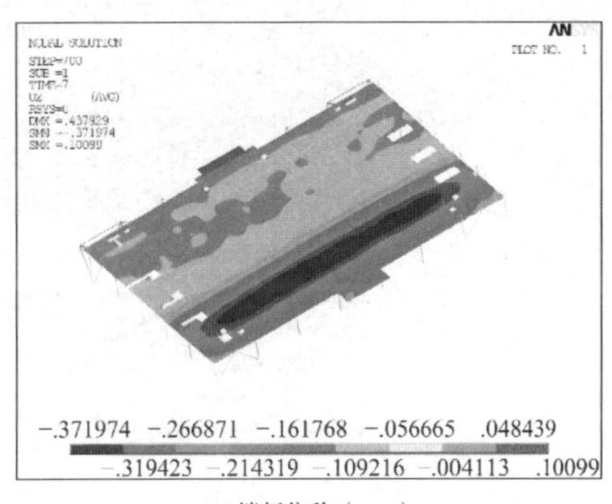

(b) 楼板位移（mm）

图 4-7-6　候车层典型时刻响应分布云图

列车在正线过站时，候车层典型竖向振动加速度时程如图 4-7-7 所示。

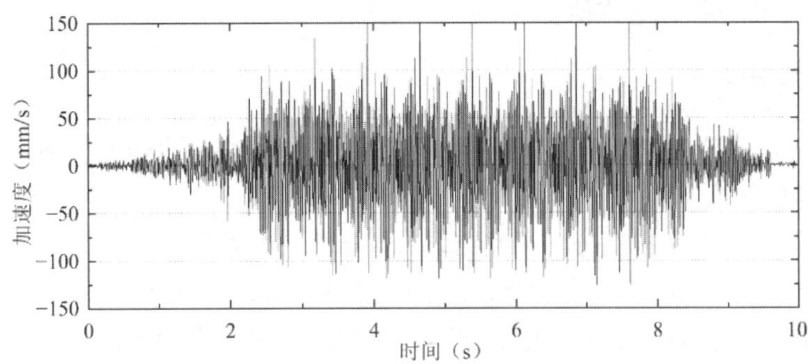

图 4-7-7　候车层典型竖向加速度时程

四、振动控制标准及评价结果

1. 振动控制标准

采用《城市区域环境振动标准》GB 10070—1988 对振动响应进行评判，清河站候车层和夹层可参照混合区、商业中心区，考虑到办公及商业在夜间时段的（22:00—6:00）的人很少，其 Z 振级容许值可按昼间 75dB（6:00—22:00）取值。

2. 振动评价

根据有限元计算结果，提取候车层所有区域楼板跨中点的 Z 振级，有如下结果：

（1）高铁列车在正线以 120km/h 速度通过时，候车层楼板跨中点的 Z 振级最大值为 76.7dB，超过现行规范限值，不满足要求。

（2）高铁列车在到发线进站、出站时，候车层楼板跨中点的 Z 振级最大值分别为 73.9dB 和 73.4dB，满足现行规范要求。

考虑到正线上方相关区域候车层楼板振动局部超标，在候车层部分范围内将横轨向次梁从 550mm 加高至 600mm，楼板从 150mm 增加至 180mm，如图 4-7-8 所示。

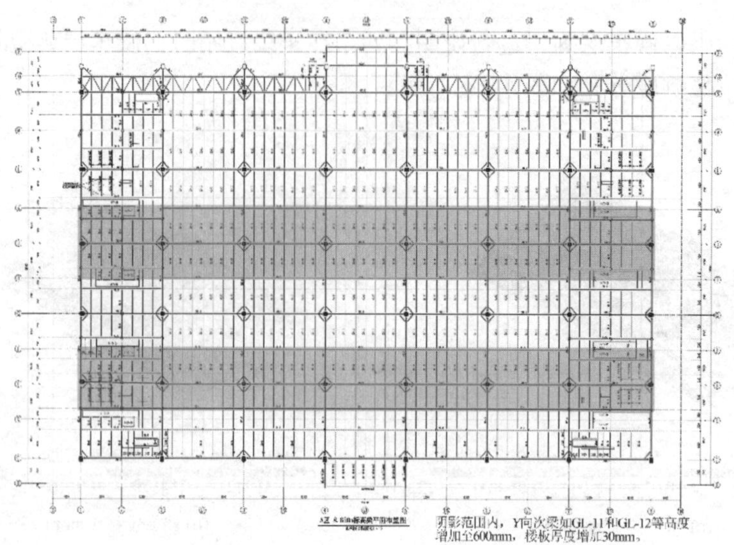

图 4-7-8　候车层梁板加强方案（阴影范围内）

加强后方案的计算结果表明，采取该措施后，列车正线通过时楼板振动 Z 振级最大值为 74.4dB，满足规范振动容许值要求。

五、振动控制效果

2021 年 5 月，清河站工程已投入使用 1 年以上，京张高铁已经符合项目实测条件，开展现场振动实测工作。

加速度测点根据列车振动分析研究结果进行布置。基本原则是：将测点布置在结构楼面竖向振动响应最大的位置。测试以计算结果为依据，选择相应的轴线进行竖向振动响应的测试。主要的监测位置包括如下几个楼层：（1）B1 层换乘空间、城市通廊；（2）F1 层站台层；（3）F2 层候车层；（4）夹层。

现场测试情况如图 4-7-9 所示，测量仪器采用中国地震局工程力学研究所 941B 型拾振器、941 信号调节器和 INV3018C 盒式采集仪。

图 4-7-9　清河站现场振动测试情况

列车在京张高铁清河站正线过站时，F2 层候车层的实测典型竖向加速度时程如图 4-7-10 所示，而其典型竖向加速度功率谱如图 4-7-11 所示。楼层频率分量的分布主要与楼板自振频率、测试位置以及通过车辆的激励荷载频率（受车型车速影响）有关。

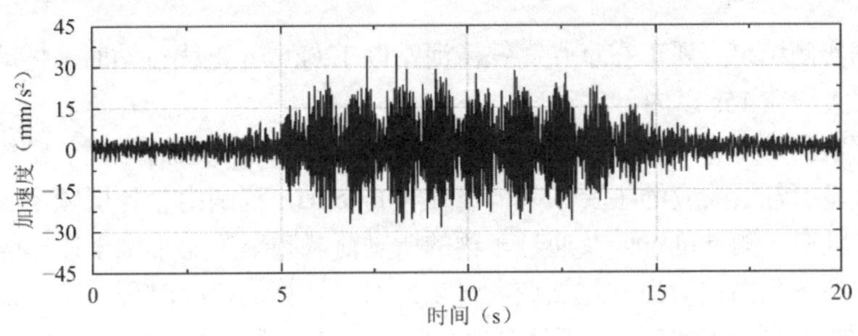

图 4-7-10 F2 层候车层典型竖向加速度时程

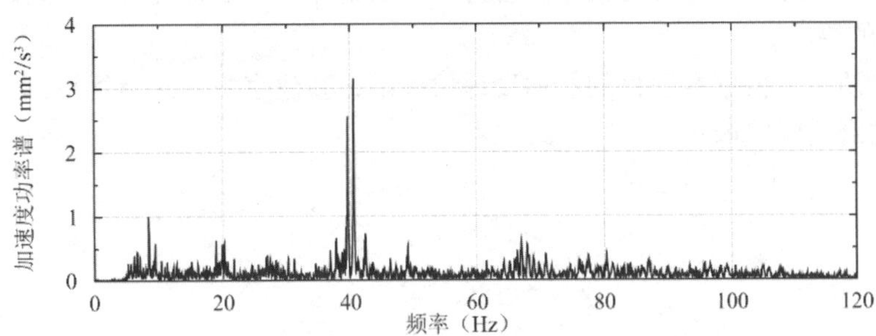

图 4-7-11 F2 层候车层典型竖向加速度功率谱

列车在清河站出站时，取典型实测结果与计算结果进行对比，如图 4-7-12 所示，可以看到，候车层的计算加速度时程与实测加速度时程吻合较好，但实测值小于计算值，振动舒适度满足规范要求。

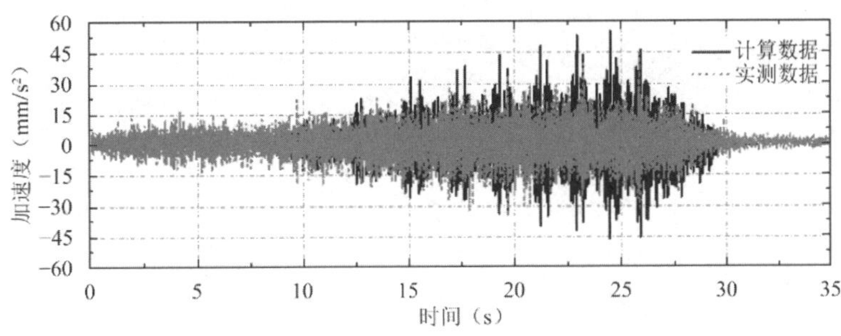

图 4-7-12 F2 层候车层高铁始发加速度时程对比

清河站 F2 层候车层结构的实测和计算竖向 Z 振级对比如表 4-7-1 所示，从实测数据来看，清河站 F2 层候车层的实测竖向 Z 振级与计算值规律基本吻合。

清河站 F2 层候车层最大 Z 振级对比（dB） **表 4-7-1**

分类	F2 层候车层 120km/h 过站	F2 层候车层进站	F2 层候车层出站
计算	74.4	73.9	73.4
实测	74.4	68.9	69.2

基于以上结果，总结如下：

（1）经过对清河站车致振动的分析计算，高铁列车在正线以 120km/h 速度通过时，候车层局部楼板最大预测 Z 振级超过现行规范振动允许值，局部采用楼板加厚、梁增高的减振措施。

（2）根据实测结果，列车在京张高铁清河站以 120km/h 正线过站时，振动幅度相对较大的持续时间大约在 15s 以内。

（3）根据实测结果，列车在京张高铁清河站以 120km/h 正线过站时，结构的典型竖向加速度功率谱显示各层响应的主要频率分量在 40～60Hz 范围内，各层频率分量的分布主要与楼板自振频率、测试位置以及通过车辆的激励荷载频率（受车型车速影响）有关。

（4）列车在京张高铁清河站过站或者进出站时，计算加速度时程与实测加速度时程吻合较好，实测加速度峰值整体上小于计算值，均满足加速度峰值不大于 150mm/s^2 的限值要求；实测和计算竖向 Z 振级对比较好，实测 Z 振级整体上小于计算值，均满足竖向 Z 振级不大于 75dB 的要求。

（5）综上所述，根据本项目的舒适度评价标准，新建京张铁路清河站站房结构满足规范规定的振动舒适度要求。

[实例 4-8] 多层高等减振技术在城轨交通振动控制中的应用

一、工程概况

近年来，国内城镇化进程加快，城市用地日益紧张，城市轨道交通车辆段作为城轨列车停放检修区域，具有占地面积大、土地利用率低等特点，因而车辆段上盖物业开发成为国内城市轨道交通设计建设的热点。然而，城轨交通运营产生的振动和噪声严重影响着车辆段上盖开发的品质，大大降低了其开发价值，故车辆段减振降噪措施需求日益迫切。

城市轨道交通车辆段具有诸多异于城轨正线的线路特点：（1）库内道床结构形式多，减振措施适应性要求高；（2）列车运行振动沿立柱向上盖传递，缺少土层衰减，振动衰减距离短；（3）列车空载、低速运行，减振制品功效不易激发，导致其减振效果不如城市轨道交通正线明显。而开展上盖开发的车辆段减振需求一般要求不低于 7dB，对减振措施的要求较高。城市轨道交通车辆段库内线道床部分结构形式如图 4-8-1 所示。

(a) 壁式检查坑道床

(b) 柱式检查坑道床

(c) 整体式道床

图 4-8-1　车辆段库内线道床结构

为降低城市轨道交通车辆段车辆运行的振动和噪声，目前多是沿用针对正线设计的道床类和扣件类高等减振措施，前者主要包括梯形轨枕、道床隔振垫、中等钢弹簧浮置板等，后者主要是悬浮式高等减振扣件。由于上述高等减振措施均针对正线特点设计，在车辆段的实际应用中存在着适用性受限，减振效果不明显，通用性不好，且施工维保麻烦，造价成本高等问题。与此同时，目前最为常用的双层非线性中等减振扣件因车辆段及扣件自身特点，减振效果难以满足上盖开发的减振需求，虽可通过降低板下弹性层刚度提升减振量，但却易导致弹性层疲劳老化加快而影响产品长久使用的安全性，存在一定的安全风险。

二、振动控制目标

振动控制主要依据标准：

（1）《城市区域环境振动标准》GB 10070—1988。

（2）《城市区域环境振动测量方法》GB 10071—1988。

（3）《浮置板轨道技术规范》CJJ/T 191—2012。

三、振动控制方案

针对城市轨道交通车辆段线路特点和减振需求，成功研发了多层高等减振技术，采用多级弹性层串联技术实现扣件整体的低垂向刚度，降低道床系统整体固有频率，从而拓宽隔振频率范围，实现更宽频带的高等减振，该产品已在北京、西安、南京等多个城市的轨道交通车辆段上盖项目中应用。

针对车辆段上盖振动噪声问题，在充分调研车辆段现有高等减振措施存在问题的背景下，在多层高等减振技术基础上，洛阳双瑞橡塑公司研制了多层高等减振扣件，其由预装配体和零配件组成。其中，预装配体为主要减振结构，由三层弹性垫和三层垫板间隔设置，串联式结构有效降低了扣件整体的垂向刚度（5～9kN/mm），实现高等减振的同时降低每个弹性垫的受载应变值，同时增大了弹性垫散热面积，有效解决了弹性垫受载应变过大和变形生热引起弹性垫材质疲劳老化加快的问题，从而保证产品长久使用的安全性。

四、振动控制分析

为研究多层高等减振扣件的减振性能，建立道床理论计算模型，对比计算分析其减振效果。道床减振模型采用整体式道床结构，模型从上向下依次为钢轨、扣件、道床和道床基础，其中道床长 25m，宽 2.5m，为混凝土结构，采用实体单元建模；扣件采用弹簧-阻尼单元模拟，DT_{VI2} 型普通扣件刚度值 60kN/mm，多层高等减振扣件刚度值取为 8.5kN/mm，扣件间距 0.625m；钢轨采用梁单元模拟，保证梁单元的惯性矩与实际钢轨一致。根据上述描述，建立的道床减振性能简化计算模型如图 4-8-2 所示。

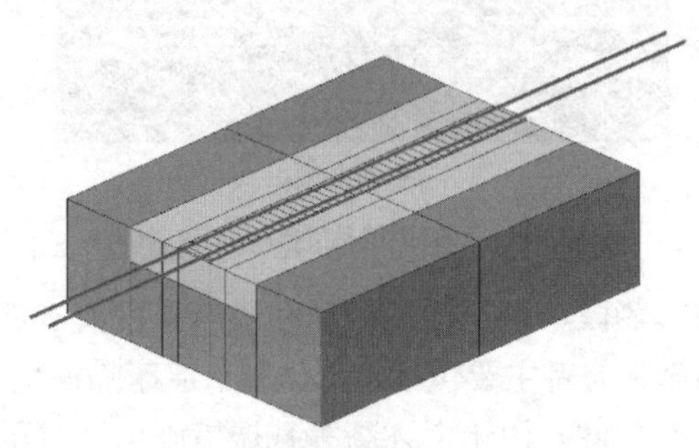

图 4-8-2　道床减振性能简化计算模型

有限元模型中各部件材料参数如表 4-8-1 所示，多层高等减振扣件和 DT_{VI2} 型普通扣件参数如表 4-8-2 所示。

计算模型材料参数　　**表 4-8-1**

部件名称	弹性模量（MPa）	泊松比	密度（kg/m³）
钢轨	210000	0.3	7800
道床板	31500	0.2	2500
道床基础	2500	0.2	2000

扣件性能参数　　**表 4-8-2**

扣件类型	垂向刚度（kN/mm）	阻尼比（kN · s/m）
高等减振扣件	8.5	10
DT_{VI2} 型扣件	60	6.5

同样道床结构情况下，采用上述两种不同扣件时，计算得到的两种道床系统的地基垂向加速度振动级 1/3 倍频程谱线如图 4-8-3 所示，计算得到的道床基础总振级如图 4-8-4 所示。

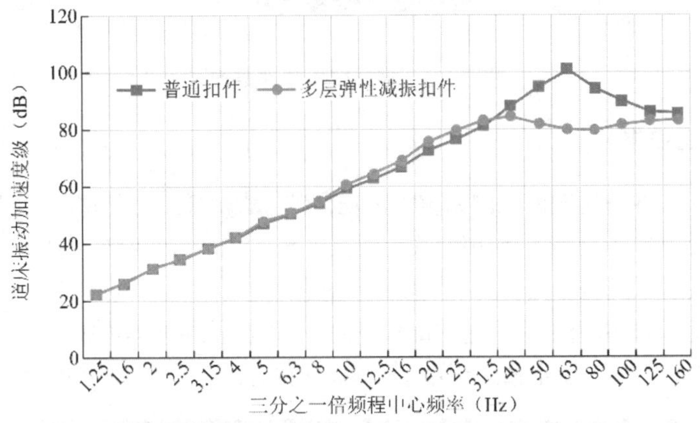

图 4-8-3　道床基础振动 1/3 倍频程谱对比

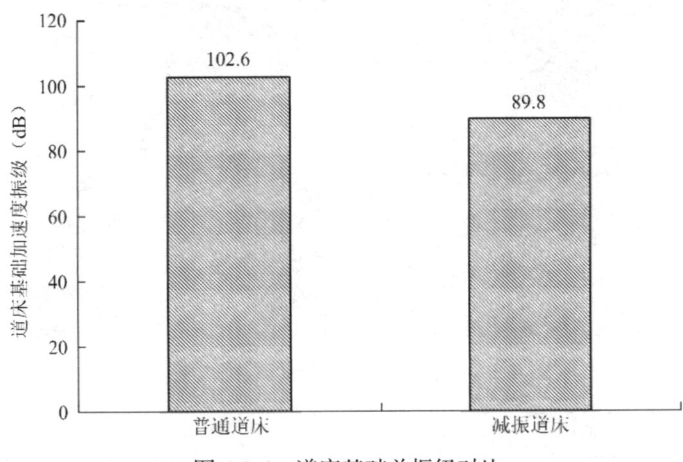

图 4-8-4　道床基础总振级对比

理论计算结果表明，多层高等减振扣件相比 DT_{VI2} 型扣件，在频率 40Hz 以上具有明显的减振效果，在 63Hz 时最大减振量达 21.16dB，且在 1～80Hz 这个频段内道床基础总的减振量为 12.84dB。

五、振动控制关键技术

采用多层高等减振扣件，其主要元件可预组装为一体，解决了现有悬浮式高等减振扣件零部件多、施工效率低的问题，上部自锁结构设计和零配件通用化设计极大地提升了产品维保效率，大大缩减了运营维保成本，其结构形式见图 4-8-5。

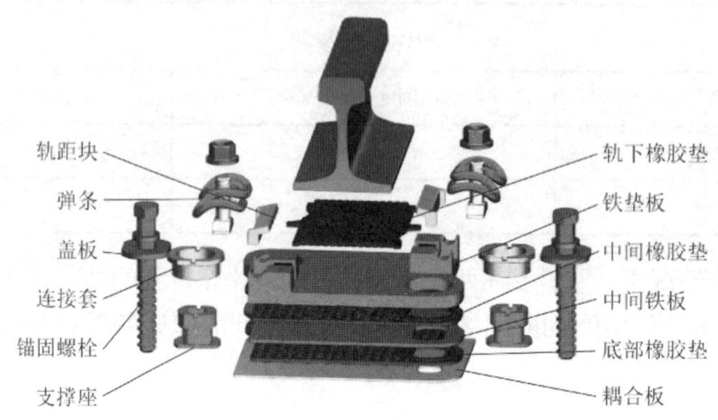

图 4-8-5　多层减振扣件结构

六、振动控制效果

多层高等减振扣件的研发依托国家重大工程，首次铺设线路为北京大兴国际机场线，该线路为国内首条设计时速 160km 的城市快线，线路全长 41.36km，列车采用 6 动 2 拖 8 节编组 D 型车。北京大兴国际机场线磁各庄车辆段开展上盖物业开发，根据《环境影响咨询报告》要求，库内线整体道床采用库内高等减振扣件，相比同工况普通整体道床减振效果不低于 8dB。图 4-8-6 为洛阳双瑞橡塑公司研制的多层高等减振扣件在北京大兴国际机场线铺设情况。

图 4-8-6　北京大兴国际机场线铺设情况

（1）测试仪器及测点位置

北京地铁大兴新机场线磁各庄车辆段上盖项目中，对相邻的 L5 和 L4 股道的库内盖下区域进行对比测试，其中 L5 股道为普通扣件，L4 股道为多层高等减振扣件，各股道均测试距离股道最近位置的结构柱和上盖板上相关测点的垂向加速度响应。振动加速测试使用 PCB 的 393B12 型传感器，加速度传感器分别布置在盖下结构柱、盖上 2 层距离线路 0m 处、盖上 3 层距离线路 0m 处、盖上 3 层距离线路 7.5m 处、盖上 3 层距离线路 15m 处和盖上 3 层距离线路 30m 处。振动噪声采集仪器为东方所的 INV3062 型 24 位云智慧分布式采集仪，振动加速度采样频率 5120Hz。

（2）车辆段上盖振动特性

图 4-8-7 为各测点典型的振动加速度频谱。从各测点对应频谱图中可以看出，在 0～300Hz 范围内，L4 股道（多层高等减振扣件）振动加速度值明显低于 L5 股道（普通扣件），部分测点低频处 L4 股道略高，但在整个频段范围内占比较小，对整体加速度级影响极小。对比盖下结构柱和盖上 2 层距离线路 0m 处测点的振动加速度频谱可知，车辆运行振动通过刚性立柱向上传递时出现一定的“放大”现象，这与上盖板式结构及立柱分布形式有关，但 L4 股道（多层高等减振扣件）振动加速度幅值放大情况明显低于 L5 股道（普通扣件），表明多层减振扣件对振动传递放大现象具有明显的抑制作用。此外，对比盖上与线路不同距离处测点频谱可知，随着与线路的距离增加，对应测点的振动加速度幅值逐渐减小，符合振动衰减规律。

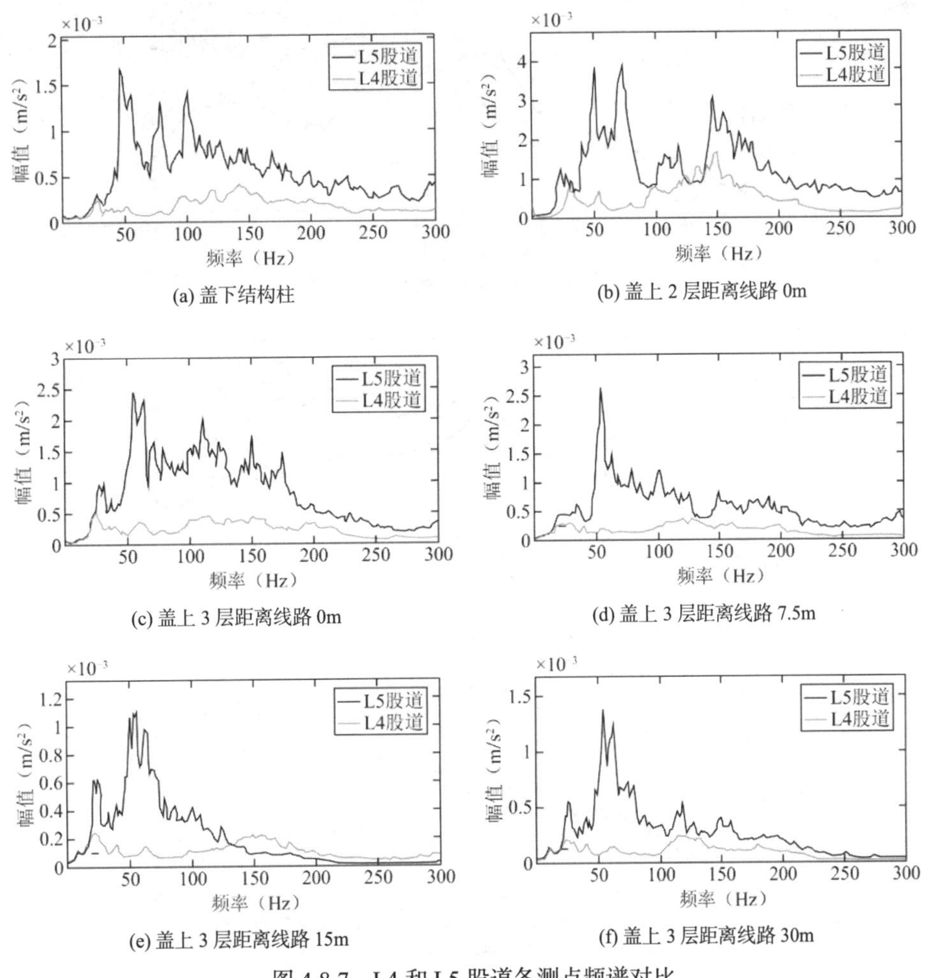

(a) 盖下结构柱　(b) 盖上 2 层距离线路 0m

(c) 盖上 3 层距离线路 0m　(d) 盖上 3 层距离线路 7.5m

(e) 盖上 3 层距离线路 15m　(f) 盖上 3 层距离线路 30m

图 4-8-7　L4 和 L5 股道各测点频谱对比

图 4-8-8 为各测点典型的 1/3 倍频程计权振动加速度级。从各测点对应的 1/3 倍频程加速度振动级图中可知，在 0～200Hz 范围内，除盖上 2 层距离线路 0m 测点外，其余测点在中心频率 20Hz 以上，L4 股道对应测点处振动加速度级明显低于 L5 股道，且在 50Hz 处最大减振可到 20dB，表明多层减振扣件轨道系统减振效果明显。盖上 2 层距离线路 0m 测点处，在 31.5Hz 以上，多层减振扣件减振效果明显，在 63Hz 处最大减振量约 20dB。对比各测点 1/3 倍频程加速度级可知，多层高等减振扣件在 0～200Hz 范围内具有优异的减振效果。

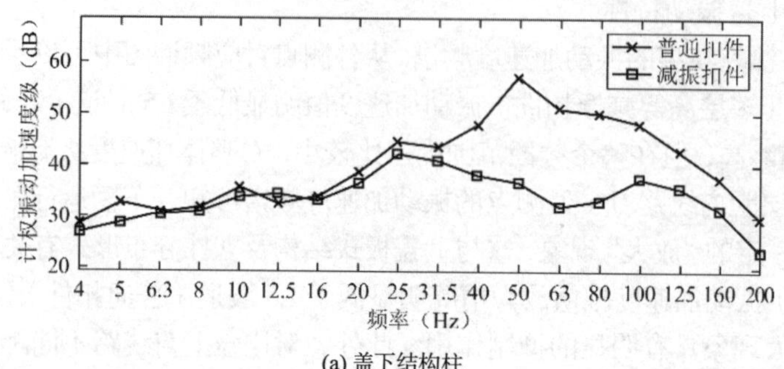

(a) 盖下结构柱

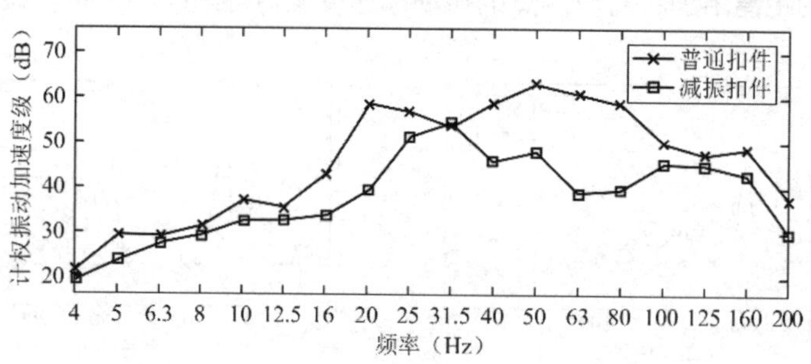

(b) 盖上 2 层距离线路 0m

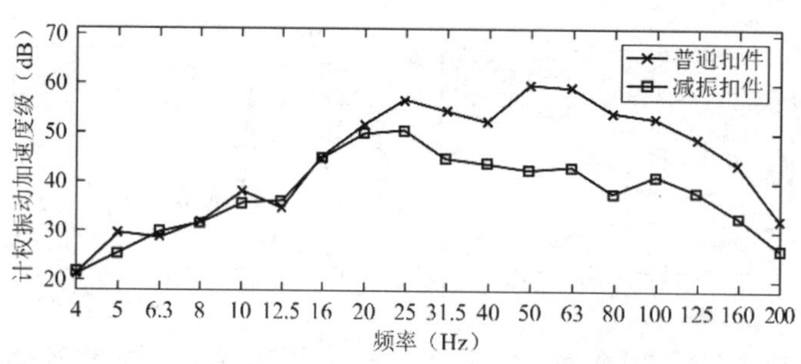

(c) 盖上 3 层距离线路 0m

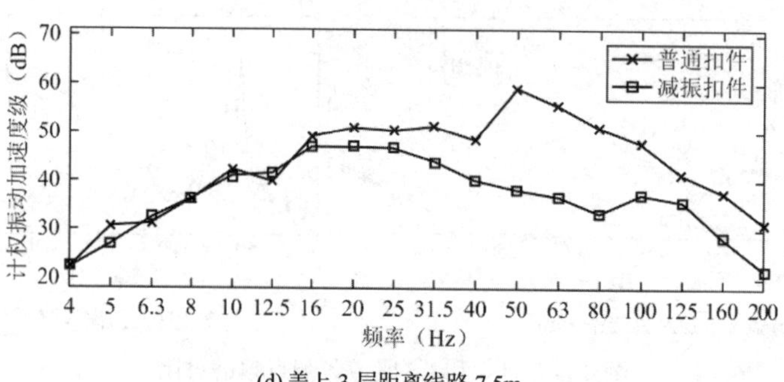

(d) 盖上 3 层距离线路 7.5m

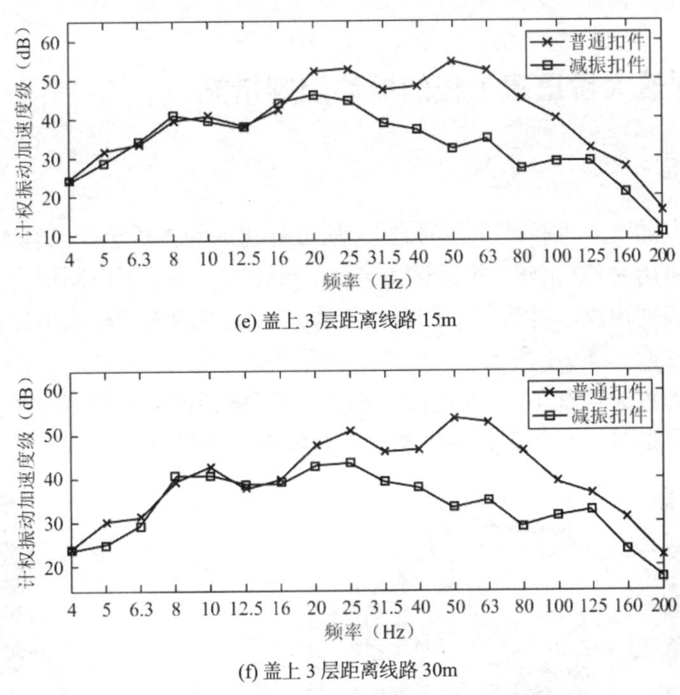

(e) 盖上 3 层距离线路 15m

(f) 盖上 3 层距离线路 30m

图 4-8-8　各测点典型的 1/3 倍频程计权振动加速度级

（3）车辆段上盖振动分析

根据《城市区域环境振动标准》GB 10070—1988、《城市区域环境振动测量方法》GB 10071—1988、《浮置板轨道技术规范》CJJ/T 191—2012，采用 GB/T 13441 铅垂向计权网络，计算 1～80Hz 范围内轨道系统各测点的铅垂向计权网络的 Z 振级，分析列车通过 L4 股道和 L5 股道时各测点的最大 Z 振级VL_{Zmax}，以 L5 股道（普通扣件）振动加速度测试结果为基准，采用最大 Z 振级的差值ΔVL_{Zmax}和ΔL_a两种指标分别对 L4 股道多层高等减振扣件的插入损失进行分析。需说明的是，各股道在专车测试过程中，由于营运条件限制，实际测试选用车辆有所不同，导致两股道各测点减振效果离散性较大，为更好地评价多层高等减振扣件的减振效果，采用各测点插入损失的平均值作为减振量，各测点的VL_{Zmax}和ΔL_a测试值如表 4-8-3 所示。

减振效果对比评价图（dB）　　**表 4-8-3**

项目	VL_{Zmax}			ΔL_a		
测点股道	L4 股道	L5 股道	差值	L4 股道	L5 股道	差值
扣件类型	多层减振扣件	普通扣件	—	多层减振扣件	普通扣件	—
盖下结构柱	48.9	59.2	10.3	48.9	59.3	10.4
盖上 3 层 0m	57.7	65.3	7.6	56.0	64.5	8.5
盖上 3 层 7.5m	58.0	64.9	6.9	56.1	63.3	7.2
盖上 3 层 15m	53.3	60.6	7.3	51.7	60.6	8.9
盖上 3 层 30m	52.3	60.0	7.7	50.9	59.2	8.3
盖上 2 层 0m	59.3	68.7	9.4	58.5	68.2	9.7
平均值	54.9	63.1	8.2	53.7	62.5	8.8

［实例 4-9］观景大桥重建工程的振动控制措施

一、工程概况

著名旅游景点的观景大桥建在运河之上，从最初建成的木桥至今已有 400 多年的历史。

重建前的铁桥历时 70 余年，桥梁进入老化。重建时，采用了以圆形为基础的广场式桥面设计方案。在表现出剧场性效果的同时，沿着广场配置的人行梯道可让行人在上下桥时欣赏变幻的景观。如图 4-9-1 所示。

观景大桥平均每天约有 10 万人过桥，流动频繁。来到这里的很多游客会停留在大桥中央，观看周边繁华街景，对行人过桥引起的人致振动尤为敏感。

图 4-9-1　大阪戎桥

二、振动控制方案

行人步行频率在 2Hz 左右，桥与行人的步频产生共振时会出现明显的晃动，令人不安。日本设计标准中，明确指定“主桁的竖向振动固有频率应避免在 1.5～2.3Hz 之间”。当行人走在按标准规范设计的桥上，正常的情况下不会感到有晃动出现。

但是，如果是小跑过桥或是在桥两侧快步行走时，驻步在桥上的人会感觉到桥的摇晃。大跨径桥梁上行人众多，人致振动造成的晃动会令人感到不适，影响舒适性。采用 TMD 减振装置，可调谐桥梁的固有频率，提高桥梁的阻尼系数，有效降低人致振动，满足舒适度评价。

经过分析和建模仿真评估，决定采用 3 台 TMD 减振装置进行振动控制。桥中央设置 1 台 TMD，控制第 1 阶固有频率（竖向弯曲振型），桥两侧各设置 1 台 TMD，控制第 2 阶固有频率（扭转振型）。

振动控制方案流程如图 4-9-2 所示。

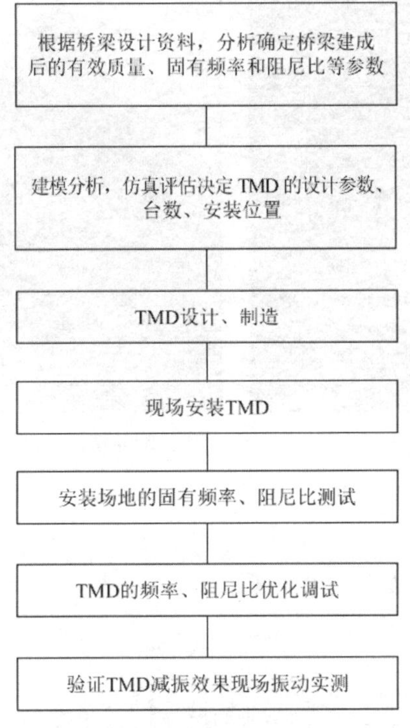

图 4-9-2　振动控制方案流程图

三、振动控制装置

TMD 减振装置的特点：

（1）有效地抑制步行激励造成的摇晃，缩短振动衰减时间。

（2）通过初步的现场测试对振动频率进行调整，确保消除与设计值之间的误差。

（3）通过现场效果测试来验证减振性能。

（4）设计紧凑，自由度大，可直接安装在桥面下方，不影响桥的外观。

设计参数按以下式选定，计算值见表 4-9-1。

$$f_{\mathrm{n}} = \frac{f_0}{1+\mu} \tag{4-9-1}$$

$$\zeta_{\mathrm{n}} = \sqrt{\frac{3\mu}{8(1+\mu)}} \tag{4-9-2}$$

式中：f_{n}——TMD 调频频率；

f_0——主结构固有频率；

ζ_{n}——TMD 最优阻尼比；

μ——TMD 质量与主结构有效振动质量比。

TMD 设计参数　　**表 4-9-1**

竖向 TMD	质量块质量	调频范围	阻尼比	安装台数
mD series	1500kg	2～5Hz	10%	3 台

TMD 施工现场和安装完毕后的实物照片如图 4-9-3 和图 4-9-4 所示。

图 4-9-3 TMD 施工现场

图 4-9-4 安装完毕后的 TMD 实物照片

四、振动控制效果

TMD 安装位置和测试点如图 4-9-5 所示。

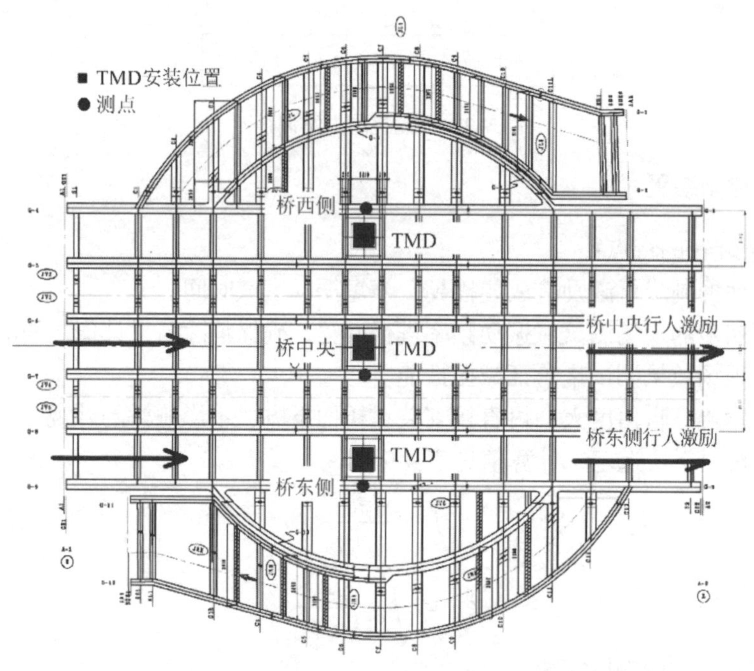

图 4-9-5 TMD 安装位置和测试点分布图

1. 振动固有频率

实测结果显示，桥建成后的第 1 阶振型固有频率为 2.8Hz，大于分析值 2.45Hz。

正常行走的情况下，几乎感觉不到任何振动。然而，若以 2.8Hz 的频率小跑过桥，所有驻步在跨度中央附近的人都会感觉到晃动。

桥的第 2 阶振型频率为 2.3Hz，当行人以 2.3Hz 的频率快速步行时，所有驻步在大桥东西两侧圆形观光台附近的人都会感到晃动。

使用 TMD 调频减振后，振动控制效果明显，最大减振率达到 86.3%，满足设计要求。

人行激振试验测试结果如表 4-9-2 所示。

减振前后竖向振动位移实测值（rms）对比　　　　表 4-9-2

数据分类	分析预估值	实测值	实测值	实测值	实测值	实测值
工况	1	2	3	4	5	6
激励条件	5 人行走激励	单人行走激励	单人行走激励	单人行走激励	单人行走激励	单人行走激励
TMD 台数	2	1	1	1	1	1
行走路径	从桥中央行走	从桥中央行走	从桥中央行走	从桥东侧行走	从桥东侧行走	从桥东侧行走
振型	第 1 阶	第 1 阶	第 1 阶	第 1 阶	第 2 阶	第 2 阶
频率（Hz）	2.45	2.8	2.8	2.8	2.3	2.3
测点	桥中央	桥中央	桥东侧	桥东侧	桥东侧	桥西侧
使用前（μm）	658	367	398	406	612	571
减振后（μm）	120	88	92	86	101	78
振动衰减率	81.8%	76.0%	76.9%	78.8%	83.5%	86.3%

注：分析预估的激励条件等与实测的设定条件略有不同。

2. 阻尼比

实测结果显示，建成后的大桥阻尼比只有 0.6%，低于分析计算值 1.0%。使用 TMD 减振后，阻尼比上升，振动衰减时间缩短，振动加速度大幅下降，振动控制效果明显。

人行激振试验测试结果如图 4-9-6 和图 4-9-7 所示。

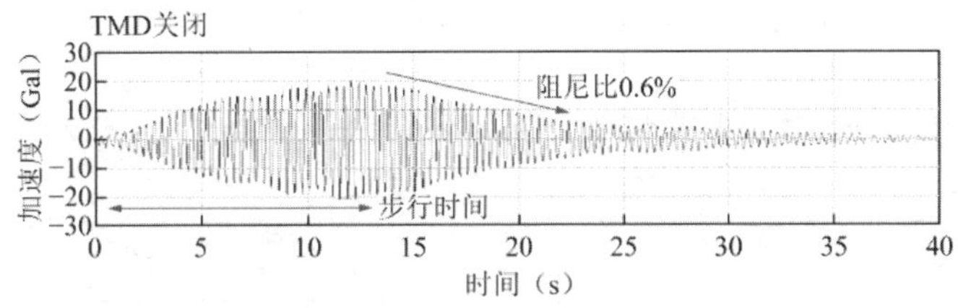

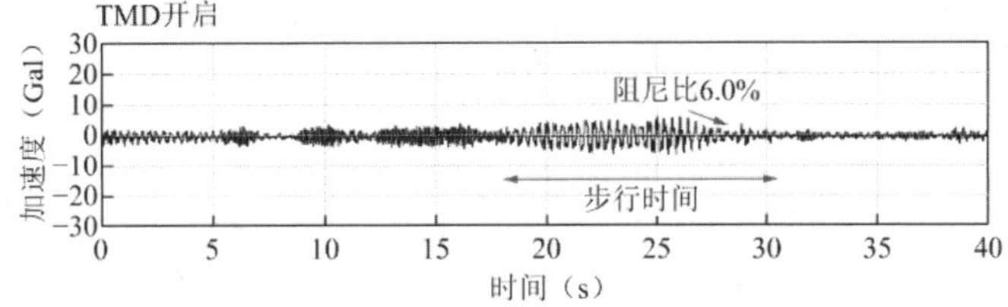

图 4-9-6　桥中央激励步行时桥中央的振动加速度（共振频率 2.8Hz）

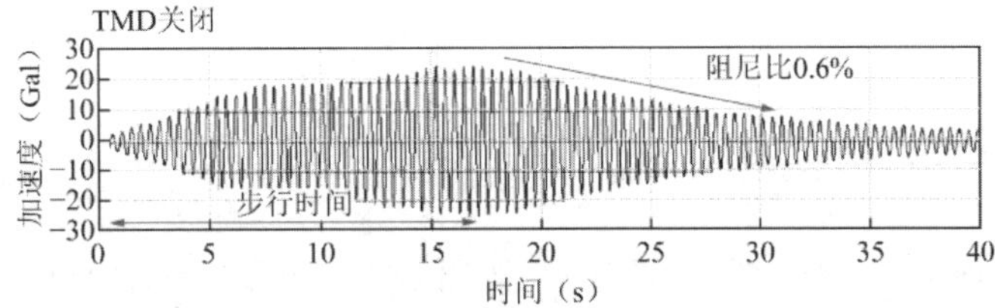

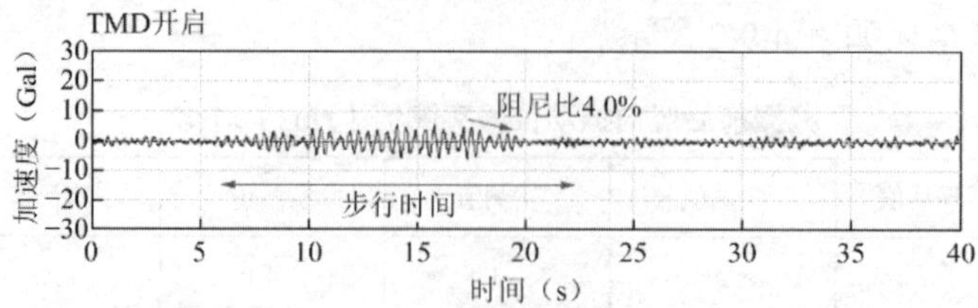

图 4-9-7　桥东侧激励步行时的桥西侧振动加速度（共振频率 2.3Hz）

3. 人行天桥振动限值评估

现场测试结果表明，振动速度下降，减振效果显著。

第 1 阶振型 2.8Hz 共振激励时桥梁中央/东侧振动的人行天桥振动限值评估如图 4-9-8 所示。第 2 阶振型 2.3Hz 共振激励时桥梁东西两侧振动的人行天桥振动限值评估如图 4-9-9 所示。

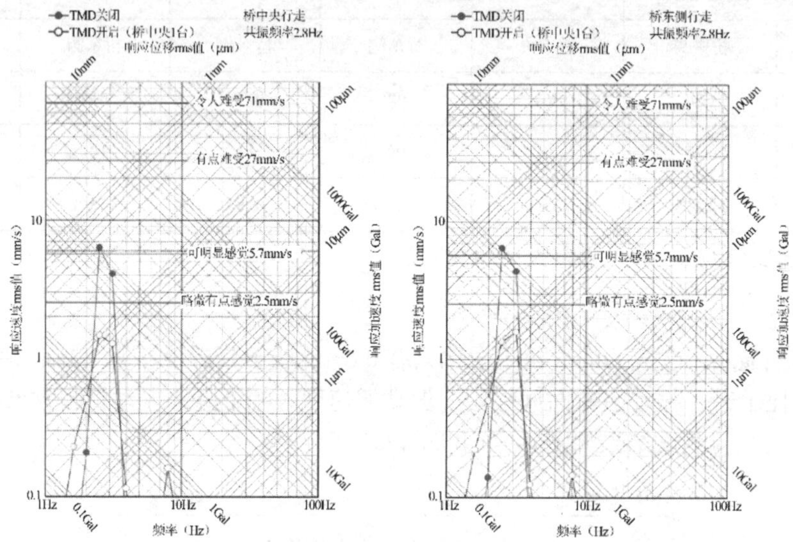

图 4-9-8　桥中央/东侧的竖向振动限值评估（共振频率 2.8Hz）

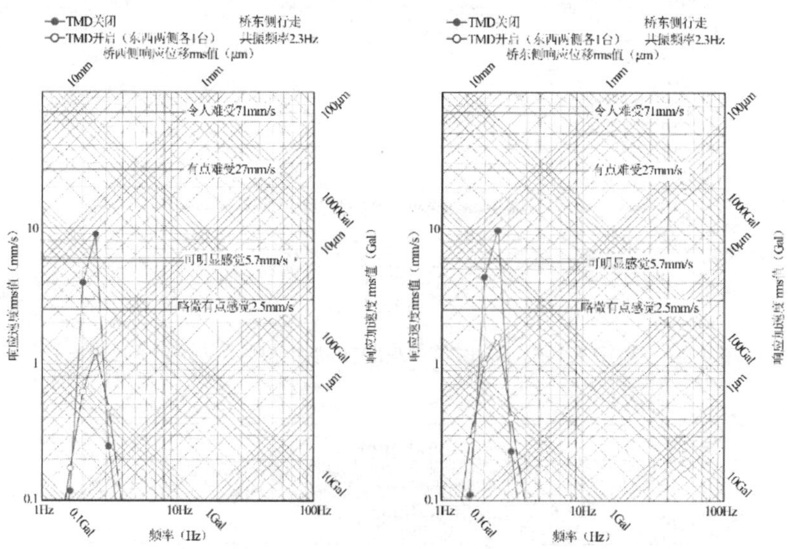

图 4-9-9　桥东西两侧的竖向振动限值评估（共振频率 2.3Hz）

[实例 4-10] 北京丰台站高铁站房结构振动控制

一、工程概况

北京丰台站位于北京市丰台区，紧靠西南四环路，是京津冀地区重要的立体交叉式特大型综合交通枢纽，同时也是亚洲最大、中国首个采用普高速一体化车场布置的双层立体式大型综合铁路站房，建成后整体效果如图 4-10-1 所示。站房总用地面积为 15 万 m^2，建筑面积约为 40 万 m^2，平面尺寸为 513m × 313m，主要由中央站房、西站房、东站房及雨棚等组成，站房平面布置见图 4-10-2。

(a) 站外鸟瞰图

(b) 站内实景图

图 4-10-1 北京丰台站整体效果图

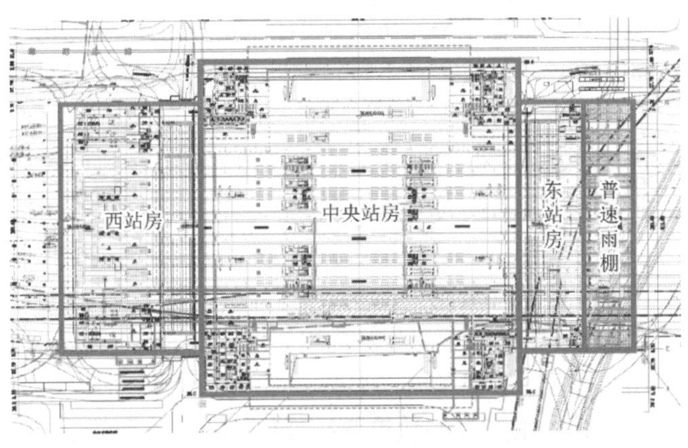

图 4-10-2 北京丰台站平面布置图

北京丰台站站房建筑地上整体可分为三层，局部设有夹层，自上而下分别为高架站台层、高架候车层和地面站台层，其中，高架站台层主要为高铁出发层和高铁旅客出站厅，高架候车层主要包括旅客候车室、综合服务中心等，地面站台层主要为南北进站大厅、综合服务中心和普速列车出发层；地下整体共一层，局部设有夹层，为地下进出站层，主要包括普速铁路旅客出站厅、社会车辆停车场、快速进站厅、地铁换乘区和城市通廊等，如图 4-10-3 所示。在车场设置上，北京丰台站采用分层车场设置，地面层车场为地面普速场，共设 11 台 20 线（含 5 条正线）；高架层车场为高架高速场，位于地面普速场的竖直正上方（承轨层标高为 20.5m），共设 6 台 12 线。站房设计最高聚集人数为 14000 人，设计列车通行最高速度为 80km/h。

图 4-10-3 北京丰台站剖面示意图

二、振动控制技术难点与要求

1. 技术难点

北京丰台站采用车场分层高架布置的模式，地面层为普速车场、二层为旅客集散厅、三层为高速车场，是国内首个采用双层立体车场的大型客站。新型车站结构带给旅客出行更多便利的同时，也带来一系列振动新问题。列车运行、站内大型设备和客流荷载引发车站地面和天花板振动，严重影响旅客和乘务人员的舒适性。因此，对北京丰台站进行振动评估与减振处理显得十分必要。针对北京丰台站，对其进行减振处理的技术难度主要有以下几个方面：

（1）铁路站房结构激励和传播机理复杂，其振动响应受车辆、轨道、线路类型、建筑物结构形式等诸多因素影响，且各因素间相互耦合，给结构的振动预测和评估带来了较大困难。针对此类问题，相关研究者采用的预测方法主要分为两类，一类是理论预测方法，一类是经验预测评估方法。理论预测方法比较有代表性的有英国的 C.J.C.Jones 和 J.R.Block 提出的货运列车低频振动预测模型。该模型对 5～30Hz 轨道振动的预测值较为可靠，基本和实测值相符，但模型在预测地面振动时，则与实际不符，除此之外，模型仅能预测低频振动，严重影响了其在工程上的应用。经验预测评估方法主要是利用已有的测试数据或经过验证的理论计算数据，通过对数据的回归分析，得出振动的影响规律。一般在项目的规划和可行性研究阶段应用。但是目前针对铁路站房结构尚无环境振动经验预测模型，各国技术规范标准中的环境振动经验预测方法主要基于普速铁路和城市轨道交通邻近建筑物的振动特性得出。

（2）目前，对于铁路站房振动理论的分析，需要综合运用列车模型、轨道模型、轮轨接触模型、振动传播模型和建筑物结构模型。轮轨相互作用的研究呈现出从传统的准静态激励理论模型，逐渐向动态激励理论模型发展的趋势。对于振动的传播，有代表性的研究理论是 Krylov 推导的机车车辆荷载作用产生的轨道基础反作用力分布函数，但是 Krylov 模型仅给出了准静态荷载的作用，忽略了轮轨表面不平顺产生的动荷载作用，因此，模型在部分频段偏差较大，应用局限。对于建筑物结构模型，最有代表性的是 Kurzweil 提出的经验模型，用于预测振动在振源、传播和受振体之间的衰减。但现有研究主要基于趋势性的研究，振动的激励在模型中考虑不全面，得出的结论偏向于定性，主要用于趋势性和规律性的研究，模型仅适用于较低速度条件下的普速铁路和城市轨道交通环境振动的预测。

（3）列车运行引起的邻近建筑结构振动控制主要有三种方式：振源减隔振、传播途径控制和结构振动控制。对于铁路车站而言，列车荷载直接作用在站房结构上，因此，对于站房结构车致振动控制主要考虑振源处减隔振控制，即对轨道结构进行减振处理。北京丰台站普高速车场均采用有砟轨道，建设成本低、易维修，轨道自身弹性好，但易导致轨道不平顺产生较高水平的振动。目前，针对站房内轮轨振源处的减隔振处理国内外还不多，对于新型双层式车站的振源处减振处理还没有学者进行研究，原有的减振做法和效果是否适用，值得进一步探究。

基于上述分析可知，铁路站房结构形式复杂，车辆线路多，速度大小分布广，有明显区别于普速铁路和城市轨道交通邻近建筑物的振动特性。因此，既有理论模型并不完全适用。需要针对站房结构铁路的车辆、轨道、站房结构形式等技术条件，综合考虑运行状态下的振动激励特征和车辆-轨道-站房等的相互作用，考虑钢轨粗糙度等短波不平顺的激励作用，研究适用于站房结构环境振动预测的精细化理论模型，在此基础上进一步开展环境振动控制研究。

2. 振动控制标准及限值

目前国内外尚无针对铁路站房公共区舒适度的振动标准，主要铁路发达国家的铁路环境振动标准如下：

（1）中国标准（表 4-10-1）

中国标准 **表 4-10-1**

类型	标准名称	有关规定
环境振动标准	《城市区域环境振动标准》GB 10070—1988	仅适用于铁路干线两侧，不适用于铁路站房内，该标准规定铁路干线两侧竖向 Z 振级限值为 80dB
建筑标准	《建筑工程容许振动标准》GB 50868—2013	（1）仅适用于医院、住宅、办公、车间办公区等四个区域的舒适度； （2）仅适用于振动对建筑结构的影响； （3）车间办公区竖向振动限值$L_{Z,max} \leqslant 92$dB

（2）美国标准

美国 ANSI（American National Stander Institute）发布了《人体暴露于建筑物内振动评价指南》ANSI S3.29—1983，提供了人体在建筑物内受振评价方法、评价量及建筑物内人在振动 1/3 倍频程的容许值，振动评价量采用振动加速度、振动速度。

2012 年美国运输部（U.S. Department Transportation）、联邦铁路局（Fedral Railroad Administration）联合发布了“高速地面交通噪声和振动影响评价”，提出了高速铁路振动影响限值。

评价量为振动速度级$L_v = 20\lg(v/v_0)$，式中L_v为振动速度级（dB）；v为均方根速度值（m/s）；v_0为参考速度，大小为 2.5×10^{-8}m/s。振动频率范围为 1～80Hz。振动影响限值如表 4-10-2 和表 4-10-3 所示。

敏感建筑物振动速度级限值（dB） **表 4-10-2**

建筑类别	频繁事件	偶发事件	稀有事件
Ⅰ	65	65	65
Ⅱ	72	75	80
Ⅲ	75	78	83

特殊敏感建筑振动速度级限值（dB） **表 4-10-3**

建筑类型	振动速度级	
	频繁事件	偶发事件或稀有事件
音乐厅	65	65
电视演播室	65	65
录音棚	65	65
会议、礼堂	72	80
剧院	72	80

Ⅰ类建筑：为高敏感类建筑，包括对振动相对敏感的科研生产基地、对振动敏感的医学实验室等，而敏感程度则取决于仪器受影响的程度，这些仪器包括光刻设备、电子显微镜、高分辨率核磁共振设备等；Ⅱ类建筑：为居住区，所有供人休息的区域，除居民住宅外还包括旅馆、医院等；Ⅲ类建筑：为其他机构，诸如学校、教堂、办公室等。

频繁事件：一天内列车引起的振动超过 70 次；偶发事件：一天内列车引起的振动在30～70 次之间。稀有事件：一天内列车引起的振动低于 30 次；偶发事件或稀有事件：一天内列车引起的振动低于 70 次。

（3）英国标准

英国标准学会 BSI（British Standard Institution）于 2008 年发布了《人体暴露于建筑物内振动的评价指南》BS 6472-1—2008。

评价量为四次方振动剂量值VDV（Vibration Dose Value）：

$$VDV_{\mathrm{b/d,day/night}}=\left[\int_0^T a^4(t)\,\mathrm{d}t\right]^{1/2} \tag{4-10-1}$$

式中：$VDV_{\mathrm{b/d,day/night}}$——昼夜振动加速度四次方振动剂量值（$\mathrm{m/s^{1.75}}$）；

$a(t)$——瞬时频率计权加速度（$\mathrm{m/s^2}$）；

T——白天或夜间测量时间长度（s）。

住宅建筑内产生负面评价的 VDV 阈值见表 4-10-4，其中，振动频率为 0.5～80Hz，计权曲线采用W_{b}或W_{d}计权曲线。

住宅建筑内产生负面评价的 VDV 阈值（$\mathrm{m/s^{1.75}}$） **表 4-10-4**

时间	负面评价可能性较低	可能产生负面评价	很可能产生负面评价
住宅建筑白天 7:00—23:00	0.2～0.4	0.4～0.8	0.8～1.6
住宅建筑夜间 23:00—次日 7:00	0.1～0.2	0.2～0.4	0.4～0.8

（4）德国标准

德国标准化学会（DIN）于 1999 年发布了《Vibrations in buildings-Part2: Effects on person in buildings》DIN4150-2—1999，规定了评价量及人在建筑物内感受振动的评价容许值等。评价量为速度计权振动严重度（KB）：

$$KB = \frac{0.13f}{\sqrt{1+\left(\frac{f_0}{f}\right)^2}}\upsilon(f) \tag{4-10-2}$$

式中：f——振动频率（Hz），f_0 =5.6Hz；

$\upsilon(f)$——振动速度最大值（mm/s）。

人在建筑物内感受振动的KB容许值见表 4-10-5，其中，振动频率为 1～80Hz。

建筑物内振动 *KB* 容许值　　**表 4-10-5**

序号	建筑类别	白天（6:00—22:00）			夜间（22:00—次日 6:00）		
		Au	Ao	Ar	Au	Ao	Ar
1	商业区、贸易区	0.4	6	0.2	0.3	0.6	0.15
2	主要工业区	0.3	6	0.15	0.2	0.4	0.1
3	非主要工业区和公寓混合区	0.2	5	0.1	0.15	0.3	0.07
4	纯住宅	0.15	3	0.07	0.1	0.2	0.05
5	医院、康复中心等特殊敏感区	0.1	3	0.05	0.1	0.15	0.05

注：表中，Au 表示连续的、干扰性的反复振动；Ao 表示不经常的冲击作用；Ar 表示均值限值。

综合国内外相关标准及我国既有铁路振动影响现状，建议在铁路站区开发中，主要考虑建筑物内竖向振动对人体舒适性的影响。参考《建筑工程容许振动标准》GB 50868—2013，建议按振动敏感性和可接受度，将铁路站区开发中可能建设的商场、会展中心等建筑物分为 3 类：（1）敏感建筑，如学校、医院等；（2）居住建筑，如酒店、住宅等；（3）其他建筑，如商场、商店、购物中心、会展中心、写字楼等。对于铁路站区不同类型建筑的振动限值，应充分考虑列车运行对站区建筑物带来的影响，建议铁路站区振动限值不得超过国家强制标准的要求。建议振动控制目标值为：敏感建筑全天 74dB，居住建筑昼间 80dB、夜间 77dB，其他建筑全天 86dB。城市中心区域且有条件的站区，可以从提升站区综合品质的角度，进一步提升振动限值要求。具体建议是：敏感建筑全天 65dB，居住建筑昼间 70dB、夜间 67dB，其他建筑昼间 75dB、夜间 72dB。根据预测，我国铁路车站上方建筑物内列车通过时最大振级在 80～93dB。在上盖建筑物合理规划布局的基础上，车站顶部与综合开发敏感建筑的围护结构需采取相应的隔振措施。

三、站房减振方法

衰减高铁运行引发的站房结构振动通常有三种方式：从振源处、振动传播途径或在待减振目标处进行减振处理。对于高架车站而言，列车荷载直接作用在建筑结构上，因此，主要考虑在振源处，即轨道结构上进行减振处理。

北京丰台站普高速车场均采用有砟轨道，目前，常用的减振措施包括：弹性扣件、枕下弹性垫板、复合轨枕以及道砟垫等。对于高铁轨道结构，常用的弹性扣件主要有轨道减振器扣件、Vanguard 扣件、Lord 扣件等，但长久使用容易引起轨道的严重波磨现象，影响轨道系统的安全。枕下弹性垫板是在混凝土轨枕底面粘贴一层橡胶垫层，该措施可显著缓解铁路列车通行前后引起的轨枕刚度变化，进而改善列车-轨道系统的动力特性。复合轨枕是以废塑料及其他废弃矿物质为主要原料，再辅以化学添加物及其他装填加固物压制而成的轨枕，复合轨枕生产成本低，能显著减小钢轨和道床的振动，但同时会增加钢轨的竖向位移，增加轨道系统的不平顺，从而增加轨道间的冲击作用。道砟垫是一种铺设在有砟道床下的柔性结构，通过增大道床的弹性，从而减小道床与楼面间的冲击作用，降低道砟的损耗，并使运营维护工作量显著减少。北京丰台站即是采用这种减振方法，其中，减振垫采用聚氨酯道床减振垫，静模量分别为 0.03N/mm^3 和 0.11N/mm^3，厚度为 19mm。

四、振动控制效果

1. 振动响应对比

由于本项目在实施前期丰台站暂未通车，因此，本节将通过 MIDAS/Civil 软件对减振实施效果进行对比。仿真情景选用列车以 75km/h 在高架站台层 L13 线和地面站台层 L4 线双层通车，根据是否加减振垫和分别加 0.03N/mm^3 减振垫或 0.11N/mm^3 减振垫，共分为三种工况，轨道线位置如图 4-10-4 所示。其中，分析步时间间隔为 0.002s，总计算时长 28s，得到每种工况下各层的竖向振动响应。

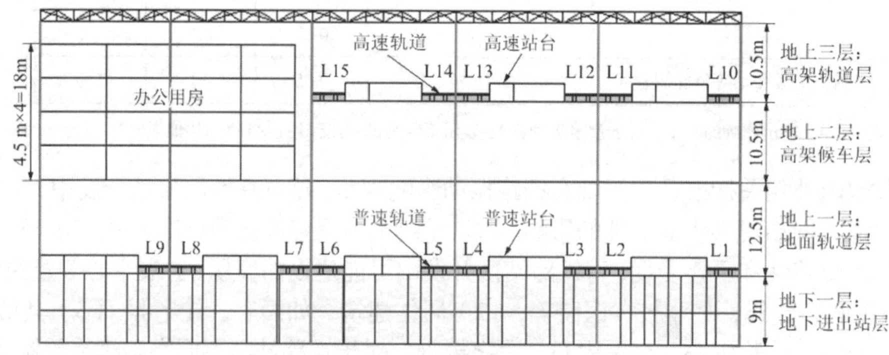

图 4-10-4　北京丰台站有限元模型轨道线剖面图

工况 1：不铺设减振垫

在此工况下，提取每层楼板和站台板振动响应最值点的加速度时程数据，绘制时域内和频域内的加速度响应图，并将频域图在[0,1]进行归一化计算，得到各层楼板最值点的加速度响应如图 4-10-5 和图 4-10-6 所示。

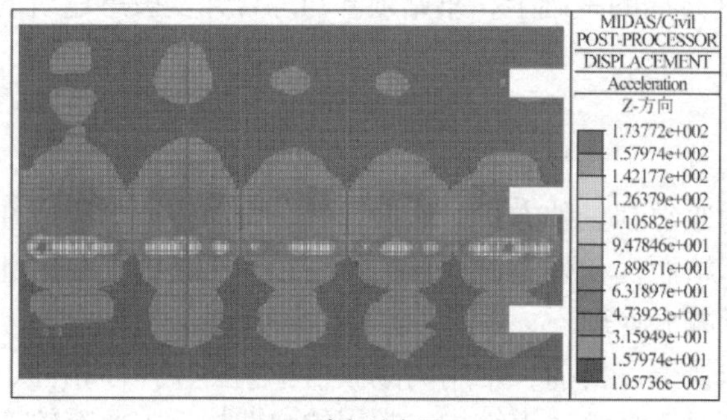

(a) 高架站台层

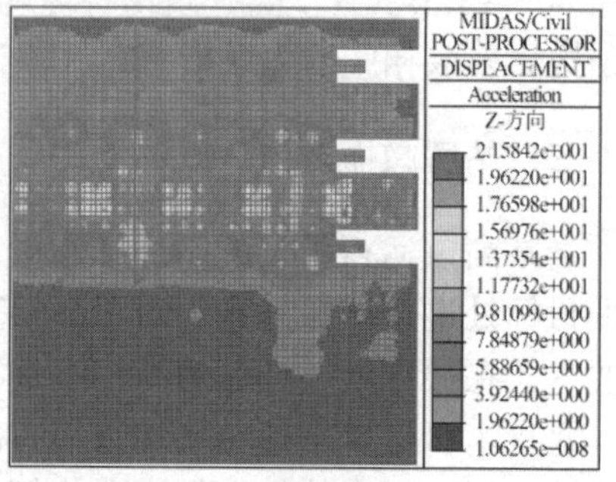

(b) 高架候车层

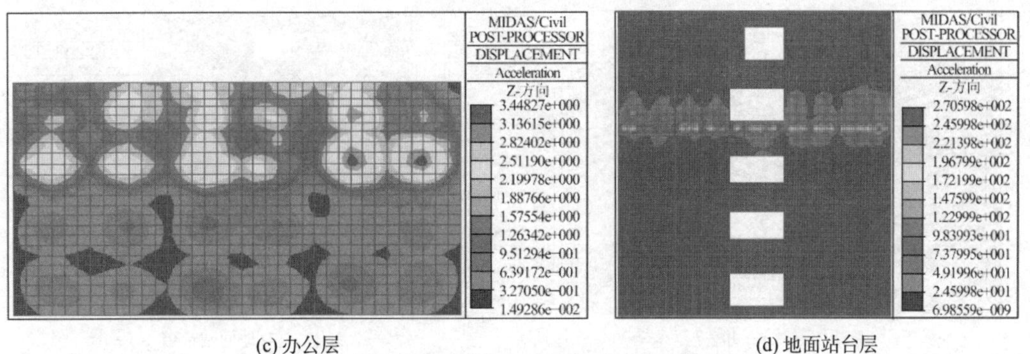

(c) 办公层　　(d) 地面站台层

图 4-10-5　工况 1 下各典型层的振动响应

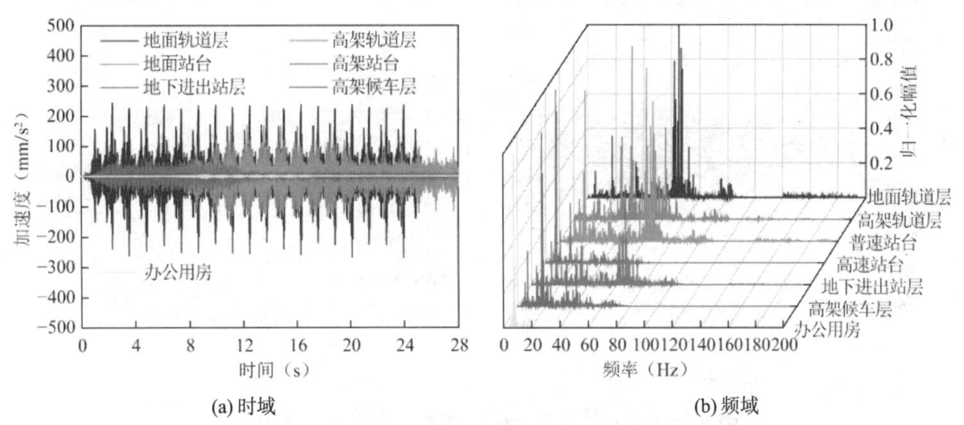

(a) 时域　　(b) 频域

图 4-10-6　工况 1 下各层楼板最值点的加速度响应

由图 4-10-5 和图 4-10-6 可知，当列车以 75km/h 在高架站台层和地面站台层同时通行时，其振动响应峰值出现在列车运行线路中心线上，横向上逐渐向周边扩散并衰减，对应的峰值频率分别为 40Hz 和 66Hz 左右；对于高架候车层，其振动响应峰值出现在与上、下层列车行车线路竖向对应的区域，板块振动响应范围较大，振动峰值为 21.58mm/s^2，峰值频率为 20Hz 左右；办公层的加速度峰值频率最低，为 5Hz 左右，这说明办公层的振动受高架站台层行车的影响更大。

工况 2：铺设静模量为 0.03N/mm^3 的道床减振垫

在此工况下，提取每层楼板和站台板振动响应最值点的加速度时程数据，绘制时域内和频域内的加速度响应图，并将频域图在[0,1]进行归一化计算，得到各层楼板最值点的加速度响应如图 4-10-7 和图 4-10-8 所示。

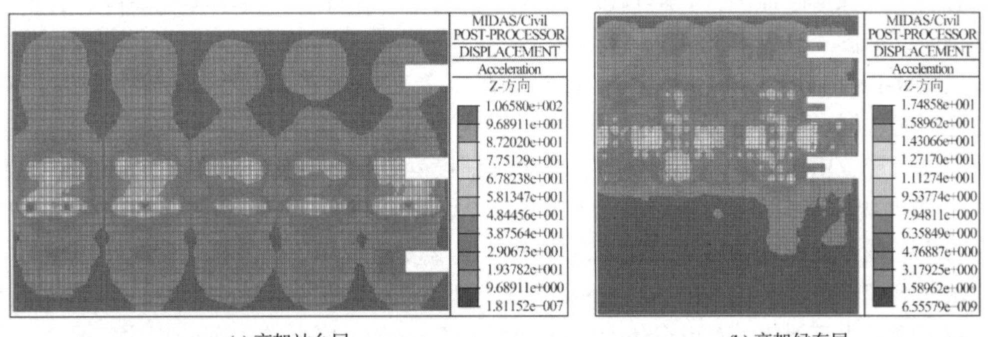

(a) 高架站台层　　(b) 高架候车层

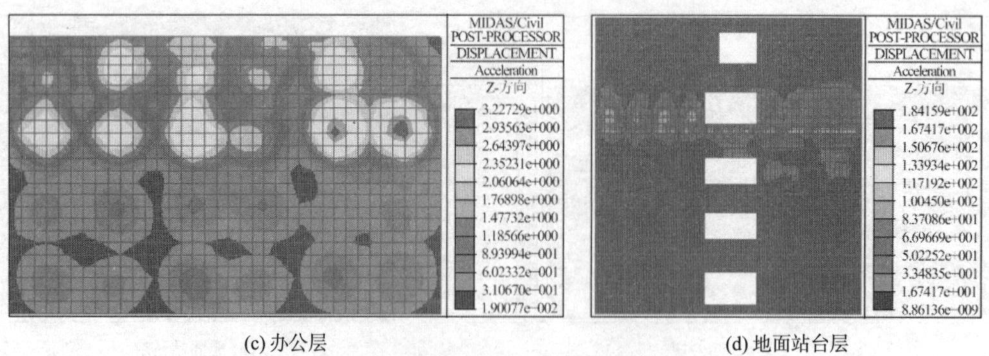

(c) 办公层　　(d) 地面站台层

图 4-10-7　工况 2 下各典型层的振动响应

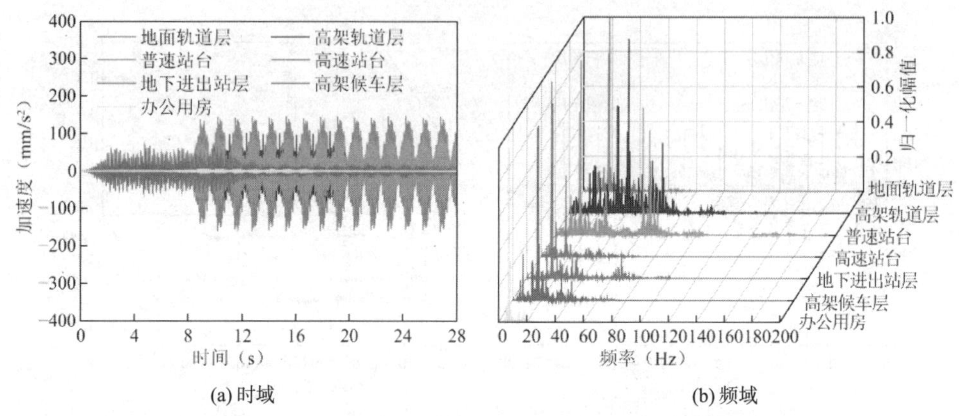

(a) 时域　　(b) 频域

图 4-10-8　工况 2 下各层楼板最值点的加速度响应

由图 4-10-7 和图 4-10-8 可知，当列车以 75km/h 在高架站台层和地面站台层双层同时通行时，铺设静模量 0.03N/mm³ 的道床减振垫后，站房结构振动响应最大值仍然出现在地面站台层，相比不铺设减振垫的工况 1，振动传递规律基本一致，各层振动响应的较大值均出现在列车行车线路的中心线上及与列车行车线路竖向对应的区域上，但站台层的振动响应峰值均有衰减。其中，高架站台层的振动响应峰值由工况 1 的 173.8mm/s² 减小到 106.6mm/s²，降低约 39%；地面站台层的振动响应峰值由工况 1 的 270.6mm/s² 减小为 184.2mm/s²，降低约 32%，同时高架站台层和办公层也有小幅降低；通过频域图可以看出，使用减振垫后结构各层的频率幅值在 60Hz 之后均有降低。上述结果表明，铺设道床减振垫对于站房结构减振有较好的效果。

工况 3：铺设静模量为 0.11N/mm³ 的道床减振垫

在此工况下，提取每层楼板和站台板振动响应最值点的加速度时程数据，绘制时域内和频域内的加速度响应图，并将频域图在[0,1]进行归一化计算，得到各层楼板最值点的加速度响应，如图 4-10-9 和图 4-10-10 所示。

从图 4-10-9 和图 4-10-10 可以看出，当列车以 75km/h 在高架站台层和地面站台层双层同时通行时，铺设静模量 0.11N/mm³ 的道床减振垫后，站房结构振动响应最大值仍然出现在地面站台层，相比不铺设减振垫的工况 1 和铺设静模量 0.03N/mm³ 的道床减振垫的工况 2，振动传递规律基本一致，各层振动响应的较大值均出现在列车行车线路的中心线上及其出现对应区域，但振动响应峰值与工况 1 和工况 2 变化规律不同。相比工况 1，高架站台层的振动响应峰值由工况 1 的 173.8mm/s² 减小到 164.1mm/s²，降低约 5%，地面站台层的振动响应峰值由工况 1 的 270.6mm/s² 减小为 219.2mm/s²，降低约 18%；相比工况 2，高架站台层的振动响应峰值由工况 2 的 106.6mm/s² 增加到 164.1mm/s²，增加约 53%，地面站台层的振动响应峰值由工况 2 的 184.2mm/s² 增加为 219.2mm/s²，增加约 19%。通过单一的振动响应峰值对比，可以发现静模量 0.11N/mm³ 的减振垫仍具有减振效果，但减振效果不如静模量为 0.03N/mm³ 减振垫。

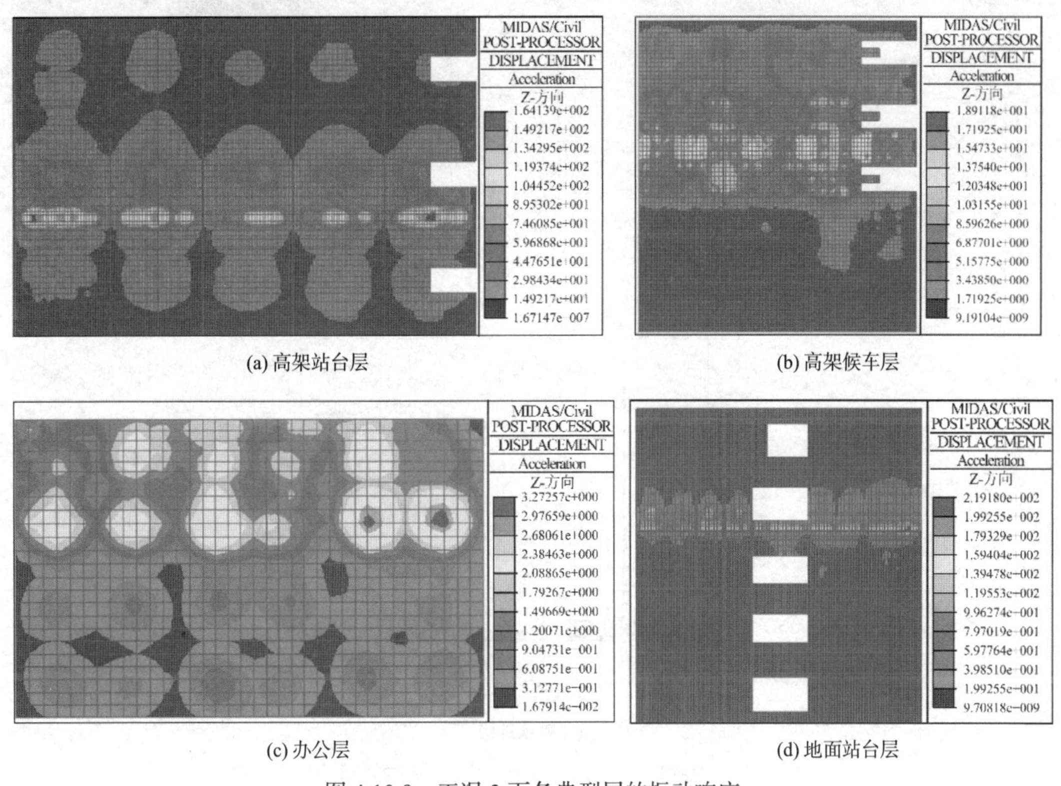

(a) 高架站台层　　(b) 高架候车层

(c) 办公层　　(d) 地面站台层

图 4-10-9　工况 3 下各典型层的振动响应

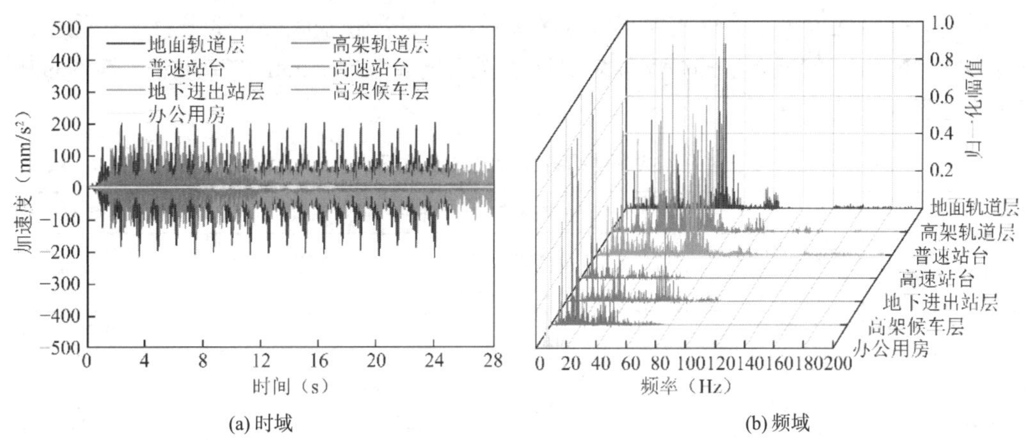

(a) 时域　　(b) 频域

图 4-10-10　工况 3 下各层楼板最值点的加速度响应

此外，为了更直观地表现铺设道床减振垫的减振效果，本部分将按照未铺设减振垫、铺设静模量为 0.03N/mm³ 的减振垫和铺设静模量为 0.11N/mm³ 的减振垫三种情况进行对比分析，并参照站房结构模型中同一点在三种工况下的时域和频域内加速度时程来判断减振程度，如图 4-10-11 所示。

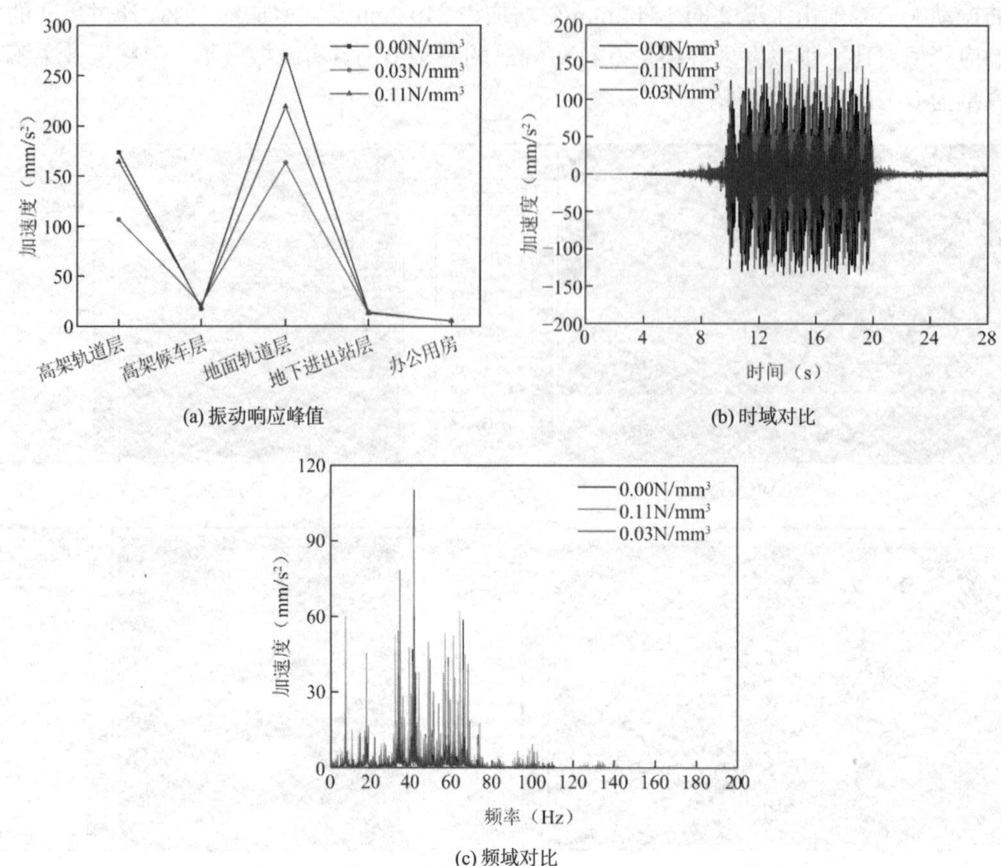

(a) 振动响应峰值

(b) 时域对比

(c) 频域对比

图 4-10-11 模型中一随机点处振动水平对比

由图 4-10-11 可知，道床减振垫的铺设能够对结构整体起到一定的减振效果，具体到每一分区，其减振效果不一，这主要与各分区楼板自身特性和基底振动水平有关；此外，静模量为 0.03N/mm³ 的减振垫的减振效果要优于静模量为 0.11N/mm³ 的减振垫，具体的减振率对比见表 4-10-6。

站房结构各层板的减振效果 **表 4-10-6**

楼层		无减振垫	静模量 0.03N/mm³	静模量 0.11N/mm³
高架站台层	峰值加速度（mm/s²）	173.8	106.6	164.1
	减振率（%）	—	38	6
高架候车层	峰值加速度（mm/s²）	21.58	17.49	18.91
	减振率（%）	—	19	12
地面站台层	峰值加速度（mm/s²）	270.6	184.2	219.2
	减振率（%）	—	32	19
地下一层	峰值加速度（mm/s²）	14.04	13.06	12.94
	减振率（%）	—	7	8
办公层	峰值加速度（mm/s²）	3.448	3.227	3.273
	减振率（%）	—	6	5

2. 振动舒适度对比

当前，国内外对于铁路车站没有明确的振动标准，常参考的国内标准为《城市区域环境振动标准》GB 10070—1988，该标准以竖向 Z 振级VL_Z作为评价指标，对于铁路干线两侧（距每日车流量不少于 20 列的铁道外轨 30m 外侧）的限值标准是 80dB，对于混合区和商业中心区的昼间限值为 75dB。按照车站结构的不同功能分区，结合车站整体划分成两个分区分别进行振动舒适度评价，分别为站台区和站房区，其中，站台区包括直接承受列车作用的高架站台层和地面站台层，站房区包括高架候车层和办公层。在振动舒适度评价限值的选取上，结合国内外研究和本例实际情况，考虑到站台层所取测点位置为与轨道结构的直接接触点，本层振动响应峰值处，且人群在站台逗留时间较短，因此，设定站台区振动舒适度标准为 86dB；站房区的高架候车层、办公层和地下一层昼间多为人群聚集地，按照混合区、商业中心区限值标准取值为 75dB。

振动舒适度评价的基础数据为各工况下结构各层板振动响应最值点的加速度时程，所采用的方法为首先计算 1/3 倍频程中心频率对应的 Z 计权振动加速度级，再根据《城市区域环境振动标准》GB 10070—1988 计算总振级VL_Z作为最终评价指标。

3. 站台区振动评价

站台区针对高架站台层和地面站台层进行振动评价，振动限值为 86dB。图 4-10-12 给出了所有工况的 Z 计权振动加速度级，表 4-10-7 列出了每个工况下站台区的总振级。

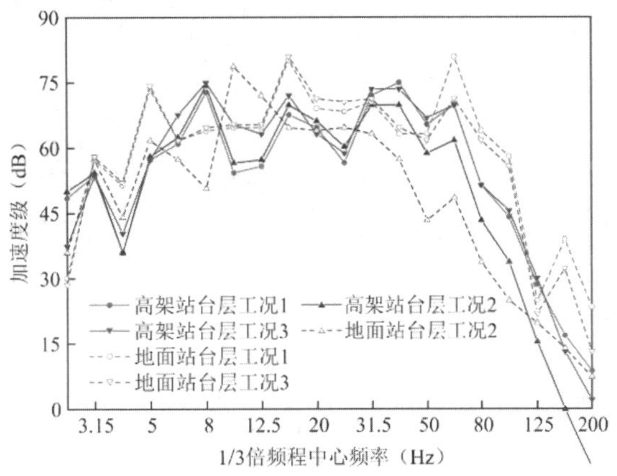

图 4-10-12 站台区 Z 计权振动加速度级

站台区总振级（dB） **表 4-10-7**

站台位置	工况 1	工况 2	工况 3
高架	79.0	76.5	78.3
地面	84.7	80.9	82.9

由图 4-10-12 和表 4-10-7 可知，每个工况下直接承受列车作用的站台层 Z 振级和总振级均较大，结论仍与前述一致，0.03N/mm³ 的减振垫效果优于 0.11N/mm³ 的减振垫，同时，减振垫对 12.5～80Hz 的振动有较好的减振效果。综上，站台区总振级均在限值 86dB 之内。

4. 站房区振动评价

站房区针对高架候车厅和办公层进行振动评价，振动限值为 75dB。图 4-10-13 给出了所有工况的 Z 计权振动加速度级，表 4-10-8 列出了每个工况下站台区的总振级。

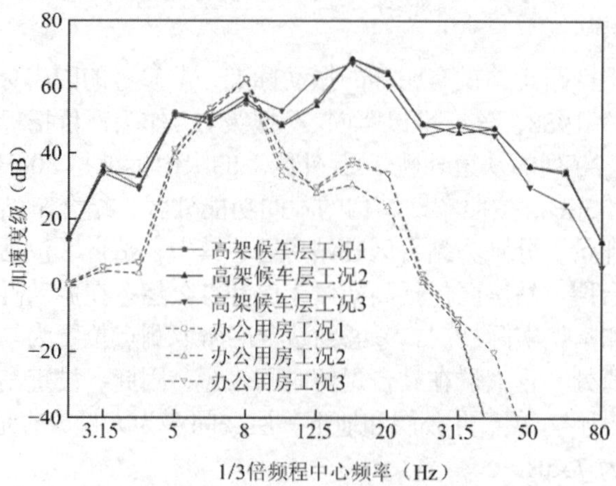

图 4-10-13　站房区 Z 计权振动加速度级

站房区总振级（dB） **表 4-10-8**

位置	工况 1	工况 2	工况 3
高架候车层	69.1	63.3	65.9
办公层	62.5	60.4	61.9

[实例 4-11] 振源智能反演技术在邻近地铁建筑物振动预测与评估中的应用

一、工程概况

前滩 21 号地块项目为大型商住综合体，位于上海浦东新区东方体育中心东南侧，该项目北侧邻近包括地铁 11 号线和 6 号线在内的四条地铁线路，南侧、西侧和东侧均为交通繁忙的主干道。地铁运行和路面交通振源引起的振动情况复杂。其中，地铁 11 号线下行线隧道边缘与拟建地面裙楼地下室最近距离约 10m，隧道埋深为 13.5m，内径和外径分别为 5.5m 和 6.2m，衬砌厚度为 0.35m。地铁隧道与拟建建筑物位置关系如图 4-11-1 所示。

由于该大型商住综合体与地铁距离较近，建成后地铁列车运行引起建筑物振动可能超过相关规范要求，对室内振动舒适性造成不利影响。因此，需要在建筑施工前开展场地振动实测，明确地铁运行引起的场地振动水平。考虑到隧道与建筑物之间的位置关系以及复杂振源条件，需根据拟建场地地表振动预测地下室和上部结构建成后的振动水平，以便在设计阶段采取有效的减隔振措施。为此，本项目采用了一种振源智能反演技术，可较为准确地预测地表测点振动响应，基于反演得到的振源和有限元数值模型可进一步预测和评估拟建建筑结构的振动响应。

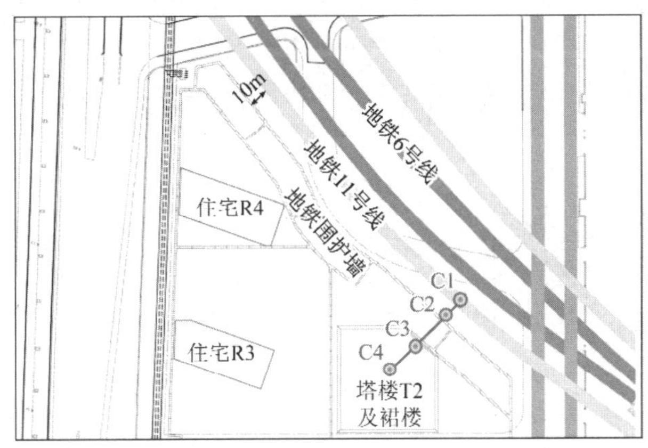

图 4-11-1　地铁隧道与拟建建筑物位置关系图

二、振源智能反演技术

1. 地铁振源输入的频域反演预测方法

地铁振源可根据地面实测点振动和振动传递函数获得。其中，传递函数定义为零初始条件下线性系统输出量的傅里叶变换与输入量的傅里叶变换之比，即：

$$T(\omega) = R(\omega)/F(\omega) \tag{4-11-1}$$

式中：$T(\omega)$——线性系统的传递函数；

$R(\omega)$——线性系统输出量的傅里叶变换；

$F(\omega)$——线性系统输入量的傅里叶变换。

本方法无需进行地铁振源的振动实测，而是采用有限元建模计算来获取传递函数，结合振动实测测点（输出）的傅里叶变换，从而反演振源（输入）的 FFT 变换，再经过振源频谱的傅里叶逆变换即可得到振源时程。同样结合振源的频谱和传递函数，可以预测场地任意位置处的振动响应。利用地表实测数据反演振源输入并开展振动预测的流程图如图 4-11-2 所示。具体步骤如下：

（1）获取地表实测点的频谱

对地表实测时程（可以是位移、速度或加速度时程）进行 FFT 变换，得到地表实测点对应的幅值谱和相位谱。

（2）计算场地振动传递函数

利用有限元建立隧道-分层地基的振动分析模型在地铁轨道处施加单位幅值的正弦波荷载，并计算模型中各点处的振动响应。随后对正弦波荷载和振动观测点处的响应时程进行傅里叶变换，得到正弦波振源输入和振动观测点处的傅里叶谱。随后改变正弦波荷载的频率进行扫频加载，得到整个频域范围内的振动传递函数。扫频范围需要根据实测数据的采样频率而定。

（3）结合地表实测和传递函数反演振源

根据不同频率处的地铁-隧道衬砌-分层地基模型的振动传递函数，对已得到地表某一点处实测振动的傅里叶谱按频率进行反演，得到地铁振源处的振动傅里叶谱。最后，结合反演得到的地铁振源处的振动傅里叶谱和任意一点处的振动传递函数，可以得到任意点处的振动傅里叶谱，并对其进行傅里叶逆变换即可得到任意点处的振动时程。

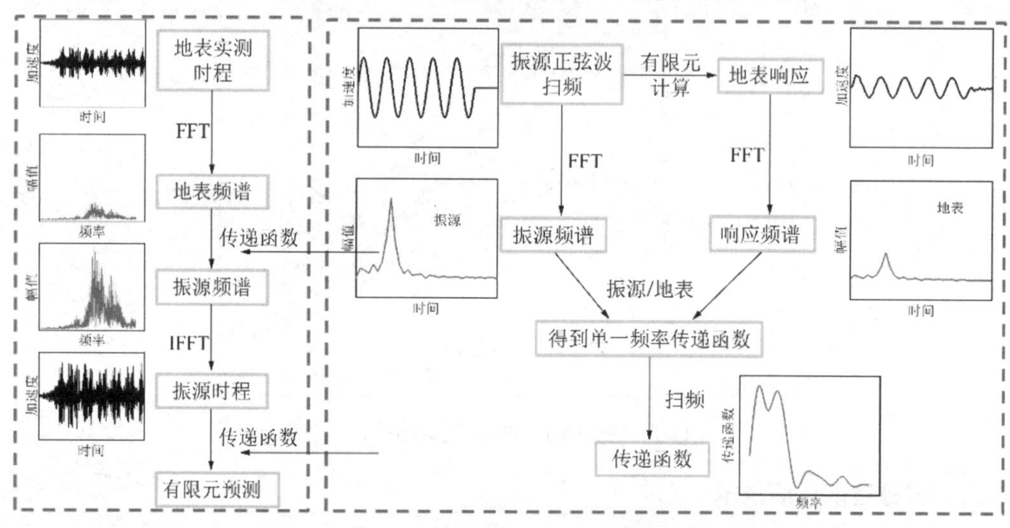

图 4-11-2　地铁振源输入的频域反演预测流程图

2. 地铁振源多目标优化及决策过程

当仅采用一个地面测点进行反演时，可根据前述频域反演方法得到振源频谱，并利用传递函数预测其他点的振动。当采用多个地面测点进行反演时，由于不同地表实测点反演得到的地铁振源并不相等，选择不同的反演振源作为荷载输入将获得不同的预测效果。为使振源激励下不同测点振动响应整体达到最优，采用智能多目标优化算法将多个地表测点反演得到的多个振源进行群体优化，即让模拟的波动场接近真实的波动场。本项目利用

NSGA2 遗传算法求得均衡n个目标函数的 Pareto 最优解集，然后根据决策方法在 Pareto 最优解集中选出一个与最优解（各目标均最优）最接近的结果作为计算结果。

（1）多目标优化

NSGA2 遗传算法具有全局搜索、结果可靠等特点，适合求解非线性优化问题，克服了传统的加权求和法和线性规划法等传统多目标优化方法预测效果差的问题。采用遗传算法进行优化时首先需要确定适应度函数，即目标函数。适应度函数需要有效反映每一个测点处计算值与实测值之间的差距。反演采用的目标函数表示为计算得到的 Z 振级与对应实测数据 Z 振级的累计残差和，即：

$$\delta_i(k)=\sum_{k=1}^{m}[\mathrm{VAL}_{\mathrm{Z,cal}}(k)-\mathrm{VAL}_{\mathrm{Z,mea}}(k)]^2(i=1,\cdots,n) \tag{4-11-2}$$

式中：$\delta_i(k)$——第i个目标函数，目标函数个数与实测点个数相等；

m——频域范围内 1/3 倍频程对应中心频率的个数；

$\mathrm{VAL}_{\mathrm{Z,cal}}(k)$——1/3 倍频程谱中第$k$个中心频率 Z 振级的计算值；

$\mathrm{VAL}_{\mathrm{Z,mea}}(k)$——1/3 倍频程谱中第$k$个中心频率 Z 振级的实测值。

其次，需要确定地表示测点反演的多个振源频谱幅值与遗传算法个体之间的关系，如图 4-11-3（a）所示。用于反演的n个地表测点的时程分别为$b_i(t)$，数据点总个数为P，采样频率为f_s。傅里叶变换后对应的频谱分别为$B_i(\omega)$。根据前述的传递函数反演得到的振源分别为$A_i(\omega)$。则频率为ω时，振源对应的频谱幅值$A(\omega)$可由各反演振源$A_i(\omega)$频谱幅值按下式叠加得到：

$$A(\omega)=N_1A_1(\omega)+N_2A_2(\omega)+\cdots+N_nA_n(\omega) \tag{4-11-3}$$

$$\boldsymbol{N}=[N_1,N_2,\cdots,N_n] \tag{4-11-4}$$

式中：N_i——权重因子，是元素个数为$P/2$ 的列向量，各元素取值范围为(0,1)；

$\boldsymbol{N}$——遗传算法中的单个个体。

可见，寻找最优振源的问题转化为利用遗传算法确定最优矩阵$\boldsymbol{N}$。

接下来将采用 NSGA2 遗传算法进行优化计算，流程如图 4-11-3（b）所示。首先，随机产生一定数量的个体，组成初始种群。随后利用反演振源计算各测点 Z 振级并进行非支配排序，即将各个个体分级排序，种群级别越靠前的个体有更大概率接近最优解。随后设置选择算子模拟“优胜劣汰”，适应度高的个体被遗传到下一代的概率较大，适应度低的算子被遗传到下一代的概率较小。然后在种群内部两两比较个体次序，当两个个体次序不相等时选择次序小的个体。当两者次序相等时则选择拥挤度更大的个体。其中，拥挤度为单个个体周围的其他个体的密度。拥挤度越大说明个体与其他个体的相似度越低。为了保证种群多样性，让计算结果不会过快收敛于局部极值，拥挤度大的个体则应该被选出来，相反的则被淘汰掉。随后对个体N_i进行交叉和变异。其中，交叉操作是对两个相互配对的个体按特定方式相互交换其部分数值，从而形成两个新的个体。而变异则是将个体中的某些元素上的数值用其他个体对应元素来替换，从而形成一个新的个体并抑制早熟。可见交叉算子与变异算子的共同配合完成了对搜索空间的全局搜索和局部搜索，从而使遗传算法能以良好的搜索性能完成最优化问题的寻优过程，且避免了陷入局部最优解。随后将新产生的子代和父代种群合并，再次进行非支配排序和拥挤度计算，淘汰掉部分结果较差的个体确保种群数量不变。然后引入精英策略，竞争产生新种群，并找到适应度最高的个体。

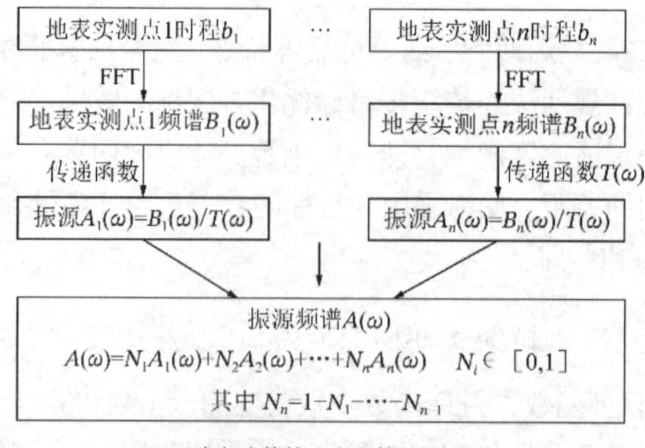

(a) 确定遗传算法中个体的流程图

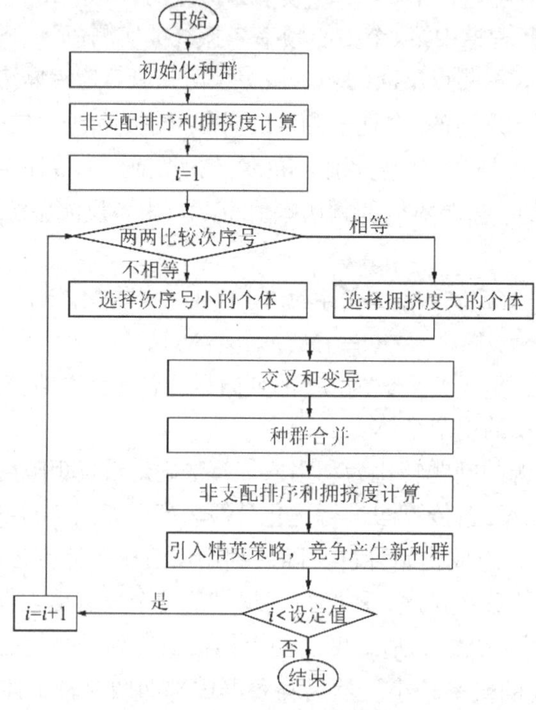

(b) NSGA2 遗传算法的计算流程图

图 4-11-3　地铁振源多目标优化流程图

（2）多目标决策

由于前述求解出的 Pareto 最优解集中各解均不能使得地表各个测点处的预测误差最小，因此，需要通过合理算法计算每个解与理论最优解之间的差距。并按差距进行排序，从而找到 Pareto 最优解集中与理论最优解最接近的一个解。

决策过程主要分为以下步骤：

①假设 Pareto 最优解集中解的个数为x，以n个目标函数作为评估依据，由此得到评估指标矩阵$\boldsymbol{S}$：

$$\boldsymbol{S}=(s_{ik})_{x\times n} i=1,2,\cdots,x;\ k=1,2,\cdots,n \tag{4-11-5}$$

②将指标矩阵$\boldsymbol{S}$中的各个元素按最大值进行归一化：

$$\bar{s}_{ik}=\frac{s_{ik}}{s_{k,\max}} \tag{4-11-6}$$

式中：$s_{k,\max}$——指标矩阵中每一列元素的最大值。

③利用 COWA 算子计算n个目标函数的客观权重φ_k：

$$\varphi_k=\frac{\overline{\varphi}_k}{\sum_{k=1}^{n}\overline{\varphi}_k} \tag{4-11-7}$$

$$\overline{\varphi}_k=\sum_{i=1}^{x}\bar{s}_{ik}\cdot\frac{C_{x-1}^{k-1}}{\sum_{j=0}^{x-1}C_{x-1}^{j}}=\sum_{i=1}^{x}\bar{s}_{ik}\cdot\frac{C_{x-1}^{k-1}}{2^{x-1}} \tag{4-11-8}$$

式中：C_{x-1}^{k-1}——从$x-1$个元素中任意选取$k-1$个元素的组合数。

④将目标函数的客观权重φ_k与指标矩阵相乘，得到赋权指标矩阵$\boldsymbol{G}$：

$$\boldsymbol{G}=(g_{ik})_{x\times n} \tag{4-11-9}$$

$$g_{ik}=\bar{s}_{ik}\cdot\varphi_k \tag{4-11-10}$$

⑤选取赋权指标矩阵$\boldsymbol{G}$每列的最小元素和最大元素，并分别作为最优解g_1和最劣解g_2：

$$g_1=\min(g_{1i},g_{2i},\cdots,g_{1n}) \tag{4-11-11}$$

$$g_2=\max(g_{1i},g_{2i},\cdots,g_{1n}) \tag{4-11-12}$$

⑥计算赋权指标矩阵$\boldsymbol{G}$各元素与最优解和最劣解之间的距离D_1和D_2：

$$D_1=\sqrt{\sum_{k=1}^{n}(g_{ik}-g_1)^2} \tag{4-11-13}$$

$$D_2=\sqrt{\sum_{k=1}^{n}(g_{ik}-g_2)^2} \tag{4-11-14}$$

⑦计算 Pareto 最优解集中各元素与理论最优解（即各列值均取最优解）的接近指数R_{m}，如式(4-11-15)所示，并选取接近指数最大的解作为该解集中的最优解。

$$R_{\mathrm{m}}=\frac{D_2}{D_1+D_2} \tag{4-11-15}$$

三、现场振动测试

为了有效评估地铁运行对该拟建大型商住综合体振动舒适性的影响，选择地铁最近的塔楼 T2 及裙楼作为评估对象。沿地铁 11 号线隧道垂直方向在地表共布置 4 个测点，如图 4-11-1 所示。其中，测点 C1 位于地铁 11 号线靠近场地一侧隧道中心正上方地表，测点 C2、C3、C4 与 C1 的距离分别为 6m、22m 和 70m。

选取昼间的高峰时间段（16:30—19:20）进行测试，该时间段地铁运营周期短且引发环境振动的水平较高，对拟建建筑物影响是最为严重的。每个测点测试总时长为 30min，保证测试期间上下行列车各不少于 5 次。图 4-11-4 给出了地铁 11 号线经过时地表 4 个测点的典型竖向时程和频谱。竖向加速度峰值随着距离的增加逐渐减小，各测点加速度峰值分别为 223.38mm/s²、163.5mm/s²、39.8mm/s² 和 14.4mm/s²。对比各测点频谱曲线可知，地铁列车引起的地面竖向振动优势频率和对应幅值均随着距离增加呈衰减趋势。

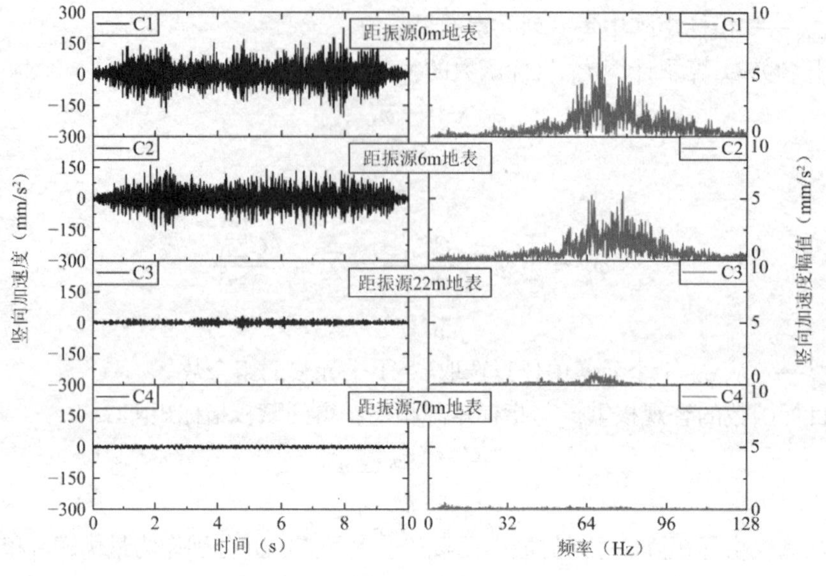

图 4-11-4　典型加速度时程和频谱图

为进一步对比不同频率振动的衰减特性，图 4-11-5 给出了典型加速度 1/3 倍频程谱，并按《城市轨道交通（地下段）列车运行引起的住宅建筑室内结构振动与结构噪声限值及测量方法》DB 31/T 470—2009 计算得到加速度 Z 振级。裙楼地表处的 C2 测点 Z 振级为 71dB，塔楼 T2 处的 Z 振级为 61.7dB，均满足规范的昼间 72dB 振动限值要求。随着与轨道中心的水平距离由 0m 增大至 70m，当中心频率小于 2Hz 时，Z 振级衰减不明显，甚至在一些频带内出现了 Z 振级随距离增加的现象。当中心频率在 2～20Hz 范围内时，Z 振级随距离增加呈现波动式衰减。当中心频率高于 20Hz 时，Z 振级随距离增加衰减明显；在 80Hz 时振动衰减量达到 28.4dB。综上可知，地铁引起的地面振动低频衰减不明显，中频范围内呈现波动式衰减，高频范围内振动的衰减速度显著快于低频振动。

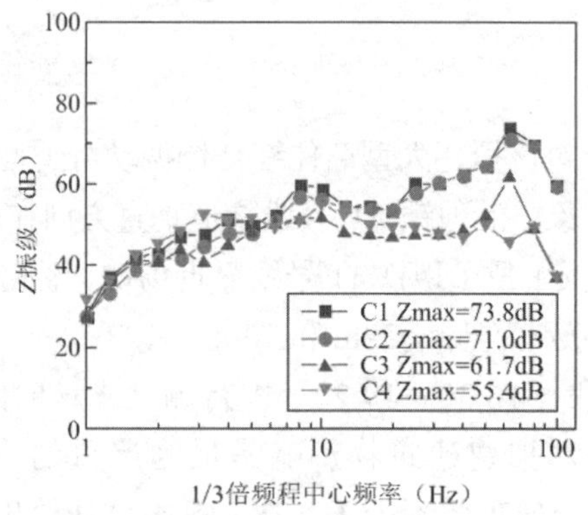

图 4-11-5　典型加速度 1/3 倍频程图

四、有限元模型与传递函数计算

采用二维有限元模型计算了隧道-土体系统的传递函数。有限元模型如图 4-11-6 所示。该模型的深度和长度均为 80m，土层材料性质根据表 4-11-1 进行设置。由于现场土体可视为完全饱和状态，故假设土体的泊松比为 0.49。模型左侧为对称边界，右侧边界和底部边界为无限元边界，以模拟无限弹性半空间。为保证动力有限元的精确性，单元尺寸应小于最小波长的 1/12。在该模型中，考虑到地表处的土体最小剪切波速度为 110m/s，且在近场的最大振动频率达 80Hz。因此，在隧道衬砌处的最小单元尺寸选取为 0.1m，网格尺寸随距离增加逐渐增大至 1m，以节省计算成本。通过对地铁轨道施加单位振幅的正弦荷载扫频计算得到了传递函数，如图 4-11-7 所示，可见传递函数的幅度随距离波动变化。

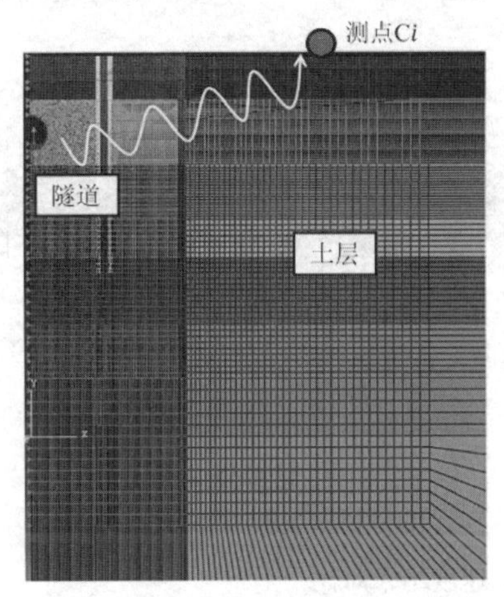

图 4-11-6　有限元模型图

图 4-11-7　各测点振动传递函数曲线

场地土层物理力学特性　　表 4-11-1

土层	土层名称	层厚（m）	天然密度（kg/m³）	剪切波速（m/s）	泊松比	杨氏模量（MPa）
②	粉质黏土	4.4	1830	110	0.49	66.0
③	淤泥质粉质黏土	3.1	1788	124	0.49	81.9
④	淤泥质黏土	11.2	1750	137	0.49	97.9
⑤$_{2-1}$	砂质粉土夹粉质黏土	9.3	1740	235	0.49	286.4
⑤$_{2-2}$	粉砂	6.5	1730	266	0.49	364.8
⑤$_{3}$	粉质黏土夹粉性土	11.3	1730	283	0.49	412.9
⑦	粉砂	19.2	1840	317	0.49	551.0
⑨	粉砂	15	1760	372	0.49	725.8
—	C30 钢筋混凝土	—	2450	—	0.2	30000.0

五、振动预测效果

根据拟建建筑物位置，采用 C1、C3 和 C4 处的加速度实测值与传递函数进行多目标优化反演得到了振动源处的加速度，并使用 C2 处的加速度响应验证了预测结果。图 4-11-8 比较了 C2 处场地振动预测和实测结果的加速度 1/3 倍频谱和时程曲线。

图 4-11-8（a）比较了预测和实测的 1/3 倍频程谱。整体而言，预测和测量结果符合良好，振动水平随频率变化的趋势也相一致。预测和实测的加权最大 Z 振级分别为 79.2dB 和 78.1dB，在 12.5～63Hz 频带处预测振级略高于实测振级，其余频带范围则相反。将其转换为时程曲线如图 4-11-8（b）所示，可见预测和实测加速度在波形和幅值上表现出较好的一致性。

综上，预测与实测结果的比较验证了本节提出的振源智能反演技术的适用性和准确性。通过将数值模拟和现场测试相结合，该方法可以简单而高效地预测地铁引发环境振动与邻近建筑物结构振动响应。

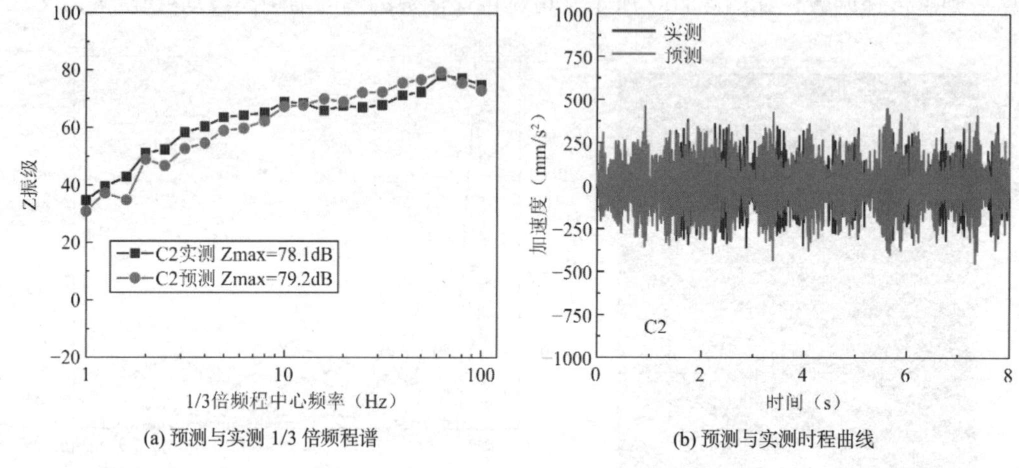

(a) 预测与实测 1/3 倍频程谱　　(b) 预测与实测时程曲线

图 4-11-8　测点 C2 预测与实测加速度结果对比

[实例 4-12] 多等级减振预制道床技术及其在青岛地铁的应用

一、工程概况

减振预制浮置道床在轨道交通减振领域已经被广泛应用，许多专家学者对减振垫浮置板系统作了大量的研究，研究表明预制道床具有铺设精度高，进度及质量易控制，劳动强度小，后期维护方便等优点，所以道床全面预制化已成为国内轨道交通建设发展趋势，并在北京、上海、深圳等地广泛应用，通过大量的工程经验可知，预制道床中的钢弹簧浮置板虽然减振效果较好，但是具有铺设成本较高、动态位移较大等缺点，而且目前减振垫预制道床技术存在减振等级单一固定以及失效后难以更换等缺点。

为解决以上问题，研发了基于弹性减振垫的多等级减振通用预制道床技术，并在青岛地铁 1 号线和 4 号线上进行了应用和减振效果测试。

二、多等级减振预制道床技术

多等级减振通用预制道床技术的原理如图 4-12-1 所示，其主要由减振等级容易更换的复合弹性减振垫（也称复合减振垫）、工厂预制的道床板和基底板以及钢轨和扣件等组成。复合弹性减振由弹性减振垫和调高材料层组成，调高精度为 1mm，弹性减振垫可以是聚氨酯弹性发泡垫或橡胶减振垫。采用不同刚度的复合减振垫，可以在同一型号的预制道床板和预制基底板上实现不同的减振等级，减振等级可以互换或升级，因此，称为多等级减振通用预制道床。

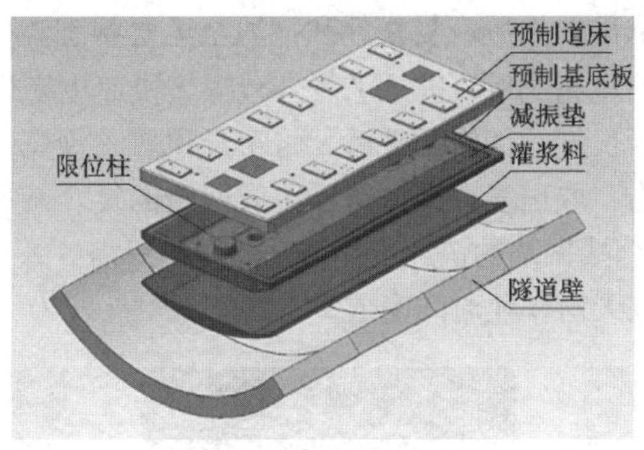

图 4-12-1　多等级减振通用预制道床技术原理图

多等级减振通用预制道床系统断面结构如图 4-12-2 所示。预制道床板上设有限位孔，相对应的预制基底板上设有限位柱。限位柱和限位孔之间用阻尼层浇筑填充。阻尼层既可以限制板的横向位移，又能够提供阻尼，吸收轨道板的有害振动能量。铺设时，依据减振等级要求，将预制道床板、预制基底板、复合弹性减振垫在工厂组合成减振预制板组合单元，灌注阻尼层固定，整体运输、吊装到作业面，预制基底板和道床板实物如图 4-12-3 所示。精调轨道的空间位置后，通过灌浆料或细石混凝土将基底和隧道壁之间的空隙填充并固定住基底板。

根据现场施工统计，每个作业面平均每天可完成 22 块（约 110m）多等级减振通用预制道床板的铺设，相比传统的轨道板，现场作业人员及劳动强度大大降低，施工进度大幅提高，轨道施工质量更有保障。这样大大缩短了施工工期，降低了现场人工成本和全施工周期成本。

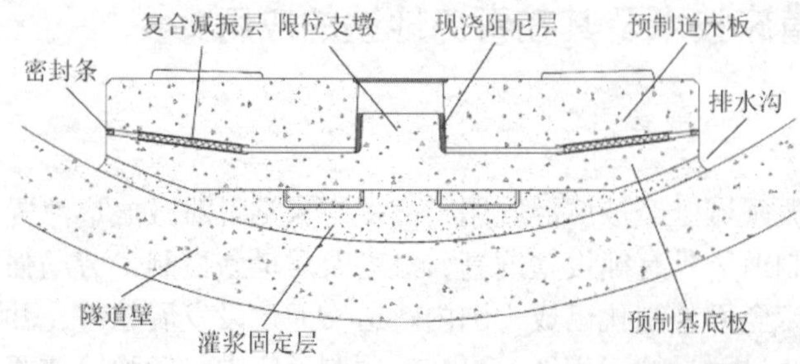

图 4-12-2　多等级减振通用预制道床系统断面结构图

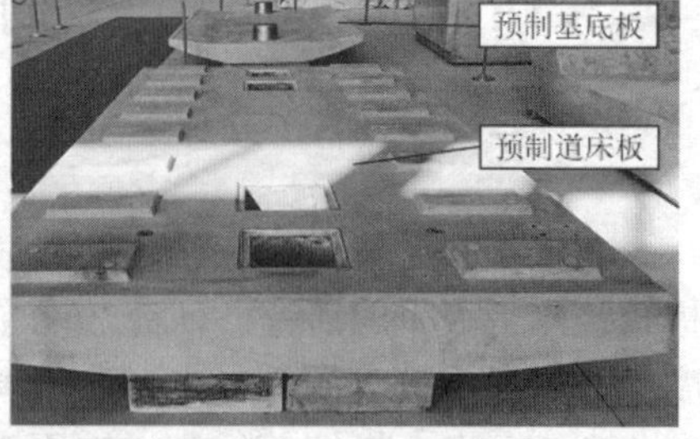

图 4-12-3　预制基底板和道床板实物图

多等级减振通用预制道床在结构细节上充分考虑了减振垫快速更换和重新调平的需求。如果减振垫 30～50 年老化后减振性能下降，可以快速更换新的减振垫；如果运行后发现邻近建筑内振动超标，可以快速进行减振等级升级；如果道床有沉降需要重新找平，可以快速调平；减振等级升级、更换减振垫或道床重新调平时，均可利用天窗作业时间，无需动用大型机械，无需切断钢轨，无需挪开预制道床板，具体步骤如下：

（1）松开一定范围内的钢轨扣件，将扣件挪至枕间空隙内。

（2）将千斤顶放入预先留好的顶升空间内。

（3）将预制道床板顶升 20～25mm，即可取出复合减振垫。

（4）然后放入新的同等刚度的复合减振垫，可以实现新旧复合减振垫快速更换；放入优化刚度的复合减振垫，可以实现道床的减振等级升级；放入适宜厚度的复合减振垫，可以实现快速调平；调平时，复合减振垫的调整高度可以细分到 1mm 的精度。

（5）千斤顶卸载后取出，然后恢复扣件和钢轨至运营状态。

在青岛地铁 4 号线铺轨完成后，进行了复合减振垫快速更换模拟试验。如图 4-12-4 所示，首先拆卸 1 块预制板长度的钢轨扣件后，将千斤顶放入预先留好的顶升空间内，将预制道床板顶升 25mm 左右，取出复合减振垫，再放回新的复合减振垫（本次是采用新的厚度用于调平），实现了复合减振垫的快速更换。全部作业只需 5 人，主要工具是便携式电动液压泵和液压千斤顶，在天窗作业时间完成。

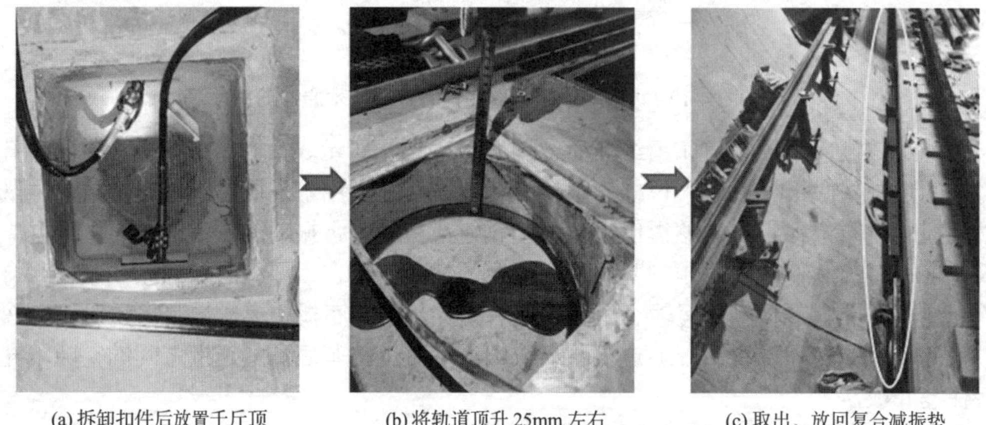

(a) 拆卸扣件后放置千斤顶　　(b) 将轨道顶升 25mm 左右　　(c) 取出、放回复合减振垫

图 4-12-4　减振等级快速升级现场试验

三、多等级减振预制道床振动控制系统仿真分析

对青岛地铁一高等减振等级的多等级减振通用预制道床地段进行了动力学仿真分析，道床的设计参数如表 4-12-1 所示。

道床减振设计参数　　表 4-12-1

减振等级	刚度（kN/mm）	固有频率（Hz）	预制板厚度（mm）
高等	86.4	20～30	430

利用动力学和有限元理论，建立了车辆-浮置板-隧道耦合分析模型，如图 4-12-5 所示。基于多体动力学理论建立车辆-浮置板耦合动力学模型（图 4-12-5 模块 1），求解轮轨作用力，然后以轮轨力作为激励输入到轨道-隧道-土层耦合有限元模型（图 4-12-5 模块 2）中求解轨道板和隧道壁的振动特性，进而求解多等级减振通用预制道床的减振效果。

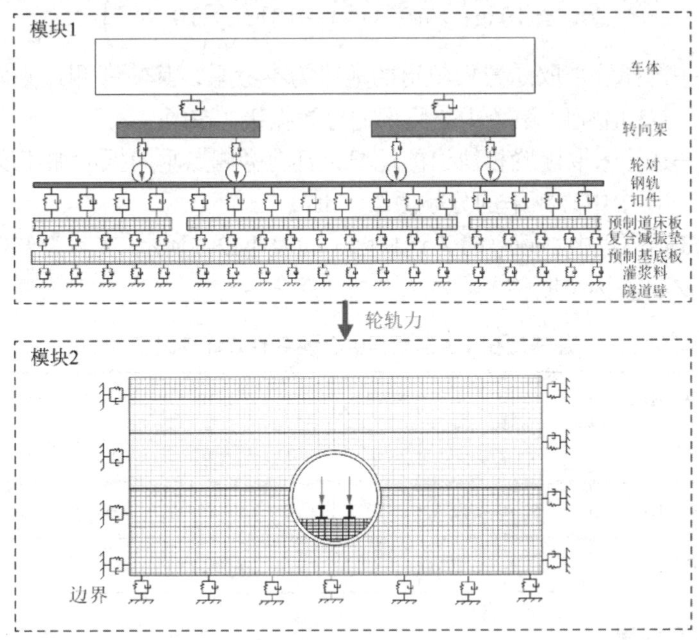

图 4-12-5　车辆-浮置板-隧道耦合分析模型

车体通过多刚体动力学理论建立。单节车共计 50 个自由度。车辆和浮置板的耦合作用通过轮轨关系传递。轮轨接触采用 Kik-Piotrowski 模型建立。等级减振通用预制道床模型由钢轨、扣件、预制道床板、复合减振垫、预制基底板、灌浆料等组成。预制道床板和预制基底板均考虑成柔性体。模型的激励采用美国 5 级轨道不平顺谱。

为了进行减振效果分析，需要将耦合求得的轮轨作用力作为输入施加到轨道-隧道-土层耦合有限元模型中。轮轨作用力以时程模式输入。然后依据《浮置板轨道技术规范》CJJ/T 191—2012 求解等级减振通用预制道床的减振效果。

通过仿真分析，得到的高等减振道床和普通道床 1/3 倍频程振级频谱图如图 4-12-6 所示。可见，仿真得到的高等减振道床的减振效果约为 13.6dB。

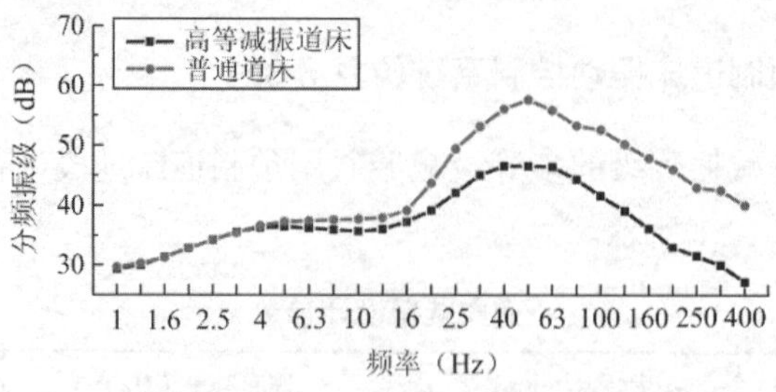

图 4-12-6　1/3 倍频程振级频谱图

四、评价指标

根据《浮置板轨道技术规范》CJJ/T 191—2012 的要求，减振效果的评价指标计算的量应为浮置板轨道与普通道床轨道比较分频振级均方根的差值ΔL_a，频率考虑范围为 4～200Hz，按下式计算：

$$\Delta L_a = 10\lg\left(\sum_{i=1}^{n}10^{\frac{VL_q(i)}{10}}\right) - 10\lg\left(\sum_{i=1}^{n}10^{\frac{VL_h(i)}{10}}\right) \tag{4-12-1}$$

式中：$VL_q(i)$——选择没采取浮置板轨道的地段为参考系，其轨旁测点垂向振动加速度在1/3 倍频程第i个中心频率的分频振级（dB）；

$VL_h(i)$——选择采取浮置板轨道的地段，其轨旁测点垂向振动加速度在 1/3 倍频程第i个中心频率的分频振级（dB）。

加速度在 1/3 倍频程中心频率的 Z 计权因子如表 4-12-2 所示（实际为 ISO 2631/1—1997 规定的全身振动 Z 计权因子取整）。

加速度在 1/3 倍频程中心频率的 Z 计权因子　　表 4-12-2

1/3 倍频程中心频率（Hz）	4	5	6.3	8	10	12.5	16	20	25
计权因子（dB）	0	0	0	0	0	−1	−2	−4	−6
1/3 倍频程中心频率（Hz）	31.5	40	50	63	80	100	125	160	200
计权因子（dB）	−8	−10	−12	−14	−17	−21	−25	−30	−36

五、振动控制效果

1. 轨道及车辆信息

测试选取的地铁线路区间为圆形盾构区间的一高等减振等级的多等级减振道床铺设地段，铺设 60kg/m 钢轨，扣件为 DTVI2 型。浮置板道床厚度均为 260mm，宽度均为 2.3m，标准板长度为 4.7m，道床的设计参数见表 4-12-1。

测试时运营车辆为 B1 型电客车，6 节编组，四动两拖，总长 118m，设计轴重 14t，车辆长、宽、高分别为 19m、2.8m 和 3.8m，区间内列车设计速度为 80km/h，实际测试时列车以 66.5km/h 的速度通过两个测试断面。

2. 断面及测点选择

根据《浮置板轨道技术规范》CJJ/T 191—2012 的要求，选取线路条件、钢轨和扣件类型应与浮置板轨道相同或相似的普通道床地段作为参考系，应借助参考系相同测点的测量结果，通过比较得出浮置板轨道的减振效果。综合考虑以上因素及要求，为得到客观性评价，最终决定选取 2 组断面进行测试，测试断面情况如表 4-12-3 所示。

测试断面情况　　表 4-12-3

断面序号	里程（km）	平面线型	车速（km/h）	备注
1	K20 + 800	曲线线	66.5	普通道床
2	K20 + 950	曲线线	66.5	高等减振道床

隧道内振动测试时的振动加速度传感器安装高度在轨面 1.25m 处隧道壁位置，如图 4-12-7 所示，多等级减振通用预制道床振动现场测点布置见图 4-12-8，普通道床测点布置与多等级减振通用预制道床一致。

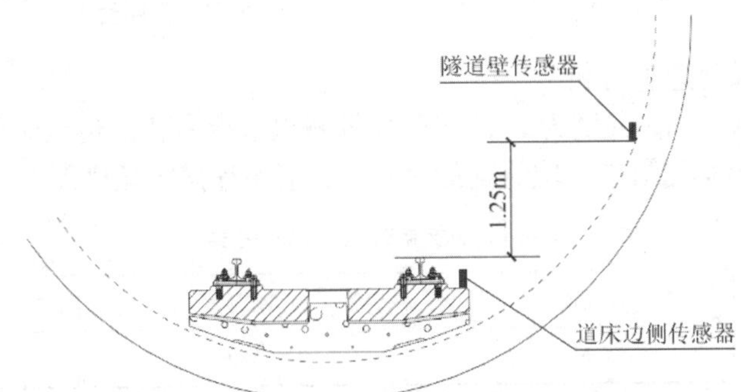

图 4-12-7　浮置板道床过车振动响应测点布置示意图

(a) 断面 1

(b) 断面 2

图 4-12-8　测试现场测点布置图

3. 测试设备

本次测试设备采用北京东方振动与噪声技术研究所研制的 INV3062-C1(L)型信号采集处理分析系统。INV9828 型加速度传感器，采样频率 1280Hz，所有检测设备鉴定证书均在有效期内。

4. 时域分析

列车经过各测试断面时，各断面隧道壁测点的典型加速度时程如图 4-12-9 所示，由图中可以明显看出，高等减振道床隧道壁垂向振动加速度幅值比普通道床小 4 倍。这说明了多等级减振浮置板道床对过车振动有较好的衰减作用。

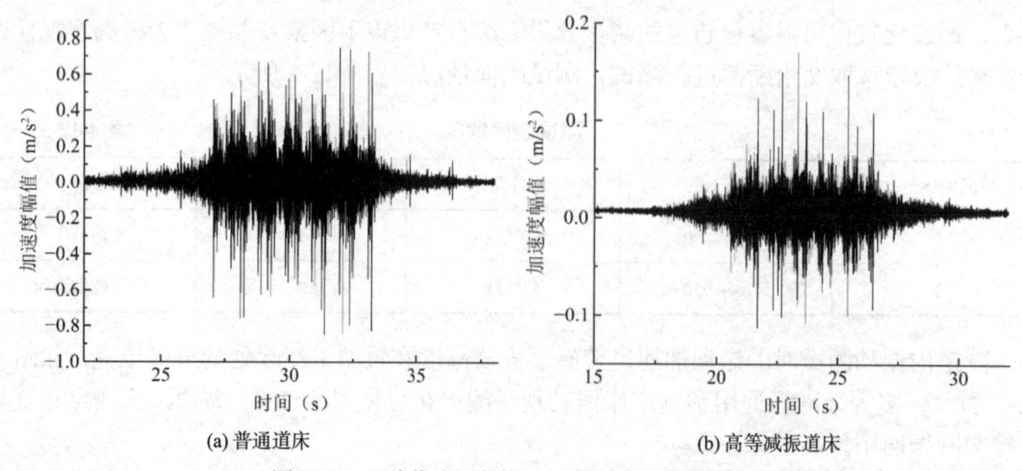

图 4-12-9 隧道壁垂向振动加速度典型时程曲线

5. 隧道壁分频振级差值分析

表 4-12-4 和图 4-12-10 分别为 Z 计权后高等减振道床和普通道床断面隧道壁的垂向加速度分频振级均方根实测结果平均值统计表和 1/3 倍频程振级频谱图。

Z 计权分频振级均方根统计表 **表 4-12-4**

普通道床与高等减振道床	断面 1	断面 2	减振效果（ΔL_a）
	68.9	55.6	13.3

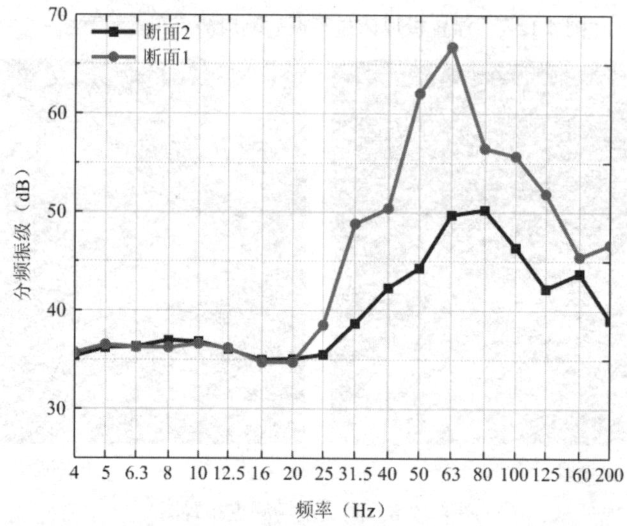

图 4-12-10 减振道床与普通道床隧道壁 1/3 倍频程振级频谱图

由表 4-12-4 和图 4-12-10 可以得到，高等减振道床与普通道床相比减振效果为 13.3dB，其中在 20～200Hz 频带范围内减振效果明显，与动力学仿真分析结果吻合较好。

[实例 4-13] 南京地铁 1 号线大学城车辆段高架地铁车库-上盖物业振动控制

一、工程概况

本工程位于南京地铁 1 号线大学城车辆段内部，实施振动控制的建筑为一栋高架停车场及其上盖物业综合体。停车场主体为三层框架结构，其中，首层和第二层用于商业开发，第三层作为地铁车库。车辆段整体建于盆地之上，地铁进出车辆段缺少拉坡条件，因此，列车出站后通过高架轨道直接进入停车场第三层车库，进行日常检修和维护。停车场屋面预留有墩柱接头，物业在对应的位置加盖。本项目中车库和上盖物业仅有一层之隔，列车产生的振动会直接通过竖向构件向上传播，可能引发舒适度问题，所以，有必要对上盖物业的振动进行测试评估与减振控制。

图 4-13-1 为车辆段的平面示意图，该区域主要包含地铁站台、高架轨道、咽喉区以及停车场四部分，停车场分为 A 和 B 两个区段，两者之间通过若干连廊相接。为了避免附近地面交通的干扰，选择 B 区段进行测试。由于结构在纵向跨度较大，因此，平面上设有三条伸缩缝将结构分为四个区域，可以认为各区域的振动互不干扰。测试区选择在最外侧，此时列车近似于匀速行驶。除去少量边柱外，柱子的截面尺寸统一为 1.1m × 1.1m。停车场的首层层高为 5.9m，二、三层层高分别为 4.6m 和 9.2m。第二层楼板厚度 120mm，第三层楼板和屋面的板厚均为 150mm。考虑到接近咽喉区的振动更加显著，测试区域的上盖物业选为 12 号楼，位置如图 4-13-1 所示。上盖物业主体为七层框架结构，层高均为 3.1m。

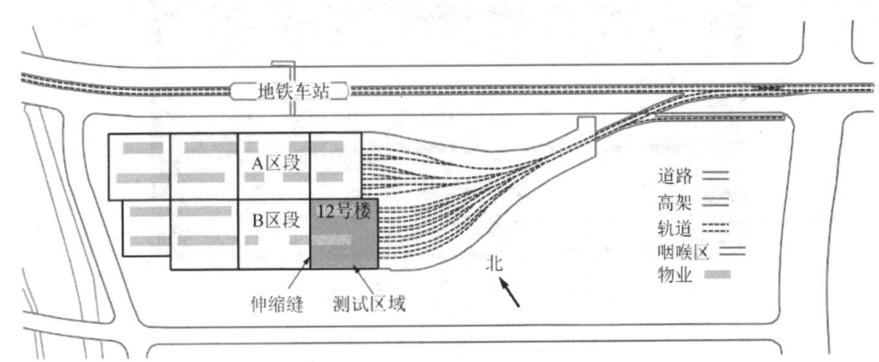

图 4-13-1　车辆段平面示意图

二、地铁上盖物业振动测试

图 4-13-2 显示了上盖物业的测点位置。测点 1、2 布置在首层楼面（即车库的屋面），分别测量柱节点和板跨中的振动。测点 3、4、5 布置在第二层楼面；测点 4 布置在客厅楼板的跨中，它的平面位置与测点 2 相同；测点 5 布置在卧室楼板的跨中。测点 6 和 7 分别布置在第三层和第七层的客厅楼板跨中，它们的平面位置与测点 2、4 一致。所有的测点均只测量竖向振动。图 4-13-3、图 4-13-4 为测试采用的仪器，包括加速度传感器和信号采集分析系统。加速度传感器使用 941B 超低频拾振器，灵敏度为 0.3V/m/s^2，分辨率为 5×10^{-6}m/s^2。信号采集分析系统由安正 AZ308 信号采集箱、安正 AZ808 滤波器和安

正 AZ_CRAS 动态信号测试分析系统组成。采样频率为 256Hz，分析频率为 100Hz。

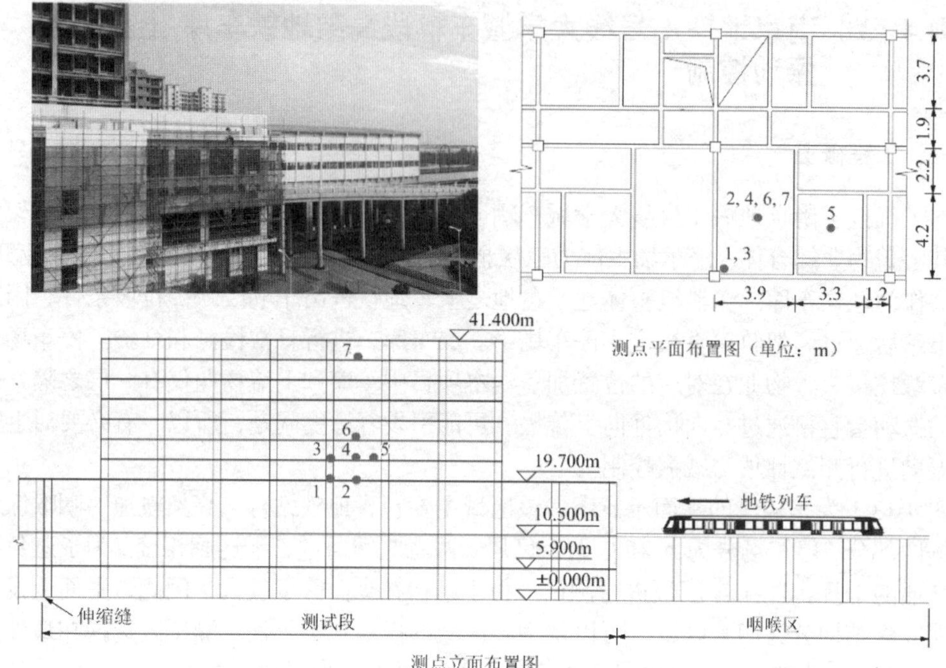

图 4-13-2　上盖物业的测点布置图

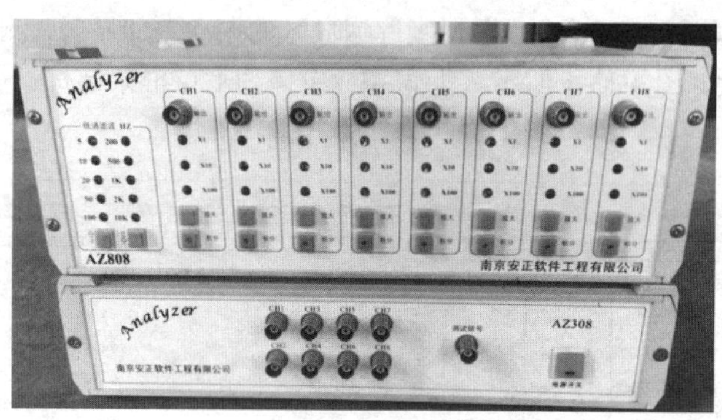

图 4-13-3　测试用采集箱与滤波器

图 4-13-4　测试用 941B 型拾振器

图 4-13-5～图 4-13-11 所示为上盖物业建筑各测点的振动加速度响应频谱与 1/3 倍频程谱。由测试结果可知，对于上盖物业，振动能量集中在 40～63Hz。从楼板跨中振动来看，随着楼层的增高振动能量在全频段发生衰减，且高频分量衰减速度更快。从平面位置上看，随着与列车轨道距离的增加，各频段的振动幅值会发生衰减，但部分楼板的测点在低于 40Hz 的频段内出现了振动放大的情况。

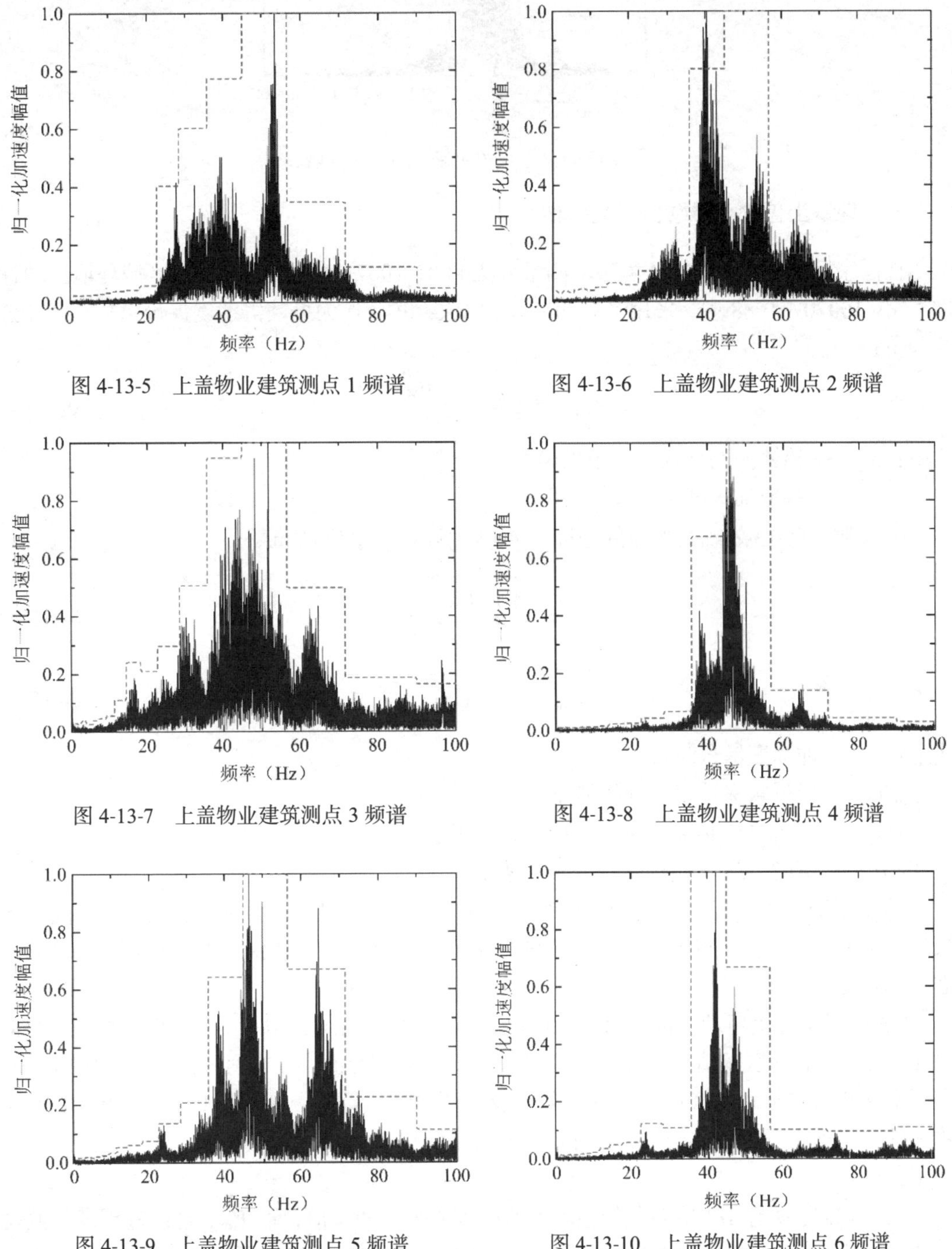

图 4-13-5　上盖物业建筑测点 1 频谱

图 4-13-6　上盖物业建筑测点 2 频谱

图 4-13-7　上盖物业建筑测点 3 频谱

图 4-13-8　上盖物业建筑测点 4 频谱

图 4-13-9　上盖物业建筑测点 5 频谱

图 4-13-10　上盖物业建筑测点 6 频谱

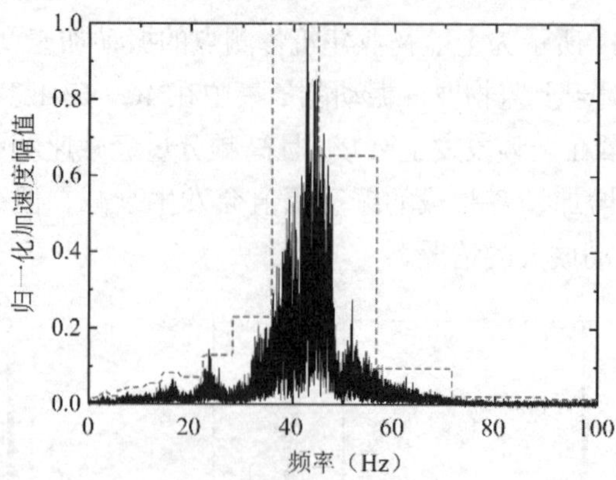

图 4-13-11　上盖物业建筑测点 7 频谱

三、地铁上盖物业振动舒适度评估

在国家标准《城市区域环境振动测量方法》GB 10071—1988 和《城市区域环境振动标准》GB 10070—1988 中，采用 Z 振级VL_Z（单位：dB）作为振动舒适度评价指标，计算公式如下：

$$VL_Z = 20\lg\frac{a_w}{a_0} \tag{4-13-1}$$

式中：a_w——铅锤向的计权均方根加速度；

a_0——基准加速度（$=10^{-6}$m/s²）。

a_w按照式(4-13-2)或其频域的等价式(4-13-3)计算，单位是 m/s²。

$$a_w = \sqrt{\frac{1}{T}\int_0^T a_w^2(t)\,dt} \tag{4-13-2}$$

$$a_w = \sqrt{\sum_i (W_i \cdot a_i)^2} \tag{4-13-3}$$

式中：T——加速度信号时长；

$a_w(t)$——经过频率计权处理的加速度时程；

W_i——第i个 1/3 倍频程带所对应的计权因子；

a_i——第i个 1/3 倍频程带均方根加速度。

$a_w(t)$对原始加速度时程进行了频率计权处理，这种处理方法的原因是人体对不同频段振动的敏感度不一样，同时还考虑了人体处于不同姿势状态下计权因子的变化，这里只考虑人体站姿的情况。

《城市区域环境振动标准》GB 10070—1988 给出了VL_Z在不同情况下的限值，见表 4-13-1。其中，居住区的值比商业区小，夜间的值比昼间的值小。在另一部规范《城市轨道交通引起建筑物振动与二次辐射噪声限值及其测量方法标准》JGJ/T 170—2009（以下简称《轨道交通振动标准》）中，采用分频最大振级VL_{max}作为评价指标。两个规范的区别在于：

（1）VL_Z是所有 1/3 倍频程带振动加速度级的平方和根值，而VL_{max}是这些频带上振动加速度级的最大值，因此，VL_{max}的限值要比VL_Z小，如表 4-13-2 所示。

（2）《轨道交通振动标准》的计权曲线只考虑4～200Hz的振动，在此范围内两者的计权因子一致。

VL_Z限值（dB）　　表4-13-1

适用地带范围	昼间	夜间
特殊住宅区	65	65
居民、文教区	70	67
混合区、商业区	75	72
工业集中区	75	72
交通干线两侧	75	72
铁路干线两侧	80	80

VL_{max}限值（dB）　　表4-13-2

适用地带范围	昼间	夜间
特殊住宅区	65	62
居民、文教区	65	62
混合区、商业区	70	67
工业集中区	75	72
交通干线两侧	75	72

上盖物业的Z振级结果见表4-13-3和表4-13-4，此时，VL_Z和VL_{max}的限值分别取67dB和62dB。从表中可以看出，当列车行驶轨道处于测点正上方区域时（轨道1、2），物业的底部两层测点振级会超标，并且超标的程度要比停车场严重。因此，上盖物业的振动舒适度不满足要求，有必要采取减振措施。另外，VL_Z和VL_{max}的分布规律相近，并且使用两个指标得出的评价结果也较为接近，这是因为测点的振动能量更加集中在某些频段上。

上盖物业测点VL_Z（dB）　　表4-13-3

列车所在轨道	测点1	测点2	测点3	测点4	测点5	测点6	测点7
轨道-1	68	73	73	71	60	62	57
轨道-2	74	78	79	77	66	68	63
轨道-4	64	68	68	64	53	57	52
轨道-6	60	63	63	59	50	54	49

上盖物业测点VL_{max}（dB）　　表4-13-4

列车所在轨道	测点1	测点2	测点3	测点4	测点5	测点6	测点7
轨道-1	66	68	71	69	57	60	55
轨道-2	71	76	77	75	63	66	61
轨道-4	62	64	66	63	50	53	49
轨道-6	57	58	59	58	45	49	45

由于列车对上盖物业的振动幅值和舒适度有较大影响，有必要采取减隔振措施。本项目针对整体隔振（基础隔振支座）和局部隔振（隔振楼板）两种方法，研究了上盖物业的减振效果。具体内容包括：

（1）分析了支座刚度对上盖物业的振动影响，对基础隔振方法的减振效果进行了评价和分析。

（2）研究了填充墙刚度对上盖物业的振动影响。

（3）提出了一种隔振楼板结构形式，研究了该楼板的减振效果。

四、隔振简介

建筑结构隔振分为积极隔振和消极隔振两种方式。积极隔振就是通过弹簧或阻尼元件将振源与周围环境隔离，降低结构所接收的能量从而达到减振的效果。而消极隔振就是在建筑与基础之间设置隔振器，调节结构的振动频率来避开振源能量集中区段，降低结构的振动反应。以图 4-13-12 中的一个单自由度体系为例，k、m和c分别代表质点质量、弹簧刚度和阻尼系数。系统受到来自基础的振动，y和y_0分别表示质点和基础振动的位移，那么质点的振动反应可以表示为：

$$m\ddot{y}(t)+c\dot{y}(t)+k[y(t)-y_0(t)]=0 \tag{4-13-4}$$

对于某一频率ω的稳态响应，可令$y(t)=Y\cdot \mathrm{e}^{j\omega t}$，$y_0(t)=Y_0\cdot \mathrm{e}^{j\omega t}$，则有：

$$Y=\frac{k}{k+j\omega c-m\omega^2}Y_0=\frac{\omega_0^2}{\omega_0^2+2j\zeta\omega^2-\omega^2}Y_0 \tag{4-13-5}$$

其中，$\omega_0=\sqrt{k/m}$表示系统的自振频率，$\zeta=c/(2m\omega)$为等效阻尼比。图 4-13-13 显示了$|Y/Y_0|$和ω/ω_0的关系曲线。对于无阻尼系统，当$\omega>\omega_0$时质点位移的幅值与ω成反比，且当$\omega>\sqrt{2}\omega_0$时$Y<Y_0$。由于地铁引发的振动具有较多的高频分量，振动一般集中在 40～80Hz，主频在 60Hz 附近。因此，通过设置隔振器降低建筑整体或局部的竖向自振频率，可以起到减振的效果。

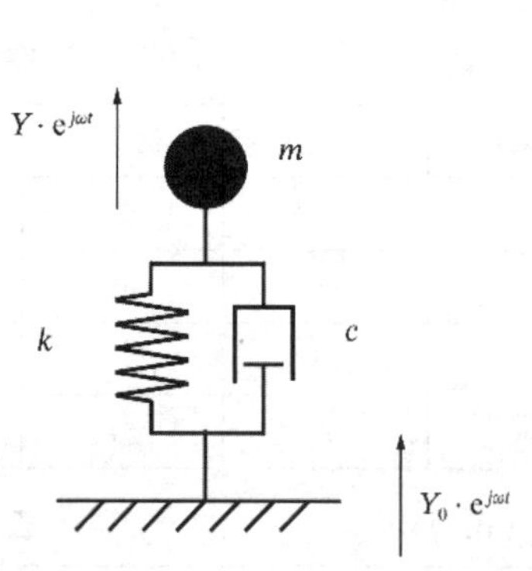

图 4-13-12 单自由度体系振动示意图

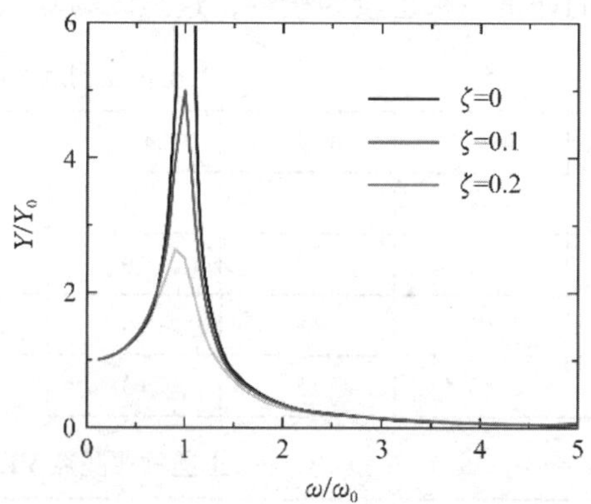

图 4-13-13 单自由度体系质点位移和频率关系曲线

目前，在工程中得到应用的隔振器包括螺旋钢弹簧隔振器和橡胶隔振支座，如图 4-13-14 和图 4-13-15 所示。此外，也有研究把橡胶支座和碟簧串联，形成一种三维隔振装置，如图 4-13-16 所示。圆柱螺旋钢弹簧的刚度为：

$$K_s = \frac{Gd^4}{8D^3n} \tag{4-13-6}$$

式中：K_s——弹簧刚度（N/mm）；

G——材料剪切模量（MPa）；

D——弹簧中径（mm）；

n——有效圈数。

对于橡胶支座，其竖向刚度为：

$$K_b = \frac{E_c \cdot A}{n_r \cdot t_r} \tag{4-13-7}$$

式中：K_b——支座刚度（N/mm）；

E_c——橡胶材料的修正压缩弹性模量（MPa）；

n_r——支座内部橡胶层数；

t_r——单层内部橡胶的厚度（mm）。

计算隔振装置刚度时不仅要验算材料强度，还需要考虑隔振器的稳定性以及建筑的竖向最小自振频率。

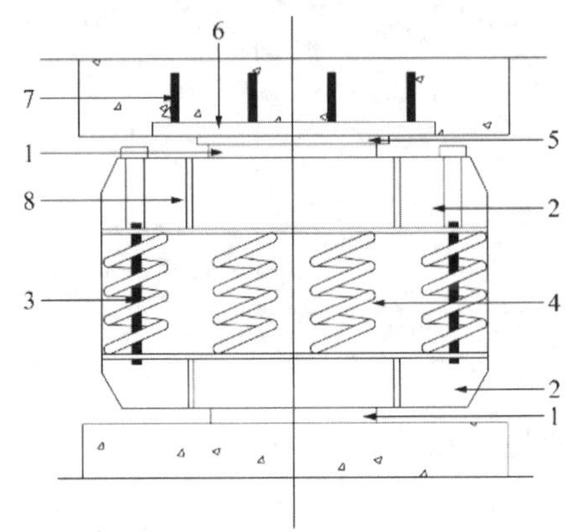

图 4-13-14　钢弹簧隔振器

1—黏性垫；2—壳套；3—预应力螺栓；4—钢弹簧；5—垫片；6—钢盖板；7—锚栓；8—调节工具

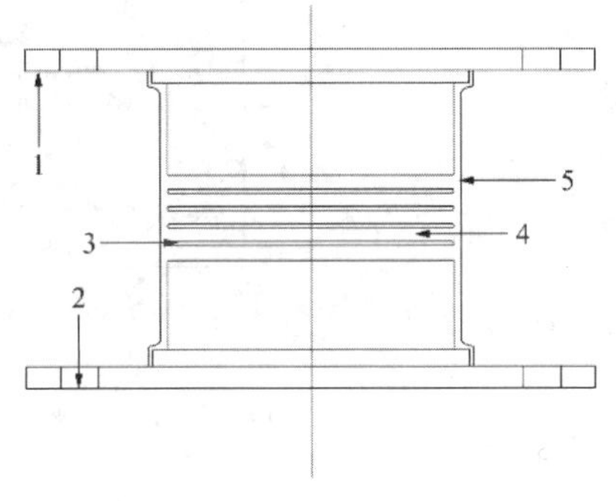

图 4-13-15　橡胶隔振支座

1—翼缘；2—螺栓孔；3—钢板；4—内部橡胶；5—外部橡胶

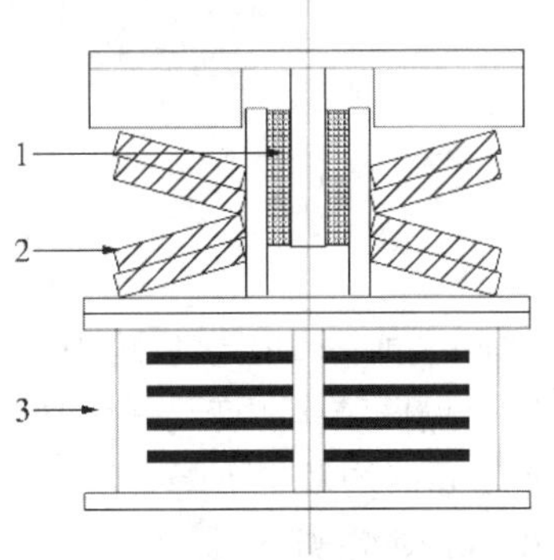

图 4-13-16　三维隔振装置

1—黏弹性材料；2—碟簧；3—橡胶支座

五、上盖物业整体隔振分析

根据 ANSYS 有限元模型对上盖物业开展分析。隔振支座设置在首层柱的底端，支座使用零长度一维 COMBIN14 单元来模拟，单元刚度赋予相应的数值。由于模型中考虑了混凝土的阻尼后支座的阻尼对结果影响较小，因此，分析时不予考虑。图 4-13-17 显示了支座刚度对上盖物业结构竖向自振频率的影响，这里支座刚度选取了 3 个数值，其中 3×10^9N/m 为首层柱的静力刚度，3×10^7N/m 为最小支座刚度。随着支座刚度降低，结构竖向频率也随之下降，但低频振动下降得更快。当支座刚度为 3×10^9N/m 时，前 25 阶自振频率（低于 30Hz）有明显的降低，而更高阶的频率则基本没有变化。比较刚度为 3×10^8N/m 和 3×10^7N/m 两者的曲线可以发现，70 阶以下的自振频率（低于 350Hz）有显著差别，70 阶以上的频率则基本重合。这是因为结构的高阶振型体现为楼板的局部振动，竖向构件的变形对振型的影响很小，如图 4-13-18 和图 4-13-19 所示，因此，首层柱刚度的变化对楼板振动的影响有限。

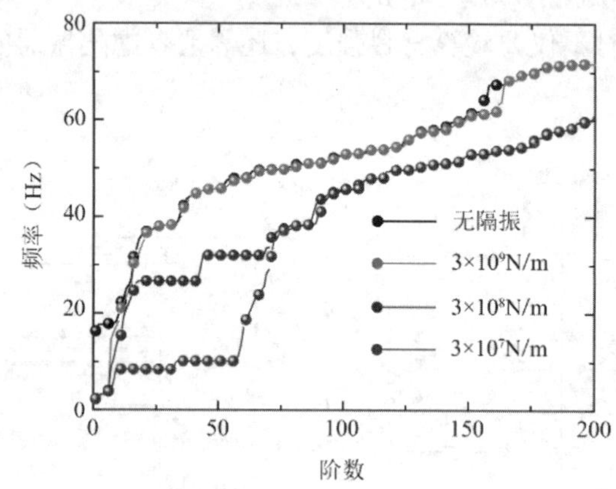

图 4-13-17　支座刚度对结构自振频率的影响

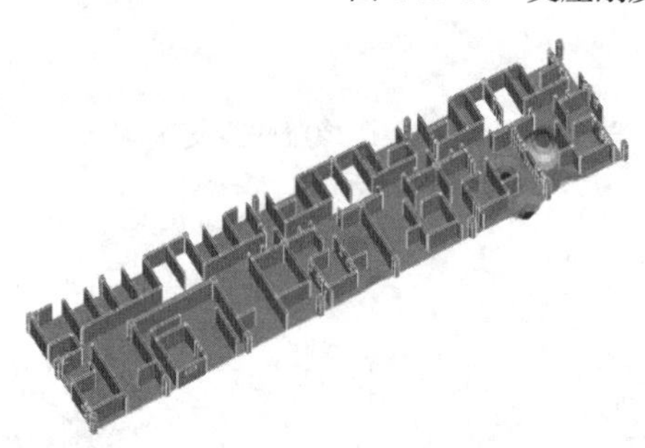

图 4-13-18　二层楼盖 50.3Hz 振型（3×10^8N/m）

图 4-13-19　二层楼盖 50.3Hz 振型（3×10^7N/m）

图 4-13-20～图 4-13-22 对比了隔振前后二层楼板跨中的振动反应。从 1/3 倍频程谱可以看出，当支座刚度从无穷大（即无隔振结构）变为 3×10^9N/m 时，振动的峰值频率依然保持在 50Hz 附近，全频段的加速度幅值均发生下降，但降幅不明显。从图 4-13-22 的加速度时程曲线可知，加速度峰值从 0.16m/s² 降为 0.11m/s²。而当支座刚度降为 3×10^7N/m 时，频谱上的幅值在整个频段内都发生了显著的下降，并且频率越高下降幅度越大。因此，使用隔振支座可以有效控制上盖物业的振动反应。

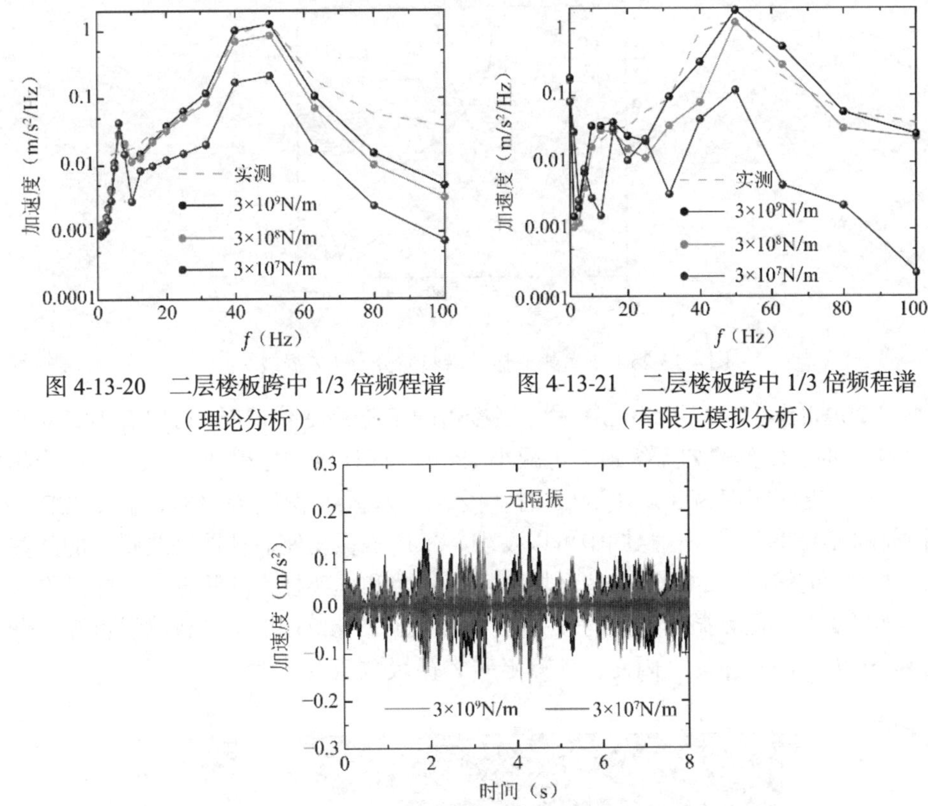

图 4-13-20 二层楼板跨中 1/3 倍频程谱（理论分析）

图 4-13-21 二层楼板跨中 1/3 倍频程谱（有限元模拟分析）

图 4-13-22 二层楼板跨中隔振前后加速度时程反应

图 4-13-23～图 4-13-25 给出使用隔振支座后上盖物业振动沿竖向变化的结果，支座刚度为 3×10^7N/m。可以看出柱节点和板跨中的振动反应均随着楼层升高而逐渐减小。比较板跨中 20～60Hz 以及 80～100Hz 的振动，可以发现当楼层升高时，低频振动衰减幅度要比高频振动小。而柱节点高频振动与低频振动的衰减规律没有明显的差别。图 4-13-25 比较了隔振前后楼板的 Z 振级沿楼层的分布规律，可知在采用整体隔振措施后楼板的振动满足规范要求，振级随着楼层升高而减小。未隔振时板跨中 Z 振级的最大值与最小值相差 15.3dB，隔振后最大值与最小值之差为 7.7dB；柱节点在隔振前后的差值分别为 13.4dB 和 10.4dB，这意味着采用整体隔振方案可以使结构振动沿竖向均匀化。

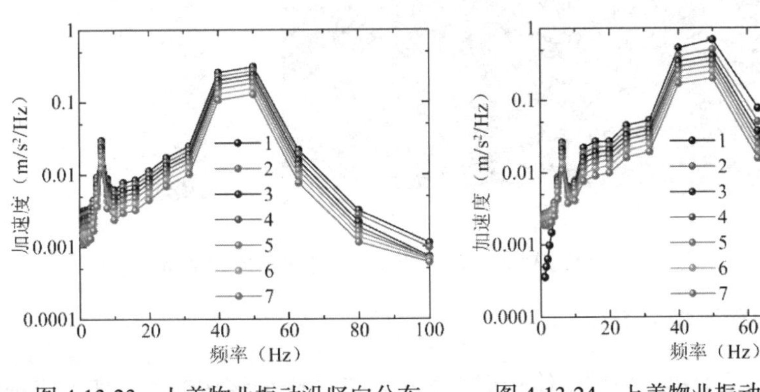
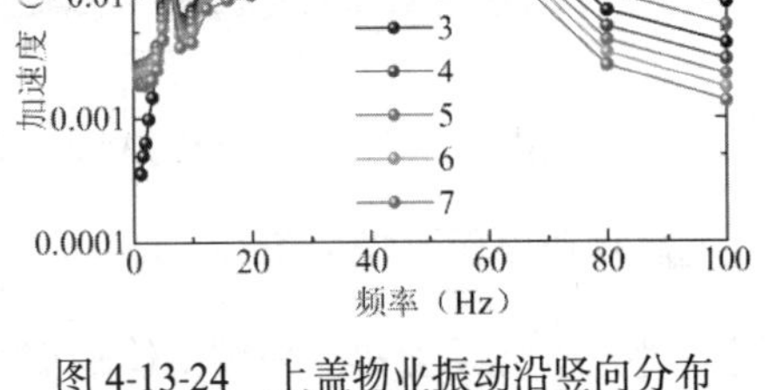

图 4-13-23 上盖物业振动沿竖向分布（柱节点 1/3 倍频程谱）

图 4-13-24 上盖物业振动沿竖向分布（板跨中 1/3 倍频程谱）

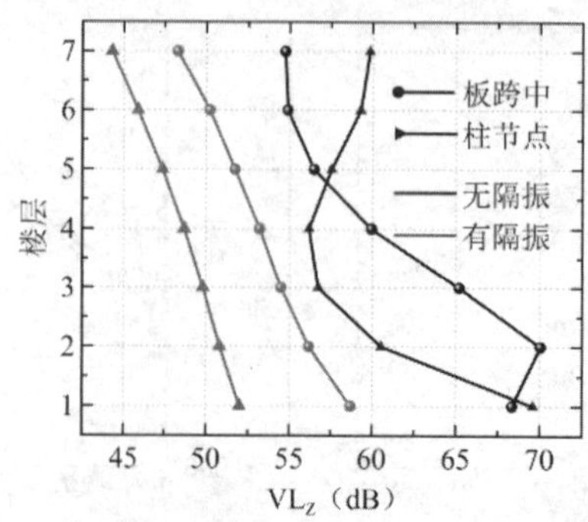

图 4-13-25　上盖物业振动沿竖向分布（Z 振级）

图 4-13-26 和图 4-13-27 给出隔振后二层楼盖的 Z 振级变化情况。可以看出当支座刚度为 3×10^9N/m 时，楼盖的 Z 振级最大可减小 3.5dB，即计权均方根加速度a_w减小为隔振前的 66.8%；而当支座刚度为 3×10^7N/m 时，楼盖的 Z 振级最大减小值仅为 12.3dB，a_w减小为隔振前的 24.2%。另外，从图中可以发现，采用隔振支座后柱网轴线附近的某些区域出现了振动放大的情况，原因是这些区域存在填充墙和框架柱，高频振动的能量更多；采用支座后结构变柔，低频振动放大的程度更大。根据 ISO2631-1 中计权曲线可知，低频振动的计权因子大于高频振动，因此，计算出的 Z 振级数值会放大。

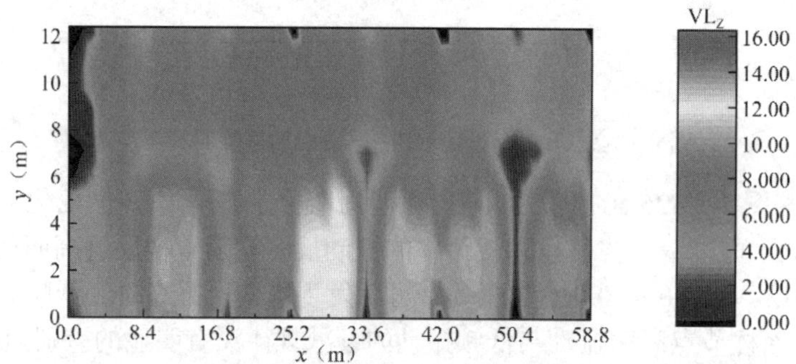

图 4-13-26　二层楼盖楼板 Z 振级云图（支座刚度 3×10^9N/m）

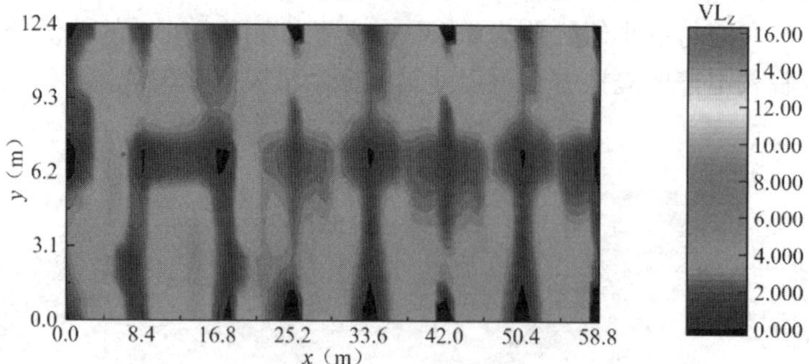

图 4-13-27　二层楼盖楼板 Z 振级云图（支座刚度 3×10^7N/m）

六、上盖物业局部隔振分析

根据上述分析结果可知，采用整体隔振方案可以有效降低结构振动，使上盖物业的振级满足规范要求。但采用整体隔振方案会显著增加工程造价，且设置隔振器会削弱结构首层的侧向刚度，因此，隔振器的水平刚度与承载力、上部结构的抗震性能还需要单独分析。由测试数据和有限元模拟结果可知，上盖物业的楼盖只有部分区域振级超标，因此，也无需对结构进行整体隔振。

为了降低楼板的局部振动反应，研究人员提出使用浮筑楼板的措施。浮筑楼板就是在原有的混凝土板上设置弹性垫层（如弹簧、橡胶垫、泡沫塑料等），然后在垫层上铺设楼面，通过弹性垫层将楼面与楼板结构隔离，从而达到降低楼面振动与噪声的目的。

1. 隔振楼板构造

目前研究的浮筑楼板中需要在原有的楼板上额外设置一层楼面，这样就增加了结构高度和造价。本项目提出了一种隔振楼板结构，它将预制楼板通过周边的弹簧支撑在四周的梁上，避免铺设额外楼面引起造价增加。图 4-13-28 为隔振楼板的构造示意图。

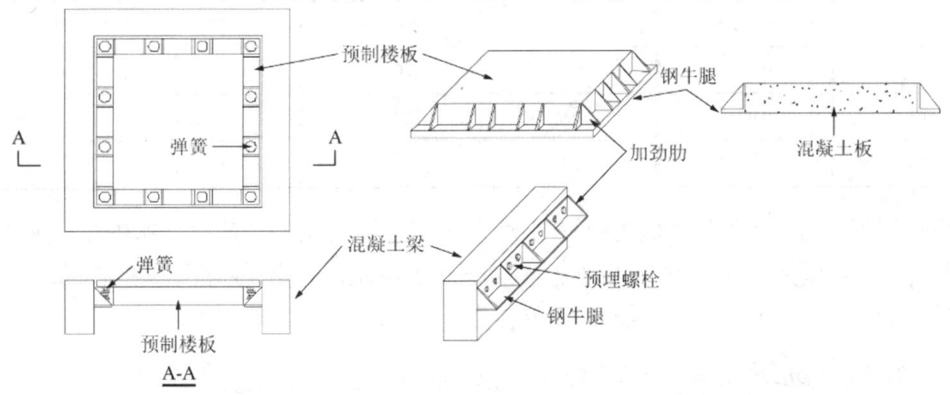

图 4-13-28 隔振楼板构造

混凝土楼板在工厂单独预制，运至现场后通过四周的弹簧支撑在混凝土梁的牛腿上。梁上的牛腿通过螺栓与结构固定，同时设置加劲肋使牛腿的强度与变形满足要求。混凝土四周设置角钢来与竖向弹簧连接，这些角钢在浇筑时作为模板使用。楼板与梁及其牛腿之间设有缝隙，这些缝隙用柔性防水材料填充，保证楼板在基础振动时可以在竖向自由振动。由于楼板的水平向运动受到梁的约束，因此，局部隔振结构的水平向抗震设计与原始结构相同。此外，由于板和梁分开，因此可以更容易实现“强柱弱梁”的抗震设计要求。

2. 隔振楼板设计

隔振楼板的设计包含板厚和弹簧刚度两部分。混凝土板的最小厚度应该使楼板在正常使用条件下满足挠度要求，表 4-13-5 为我国《混凝土结构设计规范》GB 50010—2010（2015 年版）中楼盖挠度的限值。计算楼板的挠度时，将其简化为四边点支撑的矩形板，考虑最不利情况时（即只有四个角点支撑）板跨中的挠度δ为：

$$\delta = \alpha\frac{qa^4}{D} = \alpha\frac{12(1-\nu^2)aq}{E}\left(\frac{a}{h}\right)^3 \tag{4-13-8}$$

式中：q——均布荷载；

D——板弯曲刚度；

a——板的长边；

E——板的弹性模量；

ν——泊松比；

h——板厚；

α——一个与板长短边之比有关的系数，其值见表 4-13-6。

楼盖挠度限值 **表 4-13-5**

计算跨度	挠度限值
$l_0 < 7\text{m}$	$l_0/200(l_0/250)$
$7\text{m} \leqslant l_0 \leqslant 9\text{m}$	$l_0/250(l_0/300)$
$l_0 > 9\text{m}$	$l_0/300(l_0/40250)$

α 取值（$\nu = 0.22$） **表 4-13-6**

边长比值b/a	α	边长比值b/a	α	边长比值b/a	α
0.1	0.0609	0.5	0.0166	0.9	0.0187
0.2	0.0338	0.6	0.0160	1.0	0.0224
0.3	0.0245	0.7	0.0159	—	—
0.4	0.0197	0.8	0.0168	—	—

隔振楼板的另一个设计参数为弹簧刚度。隔振楼板简化为一个四边支撑在若干弹簧上的矩形板，弹簧数量为n，每根弹簧的刚度为$k_i(i=1,2,\cdots n)$。板受到来自结构的振动$w_0\cdot \mathrm{e}^{j\omega t}$，板的位移响应为$w(x,y)\cdot \mathrm{e}^{j\omega t}$，板的振动方程为：

$$D\nabla^4 w-\rho h\omega^2\cdot w=-\sum_{i=1}^{n}k_i\cdot(w-w_0)\delta(x-x_i)\delta(y-y_i)+\sum F_{\mathrm{v}}\cdot\delta(\cdot) \tag{4-13-9}$$

其中，F_{v}是为了满足板自由边界条件而引入的虚拟荷载。根据板控制方程的解法可以计算出位移比w/w_0和ω的关系，再根据w_0的频谱就可以计算出板跨中的频率响应，从而验算振动舒适度是否满足要求。

以上盖物业某一卧室楼板为例，楼板尺寸为 3.4m × 3.4m × 0.15m，楼面附加恒荷载 1.5kN/m²，活荷载 2kN/m²，则楼面均布荷载：$q=26000\times0.15+1500+2000=7400\text{N/m}^2$。查表 4-13-6 有$\alpha=0.0224$，则板的挠度为：

$$\delta=0.0224\times\frac{12\times(1-0.2^2)\times7800}{3\times10^{10}}\times3.4\times\left(\frac{3.4}{0.15}\right)^3=2.77\text{mm}<\frac{3.4}{250}=13.6\text{mm}$$

板厚度满足要求，一共布置 8 个弹簧，分布在板的四个角点和每边跨中，令板的第 1 阶频率为 3Hz，按单自由度体系计算单根弹簧刚度：

$$k=\frac{m\omega^2}{n}=\frac{3.4\times3.4\times0.15\times2600\times(2\times\pi\times3)^2}{8}=200\text{N/mm}$$

3. 隔振楼板减振效果分析

图 4-13-29 给出了卧室隔振楼板的跨中位移比与振动频率的关系，板的第 1 阶频率为 2.98Hz。随着频率增大，位移比w/w_0的总趋势是逐渐减小的，因此，隔振楼板避开了地铁振动能量集中的区段，可以起到减振的效果。除去 80Hz 附近的频段，理论曲线和有限元模型的结果非常接近，验证了理论模型的有效性。可将楼板看成一个刚体，隔振板变成一个单自由度（SDOF）体系，图 4-13-29 显示了 SDOF 模型的结果，可以发现在 15Hz 内 SDOF 模型的结果与其他两者接近，而在频率超过 20Hz 后误差非常显著。这是

因为 SDOF 模型将板看作一个质点，楼板的刚度无穷大，而实际中的板会发生弯曲变形，高频振动有可能激发楼板的高阶振型。曲线在 48Hz 出现了峰值，对应隔振板的第 5 阶振型，如图 4-13-30 所示。因此，使用 SDOF 模型设计四边支撑隔振楼板是不可靠的。图 4-13-31 给出了弹簧数量对振动的影响，弹簧的总刚度不变。当弹簧数量为 4 时（即只有四个角点弹簧），板在 50Hz 处的振动反应超过了在 3Hz 处的反应，而该频率附近地铁振动能量较高。而当板的四个边界上也设置弹簧时，在 50Hz 处的振动发生了明显的衰减，并且当跨中设置弹簧后（即图 4-13-31 中的 8 弹簧），其余位置的弹簧对振动影响不明显。因此，在设计隔振楼板时，无论从控制板的变形或降低跨中振动反应的角度出发，均应在板的边界跨中设置弹簧。

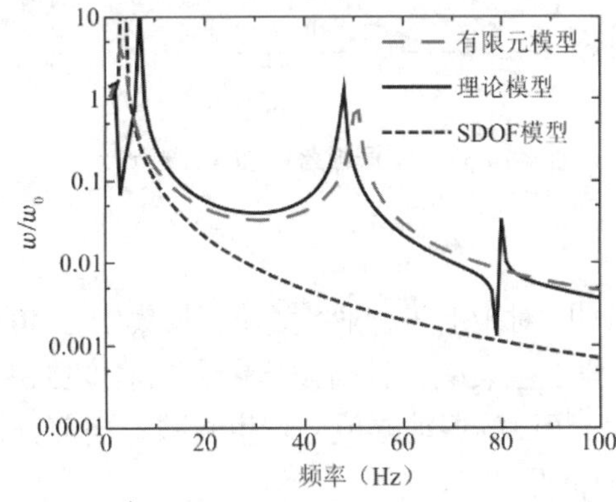

图 4-13-29　隔振楼板跨中位移比与频率关系曲线

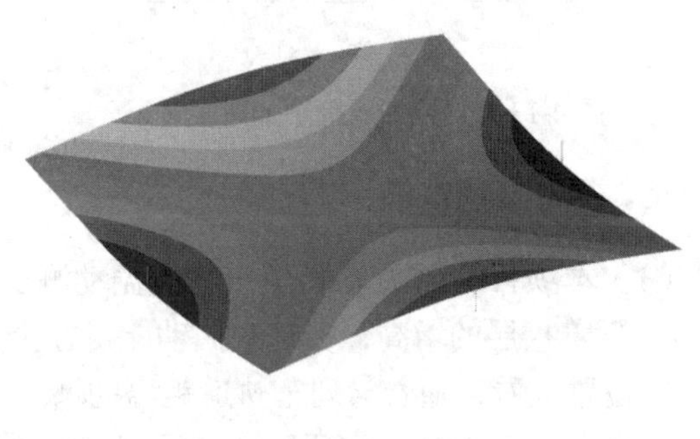

图 4-13-30　隔振楼板第 5 阶振型（43.8Hz）

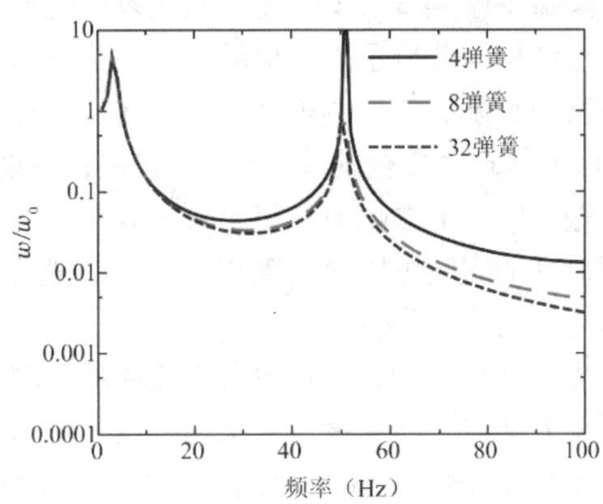

图 4-13-31　弹簧数量对楼板振动的影响

为了验证所设计的隔振楼板的减振效果，图 4-13-32 和图 4-13-33 比较了列车荷载作用下原始结构和使用隔振板后卧室楼板跨中的加速度时程和频谱。使用隔振板可以降低楼板的振级，峰值加速度从无隔振结构的 0.14m/s² 降至 0.06m/s²，加速度时程曲线变得更加平缓。从频谱上看，使用隔振板后除去 10Hz 附近的振动，其余频段的振幅都有所减小，说明隔振板结构可以有效地降低地铁引起的结构振动。理论曲线在 50Hz 频率附近和有限元结果比较接近，其余频段则普遍偏小，差别的原因在于理论模型把结构柱底加速度作为隔振板的基础振动，采用一致输入分析；而实际中隔振板支撑在梁上，各弹簧受到的加速度并不一致，同时梁和柱底的加速度也不完全相同；但在振动能量集中的频段（即 50Hz），理论和模拟曲线符合较好，验证了理论模型的有效性。

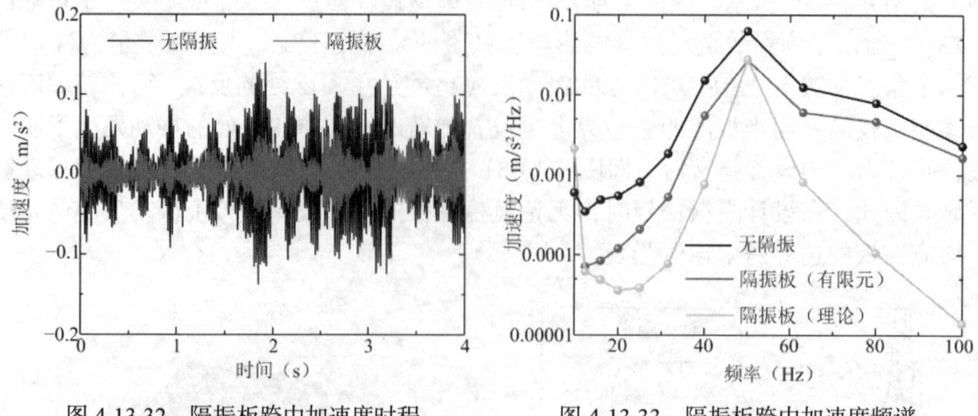

图 4-13-32　隔振板跨中加速度时程　　　图 4-13-33　隔振板跨中加速度频谱

七、振动控制效果

（1）本项目的地铁车库-上盖物业振动测试表明，对于上盖物业，振动能量集中在 40～63Hz。随着楼层的增高，板跨中振动能量在全频段发生衰减，且高频分量衰减速度更快。从平面位置上看，随着与列车轨道距离的增加，各频段的振动幅值会发生衰减，但部分楼板的测点在低于 40Hz 的频段内出现了振动放大的情况。

（2）振动舒适度评价结果表明，发现列车行驶在测点的正上方区域时，结构的振动舒适度不满足要求，需要进行减振处理。针对整体隔振（基础隔振支座）方法，根据理论分析和有限元模拟，研究了隔振支座刚度对上盖物业减振效果的影响。另外，从局部隔振角度出发提出了一种隔振楼板结构，分析了隔振板的频率特性及其减振效果。

（3）采用整体隔振方案时，随着支座刚度降低，结构竖向频率也随之下降，但低频振动下降更快；结构的高阶振型体现为楼板的局部振动，首层柱刚度对楼板振型的影响有限。随着支座刚度降低，楼板振动频谱上的幅值在整个频段内都发生下降，并且频率越高下降幅度越大。刚度经过合理设计的支座可以使上盖物业的振动满足规范要求，并且采用整体隔振方案可以使结构振动沿竖向均匀化。

（4）本项目所提出的隔振楼板结构，通过改善楼盖局部的动力特性，使结构振动满足要求，同时避免了整体隔振方案造价高和设计复杂的缺点。由于隔振板的支撑弹簧布置在周边，振动时板的弯曲变形不可忽略，因此，使用单自由度模型设计会低估板的振动反应。

[实例 4-14] 青岛胶东国际机场航站楼在高铁、地铁穿越下的振动控制

一、工程概况

1. 建筑概况

青岛胶东国际机场 T1 航站楼位于青岛市胶州市东北 11km，大沽河西岸地区，距离青岛市中心约 40km，定位为“面向日本、韩国，具有门户功能的区域性枢纽机场，环渤海地区的国际航空货运枢纽”。本期航站楼（T1）面积为 47.8 万 m^2，可满足年旅客吞吐量 3500 万人次、货邮吞吐量 50 万 t、飞机起降 30 万架次的保障需求。图 4-14-1 为鸟瞰效果图。

航站楼平面采用“海星”形布局，分为 F 区中央大厅及向心布置的 A、B、C、D、E 五根指廊。其中，中央大厅地下局部两层，地上四层，屋盖最高点标高 43m。A、B 区指廊地上三层，屋盖最高点标高为 22～25m。C、D、E 区指廊地上三层，屋盖最高点标高为 24～26m。

图 4-14-1 航站楼鸟瞰效果图

青岛胶东国际机场航站楼及附属建筑于 2015 年完成施工图设计，2020 年建成并正式投入使用。

2. 结构整体选型及单元分区

航站楼下部结构采用现浇钢筋混凝土框架结构，上部屋盖采用曲面钢网架结构。航站楼平面纵向最长为 948.3m，横向最宽为 1090.2m，平面尺度大，屋盖共设置 5 条防振缝，把整个航站楼分为 1 个大厅及 5 个指廊共 6 个结构单元；在屋盖设缝的情况下，每个指廊下部结构各设置 2 条防振缝，指廊各结构子单元长度在 107～153m 之间，采用普通钢筋混凝土即可满足设计要求；大厅混凝土部分设置了一条防振缝，大厅框架梁及次梁设置有粘结预应力筋，在部分温度应力较大的楼板内设置无粘结预应力筋，结构屋盖及混凝土部分设缝情况见图 4-14-2。

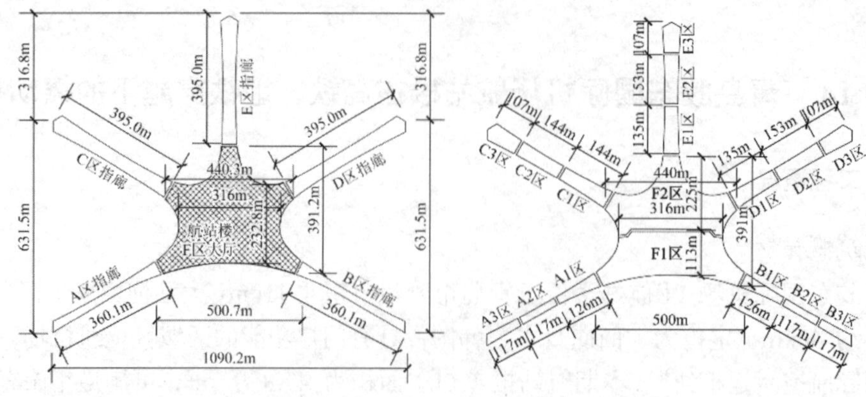

图 4-14-2 屋盖及下部结构设缝图

二、高铁、地铁穿越航站楼设计

1. 高铁、地铁穿越航站楼概况

目前，航站楼设计为减少旅客步行距离，均按综合交通换乘枢纽要求将航空运输与高铁、地铁集成在一起。本工程济青客运专线在机场地下交通中心内设站，从地下穿过航站楼；高铁穿越航站楼大部分为隧道，仅少量地下站厅伸入航站楼下部；机场站为两站四线模式，两侧两条线路为在机场停靠线路，中央两条线为在机场不停靠直接过站穿越线路，直接过站穿越线路列车最高速度 250km/h。

城市轨道规划两条轨道从地下穿越机场航站楼，轨道交通最高速度 80km/h，如图 4-14-3 所示。

处理好高铁、地铁穿越航站楼结构的空间关系，对于结构安全、造价、工期的影响均较大。高铁和地铁，尤其 250km/h 的高铁速度穿越航站楼下部，对航站楼上部结构的振动控制是否满足旅客舒适度要求是本项目设计的关键技术之一。

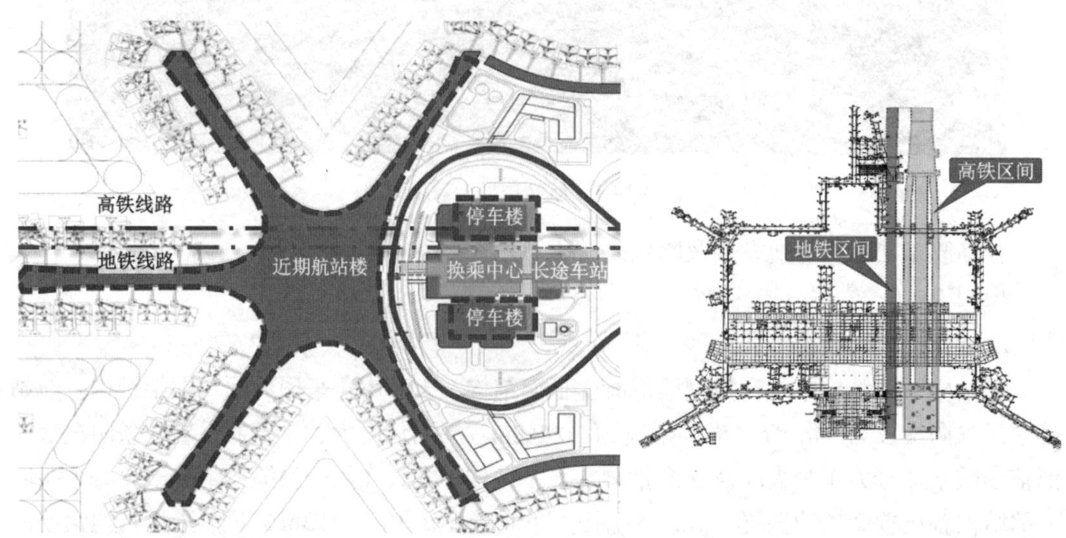

图 4-14-3 高、地铁穿越航站楼示意图

2. 高铁、地铁穿越航站楼方案选型

当航站楼主体结构与高铁、地铁隧道及站厅结构接触或相连时，高铁、地铁振动很容

易通过高铁、地铁隧道或站厅传递到航站楼上部主体结构，对旅客的舒适度造成较大影响。航站楼主体结构应尽量避免与高铁、地铁隧道及站厅结构接触或相连。基于以上原则，航站楼与高铁、地铁设计单位对航站楼与高铁、地铁地下结构的相互关系进行了协调与调整：

（1）地铁穿越航站楼地下部分均为区间隧道，协调地铁隧道从航站楼柱网间穿过，地铁隧道与航站楼柱下桩基与基础不接触，从物理上切断或延长振动传播途径。

（2）高铁穿越航站楼地下部分北侧为区间隧道，4 条线路分为 3 条隧道，两侧的停靠线路每条线路一条隧道，中央两条过站穿越线路共用一条隧道，参照地铁隧道地下穿越航站楼的做法，3 条隧道尽量从航站楼柱网间穿过，航站楼上部局部弧形柱网柱则通过转换梁将力传递到设置于隧道间的托换柱上，高铁区间隧道做到了结构上与航站楼结构不直接接触。

（3）高铁穿越航站楼地下部分南侧为高铁站厅，高铁站厅最大净宽度高达 55.4m，设计首先考虑的方案一是延续前面的设计思路让高铁站厅与上部航站楼结构不接触，这样就需要设置转换大梁来托换上部航站楼柱，经初步设计试算，转换梁跨度达到 65m，转换梁至少需做到 2000mm × 7500mm。这种巨型转换梁造价高昂，施工难度大，工期长，且可靠性不高。另一个思路即方案二：让航站楼上部结构柱落到高铁站厅顶板上，可有效降低上部结构跨度，但这样由于高铁站厅与航站楼结构接触，高铁振动将传递到上部航站楼结构，经初步试算，航站楼结构旅客舒适度不满足要求，需在高铁站厅与航站楼结构间设置减振支座进行减振处理。

针对高铁、地铁地下穿越航站楼的方案选型，经全国知名专家进行方案论证后，采用：地铁、高铁区间隧道从航站楼柱网间穿越；对于陆侧高铁站厅部分采用航站楼柱支承于高铁站厅顶板并采用有效隔振措施的结构方案（即方案二）。最终高铁、地铁穿越航站楼主要关系详见图 4-14-4。

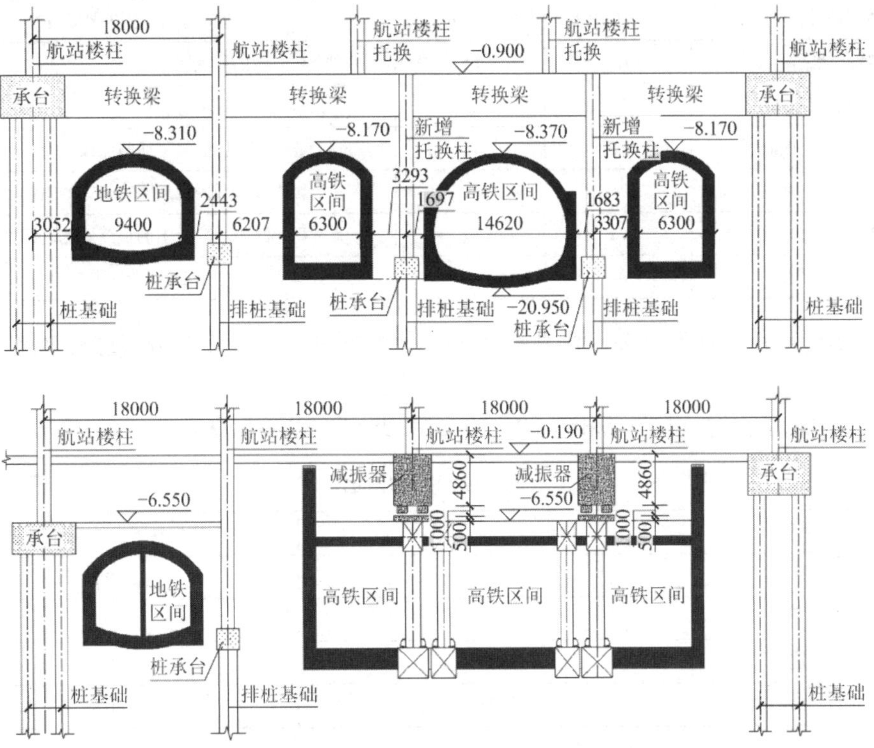

图 4-14-4　高铁、地铁穿越航站楼示意图

三、高铁、地铁穿越航站楼振动计算分析

1. 高铁、地铁穿越航站楼振动情况分析

高速运行的列车会对轨道产生动力冲击作用，同时在隧道中高速运行的列车产生的列车风也会作用在隧道顶板及侧墙上，这两种激励产生的振动都会传递到上部结构。振动传递到上部结构主要有两种途径，在航站楼南侧，上部结构与高铁站房相连，振动可直接传递到上部航站楼结构；在高铁隧道部分，虽然高铁隧道不与航站楼上部结构直接接触，从理论上极大地削弱了振动的传播，但振动可以从高铁隧道传播到土体，再由土体传播给航站楼结构基础，最终传递到航站楼上部结构，这种传播途径较长，传播效率远低于结构直接接触传播，但振动能量累积到一定程度也是比较可观的。

振动传播到航站楼上部结构后，首先直接影响旅客舒适度，当振动程度较大时还会影响结构安全性及使用寿命，对航站楼结构安全造成较大影响。因此，有必要充分考虑列车轮轨激励和列车风对旅客舒适度及上部结构安全性的影响。

2. 舒适度评价标准

判断旅客舒适度的标准比较多，主要的判断标准及规范有：《城市区域环境振动标准》GB 10070—1988、《建筑工程容许振动标准》GB 50868—2013、《高层建筑混凝土结构技术规程》JGJ 3—2010，本工程设计时，高铁、地铁下穿航站楼的相关工程实践较少，为确保旅客舒适度能满足要求，同时采用三本规范的相关判断标准取包络进行设计。

（1）《城市区域环境振动标准》GB 10070—1988（表 4-14-1）

Z 振级 VL_Z **表 4-14-1**

适用地带范围	昼间（dB）	夜间（dB）	适用地带范围的划定
特殊住宅区	65	65	特别需要安宁的住宅区
居民、文教区	70	67	纯居民和文教、机关区
混合区、商业中心区	75	72	一般工业、商业、少量交通与居民混合区
工业集中区	75	72	在一个城市或区域内规划明确确定的工业区
交通干线道路两侧	75	72	车流量每小时 100 辆以上的道路两侧的区域
铁路干线两侧	80	80	距每日车流量不少于 20 列的铁道外轨 30m 外的区域

航站楼候机休息区及办公区按文教区，限值为 70dB，其余大部分区域按商业区，限值为 75dB。

（2）《建筑工程容许振动标准》GB 50868—2013（表 4-14-2）

容许竖向振动限值 **表 4-14-2**

建筑物类型	时间	容许竖向四次方振动剂量值（$m/s^{1.75}$）
居住建筑	昼间	0.2
	夜间	0.1
办公建筑	昼间	0.4
车间办公区	昼间	0.8

根据该标准第 7.2.1 条第 3 款规定，采用竖向四次方振动剂量值评价对人体舒适性的

影响，参考办公建筑限值为 $0.4m/s^{1.75}$。

（3）《高层建筑混凝土结构技术规程》JGJ 3—2010（表 4-14-3）

楼盖竖向振动加速度限值　　　　**表 4-14-3**

人员活动环境	峰值加速度限值（m/s^2）	
	竖向自振频率不大于 2Hz	竖向自振频率不小于 4Hz
住宅、办公	0.07	0.05
商场及室内连廊	0.22	0.15

根据该规程第 3.7.7 条控制楼盖竖向振动加速度，航站楼候机休息区及办公区按办公区，限值为 $0.05m/s^2$，其余大部分区域按商场要求限值为 $0.15m/s^2$。

3. 安全性评价标准

（1）《建筑工程容许振动标准》GB 50868—2013（表 4-14-4）

交通振动对建筑结构影响在时域范围内的容许振动值　　　　**表 4-14-4**

建筑物类型	顶层楼面处容许振动速度峰值（mm/s）	基础处容许振动速度峰值（mm/s）		
	1～100Hz	1～10Hz	50Hz	100Hz
工业建筑、公共建筑	10.0	5.0	10.0	12.5
居住建筑	5.0	2.0	5.0	7.0
对振动敏感、具有保护价值、不能划归上述两类的建筑	2.5	1.0	2.5	3.0

根据该标准在建筑物基础处的容许振动速度峰值限值为 5mm/s（1～100Hz），上层楼面处容许振动速度峰值限值为 10mm/s（1～10Hz）。

（2）《混凝土结构设计规范》GB 50010—2010（2015 年版）

按照该规范计算是否满足混凝土构件的疲劳验算要求。

4. 振动分析

为确保振动分析的准确性，设计方与业主委托建研科技股份有限公司和哈尔滨工业大学分别独立对振动问题进行专项研究，两家单位的分析结果基本吻合，以下给出有代表性的主要结论：

计算分析考虑了土体 + 地下 + 地上结构的计算模型，激励考虑高铁、地铁轮轨激励及高铁列车风激励，计算模型如图 4-14-5 所示。

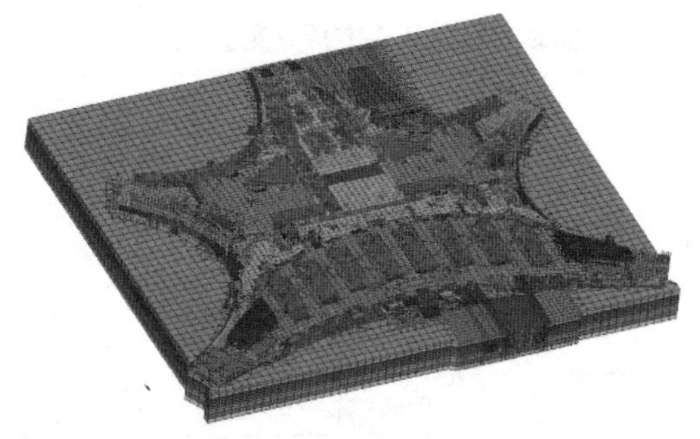

图 4-14-5　整体计算模型（包含边界）

计算工况考虑了地铁进出站、高铁进出站、高铁 250km/h 过站、两辆高铁 250km/h 在不同位置会车等工况，对于两辆高铁 250km/h 在航站楼南侧高铁地下站厅会车的最不利工况分别对比了设置减振器与不设置减振器的区别，表 4-14-5～表 4-14-7 所示计算结果未作说明的均为 8 节列车编组并设置了减振器的情况。

大厅结构最大竖向加速度响应（mm/s^2） **表 4-14-5**

站场	工况		B2	B1	F1	F2	F3	F4
高铁	1	250km/h 过站	30.5	27.3	49.1	38.8	34.8	62.6
	2	250km/h 过站（16 节）	30.8	28.1	49.5	39.3	35.4	63.2
	3	250km/h 过站（仅轮轨激励）	30.4	25.8	48.1	37.9	33.8	62.5
	4	250km/h 过站（仅列车风）	3.3	6.7	6.3	5.0	3.9	1.6
	5	250km/h 会车/中部	31.9	34.5	64.7	61.2	42.9	73.2
	6	250km 会车/南侧	37.7	27.4	76.6	55.3	33.8	74.2
	7	250km/h 会车/南侧/**不设减振器**	37.8	28.5	**163.5**	123.5	35.4	**179.4**
	8	进站	18.0	20.5	23.6	18.0	13.7	23.7
	9	出站	18.5	21.0	25.7	18.6	14.9	25.1
地铁	10	进站	24.0	20.0	39.4	29.1	20.3	27.0
	11	出站	24.2	20.2	39.7	29.3	20.5	27.1

大厅结构最大 Z 振级（dB） **表 4-14-6**

站场	工况	B2	B1	F1	F2	F3	F4
高铁	250km/h 过站	72.7	72.6	73.9	73.0	72.6	74.1
	250km/h 过站（16 节）	72.8	72.8	74.1	73.3	72.8	74.2
	250km/h 会车/中部	72.8	72.9	74.3	73.3	72.7	74.5
	250km 会车/南部	72.9	72.0	74.6	73.9	72.5	74.6
	250km/h 会车/南部/**不设减振器**	72.9	72.8	**77.7**	74.1	72.6	**77.9**
	进站	70.5	70.4	71.3	70.4	70.1	70.7
	出站	70.6	70.3	71.5	70.4	70.0	70.9
地铁	进站	70.5	70.4	71.3	70.4	70.1	70.7
	出站	70.6	70.3	71.5	70.4	70.0	70.9

大厅结构最大竖向四次方振动剂量值（$m/s^{1.75}$） **表 4-14-7**

站场	工况	B2	B1	F1	F2	F3	F4
高铁	250km/h 过站	0.10	0.18	0.28	0.18	0.12	0.20
	250km/h 过站（16 节）	0.10	0.18	0.30	0.18	0.12	0.22
	进站	0.05	0.06	0.15	0.08	0.05	0.12
	出站	0.05	0.06	0.16	0.08	0.06	0.10
地铁	进站	0.09	0.04	0.13	0.07	0.06	0.09
	出站	0.09	0.05	0.14	0.07	0.07	0.09

5. 结构舒适性评判

根据表 4-14-5 结构最大竖向加速度响应、表 4-14-6 最大 Z 振级以及表 4-14-7 最大竖向四次方振动剂量值进行结构舒适性判断，得到以下结论：

（1）列车 16 节编组与 8 节编组相比振动响应略增大，基本一致；

（2）本工程高铁大部分为隧道结构，所以列车风造成的加速度响应相对较小，结构响应主要由列车轮轨激励产生；

（3）高铁正线过站时各层的加速度响应明显大于列车进、出站时的响应，会车时的加速度响应大于过站时的响应；

（4）最不利工况为两列正线列车速度 250km/h 在航站楼南侧高铁地下站厅会车，此时不设置减振支座时，F1、F4 层最大竖向加速度分别为 163.5mm/s^2、179.4mm/s^2，不满足规范 150mm/s^2（0.15m/s^2）的限值要求，F1、F4 层最大 Z 振级分别为 77.7dB、77.9dB，不满足规范 75dB 的限值要求；设置减振支座后，F1、F4 层最大竖向加速度分别为 76.6mm/s^2、74.2mm/s^2，最大 Z 振级均为 74.6dB，均满足相关规范要求；

（5）在设置减振支座后，航站楼最大竖向加速度响应均不超过规范 150mm/s^2（0.15m/s^2）的限值要求，对于航站楼候机休息区及办公区经复核，均不超过规范办公区 0.05m/s^2 的限值要求；最大 Z 振级均不超过规范商业区 75dB 的限值要求，对于航站楼候机休息区及办公区经复核，均不超过规范文教区 70dB 的限值要求。

根据以上结论，在设置减振支座后，航站楼结构舒适性满足相关规范要求。

6. 结构安全性评判

各工况下航站楼主体结构基础和顶层楼板的最大竖向速度如表 4-14-8 所示，设置减振支座后基础最大竖向速度响应为 1.35mm/s，顶层楼板的最大竖向速度为 4.73mm/s，分别小于《建筑工程容许振动标准》GB 50868—2013 规定的振动速度限值 5mm/s 和 10mm/s，均满足结构构件振动响应速度安全性的要求。

列车通过所引发的结构构件混凝土受压区边缘压应力及纵向钢筋应力幅均小于《混凝土结构设计规范》GB 50010—2010（2015 年版）中规定的混凝土抗压疲劳强度设计值与钢筋疲劳应力幅限值，满足规范对于混凝土疲劳验算要求。

大厅结构最大竖向速度响应（mm/s）　　**表 4-14-8**

站场	工况		基础	B1	F1	F2	F3	F4
高铁	1	250km/h 过站	1.02	1.04	1.59	1.84	1.62	2.43
	2	250km/h 过站（16 节）	1.04	1.03	1.60	1.84	1.63	2.43
	3	250km/h 过站（仅轮轨激励）	1.00	1.01	1.59	1.80	1.55	2.43
	4	250km/h 过站（仅列车风）	0.19	0.21	0.23	0.23	0.21	0.26
	5	250km/h 会车/中部	1.35	1.37	2.93	2.16	1.96	4.18
	6	250km 会车/南部	1.00	1.01	4.19	2.92	1.56	4.73
	7	250km/h 会车/南部/**不设减振器**	1.00	1.01	5.35	4.15	2.06	6.73
	8	进站	0.44	0.46	0.72	0.57	0.44	1.17
	9	出站	0.45	0.46	0.73	0.57	0.44	1.22
地铁	10	进站	0.74	0.75	1.15	1.13	1.01	1.36
	11	出站	0.76	0.78	1.17	1.16	1.02	1.37

7. 结构加速度响应分布

航站楼各层结构竖向加速度分布云图见图 4-14-6～图 4-14-11，各层加速度响应最大区域主要集中于高铁线路正上方，尤其是高铁站厅正上方，其次才是高铁隧道正上方。从分布云图规律可知：当航站楼结构与高铁站厅结构直接接触时，即使采用了减振支座的措施，仍是振动传播的主要途径，由此传播的振动能量仍旧大于通过土体传播。

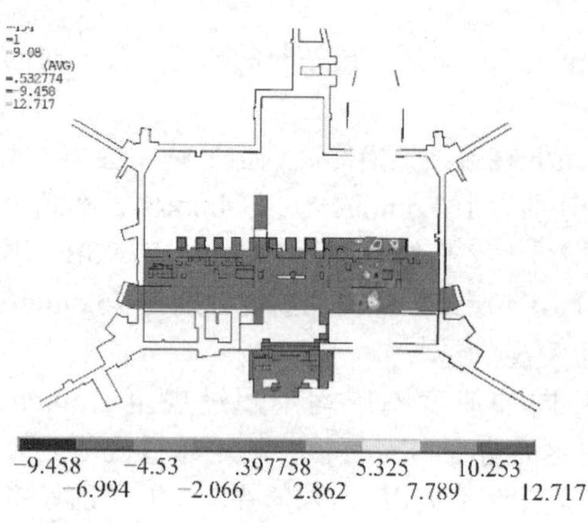

图 4-14-6　B1 层结构竖向加速度分布云图

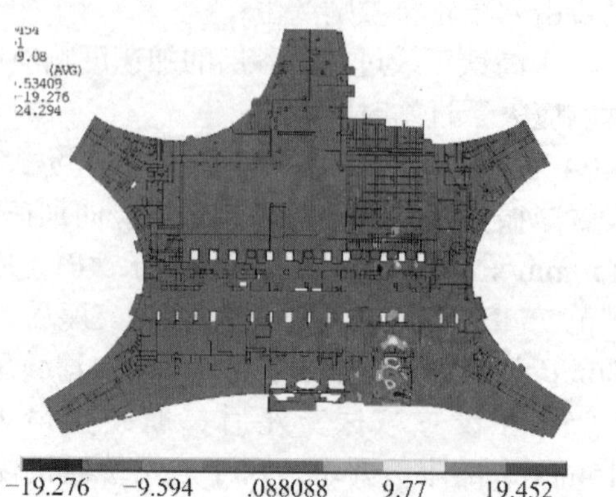

图 4-14-7　F1 层结构竖向加速度分布云图

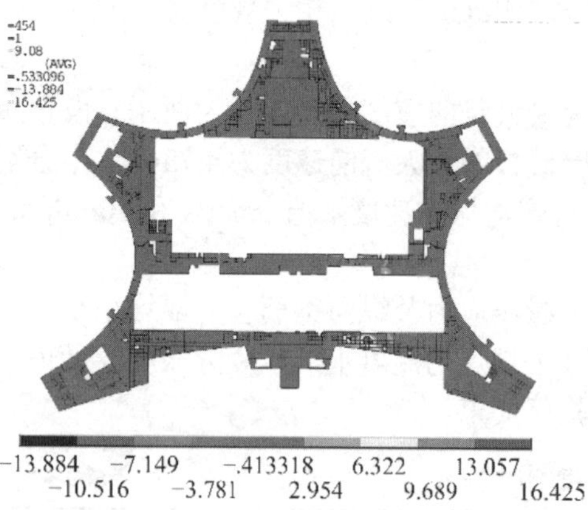

图 4-14-8　F2 层结构竖向加速度分布云图

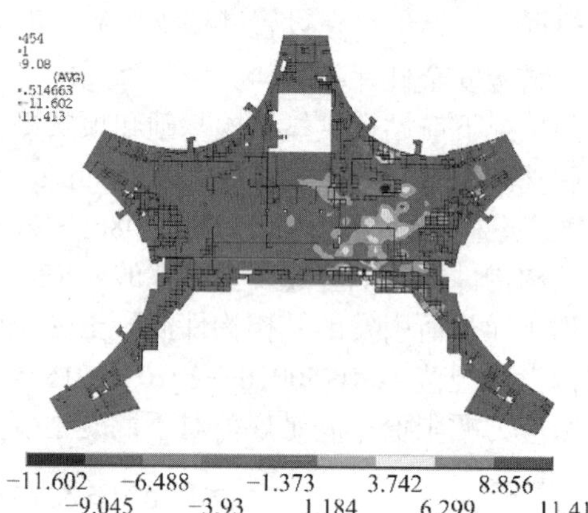

图 4-14-9　F3 层结构竖向加速度分布云图

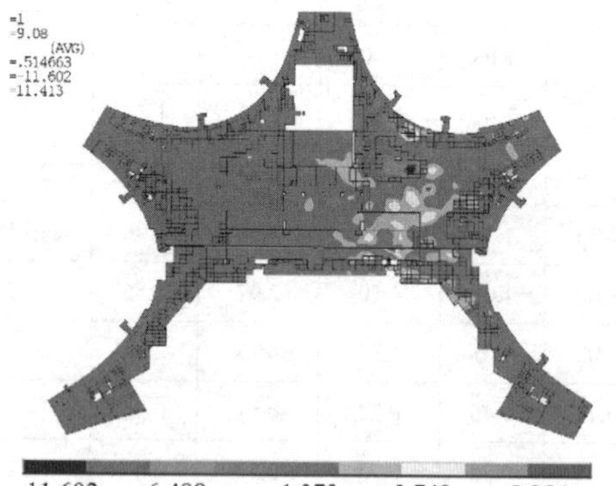

图 4-14-10　F4 层结构竖向加速度分布云图

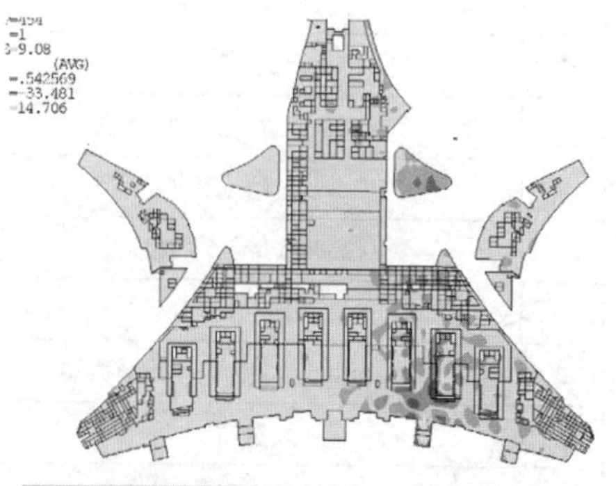

图 4-14-11　F5 层结构竖向加速度分布云图

四、高铁、地铁穿越航站楼减振设计

由于本工程地铁隧道完全从航站楼柱网间穿过，高铁大部分区段为隧道部分从航站楼柱网间穿过，仅航站楼南侧有 8 根柱落在高铁站房顶需设置减振支座，减振造价得到了有效控制，也有利于加快工期。减振支座布置和大样如图 4-14-12 和图 4-14-13 所示，减振支座施工完成照片见图 4-14-14。

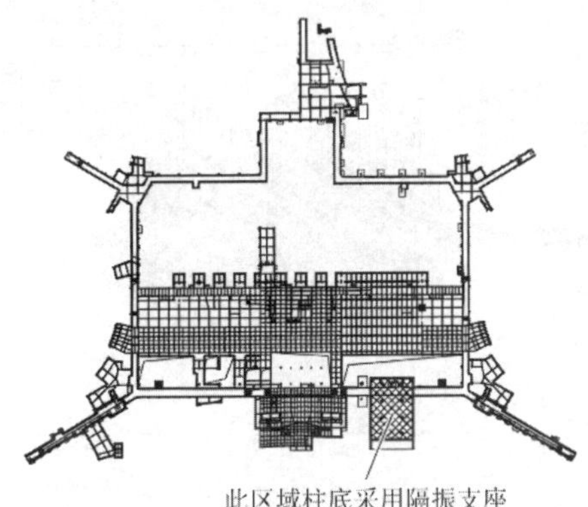

图 4-14-12　减振支座布置示意图

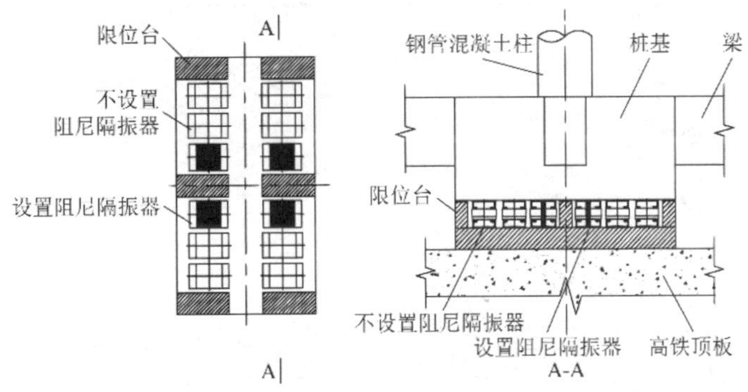

图 4-14-13　典型减振支座大样图

图 4-14-14　减振支座施工完成照片

五、振动控制效果

在航站楼及高铁、地铁相继投入使用后，对振动情况进行了控制效果实测复核，测试结果如下，并给出有代表性的部分数据。

1. 青岛理工大学测试结果

见图 4-14-15、图 4-14-16 和表 4-14-9。

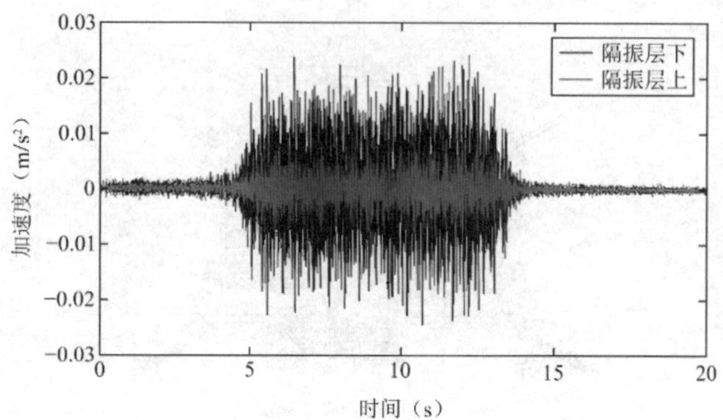

图 4-14-15　3 号柱减振层上下测点振动时程区间

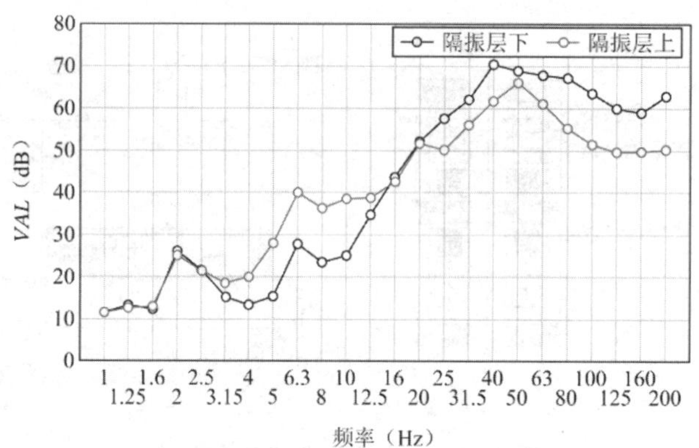

图 4-14-16　3 号柱减振层上下振动加速度均值

减振支座上下 Z 振级（dB）对比表　　**表 4-14-9**

编号	位置夜间	1	2	3	4	5	均值
3 号	隔振层下	63.76	65.16	62.85	64.41	65.81	64.40
	隔振层上	58.61	58.15	58.34	58.78	59.61	58.70
4 号	隔振层下	65.02	62.99	65.57	64.96	63.89	64.49
	隔振层上	59.63	57.21	59.71	59.71	60.51	59.35
6 号	隔振层下	66.17	61.32	64.34	61.90	65.93	63.93
	隔振层上	56.54	53.59	57.05	53.51	56.74	55.49

2. 哈尔滨工业大学测试结果

见图 4-14-17～图 4-14-19。

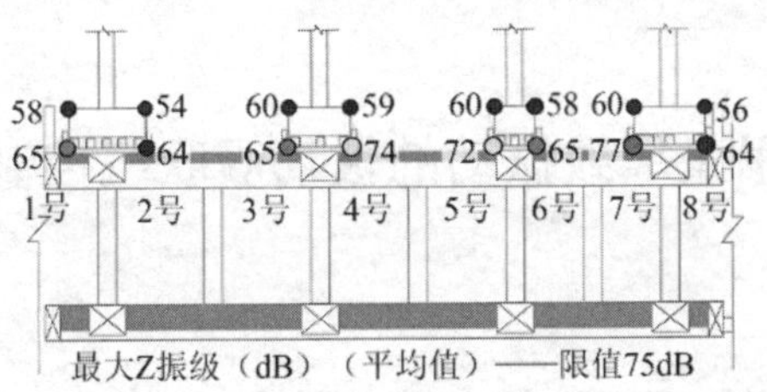

图 4-14-17　柱位编号及典型测点剖面图

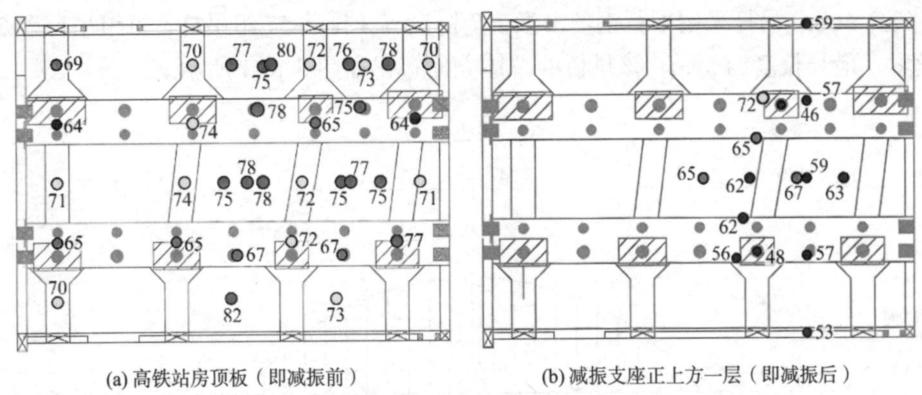

(a) 高铁站房顶板（即减振前）　(b) 减振支座正上方一层（即减振后）

图 4-14-18　站房顶板减振前后振级对比

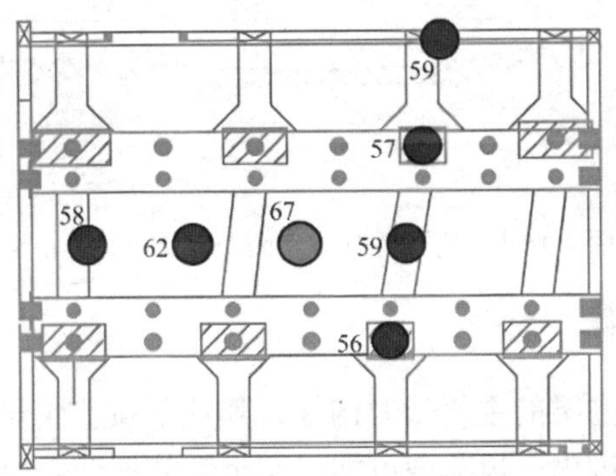

图 4-14-19　减振支座正上方三层（减振后）Z 振级图

3. 测试结论

减振后振动加速度均低于 150mm/s^2，减振后 Z 振级均低于 75dB，减振效果约为 5.17～8.44dB。经过数值分析及实测数据验证，减振措施有效，航站楼在高铁通过时满足舒适度要求。

[实例 4-15] 某拱桥吊索风致振动的被动吸吹气控制

一、工程概况

某拱桥跨越长江连接着南通和上海，是重要的交通要道。该大跨度拱桥为主跨 336m 的刚性梁柔性拱桥。主梁采用双层板桁组合梁新结构，主拱采用抛物线形，拱肋为钢箱梁柔性拱，矢高 60m。吊杆采用平行钢丝吊索，全桥设有 3 排共 57 组吊杆，每组吊杆含 2 根平行钢丝索，最长长度约 59m。该拱桥的总体立面布置如图 4-15-1 所示。

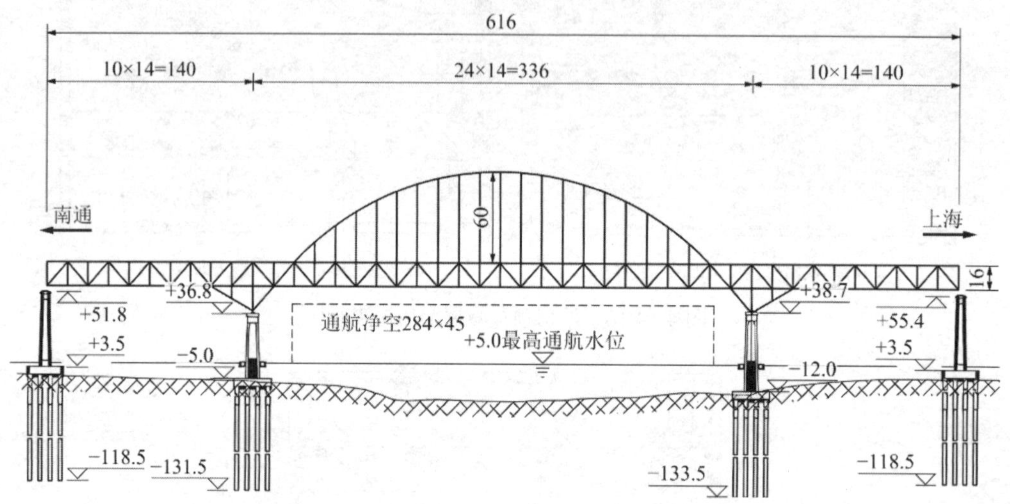

图 4-15-1　某拱桥总体立面布置（单位：m）

二、风致振动控制目标

吊索是该大跨度拱桥主梁的主要受力构件，其处于高空或开阔区域，将直接受到风荷载的作用。在一定风速范围内，风荷载可能引起吊索的振动，如果振动幅度过大，可能会对吊索本身以及连接节点、锚固装置等构件造成损坏或破坏。此外，吊索的大幅度振动不仅会使居民在行车和步行等过程中感到不适，还可能影响行人和车辆的通行安全，降低结构的可用性。

因此，采取有效的风振控制方法对减小吊索结构的振动幅度、减小振动对设备和附属构件的影响、降低结构的疲劳损伤、提高结构的安全性和使用寿命具有重要意义。

三、吸吹气套环控制方法

被动吸吹气套环控制方法是一种可实现自主吸吹气的被动控制方法。通过在索表面附加中空套环实现被动吸吹气控制，如图 4-15-2 所示。其设计思路是在吊索表面安装套环装置，套环的内部是中空的，套环外表面均匀分布若干气孔，空气在迎风侧和背风侧压差的作用下从前驻点的气孔流入套环，经过套环内部预留的流动通道从后驻点的气孔吹出，在不破坏结构的前提下自发地实现了被动吸吹气流动控制方式。

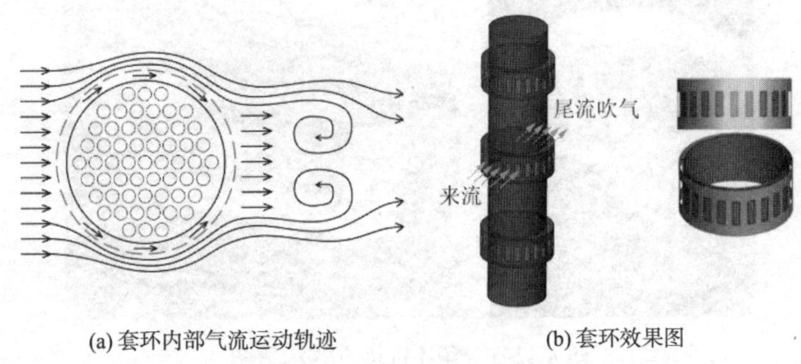

(a) 套环内部气流运动轨迹　　(b) 套环效果图

图 4-15-2　被动吸吹气套环

基于大量风洞试验研究发现，当吊索采用被动吸吹气套环控制后，由背面出气孔吹出的气流卷起形成反对称小涡。反对称小涡的出现，有力地破坏了吊索尾流的主旋涡运动，使得尾流旋涡由交替脱落模式转变成对称脱落模式，从而有效降低了作用在吊索上的平均风荷载和脉动风荷载，结果如图 4-15-3 所示。

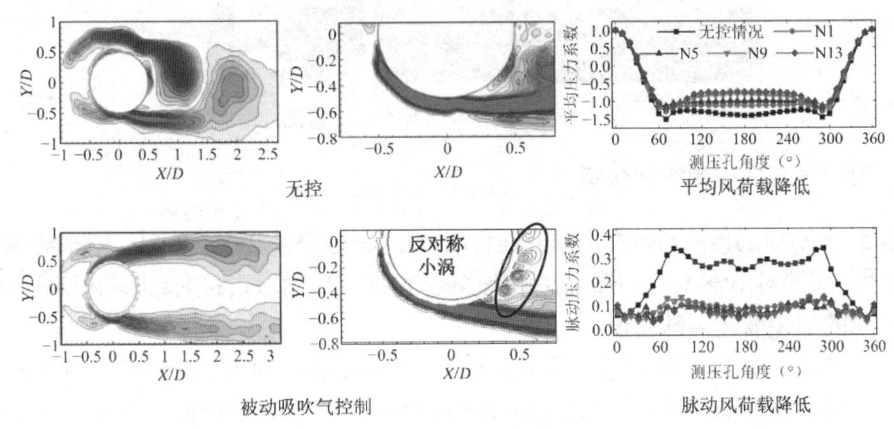

图 4-15-3　套环控制机理图

四、吸吹气套环控制方案

本工程中，对该拱桥跨中最长吊索的风致振动问题进行监测和控制，如图 4-15-4 所示。吊索 5 为长江上游处最长吊杆中靠近桥面的一根吊索；吊索 6 为长江下游处最长吊杆中靠近桥面的一根吊索，并且吊索 6 处的 2 根平行吊索均采用被动吸吹气控制方法进行流动控制。在吊索 5 和吊索 6 上分别布置一个加速度传感器进行加速度采集，同时对来流风速进行全天候采集，以便对吊索 5、6 的位移振动响应、振动形式和主要振动模态进行分析。

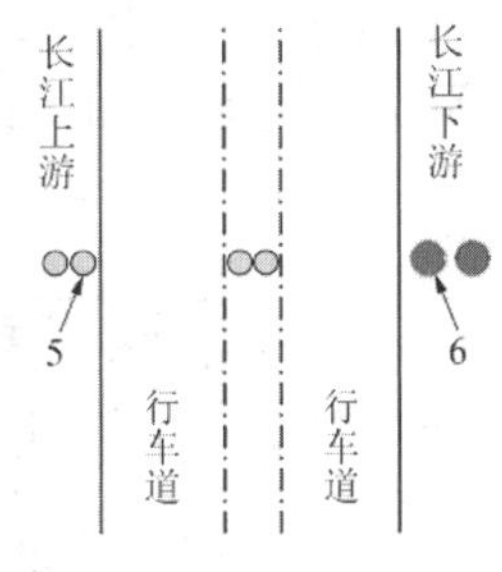

图 4-15-4　吊索位置俯视图

吊索 6 处的 2 根平行吊索均在跨中 30m 长密布套环，即在索长 15～45m 的位置进行套环布置。考虑到套环的安装需求，套环制作中设计为两半式，沿着套环中轴且经过其中某一个气孔的平面将套环剖开，剖开为两个一模一样的半套环，工程实践中通过螺丝固定方式进行闭合，方便安装和拆卸。两半式被动吸吹气套环拼接方式如图 4-15-5 所示，实桥及套环布置如图 4-15-6 所示。

图 4-15-5　套环拼接方式示意图

图 4-15-6　实桥及套环布置示意图

五、吸吹气套环控制结果分析

吊索 5、6 对应的传感器数据编号分别为 SL-D2-05 与 SL-D2-06；同时，对来流风速进行全天候采集。主要对吊索 5、6 的加速度和位移振动响应、振动形式和主要振动模态进行分析。

1. 吊索的加速度响应脉动值

对三个月内吊索 5、6 的加速度数据进行统计分析，按照时间先后顺序，每 10min 为一组数据，每组数据分别统计求得相应时间段内的加速度脉动值，因此，每天包含 144 个加速度脉动值。

在加速度结果整理时发现，可能由于吊索 5 振动响应较大，吊索 5 处加速度数据出现了超量程现象，典型的超量程数据时程如图 4-15-7 所示。由于超量程部分的绝对值保持为 2g，使得相应时间内的加速度脉动值稳定在 0，显然这部分脉动值数据是无效的。因此，将这部分脉动值为 0 的结果予以剔除。

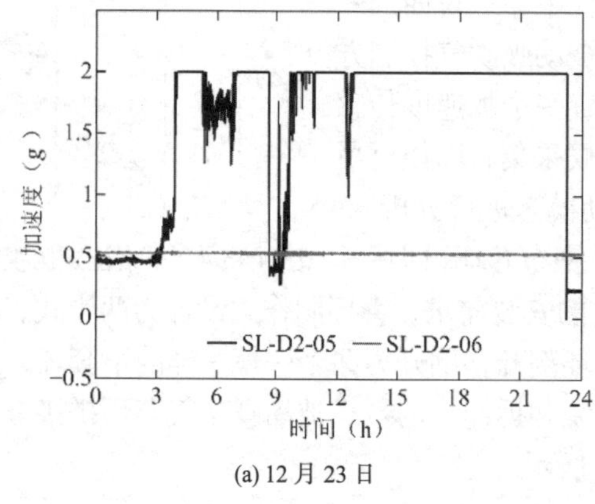

(a) 12 月 23 日

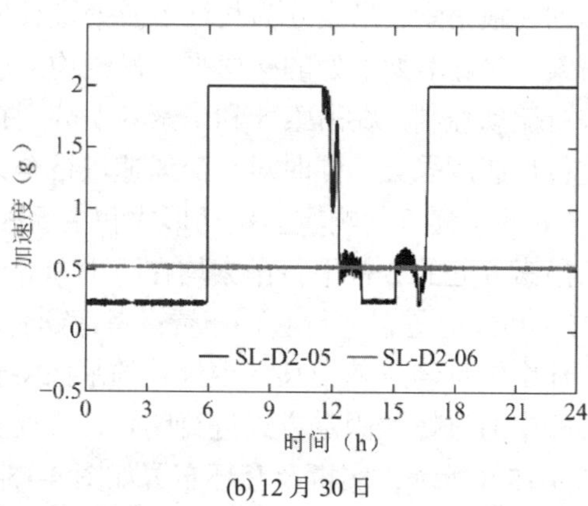

(b) 12 月 30 日

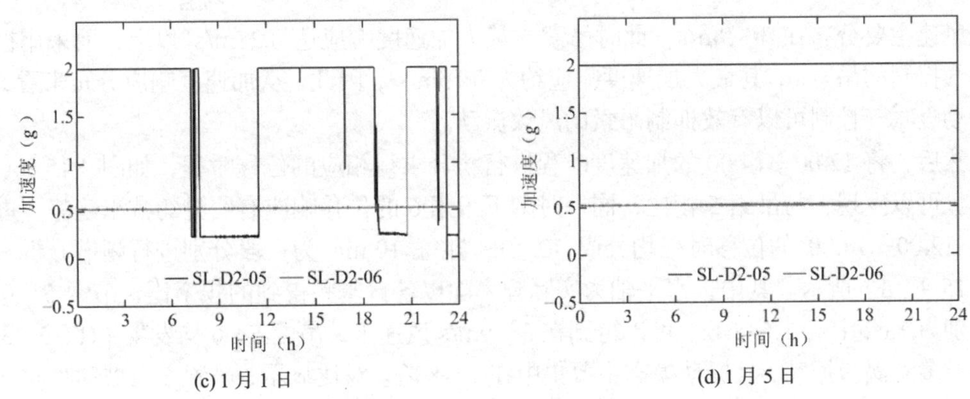

(c) 1 月 1 日　　(d) 1 月 5 日

图 4-15-7　吊索 5 典型的数据超量程示意图

通过对三个月内吊索 5、6 的加速度数据进行统计分析，得到吊索 5、6 加速度振动响应的脉动值如图 4-15-8 所示。

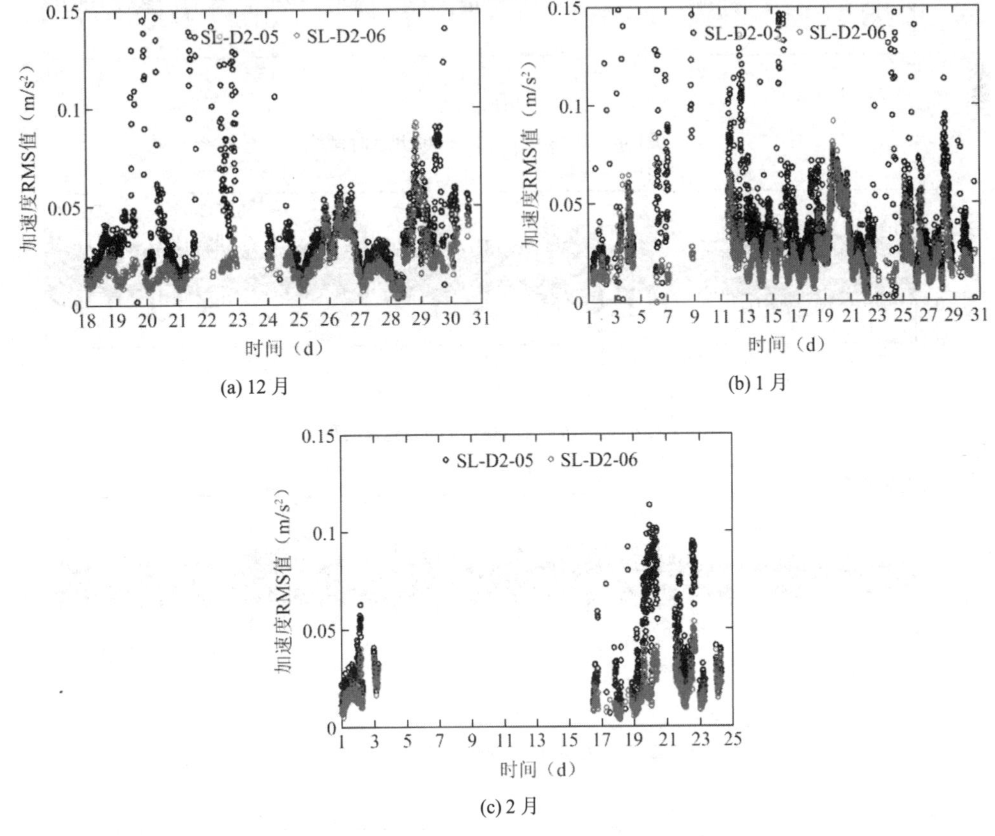

(a) 12 月　　(b) 1 月

(c) 2 月

图 4-15-8　吊索 5、6 的加速度脉动统计

2. 吊索的加速度响应频谱和位移分析

根据加速度脉动值的统计结果，选取振动响应较大的 2021 年 1 月 16 日和 25 日为例，来分析吊索的振动形式和主要振动模态。

1 月 16 日吊索振动响应最大的时间大约在 12:00—14:00。首先，截取 12:00—14:00 的来流风速及加速度响应时程数据，如图 4-15-9（a）和图 4-15-9（b）所示。在 12:00—14:00

来流风速主要分布在 3～9m/s，此时吊索 5 最大加速度响应达 0.25m/s² 以上，而采用被动吸吹气控制的吊索 6，其最大加速度响应约为 0.15m/s²，因此，从加速度响应分布来看，采用被动吸吹气控制可以有效抑制吊索的风致振动。

然后，将 12:00—14:00 的加速度时程进行积分求得相应的位移时程，如图 4-15-9（c）所示。可以发现，与吊索 5 相比，同一时刻下吊索 6 的位移响应有明显的减小趋势。进一步将 12:00—14:00 的位移时程均分成 12 份，即每 10min 为一段分别进行频谱分析，如图 4-15-9（d）所示。其中，水平轴为实际频率除以各自基频得到的频率比，吊索 5、6 基频分别为 1.624Hz、1.648Hz。可以得到在 3～9m/s 风速下，吊索 5、6 均发生了 1、2、3 阶主导的多阶涡激振动，且振动模态主要集中在 1～8 阶。对比显示，吊索 6 在被动吸吹气控制下其位移响应对应的频率幅值（尤其是 1、2、3 阶频率幅值）被明显抑制。

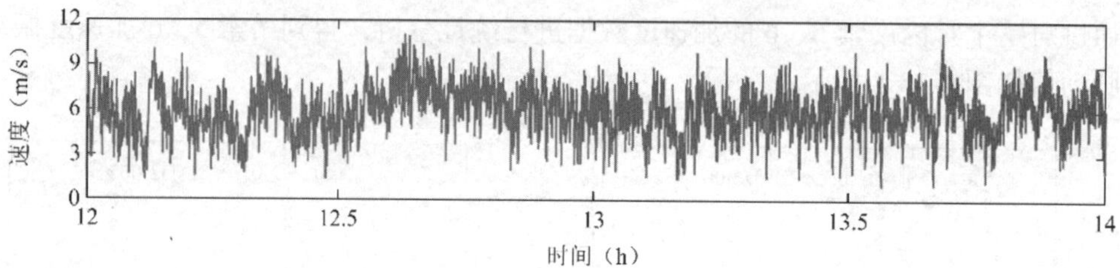

(a) 2021 年 1 月 16 日 12:00—14:00 风速时程图

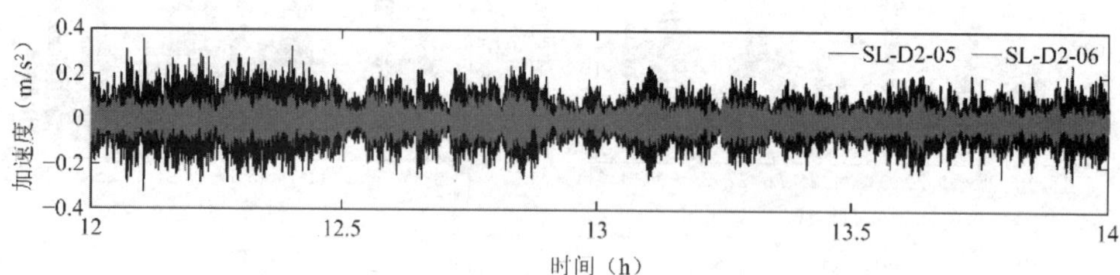

(b) 2021 年 1 月 16 日 12:00—14:00 加速度时程图

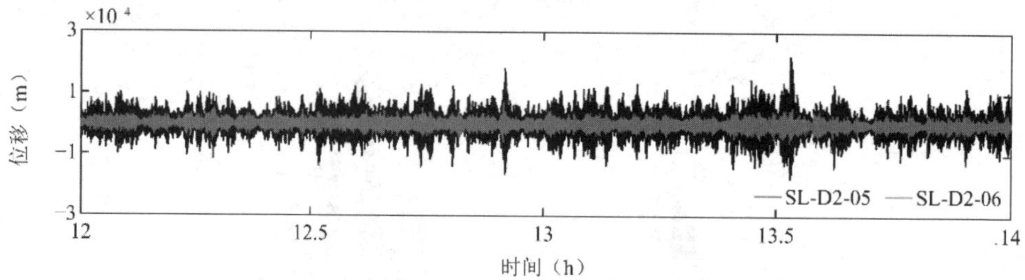

(c) 2021 年 1 月 16 日 12:00—14:00 位移时程图

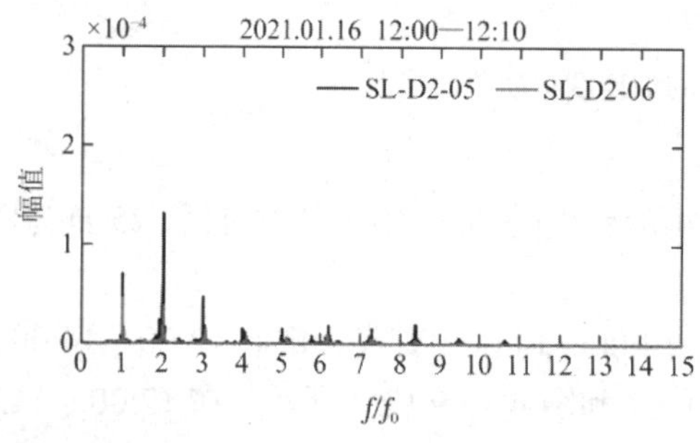

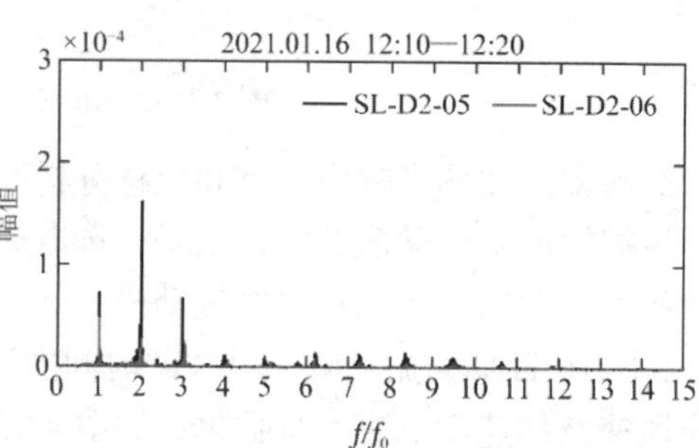

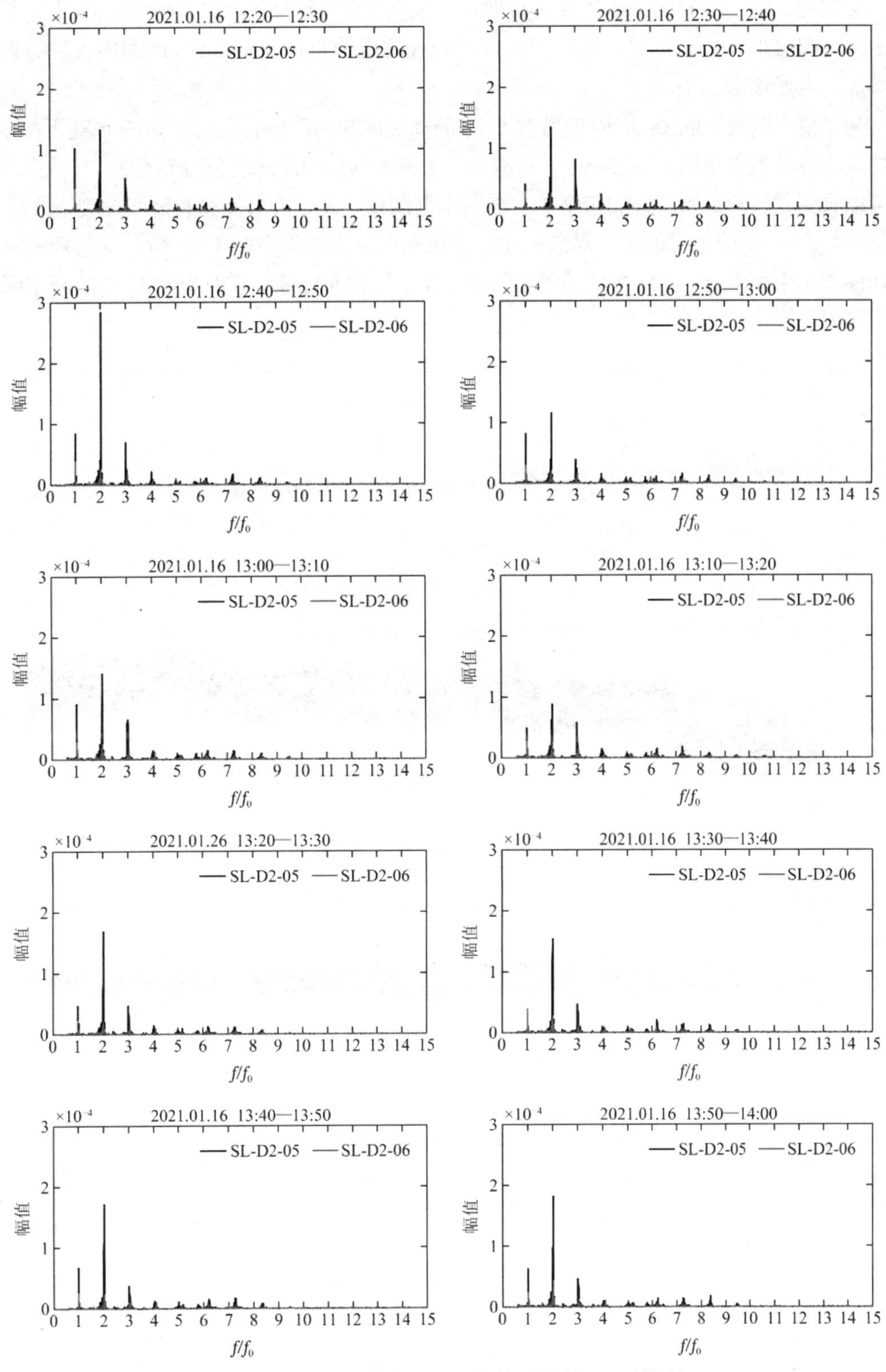

(d) 2021 年 1 月 16 日 12:00—14:00 位移频谱图（每 10min 统计）

图 4-15-9　2021 年 1 月 16 日 12:00—14:00 吊索 5、6 的位移响应时程及频谱分析图

类似地，1 月 25 日的来流风速时程曲线、加速度和位移时程、位移频谱图如图 4-15-10 所示。由图可得，1 月 25 日 17:30—19:30 的风速主要分布在 1.5～3m/s 区间内，且随着时间增加，风速逐渐减小。

为了便于观察，取 18:00 附近吊索 5、6 的加速度脉动值进行比较，3m/s 风速下吊索 5 的加速度脉动最大值约为 0.25m/s^2，相应地，吊索 6 的加速度脉动值分布在 0.1m/s^2 内。同样可以看到，吊索 6 的位移响应基本上被完全抑制住。进一步由位移频谱图发现，吊索 5、6 均发生了 1、2 阶主导的多阶涡激振动，且振动模态主要集中在 1～5 阶，这与理论涡激振动模态结果相吻合。同样在被动吸吹气控制下，吊索 6 位移响应对应的 1、2 阶频率幅值被明显削弱。

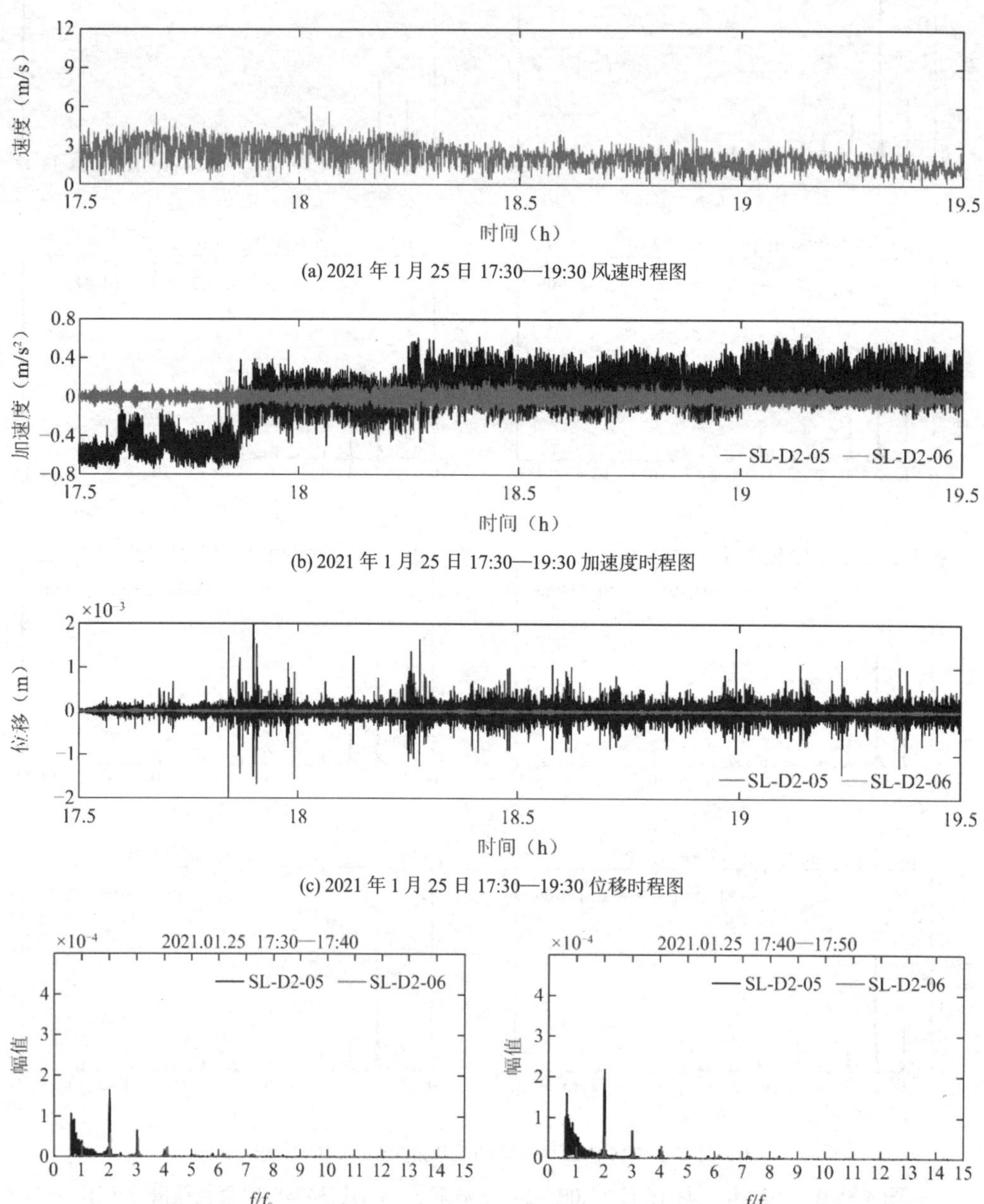

(a) 2021 年 1 月 25 日 17:30—19:30 风速时程图

(b) 2021 年 1 月 25 日 17:30—19:30 加速度时程图

(c) 2021 年 1 月 25 日 17:30—19:30 位移时程图

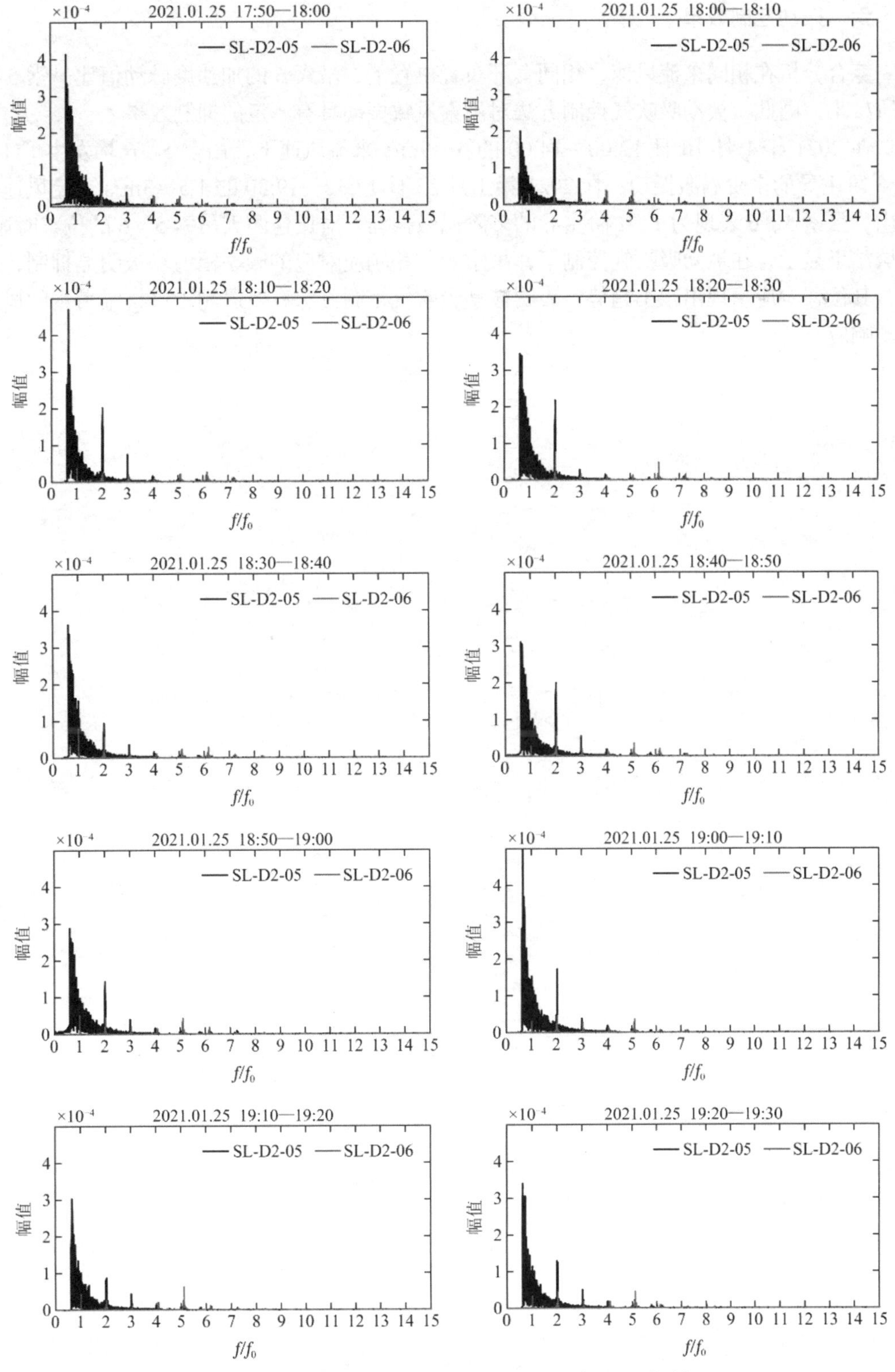

(d) 2021 年 1 月 25 日 17:30—19:30 位移频谱图（每 10min 统计）

图 4-15-10　2021 年 1 月 25 日 17:30—19:30 吊索 5、6 的位移响应时程及频谱分析图

六、振动控制效果

综合分析在相同来流风速、相同套环布置位置下，吊索 6 的加速度脉动值比吊索 5 的有所减小，因此，被动吸吹气控制方法对吊索风致振动具有一定的抑制效果。

在 2021 年 1 月 16 日 12:00—14:00 的 3～9m/s 来流风速下，吊索 5、6 均发生了 1、2、3 阶主导的多阶涡激振动；在 2021 年 1 月 25 日 17:30—19:30 的 1.5～3m/s 来流风速区间内，吊索 5、6 表现为 1、2 阶主导的多阶涡激振动。对比这两天吊索 5、6 的位移时域、频域结果显示，在被动吸吹气控制下，吊索 6 位移响应对应的频率幅值均被明显抑制，因此，其位移响应呈现出减小趋势，表明被动吸吹气控制方法有效遏制了该桥梁吊索的风致振动响应。

[实例 4-16] TOD 车辆段减振降噪综合评估和改造工程

一、工程概况

“十四五”“新基建”引领轨道交通建设高速发展，也催生了大量环境噪声振动控制的刚性需求。近年来，国家及地方针对环境噪声和住宅建筑声环境密集地出台了更高的噪声控制和隔声标准，例如，《地铁噪声与振动控制规范》DB 11/T 838—2019、《住宅设计规范》DB 11/1740—2020、《建筑环境通用规范》GB 55016—2021、2021 年 12 月颁发 2022 年 6 月 5 日实施的新版《中华人民共和国噪声污染防治法》、2023 年 1 月颁发的《“十四五”噪声污染防治行动计划》等，正在全面推进我国环境保护和建筑隔声降噪标准体系全面与世界发达国家接轨。

而随着城市轨道交通进入超大规模网络运营新时代，以公共交通为导向的 TOD 发展模式正在引领场站上盖物业开发成为各地城轨建设发展热点，车辆段上盖物业已逐渐成为国内城市轨道交通发展的主流。在上述大背景下，TOD 上盖开发所涉及的车辆场站噪声振动控制已经成为全行业高度关注的焦点、难点与痛点问题，甚至在很大程度上决定着整个开发项目的成败。常见的地铁车辆段和停车场上盖开发的噪声振动问题具有如下特点：

（1）敏感区域多：库内线、咽喉区、检修库，试车线、出入段线、洗车线等；

（2）建筑布局多：场段及二级开发的布局和功能多样，盖上与白地建筑并存；

（3）源强类型多：轨道源包括有砟轨道、无砟轨道，列检段与调车线等；非轨道源包括天车、空调风机、水泵、冷却塔、变电站、污水站等；

（4）轨道线型多：直线、曲线、道岔、平交道、库门轨缝等；

（5）运行车速多：出入库 5～25km/h，试车线 60～80km/h 等。

因此，其噪声振动控制工作面临从规划、建设、技术、产品到运营管理等多层面、多部门、多元化的系统性难题，必须通过全过程一体化统筹管控，开展“分速度、分频率、分场景”的减振降噪精准防治，才能实现环境友好下的 TOD 高质量发展。

近年来行业内相关各方已经在 TOD 上盖建设规划、列车噪声振动源头控制、传播途径减振降噪以及日常运维养护等多个层面，开展了全方位的研究与实践，推广应用了多种类型的轨道减振降噪措施，取得了多维度的环保成效。但某些车辆段上盖噪声振动治理也走了不少弯路，其中，就包括因对车辆段试车线的道岔冲击振动和噪声影响认识不充分、措施不到位而留下的一些遗憾，也陆续开展了一些既有项目的改造工程。本节以国内某大型 TOD 车辆段综合评估和试车线减振降噪改造工程为例，重点分享试车线环境振动噪声综合治理的经验与体会。

广州某“巨无霸”地铁车辆段，整个地块大致呈东西走向，总征地面积约 41.5hm^2，建筑投影面积约 21hm^2，当量 30 个足球场，包括联合检修库、运用库、物资总库、综合楼等 12 个单体。作为广州市首座 8A 型机车大架修基地，承担全线配属列车的停放、月检、双周检等列检任务以及洗刷清扫等日常维修和保养任务。设计停车能力为 36 列位、双周检/三月检 4 列位、大/架修 3 列位、定修 2 列位、临修、静调、吹扫及镟轮线各 1 列位。该车辆段与综合基地内总平面分区分为出入段线区、场前区、咽喉区、停车维修生产区等；该车辆段轨道包括出入段线、试车线、车场线、库内线；车辆段全面进行上盖商业开发。其总体鸟瞰效果图参见图 4-16-1。试车线位于项目北侧地面一层，试车线总长 1290m，含一组 9 号单开道岔，采用 60kg/m 钢轨无缝线路、1435mm 标准轨距，弹条Ⅲ型分开式扣件，铺设梯形轨枕有砟道床，曲线段半径 800m，超高 80mm，最高车速 60km/h（8A 编组）。

图 4-16-1　车辆段鸟瞰效果图

该车辆段建设初期，对该车辆段 TOD 项目整体开展振动与噪声影响综合评估，预判咽喉区、试车线和列检段等振动与噪声对邻近住宅和上盖整体声环境都造成不利影响；在车辆段建设过程中，分阶段开展了多次大规模跟踪监测，同步进行了计算机仿真建模分析，综合评估、甄别原建筑布局和减振措施的薄弱环节，及时发现问题并提出综合治理对策及措施。建设后期，结合多次阶段性测试，以及投运后专项行车测试，确诊了部分噪声振动超标点段，并针对咽喉区、列检段、洗车线和试车线等振动与噪声源，“分速度、分频率、分场景”地提出了因地制宜的综合治理改造措施，在不对线路运营造成严重影响的前提下，对已采取减振措施线路进行了不同程度的性能提升改造，其中，试车线的翻建改造成为本项目的突破重点。

原试车线为碎石道床结构，包含一组单开道岔；既有减振措施为道岔段采用减振道砟垫，直线段采用有砟梯形轨枕；线位距离盖上高层住宅不足 20m。运营开通后，由于试车线轨道与车辆段盖板建筑结构紧密结合，试车线运行时轮轨振动缺乏自然土体衰减，轮轨不平顺以及道岔的冲击振动引起南侧盖板上楼内振动及二次结构噪声问题较为显著；而且试车线的空气声也经消防车道扩散，对盖上和白地建筑都造成环境噪声超标的不良影响。其中，1 号楼距离轨道中心线最近，约 14m，如图 4-16-2 所示。

由于振动与噪声超标量较大，上盖结构与建筑已经建成，基本不具备在传播路径和受振体敏感建筑采取减隔振措施的可能性。经多方反复论证和方案比选，确定从“源头控制”做起，采取将碎石道床试车线更换为阻尼弹簧浮置板整体减振道床的根治手术，进行轨道减振升级改造，确保振动及二次结构噪声控制效果，改造前后对比如图 4-16-3 所示；并于线路改造同期对试车线北侧立柱外立面实施亚克力隔声窗与通风消声百叶组合的封闭隔声（图 4-16-4），对试车线西段有声暴露的区段也实施了较为充分的隔声罩棚封闭处理（图 4-16-5），有效根治试车线噪声的环境影响。

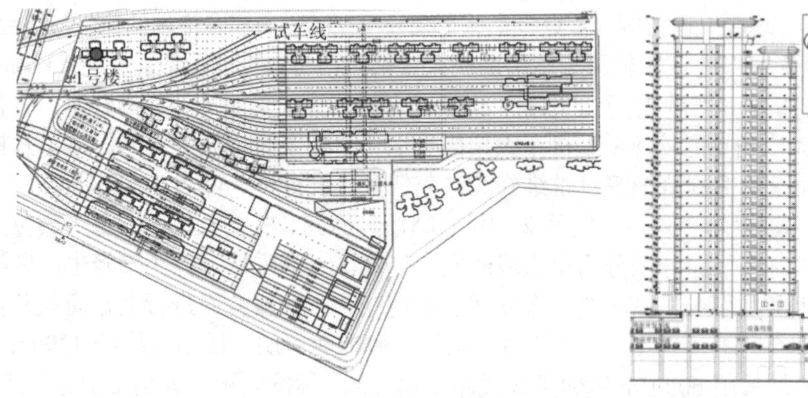

图 4-16-2　建筑布置与剖面图

(a) 改造前有砟轨道梯形轨枕　　(b) 改造后钢弹簧浮置板

图 4-16-3　减振轨道改造前后现场

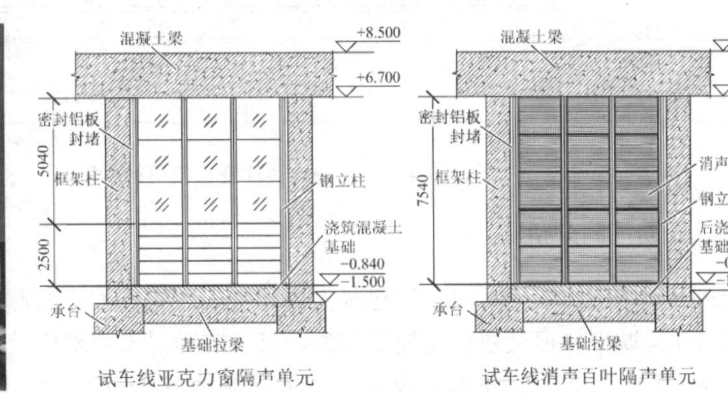

试车线亚克力窗隔声单元　　试车线消声百叶隔声单元

图 4-16-4　试车线北立面封闭隔声示意图

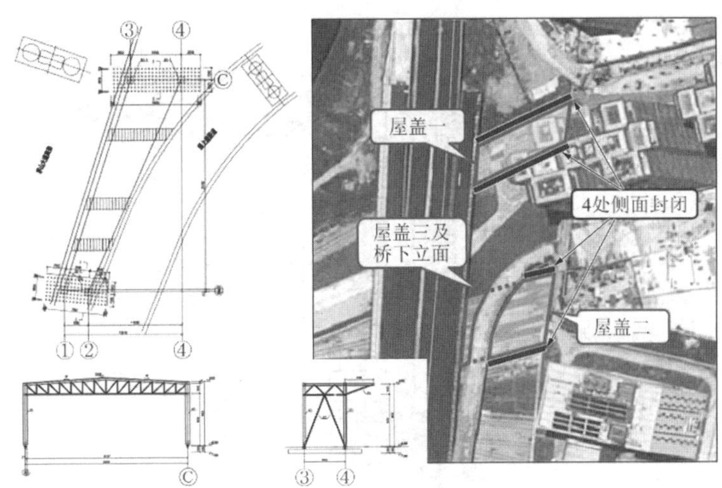

图 4-16-5　试车线西端隔声罩棚封闭处理示意图

二、减振降噪控制目标

试车线轨道进行减振改造后，轨旁立柱测点最大 Z 振级降低 10dB 以上，同时，实现敏感建筑室内二次结构声和生产线空气声环境影响双达标。

三、振动控制方案

根据试车线试车车速情况与建筑布局，改造范围为504m，含一组道岔。重复利用既有钢轨、扣件进行钢弹簧浮置板改造，轨枕改为钢筋混凝土短轨枕，道床改造为钢弹簧浮置板（高380mm，宽3400mm），并对基底进行硬化处理，如图4-16-6所示，其余线路条件不变，轨道设计减振起效频率约12Hz，可有效控制敏感建筑内振动。

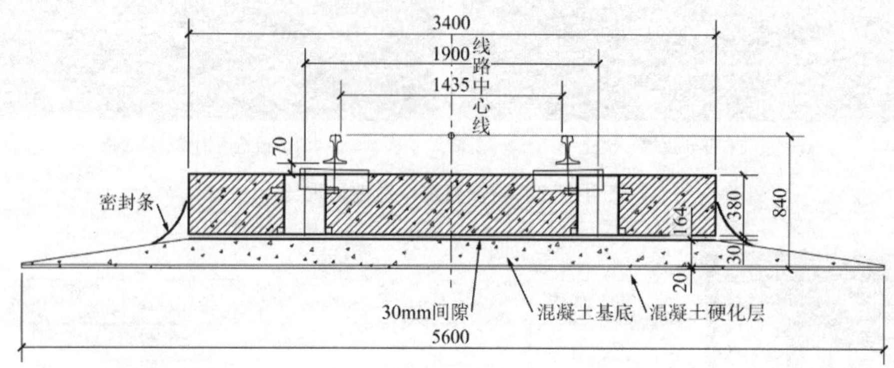

图4-16-6 钢弹簧浮置板轨道结构图

四、振动控制分析

当列车以60km/h运行时，经建筑内振动及二次结构噪声实测，如图4-16-7所示，对标行业标准《城市轨道交通引起建筑物振动与二次辐射噪声限值及其测量方法标准》JGJ/T 170—2009中2类区的要求，建筑室内分频最大振级超标4.3dB，二次结构噪声超标1.6dB(A)。

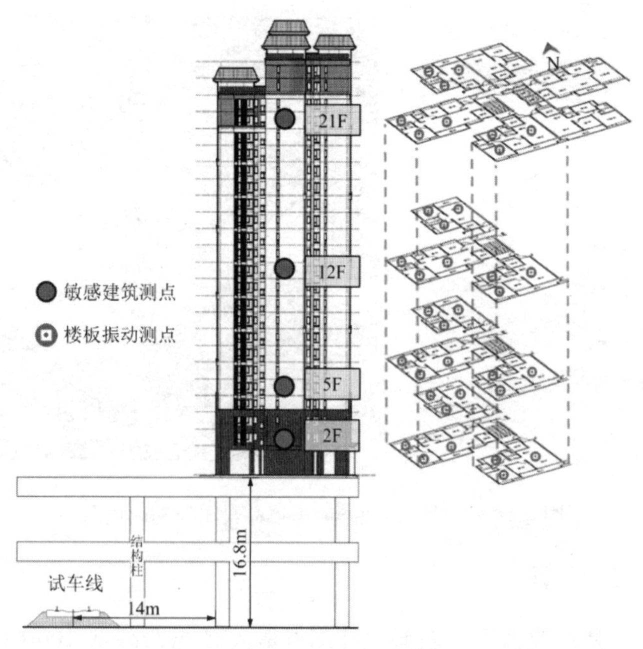

图4-16-7 测点布置示意图

其中，北户客厅与主卧振动影响最大，楼板振动主要集中在30～80Hz，如图4-16-8和图4-16-9所示；二次结构噪声主要集中在25Hz以上，如图4-16-10和图4-16-11所示。

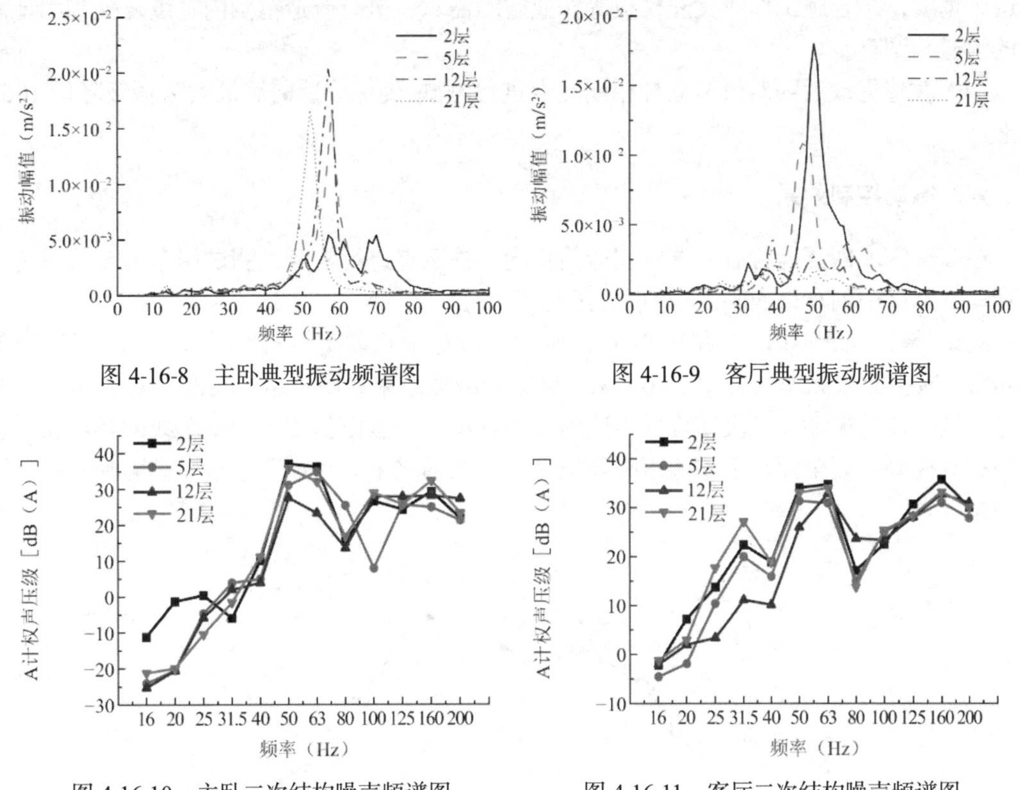

图4-16-8　主卧典型振动频谱图

图4-16-9　客厅典型振动频谱图

图4-16-10　主卧二次结构噪声频谱图

图4-16-11　客厅二次结构噪声频谱图

为有效控制建筑楼板振动及室内二次结构噪声，需对振源轨道做减隔振处理，使其有效控制25Hz以上的上盖结构振动。

五、振动控制关键技术

采用钢弹簧浮置板进行减振时，主要有以下关键技术：

（1）轨道设计：钢弹簧浮置板扣件钉孔距、轨道结构高度、超高等条件需与原线路条件一致。

（2）隔振设计：钢弹簧浮置板需根据行车速度、空车轴重、邻近建筑振动频率特性，对隔振器刚度及布局进行设计。

（3）施工技术：车辆段既有试车线改造主要采用人工散铺的方式进行轨道工程施工，需先行拆除既有轨道结构，并对基底进行硬化处理再进行钢弹簧浮置板施工。施工前要反复进行现场踏勘和施工组织设计，施工时严控质量，施工后重点做好板缝密封防护，避免邻近线路道砟引起减振短路。需特别注意：

①既有试车线的道床厚度和钢弹簧浮置板减振道床结构厚度不一致，因此，要加强道床地基处理，在拆除原有道床时，要挖至钢弹簧浮置板基底标高位置；此处为车辆段土路基，要做好地基硬化处理，不仅要防止地基不均匀沉降，而且对道床基底钢筋起到保护作用，防止基底钢筋锈蚀。

②既有线路轨旁设施较多，设施间距是固定的，部分设施无法移动，道床局部设计宽度会出现大于设施横向宽度的情况，对道床改造施工影响很大；在施工中要根据道床基底和道床宽度，结合施工作业支立模板等作业空间需求，进行改造范围内宽度复核和因地制宜的沟通、调整。

（4）改造完成后需对轨旁立柱相同测点进行测试，确保改造前后最大 Z 振级降低 10dB 以上。

六、振动控制效果

在改造完成恢复运行后，选取改造前相同立柱测点进行复测，测试用车为 8 节编组 A 型列车，测试中列车以 60km/h 速度经过测点 15 次。

测试结果如图 4-16-12 和表 4-16-1 所示，改造前后轨旁立柱测点最大 Z 振级降低 10.4dB，减振起效频率约为 12.5Hz，在 20Hz 处减振效果最高可达 17.8dB，符合振动控制目标，敏感建筑振动和二次结构噪声达到 2 类标准或二级限值要求；试车线的环境噪声也得到有效控制，完全湮没于周边道路环境噪声本底值之下。目前盖上居民已顺利入住，达到满意效果。

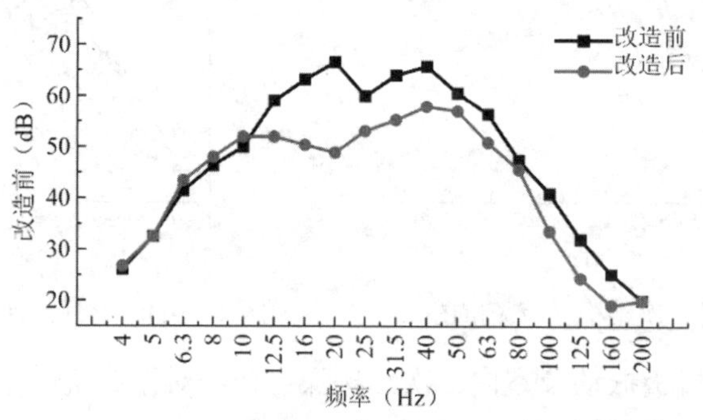

图 4-16-12　改造前后轨旁立柱振动加速度对比（Z 计权）

改造前后轨旁立柱减振效果（dB）　　**表 4-16-1**

测试位置	最大 Z 振级（VL_{Zmax}）		
	改造前	改造后	减振改造后变化量
轨旁立柱	77.8	67.4	−10.4

目前 TOD 模式车辆段上盖物业的噪声振动控制，主流对策还是对站场内外轨道采取减振降噪措施；而对试车线整体的振动和噪声控制是标本兼治的关键环节。本项目作为全国城市轨道交通大型车辆段上盖减振降噪综合评估改造和试车线升级改造的首创案例，为其他类似改造项目提供全过程统筹管控的有益经验，为实现环境友好下的 TOD 高质量发展添砖加瓦。

[实例 4-17] 德国鲁尔区龙桥的 TMD 减振

一、工程概况

在欧盟和德国政府资助下，德国鲁尔区的雷克林豪森市于 2008 年将 160hm^2 的矿渣堆改造为景观公园。公园中有两个著名的景点，一个是地平线天文台，利用该结构在地面形成的子午线，游客可以观测太阳、月亮和星辰的运动；另一个是太阳时钟，通过太阳的投影和地上的图标可以计算时间和日期。为了与公园的天文学主题相匹配，从雷克林豪森城区通往景观公园的人行天桥设计为翱翔于天空中的龙的造型。

桥梁全长 160m，桥面宽 3.5m，桥梁总质量约 200t。人行桥以平缓弯曲的形式蜿蜒曲折，在雷克林豪森的霍赫拉马克城区和霍赫沃德矿渣堆之间形成一条略微上升的路线。桥梁的一端是翘起的龙身，上面独具风格的龙头从大约 18m 的高度回头观望着游客（图 4-17-1）。鉴于龙身纤细的设计，龙颈的风筝状结构，以及钢结构的阻尼比很低，这些因素都使龙桥容易受到风致振动的影响。动力学分析结果表明：如果没有振动控制措施，龙头会产生水平方向上的“摇头”运动和竖直方向的“点头”运动。这两个方向都有可能在大风天气被激励起强烈的振动，影响游客的舒适度。

图 4-17-1 德国龙桥

钢结构桥面轻柔细长，在人行激励下会产生的振动。由于鞭梢效应，人行激起的桥面振动会引起龙头更大的振动。

二、振动控制方案

振动控制的关键点在龙头，所有振动都会在这里叠加，因此，它是唯一可以采取控制措施的地方。为了使 1500kg 的龙头在风载荷作用下不会摆动或晃动，工程师们在龙的喉部安装了一台小型 TMD 减振器。TMD 减振器的总质量为 330kg，工作频率为 0.7Hz，其主要参数如表 4-17-1 所示。

TMD 设计参数 **表 4-17-1**

TMD 调谐质量	250kg
TMD 频率	0.7Hz ± 0.05Hz
TMD 阻尼比	15%～18%
TMD 总质量	330kg

该项目的难点之一是安装空间有限，此处龙头颈部的直径只有 57cm，减振器产品必须根据可用空间量身定做。TMD 的质量块设计为球形，这样不仅结构极其紧凑，还具有龙珠的寓意。TMD 的阻尼装置所设计的阻尼比较大，以抑制减振器的工作行程，同时也增加了减振器的有效工作频率带宽。TMD 产品的结构设计示意图如图 4-17-2 所示。

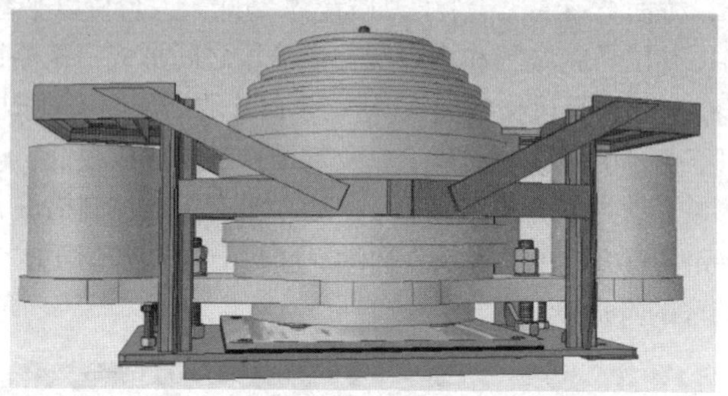

图 4-17-2 德国龙桥 TMD 的结构示意图

在龙桥的制造基地，将 TMD 安装在龙头内，然后 TMD 随同龙头一起运输和吊装。在整个桥梁建设完成后，在现场再对 TMD 的参数进行精确调试，如图 4-17-3、图 4-17-4 所示。

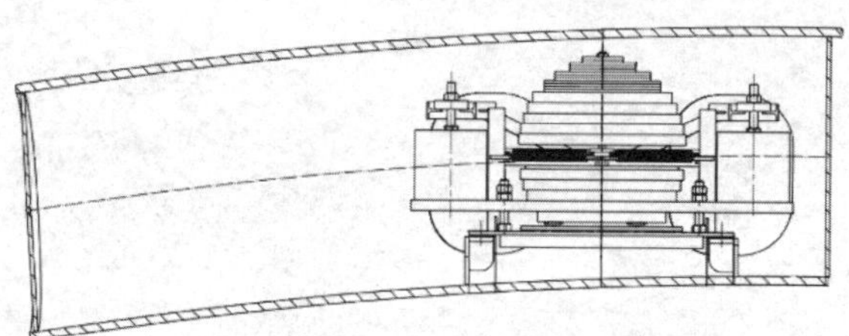

图 4-17-3 TMD 在龙桥颈部的安装示意图

图 4-17-4 TMD 现场调试照片

三、振动控制效果

安装 TMD 后，龙头不会左右晃动（与桥梁纵轴垂直），也不会前后摆动。由于桥梁的振动与龙头的振动相互耦合，龙头中的 TMD 对桥面的人致振动也有一定的减振效果。相关研究结果表明，TMD 释放后，对风振的减振效率达 70%以上。

第五章　古建筑振动测试、监测及控制

[实例 5-1] 应县木塔的动力性能测试

一、工程概况

应县木塔是我国首批全国重点文物，建于公元1056年，如图 5-1-1 所示。塔高 65.86m，平面呈八边形，外观呈五层六檐，分为明五层和暗四层，是世界上现存的最高最古老的唯一的一座多层木构楼阁式宝塔，具有极高的科学、历史和文化研究价值。目前，针对该木塔的模态识别文献记载主要集中于木塔前三阶平动模态和一阶扭转模态，均未获得木塔的高阶扭转振型，而高阶振型对于木塔的数值模型的修正和动力性能分析具有重要意义。

图 5-1-1　应县木塔

本实例以应县木塔为研究对象，基于环境激励测试手段，对应县木塔开展了环境振动测试并进行信号采集，利用随机子空间法识别了木塔的模态参数，获得了应县木塔前六阶，尤其是后两阶扭转振型的频率、振型及阻尼比，可以为今后应县木塔长期监测、模型修正及加固维修提供科学依据和数据支撑。

二、应县木塔动力性能测试方案

应县木塔基于环境激励的动力性能测试共分两组，包含 4 个工况。第一组测试以五层明层内外槽北面东角柱和南面西角柱柱头为参考点，测点分别布置在其下各明层的柱头位置处，每层布置 8 个测点，传感器沿切向布置，共两个工况，如图 5-1-2 所示。第二组测试以五层明层内外槽东面南角柱和西面北角柱柱头节点为参考点，测点分别布置在其下各明层的柱头位置处，每层布置 8 个测点，传感器沿切向布置，共两个工况，采样频率为 128Hz，如图 5-1-3 所示。

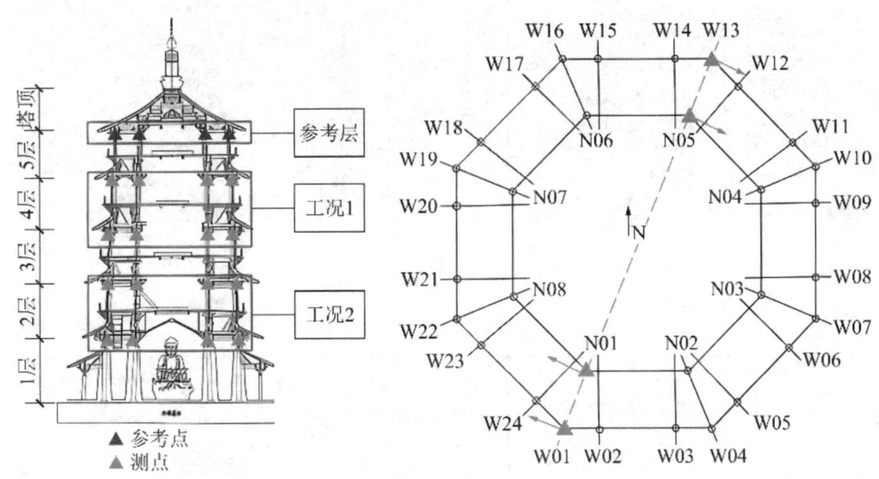

图 5-1-2　工况 1 和工况 2 测点布置图

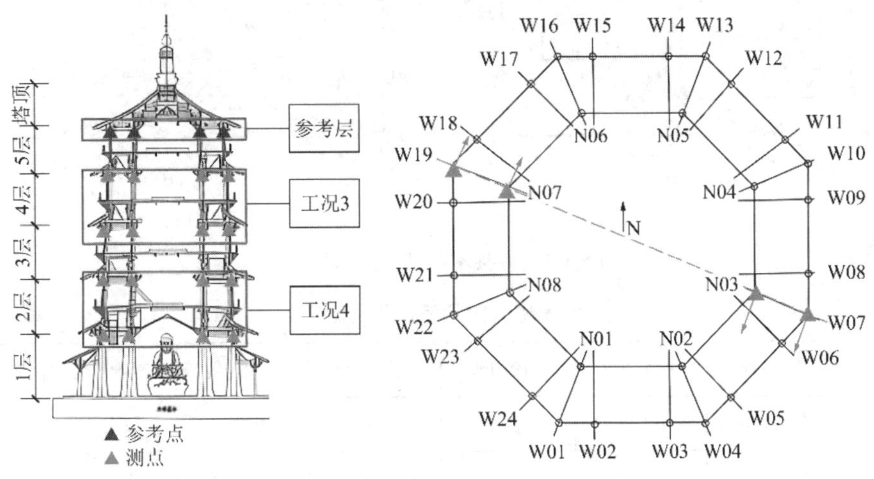

图 5-1-3　工况 3 和工况 4 测点布置图

三、测试数据分析

本项目采用随机子空间方法（Stochastic Subspace Identification，SSI）对木塔的动力测试数据开展分析，随机子空间方法是一种时域识别方法，通过空间投影方法作为滤波手段，因其在抗噪声干扰方面和频率分辨率误差方面良好的性能表现被广泛使用。

分别对两组测试对应的 4 个工况进行随机子空间分析，得到各工况下的 SSI 计算稳定图，如图 5-1-4 所示。

为得到水平方向振动的频率和振型，减小扭转分量的影响，将同一个测试方向两个对应测点的加速度信号相减取平均求得平动分量；为得到扭转方向的频率和振型，减小平动分量的影响，将同一个测试方向两个测点的加速度信号相加求得扭转分量，结果如表 5-1-1 所示。

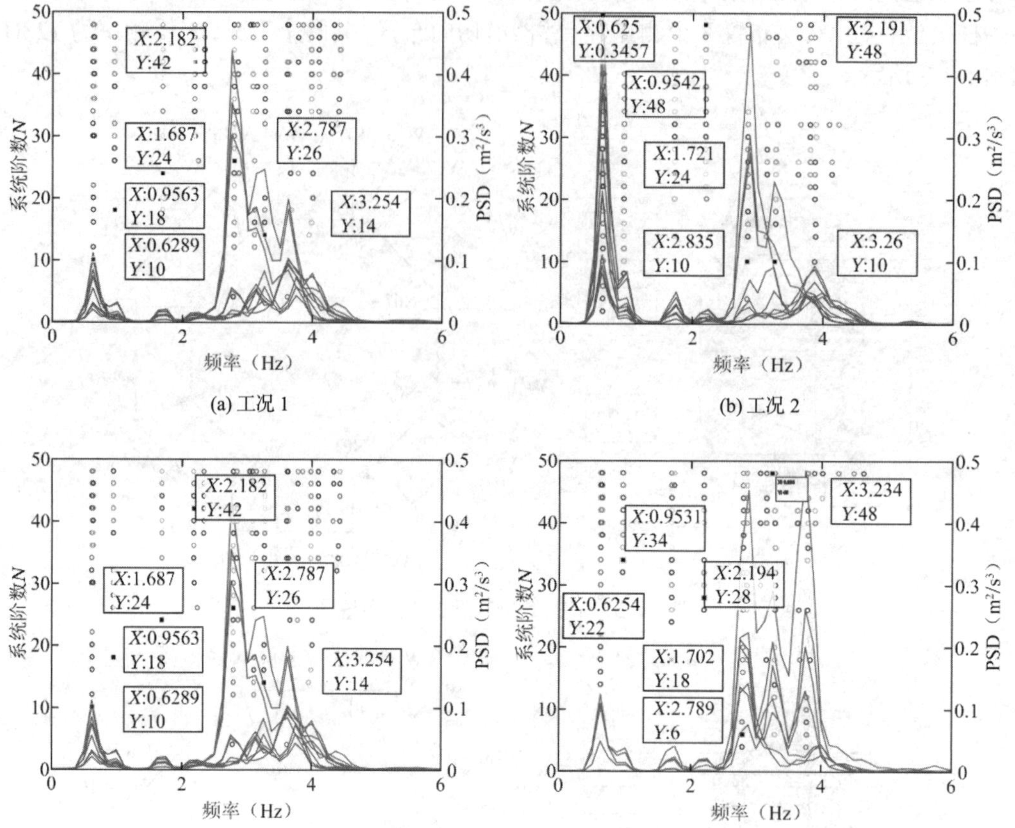

(a) 工况 1　　(b) 工况 2

(c) 工况 3　　(d) 工况 4

图 5-1-4　应县木塔动力测试稳定图

木塔六阶频率及阻尼比　　**表 5-1-1**

项目	测试方向	一阶平动	一阶扭转	二阶平动	二阶扭转	三阶平动	三阶扭转
频率（Hz）	东北-西南	0.625	1.687	2.789	0.953	2.194	3.234
	西北-东南	0.625	1.687	2.787	0.956	2.191	3.254
阻尼比（%）	东北-西南	1.81	1.29	0.90	2.42	1.70	1.85
	西北-东南	1.71	1.39	1.13	1.08	1.68	1.63

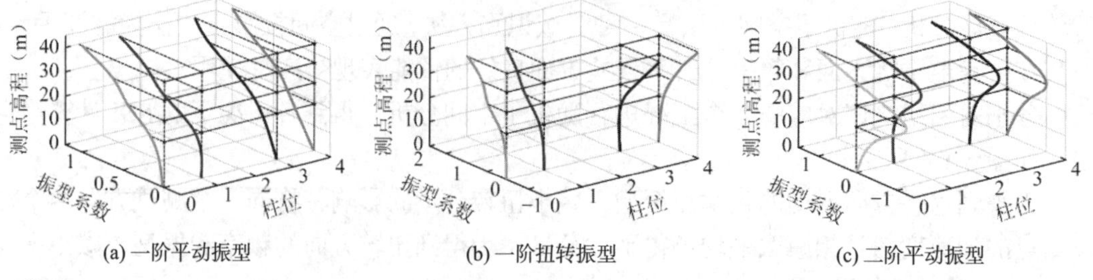

(a) 一阶平动振型　　(b) 一阶扭转振型　　(c) 二阶平动振型

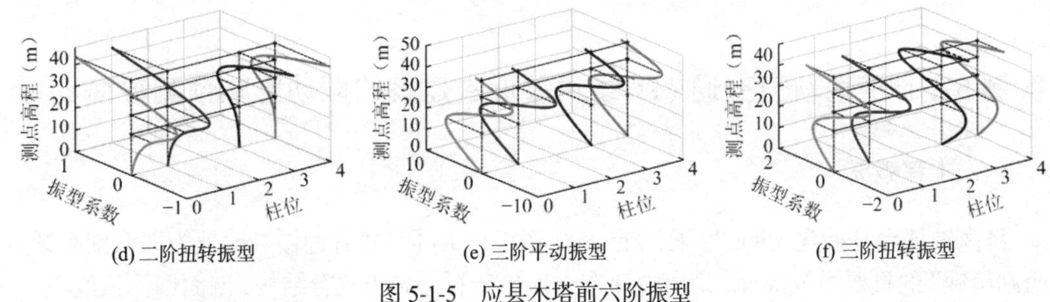

图 5-1-5 应县木塔前六阶振型

图 5-1-5 给出应县木塔东北—西南方向的前三阶平动振型和扭转振型，其中柱位 0、1、3 和 4 分别代表内外槽的四根柱子位置。可以看出，一阶平动向右倾斜，二阶平动和三阶平动是弯曲形状；扭转振型对应东北和西南两个方向的柱子有相对扭转，一阶扭转沿顺时针方向转动，二、三阶扭转不规则，二阶扭转对应五层顺时针转动，五层以下逆时针转动；三阶扭转对应五层和二层顺时针转动，中间各层逆时针转动。

四、振动测试结论

（1）应县木塔东北—西南向前六阶模态频率为 0.625Hz、1.687Hz、2.789Hz、0.953Hz、2.194Hz、3.234Hz；西北—东南向前六阶模态频率为 0.625Hz、1.687Hz、2.787Hz、0.956Hz、2.191Hz、3.254Hz。

（2）应县木塔东北—西南向前六阶模态阻尼比为 1.81%、1.29%、0.90%、2.42%、1.70%、1.85%；西北—东南向前六阶模态阻尼比为 1.71%、1.39%、1.13%、1.08%、1.68%、1.63%。

（3）应县木塔振型方面：一阶平动向右倾斜，二阶平动和三阶平动是弯曲形状；扭转振型对应东北和西南两个方向的柱子有相对扭转，一阶扭转沿顺时针方向转动，二阶扭转对应五层顺时针转动，五层以下逆时针转动；三阶扭转对应五层和二层顺时针转动，中间各层逆时针转动。

[实例 5-2] 济南轨道交通 M1 线对邻近古建筑的振动影响预测评估

一、工程概况

济南钟楼台基始建于明代，距今已 800 多年，上部原建有钟楼，遗址为大明湖新景点“明湖晨钟”的重要组成部分，是由内部夯土外包砖石的砖土混合结构，四面墙体长度不一，整体轮廓为和缓的“金字塔”形，台基墙体下部为料石砌筑，上部用烧制青砖砌筑。台基顶部有一石碑和钟楼残存底座，见图 5-2-1。

(a) 钟楼台基外观

(b) 钟楼台基顶部

图 5-2-1 钟楼台基建筑结构

钟楼台基坐落在大明湖路和县西巷交汇处北侧，台基高 7.08m，顶部女儿墙高 1.28m，平面尺寸为 17.3m × 17.4m，详见图 5-2-2（a）和图 5-2-2（c）。台基南侧大明湖路地下，计划修建济南地铁 6 号线大明湖站—大明湖东站双洞双线盾构区间，左右线中心线间距约 13.6～15.7m，在此处取 14.0m，盾构直径 6.2m。结构顶板埋深约 5.94～9.61m；结构底板埋深约 13.33～16.01m，取隧道中心到地面距离为 14m。钟楼台基中心点、东南角和西南角与邻近隧道中轴线的距离与 6 号线的相对位置关系如图 5-2-2（a）和图 5-2-2（b）所示。

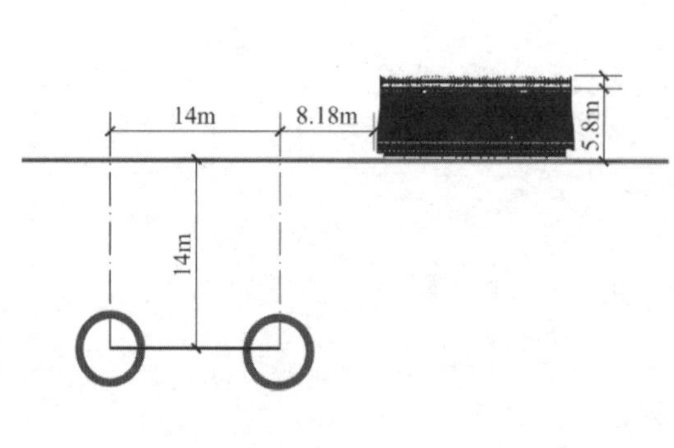

(a) 与隧道相对位置及立面尺寸

(b) 与隧道平面距离尺寸

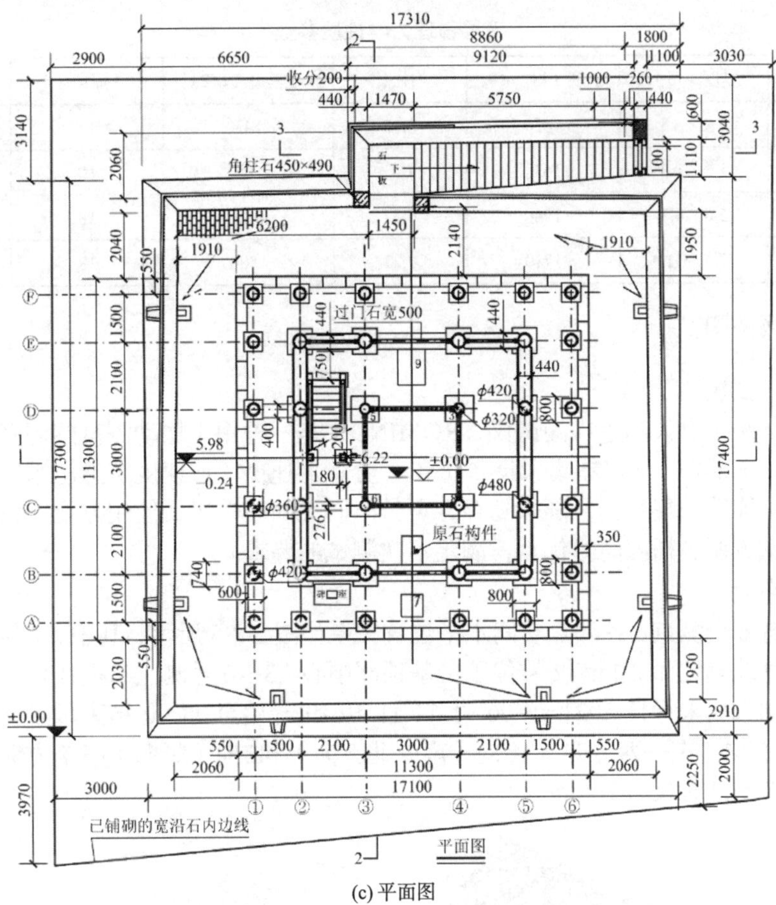

(c) 平面图

图 5-2-2　钟楼台基平立面尺寸及与隧道相对位置示意图

盾构区间地貌为山前冲洪积平原，地勘钻探深度范围内揭露为第四系地层与燕山期侵入岩，第四系地层以人工填土层、粉质黏土、碎石、含碎石粉质黏土和胶结砾岩为主，局部揭露淤泥，燕山期侵入岩为闪长岩。在地质勘探揭露的 30m 地层内依次为杂填土、淤泥、粉质黏土、碎石、风化闪长岩，在粉质黏土下层有碎石和风化闪长岩交错分布，如图 5-2-3 所示。各层土的厚度与物理力学性质见表 5-2-1。

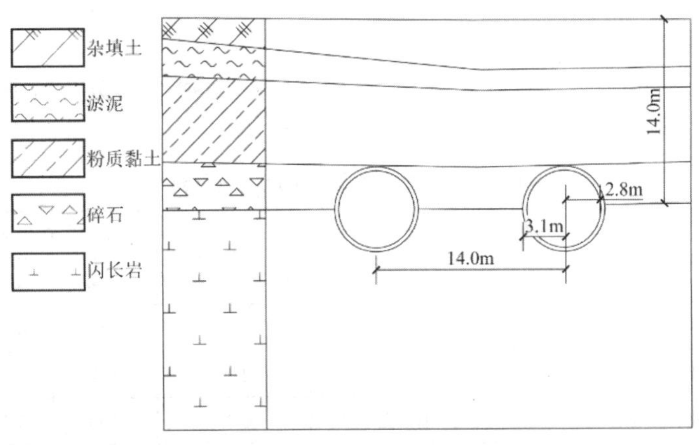

图 5-2-3　地层剖面图

土层物理力学性质参数 **表 5-2-1**

类别	厚度（m）	密度（kg/m³）	泊松比	弹性模量（MPa）	内摩擦角（°）	黏聚力（kPa）
杂填土	1.5～3.5	1850	0.38	143	12	10
淤泥	1.5～2.8	1630	0.4	100	10	18
粉质黏土	5.6～6.3	1940	0.37	320	18	30
闪长岩	27.4～31.4	1710	0.27	1500	18	30

二、现场实测

1. 振动测试仪器

本次测试采用意大利进口测试仪 TROMINO，是一种用于振动测试的超轻量化、超紧凑型仪器（图 5-2-4）。该仪器集采集系统和 3 分量加速度（或速度）感应系统、数据存储系统于一体，连续采集数据，随采随存，可长时间无间断采集，使用方便。仪器具有高度智能化、测试方便、精度高等优点，满足本次测试的要求。

2. 测点布设

现场布置 6 个测点，各测点空间水平位置关系如图 5-2-5 所示，其中，1 号测点位于远离道路的台基北侧地面 2.4m，2 号位于台基顶部中心，3～6 号测点布设在台基顶部四角点处。环境振动数据采集自 2021 年 06 月 11 日 10:19 开始至 11:00 结束，采样频率设定为 512Hz，记录X向（东—西方向）、Y向（南—北方向）和Z向（竖向）三个方向的振动速度值，单个测点测试时长为 16min。

图 5-2-4 TROMINO 微动仪

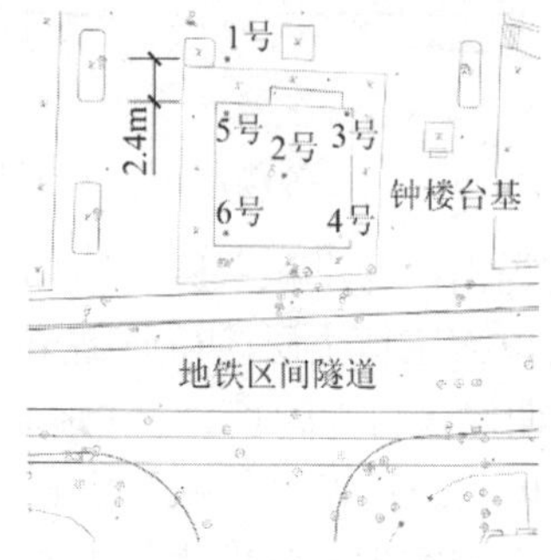

图 5-2-5 钟楼台基测点布置图

3. 振动评估标准

根据《古建筑防工业振动技术规范》GB/T 50452—2008 的规定，振动容许值用速度峰值表示，古建筑砖结构的容许振动速度如表 5-2-2 所示。

古建筑砖结构的容许振动速度[v]（mm/s） **表 5-2-2**

保护级别	控制点位置	控制点方向	砖砌体V_p（m/s）		
			< 1600	1600～2100	> 2100
全国重点文物保护单位	承重结构最高处	水平	0.15	0.15～0.20	0.20
省级文物保护单位	承重结构最高处	水平	0.27	0.27～0.36	0.36
市、县级文物保护单位	承重结构最高处	水平	0.45	0.45—0.60	0.60

注：当V_p介于 1600～2100m/s 之间时，[v]采用插入法取值。

根据古建筑结构形式及文物保护级别，钟楼台基属砖石砌体且为山东省级文物保护单位，规定的振动速度容许值为[v] = 0.27～0.36mm/s。另外，由于古建筑砖石及木材弹性波波速V_p的离散性较大，且古建筑定期维修、健康状态良好，故本次评估未进行弹性波波速测试，评估时可与最严格的振动标准容许值对比。

三、测试结果分析

将 6 个测点的振动速度和频谱汇总于图 5-2-6 和图 5-2-7 中，将 1～6 号测点三个方向上的速度峰值及主导频率汇总于表 5-2-3，并绘制图 5-2-8。研究钟楼台基在地面交通荷载作用下的振动响应特性。

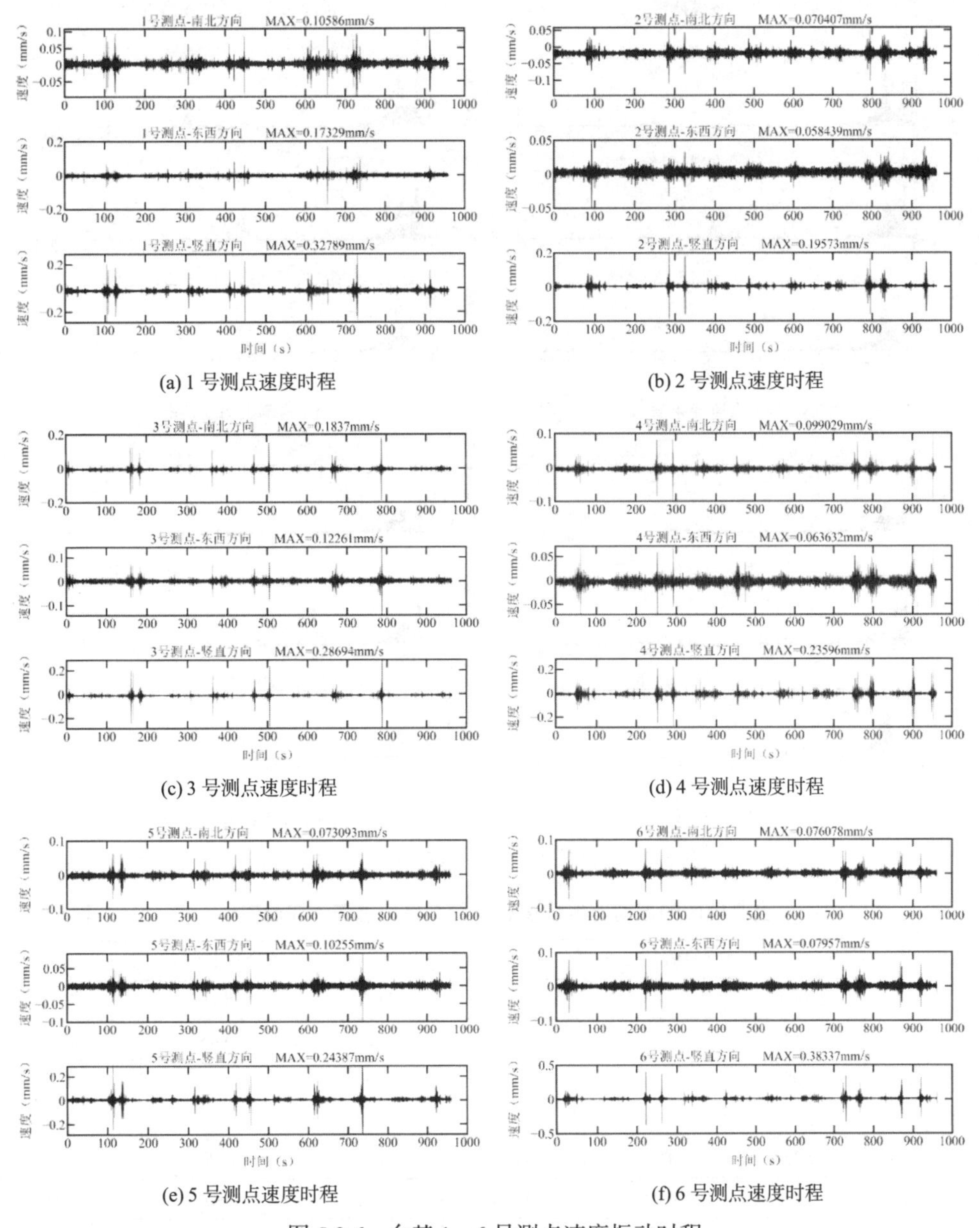

(a) 1 号测点速度时程　(b) 2 号测点速度时程

(c) 3 号测点速度时程　(d) 4 号测点速度时程

(e) 5 号测点速度时程　(f) 6 号测点速度时程

图 5-2-6　台基 1～6 号测点速度振动时程

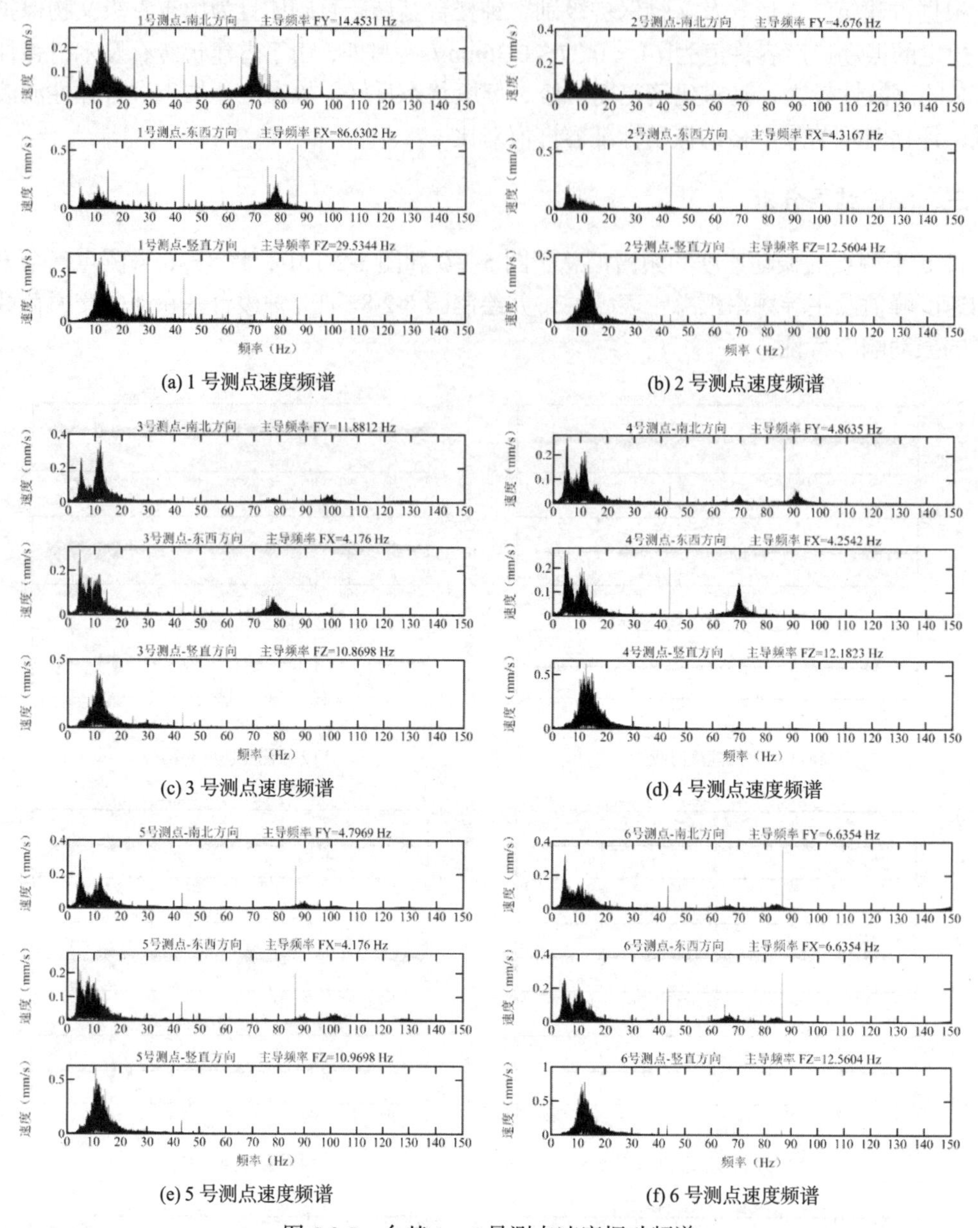

(a) 1 号测点速度频谱　(b) 2 号测点速度频谱

(c) 3 号测点速度频谱　(d) 4 号测点速度频谱

(e) 5 号测点速度频谱　(f) 6 号测点速度频谱

图 5-2-7　台基 1～6 号测点速度振动频谱

台基地面的振动速度峰值和主导频率汇总表（实测值）　表 5-2-3

		速度峰值v（mm/s）			主导频率f_d（Hz）		
		东西向X	南北向Y	竖向Z	东西向X	南北向Y	竖向Z
钟楼台基	1 号	0.173	0.106	0.328	86.63	74.45	29.53
	2 号	0.058	0.070	0.196	4.32	4.68	12.56
	3 号	0.123	0.184	0.287	4.18	11.88	10.87
	4 号	0.064	0.099	0.236	4.25	4.86	12.18
	5 号	0.120	0.073	0.244	4.18	4.80	10.97
	6 号	0.080	0.076	0.383	6.64	6.64	12.56

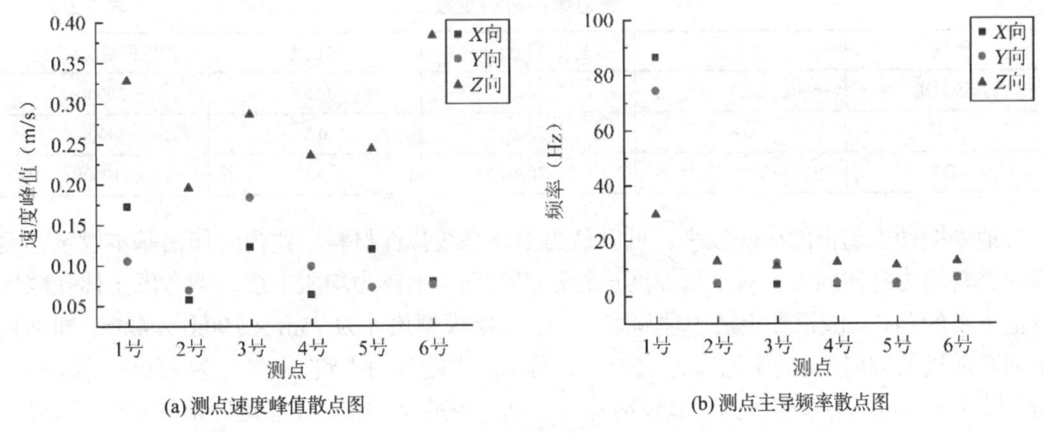

(a) 测点速度峰值散点图　　(b) 测点主导频率散点图

图 5-2-8　台基 1～6 号测点振动速度峰值和主导频率散点图

根据图 5-2-6 所示，地面点、台基中心和台基角点在地面交通荷载作用下的环境振动时程曲线呈现随机振动的特点，从测点振动时程和表 5-2-3 振动速度峰值来看，台基顶部 2～6 号测点X向速度峰值介于 0.058～0.123mm/s 之间，Y向速度峰值介于 0.070～0.184mm/s 之间，Z向速度峰值介于 0.196～0.383mm/s 之间。从图 5-2-8 中可以看出，钟楼台基测点竖向振动速度峰值明显大于水平向，可见其竖向振动响应占优势地位。

由图 5-2-7 可知，台基顶部测点水平向频谱曲线主要分布在 0～25Hz，竖向振动为 0～35Hz；地面 1 号测点的水平向频谱曲线主要分布 0～30Hz 和 60～100Hz，竖向振动响应主要集中在 0～50Hz，振动频率分布范围广，并且在这两个范围内的振动速度幅度相当。结合表 5-2-3 主导频率，顶部 2～6 号测点的水平向振动主导频率为 4.18～6.64Hz，竖向振动主导频率为 10.87～12.56Hz，对比图 5-2-8 中 1 号和 2～6 号测点主导频率变化，X向减小幅度最大，Y向次之，Z向最小。地面点和台基点相比，差异主要在高频振动，地面点的高频振动响应大，并且地面点振动频率更丰富。

综合地面点和台基顶部点的时程、频谱曲线分析，地面点的振动响应水平大于台基顶部测点，三个方向上高频振动的衰减幅度大于低频振动，这说明地面交通荷载引起的环境振动经过台基结构后，台基结构自身有减振效果，且各方向振动减振幅度不同。

台基振动水平振动速度峰值为台基顶部东北 3 号测点，该点水平南北向速度峰值为 $V_{max}=0.184\text{mm/s}<[v]=0.270\text{mm/s}$。可见，地面交通荷载引起的台基振动水平满足规范要求。

四、地铁运行对济南钟楼台基振动影响分析

1. 三维有限元模型建立

为预测地铁 6 号线通车后产生的环境振动对钟楼台基的影响，研究台基的存在是否会对地表振动传播造成影响。采用 ABAQUS 软件建立隧道-土层-钟楼台基有限元模型，各部件均使用 C3D8R 实体单元。首先建立隧道系统模型，隧道的外径 6.2m，内径 5.6m，道床截面高度 0.8m，将 T60 型钢钢轨简化为矩形截面的钢轨，如图 5-2-9 所示，隧道结构材料参数见表 5-2-4。

隧道结构材料参数　　表 5-2-4

类别	厚度（m）	密度（kg/m³）	泊松比	弹性模量（MPa）
隧道衬砌	0.3	2400	0.167	30000
道床	0.8	2500	0.2	34500
钢轨	—	7830	0.3	210000

地铁振动引起土的应变较小，可以认为土体是线弹性材料。建模时作出基本设定，模型中材料均为各向同性；对土层厚度进行加权处理，土体为均质土层，不考虑土体孔隙比及地下水的存在。隧道在土层中埋深取 14m，土层模型尺寸为 75m × 100m × 40m，即垂直于列车前进的方向（X向）尺寸为 75m，沿列车前进的方向（Y向）尺寸为 100m，竖向（Z向）尺寸为 40m。为节省算力，取包括钟楼台基一侧的半模型，在靠近隧道的X向左边界设置对称边界，隧道中心到土层X向右边界水平距离 68m，当模型X向尺寸大于 8～10 倍的隧道直径时，可以获得较高的计算精度，并且采用设置黏弹性人工边界来解决有限元模型中波在传播过程中的反射问题。

依据钟楼台基实际尺寸，建立内部夯土外包砖块的台基结构模型。模型由内向外，钢轨、道床、隧道壁、土层和钟楼台基各部件之间均采用 tie 接触，共同组成有限元耦合模型，见图 5-2-10。

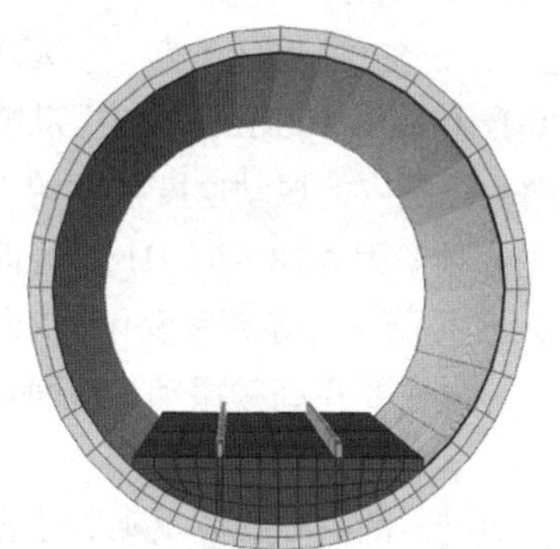

图 5-2-9　隧道系统模型

图 5-2-10　隧道－土层－钟楼台基有限元耦合模型

2. 列车荷载模拟

济南地铁 6 号线使用 6 节 B 型车编组，参考《地铁设计规范》GB 50157—2013，列车主要的技术规格见表 5-2-5。可得到列车总长 116.6m，列车速度取 90km/h，列车通过钢轨上某一特定点的时间为 4.664s。

B 型地铁列车主要技术规格　　表 5-2-5

技术规格	规格参数
车体长度	19000mm
车钩连接中心点间距离	19520mm
固定轴距	2300mm
车辆定距	12600mm
轴重	14t
轨距	1353mm ± 2mm

用激励力函数来模拟地铁列车行进时的荷载，表达式如下：

$$F(t) = k_1 k_2 (P_0 + P_1 \sin \omega_1 + P_2 \sin \omega_2 + P_3 \sin \omega_3) \tag{5-2-1}$$

式中：　k_1——叠加系数，取 1.538；

k_2——分散系数，取 0.7；

P_0——车轮静载，取 70000kN；

ω_1、ω_2、ω_3——振动圆频率；

P_1、P_2、P_3——考虑轨道不平顺和轨面波形磨耗效应等因素带来动态激励荷载。

计算得出地铁列车移动激励荷载随时间变化的时程曲线如图 5-2-11 所示。

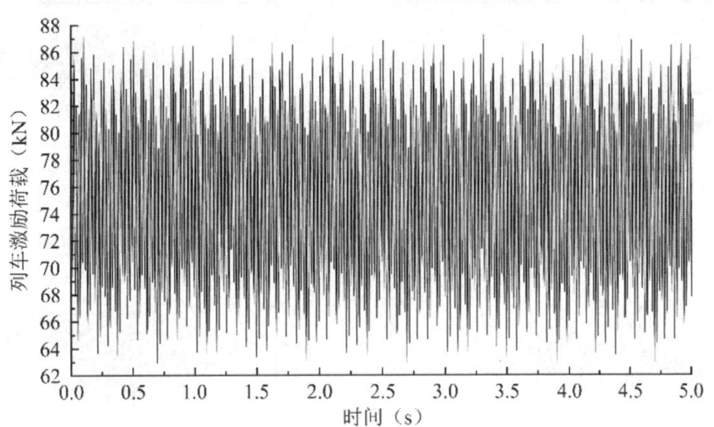

图 5-2-11　列车 90km/h 行进时激励荷载时程曲线

五、振动影响预测结果

提取模型中与现场实测中 1～6 号测点的振动速度，绘制时程曲线见图 5-2-12，将三个方向的速度峰值汇总于表 5-2-6。

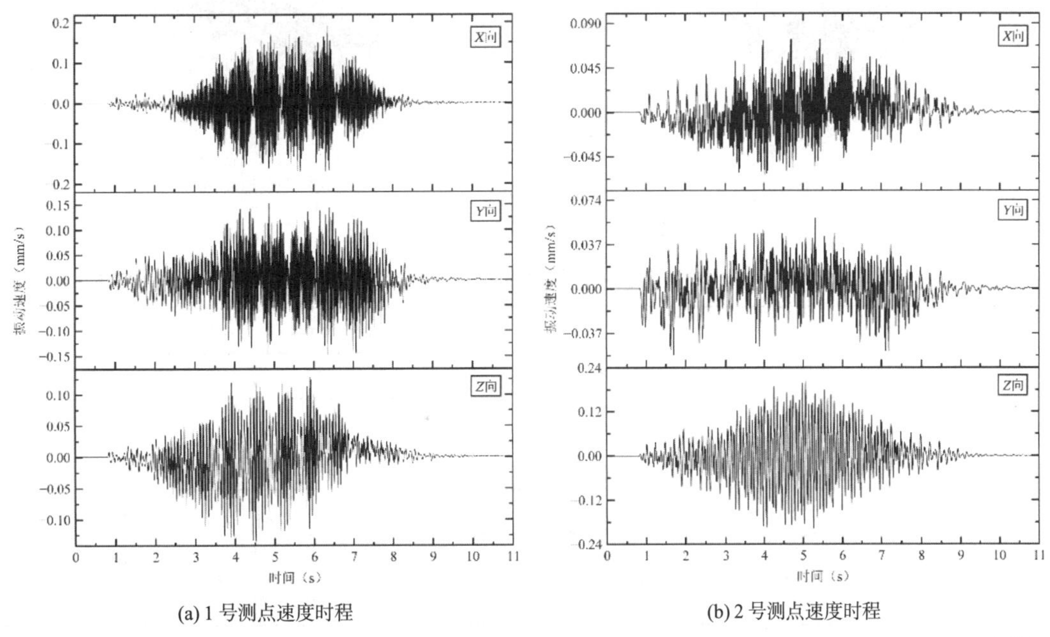

(a) 1 号测点速度时程　　(b) 2 号测点速度时程

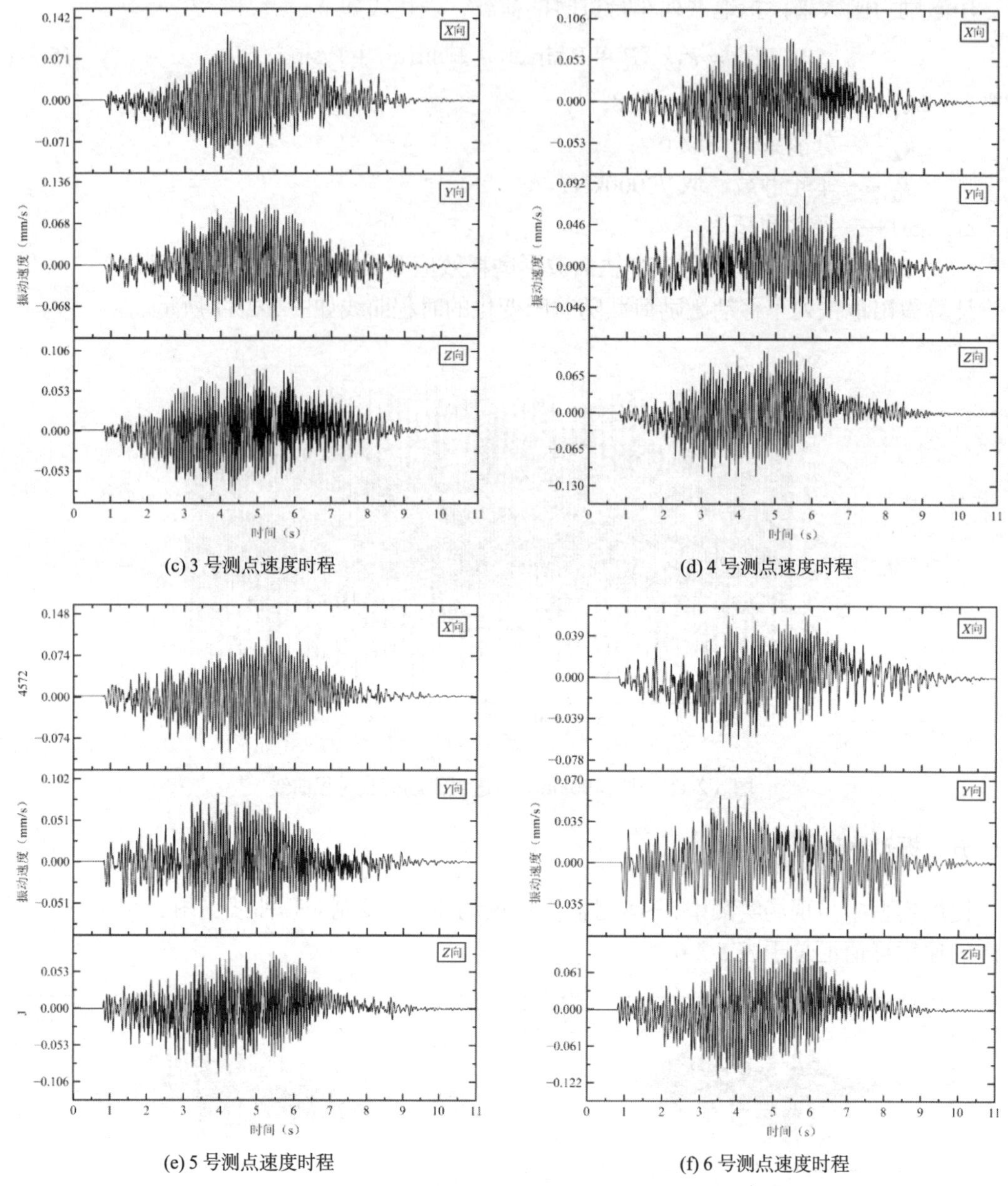

(c) 3 号测点速度时程　　(d) 4 号测点速度时程

(e) 5 号测点速度时程　　(f) 6 号测点速度时程

图 5-2-12　1～6 号测点速度时程曲线

钟楼台基顶部及地面振动速度峰值　　**表 5-2-6**

测点		速度峰值（mm/s）		
		东西向（X）	南北向（Y）	竖向（Z）
钟楼台基	1 号	0.190	0.148	0.133
	2 号	0.073	0.059	0.122
	3 号	0.116	0.084	0.087
	4 号	0.083	0.083	0.101
	5 号	0.112	0.113	0.084

续表

测点		速度峰值（mm/s）		
		东西向（X）	南北向（Y）	东西向（X）
钟楼台基	6 号	0.064	0.058	0.095

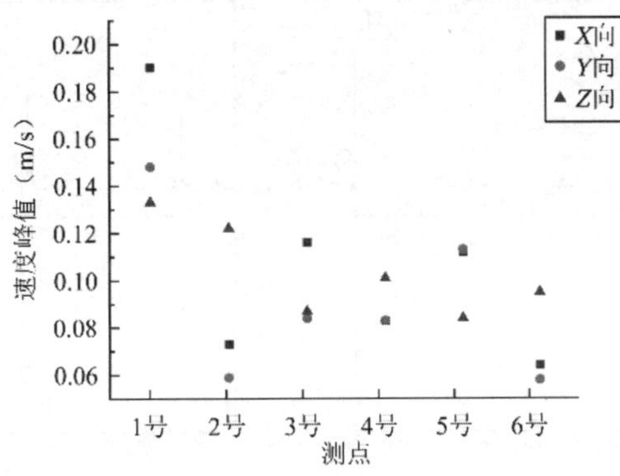

图 5-2-13　测点速度峰值散点图

根据图 5-2-12 测点振动时程和表 5-2-6 振动速度峰值来看，台基顶部 2～6 号测点X向速度峰值介于 0.064～0.116mm/s 之间，Y向速度峰值介于 0.058～0.113mm/s 之间，Z向速度峰值介于 0.084～0.122mm/s 之间。从图 5-2-13 中可以看出，钟楼台基测点三个方向上的振动速度峰值明显小于地面点，可见台基有着减振的作用。

根据数值模拟结果，台基顶部西北测点X向振动速度峰值最大，最大振动速度$V_{\max} = 0.116\text{mm/s} < [v] = 0.270\text{mm/s}$。可见，地铁列车运行引起的环境振动水平满足规范要求。

由图 5-2-14 可知，地铁运营引起的振动在地面 1 号测点和台基顶部 2～6 号测点频谱曲线主要分布在 0～20Hz 和 45～55Hz 左右。地面点和台基点相比，地面点与隧道水平距离更远，但水平向振动幅度更大，说明台基可以有效减弱水平向振动。

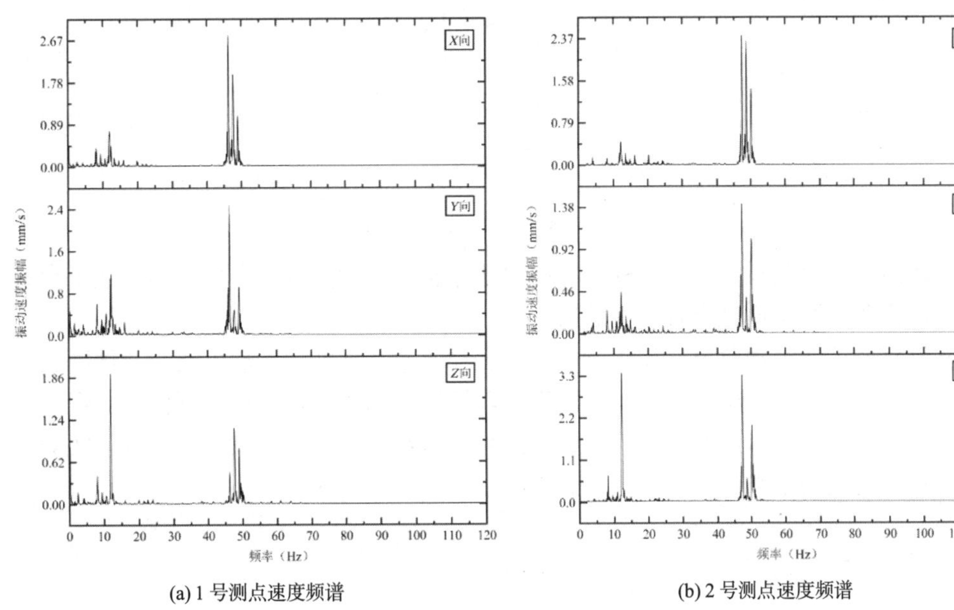

(a) 1 号测点速度频谱　　(b) 2 号测点速度频谱

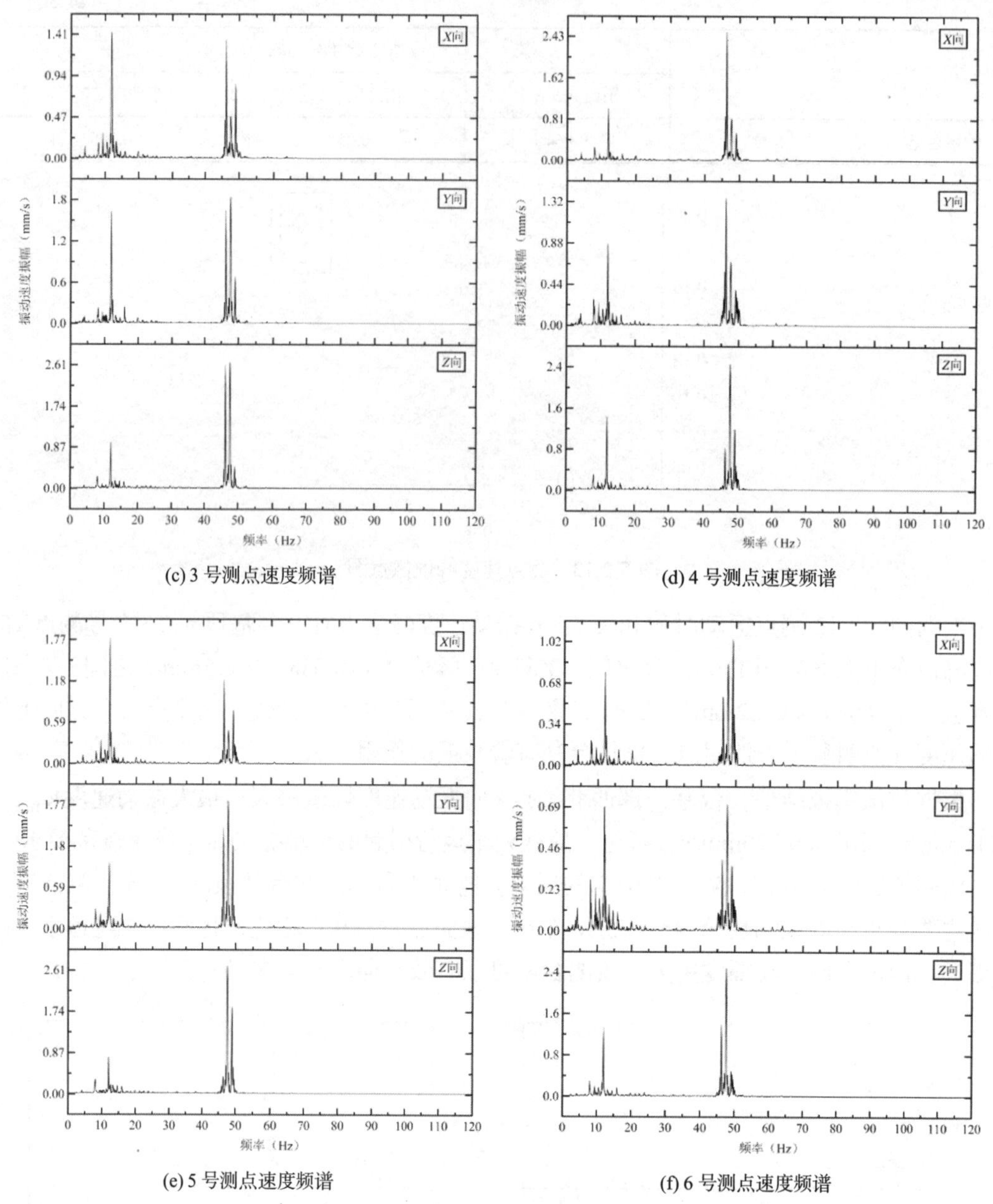

(c) 3 号测点速度频谱

(d) 4 号测点速度频谱

(e) 5 号测点速度频谱

(f) 6 号测点速度频谱

图 5-2-14　1～6 号测点速度频谱曲线

综合地面点和台基顶部点的时程、频谱曲线分析，地面点的水平振动响应大于台基顶部测点，这说明台基结构自身有减振效果。

本例仅研究了两种振源单一作用下的台基振动水平，地铁通车后可能会和地面交通振源之间发生复杂的耦合作用。因此，尽管当前环境振动水平满足振动控制标准，但由于古建筑距离过近，仍建议采用振动控制措施，并且在地铁运营前进行试运营，现场实测两种振源下古建筑的振动水平。

［实例 5-3］印度团结雕像 TMD 减振

一、工程概况

印度团结雕像建于印度西北古吉拉特邦讷尔默达河的一座小岛上，历时 5 年，于 2018 年 10 月 31 日正式落成。团结雕像的原型是有“印度铁人”（Iron Man of India）称号的印度首任副总理和内政部长萨达尔·瓦拉巴伊·帕特尔，帕特尔在印度独立初期劝说许多土邦并入，对印度的统一贡献卓著。

团结雕像高 181.9m，加上 58m 的基座总高度约 240m，为全球最高雕像，采用了核心筒技术，即“钢-混凝土组合框架-核心筒结构”，仅混凝土和青铜外壳就达到 20 万 t 以上，雕像内设有电梯、观景平台及高科技博物馆（图 5-3-1）。

为了减小风致振动对雕塑的影响，在雕塑内部安装了 TMD 抗风减振系统，确保雕塑的正常使用和游客的观赏需求。

图 5-3-1　团结雕像图（图片源于网络）

二、振动控制方案

在团结雕像内部设置了 TMD 减振装置，水平x方向调谐频率范围为 0.25～0.35Hz，水平y方向调谐频率范围为 0.53～0.63Hz。TMD 布置位置见图 5-3-2。

TMD 采用特殊设计，成功解决了水平双向振动控制问题。

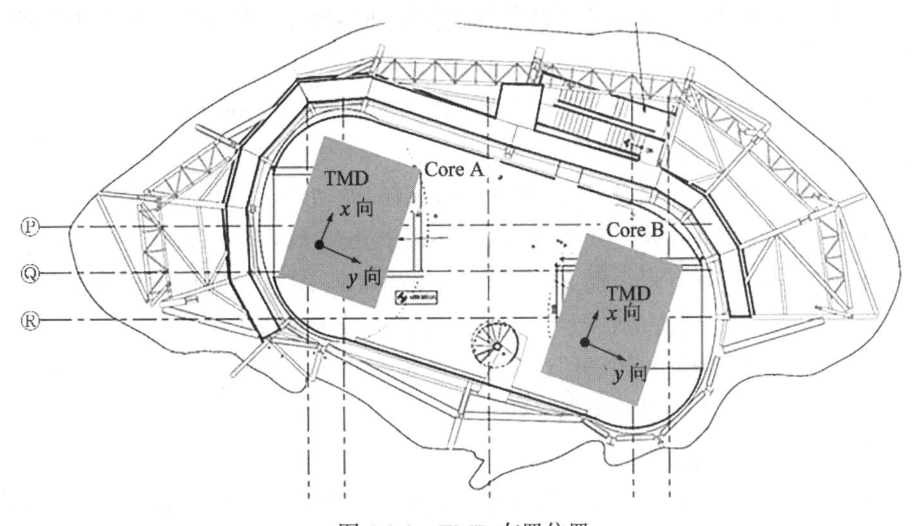

图 5-3-2　TMD 布置位置

三、振动控制关键技术

本项目结构 TMD 振动控制主要关键技术如下：

（1）团结雕像为极不规则结构，外立面非常复杂，分析难度大。

（2）团结雕像需要进行水平x方向与y方向双向振动控制，频率分别为 0.30Hz 与 0.58Hz，两个方向频率差别较大，TMD 设计难度高。

四、振动控制效果

结构施工完成后，对其进行现场振动测试，在结构与 TMD 上均布置双向传感器（图 5-3-3），采集结构与 TMD 的x方向、y方向振动响应。

图 5-3-3　测试传感器布置

1. 雕像结构振动参数确定

为了确定雕像的固有频率，使用平均功率谱密度（APSD）方法进行频谱分析。为此，将采集的振动时程信号分割成若干段，将这些片段转换到频域中，对所得到的频谱进行平均并与复数共轭频谱相乘，这样可以将所有随机振动都消除，只有结构的自由振动将显示在平均频谱中，该频谱代表了 Core A 和 Core B 区域结构的主要固有频率。

图 5-3-4 显示了在 TMD 锁定（TMD 未工作）的情况下，Core A 和 Core B 在x方向和y方向上的水平环境振动的时程信号。

上述平均功率谱方法，假设环境激励在感兴趣的振动模态中产生足够的动态响应。除此之外，还采用了商业信号处理软件 ARTEMIS［SVibs］确定结构固有频率，该软件结合了增强频域分解和随机子空间识别方法。增强频域解（EFDD）和随机子空间识别是一种基于结构振动响应的模态参数识别技术。EFDD 方法依赖于响应谱的计算，因此，需要采集长时间振动数据来保持较低的频谱估计误差，并以可靠的方式提取模态参数。随机子空间识别算法应用于仅有输出信号的模态参数识别。随机子空间识别方法在时域中工作，并且基于动态问题的状态空间描述。

在所谓的稳定图中对比不同阶次模型的系统识别结果，以区分结构的真实模态和虚假模态。这些图是选择系统识别模型的一种常用方法，因为真正的结构模态对于连续的模型阶次往往是稳定的。

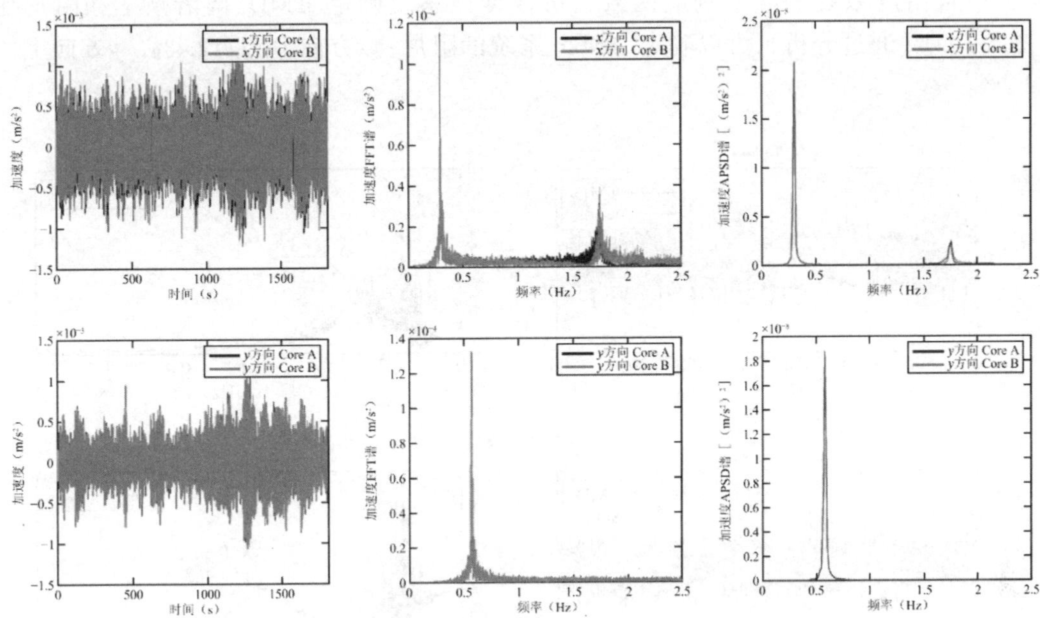

图 5-3-4　环境激励测得的加速度时程信号、FFT 谱和 APSD 谱

图 5-3-5 给出雕像测试的稳态图，从中可以确定相关模态。图中还显示了 TMD 锁定状态下每个模态的识别和确定的阻尼比。也可以识别雕像在x方向和y方向的基频分别为 0.30Hz 与 0.58Hz。相关模态对应的模态阻尼比在 0.65%～0.8%之间。

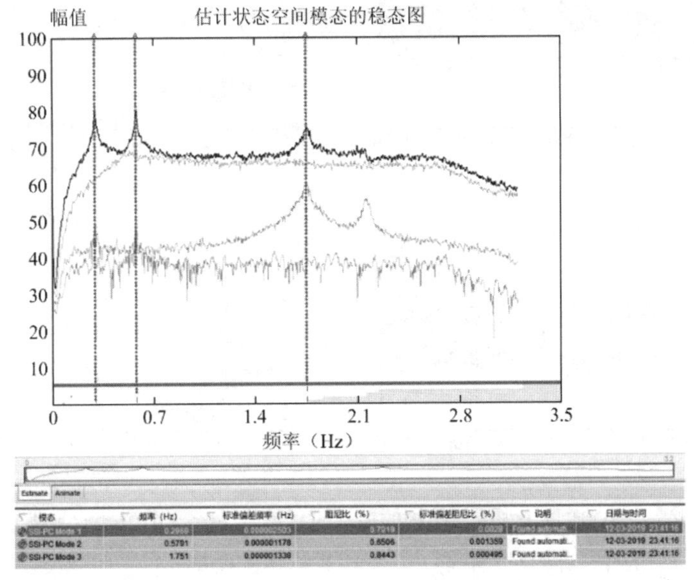

图 5-3-5　TMD 锁定工况下的环境激励雕像振动信号的稳态图——确定振动模态和结构阻尼比

2. TMD 参数的调整与验证

基于所确定的结构基频，将 TMD 频率调整到x方向上约 0.292Hz 和y方向上约 0.565Hz 的调谐频率。为了验证 TMD 调谐效果，同时在主结构和 TMD 质量块上记录

振动加速度（TMD 激活）。基于 TMD 加速度和主结构加速度，可计算频率响应函数。作为单自由度系统的频率响应函数，可根据该系统确定 TMD 调谐频率和阻尼比（图 5-3-6）。通过分析，可以确定 TMD 系统的阻尼：x方向上约 12.4%，y方向上约 12.2%。

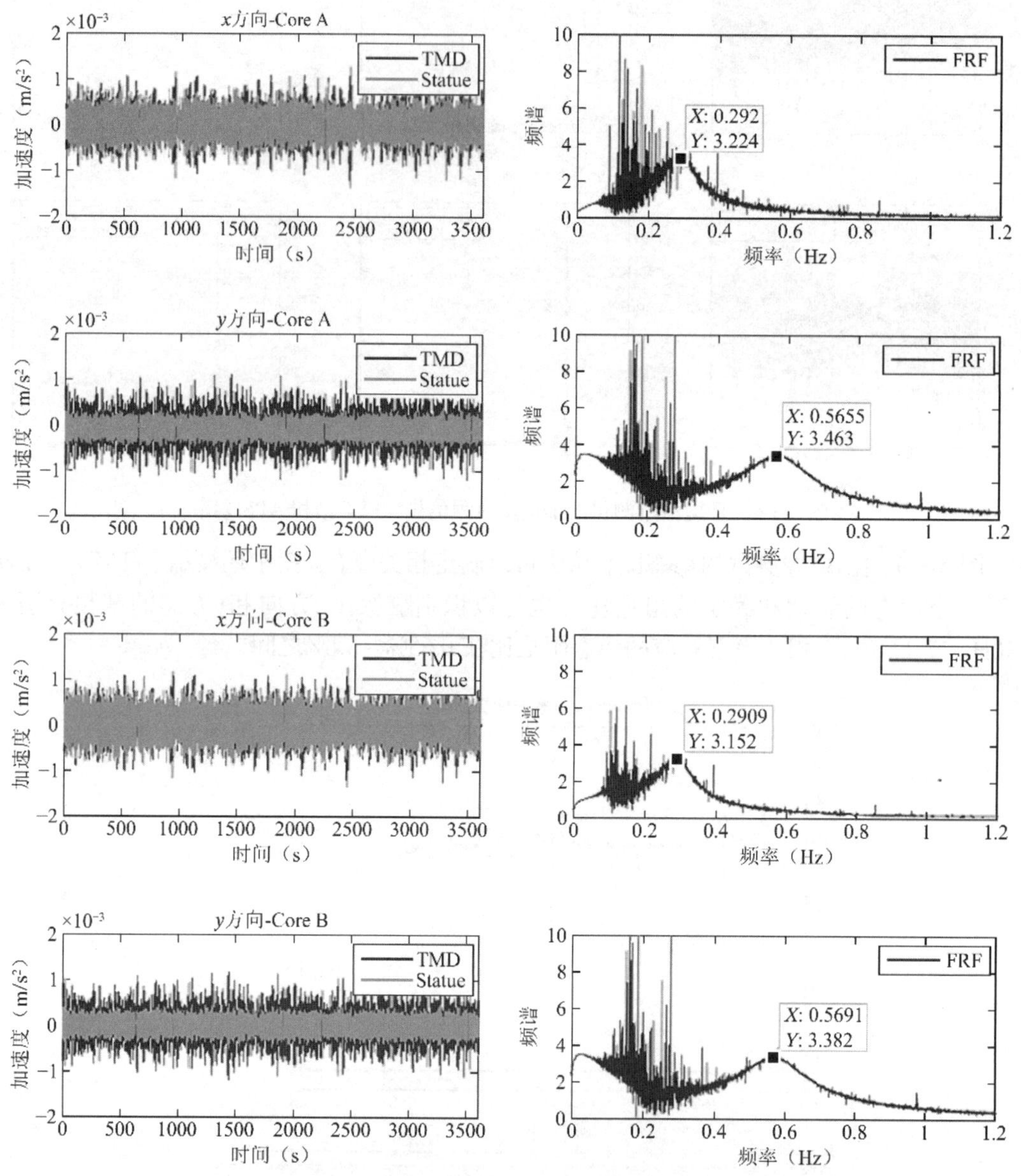

图 5-3-6　TMD 质量块和雕像结构的振动时程信号（Core A/Core B）和 FRF 谱

3. TMD 释放工况下雕像结构阻尼

TMD 释放（TMD 正常工作）后，再次进行环境激励振动测试，以确定 TMD 系统的有效性。图 5-3-7 显示了在 TMD 正常工作的情况下，Core A 和 Core B 在x方向和y方向上的水平环境振动时程信号、FFT 频谱和 APS 频谱。可以看出，动态响应显著降低，且峰值不那么窄。使用模态分析软件确定模态参数，稳态图如图 5-3-8 所示，结构阻尼比增加到约

4.8%～4.9%，TMD 明显增加了结构阻尼。

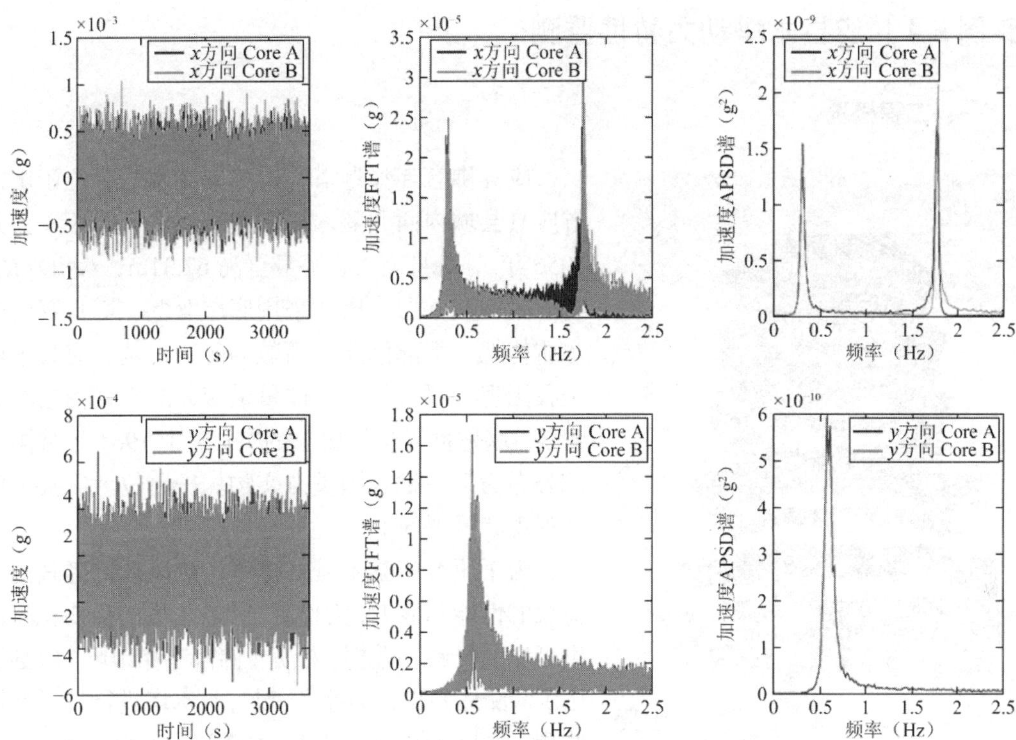

图 5-3-7　TMD 释放工况下环境激励测得的振动时程信号、相应的 FFT 谱和 APSD 谱

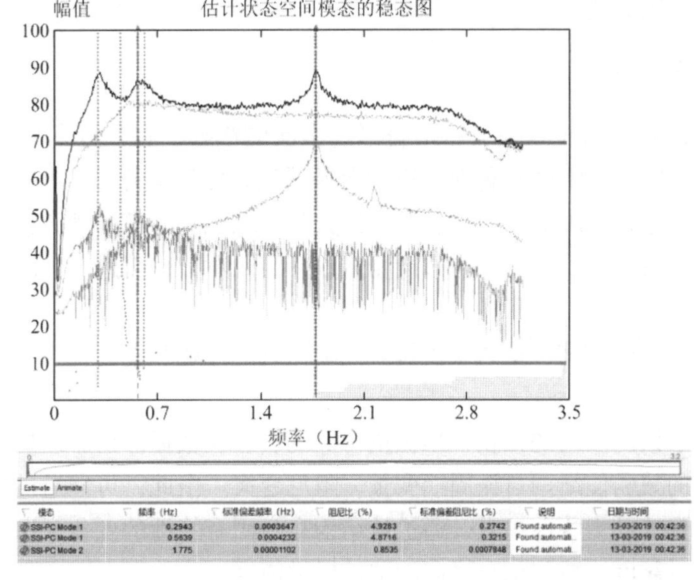

模态	频率（Hz）	标准偏差频率（Hz）	阻尼比（%）	标准偏差阻尼比（%）	说明	日期与时间
SSI-PC Mode 1	0.2943	0.0003647	4.9283	0.2742	Found automati...	13-03-2019 00:42:36
SSI-PC Mode 1	0.5639	0.0004232	4.8716	0.3215	Found automati...	13-03-2019 00:42:36
SSI-PC Mode 2	1.775	0.00001102	0.8535	0.0007848	Found automati...	13-03-2019 00:42:36

图 5-3-8　TMD 释放工况下的环境激励雕像振动信号的稳态图——确定振动模态和结构阻尼比

［实例 5-4］应县木塔动力特性监测

一、工程概况

图 5-4-1　应县木塔现状

应县佛宫寺释迦塔，俗称应县木塔，位于山西省应县县城内西北隅。木塔建于辽清宁二年（公元 1056 年），塔身高大，塔身全高 67.31m，八角六檐，明五暗四共九层，塔体采用底层双壁、塔身双筒式木质构架，下部修建了高敞的砖石台基。应县木塔是我国现存时代最久、体量最宏大的木结构楼阁式建筑，堪称世界建筑史上的杰作，于 1961 年被国务院公布为第一批全国重点文物保护单位。应县木塔外观现状见图 5-4-1。

为了研究应县木塔的抗震、抗风或抗御其他动荷载的性能和能力，为检测、诊断木塔的损伤积累提供可靠的资料和数据，根据《佛宫寺释迦塔（应县木塔）监测体系设计方案》，对应县木塔进行动力特性监测。监测具体内容包括：木塔结构的自振频率、振型、阻尼和木塔各个测点的动力时程最大幅值。截至目前，已经完成两次监测。

二、监测的必要性

在近千年的漫长岁月中，应县木塔曾经过多次的修缮，在其近期的第五次维修工程（1974—1985 年）中，于 1974 年曾对木塔的自振周期和振型进行过监测，在以后又零星地对木塔的动力特性进行过测试，但没有查阅到关于系统地对木塔的动力特性进行监测的文献。因此，有必要对木塔的动力特性进行测试，并定期对其变化进行监测。通过监测可以达到如下目的：

（1）为研究木塔的抗震、抗风或抗御其他动荷载的性能和能力提供动力特性参数，了解结构的自振特性。

（2）为检测、诊断木塔的损伤积累提供可靠的资料和数据。由于结构受损使结构刚度发生变化，刚度的减弱使结构自振周期变长，阻尼变大。由此，可以通过长时间的定期监测，积累结构自身的动力特性参数，通过从结构自身固有特性的变化来识别结构物的损伤程度，为结构的可靠度诊断和剩余寿命的估计提供依据。

（3）对木塔进行定期大型维护（养护）时，亦可从维护（养护）前后的监测，分析其维护（养护）造成的影响。

（4）当发现木塔有异常情况发生时，可立即进行监测，对异常情况进行评估。

（5）当对木塔进行结构加固时，亦可进行加固前后的监测，及时分析加固的效果。

三、测点布置及监测方案

本次监测共沿木塔竖向布设 11 个测点，分别布设在一层明层（地面）、一层暗层、二层明层、二层暗层、三层明层、三层暗层、四层明层、四层暗层、五层明层、五层明层柱顶，以及塔顶莲花座底座处，除一层明层和塔顶莲花座底座处外，其余测点布置均紧靠木塔正北偏东内槽柱柱脚。测点布置竖向示意图如图 5-4-2 所示，具体测点的布置位置见表 5-4-1。各个测点拾振器布置见图 5-4-3～图 5-4-13。

每个测点分别布置水平向拾振器，测试木塔在东西向和南北向水平方向上的振动。

本次监测分别在有游人参观和无游人参观两种工况下进行了数据采集，每种工况又分为东西向和南北向两个方向的振动测试，每种工况在东西向和南北向分别采集了木塔在脉动激励下的加速度响应。

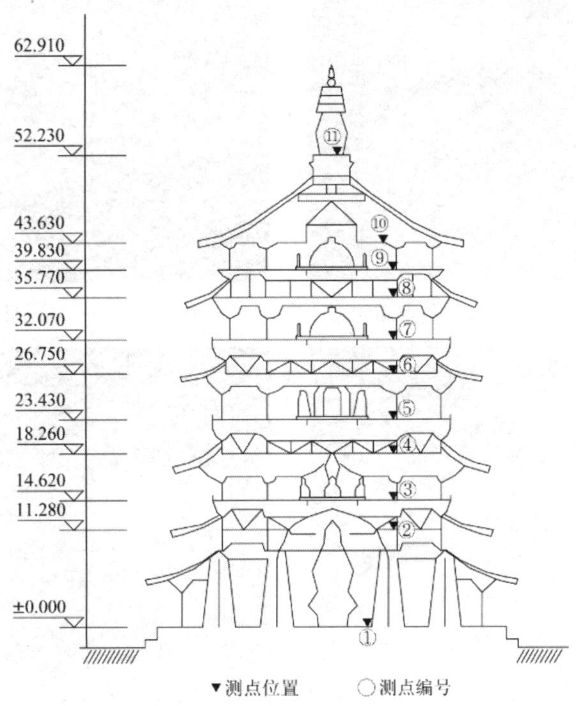

图 5-4-2　测点布置竖向示意图

测点布置位置汇总　　**表 5-4-1**

测点	测点平面位置	测点所在塔体层数	备注（图片编号）
1	正北偏东一层墙体墙脚	一层明层	图 5-4-3
2	正北偏东内槽柱柱脚	一层暗层	图 5-4-4
3	正北偏东内槽柱柱脚	二层明层	图 5-4-5
4	正北偏东内槽柱柱脚	二层暗层	图 5-4-6
5	正北偏东内槽柱柱脚	三层明层	图 5-4-7
6	正北偏东内槽柱柱脚	三层暗层	图 5-4-8
7	正北偏东内槽柱柱脚	四层明层	图 5-4-9

续表

测点	测点平面位置	测点所在塔体层数	备注（图片编号）
8	正北偏东内槽柱柱脚	四层暗层	图 5-4-10
9	正北偏东内槽柱柱脚	五层明层	图 5-4-11
10	正北偏东内槽柱柱顶	五层明层柱顶	图 5-4-12
11	莲花座底座	塔顶	图 5-4-13

图 5-4-3　塔底（一层明层）测点布置

图 5-4-4　一层暗层柱脚测点布置

图 5-4-5　二层明层柱脚测点布置

图 5-4-6　二层暗层柱脚测点布置

图 5-4-7　三层明层柱脚测点布置

图 5-4-8　三暗层柱脚测点布置

图 5-4-9　四层明层柱脚测点布置

图 5-4-10　四层暗层柱脚测点布置

图 5-4-11　五层明层柱脚测点布置

图 5-4-12　五层明层柱顶测点布置

图 5-4-13　塔顶莲花座底座测点布置

四、数据处理与分析

1. 第一次测试

（1）固有频率

谱分析结果表明，在有游客参观和无游客参观的两种工况下，木塔东西向和南北向的第 1 阶自振频率和第 2 阶自振频率均相同，第 3 阶自振频率有所不同，木塔东西向和南北向两个方向的第 1 阶、第 2 阶和第 3 阶自振频率见表 5-4-2。

自振频率测试分析结果（Hz） **表 5-4-2**

方向	频率		
	第 1 阶自振频率	第 2 阶自振频率	第 3 阶自振频率
南北方向	0.635	1.709	2.832
东西方向	0.635	1.709	2.783

（2）振型

确定固有频率后，用不同测点在固有频率处响应的比值，就可确定结构的振型。对于结构两测点间相位差的信息，可通过互相关函数$R_{xy}(\tau)$来确定。为了计算互相关函数$R_{xy}(\tau)$，首先，对脉动信号在振型频率附近进行窄带滤波，然后，计算互相关函数$R_{xy}(\tau)$。当零迟时互相关函数$R_{xy}(0) > 0$时，表示两测点同相，相应的振型具有相同的符号。然而，当零迟时互相关函数$R_{xy}(0) < 0$时，表示两测点相位差 180°，相应的振型幅值符号相反。无游客参观工况下，木塔的自振频率和振型的实测分析结果见图 5-4-14 和图 5-4-15。

（3）阻尼比

由于阻尼比在一定范围内波动，因此，需要对不同测点分别求取阻尼比，然后求平均值，并给出标准差。依据脉动实测数据分析，在有游客参观和无游客参观的两种工况下，木塔第 1 阶、第 2 阶和第 3 阶振型阻尼比基本相同。无游客参观工况下木塔东西向和南北向的第 1 阶、第 2 阶和第 3 阶振型阻尼比实测分析统计结果见表 5-4-3 和表 5-4-4。

（4）幅值

根据实测的脉动时程数据，分别提取了不同测试工况下各测点的加速度时域峰值，统计结果见表 5-4-5。

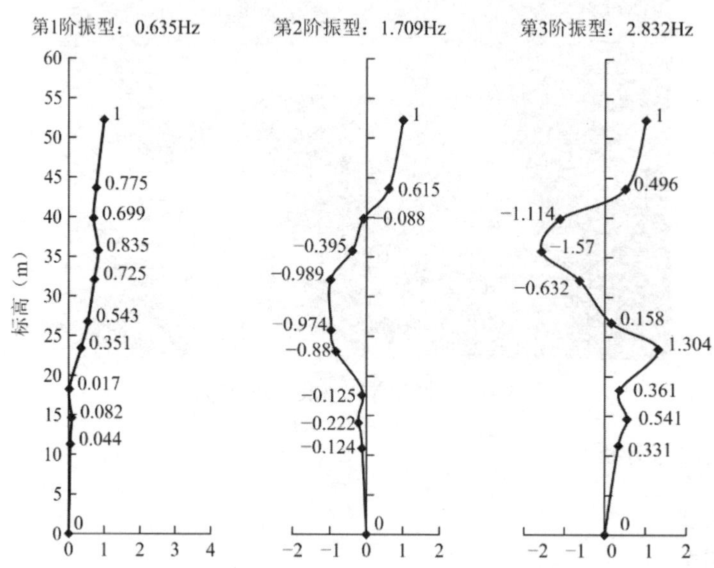

图 5-4-14　无游客参观工况，南北方向的自振频率及振型

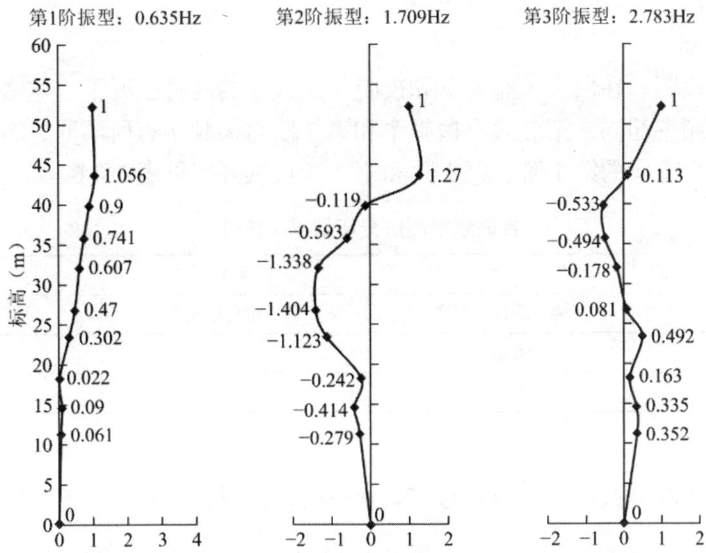

图 5-4-15　无游客参观工况，东西方向的自振频率及振型

无游客工况时南北向阻尼比测试结果　　表 5-4-3

振型	测点											
	1	2	3	4	5	6	7	8	9	10	11	均值	均方差
第 1 阶	/	6.79%	7.22%	7.79%	6.95%	6.93%	7.04%	6.69%	7.04%	6.71%	7.02%	7.02%	0.32%
第 2 阶	/	3.25%	3.08%	3.05%	3.01%	2.97%	3.06%	3.04%	4.60%	3.04%	3.03%	3.21%	0.47%
第 3 阶	/	3.32%	3.29%	2.80%	2.91%	•	2.54%	2.66%	2.85%	2.86%	2.78%	2.89%	0.25%

注：表中“/”表示该测点位置所测得的数据为大地脉动；“•”表示该数据不能从测试原始数据中明显提取。

无游客工况时东西向阻尼比测试结果　　表 5-4-4

振型	测点												
	1	2	3	4	5	6	7	8	9	10	11	均值	均方差
第 1 阶	/	6.94%	6.46%	14.07%	6.17%	6.29%	6.15%	6.15%	6.17%	6.14%	6.22%	7.07%	2.47%
第 2 阶	/	3.36%	3.25%	3.31%	3.32%	3.24%	3.26%	3.42%	•	3.26%	3.33%	3.31%	0.06%
第 3 阶	/	2.03%	2.03%	2.13%	2.13%	2.07%	2.25%	2.17%	2.21%	2.32%	2.06%	2.15%	0.10%

注：表中“/”表示该测点位置所测得的数据为大地脉动；“•”表示该数据不能从测试原始数据中明显提取。

有游客工况加速度时域峰值统计（mm/s^2）　　表 5-4-5

方向	测点										
	1	2	3	4	5	6	7	8	9	10	11
南北向	1.305	6.645	6.873	6.097	6.231	6.050	7.245	7.470	5.464	4.627	5.933
东西向	1.210	6.645	6.873	6.098	6.231	6.329	6.289	6.098	6.623	6.309	1.847

2. 第二次测试

（1）固有频率

谱分析结果表明，在白天（有人）和夜晚（无人）的两种工况下，木塔东西向和南北向的第1阶自振频率相同，第2阶自振频率和第3阶自振频率有所不同，本次测试木塔东西向和南北向两个方向的第1阶、第2阶和第3阶自振频率见表5-4-6。

自振频率测试分析结果（Hz） **表 5-4-6**

方向	频率		
	第1阶自振频率	第2阶自振频率	第3阶自振频率
南北方向	0.635	1.660	2.783
东西方向	0.635	1.611	2.686

（2）振型

本次测试木塔的自振频率和振型的实测分析结果见图5-4-16和图5-4-17。

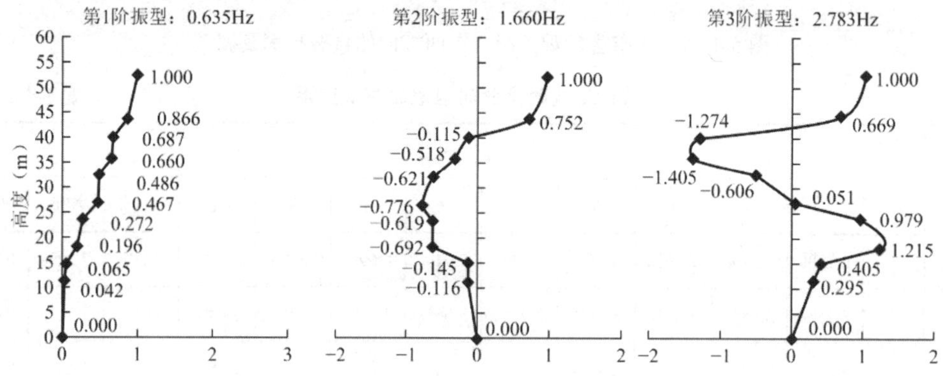

图5-4-16 无游客参观工况，南北方向的自振频率及振型

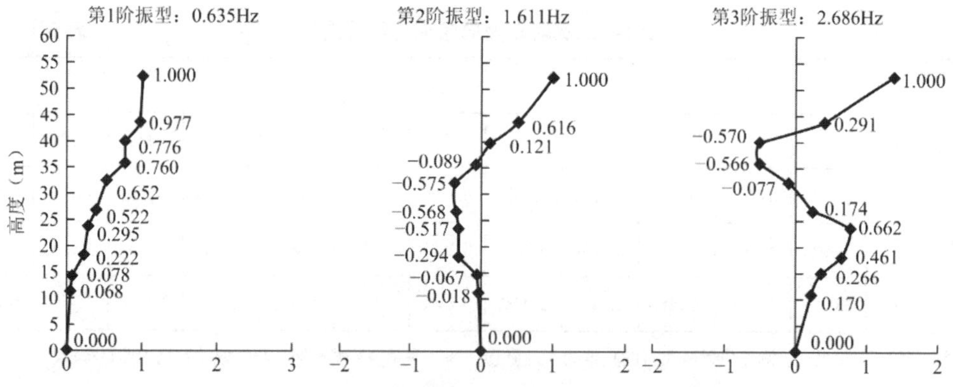

图5-4-17 无游客参观工况，东西方向的自振频率及振型

（3）阻尼比

由于阻尼比在一定范围内波动，因此，需要对不同测点分别求取阻尼比，然后求平均值，并给出标准差。依据脉动实测数据分析，在夜晚(无游客参观)的工况下，本次测试木塔东西向和南北向的第1阶、第2阶和第3阶振型阻尼比实测分析统计结果见表5-4-7和表5-4-8。

无游客工况时南北向阻尼比测试结果　　表 5-4-7

振型	测点											
	1	2	3	4	5	6	7	8	9	10	11	均值	均方差
第 1 阶	/	10.73%	9.41%	8.21%	8.37%	8.12%	8.34%	8.40%	8.44%	8.20%	8.21%	8.64%	0.820%
第 2 阶	/	5.09%	4.17%	3.09%	3.12%	3.10%	3.17%	4.93%	●	3.16%	3.05%	3.65%	0.797%
第 3 阶	/	3.88%	3.41%	2.30%	2.62%	5.28%	1.90%	2.12%	2.27%	2.12%	2.16%	2.81%	1.020%

无游客工况时东西向阻尼比测试结果　　表 5-4-8

振型	测点												
	1	2	3	4	5	6	7	8	9	10	11	均值	均方差
第 1 阶	/	●	9.98%	8.38%	8.51%	7.66%	8.16%	8.16%	8.13%	8.15%	8.26%	8.38%	0.644%
第 2 阶	/	●	9.15%	3.84%	4.39%	4.16%	3.89%	6.97%	●	4.55%	8.76%	5.71%	2.092%
第 3 阶	/	4.99%	3.67%	3.55%	4.14%	●	4.62%	2.69%	3.18%	●	●	3.83%	0.746%

（4）幅值

根据实测的脉动时程数据，分别提取了本次不同测试工况下各测点的加速度时域峰值，统计结果见表 5-4-9。

有游客工况加速度时域峰值统计（mm/s²）　　表 5-4-9

方向	测点										
	1	2	3	4	5	6	7	8	9	10	11
南北向	1.264	17.604	16.365	20.978	10.535	7.840	13.070	10.654	7.195	4.552	15.014
东西向	2.373	11.700	20.887	31.730	31.446	6.91	7.269	7.074	7.904	4.273	8.261

五、振动监测结论

（1）从结构的自振频率来看，木塔东西向和南北向的第 1 阶自振频率相同且不变，第 2 阶、第 3 阶自振频率与第一次测试相比均有所降低，说明木塔的第 2 阶、第 3 阶自振周期变长，木塔内部结构产生了一定的损伤。

（2）从结构振型图来看，木塔东西向和南北向的第四个测点（即二层暗层测点）位置的振型图拐点发生了改变，东西向的顶层测点位置（塔顶莲花座底座）的振型图拐点发生了改变，说明在木塔的二层暗层及塔顶位置发生了畸变，该位置处的结构受到一定的损伤。

（3）从各振型的阻尼比来看，木塔东西向和南北向的结构第 1 阶振型阻尼比平均值变大，且各振型各测点的阻尼比均方差变大，说明木塔结构刚度变小，且结构的整体性有所降低。

（4）从测试时段的加速度时域峰值统计结果来看，白天（有游客参观）工况下的东西向和南北向的部分测点加速度峰值，与第一次相比均有变大趋势，这与本次测试时段下应县出现大风雷雨天气及木塔自身出现损伤综合原因所致。

[实例 5-5] 定州开元寺塔模态测试及刚度中心识别

一、工程概况

定州开元寺塔，是一座八角形阁楼式宋代砖石古塔，距今已有 1000 多年的历史。塔高 83.7m，塔身 11 级，塔基外围周长 128m，由塔基座、塔身和塔刹三部分组成，从下至上随层高逐渐收分，是现存同时期同结构最高的砖塔，被誉为“中华第一塔”。古塔历经千年，前后经受十几次地震，公元 1884 年夏，塔体的东北侧从十一层至最底层全部坍塌，百余年间该塔无人问津，直到新中国成立后，才开始了对开元寺塔的全面复原修复工程（图 5-5-1）。1988 年文物局开始组织维修，到 2001 年东北侧塌落部分修复竣工，后期又对塔基座、壁画、一层连墙进行了加固维修。

图 5-5-1 定州开元寺塔

本例以定州开元寺塔为研究对象，对定州开元寺塔的动力性能进行了研究，并获得其基本动力性能信息。基于动力信息推导得到的模态参与率系数，对古塔各层刚度中心进行了识别，可以为今后定州开元寺塔长期监测、模型修正及加固维修提供科学依据和数据支撑。

二、定州开元寺塔动力性能测试方案

基于环境激励的动力测试可在无损状态下提供古塔结构的关键动力性能信息。如图 5-5-2 所示，在古塔二、三、四、五、六、七、八、九、十和十一层的同一楼板位置布置测点，将第六层的测点设为整个动力测试的参考层，分别测试四个方向的加速度响应：东西向（1 号）、南北向（2 号）、东南向（3 号）和东北向（4 号），采样频率为 128Hz。

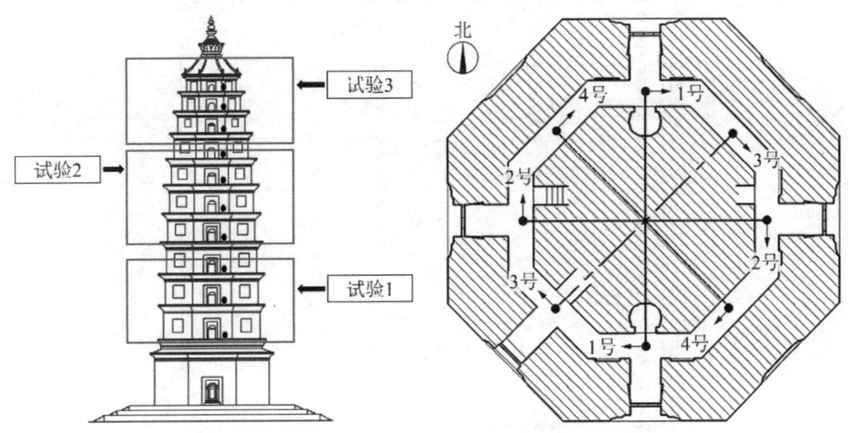

图 5-5-2 定州开元寺塔动力测试测点布置图

三、测试数据分析

本项目采用随机子空间方法（Stochastic Subspace Identification，SSI）对开元寺塔的动力测试数据开展分析，随机子空间方法是一种时域识别方法，通过空间投影方法作为滤波手段，因其在抗噪声干扰方面和频率分辨率误差方面良好的性能表现被广泛使用。

对上述工况东南、东北方向的数据进行随机子空间分析，得到各工况下的 SSI 计算稳定图，如图 5-5-3 所示。

为得到水平方向振动的频率和振型，减小扭转分量的影响，将同一个测试方向两个对应测点的加速度信号相减取平均求得平动分量；为得到扭转方向的频率和振型，减小平动分量的影响，将同一个测试方向两个测点的加速度信号相加求得扭转分量。具体模态识别结果（频率、振型及阻尼）如表 5-5-1、表 5-5-2 所示。振型图如图 5-5-4 所示。

根据开元寺塔东北和东南两个正交方向的模态信息，计算这两个方向前 3 阶模态的模态参与率 MPR 值，识别出的模态参与率 MPR 值可以判断各阶模态对结构的贡献比例，为后续古塔的刚度中心识别提供基本信息。MPR 值具体如表 5-5-3、表 5-5-4 和图 5-5-5 所示。

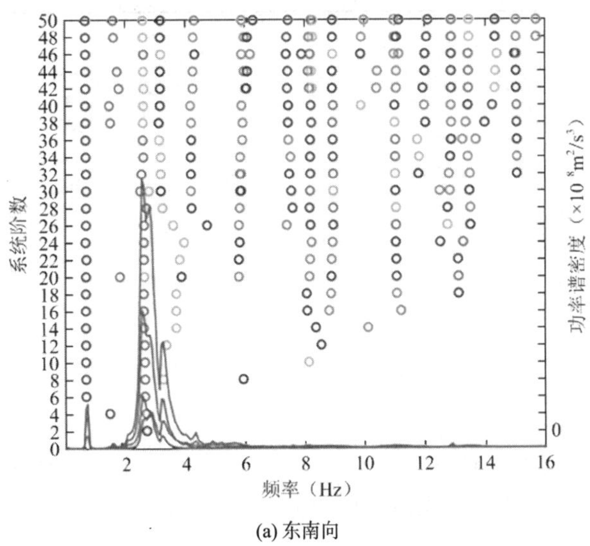

(a) 东南向

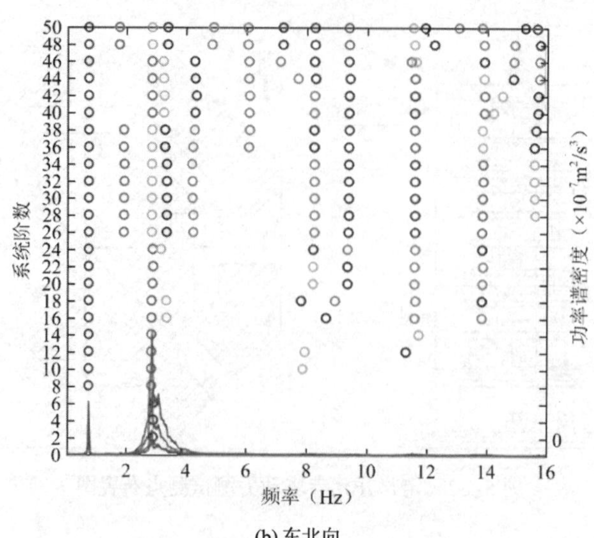

(b) 东北向

图 5-5-3　随机子空间计算结果稳定图

开元寺塔频率（Hz）　　**表 5-5-1**

阶数	东南	东北	南北	东西	扭转
第 1 阶	0.844	0.906	0.844	0.844	3.188
第 2 阶	2.688	3.031	2.938	2.938	7.688
第 3 阶	3.313	3.250	—	3.125	13.06

开元寺塔阻尼比（%）　　**表 5-5-2**

阶数	东南向	东北向
第 1 阶	5.40	5.82
第 2 阶	4.60	5.11
第 3 阶	4.02	3.28

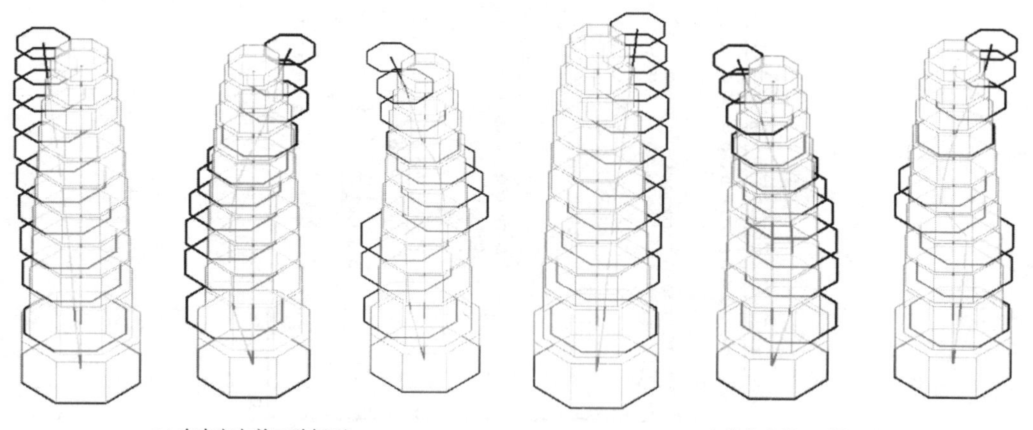

(a) 东南方向前三阶振型　　(b) 东北方向前三阶振型

图 5-5-4　开元寺塔振型图

古塔东北方向前 3 阶 MPR 识别值（%） 表 5-5-3

自由度	第 1 阶	第 2 阶	第 3 阶
1	43.05	22.59	34.36
2	47.42	20.39	32.19
3	51.04	18.05	30.91
4	65.74	13.31	20.95
5	63.05	11.55	25.40
6	72.67	10.82	16.51
7	74.78	11.39	13.83
8	68.26	15.42	16.32
9	66.78	18.29	14.93
10	67.15	20.22	12.63

古塔东南方向前 3 阶 MPR 识别值（%） 表 5-5-4

自由度	第 1 阶	第 2 阶	第 3 阶
1	37.56	32.07	30.37
2	42.07	25.77	32.16
3	47.03	20.71	32.26
4	75.46	7.93	16.61
5	78.02	5.39	16.59
6	83.62	3.47	12.91
7	84.95	3.80	11.25
8	81.54	5.81	12.65
9	79.60	7.44	12.96
10	78.41	8.75	12.84

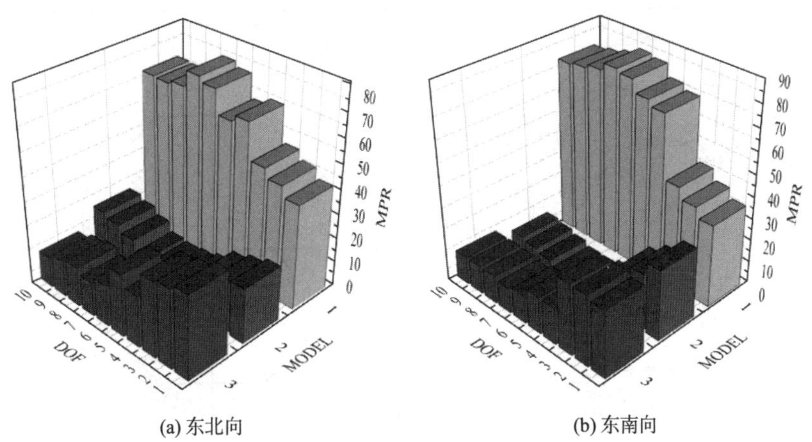

图 5-5-5 开元寺塔前 3 阶 MPR 值

从图 5-5-5 可以看出，第 1 阶的模态参与率远大于第 2 阶和第 3 阶的模态参与率，且随着层数的增加，第 1 阶的模态参与率不断增大，模态贡献在结构中越来越显著。说明对于砖石古塔这种高耸结构来说，第 1 阶模态在整个动力性能分析中占主导地位。根据动力测试得到的古塔东北和东南两个正交方向的四个测点的前 3 阶模态振型系数以及前 3 阶的模态参与率可以拟合得到各层四个测点的振型组合系数。

当古塔不存在刚度偏心时，同一个工况下的同一个测试方向两个测点的振型组合系数应该一致。如果不一致，说明结构的刚度不均匀，刚度中心会往振型组合系数小的一侧偏移，振型组合系数识别结果见表 5-5-5。如图 5-5-6 所示，将振型组合系数的顶点相连，得到交线与东南、东北两轴的交点 A、B。以 A、B 为基点，作东南、东北两轴的垂线相交即为古塔层平面的刚度中心O′。古塔第二层至第十一层刚度中心分布规律统计如图 5-5-7 所示。可以看出，开元寺塔整体结构的刚度偏心不是很明显，70%左右的刚度中心范围在东北-西南方向上，30%左右的刚度中心落在了东南-西北方向上。

古塔东北方向前 3 阶 MPR 识别值（%）　　表 5-5-5

层数	东北方向	西南方向	东北方向	西南方向
二层	2.345	2.284	2.174	2.837
三层	3.122	3.254	2.750	3.457
四层	3.993	4.132	3.151	3.989
五层	16.295	7.615	16.575	19.072
六层	1.236	1.953	1.105	1.693
七层	17.793	11.222	18.995	25.568
八层	17.770	14.023	31.481	27.298
九层	1.650	2.214	1.520	2.023
十层	2.198	2.753	1.774	2.140
十一层	2.894	3.241	2.096	2.111

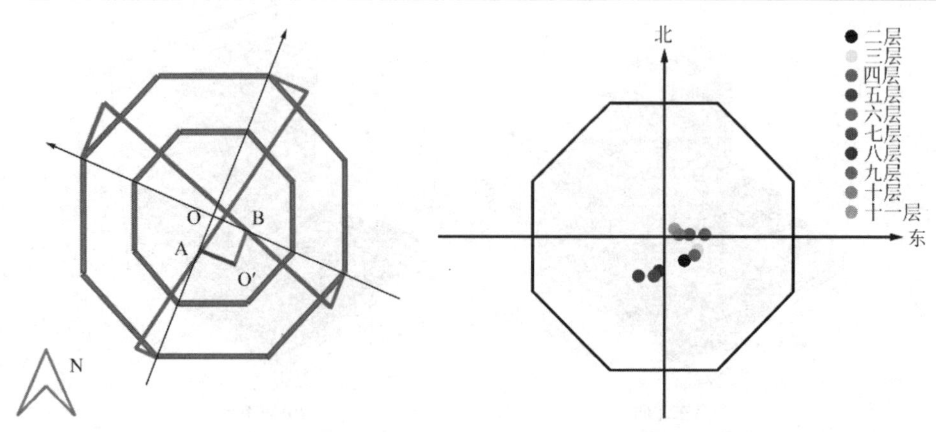

图 5-5-6　刚度中心的几何分布　　图 5-5-7　开元寺塔刚度中心分布规律统计

四、振动测试结论

（1）本项目基于开元寺塔在环境激励作用下的动力信息，通过试验获得古塔的动力特性，即四个水平方向的前 3 阶频率，以及东北和东南两个正交方向的模态振型和阻尼比。结构自振频率较低，动力特性分析结果可为该古塔的动力监测和抗震分析提供参考。

（2）对于高耸的砖石古塔，结构的第 1 阶模态在整个模态分析中占主导地位，且随着楼层的增高，这种模态贡献趋势愈加显著。

（3）古塔的刚度中心存在偏心，但是偏心不明显。70%左右的刚度中心范围在东北-西南直线方向上，30%左右的刚度中心落在了东南-西北直线方向上。

［实例 5-6］正阳门城楼及箭楼环境振动及交通振动测试

一、工程概况

正阳门，由城楼与箭楼组成，坐落在北京城南北中轴线上，在天安门广场南缘，前门大街北端，至今已有 500 多年的历史，一直是老北京的象征。如图 5-6-1 所示。

(a) 正阳门城楼

(b) 正阳门箭楼

图 5-6-1　正阳门城楼及箭楼实景图

随着北京城市的快速发展，古建筑周围的交通情况日益复杂，如图 5-6-2 所示，呈现出源头多（地面交通、地铁、国铁）、持时长（24 小时不间断）、频谱密集、传递规律不一致等特点。相比于现代建筑，古建筑更易受到交通振动产生的不良影响，给古建筑的预防性保护带来挑战。

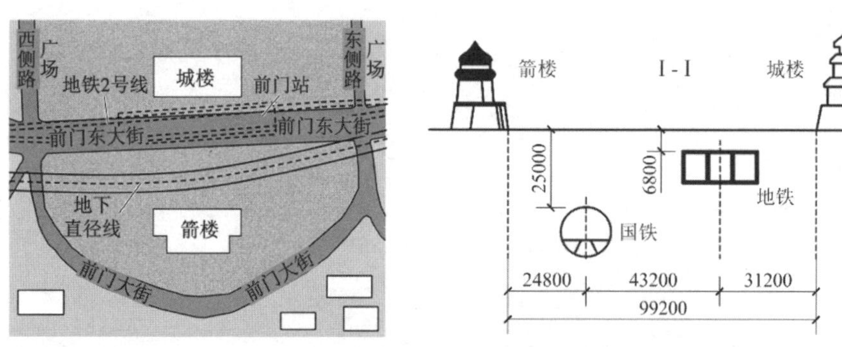

图 5-6-2　正阳门城楼及箭楼周边交通振动环境

通过对正阳门箭楼及城楼周边环境振源调研与勘察，结合正阳门箭楼、城楼结构自身特点，利用动力测试手段，对正阳门箭楼、城楼动力特性，正阳门箭楼、城楼在地面交通、地铁交通及国铁交通多重振源下的交通振动响应进行了动力测试。

二、正阳门城楼及箭楼环境振动及交通振动测试方案

1. 环境振动测试方案

正阳门城楼及箭楼环境振动测试采用跑点法，箭楼将正阳门箭楼三层设为参考层（Ⅲ）

（分别用Ⅰ、Ⅱ、Ⅲ、Ⅳ及Ⅴ代表首层底、二层底、三层底、四层底及四层顶）；对正阳门城楼布设完整全面的测点工况，进行环境激励作用下的动力特性测试，在一层柱底、二层柱底及二层柱顶同时布置南北/东西方向加速度拾振器进行同步测试，如图 5-6-3 所示。

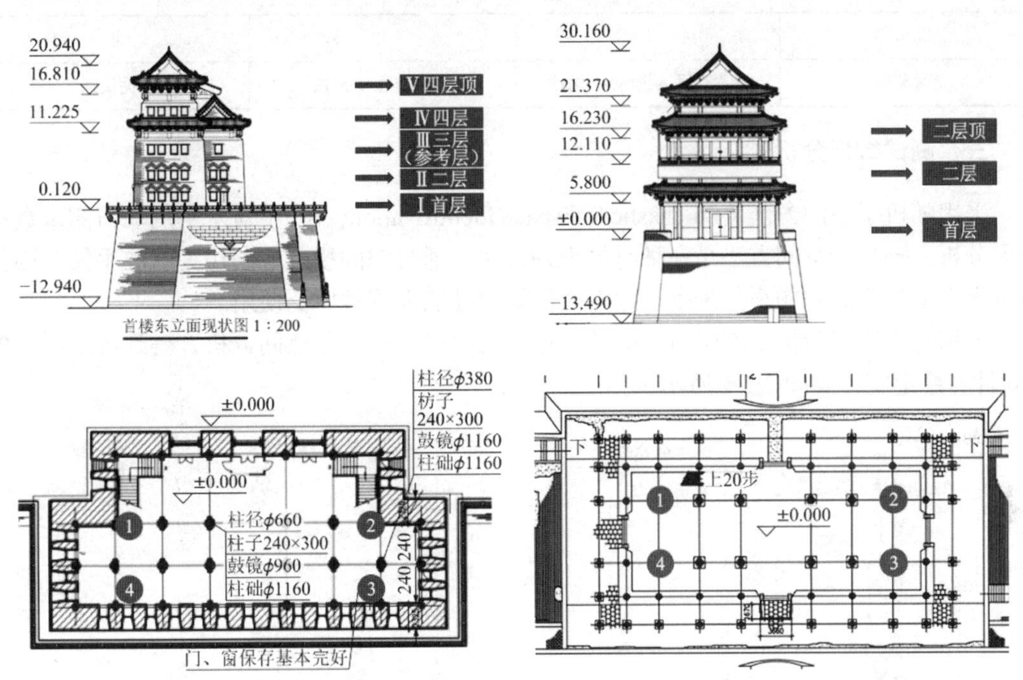

图 5-6-3　正阳门箭楼及城楼环境振动测试布置图

2. 交通振动测试方案

通过动力测试手段获得正阳门箭楼及城楼在地面交通、地铁交通及国铁交通作用下的顶层柱顶速度响应、各层加速度响应信号，并进行频谱分析，如图 5-6-4 所示。

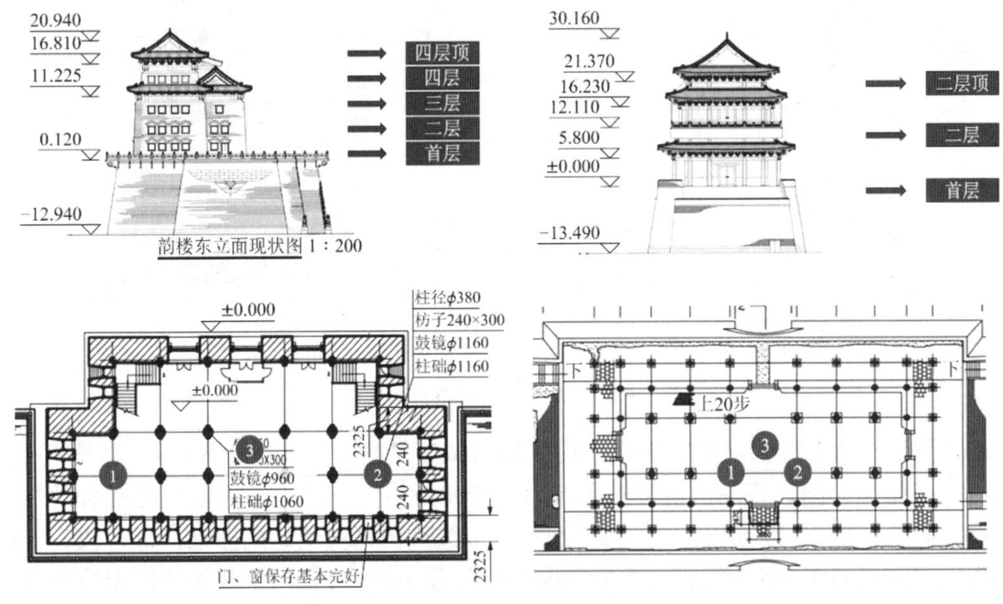

图 5-6-4　正阳门箭楼及城楼交通振动测试布置图

正阳门箭楼交通振动响应测试依托“地面交通 + 地铁 + 国铁”“地面交通 + 地铁”及“地面交通”三个交通类型分为三个工况进行测试，如表 5-6-1 所示。

正阳门箭楼交通振动响应测试工况 **表 5-6-1**

工况编号	Ⅰ	Ⅱ	Ⅲ
交通类型	地面交通 + 地铁 + 国铁	地面交通 + 地铁	地面交通

三、测试数据分析

采用随机子空间方法（Stochastic Subspace Identification，SSI）对木塔的动力测试数据开展分析，随机子空间方法是一种时域识别方法，通过空间投影方法作为滤波手段，因其在抗噪声干扰方面和频率分辨率误差方面良好的性能表现被广泛使用。

分别对正阳门箭楼及城楼对应的环境振动工况进行随机子空间分析，得到各工况下的 SSI 计算稳定图，如图 5-6-5 所示。

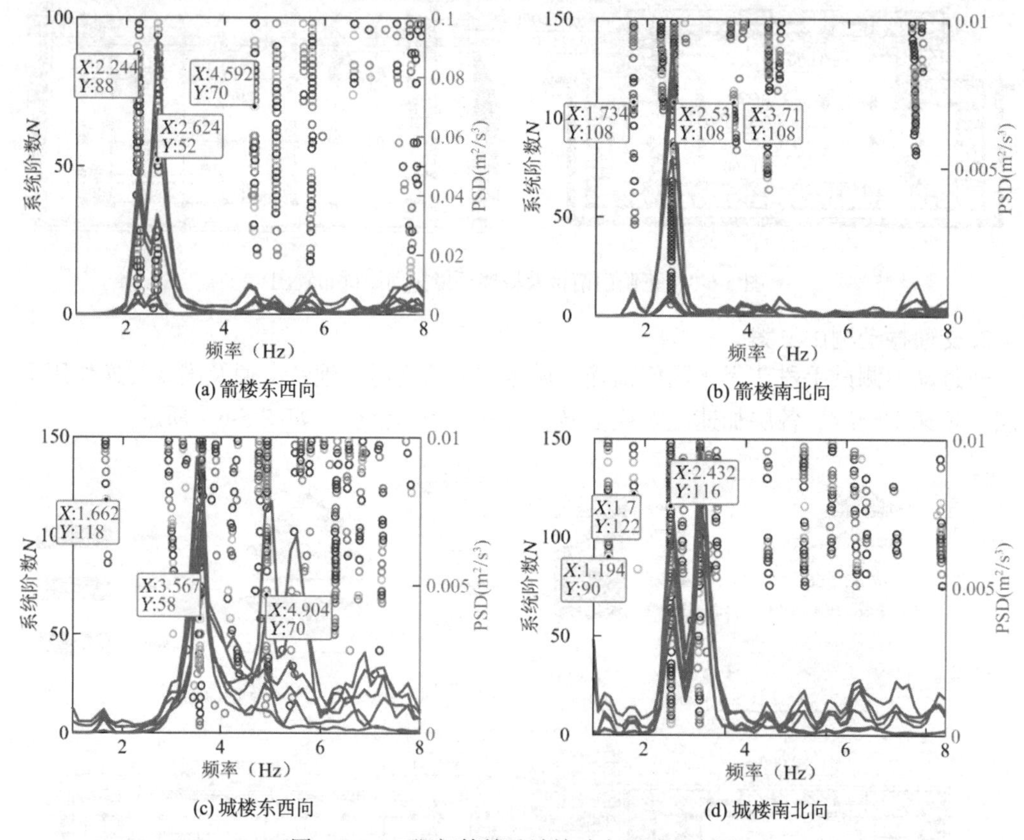

图 5-6-5　正阳门箭楼及城楼动力测试稳定图

基于测试所得箭楼及城楼在地铁作用下的测试信号时程曲线（图 5-6-6）及观测所得地铁进出前门站时间，将测试信号中明显起势的片段进行识别。以振动信号起势及恢复平衡作为判断依据，可以识别出前门站地铁 2 号线进出站所引起的振动波形片段，由此可分析不同方向列车（开往崇文门方向、开往和平门方向）对正阳门箭楼的作用持时及影响曲线。

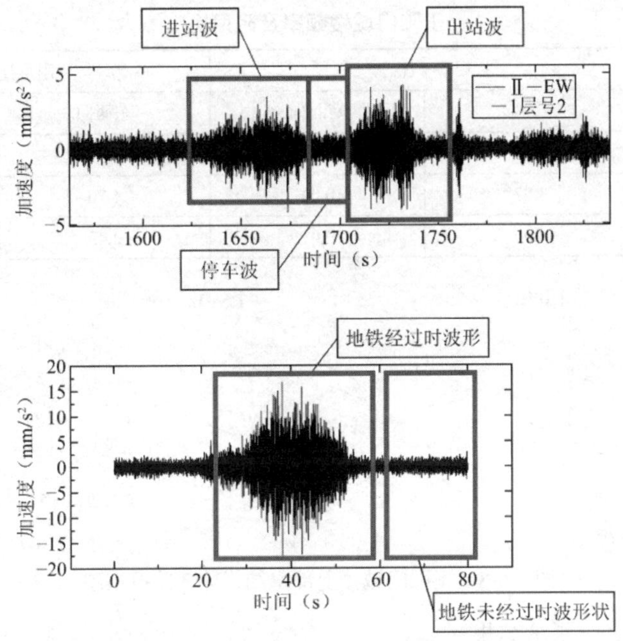

图 5-6-6　正阳门城楼及箭楼交通振动测试信号

四、测试结果

1. 正阳门箭楼模态测试结果

表 5-6-2 给出正阳门箭楼东西、南北两方向振动频率及阻尼比，图 5-6-7 给出正阳门箭楼前 3 阶振型。

正阳门箭楼频率及阻尼比　　　　**表 5-6-2**

振型	频率（Hz）		阻尼比（%）	
	东西向	南北向	东西向	南北向
第 1 阶	2.25	1.74	0.02	0.02
第 2 阶	2.61	2.53	0.05	0.03
第 3 阶	4.61	3.66	0.03	0.04

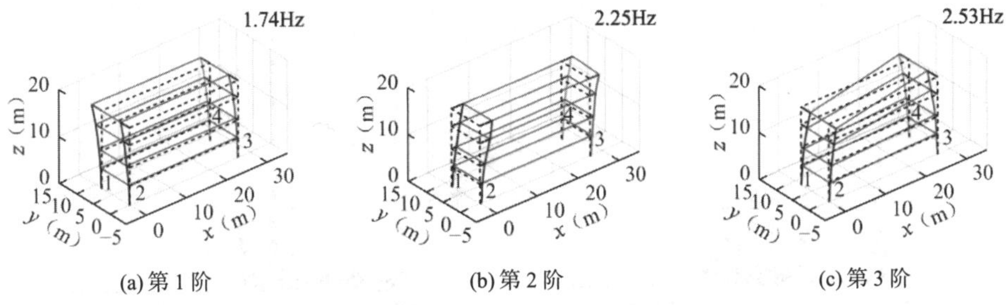

图 5-6-7　正阳门箭楼上部木结构前 3 阶振型图

2. 正阳门城楼模态测试结果

表 5-6-3 给出正阳门城楼东西、南北两方向振动频率及阻尼比，图 5-6-8 给出正阳门城楼前 3 阶振型。

正阳门城楼频率及阻尼比 表 5-6-3

振型	频率（Hz）		阻尼比（%）	
	东西向	南北向	东西向	南北向
第 1 阶	1.66	0.03	1.19	0.04
第 2 阶	3.57	0.02	1.70	0.02
第 3 阶	4.90	0.01	2.43	0.04

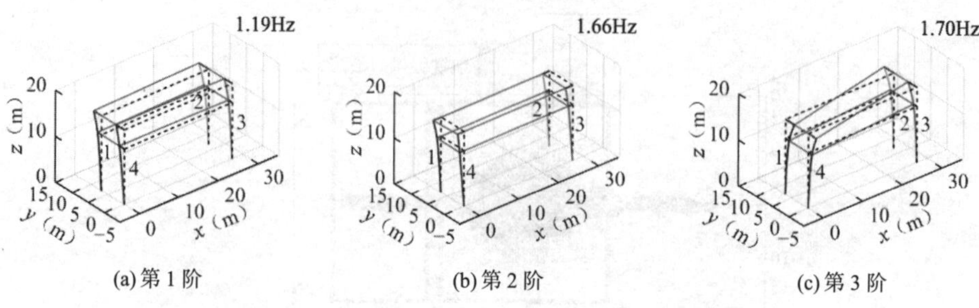

(a) 第 1 阶　(b) 第 2 阶　(c) 第 3 阶

图 5-6-8　正阳门城楼上部木结构前 3 阶振型图

3. 正阳门箭楼交通测试结果

图 5-6-9 所示为正阳门箭楼在地面交通 + 地铁作用下崇文门方向、和平门方向列车引起的箭楼振动响应功率谱密度曲线（Power Spectral Density，PSD）。

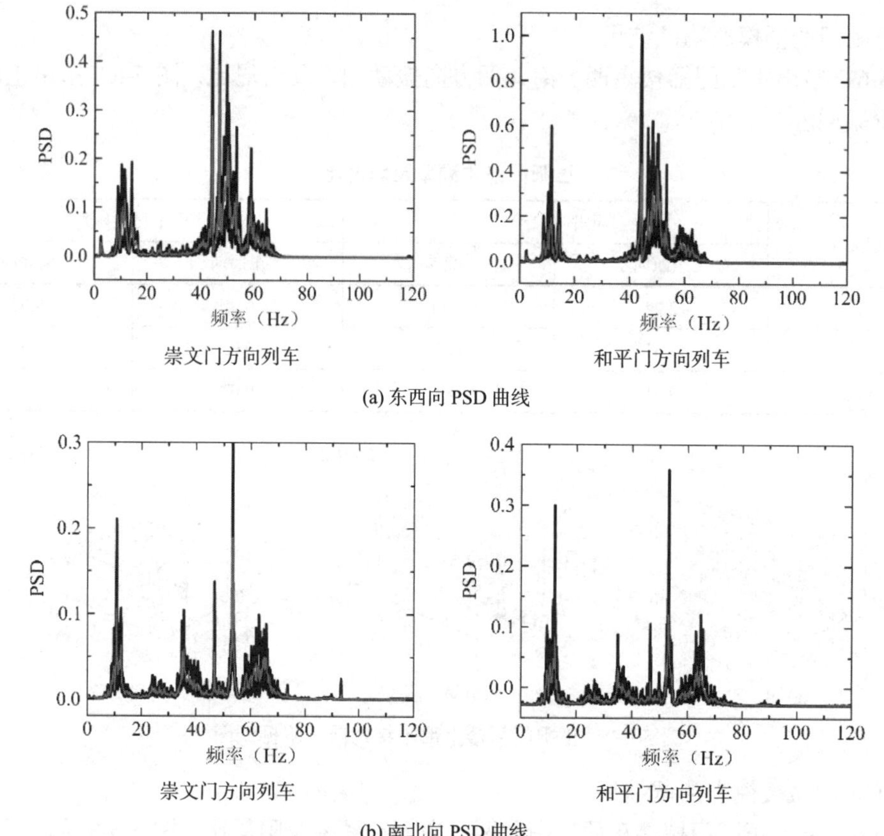

崇文门方向列车　和平门方向列车

(a) 东西向 PSD 曲线

崇文门方向列车　和平门方向列车

(b) 南北向 PSD 曲线

图 5-6-9　地面交通 + 地铁振动引起正阳门箭楼振动响应 PSD 曲线

功率谱密度曲线包络图峰值集中在 10～20Hz 及 40～70Hz，包络图差别较小，频率分布范围较集中。

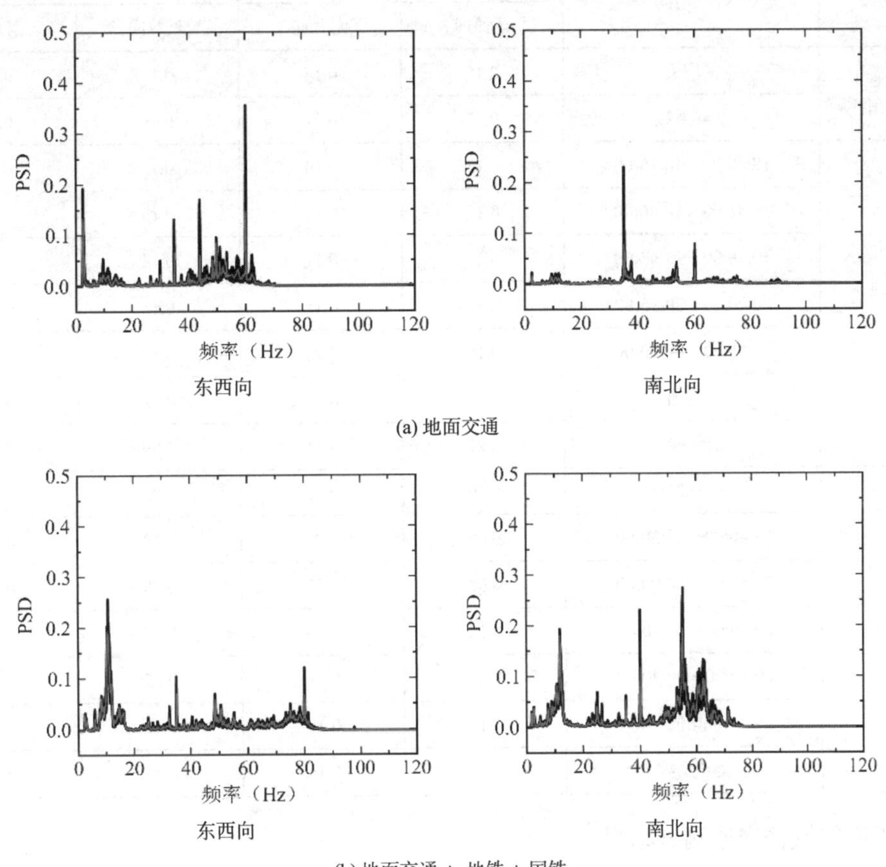

图 5-6-10　地面交通及地面交通 + 地铁 + 国铁引起正阳门箭楼振动响应东西向 PSD 曲线

地面交通及地面交通 + 地铁 + 国铁引起正阳门箭楼振动 PSD 曲线包络图及平均值如图 5-6-10 所示，其中，地面交通引起的响应分布较为广泛，原因是正阳门周围的地面交通由公交车、小客车及货车构成，振源较为分散。国铁交通引起的振动峰值集中在 10～20Hz 及 40～70Hz，与“地面交通 + 地铁”频谱特性相差不大，包络图差别较小，频率分布范围较集中。三种交通振动引起的正阳门箭楼四层柱顶振动速度半峰峰值如表 5-6-4 所示。

正阳门箭楼四层柱顶 1 号及 2 号测点振动速度半峰峰值（mm/s）　　表 5-6-4

交通类型	片段时间	四层柱顶 1 号		四层柱顶 2 号	
		东西向	南北向	东西向	南北向
地面交通 + 地铁 + 国铁	18:24:00—18:41:00	0.19	0.18	0.13	0.08
	18:58:16—19:09:43	0.13	0.11	0.13	0.08
	19:13:58—19:24:53	0.15	0.14	0.12	0.10
	19:42:43—19:54:48	0.14	0.13	0.14	0.08

续表

交通类型	片段时间	四层柱顶1号		四层柱顶2号	
		东西向	南北向	东西向	南北向
地面交通＋地铁＋国铁	平均值	0.15	0.14	0.13	0.09
	变异系数	0.17	0.21	0.06	0.12
地面交通＋地铁	18:00:00—18:15:00	0.15	0.14	0.12	0.08
	18:41:00—18:56:00	0.15	0.15	0.13	0.09
	19:28:00—19:43:00	0.11	0.11	0.14	0.09
	20:00:00—20:15:00	0.11	0.11	0.11	0.08
	20:15:00—20:30:00	0.18	0.18	0.12	0.10
	平均值	0.14	0.14	0.12	0.09
	变异系数	0.21	0.21	0.09	0.10
地面交通	23:30:00—23:40:00	0.10	0.13	0.09	0.09
	23:40:00—23:50:00	0.09	0.09	0.17	0.09
	23:50:00—00:00:00	0.08	0.11	0.08	0.08
	00:00:00—00:10:00	0.12	0.10	0.07	0.07
	00:10:00—00:20:00	0.10	0.11	0.07	0.06
	平均值	0.10	0.11	0.10	0.08
	变异系数	0.15	0.14	0.44	0.17

4. 正阳门城楼交通测试结果

图 5-6-11 所示为正阳门箭楼在地面交通＋地铁作用下城楼振动响应 PSD 曲线，其包络图峰值集中在 40～70Hz，包络图差别较小，频率分布范围较集中。

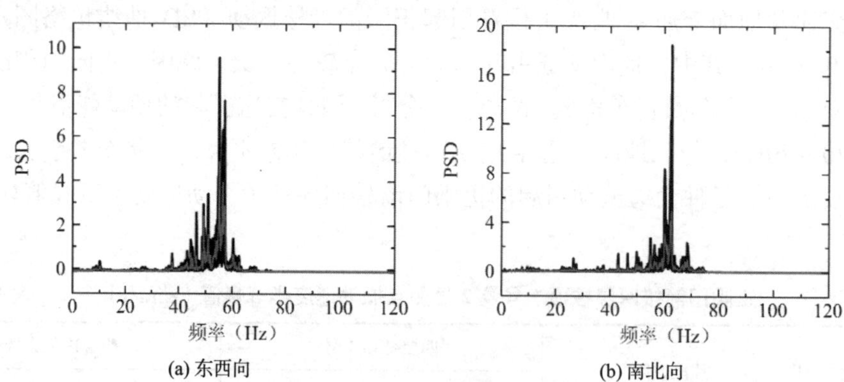

(a) 东西向　　(b) 南北向

图 5-6-11　地面交通＋地铁引起正阳门城楼振动响应 PSD 曲线

地面交通引起正阳门城楼振动响应分布较为广泛，如图 5-6-12 所示，其原因是正阳门周围的地面交通由公交车、小客车及货车构成，振源较为分散。

地面交通＋地铁＋国铁作用下 PSD 曲线的包络图及平均值如图 5-6-13 所示，可以看出其包络图峰值集中在 40～70Hz，包络图差别较小，频率分布范围较集中。

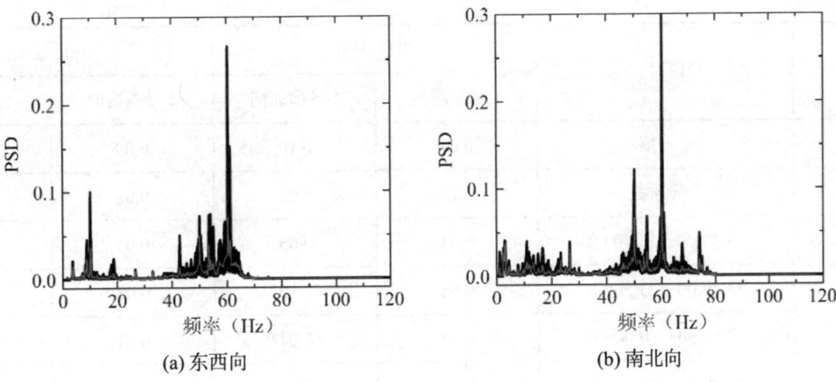

图 5-6-12 地面交通引起正阳门城楼振动响应 PSD 曲线

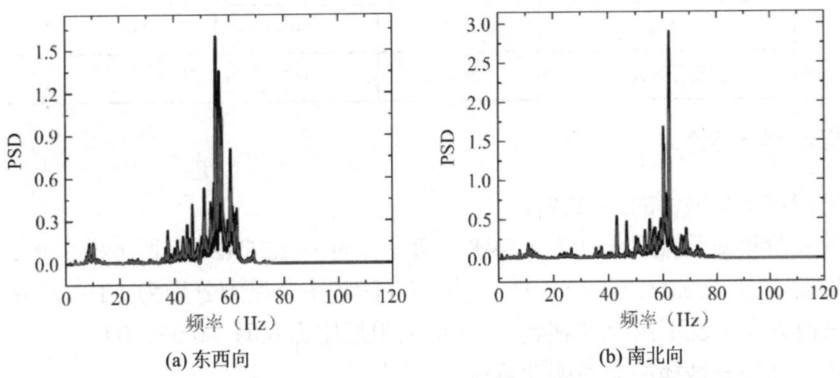

图 5-6-13 地面交通 + 地铁 + 国铁引起正阳门城楼振动响应 PSD 曲线

表 5-6-5 给出正阳门城楼二层柱顶 1、2 两测点振动速度半峰峰值。

城楼二层柱顶测点速度半峰峰值（mm/s）　　**表 5-6-5**

交通类型	片段时间	二层柱顶		二层柱顶	
		1 号东西向	1 号南北向	2 号东西向	2 号南北向
地面交通 + 地铁 + 国铁	18:19:54—18:38:13	0.12	0.12	0.09	0.15
	18:58:48—19:10:41	0.09	0.11	0.08	0.11
	19:14:03—19:26:04	0.10	0.11	0.08	0.12
	19:42:10—19:53:58	0.09	0.10	0.09	0.11
	平均值	0.10	0.11	0.09	0.12
	变异系数	0.14	0.07	0.07	0.15
地面交通 + 地铁	18:00:00—18:15:00	0.09	0.11	0.09	0.14
	18:41:00—18:56:00	0.08	0.11	0.08	0.11
	19:28:00—19:43:00	0.08	0.09	0.09	0.10
	20:00:00—20:15:00	0.09	0.11	0.09	0.10
	20:15:00—20:30:00	0.12	0.10	0.10	0.10

续表

交通类型	片段时间	二层柱顶		二层柱顶	
		1 号东西向	1 号南北向	2 号东西向	2 号南北向
地面交通 + 地铁	平均值	0.09	0.10	0.09	0.11
	变异系数	0.18	0.09	0.08	0.16
地面交通	23:30:00—23:40:00	0.04	0.05	0.05	0.11
	23:40:00—23:50:00	0.08	0.10	0.08	0.09
	23:50:00—00:00:00	0.04	0.04	0.04	0.06
	00:00:00—00:10:00	0.04	0.04	0.04	0.05
	00:10:00—00:20:00	0.04	0.03	0.04	0.06
	平均值	0.05	0.05	0.05	0.07
	变异系数	0.37	0.53	0.35	0.36

五、振动测试结论

1. 正阳门箭楼与城楼的动力特性

箭楼前 3 阶频率及振型分别为 1.74Hz（南北方向）、2.25Hz（东西方向）及 2.53Hz（扭转），相应的阻尼比为 0.02、0.02、0.03。城楼前 3 阶频率及振型分别为 1.19Hz（南北方向）、1.66Hz（东西方向）及 1.70Hz（扭转），相应的阻尼比为 0.04、0.03、0.02。

2. 正阳门箭楼与城楼的交通振动响应

地铁及地面交通引起正阳门箭楼振动响应主要分布频段为 10～20Hz、40～70Hz，地面交通分布未发现主要作用频段；地铁及地面交通引起正阳门城楼振动响应主要分布频段为 40～70Hz，地面交通分布未发现主要作用频段。

[实例 5-7] 交通荷载激励下西安安远门城墙瓮城的模态参数识别与分析

一、工程概况

西安安远门城墙瓮城为我国第一批重点文物保护单位，位于交通枢纽处，车流量大，下穿地铁，受复杂交通环境振动影响，需要重视城墙在交通环境振动影响下的健康监测，以便及时发现、评估城墙损伤并在后期加以维护。安远门卫星俯视图见图 5-7-1。

图 5-7-1　安远门卫星俯视图

二、测试仪器

本次试验采用 INV9580A 无线采集仪 8 台、INV3018CT 型 24 位高精度数据采集仪 1 台、941B 型传感器 8 个（水平 4 个 + 垂直 4 个）、笔记本电脑 2 台。

三、振噪磁测试方案

采用环境激励作为自然激励，利用动力响应完成结构的模态参数识别的工作模态分析方法获取城墙模态参数。根据古建筑控制标准，分别在瓮城的顶部与底部布置 32 个监测点（其中包括 2 个激励测点和 30 个响应测点），测点位置见图 5-7-2，每个测点均测取水平和竖向两个方向的速度时程，此外，在 4 和 22 两个测点位置处同时采集水平和竖向的加速度响应作为结构的激励信号。由于测点数较多，受限于采集仪通道数和传感器数，城墙动力测试分 5 组进行，其中 1、3 组每组分别设置两个参考点，用于试验中 INV9580A 和 INV3018CT 采集仪的互相校核。本文中的X向表示横向（水平）东西向，Y向表示横向（水平）南北向，Z向表示竖向（垂直），测取水平、竖向的加速度值和振动速度值。

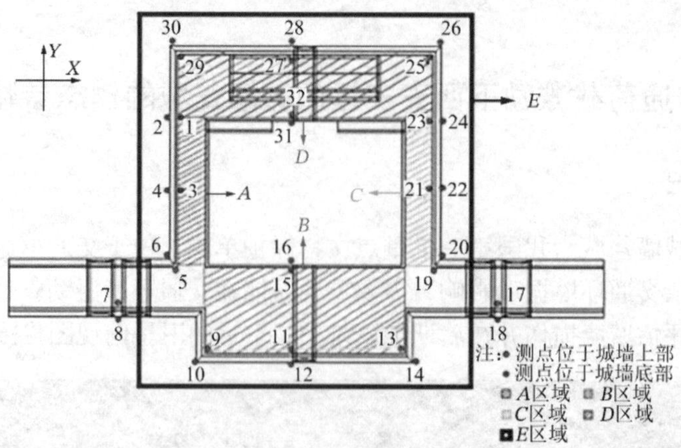

图 5-7-2 测点位置布置图

四、测试数据分析

取 A 区域测点 3 位置的时程曲线和频谱曲线，见表 5-7-1，从测点时程曲线图中可以得出，各测点的振动速度幅值范围集中在 0.06～0.1mm/s 之间；通过频谱曲线图可以看出，在地下铁路与路面交通影响下，城墙的振动响应范围集中在 0～20Hz 之间。

测点 3 的时程曲线与频谱曲线 **表 5-7-1**

方向	时程图	频谱图
X	3-X；速度（mm/s）；时间（s）	3-X；速度幅值（mm/s）；频率（Hz）
Z	3-Z；速度（mm/s）；时间（s）	3-Z；速度幅值（mm/s）；频率（Hz）

五、模态分析

采用三种算法进行模态参数识别，建立有限元数值模型对识别值进行验证。

（1）峰值法（PP）

峰值法是以测点的自功率谱密度函数代替频响函数，利用函数曲线在固有频率处会出现峰值的特点，直观识别特征频率。

（2）特征系统实现算法（ERA）

特征系统实现算法以由多输入多输出（MIMO）得到的脉冲响应函数（或自由响应曲线）为基本模型，通过构造 Hankel 矩阵，利用奇异值分解技术，得到系统的最小实现，从而以最小阶数的系统矩阵为基础，识别系统的模态参数。

（3）随机子空间法（SSI）

随机子空间法可以直接利用时间序列进行系统的模态参数识别，以离散状态空间方程为基础，同时利用平稳白噪声的统计特性，建立输出与系统矩阵的关系，根据响应数据构建 Hankel 矩阵，通过 QR 分解和奇异值分解求得可观矩阵和卡尔曼滤波序列，再结合最小二乘法求解状态矩阵，从而识别出系统的模态参数。

六、测试结果

三种算法下 A 区域的特征频率值见表 5-7-2，将三种方法计算所得频率的算数平均值作为城墙瓮城区域的特征频率值，见表 5-7-3。城墙横向和竖向两个方向的识别值相近，计算所得各区域特征频率范围主要集中于 2～7Hz。

A～D 区域共有 4 阶频率被识别出，4 个区域中，第 1、2 阶频率较为接近，范围分别集中在 2.2～2.4Hz 之间和 3.2～3.4Hz 之间；第 3、4 阶误差大于前两阶。4 个区域中第 3 阶特征频率分别集中在 4.1Hz、4.9Hz、4.0Hz、4.7Hz 附近，可以看出，A 区域与 C 区域较为接近，而 B 区域则与 D 区域较为接近；第 4 阶则集中在 5.4Hz、6.2Hz、5.0Hz、5.5Hz 附近。城墙瓮城整体区域（E 区域）共有 3 阶频率被识别出，分别集中在 2.6Hz、3.4Hz、4.2Hz 附近。

PP、ERA 和 SSI 法计算所得特征频率相对误差较小，识别瓮城振型结果相似。通过与数值模型对比分析，发现模拟与识别值前 3 阶频率、振型比较吻合，在得出古城墙模态参数的同时，验证了三种算法在古城墙结构上的可行性。

A 区域的特征频率值（Hz）　　表 5-7-2

方向	算法	频率			
		第 1 阶	第 2 阶	第 3 阶	第 4 阶
X	PP	2.25	3.10	3.85	5.20
	ERA	2.25	3.24	3.40	5.48
	SSI	2.57	3.19	4.15	5.49
Z	PP	2.30	3.10	4.15	5.15
	ERA	2.37	3.19	4.21	5.46
	SSI	2.34	3.24	4.13	5.47

特征频率值（Hz）　　表 5-7-3

阶数	区域 A		区域 B		区域 C		区域 D		区域 E	
	X	*Z*	*X*	*Z*	*X*	*Z*	*X*	*Z*	*X*	*Z*
第 1 阶	2.41	2.34	2.42	2.27	2.24	2.45	2.32	2.21	2.58	2.59
第 2 阶	3.18	3.18	3.44	3.41	3.34	3.38	3.36	3.40	3.44	3.40
第 3 阶	4.00	4.16	4.93	4.74	3.83	4.10	4.67	4.42	4.15	4.16
第 4 阶	5.39	5.36	6.01	6.39	4.97	5.04	5.42	5.48	—	—

分别对高峰期和非高峰期环境振动影响下，安远门瓮城各区域的城墙进行了模态参数识别，现通过对比不同工况作用下的计算结果，分析高峰期和非高峰期情况下车辆振动对城墙模态参数的影响，见表 5-7-4。

两种工况下各区域的特征频率误差 **表 5-7-4**

区域	工况	方向	频率（Hz）			
			第 1 阶	第 2 阶	第 3 阶	第 4 阶
A	*X*	高峰期	2.412	3.178	3.999	5.388
		非高峰期	2.358	3.369	4.143	5.556
		相对误差	2.24%	6.02%	3.59%	3.11%
	Z	高峰期	2.336	3.175	4.163	5.362
		非高峰期	2.234	3.357	4.124	5.450
		相对误差	4.38%	5.72%	0.93%	1.64%
B	*Y*	高峰期	2.424	3.521	4.930	6.014
		非高峰期	2.293	3.533	4.723	6.194
		相对误差	5.39%	0.33%	4.20%	3.00%
	Z	高峰期	2.272	3.408	4.741	6.392
		非高峰期	2.329	3.499	4.676	6.221
		相对误差	2.51%	2.67%	1.36%	2.67%
C	*X*	高峰期	2.237	3.338	3.827	4.967
		非高峰期	2.454	3.367	4007	5.151
		相对误差	9.72%	0.87%	4.71%	3.70%
	Z	高峰期	2.454	3.384	4.095	5.042
		非高峰期	2.477	3.471	4.118	5.114
		相对误差	0.95%	2.56%	0.56%	1.42%
D	*Y*	高峰期	2.317	3.361	4.669	5.419
		非高峰期	2.324	3.543	4.708	5.445
		相对误差	0.29%	5.40%	0.84%	0.49%
	Z	高峰期	2.212	3.401	4.420	5.478
		非高峰期	2.307	3.468	4.646	5.383
		相对误差	4.32%	1.97%	5.12%	1.73%
E	*Y*	高峰期	2.578	3.437	4.146	—
		非高峰期	2.591	3.395	4.117	—
		相对误差	0.50%	1.23%	0.70%	—
	Z	高峰期	2.587	3.397	4.156	—
		非高峰期	2.562	3.370	4.159	—
		相对误差	0.95%	0.79%	0.08%	—

七、有限元分析

以西安安远门城墙为背景，根据现场实测尺寸进行建模。由于城墙历史悠久，在环境侵蚀和人文活动下已存在不同程度的损伤，且内部结构复杂，为了简化计算，在建模分析时对其作了如下假设：

（1）根据调研，西安城墙内部的夯土层分为明代土和唐代土，经过多年外界环境的影响，二者已经没有明显的界线，并且存在许多孔洞、沉陷、裂缝等破坏情况，为了建模方便，不考虑内部的缺陷，将两种不同的夯土简化成一种均匀连续结构，采用整体式建模。

（2）城墙的外侧采用砌体形式，而砌体结构的有限元模型通常分为整体式模型和分离式模型。安远门城墙的外部砌体结构在风雨等自然条件的侵蚀下，风化严重，青砖砌块与石灰粘结剂之间的粘结性能大大降低，根据结构的实际情况，为了减少计算量，可对外层砌体采用整体式建模，不考虑砌块与粘结材料之间的接触作用，将砌体看作连续均匀性材料。

（3）建模时将外层明代砖砌体、内部夯土层、地基和上部建筑作为独立部分分开来建，各部分分配不同的材料参数，体与体之间采用完全连接，作为最终的西安城墙实体模型。

通过 ANSYS 软件建立整体城墙瓮城区域有限元模型，由于是从结构的模态参数出发对城墙进行研究且城墙的形状规则对称，故建模时采用均匀的网格划分形式，划分方式采用自由划分，将基础底面设置为固定端，以 SOLID187 单元进行模拟，单元尺寸为 3m，城墙模型与网格模型如图 5-7-3 所示。

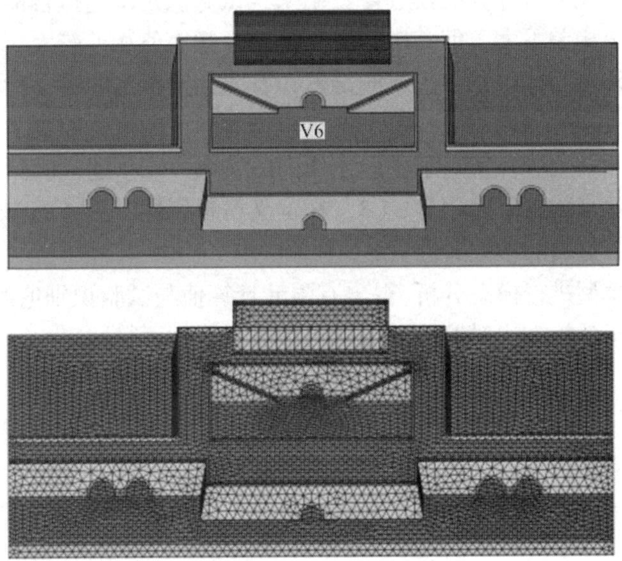

图 5-7-3　有限元建模

城墙具体结构材料参数需参照相关文献，见表 5-7-5。

材料参数　　　　表 5-7-5

结构参数	密度（kg/m^3）	弹性模量（MPa）	泊松比
外层砌体	1420	2024	0.1

续表

结构参数	密度（kg/m³）	弹性模量（MPa）	泊松比
内部夯土	1500	0.06	0.347
箭楼	1580	2.45	0.15
地基土	1800	0.05	0.35

ANSYS 中模态提取方法有：子空间法、分块法、动态提取法、缩减法、非对称法、阻尼法、QR 阻尼法等，其中，分块法计算精度高，速度快，因此，本文选择此方法对城墙模型进行模态分析。通过计算，得出瓮城整体结构的前 3 阶频率，对于城墙整体区域 E 来说，高峰期工况下与非高峰期下的模态参数识别值相近，因此，表 5-7-6 中的试验值分别取两种工况下的平均值。

两种工况下的平均值　　表 5-7-6

方法	特征频率（Hz）		
	第 1 阶	第 2 阶	第 3 阶
模拟值	2.527	3.650	4.079
试验值（Y）	2.585	3.416	4.132
试验值（Z）	2.575	3.384	4.158

可以看出，有限元分析计算的模态参数结果与试验识别出的拟合值比较相符，整体而言两种方法识别结果相差不大，但其中第 2 阶的特征频率值相差较大，可能是由于建立有限元模型时考虑了许多简化因素等造成的误差；有限元模拟出的第 1 阶和第 3 阶频率值与试验识别值相比较小，可能原因是：（1）建立模型时考虑的简化原则，如把夯土层的唐代土和明代土简化为一种土体，忽略了不同土体间的接触；（2）建模时只考虑城墙主体，忽略了周围绿化带对地基的约束作用等；（3）在定义材料属性时只考虑弹性模量、泊松比、密度等参数，简化了材料的参数属性。

对城墙有限元模型进行模态分析，得出有限元计算值与试验识别值的模态参数相符合，验证了运用试验模态分析方法对城墙进行模态参数识别的可行性。

八、振动测试、监测及分析结论

对西安安远门瓮城区域进行环境振动监测的基础上，分析了城墙的动力响应，分别通过试验模态分析方法和理论模态分析（有限元分析）对城墙进行了模态参数识别。主要结论如下：

（1）通过各区域的振动速度响应曲线可以发现，A 与 C、B 与 D 区域的振动响应相近，A、C 区域因靠近道路，所以受到的振动影响较大，B、D 区域两端（靠近道路处）的振动响应要大于中间位置处；高峰期城墙的最大振动速度响应约为非高峰期的 2 倍，最大振动幅值约为 0.1mm/s，与规范限值 0.15mm/s 接近，需要加强监测与保护。

（2）对安远门城墙各区域进行试验模态分析，共识别出四阶特征频率，范围在 2～7Hz 之间。高峰期车流量作用下，A、B、C、D 四个区域的第 1 阶频率大致相同，主要集中在

2.2～2.4Hz 之间，第 2、3、4 阶频率相差较大；非高峰期车流量作用下，A、B、C、D 四个区域的第 1、2 阶频率相近，分别在 2.3Hz、3.4Hz 左右，第 3、4 阶频率略有不同。

（3）高峰期工况作用下 A、B、C、D 四个区域的特征频率略低于非高峰期，由结构的模态参数与物理参数的关系（结构的刚度降低则会变现为特征频率的减小）可知，高峰期作用下城墙的刚度降低，由此说明，外界环境对安远门城墙的影响不仅表现在其动力响应上，更能反映在其自身的物理参数特性上。

（4）有限元计算值与试验识别值得到的模态参数相符合，验证了运用试验模态分析方法对城墙进行模态参数识别的可行性，现阶段的试验模态参数识别方法可以应用于城墙这种特殊形态（形状、刚度都比较大）古建筑的模态参数计算上。

［实例 5-8］西安钟楼 6 号线与 2 号线下穿振动影响评估

一、项目概况

1. 项目简介

西安是著名的“十三朝古都”，世界历史文化名城，文物多、价值高。如何做到地铁建设与文物保护的协调发展，既是西安地铁必须解决的难题，也是西安地铁必须履行文物保护的责任。文物保护工作直接影响线路的可行性，文物保护具有一票否决性。西安轨道交通建设一直把文物保护作为一项极其重要的工作来做，在国家文物局、省文物局和市文物局的指导下依法依规、科学合理地开展各项工作。

运营的线路中，1 号、2 号、4 号和 6 号线途经全国重点文物保护单位西安城墙和钟楼，2 号线和 6 号线在钟楼形成交汇（图 5-8-1）。相对施工过程中变形的影响，地铁长期运营对文物产生的振动影响更为复杂，有很多专家提出地铁长期振动会引起古建筑结构疲劳损伤。因此，文物行政管理部门及文物保护专家非常关注西安地铁运营中的振动影响问题。前期规划和建设中，轨道集团组织科研和技术单位通过专题研究和科技攻关，合规、科学、有序地推进各条线路的建设和文物保护工作。

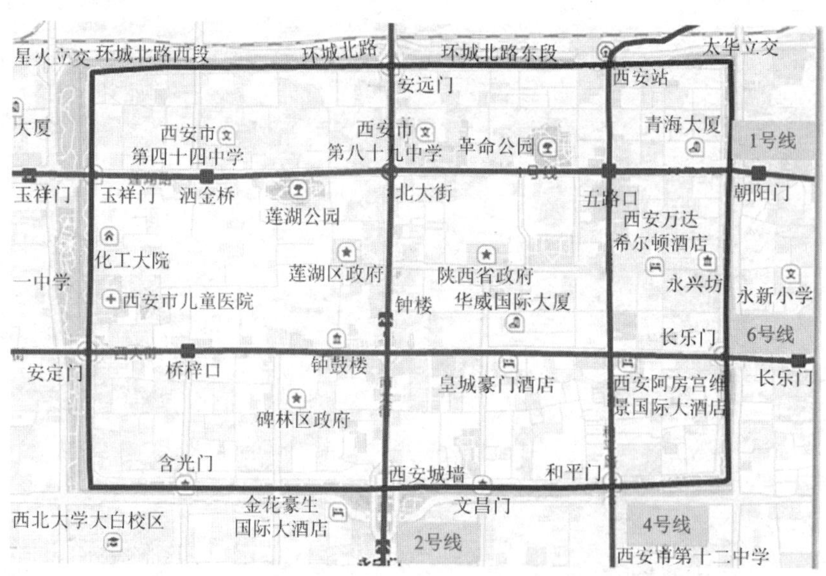

图 5-8-1　西安市轨道交通通过城墙、钟楼平面示意图

在 6 号线选线阶段，国家文物局对 6 号线绕行钟楼方案提出质疑。国家文物局关于西安轨道交通建设历次批复文件中均提到加强文物振动评估研究和加强长期监测的要求，在《关于西安市城市快速轨道交通二号线通过钟楼及城墙保护方案的批复》（文物保函〔2007〕99 号）中明确提出：西安地区将有 1 号、2 号、4 号和 6 号地下线路穿过城墙，且 2 号线和 6 号线在钟楼地下十字交叉，应在 2 号线的文物保护方案中综合评估所有线路，尤其是 6 号线建设对钟楼的振动叠加影响。2 号线运营后，我们开展了系统的振动监测，对 2 号线和 6 号线在钟楼的振动叠加影响进行了模型预测计算，并

多次向国家文物局领导和专家汇报成果，国家文物局于 2015 年 6 月对西安市轨道交通 6 号线选线方案进行了同意批复。在批复文件中仍然要求运行后要开展振动情况的专项监测。

2. 测试目的

为尽量减小 6 号线对钟楼的影响，线路设计采用了平面避让、深埋；文物本体和地铁隧道之间实施了隔离桩；轨道采用了钢弹簧浮置板道床等措施。6 号线绕行西安钟楼的平面示意见图 5-8-2。根据专题研究预测，在上述措施下，6 号线运营对西安城墙和钟楼的振动影响均能满足国家文物局批复文件和国家标准的限值要求。根据集团公司近期向国家文物局和生态环境部汇报轨道交通第四期规划工作的反馈情况，需尽快提供 2 号线、6 号线运行对钟楼振动叠加影响的数据分析。特委托机械工业勘察设计研究院有限公司开展本次专项测试工作，主要目的如下：

（1）执行国家文物局及生态环境部关于开展 2 号线、6 号线对钟楼振动叠加影响的测试和研究，提供不同工况下（不同速度、不同交汇方式）西安钟楼振动响应值，掌握地铁 6 号线运行后钟楼的振动数据和规律。

（2）针对 6 号线与 2 号线运行振动对钟楼振动叠加影响开展详细研究，通过现场监测成果来验证前期预测成果的科学性。

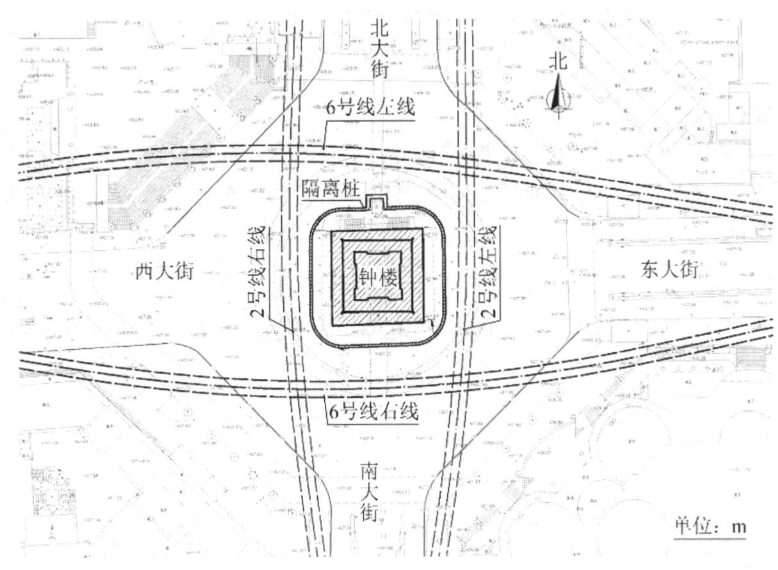

图 5-8-2　2 号线、6 号线绕行钟楼平面示意图

3. 测试依据

本次测试主要依据以下法律法规和技术规范：

（1）《古建筑防工业振动技术规范》GB/T 50452—2008。

（2）《建筑结构检测技术标准》GB/T 50344—2019。

（3）《中华人民共和国文物保护法》。

（4）《中国文物古迹保护准则》。

（5）《历史文化名城保护规划标准》GB/T 50357—2018。

（6）《陕西省文物保护管理条例》。

二、振动测试方案

1. 测点布置

（1）钟楼测点布置

在台基底部布置测点 1 和测点 6，台基上部布置测点 2 和测点 7。钟楼木结构上布置 6 个测点，测点 3 和测点 8 为底层中柱旁、测点 4 和测点 9 为二层中柱旁、测点 5 和测点 10 为二层中柱顶。每个测点包括 3 个相互正交的测试方向，如图 5-8-3 所示。

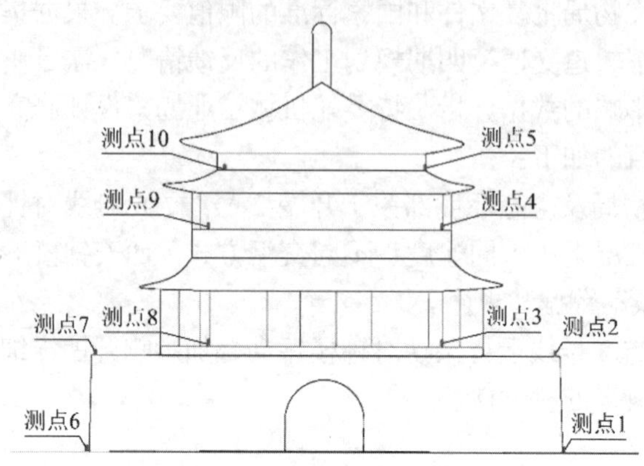

图 5-8-3　钟楼测点布置示意图

（2）隧道内

钟楼—广济街区间（6 号线）选择钟楼附近上行区间的普通线路段和钢弹簧浮置板减振段隧道内分别布置测点，监测地铁通过时引起的轨道、道床和隧道壁的振动响应，评价浮置板的减振效果。

隧道内测点 1、2、3 分别位于普通道床处地铁钢轨、道床和隧道壁上，测点 4、5、6 分别位于浮置板道床处地铁钢轨、道床和隧道壁上。测点布置示意如图 5-8-4 所示。

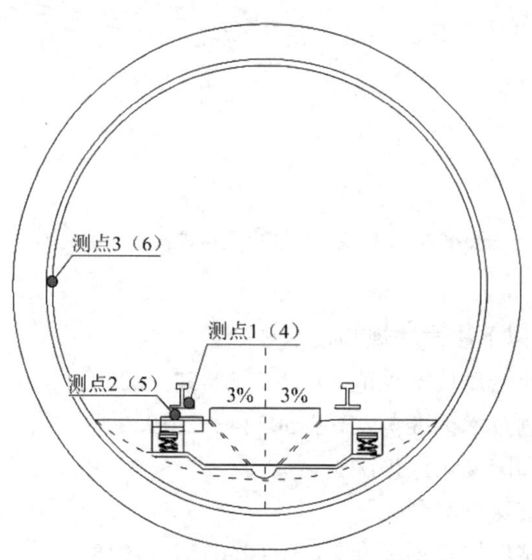

图 5-8-4　隧道内部测点布置示意图

2. 传感器安装

（1）钟楼本体传感器安装

拾振器应牢固安装在平坦、坚实的地面或构件上，提高测试精度。安装要点：

①钟楼台基的拾振器牢固安装在平坦、坚实的砖地面上。

②木结构上的拾振器牢固固定在被测结构上，分别安装在承重梁梁端位置、柱子底部石基上。

③由于个别测点结构构件形状的限制，不能直接牢固地安装传感器，因此，为了提高拾振器与结构本身的同步性，加工了用于木结构测试的柱箍，传感器可安装在柱箍上，与结构柱拥有同样的振动响应，可提高测试精度。

④安装拾振器时，使用高黏性橡皮泥粘结拾振器和被测构件，在保证连接牢固的同时又尽量避免所粘贴的橡皮泥过厚，防止振动信号在传递过程中产生不必要的衰减。

⑤为保证信号的稳定性，测线电缆应与结构件固定在一起，不得悬空。

现场安装照片如图 5-8-5 所示。

(a) 钟楼台基底

(b) 钟楼台基顶

(c) 钟楼木结构柱中

(d) 钟楼木结构柱顶

图 5-8-5　钟楼振动现场安装照片

（2）隧道内拾振器安装

①在铁轨底部安装传感器，钢轨底部用砂纸打磨，去杂质，传感器用绝缘磁座进行电绝缘，传感器底部涂 502 胶水，防止强烈振动引起传感器位置漂移，传感器 M5 接头用绝缘胶带固定防止接头松动脱落。

②道床上的安装测点：将铁片用 AB 胶水固定于道床上；安装有绝缘磁座的传感器安装到金属板上；传感器 M5 接头用绝缘胶带固定防止接头松动脱落。

③隧道壁上的传感器：隧道壁上首先安装角铁，角铁用 AB 胶固定；然后将传感器安

装到角铁上；传感器 M5 接头用绝缘胶带固定防止接头松动脱落。

④钢轨与道床上传感器的导线用金属钉或者胶带连接固定。

⑤传感器安装完成后，对监测系统进行调试；监测时，采用离线触发采集，数据直接存储在采集仪内置存储器中。将采集仪与隧道内可附着的固定物绑扎牢固，防止高速行驶的列车将采集仪损坏，并产生地铁运营的安全隐患。

现场安装照片如图 5-8-6 所示。

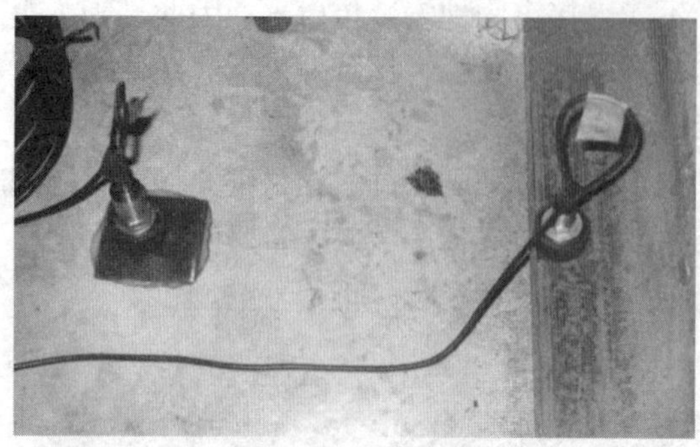

(a) 道床上传感器安装

(b) 隧道壁上传感器安装

(c) 固定测线

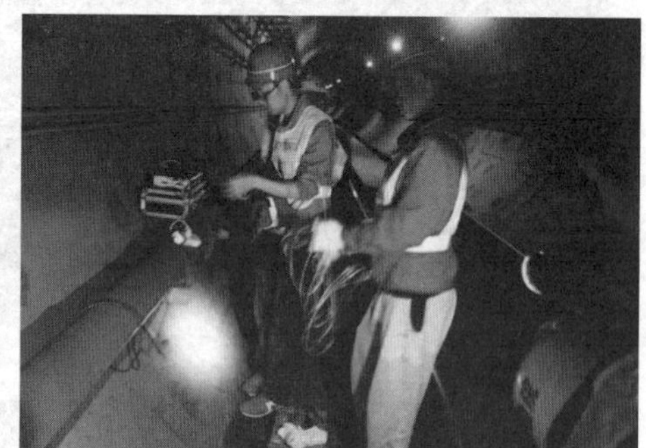

(d) 现场采集仪安装

图 5-8-6 隧道内部现场安装照片

3. 测试注意事项

为保证本次振动测试结果的准确性和科学性，在测试前做好协调准备、设备仪器准备、传感器安装及调试准备，在确保测试系统运行正常、测试数据正确后方可进行正式的测试工作。具体措施如下：

（1）测试前传感器安装处做好警示标识，避免人为干扰。

（2）在钟楼站安排固定的人员对全天列车进出站时间及载客情况进行详细记录；同时通知地面监测人员，关注地铁通过时测点振动时域和频域的信号特征。地面监测人员详细记录测试环境（天气、风向等）、路面交通情况、地铁通过情况、其他原因导致的信号异常等，以便后期进行数据处理。

4. 数据处理分析

（1）首先根据现场记录，对测试原始信号进行零飘和干扰处理，保证信号的有效性。

（2）对采集的信号根据不同工况进行截取，保证每一个测点、每一方向在每种测试工况下的有效信号不少于 10 条。

（3）对所有截取的有效信号进行速度或加速度分析，包括时程峰值、时程有效值、频谱分析等。

5. 测试工况

有条件的情况下，应在夜间或车流量较少的时段，单独测试 6 号线通过钟楼引起的振动响应，以研究单纯地铁作用下的振动影响。测试工况见表 5-8-1。

测试工况 **表 5-8-1**

<table>
<tr><th rowspan="2">测试对象</th><th rowspan="2">测试目的</th><th colspan="2">地铁运行情况</th><th rowspan="2">路面公交车流运行情况</th></tr>
<tr><th>线路</th><th>时速</th></tr>
<tr><td rowspan="5">钟楼</td><td>路面交通 + 地铁运行</td><td colspan="3">正常运行工况，24 小时全天监测</td></tr>
<tr><td rowspan="2">地铁 6 号线影响</td><td>单线运行</td><td rowspan="2">40km/h、匀速
60km/h、匀速</td><td rowspan="4">夜间 1～4 点</td></tr>
<tr><td>双线运行</td></tr>
<tr><td rowspan="2">地铁 2 号线和 6 号线叠加影响</td><td>2 号线双线 + 6 号线单线</td><td rowspan="2">40km/h、匀速
60km/h、匀速</td></tr>
<tr><td>2 号线 + 6 号线均双线</td></tr>
<tr><td>隧道内测试</td><td>评估钢弹簧浮置板道床的减振效果</td><td colspan="3">正常运行工况，24 小时全天监测</td></tr>
<tr><td>隔振桩效果测试</td><td>评估隔振桩的减振效果</td><td colspan="3">正常运行工况，24 小时全天监测</td></tr>
</table>

[实例 5-9] 开封繁塔振动测试评估

一、工程概况

繁塔（图 5-9-1）位于古城开封东南古繁台，建于北宋开宝七年（974 年），原名兴慈塔，因其建于北宋皇家寺院天清寺内，又名天清寺塔；又因其兴建于繁台之上，俗称繁塔，是开封地区兴建的第一座佛塔，也是开封地区现存最古老的建筑之一，为四角形佛塔向八角形佛塔过渡的典型，是中国全国重点文物保护单位。

图 5-9-1　繁塔

繁塔北边紧邻一铁路线，直线距离只有 190m 左右，离开封站直线距离 1.1km，具体位置如图 5-9-2 所示。

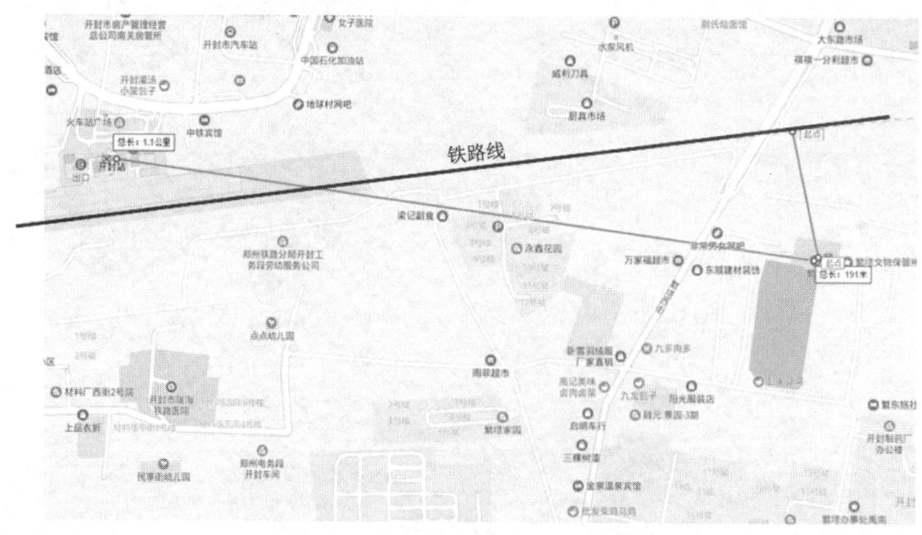

图 5-9-2　繁塔与铁路线关系示意图

为了验证铁路列车的运行是否对繁塔造成影响，拟对繁塔开展振动测试。

二、振动测试仪器

1. 传感器

选用 KD-1500LS 型加速度传感器，主要参数见表 5-9-1，实物见图 5-9-3（a）。

KD-1500LS 型三向加速度传感器　　　　**表 5-9-1**

灵敏度［mV/(mm/s²)］	160620　*X*(0.4908)　*Y*(0.5144)　*Z*(0.516)
量程（g）	±1
频率范围（Hz）	0.1～500
谐振频率	～2.5K
重量（g）	580
外形尺寸	65 × 65 × 36
	安装通孔ϕ5　侧端 M5
特点	地震、桥梁、建筑的微振动测试，可以配专用磁座

2. 采集仪

INV3062T 型 32 位微振采集仪（图 5-9-3b），采用先进的 4 阶 delta-sigma 型 32 位 AD 采集，具有采集精度高、基线稳定等特点，可用于精确测量极其微弱的信号，例如地脉动、土木结构等测量。

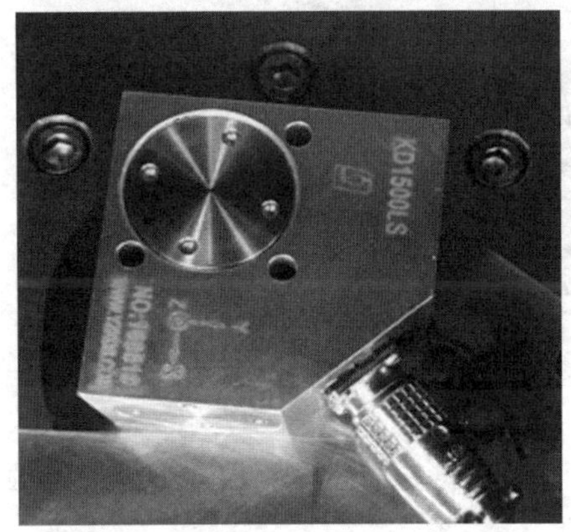

(a) KD-1500LS 型三向加速度传感器

(b) INV3062T 型 32 位微振采集仪

图 5-9-3　测试用传感器及采集仪

3. 分析软件

分析软件为 DASP-V11 工程版，它是一套运行在 Windows 7/8/10 平台上的多通道信号采集和实时分析软件，通过和东方所的不同硬件配合使用，即可进行数据的分析与处理。

4. 测试参数

测试的关键参数见表 5-9-2。

振动测试关键参数　　　　**表 5-9-2**

采样频率（Hz）	512
分析频率（Hz）	200
工程单位（EU）	mm/s²
标定值（mV/EU）	*X*(0.4908)　*Y*(0.5144)　*Z*(0.516)

三、振动测试结果及分析

1. 容许振动标准

依据《古建筑防工业振动技术规范》GB/T 50452—2008 的规定，古建筑砖石结构的容许振动速度应符合表 5-9-3 的要求。

古建筑砖石结构的容许振动速度　　表 5-9-3

保护级别	控制点位置	控制点方向	砖砌体 V_P（m/s）		
			< 1600	1600～2100	> 2100
全国重点文物保护单位	承重结构最高处	水平向	0.15	0.15～0.20	0.20

2. 测点布置

本次测试共布置 2 个测点，具体测点布置如图 5-9-4 所示。

图 5-9-4　测点布置示意图

测点 1 布置在繁塔外侧地坪上，测点 2 布置在繁塔三层靠南侧位置。

3. 振动测试结果

测点 1 共测试了一组列车经过的振动情况，测点 2 共测试了 4 趟列车经过的振动情况。测试结果见图 5-9-5 和图 5-9-6。

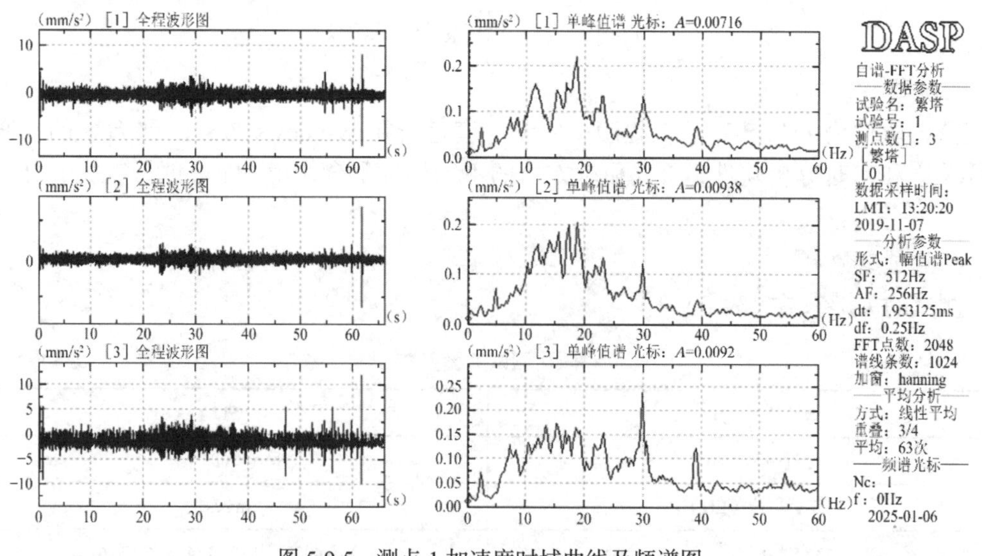

图 5-9-5　测点 1 加速度时域曲线及频谱图

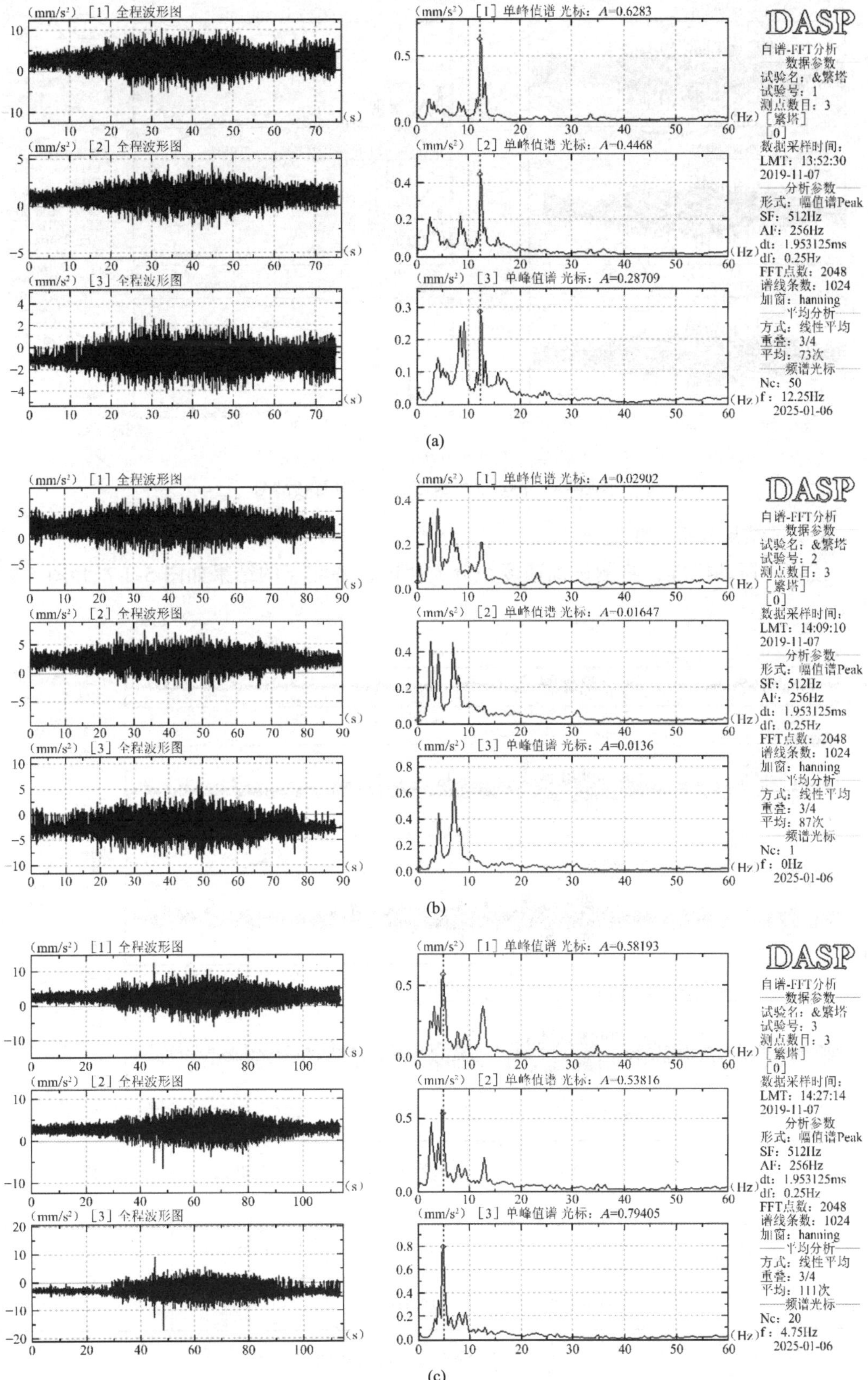
(mm/s²) [1] 全程波形图
(mm/s²) [1] 单峰值谱 光标：A=0.6283
(mm/s²) [2] 全程波形图
(mm/s²) [2] 单峰值谱 光标：A=0.4468
(mm/s²) [3] 全程波形图
(mm/s²) [3] 单峰值谱 光标：A=0.28709
(s)
(Hz)
DASP
白谱-FFT分析
数据参数
试验名：&繁塔
试验号：1
测点数目：3
[繁塔]
[0]
数据采样时间：
LMT：13:52:30
2019-11-07
分析参数
形式：幅值谱Peak
SF：512Hz
AF：256Hz
dt：1.953125ms
df：0.25Hz
FFT点数：2048
谱线条数：1024
加窗：hanning
平均分析
方式：线性平均
重叠：3/4
平均：73次
频谱光标
Nc：50
f：12.25Hz
2025-01-06
(mm/s²) [1] 全程波形图
(mm/s²) [1] 单峰值谱 光标：A=0.02902
(mm/s²) [2] 全程波形图
(mm/s²) [2] 单峰值谱 光标：A=0.01647
(mm/s²) [3] 全程波形图
(mm/s²) [3] 单峰值谱 光标：A=0.0136
DASP
白谱-FFT分析
数据参数
试验名：&繁塔
试验号：2
测点数目：3
[繁塔]
[0]
数据采样时间：
LMT：14:09:10
2019-11-07
分析参数
形式：幅值谱Peak
SF：512Hz
AF：256Hz
dt：1.953125ms
df：0.25Hz
FFT点数：2048
谱线条数：1024
加窗：hanning
平均分析
方式：线性平均
重叠：3/4
平均：87次
频谱光标
Nc：1
f：0Hz
2025-01-06
(mm/s²) [1] 全程波形图
(mm/s²) [1] 单峰值谱 光标：A=0.58193
(mm/s²) [2] 全程波形图
(mm/s²) [2] 单峰值谱 光标：A=0.53816
(mm/s²) [3] 全程波形图
(mm/s²) [3] 单峰值谱 光标：A=0.79405
DASP
白谱-FFT分析
数据参数
试验名：&繁塔
试验号：3
测点数目：3
[繁塔]
[0]
数据采样时间：
LMT：14:27:14
2019-11-07
分析参数
形式：幅值谱Peak
SF：512Hz
AF：256Hz
dt：1.953125ms
df：0.25Hz
FFT点数：2048
谱线条数：1024
加窗：hanning
平均分析
方式：线性平均
重叠：3/4
平均：111次
频谱光标
Nc：20
f：4.75Hz
2025-01-06

(a)

(b)

(c)

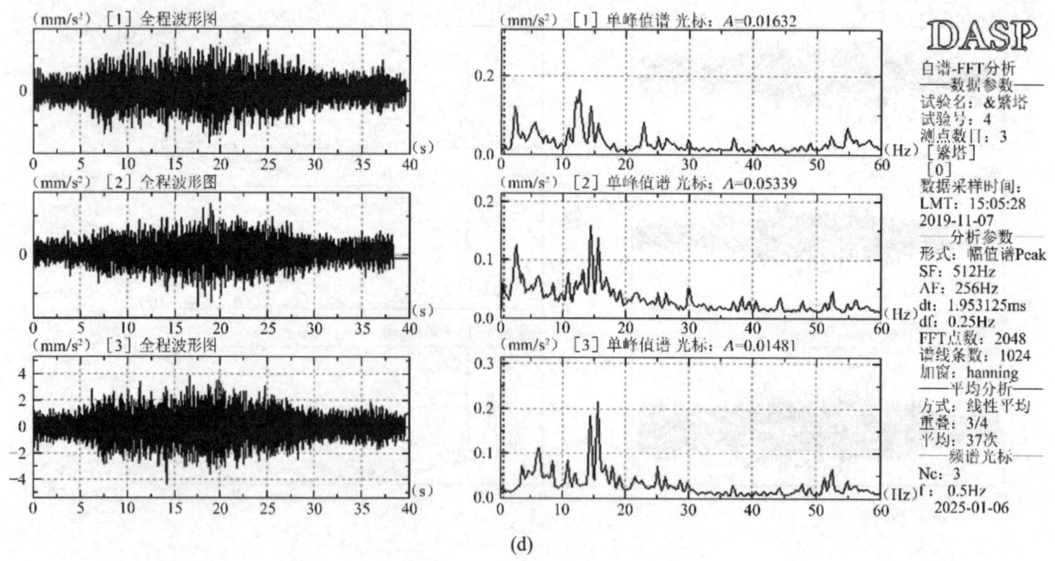

(d)

图 5-9-6　测点 2 加速度时程曲线及频谱图

4. 测试结果分析

按容许振动标准，将测试加速度积分成速度，各测点的结果如图 5-9-7 和图 5-9-8 所示。

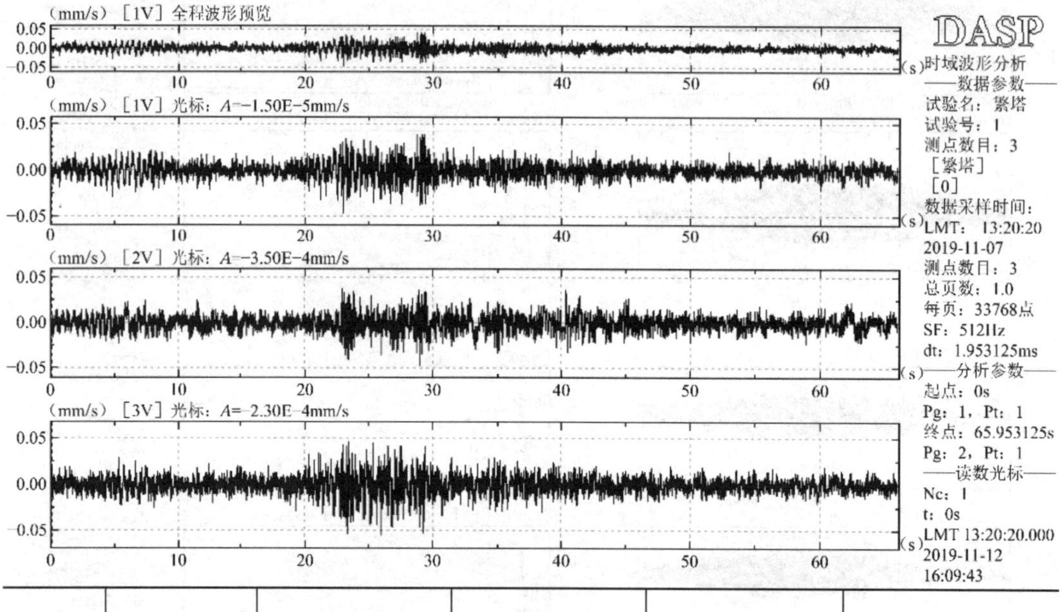

序号	指标	水平X向（mm/s）	水平Y向（mm/s）	垂直Z向（mm/s）	限值（mm/s）
1	最大值	0.04082	0.03841	0.04737	0.15
2	最小值	−0.04698	−0.04738	−0.05512	

图 5-9-7　测点 1 速度时程图

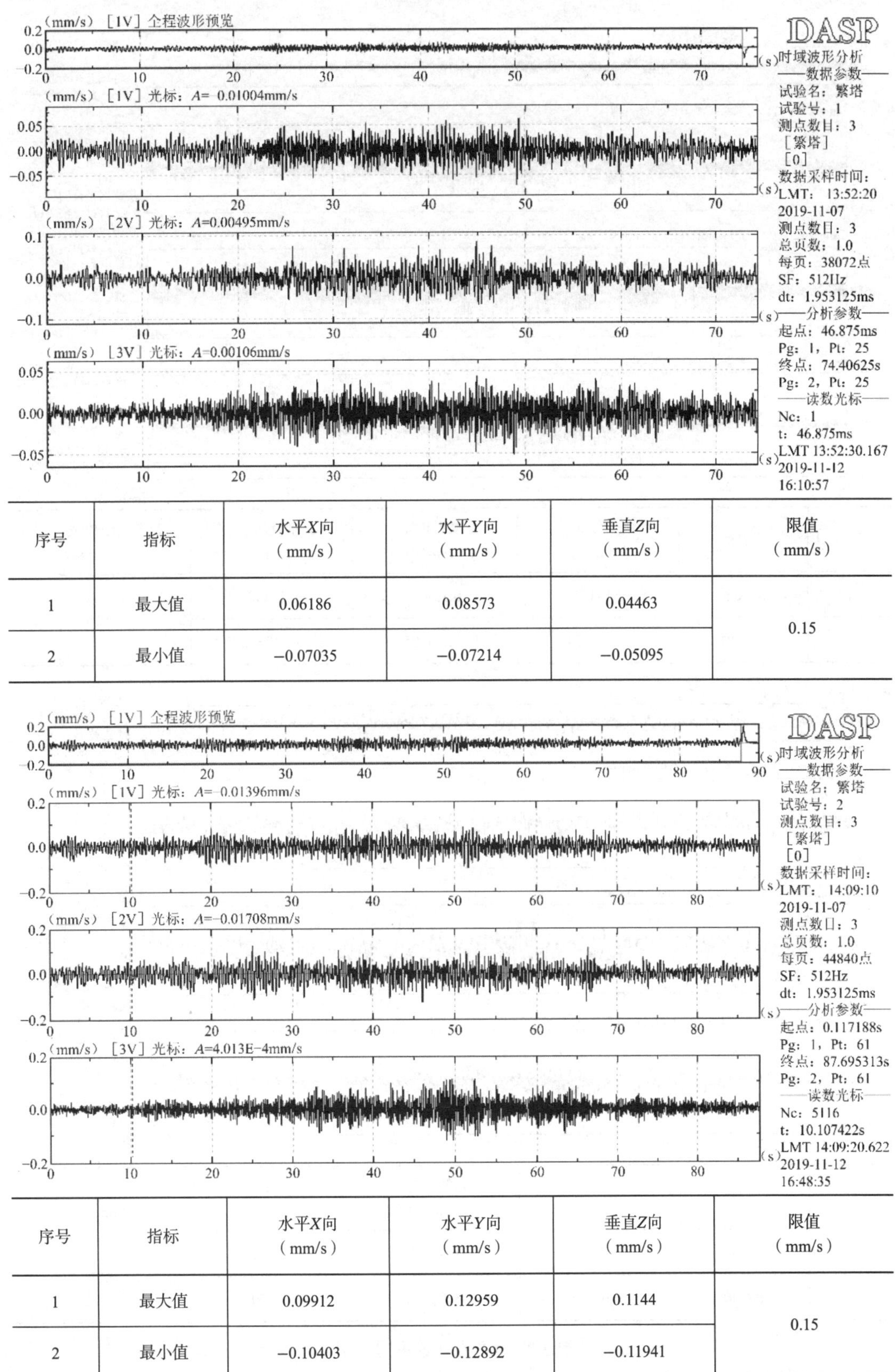

序号	指标	水平X向（mm/s）	水平Y向（mm/s）	垂直Z向（mm/s）	限值（mm/s）
1	最大值	0.06186	0.08573	0.04463	0.15
2	最小值	−0.07035	−0.07214	−0.05095	

序号	指标	水平X向（mm/s）	水平Y向（mm/s）	垂直Z向（mm/s）	限值（mm/s）
1	最大值	0.09912	0.12959	0.1144	0.15
2	最小值	−0.10403	−0.12892	−0.11941	

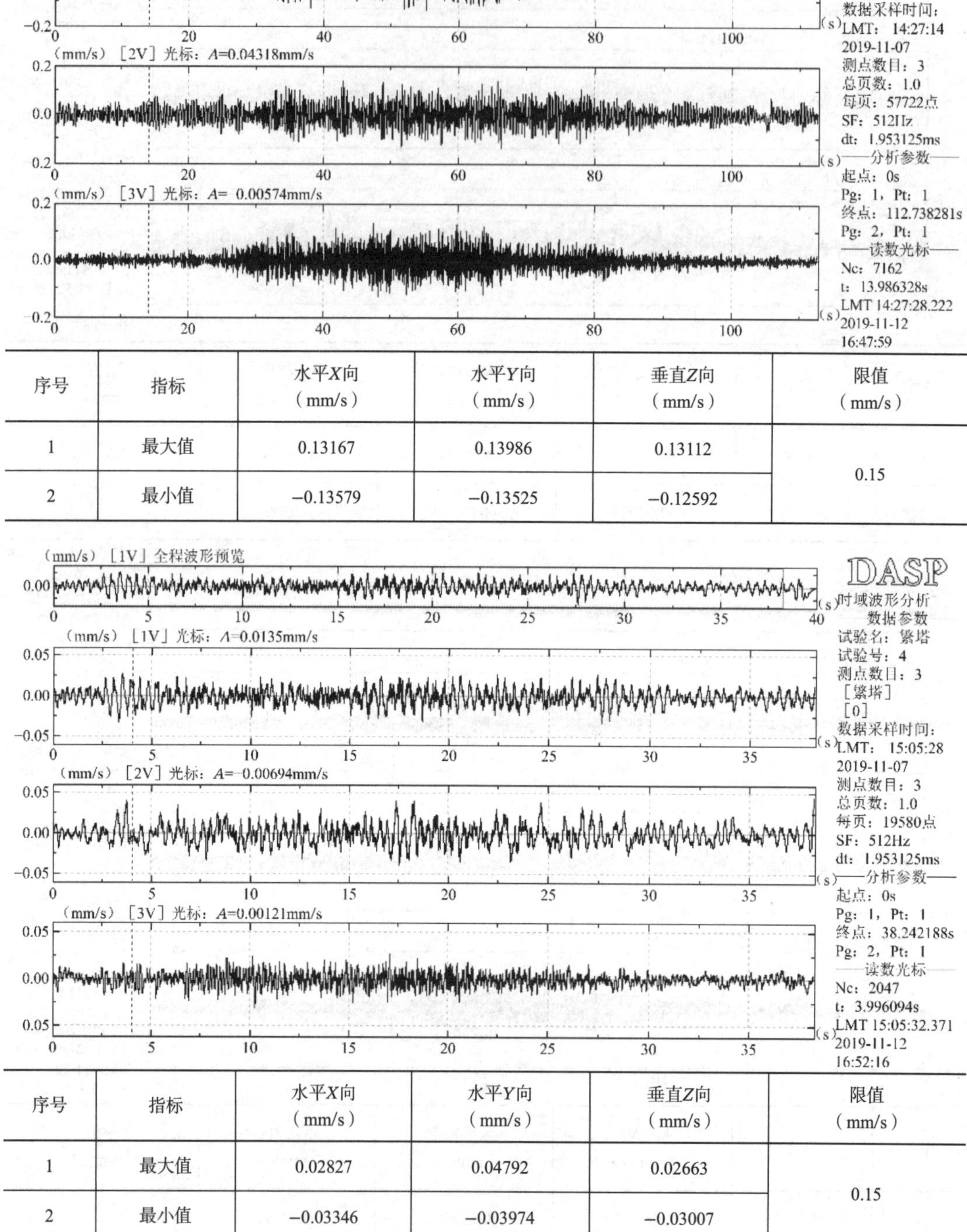

序号	指标	水平X向（mm/s）	水平Y向（mm/s）	垂直Z向（mm/s）	限值（mm/s）
1	最大值	0.13167	0.13986	0.13112	0.15
2	最小值	−0.13579	−0.13525	−0.12592	

序号	指标	水平X向（mm/s）	水平Y向（mm/s）	垂直Z向（mm/s）	限值（mm/s）
1	最大值	0.02827	0.04792	0.02663	0.15
2	最小值	−0.03346	−0.03974	−0.03007	

图 5-9-8　测点 2 速度时程图

四、振动测试结论

根据上述测试结果可知，周边铁路运行对繁塔的振动影响满足现有规范限值要求；建议后续定期开展繁塔的振动监测，防止周边环境振动恶化给繁塔造成影响。

第六章　建筑工程振震双控

[实例 6-1] 红树湾二变电站三维隔震（振）

一、工程概况

红树湾二变电站位于深圳市南山区，是该地区重要的供电枢纽。电站设备楼总建筑面积约 6418m²，建筑外形尺寸 42m × 29m，总高 21.3m，地上部分共 5 层。其中，首层为电缆层，层高 3m，2～4 层层高 5m（图 6-1-1）。

深圳轨道交通地铁 11 号线从设备楼下方穿过，邻近为地铁 11 号线和地铁 9 号线交汇换乘站，地铁列车驶过时产生较大的振动传递到结构，严重影响到变电站设备的正常运行。该项目建设场地类别为Ⅱ类，抗震设防烈度为 7 度，设计地震分组为第一组，基本加速度值为 0.1g。因此，该项目的振动控制既需要考虑地铁列车驶过时产生的竖向振动，又需要考虑地震作用下的水平震动。

图 6-1-1　建筑实景图

二、振动控制方案

同时考虑地铁振动和建筑抗震的控制需求，在地铁站厅层以上、设备楼首层结构以下设置隔震层，安装三维隔震减振橡胶支座，构造示意如图 6-1-2 所示。这种支座将传统的水平隔震支座和竖向隔振垫合二为一，能够同时有效隔离地震和地铁振动，保护变电站结构的安全和内部设备的平稳运行。

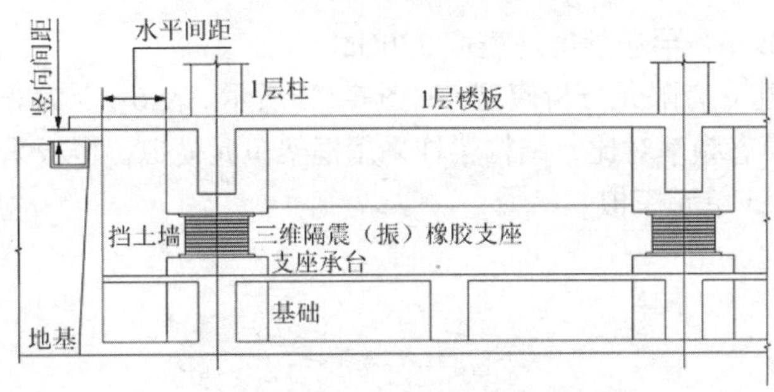

图 6-1-2 三维隔震（振）构造示意

项目共选用 57 套三维隔震减振橡胶支座，设计选用型号及力学参数如表 6-1-1 所示。

三维隔震（振）橡胶支座力学性能参数 **表 6-1-1**

支座型号	数量	K_v（kN/mm）	K_d（kN/mm）	Q_d（kN）	K_{eq}（kN/mm）	ξ_{eq}
RB3D-800	48	958	0.924	62.8	1.446	21.9%
RB3D-900	9	1254	0.924	62.8	1.446	21.9%

隔震（振）后结构体系的竖向基本频率设计为 8.0Hz，水平基本频率设计为 2.74Hz。

三、振动控制分析

1. 规范标准

隔震（振）设计须满足《城市轨道交通引起建筑物振动与二次辐射噪声限值及其测量方法标准》JGJ/T 170—2009、《城市区域环境振动标准》GB 10070—1988 和《住宅建筑室内振动限值及其测量方法标准》GB/T 50355—2018 等振动控制相关指标的要求，同时，还须满足《建筑隔震设计标准》GB/T 51408—2021 和《电力设施抗震设计规范》GB 50260—2013 等减隔震相关指标要求。城市轨道交通沿线建筑物室内振动限值应符合表 6-1-2 的规定。

建筑物室内振动限值（dB） **表 6-1-2**

区域	昼间	夜间
0 类	65	62
1 类	65	62
2 类	70	67
3 类	75	72
4 类	75	72

注：昼夜时间划分：昼间：06:00—22:00；夜间：22:00—06:00；昼夜时间适用范围在当地另有规定时，可按当地人民政府的规定来划分。

2. 地震作用下的结构整体隔震分析

（1）基本设置

本工程设计按照规范选取 5 条天然波（EL、Erzican、Loma prieta、Northridge 和 San Fernando）和 2 条人工波（RH3x 和 RH4x）。时程分析地震加速度峰值多遇地震取 35Gal，设防烈度地震取 100Gal，罕遇烈度地震取 220Gal。

采用 SAP2000 建立有限元分析模型，如图 6-1-3 所示。表 6-1-3 为非隔震结构模型误差与隔震结构前 3 阶模态频率对比，结构梁柱采用框架单元模拟，楼板采用壳单元模拟，隔震支座采用 Bouc-Wen 单元模拟。

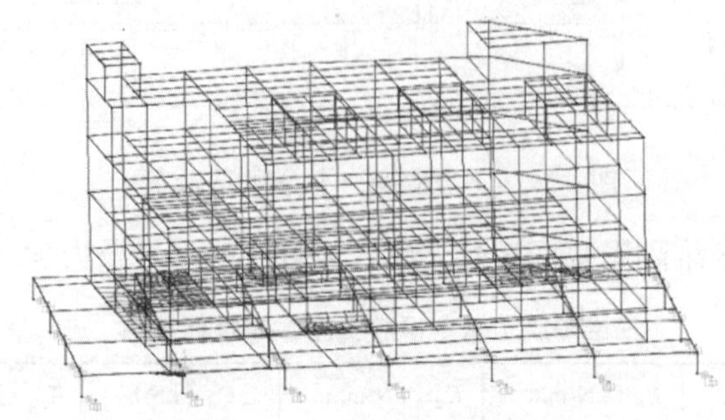

图 6-1-3　结构时程分析模型

非隔震模型误差与隔震模型周期　　　　**表 6-1-3**

模态阶数	非隔震模型		误差	隔震模型（s）
	PKPM 模型（s）	SAP2000 模型（s）		
第 1 阶	1.238	1.182	4.52%	2.743
第 2 阶	1.175	1.124	4.34%	2.736
第 3 阶	1.012	0.968	4.35%	2.637

（2）分析结果

1）多遇地震作用下，隔震结构的水平向加速度减震系数为 0.632～1.034，最大减震率为 36.8%，层间剪力减震系数为 0.694～0.893，最大减震率为 30.6%，层间位移减震系数为 0.772～0.944，最大减震率为 22.8%。隔震层最大水平位移为 11.11mm，上部结构层间位移角最大值为 1/786，小于《建筑抗震设计规范》GB 50011—2010（2016 年版）（以下简称《规范》）规定的弹性限值 1/550。

2）设防地震作用下，隔震上部结构的水平向加速度减震系数为 0.340～0.549，最大减震率为 66%，层间剪力减震系数为 0.430～0.603，最大减震率为 57%，层间位移减震系数为 0.397～0.495，最大减震率为 60.7%。隔震层最大水平位移为 36.96mm，上部结构层间位移角最大值为 1/571，结构仍处于弹性状态。

3）罕遇地震作用下，隔震结构上部结构的水平向加速度减震系数为 0.239～0.294，最大减震率为 76.1%，层间剪力减震系数为 0.246～0.313，最大减震率为 75.4%，层间位移减震系数为 0.254～0.318，最大减震率为 74.6%。隔震层最大水平位移为 115.99mm，小于《规范》规定的 0.55D限值，上部结构层间位移角最大值为 1/393，远小于规范规定的弹塑性位移角限值 1/50，上部结构有部分构件进入弹塑性状态。

4）8 度罕遇地震作用下，X向剪力均值比为 0.221～0.272，Y向剪力均值比为 0.183～0.245。X向最大减震率为 77.9%，Y向最大减震率为 81.7%。隔震结构最大层间位移角为 1/205，小于弹塑性位移角限值 1/50，结构在超设计基准地震作用下仍能保持安全。

3. 地铁作用下的结构整体隔振分析

为评价双线地铁同时运行时对结构的影响，进行双线运行地铁振动时程分析，选取 3 条无轨道减振措施的地面加速度实测曲线作为振动输入，分别记为 1v、2v 和 3v，地铁振动时程如图 6-1-4 所示。

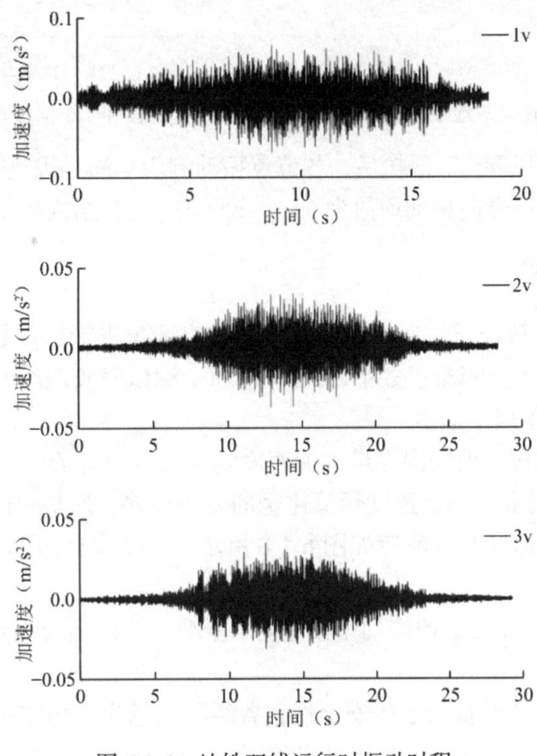

图 6-1-4　地铁双线运行时振动时程

取隔振前后各层楼面中心位置点的振动响应作为各层振动评价点，不同时程波作用下各评价点楼层振动的VL_Z值如图 6-1-5 所示，与非隔振相比，隔振结构振级VL_Z值明显减小。图 6-1-6 给出了 2v 地铁波作用下，楼层 2 层结构隔振前后竖向加速度时程和对应 1/3 倍频程曲线。

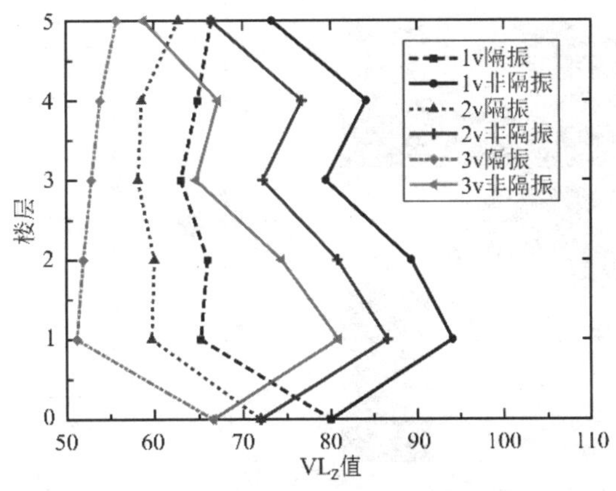

图 6-1-5　地铁双线运行时各评价点楼层振动VL_Z值

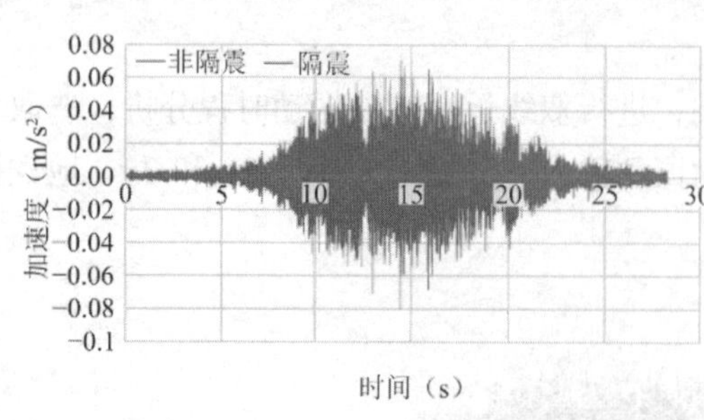

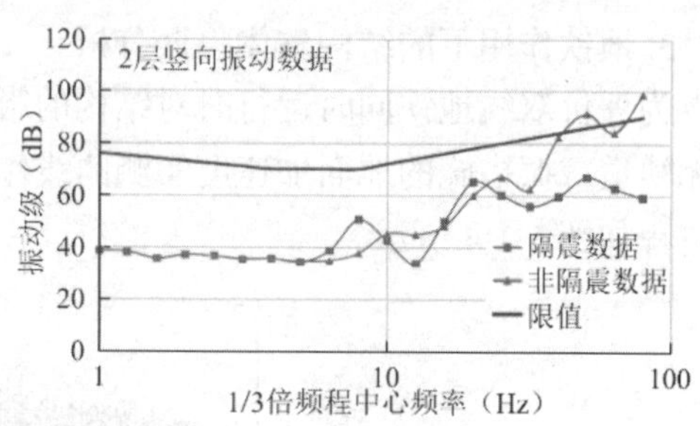

图 6-1-6　2v 地铁波作用下 2 层竖向加速度时程和 1/3 倍频程曲线

从上述计算结果可以看出，隔振后，各节点振动响应均满足规范限值要求。各条地铁时程作用下隔振结构各楼层竖向振动均值为 53.8～65.9dB，与原结构相比减弱了 15.1～18.2dB。

四、振动控制效果

项目完工后，对地铁驶过时变电站楼层振动响应情况进行振动数据采集，测点布置和数据采集如图 6-1-7 所示。测试时段为 15:30—18:30，测试时长取约 5～8min 为一组有效数据，每组数据内 4～6 趟列车通过。

从测试数据统计情况，现场测得最大加速度响应为 0.246m/s^2，发生在隔振层以下的基础层（负一层），同时刻水平向加速度峰值比竖向要小得多，列车驶过时主要激起楼层竖向振动为主。隔振前后加速度时程响应如图 6-1-8 所示，可以看出，隔振后结构加速度响应明显降低。

振动频谱如图 6-1-9 所示，地铁列车驶过时，振动主要以竖向高频振动为主，振动频段集中在 40～90Hz。

考虑到人的舒适性和设备的运行安全性，各组测试结果取包络值。地铁双线驶过时，设备层测点 1/3 倍频程中心频率的振级结果如图 6-1-10 所示，隔振后传递到上部楼层的振级明显降低。

采用三维隔震（振）措施后，地铁列车驶过变电站时，设备层振感显著降低。现场实测结果统计显示：基础层到 1 层楼板间隔振效果为 35.9%～60.6%；地铁列车驶过时，传递到上部楼层的振级均在规范规定的范围内；地铁单线驶过时，振动最大减小 10.5dB，双线驶过时，振动最大减小 15.2dB，高频范围内平均减小 5～8dB。

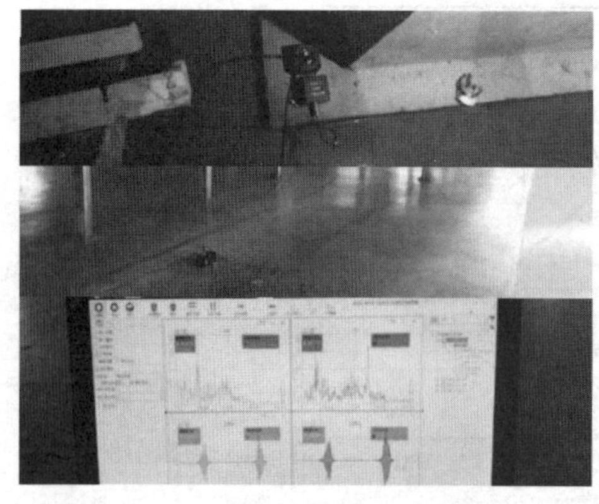

图 6-1-7　测点布置和数据采集

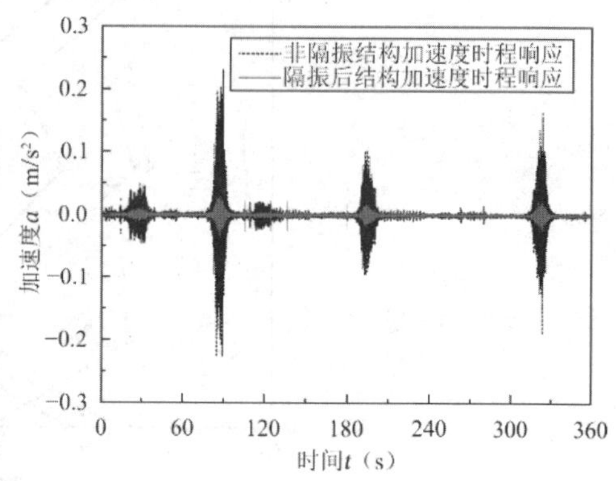

图 6-1-8　隔振前后加速度时程响应

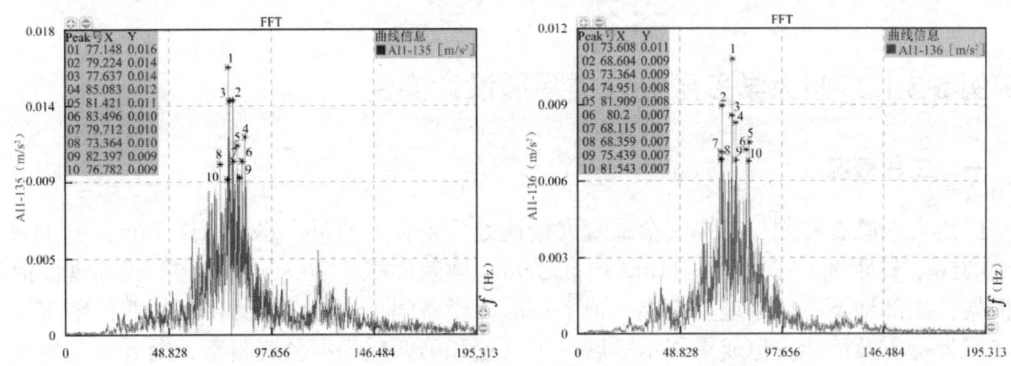

图 6-1-9 地铁列车驶过时，基础层振动频谱图

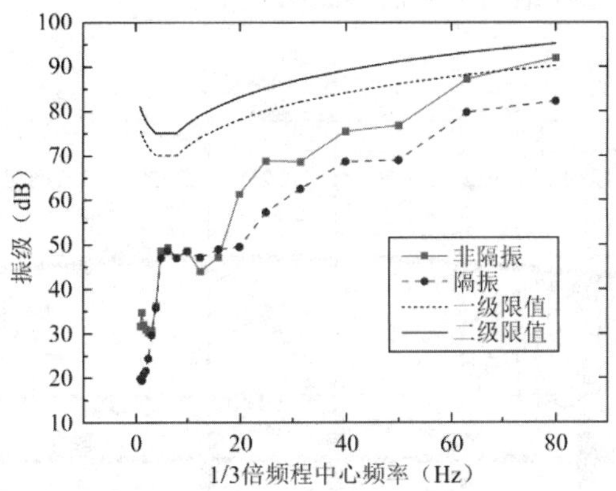

图 6-1-10 地铁双线驶过时，1/3 倍频程中心频率振级

［实例 6-2］广州大学多层办公楼隔震设计实例

一、工程概况

广州大学减震控制与结构安全试验大楼地处广东省广州市，建筑物长 75m，宽 11m，高 23.75m，柱距 8m，跨度 9～11m，层高 3.9m，建筑面积 5336.8m²，结构形式为现浇混凝土框架，局部地下一层，地上六层。地下一层为设备间，地上一层为停车场兼作隔震层，第二层为抗震及消能支撑成果展示区域，第三层和第四层为办公资料室，第五层为研究室和会议室，第六层为计算机仿真室。图 6-2-1～图 6-2-4 给出了减震控制与结构安全试验大楼各层建筑平面图，图 6-2-5 给出了大楼剖面图。

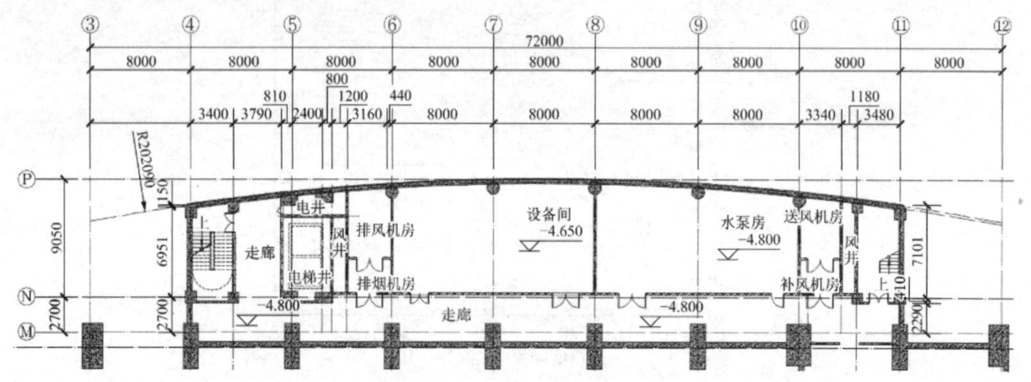

图 6-2-1　负一层平面图

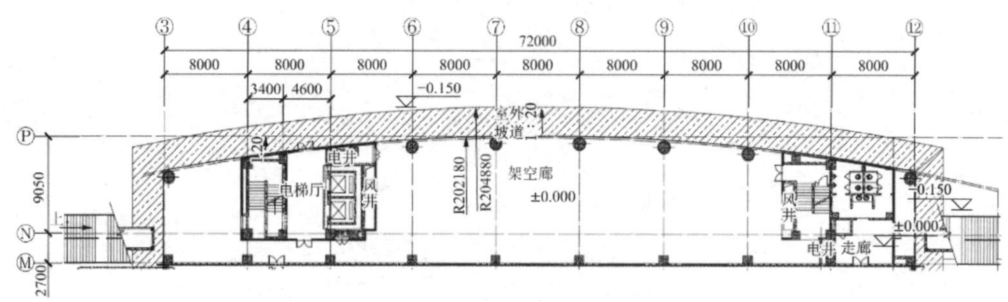

图 6-2-2　一层平面图

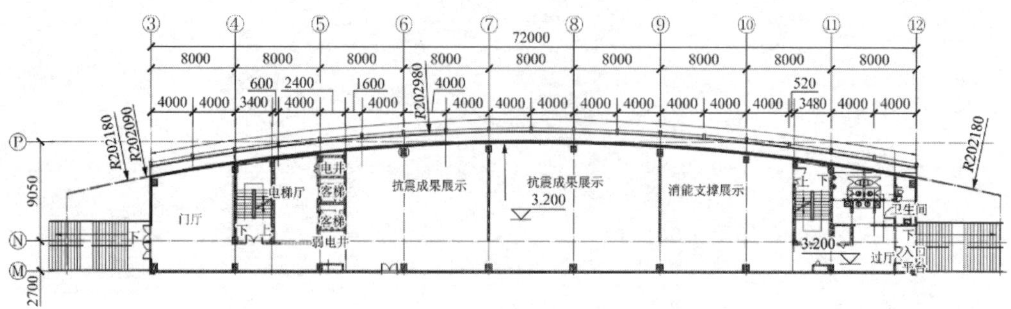

图 6-2-3　二层平面图

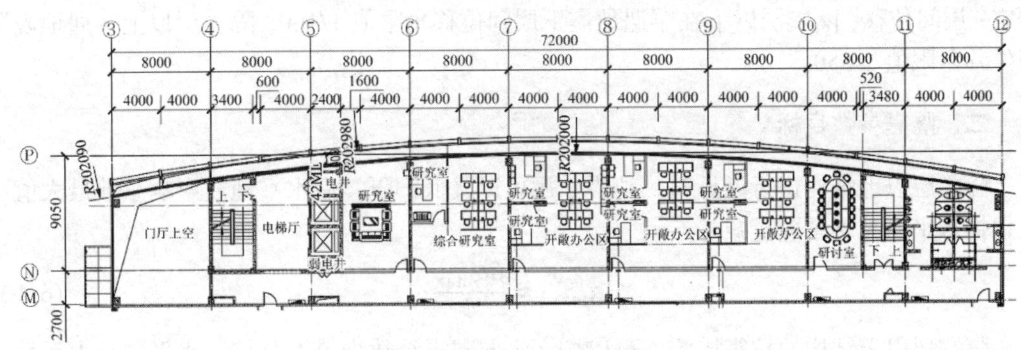

图 6-2-4　三～六层平面图

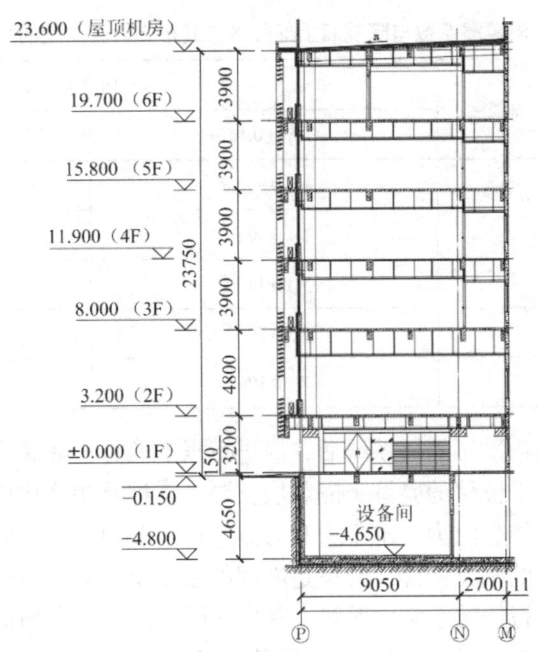

图 6-2-5　大楼剖面图

减震控制与结构安全试验大楼主要荷载信息如下。

（1）恒荷载：一层 6.0kN/m²（结构板厚 180mm，考虑面层等）；第二层至第六层 4.0kN/m²（结构板厚 100mm，考虑面层等）；屋面 6.5kN/m²。

（2）活荷载：一层停车场 4.0kN/m²；二层展区 3.5kN/m²，其他楼层办公区域等按照《建筑结构荷载规范》GB 50009—2012 取值。

（3）风荷载：基本风压 0.55kPa（$n = 50$）/0.65kPa（$n = 100$）。

（4）地震作用：抗震设防烈度为 7 度，设计基本地震加速度为 0.1g，建筑的场地类别属于Ⅲ类，设计地震分组为第一组，设计特征周期为 0.45s。

为满足该建筑业主需求和该地区抗震设防的要求，保证建筑的抗震能力，保证办公楼主体的安全性、舒适性，需要对办公楼主体结构采取减隔震措施。

减震控制与结构安全试验大楼主要设计参数取值如下：建筑抗震设防类别：丙类；建筑结构安全等级：二级；抗震等级：隔震层以下三级，隔震层以上需根据水平向减震系数确定；层间位移：隔震层以下在罕遇地震下层间位移角限值 1/100，隔震层以上多遇地震层间位移角限值 1/550。

二、隔震参数目标

隔震层以上结构进行设计时，地震作用可以降低，隔震后水平地震影响系数最大值可以根据水平向减震系数折减。

$$\alpha_{\max 1}=\frac{\beta\alpha_{\max}}{\psi} \tag{6-2-1}$$

隔震层以上结构的抗震措施，可以按水平向减震系数为 0.4 分档，水平向减震系数与隔震后上部结构抗震措施对应烈度的分档如表 6-2-1 所示。

水平向减震系数与隔震后上部结构抗震措施对应烈度的分档　　表 6-2-1

本地区设防烈度（设计基本地震加速度）	水平向减震系数	
	$\beta \geqslant 0.40$	$\beta < 0.40$
9（0.40g）	8（0.30g）	8（0.20g）
8（0.30g）	8（0.20g）	7（0.15g）
8（0.20g）	7（0.15g）	7（0.10g）
7（0.15g）	7（0.10g）	7（0.10g）
7（0.10g）	7（0.10g）	6（0.05g）

多层框架式建筑结构采用隔震系统后，应进行以下验算：隔震支座应进行竖向承载力的验算和罕遇地震下水平位移的验算；隔震层支墩、支柱及相连构件，应采用隔震结构罕遇地震下隔震支座底部的竖向力、水平力和力矩进行承载力验算；隔震层以下的结构中直接支承隔震层以上结构的相关构件，应满足嵌固的刚度比和隔震后设防地震的抗震承载力要求，并按罕遇地震进行抗剪承载力验算。其中，隔震层以下、地面以上的结构在罕遇地震下的层间位移角限值应满足表 6-2-2 所示限值要求。

隔振层以下结构罕遇地震作用下层间弹塑性位移角限值　　表 6-2-2

下部结构类型	θ_p
钢筋混凝土框架结构和钢结构	1/100
钢筋混凝土框架-抗震墙	1/200
钢筋混凝土抗震墙	1/250

三、隔震原理与方案

1. 隔震设计原理

结构隔震体系由上部结构、隔震层、下部结构三部分组成，通常在结构物底部或层间位置设置隔震装置。

隔震设计的基本思路是通过隔震层使上部结构与下部结构分离，从而避免水平地震动能量的向上传递。通常，隔震层具有较大的阻尼，可吸收地震能量，减小结构所受的地震作用，保证上部建筑结构处于弹性工作范围内，提高建筑物的可靠度。其次，隔震层水平刚度与上部建筑物相比较小，可使结构周期远离地震动的卓越周期，减小建筑结构物自身的加速度反应，从而保证结构的安全。

隔震技术的核心是隔震支座，因此，隔震技术可以按隔震装置或隔震支座进行分类。现阶段我国的隔震技术主要有以下几种：叠层橡胶垫隔震、摩擦滑移隔震和摩擦滚摆式支座隔震。此外，根据隔震层位置的不同，隔震技术可分为：基础隔震技术、层间隔震技术、屋架或网架隔震技术。本项目采用基础隔震，隔振器采用叠层橡胶垫隔震，其隔震体系示意如图 6-2-6 和图 6-2-7 所示。隔震支座实景见图 6-2-8。

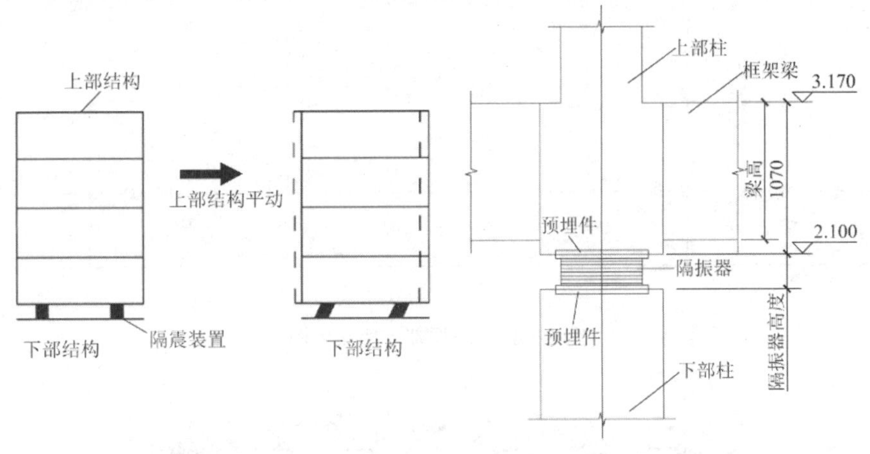

图 6-2-6　隔震体系示意图　　图 6-2-7　隔震支座示意图

图 6-2-8　某工程隔震支座实景

2. 隔震设计方案

广州大学减震控制与结构安全试验大楼共地上六层，经多种隔震设计方案对比，将隔震支座设置在地上一层柱顶最优。该方案既能满足建筑结构的使用功能，也方便隔震支座的后期检修与维护工作。隔震支座平面布置如图 6-2-9～图 6-2-11 所示。

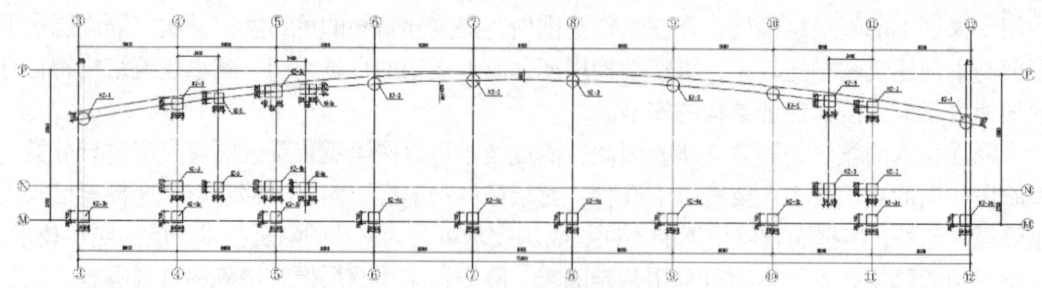

图 6-2-9　隔震层以下柱布置图

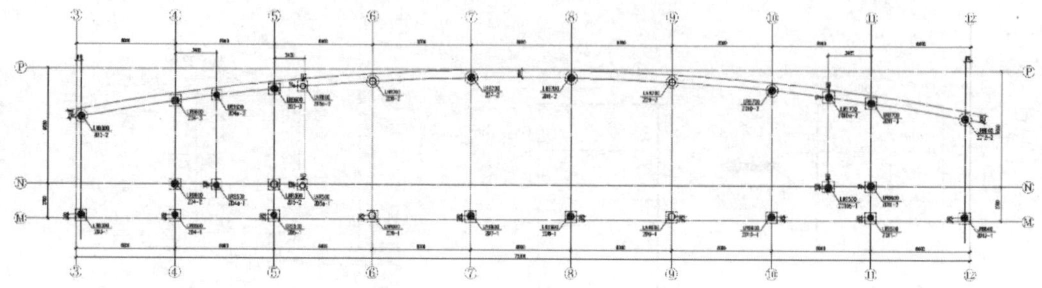

图 6-2-10　隔振器支座布置图

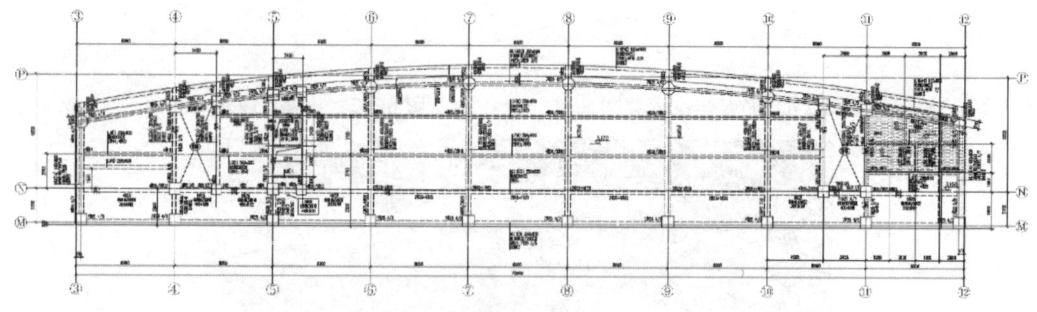

图 6-2-11　隔振器上层梁柱布置图

在如图 6-2-9～图 6-2-11 所示的隔振器平面布置图中，共布置 29 个隔振器（包含 7 个直径 700mm，12 个直径 600mm，10 个直径 500mm），有铅芯隔振器 2 个，无铅芯支座 7 个，其中，有铅芯隔振器布置在外围，无铅芯隔振器布置在内侧。直径 700mm 有铅芯隔振器屈服前刚度为 11.6kN/mm，$r = 100\%$时水平等效刚度为 2.182kN/mm，$r = 100\%$时等效阻尼比为 0.299。

四、隔震分析

本工程中带铅芯橡胶支座具有非线性特性，计算地震作用时不能采用弹性反应谱法，对隔震结构一般采用快速非线性时程分析（FNA）法进行计算。

快速非线性时程分析（FNA）方法是一种非线性分析的有效方法，在这种方法中，非线性荷载被作为外部荷载处理，形成考虑非线性荷载并进行修正的模态方程，FNA 方法可用于非线性结构动力分析求解，同时还可对静力荷载分析工况进行求解。YJK 和 ETABS 可以用 FNA 法计算带有隔振、阻尼等的非线性连接单元结构。本工程采用以上两种软件选波和确定水平向减震系数。

1. 隔震前后结构特性对比

隔震前、后结构周期对比和底层剪力对比分别如表 6-2-3 和表 6-2-4 所示。

隔震前、后结构前 3 阶周期对比（s） **表 6-2-3**

周期	隔震前			隔震后		
	YJK	ETAB	偏差	YJK	ETABS	偏差
T_1	1.2399	1.24	0.01%	2.67	2.677	0.26%
T_2	1.1093	1.19	7.27%	2.63	2.666	1.37%
T_3	1.0775	1.123	4.22%	2.3853	2.406	0.87%

隔震前、后结构底层剪力对比（kN） **表 6-2-4**

底层剪力	隔震前			隔震后		
	YJK	ETAB	偏差	YJK	ETABS	偏差
V_x	2364.95	2215.34	6.32%	1366.11	1372.78	0.48%
V_y	2438.75	2237.57	8.24%	1379.09	1360.71	1.33%

表 6-2-3 给出了隔震前、后结构前 3 阶自振周期对比，表 6-2-4 给出了隔震前、后结构底层剪力对比，通过对比可以发现 YJK 和 ETABS 两种软件计算隔震前、后的结果基本一致，这表明两种软件计算结果是正确的，这也是非线性时程分析对比的前提条件。

2. 时程波选波

选波应在多遇地震下的隔震结构模型中进行，本工程选取七条时程波（含六条场地波和一条人工波），如表 6-2-5 所示。

六条场地波 + 一条人工波特性 **表 6-2-5**

序号	时程波	特征周期（s）	时间步长（s）	时间步	加速度峰值（m/s^2）
1	Big Bear-01_NO_907,Tg(0.43)	0.45	0.01	5901	57.396
2	Erzican,Turkey_NO_821,Tg(0.52)	0.55	0.005	7808	495.516
3	Chi-Chi, Taiwan-03_NO_2474	0.55	0.005	9778	20.789
4	Imperial Valley-06_NO_176,Tg(0.41)	0.4	0.005	7901	116.962
5	San Fernando_NO_55,Tg(0.56)	0.55	0.005	5327	12.065
6	Superstition Hills-02_NO_719,Tg(0.51)	0.5	0.01	2197	115.962
7	RH2TG045 主 1500_	0.45	0.02	1500	1

图 6-2-12 给出了七条波与反应谱对比图，可以发现七条时程波谱与规范反应谱在对应结构主要振型的周期点上相差不大于 20%；结构主方向上七条时程波计算的平均底部剪力与振型分解反应谱法计算结果相差同样也不大于 20%，同时每条时程波对应底部剪力与反应谱结果相差不大于 30%。表 6-2-6 和表 6-2-7 分别给出了基于 YJK 和 ETABS 两种软件计算七条时程波与规范 CQC 底层剪力对比结果。

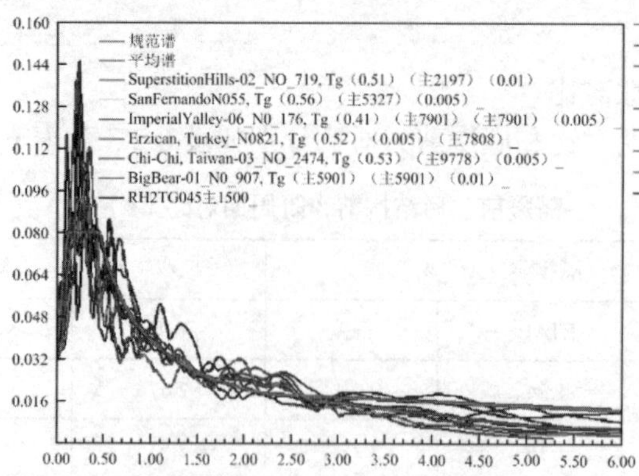

图 6-2-12　七条波与反应谱对比图

七条时程波与规范 CQC 底层剪力对比结果（YJK）　　**表 6-2-6**

序号	时程波	底层x向层剪力		底层y向层剪力		比值是否满足规范要求
		V_x（kN）	比值（%）	V_y（kN）	比值（%）	
0	振型分解反应谱法	1366.30	—	1379.28	—	—
1	Big Bear-01_NO_907,Tg(0.43)	1483.61	109	1551.84	112	是
2	Erzican, Turkey_NO_821,Tg(0.52)	1469.38	107	1448.11	104	是
3	Chi-Chi, Taiwan-03_NO_2474	1766.94	129	1769.32	128	是
4	Imperial Valley-06_NO_176,Tg(0.41)	1713.52	125	1620.81	117	是
5	San Fernando_NO_55,Tg(0.56)	1431.33	104	1372.52	99	是
6	Superstition Hills-02_NO_719,Tg(0.51)	1421.29	104	1626.46	117	是
7	RH2TG045 主 1500_	1493.57	109	1549.48	112	是
8	七条波平均值	1518.24	111	1539.73	111	是

七条时程波与规范 CQC 底层剪力对比结果（ETABS）　　**表 6-2-7**

序号	时程波	底层x向层剪力		底层y向层剪力		比值是否满足规范要求
		V_x（kN）	比值（%）	V_y（kN）	比值（%）	
0	振型分解反应谱法	1372.78	—	1360.71	—	—
1	Big Bear-01_NO_907,Tg(0.43)	1470.24	107	1493.73	109	是
2	Erzican, Turkey_NO_821,Tg(0.52)	1472.36	107	1460.95	107	是
3	Chi-Chi, Taiwan-03_NO_2474	1754.51	127	1805.53	132	是
4	Imperial Valley-06_NO_176,Tg(0.41)	1736.38	126	1681.89	123	是
5	San Fernando_NO_55,Tg(0.56)	1431.33	104	1372.52	99	是
6	Superstition Hills-02_NO_719,Tg(0.51)	1430.36	104	1423.36	104	是
7	RH2TG045 主 1500_	1419.58	103	1476.59	108	是
8	七条波平均值	1530.68	112	1530.65	113	是

通过表 6-2-6 和表 6-2-7 给出的基于 YJK 和 ETABS 两种软件计算七条时程波与规范 CQC 底层剪力对比结果，表明本工程所选七条时程波满足规范要求，可利用这七条时程波进行计算和分析。

五、隔震关键技术

多层框架式建筑结构采用隔震设计时应符合下列要求：

（1）结构高宽比宜小于 4，且不应大于相关规范规程对非隔震结构的具体规定，其变形特征接近剪切变形，最大高度应满足《建筑抗震设计规范》GB 50011—2010（2016 年版）中表 6-1-2 的规定。

（2）建筑场地宜为Ⅰ、Ⅱ和Ⅲ类，并应选用稳定性较好的基础类型。

（3）风荷载和其他非地震作用的水平荷载标准值产生的总水平力不宜超过结构总重力的 10%。

（4）橡胶支座屈服力与结构重力比值，即屈重比满足 0.2。

（5）隔震层应提供必要的竖向承载力、侧向刚度和阻尼，隔震支座在不同建筑类别对应压应力下的极限水平变位，应大于其有效直径的 0.55 倍和支座内部橡胶总厚度 3 倍二者的较大值；橡胶隔震支座在重力荷载代表值的竖向压应力不应超过不同建筑类别对应压应力限值的规定，其中不同建筑物类别对应压应力限值如表 6-2-8 所示。

（6）橡胶支座在罕遇地震的水平和竖向同时作用下，拉应力不应大于 1MPa。

橡胶隔震支座压应力限值　　**表 6-2-8**

建筑类别	甲类	乙类	丙类
压应力限值（MPa）	10	12	15

六、隔震设计效果

在中震荷载作用下，分别计算隔震模型和非隔震模型各楼层（七条时程波剪力平均值）剪力值，取各楼层二者比值的最大值，作为该隔震模型的减震系数，本实例取 YJK 和 ETABS 两个软件计算结果的较大值，如表 6-2-9 和表 6-2-10 所示，最终确定减震系数为 0.566。

YJK 计算减震系数对比　　**表 6-2-9**

楼层	隔震前模型		隔震后模型		减震系数	
	层剪力X	层剪力Y	层剪力X	层剪力Y	X向减震系数	Y减震系数
7	420.19	455.88	180.72	177.68	0.430	0.389
6	1897.90	2110.36	1046.21	1043.10	0.551	0.494
5	2968.42	3372.92	1671.47	1639.27	0.563	0.486
4	3812.48	4171.80	2059.19	2033.14	0.540	0.487
3	4573.72	4988.91	2268.39	2213.96	0.495	0.443
2	5060.96	5466.19	2360.42	2367.15	0.466	0.4330
1	5448.67	5685.16	2580.38	2558.93	0.473	0.4501

ETABS 计算减震系数对比 **表 6-2-10**

楼层	隔震前模型		隔震后模型		减震系数	
	层剪力X	层剪力Y	层剪力X	层剪力Y	X向减震系数	Y减震系数
7	389.31	413.93	161.57	161.51	0.415	0.390
6	1869.44	1893.07	1025.17	981.36	0.548	0.518
5	2948.74	2982.98	1670.95	1613.92	0.566	0.541
4	3801.20	3742.62	2059.00	2015.02	0.541	0.538
3	4560.90	4502.00	2282.02	2277.42	0.500	0.505
2	5035.83	4974.81	2318.34	2331.03	0.460	0.468
1	5444.44	5410.59	2585.38	2576.94	0.474	0.476

根据《建筑抗震设计规范》GB 50011—2010（2016 年版）第 12.2.5 条及其条文说明，本工程上部结构可按 0.566 的减震系数计算其地震作用，而由于减震系数 > 0.4，故其抗震措施不能降低。

通过对多层混凝土框架工程实例进行隔震计算和分析，验证了隔震设计在多层混凝土框架结构中的可行性。同时，基于 YJK 和 ETABS 两种软件分别进行计算，并相互验证，计算结果基本一致，为类似工程的隔震设计提供科学指导和参考。基于本工程的隔震设计可得到如下结论：

（1）对于隔震设计，合理选取时程波非常关键，既要保证时程波谱值与规范谱在统计意义上相符，又要使其结构底层剪力值与 CQC 计算值相当。

（2）对多层框架结构的隔震设计，YJK 和 ETABS 均采用 FNA 法处理隔震器的非线性问题，并且二者计算结果比较接近。

（3）隔震设计能减小上部结构的地震作用，尤其在高烈度地区，采用该项技术优势将更加明显，具有显著的经济效益和社会效益。

[实例 6-3] 某大学教学楼振（震）双控技术的研究与应用

一、工程概况

某大学新校区教学楼总建筑面积 2.5 万多平方米，建筑高度 20.50m，地上 4 层局部 3 层，采用钢筋混凝土框架结构，教学楼通过设置一层连廊与图书馆连接，实现教学功能的连通，建筑平面示意见图 6-3-1。连廊长 13.900m，宽 8.955m，高 5.00m；设置 4 根 400mm × 400mm 框架柱，柱间距 9.300m × 8.355m，框架梁 300mm × 600mm，混凝土板 120mm，实景如图 6-3-2 所示。日常使用过程中，发现多人行走时连廊振动响应明显，须采取减振措施进行处理。

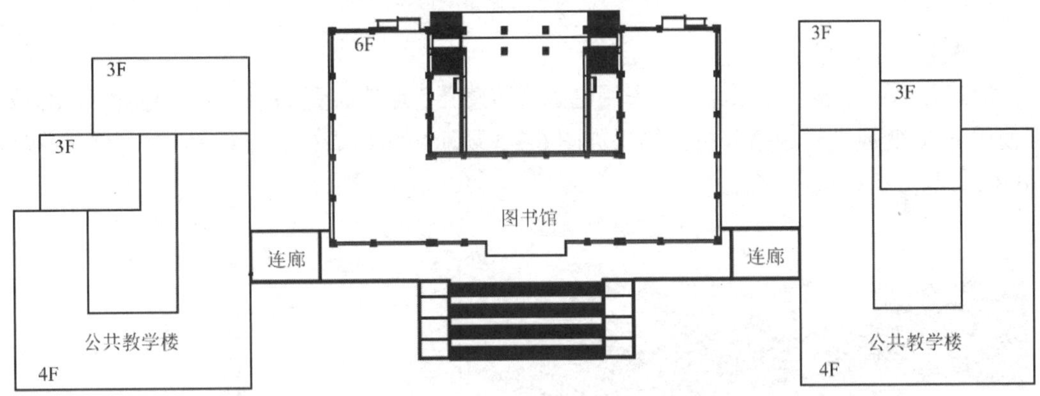

图 6-3-1　建筑平面示意图

图 6-3-2　连廊实景图

二、振动测试结果

1. 振动特性分析

对连廊进行模态分析，得到结构自振频率见表 6-3-1，以及结构前 3 阶自振振型如图 6-3-3 所示。结果表明，楼盖前 3 阶结构自振频率均大于 1.2Hz，但整体结构刚度较柔，须进行舒适度分析验算。

前 3 阶结构自振频率 **表 6-3-1**

振型	第 1 阶	第 2 阶	第 3 阶
频率（Hz）	2.02	2.04	2.55

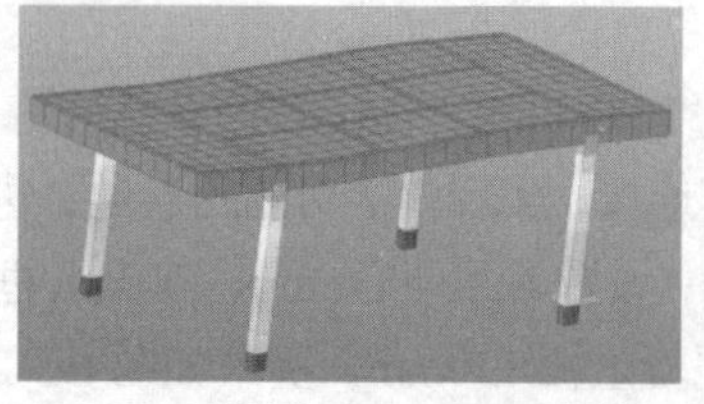
(a) 第 1 阶振型 $f = 2.02$Hz

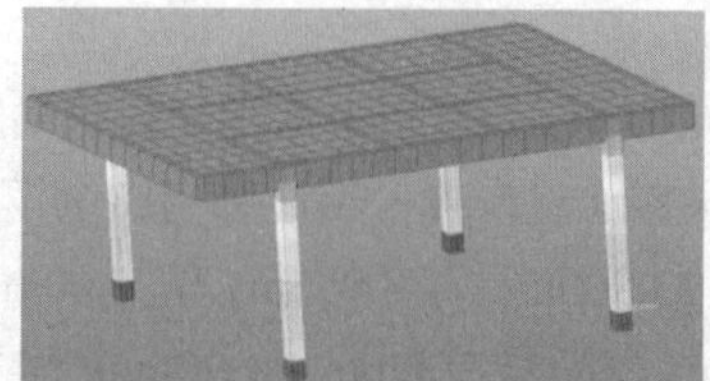
(b) 第 2 阶振型 $f = 2.04$Hz

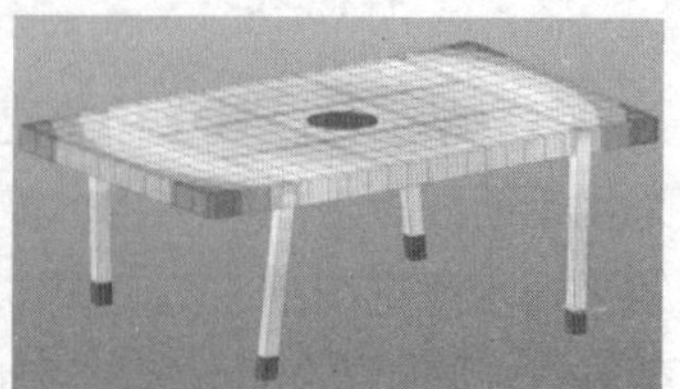
(c) 第 3 阶振型 $f = 2.55$Hz

图 6-3-3　前 3 阶振型变形情况

2. 振动响应测试

沿连廊纵向布置 3 个采集点，采用电磁式传感器，点位布置如图 6-3-4 所示。对测试数据使用 FFT 变换进行频谱分析，结果如图 6-3-5 所示，可以看出，结构第 1 阶自振频率为 2.05Hz，与分析结果一致。

图 6-3-4　传感器布置图

图 6-3-5　频谱分析曲线

对沿连廊纵向 4 人并排行走的工况进行测试，峰值加速度结果见表 6-3-2。

采集点峰值加速度（m/s^2） **表 6-3-2**

工况	编号	*X* 方向	*Y* 方向	*Z* 方向
4 人并排行走激励	1	0.488	0.435	0.142
	2	0.456	0.418	0.097
	3	0.564	0.422	0.157

由表中数据可以得出，连廊竖向振动峰值加速度满足 $0.5m/s^2$ 限值，但横向振动最大峰值加速度远大于 $0.1m/s^2$ 限值，不满足要求。因此，连廊水平方向应采取减振措施，以满足正常使用。

三、振动控制方案及分析

结构振动控制目前采用的方法有以下几种：（1）对振动体应用减、隔振装置减小振动响应；（2）改变结构的自振频率，提高刚度避免共振；（3）改变振源激励频率，错开结构的自振频率，避免发生共振。根据本项目情况，提出 3 种减振控制方案，以下针对具体方案进行了分析。

1. 设置减振装置

楼板上布置调谐质量阻尼器（简称 TMD）控制方案，TMD 减振系统由弹簧、质量块、阻尼器组成，使其固有频率与主体结构受控振动频率接近，安装在结构的特定位置。当结构发生振动时，其惯性质量与主体结构受控振型发生谐振，吸收主体结构受控振型能量，从而达到抑制受控结构振动的效果。在角部布置 4 个 TMD，如图 6-3-6 所示，单个 TMD 参数见表 6-3-3。

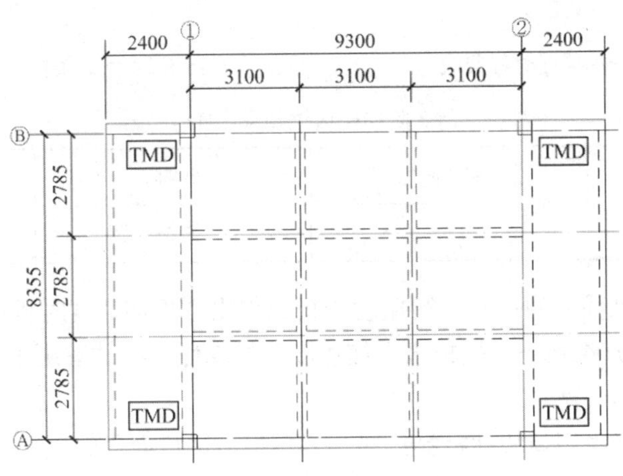

图 6-3-6　TMD 布置方案

单个 TMD 参数　　**表 6-3-3**

	质量m	刚度系数K	阻尼系数C	频率ω
TMD	1.0t	190.88kN/m	2.21kN · s/m	2.00Hz

对布置 TMD 的连廊进行振动控制分析，单位面积的人群横向荷载激励时间函数表达式如下：

$$pL(t) = P_{bL}\gamma'\psi_L\cos\left(2\pi\overline{f}_{sL}t\right) \tag{6-3-1}$$

式中：P_{bL}——单个行人行走时产生的横向作用力，取 0.035kN；

γ'——等效人群密度，取 0.1；

ψ_L——横向荷载折减系数，取 1.0；

$\overline{f}_{sL}$——横向人群荷载频率，取 1.0Hz。

经计算分析得出，楼板加速度时程曲线如图 6-3-7 所示。最大峰值加速度为 0.12m/s^2，基本满足限值要求。

2. 增大结构刚度

框架柱截面进行三面围套的加大截面法进行加固处理。由原 400mm × 400mm 截面增大到 700mm × 600mm，加固方式如图 6-3-8 所示。通过模态分析得到结构前 3 阶自振频率见表 6-3-4。采用加大截面加固措施后，结构侧向刚度得到提升。

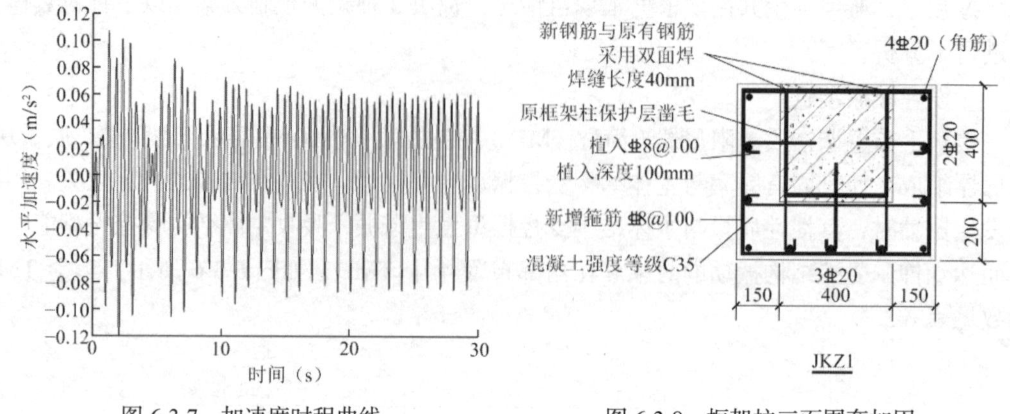

图 6-3-7　加速度时程曲线　　　　图 6-3-8　框架柱三面围套加固

前 3 阶结构自振频率（Hz）　　**表 6-3-4**

振型	第 1 阶	第 2 阶	第 3 阶
频率	3.95	3.07	5.12

按式 (6-3-1)对加固后的连廊进行振动分析，得出楼板加速度时程如图 6-3-9 所示。水平向峰值加速度为 0.049m/s^2，楼板水平加速度明显降低，有效解决了振动问题。

3. 改善结构边界条件

连廊两端抗震缝采用弹塑性材料封堵。分析模型进行简化处理，弹塑性材料采用弹性连接单元模拟。当弹塑性材料提供的水平刚度为 0.25kN/mm 时楼板最大峰值加速度满足限值要求，加速度时程如图 6-3-10 所示。弹塑性材料封堵措施实现结构边界半刚接，提高结构自振频率，从而减小振动响应。

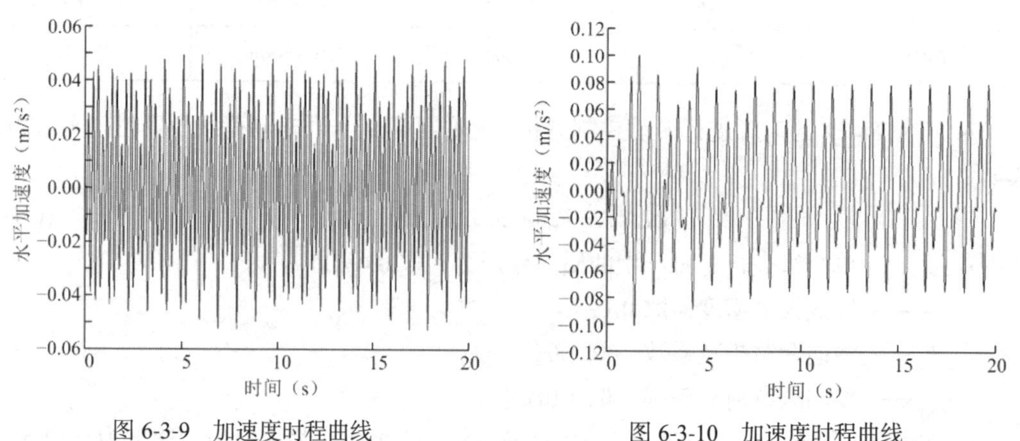

图 6-3-9　加速度时程曲线　　　　图 6-3-10　加速度时程曲线

连廊两端与教学楼和图书馆通过弹性连接单元连接，再进行模态分析，整体分析模型如图 6-3-11 所示。弱连接措施对教学楼和图书馆的动力特性影响不大，解决了刚性连体结构多项超限动力特性复杂的问题。同时，连廊属于单榀框架结构，结构冗余度低抗震性能差，弹塑性材料可提供结构附加阻尼比，降低地震作用影响，提高单榀框架结构的抗震性能。因此，采取弹塑性材料封堵的措施，不仅解决了人致振动问题，还改善了结构整体的抗震性能，实现了振（震）双控的设计理念。

图 6-3-11　整体分析模型

四、振动控制效果

通过振动分析可以得出，3 种控制方案均可不同程度地降低楼板加速度响应，其中，增加框架柱截面的方式效果最佳。为保证减振效果，经综合考虑，控制方案采用加大截面结合弹塑性材料封堵的方式，这是对振（震）双控设计理念的一次实际应用和探索。振动处理后的连廊实景如图 6-3-12 所示。

图 6-3-12　振动处理后连廊实景图

对连廊采取振动控制措施后进行了复测。沿连廊纵向布置 3 个采集点，频谱分析曲线如图 6-3-13 所示，由图可以看出，结构第 1 阶自振频率为 4.39Hz，大于仅加大框架柱截面的频率，表明采用弹塑性材料封堵的措施，对结构侧向刚度提升起到一定的有利作用。对学生下课后通过连廊的实际情况进行了振动测试，如图 6-3-14 所示。采集点最大峰值加速度数值见表 6-3-5。

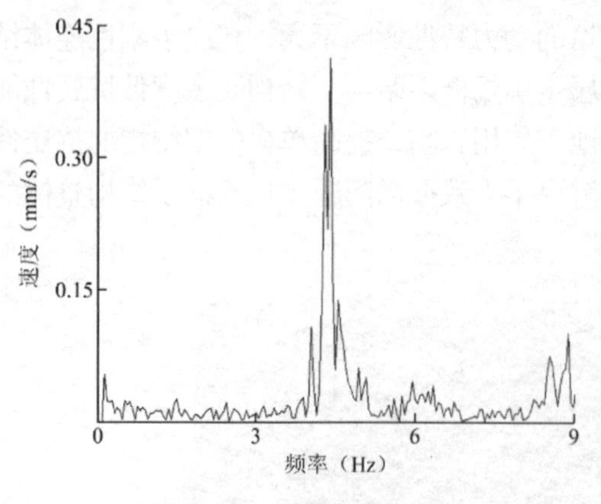

图 6-3-13　频谱分析曲线

图 6-3-14　多人行走测试

采集点峰值加速度（m/s²）　　**表 6-3-5**

工况	编号	X方向	Y方向	Z方向
多人行走激励	1	0.032	0.024	0.182
	2	0.031	0.012	0.072
	3	0.033	0.019	0.064

由表中数据可以得出，连廊竖向振动峰值加速度满足 0.5m/s² 限值要求，横向振动峰值加速度满足 0.1m/s² 限值要求，减振效果明显，方案处理合理。

［实例 6-4］某市场结构受轨道交通影响整体隔振项目

一、工程概况

1. 项目简介

某市场结构共三层，结构总长度为 159.77m，总宽度为 58.8m，占地面积 9394.476m^2，其结构平面图如图 6-4-1 所示。该市场建设用地距离地铁较近，受地铁线运行振动影响较大。

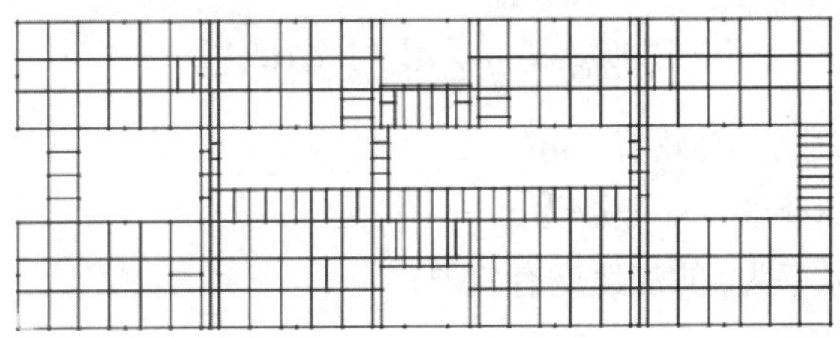

图 6-4-1　项目平面图

2. 评价标准

（1）《城市轨道交通引起建筑物振动与二次辐射噪声限值及其振动方法标准》评价

采用《城市轨道交通引起建筑物振动与二次辐射噪声限值及其振动方法标准》JGJ/T 170—2009（以下简称《城轨》）中分频最大振级VL_{max}进行评价。

评价指标：4～200Hz 频率范围内，采用 1/3 倍频程中心频率上按不同频率 Z 计权因子修正后的分频最大振级VL_{max}作为评价量，加速度在 1/3 倍频程中心频率的 Z 计权因子如表 6-4-1 所示（实际为 ISO 2631/1—1997 规定的全身振动 Z 计权因子取整）。城市轨道交通沿线建筑物室内振动限值见表 6-4-2。本项目属于居住、商业混合区，故本项目选择昼间 70dB 作为评价指标。

加速度在 1/3 倍频程中心频率的 Z 计权因子　　表 6-4-1

1/3 倍频程中心频率（Hz）	4	5	6.3	8	10	12.5	16	20	25
计权因子（dB）	0	0	0	0	0	−1	−2	−4	−6
1/3 倍频程中心频率（Hz）	31.5	40	50	63	80	100	125	160	200
计权因子（dB）	−8	−10	−12	−14	−17	−21	−25	−30	−36

城市轨道交通沿线建筑物室内振动限值（dB）　　表 6-4-2

区域	昼间	夜间
特殊住宅区	65	62
居住、文教区	65	62
居住、商业混合区，商业中心区	70	67
工业集中区	75	72
交通干线道路两侧	75	72

注：昼夜时间划分：昼间：06:00—22:00；夜间：22:00—06:00；昼夜时间使用范围在当地另有规定时，可按当地政府的规定来划分。

（2）《城市区域环境振动测量方法》评价

评价指标：Z 振级VL_Z，按 ISO 2631/1—1985 规定的全身振动 Z 计权因子修正后得到的振动加速度级。

《城市区域环境振动测量方法》GB 10071—1988（以下简称《城区》）规定以列车通过的 Z 振级的算术平均值作为评价量，《城区》规定的城市环境振动标准值见表 6-4-3。

本项目为市场，属于居住、商业混合区，故本项目选择昼间 75dB 作为评价指标。

Z 振级计算如下：

$$VL_Z = 20\lg(a'_{rms}/a_0) \tag{6-4-1}$$

$$a'_{rms} = \sqrt{\sum a_{frms}^2 \times 10^{0.1c_f}} \tag{6-4-2}$$

式中：a'_{rms}——振动加速度有效值（m/s^2）；

a_0——基准加速度，一般取为$a_0 = 10^{-6} m/s^2$；

a_{frms}——中心频率为f的加速度有效值；

c_f——Z 计权因子。

我国城市环境振动标准值（VL_Z，dB） **表 6-4-3**

适用地带范围	昼间	夜间
特殊住宅区	65	65
居民、文教区	70	67
混合区、商业中心区	75	72
工业集中区	75	72
交通干线道路两侧	75	72
铁路干线两侧	80	80

二、振动控制方案

1. 隔振器布置方案

本项目采用建筑整体隔振方案，在结构首层柱底部设置隔振层，隔振器采用钢弹簧，隔振层上部结构总重约为 229304.868kN，系统设计基频为 3.5Hz，隔振层总刚度约为 11465.24kN/mm，共布置隔振器 238 组，支座布置如图 6-4-2 所示。通过表 6-4-4 所示荷载组合形式，得出所示隔振区中对应节点的支反力。弹簧的水平刚度K_h取为 $0.7K_v$，各节点弹簧刚度及尺寸见表 6-4-5 所示。

隔振支座刚度取值方法 **表 6-4-4**

工况序号	工况	假定压缩量
1	1.0 × Dead + 0.5 × Live	20mm

结构自重下的隔振器变形计算（用于确定隔振器的工作高度），采用 1.0 × Dead + 0.5 × Live 的荷载组合。

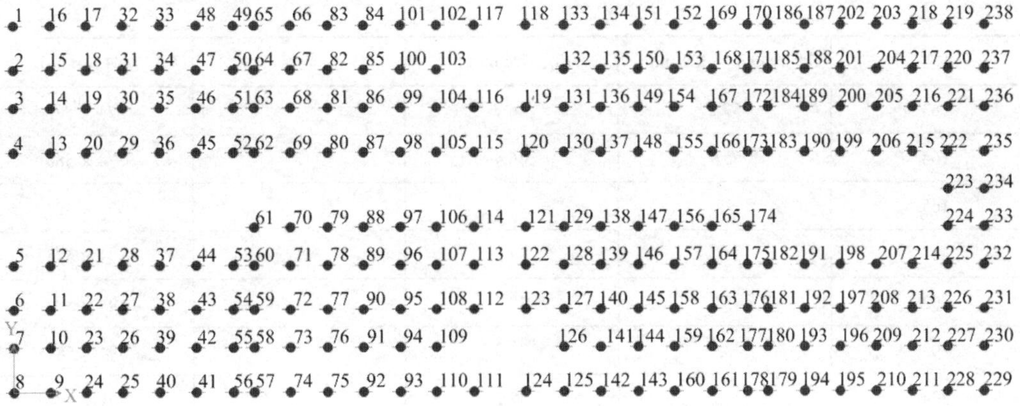

图 6-4-2 隔振支座布置

隔振支座刚度表 **表 6-4-5**

编号	竖向刚度K_v（kN/mm）	K_h（kN/mm）	数量	尺寸（mm）
1	26.7	22.8	1	590 × 390
2	42.6	36.5	1	594 × 584
3	43.9	36.9	1	594 × 584
4	33.3	27.8	1	590 × 390
5	33.3	27.8	1	590 × 390
41	38.6	32.3	1	594 × 584
42	55.9	46.4	1	774 × 580
43	55.9	46.4	1	774 × 580
44	45.2	37.2	1	594 × 584
45	45.2	37.2	1	594 × 584
81	43.9	36.9	1	594 × 584
82	42.6	36.5	1	594 × 584
83	45.2	37.2	1	594 × 584
84	42.6	36.5	1	594 × 584
85	45.2	37.2	1	594 × 584
121	38.6	32.3	1	594 × 584
122	69.2	56.2	1	774 × 580
123	81.3	68.8	1	960 × 580
124	32	27.4	1	590 × 390
125	41.2	33.1	1	594 × 584
161	39.9	32.7	1	594 × 584
162	55.9	46.4	1	774 × 580

续表

编号	竖向刚度K_v（kN/mm）	K_h（kN/mm）	数量	尺寸（mm）
163	57.2	46.7	1	774 × 580
164	55.9	46.4	1	774 × 580
165	32	27.4	1	590 × 390
201	45.2	37.2	1	594 × 584
202	45.2	37.2	1	594 × 584
203	43.9	36.9	1	594 × 584
204	45.2	37.2	1	594 × 584
231	41.2	33.1	1	594 × 584
232	38.6	32.3	1	594 × 584
233	34.6	28.1	1	590 × 390
234	34.6	28.1	1	590 × 390
235	39.9	32.7	1	594 × 584
236	42.6	36.5	1	594 × 584
237	42.6	36.5	1	594 × 584
238	26.7	22.8	1	590 × 390

2. 限位墩减振垫

在罕遇地震作用下，有若干弹簧支座的变形过大，超过弹簧的设计极限变形，此情形下，弹簧刚度增加较大，在结构构件中产生较大的冲击荷载。为了减小弹簧支座的竖向变形，使弹簧竖向变形满足设计要求，在每个限位墩上布置聚氨酯减振垫，在地震作用下，当弹簧竖向变形超过某一阈值后（本设计取 40mm，其中，包括 20mm 为 1.0 × Dead + 0.5 × Live 作用下弹簧压缩变形），由弹簧支座和聚氨酯减振垫构成并联弹簧共同承担地震作用。本设计取聚氨酯减振垫的刚度为该弹簧支座竖向刚度的 3 倍，既可以达到减小弹簧支座竖向变形的要求，又可以使弹簧支座反力保持在合理的范围内。弹簧支座的刚度模型如图 6-4-3 所示，聚氨酯减振垫布置如图 6-4-4 所示。

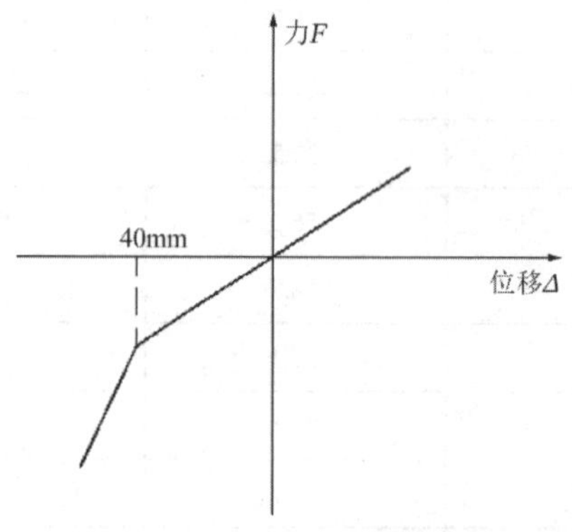

图 6-4-3　弹簧支座刚度模型

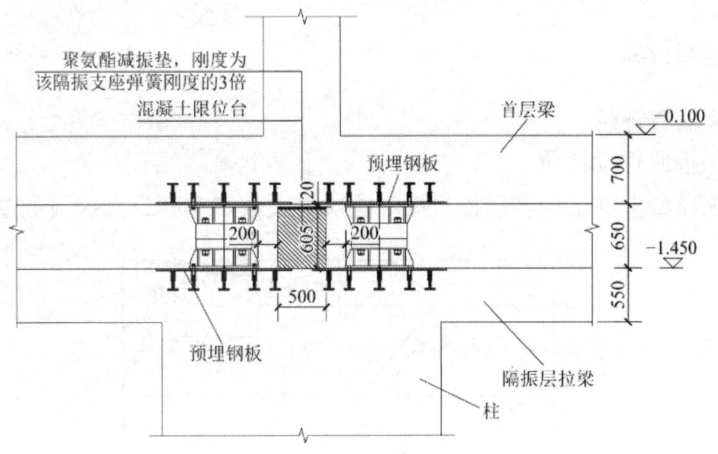

图 6-4-4　聚氨酯减振垫布置示意

三、振动控制分析

1. 计算模型

依据设计院提供的数值模型，导入SAP2000程序进行振动分析，程序版本SAP2000 V21.0.2。在导入模型的基础上进行了一些必要的修改，设置弹簧隔振单元，有限元模型见图 6-4-5。

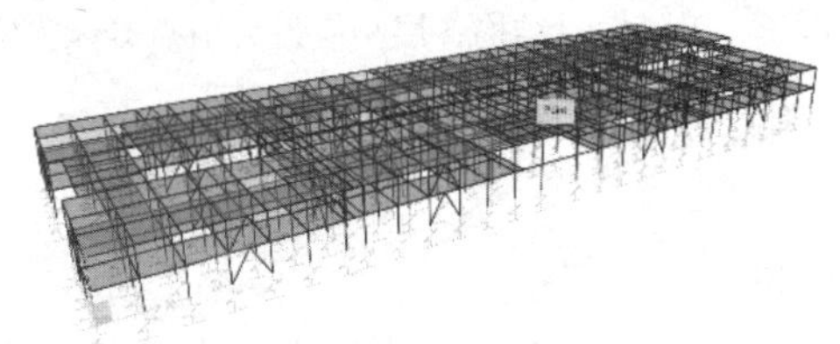

图 6-4-5　市场计算模型

2. 动力时程分析

输入振源采用现场测试数据作为振动输入，如图 6-4-6 和图 6-4-7 所示，数据时长为 40s。将该数据输入计算模型后针对无隔振措施模型和有隔振措施模型分别进行动力时程分析，分析完成后分别提取两模型上部结构各层楼板振动响应最大值点，进行分频最大振级计算，然后与标准限值进行对比。

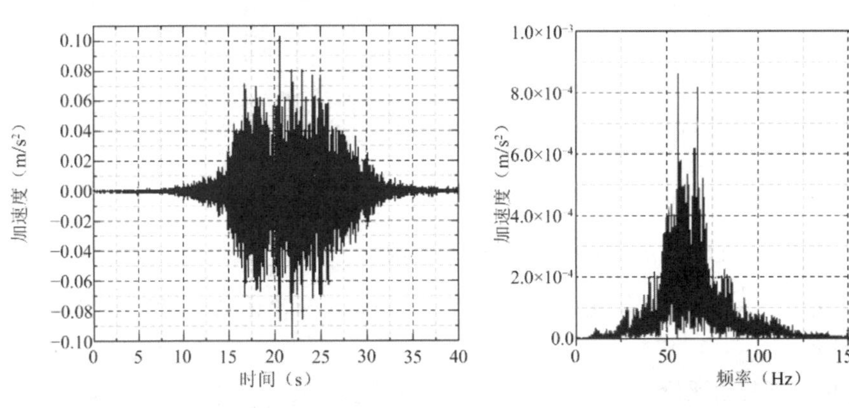

图 6-4-6　输入振源时程曲线

图 6-4-7　输入振源频谱曲线

四、振动控制效果

1. 分频最大振级评价

（1）无隔振措施振动评价

无隔振措施模型上部结构各层楼板振动响应最大值点分频最大振级如图 6-4-8 所示。

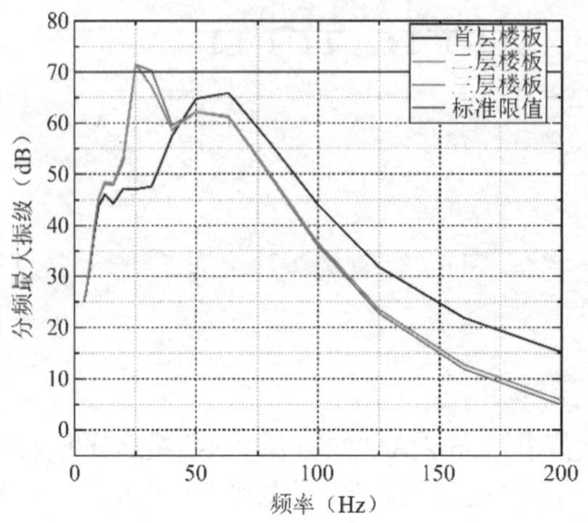

图 6-4-8　无隔振时结构各层响应最大值点分频振级

由图 6-4-8 可知，未采用隔振措施时结构二层楼板 25Hz、31.5Hz 处，屋面板 25Hz 处略大于标准限值 70dB。

（2）有隔振措施振动评价

有隔振措施模型上部结构各层楼板振动响应最大值点分频最大振级如图 6-4-9 所示。

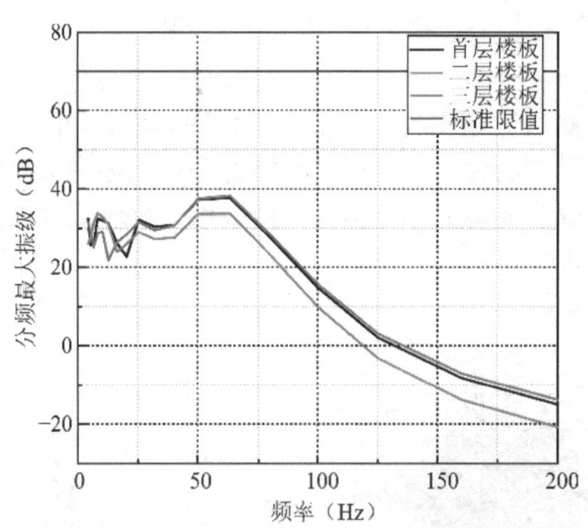

图 6-4-9　有隔振时结构各层响应最大值点分频振级

由图 6-4-9 可知，采用隔振措施后结构各层楼板均满足标准限值 70dB 的要求。

2. Z 振级评价

（1）无隔振措施振动评价

无隔振措施模型上部结构各层楼板振动响应最大值点 Z 振级如图 6-4-10 所示。

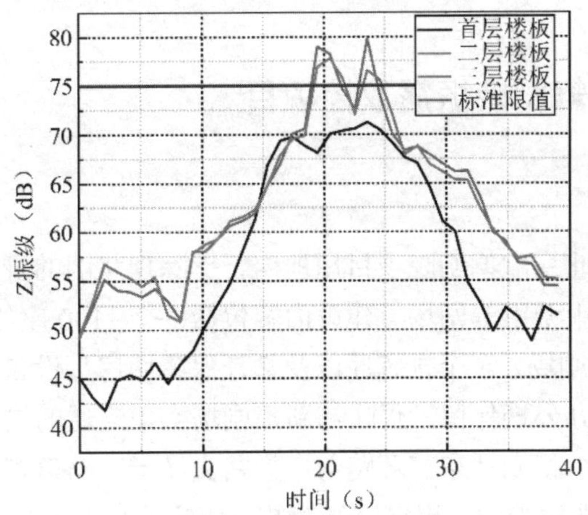

图 6-4-10 无隔振时结构各层响应最大值点 Z 振级

由图 6-4-10 可知，未采用隔振措施时结构二层楼板与屋面板均大于标准限值 75dB 要求。

（2）有隔振措施振动评价

有隔振措施模型上部结构各层楼板振动响应最大值点 Z 振级如图 6-4-11 所示。

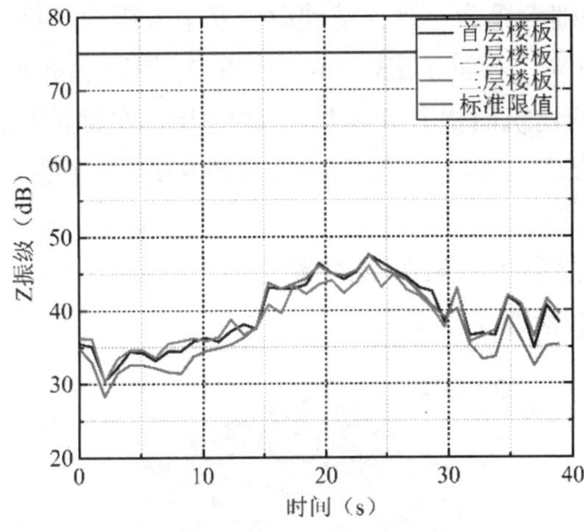

图 6-4-11 有隔振时结构各层响应最大值点 Z 振级

由图 6-4-11 可知，采用隔振措施后结构各层楼板均满足标准限值 75dB 的要求。

［实例 6-5］北京歌舞剧院振震双控项目

一、工程概况

北京歌舞剧院拟在北京歌舞剧院项目用地内，拆除现状旧的排练厅及其余配套用房，新建一座综合性音舞类中型甲等剧场。建设内容包括一个 1100 座的专业音舞类中型剧场、一个 410 座综合性小型剧场、5 个排练厅以及管理保障用房、设备用房、地下停车库等配套设施。用地内的现状办公楼保留，仅作与新建剧场空中连通的局部改造。

建设地点位于北京市朝阳区东三环路与广渠路交叉十字路口东南角，新建项目总建筑面积为 25020m^2。建筑性质为中型甲等剧场建筑，建筑总高度约为 33.65m，地上四层、地下四层，地下四层地下室底标高为–21.500m，大剧场池座和屋盖最大跨度约 32m，剧院入口顶为大悬挑，最大悬挑长度 12.5m，本项目临近地铁 10 号线，地铁振动对剧院功能影响大，需采取减振措施。建筑结构的安全等级为二级；结构的设计使用年限为 50 年；根据设计任务书及国家相关规范要求，抗震设防烈度按 8 度，第二组；1100 座的专业音舞类中型剧场和 410 座的综合性小型剧场位于同一区段的上下楼层，建筑抗震设防类别为重点设防类（乙类）；建筑地基基础等级为一级，基础设计安全等级为二级。基础采用筏板基础。

根据《民用建筑设计统一标准》GB 50352—2019，屋面总面积为 4104m^2，本项目突出屋面的台塔等附属房间的建筑面积为 951.4m^2，约占屋面平面面积的 23%，小于 25%。因此，塔台区域不算建筑高度，本项目建筑高度为 23.9m，为多层建筑，因此不按高层进行超限判别。

结构形式采用钢管混凝土框架-现浇混凝土剪力墙结构体系（楼面梁均为钢梁），如图 6-5-1 所示，结构基本参数见表 6-5-1。

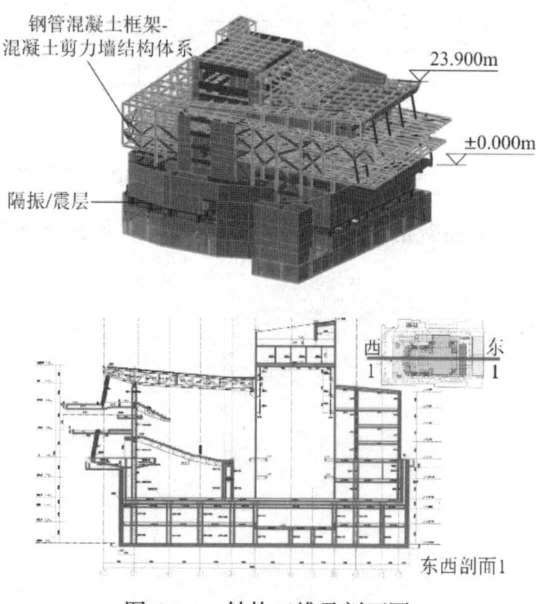

图 6-5-1　结构三维及剖面图

各结构单体基本参数 **表 6-5-1**

结构参数	尺寸
平面长度（m）	89.96
平面宽度（m）	44.8
总高度（不包括台塔高度）（m）	23.9
高宽比	1.87

按国家相关规范规定，对于大小剧场区域，白天建筑物室内振动限值不能超过 65dB，夜间不能超过 62dB，室内二次辐射噪声白天不能超过 38dB(A)，夜间不能超过 35dB(A)。

二、拟建场地环境振动测试评估

拟建场地周边有地铁 7 号线和 10 号线经过，2022 年 7 月，甲方对该项目建设场地进行了振动测试，测点位置如图 6-5-2 所示。

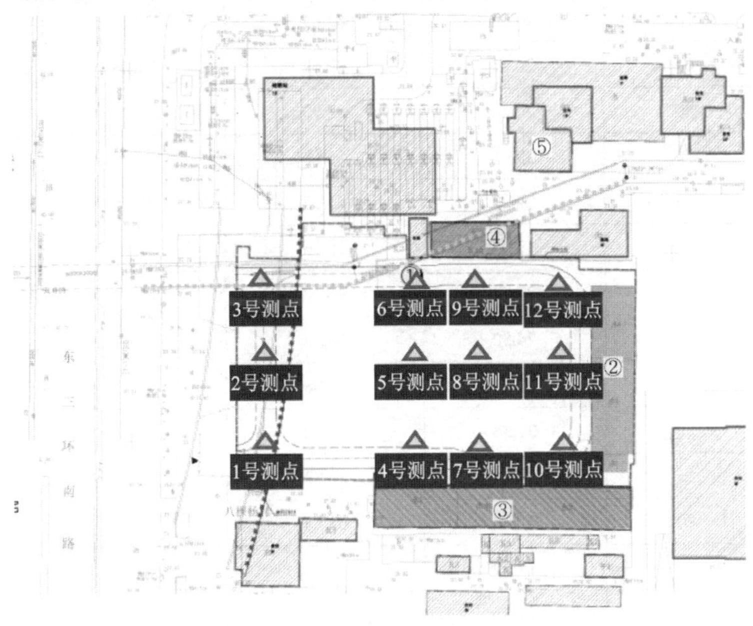

图 6-5-2 场地测点位置示意图

表 6-5-2 为实测振动结果，地铁通过时，测点最大 Z 振级为 80.96dB，超过 62dB 的限值，超标量达到 18.96dB。地铁经过时，其主要振动频率对应的计权 Z 振级较无地铁经过时，基本放大 2 倍以上。特别是靠近地铁的测点，振动放大更为明显。

现场振动测试结果 **表 6-5-2**

测点	频率（Hz）	无地铁经过时振级（dB）	有地铁经过时振级		限值（dB）
			（dB）	Z 振级（dB）	
1 号测点	50	34.30	72.65	80.96	62
	63	31.57	78.18		
	80	23.87	73.55		

续表

测点	频率（Hz）	无地铁经过时振级（dB）	有地铁经过时振级（dB）	有地铁经过时振级 Z 振级（dB）	限值（dB）
2 号测点	50	34.79	65.13	80.78	62
	63	31.49	75.26		
	80	24.80	73.64		
3 号测点	50	41.35	63.08	77.33	62
	63	32.13	66.95		
	80	24.81	68.21		
4 号测点	50	32.16	66.19	79.65	62
	63	32.09	76.98		
	80	26.54	70.00		
5 号测点	50	26.95	63.64	71.28	62
	63	24.41	70.67		
	80	20.22	63.93		
6 号测点	50	29.61	55.68	71.28	62
	63	22.21	64.35		
	80	19.09	58.16		
7 号测点	50	27.74	46.40	60.14	62
	63	24.50	58.08		
	80	21.34	58.08		
8 号测点	50	27.58	56.30	72.05	62
	63	24.14	68.82		
	80	21.66	63.50		
9 号测点	50	29.19	57.81	72.06	62
	63	27.22	68.74		
	80	21.30	61.58		
10 号测点	50	29.19	40.11	59.79	62
	63	27.15	50.78		
	80	25.45	54.38		
11 号测点	50	26.41	49.75	64.13	62
	63	22.38	57.92		
	80	16.77	58.14		
12 号测点	50	27.75	40.83	60.09	62
	63	23.87	46.43		
	80	22.22	52.49		

综合环评报告及 2 次现场振动测试，北京歌舞剧院的振动量远超国家规范要求，须采取减振措施，满足国家及北京市相关标准要求的情况下，才能进行建设。

三、振震双控方案

北京歌舞剧院项目振动控制的全套措施如图 6-5-3 所示。对比振源控制、传播途径控制和受振体控制振动控制效果，鉴于本工程距离地铁近，振动影响大，因此，本工程拟采用包括振震双控隔振系统、基础隔振垫、加厚基础底板、建筑室内设置浮置楼板、装修等全套组合减振方案，确保减振的可靠性。

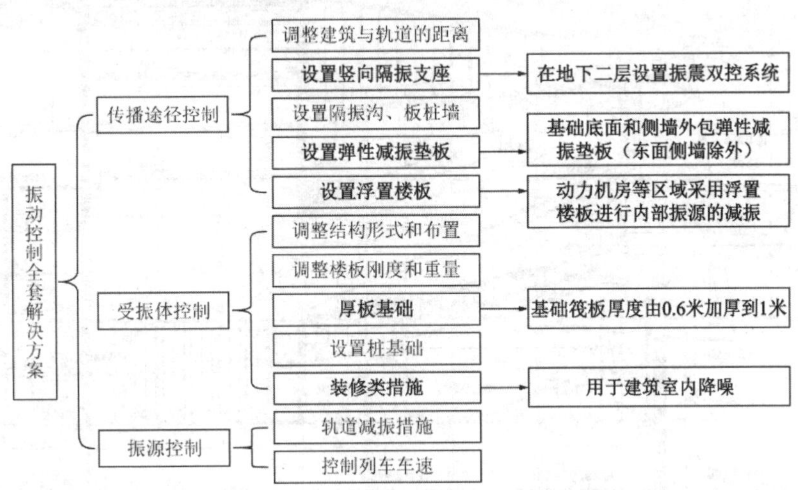

图 6-5-3　北京歌舞剧院项目振动控制的全套措施

本工程弹性减振垫板布置如图 6-5-4 所示，基础底面全部铺设弹性减振垫板，侧墙除东面外均铺设弹性减振垫板。

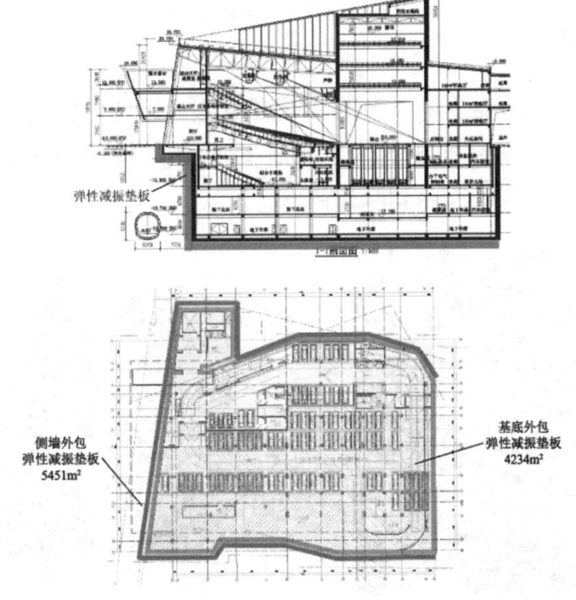

图 6-5-4　北京歌舞剧院项目弹性减振垫板铺设区域示意

在高烈度地区既要保证轨道交通引起的建筑振动控制在国家标准限值范围内，又要确保结构在地震下的抗震安全，即建筑振震双控。本项目在地下设置隔振层，将建筑分成上下两部分，隔振层显著减小地铁引起的竖向振动，将地铁引起的振动控制在规范限值内，降低地铁运行对歌舞剧院使用功能的影响。在该项目地下车库与小剧场、台仓，后舞台与硬景库之间设置钢弹簧隔振支座进行整体隔振。图 6-5-5 为隔振层的位置示意图。

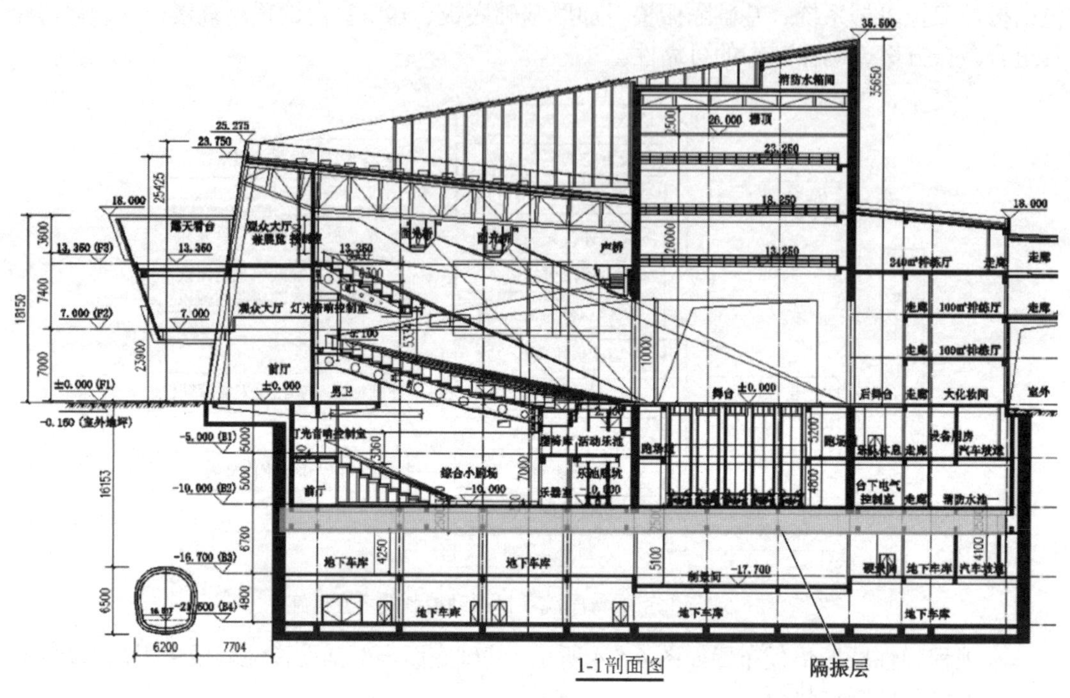

图 6-5-5　拟采用基于钢弹簧减振的隔振层位置

四、振震双控装置

本项目采用滑移式钢弹簧支座 + 帽靴式隔震支座的组合形成减振系统（图 6-5-6），滑移式钢弹簧支座解决竖向减振问题，帽靴式隔震支座或阻尼器解决隔振层的抗震安全问题，二者组合使用，保证隔振层的安全和减振高效。

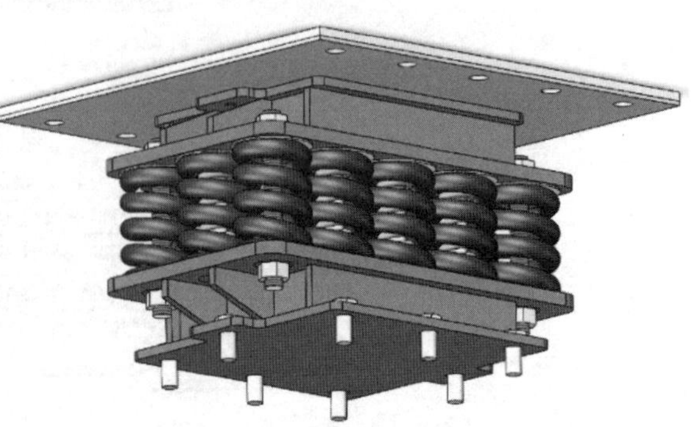

(a) 滑移式弹簧支座

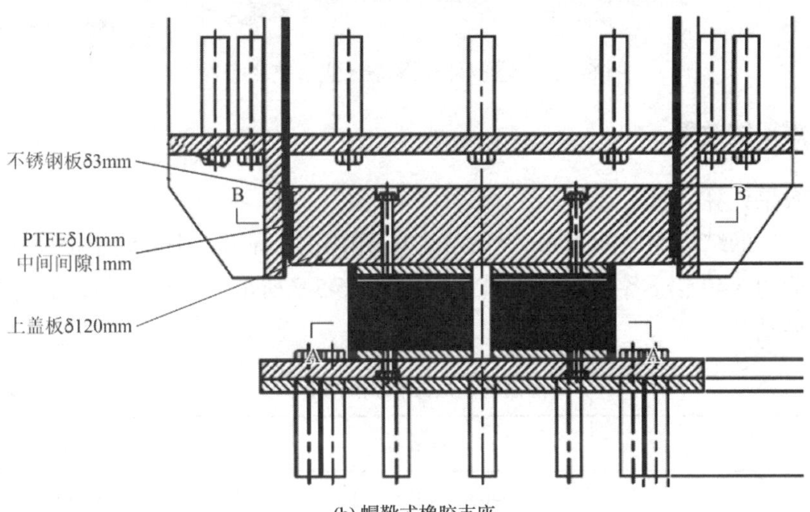

(b) 帽靴式橡胶支座

(c) 弹簧支座 + 橡胶支座的组合减振系统试验

图 6-5-6 滑移式钢弹簧支座 + 帽靴式隔震支座组合减振系统

振震双控层支座布置示意如图 6-5-7 所示。

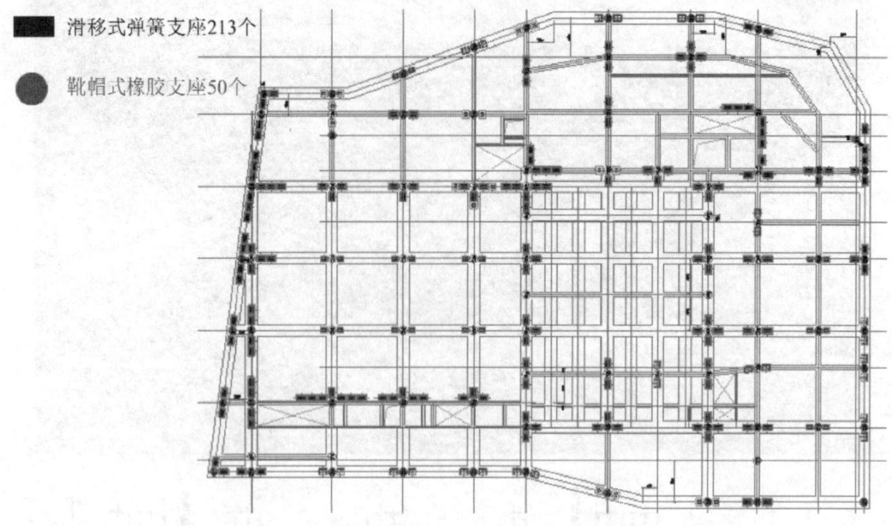

图 6-5-7　振震双控层隔振（震）支座布置

五、振震双控效果

1. 隔震效果计算分析

隔震前、后的结构周期如表 6-5-3 所示，从表中可以看出，中震时结构周期为 2.415s，是隔震前周期的 5.49 倍。各阶振型如图 6-5-8 和图 6-5-9 所示，从图中可以看出隔震后前两阶振型均为平动。

隔震前、后结构周期（s）　　**表 6-5-3**

振型	隔震前	隔震后
1	0.440（Y向平动 + 竖向）	2.415（X向平动）
2	0.399（X向平动 + 竖向）	2.393（Y向平动）
3	0.352（扭转）	2.055（扭转）

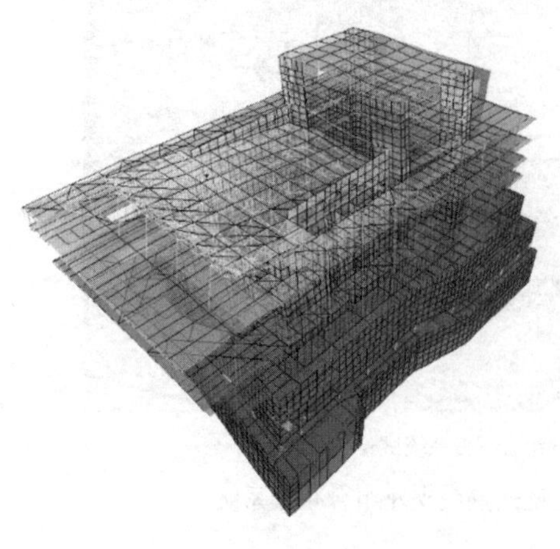

(a) 第 1 阶振型（Y向平动，$T_1 = 0.440$s）

(b) 第 2 阶振型（X向平动，$T_2 = 0.399$s）

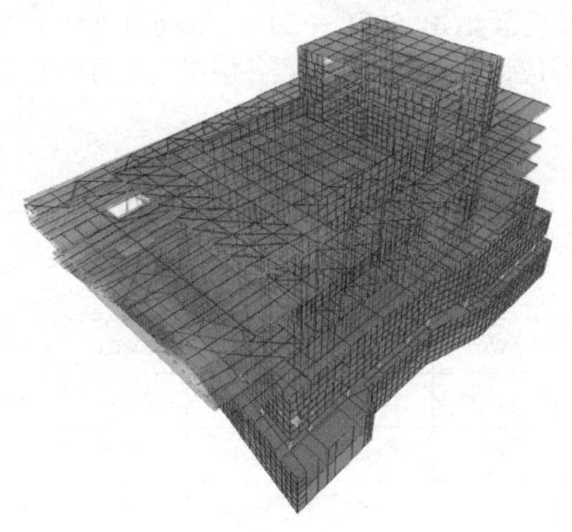

(c) 第 3 阶振型（扭转，$T_3 = 0.352s$）

图 6-5-8　非隔震结构前 3 阶振型

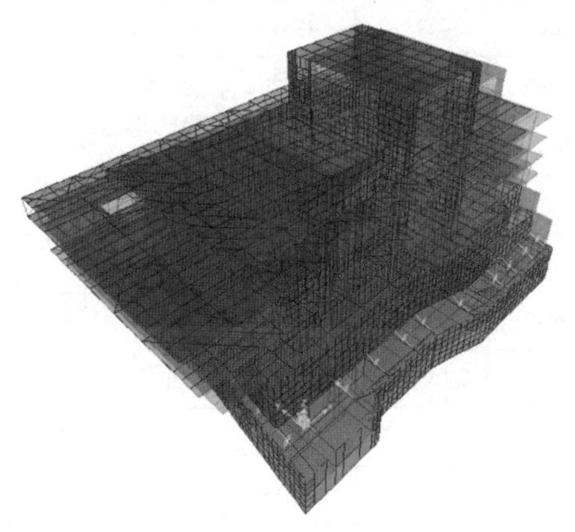

(a) 第 1 阶振型（Y向平动，$T_1 = 2.415s$）

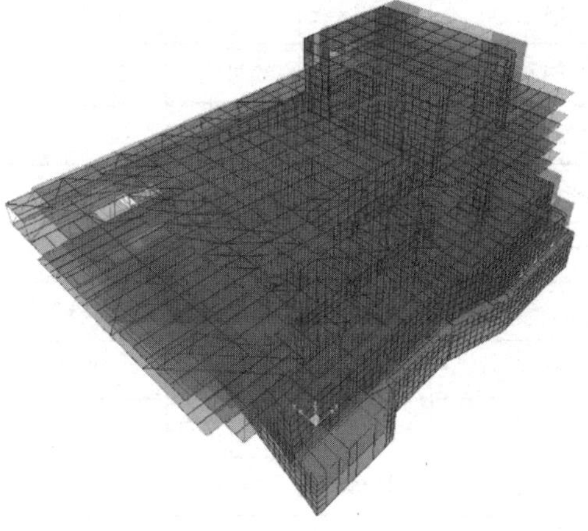

(b) 第 2 阶振型（X向平动，$T_2 = 2.393s$）

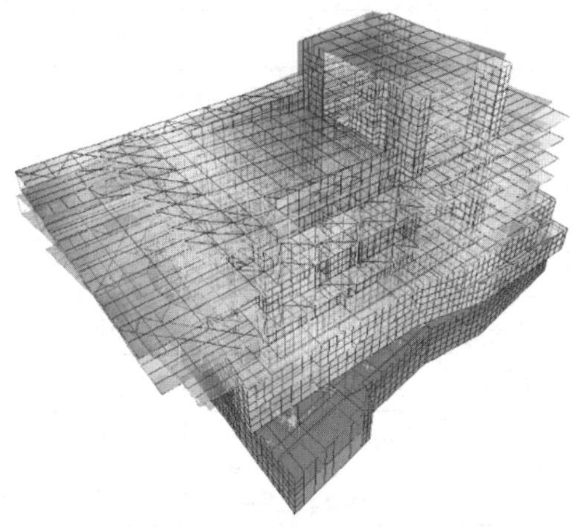

(c) 第 3 阶振型（扭转，$T_3 = 2.055s$）

图 6-5-9　隔震结构前 3 阶振型

根据《建筑抗震设计规范》GB 50011—2010（2016 年版）第 12.2.5 条要求，对于多层建筑结构，水平减震系数应计算隔震与非隔震各层层间剪力的最大比值，详见表 6-5-4 及表 6-5-5。

X 方向各层剪力及剪力比（kN） **表 6-5-4**

统计参数	非隔震结构层间剪力							
地震输入方向	X向							
地震波名称	AW01	AW02	SW01	SW02	SW03	SW04	SW05	
隔震层	115422	109509	113427	85153	87901	84806	110568	
B2 层	93091	95272	92961	68429	77794	68822	92846	
B1 层	76352	83419	76912	55617	72760	61112	78724	
F1 层	67963	61182	57148	50938	69912	57963	57087	
F2 层	49967	53578	50004	38575	54533	43210	45744	
F3 层	44888	43539	41995	36367	44959	43618	35848	
F4 层	22396	27011	27359	26649	29272	27880	19442	
统计参数	隔震结构层间剪力							
地震输入方向	X向							
地震波名称	AW01	AW02	SW01	SW02	SW03	SW04	SW05	
隔震层	22673	20980	19355	23033	20049	20560	25573	
B2 层	18625	17454	15973	19345	16333	17278	20388	
B1 层	14850	14027	12549	15468	12973	13642	16160	
F1 层	15464	14409	13797	16437	14649	15018	17077	
F2 层	8344	8128	7134	7805	7026	7114	8756	
F3 层	9096	8738	8670	9811	8906	8717	10678	
F4 层	5131	5214	4900	4198	4493	4909	4727	
统计参数	隔震与非隔震层间剪力比							
地震输入方向	X向							X向
地震波名称	AW01	AW02	SW01	SW02	SW03	SW04	SW05	平均值
隔震层	0.196	0.192	0.171	0.270	0.228	0.242	0.231	0.219
B2 层	0.200	0.183	0.172	0.283	0.210	0.251	0.220	0.217
B1 层	0.194	0.168	0.163	0.278	0.178	0.223	0.205	0.202
F1 层	0.228	0.236	0.241	0.323	0.210	0.259	0.299	0.256
F2 层	0.167	0.152	0.143	0.202	0.129	0.165	0.191	0.164
F3 层	0.203	0.201	0.206	0.270	0.198	0.200	0.298	0.225
F4 层	0.229	0.193	0.179	0.158	0.153	0.176	0.243	0.190

Y方向各层剪力比及剪力比　　**表 6-5-5**

统计参数	非隔震结构层间剪力							
地震输入方向	Y向							
地震波名称	AW01	AW02	SW01	SW02	SW03	SW04	SW05	
隔震层	118139	97284	114044	91683	90863	103756	101428	
B2层	98418	81803	100516	85029	80917	96223	87061	
B1层	83991	71660	90400	78511	72324	89310	75579	
F1层	72253	61878	70289	72986	53688	80808	63592	
F2层	63440	58893	72667	71366	53078	70133	54574	
F3层	46198	48675	57640	55555	40599	52961	41258	
F4层	32281	34525	39214	41335	29161	35656	27855	
统计参数	隔震结构层间剪力							
地震输入方向	Y向							
地震波名称	AW01	AW02	SW01	SW02	SW03	SW04	SW05	
隔震层	22348	20739	19647	23198	19833	20548	25581	
B2层	18235	17409	16000	19583	16092	16977	21298	
B1层	14498	14260	13479	15642	13875	13438	18106	
F1层	15594	15447	16191	16512	16109	15707	19088	
F2层	9807	10099	11012	10505	10629	9813	13125	
F3层	7607	8294	7538	6443	6588	7083	8422	
F4层	4614	5068	5331	4860	4894	4324	6101	
统计参数	隔震与非隔震层间剪力比							
地震输入方向	Y向							Y向
地震波名称	AW01	AW02	SW01	SW02	SW03	SW04	SW05	平均值
隔震层	0.189	0.213	0.172	0.253	0.218	0.198	0.252	0.214
B2层	0.185	0.213	0.159	0.230	0.199	0.176	0.245	0.201
B1层	0.173	0.199	0.149	0.199	0.192	0.150	0.240	0.186
F1层	0.216	0.250	0.230	0.226	0.300	0.194	0.300	0.245
F2层	0.155	0.171	0.152	0.147	0.200	0.140	0.240	0.172
F3层	0.165	0.170	0.131	0.116	0.162	0.134	0.204	0.155
F4层	0.143	0.147	0.136	0.118	0.168	0.121	0.219	0.150

根据计算结果，最大减震系数为 0.256，小于 0.40，满足水平地震作用降低一度计算的要求，竖向地震及相关构造不降低，均满足《建筑隔震设计标准》GB/T 51408—2021，详见表 6-5-6。

设防地震下层间位移角统计 **表 6-5-6**

位置	设防地震下层间位移（mm）		层高	层间位移角		限值
	X向	Y向		X向	Y向	
B4 层	—	—	4800	1/9999	1/9999	1/600
B3 层	—	—	4200	1/9999	1/9999	1/600
隔震层	—	—	2500	—	—	—
B2 层	1.3	2.1	5000	1/3846	1/2381	1/500
B1 层	1.4	2.3	5000	1/3571	1/2174	1/500
F1 层	3.2	5.3	4500	1/1406	1/849	1/500
F2 层	3.1	3.5	4200	1/1355	1/1200	1/500
F3 层	1.2	2.9	4200	1/3500	1/1448	1/500
F4 层	1.4	3.8	5100	1/3643	1/1342	1/500

除上述计算外，还需进行中震作用下隔震支座变形分析，罕遇地震作用下隔震支座最大水平位移和竖向位移计算分析，振震双控层水平剪力计算分析，振震双控层抗风承载力，大震下恢复力及整体倾覆验算等。

通过计算分析，可得到如下结论：

（1）中震下最大减震系数为 0.256，小于 0.40，满足水平地震作用降低一度计算的要求，竖向地震及相关构造不降低。

（2）大震下支座最大位移为 247mm，满足要求。

（3）大震下各个支座的竖向最大压缩变形为 29mm，无拉伸变形，符合支座的拉压间隙设置要求。

（4）风荷载（50 年重现期）作用下隔震层最大水平剪力标准值为 2709kN，隔震层弹性极限承载力为 14294kN，远大于风荷载X向或Y向水平剪力标准值的 1.4 倍。

（5）大震下隔震支座最大水平位移对应的恢复力与屈服力及摩阻力之和的比值分别为X向：1.97，Y向：1.96。

（6）结构整体倾覆验算结果显示抗倾覆力矩与倾覆力矩之比为 MX 方向：2.59，MY 方向：2.46。

综上，本结构隔震设计能够满足《建筑抗震设计规范》GB 50011—2010（2016 年版）及《建筑隔震设计标准》GB/T 51408—2021 的要求。

2. 振动控制效果计算分析

隔振模型信息如下。

上部结构总重量：375489.0kN

整体结构总重量：599824.6kN

钢弹簧总刚度：18159.0kN/mm

聚氨酯垫总刚度：152657.5kN/mm

钢弹簧隔振竖向频率：3.5Hz（理论值）

聚氨酯垫隔振竖向频率：8Hz（理论值）

考虑到实际结构对振动的放大效应，实际振动会比地面振动更为明显。选择1号测点和5号测点现场实测获得的加速度时程数据，作为有限元结构的振动激励，进行基于实测振动激励的时程分析，提取有限元模型上部结构舞台池座、楼座等关键区域的节点加速度时程，并进行减振效果分析。

1号测点和5号测点的加速度时程曲线分别如图6-5-10和图6-5-11所示，其中，1号测点的加速度峰值最大，达到289mm/s^2；5号测点位置基本位于板底中央，5号测点的加速度可代表所有测点振动的平均水平，其峰值为52mm/s^2。

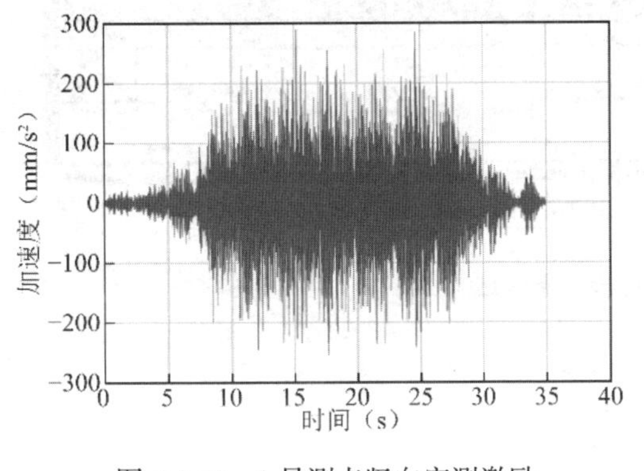

图6-5-10　1号测点竖向实测激励

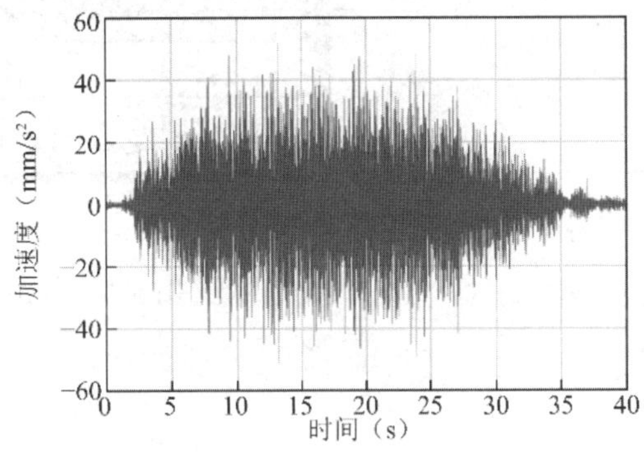

图6-5-11　5号测点竖向实测激励

1号测点和5号测点的加速度-傅里叶谱值曲线分别如图6-5-12和图6-5-13所示，1号测点和5号测点的加速度卓越频率区间接近，约在50～80Hz区间内。

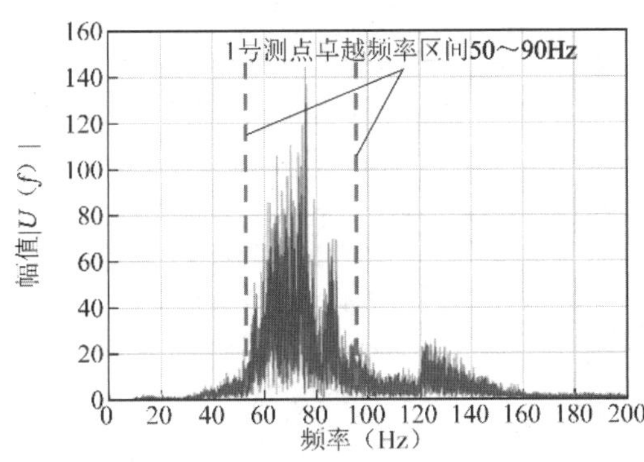

图6-5-12　1号测点竖向实测激励-傅里叶谱值

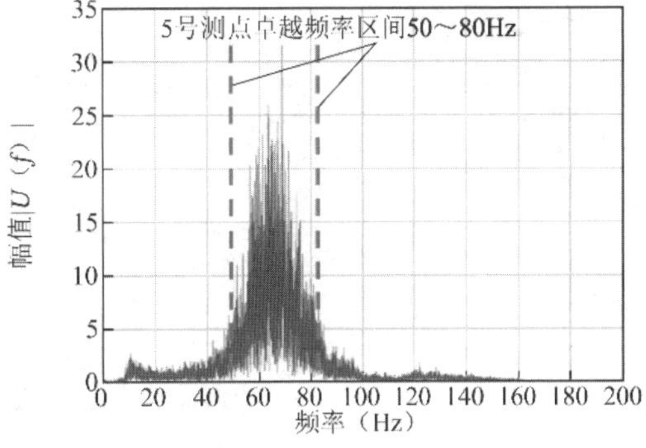

图6-5-13　5号测点竖向实测激励-傅里叶谱值

限于篇幅，只列出1号测点作为输入得到的仿真计算结果。

图6-5-14所示为1层舞台池座测点所在结构的空间位置，图6-5-15所示为有限元模型

中振动评价的测点及其节点编号（共计选取 70 个测点，以确保振动评价结果的准确性及保证率）。

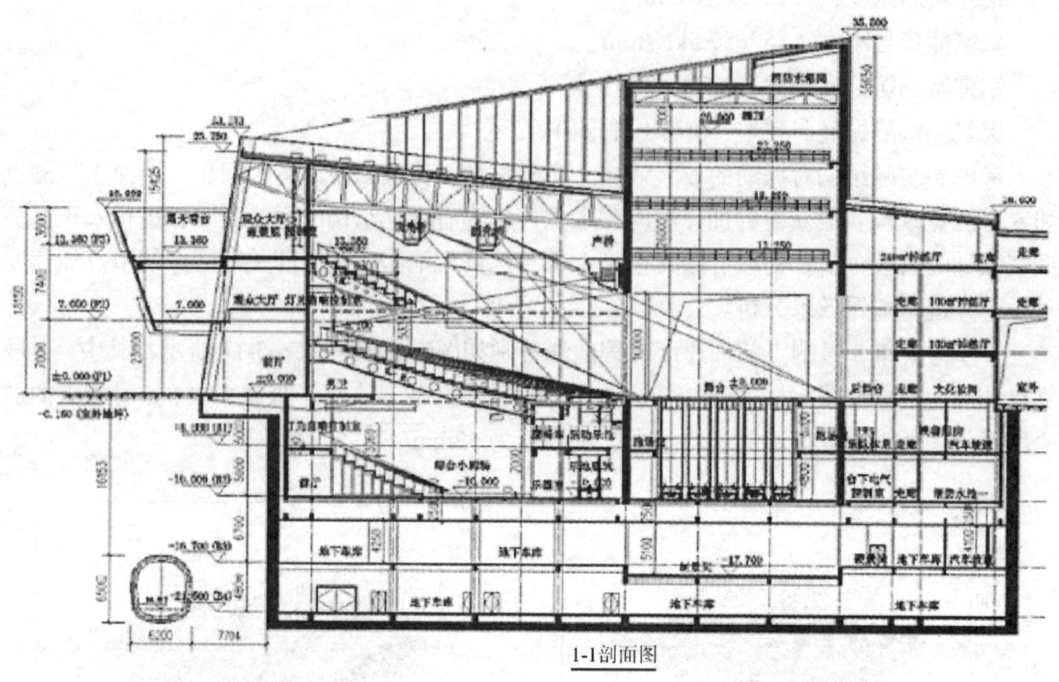

图 6-5-14　1 层舞台池座区域

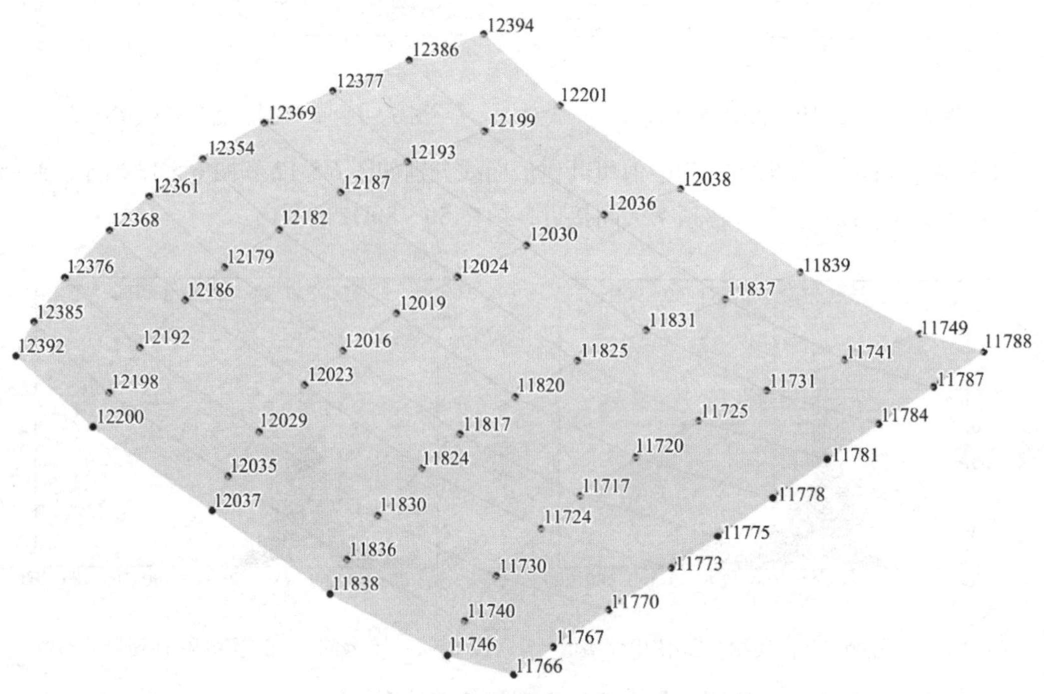

图 6-5-15　1 层舞台池座区域有限元模型测点布置（共计 70 个测点）

1 号测点实测加速度时程激励下，未隔振模型和设置弹簧支座 + 聚氨酯垫隔振的模型，在 1 层舞台池座区域的典型测点加速度时程曲线对比（给出 16 个测点的对比曲线）如图 6-5-16 所示。

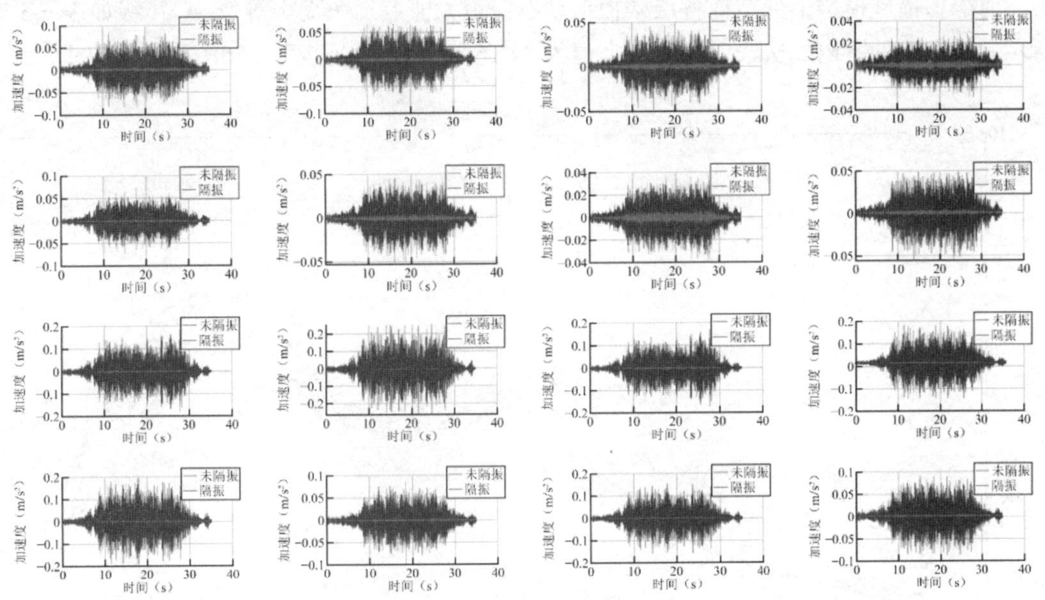

图 6-5-16　1 号激励下 1 层舞台池座区域典型测点加速度时程对比

1 号实测加速度时程激励下，未隔振模型和设置弹簧支座 + 聚氨酯垫隔振的模型，在 1 层舞台池座区域的典型测点加速度时程曲线的傅里叶谱值对比（给出 16 个测点的对比曲线）如图 6-5-17 所示。

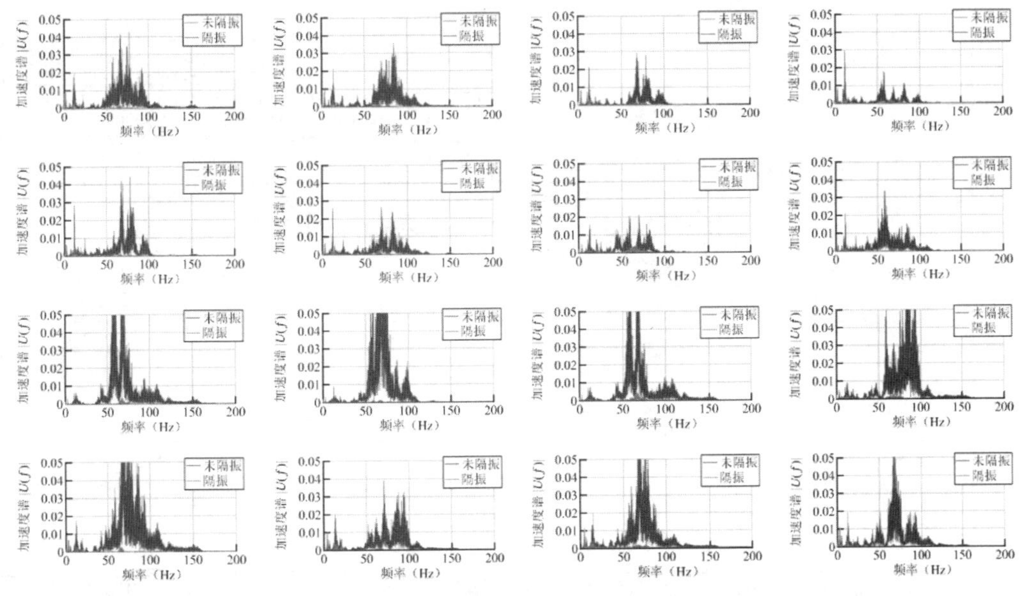

图 6-5-17　1 号激励下 1 层舞台池座区域典型测点加速度傅里叶谱值对比

1 号实测加速度时程激励下，未隔振模型 1 层舞台池座区域的测点加速度 1/3 倍频程振级计算结果如图 6-5-18 和图 6-5-19 所示。

1 号实测加速度时程激励下，隔振模型舞台池座区域的测点加速度 1/3 倍频程振级计算结果如图 6-5-20 和图 6-5-21 所示。

有隔振措施模型上部结构各层楼板振动响应最大值点二次噪声等效 A 声级如表 6-5-7 所示。减振后的室内二次辐射噪声最大值为 32.16dB(A)，满足规范 35dB(A)限值要求。

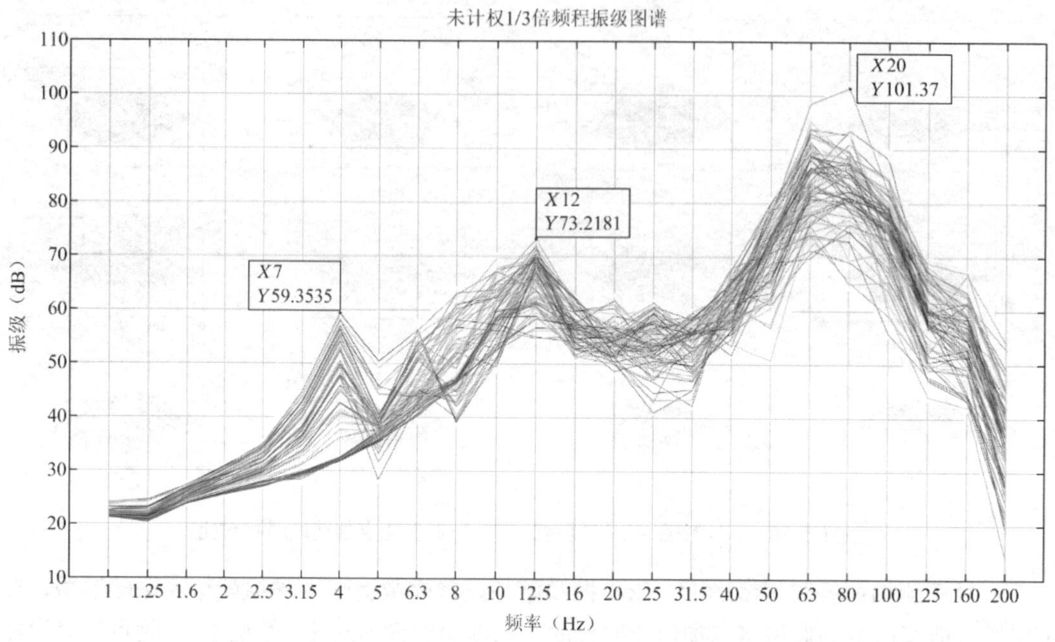

图 6-5-18　1 号激励下未隔振模型 1 层舞台池座区域测点振级（未计权）

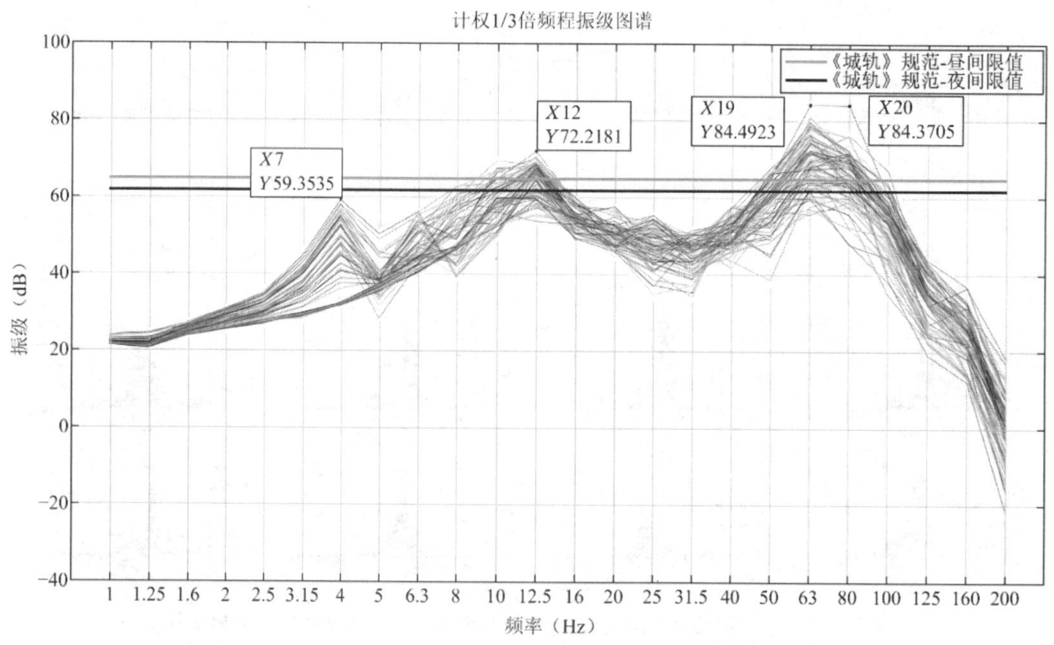

图 6-5-19　1 号激励下未隔振模型 1 层舞台池座区域测点振级（计权）

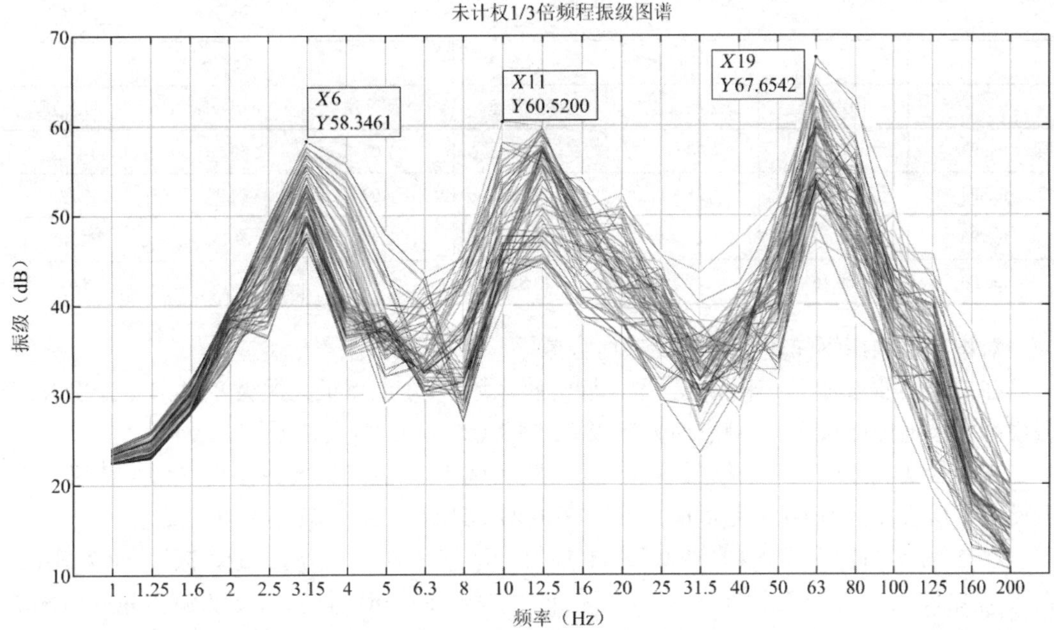

图 6-5-20　1 号激励下隔振模型 1 层舞台池座区域测点振级（未计权）

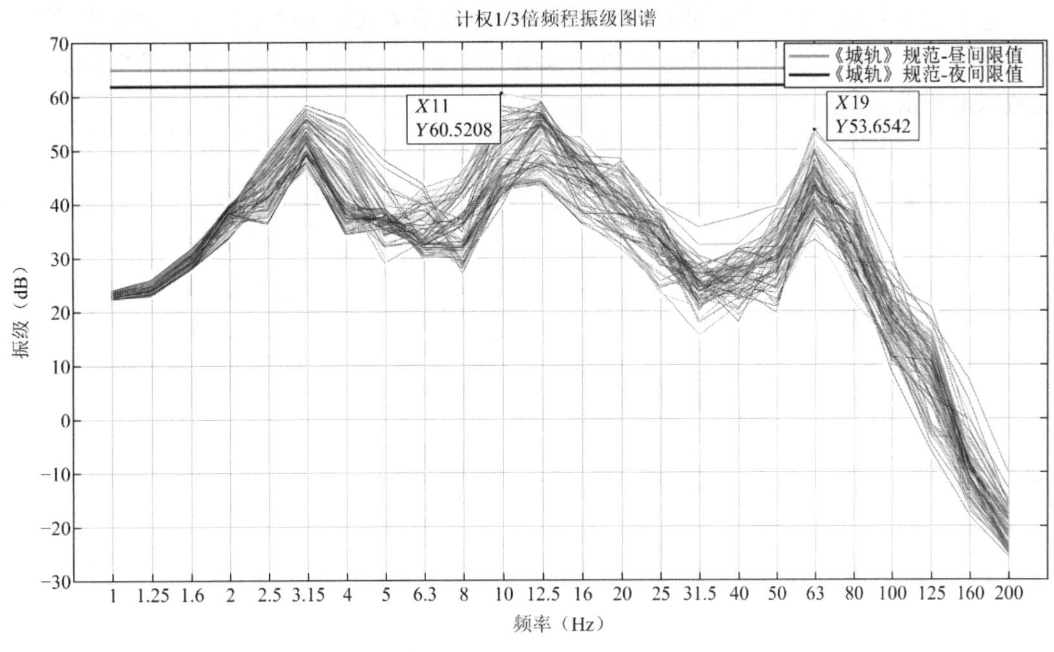

图 6-5-21　1 号激励下隔振模型 1 层舞台池座区域测点振级（计权）

有隔振时结构各层响应最大值点等效 A 声级　　**表 6-5-7**

	ACC-1			ACC-5		
	1 层池座	2 层楼座	−1 层池座	1 层池座	2 层楼座	−1 层池座
tec-P1	19.17	21.52	29.43	6.07	3.66	16.53
tec-P2	20.87	32.16	10.00	7.94	16.48	−2.91

续表

	ACC-1			ACC-5		
	1 层池座	2 层楼座	−1 层池座	1 层池座	2 层楼座	−1 层池座
tec-P3	20.21	24.01	26.31	7.07	10.56	14.23
tec-P4	21.73	28.80	18.13	8.09	14.95	6.33
tec-P5	16.14	22.29	24.15	3.28	9.78	12.40
tec-P6	20.46	17.70	22.35	7.10	5.14	8.41

对本项目采用钢弹簧＋聚氨酯垫组合减振，有如下结论：

在 1 号实测激励下，未隔振模型 1 层池座区域 70 个测点最大振级 84.4dB（计权），隔振模型 1 层池座区域 70 个测点最大振级 60.5dB（计权），最大减振量 23.9dB。

在 1 号实测激励下，未隔振模型 2 层楼座区域 44 个测点最大振级 82.7dB（计权），隔振模型 2 层楼座区域 44 个测点最大振级 62.0dB（计权），最大减振量 20.7dB。

在 1 号实测激励下，未隔振模型−1 层舞台池座区域 21 个测点最大振级 88.2dB（计权），隔振模型−1 层舞台池座区域 21 测点最大振级 58.05dB（计权），最大减振量 30.15dB。

隔振后，1 层池座区域、2 层楼座区以及−1 层舞台池座区域共计 135 个测点，所有测点 1/3 倍频程振级均满足规范限值要求。

综合上述分析，本项目采用钢弹簧的振震双控体系＋柔性减振垫板组合减振体系可以有效降低歌舞剧院结构的车致振动响应，保证歌舞剧院相关核心功能区域的结构振动满足规范限值要求。

[实例 6-6] 大兴区首创团河西地块定向安置房减振垫减振效果评价

一、工程概况

大兴区首创团河西地块定向安置房项目位于南五环至南六环之间，京开高速东侧1.5km。北侧为团河路，南侧为农田，西侧为盛嘉华苑小区，东侧为北京地铁新机场线，其中，3 号地块的 2 号楼和 4 号楼场地的东侧边缘与近端轨道中心线距离仅为 30m 和 46m 左右，如图 6-6-1 所示。

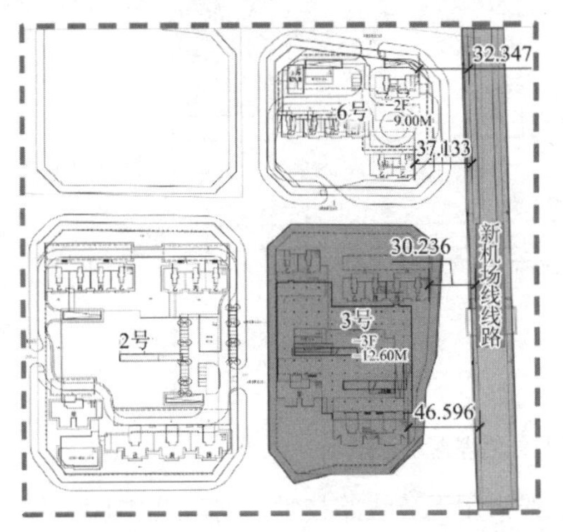

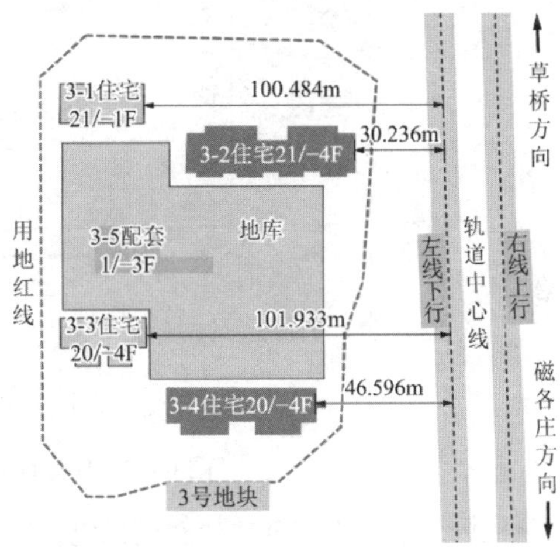

图 6-6-1　拟建场地位置

本项目建设住宅建筑 4 栋，配套建筑一栋，并配有地下车库，如表 6-6-1 所示，各建筑埋深与轨道结构埋深关系如表 6-6-2 和图 6-6-2 所示。

项目拟建建筑一览表　　**表 6-6-1**

建筑物名称	层数（地上/地下）	建筑高度（m）	结构形式	基础形式	基础埋深（m）	基底荷载（kPa）	±0.000 绝对标高（m）
3-1 住宅	21F/−1F	59.80	剪力墙结构	筏板基础	4.5	400	38.800
3-2 住宅	21F/−4F	59.80	剪力墙结构	筏板基础	12.5	450	38.800
3-3 住宅	20F/−4F	57.00	剪力墙结构	筏板基础	12.5	450	38.800
3-4 住宅	20F/−4F	57.00	剪力墙结构	筏板基础	12.5	450	38.800
3-5 配套	1F/−3F	6.00	框架剪力墙	同车库基础	14.00	—	38.800
3-6 车库	−3F	−12.40	框架剪力墙	筏板基础	14.00	150	38.800

3 号地块拟建住宅建筑与振源线路距离、埋深关系一览表　　**表 6-6-2**

建筑物名称	层数（地上/地下）	建筑高度（m）	基础埋深（m）	与轨道结构水平距离（m）	轨顶埋深（m）	基底与轨顶高差（m）
3-1 住宅	21F/−1F	59.80	4.5	100.5	19.7	15.2
3-2 住宅	21F/−4F	59.80	12.5	30.2	19.6	7.1

续表

建筑物名称	层数（地上/地下）	建筑高度（m）	基础埋深（m）	与轨道结构水平距离（m）	轨顶埋深（m）	基底与轨顶高差（m）
3-3 住宅	20F/−4F	57.00	12.5	101.9	19.4	6.9
3-4 住宅	20F/−4F	57.00	12.5	46.6	19.4	6.9

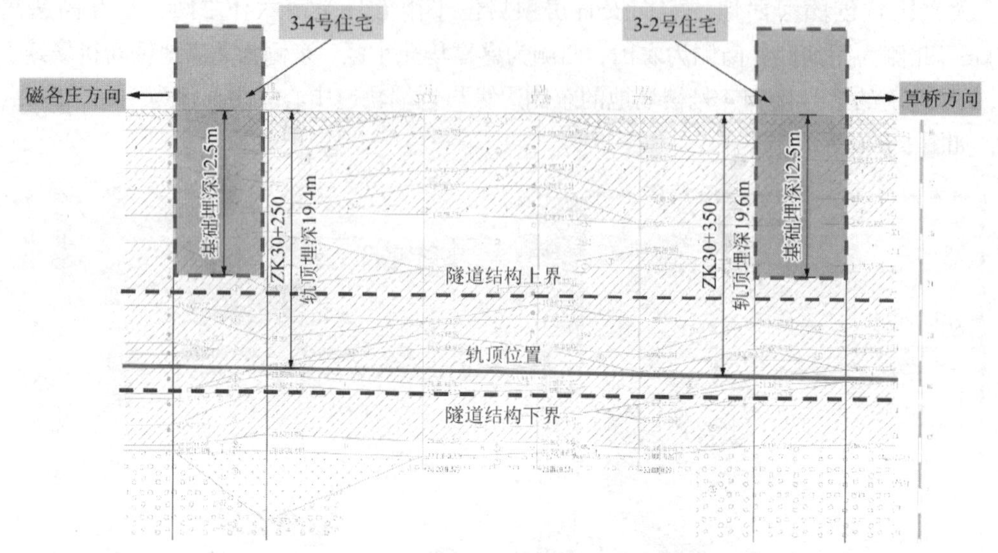

图 6-6-2　振源线路及住宅埋深示意图

新机场线采用 AC25kV 接触网供电，地下线采用无缝线路技术，列车通过地块的速度如表 6-6-3 所示。

3 号地块典型位置对应车速一览表　　　　**表 6-6-3**

适用地带范围	左线（近轨）下行车速（km/h）	右线上行车速（km/h）
北侧红线	87	85
2 号住宅建筑	85	62
4 号住宅建筑	65	65
南侧红线	60	60

由于距离地铁线路较近，依据《城市区域环境振动标准》GB 10070—1988 该项目按特殊住宅区振动要求进行设计，对应振动限值为 65dB；根据《城市轨道交通引起建筑物振动与二次辐射噪声限值及其测量方法标准》JGJ/T 170—2009 的有关规定，将该项目归为 1 类居住、文教区，其建筑室内振动限值应为昼间 65dB，夜间 62dB。

二、振动控制方案

根据设计文件提供的资料，在综合分析、现场振动测试及仿真计算的基础上，确定采用铺设减振垫的相关方案，铺设范围如图 6-6-3 所示，确保住宅楼结构在建成后能满足振动方面的要求。

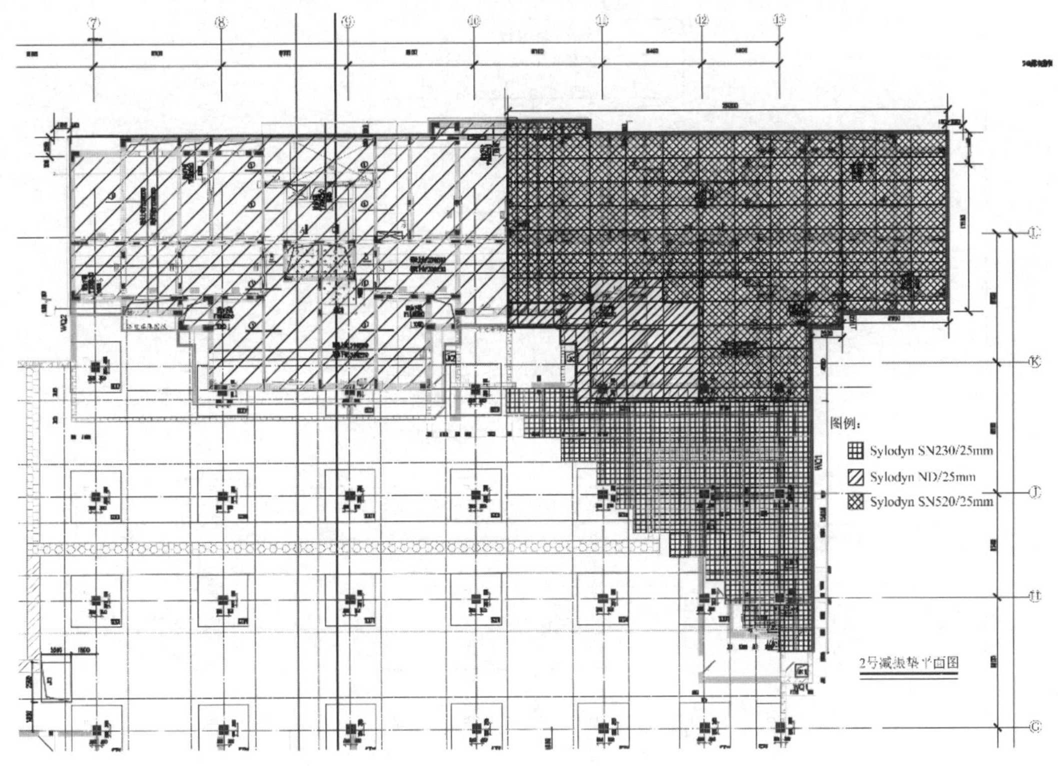

图 6-6-3　减振垫铺设范围

三、振动控制分析

1. 进行减振垫振动控制设计时须进行相关试验来确定满足要求时的减振垫厚度。试验流程共分八步：根据建筑隔振设计方案（结构总重M，隔振材料厚度φ，主频段ω）→现场就近确定配重块的各项参数（重量M_p，尺寸$L_p \times W_p \times H_p$）→确定减振垫参数→针对不同厚度的减振垫进行测试→根据试验模型图搭建试验结构→分别针对有无地铁振动两种工况进行试验→数据分析对比→确认满足要求时的减振垫厚度。

2. 主次振源隔振性能判别方法。地铁上盖建筑振源包括地铁经过振动和无地铁经过时环境振动，其中主振源为地铁振动F_s，次振源为无地铁经过时环境振动F_h，二者产生的响应分别为（R_{up}^{s}，R_{dn}^{s}）和（R_{up}^{h}，R_{dn}^{h}）；一般情况下F_s卓越频段为 10～30Hz，F_h的卓越频段为 3～10Hz，而减振垫减振系统卓越频段为 8～12Hz，故：

$$R_{up}^{s} < R_{dn}^{s} \tag{6-6-1}$$

$$R_{up}^{h} > R_{dn}^{h} \tag{6-6-2}$$

量化隔振效果判别标准：

$$R_{dn}^{h} < R_{up}^{h} < [R] \tag{6-6-3}$$

且$R_{dn}^{h}/R_{up}^{h} < 2.5$；

$$R_{up}^{s} < [R] < R_{dn}^{s} \tag{6-6-4}$$

$$R_{up}^{s}/R_{dn}^{s} < 3 \tag{6-6-5}$$

试验流程按图 6-6-4 执行。

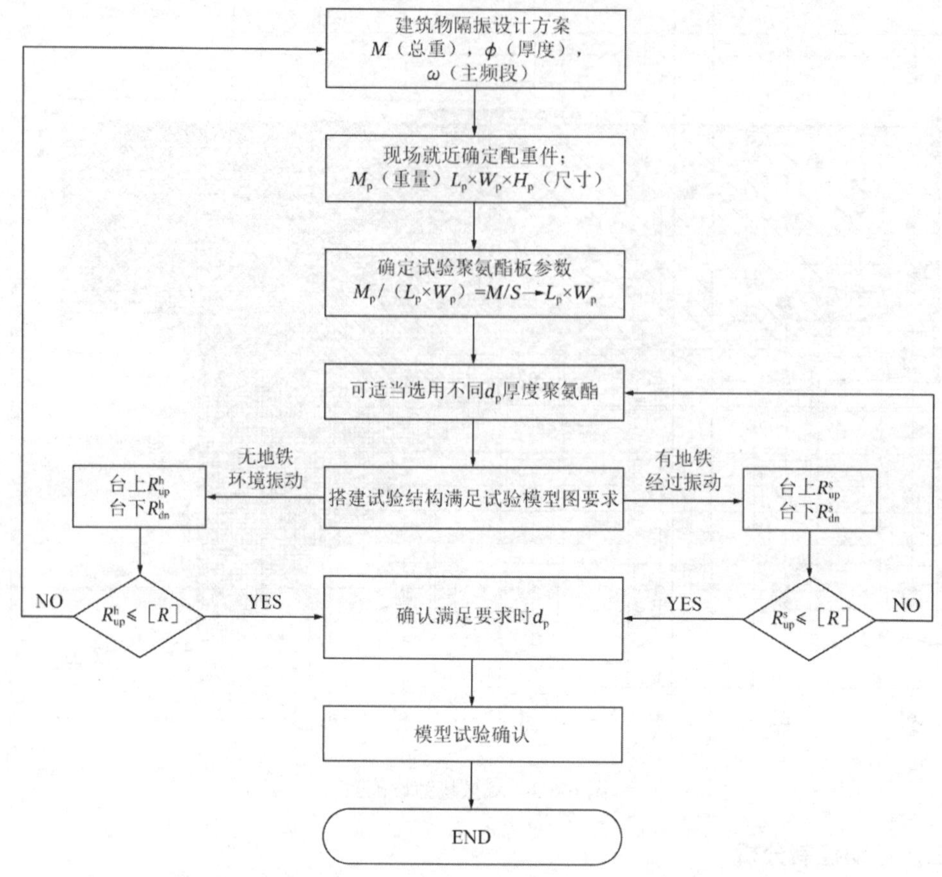

图 6-6-4　地铁上盖建筑隔振材料工程现场试验技术流程图

主要工作内容如下：

（1）现场就近确定配重件。根据建筑物隔振设计方案中各参数（结构总重M，隔振材料厚度φ，主频段ω），依据施工现场条件确定配重件M_p的总重和尺寸$L_p \times W_p \times H_p$。

（2）确定试验减振垫参数。根据配重块参数确定所需试验减振垫的面积，以减振垫厚度为待定参数进行试验。

（3）绘制试验模型图。根据配重件与减振垫的参数绘制试验模型图。

（4）现场试验。根据试验模型图搭建试验结构，针对不同厚度的减振垫进行试验，分别记录在有无地铁经过时台上与台下的振动响应数据。

（5）减振垫材料试验隔振性能判定。无地铁经过时满足$R_{up}^h < [R]$，如不满足，则需重新修改优化减振垫的设计；有地铁经过时需满足$R_{up}^s < [R]$，如不满足，则选择不同厚度的减振垫继续试验，最终选择合适的减振垫厚度。当有、无地铁经过时都满足减振要求时，则记录此时减振垫材料的厚度。

（6）若有必要，还可将减振垫送实验室对其进行刚度、弹性模量等检测。

四、振动控制关键技术

1. 安装前准备

（1）对安装面标高及平整度进行复测，表面平整度为 5mm/m。

（2）基底表面平整光滑不能有明显的尖锐凸起及坑洼。

（3）隧道内应保持整洁、基底无明显积水、无淤泥及裸露钢筋头等杂物。

2. 减振垫安装

（1）减振垫的切割

减振垫切割前应按照减振垫铺设范围，准确计算筏板底面面积，要求切割完的减振垫边角平直，以保证铺设后整体美观。

（2）减振垫铺设

减振垫铺设采用横铺方式，减振垫间衔接的缝隙宽度小于等于 10mm，在遇截面改变时，减振垫切割成相应的形状（图 6-6-5），减振垫接缝处可采用两种方式覆盖。

①采用胶带粘贴覆盖搭接接缝，如图 6-6-6 所示。

图 6-6-5 减振垫现场铺设示意图

图 6-6-6 胶带粘贴覆盖搭接施工示意图

②采用重叠条覆盖减振垫缝隙，然后用三排铆钉固定减振垫（图 6-6-7）。

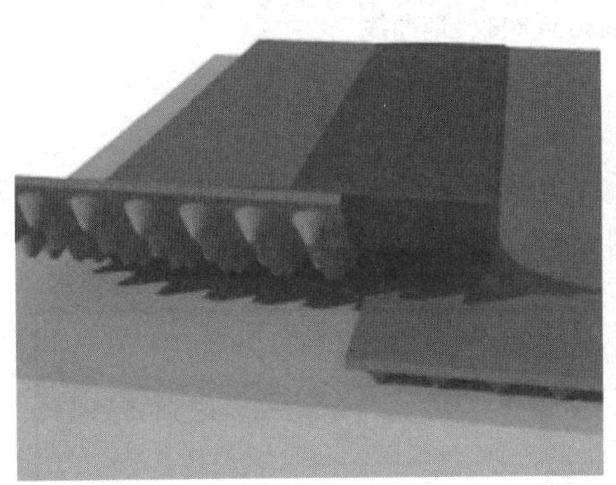

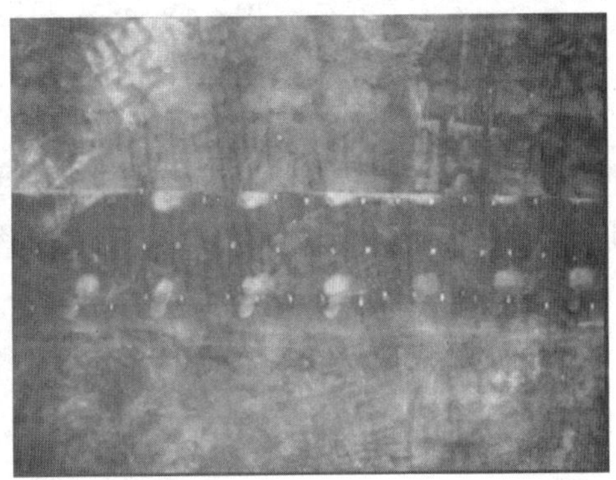

图 6-6-7 重叠条覆盖施工示意图

（3）减振垫二次密封措施

减振垫铺设就位后，筏板周边的减振垫外围采用尼龙布加以包裹，尼龙布也可阻止泥沙进入减振垫下部。

五、振动控制装置

本工程中所使用的其中一种型号的减振垫的厚度为 25mm，其静弹性模量为 1.2～2.9N/mm^2，动弹性模量为 3.6～18.2N/mm^2，压缩永久变形＜5%，其性能参数见图 6-6-8。

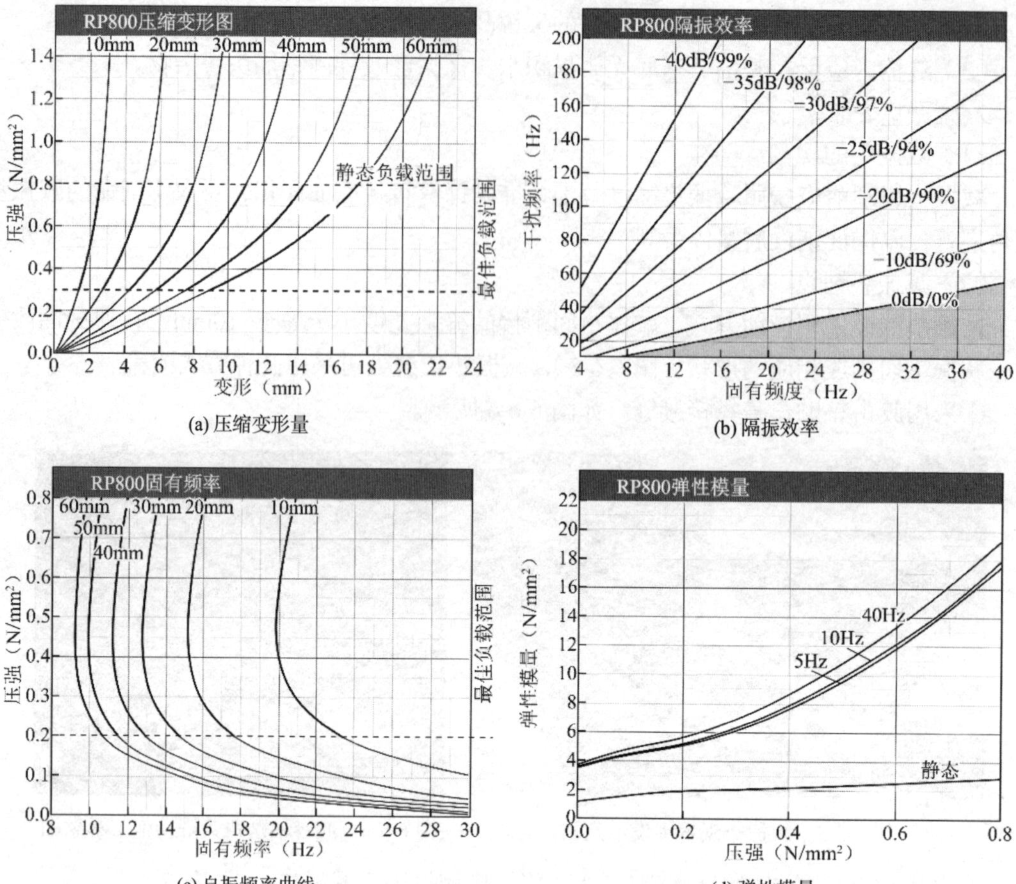

(a) 压缩变形量

(b) 隔振效率

(c) 自振频率曲线

(d) 弹性模量

图 6-6-8　Regupol vibration 800 性能曲线

六、振动控制效果

目前项目各楼层结构已经装修完成，为了解地铁经过时结构主体的振动水平，对 2 号楼和 4 号楼进行振动测试，部分测试结果如图 6-6-9、图 6-6-10 及表 6-6-4 所示。

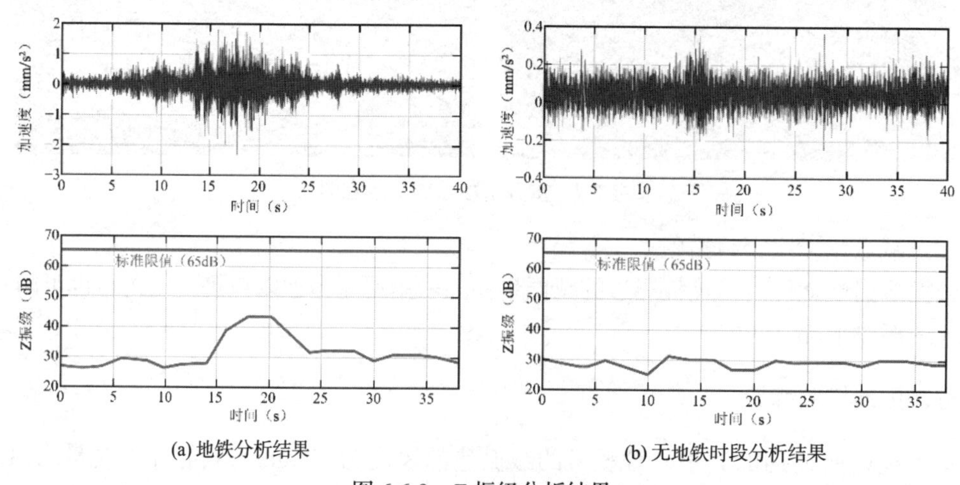

(a) 地铁分析结果

(b) 无地铁时段分析结果

图 6-6-9　Z 振级分析结果

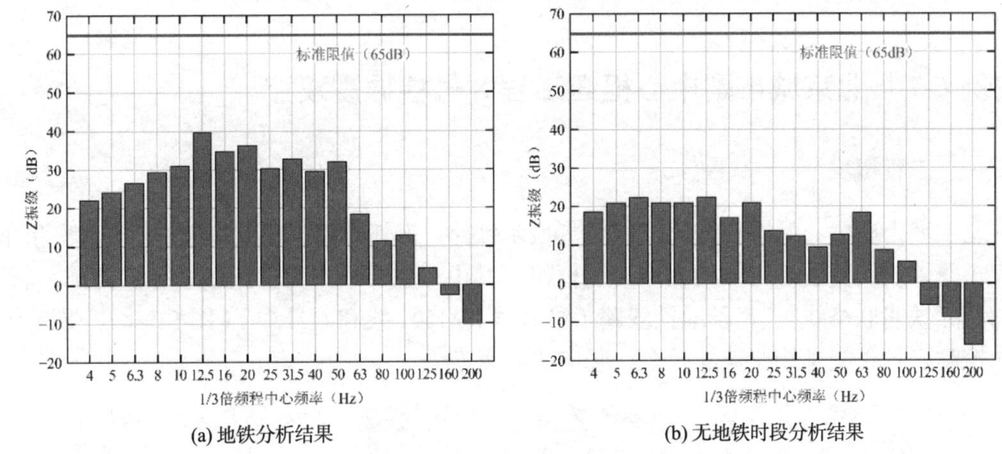

(a) 地铁分析结果　　(b) 无地铁时段分析结果

图 6-6-10　分频振级分析结果

地铁经过时各测点处最大 Z 振级和分频最大振级统计（dB）　　表 6-6-4

楼层	最大 Z 振级	分频最大振级
2 号楼地下 2 层	48.15	38.25
2 号楼 2 层	51.97	29.42
2 号楼 5 层	43.22	39.76
2 号楼 10 层	49.99	33.55
2 号楼 15 层	46.58	33.28
2 号楼 20 层	47.84	35.19
4 号楼地下 2 层	43.02	30.55
4 号楼 2 层	38.68	40.23
4 号楼 5 层	51.56	39.88
4 号楼 10 层	52.11	39.51

从测试结果可知，各楼层无地铁通过时段的最大 Z 振级和分频最大振级都小于地铁通过时段的振级，且都低于标准限值，满足相关要求。

[实例 6-7] 北京城市副中心枢纽工程 8 号楼振震双控

一、工程概况

北京城市副中心站综合交通枢纽是集城际铁路、市郊铁路、城市轨道、公交、出租车、私家车等多层次交通于一体的大型交通枢纽。其中，主要线路为：两条城际铁路（京唐城际和城际铁路联络线）、三条地铁线路（平谷线、M101 线和 6 号线）（图 6-7-1）。受既有 6 号线控制，各条交叉线路彼此咬合，竖向关系复杂。

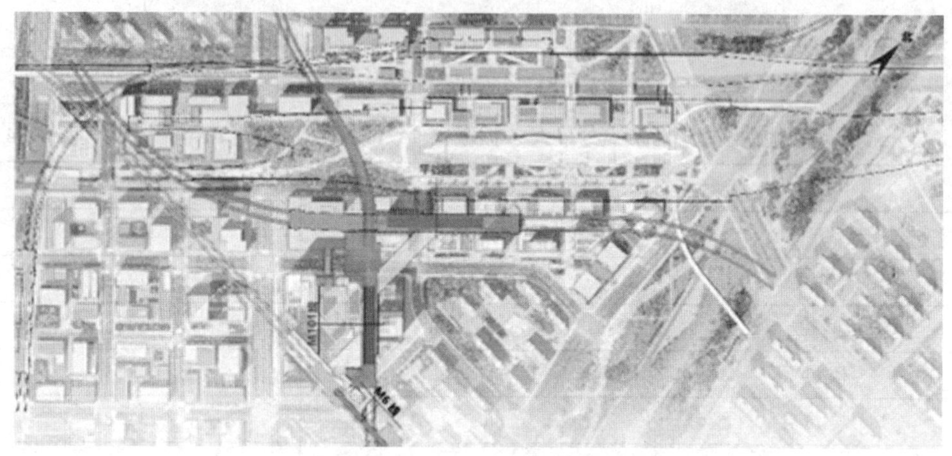

图 6-7-1　副中心总平面图

北京城市副中心站综合交通枢纽 03 单元 8 号楼为异形结构，是一座典型的多业态、多功能建筑。其中地下共计 5 层：B0.5 层以下为大铁区域；B0.5 层层高 6.6m，主要功能为商业空间、排风机房、车库、设备管线等。地上共计 5 层，总高度 24m，其中 1 层和 2 层为商业楼层，3～5 层为办公楼层。8 号楼北侧紧邻城际铁路（京唐城际和城际铁路联络线）车站，南侧紧邻平谷线（局部下穿），东侧紧邻东六环，西南侧紧邻站南路（图 6-7-2 和图 6-7-3）。

图 6-7-2　03 单元 8 号楼位置图

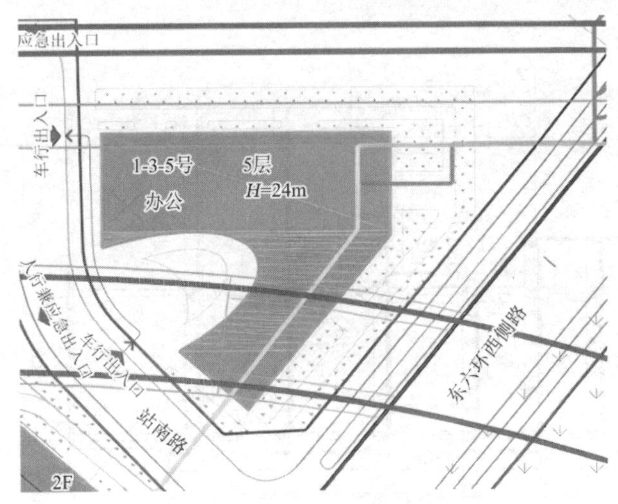

图 6-7-3 03 单元 8 号楼局部放大

二、振动控制方案

本项目针对地铁振动和地震设防，综合采用侧重于竖向隔振的振震双控设计方法，具体技术方案是钢弹簧 + 阻尼器 + 限位器 + 防冲器系统。

该项技术主要针对在一定烈度区域内由于地铁毗邻，竖向振动危害显著且急迫，利用大负载、低刚度、高稳定的钢弹簧隔振装置来对竖向振动进行隔振，并利用钢弹簧侧向刚度 + 水平向混合布置小出力、小位移、高耗能油液阻尼器 + 限位器来综合防御地震作用，再利用限位器 + 防冲器来应对大震作用下水平侧向限位和冲击，以此保障如下要求：

（1）在常态地铁运行状态下，竖向振动影响满足规范要求，并预留储备。

（2）在险时地震作用状态下，水平地震作用下结构侧向变形满足地震设防要求，大震下充分发挥所有装置的动力性能，保证双控层结构和装置不出现破坏。

8 号楼原抗震设防体系为抗震设计体系，该体系采用自上而下结构传力设计，地震作用下以水平剪切破坏为主，其中，地上建筑采用小震弹性设计标准，地下结构采用中震弹性设计标准。该结构体系为偏于刚性的设计，因此，建筑结构竖向无减振功能。整个建筑结构由钢管混凝土柱、现浇钢筋混凝土梁主梁、预制钢筋混凝土次梁等组成（图 6-7-4）。

本项目根据前述原因，拟采用侧重竖向隔振的振震双控方法，具体双控层的非结构构成包括：大负载钢弹簧 + 黏滞阻尼器 + 限位器 + 防冲器。整个结构体系共有结构柱 42 根，隔振层上部总质量为 3.6 万 t，结构柱平均承载力为 857t，单个结构柱最大承载力达到 1476t（图 6-7-5）。

为了实现振震双控，需将上部建筑结构与下部结构整体打断，整个双控层高度为 1.5m，布置于 B0.5 层顶部，将原高度为±0.000m 梁板结构进行整体降板，同时在±0.000m 高度增设新的梁板结构，在上、下梁板结构之间增设振震双控设备，以实现双控功能。为了保证隔振器的承载面积，需在上、下结构柱位置镜像布置节点柱帽。双控设计平面、剖面图见图 6-7-6 和图 6-7-7。

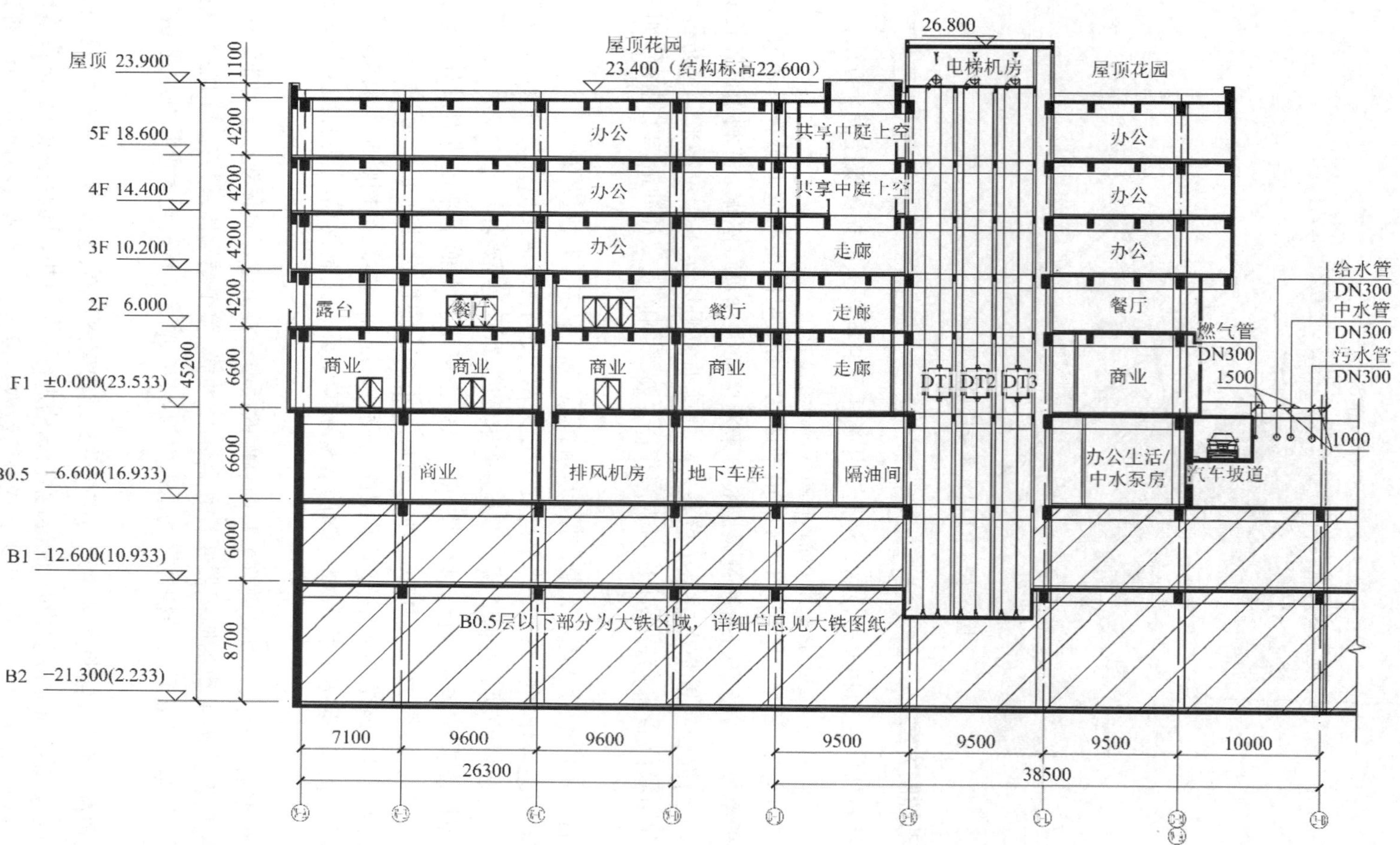

图 6-7-4 8号楼原设计方案剖面

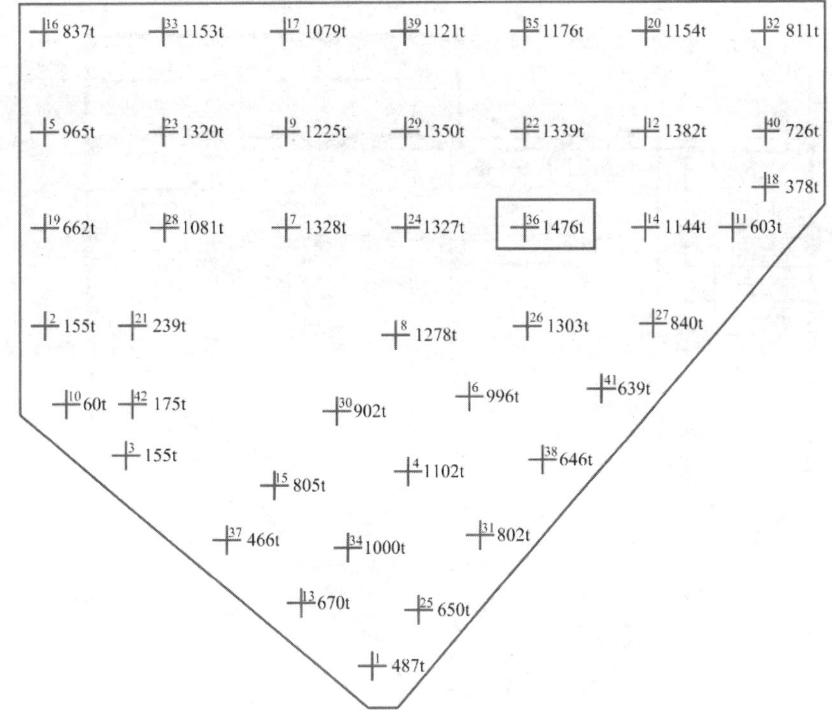

图 6-7-5　8 号楼振震双控设计方案各结构柱承载示意

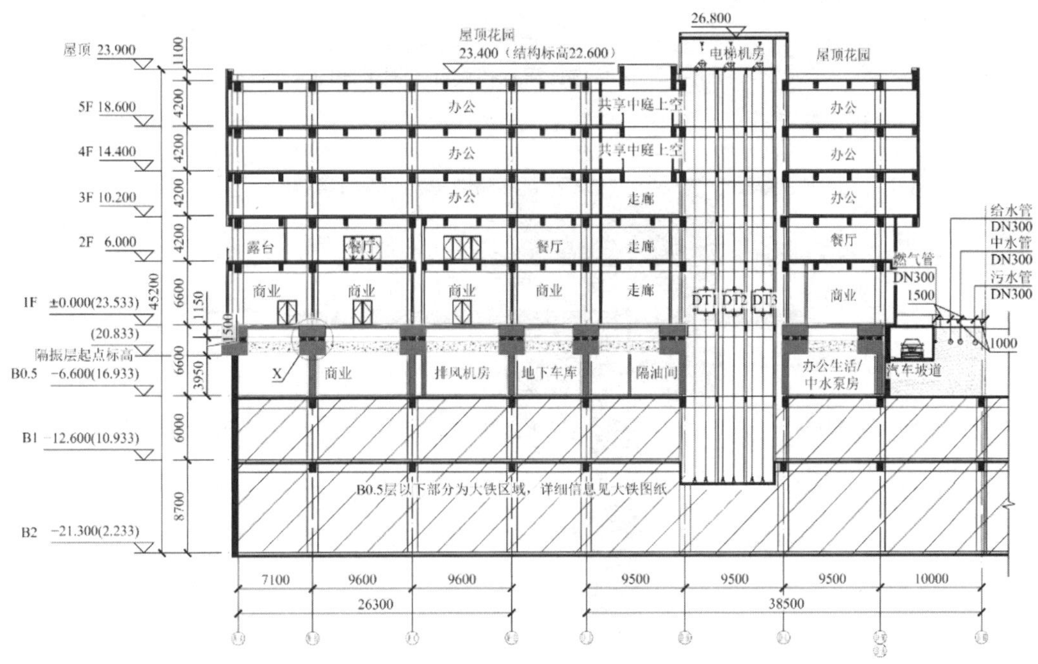

图 6-7-6　8 号楼振震双控设计方案剖面图

建筑空间高度方面，除 B0.5 层以外，其他楼层均不受任何影响。B0.5 层整体高度为 6.6m，1 层底梁板结构高度 1m，1 层装修层高度 0.1m，双控设备层高度 0.5m，B0.5 层顶梁板结构高度 1m，管线高度预留 0.8m，B0.5 层净高可达 3.2m，满足建筑功能使用要求（图 6-7-8）。

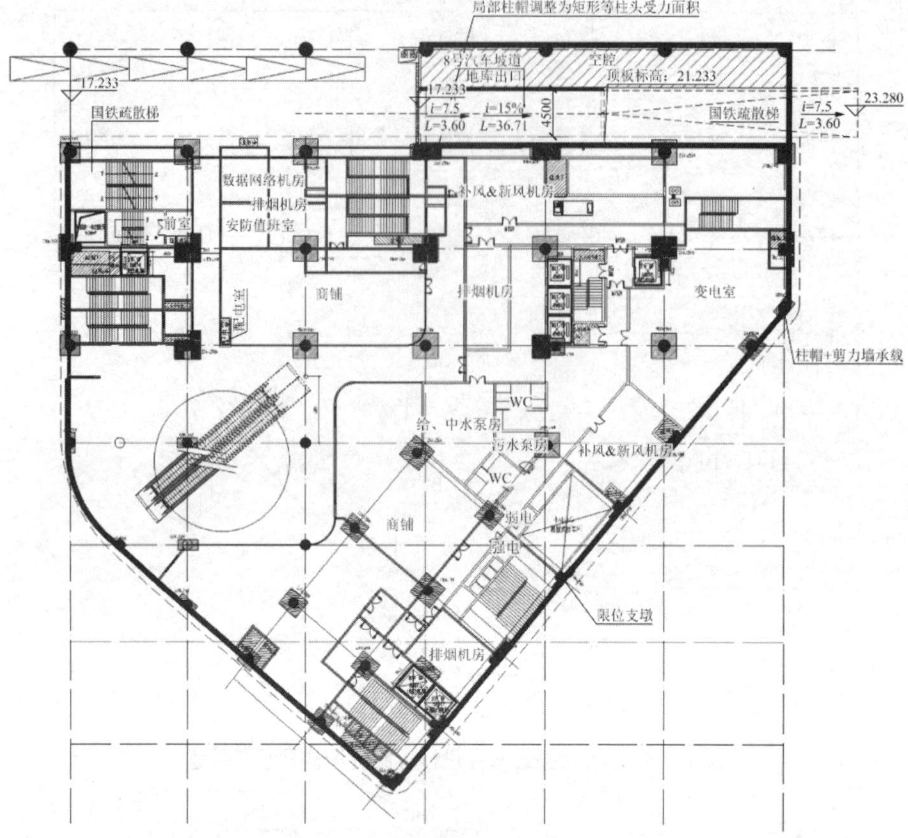

图 6-7-7　8 号楼振震双控设计方案平面图

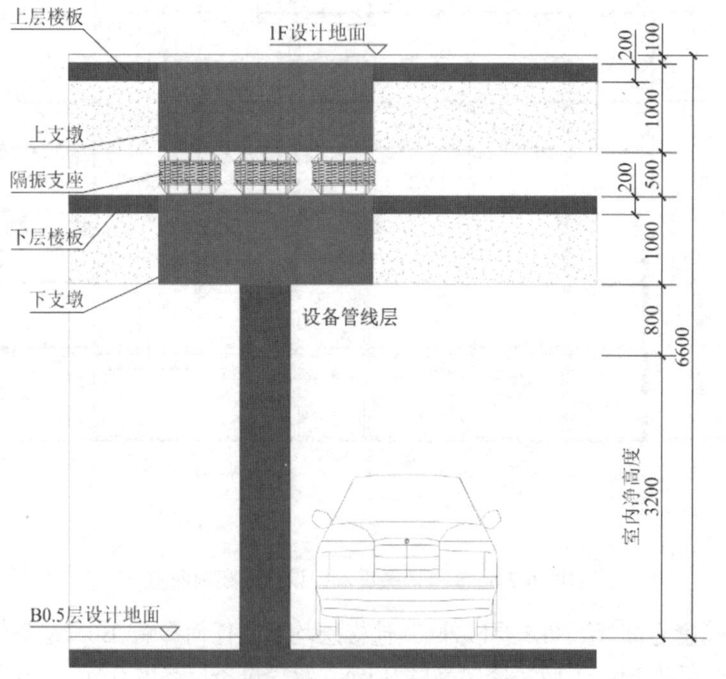

图 6-7-8　8 号楼 B0.5 层建筑空间使用要求

三、振动控制分析

根据《工程隔振设计标准》GB 50463—2019及《建筑振动工程手册》，对于建筑隔振体系，隔振装置的设计和布置主要依据下列原则：

（1）隔振体系的固有圆频率应低于干扰圆频率，在一般情况下，应满足频率比≥2.5。当振源为矩形或三角形脉冲时，脉冲作用时间t_0与隔振体系固有周期T_n之比，应符合小于0.1或0.2。本项目竖向隔振主要用于隔离宽频的地铁振动，地铁振动作用频率主要位于50～80Hz和300～500Hz附近，采用低频的钢弹簧隔振器能够有非常好的隔振效果。

（2）凡有下列情况之一时，隔振体系应具有足够的阻尼：

①扰频经过共振区时，须避免出现过大的振动线位移。

②在外力（地铁振动等）冲击扰力作用后，要求体系振动迅速衰减。

③隔振建筑内因各种原因产生振动时，能使其迅速平稳。

（3）被隔振建筑体系的结构形式和隔振器布置方式的选择，应满足下列要求：

①应尽量缩短隔振体系的重心与扰力作用线之间的距离。

②隔振器在平面上的布置，力求使其刚度中心与隔振体系的重心在同一垂直线上。对于积极隔振，当难以满足上述要求时，则隔振器的刚度中心与隔振体系重心的水平偏离不应大于所在边长的5%，此时竖向的振动线位移计算可不考虑回转的影响。对消极隔振，应使隔振体系重心与隔振器刚度中心尽量重合。本项目中因建筑物的异形结构，各支撑柱头不均匀分布，既要考虑隔振器受力，也要在完成整体布置之后验算隔振器的刚度中心与建筑体系的重心偏距，极限状态下不应超出积极隔振的最大偏离要求。

③应留有隔振器安装和维修所需的空间。

（4）当采用积极隔振时，被隔振对象与管道连接宜采用柔性接头。本项目建筑物中存在上下贯穿隔振层的管道、电梯、扶梯、楼梯、车道等大量设备设施，上、下结构之间必须做到无硬接触，避免振动短路。

四、振动控制关键技术

1. 振震双控设计方法

振震双控设计方法是主导解决建筑毗邻地铁时面临的竖向为主的振动危害与水平向为主的地震危害的重要指导原则，其主要思路是通过分析振震双控的本质问题，来确定系列的设计思路，进而确定其不同场景下的设计方法。抗震结构基底剪力大，建筑结构层间剪切破坏是一种主要破坏形式，所以，减小基底剪力是抗震设防的主要设计方向之一。通过隔震层的变形耗能，可以有效降低地震作用产生的结构基底剪力，减小地震破坏作用。工程振动容易引起结构竖向局部共振，所以减小竖向振动影响是工程振动控制的主要方向。通过隔振层的错频调谐减振，可以有效地降低工程振动对结构产生的竖向作用危害。

因此，从方向、频段、能量、幅值、持时等特征，振震双控的本质是通过水平向耗能进行减震，同时竖向调频进行隔振，在具体设计上主要表现在以下三种类型：

（1）侧重竖向隔振的振震双控设计方法

主要指地震设防烈度相对较低、竖向振动强度相对较大、容许振动要求相对较高时，建议采用的振震双控方法。其核心设计思想是先将地铁产生的以竖向影响较大的振动作为处理对象，采用调谐、耗能、吸振等方式进行控制，特别是对于起始频率较低的竖向振动（< 8Hz），采用竖向低频率、高稳定性的隔振措施较为有效；在此基础上，再附加对应的抗、隔、耗的措施来减小地震动的影响，通过对设防地震和大震验算，并制定大震下双控层完好无损的控制目标，结合建筑结构和双控措施参数的调整和优化设计，最终达到目标，实现振震双控的目标。

（2）侧重水平向隔震的振震双控设计方法

主要指地震设防烈度相对较高、竖向振动强度相对较小、容许振动要求相对较低时，建议采用的振震双控方法。具体在工程中，侧重于水平隔震的振震双控，典型方法如以叠层橡胶减振器为核心装置，通过增设竖向高承载、低刚度、小变形的聚氨酯隔振垫控制竖向振动。对于建筑工程而言，由于双控层节点竖向负载加大，必须使竖向承载材料在大负载下仍具备一定的竖向弹性变形能力，才可以保障竖向低频、调频、错频减振，否则，其竖向减隔振能力有限，这是当前该类方法的主要技术实施难点。

（3）多维集成装置为主的振震双控设计方法

主要指地震设防烈度相对较高、竖向振动强度相对较大、容许振动要求相对较高时，振动危害和地震危害同样突出时，如具有特别重要功能的建筑物、大科学工程、重要危害源设施等，建议采用的振震双控设计方法。其核心思想是从方法上减轻单一竖向振动控制措施与水平向震动控制措施之间的冲突，形成一套方法和产品能有效同步解决两种危害，使得两种控制功能服役不相互制约。具体在工程中，如三维一体化隔振（震）支座、超阻尼材料支座等。

2. 本项目面临的主要关键技术难题

（1）关于振震双控的设计方案。当前采用侧重竖向隔振的振震双控体系，具体表现为大负载钢弹簧 + 黏滞阻尼器 + 限位器 + 防冲器方案，该方案在振动控制方面的有效性并未确定。

（2）关于设防体系变化的有效性。从建筑结构功能设计角度，建筑结构原抗震体系转换为振震双控体系是否具有合理性和可行性，包括原建筑功能的冲突等。

（3）关于设防目标下的抗震性能。在设置振震双控层后，其在设防地震和大震下的设计目标如何定，抗震设防的性能如何满足。

（4）关于振震双控性价比最大化。本项目需要综合考虑振震双控措施采用后带来的总投资变化和综合潜在效益变化，即建筑结构的品质得到充分保障的同时，总造价最优。

（5）关于振震双控措施运维质保。本项目中，参加的技术服务攻关团队对项目的全生命周期提供的服务内容项需要充分说明，保证建筑结构在服役过程中无振动噪声危害。

五、振动控制装置

1. 隔振系统主要设计参数

（1）隔振器工作压缩量：11.5mm

（2）隔振器设计安全裕量下压缩量：15mm

（3）隔振器极限压缩量：20.5mm

（4）系统预估固有频率：4.66Hz（可控范围 3.5～6.5Hz）

（5）系统隔振效率：总体时域 > 85%；分频（1～6Hz，≥ 15%；6～20Hz，≥ 65%；20～50Hz，≥ 90%；50～200Hz，≥ 98%）

2. 结构支撑节点荷载和设计参数（图 6-7-9）

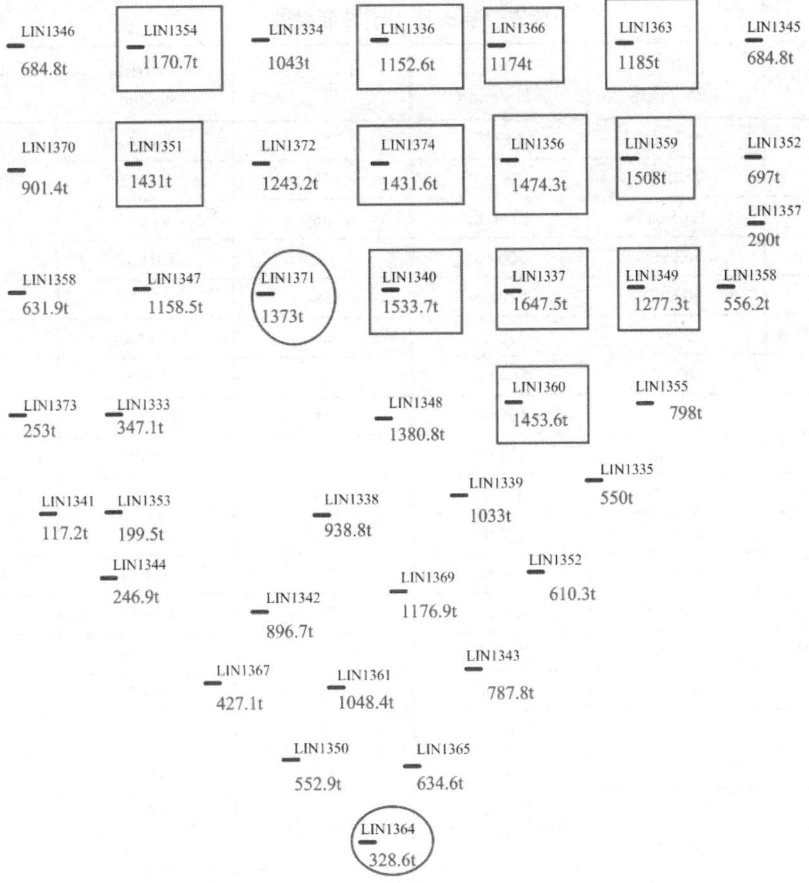

图 6-7-9　节点荷载布置图

六、振动控制效果

本工程振震双控技术采用以钢弹簧隔振支座为主的双控技术，综合考虑其刚度参数和平面布置，本工程共使用了 42 个支座，隔振支座平面布置见图 6-7-10。各支座力学性能详见表 6-7-1。

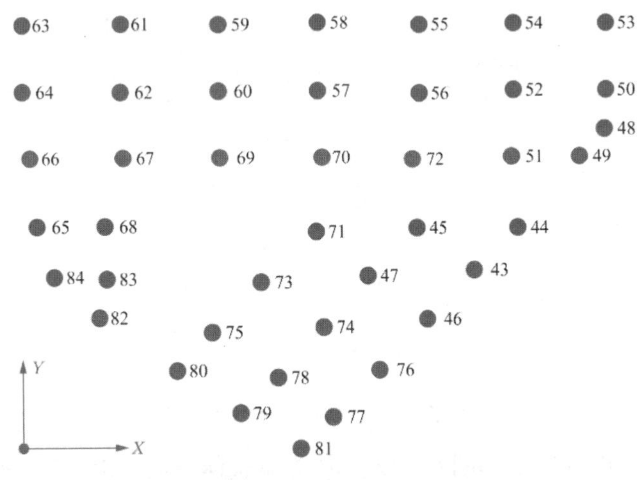

图 6-7-10　隔振支座编号及布置图

弹簧隔振支座力学性能参数　　表 6-7-1

支座编号	竖向刚度（kN/mm）	水平向刚度（kN/mm）	支座编号	竖向刚度（kN/mm）	水平向刚度（kN/mm）
43	562.96	506.66	64	844.44	760.00
44	788.14	709.33	65	253.33	228.00
45	1205.51	1084.96	66	675.55	608.00
46	562.96	506.66	67	1015.17	913.65
47	900.74	810.66	68	337.78	304.00
48	309.63	278.67	69	1284.82	1156.34
49	562.96	506.66	70	1205.51	1084.96
50	675.55	608.00	71	1237.24	1113.51
51	1015.17	913.65	72	1284.82	1156.34
52	1237.24	1113.51	73	900.74	810.66
53	675.55	608.00	74	951.72	856.55
54	951.72	856.55	75	844.44	760.00
55	951.72	856.55	76	675.55	608.00
56	1205.51	1084.96	77	562.96	506.66
57	1205.51	1084.96	78	900.74	810.66
58	951.72	856.55	79	562.96	506.66
59	951.72	856.55	80	450.37	405.33
60	1015.17	913.65	81	394.07	354.66
61	951.72	856.55	82	253.33	228.00
62	1205.51	1084.96	83	253.33	228.00
63	675.55	608.00	84	112.59	101.33

采用北京地区实测地铁振动荷载作为输入进行时程计算，初步了解隔振效果，各层提取相同位置节点进行对比（图 6-7-11）。

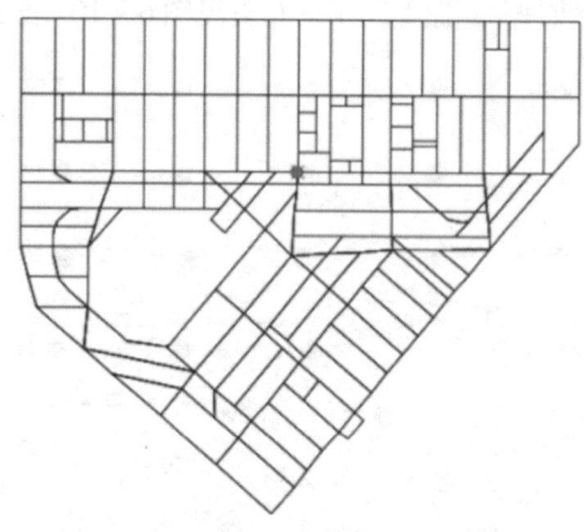

图 6-7-11　响应分析点

根据计算结果（图 6-7-12 和图 6-7-13），该方案整体隔振效果明显，振动加速度有效值来看，输入数据约 51mm/s^2，隔振层约 3mm/s^2，1 层约 1.3mm/s^2，2 层约 0.66mm/s^2，3 层约 0.63mm/s²，4 层约 0.76mm/s²，5 层约 0.84mm/s²。隔振层有效值衰减约 94%，1 层衰减约 97%，其余各层衰减率在 98%以上。各楼层间，B1 层振动最大，1 层次之，其余各层振动水平接近。

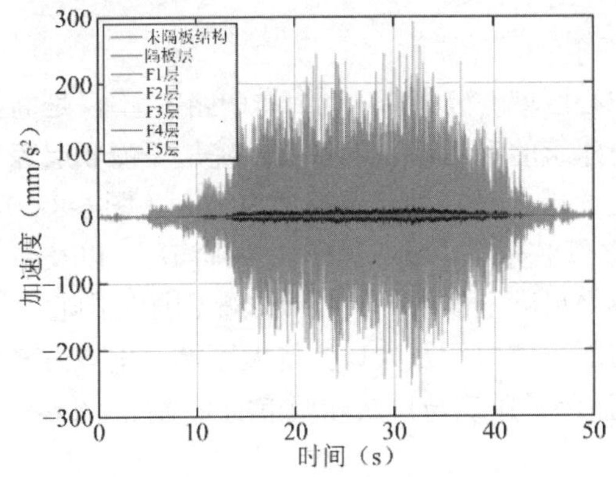

图 6-7-12　未隔振结构与隔振结构振动响应对比

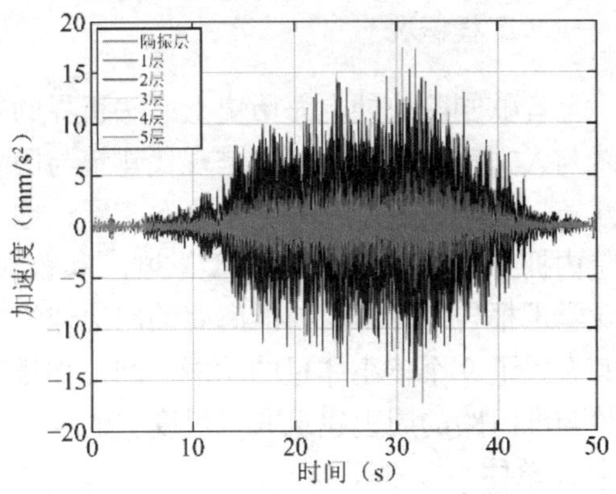

图 6-7-13　隔振结构各层振动响应对比

［实例 6-8］上音歌剧院钢弹簧整体隔振

一、工程概况

上音歌剧院地处上海历史上原法租界的中心区域（汾阳路、近淮海中路），不仅是商业轴线与人文轴线交界处，也是现代建筑与历史建筑的汇集地。上音歌剧院是一幢 8 层综合体建筑，建筑面积 31926m^2，地下 3 层，地上 5 层，最高处建筑高度为 34m（图 6-8-1）。剧院内拥有 1 个 1200 座的中型歌剧厅和歌剧、管弦乐、合唱、民乐 4 个排演厅，以及一个专业学术报告厅。为了与淮海路的周边建筑取得尺度上的统一，设计以歌剧厅为中心，围绕其布置了 9 个较小体量的功能空间，如排演厅、售票厅及入口接待大厅等。化整为零的体量与淮海路的周边建筑取得尺度上的统一，强化了建筑与自然和城市的互动性（图 6-8-2，其中 A 单体为歌剧厅）。

图 6-8-1　上音歌剧院鸟瞰图

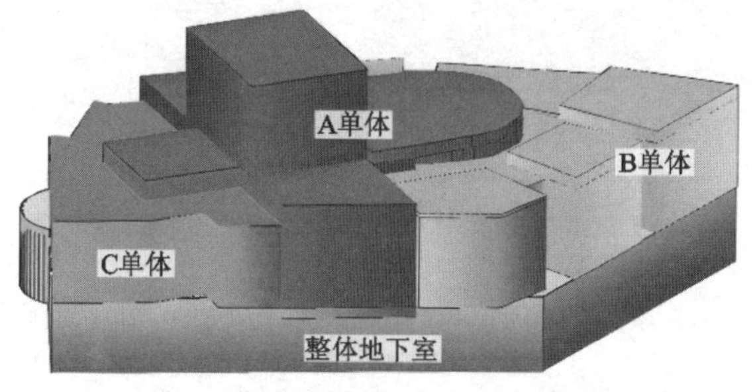

图 6-8-2　上音歌剧院结构单体整体构成图

建设方要求，歌剧厅要能够演出古典西方歌剧，同时又兼具演出浪漫派歌剧及其他形式演出的条件，因此，歌剧厅借鉴古典歌剧院的形式，呈现马蹄形（观众席呈半包围式的环形结构），该结构让观众更贴近舞台，即使在三层，也不会觉得离舞台太过遥远；独特的可升降反声板和可升降乐池设计能为各类声乐、器乐演出提供一流的声场效果；座椅后方的字幕显示屏可提供 8 种不同语言的字幕切换，当今世界仅有维也纳国家歌剧院等几个国际级的歌剧院使用了这一技术。它是一个世界一流的，集文艺演出、艺术普及、原创基地、国际交流于一体的现代化智慧歌剧院。

上海地铁 1 号线自东向西沿淮海中路从项目北侧穿过，歌剧厅地下室北侧外边缘至地铁 1 号线隧道最近处仅为 7.4m。上海地铁 1 号线是上海市内第一条开通运营的地铁线路，1993 年就投入运行，轨道上未采取任何减振降噪措施，而在原有线路上已不具备全面减振降噪的改造条件。歌剧院是声学要求很高的建筑，并且建设方的目标是将其打造为亚洲一流的歌剧院，因此，如何消除轨道交通运行引起的结构振动及二次辐射噪声成为歌剧院建设面临的难题。

二、振动控制分析及控制设计方案

针对地铁运行对歌剧院的影响问题，设计团队与声学团队进行密切的配合，并针对该问题制定了详细的技术路线，如图 6-8-3 所示。

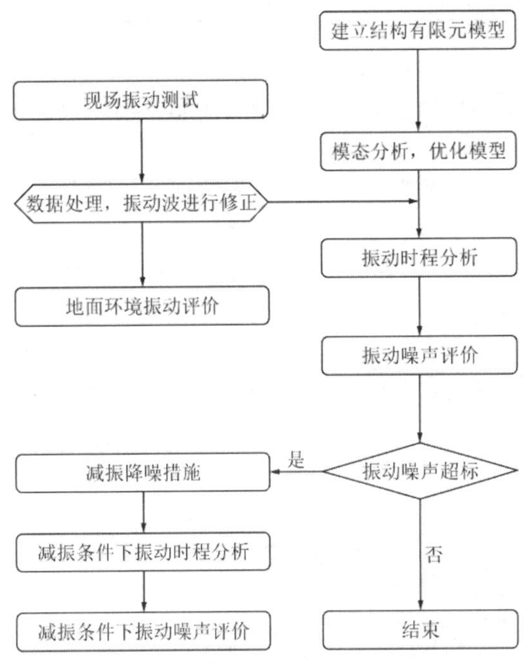

图 6-8-3　振动控制技术路线

1. 振动评价指标

我国有关建筑物振动评价的标准有三本主要的规范或标准，三种国家规范标准评价方法对比见表 6-8-1。由于城区采用单值计权法的评价方法，不易反映振动在各频段上的表现情况，且本项目为非住宅类项目，故本项目采用《城市轨道交通引起建筑物振动与二次辐射噪声限值及其测量方法标准》JGJ/T 170—2009 的评价方法对结构的振动进行评价。

三种国家规范标准同评价指标对比　　表 6-8-1

标准名称	标准编号	评价指标	评价方法	评价范围（Hz）
《住宅建筑室内振动限值及其测量方法标准》	GB/T 50355—2018	振动加速级L_a	分频多值不计权	1～80
《城市区域环境振动标准》	GB 10070—1988	铅垂向 Z 振级VL_Z	单值计权	1～80
《城市轨道交通引起建筑物振动与二次辐射噪声限值及其测量方法》	JGJ/T 170—2009	铅垂向最大振动加速度级VL_{max}	分频计权最大值	4～200

《城市轨道交通引起建筑物振动与二次辐射噪声限值及其测量方法标准》JGJ/T 170—2009 中城市轨道交通沿线建筑物室内振动限值见表 6-8-2。本项目为观演类建筑对振动噪声要求较高，因此，采用特殊住宅区限值进行评价，即夜间限值 62dB。

城市轨道交通沿线建筑物室内振动限值（dB）　　表 6-8-2

区域	昼间	夜间
特殊住宅区	65	62
居住、文教区	65	62
居住、商业混合区、商业中心区	70	67
工业集中区	75	72
交通干线两侧	75	72

2. 项目场地振动分析

在方案设计阶段，对项目所在场地进行振动实测（测点布置见图 6-8-4），并对测试结果进行分析评价。

对 5 个测点进行测量，得到典型加速度时程数据，各测点的 1/3 倍频程振动加速度级见图 6-8-5。通过对典型测量结果的分析，表明场地受地铁振动影响明显，在地铁过车时地面振动强烈，数值超出限值（特殊住宅区），特别是在 50～80Hz 区段，地铁振动最为剧烈，是该场地地铁振动的卓越频段。

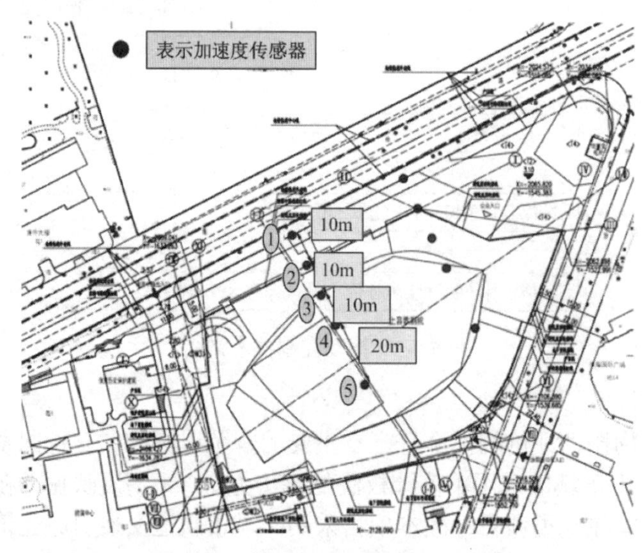

图 6-8-4　场地振动测试测点布置图

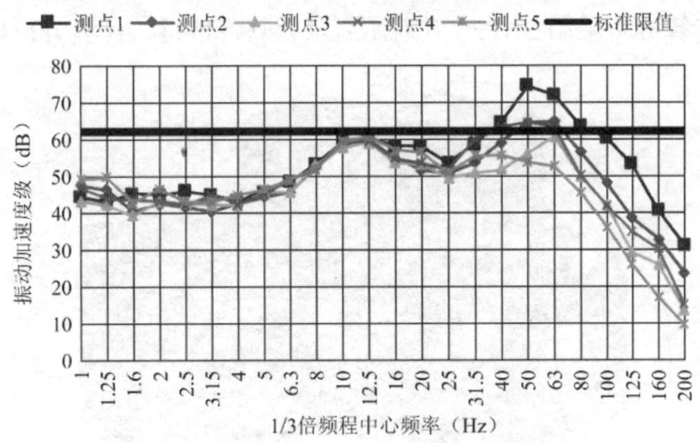

图 6-8-5　各测点 1/3 倍频程振动加速度级分析

3. 结构隔振设计及分析

为使歌剧院的功能不受地铁振动的影响，保证歌剧院演出的高品质，结构设计将整体歌剧院部分（包括主舞台、侧台、后台和观众厅）从下到上侧边均与周边结构完全结构性脱开，仅通过底部的弹簧隔振器（隔振系统）支承。根据结构的荷载，A 单体下部最终设置 53 种型号共计 197 套钢弹簧隔振器，隔振系统竖向频率为 3.5Hz。钢弹簧隔振器的布置如图 6-8-6 所示。

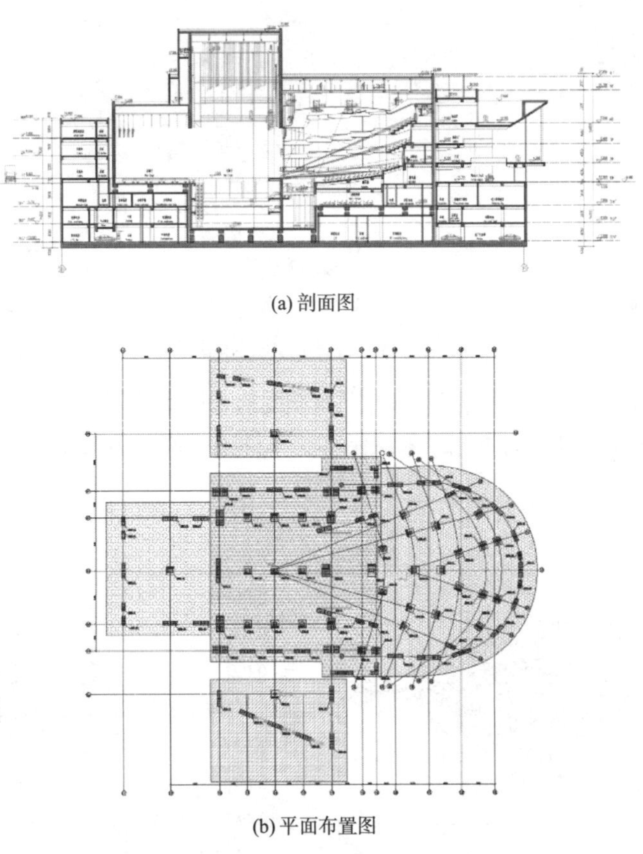

(a) 剖面图

(b) 平面布置图

图 6-8-6　单体 A 隔振结构平面及剖面图

歌剧院隔振计算分析采用 SAP2000 通用有限元软件进行，计算分析模型见图 6-8-7。

图 6-8-7 单体 A 结构计算模型

在结构底部输入现场 5 个测点测试得到的加速度时程，进行结构振动响应分析。并选取一层池座低区的 4000802 号节点、一层池座高区的 5000417 号节点、二层楼座的 6000407 号节点、三层楼座的 7000434 号节点作为评价点，各评价点的分布见图 6-8-8。

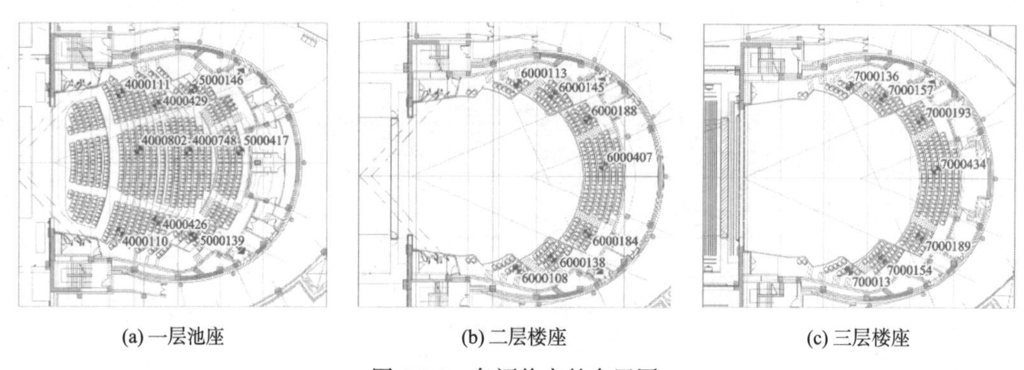

(a) 一层池座　　(b) 二层楼座　　(c) 三层楼座

图 6-8-8 各评价点的布置图

各评价点未采取隔振措施结构振动响应加速度与采取钢弹簧整体隔振措施后结构振动响应加速度对比如图 6-8-9 所示，可知，采取钢弹簧整体隔振措施后，结构振动加速度显著降低。

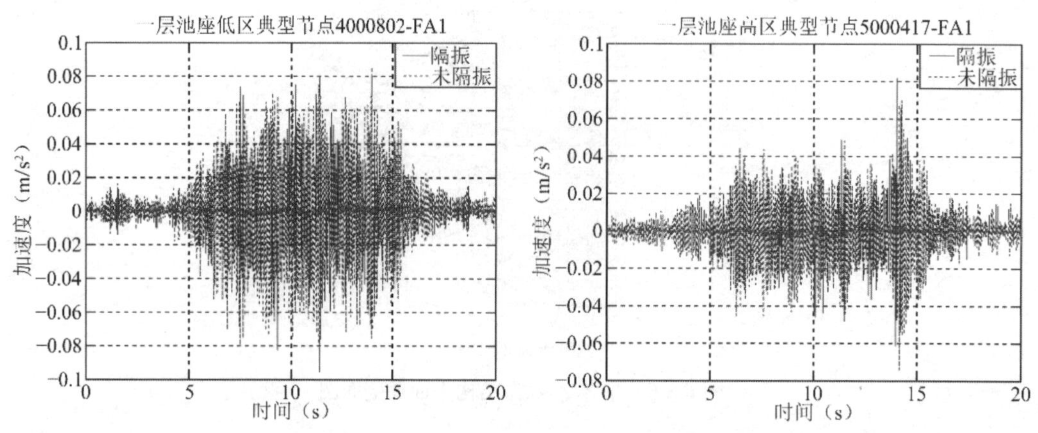

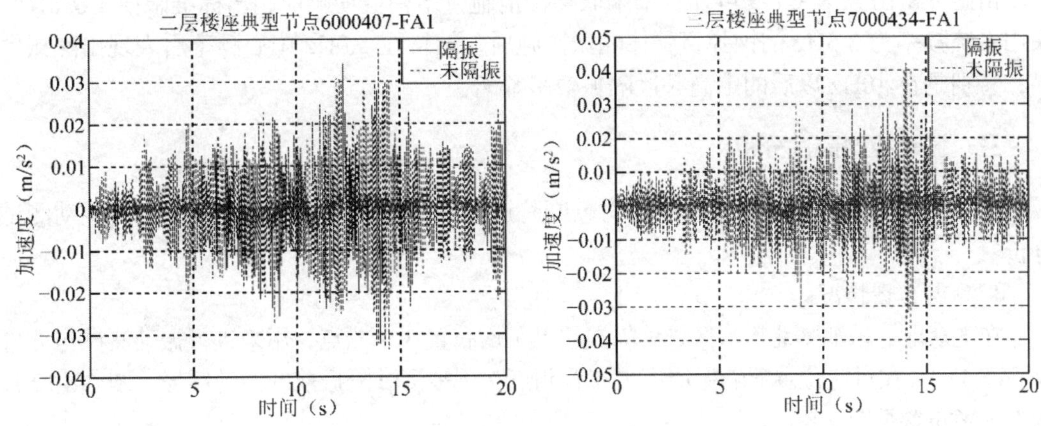

图 6-8-9　各评价点隔振前后振动时程曲线对比

按照《城市轨道交通引起建筑物振动与二次辐射噪声限值及其测量方法标准》JGJ/T 170—2009 标准对结构振动响应进行评价，各评价点的 1/3 倍频程振动加速度级如图 6-8-10 所示。

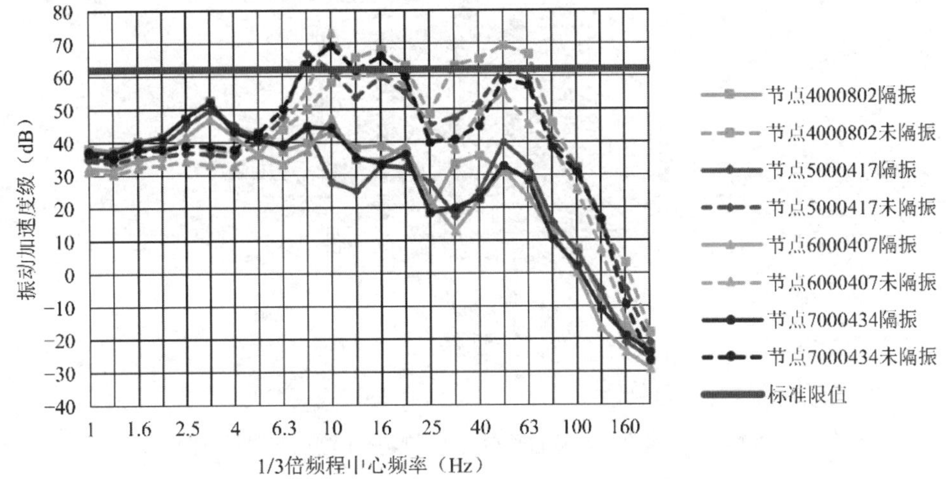

图 6-8-10　各评价点隔振前后 1/3 倍频程振动加速度级对比

采取钢弹簧整体隔振系统前、后，各评价点分频最大振级对比如表 6-8-3 所示。

各评价点隔振分频最大振级对比　　**表 6-8-3**

节点编号	分频最大振级（dB）			备注
	未隔振结构	钢弹簧隔振结构	差值	
4000802	69.35	43.65	−25.70	限值：62dB
5000417	66.65	45.12	−21.53	
6000407	73.04	47.15	−25.89	
7000434	69.20	44.67	−24.53	

由图 6-8-10 及表 6-8-3 可知，未采取隔振措施时结构振动响应超出标准限值（62dB），采用系统频率为 3.5Hz 的钢弹簧整体隔振措施后，结构在 5.0Hz 中心频率后表现出隔振效果，特别是在 10Hz 以后的中高频段隔振效果显著。

三、振动控制测试分析

在建筑施工基本完成的情况下，对歌剧院进行了地铁列车正常运行工况下的振动测试分析。

1. 测点布置情况

在观众厅、乐池、北舞台区域（隔振层上）均布置 3 个测点，用来进行振动测试与评价（图 6-8-11）。在对应位置的隔振层下也布置测点，用来测试隔振前的振动信号（图 6-8-12）。测点现场布置见图 6-8-13。

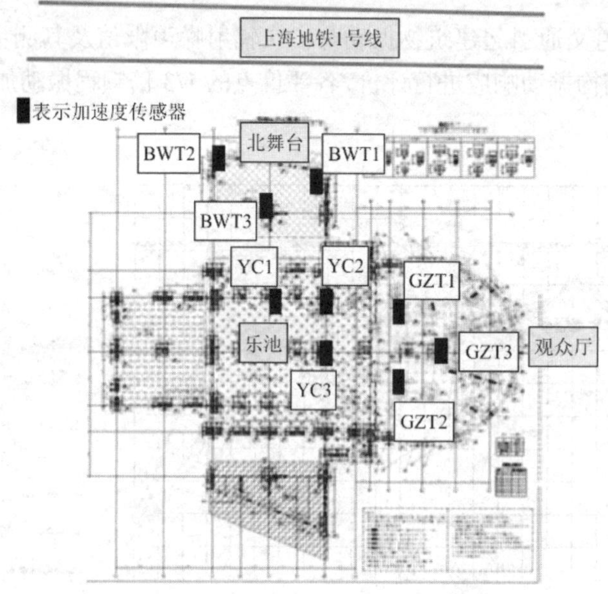

图 6-8-11　观众厅与舞台部分（整体隔振）测点布置示意图

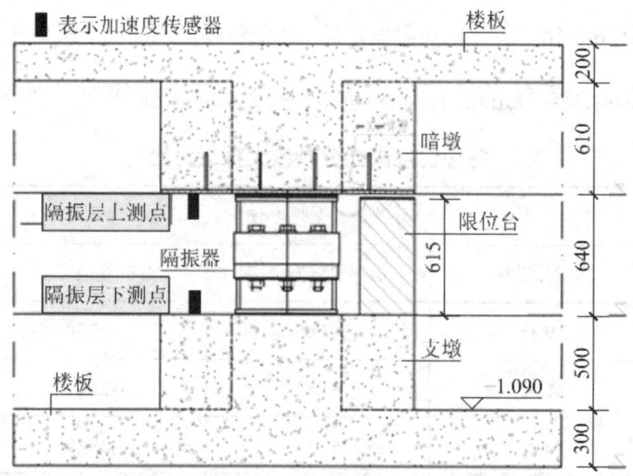

图 6-8-12　隔振层上、下测点布置示意图

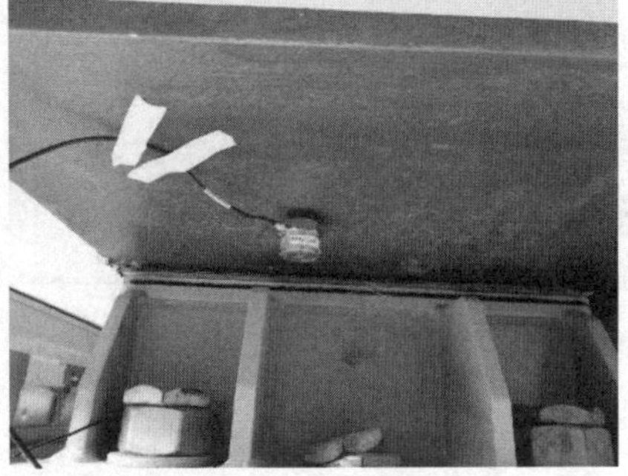

图 6-8-13　测点布置图

2. 振动响应测试

在地铁列车正常运行工况下，可测得观众厅、乐池及北舞台隔振层上、下两点的振动加速度信号，如图 6-8-14～图 6-8-16 所示。

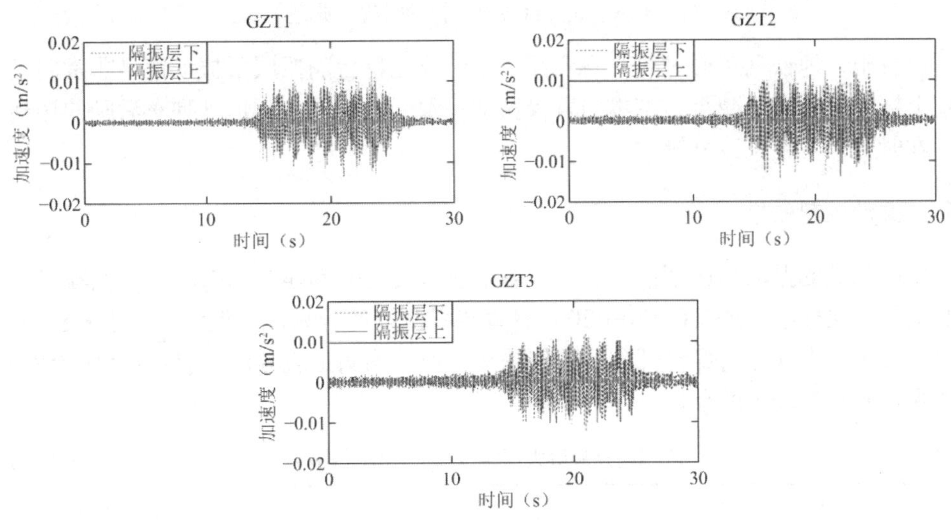

图 6-8-14　观众厅各测点振动时程（典型）

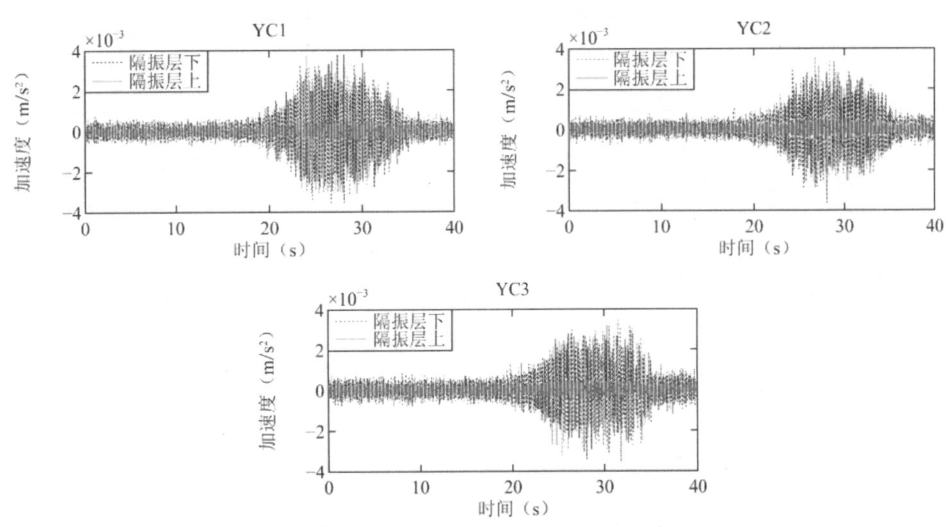

图 6-8-15　乐池各测点振动时程（典型）

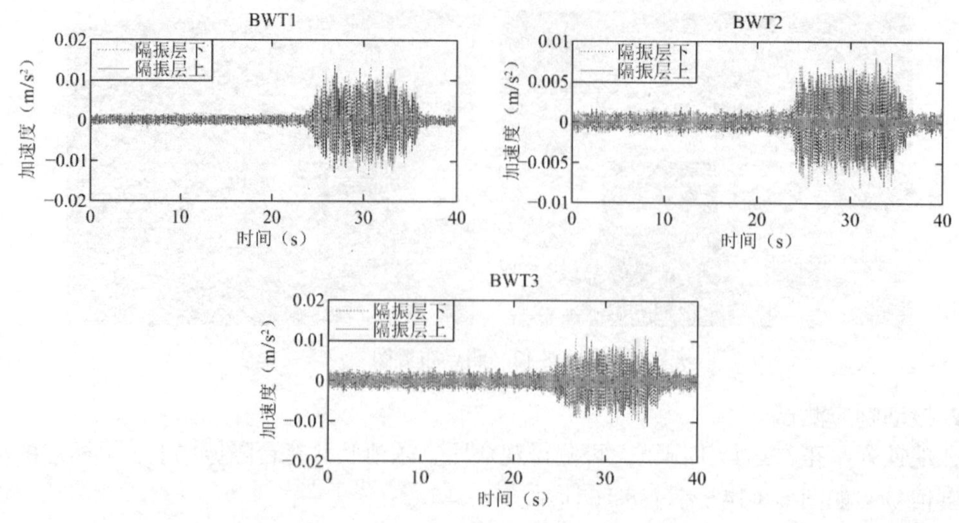

图 6-8-16　北舞台各测点振动时程（典型）

可以看出，地铁列车通过时，观众厅、乐池及北舞台隔振层下振动信号非常明显，但隔振层上振动信号显著减小，基本与背景振动一致。隔振层上部地铁列车激励的振动与背景振动在时域信号中难以分辨。

四、振动控制效果

利用所测试的振动加速度信号，按《城市轨道交通引起建筑物振动与二次辐射噪声限值及其测量方法标准》JGJ/T 170—2009 计算出各测点的分频最大振级，如表 6-8-4 所示。从中可以看出，观众厅与舞台部分（整体隔振）振动均满足表 6-8-2 特殊住宅区夜间 62dB 限值要求，并且有较大的余量。

各测点分频最大振级 VL_{max} 均值（dB）　　**表 6-8-4**

区域	测点	过车振动
观众厅隔振层上	GZT1	39.1
	GZT2	43.3
	GZT3	42.9
乐池隔振层上	YC1	36.7
	YC2	36.2
	YC3	35.2
北舞台隔振层上	BWT1	43.5
	BWT2	43.4
	BWT3	50.4

第七章　工程振动测试

第一节　强振动测试

[实例 7-1] 汽车涂装生产线输送设备振动测试

一、工程概况

沈阳宝马铁西工厂拟新建交流中心项目，其中，主办公楼采用流动型设计，将产品展示、办公场所、生产过程和休息茶饮等功能融为一体。在该楼内悬挂有一条皮带式输送线，用于连接涂装车间和总装车间，因此，业主对输送线的振动和噪声水平较为关注。为有效评估和分析输送线对主办楼内的振动影响，准备先对中北基地涂装车间内的链式输送试验线进行振动测试（图 7-1-1 和图 7-1-2），为宝马新工厂涂装输送线的设计提供参考和技术支持。

图 7-1-1　输送装置

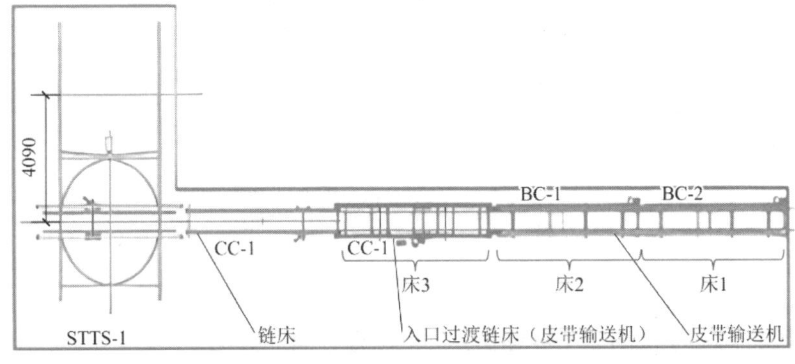

图 7-1-2　输送装置示意图

二、测试仪器

仪器主要包括：DH5930数据采集系统（4通道、24位AD转换）、IEPE压电式加速度传感器（0.5g量程4个，5g量程4个、50g量程4个）、笔记本电脑、磁力座、IEPE连接线和BNC延长线等。测试中使用的传感器主要参数如表7-1-1所示。

传感器一览表　　表7-1-1

品名	型号	量程（g）	灵敏度（mV/g）	频响范围（Hz）
IEPE压电式加速度传感器	1A206E	0.5	9403.00	0.2～1200
	1A202E	5	994.80	0.2～1500
	1A111E	50	100.60	0.5～5000

三、测试方案

测试前明确测试任务有：测试输送装置空载振动和运输车身时的振动水平；查明异常振动出现的位置、工况等。

测点布置时，分别在链式输送装置和转向装置上布置4个测点（图7-1-3和图7-1-4），测试工况分为背景工况、输送装置空载运行和带载运行。其他测试技术要求如下：

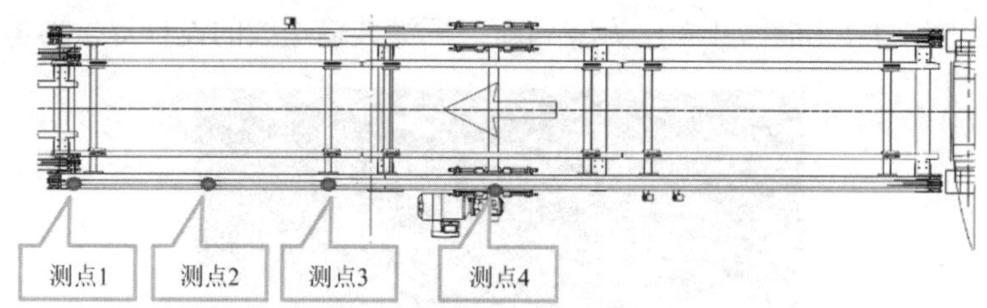

图7-1-3　输送装置测点布置示意图

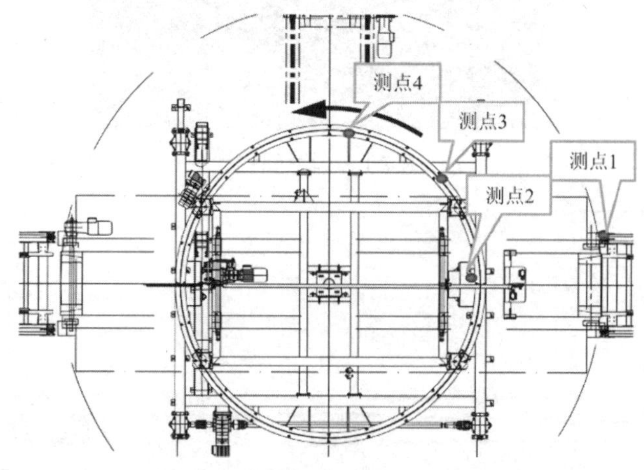

图7-1-4　转向装置测点布置示意图

（1）测试方向：本次测试主要测试Z向（竖直方向）振动。

（2）测试振动物理量：振动加速度。

（3）频率范围：关注频率范围 2～500Hz。

（4）采样参数：采样频率为 1280Hz，抗混叠滤波设置为 1000Hz，每工况采样时长约 2min。

（5）数据分析参数：分析频率为 500Hz，滤波器设置为高通 1Hz 巴特沃兹滤波器。频谱分析时，考虑到所测信号主要为稳态复杂周期信号，窗函数采用矩形窗。谱函数采用有效值谱，平均方式采用线性平均，频谱分辨率$\Delta f = 0.625$Hz。

四、测试数据分析

经过分析，将得到的时域振动数据和频谱数据进行统计，结果见表 7-1-2 和表 7-1-3。

输送装置测试数据统计　　**表 7-1-2**

测试工况	测点	a		aFFT	
		峰值（m/s²）	均方根值（m/s²）	峰值（m/s²）	峰频（Hz）
背景	1	0.006	0.001	0.0001	48.34
	2	0.006	0.006	0.0002	29.30
	3	0.006	0.001	0.0001	29.30
	4	0.007	0.000	0.0001	43.95
空载运行	1	2.219	0.374	0.2490	56.15
	2	2.317	0.373	0.2135	56.15
	3	1.215	0.289	0.1154	56.15
	4	1.175	0.266	0.1043	56.15
带载运行	1	2.691	0.389	0.2687	56.15
	2	2.876	0.393	0.2235	56.15
	3	1.445	0.293	0.1367	56.15
	4	1.281	0.274	0.1247	56.15

转向装置测试数据统计　　**表 7-1-3**

测试工况	测点	a		aFFT	
		峰值（m/s²）	均方根值（m/s²）	峰值（m/s²）	峰频（Hz）
背景	1	0.004	0.0004	0.0001	25.4
	2	0.008	0.0007	0.0002	142.1
	3	0.016	0.0007	0.0001	25.4
	4	0.008	0.0004	0.0001	25.4
带载运行	1	59.24	0.6742	0.0525	388.7
	2	6.032	0.1767	0.0172	168.0
	3	1.794	0.0842	0.0103	292.0
	4	1.251	0.0449	0.0056	299.8

对比表中数据，结合时域数据曲线，可见，输送装置运行后振动相对于背景工况明显

增大，但是带载运行振动和空载运行振动相差不大；转向装置工作过程中，冲击振动较为明显，瞬时冲击加速度峰值达到 59.24m/s²，其中，冲击主要发生在轨道和支撑轮接触瞬间。

频域方面，以输送装置测试中背景测试、空载运行和带载运行工况中测点 1 的频域曲线（dB 幅值）（图 7-1-5）为例，来说明链式传送装置的振动频域情况。

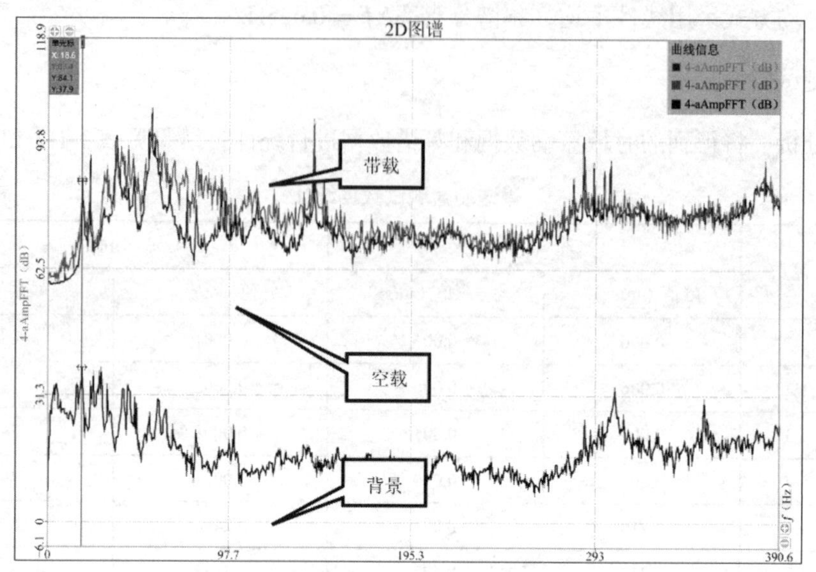

图 7-1-5　输送装置不同工况振动频域曲线

其中，输送装置带载运行工况，各个测点频域曲线均存在 18.7Hz 及其谐频，见图 7-1-6。

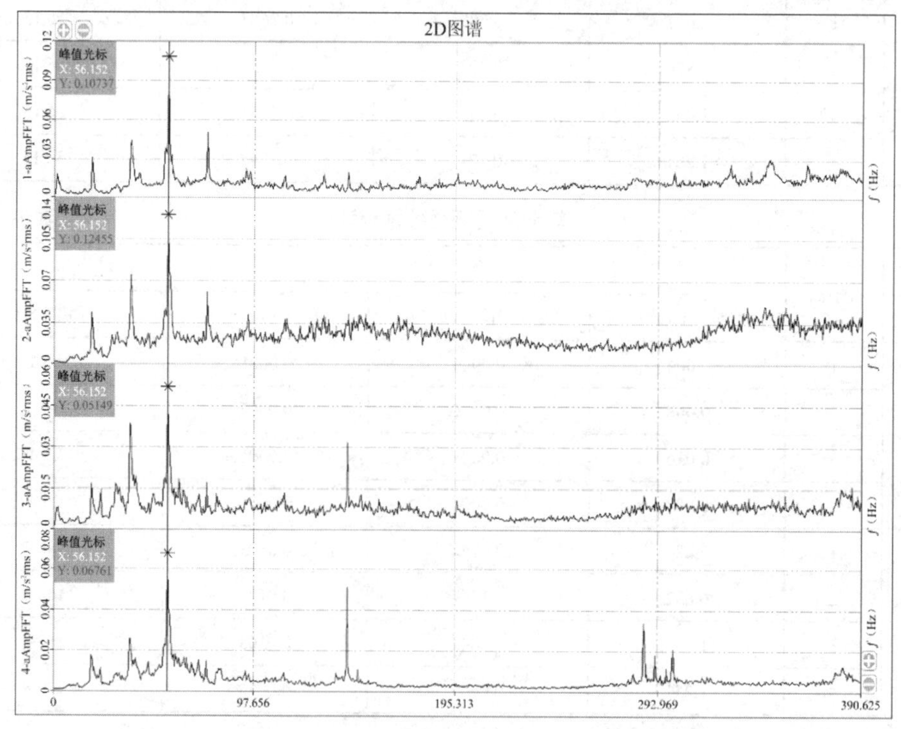

图 7-1-6　输送装置带载运行测点 1～4 频域曲线

对于链式输送装置，此次测试中，运行时的振动集中于18.7Hz及其谐频。不同的安装刚度，该谐振频率可能会不同。在涂装输送线实际安装过程中，建议先对安装位置处楼板的固有频率进行测试，在工艺允许的情况下，调整支座安装刚度，使输送装置的基频和谐频避开楼板的固有频率。

从时域曲线（图7-1-7）上可以明显看出，转向装置运行时产生异常的冲击振动，该冲击信号带宽较宽，在整个分析频率范围内，衰减较小。现场测试时发现，冲击是由转向装置两端的导轨和两侧支撑轮接触时产生。可能是由于导轨两端的挠度不同或是支撑轮的安装高度不一致或是转轴垂直度偏差造成。此外，运行中的脉冲频带较宽，在整个分析频带内衰减较小（图7-1-8），建议在工艺允许的情况下，对支撑轮处采取减振措施。

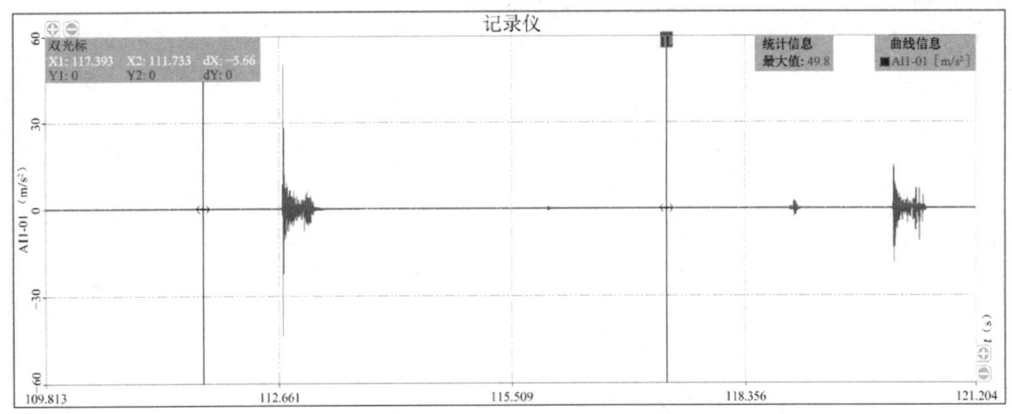

图7-1-7　转向装置一个工作周期内的振动时域曲线

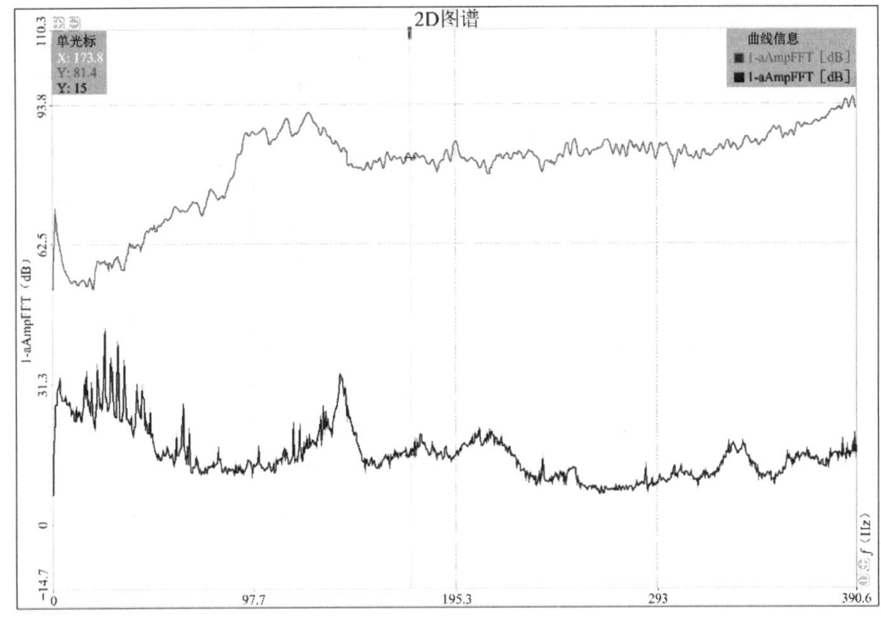

图7-1-8　转向装置不同工况频域曲线

五、振动测试结论与建议

测试结果表明：输送装置运行后振动相对于背景工况明显增大，但是带载运行振动和空载运行振动相差不大；转向装置工作过程中，冲击振动较为明显。

主要振动加速度结果如下：

（1）空载平直段，时域峰值 2.317m/s^2，均方根值 0.374m/s^2。

（2）满载平直段，时域峰值 2.876m/s^2，均方根值 0.389m/s^2。

（3）满载旋转段，时域峰值 59.24m/s^2，均方根值 0.674m/s^2。

平直段空载和满载的振动加速度峰值和均方根值相差不多，比较小；而旋转处的振动较大，主要是轨道连接处高差较大，引起了较大的冲击振动。

建议调整轨道安装偏差，采用必要的减振措施；在振动与声环境较高的区域采用皮带式输送装置，以减少振动噪声的影响。

[实例 7-2] 榆林市某煤矿高细破安装平台振动测试

一、工程概况

榆林市某煤矿高细破安装平台位于陕西省榆林市府谷县，为二层混凝土框架结构。该安装平台一层层高为 5.3m，二层层高为 5.2m，二层柱截面尺寸为 1000mm × 1000mm，梁主要截面尺寸为 600mm × 600mm 及 800mm × 800mm，板厚为 400mm，基础采用 1000mm 厚的筏板基础。

高细破安装平台二层框架顶部放置一台破碎机，破碎机总重约 60t，转速为 656r/min。在破碎机安装后调试过程中，破碎机所在二层顶板振动幅度增大，人感明显。高细破安装平台二层顶平面布置见图 7-2-1。

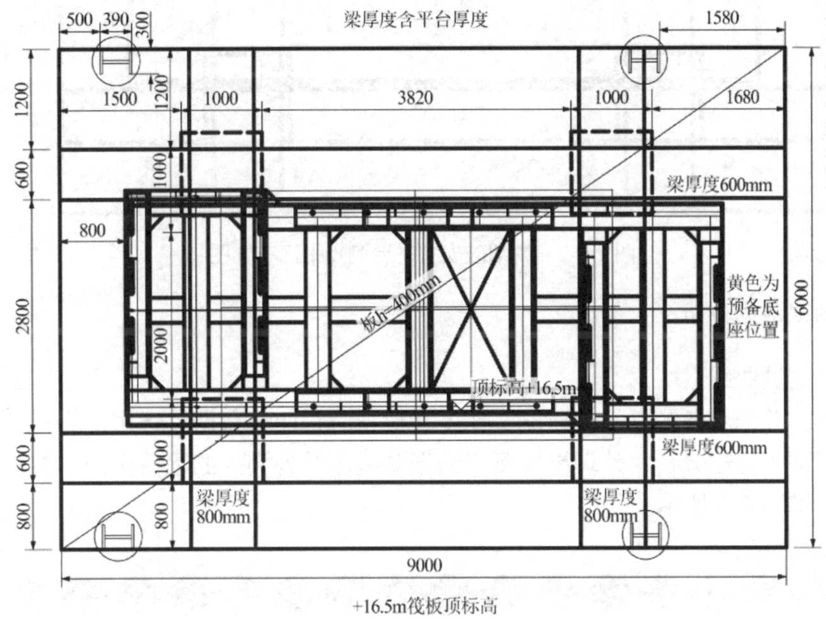

图 7-2-1　高细破安装平台二层顶平面布置图

二、振动测试目的

为了解高细破安装平台异常振动问题，对该平台二层楼板振动响应进行测试，为进一步采取减振和结构加固措施提供数据支持。

三、振动测试方案

1. 测试工况

因现场条件限制，测试四种工况：（1）设备未启动时静止工况；（2）设备空载启动工况；（3）设备空载运行工况；（4）设备空载关停工况。

2. 测点布置

在高细破安装平台二层顶板板面选取 D1（x，y，z）、D2（x，y，z）、D3（x，y，z）、

D4（x，y，z）、D5（x，y，z）、D6（x，y，z）、D7（x，y，z）、D8（x，y，z）共 8 个测点，并于破碎机设备基础钢梁上选取 A1（x，y，z）、A2（x，y，z）、A3（x，y，z）、A4（x，y，z）共 4 个测点，每个测点沿x向（东西方向）、y向（南北方向）、z向（竖向）布置采集仪，测试其三维动力性能参数。测点布置在建筑物平面中的位置见图 7-2-2。

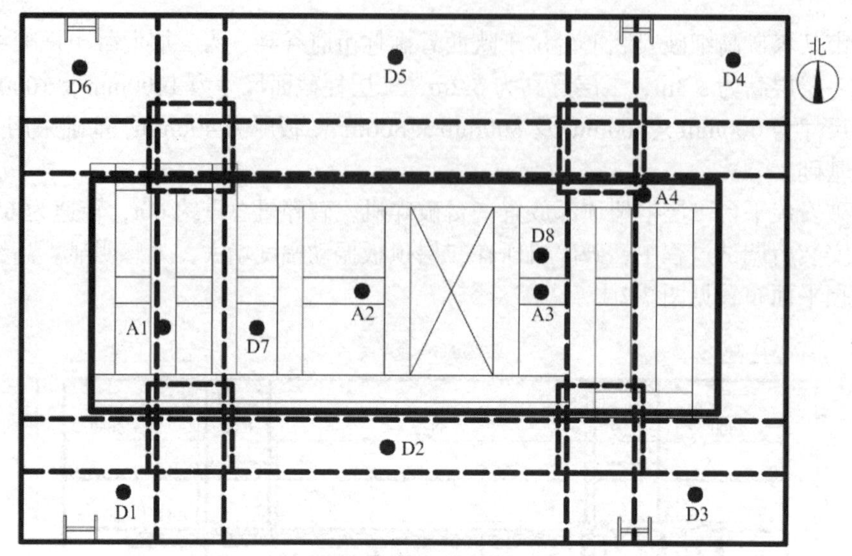

图 7-2-2　高细破安装平台测点平面布置图

四、测试数据分析

1. 典型测试曲线

现场测试并记录各测点的加速度、速度、位移时程曲线数据，运用计算机动力测试分析软件进行动力特性分析，整理出各测点的振动响应及各测点的幅值谱图。典型测试数据如图 7-2-3～图 7-2-5 所示。

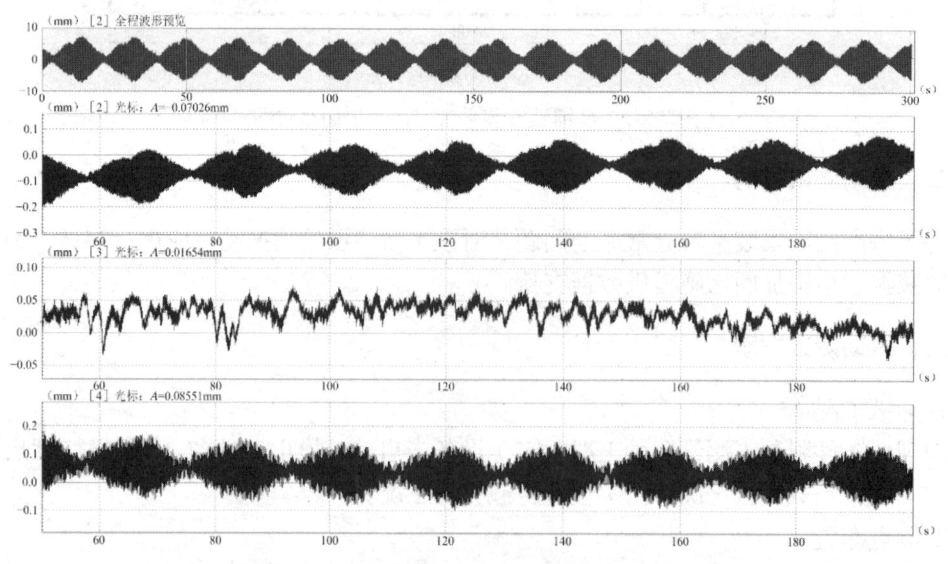

图 7-2-3　测点 D1 设备空载运行工况的x向、y向、z向位移响应曲线

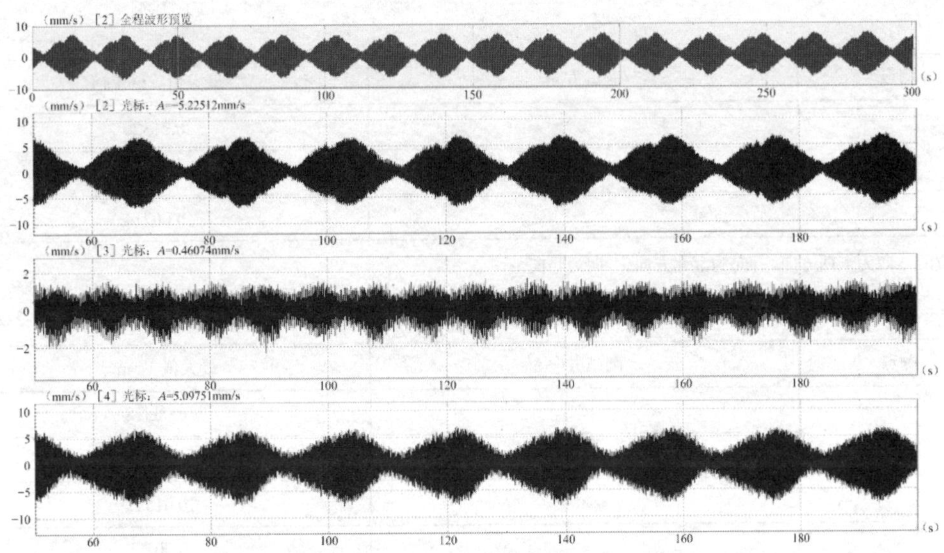

图 7-2-4 测点 D1 设备空载运行工况的x向、y向、z向速度响应曲线

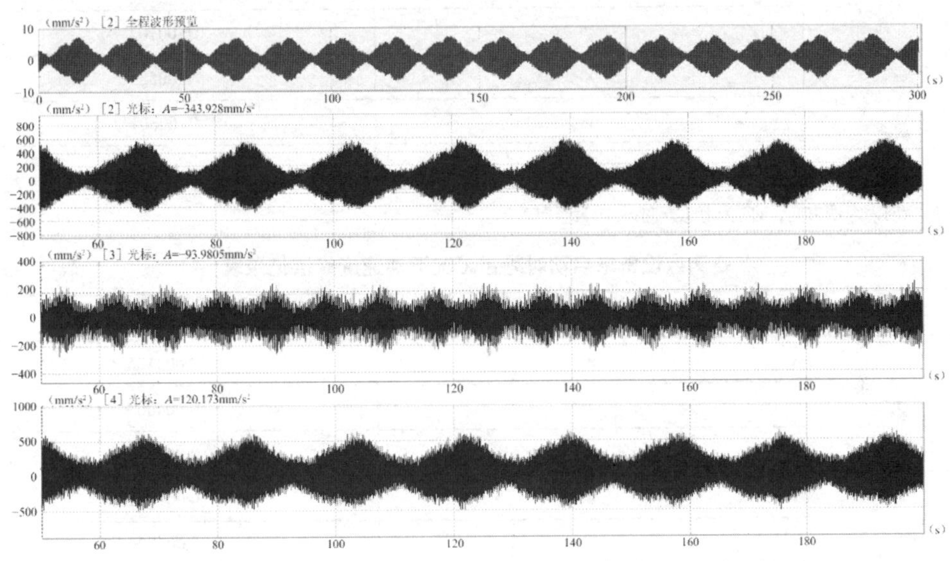

图 7-2-5 测点 D1 设备空载运行工况的x向、y向、z向加速度响应曲线

2. 设备未启动时静止工况分析（表 7-2-1～表 7-2-3）

各测点设备未启动时静止工况下速度峰值记录表 **表 7-2-1**

测点	测试方向	最大值（mm/s）
D3	x	0.19444
	y	0.06655
	z	0.06373
D5	x	0.17082
	y	0.05776
	z	0.08266

续表

测点	测试方向	最大值（mm/s）
A1	x	0.21320
	y	0.08304
	z	0.06714

注：x向为东西方向，y向为南北方向，z向为竖向。

各测点设备未启动时静止工况下位移峰值记录表 **表 7-2-2**

测点	测试方向	最大值（mm）
D3	x	0.00578
	y	0.00746
	z	0.01515
D5	x	0.00177
	y	0.00143
	z	0.00102
A1	x	0.00523
	y	0.00601
	z	0.00793

注：x向为东西方向，y向为南北方向，z向为竖向。

各测点设备未启动时静止工况下加速度峰值记录表 **表 7-2-3**

测点	测试方向	最大值（m/s^2）
D3	x	0.003186
	y	0.004003
	z	0.002612
D5	x	0.001571
	y	0.000824
	z	0.000416
A1	x	0.000241
	y	0.000261
	z	0.000054

注：x向为东西方向，y向为南北方向，z向为竖向。

3. 设备空载运行工况分析（表 7-2-4～表 7-2-6）

各测点设备空载运行工况下速度峰值记录表 **表 7-2-4**

测点	测试方向	最大值（mm/s）
D1	x	7.90574
	y	7.19038

续表

测点	测试方向	最大值（mm/s）
D1	*z*	2.30175
D2	*x*	6.73157
	y	2.97147
	z	2.04541
D3	*x*	6.27642
	y	9.20391
	z	2.45248
D4	*x*	5.82017
	y	10.50450
	z	2.57296
D5	*x*	8.39110
	y	9.41408
	z	6.21205
D6	*x*	5.95936
	y	7.51238
	z	1.72427
D7	*x*	2.77705
	y	2.84703
	z	2.59352
D8	*x*	2.41605
	y	5.74886
	z	2.77017
A1	*x*	3.54809
	y	4.22623
	z	1.39047
A2	*x*	3.06692
	y	1.80412
	z	5.11227
A3	*x*	4.03368
	y	5.43004
	z	4.68238
A4	*x*	3.21785
	y	7.10958
	z	1.91288

注：*x*向为东西方向，*y*向为南北方向，*z*向为竖向。

各测点设备空载运行工况下位移峰值记录表 **表 7-2-5**

测点	测试方向	最大值（mm）	规范限值（mm）	是否超限
D1	*x*	0.18328	0.20	未超限
	y	0.19935	0.20	未超限
	z	0.07456	0.15	未超限
D2	*x*	0.12996	0.20	未超限
	y	0.07384	0.20	未超限
	z	0.04017	0.15	未超限
D3	*x*	0.15872	0.20	未超限
	y	0.20708	0.20	轻微超限
	z	0.15969	0.15	未超限
D4	*x*	0.11596	0.20	未超限
	y	0.31220	0.20	超限
	z	0.16094	0.15	未超限
D5	*x*	0.12999	0.20	未超限
	y	0.36185	0.20	超限
	z	0.11824	0.15	未超限
D6	*x*	0.12800	0.20	未超限
	y	0.14361	0.20	未超限
	z	0.03545	0.15	未超限
D7	*x*	0.08005	0.20	未超限
	y	0.06604	0.20	未超限
	z	0.19000	0.15	超限
D8	*x*	0.03825	0.20	未超限
	y	0.12199	0.20	未超限
	z	0.03919	0.15	未超限
A1	*x*	0.08219	0.20	未超限
	y	0.08840	0.20	未超限
	z	0.02445	0.15	未超限
A2	*x*	0.15538	0.20	未超限
	y	0.08681	0.20	未超限
	z	0.08875	0.15	未超限
A3	*x*	0.06844	0.20	未超限
	y	0.12822	0.20	未超限
	z	0.09704	0.15	未超限

续表

测点	测试方向	最大值（mm）	规范限值（mm）	是否超限
A4	x	0.05189	0.20	未超限
	y	0.16369	0.20	未超限
	z	0.03020	0.15	未超限

注：1. 中国标准：国家标准《建筑工程容许振动标准》GB 50868—2013 第 5.5.1 条。
2. x向为东西方向，y向为南北方向，z向为竖向。

各测点设备空载运行工况下加速度峰值记录表　　表 7-2-6

测点	测试方向	最大值（m/s^2）
D1	x	0.638408
	y	0.592741
	z	0.284670
D2	x	0.529049
	y	0.383250
	z	0.232924
D3	x	0.553040
	y	0.659581
	z	0.337727
D4	x	0.643021
	y	0.798274
	z	0.329026
D5	x	0.539219
	y	0.180606
	z	0.360151
D6	x	0.491781
	y	0.662451
	z	0.261503
D7	x	0.246457
	y	0.252422
	z	0.321969
D8	x	0.253854
	y	0.430737
	z	0.407430
A1	x	0.490765
	y	0.343739
	z	0.173193

续表

测点	测试方向	最大值（m/s²）
A2	x	0.371169
	y	0.171353
	z	0.703843
A3	x	0.505794
	y	0.427471
	z	0.581225
A4	x	0.391286
	y	0.259748
	z	0.524500

注：x向为东西方向，y向为南北方向，z向为竖向。

4. 设备空载启动及关停工况分析（表 7-2-7～表 7-2-9）

各测点设备空载启动及关停工况下速度峰值记录表 **表 7-2-7**

测点	工况	测试方向	最大值（mm/s）
D3	设备空载启动	x	27.636
		y	12.2597
		z	4.77288
D3	设备空载关停	x	24.0407
		y	8.07945
		z	3.41595
D5	设备空载启动	x	21.9078
		y	7.60003
		z	2.10388
D5	设备空载关停	x	21.1792
		y	7.37567
		z	2.04293

注：x向为东西方向，y向为南北方向，z向为竖向。

各测点设备空载启动及关停工况下位移峰值记录表 **表 7-2-8**

测点	工况	测试方向	最大值（mm）	规范限值（mm）	是否超限
D3	设备空载启动	x	0.63932	0.20	超限
		y	0.21432	0.20	超限
		z	0.36303	0.15	超限
D3	设备空载关停	x	0.62507	0.20	超限
		y	0.13881	0.20	未超限

续表

测点	工况	测试方向	最大值（mm）	规范限值（mm）	是否超限
		z	0.31175	0.15	超限
D5	设备空载启动	x	0.56270	0.20	超限
		y	0.16387	0.20	未超限
		z	0.18995	0.15	超限
D5	设备空载关停	x	0.79742	0.20	超限
		y	0.38838	0.20	超限
		z	0.58510	0.15	超限

注：1. 中国标准：国家标准《建筑工程容许振动标准》GB 50868—2013 第 5.5.1 条。
2. x向为东西方向，y向为南北方向，z向为竖向。

各测点设备空载启动及关停工况下加速度峰值记录表　　表 7-2-9

测点	工况	测试方向	最大值（m/s^2）
D3	设备空载启动	x	1.38796
		y	1.01583
		z	0.67599
D3	设备空载关停	x	0.961835
		y	0.690988
		z	0.180694
D5	设备空载启动	x	0.977255
		y	0.521350
		z	0.202210
D5	设备空载关停	x	0.835497
		y	0.587420
		z	0.279895

注：x向为东西方向，y向为南北方向，z向为竖向。

5. 楼板振动频率分析

通过对各个测点的振动时程数据进行 FFT 变换，得到各个测点的振动频域分析曲线，分析如下：

（1）当破碎机运行时对测点数据进行 FFT 变换并进行分析，得到机器运行的整体频率为 10.8Hz，典型振动频域分析曲线见图 7-2-6；经过查阅相关资料得知破碎机的转速为 656r/min，即 10.9Hz，与所测得的数据基本一致。

（2）当破碎机未启动时对测点数据进行 FFT 变换并进行分析，得到楼板的水平向自振频率为 11.4Hz，典型振动频域分析曲线见图 7-2-7，与机器运行时所测得的频率接近，说明机器在运行时与此区域的楼板产生共振现象。

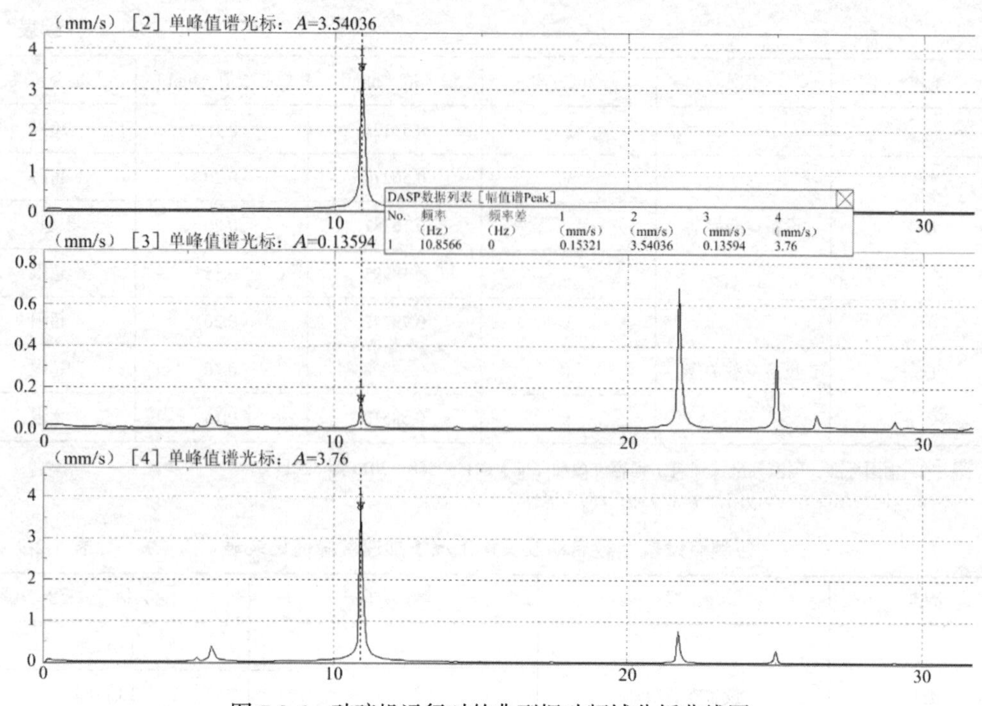

图 7-2-6　破碎机运行时的典型振动频域分析曲线图

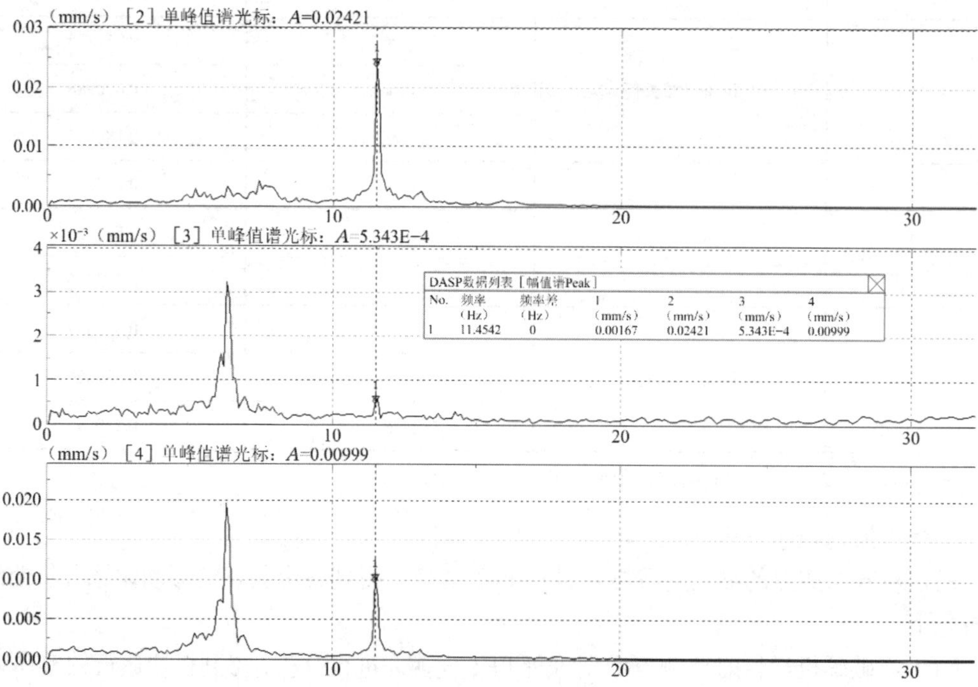

图 7-2-7　破碎机未运行时的典型振动频域分析曲线图

五、振动测试结论

经过对榆林市某煤矿高细破安装平台破碎机及周边区域的楼板进行振动测试、时域及频域分析，得出结论如下：

（1）设备空载运行工况下，测点 D3、D4 及 D5 的y向（南北向）及z向（竖向）位移峰值超出《建筑工程容许振动标准》GB 50868—2013 中对破碎机基础位移峰值的限值要求。

（2）测试结果表明，设备空载启动及关停工况下，测点 D3 及 D5 位移峰值均超出《建筑工程容许振动标准》GB 50868—2013 中对破碎机基础位移峰值的限值要求。

（3）现场测试显示，安装平台的水平向自振频率为 11.4Hz；而破碎机工作测试频率为 10.8Hz，破碎机的计算频率为 10.9Hz（转速为 656r/min），楼板的自振频率和破碎机的工作频率接近，导致设备运行时，楼板产生共振现象，水平向振幅加大。

[实例 7-3] 铁路桥墩基础竖向状态动测评估

一、试验概况

本试验选在一条货运铁路线路上开展，由于该线路列车轴载的增加，需要评估桥梁健康状况和下部结构的承载能力。桥墩基础的横向状态已经有较为完善的动力评估方法，为了对其竖向动力性能进行科学合理的状态评估，同时开展了冲击激励法和车致桥墩振动测试。采用冲击激励法测试铁路线上 62 个桥墩基础的竖向动刚度。这 62 个桥墩分别位于 HM（群桩基础）、G（群桩基础）、W（扩大基础）、H（沉井基础）和 LG（扩大基础和群桩基础）等 5 座跨河大桥（图 7-3-1）。其中，LG 桥的两个基础已检测发现墩顶横向振幅过大，测试时正在进行加固；其余 60 个桥墩均处于正常服役状态。

(a) W 跨河大桥

(b) H 跨河大桥

图 7-3-1　测试桥梁图

二、竖向动刚度测试

在对所有 62 个桥墩基础进行测试后，使用式 (7-3-1)计算每个基础的动刚度$K_d(f)$。

$$K_d(f)=\frac{2\pi f}{|V(f)/F(f)|} \tag{7-3-1}$$

式中：V——振动速度；

F——激振力；

f——频率。

10～30Hz 频段内平均K_d值如图 7-3-2 所示。总体上，沉井基础的K_d最大，扩大基础的K_d次之，群桩基础的K_d最小。一般而言，群桩基础应比类似地基承载条件下的扩大基础具有更大的动刚度。然而，这些基础的地基条件不同，如 W 跨河大桥的地质条件远好于 HM 跨河大桥和 G 跨河大桥；W 跨河大桥下基岩很低，扩大基础直接位于基岩上，可视为极短端承桩，基础底部与基岩较大的接触面积也保证了其在动力作用下具有较大的竖向承载力和较小的变形。这可解释群桩基础的K_d小于扩大基础的K_d的现象。

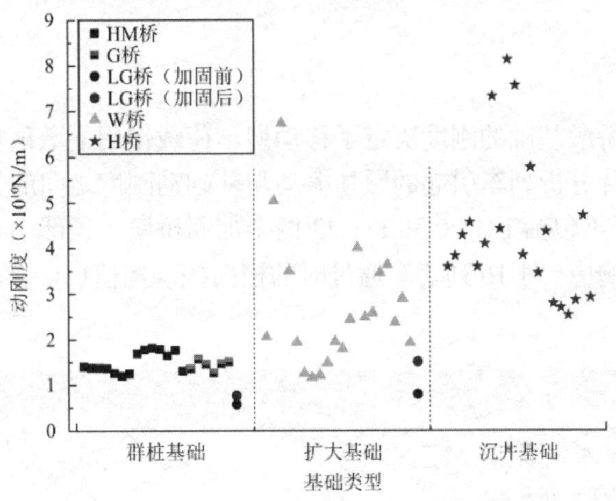

图 7-3-2　不同基础类型的平均动刚度

各地基承载力可由下式估算：

$$Q=\frac{K_d[S_a]}{\eta} \tag{7-3-2}$$

式中：K_d——平均动刚度；

$[S_a]$——桥墩沉降限值；

$\eta=K_d/K_s$——动静刚度比。

将设计荷载与预估桥墩基础承载力的比值定义为：

$$\beta=\frac{P/a}{Q} \tag{7-3-3}$$

式中：a——安全系数；

P——作用在下部结构上的设计恒荷载；

P/a——设计荷载。

图 7-3-3 为设计荷载P/a和比值β随K_d的变化。对于同一桥墩和基础类型，不同桥墩基础的设计荷载相近。由于桥墩高度和地层条件的差异，也可以观察到设计荷载的差异，但差异均在 50%以内。相比较而言，不同基础类型的K_d值差异较大。当K_d非常小时，估算承载力接近设计荷载，而当K_d非常大时，估算承载力大于设计荷载，即当前状态良好。

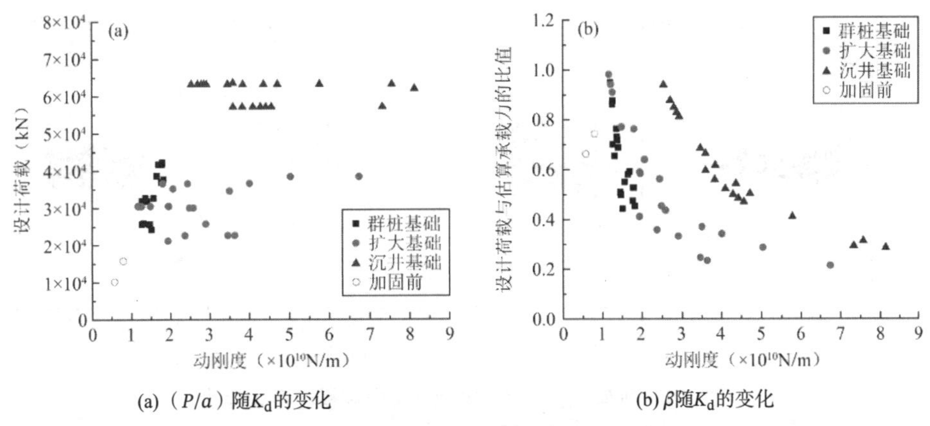

(a)（P/a）随K_d的变化　　(b) β随K_d的变化

图 7-3-3　设计荷载（P/a）和比值β随K_d的变化

三、墩顶振幅测试

铁路桥梁重力式桥墩基础的刚度决定了移动列车荷载作用下墩顶竖向振幅的大小。为了获得桥墩振动并统计分析列车引起的墩顶振动与基础动刚度之间的关系，使用安装在正常服役的 60 个桥墩（不包括 LG 20 和 LG 23 两个加固桥墩）顶部中心的速度传感器和积分器记录了振动位移响应。对 10 列货车通过时的横向振动幅值（A_x）和垂向振动幅值（A_z）进行测量（图 7-3-4）。

图 7-3-4　列车在桥上运行

图 7-3-5 给出了 4 种不同桥梁的典型列车引起的墩顶竖向和横向振动幅值。一般情况下，横向振动幅值比竖向振动幅值大一个数量级。振动响应由 10 个测试样本平均得到。

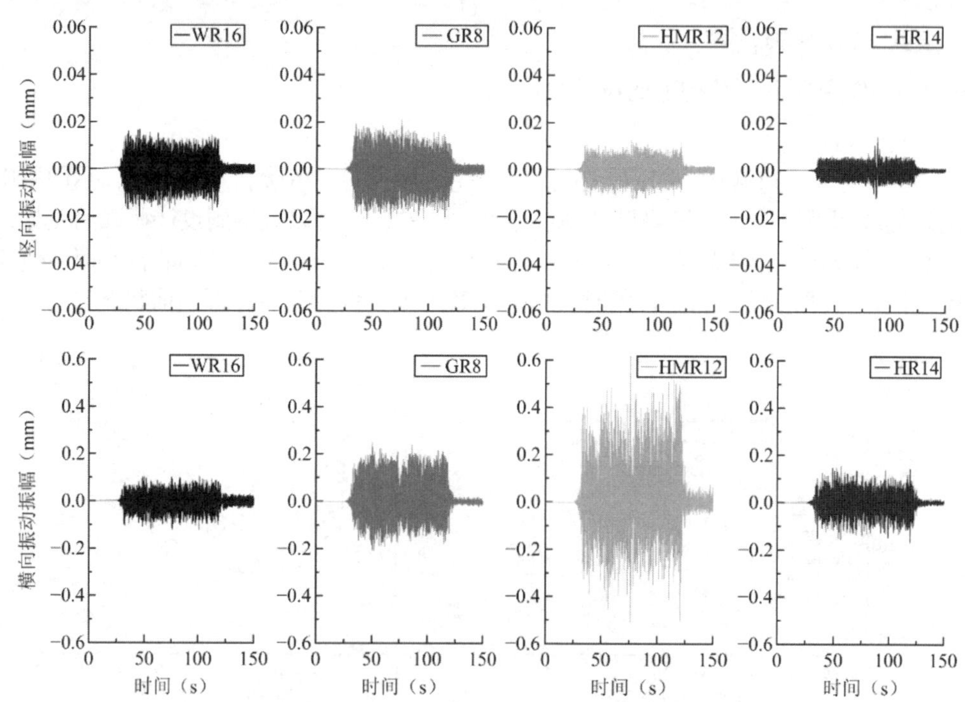

图 7-3-5　列车引起 4 座桥梁墩顶竖向和横向振动幅值

（桥墩基础编号分别为 W16，G8，HM12，H14）

将墩顶横向振动幅值A_x与标准值进行对比，通过计算实测A_x和横向振动标准值A_{max}的比值A_x/A_{max}，可以了解桥墩及其基础的横向健康状况，比值较小表明横向安全状况较好，若比值大于1，则表明横向振动超过标准值，需要额外关注或全面检查。

图7-3-6 显示了A_x/A_{max}的比值随H_1/B的比值变化。H_1/B的比值反映了墩高与墩宽的比值。H_1/B为2.5的桥墩视为低矮桥墩；当H_1/B为2.5时，A_x/A_{max}比值随H_1/B的增大而增大，说明高墩抵抗横向振动的能力较弱。

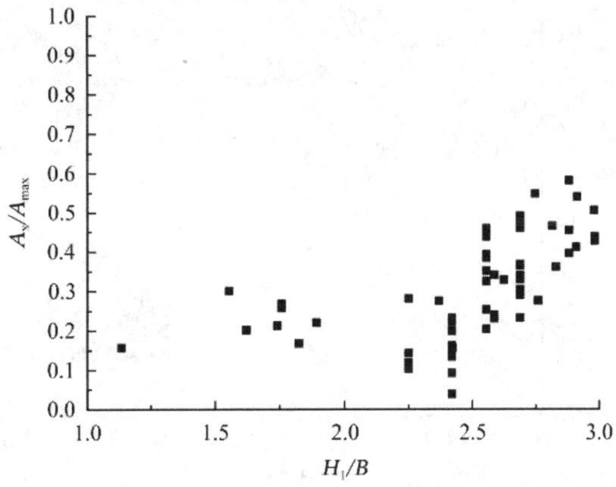

图7-3-6　A_x/A_{max}比值随H_1/B比值的变化而变化

图7-3-7（a）给出了地基竖向K_d与A_z的关系。不论基础类型如何，A_z的统计值随K_d的增大呈指数减小；特别是当$K_d < 2 \times 10^{10}$N/m时，其随K_d的增大而急剧减小。当$K_d > 2 \times 10^{10}$N/m时，通过列车引起的A_z在0.015mm以下。这是因为A_z与基础刚度（K_2）和桥墩刚度（K_1）有关，即A_z与$(1/K_1 + 1/K_2)$近似成正比。与K_2相比，不同桥墩之间K_1的变化相对较小。当K_2足够大时，A_z主要受K_1的影响，当K_2较小时，A_z受上述两个刚度因素的影响。

图7-3-7(b)给出了地基K_d与A_x的关系。当$K_d < 2 \times 10^{10}$N/m时，A_x在0.04～0.59mm范围内变化。K_d与A_x之间没有明确的指数关系。但当K_d较大时，A_x出现较大值的概率较低，而当K_d较小时，A_x出现较大值的概率较高。与A_z相比，A_x对竖向动刚度和地基承载力不敏感。虽然图7-3-7（a）中数据离散性较大，但A_z仍可用于预警：如果A_z明显偏大，对应的K_d可能偏小，地基竖向条件可能存在潜在问题。

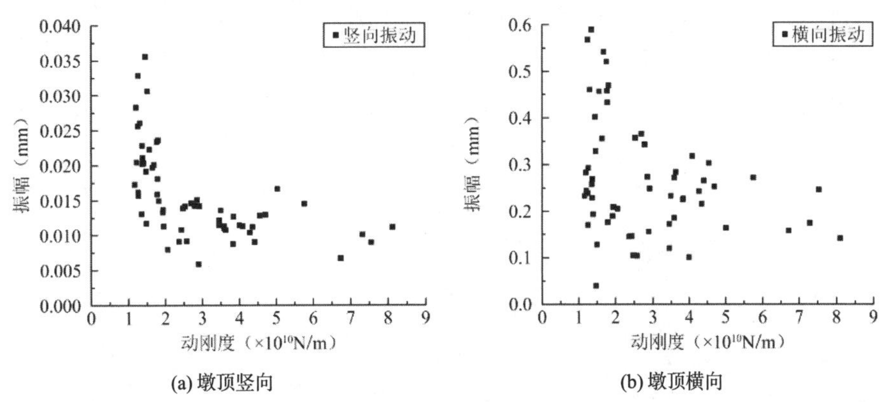

(a) 墩顶竖向　　(b) 墩顶横向

图7-3-7　基础竖向动刚度振动幅值的关系

图 7-3-8 给出了β与A_x/A_{max}比值的关系。β由式 (7-3-3)定义，反映了地基在竖直方向上的设计荷载与估算承载力的比值。大部分β值大于A_x/A_{max}值，说明竖向承载力的剩余度与水平振动幅值的剩余度完全不同。即使墩顶的振动幅值明显小于标准值，但基础的竖向承载力仍可能不足，尤其是对于扩大基础。

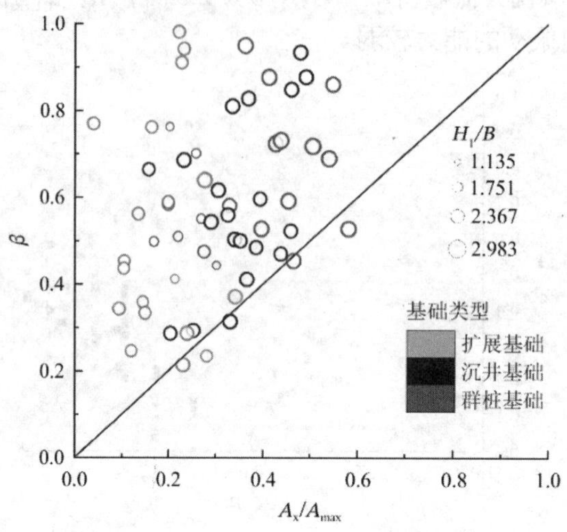

图 7-3-8　β与A_x/A_{max}比值的关系

基于桥墩基础的性能评价，A_x不能反映其竖向承载力。因此，如果仅用A_x来分析桥墩基础的状态，对桥墩基础的评估可能存在一定的风险。因此，对桥墩基础的评价不仅要确定其横向振动，还要确定其竖向状况。

[实例 7-4] 武汉鹦鹉洲长江大桥涡激振动响应分析

一、鹦鹉洲长江大桥概况

鹦鹉洲长江大桥（图 7-4-1）为连接汉阳区与武昌区的过江通道，于 2010 年动工，2014 年通车运营。该桥为世界上跨度最大的三塔四跨悬索桥，采用吊索和弧形悬索拉住桥面，其中，主梁采用双铰式支承体系，中塔为钢-混凝土叠合结构，边塔为混凝土结构。主桥全长为 2 × 225m + 2 × 850m，即两个主跨跨度为 850m，两个边跨跨度为 225m，桥面设置有 8 个车道，设计车速为 60km/h，车辆荷载设计标准为公路-Ⅰ级。

图 7-4-1　武汉鹦鹉洲长江大桥

二、鹦鹉洲长江大桥健康监测系统

鹦鹉洲长江大桥健康监测系统于 2014 年建立完成，因该桥具有温度效应复杂、几何非线性显著、动力特性复杂等特点，该监测系统在桥梁关键部位安装了 233 个测点。图 7-4-2（a）为各类传感器立面布置图，传感器类型主要有风速仪、温湿度传感器、温度传感器、倾角传感器、应变传感器、加速度传感器及位移传感器等，工程人员可通过该系统监测到桥梁的风荷载、温度、湿度、应力及动力特性等指标。监测系统平面布置如图 7-4-2（b）所示，图中显示位移传感器布置在桥梁上下游两侧，总计 25 个位移传感器安装在桥梁各关键部位。图 7-4-3（a）为截面 C-C 的位移传感器安装在桥面两侧，图 7-4-3（b）显示监测系统中截面 I-I、K-K、L-L 及 Q-Q 截面的加速度传感器为横、竖向布置在桥梁底部。该监测系统自建立起不间断采集鹦鹉洲长江大桥运营期间的监测数据，其中，加速度采集频率为 20Hz，其他各类型传感器测量数据的采集频率均为 0.25Hz。

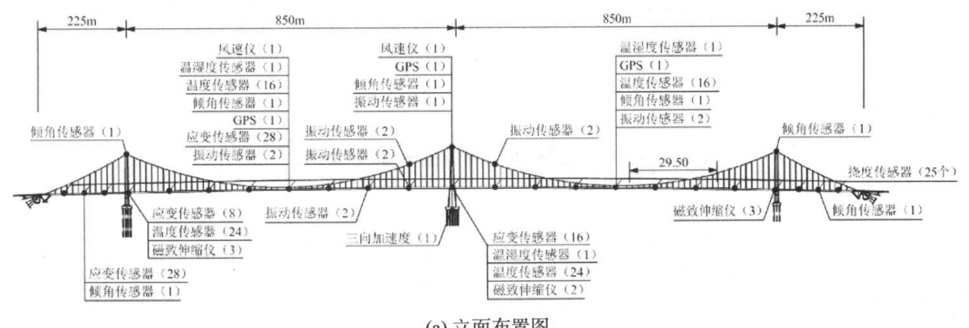

(a) 立面布置图

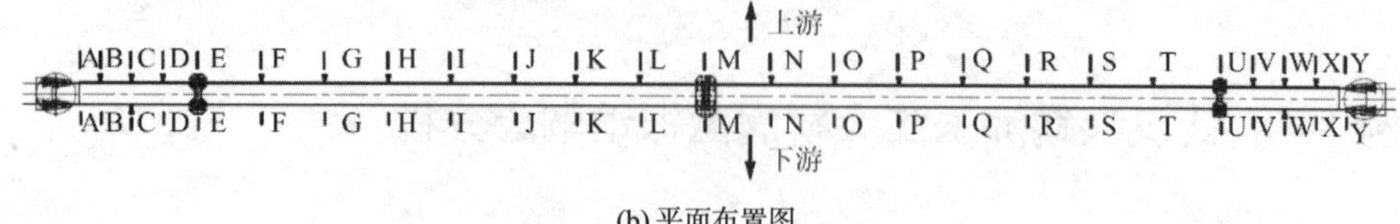

(b) 平面布置图

图 7-4-2 桥梁健康监测系统的传感器布置图

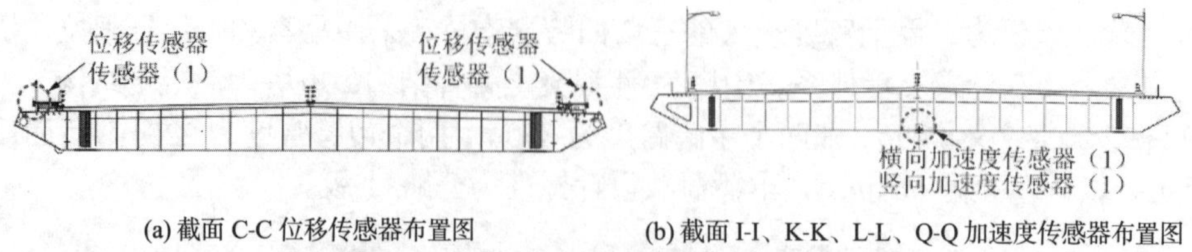

(a) 截面 C-C 位移传感器布置图　　(b) 截面 I-I、K-K、L-L、Q-Q 加速度传感器布置图

图 7-4-3 桥梁健康监测系统的传感器布置图

三、桥梁涡激振动监测数据分析

涡激振动是大跨度桥梁主梁的常见风致振动，对大跨悬索桥、斜拉桥等桥梁而言，涡激振动已经成为大跨桥梁设计及建造的关键影响因素。以 2020 年 4 月武汉鹦鹉洲长江大桥涡激振动为例，采用现场实测数据分析和研究涡激振动下桥梁的动力特性，以期为大跨桥梁采取有效的减振措施从而抑制桥梁涡振的产生提供技术支持。

1. 桥址风场特性分析

涡激振动是结构上下表面交替脱落的漩涡引起的自身横风向振动，发生的条件是旋涡的脱落频率约等于结构自振频率，因此，首先通过风速和风向传感器采集数据对此次涡激振动桥址处的风场特性进行统计和分析。此次涡激振动期间桥址风向和风速如图 7-4-4（a）所示，从图中可见，桥址风向在多数时间内基本保持一致，但风速的非平稳特性显著，塔顶风速区间在 0～10m/s，可见桥址处的风速具有明显的梯度风特征。桥梁位置与风场特性统计结果如图 7-4-4（b）所示，由结果可知，桥梁涡激振动响应主要发生于 5～8m/s 的风速区间内，桥梁塔顶主导风向为西南风，此时，主导风向与桥梁纵桥向形成了接近 90 度的夹角，从而引起了桥梁横风向振动。结合鹦鹉洲大桥为千米级柔性斜拉索桥且横截面高度较低的特点，在这样的风场情况下，常遇风速下即可诱发桥梁涡激振动。

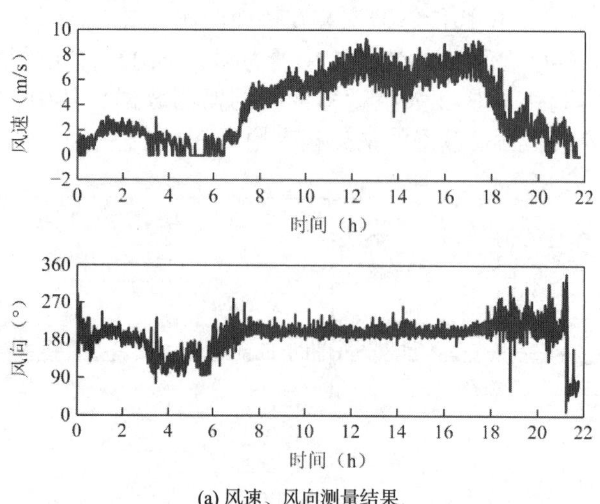

(a) 风速、风向测量结果

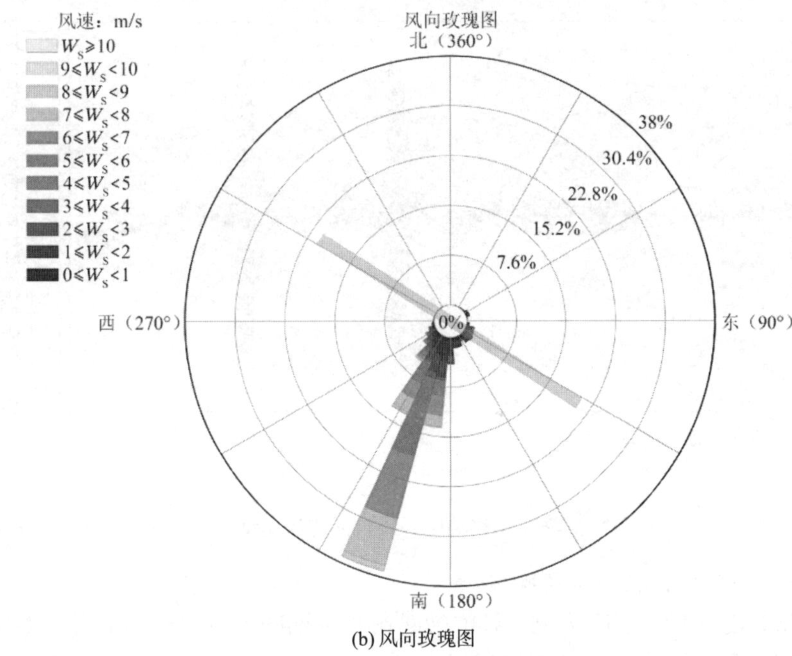

(b) 风向玫瑰图

图 7-4-4　桥址风场环境测量结果

2. 桥梁位移响应分析

图 7-4-5 为鹦鹉洲长江大桥涡激振动下的桥面位移测量结果，从图中可见，由于传感器中初始偏移值的存在，测量数据并不能很好地反映出涡激振动下桥梁位移响应特征。通过自适应基线校正技术分析上述数据，获得涡激振动下桥面位移响应如图 7-4-6 所示，结果表明：（1）本次鹦鹉洲大桥涡激振动以桥面零点位移为基准线进行上下往复振动；（2）桥梁发生了两次剧烈涡激振动，持续时间均达到了一小时以上，桥面位移最大振幅达到了 0.554m，且该监测周期内第一次和第二次剧烈涡激振动所产生的最大位移值较为接近；（3）本次涡激振动中桥梁主跨跨中截面 I-I 和 Q-Q 位置的最大位移幅值分别为 0.187m 和 0.193m，位移响应最大幅值出现在截面 H-H。

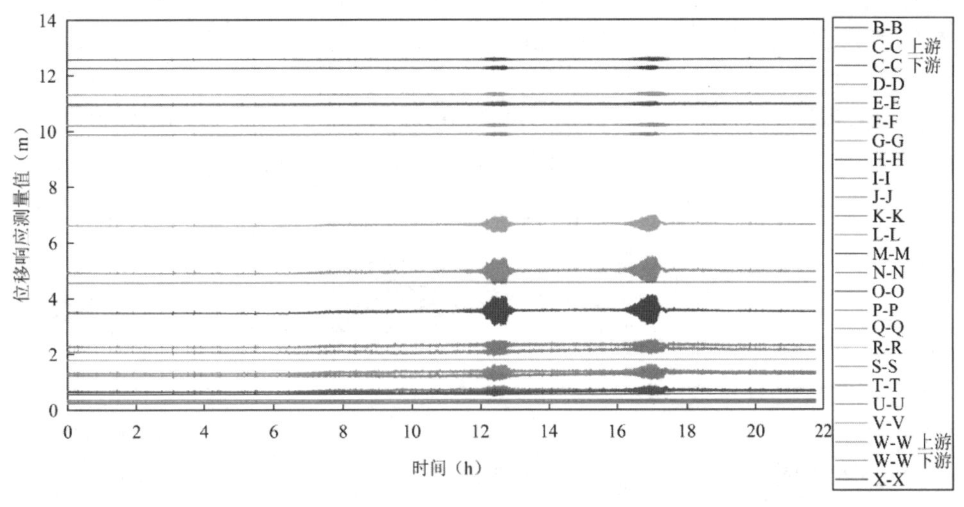

图 7-4-5　桥面位移响应测量值

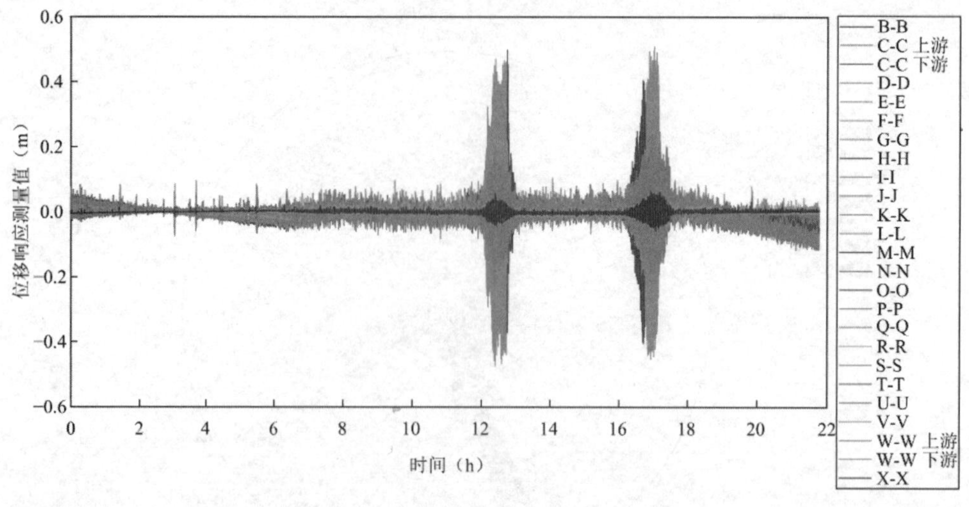

图 7-4-6　位移响应基线自适应校正结果

3. 温度效应对桥梁位移响应影响

以桥梁跨中截面 I-I、Q-Q 为例，对桥梁涡振测量期间的温度与位移相关性进行分析。桥梁截面 I-I 的温度和位移响应分别如图 7-4-7（a）和图 7-4-7（b）所示，以 100s 为时间周期计算温度和位移平均值，得到温度与位移散点图及相关性分析结果如图 7-4-7（c）所示，由结果可知，截面 I-I 的温度与位移相关系数为 0.2853，即两者呈正相关关系，但相关性较弱。图 7-4-8（a）为第二个主跨跨中温度变化情况，温度幅值略低于第一个主跨跨中测量结果，但两者的温度变化趋势大体一致，图 7-4-8（c）显示该主跨的温度与位移的相关性系数为 0.1115，两者依然呈正相关关系，可见温度的升高导致桥梁竖向位移出现了略微增长。

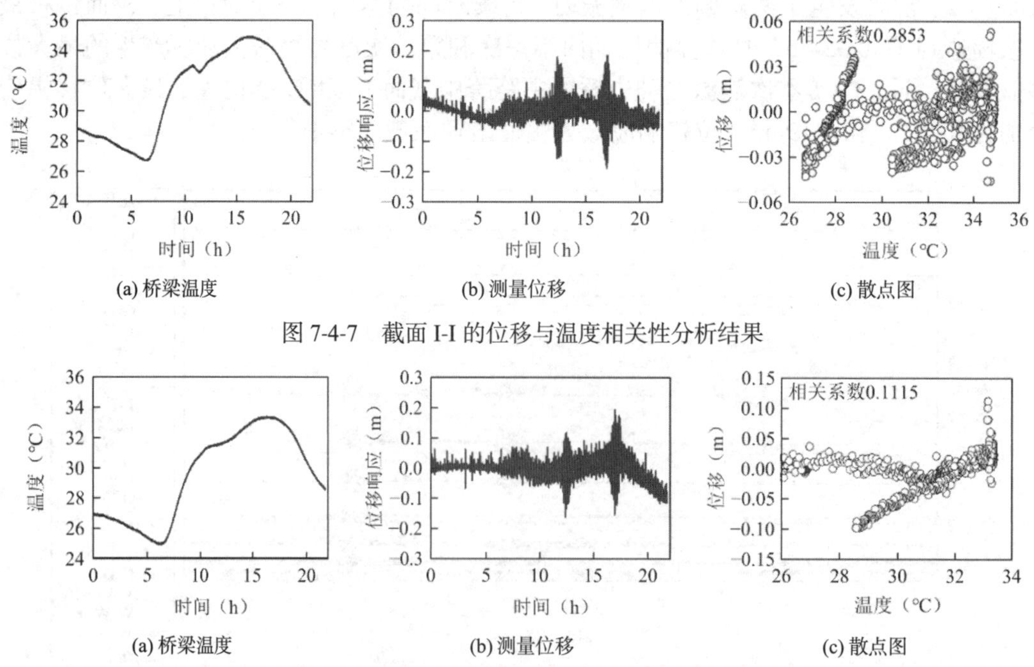

(a) 桥梁温度　(b) 测量位移　(c) 散点图

图 7-4-7　截面 I-I 的位移与温度相关性分析结果

(a) 桥梁温度　(b) 测量位移　(c) 散点图

图 7-4-8　截面 Q-Q 的位移与温度相关性分析结果

为准确了解桥梁涡振期间的温度变化对竖向位移产生的影响，结合自适应噪声完备集合经验模态分解（CEEMDAN）技术和相关判定准则对截面 I-I 和 Q-Q 位置的测量位移中的温致位移进行了分析和提取，分析结果如图 7-4-9 所示，可以看到温致位移对桥梁竖向位移的影响较小，将测量位移响应减去温致位移可以获得外部风载作用对截面 I-I 和 Q-Q 的最大振幅，分别为 0.185m 和 0.171m。

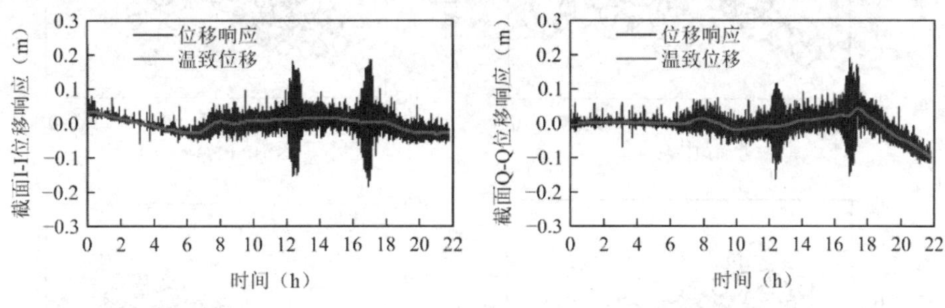

图 7-4-9　桥梁竖向测量位移与温致位移成分

4. 桥梁模态特性分析

鹦鹉洲长江大桥具有基频低、模态频率密集等特点，相关研究表明，第一阶自振频率理论计算值为 0.097Hz，为提高对此次涡激振动识别的正确性，通过加速度测量数据进行模态分析可以了解桥梁模态随风速变化的规律。由桥梁位移响应与加速度响应的测量结果可知，本次监测期间鹦鹉洲长江大桥经历了两次剧烈涡激振动，在采样区间上的时间段大致为 12:00—13:00 和 16:00—17:00。采用随机子空间方法所获得的第一次剧烈涡振的桥梁模态稳定图如图 7-4-10 所示，结果表明，桥梁在第一次剧烈涡激振动时，呈现出明显的以频率 0.172Hz 主导的单模态振动特性，即存在一阶主导频率。此外，桥梁在第一次剧烈涡振期，选取具有代表性的截面 I-I、截面 J-J、截面 P-P、截面 Q-Q 及截面 C-C 上下游的位移响应通过相关性散点图分析以更直观清晰地展现相关性分析结果，从图 7-4-11 中结果可知：截面 P-P 与 J-J 为显著负相关性，即此时桥梁两个主跨为反对称弯曲模态振动；截面 C-C 上游与 C-C 下游为显著正相关性，进一步表明桥梁的剧烈涡激振动是一种面内反对称弯曲振动形式，而非扭转模式。因此，综合上述分析结果可知，第一次剧烈涡振产生的桥梁变形是以自振频率 0.172Hz 主导的面内反对称弯曲振动形式。

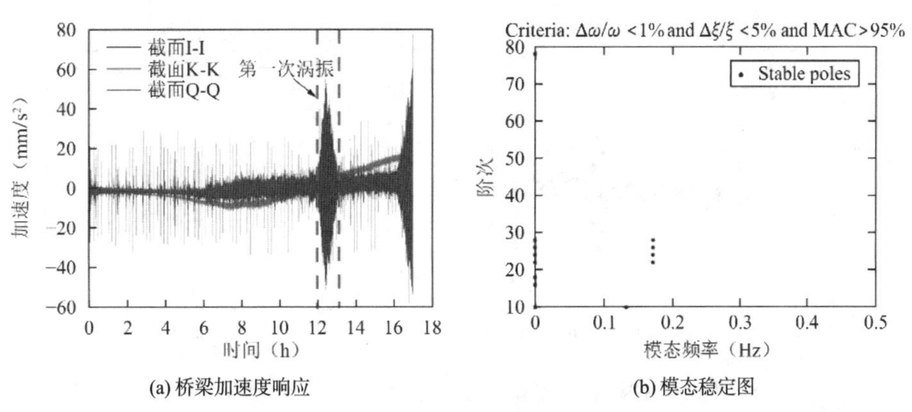

(a) 桥梁加速度响应　　(b) 模态稳定图

图 7-4-10　第一次剧烈涡激振动模态分析

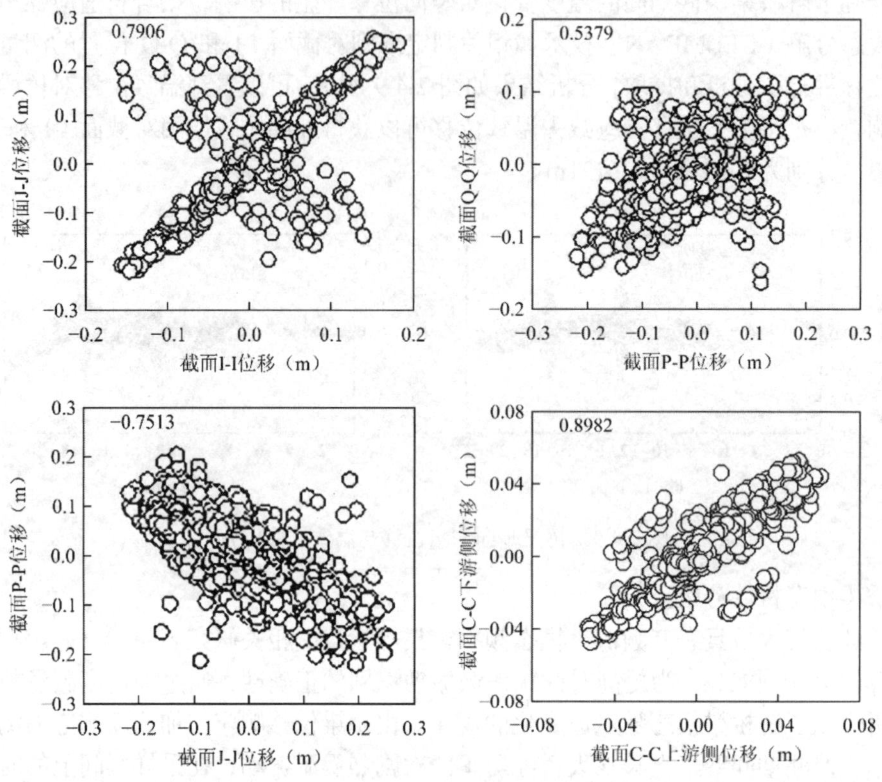

图 7-4-11　第一次剧烈涡振期间的位移相关性

桥梁第二次剧烈涡激振动的模态分析结果如图 7-4-12 所示，从图中可见，桥梁依旧以单模态振动形式为主，但第二次剧烈涡激振动的主导频率为 0.287Hz。结合图 7-4-4（a）的风速、风向图可知，在风向角大体一致的情况下，第一次剧烈涡振时间段 12:00—13:00 之间风速处于下降阶段，而第二次剧烈涡振时间段 16:00—17:00 之间的风速处于上升阶段，两次涡振期的风速发生了明显变化，导致其主导模态发生了明显改变，振动模式由低阶向高阶发生了转移。此外，结合桥梁代表性截面之间的位移相关性散点图分析结果（图 7-4-13）可知，第二次剧烈涡振期间的桥梁变形是以单频 0.287Hz 主导的面内反对称弯曲振动模式为主。

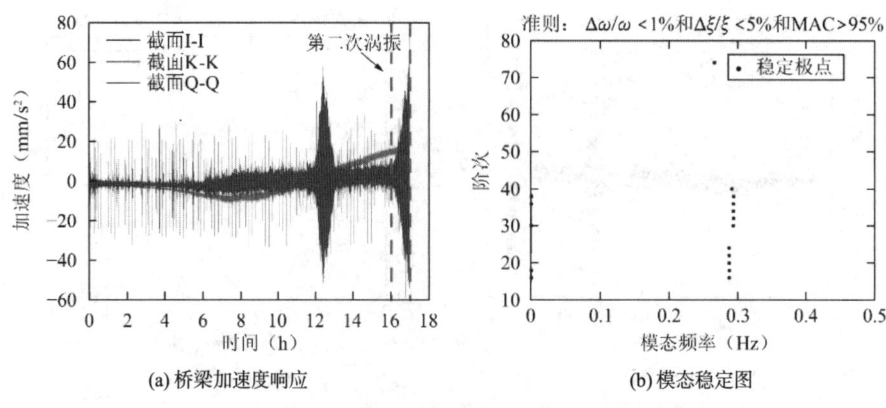

(a) 桥梁加速度响应　　(b) 模态稳定图

图 7-4-12　第二次剧烈涡激振动模态分析

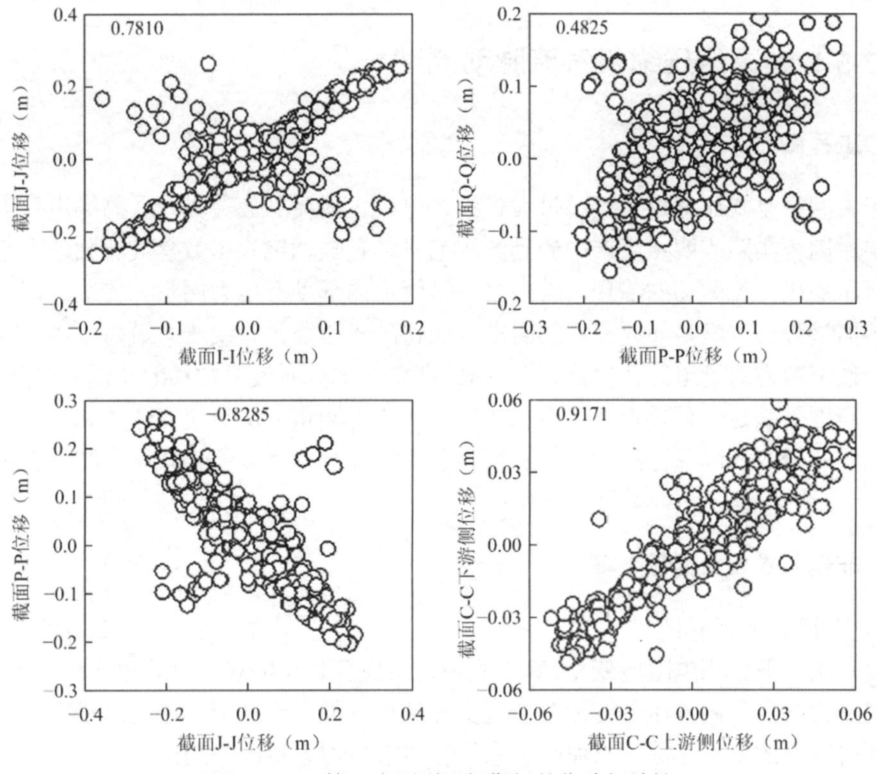

图 7-4-13　第二次剧烈涡振期间的位移相关性

四、振动测试与监测结论

（1）武汉鹦鹉洲长江大桥桥址风速非平稳特性显著，风速在 0～10m/s 之间，涡振期间的风向角与桥梁横侧面形成了较大夹角，涡激振动的诱导风速为 6～8m/s。

（2）桥梁前后共发生两次剧烈涡激振动，持续时间均达到 1h 以上，导致桥梁最大竖向位移幅值达到 0.554m，且前后两次剧烈涡激振动导致的最大竖向位移值较为接近。

（3）涡振期间桥梁主跨跨中的温度与竖向位移呈正相关关系，但相较于涡激振动所导致的桥梁位移变形，温度所引起的桥梁位移变形很小。

（4）本次涡激振动出现单频特性，第一次剧烈涡激振动以特征频率为 0.172Hz 主导的振动模式为主，结合各截面竖向位移变形相关性分析结果表明，此次涡激振动下桥梁变形为面内反弯曲变形。

（5）桥梁前后两次剧烈涡激振动呈现出低阶向高阶转移，第二次涡激振动以特征频率为 0.287Hz 主导的振动模式为主，结合位移相关性分析结果判断出桥梁第二次涡激振动形式依旧为桥面内反弯曲变形。

[实例 7-5] 超高压压缩机气流脉动测试

一、工程概况

对于大型往复式压缩机，振动过大是设备停机、泄漏、疲劳失效、高噪声、火灾和爆炸的主要原因。实践表明：生产中遇到的压缩机装置振动绝大多数是气流脉动引起的。对于超高压压缩机气流脉动的治理，难点之一是管道内部动态压力测量。传统的侵入式动态压力传感器量程难以满足如此高压的需求（如超高压压缩机管线压力最高可达 350MPa），且从安全性上考虑对管道开孔代价太大，因此需要考虑针对气流脉动的非侵入式测量方法，同时测试精度需满足工程要求。目前，非侵入式压力测量方法有应变片法和超声波法等，本例介绍了非侵入式测量方法的原理、特点和应用场合，为非侵入式压力测量提供参考和借鉴。

二、非侵入式压力测量方案

1. 应变片法压力测量

应变片法一般采用电阻应变片，基本原理是将应变片粘贴在被测管道或压力容器表面，当管道或压力容器受内部压力变形时，应变片随着壁面一起变形，通过测量应变片的电阻变化，获得壁面的变形参数，从而间接求得管道或压力容器内部的压力。

以测量圆形管道内部压力为例，假设不考虑管道外部载荷，管道仅受内部压力作用而变形。对于因内部压力引起的双轴应力状态，根据线性弹性各向同性材料的胡克定律，应变和应力具有如下关系：

$$\begin{cases}\sigma_a = \dfrac{E}{1-\nu^2}(\varepsilon_a + \nu \cdot \varepsilon_c) \\ \sigma_c = \dfrac{E}{1-\nu^2}(\varepsilon_c + \nu \cdot \varepsilon_a)\end{cases} \tag{7-5-1}$$

式中：σ_a——内部压力引起的轴向应力；

σ_c——内部压力引起的周向应力；

ν——泊松比；

ε_a——内部压力引起的周向应变；

ε_c——内部压力引起的轴向应变；

E——杨氏模量。

依据压力容器理论可知：

$$\sigma_c = 2 \cdot \sigma_a = P \cdot \frac{2 \cdot R_i^2}{R_e^2 - R_i^2} \tag{7-5-2}$$

式中：R_i——管道内壁半径；

R_e——管道外壁半径；

P——管道内部压力。

由此可以获得管道内部压力和管道轴向和周向应变的关系为：

$$P = \frac{R_e^2 - R_i^2}{2 \cdot R_i{}^2} \cdot \frac{E}{1 - \upsilon^2} \cdot (\varepsilon_c + \nu \cdot \varepsilon_a) \tag{7-5-3}$$

应变片的布置方式如图 7-5-1 所示，应变片 1 和应变片 2 在管道壁面上呈 T 形布置，分别测量管道的轴向和周向应变，为提升测量准确性，可沿管道周向对称布置 2～4 组应变片，计算时取测量平均值。

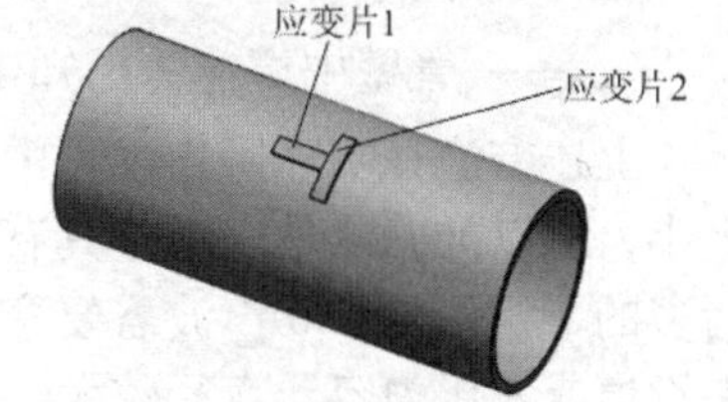

图 7-5-1　应变片在管道上布置方式

该方法可以测量静态压力，也可以测量动态压力，在聚乙烯超高压压缩机二次机出口管线的气流脉动测量中取得了良好的应用，但是需要注意以下几点：

（1）该方法一般适用于管道压力较大的场合，否则管道应变非常微弱，不易测量，测量准确性差。

（2）由于应变片输出信号弱，一般需要与电桥结合使用，最简单也是最常用的方法是全桥法。

（3）该方法会受到温度的影响，因此需要考虑温度补偿措施，如补偿片法、温度自补偿应变片、计算补偿法等。

（4）对于有些灵敏度要求高的场合，可以采用半导体应变片，但其可重复性和温度稳定性较电阻应变片差。

2. 超声波法压力测量

超声波是指频率高于 20kHz 的声波，在医学成像、无损检测、声学显微等领域有广泛应用。在介质中传播时，超声波的速度和幅值与传播介质的压力呈一一对应的关系，由此可引申出超声波法压力测量的两种方法：波速法和幅值法。

（1）波速法

超声波在静止流体中的声速为：

$$c = \sqrt{\frac{K}{\rho}} \tag{7-5-4}$$

式中：c——超声波声速；

K——流体体积弹性模量；

ρ——密度。

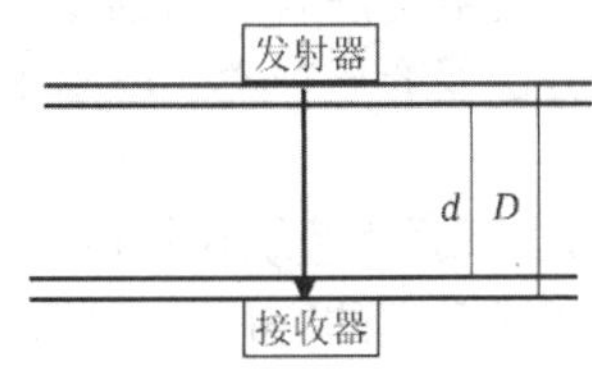

图 7-5-2　波速法原理

上式中，K和ρ都会随着压力的变化而变化，因此可以通过测量出流体的声速，根据事先已知或标定的压力与声速的关系，求得流体的压力。

最简单的波速法原理如图 7-5-2 所示，发射器发射超声波，经过管壁和流体，被接收器接收，通过测量发射和接收超声波的时差，来确定流体中的声速，从而计算出流体中的压力。声速按照下式计算：

$$c = \frac{d}{\Delta t - \dfrac{D - d}{c_0}} \tag{7-5-5}$$

式中：c——流体中声速；

d——管内径；

D——管外径；

Δt——测量时差；

c_0——管壁中声速（已知）。

上述方法在实际操作过程中存在很多问题：①直接测量时差很短，一般在微秒级甚至更小，所以准确测量出时差具有一定难度；②声波在管壁中发生多次反射、折射，会产生诸多的干扰信号；③声波需要穿过管壁和流体，期间会发生信号衰减，增加测试难度，如果管道或者压力容器直径较大，可能无法接收理想信号。

因此，基于上述原理，可将超声波的探头放置在管道同一侧，错开一定距离并倾斜适当的角度，增加反射次数，也可以通过特定的电路设计来增大时差，或者可以通过测量相位差的方法间接测量时差。

波速法的另外一种测量方法是利用声波的共振，通过连续改变超声波的发射频率，当激振频率为f_n时发生共振，根据事先标定的共振频率与压力的关系求得压力。

（2）幅值法

幅值法的基本原理是随着介质压力的变化，超声波的幅值随之变化。其测量方法示意图如图 7-5-3 所示。当调整发射器至合适的角度时，会产生兰姆波，接收器接收的兰姆波幅值会受到反射系数的影响，反射系数为：

$$R = \frac{Z_1 - Z_2}{Z_1 + Z_2} \tag{7-5-6}$$

式中：R——反射系数；

Z_1——介质声阻抗；

Z_2——容器壁面声阻抗。

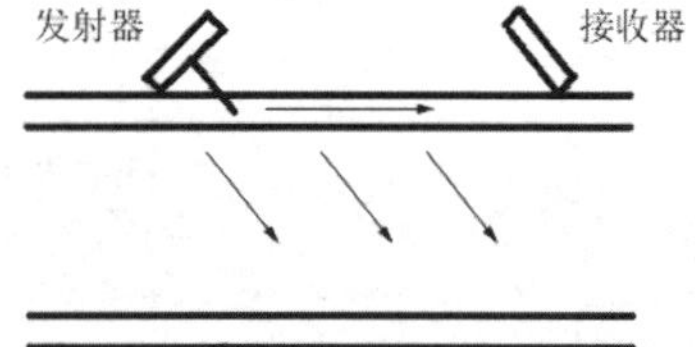

图 7-5-3　幅值法压力测量示意图

由于声阻抗是密度和声速的函数，而密度和声速与压力呈一一对应关系，因此，通过测量接收的幅值变化，确定反射系数，计算出介质声阻抗，从而间接计算出容器内流体压力。该方法可适用于容器直径较大的压力测量，需要注意的是，应用该方法时，容器壁面厚度不能过薄，否则无法分辨壁面内的真实信号。

3. 其他非侵入式压力测量方法

电容法具有动态响应快、灵敏度高等特点，其基本原理是介电常数会随着压力的变化而变化，通过测量流体的介电常数，从而求得流体压力。但是该方法受介质种类、电磁干扰等因素的影响较大。

光纤信号法本质上来说是应变片法的延伸，其基本原理是将曲线型壳体缠绕在管道上，当管道受内压变形时，曲线型壳体之间的距离改变，引起光信号传输功率的变化，因此，通过测量光信号的传输功率即可间接求得管道内压力。该方法灵敏度高，但是仅适用于直径较小的管道。

对于超高压压缩机管道气流脉动的测量，本例推荐采用应变法。

三、超高压压缩机气流脉动测量

以某聚乙烯超高压压缩机出口管路为例，试验对比了监控室采集的压力参数，从而验证应变法在超高压管道压力脉动测量中的幅值准确性。

对比获取的应变换算压力和现场实际压力（图 7-5-4），通过应变换算的压力能够很好地符合实际升压的过程，整体平均误差 < 5%。在图中的Ⅰ和Ⅳ区域，压力相对稳定，误差较小，而在Ⅱ和Ⅲ区域，由于压力快速升高，现有的压力采集器为静态压力传感器，具有一定的延迟性，无法准确反应压力快速升高的过程，而应变换算压力的采样频率为 1600Hz，远远高于静态压力传感器，因此，Ⅱ和Ⅲ区域应变换算压力高于现场实际压力是合理的。由此可验证在气流脉动压力测量中脉动幅值测量的准确性。

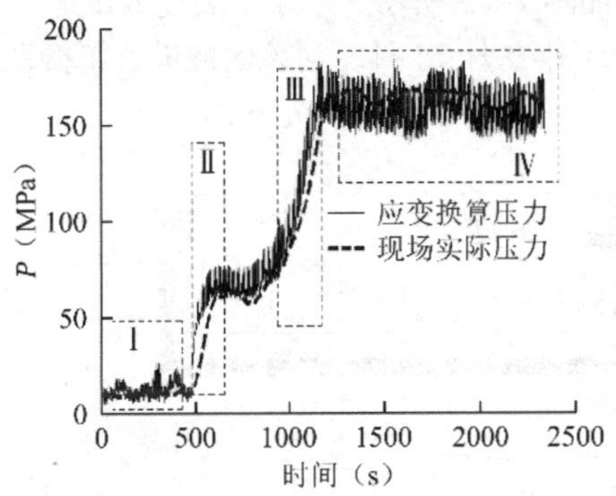

图 7-5-4　应变换算压力与现场实际压力对比

［实例 7-6］戴姆勒中国研发中心公用设备振动控制

一、工程概况

北京奔驰研发楼二楼布置有 4 台水泵，供水泵共有两种型号，每种型号各两台，如图 7-6-1 和图 7-6-2 所示。水泵通过水泵基座安装在水泵基础上，水泵基础为 20cm 厚预制混凝土块体。基础下设有 6 个减振弹簧，如图 7-6-3 所示。水泵安装完成试运行后，业主反映水泵及其组件运行时振动和噪声较大。2021 年 9 月 24 日，对该区域进行了振动和噪声测试。

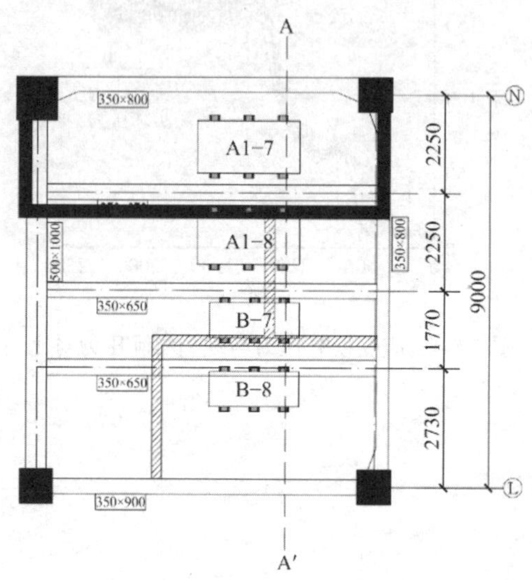

图 7-6-1　水泵工艺布局图

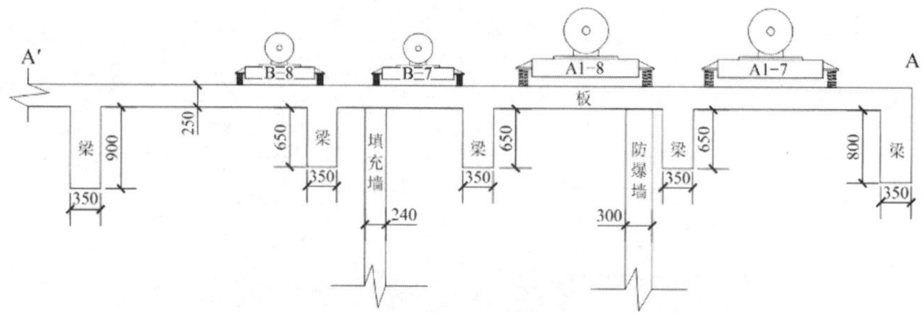

图 7-6-2　A-A′布置立面图

图 7-6-3　水泵现场照片

二、振动控制依据及测试设备

为查明水泵和其所在区域的振动现状，测试、分析水泵减振基础和相关结构的动力特性，进行振动测试工作。根据现行国家标准《机械振动与冲击 建筑物的振动 振动测量及其对建筑物影响的评价指南》GB/T 14124—2009 和《建筑工程容许振动标准》GB 50868—2013，结合甲方提供的振动控制要求，进行综合考量。

测试仪器主要包括：AWA6228 + 型多功能声级计、DH5902N 数据采集系统（16 通道、24 位 AD 转换）、IEPE 压电式加速度传感器（0.5g量程 4 个，5g量程 4 个、50g量程 4 个）、笔记本电脑、磁力座、IEPE 连接线和 BNC 延长线等。

三、振动测试方案

1. 振动测试技术要点

（1）测试方向：本次测试主要测试Z向（竖直方向）振动。

（2）测试振动物理量：振动加速度。

（3）频率范围：关注频率范围 2.0～500Hz。

（4）采样参数：采样频率为 1280Hz，抗混叠滤波设置为 1000Hz，每工况采样时长约 2min。

（5）数据分析参数：分析频率为 500Hz，滤波器设置为高通 1Hz 巴特沃兹滤波器。频谱分析时，考虑到所测信号主要为稳态复杂周期信号，窗函数采用矩形窗；谱函数采用有效值谱；平均方式采用线性平均；频谱分辨率$\Delta = 0.625$Hz。

2. 振动测试内容及过程

现场对编号为 A1-7、A1-8 和 B-7 三台水泵进行测试。

（1）A1-8 水泵振动测试

1）测点布置情况

本次测试共布置 8 个加速度传感器，测试过程中测点 5、6、7、8 位置不变，测点 1、2、3、4 完成测试后移动到测点 1′、2′、3′、4′，如图 7-6-4 所示。

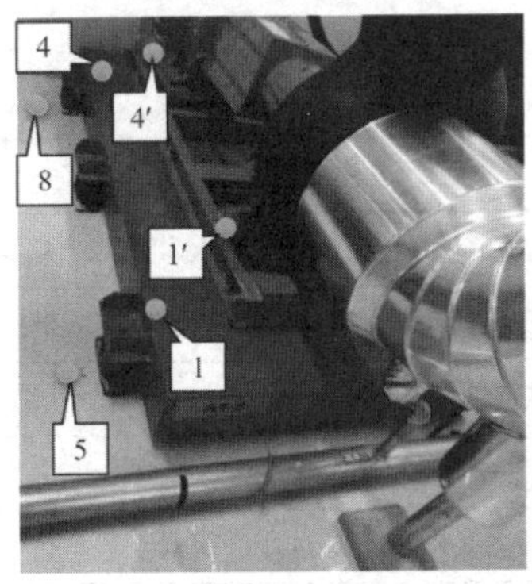

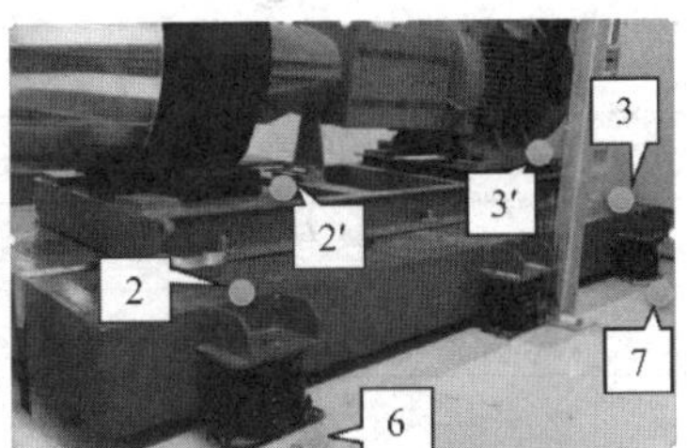

图 7-6-4　A1-8 水泵测点布置示意图

2）工况设置（表 7-6-1）

A1-8 水泵测试一览表　　**表 7-6-1**

测点编号	工况备注
测点 1	A1-8 水泵 50Hz 运行，测点为 1、2、3、4、5、6、7、8

续表

测点编号	工况备注
测点 2	A1-8 水泵 50Hz 运行，测点为 1′、2′、3′、4′、5、6、7、8
测点 3	A1-8 水泵 30Hz 运行，测点为 1′、2′、3′、4′、5、6、7、8
测点 4	A1-8 水泵自由运行工况（水泵转速随负荷变化）运行，测点为 1′、2′、3′、4′、5、6、7、8
测点 5	用木棒在基础上敲击

（2）A1-7 水泵振动测试

1）测点布置情况

测点布置与 A1-8 水泵测试相同。

2）工况设置（表 7-6-2）

A1-7 水泵测试一览表 **表 7-6-2**

测点编号	工况备注
测点 6	A1-7 水泵 50Hz 运行，测点为 1、2、3、4、5、6、7、8
测点 7	A1-7 水泵自由运行工况（水泵转速随负荷变化）运行，测点为 1、2、3、4、5、6、7、8
测点 8	A1-7 水泵自由运行工况（水泵转速随负荷变化）运行，测点为 1′、2′、3′、4′、5、6、7、8
测点 9	所有水泵停止运行，测试背景振动，测点为 1′、2′、3′、4′、5、6、7、8
测点 10	用木棒在基础上敲击，采样频率为 51.2Hz
测点 11	用木棒在基础上敲击，采样频率为 1280Hz

（3）B-7 水泵振动测试

1）测点布置情况

测点布置与 A1-8 水泵测试相同。

2）工况设置（表 7-6-3）

B-7 水泵测试一览表 **表 7-6-3**

测点编号	工况备注
测点 12	B-7 水泵自由运行工况（水泵转速随负荷变化）运行，测点为 1、2、3、4、5、6、7、8
测点 13	B-7 水泵自由运行工况（水泵转速随负荷变化）运行，测点为 1′、2′、3′、4′、5、6、7、8
测点 14	所有水泵停止运行，测试背景振动，测点为 1、2、3、4、5、6、7、8
测点 15	人员在设备基础中间跳跃
测点 16	人员在设备基础测点 3、4 中间跳跃

四、测试数据分析

1. 设备基座与设备基础上的振动情况

现场测试时发现由于个别传感器导线的电磁兼容性引起的数据漂移问题如图 7-6-5 黑色数据（上曲线）。经 2Hz 高通滤波之后，数据基本恢复正常，如图 7-6-5 灰色数据（下曲线）所示。

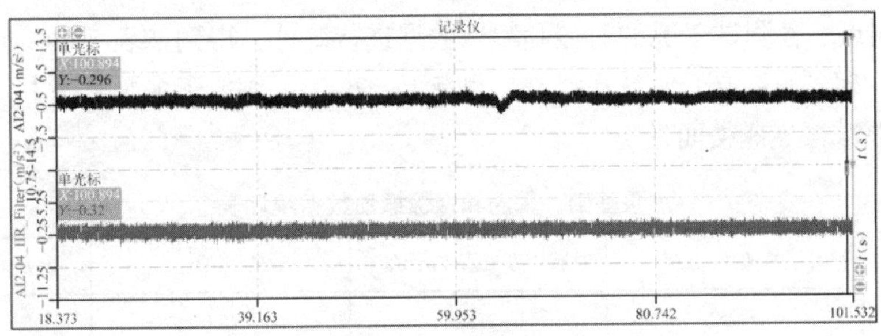

图 7-6-5　高通滤波

将测试得到的加速度信号通过一次积分得到速度时域信号，如图 7-6-6 所示。对速度时域信号进行频谱分析，得到速度频谱曲线，如图 7-6-7 所示。

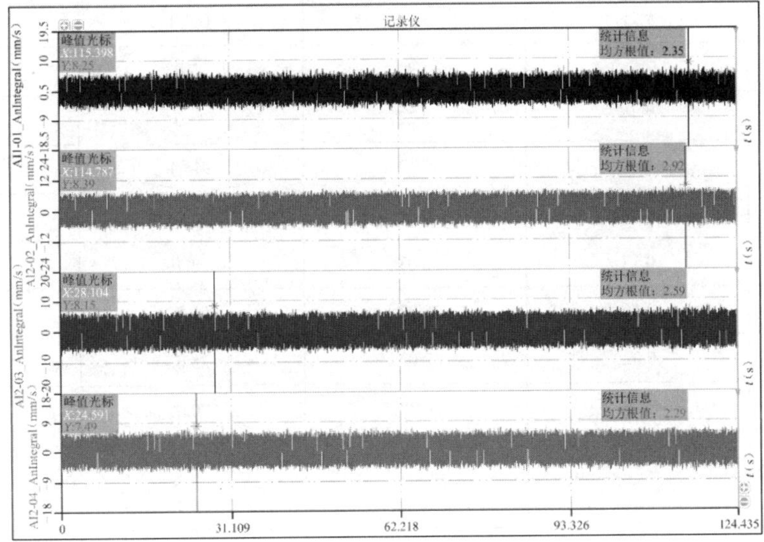

图 7-6-6　测点速度时域曲线

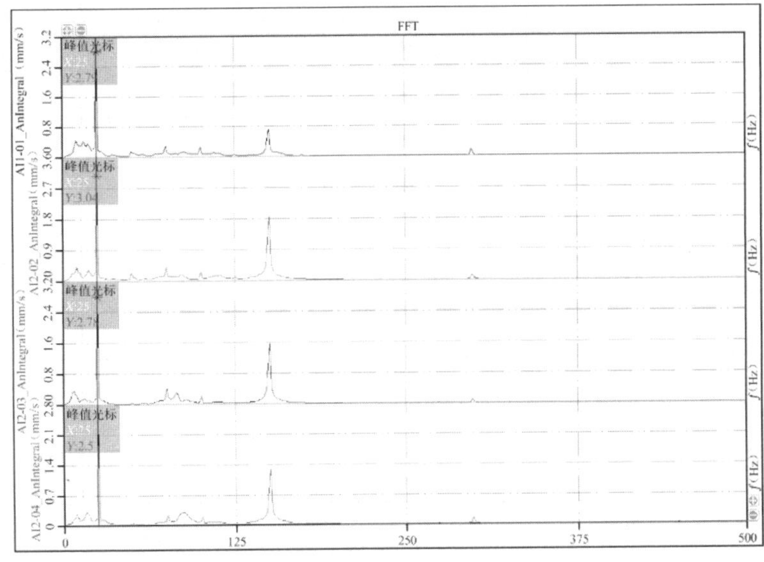

图 7-6-7　测点速度频域曲线

将各个测点、各测试工况的时域和频域数据进行统计，得到如表 7-6-4 所示统计数据（其中测点 1、2、3、4 位于水泵基础上，测点 1′、2′、3′、4′位于水泵基座上，测点 5、6、7、8 位于水泵减振支座楼面处）。

水泵基础、基座和楼板振动数据统计表　　表 7-6-4

测次	测点	时域峰值（mm/s）	时域均方根值（mm/s）	峰频（Hz）	频域峰值（mm/s）
1	1	8.25	2.35	25.0	2.79
	2	8.39	2.92	25.0	3.04
	3	8.15	2.59	25.0	2.78
	4	7.49	2.29	25.0	2.50
2	1′	9.11	3.28	149.4	3.67
	2′	7.55	1.91	25.0	1.94
	3′	7.37	2.25	25.0	2.03
	4′	7.02	2.17	149.4	1.81
	5	0.33	0.08	25.0	0.05
	6	0.15	0.03	33.7	0.01
	7	0.16	0.02	75.0	0.01
	8	0.32	0.02	25.0	0.07
3	1′	2.29	0.78	90.0	0.18
	2′	3.30	1.01	15.0	0.95
	3′	1.41	0.39	15.0	0.92
	4′	2.51	0.98	90.0	0.24
	5	0.22	0.05	90.0	0.03
	6	0.09	0.02	90.0	0.01
	7	0.11	0.02	36.8	0.04
	8	0.20	0.05	90.0	0.01
4	1	6.89	1.79	134.4	1.81
	2	4.99	1.90	134.4	1.66
	3	3.91	1.08	22.5	1.12
	4	3.80	0.96	22.5	0.93
	5	0.27	0.07	22.5	0.04
	6	0.15	0.02	22.5	0.01
	7	0.18	0.02	22.5	0.01
	8	0.30	0.06	134.4	0.08
6	1	9.55	2.72	149.4	2.54

续表

测次	测点	时域峰值（mm/s）	时域均方根值（mm/s）	峰频（Hz）	频域峰值（mm/s）
6	2	6.44	2.88	149.4	1.56
	3	5.74	1.55	25.0	1.26
	4	5.20	1.16	25.0	0.87
	5	0.29	0.07	149.4	0.04
	6	0.52	0.13	149.4	0.10
	7	0.43	0.11	149.4	0.08
	8	0.26	0.05	149.4	0.05
7	1	2.82	0.77	15.0	0.71
	2	2.25	0.65	90.0	0.62
	3	3.09	0.99	15.0	1.25
	4	3.00	0.50	90.0	0.26
	5	0.13	0.02	113.8	0.01
	6	0.20	0.05	90.0	0.02
	7	0.20	0.05	90.0	0.03
	8	0.12	0.02	113.8	0.01
8	1′	2.52	0.55	15.0	0.31
	2′	1.49	0.38	90.0	0.26
	3′	2.04	0.70	15.0	1.00
	4′	1.72	0.40	15.0	0.22
	5	0.12	0.03	90.0	0.01
	6	0.18	0.05	90.0	0.02
	7	0.18	0.05	90.0	0.03
	8	0.10	0.03	90.0	0.01
9	1′	0.44	0.11	10.0	0.04
	2′	0.44	0.10	13.0	0.04
	3′	0.51	0.15	6.3	0.12
	4′	0.52	0.14	6.1	0.11
	5	0.08	0.02	5.0	0.01
	6	0.10	0.02	5.0	0.01
	7	0.11	0.03	36.3	0.01
	8	0.08	0.02	5.0	0.01
12	1	4.30	0.94	91.3	0.32

续表

测次	测点	时域峰值（mm/s）	时域均方根值（mm/s）	峰频（Hz）	频域峰值（mm/s）
12	2	4.22	0.84	91.3	0.34
	3	2.31	0.55	45.0	0.26
	4	2.85	0.59	7.5	0.31
	5	0.21	0.05	40.0	0.02
	6	0.27	0.06	41.9	0.02
	7	0.22	0.06	42.5	0.02
	8	0.18	0.04	25.0	0.02
13	1′	2.93	0.73	18.8	0.41
	2′	2.90	0.70	18.8	0.37
	3′	2.48	0.60	45.0	0.52
	4′	3.10	0.63	91.3	0.41
	5	0.20	0.05	41.3	0.04
	6	0.24	0.06	41.3	0.05
	7	0.25	0.05	41.3	0.03
	8	0.18	0.04	41.3	0.02
14	1	0.04	0.01	8.8	0.05
	2	0.05	0.01	25.0	0.02
	3	0.03	0.01	8.8	0.02
	4	0.03	0.01	8.8	0.06
	5	0.02	0.01	25.0	0.01
	6	0.02	0.01	25.0	0.01
	7	0.02	0.01	25.0	0.01
	8	0.02	0.01	25.0	0.01

测点 1、2、3、4 是在水泵基础上，测点 1′、2′、3′、4′是在水泵基座上，依据表 7-6-4 中数据，水泵的基础和基座在测试的所有工况速度时域均方根最大值为 3.28mm/s，未超过 3.5mm/s 的限值（《建筑工程容许振动标准》GB 50868—2013 第 5.8.3 条规定的电动水泵基础容许振动值）。从楼面的振动舒适性和安全性考虑，参考《建筑工程容许振动标准》GB 50868—2013 中表 7.1.2 和表 8.0.2 规定的工业建筑楼面振动 1～100Hz 容许振动速度峰值为 10mm/s，实测该频带内楼面振动速度峰值的最大值为 0.07mm/s，远小于容许值，满足标准要求。

2. 水泵基础动力特性和振动传递分析

现场测试时，采用人员跳跃激励方法，对水泵的隔振基础进行了动力特性测试。人员跳跃激励时，由于该类型激励作用时间长，更容易将水泵基础的较低阶振型激励起来。此时，水泵基础上各测点的响应如图 7-6-8 所示。

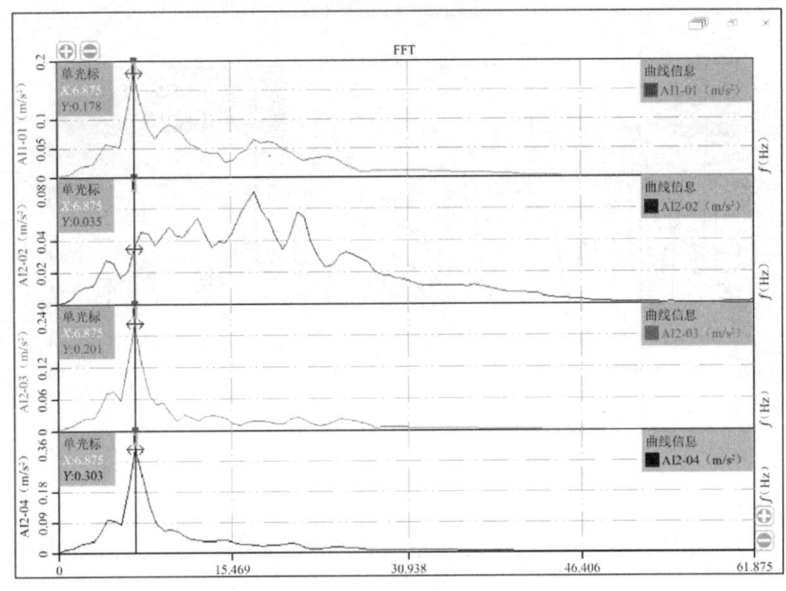

图 7-6-8　跳跃激励响应

建立一个简单的矩形模型，通过布置在水泵基础上的四个测点各种工况的数据，进行模态分析，提取模态参数。24.6Hz 以下的振型基本属于刚体模态，设备基础基本没有发生变形。而 80.4Hz 和 149.4Hz 对应的振型出现刚度不足的情况，水泵基础发生平面外的变形，而该频带也是实测噪声的主要频带。因此，加大水泵基础的整体刚度有利于现场噪声控制。

以测点 1、2 为主动端，测点 5、6 为被动端进行传递分析，选取相干较高的频率点 35.625Hz 进行对比，如图 7-6-9 和图 7-6-10 所示。可见振动由测点 1 至测点 5 的传递率为 22.2%，测点 2 至测点 6 的传递率为 10.2%。对比不同水泵的不同工况，传递数据和上述结果基本一致。说明水泵基础刚度不均导致减隔振效果降低。这也与测点 1、2 一侧刚度较大的分析结果一致。

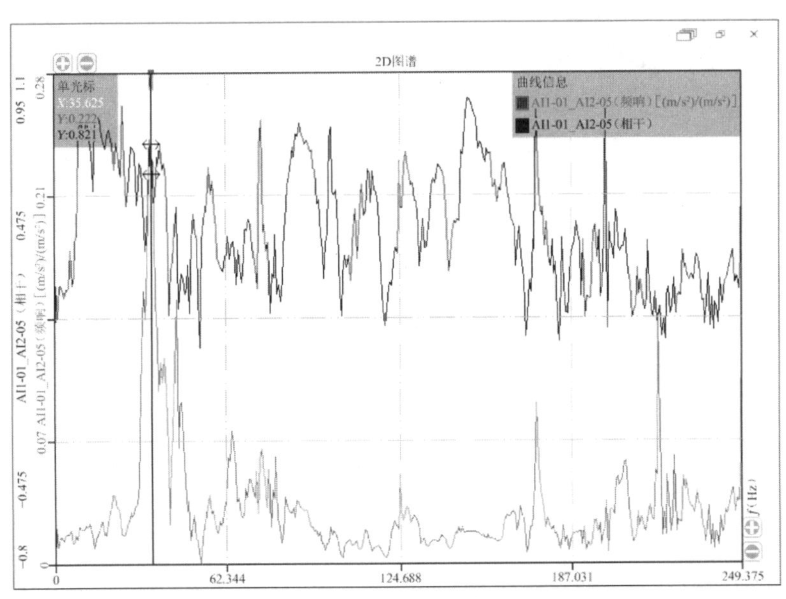

图 7-6-9　测点 1～测点 5 传递函数及相干函数曲线

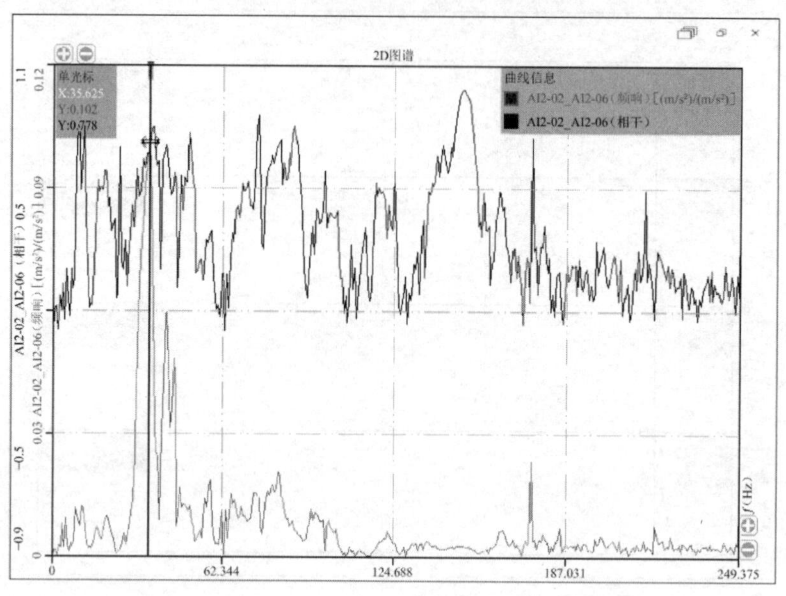

图 7-6-10　测点 2～测点 6 传递函数及相干函数曲线

五、振动测试结论

（1）水泵振动根据产品标准《泵的振动测量与评价方法》GB/T 29531—2013，受检测的 3 个水泵基础、基座的各个测试工况振动速度时域均方根值为 0.38～3.28mm/s，小于 3.5mm/s，水泵振动满足产品标准要求。

（2）楼面振动参照《工业建筑振动控制设计标准》GB 50190—2020，振动速度峰值的最大值为 0.01～0.07mm/s，小于 10mm/s，楼板振动速度满足结构安全性要求。

（3）水泵的隔振基础的总体隔振效率在 80%以上，但端部有水管与楼面相连，造成振动传播的短路，引起楼板振动，传播固体声，宜进行改进。

[实例 7-7] 重庆轨道交通 6 号线地面振动特性现场测试

一、工程概况

重庆轨道交通 6 号线途径渝中区、江北区、渝北区等行政区，连接弹子石、解放碑、江北城等城市核心区，是轨道交通线网中贯通重庆东南城区与西北城区的骨干线路。重庆地铁 6 号线采用钢轮钢轨 B 型地铁制式，列车车宽 2.8m，车体有效长度 19.8m，6 节编组，轴重 14t。

测试试验段位于南岸区茶园刘家坪站至上新街站之间并靠近刘家坪的高架段，距离刘家坪轻轨站约 600m，测试区域在高架桥的两座桥墩附近，具体位置如图 7-7-1 所示。

图 7-7-1 试验场地总平面图

试验场地地形条件如图 7-7-2 所示。场地与轨道垂直方向存在小斜坡地形，坡度约为 23°，轨道中心线两桥墩之间为陡崖地形，靠近桥墩 A 一侧为水平面，靠近桥墩 B 侧是陡崖，与轨道中心线呈 45°方向是水平地形，较远处则靠近凸出岩石底部。现场桥墩承台上表面与土体表面齐平，承台长宽尺寸为 8.8m × 6.5m，桥墩长宽尺寸为 3m × 2.5m。

图 7-7-2 试验场地地形条件

二、测试分析方案

1. 测试仪器

试验数据采集使用带有 64 通道的东华测试 DH5921 型动态数据采集仪，以及配套的 DHDAS 动态信号采集分析系统。地面速度传感器采用东华测试研制的 2D001V 型传感器。测试系统及速度传感器如图 7-7-3 所示。试验配有两个蓄电池和变压器以给采集仪和电脑提供 220V 交流电压，试验材料还包括石膏粉、连接线若干。

(a) 动态采集系统

(b) 速度传感器

图 7-7-3　现场测试仪器

地表质点速度的测量通常是在三个互相垂直的方向，包括竖向、水平向和横向。研究表明轨道交通引起的地表振动以竖向为主，因此，本次测试采用竖向振动进行研究，所用传感器均为竖向速度传感器。

地面传感器布置时，首先将地面土体平整夯实，再将石膏粉加水搅拌至黏稠状并均匀涂抹于测点，然后将传感器用力压至与石膏紧密连接，使传感器方向与振动方向一致，且传感器几何轴线保持横平竖直。

2. 测点布置方案

试验荷载为载客运营列车，测试地点的列车运行速度为 60～75km/h，上行列车即将进站处于减速行驶阶段，下行列车出站处于加速行驶阶段。针对现场特殊地形，在试验地点分别测试了与轨道中心线呈 45°、90°以及两桥墩轨道中心线三个方向上不同距离处的振动，试验地点各方向速度传感器布置图如图 7-7-4 所示。

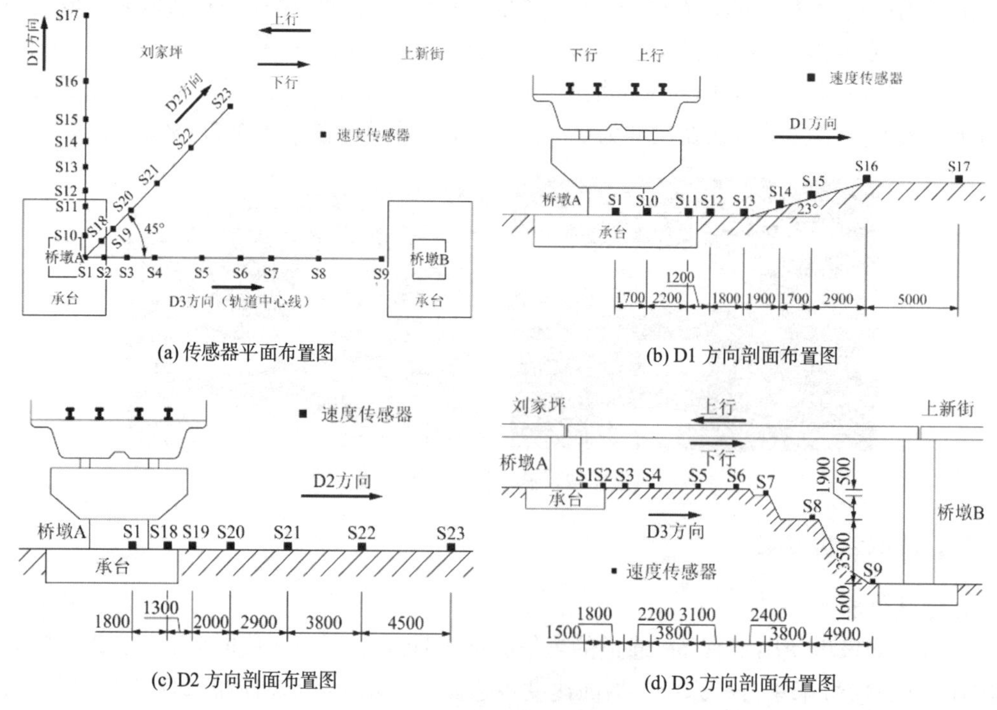

(a) 传感器平面布置图

(b) D1 方向剖面布置图

(c) D2 方向剖面布置图

(d) D3 方向剖面布置图

图 7-7-4　试验地点传感器布置图

图 7-7-4（a）为传感器平面布置图。在图 7-7-4（b）中，与轨道中心线呈 90°方向（D1 方向）上存在斜坡地形，斜坡坡度为 23°，其中，测点 S1、S10、S11 位于桥墩承台上，测点 S14、S15 位于斜坡上。图 7-7-4（c）中与轨道中心线呈 45°方向（D2 方向）为水平地面，各测点位于同一标高上，其中，S1、S18 位于桥墩承台上。图 7-7-4（d）中两桥墩之间轨道中心线方向上（D3 方向）存在陡崖地形，测点 S6、S7、S8 分别位于不同高度崖阶上，测点 S1、S2 位于承台上，两桥墩承台高差为 7.5m。

三、振动评估方法

国际上常用振动级来评价振动的大小，本次测试采用振动速度级来评价地面振动的大小。振动速度级定义为：

$$\mathrm{VAL} = 20\lg(v_{\mathrm{rms}}/v_{\mathrm{ref}}) \tag{7-7-1}$$

式中：VAL——振动速度级（dB）；

v_{ref}——基准振动速度，本次振动测试采用$v_{\mathrm{ref}} = 10^{-9}\mathrm{m/s}$；

v_{rms}——所测振动速度有效值，根据国际标准《机械振动和冲击 人体处于全身振动的评价 第 1 部分：一般要求》ISO 2631-1：1997 定义，其表达式为：

$$v_{\mathrm{rms}} = \sqrt{\frac{\int_0^T v^2(t)\,\mathrm{d}t}{T}} \tag{7-7-2}$$

式中：$v(t)$——速度时程函数（mm/s）；

T——振动采样时间长度（s）。

为了反应轨道交通引起地面振动的实际影响，振动速度级采用消除背景振动的公式：

$$\mathrm{VAL} = 10\lg\left(10^{\frac{\mathrm{VAL_A}}{10}} - 10^{\frac{\mathrm{VAL_B}}{10}}\right) \tag{7-7-3}$$

式中：VAL——消除背景振动后的振动速度级；

$\mathrm{VAL_A}$——含背景振动的振动速度级；

$\mathrm{VAL_B}$——背景振动的振动速度级，即没有列车行驶时所测振动。

四、测试结果分析

对比图 7-7-5 中各测点傅里叶谱，D1 方向地面振动主要频率范围在 30～95Hz 之间，各距离处的主要频率分布区间较为一致，但是振动幅值随距离显著减小，主要频率范围也逐渐减小，说明振动衰减主要是高频衰减。

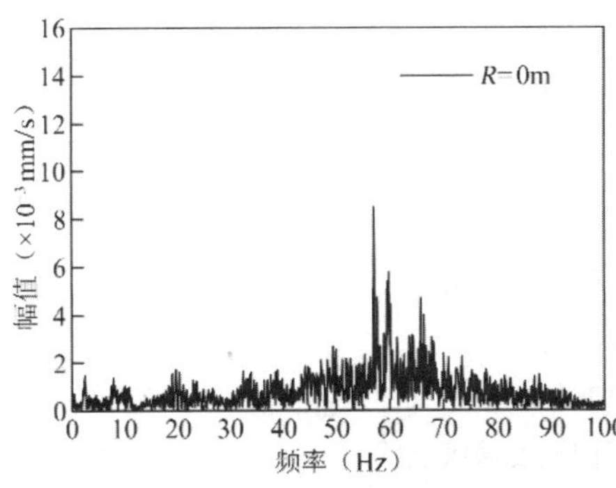

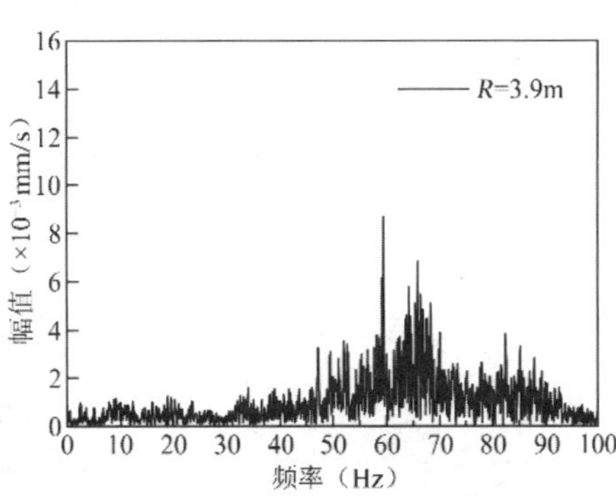

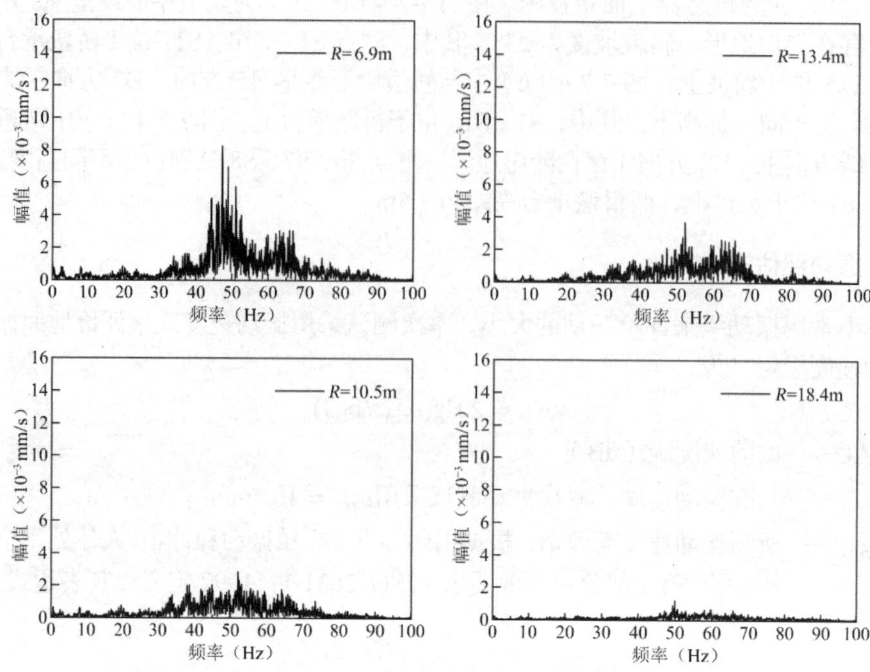

图 7-7-5　D1 方向振动时程及频谱曲线

为得出振动沿不同地形表面的衰减规律，将各方向所测速度时程数据按式 (7-7-1)～式 (7-7-3)计算得到各距离处的振动速度级VAL。选取 D1、D2、D3 方向具有代表性的上行、下行各两组数据计算结果，并绘制于图 7-7-6。

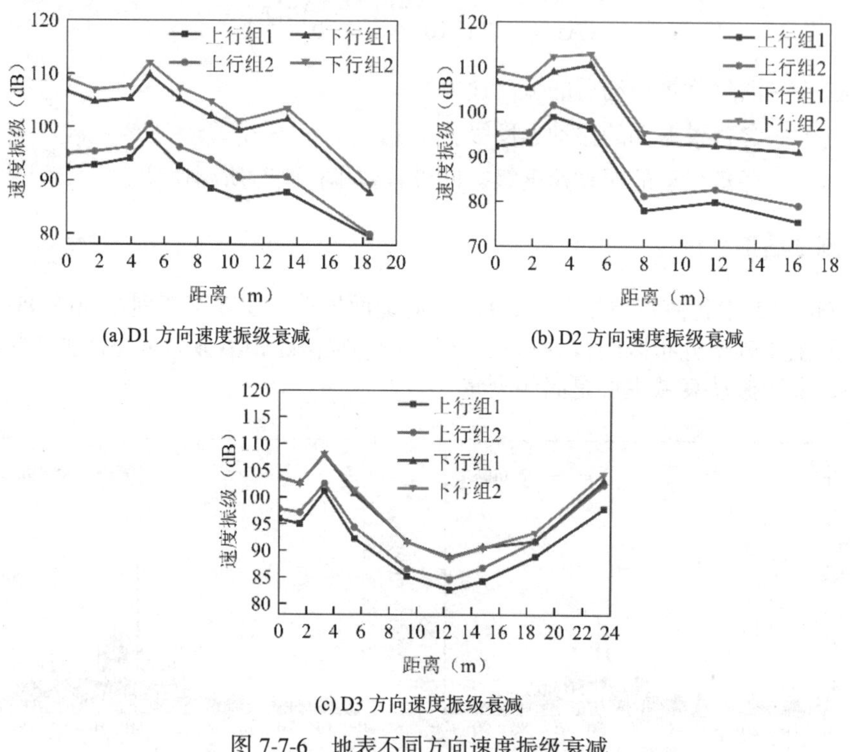

(a) D1 方向速度振级衰减

(b) D2 方向速度振级衰减

(c) D3 方向速度振级衰减

图 7-7-6　地表不同方向速度振级衰减

对于 D1 方向，从承台到承台周围土体中，振动有明显放大，这是由于承台与土体相互作用以及承台与土体性质差异导致承台附近土体振动放大。对于上行列车，振动在承台上随距中心线距离增加呈增大趋势，而对于下行列车，振动则在承台上呈减小趋势，这表明列车运行具有明显的偏载效应。下行列车（远轨）运行速度大于上行列车（近轨），引起的地表振动较上行组明显大，说明列车运行速度越大引起的地表振动越大。在 13m 附近出现了振动放大的情况，振动放大区位于斜坡坡顶。在 13m 后振动沿坡顶快速衰减，整体呈现出沿坡面衰减较慢、在坡顶平面衰减较快的趋势。

对于 D2 方向，从墩承台到承台周围土体中，振动也有明显的放大，但下行列车引起的振动放大区域较上行列车更广。振动在 5～8m 之间迅速衰减至较小值，衰减约 17.4dB，在 8m 之后衰减较为缓慢，振动呈现出显著的先衰减快后衰减慢的特点。上行列车引起的振动在 12m 附近出现振动放大区。

对于 D3 方向，由图 7-7-6（c）可知振动从承台到土体中也存在明显的放大。速度振级沿轨道中心线从两桥墩向中间快速衰减，在靠近两桥墩中间位置处振动最小。速度振级从 S3 向 S6 衰减速度为 2.1dB/m，从 S9 向 S6 衰减速度为 1.4dB/m，可见振动沿陡崖坡底向坡顶衰减速度慢于振动在平面上的衰减速度。

为了对比三个方向振动衰减规律的差异，将三个方向上行两组、下行两组数据进行平均，得到三个方向振动对比，如图 7-7-7 所示。

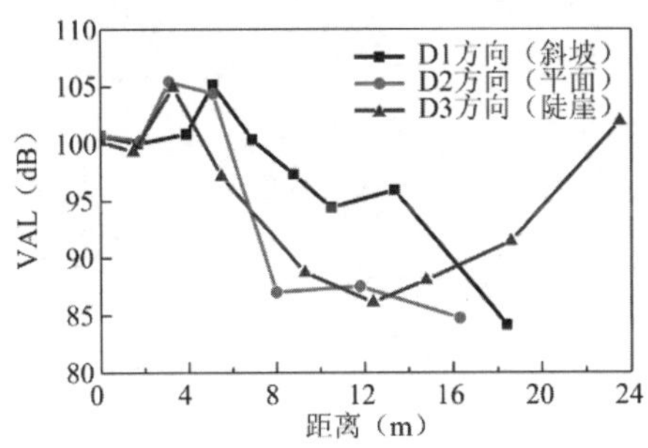

图 7-7-7 地表不同方向速度振级衰减对比

图 7-7-7 所示结果表明，振动在 D1、D2、D3 三个方向的振级变化范围均在 84～106dB 之间，三个方向振动从承台传至周围土体中均会出现明显的放大，三个方向速度振级从承台到土体中平均增加 5.03dB。振动沿斜坡及平面均呈现波动性衰减，分别在 13m、12m 附近出现了振动放大，在轨道中心线方向没有出现振动放大。轨道中心线方向桥墩 A 一侧为水平面，桥墩 B 一侧为陡崖地形，振动从两桥墩向中间衰减，振动在左侧水平面衰减速度为 2.1dB/m，而振动在右侧沿陡崖底部向顶部衰减的速度为 1.4dB/m，振动沿陡崖向上衰减速度比水平面慢 0.7dB/m。振动沿 D1 斜坡向上衰减速度慢于其他方向，在较远处则速度快于其他方向。D2 方向衰减曲线与 D3 方向左侧水平面的衰减曲线符合得较好，即振动在平面不同方向衰减规律较为一致。

以上分析说明振动沿斜坡、陡崖向上的衰减速度慢于平面，位于平面上不同方向振动衰减规律较为一致。可见地形对地表振动衰减规律影响明显。

五、振动测试结论

本次测试选取了实际轨道建设中地形较为复杂的高架段进行了现场测试，包括陡崖地形、斜坡地形。分析内容主要针对傅里叶频谱分析和振级衰减分析，主要结论如下：

（1）列车运行引起的地表振动频率范围主要在 30～95Hz，低频振动集中桥墩附近，振动从承台传至周围土体中会出现显著放大，列车运行具有明显的偏载效应。

（2）对于复杂地形的振动衰减，振动沿 45°、90°方向呈现波动性衰减。

（3）在 45°方向上的 12m 附近出现了放大区，在 90°方向的 13m 附近出现了放大区。

（4）受地形条件的影响，地表各方向振动衰减规律不同，在斜坡上的衰减速率慢于在平面上的衰减速率，振动沿陡崖的衰减速率也慢于沿平面的衰减速率。

［实例 7-8］高井 2 号地保障性住房用地项目 CFG 桩复合地基受地铁 6 号线振动影响评价

一、工程概况

高井 2 号地保障性住房用地项目位于北京市朝阳区朝阳北路与东五环交叉口西南角。本项目分为两个地块，633 地块总用地面积 1.32 万 m^2，地上总建筑面积 3.71 万 m^2；640 地块总用地面积 3.37 万 m^2，地上总建筑面积 9.42 万 m^2。两个地块包括普通商品住宅、公共租赁房及配套商业。拟建工程主要由 7 栋高层建筑、9 栋配套多层建筑及两个地下车库组成，地上最高 28 层，最大建筑高度 79.6m，地下 1～2 层，最大基础埋深 9.2m。部分楼座基底下分布有厚度较大的人工填土层，工程性质较差，不能作为地基持力层，采用 CFG 桩复合地基进行处理。

其中，拟建的 3 号住宅楼地上 26～28 层，地下 2 层，邻近地铁 6 号线，距离正线轨道最近距离仅约 13m，地基采用 CFG 桩复合地基，CFG 桩桩径 400mm，有效桩长 17.50m，桩间距 1.50m × 1.50m，桩身混凝土强度 C25。拟建场地位置及地铁 6 号线与 3 号楼的位置关系见图 7-8-1。

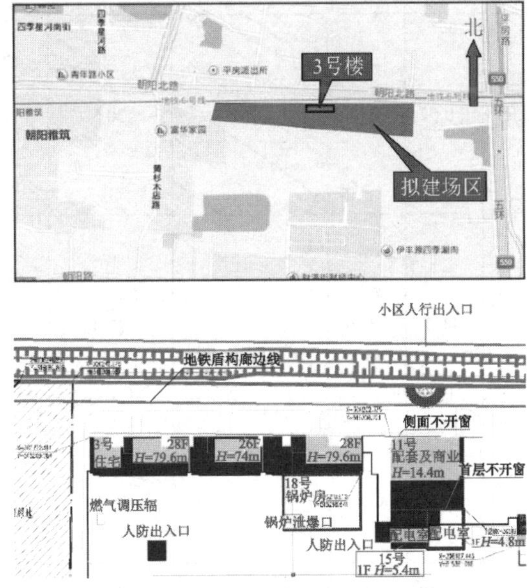

图 7-8-1　拟建场地位置示意图及地铁 6 号线与 3 号楼的位置关系图

二、地铁振动对拟建建筑物 CFG 桩复合地基的影响分析

1. 计算对象和前期工作

3 号住宅楼邻近地铁 6 号线，建筑距离正线轨道最近距离仅 13m，地铁振动将对拟建建筑物的 CFG 桩复合地基产生影响。因此，在本次勘察中，以 3 号住宅楼为例，计算、分析、评价地铁振动对拟建建筑物 CFG 桩复合地基的影响。

针对地基土层的动力参数，在 3 号住宅处（勘察报告中 27 号钻孔附近）补充钻孔 1 个，孔深 54.0m，在孔内进行了横波、纵波的波速测试各 50m，计算得到地下各土层的动力参数（动弹性模量、动剪切模量、动泊松比）。场地地质物理力学参数参见图 7-8-2。

地层编号	地层名称	层底深度（m）	层底高程（m）	层厚（m）	岩层剖面比例尺 1∶300	重度（kN/m³）	动剪切模量 G_{dyn}（MPa）	动弹性模量 E_{dyn}（MPa）
①	素填土	7.40	24.98	7.40		18.0	40.50	112.39
③	黏质粉土—砂质粉土	10.80	21.58	3.40		20.4	93.42	259.32
④	粉细砂	13.60	18.78	2.80		21.0	141.96	396.74
⑤	黏质粉土—砂质粉土	18.50	13.88	4.90		20.4	122.45	337.04
⑥	细中砂夹圆砾	23.20	9.18	4.70		21.0	221.81	604.48
⑦	黏土	33.00	−0.62	9.80		20.5	174.60	495.23
⑧	粉细砂	43.70	−11.32	10.70		21.0	272.16	758.66
⑨	黏土	50.00	−17.62	6.30		20.4	233.51	649.06

图 7-8-2　场地地质物理力学参数

2. 计算模型、参数和加载

计算模型依据勘察报告提供的剖面地层，对各地基土层的物理力学参数进行归纳整理，将物理力学性质差异较小，特别是固结参数、抗剪强度参数和桩的侧摩阻力、端阻力等参数差异较小的地基土层合并，将物理力学性质差异较大的地基土层单独建立模型。采用 FLAC-3D 软件建立概化模型，模型范围为 100m × 100m × 40m，模型共设置 14group，共计 445600 个单元和 567204 个节点。计算模型见图 7-8-3 和图 7-8-4。

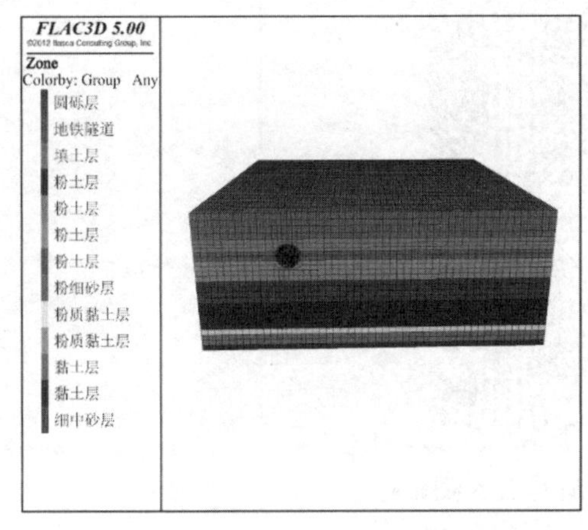

图 7-8-3　模型实体图

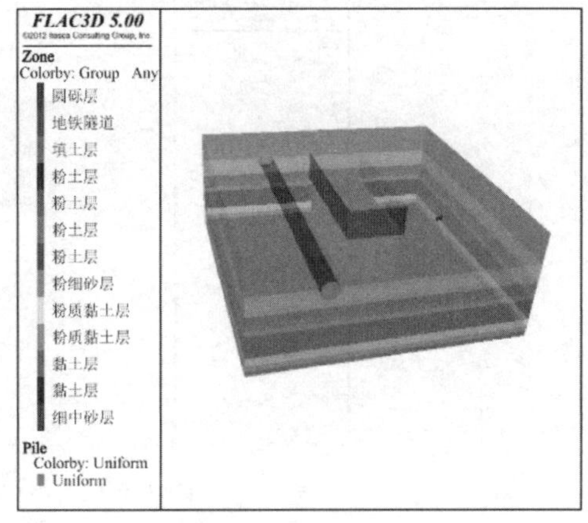

图 7-8-4　布桩效果图

勘察报告和补充勘察资料提供了数值分析需要的各地基土体物理力学参数，包括密度、压缩模量、黏聚力和内摩擦角，以及动力计算需要的动剪切模量、动弹性模量和泊松比等参数。

动力计算中需要将加速度时程曲线（即振动荷载）加载到模型中。由原始测试数据拟合得到的加速度时程曲线往往会含有高频分量，由于模型的网格尺寸小于输入波形最高频率对应波长的 1/8～1/10，因此，当最大频率越高时，模型的网格尺寸就越小，导致模型过大，计算时间增加。由于波的振动频率主要集中在中间区域，高频和低频振动部分相对较少，采用滤波方式对加速度时程曲线进行处理，以达到集中计算结果、节约计算时间的目的。此外，还需对输入波进行基线校正，以消除模型底部的继续速度和残余位移。因此，动力计算采用的是校正和滤波后的加速度时程曲线。地表处校正和滤波前后的现场实测加速度时程曲线见图 7-8-5。

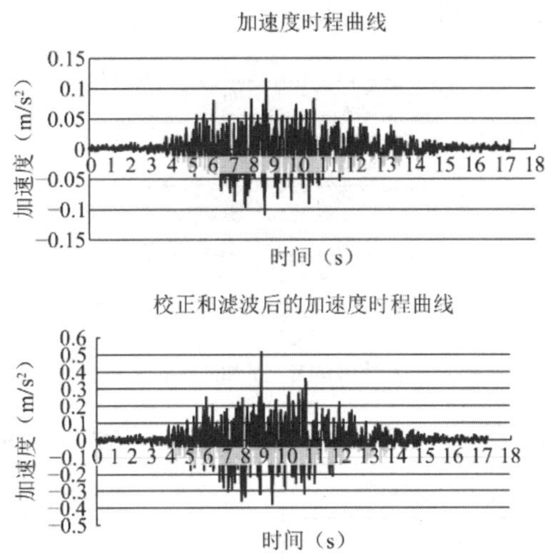

图 7-8-5　现场实测加速度时程曲线（地表）

为了得到 CFG 桩复合地基的桩身变形和速度，本次计算在模型中对 CFG 地基设置了 9 个变形监测计算点，点位在楼座范围内整体均匀分布，点位布置见图 7-8-6。

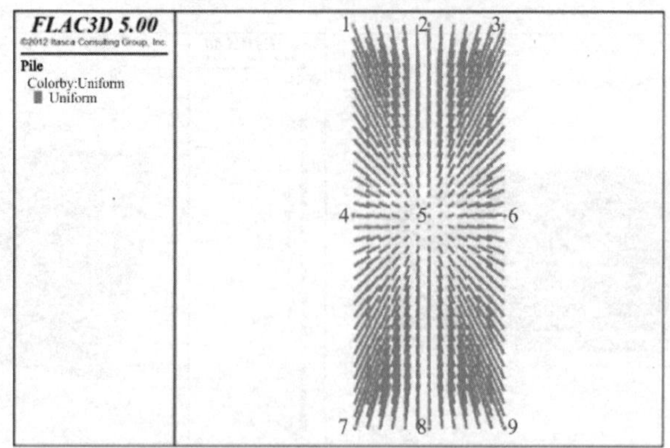

图 7-8-6　CFG 桩计算点示意图

（图中左侧为正北方向，临近地铁方向）

3. 计算结果分析

（1）CFG 桩变形分析

计算结果显示，监测点的变形随着地铁运行逐渐增大，在列车驶离时（即振动荷载加载完成时）达到最大值（以 2 号监测点为例，变形曲线见图 7-8-7）。各监测点在*X*、*Y*和*Z*方向的变形幅值如表 7-8-1 所示，其中，*X*方向为垂直地铁运行的水平方向、*Y*方向为平行地铁运行的水平方向、*Z*方向为竖向。

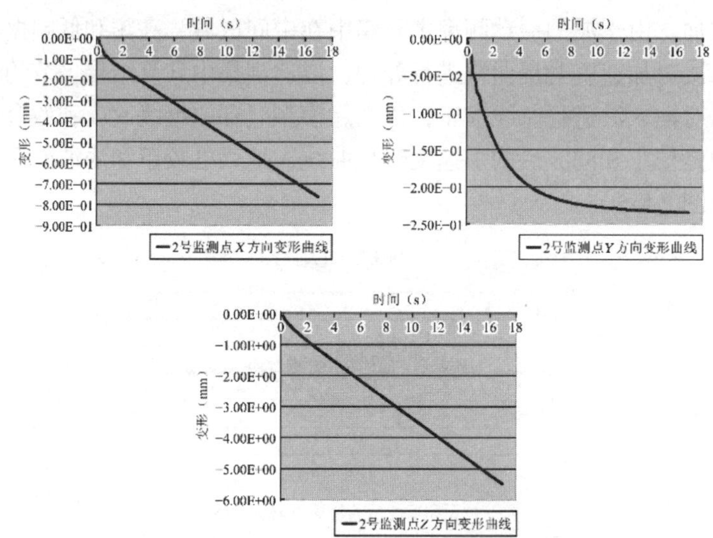

图 7-8-7　2 号桩的*X*、*Y*和*Z*方向变形曲线

各监测点在 *X*、*Y* 和 *Z* 方向的变形幅值（绝对值）（mm）　　**表 7-8-1**

监测点编号	*X*方向位移幅值	*Y*方向位移幅值	*Z*方向位移幅值
1	0.74	0.21	4.93
2	0.76	0.23	5.50
3	0.77	0.26	6.21
4	0.75	0.0080	5.37

续表

监测点编号	X方向位移幅值	Y方向位移幅值	Z方向位移幅值
5	0.77	0.0083	5.97
6	0.78	0.0085	6.69
7	0.74	0.20	4.97
8	0.76	0.22	5.54
9	0.77	0.25	6.26

在X和Z方向，各监测点随地铁运行振动产生的变形的方向是一致的，而在Y方向，各监测点随地铁运行振动产生的变形方向发生了改变，由 1 号、2 号和 3 号监测点的东向逐步变为 7 号、8 号和 9 号监测点的西向。由于 4 号、5 号和 6 号监测点位于建筑物的中部，处于变形方向变化的转折点，因此，其Y方向的位移峰值数值较小。

由于 CFG 桩在各方向的变形是随地铁运行逐渐增大的，因此，在地铁列车驶离时，所有 CFG 桩的变形均达到峰值。计算结果显示，CFG 桩水平X方向变形最大值为 2.15mm，水平Y方向变形最大值为 0.26mm，竖向Z方向的变形最大值为 6.70mm。地铁列车驶离时（即振动荷载加载完成时）CFG 桩在X、Y和Z方向的变形云图如图 7-8-8 所示。

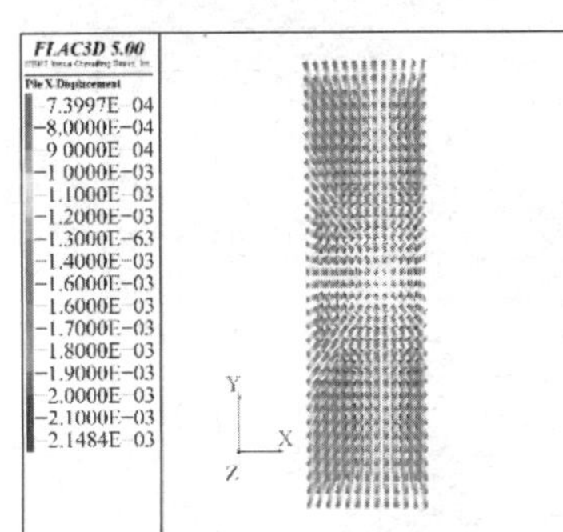

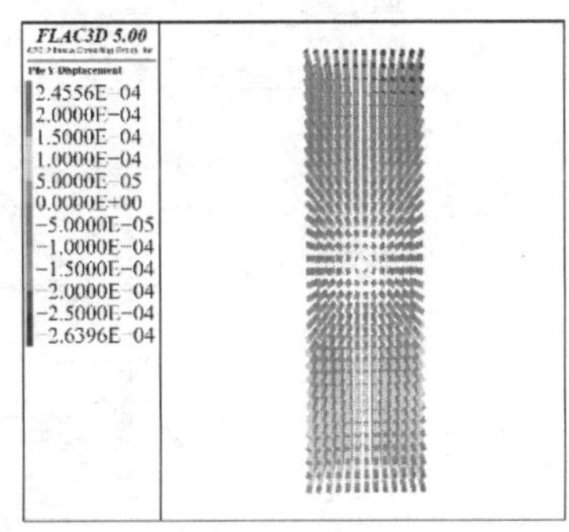

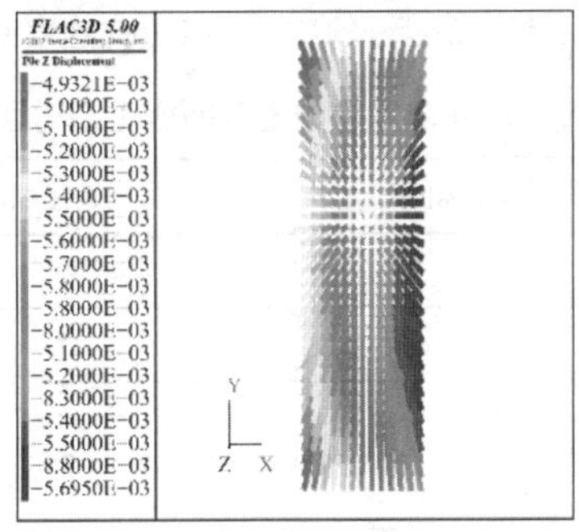

图 7-8-8　CFG 桩的X、Y和Z向变形云图

CFG 桩沿法向和切向的屈服状态云图见图 7-8-9 和图 7-8-10。从图中可以看出，虽然地铁运行振动使 CFG 桩产生了一定的变形，但当列车驶离（即振动荷载加载完成），CFG 桩变形达到峰值时，CFG 桩并未出现塑性变形区，说明上述变形仍属于弹性变形，CFG 桩处于稳定状态，即受地铁运行振动影响而产生的变形均是可以恢复的。

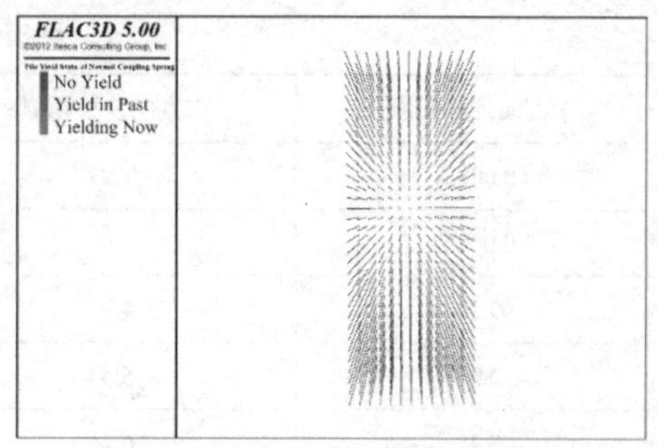

图 7-8-9　CFG 桩沿法向的屈服状态云图

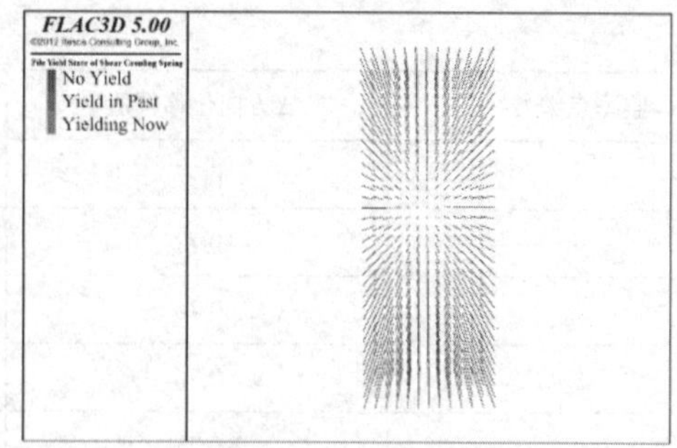

图 7-8-10　CFG 桩沿切向的屈服状态云图

（2）CFG 桩速度分析

从各监测点速度变化曲线图（以 2 号监测点为例，速度曲线见图 7-8-11）中可以看出，监测点的速度仅在地铁运行前期变化较大，随后趋于稳定，各监测点在*X*、*Y*和*Z*方向的速度幅值见表 7-8-2。

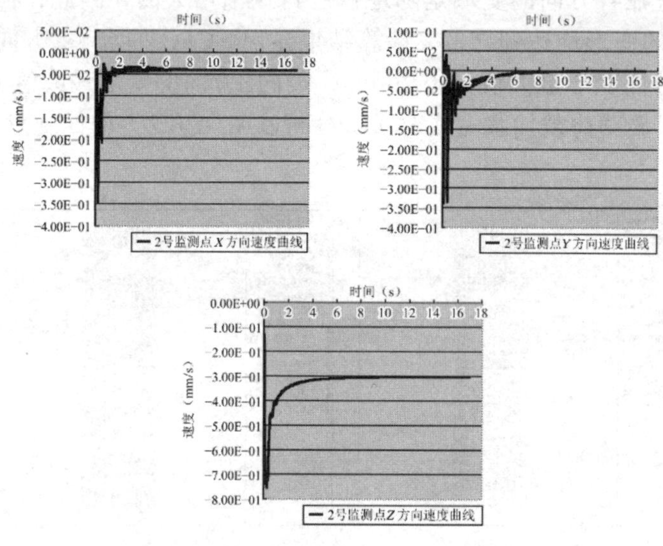

图 7-8-11　2 号桩的*X*、*Y*和*Z*方向速度曲线

各监测点在 *X*、*Y* 和 *Z* 方向的速度幅值（绝对值）(mm/s)　　　　**表 7-8-2**

监测点编号	*X*方向速度幅值	*Y*方向速度幅值	*Z*方向速度幅值
1	0.32	0.32	0.71
2	0.34	0.37	0.76
3	0.29	0.34	0.66
4	0.41	0.0063	1.22
5	0.50	0.0070	1.35
6	0.47	0.0081	1.12
7	0.33	0.32	0.76
8	0.34	0.34	0.82
9	0.29	0.38	0.67

各监测点速度峰值和前文中的位移峰值在X和Z方向存在相同的变化规律，即各监测点随地铁运行振动产生的速度的方向是一致的，而在Y方向，各监测点随地铁运行振动产生的速度的方向发生了改变，由1号、2号和3号监测点的东向逐步变为7号、8号和9号监测点的西向。由于4号、5号和6号监测点位于建筑物的中部，处于变形方向变化的转折点，因此，其Y方向的速度峰值数值较小。

从监测点的速度变化曲线可以看出，当地铁列车驶离时（即振动荷载加载完成时），各监测点的速度基本处于稳定状态，图7-8-12显示了当地铁列车驶离时CFG桩在各方向的速度云图。计算结果显示，CFG桩地铁列车驶离时的水平X方向最大速度为0.12mm/s，水平Y方向的最大速度为0.00083mm/s，竖向Z方向的最大速度为0.35mm/s。

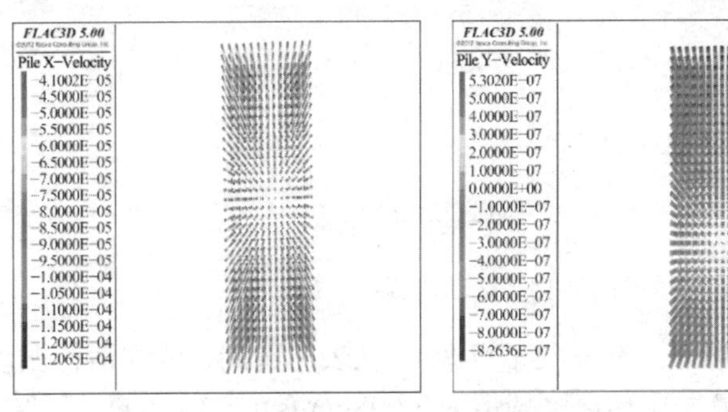

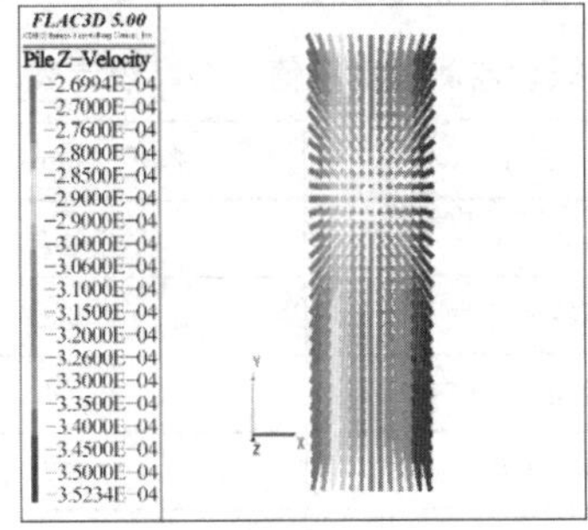

图7-8-12　CFG桩的X、Y和Z向速度云图

4. 地铁振动影响评价

根据国家标准《建筑工程容许振动标准》GB 50868—2013中表7.1.2交通振动对建筑结构影响在时域范围内容许振动值的规定（表7-8-3），结合实际监测结果，地铁6号线在本项目区域的运行振动频率主要集中在40～80Hz，对应的规范中居住建筑基础处容许振动速度峰值为4.2～6.2mm/s，本次计算在水平方向和竖直方向的速度峰值均小于规范容许值。因此，地铁运行振动对CFG桩复合地基的速度影响符合规范规定。

交通振动对建筑结构影响在时域范围内的容许振动值（mm/s）　　表7-8-3

建筑物类型	顶层楼面处容许振动速度峰值	基础处容许振动速度峰值		
	1～100Hz	1～10Hz	50Hz	100Hz
工业建筑、公共建筑	10.0	5.0	10.0	12.5
居住建筑	5.0	2.0	5.0	7.0
对振动敏感、具有保护价值、不能划归上述两类的建筑	2.5	1.0	2.5	3.0

三、地铁振动影响现场监测

为了解 CFG 桩复合地基受地铁 6 号线实际振动的影响，后续 CFG 桩施工完成后，对 3 号住宅楼 CFG 桩地基受地铁 6 号线振动的影响进行了现场实际振动的监测。

振动监测共布置 9 个点位，分别在楼座的东、中、西部各布置 3 个测点，见图 7-8-13。每一个测点位置均布置三个拾振器，分别对应南北向（*X*表示垂直地铁运行方向）、东西向（*Y*表示平行地铁运行方向）和竖向（*Z*）三个方向。

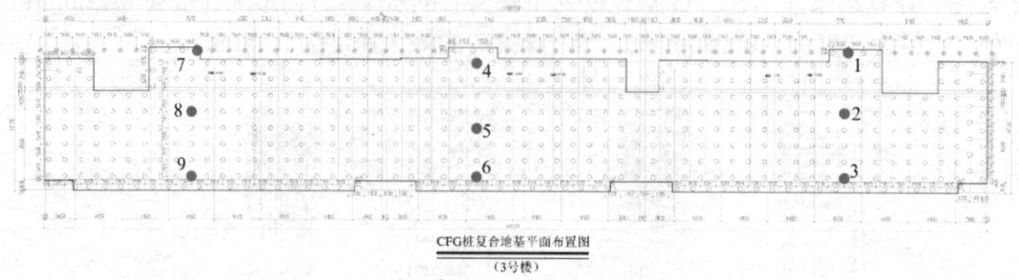

图 7-8-13　振动监测点位布置图

各监测点的监测速度幅值、频率见表 7-8-4。从表中看到，地铁运行振动频率主要集中在 40～80Hz，CFG 桩的最大振动速度峰值为 1.098mm/s，与前文的计算结果基本一致。

振动监测速度幅值、频率统计表　　表 7-8-4

监测点编号	方向	幅值（mm/s）	频率（Hz）
1	南北（*X*）	0.717	53～68
	东西（*Y*）	0.688	45～66
	竖向（*Z*）	0.264	57～59
2	南北（*X*）	0.477	48～59
	东西（*Y*）	0.308	48～61
	竖向（*Z*）	0.209	40～60
3	南北（*X*）	0.405	35～65
	东西（*Y*）	0.320	45～69
	竖向（*Z*）	0.203	30～52
4	南北（*X*）	0.603	58～70
	东西（*Y*）	0.836	55～68
	竖向（*Z*）	0.304	50～70
5	南北（*X*）	0.709	50～66
	东西（*Y*）	0.427	47～68
	竖向（*Z*）	0.266	49～60
6	南北（*X*）	0.427	47～61
	东西（*Y*）	0.442	47～61
	竖向（*Z*）	0.193	35～60

续表

监测点编号	方向	幅值（mm/s）	频率（Hz）
7	南北（X）	1.098	45～71
	东西（Y）	0.898	48～82
	竖向（Z）	0.506	35～62
8	南北（X）	0.889	31～70
	东西（Y）	0.524	46～68
	竖向（Z）	0.278	31～60
9	南北（X）	0.625	35～63
	东西（Y）	0.970	35～60
	竖向（Z）	0.196	31～60

数值计算和现场实测得到的速度峰值均小于规范中交通振动对建筑结构影响在时域范围内居住建筑基础处的容许振动值，因此，地铁运行振动对CFG桩复合地基的速度影响符合规范规定。

四、振动评价结果

（1）拟建场地北侧的3号住宅楼由于距离已开通的地铁6号线较近（约13m），地铁运行产生的振动可能对CFG桩产生影响。特别是CFG桩抗剪切能力相对较差，查明地铁列车振动对其水平变形影响最为关键。项目组根据数值计算需要，补充测试了计算深度范围内地基土体的剪切波和压缩波波速，换算得到了地基土体动力计算的力学参数。然后，采用FLAC-3D软件动力分析模块计算分析了在列车运行振动影响下，CFG桩在水平向（X，Y）和竖向（Z）三个方向的位移和速度变化情况。

（2）CFG桩复合地基施工完成后，针对CFG桩受地铁列车运行振动的影响进行了现场测试，将测试结果与数值计算结果对比分析，两者结果基本一致；最终结合数值分析、现场测试结果，根据国家标准评价了地铁列车运行振动对CFG桩复合地基的影响程度。

（3）本项目CFG桩复合地基受地铁运行振动影响评价的方法和结论，对类似的复合地基工程具有较好的指导和借鉴作用。

［实例 7-9］地铁振动对既有砌体结构影响的试验研究

一、试验概况

1. 建筑物特点及场地条件

试验场地为上海地铁 8 号线上靠近鞍山新村站至四平路站附近的一段。试验现场有 2 座普通砖混结构住宅楼房，紧靠地铁 8 号线，见图 7-9-1。

住宅楼建于 20 世纪 60 年代，2 座均为五层砖混结构，平面外形为矩形。1 号楼整栋房屋东西方向长度约 28.8m，南北方向宽约 12.1m，建筑面积约 1742m^2；2 号楼整栋房屋东西方向长度约 22.5m，南北方向宽约为 12.0m。2 号楼、1 号楼距离轨道中心线最近距离分别为 10m、22m，房屋均为横墙承重体系，承重墙采用大砌块、混合砂浆砌筑，楼、屋面为预制混凝土槽形板。无地下室，层高 2.8m，各层楼板均为预制板；采用条形基础。

2. 测点布置

建筑物传感器布置如图 7-9-2 所示，1、2 号楼的Ⓑ-Ⓓ轴跨为楼梯间，跨度均为 1.35m，1、2 号楼的Ⓐ-Ⓑ和Ⓓ-Ⓕ两跨均为室内房间，板跨分别为 4.8m、5.2m。为了对楼板三个方向的振动进行对比，在 1 号楼和 2 号楼的一、三和五层的楼梯间和二、四层的室内楼板上各设置了传感器，为了对楼板板跨的振动进行对比，对 2 号楼做了第二种放置方案，在各层楼梯间的楼板上各放置了一个传感器，分别测试竖向（Z向）和水平向（X沿房屋纵向、Y向沿房屋横向）振动。因为传感器数量有限，建筑物竖向、水平向振动是分组进行测试的。

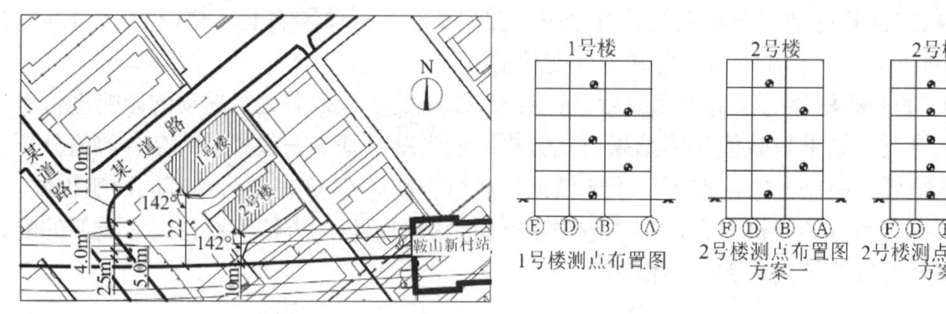

图 7-9-1　试验现场平面布置图（阴影部分为试验住宅楼）

图 7-9-2　建筑上测点布置图

3. 实验仪器

试验仪器使用法国朗斯 LC0132T 高灵敏度压电加速度传感器（传感器灵敏度系数为 49V/g）以及智能数据采集系统，各仪器和传感器在试验前均进行了调试和系统标定。

本次对试验数据进行了滤波，记录的是加速度信号，并以振动加速度和加速度振级分析建筑物的振动响应。

二、振动评价指标与振动标准

建筑物楼板的振动是按其加速度响应分析的，评价标准为国家标准《城市区域环境振动标准》GB 10070—1988。根据国际标准 ISO 2631 和国家标准《城市区域环境振动测量方法》GB 10071—1988 中的规定，用加速度振级表示：

$$\mathrm{VAL} = 20\lg(a_{\mathrm{rms}}/a_0) \tag{7-9-1}$$

式中：a_{rms}——振动加速度的有效值（m/s^2）；

a_0——基准加速度，国际标准 ISO 2631 中规定取值为 $1\times10^{-6}m/s^2$。

在评价地铁振动对环境的影响，常用 Z 振级$\mathrm{VL_Z}$，其定义为：

$$\mathrm{VL_Z} = 20\lg(a'_{\mathrm{rms}}/a_0) \tag{7-9-2}$$

式中：a_0——基准加速度，取值与 VAL 中的一致；

a'_{rms}——修正的振动加速度（m/s^2）。

修正值可通过下式计算：

$$a'_{\mathrm{rms}} = \sqrt{\sum a_{\mathrm{frms}}^2 \cdot 10^{0.1c_{\mathrm{f}}}} \tag{7-9-3}$$

式中：a_{frms}——频率为f的振动加速度有效值；

c_{f}——振动加速度的感觉修正值。

三、试验结果分析

1. 振级沿楼层高度的变化

（1）Z 振级的分析

图 7-9-3 给出了非高峰期时段，地铁通过时 2 号楼各楼层的跨中位置处实测竖向振级。由于 2 号楼方案一中的拾振器在 1、3、5 层放置在楼梯间，2、4 层放置在室内楼板，图中把两种放置位置分别表示，可以看出，地铁引起的楼层竖向振级在 53～61dB 之间，水平向振级在 49～58dB 之间，三个方向振动，总体趋势均为随层高增加呈放大趋势，地铁引起的楼板两水平向振级沿着建筑物高度的变化比竖向振级略大。1 层竖向振级大于两水平向振级约 2～4dB，而 5 层竖向振级小于水平向振级约 3～5dB，可见竖向振级随层高的增大程度比水平向振级缓慢。图 7-9-3（a）显示 5 层竖向振级比 1 层竖向振级增大约 1.2dB，图 7-9-3（d）显示 5 层竖向振级比 1 层增大约 3.4dB，可见，竖向振级增幅比较缓慢，而水平向振级，5 层比 1 层增大约 6.8dB。

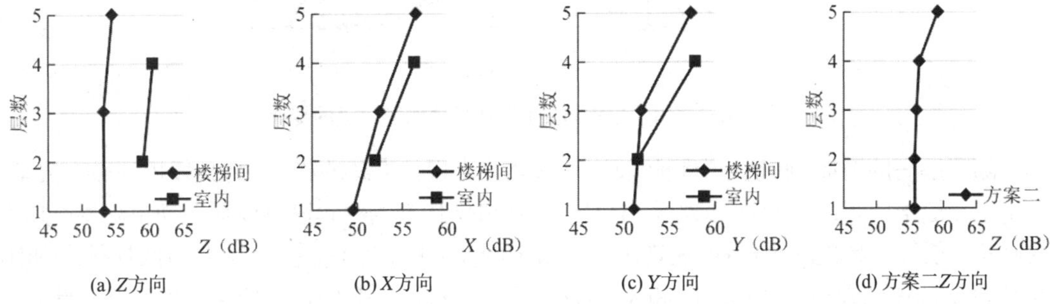

图 7-9-3　2 号楼方案一三向振级及方案二 Z 振级随层高的变化曲线

图 7-9-4 为非高峰期、高峰期和夜间三时段，地铁通过时建筑物 Z 振级随楼层高度的分布，所列出的为 2 号楼方案一情况。从图 7-9-4 可直观观察出，昼间时段高峰期的振级均

大于非高峰期振级，而夜间振级均小于昼间振级。分析原因应为不同时段地铁载客量不同所致，一定程度上也与地表车流量及人流量有关。由于篇幅所限，图 7-9-4 仅列出了竖向振级，试验同时统计出了建筑物的实测水平向振级统计值。昼间：对竖向振动，对应的最大振级为 54.7～64dB；对水平向（X）振动，对应的最大振级为 53.3～60.3dB；对水平向（Y）振动，对应的最大振级为 52.2～58.9dB；夜间：竖向振动最大振级为 56.1dB。总体上，高峰期引起的建筑物振动要比非高峰期的大，最大差值：对竖向振动为 4～5.6dB，水平向（X）振动为 3.8～4.8dB，水平向（Y）振动为 1.2～5.2dB。

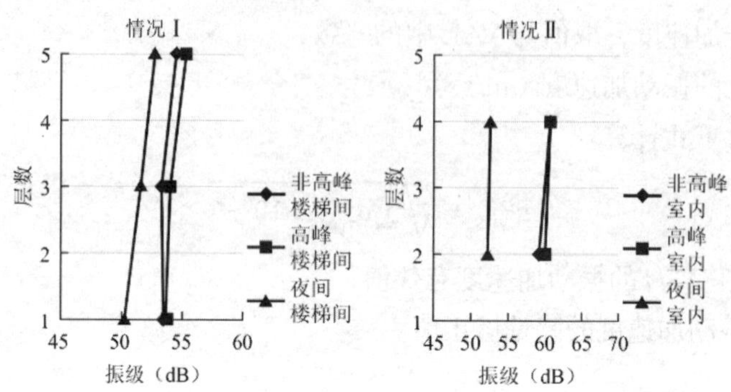

图 7-9-4　非高峰期、高峰期及夜间 Z 振级随层高的变化曲线

（2）VAL 振动加速度级分析

计算各楼层观测记录的倍频程中心频率处振动加速度级 VAL，进行算术平均后展示于图 7-9-5。为便于比较各频段衰减特性，图 7-9-5 中每条衰减曲线均对其最大值做了归一化处理。

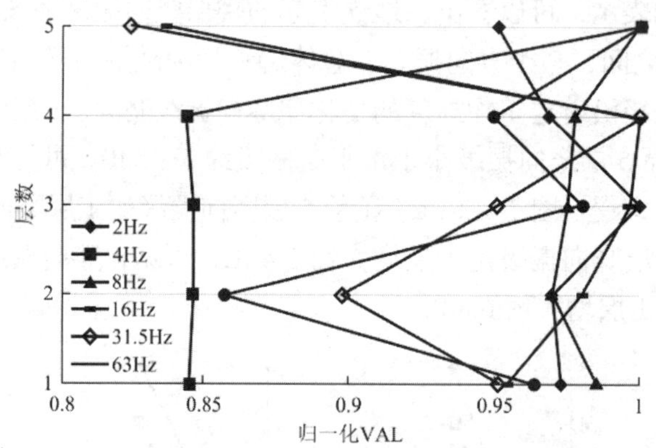

图 7-9-5　各倍频程中心频率处振动加速度级的变化

随着层高的增加，低频与中频频段振动级整体表现为衰减的趋势，高频段出现较大波动。在 1 至 4 层楼层间，2～8Hz 低频段、16Hz 和 31.5Hz 代表的中频段总体均表现出随层高增大的趋势，仅代表高频段的 63Hz 表现出了非常大的波动性；在顶层处，主要为低频段 2～8Hz 和高频段 63Hz 的振动，而 16Hz 和 31.5Hz 代表的中频段引起的振动微小，可忽略不计。

2. 1 号楼与 2 号楼的振动情况比较

（1）Z 振级的分析

图 7-9-6 和图 7-9-7 分别是地铁通过时建筑物两栋楼 1 层的房间楼板中央位置和墙边位

置三向振级随距离的变化曲线。均可以看出：①竖向振级均大于两水平向振级；②1 号楼的振动强度大于 2 号楼的振动强度，但是 1 号楼距离轨道中线距离大于 2 号楼，可见，与轨道中线距离越大，并不意味着振动强度就呈衰减趋势，振动强度的变化与周边建筑的密集程度也有很大关系，由于 2 号楼在 1 号楼的正前方，放大现象是因为 2 号楼的存在，改变了地表原有自由场地振动分布规律，使得“地铁—建筑物”所在直线上，2 号楼后面的测点（即 1 号楼所在位置）振动放大。对比图 7-9-6 和图 7-9-7 可以看出：跨中位置的振动强度高于墙边位置的振动强度。

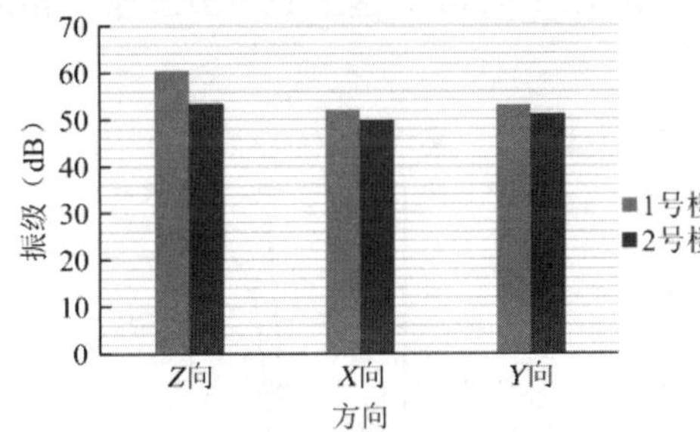

图 7-9-6　建筑物楼板中央三向振级随距离变化对比

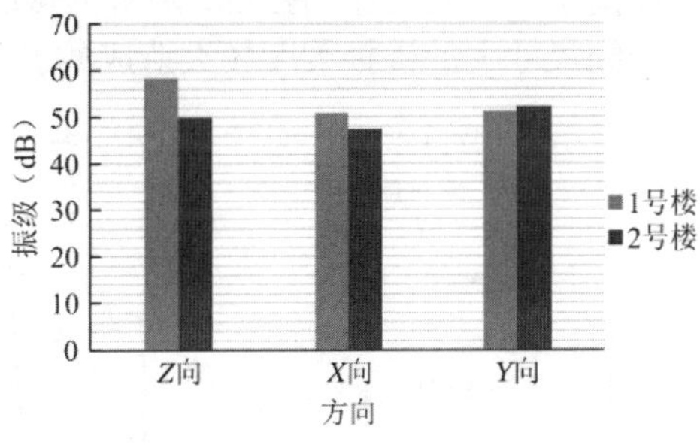

图 7-9-7　建筑物墙边位置三向振级随距离变化对比

（2）VAL 振动加速度级分析

图 7-9-8 是房间楼板中央各倍频程中心频率处振动加速度级的变化，由（1）中 Z 振级分析结果，1 号楼三向振动强度高于 2 号楼三向振动强度，从图 7-9-8 观察到，该情况均发生在 10～25Hz 低频段范围内，可见，地铁对建筑物的振动主要为低频振动，这与大部分建筑物的振动影响规律研究相吻合。

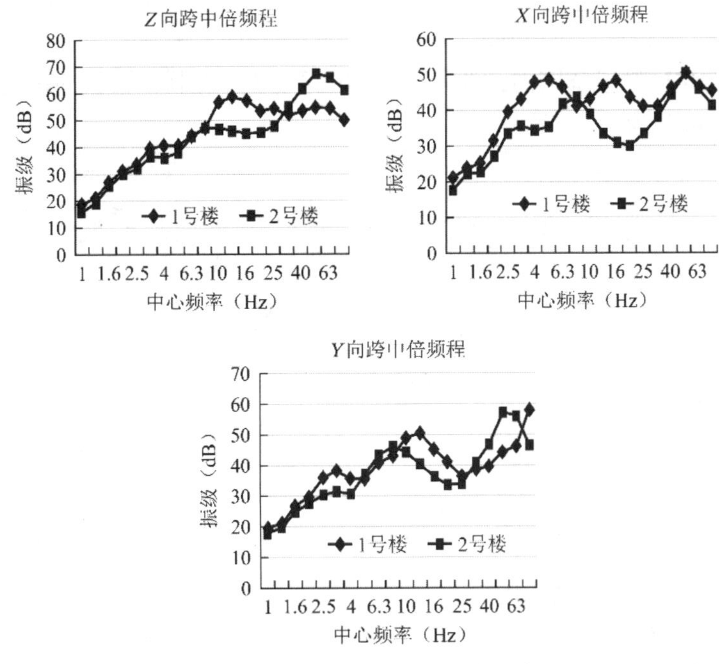

图 7-9-8　各倍频程中心频率处振动加速度级的变化

3. 房间中央与楼梯间楼板对比

（1）Z 振级的分析

图 7-9-9 为地铁通过时房间中央与楼梯间地面竖向振级的对比图。图中为 2 号楼的两种方案：方案一为拾振器放置在 1、3、5 层楼梯间，2、4 层在室内楼板；方案二为所有拾振器放置在楼梯间。由图 7-9-9（b）和图 7-9-9（c）可知：①两种方案在建筑的 1、3 层（均为楼梯间）振动强度基本吻合，说明同层楼梯间的振动强度大致相同；②而方案一的 2 层和 4 层（室内楼板）的振级明显大于方案二的相应层（楼梯间）的振级，说明房间中央的振动强度高于楼梯间的振动强度，两者的振级差一般在 1～3dB。这主要是由于厚度相同的楼板，开间尺寸大的楼板柔度较大造成的。

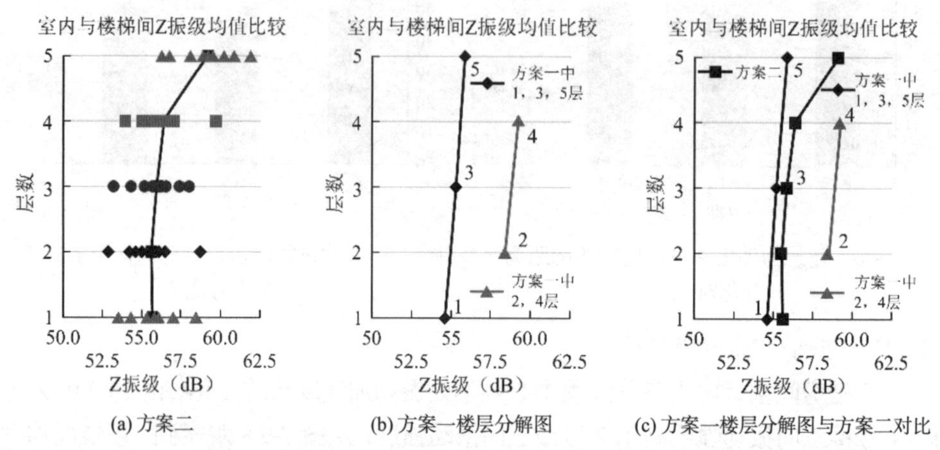

图 7-9-9　建筑物房间楼板中央和楼梯间楼板竖向振动的比较

（2）VAL 振动加速度级分析

图 7-9-10（a）和图 7-9-10（b）分别为 2 号楼中 2 层和 4 层两楼层在两种方案中的 VAL 振动加速度级的对比情况，可以观察到：方案一的振动均大于方案二的振动，两楼层分别都发生在 3.15～10Hz 频段范围内，即房间中央的振动大于楼梯间楼板的振动情况，发生在 3.15～10Hz 低频段范围。

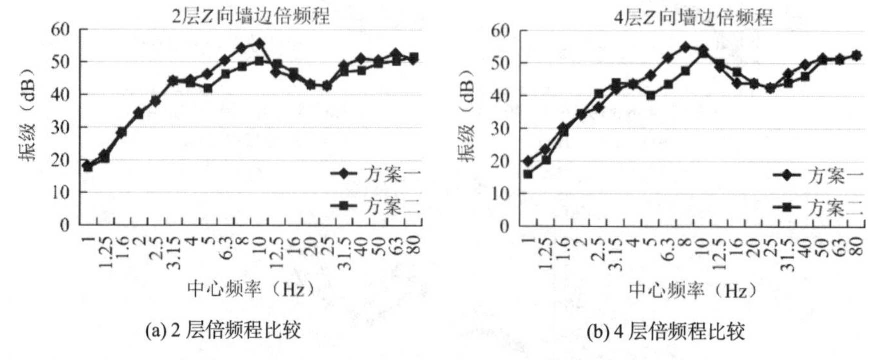

图 7-9-10　2 号楼 2 层与 4 层倍频程中心频率处振动加速度级的对比

4. 楼板中央与墙边的振动对比

（1）Z 振级的分析

将地铁经过建筑物时，楼板中央和楼板墙边处的竖向振级进行对比（图 7-9-11）。

结果表明：地铁通过时，楼板中央的竖向振级一般比楼板墙边处的振级大 1～3dB，水平向振级一般比楼板墙边处振级大 1～2dB，这主要是由于墙体对楼板的约束作用，降低了墙边振动强度，而楼板中央由于约束少，而自身柔度较大，从而使楼板振动加剧。

（2）VAL 振动加速度级分析

图 7-9-12 为地铁所引起的楼板中央和墙边处的三向加速度振级的对比，图中参量为边墙位置振级与楼板中央位置振级的比值。结果表明：三向振级在 20Hz 以下低频范围内，竖向振级的边墙位置与跨中位置的比值均小于 1，而部分水平向振级比值大于 1，原因主要为墙边对楼板的约束作用导致对边墙水平向的振动有局部放大；而在大于 20Hz 频段范围内，三向振级边墙位置与跨中位置的比值均小于 1，可见总体趋势为边墙的振动强度小于跨中位置的振动强度。统计数据显示，楼板中央的竖向及水平向三向振级均大于边角处的振级，最大差值：竖向振级在中心频率为 31.5Hz 处为 14dB；水平向（X）振级在中心频率为 50Hz 处为 17dB；水平向（Y）振级在中心频率为 50Hz 处为 10dB，可见墙边刚度的增大对振动的约束作用非常明显。

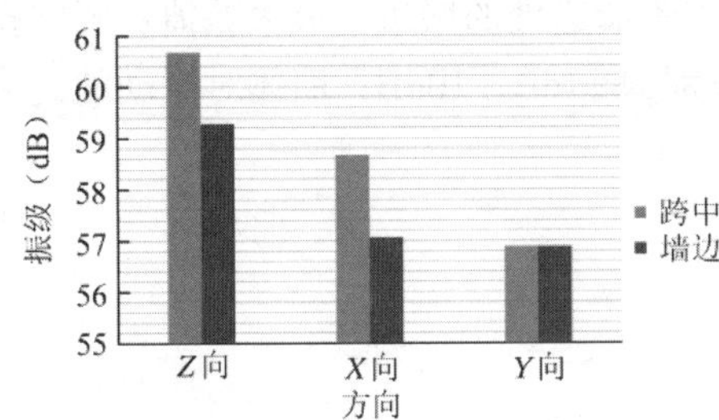

图 7-9-11　楼板中央和墙边处三方向振动加速度级对比

图 7-9-12　楼板中央和墙边处三向倍频程中心频率处振动加速度级对比

由试验结果分析可知，本试验测得的地铁引起建筑物的竖向振级为昼间 48～65dB，夜间 48～57dB；横向振动主要为 47～60dB，根据国家标准《城市区域环境振动标准》GB 10070—1988 对建筑物的振动限值的规定（表 7-9-1），此试验中建筑物的振动没有超过规定限值，但部分振动强度还是接近了规定限值，应引起相关部门的重视。

《城市区域环境振动标准》GB 10070—1988 振动限值规定（dB）　　表 7-9-1

适用地带范围	昼间	夜间	适用地带范围的划定
特殊住宅区	65	65	特别需要安宁的住宅区
居民、文教区	70	67	纯居民和文教、机关区
混合区、商业中心区	75	72	一般工业、商业、少量交通与居民混合区

四、振动试验结论

1. Z 振级的分析

（1）地铁引起的楼板竖向振级和水平向振级沿着建筑物高度的变化均不大，总体趋势均为随层高增加呈放大趋势；竖向振级 5 层比 1 层增大约 1～4dB，增幅相对缓慢，水平向振级 5 层比 1 层增大约 6～7dB。

（2）昼间时段的高峰期振级均大于非高峰期振级，而夜间振级均小于昼间振级；高峰期引起的建筑物振动与非高峰期引起的振动的差值分别为：竖向振动为4～5.6dB，水平向（X）振动为3.8～4.8dB，水平向（Y）振动为1.2～5.2dB。

（3）在本试验中，由于两栋楼距离较近，建筑物楼板的振级受距轨道中线距离的影响与周边建筑密集程度有密切关系。

（4）建筑物在各方向上的振动与该方向上的刚度有关，刚度大的振级小，刚度小的振级大，房间中央的振动强度高于楼梯间的振动强度，两者的振级差一般在1～3dB。

（5）楼板对竖向振动具有放大作用，同层楼板中央的竖向振级比楼板墙边处的振级大。

2. VAL振动加速度级分析

（1）在1至4层楼层间，低频段和中频段总体均表现出随层高增加而增大的趋势，高频段随层高呈波动性变化；在顶层处，主要为低频和高频振动，而中频振动微小，可忽略不计。

（2）地铁对建筑物的振动主要为低频振动，主要发生在10～25Hz低频段范围内。

（3）房间中央的振动大于楼梯间楼板的振动情况，发生在3.15～10Hz频段范围。

（4）楼板中央的竖向及水平向三向振级均大于墙边处的振级，最大差值：竖向振级为14dB；水平向（X）振级、水平向（Y）振级分别为17dB、10dB；墙体对振动的约束作用非常明显。

第二节　微振动测试

[实例 7-10] 某矿洞振动测试分析及控制方案设计

一、工程概况

本项目实验室建设在开采矿产后保存下来的矿洞内，为探明矿洞内场地环境，为实验室后期建设提供重要数据与关键信息，特开展微振动测试，并进行控制方案设计。

二、现场环境振动测试

1. 北侧矿洞

对北侧矿洞（短矿洞）进行了振动测试，距洞口深 60m 处振动的时域和频域结果如图 7-10-1 所示。

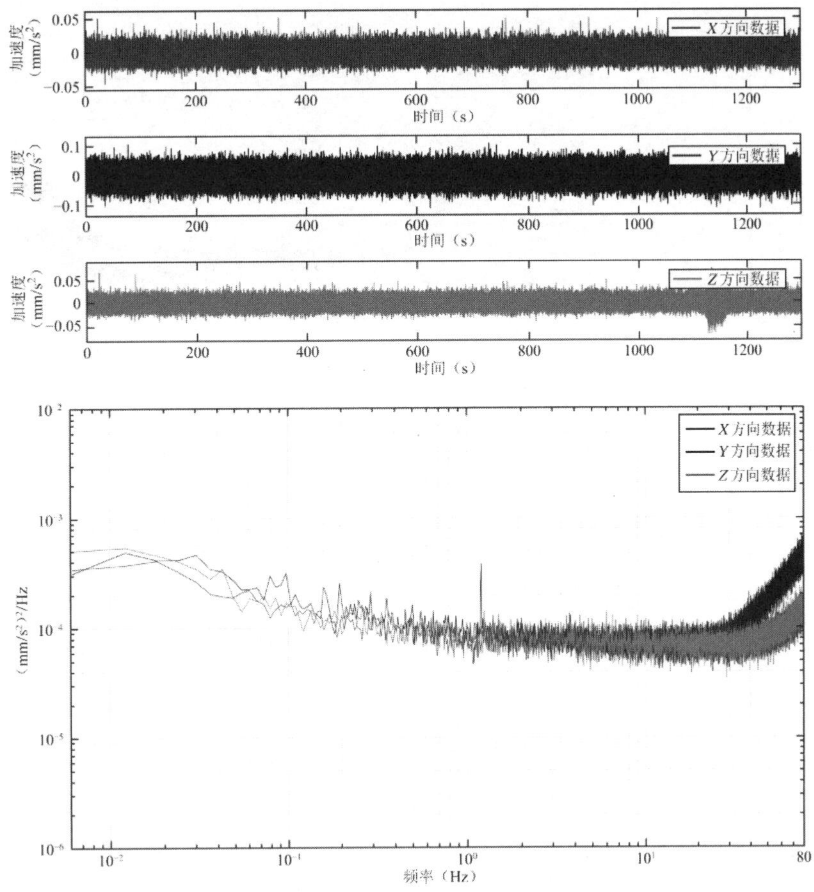

图 7-10-1　北侧矿洞距洞口 60m 处振动时频域结果

如图 7-10-1 所示，北侧矿洞的环境振动在时域上：Y向（南北向）振动加速度有效值为 2.398×10^{-6}g，而X向（东西向）、Z向（竖向）振动加速度有效值为 9.02×10^{-7}g；频域上：1Hz 以下各点各方向振动基本在 6×10^{-8}g以下，1～30Hz 振动约为 8×10^{-9}g～2×10^{-8}g。

2. 南侧矿洞

对南侧矿洞（长矿洞）也进行了振动测试，距洞口深 90m 处振动的时域和频域结果如图 7-10-2 所示。

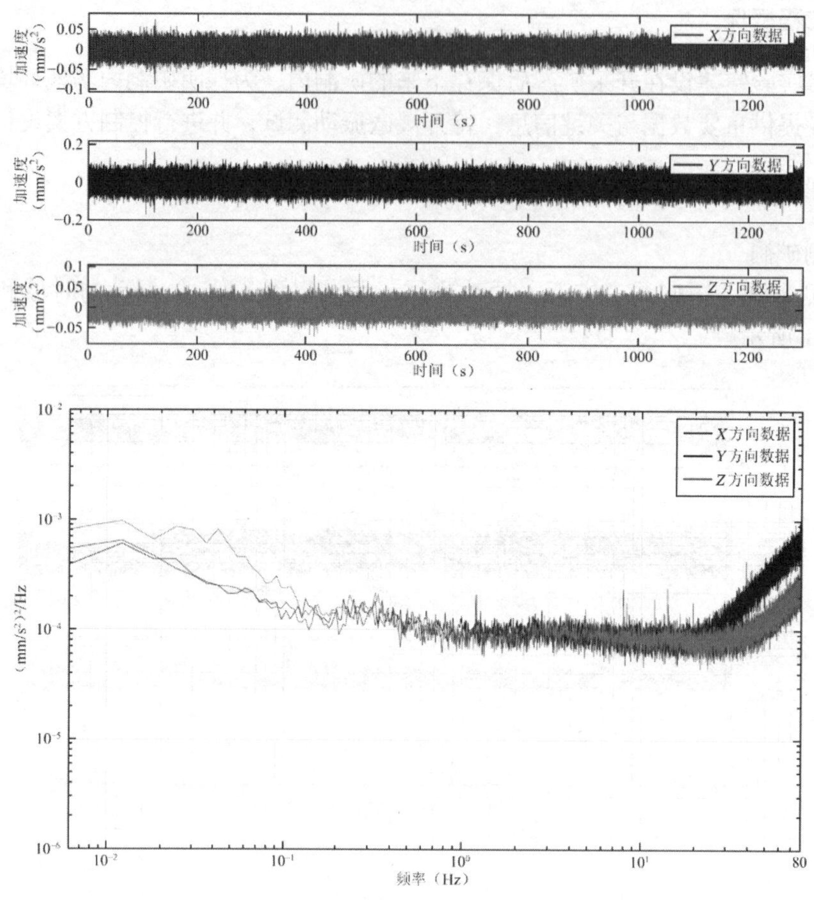

图 7-10-2　南侧矿洞距洞口 90m 处振动时频域结果

如图 7-10-2 所示，南侧矿洞的环境振动在时域上：Y向（南北向）振动加速度有效值为 3.471×10^{-6}g，而X向（东西向）、Z向（竖向）振动加速度有效值为 1.415×10^{-6}g；频域上：1Hz 以下各点各方向振动基本在 1×10^{-7}g以下，1～30Hz 振动约为 2×10^{-9}g～3×10^{-9}g。

常规精密实验室振动水平时域上一般在 10^{-4}g或 10^{-5}g量级，而南、北侧矿洞可达 10^{-6}g量级，该振动环境明显优于其他常规精密实验室。

振动测试主要结论如下：

（1）各个测点时域振动水平相差不大，各测点三方向振动均以Y向（南北向）较为明显，X向（东西向）与Z向（竖向）振动水平接近。各测点Y向（南北向）振动有效值基本在 0.02～0.025mm/s² 之间，X向（东西向）与Z向（竖向）振动有效值基本在 0.01～0.02mm/s² 之间。

（2）各测点频域数据对比，其频域图像特点较为一致，低频部分较大，1Hz 以下振动基本在 10^{-3}mm/s^2 以下，且随频率增加整体呈减小趋势，1～30Hz 振动幅值较为平稳，为 8×10^{-5}～2×10^{-4}mm/s^2，30～80Hz 振动呈增大趋势。整体环境较为安静，无明显干扰频率。

（3）24h 振动测试，各时段均以约 0.03Hz 以下的低频振动较大，不同时段、不同方向的较大振动量级所对应的频段范围发生改变。北侧矿洞（短洞）60m 测点振动情况在不同时段内变化较大：其 X 向（东西向）0.01～0.04Hz 频段内振动在 8:00—16:00 振动较其余时间有所增大；其 Y 向（南北向）0.01～0.02Hz 频段内振动在 10:00—11:00、13:00—15:00 时段明显增大；Z 向振动在 24h 内无量级上的变化。南侧矿洞（长洞）110m 测点在 24h 测试过程中无明显振动量级上的改变。

三、振动控制方案

1. 设计说明

（1）考虑支模，基础左右侧至少预留 1500mm。

（2）考虑下部凿毛、铺设垫层，基础下部至少预留 500mm。

（3）防微振基础基坑开挖至基础垫层坑底标高上部 200～300mm 的岩层和土层时，应采用人工对其进行挖除，防止机械挖除时对坑底的原状岩层和土层扰动和破坏。

（4）挖至防微振基础坑底后，应对坑底岩层和土层进行物理探测，确保没有软弱下卧层和孔洞，同时应观测坑底有无渗水情况，如有上述问题应及时采取相应措施。

（5）基坑在开挖时应对基坑边坡应采取放坡处理，如基坑边坡有塌落等安全隐患，应对基坑边坡采取加固处理。

（6）基坑开挖应根据规范要求进行放坡处理。

2. 设计方案

拟采用的振动控制设计方案如图 7-10-3 所示。

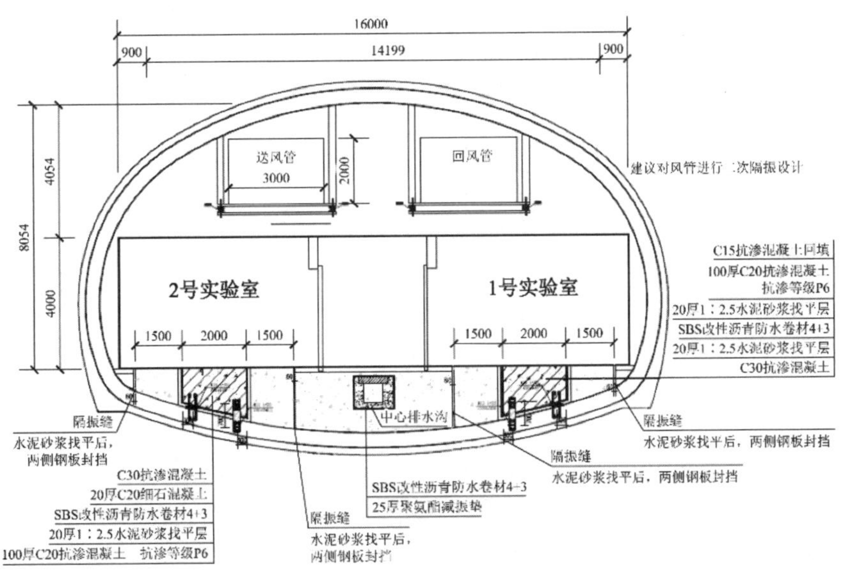

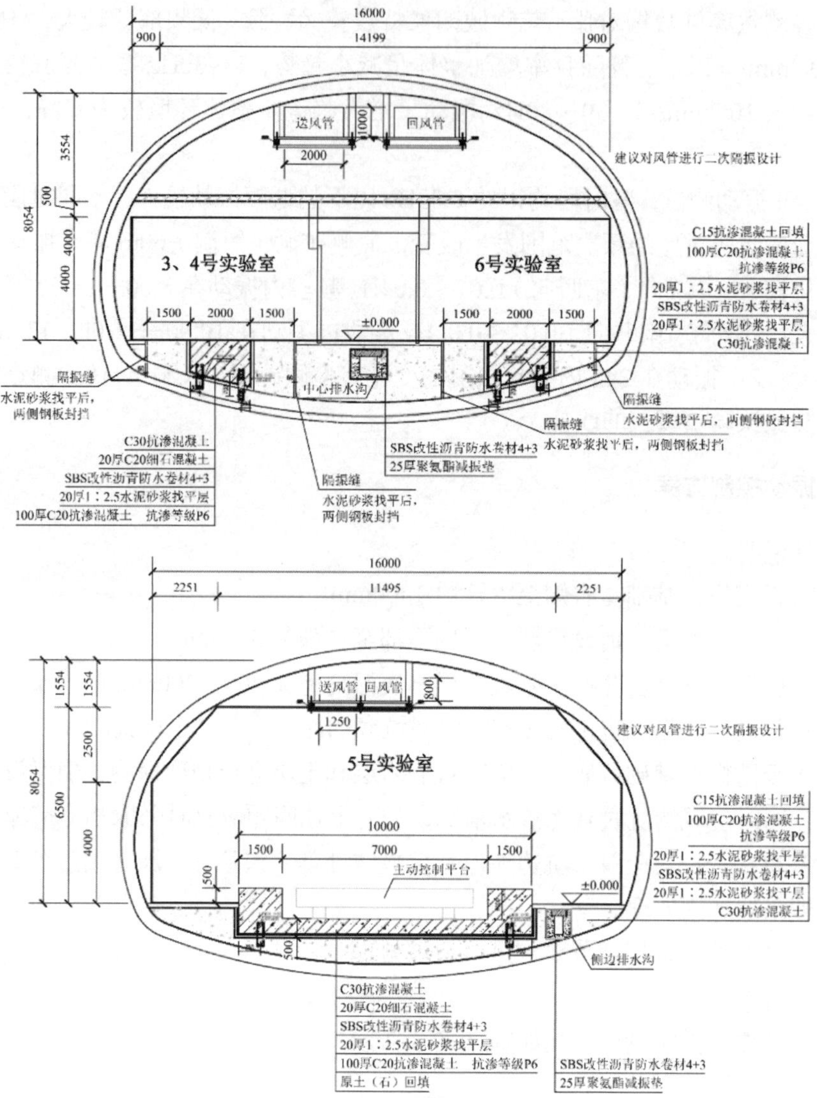

图 7-10-3　振动控制设计方案

[实例 7-11] 青岛虚拟现实产业园项目厂房振动测试及结构响应分析

一、工程概况

青岛虚拟现实产业园项目位于株洲路以北、科苑经六路以东、科苑经七路以西，项目占地 1600 亩，面积 64588m²。项目建成后将打造成全球最大的虚拟现实研发制造基地；是中国国内面积最大的虚拟现实产业园区；是当前国内唯一的国家级虚拟现实制造业创新中心，将搭建国内顶级科技创新平台。

本项目在图 7-11-1 所示阴影位置建设 3 号、4 号厂房，厂房内部设备运行环境振动要求为 VC-C，为防止外部环境振动对生产设备运行产生影响，需对 3 号、4 号厂房拟建区域进行振动水平进行测试，并结合数值仿真进行振动水平预测，以对后续结构防微振设计提供指导。

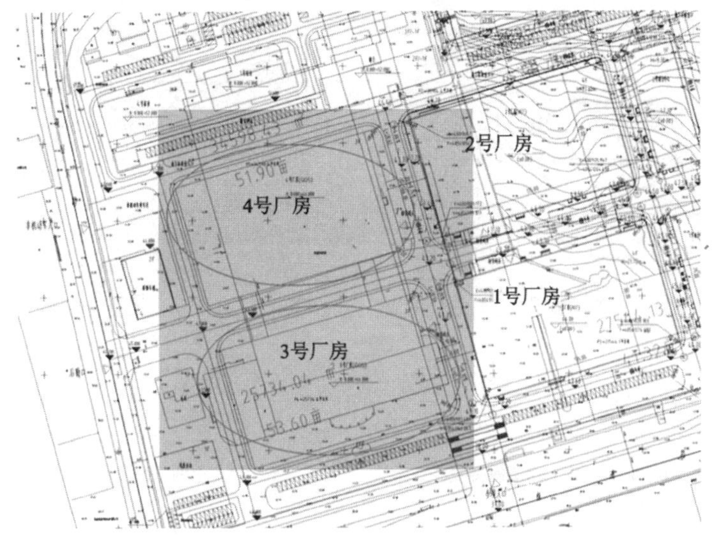

图 7-11-1　拟作区域平面图

二、同类厂房振动水平测试

为明确拟建厂房内部设备的振动水平，对某相似厂房内部设备引起的地面振动水平进行测试，主要包括电子工业厂房内部注塑车间行车运行振动及空调机房、加工车间、钳工车间、镀膜、注塑、精雕等车间内部各种设备运行时设备附近地面的振动水平，其中，行车运行测试测点布置在行车型钢柱附近，设备运行振动测点布置于设备支座处。

测试数据分析进行 FFT 变换时，快速傅里叶分析点数选择 1024 点，采用线性平均及峰值保持的分析方法，其中，空调机房、注塑车间等稳定运行的动力设备采用线性平均分析，而加工中心、钳工车间、行车运行等由于加工设备频繁开关门、大力锤击模具及行车临时运行带来的冲击振动采用峰值保持进行分析。不同类型设备地面的振动水平 VC 曲线如图 7-11-2 所示。

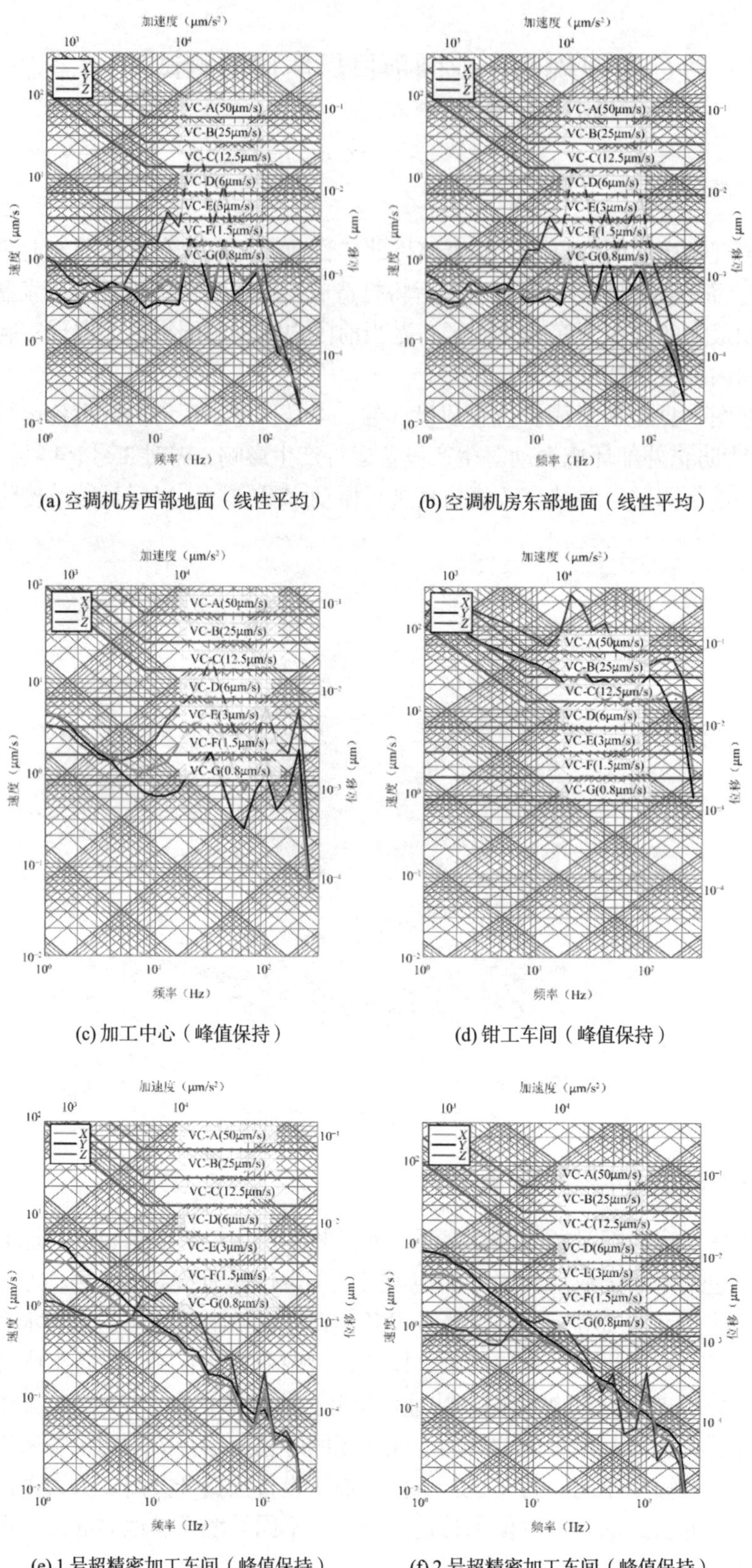

(a) 空调机房西部地面（线性平均）

(b) 空调机房东部地面（线性平均）

(c) 加工中心（峰值保持）

(d) 钳工车间（峰值保持）

(e) 1 号超精密加工车间（峰值保持）

(f) 2 号超精密加工车间（峰值保持）

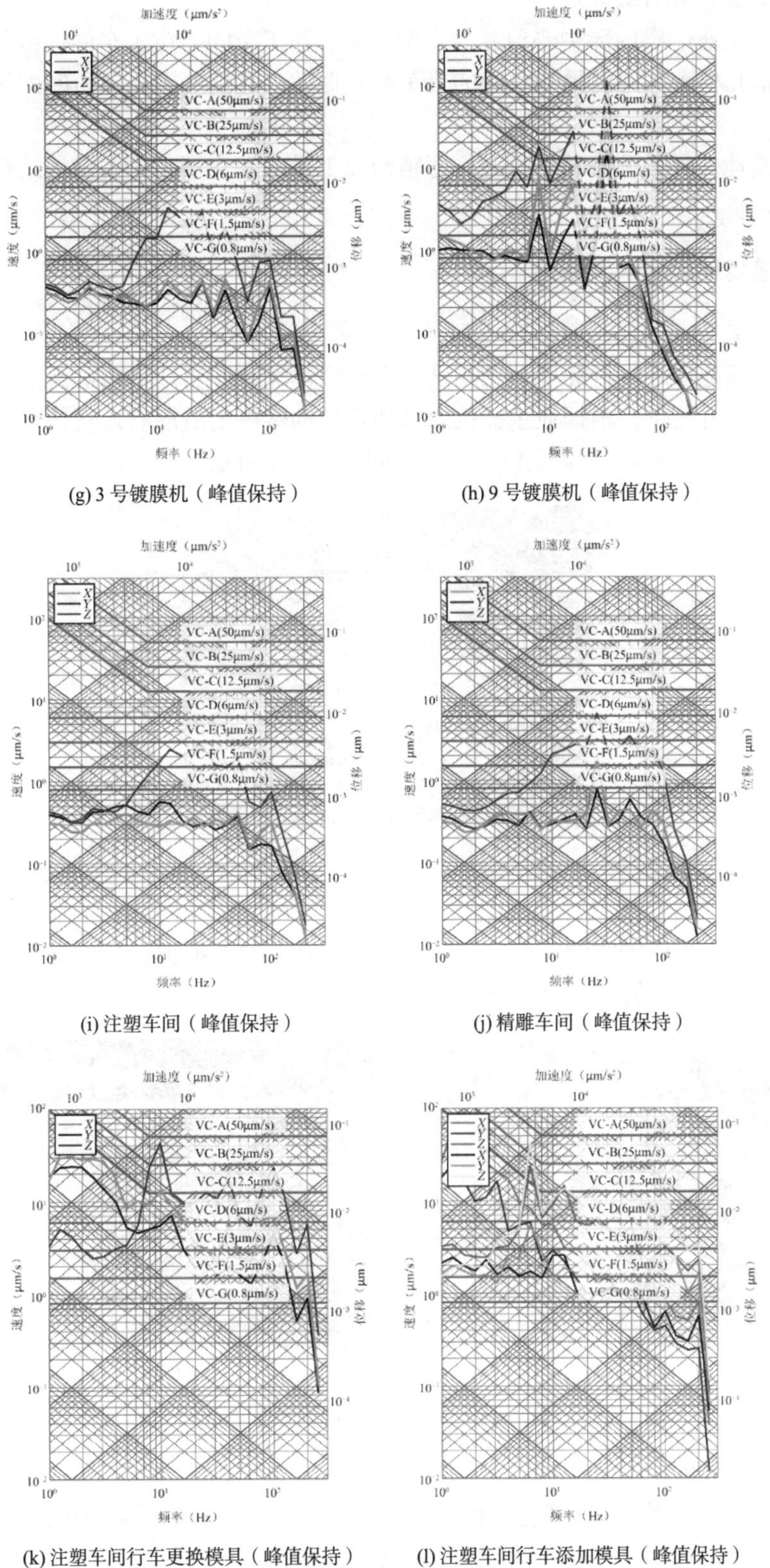

(g) 3 号镀膜机（峰值保持）

(h) 9 号镀膜机（峰值保持）

(i) 注塑车间（峰值保持）

(j) 精雕车间（峰值保持）

(k) 注塑车间行车更换模具（峰值保持）

(l) 注塑车间行车添加模具（峰值保持）

图 7-11-2　不同类型设备间地面振动 VC 曲线

由上述测试分析结果可知：

（1）电子工业厂房内部主要振源为空调机房、加工车间、钳工车间、镀膜车间等内部各种动力设备和精密车间内吊运货物的行车运行振动，且这些设备运行时的振动均已超过 VC-C 标准。

（2）无其他外界振源振动干扰时，超精密加工设备和注塑生产线设备运行时地面振动满足 VC-C 标准。

三、拟建场地振动水平测试

1. 测试方案

针对拟建场地地表进行环境振动测试，由于拟建场地原有厂房内部无法进入，只能沿现有厂房四周布置测点，根据业主提供图纸和现场勘察决定沿原有厂房长边方向各布置四个测点，共布置 8 个测点（标号 1～8 号），如图 7-11-3 所示。

图 7-11-3　场地振动测点布置

传感器采用的是 G1B 力平衡加速度传感器，内置两个水平向和一个垂直向三分量力平衡加速度传感器，可以同时测三个方向的振动，具有大动态范围、高分辨率以及良好的稳定性。部分现场仪器布置如图 7-11-4 所示。

(a) 1 号测点

(b) 3 号测点

图 7-11-4　现场测试传感器布置

2. 测试结果分析

场地振动测试采用 1/3 倍频程分析，分析点数 1024 点，分析方法采用线性平均，重叠系数为 3/4，窗函数为汉宁窗。各测点的 VC 曲线如图 7-11-5 所示，由图可知，拟建 3 号、4 号厂房场地振动水平在 VC-E～VC-F 之间。

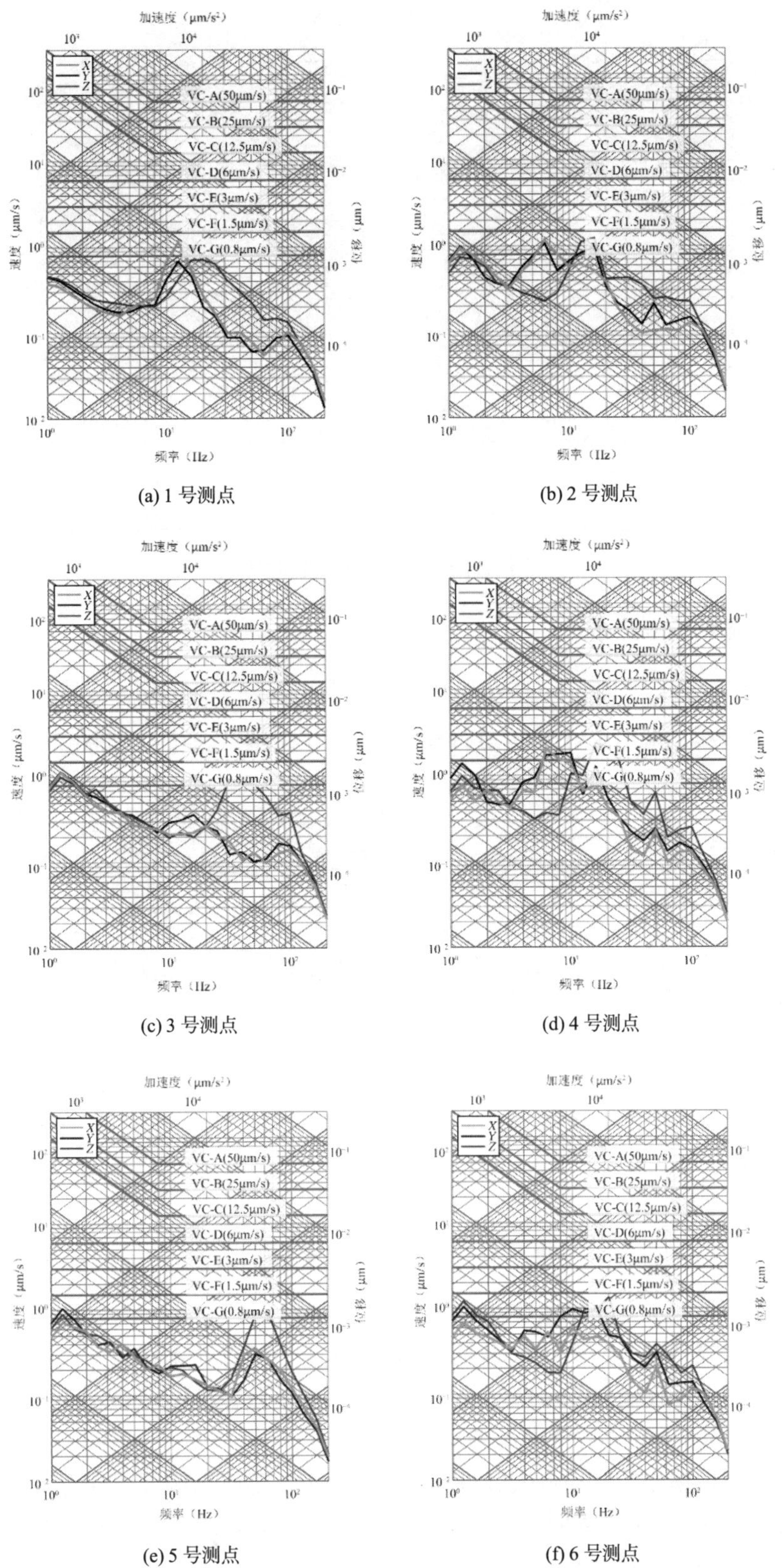

(a) 1 号测点　(b) 2 号测点

(c) 3 号测点　(d) 4 号测点

(e) 5 号测点　(f) 6 号测点

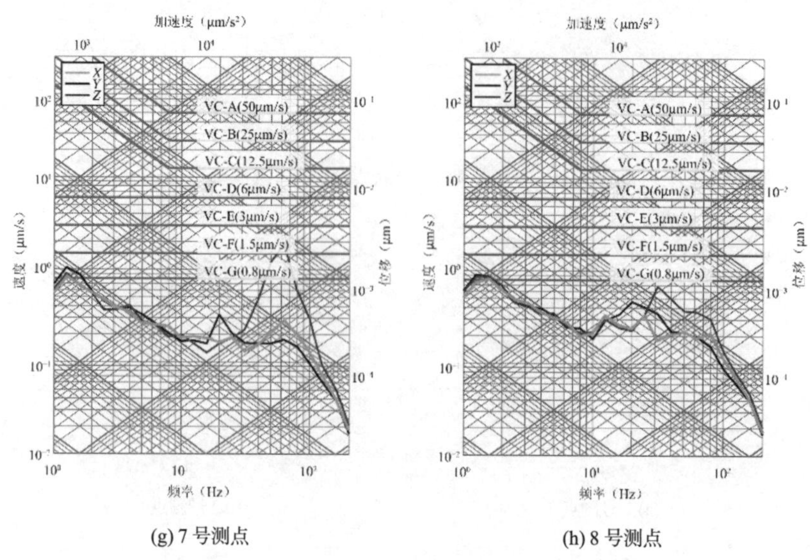

(g) 7 号测点　　(h) 8 号测点

图 7-11-5　场地振动 VC 曲线

四、结构振动响应分析

1. 数值模型的建立

根据图纸资料，采用 SAP2000 软件建立拟建厂房有限元模型，如图 7-11-6 所示。

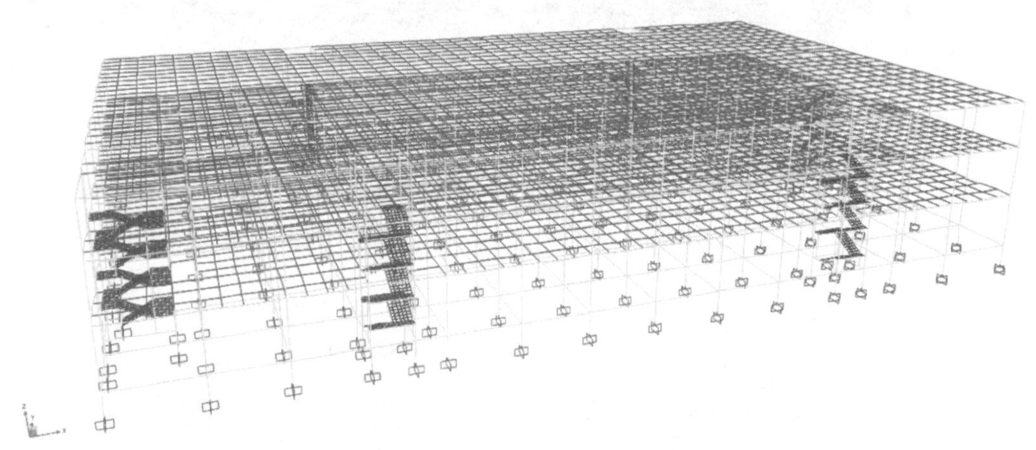

图 7-11-6　拟建厂房有限元模型

2. 结构振动响应 1/3 倍频程分析

以 3 号厂房模型进行分析，选用场地实测振源 1 号测点和 4 号测点无外界干扰时段数据作为输入振源，进行结构振动响应分析。

（1）1 号测点振源输入结构振动响应

取 1 号测点数据作为振动输入进行动力时程分析，提取结构各层动力响应最大值点并做 1/3 倍频程分析，FFT 计算时，快速傅里叶分析点数选择 1024 点，采用线性平均的分析方法，分析结果如图 7-11-7 所示。

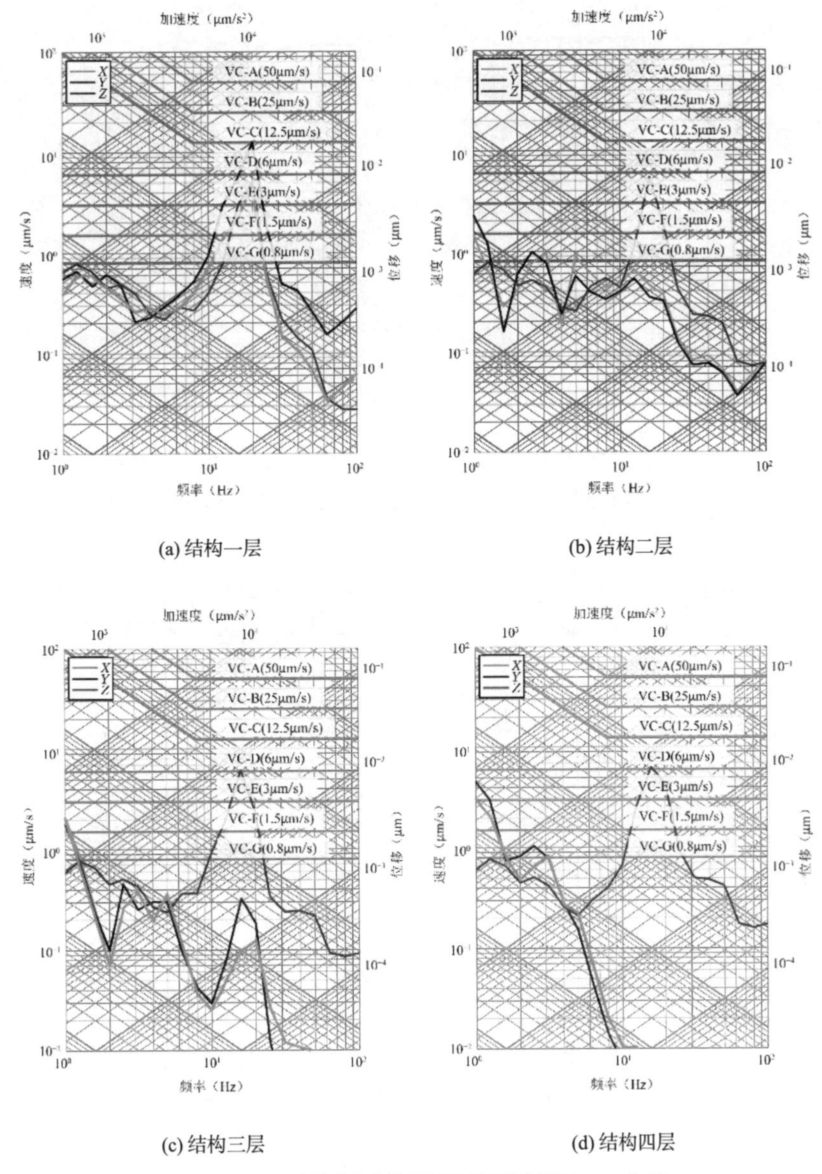

(a) 结构一层　　(b) 结构二层

(c) 结构三层　　(d) 结构四层

图 7-11-7　1 号测点振源作用下不同楼层 VC 曲线

（2）4 号测点振源输入结构振动响应

取 4 号测点数据作为振动输入进行动力时程分析，提取结构各层动力响应最大值点并做 1/3 倍频程分析，FFT 计算时，快速傅里叶分析点数选择 1024 点，采用线性平均的分析方法，分析结果如图 7-11-8 所示。

以 1 号测点和 4 号测点实测振源作为振动输入时，除结构首层振动响应略微超过 VC-C 外，其他各层节点均满足 VC-C 振动限值。

3. 一层增加板结构减振效果分析

由于初步分析时结构一层振动响应较大，已超过 VC-C 的标准，故考虑在首层设置楼板，楼板材料为 C40 混凝土，厚度 500mm，修改后模型如图 7-11-9 所示。

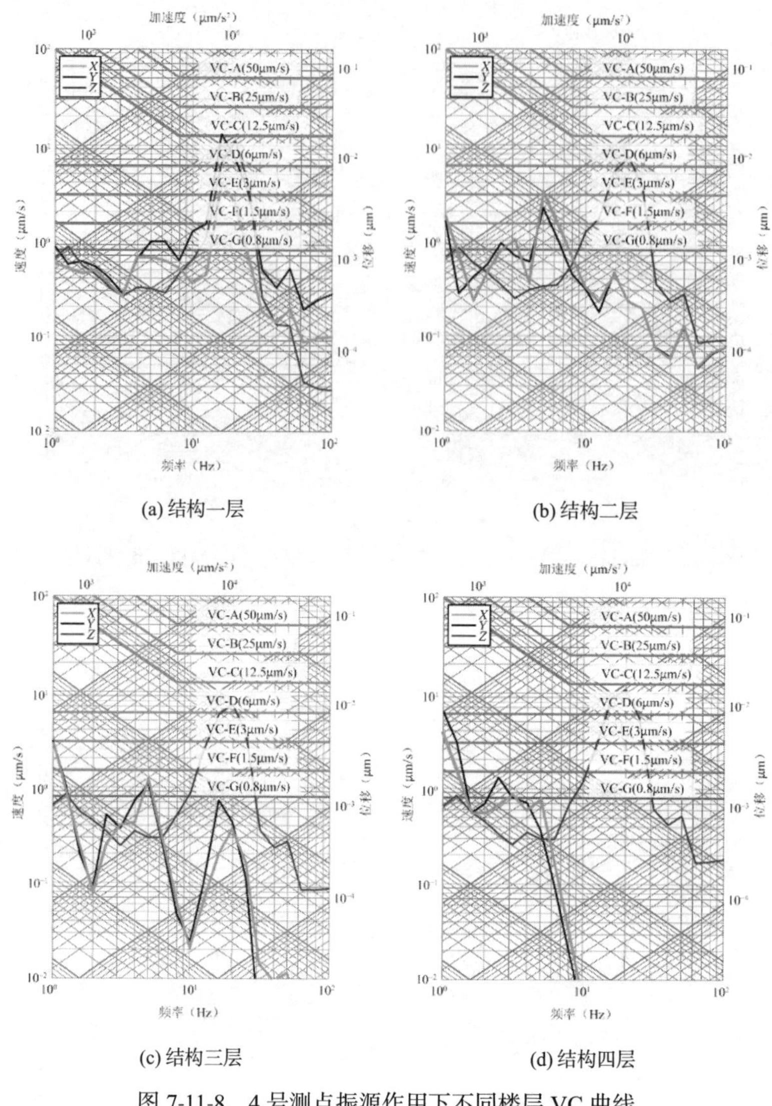

(a) 结构一层

(b) 结构二层

(c) 结构三层

(d) 结构四层

图 7-11-8　4 号测点振源作用下不同楼层 VC 曲线

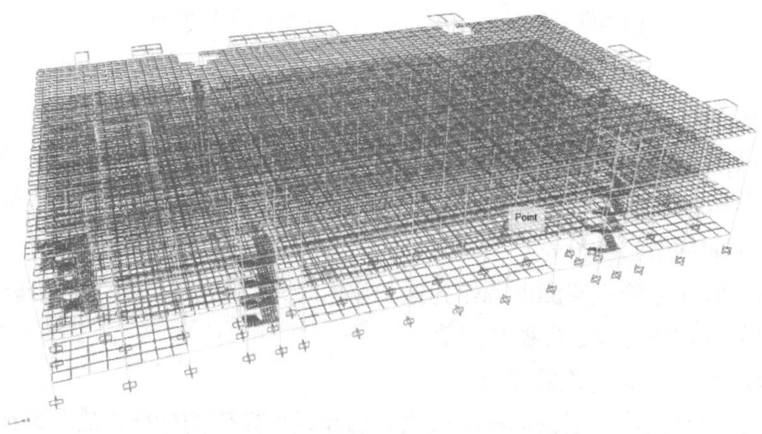

图 7-11-9　一层增加楼板后结构数值模型

（1）1 号测点振源输入结构振动响应

取 1 号测点数据作为振动输入进行动力时程分析，提取结构各层动力响应最大值点并做 1/3 倍频程分析，FFT 计算时，快速傅里叶分析点数选择 1024 点，采用线性平均的分析方法，分析结果如图 7-11-10 所示。

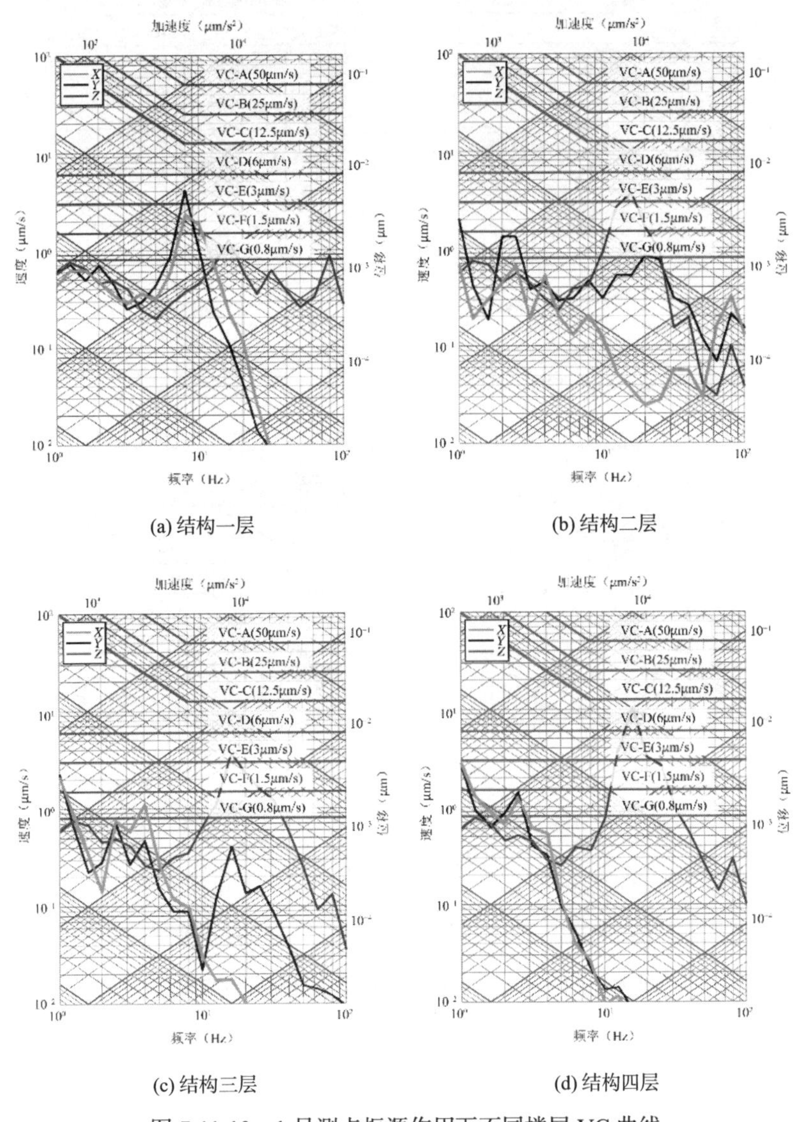

(a) 结构一层　(b) 结构二层

(c) 结构三层　(d) 结构四层

图 7-11-10　1 号测点振源作用下不同楼层 VC 曲线

（2）4 号测点振源输入结构振动响应

取 4 号测点数据作为振动输入进行动力时程分析，提取结构各层动力响应最大值点并做 1/3 倍频程分析，FFT 计算时，快速傅里叶分析点数选择 1024 点，采用线性平均的分析方法，分析结果如图 7-11-11 所示。

在结构首层增加楼板后，以 1 号测点和 4 号测点作为振动输入时，结构首层水平振动响应较首层未设计楼板的工况降低明显，竖向振动略有降低；但是在结构首层增加楼板后结构四层楼板竖向振动响应增加明显，并且在以 4 号点作为输入时结构四层振动响应略微超过 VC-C。

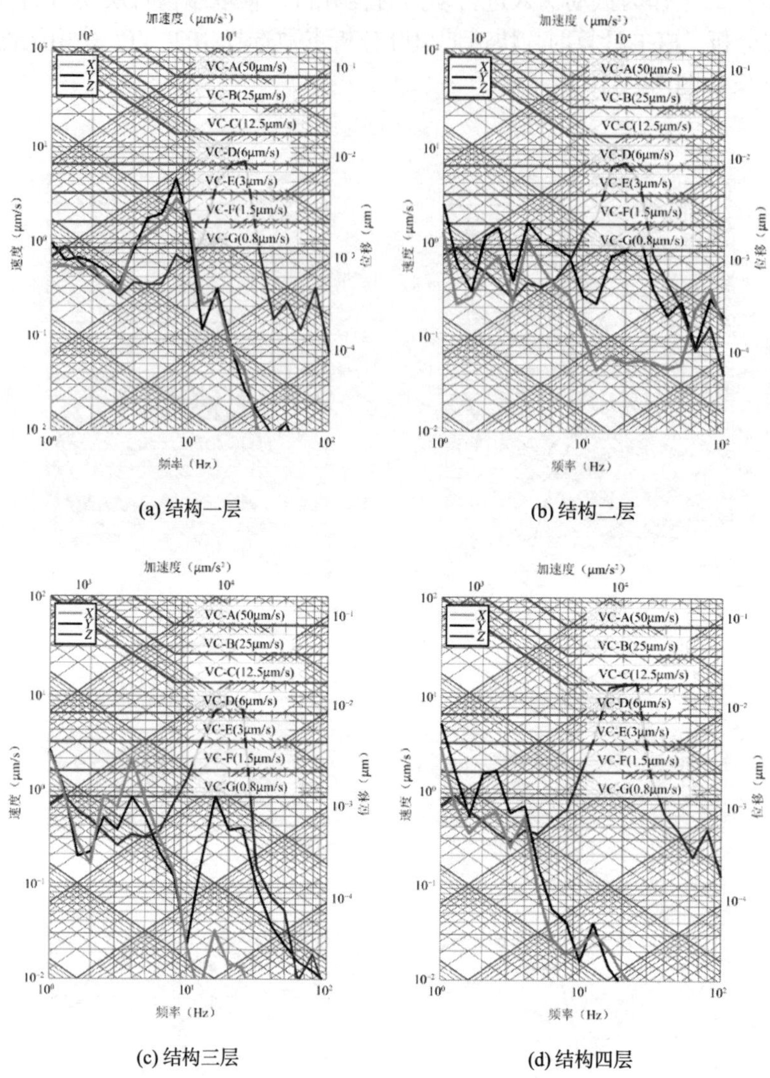

(a) 结构一层

(b) 结构二层

(c) 结构三层

(d) 结构四层

图 7-11-11　4 号测点振源作用下不同楼层 VC 曲线

[实例 7-12] 盐城微振动选址测试

一、工程概况

该场地位于江苏省盐城市汇金路和蓝宝路交叉口西南方向，场地北侧为汇金路，南侧存在一条河流，河的南侧为民联路，东侧为蓝宝路，西侧也存在一条河流，河的西侧为其他公司驻地或者施工区域，场地区位如图 7-12-1 所示。场地周边振源以路面交通振动为主，包括周边城市干线和未来厂区内部车行道上车辆行驶引起的振动。本次测试旨在评估厂房待建地块的振动水平以及周围主要振源对场地的影响，为后续振动控制方案及结构设计分析提供参考。

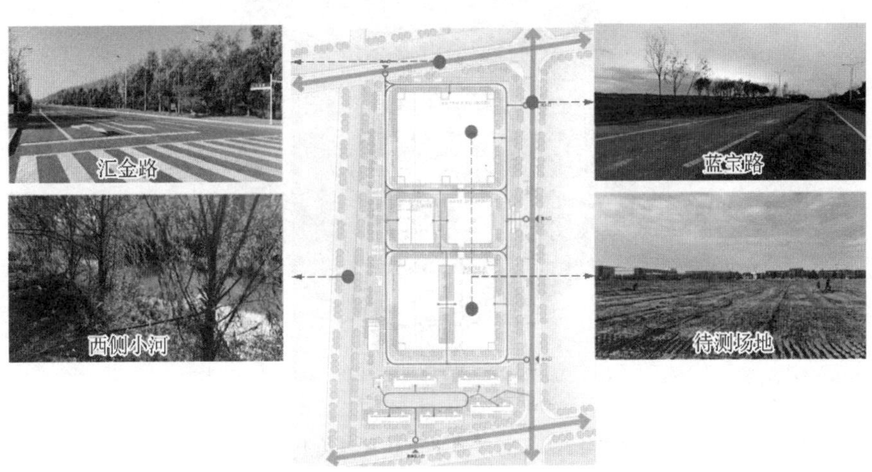

图 7-12-1　场地区位示意图

注：青色线为城市干线，紫色线为车行流线，绿色线为人行流线。

二、场地测试方案

1. 振动评估依据

场地振动水平评估依据的国家及行业标准如下：

(1)《工程隔振设计标准》GB 50463—2019

(2)《城市区域环境振动标准》GB 10070—1988

(3)《城市区域环境振动测量方法》GB 10071—1988

(4)《建筑工程容许振动标准》GB 50868—2013

(5)《电子工业防微振工程技术规范》GB 51076—2015

2. 振动测试仪器

本次测试选用 G1B 力平衡式加速度传感器，主要参数见表 7-12-1，实物见图 7-12-2。

G1B 力平衡式加速度传感器性能参数　　**表 7-12-1**

灵敏度	2.5V/g
测量范围	±3g

续表

频响范围	0～100Hz（–3dB）
动态范围	130dB
线性度	优于 1%
噪声均方根值	$0.5\times10^{-6}g/\sqrt{Hz}$

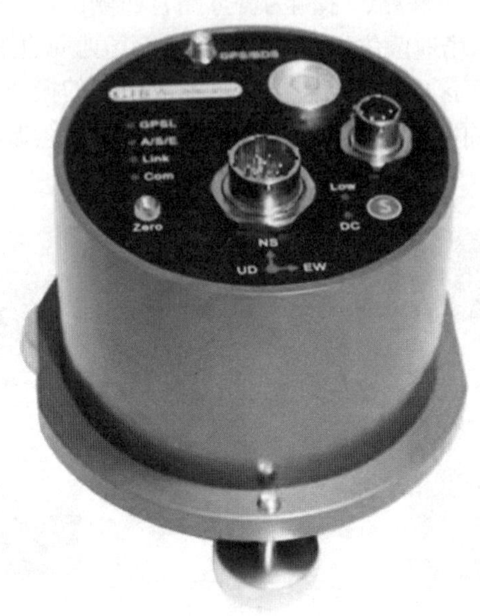

图 7-12-2　G1B 力平衡式加速度传感器

本项目使用的分析软件为 DASP-V11 工程版，它是一套运行在 Windows7/8/10 平台上的多通道信号采集和实时分析软件，通过和东方所的不同硬件配合使用，即可进行数据的分析与处理。

3. 振动测试工况

现场踏勘来看，现阶段汇金路和蓝宝路上行驶车辆较少，多数车型为轿车，少数车型为工程车和大货车，偶尔上空有飞机飞过。为提升测试工作效率，人为模拟两种车型行驶，同时现场捕捉飞机飞过时段，测试场地振动水平。

在 1 号和 2 号车间所在场地均匀布置测点，整体布置如图 7-12-3 所示，测点间距 30m，每个测点测试 10min。由于场地地下水位较高，部分测坑内渗水严重，无法进行测试，包括 1 号车间场地中的 1 号、16 号测点及 2 号车间场地中的 2 号、6 号、14 号、15 号、16 号测点，如图 7-12-3 中黄色圆点所示。

以轿车行驶情况评估场地常时振动水平，选定场地全部测点进行测试；以大货车行驶情况评估场地短时或不利时段振动水平，选定场地部分代表性测点进行测试。所用两种试验车辆如图 7-12-4 和图 7-12-5 所示，两车沿着汇金路和蓝宝路往复行驶，跑车路线如图 7-12-3 所示。飞机沿着场地由西向东飞过，选取部分测点进行测试，也作为评估场地短时或不利时段振动水平。

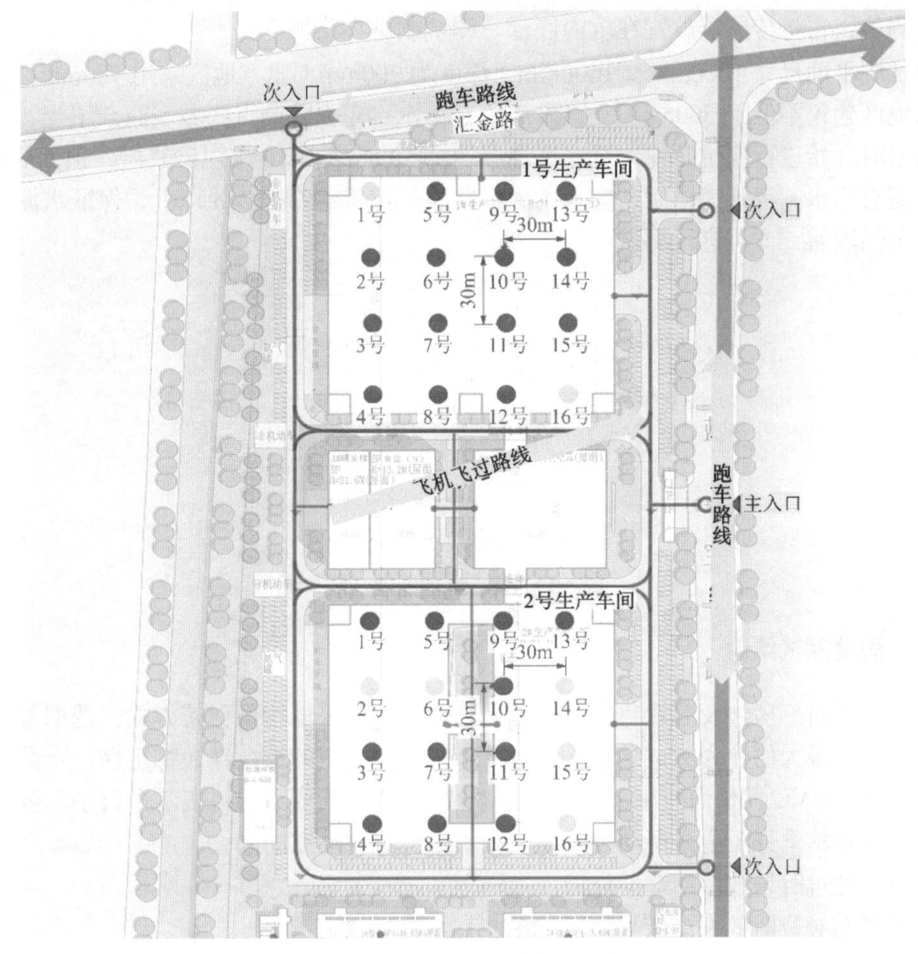

图 7-12-3　场地测点整体布置示意图

图 7-12-4　轿车试验车

图 7-12-5　货车试验车

4. 测坑设计与做法

（1）确保场地不利工况完整性

现场实际测试的时候，周围行驶的车辆较少，偶尔有轿车和货车驶过。为了充分评估场地未来不利工况，要人为模拟轿车和货车沿场地周围持续往复行驶的情况，保证可以测试到场地完整的不利工况。

（2）传感器放置坑位制备方法

一般在进行场地测试的时候，为保证各个测点测试结果的一致性，需要在各个测点位置挖制测坑，再将传感器放置在坑内底部。测坑制备方法如下：

测试坑平面尺寸 1000mm × 1000mm，深度为 700mm（北方地区采用 700mm，地下水位浅的地区建议不低于 300mm），如图 7-12-6 所示。先去除测点区域表面杂填土，待挖至原状土层时开始进行测坑开挖，坑底现浇厚 30～50mm 的 C10 水泥砂浆层，顶面要抹平，坑内不能有积水。浇筑完毕后，应采用塑料薄膜进行覆盖养护 24h 以上，保证水泥砂浆层具有一定强度后，方可进行测试。

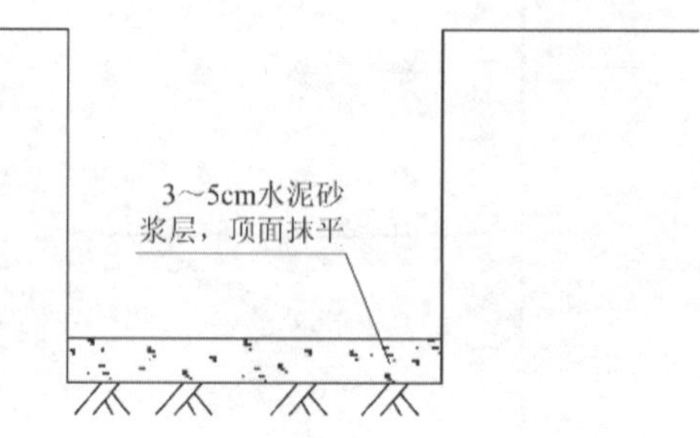

图 7-12-6　测坑剖面示意图

三、振动测试结论

由于本项目厂房涉及芯片封装加工工艺，频谱分析采取峰值保持方式，选取各个时段中各频率幅值最大值作为测试结果，以保证未来加工过程的持续性、稳定性。重叠系数选定 3/4，最终以 VC 评价曲线来分析场地振动水平。VC 曲线中绿线表示平行于汇金路振动方向，红线表示垂直汇金路振动方向，蓝线表示竖直振动方向。

1. 轿车驶过时场地振动水平分析

（1）轿车驶过时的振动信号特征（图 7-12-7 和图 7-12-8）

（2）轿车驶过时的场地振动水平

1）1 号厂房地块（图 7-12-9）

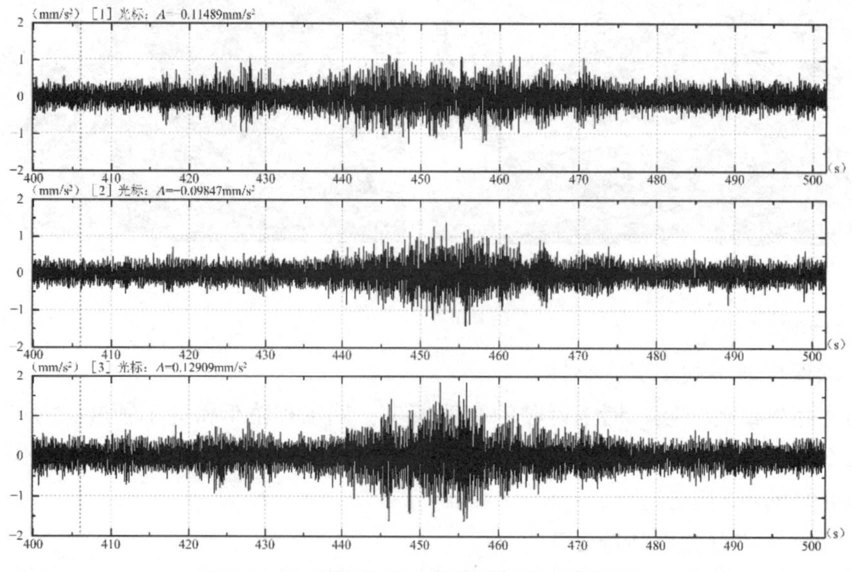

图 7-12-7　轿车驶过时的振动信号时域特征

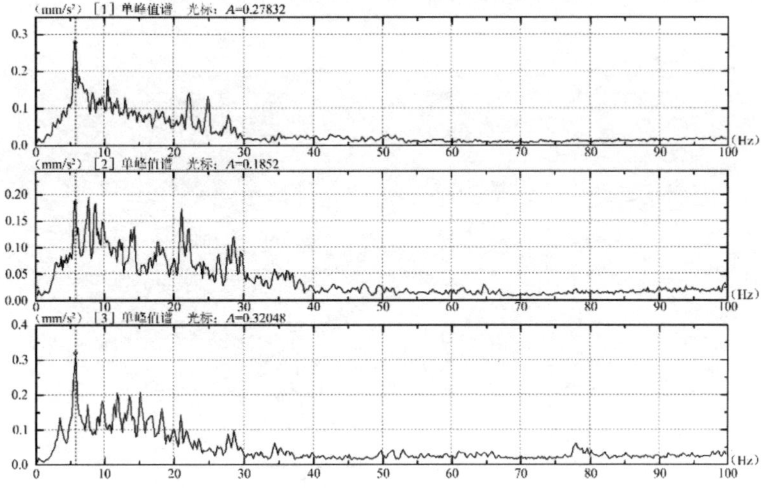

图 7-12-8　轿车驶过时的振动信号频域特征

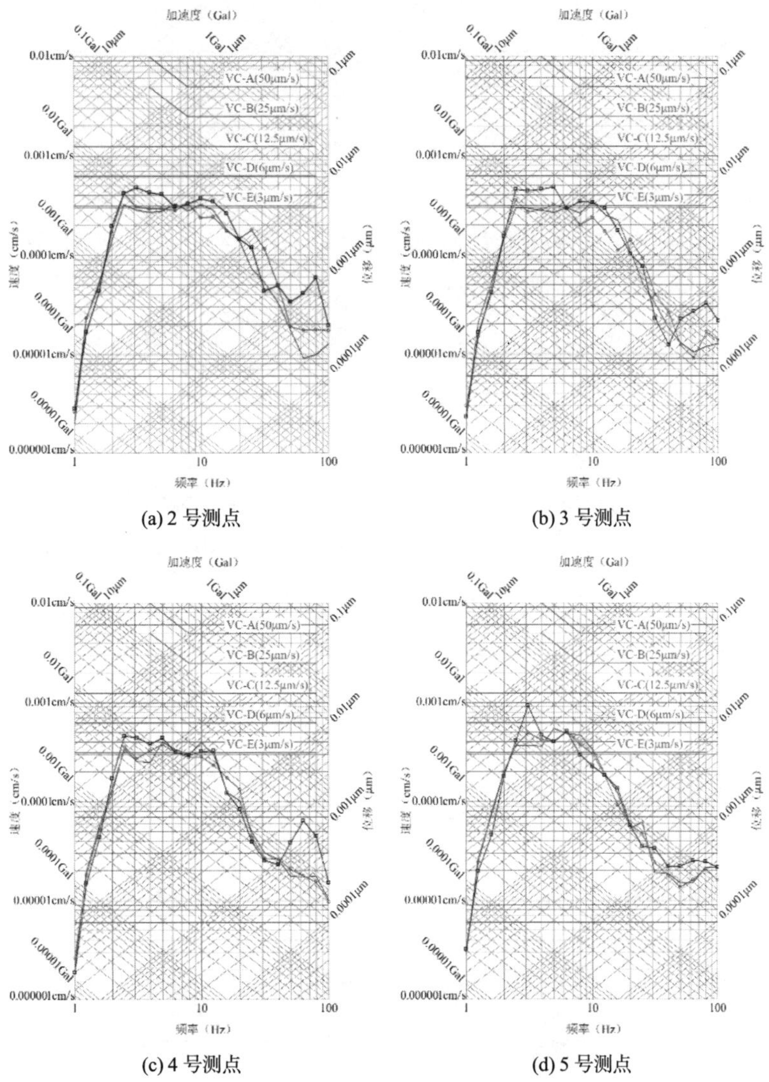

(a) 2 号测点　(b) 3 号测点

(c) 4 号测点　(d) 5 号测点

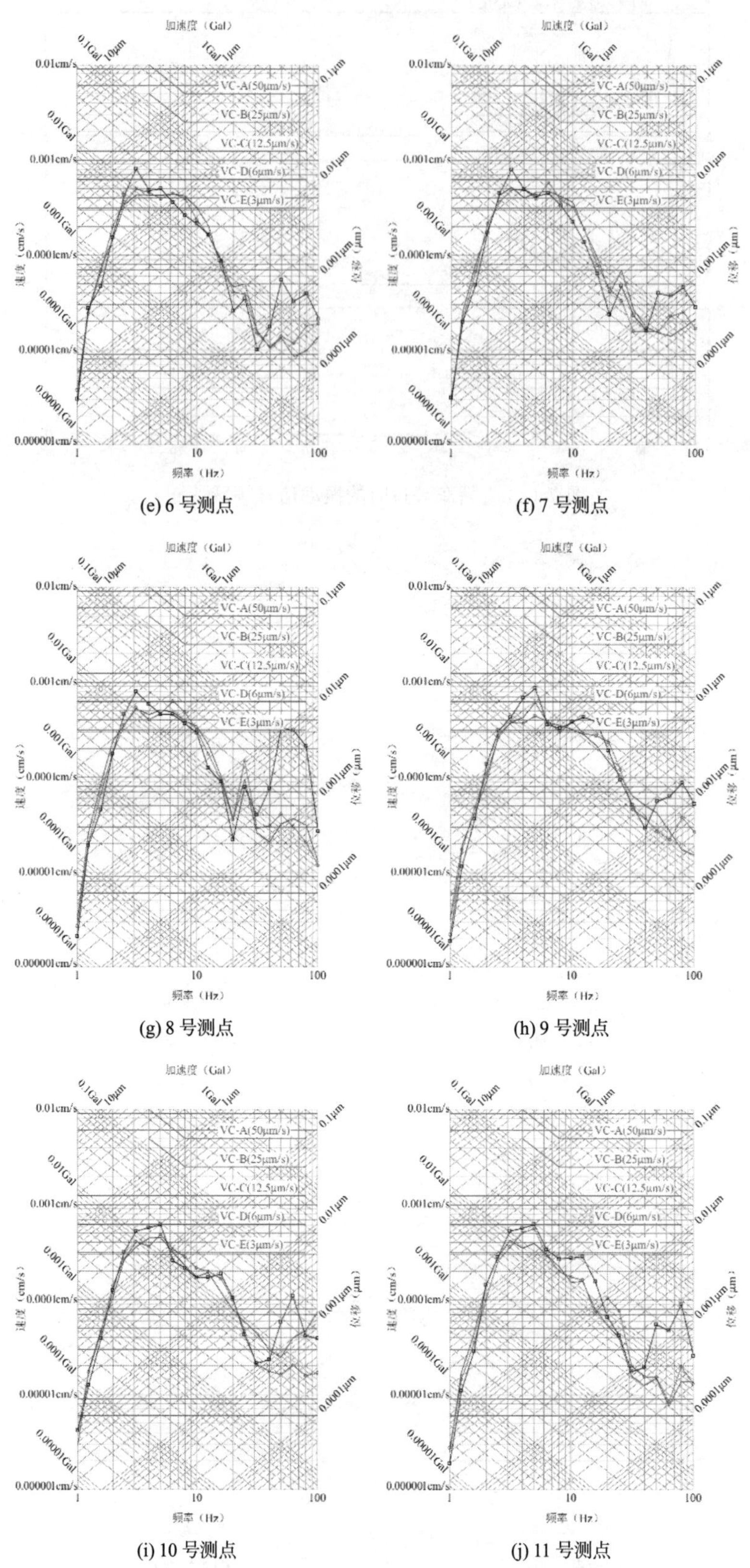

(e) 6 号测点　(f) 7 号测点

(g) 8 号测点　(h) 9 号测点

(i) 10 号测点　(j) 11 号测点

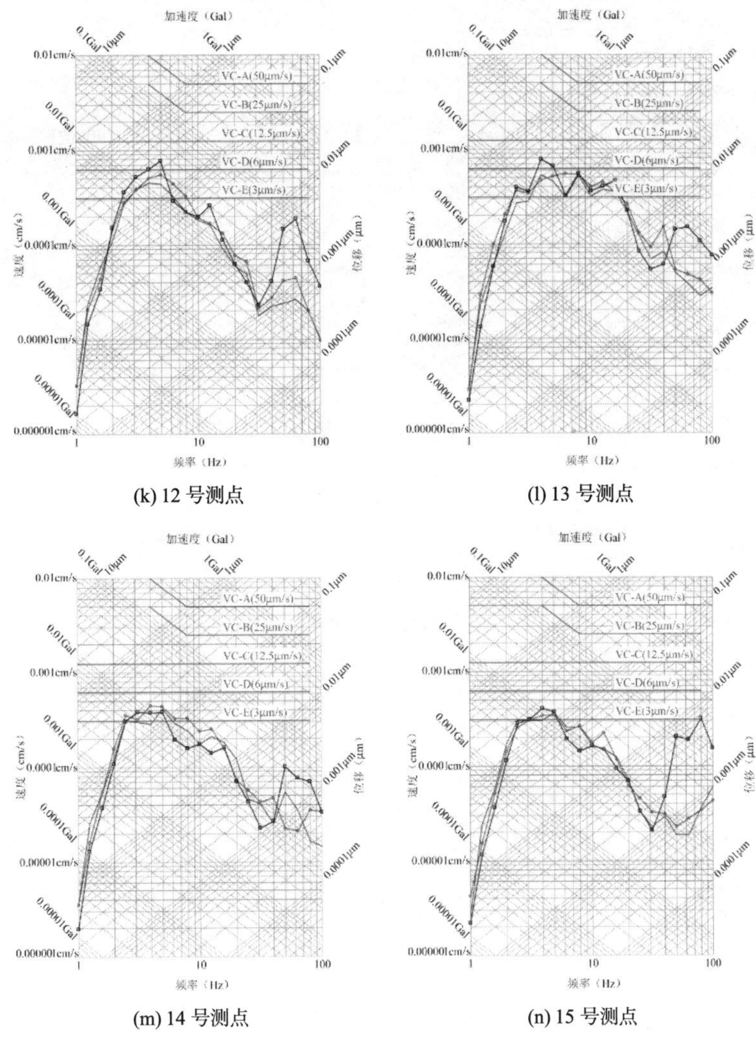

(k) 12 号测点　　(l) 13 号测点

(m) 14 号测点　　(n) 15 号测点

图 7-12-9　轿车驶过时的 1 号厂房地块振动水平

2）2 号厂房地块（图 7-12-10）

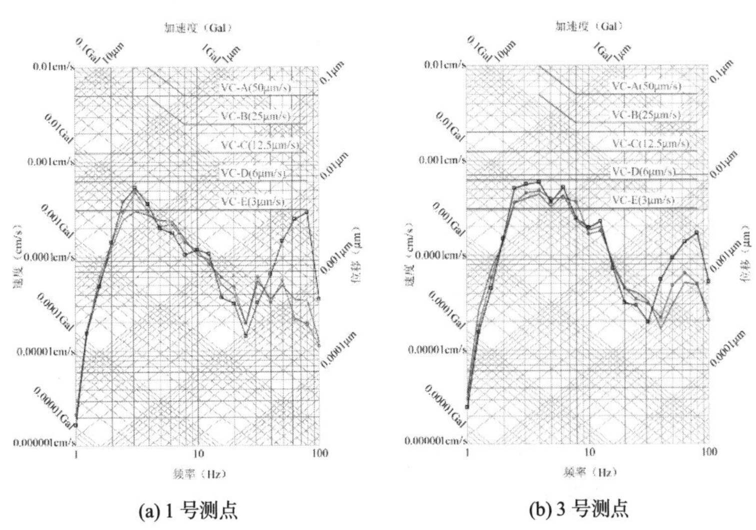

(a) 1 号测点　　(b) 3 号测点

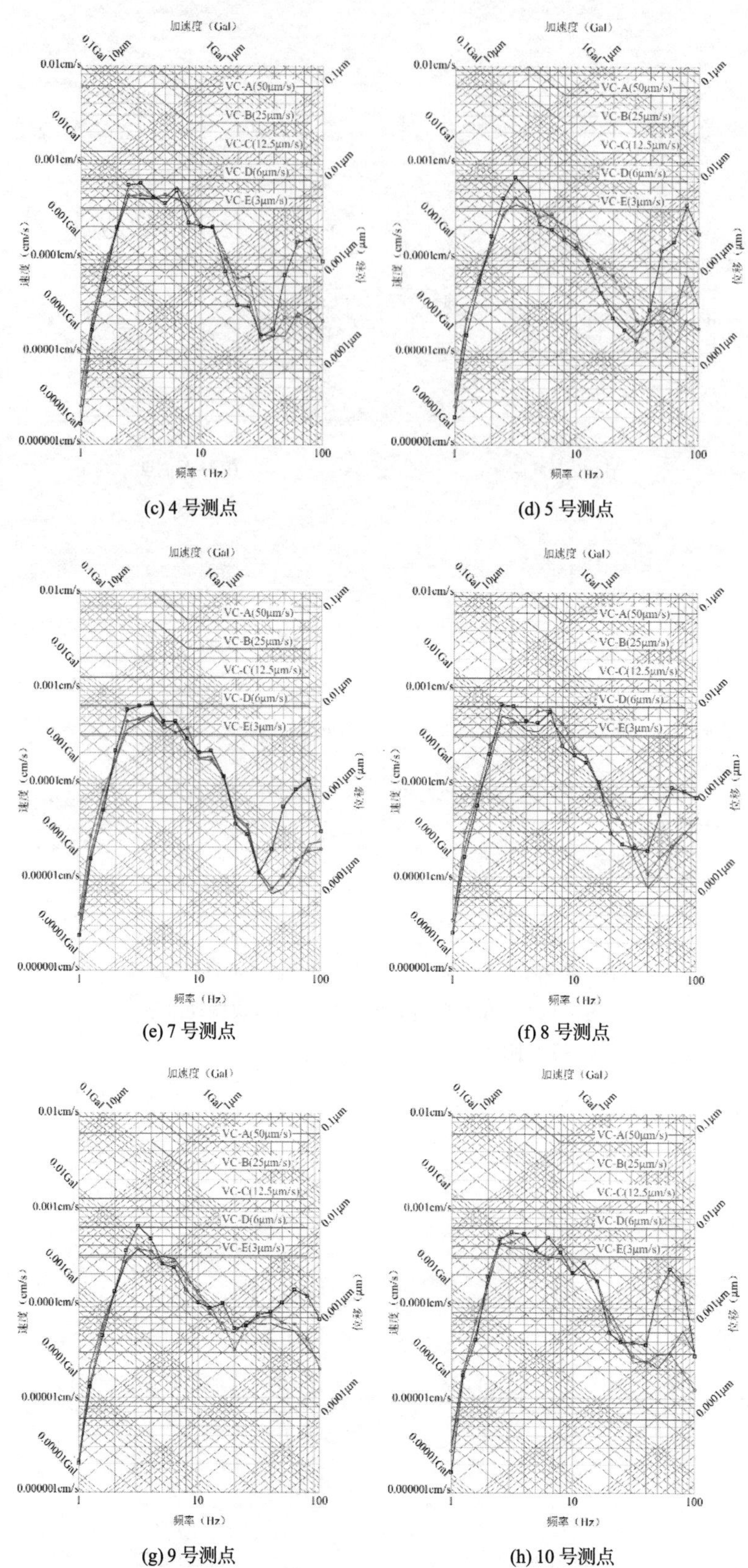

(c) 4 号测点

(d) 5 号测点

(e) 7 号测点

(f) 8 号测点

(g) 9 号测点

(h) 10 号测点

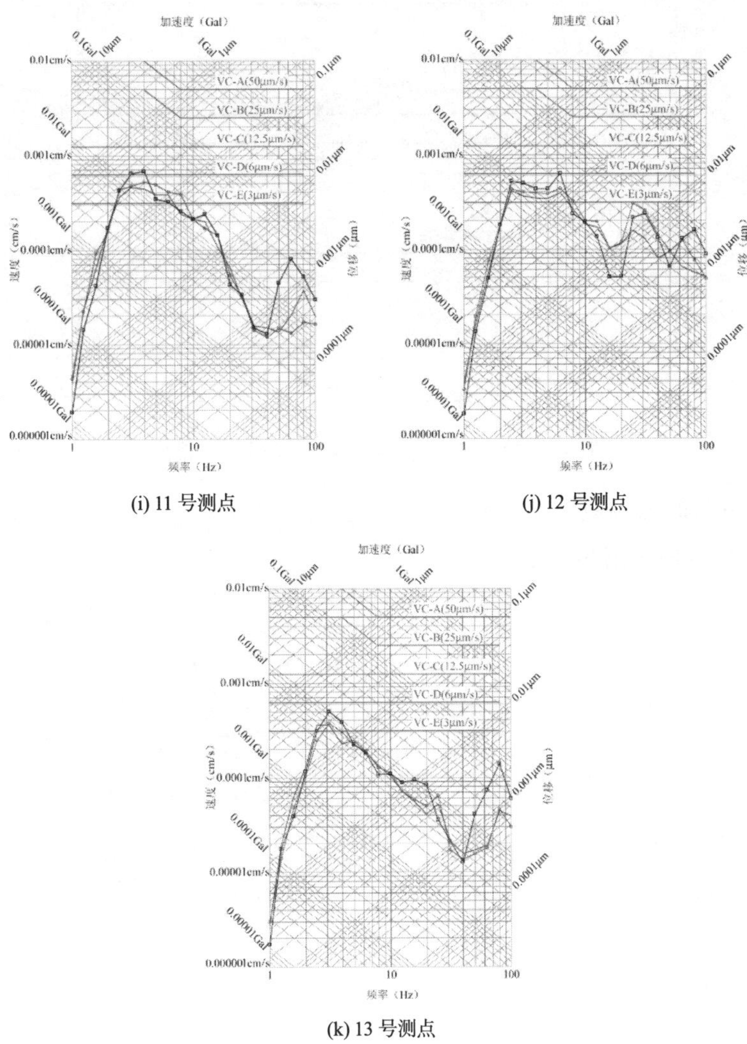

(i) 11 号测点

(j) 12 号测点

(k) 13 号测点

图 7-12-10　轿车驶过时的 2 号厂房地块振动水平

2. 货车驶过时场地振动水平分析

（1）货车驶过时的振动信号特征（图 7-12-11 和图 7-12-12）

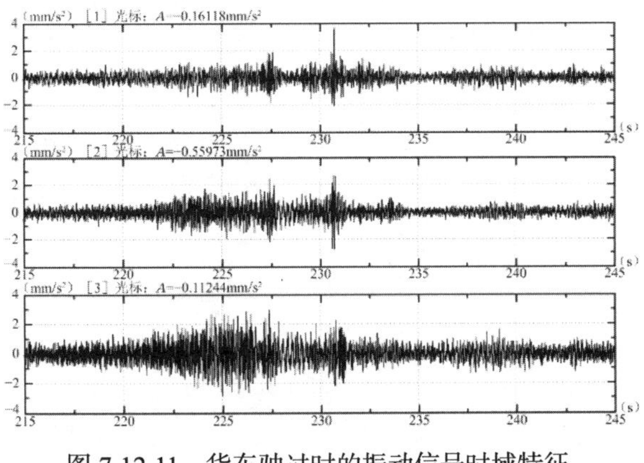

图 7-12-11　货车驶过时的振动信号时域特征

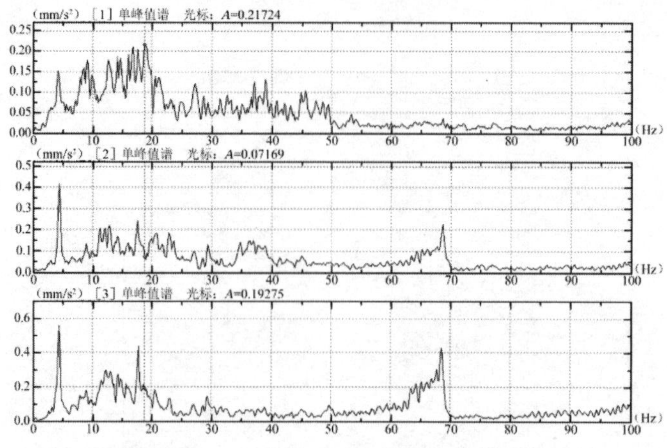

图 7-12-12　货车驶过时的振动信号频域特征

（2）货车驶过时的场地振动水平

1）1 号厂房场地（图 7-12-13）

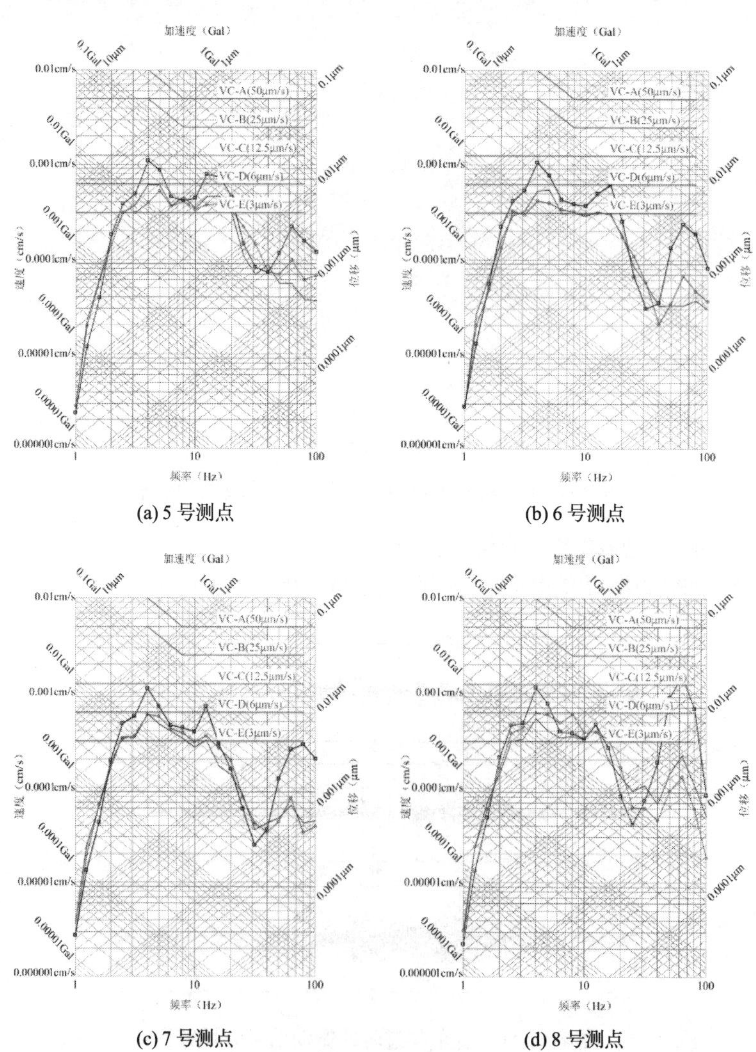

(a) 5 号测点　(b) 6 号测点

(c) 7 号测点　(d) 8 号测点

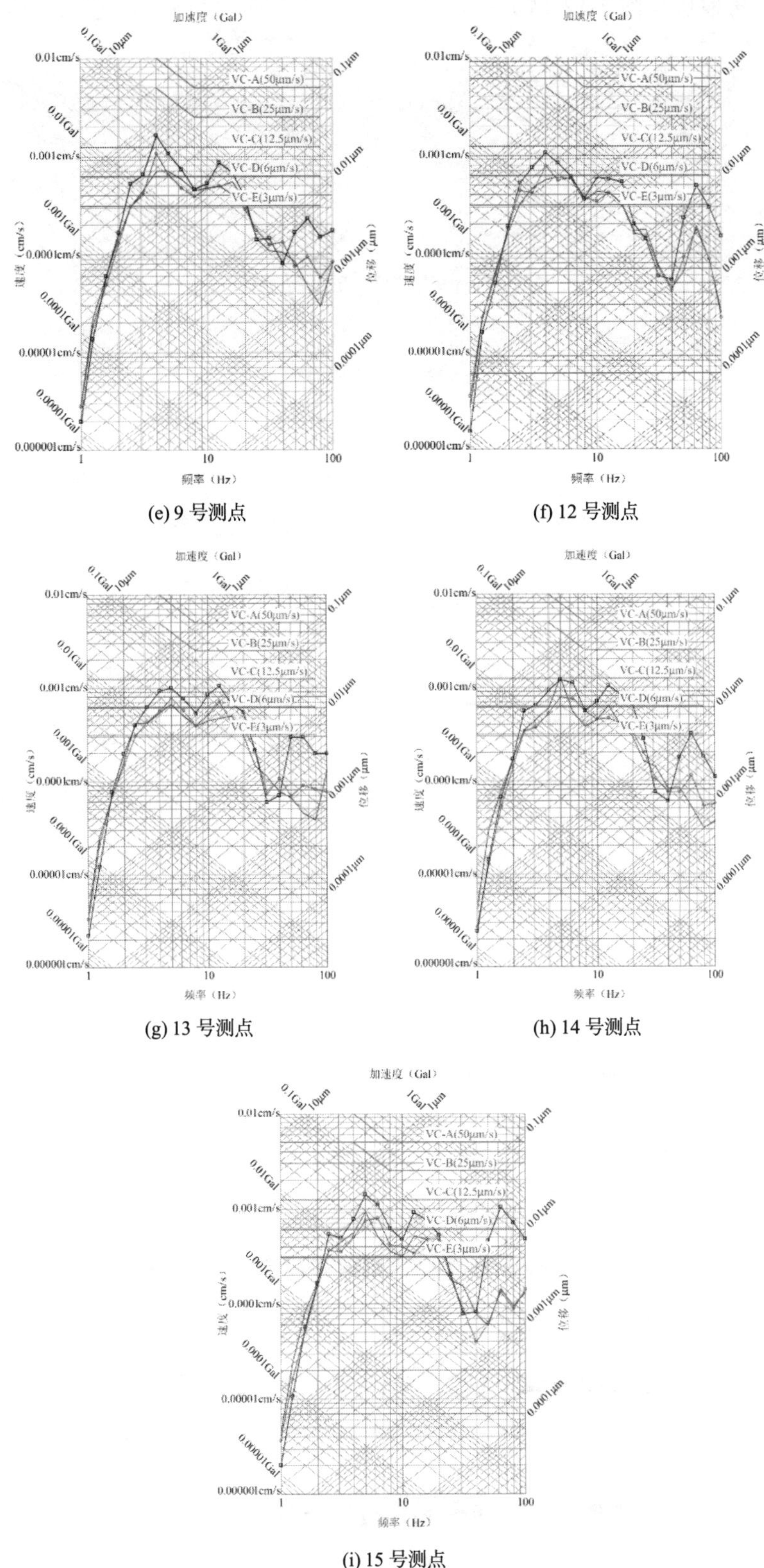

(e) 9 号测点

(f) 12 号测点

(g) 13 号测点

(h) 14 号测点

(i) 15 号测点

图 7-12-13　1 号厂房地块货车行驶振动水平

2）2 号厂房地块（图 7-12-14）

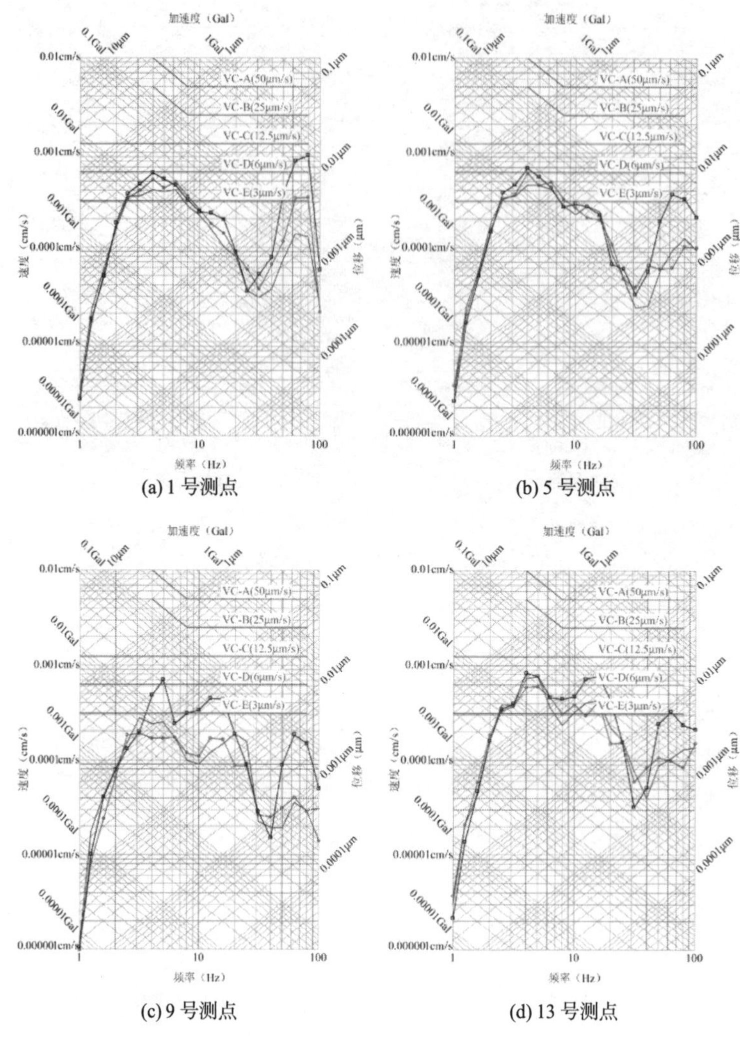

(a) 1 号测点

(b) 5 号测点

(c) 9 号测点

(d) 13 号测点

图 7-12-14　2 号厂房地块货车行驶振动水平

3. 飞机飞过时场地振动水平分析

（1）飞机飞过时振动信号特征（图 7-12-15 和图 7-12-16）

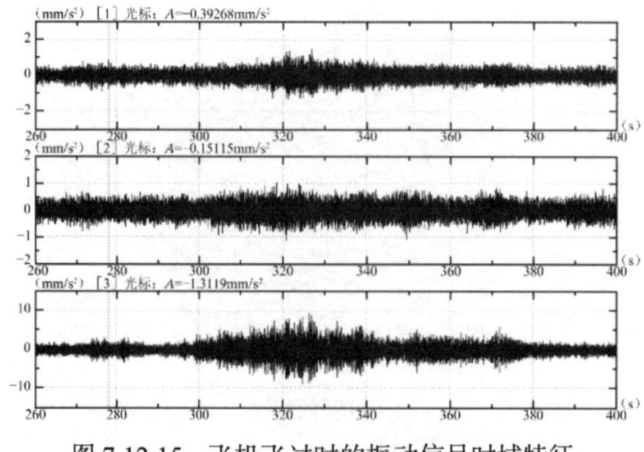

图 7-12-15　飞机飞过时的振动信号时域特征

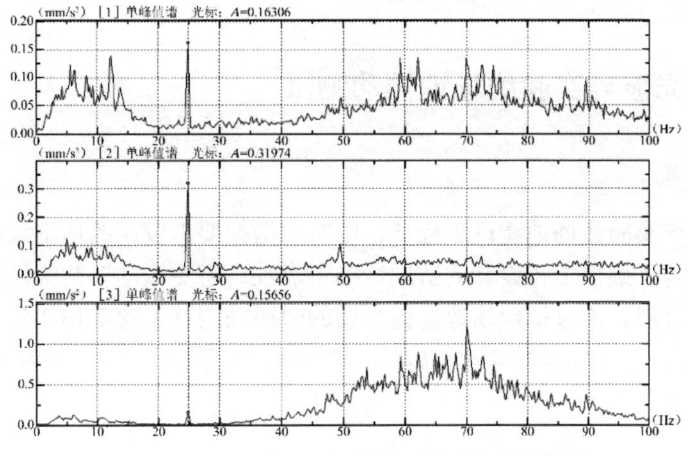

图 7-12-16　飞机飞过时的振动信号频域特征

（2）飞机飞过时的场地振动水平（图 7-12-17）

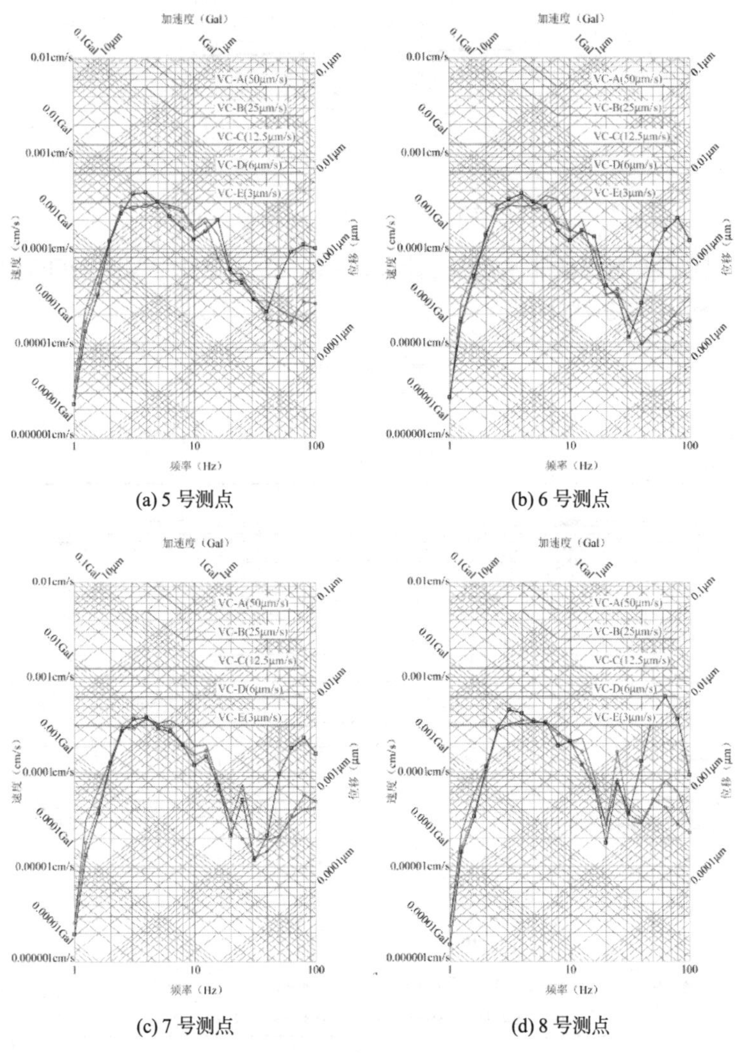

(a) 5 号测点

(b) 6 号测点

(c) 7 号测点

(d) 8 号测点

图 7-12-17　飞机驶过引起场地振动水平

[实例 7-13] 光波导实验线场地振动测试

一、工程概况

某项目光波导实验线场地建设工程项目中有对微振要求较高的加工设备：一台光刻机和一台轮廓机。为了确保工程设计的适用性和可靠性，避免振动对精密设备的影响，结合工程设计工作的开展，需对拟建场地进行必要的微振动测试（图 7-13-1）。

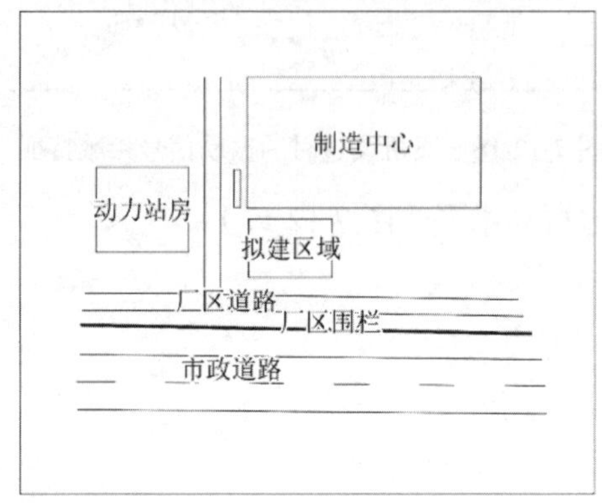

图 7-13-1　厂区平面示意图

光刻设备对振动控制要求非常严格，根据设备厂商的要求，VDI 20038 对振动标准的概述如表 7-13-1 和图 7-13-2 所示。

振动等级表　　**表 7-13-1**

振动标准	振动等级（μm/s）	操作精度（μm）
VC-C	12.5（1～80Hz）	1

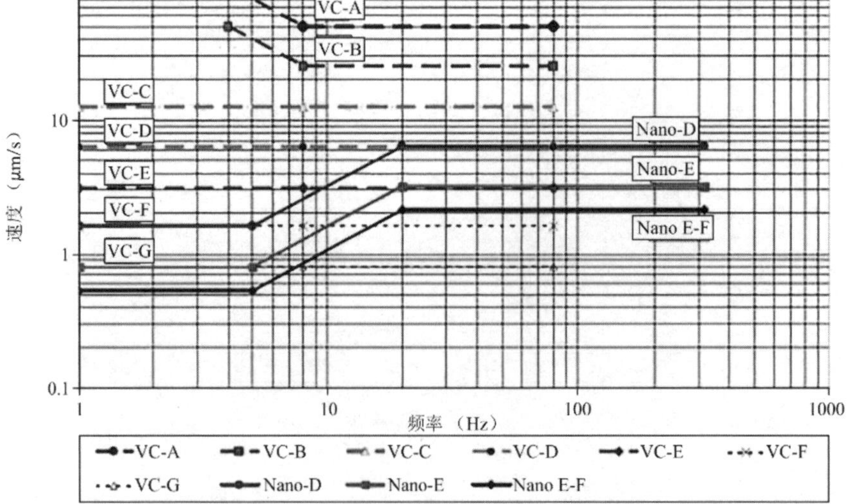

图 7-13-2　振动等级划分

二、振动测试方案

拟建区域振动环境复杂，经过多次踏勘确定 4 部分测试内容：

（1）拟建区域背景振动测试，分为白天和夜晚工况。

（2）制造中心和动力站房内动力设备振动调查。

（3）厂区内道路车辆振动测试。

（4）厂区外市政道路车辆振动传递测试；其中，市政道路测试时，用临时设置的减速带模拟道路退化破损后的振动环境。

振动调查测试时采用三向振动加速度传感器，振动传递测试时采用单向振动加速度传感器。

三、数据分析

1. 拟建振动敏感设备区域

拟建振动敏感设备区域振动分析时，频谱采用有效值谱，频谱平均方法采用峰值保持的分析方法。白天振动测试结果见图 7-13-3 和表 7-13-2；夜晚结果见图 7-13-4 和表 7-13-3。

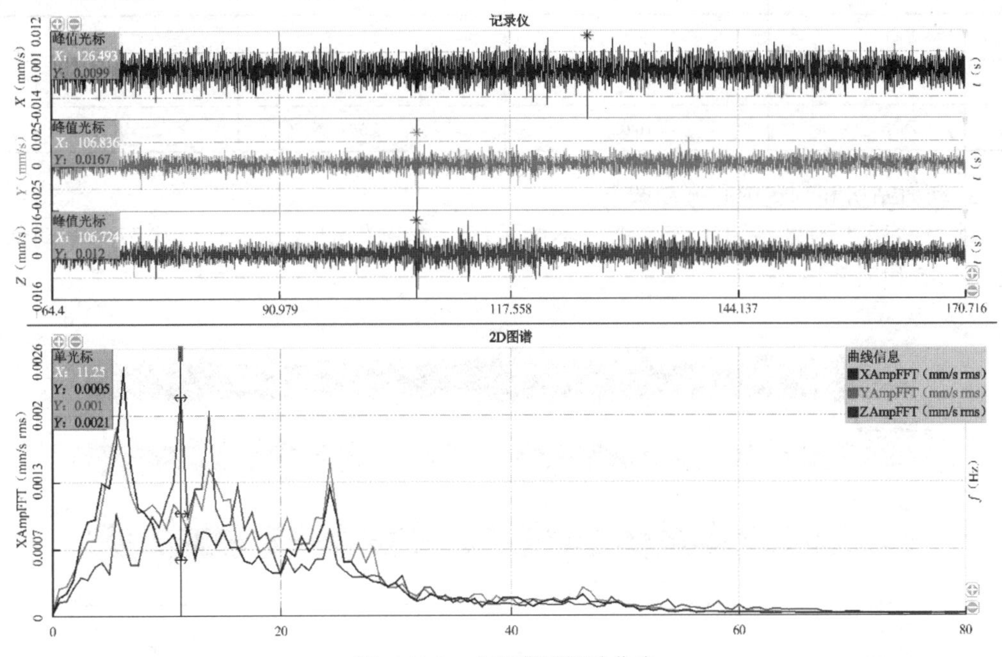

图 7-13-3　白天背景振动曲线

白天背景振动统计表　　表 7-13-2

	时域峰值（μm/s）	频域峰值（rms）（μm/s）	峰频（Hz）
*X*向	9.9	0.5	11.25
*Y*向	16.7	1.0	11.25
*Z*向	12.0	2.1	11.25

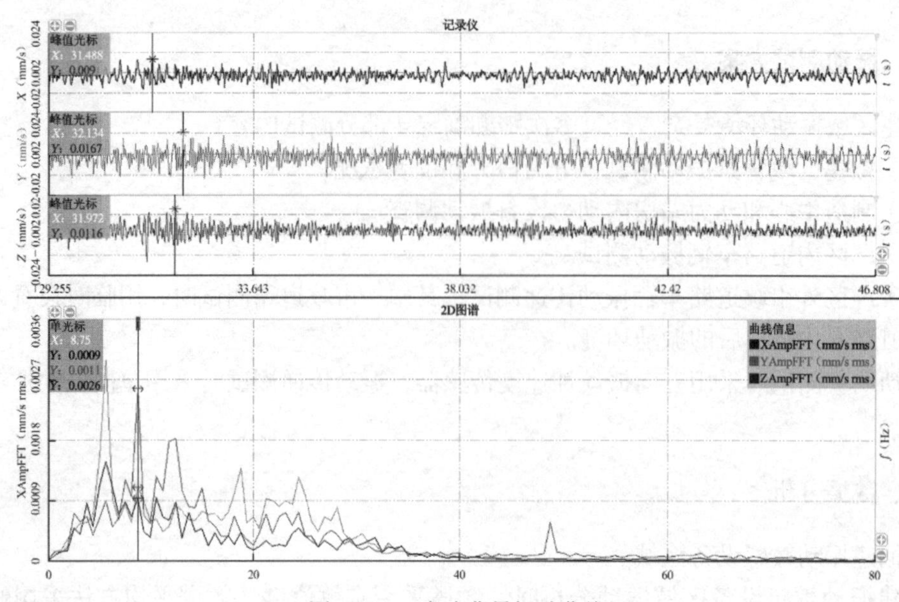

图 7-13-4　夜晚背景振动曲线

夜晚背景振动统计表　　**表 7-13-3**

	时域峰值（μm/s）	频域峰值（rms）（μm/s）	峰频（Hz）
*X*向	9.9	0.9	8.75
*Y*向	12.7	1.1	8.75
*Z*向	16.0	2.6	8.75

2. 动力站房和制造中心振动调查

动力站房内的设备因生产要求，不能关闭，本例仅测试设备开启状态的振动情况（图 7-13-5 和表 7-13-4）。

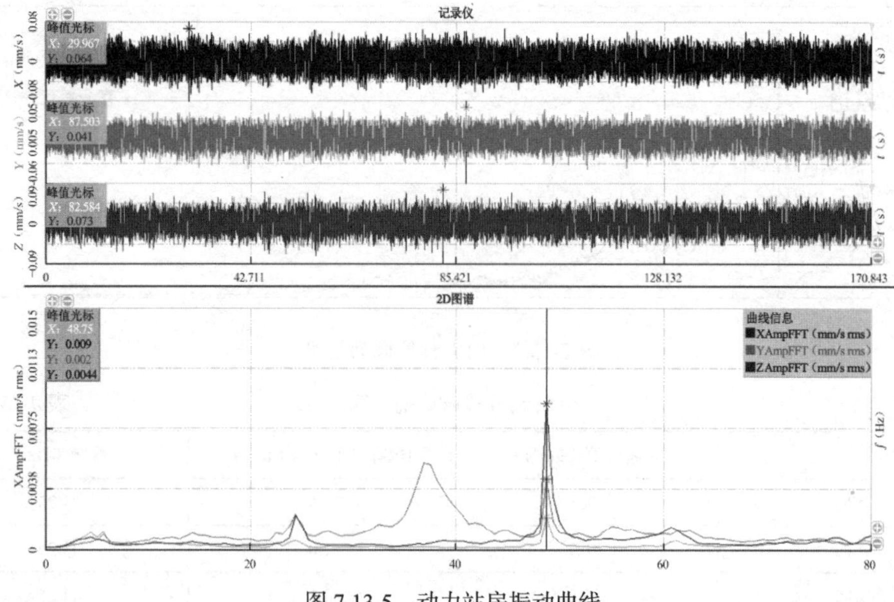

图 7-13-5　动力站房振动曲线

动力站房振动统计表　　　　表 7-13-4

	时域峰值（μm/s）	频域峰值（rms）（μm/s）	峰频（Hz）
X	64.0	9.0	48.75
Y	41.0	2.2	48.75
Z	73.0	4.4	48.75

制造中心内的设备以高速小型切削设备为主，无明显的冲击振动源（图 7-13-6 和表 7-13-5）。

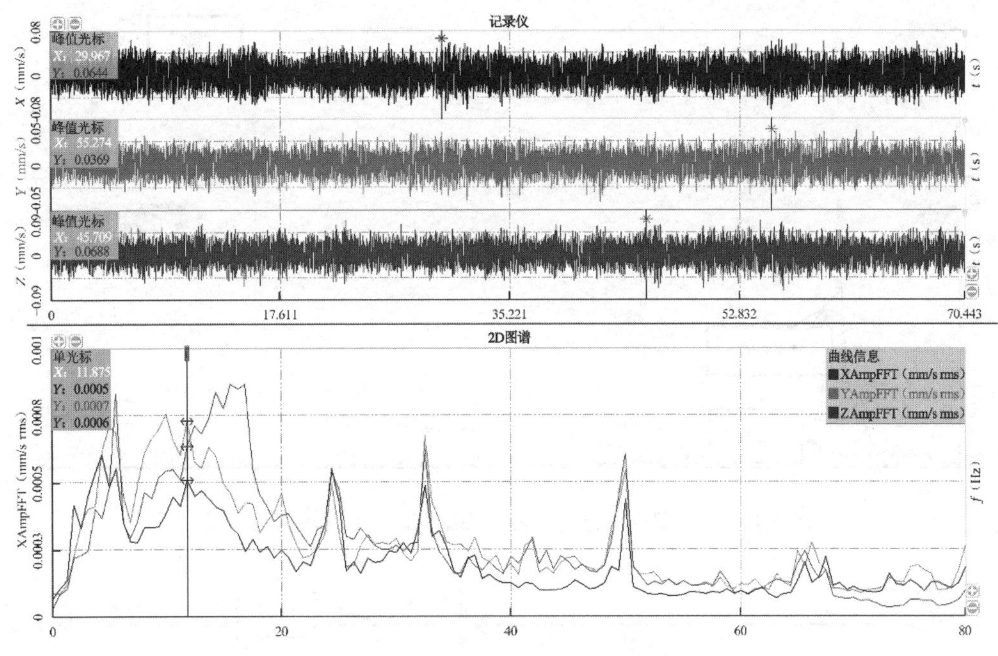

图 7-13-6　制造中心振动曲线

制造中心振动统计表　　　　表 7-13-5

	时域峰值（μm/s）	频域峰值（rms）（μm/s）	峰频（Hz）
X	64.4	0.5	11.875
Y	36.9	0.7	11.875
Z	68.8	0.6	11.875

3. 厂区道路振动测试

厂区道路上产生较大振动的车辆经过与背景振动对比，如图 7-13-7 所示。该车辆经过时，产生的振动频域均方根值达到 10.1μm/s，接近 VC-C 限值。

4. 市政道路振动测试

重型车辆正常从市政道路经过（通过减速带）时的*X*、*Y*、*Z*向时域及频域曲线见

图 7-13-8 和图 7-13-9。

重型车辆正常从市政道路经过(不经过减速带)时的Z向频域曲线:黑色曲线为 40km/h，红色曲线为 20km/h（图 7-13-10）。

传递测试时,测点②距离测点①12m,测点③距离测点②11m,测点④距离测点③10m（图 7-13-11），采用加速度传感器，其振动传递分析的统计结果如图 7-13-12 和表 7-13-6 所示。

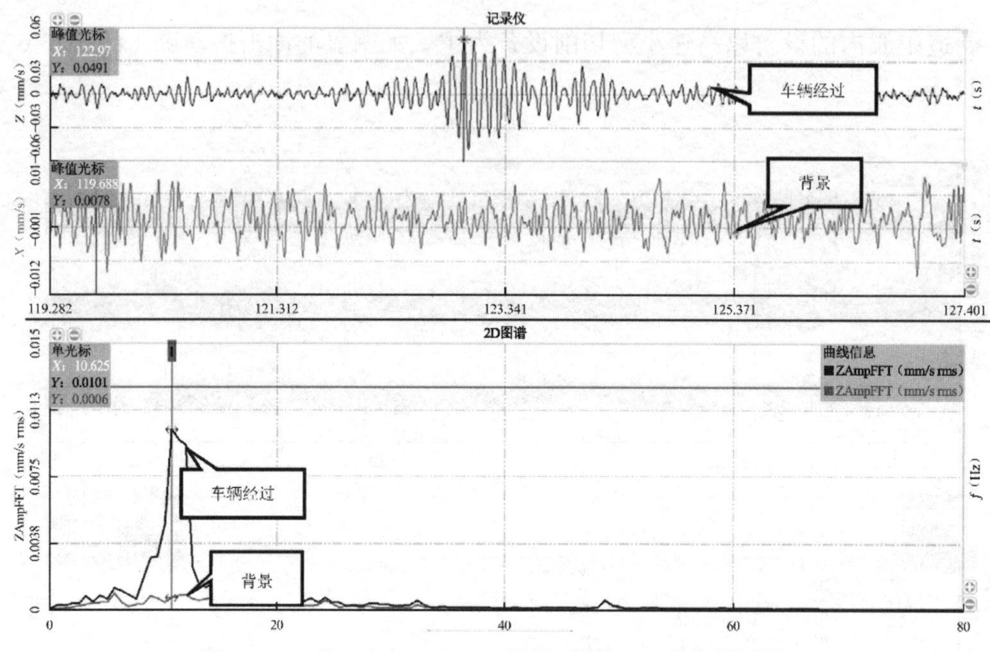

图 7-13-7　某型汽车通过厂区道路振动情况 + 背景振动情况

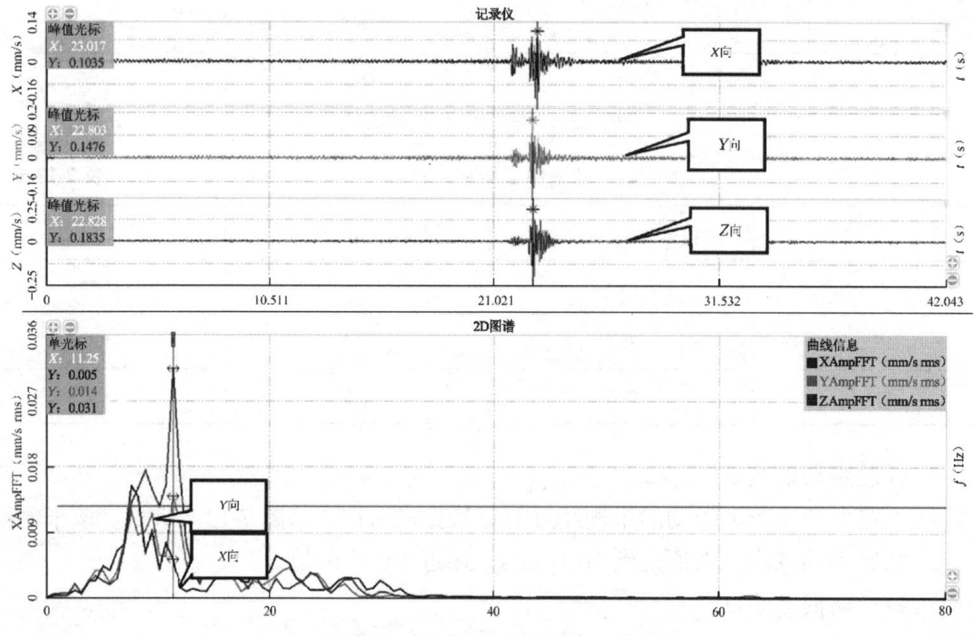

图 7-13-8　重型车辆 20km/h 通过减速带

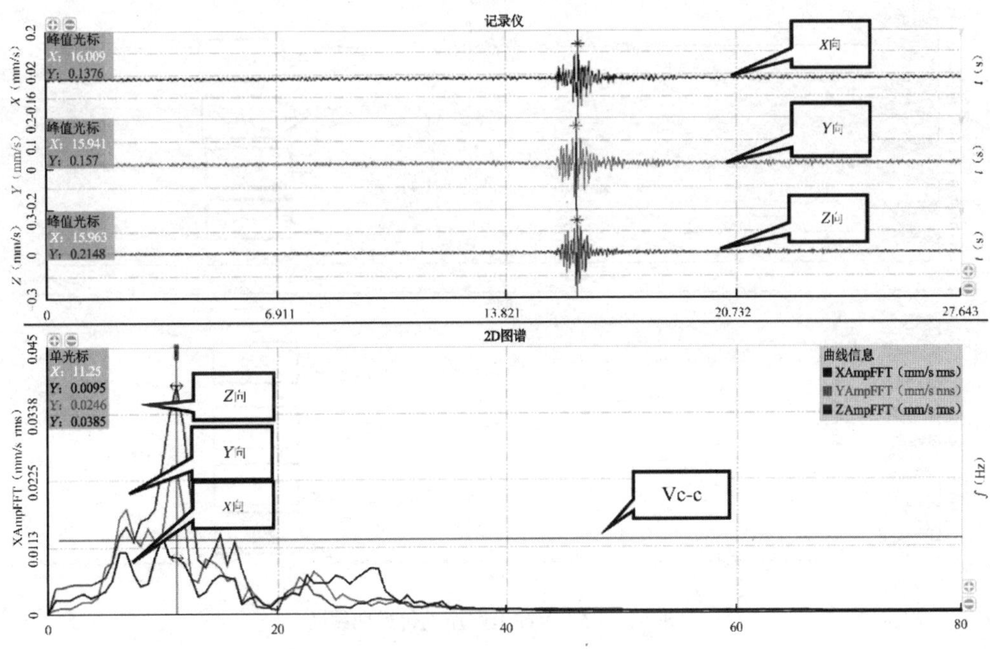

图 7-13-9　重型车辆 40km/h 通过减速带

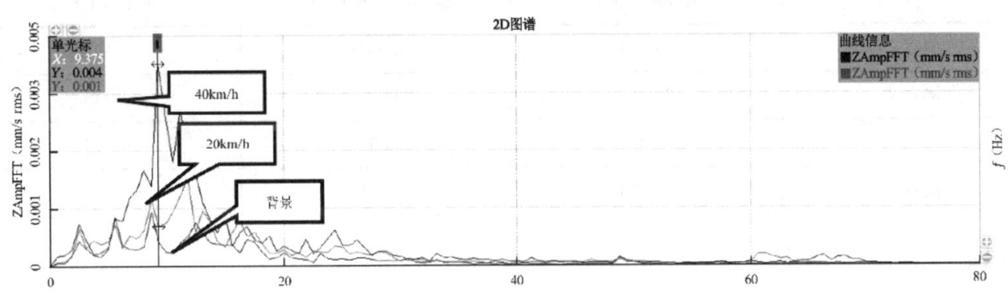

图 7-13-10　重型车辆不同车速对比

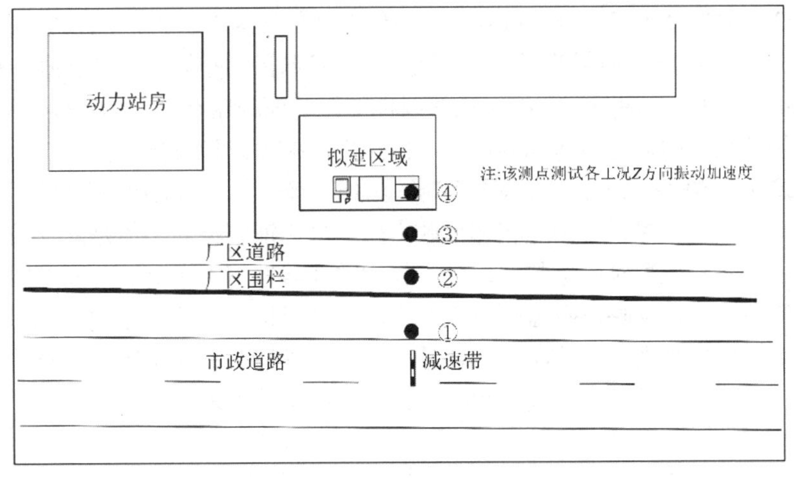

图 7-13-11　市政道路振动测点布置图

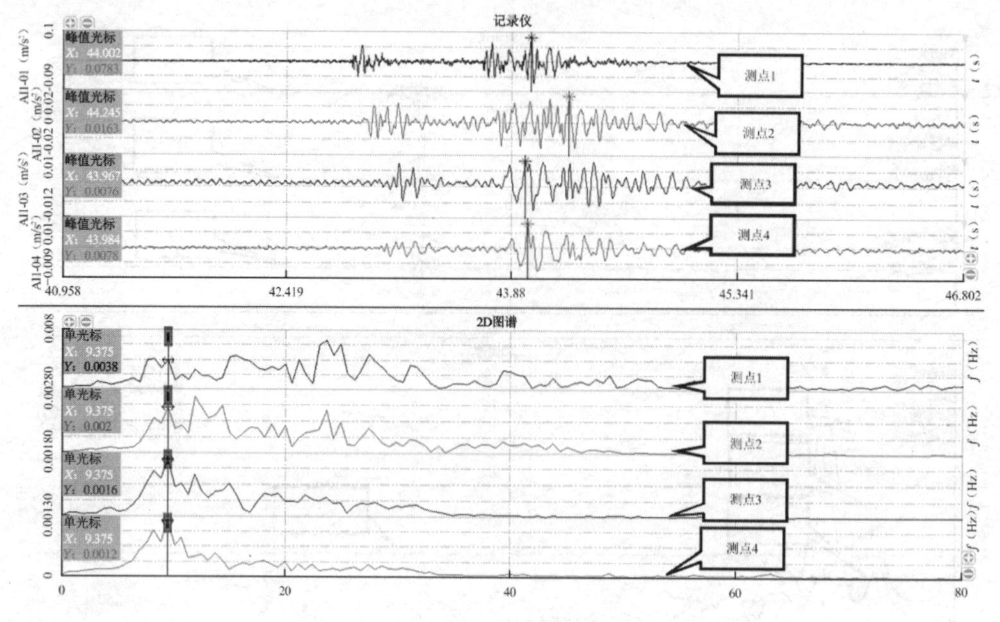

图 7-13-12　市政道路振动传递曲线

市政道路振动传递统计表　　**表 7-13-6**

	时域峰值（m/s^2）	频域峰值（rms）（m/s^2）	频率（Hz）
测点 1	0.0783	0.0038	9.375
测点 2	0.0163	0.0020	9.375
测点 3	0.0076	0.0016	9.375
测点 4	0.0078	0.0012	9.375

四、振动测试结论

经统计分析可得：没有车辆经过时，场地三个方向的振动速度的均方根值（频域）小于 3.2μm/s；有车辆经过时，场地三个方向的振动速度的均方根值（频域）为 4.0～10.9μm/s；对照 VDI 20038 的振动等级标准，可判定场地的振动等级为 VC-C 级。此外，极端工况下，重型车辆通过市政道路路面毁损处时，场地三个方向振动速度的均方根值（频域）达到 31.0～38.5μm/s，对照 VDI 20038 的振动等级标准，场地的振动等级为 VC-A 级。

与拟建场地相邻的动力站房和制造中心内产生的振动以稳态振动为主，无明显的冲击振动，频率成分以 50Hz 以上为主，对拟建场地的影响较小。拟建场地相邻的厂区道路和市政道路不确定的振源较多，特别是相邻市政道路，虽为铺装路面，但是路况较差，不同类型车辆经过道路不同位置时产生的振动具有较大的变异性。本次测试时间有限，全时段的振动监测才能更准确地反映市政道路车流产生的振动对拟建场地的影响。相邻厂区道路小货车经过时振动明显增大，且该路段存在井盖和路口等情况，大型车辆通过井盖或者路口制动等工况将对拟建区域产生更大的影响，建议采取相关管理措施。

[实例 7-14] 高科技厂房不同建造阶段微振实测分析

一、工程概况

某精密电子仪器生产厂房位于合肥市新站区，两层钢筋混凝土框架结构，厂房位置如图 7-14-1 所示。场地东侧为已建成厂区，在不同建造阶段测试时已投入运营，距测试厂区约 32m。厂区东侧紧邻荆山路，距荆山路中心约 17m，南侧紧邻西淝河路，距西淝河路中心约 15m，这两条道路均为合肥综合保税区内的主干道，常有大型货运车辆通过，车辆荷载产生的振动对厂区影响显著。厂区西侧及北侧临近区域为待建空地，西侧 300m 外及北侧 400m 外为城市主干道。未来随着该地区其他类型厂房的进一步建设，该拟建厂区的环境振动条件将更复杂。

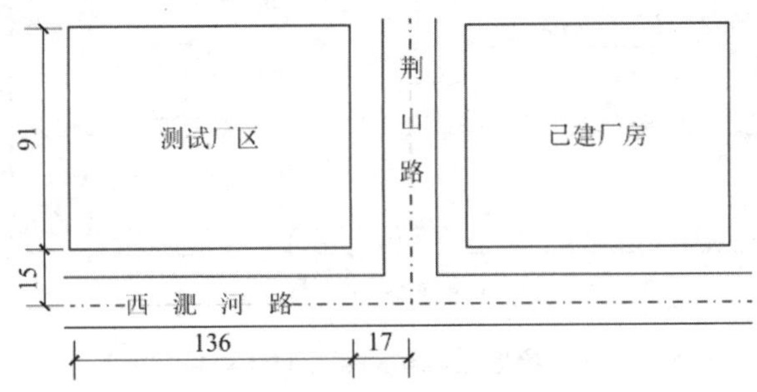

图 7-14-1　测试厂区位置（单位：m）

根据地质勘察报告，该场地地势平坦，略有起伏，无不良地质作用。场地土主要为松散状态素填土、硬塑-坚硬状态黏性土和强风化泥质砂岩。在测试场地建成一栋二层现浇钢筋混凝土框架结构生产厂房，该厂房长度为 136m，宽度为 91m，纵、横向柱间距均为 9m，框架柱截面尺寸主要为 900mm × 900mm，总占地面积 12461.08m^2。基础采用筏形基础，筏板厚度为 1000mm，在筏板下设置了 150mm 厚的 C15 素混凝土垫层。精密仪器设备微振动需满足 ISO 2631 中 VC-C 标准。

二、振动测试方案

为了解不同工程建造阶段周边环境和厂房内部振源对地面和结构振动特性的影响，对比分析周围环境振动变化、厂房结构特性和厂房内不同设备工作状态等对振动特性的影响，开展了以下 3 阶段振动测试：

在厂房建设之前的素地上（第 1 阶段测试，素地测试）布置了 8 个测点，其中 2 个测点为连续 24h 测试，测点布置情况如图 7-14-2 所示。

在厂房主体结构建造完成后第二层楼板（第 2 阶段测试，结构测试）布置了 20 个测点，测点布置情况如图 7-14-3 所示。在测试过程中，内部各设备停止作业，但风机保持工作状态，厂房附近有工程车辆运行，有部分人员走动干扰。

在厂房防微振机基台安装完成后（第 3 阶段测试，基台测试），在防微振基台上布置了 14 个测点，其中测点 5、7、9、10、11 为模拟工作人员在基台周围走动工况，其余测点考虑静态测试工况，测点布置情况如图 7-14-4 所示。在测试过程中，厂房内配套动力设备开启运行，包括 FFU 空调系统及配电设备。

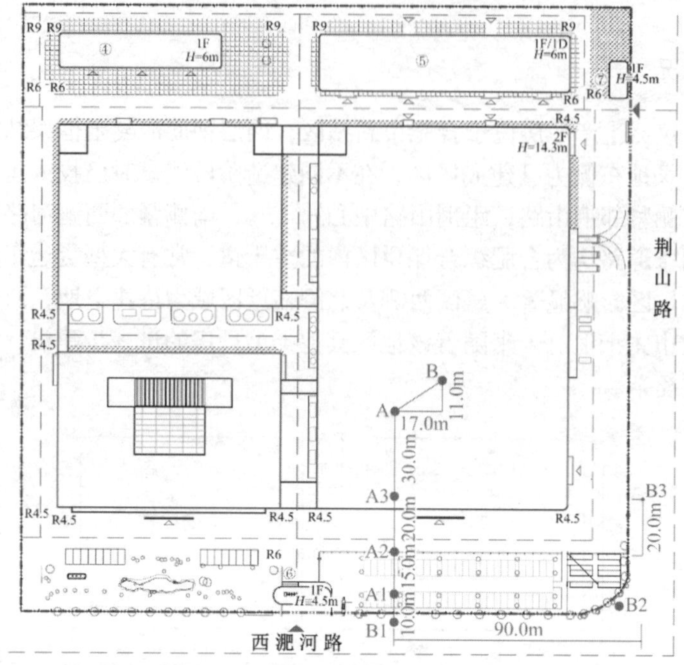

图 7-14-2　场地微振动测点布置（单位：m）

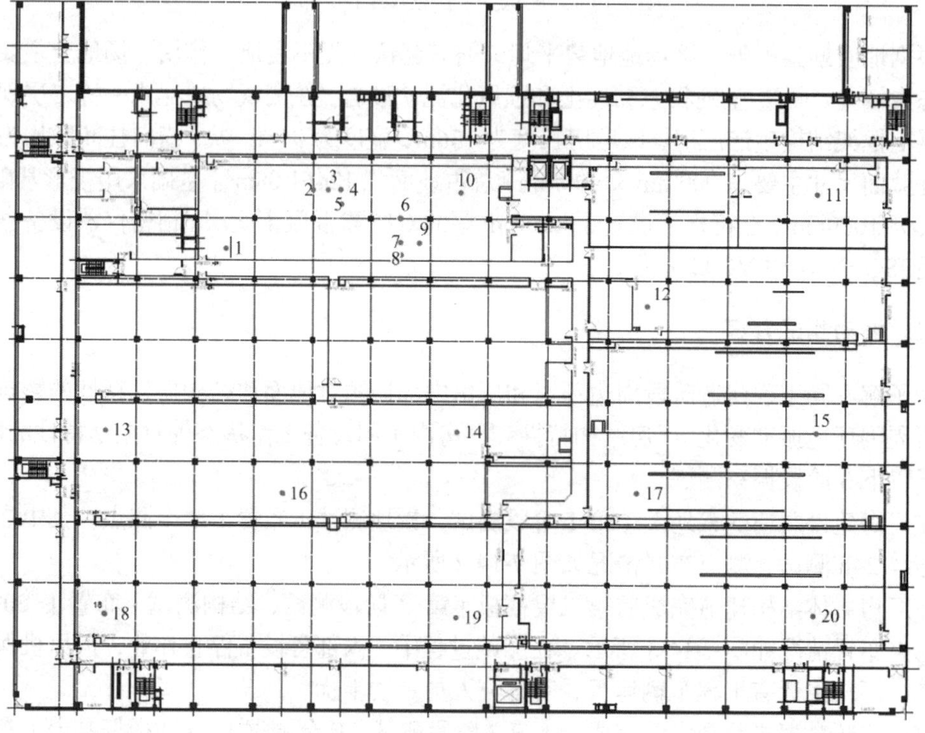

图 7-14-3　厂房结构平面图和地板测点布置

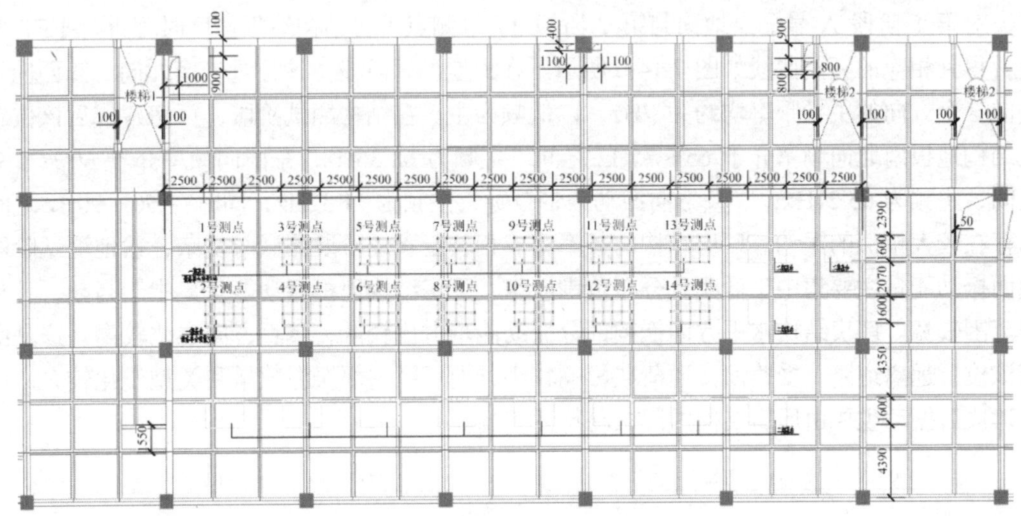

图 7-14-4　厂房防微振机基台测点布置

在以上测点中，第 1 阶段测试中 A3 号测点、A 号测点、B 号测点与第 2 阶段测试中 19 号测点、17 号测点、15 号测点基本位于同一位置处。第 2 阶段测试中 3 号测点、4 号测点、5 号测点与第 3 阶段测试中 7 号测点、9 号测点、10 号测点基本位于同一位置处。

三、振动测试结果分析

1. 素地振动与结构振动对比分析

同一位置处第 1 阶段素地 A 号测点地面与第 2 阶段 17 号测点结构地板速度时程对比情况如图 7-14-5 所示。厂房建成前的素地阶段，南北向、东西向和竖向三个方向的整体差异较小；厂房建成后，结构南北向、东西向振动较竖向振动小，这表明素地地面以整体振动为主，结构地板以竖向振动为主。此外，在素地测试阶段，整个测试时间范围内幅值均较小，场地振动速度时程曲线幅值无明显变化；厂房建成后，在测试时间段内场地振动速度时程曲线幅值均发生变化，且每个速度峰值出现的时间间隔不同。可能原因是结构一楼地板振动主要受结构振动特性控制，同时厂房内的风机等振源也有影响，风机运行和厂房内人员走动等加大厂房内地面振动。

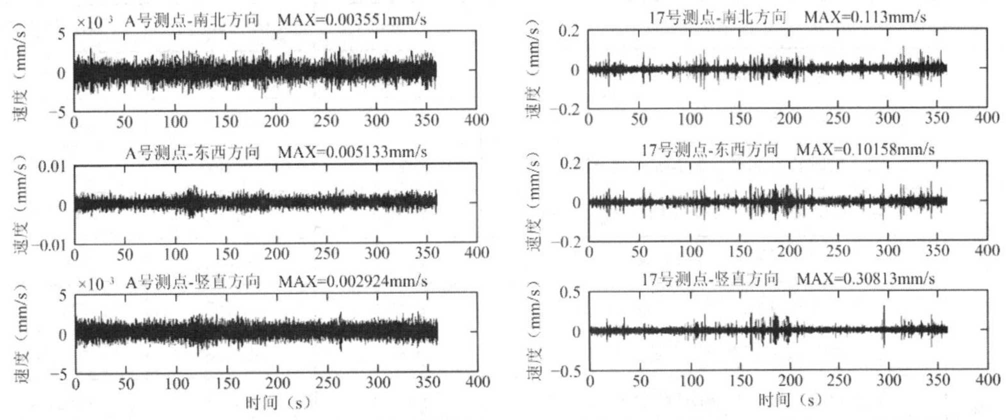

图 7-14-5　第 1 阶段测点 A 号测点地面（左）与第 2 阶段 17 号测点地板（右）速度时程曲线

对第 1 阶段 A 号测点地面与第 2 阶段 17 号测点厂房结构地板速度时程进行 FFT 变换，得到相应的频谱曲线如图 7-14-6 所示。在素地测试阶段，该位置处南北向、东西向、竖向三个方向的主导频率均约为 7Hz，以低频为主。在结构测试阶段，厂房建成后该位置处结构地板南北向频率介于 65～75Hz 之间，主频为 68.36Hz；东西向频率介于 60～70Hz 之间，主频为 65.21Hz；竖直方向振动频带较宽，主频为 11.32Hz，同时在 50～90Hz 之间也存在较大幅值的振动。厂房结构的频率组成相较于素地阶段测试时复杂，素地测试阶段地面振动能量主要集中于低频且分布范围较窄，厂房结构地板振动能量集中于高频，且分布范围较宽。厂房结构水平方向低频部分振动能量占比较低，竖直方向占比较高。这是由于该位置远离道路，受路面交通荷载影响较小，而厂区内部振源数量和类型变化较大，厂房建成后振动主要由厂房结构内部振动特性控制。

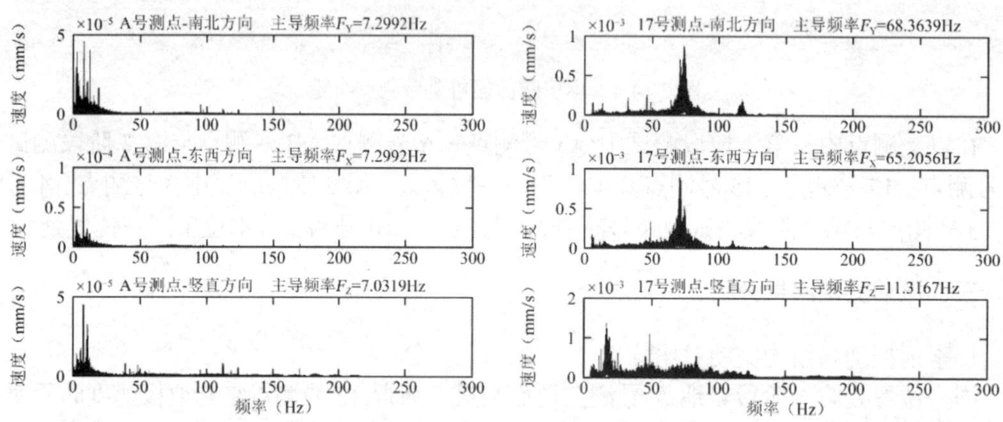

图 7-14-6　第 1 阶段测点 A 号测点地面（左）与第 2 阶段 17 号测点地板（右）速度频谱

汇总同一位置处的第 1 阶段素地测试中 A3 号测点、A 号测点、B 号测点与第 2 阶段厂房结构测试中 19 号测点、17 号测点、15 号测点南北向、东西向和竖向的结果，即厂房结构建成前后 3 个位置处测点速度峰值和振动主频分别如表 7-14-1 和表 7-14-2 所示。

第 1 阶段素地测试与第 2 阶段结构测试速度峰值对比　　表 7-14-1

方向	实测点号	素地（mm/s）	结构（mm/s）	增加幅度
南北方向	第 1 阶段 A3 号测点→第 2 阶段 19 号测点	0.0097	0.1208	1145%
	第 1 阶段 A 号测点→第 2 阶段 17 号测点	0.0036	0.1130	3039%
	第 1 阶段 B 号测点→第 2 阶段 15 号测点	0.0041	0.149	3534%
东西方向	第 1 阶段 A3 号测点→第 2 阶段 19 号测点	0.0050	0.1503	2906%
	第 1 阶段 A 号测点→第 2 阶段 17 号测点	0.0051	0.1016	1892%
	第 1 阶段 B 号测点→第 2 阶段 15 号测点	0.0016	0.1169	7206%
竖直方向	第 1 阶段 A3 号测点→第 2 阶段 19 号测点	0.0033	0.2486	7433%
	第 1 阶段 A 号测点→第 2 阶段 17 号测点	0.0029	0.3081	10524%
	第 1 阶段 B 号测点→第 2 阶段 15 号测点	0.0030	0.4914	16380%

由表 7-14-1 可知，厂房建成后不同位置处速度峰值均大于建成前素地的速度峰值。对比不同测点的增加幅度，第 1 阶段 B 号测点→第 2 阶段 15 号测点的振动速度增长最快，原因有两方面：一方面是受厂房结构振动特性控制；另一方面是该处距离荆山路较近，第 2 测试阶段道路车辆增加较多，同时在测试时该位置附近有人员走动使振动速度增大。对比不同方向速度峰值的增加幅度，竖向速度峰值增加幅度介于南北向的 3～7 倍之间，介于东西向的 2～6 倍之间，竖向速度峰值增加幅度远大于水平向，厂房结构对竖向振动幅值影响最大。

由表 7-14-2 可知，受结构振动特性控制及厂房内风机等振源运行的影响，厂房建成后结构各测点三方向振动主频较建成前素地均有不同程度的增加。在素地测试阶段，A3 号测点的南北向和东西向振动主频最大，竖直方向地面振动主频最小，A 号测点和 B 号测点振动以低频为主；在厂房结构测试阶段，17 号测点和 15 号测点竖直方向振动主频在 10～13Hz 之间，19 号测点三向振动主频均大于 40Hz。同一位置处 A3 号测点和 19 号测点南北方向和东西方向的主频在厂房建成前后变化较其他测点小，这可能是因为该测点距西淝河路较近，在两次测试中均受到邻近西淝河路路面交通较大的影响，且较厂房结构和内部振源的影响大。在距离道路较远的 A 号测点和 17 号测点，地板振动主要受厂房结构和内部振源的影响。

第 1 阶段素地测试与第 2 阶段结构测试速度主频对比（Hz）　　　　**表 7-14-2**

方向	实测点号	素地	结构
南北方向	第 1 阶段 A3 号测点→第 2 阶段 19 号测点	44.67	57.00
	第 1 阶段 A 号测点→第 2 阶段 17 号测点	7.30	68.36
	第 1 阶段 B 号测点→第 2 阶段 15 号测点	2.07	43.30
东西方向	第 1 阶段 A3 号测点→第 2 阶段 19 号测点	33.27	71.94
	第 1 阶段 A 号测点→第 2 阶段 17 号测点	7.30	65.21
	第 1 阶段 B 号测点→第 2 阶段 15 号测点	2.31	43.30
竖直方向	第 1 阶段 A3 号测点→第 2 阶段 19 号测点	1.98	43.31
	第 1 阶段 A 号测点→第 2 阶段 17 号测点	7.03	11.32
	第 1 阶段 B 号测点→第 2 阶段 15 号测点	7.08	12.67

2. 结构振动与基台振动对比分析

汇总位于同一位置处的第 2 阶段结构测试中 3 号测点、4 号测点、5 号测点与第 3 阶段台基测试中 7 号测点、9 号测点、10 号测点南北向、东西向和竖向，即基台修建前后 3 个位置处测点速度峰值和振动主频如图 7-14-7 所示。由图可知，在基台安装完成后，除结构测试 4 号测点→基台测试 9 号测点南北向和竖向外，其他测点各方向振动加速度均有不同程度的减小。对于结构测试 4 号测点→基台测试 9 号测点出现的这种情况，根据现场对振动基台的观察，这可能是由于基台与周围地板之间未能完全断开，而在基台安装完成后配套动力设备也开启运行。对于其他两处测点，振动减小显著，说明基台能显著减小不同方向振动。

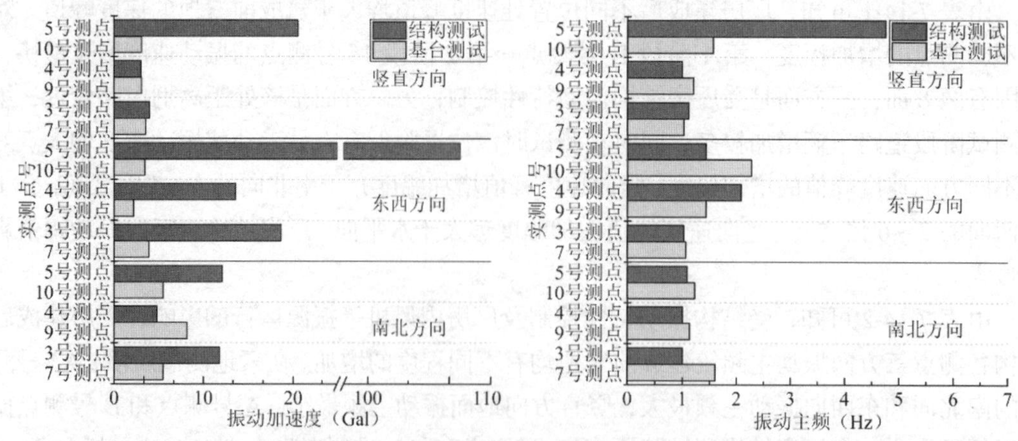

图 7-14-7 结构测试与基台测试振动加速度峰值（左）与振动主频（右）

对比基台安装前后不同测点振动大小，基台安装前的结构测试中，不同位置处测点的振动大小差异较大，离散性较高，各测点东西方向振动最大。在基台安装后，基台对不同位置处测点的减振效果不同，不同位置处测点的振动差异明显减小，且此时南北方向振动最大。说明基台安装后，由于结构特性的改变和内部振源的改变，大部分测点振动减小，控制基台振动大小的方向发生了改变。

对比结构测试阶段和基台测试阶段的振动主频可知，在两个测试阶段振动主频均小于5Hz，均为低频振动，说明在这两个测试阶段外部路面交通等的影响已经很小。此外，除结构测试 5 号测点→基台测试 10 号测点竖直方向外，结构测试阶段与基台测试阶段的振动主频差异较小，说明基台对振动主频的影响较小。

四、振动测试结论

本例对比了高科技厂房素地测试阶段、结构测试阶段和基台测试阶段的振动时频特性，结论如下：

（1）在素地测试阶段，水平向振动和竖向振动水平相当且以低频振动为主。在厂房结构测试阶段，在周围环境振动、厂房结构和内部振源等共同影响下，竖向振动较大且以低频振动为主，水平向振动较小且以高频为主。当测点距离道路较近且车流量较大时，路面交通对结构测试的影响较厂房内部振源大。厂房结构对地板竖向振动影响最大。

（2）基台安装前结构测试结果表明，不同位置处测点的振动大小差异较大，离散性较高。在基台安装后，基台对不同位置处测点的减振效果不同，不同位置振动差异明显减小，大部分位置处基台振动减小。基台安装对振动主频的影响较小。

（3）厂房建成前，场地不同位置振动均满足 VC-C 标准要求。厂房主体结构建成后，受施工等影响，多数测点振动幅值偏高并接近 VC-C 控制标准，需在建设厂房前调研场地周围振源和厂房内部振源，提前根据需求采取增大厂房基础刚度、增加减振支座阻尼等措施。厂房防微振基台安装完成后，防微振基台与基台周围高架地板接触等会使基台微振动增大，在基台安装中须特别注意基台与地板的断开。

第三节　动力特性测试

[实例 7-15] 采用动力特性振动测试技术对高层框架剪力墙结构办公楼加固效果评价

一、工程概况

某办公楼位于四川省泸州市，建于 20 世纪 90 年代，为地下 2 层、地上 16 层（局部设有地下 1 层、地上 4 层的裙楼）全现浇钢筋混凝土框架剪力墙结构，2011 年因修长江大桥，对局部的裙楼进行了拆除（图 7-15-1），2012 年对该建筑剩余部分的结构进行安全性鉴定、抗震鉴定及加固设计。结合课题研究需要，对其加固前后的结构动力特性进行了测试分析，并采用结构计算分析软件对加固前后的动力特性进行理论计算分析，通过实测结果与理论分析结果进行对比分析，对该建筑的加固效果进行了准确判定。

图 7-15-1　裙楼局部拆除后状况

二、振动测试目标

既有建筑物的加固改造仅依赖相应技术标准进行过程各环节质量控制，尚不能满足建筑物加固改造后的整体效果评估的要求，使得建筑物改造加固后的整体效果与性态无法直观确定。建筑物固有动力特性综合反映了建筑物的实际性态，建筑物的加固改造将使原建筑物的动力特性发生变化。为此，在近 7 年时间选择部分砖混结构、底部框架-抗震墙砌体结构、框架-剪力墙结构和混合结构的建筑物，对其加固改造前后的动力特性进行测试分析，并与多种软件的理论计算结果进行验证对比，对其中的影响因素进行综合分析，研究了对建筑物加固改造后的质量效果进行实体直接综合评判的检测评估技术。多项工程实践应用表明，该项技术成果能满足建筑物加固改造效果的评估要求，为丰富完善现有的加固工程验收的方法提供一种直接评价的手段。

三、房屋结构存在的问题

结构验算方面存在的问题：Y轴刚度平面布置不均匀，房屋第 1 振型为扭转，周期比不满足要求；房屋位移比不满足要求；部分钢筋混凝土柱纵筋、箍筋配筋面积不满足要求；部分钢筋混凝土梁受弯承载力不满足要求。

结构抗震构造与安全性方面存在的问题：圆柱箍筋的配筋与构造不满足要求；8～9 轴间裙楼保留部分框架梁主筋在柱内锚固长度不满足要求；裙楼保留部分的部分现浇板主筋的锚固长度不满足要求；部分现浇板出现裂缝。

四、加固情况

对部分柱加大截面并在部分楼层增设钢支撑以调整房屋位移比以及刚度；对纵筋配筋面积不满足要求的柱采用外粘型钢进行加固处理；对箍筋配筋面积不满足要求的柱采用外粘碳纤维箍进行加固处理；对支座受弯承载力不满足要求的梁采用支座新增纵筋进行加固处理；对跨中受弯承载力不满足要求的梁采用梁底粘贴碳纤维布进行加固处理；对出现裂缝的现浇板，先对裂缝进行修补后再在裂缝表面粘贴碳纤维布进行封闭处理；局部拆除后部分位置增设钢筋混凝土梁，保留部分房屋与已拆除部分交接处的梁、板，增设锚固钢筋与原钢筋焊接连接后增加锚固长度进行加固处理；对出现裂缝的填充墙采用局部双面钢板网水泥砂浆面层进行修复处理。

该建筑原结构第 1 振型为扭转，且平面刚度沿Y轴布置不均匀，仅需在Y向布置一定数量的屈曲约束支撑后，结构的模态、位移比验算均满足要求。综合考虑后期使用性、安全性及经济性，最终确定在 8、9 轴共布置 74 组屈曲约束支撑。屈曲约束支撑布置平面示意图见图 7-15-2，屈曲约束支撑立面布置见图 7-15-3，加固完成后的建筑立面见图 7-15-4。

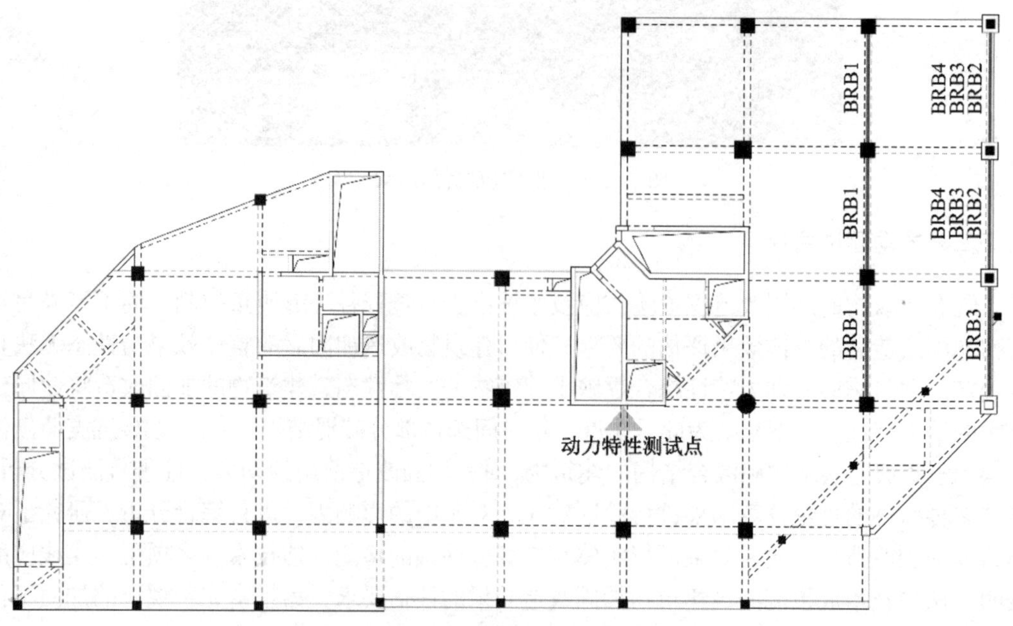

图 7-15-2　屈曲约束支撑布置平面示意图

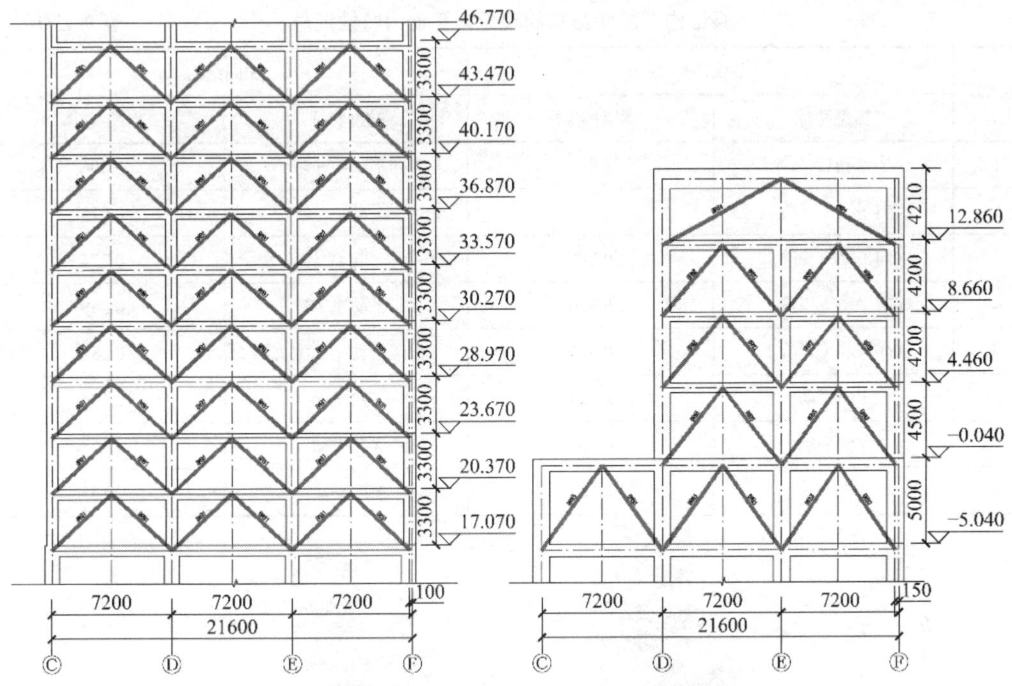

图 7-15-3　屈曲约束支撑 8、9 轴立面布置图

图 7-15-4　加固完成后的建筑立面图

五、结构动力特性理论计算

本工程采用 ETABS 软件和 PKPM 软件分别对结构进行模态分析，得出原结构和增加屈曲约束支撑后结构（以下简称加固结构）的动力特性，前 8 阶振型见表 7-15-1。原结构的振型示意见图 7-15-5～图 7-15-7，加固结构的振型示意见图 7-15-8～图 7-15-10。

原结构与加固结构的理论计算动力特性汇总　　表 7-15-1

振型	原结构		加固结构	
	振型特征	周期（s）	振型特征	周期（s）
1	扭转	1.344	X向平动（一阶）	1.306
2	X向平动（一阶）	1.278	Y向平动（一阶）	0.878
3	Y向平动（一阶）	0.800	扭转	0.774
4	Y向平动（二阶）	0.370	X向平动（二阶）	0.348
5	X向平动（二阶）	0.345	Y向平动（二阶）	0.284
6	Y向平动	0.194	Y向平动	0.190
7	Y向平动	0.180	X向平动	0.168
8	X向平动	0.167	Y向平动	0.153

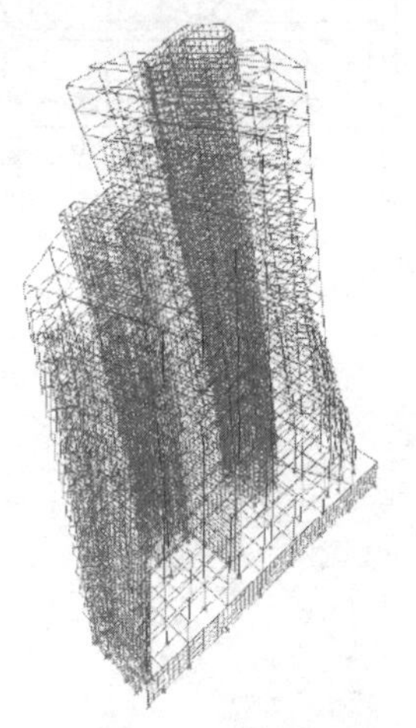

图 7-15-5　原结构第 1 振型（扭转）

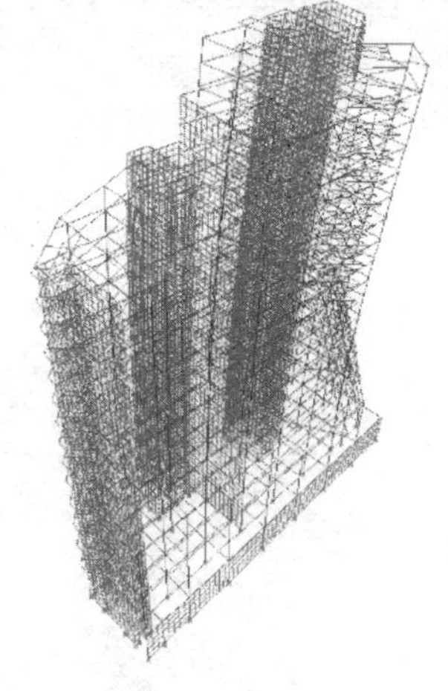

图 7-15-6　原结构第 2 振型（X向）

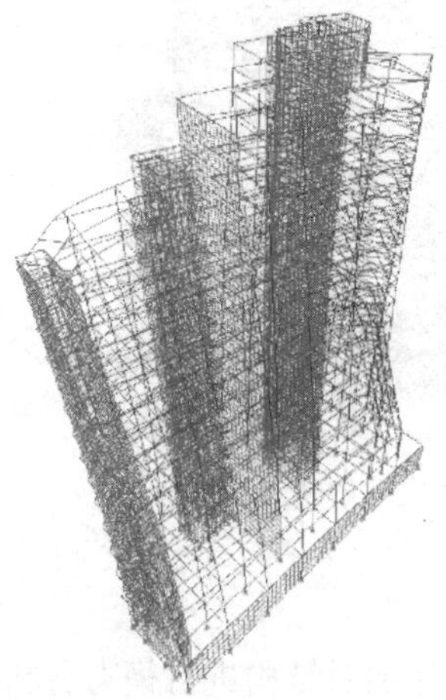

图 7-15-7　原结构第 3 振型（Y向）

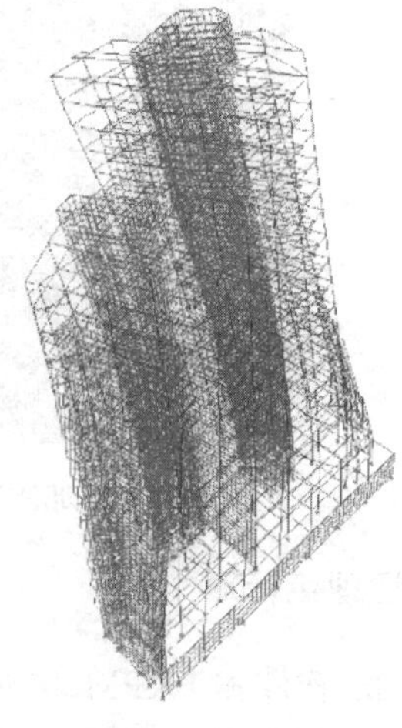

图 7-15-8　加固结构第 1 振型（X向）

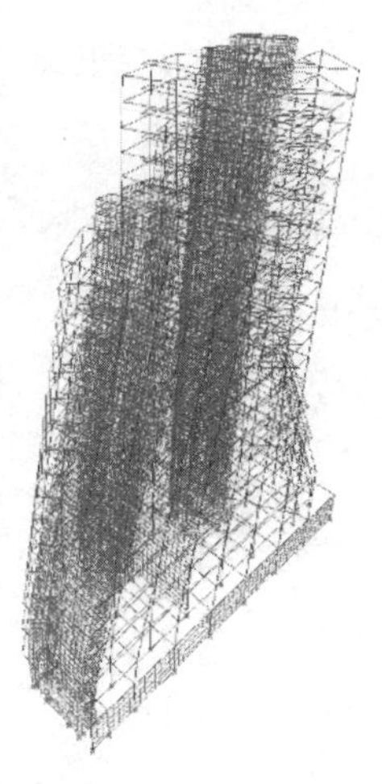

图 7-15-9　加固结构第 2 振型（Y向）

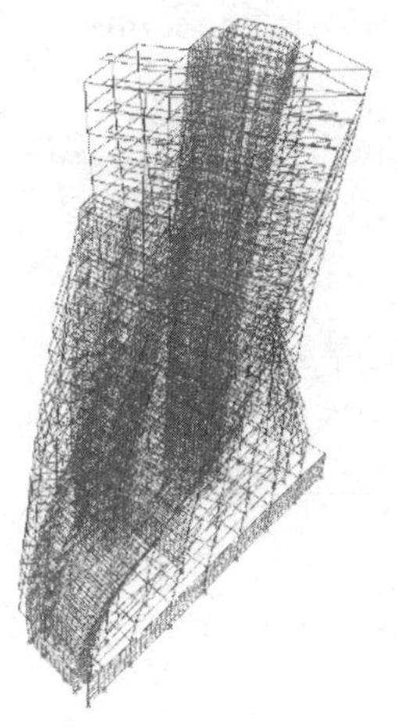

图 7-15-10　加固结构第 3 振型（扭转）

整体特性分析表明：

（1）原结构第 1 振型为扭转，第 2、3 振型为平动。原结构的扭转为主的第一自振周期T_t与平动为主的第一自振周期T_1之比为 1.05，超过 A 类高度高层建筑限值 0.9。

（2）加固结构第 1、2 振型分别为X向、Y向平动，第 3 振型为扭转。加固结构的扭转为主的第一自振周期T_t与平动为主的第一自振周期T_1之比为 0.54，满足 A 类高度高层建筑限值 0.9。

（3）加固结构与原结构相比，一阶扭转周期明显变小（减小 42.4%）；X向、Y向一阶平动周期变化情况：X向变大 2.2%，Y向变大 9.8%；X向、Y向二阶平动周期变化情况：X向变大 0.9%，Y向减小 23.2%。可能原因：按设计要求在平面内偏心（仅Y向）增加屈曲约束支撑后，减小结构的扭转效应，增大了结构的扭转刚度，扭转周期减小显著。对X向而言，刚度未增加、质量增加，故X向周期略有变大。对Y向而言，刚度和质量均增加，一阶振型时质量增加占主导，致使一阶周期加大；二阶振型时刚度增加占主导，致使二阶周期减小。

六、结构动力特性测试

本工程因受现场条件限制，未能测试扭转，仅测试平动。测试共沿房屋平面相对中心位置竖向布设 6 个测点，分别布设在该房屋的二层、四层、七层、十层、十三层、十六层的电梯井道附近（图 7-15-2）。每个测点分别布置水平向拾振器，测试该房屋在X向和Y向的动力特性，采集的振动数据为在脉动激励下的速度响应时程，原结构与加固结构的测点布置位置完全相同。原结构及加固结构的自振周期测试结果见表 7-15-2，原结构及加固结构各阶自振频率对应的振型分析结果见图 7-15-11。

原结构及加固结构自振周期测试结果汇总（s）　　表 7-15-2

测试方向	第 1 阶自振周期			第 2 阶自振周期		
	原结构T_{c11}	加固结构T_{c21}	T_{c21}/T_{c11}比值	原结构T_{c12}	加固结构T_{c22}	T_{c22}/T_{c12}比值
X向	0.667	0.800	1.199	0.222	0.235	1.059
Y向	0.667	0.667	1.000	0.235	0.210	0.894

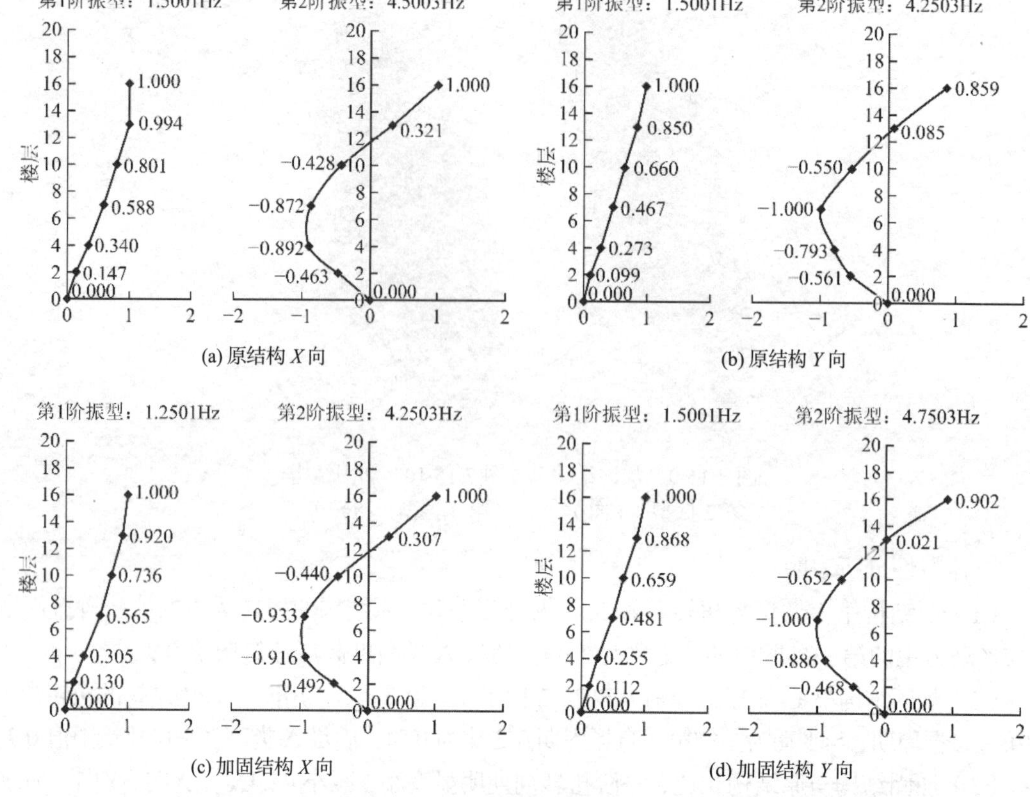

图 7-15-11　各方向的自振频率和振型

原结构及加固结构的动力特性测试结果分析表明：

（1）X向的一阶周期加固结构较原结构变大 19.9%，Y向的原结构及加固结构的一阶周期相同；X向的二阶周期加固结构较原结构变大 5.9%，Y向的二阶周期加固结构较原结构减小 10.6%。可能原因：按设计要求在平面内偏心（仅Y向）增加屈曲约束支撑，对X向而言，刚度未增加、质量增加，故X向一阶、二阶周期均有变大。对Y向而言，刚度和质量均增加，一阶振型时质量和刚度增加基本相当，致使一阶周期没有变化；二阶振型时刚度增加占主导，致使二阶周期减小。

（2）从振型图来看，原结构及加固结构X、Y向一阶、二阶振型图拐点未发生明显改变，但加固结构的振型较原结构更平滑。虽然该项目仅在Y轴方向布置屈曲约束支撑，但加固结构的振型未产生畸变点，加固结构的刚度沿竖向更均匀。

七、结构动力特性影响分析

参考《建筑结构抗震设计理论与实践》给出的两个自由度的层剪切模型的计算简图（图 7-15-12），设在地面运动加速度$\ddot{x}_g(t)$作用下，在时刻t，质点 1 和质点 2 相对于基底的位移分别为$x_1(t)$和$x_2(t)$，而其相对加速度为$\ddot{x}_1(t)$和$\ddot{x}_2(t)$，绝对加速度分别为$\ddot{x}_1(t)+\ddot{x}_g(t)$和$\ddot{x}_2(t)+\ddot{x}_g(t)$，考虑两质点在任一时刻的受力情况，并根据达朗贝尔原理建立平衡，忽略阻尼的影响，可得到无阻尼自由振动的频率计算式 (7-15-1)，计算得到的较小一个ω_1为第一自振圆频率，较大一个ω_2为第二自振圆频率，$f_1=\omega_1/2\pi$为体系的第一自振频率，$T_1=2\pi/\omega_1$

为第一自振周期，$f_2 = \omega_2/2\pi$为体系的第二自振频率，$T_2 = 2\pi/\omega_2$为第二自振周期。

$$\omega^2 = \frac{1}{2}\left(\frac{K_1 + K_2}{m_1} + \frac{K_2}{m_2}\right) \pm \sqrt{\frac{1}{4}\left(\frac{K_1 + K_2}{m_1} + \frac{K_2}{m_2}\right)^2 - \frac{K_1 K_2}{m_1 m_2}} \tag{7-15-1}$$

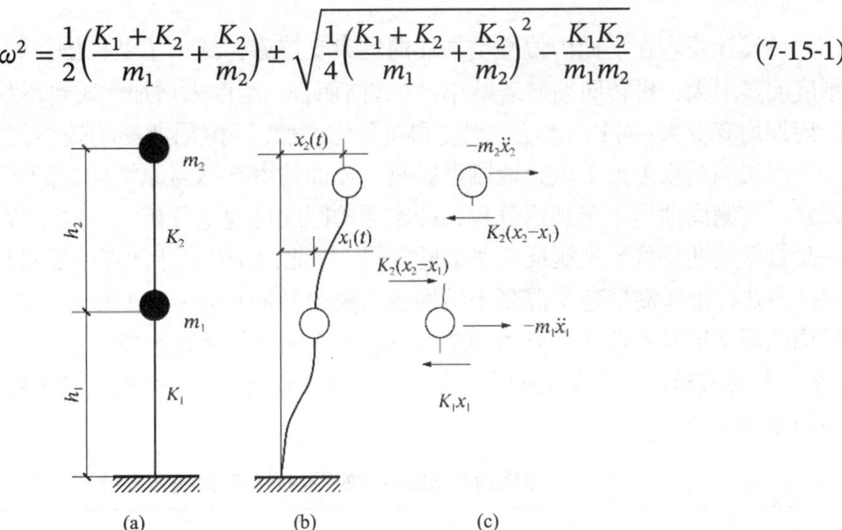

图 7-15-12　两个自由度的层间剪切模型计算简图

当质量不变时，刚度与圆频率的关系如图 7-15-13 和图 7-15-14 所示，由两图可知，刚度K_1、K_2的变化对第一自振圆频率ω_1的影响较小，但对第二自振圆频率ω_2的影响较大。这个结论与本例的理论计算结果和实测结果完全吻合。

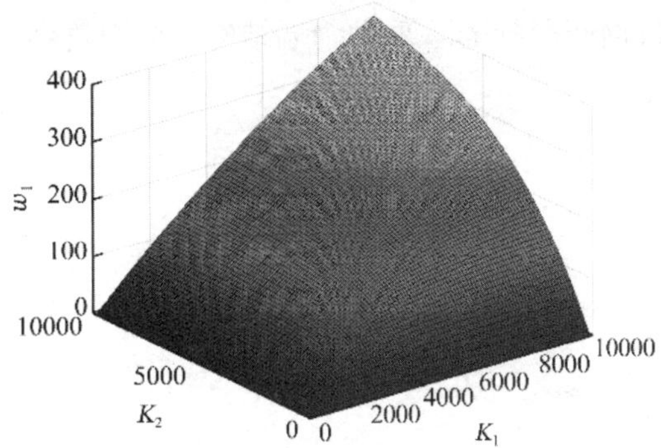

图 7-15-13　第一自振圆频率ω_1与层刚度K_1、K_2的关系

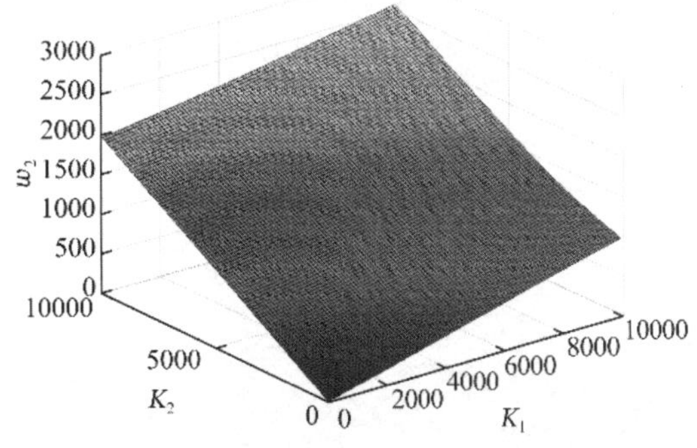

图 7-15-14　第二自振圆频率ω_2与层刚度K_1、K_2的关系

八、振动测试及分析结论

按设计要求在平面内偏心增加屈曲约束支撑后，减小了结构的扭转效应，结构的扭转刚度明显增大，扭转周期显著减小。对X向而言，刚度未增加、质量增加，故X向一阶、二阶周期均有变大；对Y向而言，刚度和质量均增加，一阶周期影响较小，二阶周期减小较多。

因实测结果考虑了填充墙刚度影响、屈曲约束支撑与原结构之间实际连接特性等实际因素，实测周期均小于理论分析，即实际的刚度比理论分析大。本工程理论计算和测试的一阶自振周期均位于地震反应谱的陡降段，因此，结构设计计算中需对计算周期进行折减。

行业标准《高层建筑混凝土结构技术规程》JGJ 3—2010 第 4.3.17 条，对框架-剪力墙结构的周期折减系数的取值为 0.7～0.8；本次测试的折减系数（表 7-15-3）分别为 0.52～0.83，与规范建议的下限取值有差异。对重要、复杂工程，可根据动力特性实测结果进行适当的修正设计。

原结构与加固结构的平动周期对比统计（s） **表 7-15-3**

方向	原结构			加固结构		
	理论值T_{j11}	实测值T_{c11}	T_{c11}/T_{j11}比值	理论值T_{j21}	实测值T_{c21}	T_{c21}/T_{j21}比值
X向一阶	1.278	0.667	0.52	1.306	0.800	0.61
Y向一阶	0.800	0.667	0.83	0.878	0.667	0.76

结合理论计算及实测结果综合分析，该项目结构加固效果达到了设计要求，可采用结构动力特性测试技术评价钢筋混凝土框架-剪力墙结构的加固效果。

[实例 7-16] 河北省某景区人行悬索桥人致振动实测与分析

一、工程概况

河北省某景区人行悬索桥为索承式结构体系，跨度 442m，垂跨比为 1/20，主桥总宽度 4m，采用玻璃桥面，桥面宽 2m（图 7-16-1）。桥梁从西北至东南方向跨越 U 形山谷谷口，桥面与地面最大高差约 132m。结构平、立面布置见图 7-16-2。

图 7-16-1　石家庄某景区人行悬索桥

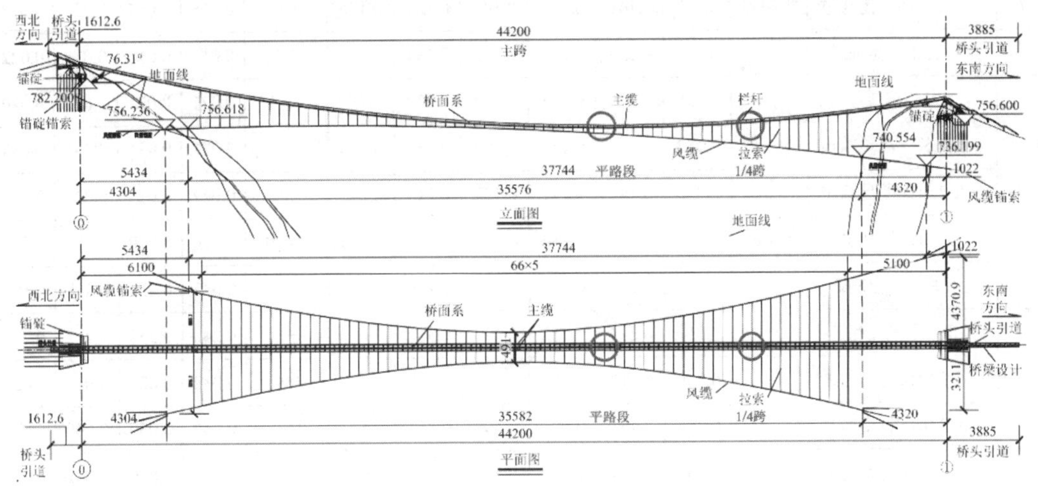

图 7-16-2　桥梁平立面及测试区域示意

桥梁每侧主缆由 6 根密封钢丝绳组成，每根钢丝绳采用ϕ62 高钒索，抗拉强度 1770MPa。主缆两侧设置有抗风缆和抗风拉索，每根抗风缆由三根ϕ50 钢丝绳组成，抗拉强度 1960MPa。桥面梁为沿主缆曲线铺设的纵横梁结构，并设置了交叉斜撑。预制桥面梁每 5m 为一个节段，共 87 个标准预制段。为了适应主缆曲线线形，桥面分为无台阶的平路段和台阶区域。

二、人致振动测试方案

振动测试包括自由振动测试及人致振动测试。自由振动测试时保证周围环境较安静、风速较小（风速均低于 5m/s），进行了三次多人 1/4 跨跳跃激励后的自由衰减振动测试，主要目的是获取测试桥梁的阻尼比。

人致振动实测中，共测试了 35 个工况（表 7-16-1）。其中原地踏步激励持续时间为 1min，原地跳跃激励持续时间为 15s，水平摇晃激励持续时间为 30s。行走通过工况在桥面无台阶的平路段进行，长度为 60m，行走步长 0.7m，测试人员排一列纵队依次紧密跟随行走，约 85 步通过。测试人员按节拍器设置的频率前进，其中行走激励频率分别为 1.5Hz（90 步/min）、2.0Hz（120 步/min）和 2.5Hz（150 步/min），奔跑和跳跃激励频率为 3.0Hz 和 3.5Hz。

人致振动实测工况的峰值加速度及与计算峰值加速度的对比　　　表 7-16-1

序号	测试工况描述	测试位置	竖向峰值加速度（实测）（m/s^2）					竖向峰值加速度（计算）（m/s^2）		水平峰值加速度（实测）（m/s^2）			
			测点 1	测点 2	测点 3	测点 4	最大值	计算值	相对差%	测点 5	测点 6	测点 7	测点 8
1	1 人 1.5Hz 原地踏步	1/4 跨	0.062	0.058	0.056	0.063	0.063	0.080	26.6	0.013	0.015	0.015	0.014
2	1 人 2.0Hz 原地踏步		0.120	0.105	0.088	0.104	0.120	0.071	−41.1	0.020	0.017	0.017	0.018
3	1 人 2.5Hz 原地踏步		0.098	0.148	0.118	0.126	0.148	0.130	−11.9	0.018	0.022	0.021	0.020
4	1 人原地自由跳跃		0.308	0.425	0.348	0.429	0.429	—	—	0.054	0.036	0.036	0.040
5	1 人 1.5Hz 行走通过	平路段	0.105	0.127	0.106	0.114	0.127	0.132	4.1	0.023	0.023	0.025	0.025
6	1 人 2.0Hz 行走通过		0.111	0.140	0.098	0.134	0.140	0.141	0.4	0.026	0.030	0.030	0.030
7	1 人 2.5Hz 行走通过		0.162	0.146	0.139	0.140	0.162	0.176	8.9	0.016	0.017	0.018	0.018
8	1 人自由行走通过		0.131	0.134	0.099	0.113	0.134	—	—	0.014	0.018	0.018	0.022
9	1 人奔跑通过		0.228	0.276	0.303	0.308	0.308	—	—	0.021	0.021	0.022	0.020
10	6 人 1.5Hz 原地踏步	1/4 跨	0.153	0.176	0.158	0.184	0.184	0.284	54.3	0.027	0.031	0.032	0.033
11	6 人 2.0Hz 原地踏步		0.219	0.185	0.177	0.172	0.219	0.341	55.7	0.022	0.029	0.029	0.029
12	6 人 2.5Hz 原地踏步		0.222	0.185	0.156	0.156	0.222	0.515	132.0	0.026	0.029	0.030	0.025
13	6 人原地自由跳跃		1.009	1.247	0.918	1.299	1.299	—	—	0.077	0.112	0.118	0.106
14	6 人水平摇晃		0.310	0.285	0.312	0.300	0.312	—	—	0.240	0.253	0.262	0.253
15	6 人 1.5Hz 行走通过	平路段	0.339	0.410	0.351	0.283	0.410	0.449	9.4	0.032	0.026	0.029	0.027
16	6 人 2.0Hz 行走通过		0.340	0.453	0.402	0.408	0.453	0.527	16.3	0.040	0.059	0.060	0.074
17	6 人 2.5Hz 行走通过		0.441	0.484	0.508	0.531	0.531	0.632	19.0	0.047	0.040	0.042	0.037
18	6 人自由行走通过		0.295	0.233	0.287	0.206	0.295	—	—	0.049	0.047	0.048	0.053
19	6 人 3.0Hz 奔跑通过		1.220	1.150	1.047	1.140	1.220	—	—	0.082	0.110	0.112	0.113
20	6 人自由奔跑通过		0.826	0.907	0.938	0.851	0.938	—	—	0.057	0.057	0.057	0.052
21	6 人水平摇晃		0.268	0.226	0.185	0.199	0.268	—	—	0.162	0.177	0.182	0.199
22	15 人 1.5Hz 原地踏步	1/4 跨	0.218	0.245	0.203	0.251	0.251	0.368	46.6	—	0.042	0.045	0.044
23	15 人 2.0Hz 原地踏步		0.368	0.295	0.348	0.254	0.368	0.416	13.0	—	0.040	0.044	0.045
24	15 人 2.5Hz 原地踏步		0.337	0.296	0.308	0.296	0.337	0.550	63.2	—	0.049	0.053	0.051
25	15 人 3.0Hz 原地跳跃		2.688	3.201	2.821	2.739	3.201	3.656	14.2	—	0.146	0.162	0.204
26	15 人 3.5Hz 原地跳跃		1.822	2.000	1.696	1.583	2.000	2.325	16.3	—	0.141	0.145	0.173

续表

序号	测试工况描述	测试位置	竖向峰值加速度（实测）（m/s²）					竖向峰值加速度（计算）（m/s²）		水平峰值加速度（实测）（m/s²）			
			测点 1	测点 2	测点 3	测点 4	最大值	计算值	相对差%	测点 5	测点 6	测点 7	测点 8
27	15 人原地自由跳跃	1/4 跨	1.934	1.512	1.284	1.362	1.934	—	—	—	0.123	0.126	0.148
28	15 人水平摇晃		0.526	0.515	0.524	0.507	0.526	—	—	—	0.419	0.444	0.442
29	15 人 1.5Hz 行走通过	平路段	0.330	0.294	0.254	0.339	0.339	0.653	92.6	—	0.059	0.065	0.074
30	15 人 2.0Hz 行走通过		0.563	0.371	0.383	0.337	0.563	0.831	47.6	—	0.080	0.078	0.077
31	15 人 2.5Hz 行走通过		0.645	0.863	0.816	0.737	0.863	0.950	10.1	—	0.074	0.079	0.079
32	15 人自由行走通过		0.248	0.209	0.228	0.241	0.248	—	—	—	0.069	0.073	0.075
33	15 人 3.0Hz 奔跑通过		1.890	2.095	2.034	1.473	2.095	—	—	—	0.096	0.117	0.117
34	15 人 3.5Hz 奔跑通过		1.522	1.275	1.084	1.408	1.522	—	—	—	0.084	0.087	0.084
35	15 人水平摇晃		0.815	0.665	0.804	0.613	0.815	—	—	—	0.782	0.804	0.778

注：测试 15 人工况时，测点 5 拾振器数据异常。

通过现场采集桥梁振动的加速度时程信号，可获得人行悬索桥振动的峰值加速度等时域参数；通过对时程信号进行频谱分析，获得结构振动的频谱特性。同时，为了避免干扰，现场使用风速计持续监测桥面处的实时风速。

人行悬索桥振动频率很低，采用 8 通道 DASP 振动信号采集分析系统与 941B 型拾振器进行人行振动测试。采样频率可根据需要设置，每个通道均设有抗混叠低通滤波器，保证了采集数据的准确性。采用无源闭环伺服技术的 941B 型拾振器，可以获得良好的超低频特性，在测试前对各通道拾振器的灵敏度进行标定。

试验中测试区域示意如图 7-16-2 所示。从桥梁东南侧计起，1/4 跨测试区域中点位于第 43 根和第 44 根横梁之间；无台阶的平路段测试区域位于第 57 根和第 81 根横梁之间，其测试区域中点位于第 69 根横梁处。每个测试区域内共布置 4 个竖向拾振器和 4 个水平拾振器。测试区域内拾振器分布位置见图 7-16-3，其中测点 1～4 为竖向拾振器，测点 5～8 为水平拾振器。在进行不同激励位置（1/4 跨与平路段）的测试时，拾振器随测试区域移动。

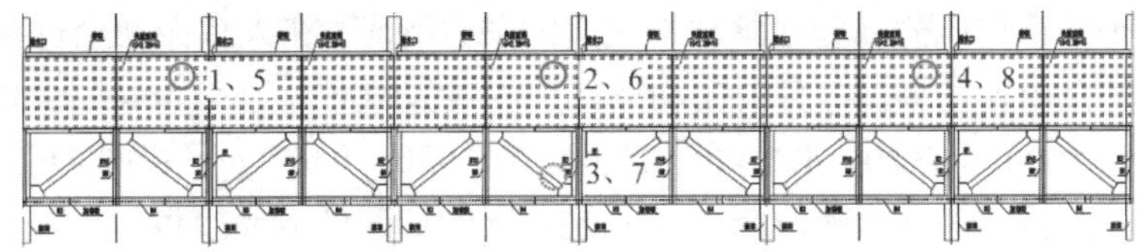

图 7-16-3　测试区域内拾振器布置

三、人致振动测试结果

1. 阻尼比

根据自由振动测试测得的振动信号，分别采用包络线拟合法、半功率带宽法和 INV 阻尼计法计算阻尼比，计算结果如表 7-16-2 所示。其中半功率带宽法对于低频和小阻尼振动计算误差较大，而包络线拟合法与 INV 阻尼计法均可适用，两种方法计算结果约为 0.15%。可见，在正常使用状态下，人行悬索桥的阻尼比非常低。

阻尼比计算结果　　表 7-16-2

测试序号	阻尼比（%）		
	包络线拟合法	半功率带宽法	INV 阻尼计法
1	0.145	0.208	0.150
2	0.138	0.195	0.141
3	0.150	0.190	0.162
平均值	0.144	0.198	0.151

2. 加速度

经过对人致振动测试信号的频谱分析，典型工况实测频谱结果如图 7-16-4 所示，可见，振动响应频率与预设的人致激励频率符合较好。

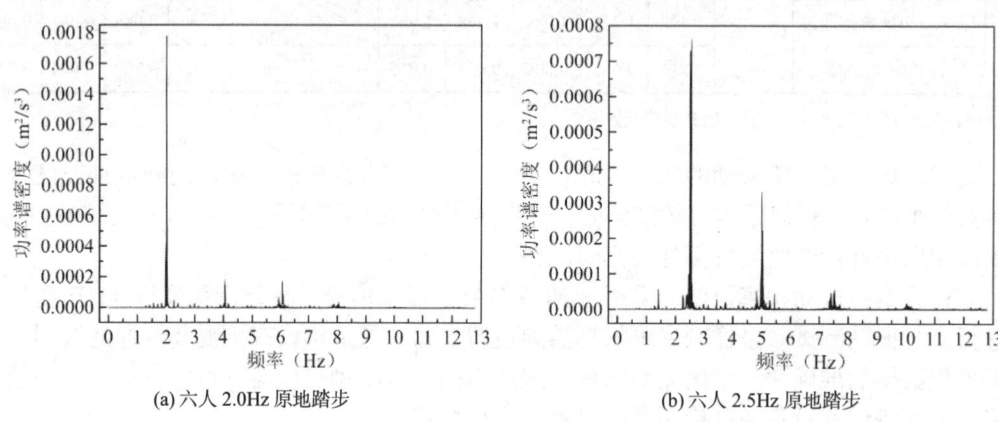

(a) 六人 2.0Hz 原地踏步　　(b) 六人 2.5Hz 原地踏步

图 7-16-4　典型工况实测频谱结果

各工况峰值加速度见表 7-16-1，由表可见，加速度响应与测试人数呈正相关，同种工况下，测试人数越多，加速度响应越大。对于行走工况，在相同测试人数下，加速度响应则随行走频率的增加而增大。此外，原地踏步工况的加速度响应明显低于行走通过工况的加速度响应。

为了获得桥梁在动风荷载和地脉动作用下的动力响应，在人致振动全过程中共进行 11 次不同风速下的自由振动测试，自由振动测试期间最大瞬时风速约 5m/s，此时竖向峰值加速度在 0.106～0.160m/s^2 之间，水平峰值加速度在 0.020～0.039m/s^2 之间。可见该桥在无人行激励的状态下，桥面加速度响应与 1 人激励工况的加速度响应接近。

3. 舒适度

参考《德国人行桥设计指南》EN03，以峰值加速度作为评价指标进行此人行悬索桥振动舒适度评价。所有行走工况中，最大竖向峰值加速度发生在 15 人频率 2.5Hz 行走通过工况，为 0.863m/s^2，小于 1.0m/s^2，属于“中等”舒适度级别；最大水平峰值加速度发生在 15 人频率 2.0Hz 行走通过工况，为 0.080m/s^2，小于 0.1m/s^2，属于“最好”舒适度级别；两工况测试时，桥上人员有感但均可接受。

在 15 人频率 3.0Hz 原地跳跃的工况下，竖向峰值加速度为 3.201m/s^2，大于 2.5m/s^2，属于“不可接受”舒适度级别；在平路段 15 人水平摇晃的工况下，水平峰值加速度为

$0.804m/s^2$，大于 $0.8m/s^2$，属于“不可接受”舒适度级别；此工况测试时，桥上人员有明显感受，部分人员感觉不舒适。跳跃与摇晃工况属于人行悬索桥运营时应避免的极端特殊激励情况，仅作研究使用而不作为舒适度评价的依据。

四、人致振动测试工况模拟分析

1. 激励模型及加载方法

采用 ANSYS 软件进行人致振动模拟分析，主缆、抗风缆和拉索采用 Link10 单元模拟，桥面系采用 Beam44 单元模拟。考虑几何非线性进行找形分析，得到结构在恒荷载及预应力荷载下的初始平衡态，即成桥态。成桥态下的主缆拉力约为 5100kN，风缆拉力约为 1100kN。

选取表 7-16-1 中原地踏步、行走通过和原地跳跃三类共 20 个工况进行模拟分析。

对于原地踏步和行走通过工况，参考《建筑楼盖结构振动舒适度技术标准》JGJ/T 441—2019 中行走激励荷载的表达式，采用下式：

$$F(t) = \sum_{i=1}^{3} \gamma_i P_{\mathrm{P}} \cos(2\pi i f_{\mathrm{s}} t + \varphi_i) \tag{7-16-1}$$

式中：$F(t)$——人行走激励荷载；

P_{P}——单个行人重量，JGJ/T 441—2019 中建议值为 0.7kN，根据现场参与实测人员的体重统计取为 0.65kN；

γ_i——第i阶荷载频率对应的动力因子，宜取$\gamma_1 = 0.5$，$\gamma_2 = 0.2$，$\gamma_3 = 0.1$；

f_{s}——步行频率；

φ_i——第i阶荷载频率对应的相位角，宜取$\varphi_1 = 0$，$\varphi_2 = \varphi_3 = \pi/2$。

原地跳跃工况按跳跃激励简化模型，如下式：

$$F_{\mathrm{jump}}(t) = \begin{cases} \dfrac{2aP_0}{t_1} t & \left(0 \leqslant t \leqslant \dfrac{t_1}{2}\right) \\ aP_0\left[1 - \dfrac{2}{t_1}\left(t - \dfrac{2}{t_1}\right)\right] & \left(\dfrac{t_1}{2} \leqslant t \leqslant t_1\right) \\ 0 & (t_1 \leqslant t \leqslant T) \end{cases} \tag{7-16-2}$$

式中：P_0——激励人员的体重；

a——跳跃动力系数；

T——跳跃周期；

b——落地持时系数，根据实测结果统计，当为慢频跳跃（跳跃激励频率小于 2Hz）时，$a = 3.0$，$b = 0.55$；当为中频（跳跃激励频为 2.4～2.8Hz）及快频（跳跃激励频大于 2.8Hz）跳跃时，可统一取$a = 4.0$，$b = 0.45$。

对于原地踏步和原地跳跃工况，根据测试人员在激励区域内的分布，将行人质量和激励时程函数分别施加到各桥面梁节点上；对于行走通过工况，沿桥面行走路线建立每一步落足加载点，质量单元和激励加载位置逐步向前移动加载。

2. 自振特性模拟

考虑人行悬索桥的恒荷载、预应力作用，进行桥梁的模态分析，得到前 5 阶振型及频率如表 7-16-3 所示。结构的自振频率低是大跨轻柔桥梁的一个特点，在特定的行人激励下，桥面容易产生显著的振动响应。

主要自振频率及振型　　表 7-16-3

阶数	频率（Hz）	周期（s）	振型
1	0.262	3.82	对称横弯
2	0.279	3.58	反对称竖弯
3	0.309	3.24	对称竖弯
4	0.321	3.12	反对称横弯
5	0.440	2.27	对称竖弯

3. 人致振动模拟分析结果

人致振动模拟峰值加速度见表 7-16-1，与实测竖向峰值加速度对比，由表可见：

（1）模拟所得加速度响应与激励人数呈正相关，且原地踏步工况的加速度响应低于行走通过工况的加速度响应，在相同测试人数下，行走激励的加速度响应随行走频率的增加而增大，与实测结果的规律一致。

（2）参考《德国人行桥设计指南》EN03 进行此人行桥振动舒适度评价，所有行走工况中，模拟所得最大竖向峰值加速度所在工况与实测一致。最大竖向峰值加速度发生在 15 人频率 2.5Hz 行走通过工况，为 $0.950m/s^2$，小于 $1.0m/s^2$，属于“中等”舒适度级别，计算值较实测值大 10.1%；在 15 人频率 3.0Hz 原地跳跃的工况下，竖向峰值加速度为 $3.656m/s^2$，较实测值大 14.2%。

（3）除 1 人原地踏步工况外，模拟分析得到的竖向峰值加速度均能够包络实测值。这是因为模拟分析的过程中，激励频率和落足力是严格按照设定加载的，同步性更好，但测试过程中，参与测试的人数越多，同步性越难满足要求，因此，模拟结果比实测结果大。

综上所述，人致振动模拟分析结果基本能够反映并包络实测结果。工程设计中，可以通过设计阶段对峰值加速度计算值进行控制，以保证最终人行悬索桥的舒适度。

[实例 7-17] 山东海阳核电厂二期工程 4 号常规岛动力基础激振法测试

一、工程概况

山东海阳核电厂位于留格庄镇董家庄，地处三面环海的岬角东端，东北有乳山湾，西南有凤城港，东临广阔的黄海。厂址距海阳市留格庄镇 10.2km；距海阳市区直线距离为 22km；距烟台市直线距离 93km；距青岛市直线距离 107km。

山东海阳核电厂规划容量为 6 × 1000MW 核电机组，并留有再扩建的可能性。厂区一次规划，分期建设。一期工程建设 2 台 AP1000 核电机组，二期工程同样为 2 台 AP1000 核电机组（3 号、4 号机组），位于一期工程的东侧。本次激振法测试时，山东海阳核电厂“四通一平”工程已完成，厂区场地已平整至标高 8.400m（黄海高程），厂区护堤主体工程已完成。核电厂已在厂区北侧修建完成主要进厂道路，往北和青威高速公路相接。在场地西北边修建了海核二路，与海阳市的滨海大道连接。

根据《山东海阳核电厂二期工程核岛、常规岛及其 BOP 初步设计阶段岩土工程勘察工作大纲》（2009.11），本次现场激振法测试为取得 4 号常规岛天然地基动力特性参数，并计算测试基础埋深作用对设计埋置基础地基动力特性参数的提高系数。天然地基动力特性参数包括：

（1）地基抗压、抗剪和抗扭刚度系数。

（2）地基竖向和水平回转向第一振型以及扭转向的阻尼比。

（3）地基竖向和水平回转向第一振型以及扭转向的参振质量。

测试参数用于动力基础设计时，还应进行以下换算：

（1）底面积及压力换算。

（2）测试基础埋深作用对设计埋置基础地基的抗压、抗剪和抗扭刚度的提高系数。

（3）明置块体基础阻尼比测试值用于动力基础设计时的转换。

（4）测试基础埋深作用对设计埋置基础地基的竖向、水平回转向第一振型和扭转向阻尼比的提高系数。

测试依据：

（1）《山东海阳核电厂二期工程核岛、常规岛及其 BOP 初步设计阶段岩土工程勘察工作大纲》（2009.11）。

（2）国家标准《地基动力特性测试规范》GB/T 50269—2015。

二、场地工程地质条件

1. 地形地貌

山东海阳核电厂地处胶东半岛的黄海之滨，厂址位于山东海阳市东南约 22km 的沿海半岛上。厂址三面环海，仅西北侧有一狭长的颈状地带与大陆相接。勘察区原始地貌类型主要为平缓的剥蚀夷平台地，现场地已整平，不存在人工边坡，场地平整、开阔，场地整平标高约 8.400m。

2. 地层岩性

岩土工程勘察钻探深度范围内揭露的地层包括第四系地层（Q_4）和中生代早白垩世莱阳群水南组（$K_1\hat{S}$）地层及少量脉岩。

（1）第四系地层

第四系地层有人工回填土层（Q_4^{ml}）和粉质粘土层。

素填土（地层编号Ⅰ）：以回填块石为主，局部含少量黏性土，块石大小不一，黏性土含量不均匀，为场地整平时人工回填而成，多处于中密—密实状态，部分地段为松散—稍密状态，稍湿—湿状态，性质不均匀，主要分布在厂区四周陆域，回填厚度不等。

粉质黏土层因其数量少、零星分布，故将其并入回填层，不单独分层。

（2）白垩系岩层

厂址区域沉积岩为陆相盆地陆源碎屑岩，以细砂岩、粉砂岩和粉砂泥质页岩为主，沉积物粒度总体较细，岩石颜色多为灰黄、灰黑色。沉积构造以水平层理、小型交错层理及浪成波痕较常见，岩石层理多较薄，具有明显的滨湖-浅湖相沉积特点。

厂区内基岩为中生代早白垩世莱阳群水南组（$K_1\hat{S}$）地层，为一套细碎岩屑沉积岩，在勘探深度内揭露的岩性有粉砂质页岩及中薄层状粉砂岩、细砂岩。

各类岩石的特征分述如下：

①细砂岩

灰—灰白或灰黑色，细粒砂状结构，块状构造，粒度 0.05～0.50mm 之间。碎屑成分主要为：长石含量 40%～55%，石英含量 25%，岩屑含量 10%～20%，另含少量方解石、白云母、锆石以及其他不透明矿物。长石有斜长石和钾长石，有不同程度泥化、绢云母化和铁染；石英颗粒较新鲜，呈次圆状；岩屑岩性为玄武岩、流纹岩、硅质岩，有铁染，颗粒呈红褐色；颗粒杂基支撑，接触式—孔隙式胶结，胶结物为泥质、钙质。由于角岩化作用，颗粒边缘常具次生加大现象，杂基亦重结晶为绿帘石、角闪石等。

②粉砂岩

灰、灰绿—灰黑色，粉砂质结构，层状构造。碎屑成分主要为微晶长石 0.02mm 以下，含量大于 50%；石英和长石 0.05～0.1mm，少数长石为 0.2mm × 0.4mm 半自形柱状，其中，出现少量黝帘石、云母等，云母包括白云母和绿泥石化的黑云母，这种碎屑含量约占 40%。此外还有 5%～10%的不透明矿物，一般形态不规则。填隙物为泥质，由于角岩化作用，部分已变化为粒状绿帘石和角闪石等。

③页岩

灰—灰黑或灰褐色，粉砂泥质结构，页理或层状构造。碎屑成分主要为：石英和长石粒径 0.01～0.20mm，含量 25%～30%，碳酸盐（方解石、白云石）含量 5%，碎屑云母含量 2%～3%，不透明铁质含量 2%～3%，另含少量重矿物，杂质为隐晶质泥质物质，含量 60%左右。经热接触变质作用，有较多的粒状绿帘石和少量角闪石等矿物。

测试时 4 号常规岛地基已开挖至设计基底标高，测试地基岩体为微风化粉砂岩。

三、激振法测试工况

本次激振法测试在 4 号常规岛基底进行，试验点位置如图 7-17-1 所示，外业时间为 2014 年 9 月 27 日至 2014 年 10 月 7 日，测试的项目及工作量见表 7-17-1。

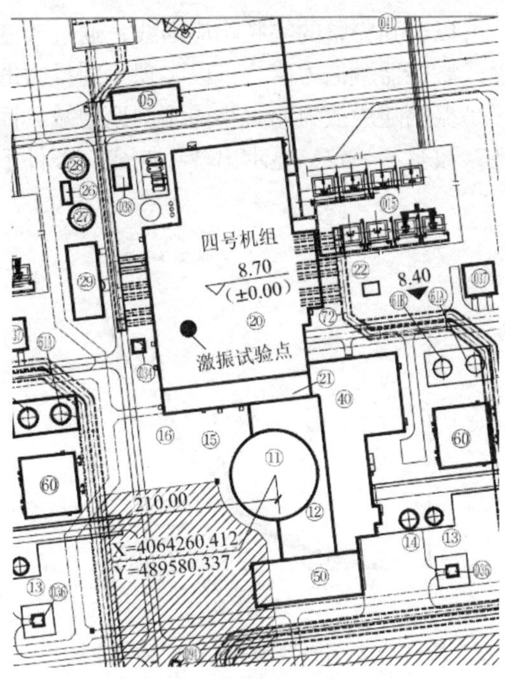

图 7-17-1　测试点平面位置

测试工作量一览表　　　　表 7-17-1

测试内容		测试项目及工程量（参数·次）		
		竖向强迫振动	水平回转向强迫振动	扭转向强迫振动
天然地基	明置	6	6	6
	埋置	6	6	6

四、激振法测试方法

1. 测试方式及仪器设备

激振法测试设备主要包括激振器、测振传感器和测振仪。激振器主要有两种类型：机械式激振器和电磁式激振器。机械式激振器为变扰力振源，输出扰力正比于频率的二次方，这种激振器具有激振力大、结构简单、使用方便、皮实耐用的优点，其扰频上限通常只能达到 60Hz，适用于刚度小的土质地基，但对于岩石地基就远远不够，会出现幅频曲线正处于上升阶段而激振频率达到上限的情况，如图 7-17-2 所示。

电磁式激振器用于常扰力测试，配合信号发生器及宽频带功率放大器，能将电能转换为机械能，对试件提供激振力。最大激振力 1000N 的电磁式激振器扰频范围通常为 5～1000Hz，一台激振器通过激振方向的调整，可以实现竖向、水平回转向测试；同一信号源配合两台激振器，还能实现扭转向测试。

生产实践证实硬质岩石地基与模拟基础的竖向共振频率在 100Hz 以上，竖向抗压刚度系数达到 1500MN/m^3 以上，机械式激振设备用于岩石地基动力参数测试时，无法得到峰值频率及其响应，幅频响应曲线不完整，难以准确计算岩石地基动力特性参数；电磁式激振器扰频可以高达 1000Hz，虽然扰力较机械式激振器偏小，但实践证明，使用该种设备进行岩石地基动力参数测试，可以得到完整的幅频响应曲线；通过改变功率放大器的增益调整输出电流，进而改变电磁式激振器激振力值，可以实现不同扰力的测试，结果显示其幅频响应曲线的形态相同，只是振幅随激振力的大小同比例地增减，而根据幅频曲线上的特征点计算出的地基动力特性参数基本一致，显示出“小应变”条件下地基的弹性特征及其动力参数量值的唯一性。

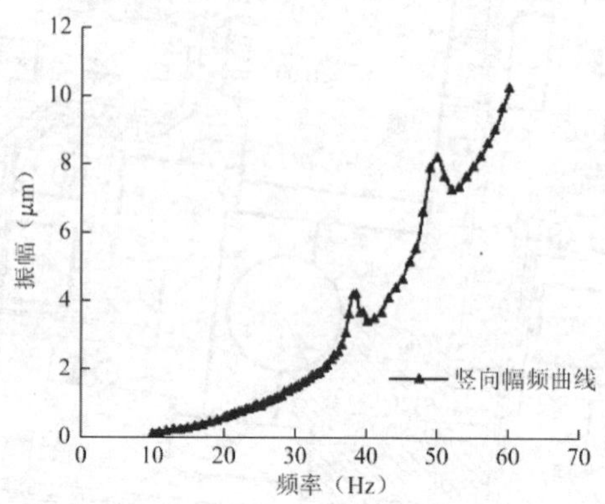

图 7-17-2 岩石地基不完整的幅频曲线

本次激振法测试采用电磁式激振器（最大激振力 1000N）、信号发生器及功率放大器作为激振设备，测振传感器采用内置 IC 高灵敏度加速度传感器，测振仪采用 RS-1616K 型基桩动测仪。

2. 现场试验基础

激振法测试在动力机器基础底面设计标高的地基上进行，当挖至设计标高附近时，清理整平开挖面。由于坚硬的岩石开挖面受节理、裂隙及岩层结构控制，难以人工凿平，无法绝对平整，需要在地基与模型基础间铺设垫层，以找平接触面，使测试时模型基础上的振动荷载能传递至与模型基础底面相对应的地基上。早期的做法是先预制钢筋混凝土模型基础，当测试点开挖到位后整平测试面，铺设 2～5cm 左右厚度的中粗砂垫层找平，再将模型基础吊至垫层上，随后进行振动测试。岩石地基与模型基础的接触关系如图 7-17-3 所示。

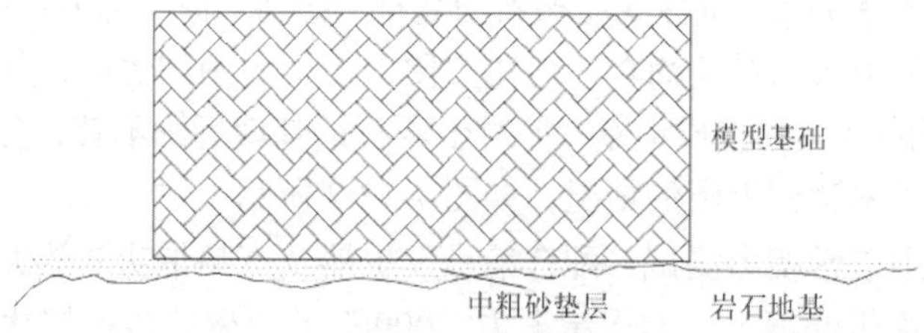

图 7-17-3 地基、砂垫层及模型基础

模型基础动力参数测试得到的主要参数之一是地基刚度，地基刚度是指地基抵抗变形的能力，是反映地基“软”“硬”的参数，其值为施加于地基上的力（力矩）与它引起的线位移（角位移）之比。相比坚硬的岩石地基，散体材料的砂垫层无疑要“软”得多，受到荷载作用时会产生较大的变形，而模型基础动力参数测试是一种“小应变”的测试，总的振动位移也不过几十个微米，砂垫层相当于在模型基础与地基间加装了“缓冲器”，测试时

会吸收相当大比例的振动能量，产生大得多的振动位移，根据幅频响应曲线计算的动力参数会严重失真，偏离岩石地基本来的动力特性。

本次测试放弃了铺设砂垫层的做法，而是参照实际工况，使用素混凝土垫层，具体做法是：土石方开挖至基础底面设计标高附近后，将测试点的岩石地基面凿平，铺设 2～5cm 厚的高强度等级素混凝土垫层并找平顶面，混凝土初凝后铺设一层塑料薄膜（为了防止模型基础与混凝土垫层及岩石地基粘连），在其上支设模板，现场浇筑钢筋混凝土模型基础，在模型基础混凝土强度达到设计强度后，即可开始进行动力参数测试。由于是现浇的混凝土垫层和模型基础，故岩石地基、混凝土垫层及模型基础三者之间紧密接触，且与实际工况一致，故测试所得的地基动力参数是岩石地基动力特性的真实反映。块体基础的尺寸为 2.0m × 1.5m × 1.0m，混凝土强度等级为 C30，其顶面随捣随抹平，块体基础内适当配置钢筋，顶面中心及侧面顶部埋设地脚螺栓，螺栓埋置深度为 500mm。

3. 竖向强迫振动

（1）测试方法

竖向强迫振动采用电磁式常扰力振源激振。如图 7-17-4 所示，电磁式激振器采用通过激振器重心的刚性杆件与基础顶面中心连接。信号发生器可以在较宽的频带内输出设定频率的简谐振动信号，通过功率放大器将该信号定量放大并输入电磁式激振器，激振器通过自身的振动带动基础产生设定频率的振动。在基础顶面沿长度方向轴线的两端各布置一台竖向传感器，利用振动测试仪器记录下振动信号，读取设定频率下基础振动的振幅，绘制基础竖向振幅随频率变化的幅频响应曲线（A_z-f曲线），用以计算相关参数。激振器的出力由连接在激振器与块体基础之间的刚性杆件中的力传感器及示波器来监测，由功率放大器来控制出力幅值的大小。幅频响应测试时，激振设备的扰力频率间隔，在共振区外为 2Hz，在共振区内为 1Hz。

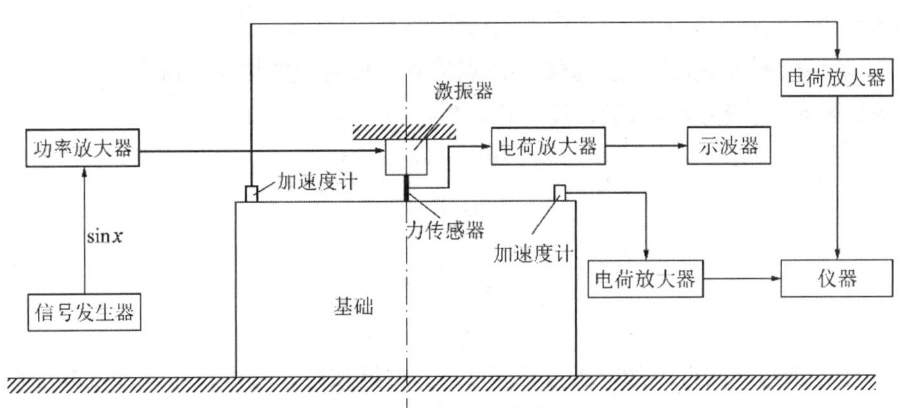

图 7-17-4　竖向强迫振动测试

（2）参数计算

根据现场测试结果，绘制基础竖向振幅随频率变化的幅频响应曲线（A_z-f曲线），计算地基竖向阻尼比、基础竖向振动的参振总质量和地基抗压刚度，具体计算过程如下：

①地基竖向阻尼比ζ_z，在A_z-f幅频响应曲线上，选取共振峰峰点和 0.85f_m以下不少于三点的频率和振幅（图 7-17-5），按下式计算：

$$\zeta_z = \frac{\sum_{i=1}^{n} \zeta_{zi}}{n} \tag{7-17-1}$$

$$\zeta_{zi} = \left[\frac{1}{2}\left(1 - \sqrt{\frac{\beta_i^2 - 1}{\alpha_i^4 - 2\alpha_i^2 + \beta_i^2}}\right)\right]^{\frac{1}{2}} \tag{7-17-2}$$

$$\alpha_i = \frac{f_i}{f_m} \tag{7-17-3}$$

$$\beta_i = \frac{A_m}{A_i} \tag{7-17-4}$$

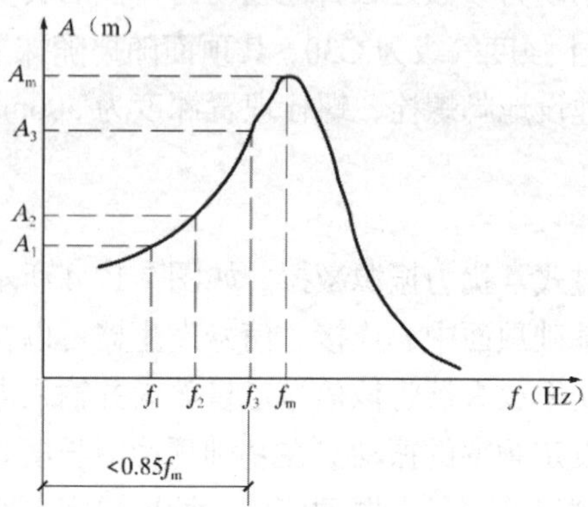

图 7-17-5　常扰力幅频响应曲线（竖向）

式中：ζ_{zi}——由第i点计算的地基竖向阻尼比；

f_m——基础竖向振动的共振频率（Hz）；

A_m——基础竖向振动的共振振幅（m）；

f_i——在幅频响应曲线上选取的第i点的频率（Hz）；

A_i——在幅频响应曲线上选取的第i点的频率所对应的振幅（m）。

②基础竖向振动参振总质量，按下式计算：

$$m_z = \frac{P}{A_m(2\pi f_{nz})^2} \cdot \frac{1}{2\zeta_z\sqrt{1-\zeta_z^2}} \tag{7-17-5}$$

$$f_{nz} = \frac{f_m}{\sqrt{1-2\zeta_z^2}} \tag{7-17-6}$$

式中：m_z——基础竖向振动的参振总质量（t），包括基础、激振设备和地基参加振动的当量质量，当m_z大于基础质量的 2 倍时应取m_z等于基础质量的 2 倍；

f_{nz}——基础竖向无阻尼固有频率（Hz）；

P——电磁式激振设备的扰力（kN）。

③地基抗压刚度及地基抗压刚度系数，按下式计算。

$$K_z = \frac{P}{A_m} \cdot \frac{1}{2\zeta_z\sqrt{1-\zeta_z^2}} \tag{7-17-7}$$

$$C_z = \frac{K_z}{A_0} \tag{7-17-8}$$

式中：K_z——地基抗压刚度（kN/m）；

C_z——地基抗压刚度系数（kN/m³）。

4. 水平回转向强迫振动

（1）测试方法

常扰力水平回转向强迫振动，采用电磁式激振器，测试时，激振设备的扰力为水平向，如图 7-17-6 所示，采用过激振器重心的刚性杆件与块体基础顶面长轴方向端点连接。信号发生器输出设定频率的简谐振动信号，通过功率放大器将该信号定量放大并输入电磁式激振器，激振器通过自身的振动带动块体基础产生设定频率的振动。在块体基础顶面沿长度方向轴线的两端各布置一台竖向传感器，在中间布置一台水平向传感器，利用振动测试仪器记录下振动信号，读取设定频率下基础振动的振幅，绘制块体基础顶面测试点沿基础长轴的水平振幅随频率变化的幅频响应曲线（$A_{x\varphi}$-f曲线），及块体基础顶面测试点由回转振动产生的竖向振幅随频率变化的幅频响应曲线（$A_{z\varphi}$-f曲线），用以计算相关参数。激振器的出力由连接在激振器与块体基础之间的刚性杆件中的力传感器及示波器来监测控制。激振设备的扰力频率间隔，在共振区外为 2Hz，在共振区内为 1Hz。

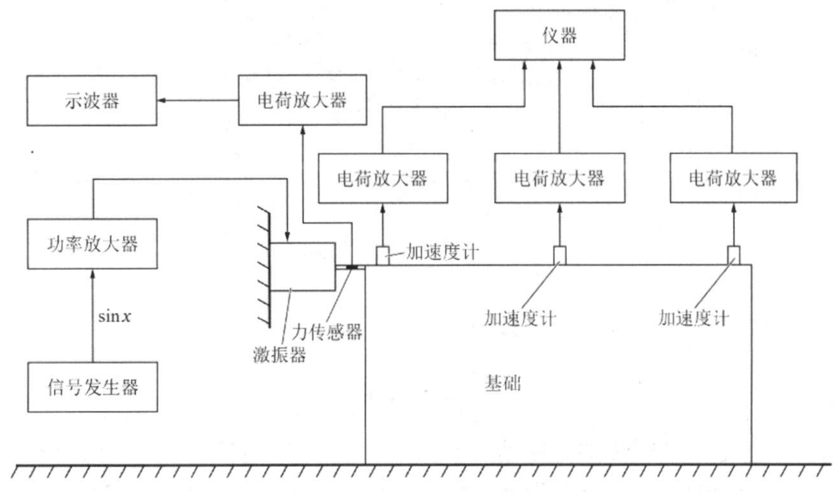

图 7-17-6　水平回转耦合强迫振动测试

（2）参数计算

根据现场测试结果，绘制块体基础振幅随频率变化的幅频响应曲线（$A_{x\varphi}$-f曲线及$A_{z\varphi}$-f曲线），确定地基水平回转向第一振型阻尼比、地基水平回转耦合振动的参振总质量、地基的抗剪刚度和抗剪刚度系数，具体计算过程如下：

①地基水平回转向第一振型阻尼比，在$A_{x\varphi}$-f曲线上选取第一振型的共振频率f_{m1}和频率 0.707f_{m1}所对应的水平振幅（图 7-17-7），按下式计算：

$$\zeta_{x\varphi_1} = \left\{\frac{1}{2}\left[1 - \sqrt{1 + \frac{1}{3 - 4\left(\frac{A_{m1}}{A}\right)^2}}\right]\right\}^{\frac{1}{2}} \tag{7-17-9}$$

式中：$\zeta_{x\varphi_1}$——地基水平回转向第一振型阻尼比；

A_{m1}——基础水平回转耦合振动第一振型共振峰点水平振幅（m）；

A——频率为 $0.707f_{m1}$所对应的水平振幅（m）。

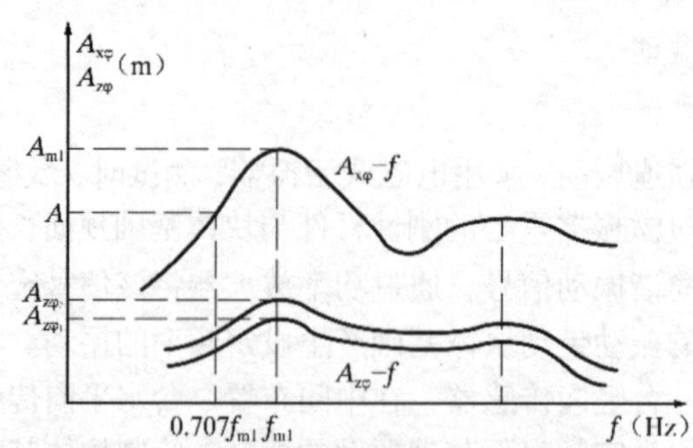

图 7-17-7　常扰力幅频响应曲线（水平回转向）

②基础水平回转耦合振动的参振总质量，按下式计算：

$$m_{x\varphi}=\frac{P(\rho_1+h_3)(\rho_1+h_1)}{A_{m1}(2\pi f_{n1})^2}\cdot\frac{1}{2\zeta_{x\varphi_1}\sqrt{1-\zeta_{x\varphi_1}^2}}\cdot\frac{1}{i^2+\rho_1^2} \tag{7-17-10}$$

$$f_{n1}=\frac{f_{m1}}{\sqrt{1-2\zeta_{x\varphi_1}^2}} \tag{7-17-11}$$

$$\rho_1=\frac{A_x}{\phi_{m1}} \tag{7-17-12}$$

$$\phi_{m1}=\frac{|A_{z\varphi_1}|+|A_{z\varphi_2}|}{l_1} \tag{7-17-13}$$

$$A_x=A_{m1}-h_2\phi_{m1} \tag{7-17-14}$$

$$i=\left[\frac{1}{12}(l^2+h^2)\right]^{\frac{1}{2}} \tag{7-17-15}$$

式中：$m_{x\varphi}$——基础水平回转耦合振动的参振总质量（t），包括基础、激振设备和地基参加振动的当量质量，当$m_{x\varphi}$大于基础质量的 1.4 倍时，应取$m_{x\varphi}$等于基础质量的 1.4 倍；

ρ_1——基础第一振型转动中心至基础重心的距离（m）；

A_x——基础重心处的水平振幅（m）；

ϕ_{m1}——基础第一振型共振峰点的回转角位移（rad）；

l_1——两台竖向传感器的间距（m）；

l——基础的长度（m）；

h——基础的高度（m）；

h_1——基础重心至基础顶面的距离（m）；

h_2——基础重心至基础底面的距离（m）；

h_3——基础重心至激振器水平扰力的距离（m）；

f_{n1}——基础水平回转耦合振动第一振型无阻尼固有频率（Hz）;

$A_{z\varphi_1}$——第 1 台传感器测试的基础水平回转耦合振动第一振型共振峰点竖向振幅（m）;

$A_{z\varphi_2}$——第 2 台传感器测试的基础水平回转耦合振动第一振型共振峰点竖向振幅（m）;

i——基础回转半径（m）。

③地基的抗剪刚度K_x、抗剪刚度系数C_x，按下式计算：

$$K_x = m_{x\varphi}(2\pi f_{nx})^2 \tag{7-17-16}$$

$$C_x = \frac{K_x}{A_0} \tag{7-17-17}$$

$$f_{nx} = \frac{f_{n1}}{\sqrt{1 - \dfrac{h_2}{\rho_1}}} \tag{7-17-18}$$

式中：f_{nx}——基础水平向无阻尼固有频率（Hz）。

5. 扭转向强迫振动

（1）测试方法

扭转振动测试时，采用两台同型号的电磁激振器同时对块体基础的两个对角进行激振，激振器信号来自同一信号源，保证两台激振器振动的相位相同。为了使激振器出力保持一致，在两台激振器上都安装了测力传感器，用来监视激振力的大小和相位。当两个激振力大小不同时，分别调节控制激振器的功率放大器输出电流的大小，使激振力相同。设备安装时，两个激振器对称水平放置，保证它们在块体基础两侧垂直中心线上进行水平激振，使基础产生绕中心竖轴的扭转振动。在基础顶面沿长轴线的两端同相位对称布置两台水平传感器，其水平拾振方向与长轴线垂直（图 7-17-8）。

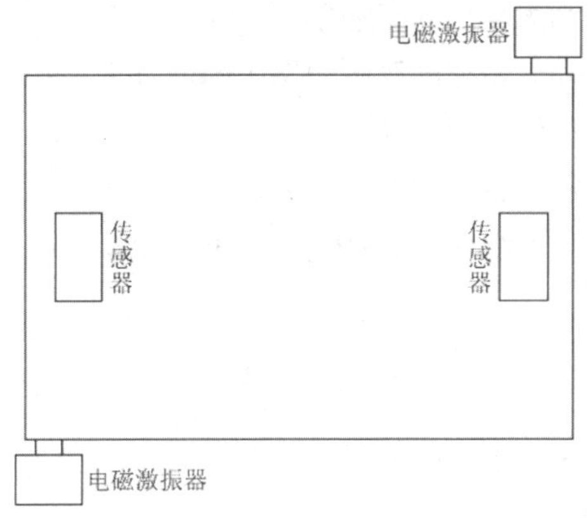

图 7-17-8　扭转振动测试仪器布置示意图

测试时，激振器的频率由低到高逐渐增加，测试过程中及时对测试数据进行计算，严密监视基础共振频率。每调节一个频点，用记录仪记录一个振动波形。激振器的频率大小由信号发生器进行调节控制。激振设备的扰力频率间隔，在共振区外为 2Hz，在共振区内为 1Hz。

（2）参数计算

根据现场测试结果，绘制基础振幅随频率变化的幅频响应曲线（$A_{x\psi}$-f曲线），确定地基扭转向阻尼比、地基扭转振动的参振总质量、地基的抗扭刚度和抗扭刚度系数，具体计算过程如下：

①地基扭转向阻尼比，在$A_{x\psi}$-f曲线上选取共振频率$f_{m\psi}$和频率 0.707$f_{m\psi}$所对应的水平振幅，按下式计算。

$$\zeta_\psi = \left\{\frac{1}{2}\left[1-\sqrt{1+\frac{1}{3-4\left(\frac{A_{m\psi}}{A_{x\psi}}\right)^2}}\right]\right\}^{\frac{1}{2}} \tag{7-17-19}$$

式中：ζ_ψ——地基扭转向阻尼比；

$A_{m\psi}$——基础扭转振动共振峰点水平振幅（m）；

$A_{x\psi}$——频率为 0.707$f_{m\psi}$所对应的水平振幅（m）。

②基础扭转振动的参振总质量，按下式计算：

$$m_\psi = \frac{12J_t}{l^2+b^2} \tag{7-17-20}$$

$$J_t = \frac{M_\psi \cdot l_\psi}{A_{m\psi} \cdot \omega_{n\psi}{}^2} \cdot \frac{1-2\zeta_\psi{}^2}{2\zeta_\psi\sqrt{1-\zeta_\psi{}^2}} \tag{7-17-21}$$

$$f_{n\psi} = f_{m\psi}\sqrt{1-2\zeta_\psi^2} \tag{7-17-22}$$

$$\omega_{n\psi} = 2\pi f_{n\psi} \tag{7-17-23}$$

式中：m_ψ——基础扭转振动的参振总质量（t）；

J_t——基础对通过其重心轴的极转动惯量（t · m^2）；

$f_{n\psi}$——基础扭转振动无阻尼固有频率（Hz）；

$\omega_{n\psi}$——基础扭转振动无阻尼固有圆频率（rad/s）；

M_ψ——激振设备的扭转力矩（kN · m）；

l_ψ——扭转轴至实测振幅点的距离（m）。

③地基的抗扭刚度K_ψ、抗扭刚度系数C_ψ，按下式计算：

$$K_\psi = J_t \cdot \omega_{n\psi}^2 \tag{7-17-24}$$

$$C_\psi = \frac{K_\psi}{I_t} \tag{7-17-25}$$

式中：I_t——基础底面对通过其形心轴的极惯性矩（m^4）。

6. 地基动力参数的换算

（1）由明置块体基础测试的地基抗压、抗剪、抗扭刚度系数，用于机器基础的振动和隔振设计时，应进行底面积和压力换算，其换算系数按下式计算：

$$\eta = \sqrt[3]{\frac{A_0}{A_d}} \cdot \sqrt[3]{\frac{P_d}{P_0}} \tag{7-17-26}$$

式中：A_0——测试基础的底面积（m^2）；

A_d——设计基础的底面积（m^2），当$A_d > 20m^2$时，应取$A_d = 20m^2$；

P_0——测试基础底面的静应力（kPa）；

P_d——设计基础底面的静应力（kPa），当$P_d > 50kPa$时，应取$P_d = 50kPa$。

（2）测试基础埋深作用对抗压、抗剪、抗扭刚度的提高系数，按下式计算：

$$\alpha_z = \left(1 + \left(\sqrt{\frac{K'_{z0}}{K_{z0}}} - 1\right)\frac{\delta_d}{\delta_0}\right)^2 \tag{7-17-27}$$

$$\alpha_x = \left(1 + \left(\sqrt{\frac{K'_{x0}}{K_{x0}}} - 1\right)\frac{\delta_d}{\delta_0}\right)^2 \tag{7-17-28}$$

$$\alpha_\psi = \left(1 + \left(\sqrt{\frac{K'_{\psi 0}}{K_{\psi 0}}} - 1\right)\frac{\delta_d}{\delta_0}\right)^2 \tag{7-17-29}$$

$$\delta_0 = \frac{h_t}{\sqrt{A_0}} \tag{7-17-30}$$

式中：α_z——基础埋深对地基抗压刚度的提高系数；

α_x——基础埋深对地基抗剪刚度的提高系数；

α_ψ——基础埋深对地基抗扭刚度的提高系数；

K_{z0}——明置测试块体基础的地基抗压刚度（kN/m）；

K_{x0}——明置测试块体基础的地基抗剪刚度（kN/m）；

$K_{\psi 0}$——明置测试块体基础的地基抗扭刚度（kN · m）；

K'_{z0}——埋置测试块体基础的地基抗压刚度（kN/m）；

K'_{x0}——埋置测试块体基础的地基抗剪刚度（kN/m）；

$K'_{\psi 0}$——埋置测试块体基础的地基抗扭刚度（kN · m）；

δ_0——测试块体基础的埋深比；

δ_d——设计块体基础的埋深比；

h_t——测试块体基础的埋置深度（m）。

（3）由明置块体基础测试的地基竖向、水平回转向第一振型和扭转向阻尼比，用于动力机器基础设计时，应按下式计算：

$$\zeta_z^c = \zeta_{z0} \cdot \xi \tag{7-17-31}$$

$$\zeta_{x\varphi_1}^c = \zeta_{x\varphi_1 0} \cdot \xi \tag{7-17-32}$$

$$\zeta_\psi^c = \zeta_{\psi 0} \cdot \xi \tag{7-17-33}$$

$$\xi = \frac{\sqrt{m_r}}{\sqrt{m_d}} \tag{7-17-34}$$

$$m_r = \frac{m_0}{\rho A_0 \sqrt{A_0}} \tag{7-17-35}$$

式中：ζ_{z0}——明置测试块体基础的地基竖向阻尼比；

$\zeta_{x\varphi_1 0}$——明置测试块体基础的地基水平回转向第一振型阻尼比；

$\zeta_{\psi 0}$——明置测试块体基础的地基扭转向阻尼比；

ζ_z^c——明置设计基础的地基竖向阻尼比；

$\zeta_{x\varphi_1}^c$——明置设计基础的地基水平回转向第一振型阻尼比；

ζ_ψ^c——明置设计基础的地基扭转向阻尼比；

ξ——与基础的质量比有关的系数；

m_0——测试块体基础的质量（t）；

m_r、m_d——测试块体基础、设计基础的质量。

（4）测试基础埋深作用对设计埋置基础地基的竖向、水平回转向第一振型和扭转向阻尼比的提高系数，应按下式计算：

$$\beta_z = 1 + \left(\frac{\zeta_{z0}'}{\zeta_{z0}} - 1\right)\frac{\delta_d}{\delta_0} \tag{7-17-36}$$

$$\beta_{x\varphi 1} = 1 + \left(\frac{\zeta_{x\varphi_1 0}'}{\zeta_{x\varphi_1 0}} - 1\right)\frac{\delta_d}{\delta_0} \tag{7-17-37}$$

$$\beta_\psi = 1 + \left(\frac{\zeta_{\psi 0}'}{\zeta_{\psi 0}} - 1\right)\frac{\delta_d}{\delta_0} \tag{7-17-38}$$

式中：β_z——基础埋深对竖向阻尼比的提高系数；

$\beta_{x\varphi 1}$——基础埋深对水平回转向第一振型阻尼比的提高系数；

β_ψ——基础埋深对扭转向阻尼比的提高系数；

ζ_{z0}'——埋置测试基础的地基竖向阻尼比；

$\zeta_{x\varphi_1 0}'$——埋置测试基础的地基水平回转向第一振型阻尼比；

$\zeta_{\psi 0}'$——埋置测试基础的地基扭转向阻尼比。

五、数据处理及分析

于 2014 年 9 月 27 日至 2014 年 10 月 7 日，依据上述测试方法完成了 4 号常规岛天然地基竖向、水平回转向及扭转向的常扰力强迫振动测试，现场测试如图 7-17-9 和图 7-17-10 所示。

图 7-17-9　激振法测试场景（竖向振动测试）

图 7-17-10　激振法测试场景（水平回转向振动测试）

对数据进行处理后，得到各个方向、各种扰力的强迫振动幅频响应曲线（典型曲线如图 7-17-11～图 7-17-13 所示），计算结果及统计值见表 7-17-2～表 7-17-4。

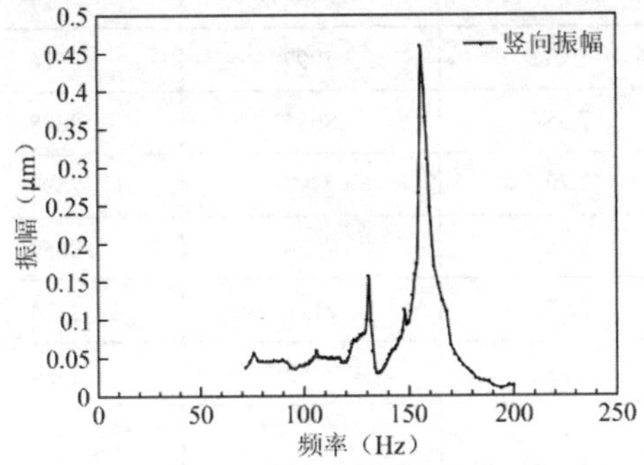

图 7-17-11　竖向常扰力强迫振动测试（明置）幅频响应曲线

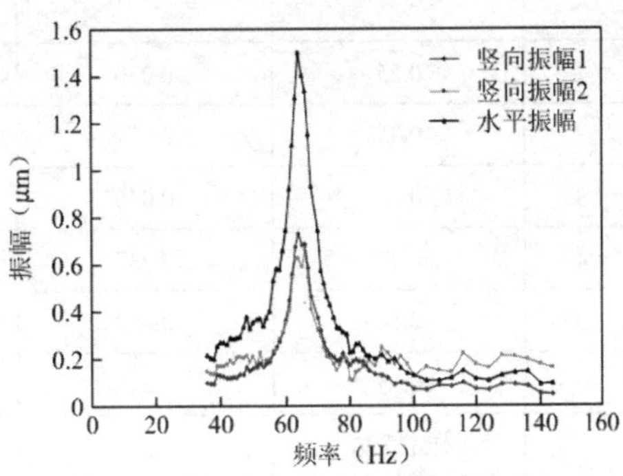

图 7-17-12　水平回转向常扰力强迫振动测试（明置）幅频响应曲线

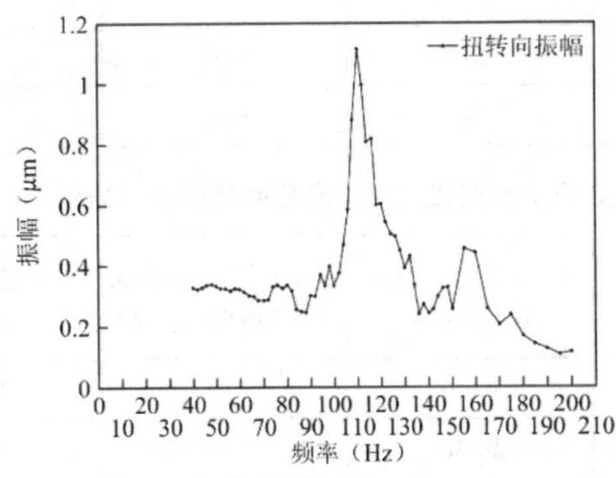

图 7-17-13　扭转向常扰力强迫振动测试（明置）幅频响应曲线

激振法测试成果表（竖向强迫振动）　　**表 7-17-2**

状态	序号	扰力P（kN）	阻尼比ζ_z	参振总质量m_z（t）	抗压刚度K_z（MN/m）	抗压刚度系数C_z（MN/m³）
竖向明置	1	0.15	0.031	7.00	6829	2276
	2	0.20	0.032	7.15	6880	2293
	3	0.25	0.037	7.46	7187	2396
	4	0.30	0.037	7.69	7316	2439
	5	0.35	0.045	7.24	6895	2298
	6	0.40	0.048	7.31	6964	2321
	统计值	样本个数	6	6	6	6
		最大值	0.048	7.69	7316	2439
		最小值	0.031	7.00	6829	2276
		平均值	0.038	7.31	7012	2337
		变异系数	0.18	0.03	0.03	0.03
		标准差	0.68%	0.24	195	65

续表

状态	序号	扰力P（kN）	阻尼比ζ_z	参振总质量m_z（t）	抗压刚度K_z（MN/m）	抗压刚度系数C_z（MN/m³）
竖向埋置	1	0.25	0.030	7.43	7997	2666
	2	0.35	0.037	7.55	8035	2678
	3	0.35	0.036	7.79	7797	2599
	4	0.40	0.037	8.28	7976	2659
	5	0.50	0.050	7.57	7123	2374
	6	0.55	0.048	8.13	7752	2584
	统计值	样本个数	6	6	6	6
		最大值	4.96%	8.28	8035	2678
		最小值	3.01%	7.43	7123	2374
		平均值	3.98%	7.79	7780	2593
		变异系数	0.19	0.04	0.04	0.04
		标准差	0.76%	0.35	341	114

激振法测试成果表（水平回转向强迫振动） **表 7-17-3**

状态	序号	扰力P（kN）	水平回转第一振型阻尼比$\zeta_{x\varphi1}$	基础水平回转耦合振动参振质量$m_{x\varphi}$（t）	抗剪刚度K_x（MN/m）	抗剪刚度系数C_x（MN/m³）
水平明置	1	0.20	0.052	11.3	2878	959
	2	0.25	0.050	12.4	3164	1055
	3	0.30	0.052	13.3	3398	1133
	4	0.35	0.055	12.3	3216	1072
	5	0.40	0.069	7.5	3076	1025
	6	0.60	0.085	9.0	3465	1155
	统计值	样本个数	6	6	6	6
		最大值	0.085	13.3	3465	1155
		最小值	0.050	7.5	2878	959
		平均值	0.061	11.0	3200	1067
		变异系数	0.226	0.206	0.067	0.067
		标准差	0.014	2.3	215	72
水平埋置	1	0.10	0.137	10.9	3726	1242
	2	0.15	0.149	10.6	3860	1287
	3	0.20	0.150	11.1	3862	1287
	4	0.25	0.137	10.6	3870	1290
	5	0.20	0.157	11.7	3688	1229
	6	0.30	0.128	11.9	3775	1258

续表

状态	序号	扰力P（kN）	水平回转第一振型阻尼比$\zeta_{x\varphi1}$	基础水平回转耦合振动参振质量$m_{x\varphi}$（t）	抗剪刚度K_x（MN/m）	抗剪刚度系数C_x（MN/m³）
水平埋置	统计值	样本个数	6	6	6	6
		最大值	0.157	11.9	3870	1290
		最小值	0.128	10.6	3688	1229
		平均值	0.143	11.2	3797	1266
		变异系数	0.074	0.051	0.021	0.021
		标准差	0.011	0.6	79	26

激振法测试成果表（扭转向强迫振动）　　表 7-17-4

状态	序号	扰力P（kN）	扭转向阻尼比ζ_ψ	扭转向振动参振总质量m_ψ（t）	抗扭刚度K_ψ（MN·m）	抗扭刚度系数C_ψ（MN/m³）
扭转明置	1	0.220	0.053	10.9	2692	1723
	2	0.275	0.057	10.8	2672	1710
	3	0.330	0.050	11.6	2878	1842
	4	0.385	0.054	11.9	2939	1881
	5	0.440	0.054	12.0	2958	1893
	6	0.495	0.060	11.7	2897	1854
	统计值	样本个数	6	6	6	6
		最大值	5.99%	11.96	2958	1893
		最小值	4.95%	10.81	2672	1710
		平均值	5.45%	11.48	2840	1817
		变异系数	0.06	0.04	0.04	0.04
		标准差	0.35%	0.51	125	80
扭转埋置	1	0.100	0.227	11.1	3090	1977
	2	0.150	0.174	12.4	3735	2390
	3	0.180	0.125	13.2	3899	2495
	4	0.225	0.139	13.0	3695	2365
	5	0.270	0.160	11.3	3377	2161
	6	0.315	0.167	11.9	3444	2204
	统计值	样本个数	6	6	6	6
		最大值	22.72%	13.15	3899	2495
		最小值	12.52%	11.08	3090	1977
		平均值	16.53%	12.13	3540	2266
		变异系数	0.21	0.07	0.08	0.08
		标准差	3.54%	0.87	293	188

取不同的扰力进行常扰力激振法测试，由计算结果和统计数据可知，不同扰力下地基的动力特性参数有很好的一致性，参数的变异系数较小，取平均值作为各项测试参数的代表值，结果见表 7-17-5。

激振法测试动力特性参数成果表 **表 7-17-5**

类别	抗压刚度系数C_z	竖向阻尼比ζ_z	竖向参振总质量m_z
明置	2337MN/m^3	3.82%	7.31t
埋置	2593MN/m^3	3.98%	7.79t
类别	抗剪刚度系数C_x	水平回转向第一振型阻尼比$\zeta_{x\varphi 1}$	水平回转耦合振动参振总质量$m_{x\varphi}$
明置	1067MN/m^3	6.1%	11.0t
埋置	1266MN/m^3	14.3%	11.2t
类别	抗扭刚度系数C_ψ	扭转向阻尼比ζ_ψ	扭转向振动参振总质量m_ψ
明置	1817MN/m^3	5.45%	11.48t
埋置	2266MN/m^3	16.53%	12.13t

激振法测试参数用于设计时，需根据设计基础情况进行换算，具体如下：

（1）由明置块体基础测试的地基抗压、抗剪、抗扭刚度系数，用于机器基础设计时，应根据实际基础的设计参数，进行底面积和压力换算；阻尼比应根据基础的质量比不同，进行相关换算。

（2）测试基础埋深作用对埋置基础的抗压、抗剪、抗扭刚度及地基的竖向、水平回转向第一振型和扭转向阻尼比的提高系数见表 7-17-6。

设计埋置基础对地基动力特性参数的提高系数 **表 7-17-6**

基础动力参数	埋置基础提高系数
抗压刚度	$\alpha_z = (1 + 0.092\delta_d)^2$
抗剪刚度	$\alpha_x = (1 + 0.155\delta_d)^2$
抗扭刚度	$\alpha_\psi = (1 + 0.202\delta_d)^2$
竖向阻尼比	$\beta_z = 1 + 0.073\delta_d$
水平回转向第一振型阻尼比	$\beta_{x\varphi 1} = 1 + 2.33\delta_d$
扭转向阻尼比	$\beta_\psi = 1 + 3.52\delta_d$

六、振动测试结论

（1）使用电磁式激振设备、高灵敏度加速度传感器，采用常扰力方式对山东海阳核电厂二期工程 4 号常规岛微风化粉砂岩地基进行块体模型基础激振法测试，获得完整的幅频响应曲线，计算得到各向地基刚度、阻尼比及参振总质量等参数。

（2）山东海阳核电厂二期工程 4 号常规岛块体基础激振法测试地基动力特性参数值见表 7-17-5。

（3）由明置块体基础测试的地基抗压、抗剪、抗扭刚度系数，用于机器基础设计时，应根据实际基础的设计参数，进行底面积和压力换算；阻尼比应根据基础的质量比，进行换算。

（4）测试基础埋深作用对设计埋置基础地基动力特性参数的提高系数见表 7-17-6。

[实例 7-18] 采用动力特性振动测试技术对砖混结构历史建筑加固效果评价

一、工程概况

四川省建筑科学研究院有限公司老办公楼位于成都市一环路北三段 55 号，为四层砖混结构，处于 7 度抗震设防区。该房屋于 1959 年设计，设计单位为成都市城市建设委员会设计处，原属成都工业设备安装学校，1961 年移交四川省建筑科学研究院。该房屋是我国早期的苏式建筑，具有较好的历史价值，于 2019 年 10 月被成都市人民政府评为成都市历史建筑。由于房屋快到设计使用年限，于 2006 年对该房屋结构进行安全性鉴定及抗震鉴定，并依据鉴定结论结合后续使用年限的要求，于 2009 年对该房屋进行加固。在加固前后均对该房屋的动力特性进行了测试。

该房屋为四层内廊式砖混结构，纵横墙承重，承重墙体厚度均为 240mm。房屋主要开间尺寸为 3.6m、4.0m、6.4m、9.6m、12.8m，主要进深尺寸为 6.3m、6.4m、7.6m。房屋总长为 86.44m，总宽为 18.24m（B～K 轴），建筑面积约为 4500m^2。该房屋底层层高为 3.80m，二、三层层高均为 3.60m，四层层高为 3.40m，室内外高差为 0.38m，建筑总高为 14.78m（室外地坪至檐口标高）。房屋二层楼盖结构平面图见图 7-18-1。

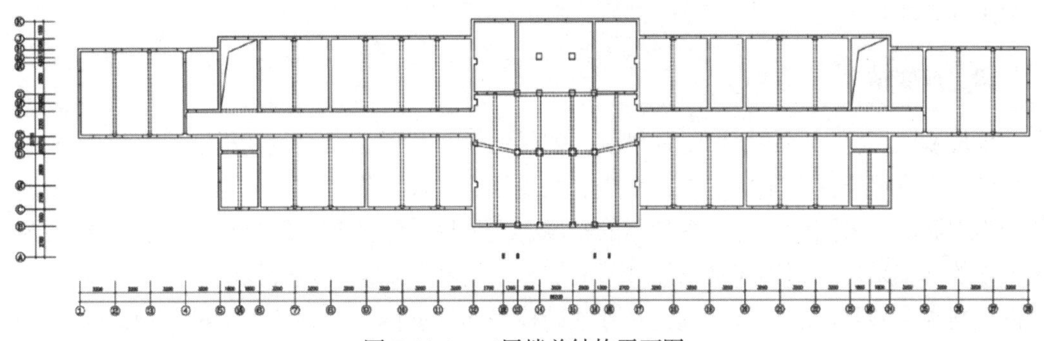

图 7-18-1　二层楼盖结构平面图

二、振动测试目标

既有建筑物的加固改造仅依赖相应技术标准进行过程各环节质量控制，尚不能满足建筑物加固改造后的整体效果评估，使得建筑物改造加固后的整体效果与性态无法直观确定。建筑物固有动力特性综合反映了建筑物的实际性态，建筑物的加固改造将使原建筑物的动力特性发生变化。为此，在近 7 年时间选择部分砖混结构、底部框架-抗震墙砌体结构、框架-剪力墙结构和混合结构的建筑物，对其加固改造前后的动力特性进行测试分析，并与多种软件的理论计算结果进行验证对比，对其中的影响因素进行综合分析，研究了对建筑物加固改造后的质量效果直接进行实体综合评判的检测评估技术。多项工程实践应用表明，该项技术成果能满足建筑物加固改造效果的评估要求，为丰富完善现有的加固工程验收方法提供了一种直接评价手段。

三、房屋结构存在的问题

1.“5·12”汶川大地震前结构主要存在的问题

经对该房屋结构进行安全性鉴定，主要存在的问题包括：部分墙体洞口处出现裂缝，部分墙肢受压承载能力不满足规范要求；部分梁受弯、受剪承载能力不满足规范要求；部分楼、屋盖现浇板受弯承载能力不满足规范要求；部分走道预制板受弯承载能力不满足规范要求；部分房间木格栅出现下挠，木楼板出现下塌、断裂、表层腐朽，木楼板下顶棚抹灰大面积脱落。少部分房间由于渗水，木梁、木楼板潮湿、腐朽，且截面上的腐朽面积大于原截面面积的5%；门厅采用独立砖柱承重，不能传递各种侧向作用，存在薄弱环节；房屋仅在底层及四层外墙窗洞口上方设钢筋混凝土圈梁。

经对该房屋结构进行抗震鉴定，主要存在的问题包括：底层部分墙体红砖表面风化较严重，最深达10mm，底层墙体部分砌筑砂浆潮湿、粉化，手捏成粉状；新增部分砖砌体内隔墙墙体厚度为120mm，不利于抗震；圈梁设置不满足规范要求；房屋横墙间距不满足规范要求；该房屋一～四层纵墙、横墙抗震能力指数均小于1.00，不满足要求。

2.“5·12”汶川大地震后的损伤

该房屋遭遇“5·12”汶川特大地震后，部分墙体出现X形、斜向或水平裂缝；后堵门窗洞口的后砌墙体与原墙体间出现界面缝；个别洞口后砌墙体局部出现错位；部分硬山顶部砖块松动、移位、掉落；部分房间吊顶下塌变形；个别房间吊顶整体掉落。房屋震害评定为中等破坏。

四、加固情况

该房屋底层至三层各增加1片横墙，四层增设3片横墙，增设的横墙重新设置基础；房屋外墙增设钢筋混凝土构造柱；在楼、屋盖标高处增设圈梁，部分为钢筋混凝土圈梁，部分为钢筋砂浆带圈梁；对出现裂缝的砖墙，先采用灌缝法对裂缝进行处理后，再对裂缝较严重的部位采用双面钢筋网水泥砂浆面层进行处理；对裂缝较轻微的墙体，局部采用双面钢板网水泥砂浆面层进行处理；对独立砖柱采用钢筋网水泥砂浆面层进行加固处理；对承载能力不满足要求的梁、板进行卸荷处理；拆除硬山顶部松动、移位的砖块，对硬山采用双面钢筋网水泥砂浆面层进行加固处理；对下塌、断裂、腐朽的木构件进行更换处理。该房屋加固前、后的外立面分别见图7-18-2和图7-18-3。

图7-18-2　原房屋立面

图 7-18-3　加固后房屋立面

五、结构动力特性理论计算

本次分别采用 SAP2000 对加固前、后的动力特性进行计算，墙体采用壳单元；考虑整体刚度的影响程度，钢筋网水泥砂浆面层部分按被加固构件的材料参数取值；为避免模型中楼面局部出现振动，楼面采用平面内刚度无限大假定。加固后的 SAP2000 模型示意见图 7-18-4；结构模型方向示意见图 7-18-5，其中，X向为房屋纵向，Y向为房屋横向。

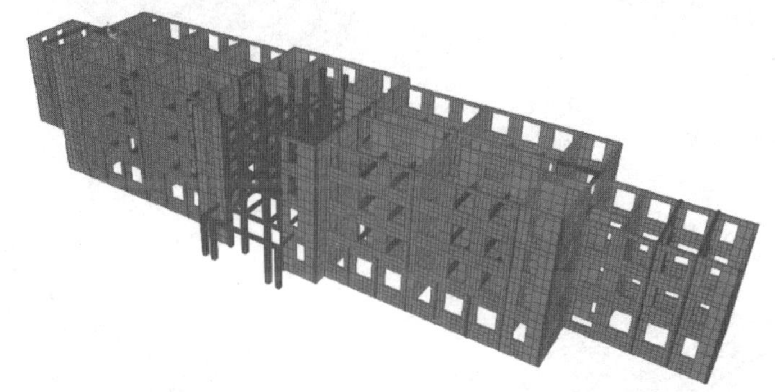

图 7-18-4　加固后的 SAP2000 模型示意图

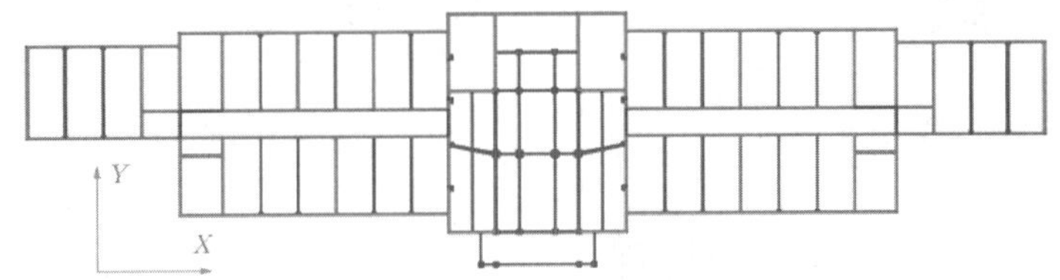

图 7-18-5　结构模型方向示意图

结构加固前、后的周期及频率计算结果见表 7-18-1，结构加固前、后的前 3 阶振型示意见图 7-18-6。

结构加固前、后周期及频率计算结果　　**表 7-18-1**

周期（s）			频率（Hz）			备注
加固前T_{j11}	加固后T_{j21}	T_{j21}/T_{j11}比值	加固前f_{j11}	加固后f_{j21}	f_{j21}/f_{j11}比值	
0.296	0.297	1.00	3.378	3.378	1.00	1 阶纵向

续表

周期（s）			频率（Hz）			备注
加固前T_{j11}	加固后T_{j21}	T_{j21}/T_{j11}比值	加固前f_{j11}	加固后f_{j21}	f_{j21}/f_{j11}比值	
0.287	0.266	0.93	3.484	3.760	1.08	1阶横向
0.277	0.260	0.94	3.610	3.846	1.07	1阶扭转

经加固前、后动力特性计算对比分析表明：

（1）加固未改变结构的纵向频率，即对结构的纵向刚度没有影响；加固后横向频率和扭转频率较加固前各增加8%、7%，即本次加固对横向和扭转刚度略有增大。

（2）砌体结构采用钢筋网水泥砂浆面层加固构件，以及增加圈梁、构造柱，对结构的整体刚度影响较小；增加抗震横墙对结构的整体刚度影响较大。

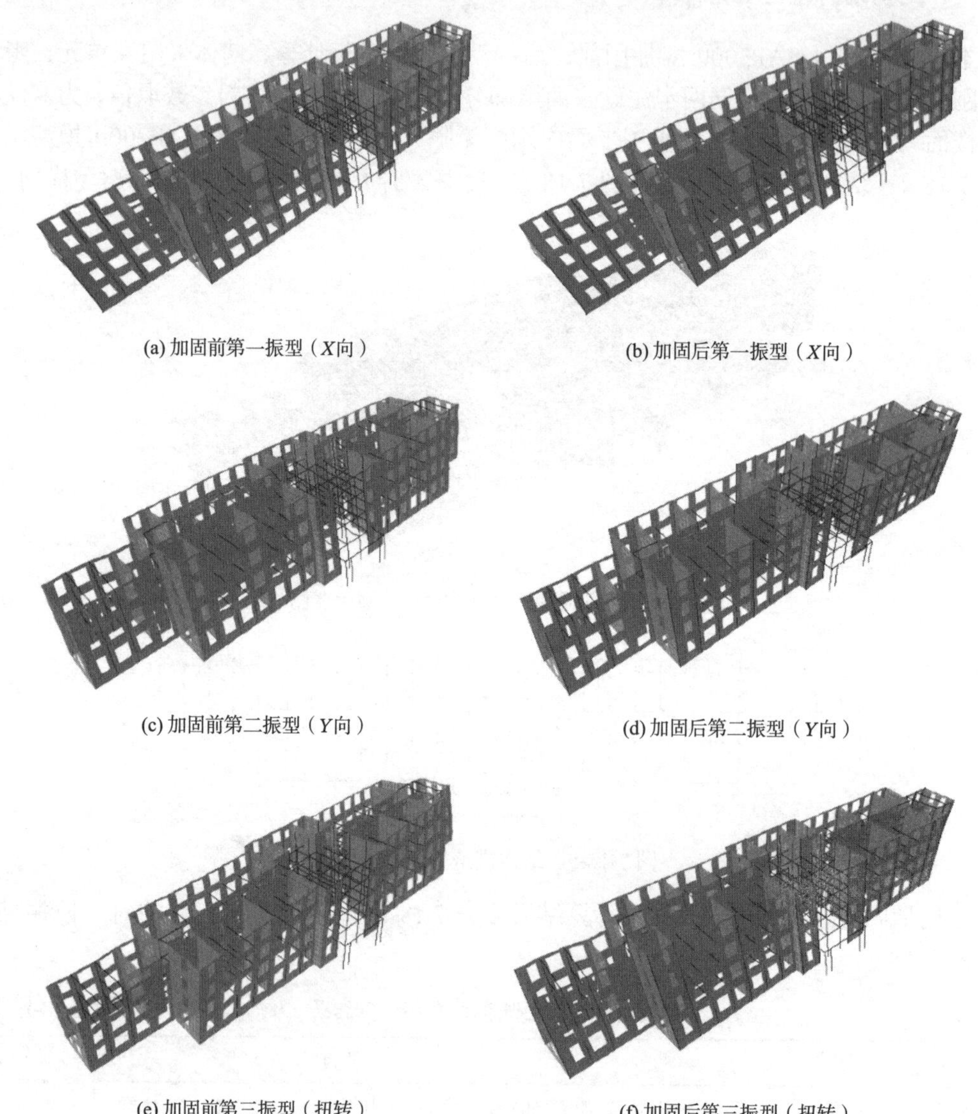

(a) 加固前第一振型（X向）

(b) 加固后第一振型（X向）

(c) 加固前第二振型（Y向）

(d) 加固后第二振型（Y向）

(e) 加固前第三振型（扭转）

(f) 加固后第三振型（扭转）

图 7-18-6　结构加固前、后的前3阶振型示意图

六、结构动力特性测试

分别于 2006 年 9 月 26 日和 2009 年 10 月 19 日对该房屋加固前、后横向和纵向动力特性进行测试，测点布置在二、三、四层楼盖，测试房屋在横向和纵向的水平振动。根据房屋的结构平面布置情况，两次测试的测点均布置在 14～15/F～G 轴处。

对检测数据采用 INV 多通道数据处理系统 DASP2005 版软件进行数据处理，主要进行的是自功率谱分析和互谱分析，以得到描述结构动力特性的频率。通过对各层测点进行自功率谱分析，分析表明：各测点的相同方向的一、二阶固有频率均相同，固有频率、周期测试结果见表 7-18-2。

加固前后结构固有频率、周期测试结果　　表 7-18-2

周期（s）			频率（Hz）			备注
加固前T_{c11}	加固后T_{c21}	T_{c21}/T_{c11}比值	加固前f_{c11}	加固后f_{c21}	f_{c21}/f_{c11}比值	
0.223	0.233	1.045	4.490	4.297	0.957	一阶纵向
0.250	0.223	0.892	4.000	4.492	1.123	一阶横向

由表 7-18-2 可知：

（1）实测一阶纵向频率加固后较加固前减小 4.3%，一阶横向频率加固后较加固前增加 12.3%。

（2）加固后对结构纵向刚度略有降低，对结构横向刚度增加明显。

七、振动测试结论

（1）固有频率的理论计算值与实测值的比值见表 7-18-3，理论计算刚度较实测刚度小，一阶纵向、横向频率加固前、后的比值依次为 0.752、0.786、0.871、0.837；理论计算周期较实测周期长，一阶纵向、横向周期加固前、后的比值依次为 1.330、1.272、1.148、1.195。因砖混结构的自振周期基本位于地震反应谱曲线的平台段，故结构弹性抗震验算时，可不考虑周期折减。

固有频率的理论计算值与实测值对比（Hz）　　表 7-18-3

对比内容		理论计算值f_j	实测值f_c	f_j/f_c比值
一阶纵向	加固前	3.378	4.490	0.752
	加固后	3.378	4.297	0.786
一阶横向	加固前	3.484	4.000	0.871
	加固后	3.760	4.492	0.837

（2）本次结构加固对纵向的刚度调整影响较小，理论计算纵向一阶频率没有改变，实测纵向一阶频率降低 4.3%。主要原因是结构加固后结构质量增加，结构纵向加固时增加圈梁、构造柱，以及纵向墙体采用钢筋网水砂浆面层加固，刚度所有增加，二者增加程度基本一致，故理论计算频率没有改变。实际上，由于结构加固存在应力滞后影响，因此，实测刚度略有降低。

（3）本次结构加固对横向增加抗震横墙，对结构刚度调整影响较大，因此，理论计算、实测结果的横向频率增加较大，理论计算加固后横向频率增加 8%，实测加固后频率增加 12.3%。

（4）通过理论计算和实测结果对比分析，本次加固施工达到了加固效果，砖混结构的动力特性理论分析与实测结果吻合程度较高；采用结构动力特性测试技术可直接评价砖混结构的加固效果。

［实例 7-19］采用动力特性振动测试技术对超限底框砌体结构综合楼加固效果评价

一、工程概况

某公司综合楼位于四川省茂县，为底部两层框架-抗震墙、上部 6 层砖混结构，建筑总层数为八层，为超限底框砌体结构。该房屋修建于 2001 年，按基本建设程序修建。“5·12”汶川地震后，该房屋结构破坏严重，于 2010 年经结构鉴定及加固后，重新投入使用。

该房屋总长度为 41.34m，总宽度为 12.84m，总建筑面积约为 4055m^2，该房屋底层层高为 3.6m，二层层高为 3.0m，三层层高为 3.1m，四层和五层层高均为 2.6m，六层层高为 3.1m，七层和八层层高均为 2.6m，出屋面楼梯间高度为 2.2m，室内外高差为 0.45m，房屋建筑总高为 23.65m（室外地坪至屋面檐口的高度），屋面为上人屋面。该房屋二层楼盖、五层结构平面示意图分别见图 7-19-1 和图 7-19-2。

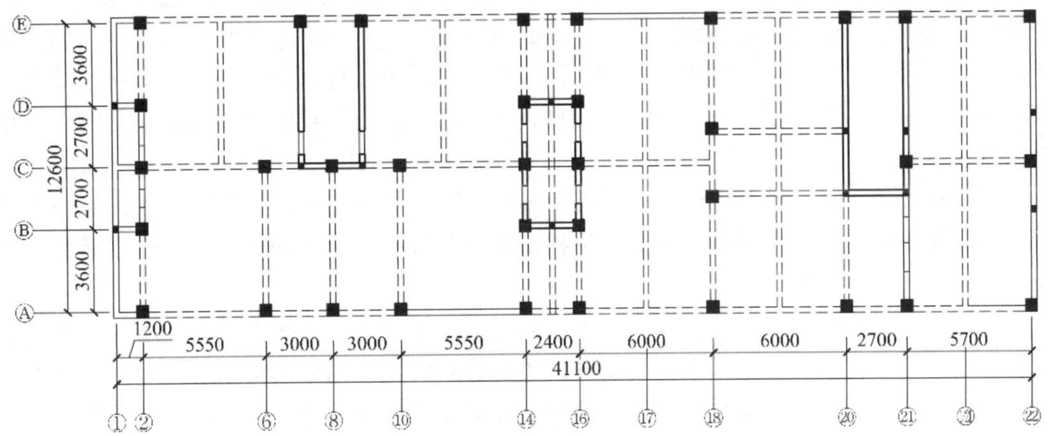

图 7-19-1　二层楼盖结构平面示意图

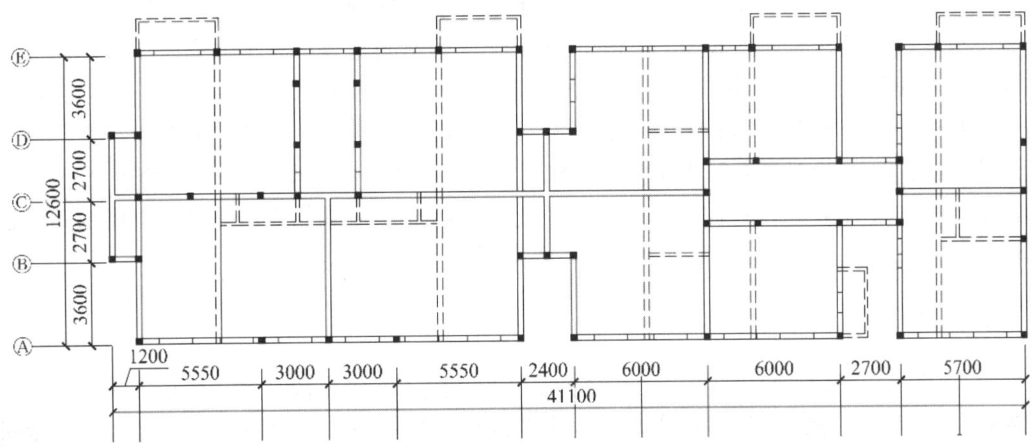

图 7-19-2　五层楼盖结构平面示意图

二、振动测试目标

既有建筑物的加固改造仅依赖相应技术标准进行过程各环节质量控制，尚不能满足建筑物加固改造后的整体效果评估的要求，使得建筑物加固改造后的整体效果与性态无法直观确定。建筑物固有动力特性综合反映了建筑物的实际性态，建筑物的加固改造将使原建筑物的动力特性发生变化。为此，在近7年时间选择部分砖混结构、底部框架-抗震墙砌体结构、框架-剪力墙结构和混合结构的建筑物，对其加固改造前后的动力特性进行测试分析，并与多种软件的理论计算结果进行验证对比，对其中的影响因素进行综合分析，研究了对建筑物加固改造后的质量效果直接进行实体综合评判的检测评估技术。在多项工程实践应用表明，该项技术成果能满足建筑物加固改造效果的评估要求，为丰富完善现有的加固工程验收方法提供了一种直接评价手段。

三、房屋结构存在的问题

该房屋遭遇“5·12”汶川特大地震后，部分结构构件出现损坏。部分楼盖梁出现裂缝；部分楼、屋盖板出现裂缝；部分钢筋混凝土剪力墙出现裂缝；底层及二层填充墙普遍出现斜裂缝，个别墙体出现X形裂缝，个别墙体有明显变形和歪闪现象；第三层砖混结构，部分墙体普遍出现斜裂缝，个别纵横墙体连接处出现裂缝，部分墙体出现X形裂缝，部分墙体出现变形和歪闪现象；第四层到第六层砖混结构，部分墙体出现斜裂缝，个别纵横墙体连接处出现裂缝；第七层和第八层砖混结构，个别墙体出现轻微裂缝，墙体未发现变形和歪闪现象。

经结构验算表明，第三层到第六层部分墙体抗震承载能力不满足规范要求；部分墙体受压承载能力不满足规范要求；部分底框柱抗震承载能力不满足规范要求；部分梁的受弯及受剪承载能力不满足要求。

抗震构造存在的问题包括：楼梯上下端对应的墙体处未设置构造柱；房屋总高及总层数超过规范要求；承重外墙尽端至门窗洞口边的最小间距、内墙阳角至门窗洞口的最小间距不满足规范要求；第三层与底部第二层的层间侧向刚度比验算结果不满足规范要求；部分框架梁梁端加密区的箍筋最小直径和加密区长度不满足要求；部分框架柱的箍筋加密范围不满足规范要求；部分框架柱箍筋直径不满足要求；部分框架柱的箍筋加密区的体积配箍率不满足规范要求；部分框架柱加密区体积配箍率不满足要求；钢筋混凝土抗震墙竖向和横向分布钢筋的最小配筋率和横向钢筋的最小直径不满足要求；钢筋混凝土抗震墙约束边缘构件的设置不满足要求；砖混部分构造柱设置部位不满足要求；过渡层现浇板厚度不满足要求；过渡层砂浆强度等级不满足要求；第三层到第八层砖混结构部分跨度大于4.8m的混凝土梁在支座处未设置混凝土垫块，其支承墙体处未采取任何加强措施；楼梯间构造不满足要求。

四、加固情况

“5·12”汶川地震前，茂县的抗震设防烈度为7度，该房屋按7度进行抗震设防，经委托单位综合考虑，最终确定房屋以修复为主的设计目标：按7度进行修复设计，按8度进行计算控制，构造措施按原设计，部分构造措施按新规范适当补强。主要处理方法如下：

（1）因房屋侧向刚度不满足要求，在底层、二层不显著影响使用的部位增设钢筋混凝土墙段。

（2）梁、柱的裂缝采用注射法对裂缝进行修复处理；对承载能力不满足要求的梁、柱采用加大截面法进行修复处理。

（3）对砖混部分出现轻微裂缝的墙体，采用压力灌浆的方法对墙体进行修复处理；对砖混部分出现严重裂缝、部分歪闪的墙体，采用拆除后重新浇筑钢筋混凝土墙的方法进行修复；受剪承载能力不满足要求的墙体采用单面钢筋网水泥砂浆面层、单面钢筋混凝土板墙或双面钢筋混凝土板墙进行加固处理。

（4）对楼板裂缝采用注射法对裂缝进行修复处理，板底粘贴单层双向碳纤维布进行补强处理。

（5）框架部分填充墙修复方案：对出现错位歪闪的填充墙体拆除后采用轻质填充墙进行恢复；对裂缝宽度大于 5mm 的填充墙体拆除后采用轻质填充墙进行恢复；对裂缝宽度小于 5mm 的填充墙体先采用灌浆对裂缝进行修补，再采用钢板网水泥砂浆面层修复；对于空鼓、开裂的墙面抹灰，凿除抹灰后重做抹灰。

五、结构动力特性理论计算

采用 PMSAP 进行分析，砌体加固面层采用增加墙厚的方式进行等效，其余墙体均按原结构墙体厚度取用，新增墙体混凝土采用 C30，梁柱增大截面混凝土采用 C35，混凝土板墙加固混凝土采用 C25，楼面采用平面内刚度无限大假定。加固前模型见图 7-19-3，加固后的模型见图 7-19-4。

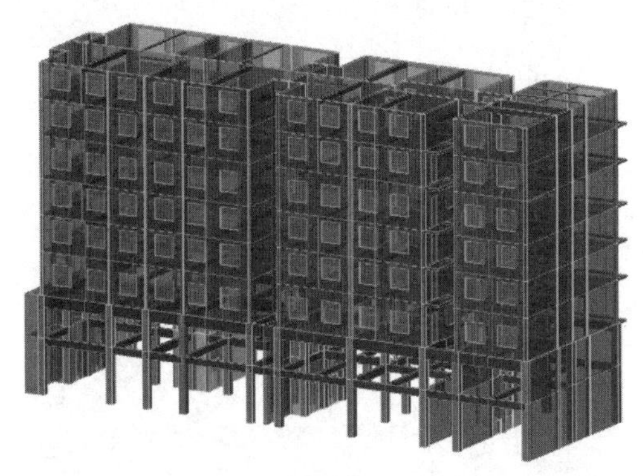
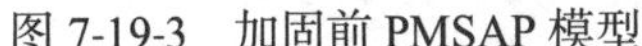
图 7-19-3　加固前 PMSAP 模型

图 7-19-4　加固后 PMSAP 模型

加固前、后结构计算周期、频率见表 7-19-1，加固前、后的前 3 阶振型见图 7-19-5。

结构加固前、后计算周期及频率　　**表 7-19-1**

周期（s）			频率（Hz）			备注
加固前T_{j11}	加固后T_{j21}	T_{j21}/T_{j11}比值	加固前f_{j11}	加固后f_{j21}	f_{j21}/f_{j11}比值	
0.449	0.392	0.873	2.227	2.551	1.145	1 阶纵向
0.416	0.382	0.918	2.403	2.618	1.089	1 阶横向
0.370	0.348	0.940	2.703	2.874	1.063	扭转

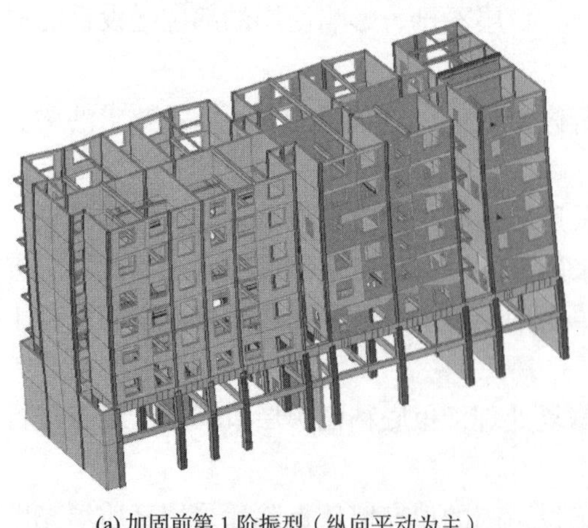

(a) 加固前第 1 阶振型（纵向平动为主）

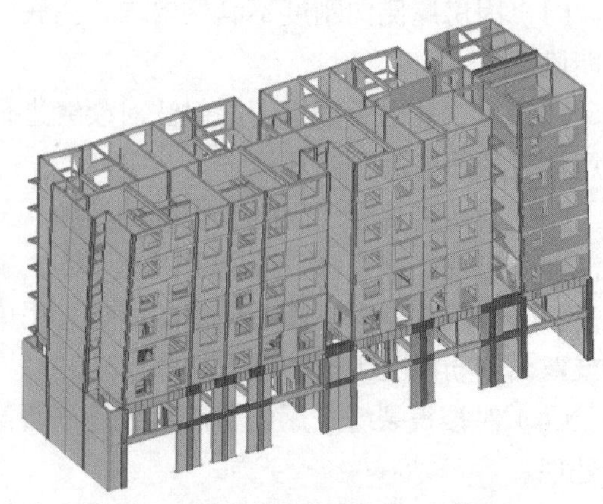

(b) 加固后第 1 阶振型（平动 + 扭转为主）

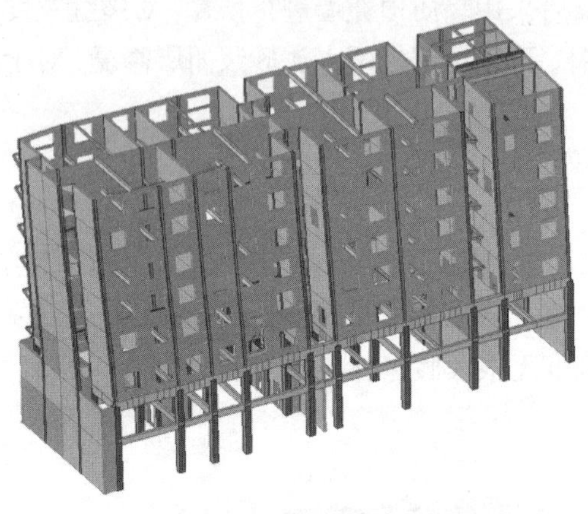

(c) 加固前第 2 阶振型（横向平动为主）

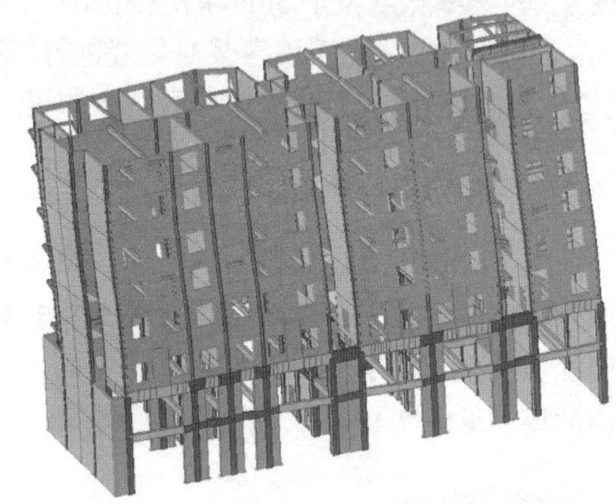

(d) 加固后第 2 阶振型（斜向平动为主）

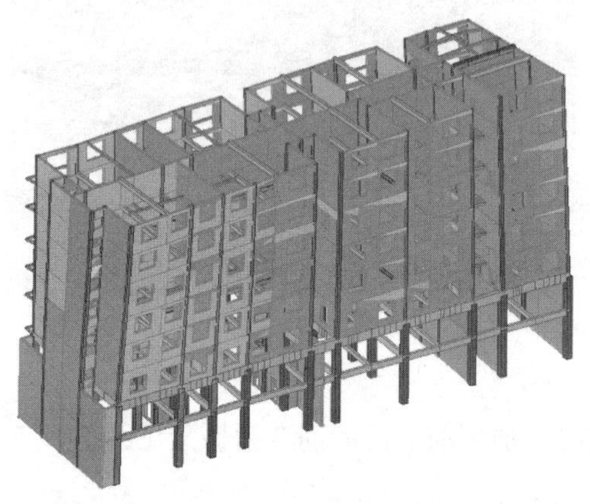

(e) 加固前第 3 阶振型（扭转为主）

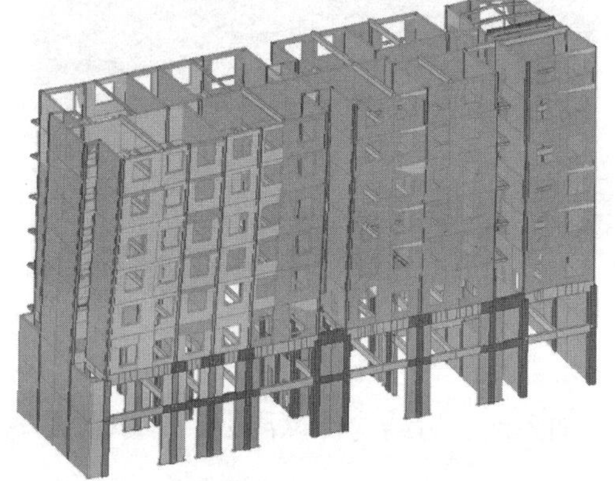

(f) 加固后第 3 阶振型（扭转为主）

图 7-19-5　结构加固前、后的前 3 阶振型示意

加固前、后动力特性计算对比分析表明：

（1）本次结构加固注重规范要求的刚度比、承载能力加固和受损墙体的恢复，结构加固后改变了结构的振型，加固后的第 1、2 阶振型中含有扭转的成分较多，但还是以平动为主。

（2）加固后第 1、2、3 阶振型对应的频率分别较加固前增加 14.5%、8.9%、6.3%，对结构平动刚度和扭转刚度均有不同程度的增加。

（3）通过增设钢筋混凝土抗震墙的方式加固，调整楼层刚度，结构加固效果较明显。

六、结构动力特性测试

分别于 2009 年 10 月 9 日和 2010 年 9 月 12 日分两次对该房屋加固前、后的自振频率进行测试。加固前测试的测点分别布置在二层～八层楼盖的 14/D 轴处，加固后测试的测点分别布置在二层、四层、六层、八层楼盖的 18/C 轴处，分别测试该房屋横向和纵向的水平振动。由于受现场检测条件限制，两次测试结果不在同一位置，因楼面刚度大，不影响平动周期及平动频率的测试及分析。

现场对该房屋加固前、后的自振频率进行了测试，对检测数据采用 INV 多通道数据处理系统 DASP2006 专业版软件进行数据处理，主要进行的是自功率谱分析和互谱分析，以得到描述结构动力特性的频率。该房屋加固前、后的自振频率检测结果见表 7-19-2。

加固前后实测结构固有频率、周期测试结果　　表 7-19-2

周期（s）			频率（Hz）			备注
加固前T_{c11}	加固后T_{c21}	T_{c21}/T_{c11}比值	加固前f_{c11}	加固后f_{c21}	比值f_{c21}/f_{c11}	
0.320	0.256	0.800	3.125	3.910	1.251	第 1 阶纵向
0.301	0.269	0.894	3.320	3.720	1.120	第 1 阶横向

由表可知：

（1）实测第 1 阶纵向频率加固后较加固前增加 25.1%；实测第 1 阶横向频率加固后较加固前增加 12.0%。

（2）加固后对结构纵横向刚度调整明显。

七、振动测试结论

（1）固有频率的理论计算值与实测值对比见表 7-19-3，理论计算刚度较实测刚度小，第 1 阶纵向、横向频率加固前、后的比值依次为 0.713、0.652、0.724、0.721；理论计算周期较实测周期长，第 1 阶纵向、横向周期加固前、后的比值依次比值为 1.403、1.534、1.381、1.387。底框结构的自振周期的理论计算值和实测值相差较大，但无论是实测还是理论分析的第 1 阶固有周期对应地震影响系数均位于平台段，故结构弹性抗震验算时，可不考虑周期折减。但若进行弹塑性分析，应适当考虑周期折减。

固有频率的理论计算值与实测值对比（Hz）　　表 7-19-3

对比内容		理论计算值f_j	实测值f_c	比值f_j/f_c
第 1 阶纵向	加固前	2.227	3.125	0.713
	加固后	2.551	3.910	0.652
第 1 阶横向	加固前	2.403	3.320	0.724
	加固后	2.681	3.720	0.721

（2）因原结构在底部的刚度比存在问题，结构加固时主要在底层、二层沿纵向外侧新增了钢筋混凝土墙段，横向主要在房屋内侧增加钢筋混凝土墙段，因此，结构加固后纵向刚度增加较多（计算增加 14.5%，实测增加 25.1%），横向刚度增加较少（计算增加 8.9%，实测增加 12.0%）。

（3）原结构因遭遇“5·12”汶川地震影响，损伤较严重，达到中等破坏程度，第一次结构动力特性测试考虑了原结构的损伤影响，而加固前的结构理论分析无法考虑地震损伤影响，因此，结构加固后的实测频率变化较大，这是符合实际情况的。

（4）通过理论分析和实测结果对比分析，本次结构加固达到了加固效果，底框砌体结构的动力特性理论分析与实测结果吻合程度较高；采用结构动力特性测试技术可直接评价底框结构的加固效果。

第四节　振动监测

［实例 7-20］东南大学地震模拟振动台运行期间振动监测与周边建筑物影响评估

一、工程概况

东南大学大型地震模拟振动台自 2010 年开始进行规划，总投资超 1 亿元。实验室建筑为框排架结构，地下 1 层，地上 4 层；建筑面积 0.7 万 m^2，抗震设防烈度 7 度，如图 7-20-1 所示。该地震模拟振动台为国内第二大振动台，包括 14 个作动器（竖向作动器 6 个，水平向作动器 8 个）；水平作动器最大荷载 1084kN，竖向作动器最大荷载 993kN，振动台台面情况如图 7-20-2 所示。振动台基础的结构构造及尺寸如图 7-20-3～图 7-20-7 所示，性能指标如表 7-20-1 所示。

为保证实验室和振动台的安全运行，应实时监测振动台的刚性基础振动及其对实验室框架结构和周边建筑的影响、评估刚性基础等整体动力响应，为实验室结构整体安全与健康状况评估、验证实验室设计理论及运营管理提供依据，并为振动台的影响提供理论依据。

图 7-20-1　东南大学地震模拟振动台实验室外景

图 7-20-2　振动台台面

振动台性能指标　　表 7-20-1

指标名称	具体指标
台面尺寸	6m × 9m（可扩展成 9m × 9m）
振动方向	三向六自由度
最大荷载	120t 以上
台面最大位移	X/Y向±500mm；Z向±300mm
台面满载最大加速度	X向±1.5g；Y向±1.5g；Z向±1.0g
台面满载最大速度	X向±1.5m/s；Y向±1.5m/s；Z向±1.0m/s
最大倾覆力矩	6000kN · m
最大偏心力矩	1800kN · m
最大偏心	0～1.5m
工作频率范围	0.1～50Hz

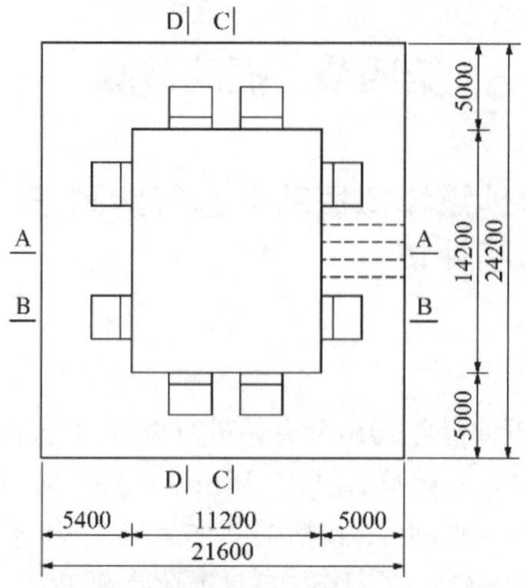

图 7-20-3　振动台基础俯视图

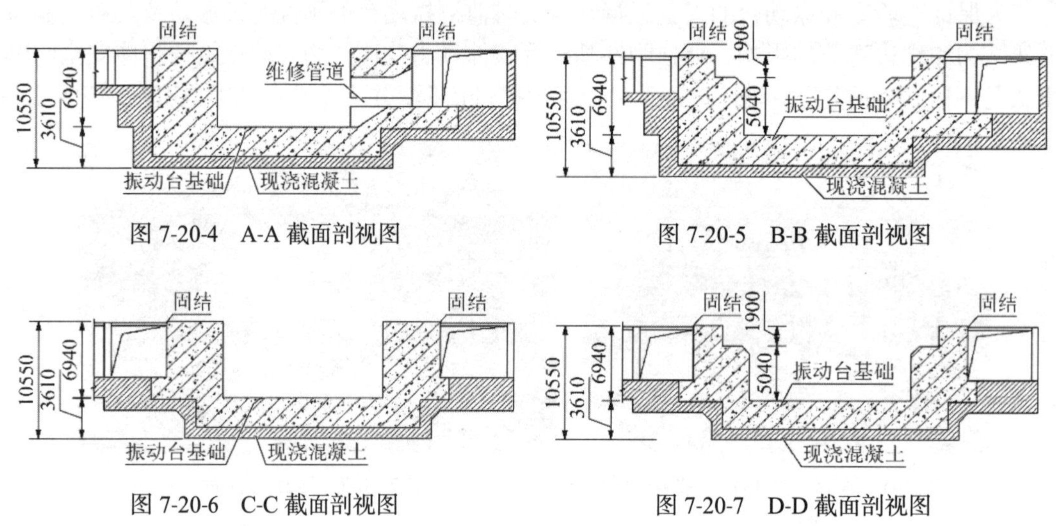

图 7-20-4　A-A 截面剖视图

图 7-20-5　B-B 截面剖视图

图 7-20-6　C-C 截面剖视图

图 7-20-7　D-D 截面剖视图

二、监测测点布置

进行大型地震实验时，主要关注实验室刚性基础振动、实验室框架结构影响以及周边建筑影响状况，以评估结构的整体动力特性，为实验室的结构整体安全与健康状况评估、验证实验室设计理论及运营管理提供依据。监测系统的测点布置选择如下：

1. 刚性基础振动监测

结构基础振动与地震引起的加速度是振源，应考虑三个方向振动特性的监测，在实验室振动基础部位设置 1 个监测点，测点共采用 3 个加速度传感器，监测三个方向振动情况。

2. 振动台控制室振动监测

振动台控制室是人员操作振动台的地方，需要了解监控室的振动状况，应考虑三个方向振动特性的监测，在控制室 2 楼和 4 楼分别布置一个监测点，采用三向加速度传感器，共 6 个单向加速度传感器，在线监测控制室的振动响应。

3. 振动实验室地下室振动监测

由于振动实验室地下室需要进行许多试验工作，要考虑地下室振动状况，布置一个测点，采用三向加速度传感器，共计 3 个单向加速度传感器，在线监测地下室的振动响应。

4. 实验室隔振沟外振动监测

为了解实验室周边隔振沟的隔振效果，在隔振沟外布置一个测点，主要考虑 3 个方向振动特性的监测，共计 3 个单向加速度传感器，在线监测隔振沟外的振动响应。

振动台实验室测点的平面布置图如图 7-20-8 所示。

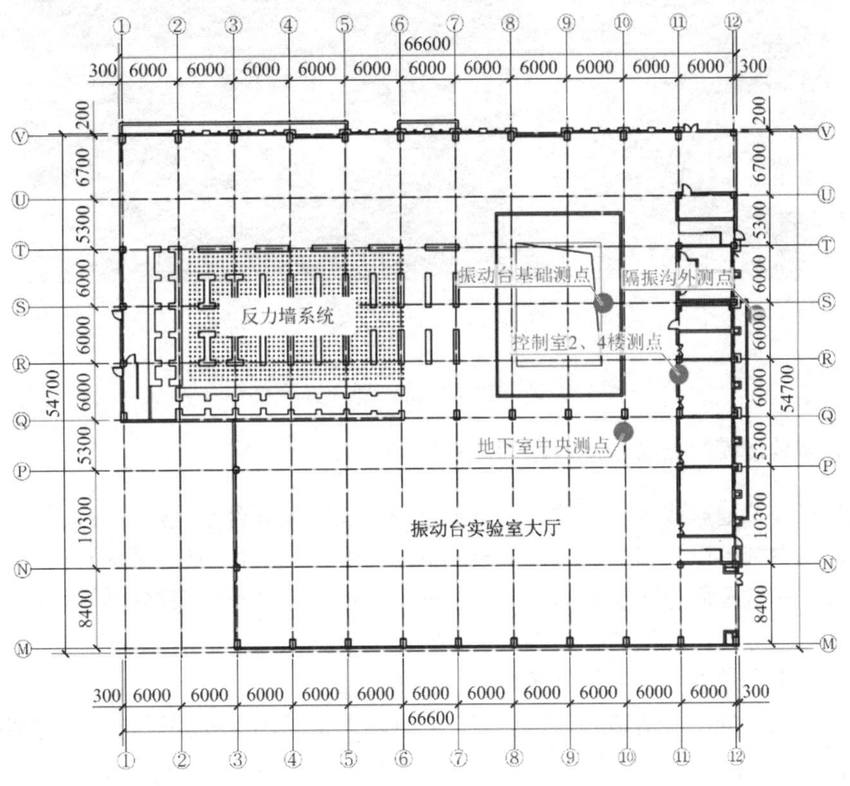

图 7-20-8 振动台实验室测点平面布置图

5. 周边建筑物影响及舒适度振动监测

实验室周边的建筑主要有东侧的土木学院大楼和北侧的电子信息大楼，需要了解这些建筑物受振动实验室工作状态下的影响，主要考虑三个方向振动特性的监测。在土木工程学院大楼的 1 楼、8 楼和 16 楼西侧走廊（靠近振动台实验室）各选取 1 个测点，每个测点布置三向加速度传感器，共计 9 个单向加速度传感器；在电子信息大楼 1 楼、7 楼、14 楼各布置一个测点，每个测点布置三向加速度传感器，共计 9 个单向加速度传感器；在老结构实验室 1 楼、3 楼各布置一个测点，每个测点布置三向加速度传感器，共计 6 个单向加速度传感器。具体的测点布置见表 7-20-2，测点三维布置如图 7-20-9 所示。

监测系统测点布置列表 **表 7-20-2**

监测建筑/地点	监测测点
振动台实验室	振动台基础、振动台地下室中央、振动台实验室控制室 2 楼、4 楼

续表

监测建筑/地点	监测测点
土木工程大楼	土木大楼1楼过道、土木大楼8楼过道、土木大楼16楼过道
电子信息大楼	电子信息大楼1楼、电子信息大楼7楼、电子信息大楼14楼
老结构实验室	老结构实验室1楼、3楼楼梯
室外地坪	隔振沟外地坪振动监测测点

图 7-20-9　监测测点的三维布置示意图

三、大型地震模拟振动台运行期间振动影响

振动台在模拟地震或进行振动时，会通过作动器对振动台基础产生较大的动力荷载，从而引起振动台基础以及整个实验室框架的振动；同时振动台基础的振动会以土层为介质，通过波的形式扩散至周边建筑物的基础，进而引发周边建筑物上部结构的振动；同时周边建筑墙柱、楼板等构件的振动将会再次引发室内的空气振动，形成二次噪声；而建筑内较大的振动和噪声会带来一系列的负面影响，具体包括：

（1）影响人们的个人情绪和日常作息。当环境中振动的主要频段与人体内某脏器的固定频率相似时，就会与该脏器形成共振，引发生理或心理上的不适。频率小于20Hz的环境振动可能会对身体机能造成一定的负面影响；当振级超过60dB后，会对较敏感的人造成一定的危害；当振级超过65dB后，大多数人的睡眠质量将会受到一定的影响；当振级超过75dB后，大多数人会产生不悦或烦躁的情绪。

（2）影响房屋结构的正常使用。较大的振动可能导致房屋结构基础产生不均匀沉降的现象，造成墙面裂缝、家具移位、窗户震裂等结构性或非结构性的损伤。

（3）影响精密仪器装置的使用。许多电子精密仪器或手术房对环境振动的要求都非常高，一些特定的电子精密仪器（比如光刻机）甚至提出了纳米量级的要求，而振动台运行时产生的振动将导致电子仪器运行误差，增大试验数据的噪声，甚至导致精密仪器的异常。

四、振动控制方案

考虑以上影响，在振动台实验室结构设计时采取了以下隔减振措施：

1. 振动台实验室隔振沟

为阻隔振动台振动对周边建筑的影响，在振动台实验室周围设置了一圈隔振沟。隔振沟的宽度为 700mm，深度为 8m，隔振沟内填砂、不夯实。图 7-20-10 为隔振沟的构造详图。

2. 设备间隔振措施

振动台实验室的地下一层有两个设备间，专门放置机电设备。为了在一定程度上减小设备间的振动，让机电设备更好地运行，采用了橡胶隔振垫，通过降低隔振层刚度、延长周期以进行隔振。设备间的实景图和设计图如图 7-20-11 和图 7-20-12 所示。

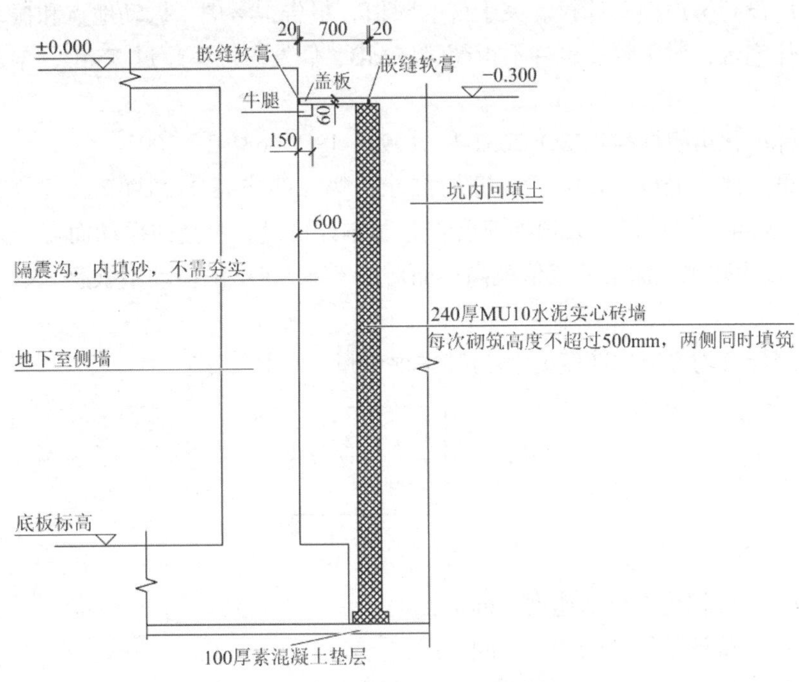

图 7-20-10　隔振沟构造详图

图 7-20-11　设备间实景图

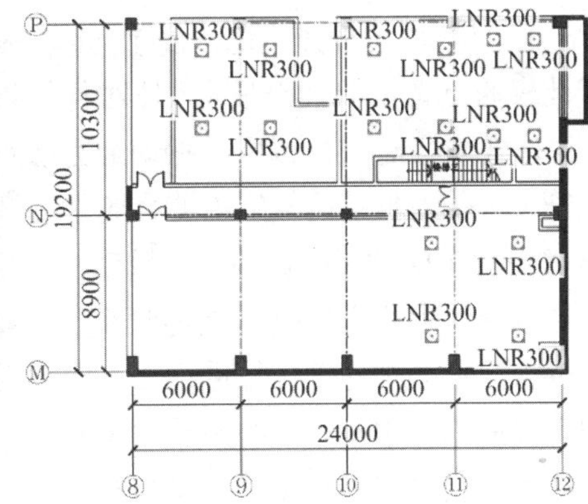

图 7-20-12　设备间隔振设计图

五、振动舒适度评价标准

振动舒适度是人体对客观环境振动做出的主观评价，评价结果不仅取决于振动的固有性质（振幅、频率、方向、持时等），同时还与不同的评价主体相关，因此，各国规范在对振动舒适度的评价方法与标准上也存在着较大的差异。

1. 美国标准

美国交通部采用振动速度级L_v作为评价指标，计算公式为：

$$L_v = 20\lg\frac{v}{v_{ref}} \tag{7-20-1}$$

其中，$v_{ref}=1\times10^{-6}$mm/s，v代表速度信号的均方根值，单位与v_{ref}一致。与大部分的规范不同，L_v没有考虑频率计权。关于L_v的限值，报告中考虑了振动地点和振动发生频率的影响。在住宅区，对于频发事件不得超过 72dB，偶发事件不超过 75dB，罕遇事件不超过 80dB。

2. 国际标准化组织标准：ISO 2631-1：1997、ISO 2631-2：2003

标准的第一部分 ISO 2631-1 为一般性要求，第二部分 ISO 2631-2 为建筑物内的振动（1～80Hz）。标准采用计权均方根加速度作为基本评价量，对竖向振动而言，人体对 4～10Hz 的振动较为敏感，赋予的权值就高；而对于 64～80Hz 的振动不敏感，赋予的权值就相对较低。

标准采用计权均方根加速度a_w作为基本评价量，计算如下：

$$a_w = \sqrt{\frac{1}{T}\int_0^T a_w^2(t)\,\mathrm{d}t} \tag{7-20-2}$$

$$a_w = \sqrt{\sum_i (W_i\cdot a_i)^2} \tag{7-20-3}$$

式中：$a_w(t)$——计权均方根加速度（m/s²）；

T——待评估振动的持续时间（s）；

W_i——第i个三分之一倍频程带所对应的计权因子；

a_i——第i个三分之一倍频程带所包含的加速度均方根值。

$a_w(t)$是对原始加速度记录$a(t)$经过频率计权处理后的振动加速度时程，而按频率分布进行计权的意义在于，考虑了人体对各种频率和各个方位振动的敏感性。对水平向振动来说，人体普遍会对 2Hz 以内的振动最为敏感，相应的计权因子W_i的数值就高；但随着频率的上升，人体对振动的敏感程度会随之下降，计权因子W_i也相应下降；对竖向振动而言，人体对 4～10Hz 频段的振动较为敏感，计权因子W_i就相对较高。

计权加速度均方根a_w是指经频率谱得到的计权处理的加速度值，算法如下：首先采用 FFT 变换对原始加速度信号进行 1/3 倍频程谱分析，将时域信号转换至频域；随后从频谱区间上提取出各中心频段的振动加速度a_i，分别乘以对应的计权因子W_i，再将计权后的频域加速度进行傅里叶逆变换，即可得到经频率计权后的加速度信号$a_w(t)$。表 7-20-3 列出 ISO 标准规定的中心频率及其对应计权因子W_i。Z向计权因子分布见图 7-20-13。

ISO 2631 1：1997 规定的振动加速度频率计权因子（$\times10^{-3}$）　　表 7-20-3

1/3 频带的中心频率（Hz）	1	2	4	6.3	8	16	31.5	63	80
Z向	482	531	967	1054	1036	768	405	186	132
X或Y向	1011	890	812	323	253	125	63.2	29.5	21.1

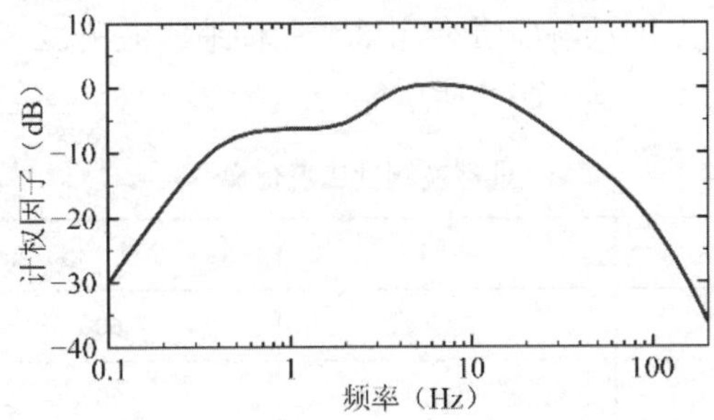

图 7-20-13 ISO 2631 规定Z向计权因子分布

3. 国家标准《建筑工程容许振动标准》GB 50868—2013

ISO 2631 标准是目前国际上公认的环境振动评价标准，主要用于评价建筑物内振动，但标准未给出不同建筑功能的具体限值。我国《建筑工程容许振动标准》GB 50868—2013 在 ISO 2631 加速度振级计算标准的基础上，按照建筑物不同的使用功能，给出了人体舒适的振动计权加速振级限值的参考，见表 7-20-4。

建筑物内人体舒适性的容许振动计权加速度级（dB） **表 7-20-4**

地点	时间	连续、间歇振动和重复性冲击			每天只发生数次的冲击振动		
		X(Y)轴	Z轴	混合轴	X(Y)轴	Z轴	混合轴
严格工作区（手术室、精密实验室）	全天	71	74	71	71	74	71
住宅	白天	77	80	77	101	104	101
	夜间	74	77	74	74	77	74
办公室	全天	83	86	83	107	110	107
车间	全天	89	92	89	110	113	110

从表 7-20-4 可以看出，《建筑工程容许振动标准》GB 50868—2013 分别从建筑物功能、振动类型和振动方向三个方面进行了不同的限值规定。本工程的具体规定为：

（1）建筑功能，振动台实验室作为供全校学生老师进行实验的场地，同时设有大型模拟振动台，对设备振动的容许度要求较高，振动台实验室的计权加速度限值可按车间进行设置；土木工程大楼主要用于土木学院师生的办公与科研，对环境振动的要求较高，计权加速度限值按办公室标准进行设置；电子信息大楼主要用于师生的办公科研与实验，内部存放大量精密仪器，对环境振动的要求较高，因此，应按严格工作区标准进行设置。

（2）振动类型，地震模拟振动台主要的测试工况包括正弦波稳态振动测试和地震波冲击振动测试两种，均属于规范规定的连续、间歇振动。

（3）振动方向，由实测数据可以发现，振动台运行测试（尤其是三向地震波运行测试）所引发的各测点振动在三个方向均比较显著。

六、地震波测试

大型模拟振动台后期正式投入使用后，开展的主要是地震波下的测试，因此进行地震波下的测试，了解振动台在地震波工况下的响应情况十分必要。因此，对振动台三种不同地震波工况测试下的各测点振动响应进行测试，三种地震波测试工况如表 7-20-5 所示，各测点的响应幅值如表 7-20-6～表 7-20-8 所示。

地震波测试工况信息 **表 7-20-5**

编号	输入地震波	方向	负载（t）	幅值（m/s^2）
T1	El-Centro-100%	*XYZ*	60	3.4
T2	Kobe-100%	*XYZ*	60	8.2
T3	Wenchuan-100%	*XYZ*	60	8.2

如表 7-20-6 所示，T1 工况下，振动台实验室最大振动响应为控制室 4 楼的*X*向振动，达到 8.328Gal；对于土木工程大楼，竖向振动明显高于水平振动，且 8 楼、16 楼对振动有明显的放大作用，最大振动为土木大楼 8 楼测点（4.326Gal）；对于电子信息大楼，振动幅值均在 1Gal 以下，最大振动为电子信息大楼 1 楼的*X*向振动（0.612Gal）。

T1 工况下各测点响应（Gal） **表 7-20-6**

测点位置	*X*向振动	*Y*向振动	*Z*向振动
振动台基础	2.725	1.670	3.319
地下室中央	4.301	1.787	3.483
控制室 2 楼	5.961	2.871	3.926
控制室 4 楼	8.328	6.262	4.586
土木大楼 1 楼	0.500	0.501	0.630
土木大楼 8 楼	0.705	0.605	4.326
土木大楼 16 楼	0.364	1.285	3.330
电子信息大楼 1 楼	0.612	0.358	0.396
电子信息大楼 7 楼	0.381	0.350	0.421
电子信息大楼 14 楼	0.372	0.415	0.370

如表 7-20-7 所示，T2 工况下，振动台实验室框架最大振动响应为控制室 2 楼的*Y*向振动，达到 16.496Gal；对于土木工程大楼，随着楼层增高，*Y*向和*Z*向振动存在明显放大，最大振动为土木大楼 16 楼测点的竖向振动（4.824Gal）；对于电子信息大楼，振动幅值均在 1Gal 以下，最大振动为电子信息大楼 7 楼的*Z*向振动（0.620Gal）。

T2 工况下各测点响应（Gal） **表 7-20-7**

测点位置	*X*向振动	*Y*向振动	*Z*向振动
振动台基础	9.296	7.570	7.915
地下室中央	8.364	7.700	5.359
控制室 2 楼	13.152	8.744	8.867
控制室 4 楼	16.496	15.995	9.441

续表

测点位置	X向振动	Y向振动	Z向振动
土木大楼 1 楼	1.263	0.824	1.520
土木大楼 8 楼	0.622	1.388	2.426
土木大楼 16 楼	0.570	2.264	4.824
电子信息大楼 1 楼	0.492	0.460	0.495
电子信息大楼 7 楼	0.475	0.404	0.620
电子信息大楼 14 楼	0.384	0.377	0.339

如表 7-20-8 所示，T3 工况下，振动台实验室框架的X向振动响应明显高于基础的振动响应，最大振动响应为控制室 2 楼的Y向振动，达到 63.985Gal；对于土木工程大楼，最大振动为土木大楼 16 楼测点的Z向振动，达到 4.735Gal；对于电子信息大楼，振动幅值均在 0.5Gal 以下，最大振动为电子信息大楼 1 楼的Y向振动，仅为 0.413Gal。

T3 工况下各测点响应（Gal）　　表 7-20-8

测点位置	X向振动	Y向振动	Z向振动
振动台基础	16.812	21.098	39.548
地下室中央	30.153	55.551	18.355
控制室 2 楼	16.734	63.985	22.273
控制室 4 楼	20.280	43.775	29.946
土木大楼 1 楼	2.853	3.005	4.532
土木大楼 8 楼	0.713	3.407	4.023
土木大楼 16 楼	1.314	3.595	4.735
电子信息大楼 1 楼	0.359	0.45	0.413
电子信息大楼 7 楼	0.332	0.335	0.328
电子信息大楼 14 楼	0.384	0.377	0.339

七、振动台运行地震波期间舒适度评估

针对三种地震波测试工况进行振动评估，计算 El-Centro 波、Kobe 波和汶川波三种三向地震波模拟工况下各测点的加速度振级，判断是否存在超限的情况。

图 7-20-14～图 7-20-16 给出 El-Centro 波测试工况下各测点的加速度振级结果。图 7-20-14 给出振动台实验室各个测点的计权振级，最大计权振级出现在控制室 4 楼的Z向振动，达到 76.58dB，低于限值 89dB；各测点的三向计权振级较为平均。图 7-20-15 为土木楼各个测点的计权振级，最大计权振级出现在土木楼 16 楼的Z向振动，达到 70.55dB，低于限值 83dB；其中，1 楼测点三向振级十分相近，而 8 楼和 16 楼测点的Y向振级和Z向振级相近，明显高于X向振级。图 7-20-16 为电子信息大楼各个测点的计权振级，最大计权振级出现在电子楼 1 楼测点的Z向振动，达到 56.44dB，低于限值 71dB；各测点Z向的计权振级均大于水平向的计权振级，而水平双向的振级较为相近。

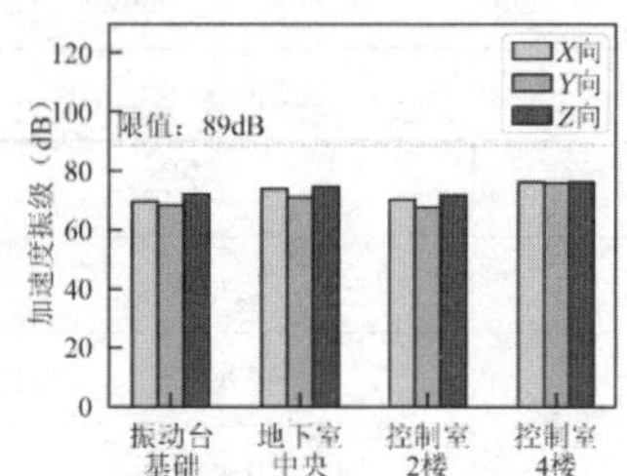

图 7-20-14　El-Centro 波下振动台实验室测点计权振级

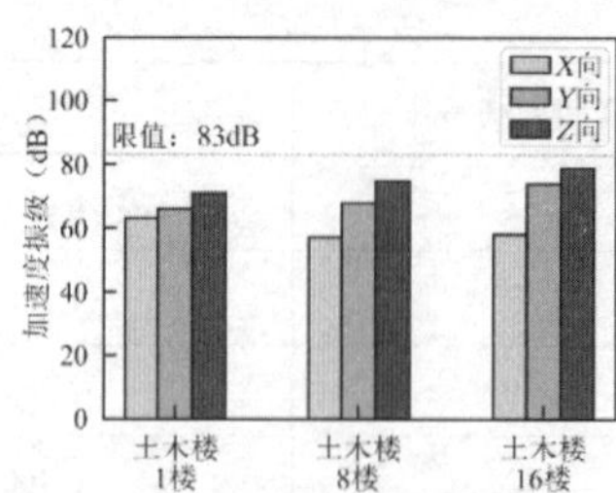

图 7-20-15　El-Centro 波下土木楼测点计权振级

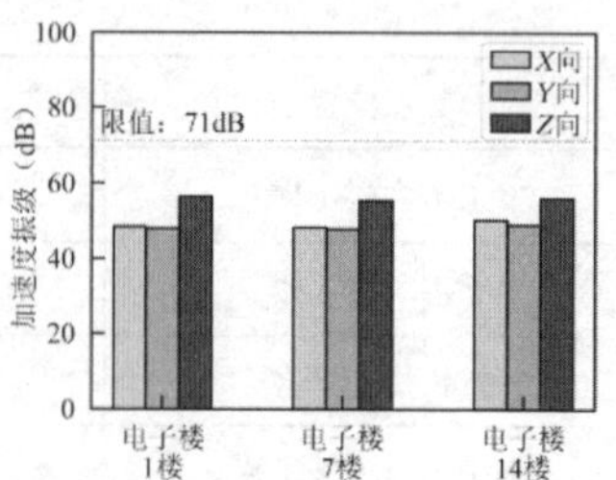

图 7-20-16　El-Centro 波下电子楼测点计权振级

图 7-20-17～图 7-20-19 给出 8.2m/s^2 幅值 Kobe 波测试工况下各测点的加速度振级结果。图 7-20-17 为振动台实验室各个测点的计权振级，最大计权振级出现在控制室 4 楼的X向振动，达到 86.38dB，低于限值 89dB。图 7-20-18 为土木楼各个测点的计权振级，最大计权振级出现在土木楼 16 楼的Z向振动，达到 79.10dB，低于限值 83dB；各测点Z向的计权振级均大于水平向的计权振级，水平X向振级大于Y向振级。图 7-20-19 为电子信息大楼各个测点的计权振级，最大计权振级出现在电子楼 14 楼测点的Z向振动，达到 64.26dB，低于限值 71dB；各测点Z向的计权振级均大于水平向的计权振级，而水平双向的振级较为相近。

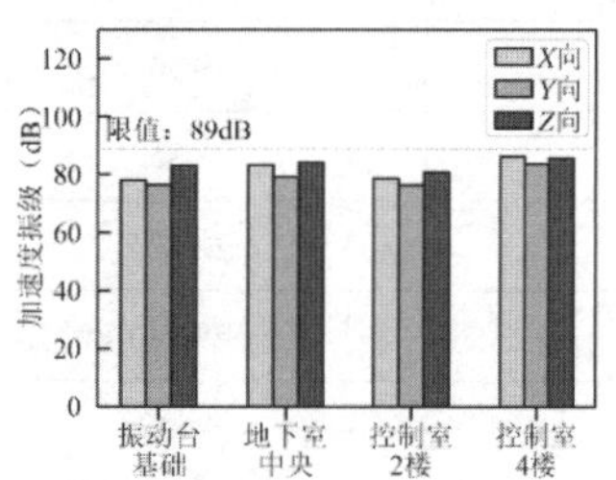

图 7-20-17　Kobe 波下振动台实验室测点计权振级

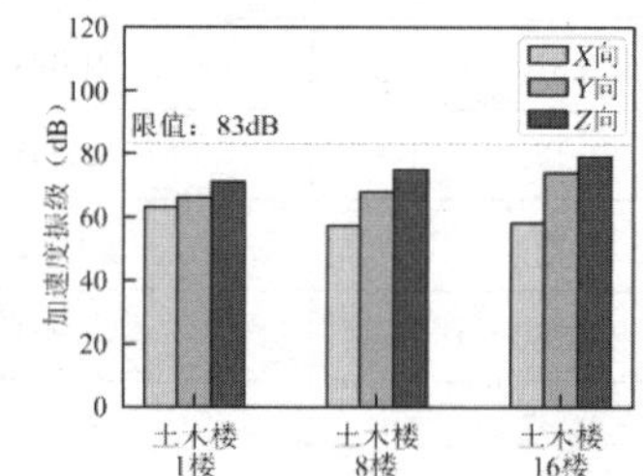

图 7-20-18　Kobe 波下土木楼测点计权振级

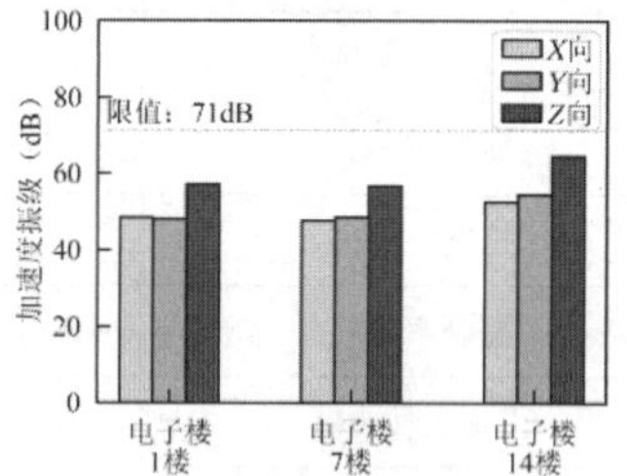

图 7-20-19　Kobe 波下电子楼测点计权振级

图 7-20-20～图 7-20-22 给出 8.2m/s^2 幅值汶川波测试工况下各测点的加速度振级结果。图 7-20-20 为振动台实验室各个测点的计权振级，最大计权振级出现在控制室 4 楼的Z向振动，达到 88.84dB，低于限值 89dB；各测点Z向的计权振级均大于水平向的计权振级，而水平双向的振级较为相近。图 7-20-21 为土木楼各个测点的计权振级，最大计权振级出现在土木楼 16 楼的Z向振动，达到 74.46dB，低于限值的 83dB；各测点Z向的计权振级均大于水平向的计权振级，而水平Y向振级大于X向振级。图 7-20-22 为电子信息大楼各个测点的计权振级，最大计权振级出现在电子楼 14 楼测点的Z向振动，达到 64.23dB，低于限值 71dB。

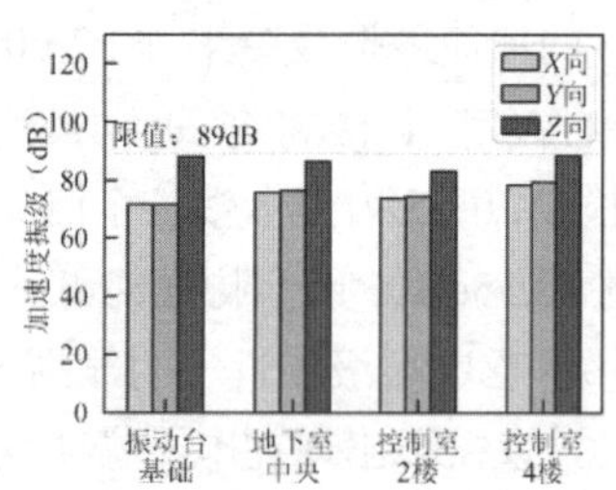

图 7-20-20　汶川波下振动台实验室测点计权振级

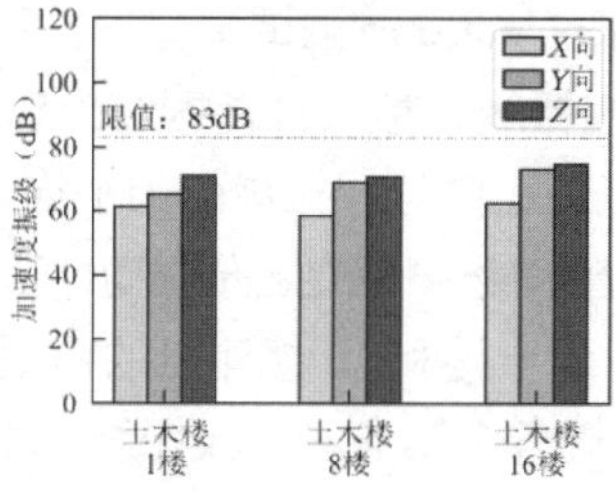

图 7-20-21　汶川波下土木楼测点计权振级

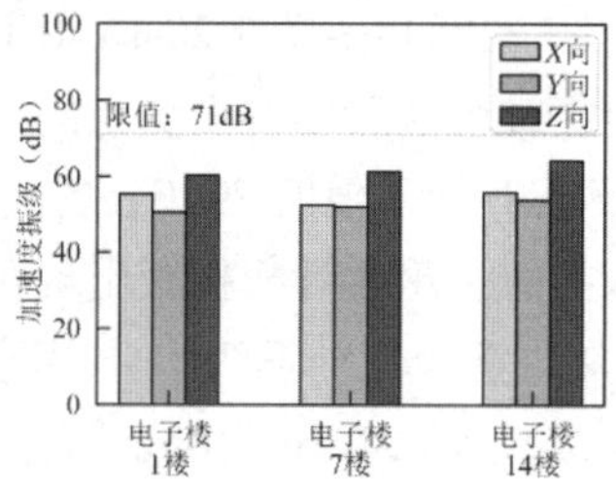

图 7-20-22　汶川波下电子楼测点计权振级

地震波下各测点的加速度振级与正弦波下相比较低，测试过程中的振感明显减弱。振动台实验室、土木楼和电子楼测点均未超限。通过对照 3 种地震波工况下的各测点计权振级，总结出如下规律：

（1）振动台实验室、土木楼和电子楼各测点的Z向计权振级相较水平向振级更大，而水平双向的振级较为相近；

（2）因土木工程大楼位于振动台实验室的东侧，各测点的Y向振级普遍高于X向振级；

（3）因电子信息大楼位于振动台实验室的北侧，各测点的X向振级普遍高于Y向振级。

为研究地震波测试工况下各频率段加速度振级的分布规律，选取振动台实验室的 2 楼和 4 楼控制室测点，进行三种地震波下计权振动加速度级分布的研究。

如图 7-20-23～图 7-20-26 所示，El-Centro 波测试工况下，X向和Y向的振级分布相似，在 1～5Hz 中心频段均保持在同一水平，5～50Hz 频段呈缓慢下降趋势，并在 50～80Hz 中心频段迅速下降。而Z向的振级分布在 1～5Hz 频段呈现上升趋势，后在 5～32Hz 保持相当的水平，在 32～80Hz 中心频段迅速下降。

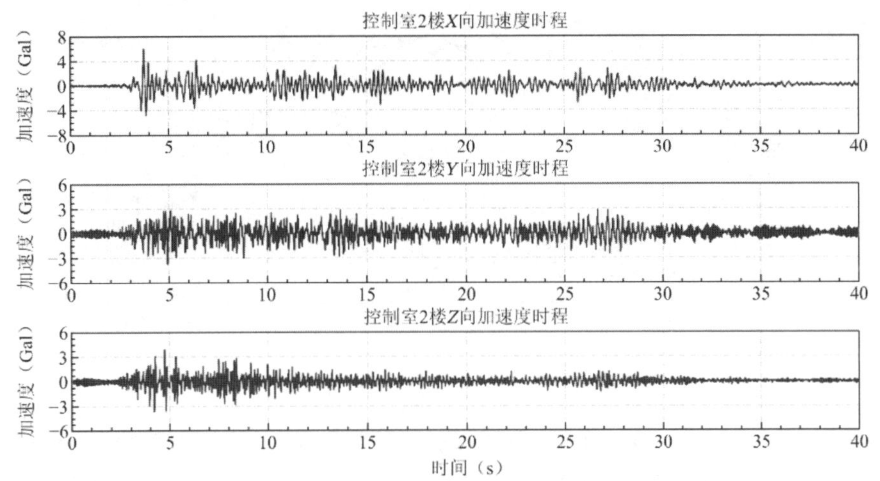

图 7-20-23　控制室 2 楼三向时程加速度曲线

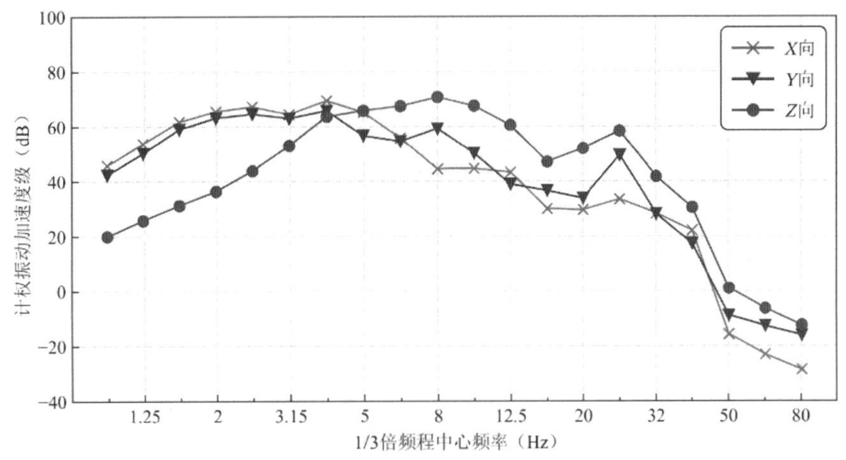

图 7-20-24　El-Centro 波下控制室 2 楼 1/3 倍频程中心频率分布（加速度计权振级）

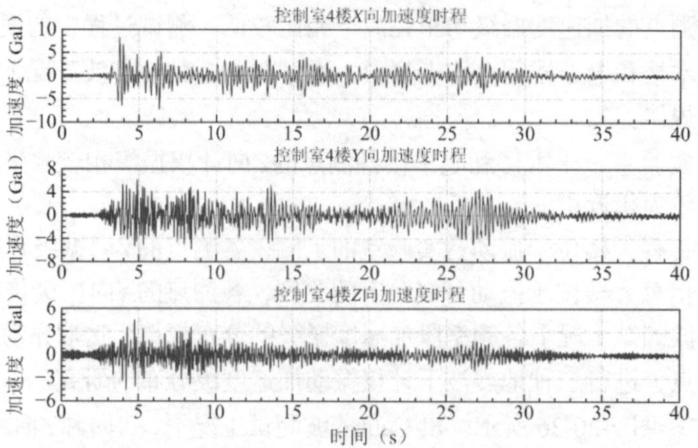

图 7-20-25　El-Centro 波下控制室 4 楼三向时程加速度曲线

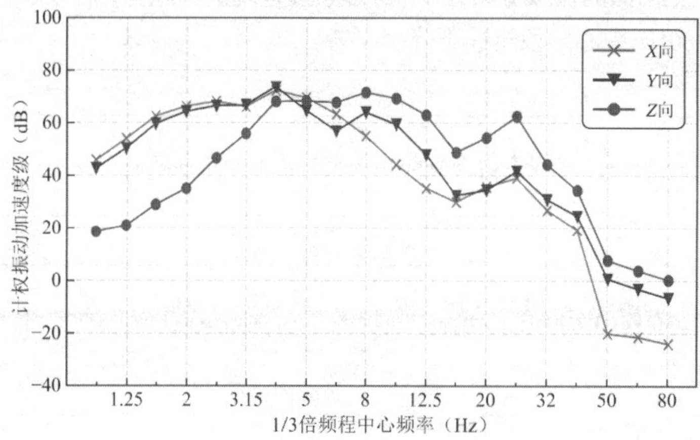

图 7-20-26　El-Centro 波下控制室 4 楼 1/3 倍频程中心频率分布（加速度计权振级）

如图 7-20-27～图 7-20-30 所示，Kobe 波测试工况下，X向和Y向的振级分布相似，在 1～32Hz 中心频段振级分布较为平均，在 32～80Hz 中心频段突然下降；而Z向的振级在 1～5Hz 频段呈现上升趋势，后在 5～32Hz 保持相当的水平，在 32～80Hz 中心频段迅速下降。

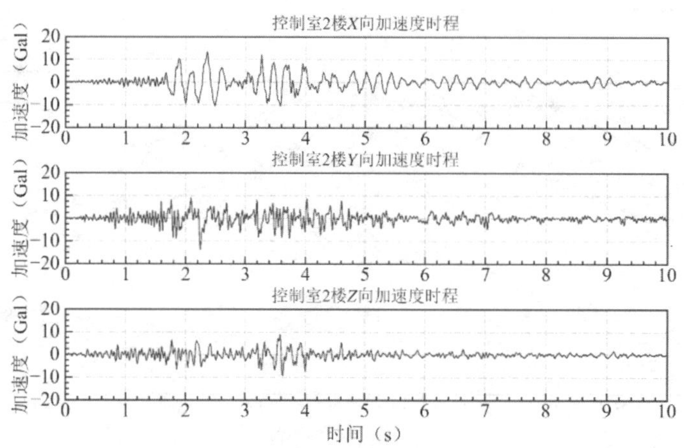

图 7-20-27　Kobe 波下控制室 2 楼三向时程加速度曲线

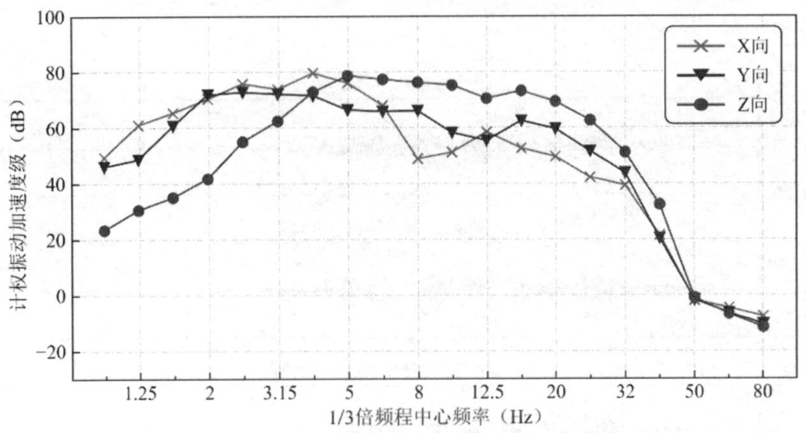

图 7-20-28　Kobe 波下控制室 2 楼 1/3 倍频程中心频率分布（加速度计权振级）

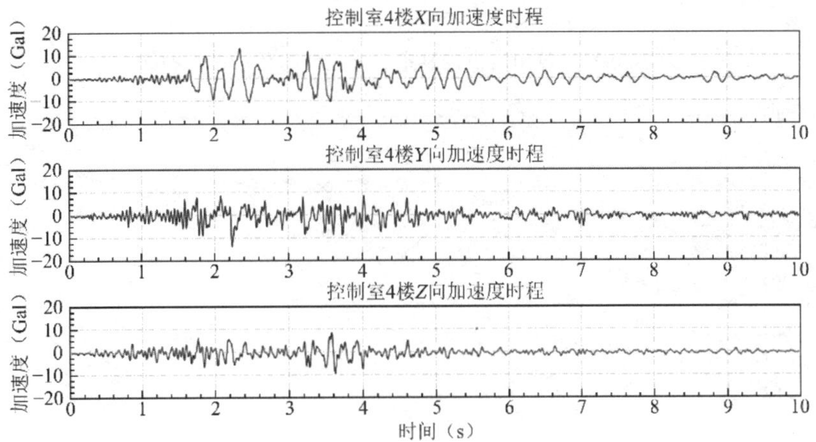

图 7-20-29　Kobe 波下控制室 4 楼三向时程加速度曲线

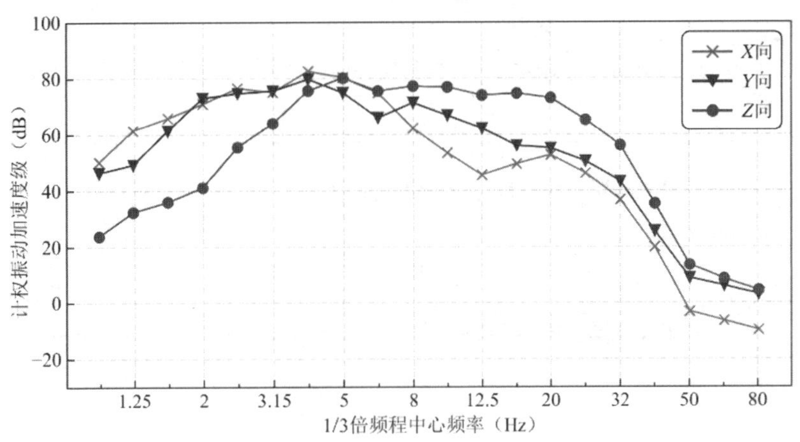

图 7-20-30　Kobe 波下控制室 4 楼 1/3 倍频程中心频率分布（加速度计权振级）

如图 7-20-31～图 7-20-34 所示，在汶川波测试工况下，X向和Y向的振级分布十分相似，在 1～32Hz 中心频段均保持在同一水平，而在 32～80Hz 中心频段迅速下降。Z向振级在 1～5Hz 频段呈现上升趋势，后在 5～32Hz 保持相当的水平，在 32～80Hz 中心频段迅速下降。

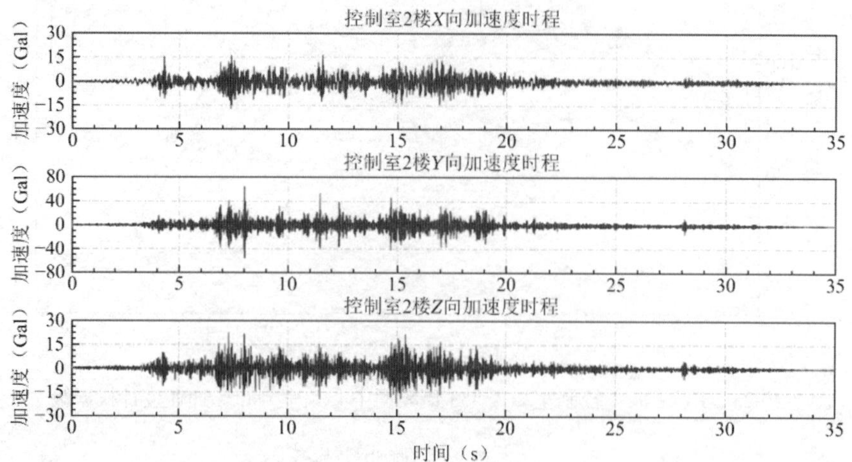

图 7-20-31　汶川波下控制室 2 楼三向时程加速度曲线

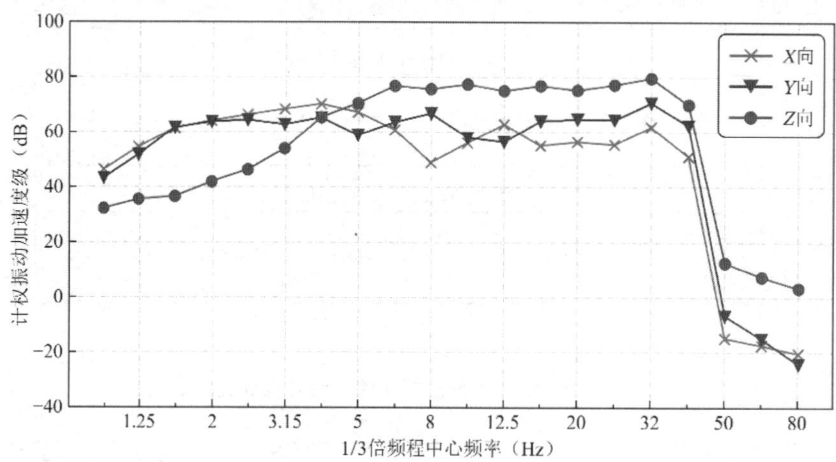

图 7-20-32　汶川波下控制室 2 楼 1/3 倍频程中心频率分布（加速度计权振级）

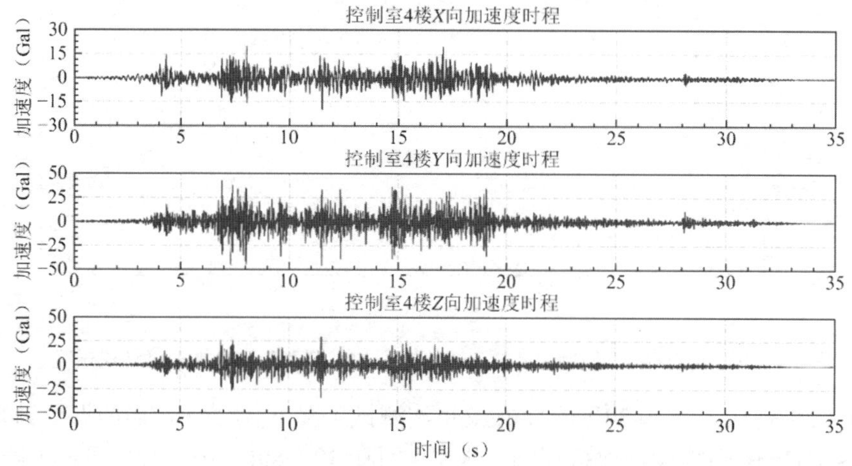

图 7-20-33　汶川波下控制室 4 楼三向时程加速度曲线

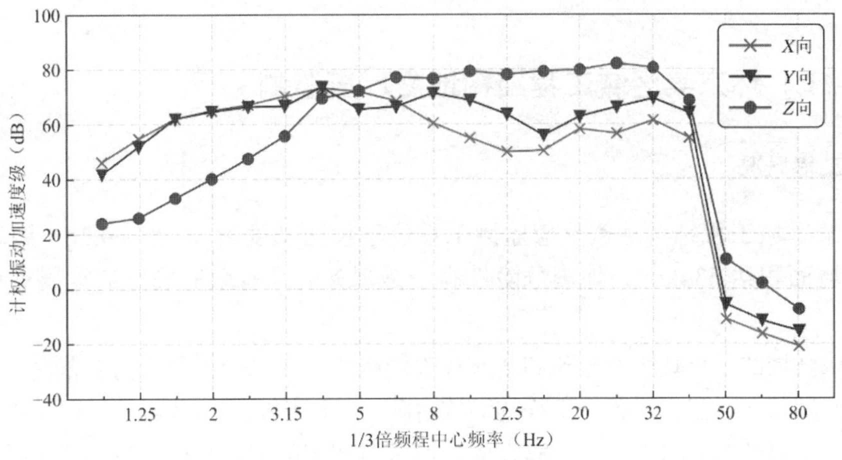

图 7-20-34　汶川波下控制室 4 楼 1/3 倍频程中心频率分布（加速度计权振级）

八、振动监测结论

针对东南大学大型地震模拟振动台运行期间开展地震波测试，结果表明振动台实验室最大振动响应加速度出现在 60t 负载、汶川波作用下的控制室 2 楼 *Y* 向振动，达到 63.985Gal；土木楼最大振动加速度响应幅值出现在 60t 负载、Kobe 波作用下的土木大楼 16 楼 *Z* 向振动，达 4.824Gal；电子楼最大振动加速度响应幅值出现在 60t 负载、Kobe 波作用下的电子信息大楼 7 楼 *Z* 向振动，为 0.620Gal。与正弦波相比，地震波测试的测点振动幅值相对较低，并未达到振动台基础的自振频率，不能引发基础的共振。针对振动台实验室、土木楼和电子楼开展的舒适度评估结果表明，振动台实验室的最大计权振级为 88.84dB；土木楼最大振级为 78.19dB，电子楼最大振级为 64.26dB，均未出现超限。

[实例 7-21] 环京某区域工程结构地震反应监测

一、工程概况

环京某区域工程结构地震反应监测工程位于设防烈度为 8 度（0.3g）的环京某区域，该区域面积达 634km^2，地震危险性高，是国务院和省政府确定的地震重点监视防御区。

选择该区域的 6 栋代表性建筑和 2 座代表性桥梁，在每个工程结构上布设一定数量的地震反应监测仪器，建立了各个工程的结构台阵，从而构成了该区域的工程结构地震反应监测网，主要目的为：（1）一旦地震发生，通过监测到的工程结构自身的地震反应，快速预测工程结构的震害，为地震灾害评估和应急救援提供依据；（2）通过监测到的结构真实反应来修正现有的数值分析模型，提高工程结构地震反应分析的精度。

二、区域工程结构地震反应监测网布设方案

该区域工程结构地震反应监测网是由 6 栋代表性建筑和 2 座代表性桥梁组成。各工程结构的选取遵循以下原则：（1）项目自身限制条件；（2）工程结构的代表性，主要体现在不同结构类型、用途、地点等；（3）便于长期运行和维护；（4）兼顾示范效果的普适性和前瞻性。代表性的工程信息见表 7-21-1。

代表性工程信息　　表 7-21-1

工程结构名称	结构形式	备注
建筑一	钢筋混凝土框架结构	建筑平面为“U”形，地下 1 层、地上 8 层
建筑二	钢筋混凝土框架结构	局部带有剪力墙，建筑平面为“口”字形，5 层
建筑三	钢筋混凝土柱工业厂房结构 + 钢筋混凝土框架结构	结构实验大厅部分为单层钢筋混凝土柱厂房，紧邻的办公楼部分为 3 层钢筋混凝土框架结构
建筑四	钢筋混凝土框架-剪力墙结构	经抗震加固的建筑。加固前为 4 层框架结构，加固后为 6 层框架-剪力墙结构
建筑五	钢筋混凝土框架结构	隔振建筑，5 层
建筑六	钢筋混凝土框架结构	3 层
桥梁一	简支梁式桥	桥梁全长 66m
桥梁二	简支梁式桥	桥梁全长 560.28m

该区域 6 栋建筑物和 2 座桥梁共采用 4 种不同型号的加速度传感器，1 种位移传感器；传感器数量 69 个，共有 130 个数据通道；用到 4 种数据采集方式和设备，各测点数据通过网络传输汇聚到网络平台。各工程结构所采用的监测设备及数据接入方式信息统计见表 7-21-2。

各工程结构采用的监测设备和数据接入方式信息统计　　表 7-21-2

工程结构名称	设备	数量	通道数	数据采集	接入方式
建筑一	自研 MEMS 传感器（三分向）	13	39	自研	Tcp/Ip
建筑二	加速度传感器 2D001（单分向）	9	9	数采	Tcp/Ip
建筑三	加速度传感器 2D001（单分向）	15	15	数采	Tcp/Ip
建筑四	Obsidian 型加速度仪（三分向）	6	18	自编程序从设备直采	文件接口
建筑五	Obsidian 型加速度仪（三分向）	4	12	自编程序从设备直采	Tcp/Ip
建筑六	Obsidian 型加速度仪（三分向）	4	12	自编程序从设备直采	Tcp/Ip
桥梁一	某研究所 941B（单分向）	11	11	DASPEMB-SRV 采数	Ftp
	MPSFS-XS-200MM-V1 防水型	1	2	DASPEMB-SRV 采数	Ftp
桥梁二	自研 MEMS 传感器（三分向）	4	12	自研	Tcp/Ip
合计		69	130		

三、6 栋代表性建筑结构台阵布设方案

1. 建筑一

建筑一为地下 1 层、地上 8 层的钢筋混凝土框架结构，建筑平面为“U”形，8 度设防。建筑最高 8 层，最高高度 34.60m，占地面积 3659m^2，建筑总面积 29517m^2，为教学、科研、办公综合楼，外观如图 7-21-1 所示。该建筑结构台阵为逐层布设，共布设 13 个测点，如图 7-21-2 所示。监测仪器采用的是自行研制的三分向 MEMS 加速度传感器。该三分向 MEMS 加速度传感器尺寸仅为 4.61cm × 4.60cm × 4.54cm；频响范围在 0～200Hz 时衰减仅为−1dB，在 100Hz 内未见衰减；使用频段内噪声功率谱密度均值为 10^{-7}g/Hz$^{1/2}$，动态范围达到 126dB；静态耗电功率仅为 0.33mW。

图 7-21-1　建筑一外观图

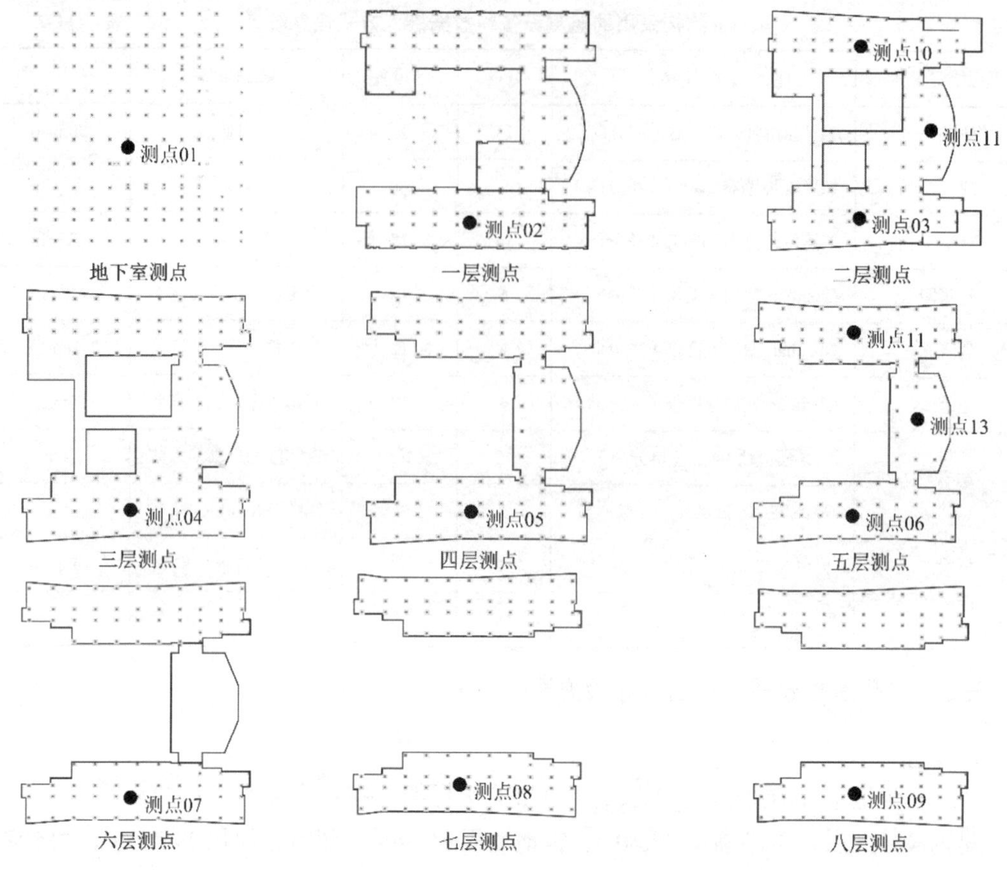

图 7-21-2　建筑一结构台阵布设方案

2. 建筑二

建筑二为 5 层局部带有剪力墙的钢筋混凝土框架结构，建筑平面为“口”字形，8 度设防，建筑场地为Ⅲ类。建筑面积约 5100m²，为多功能教室、办公室、实验室等用房，该建筑三维图如图 7-21-3 所示。场地影响监测台阵布设于该建筑中心空地，如图 7-21-4 所示，采用竖井形式布设强振动加速度测点 6 个，分别位于：−236m、−150m、−101m、−65m、−30m、0m 处。建筑结构监测台阵为逐层布设，如图 7-21-5 所示。

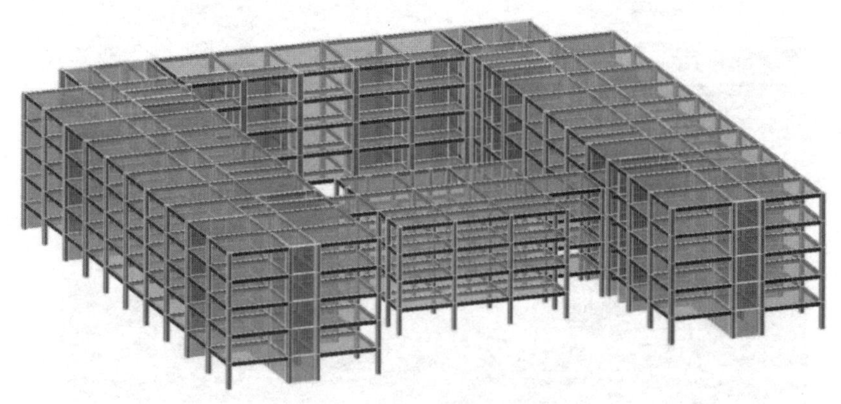

图 7-21-3　建筑二的三维图

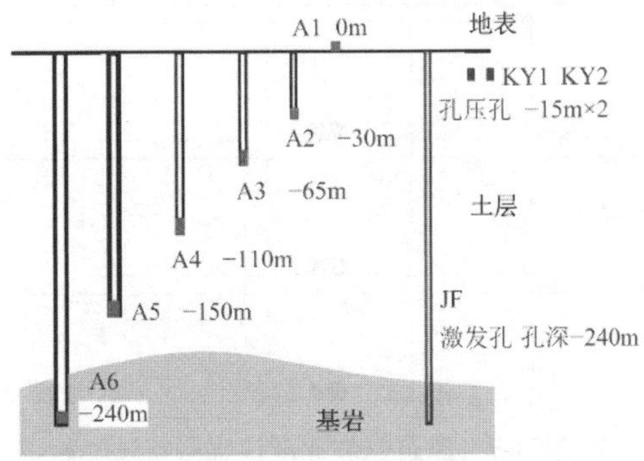

图 7-21-4　建筑二的场地影响监测台阵竖向布置图

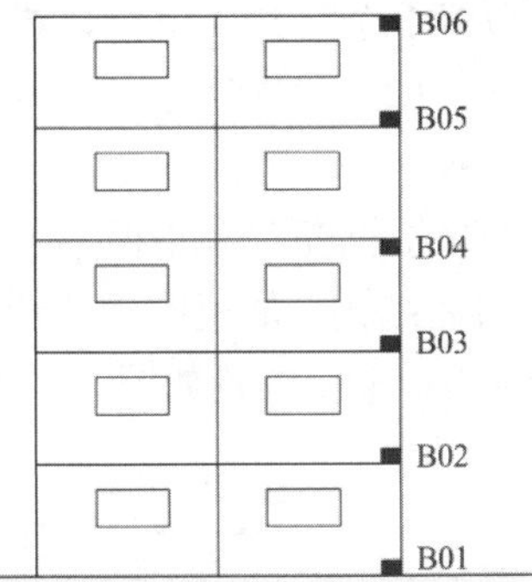

图 7-21-5　建筑二的结构监测台阵传感器布设位置图

加速度传感器采用 Obsidian 型加速度仪，该仪器有 3 + 1 传感器数据通道，3 个 EpiSensor 三分向传感器，采用 24 位 delta-sigmaA/D 转换器，动态范围：200sps～127dB，频率响应范围：DC～80Hz@200sps，多种采样率：1sps、10sps、20sps、50sps、250sps、500sps、1000sps、2000sps，内置 GPS 和 PTP，支持多种数据记录格式和传输协议，可通过 USB 接口或者 Wi-Fi 无线通信。

3. 建筑三

建筑三为某学校综合实验楼，该建筑分为两部分。其中，结构实验大厅部分为单层钢筋混凝土柱厂房结构；紧邻的办公楼部分为 3 层钢筋混凝土框架结构，建筑外观如图 7-21-6 所示。8 度设防，加速度传感器逐层布设在办公楼和结构实验大厅共用的框架梁中间部分，如图 7-21-7 所示。

(a) 办公楼

(b) 结构实验大厅

图 7-21-6　建筑三外观图

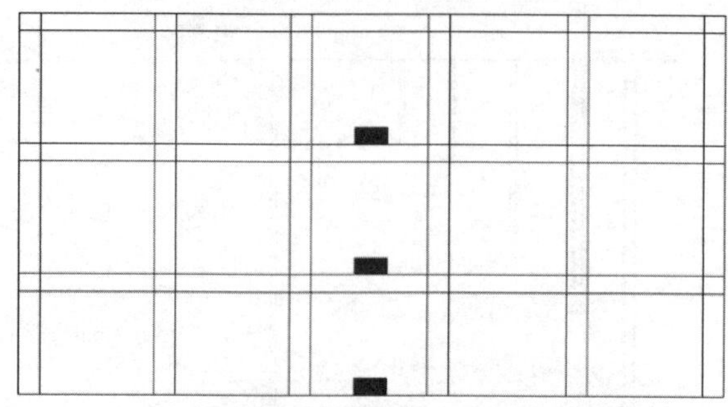

图 7-21-7　建筑三加速度传感器布设位置

建筑三的监测仪器采用的是加速度传感器，该加速度传感器为单向加速度传感器，每个测点水平方向布置 2 个，竖向布置 1 个，共 3 个传感器。该传感器灵敏度：0.3V · s²/m；最大量程：20m/s²；频率响应范围：0.25～100Hz。

4. 建筑四

建筑四是一座经抗震加固后的多层钢筋混凝土框架-剪力墙结构。该建筑加固前为 4 层框架结构，加固后为 6 层框架-剪力墙结构。加速度传感器布设在 1 层、2 层、3 层、4 层及 6 层。建筑四的立面图及加速度传感器布设位置如图 7-21-8 所示。

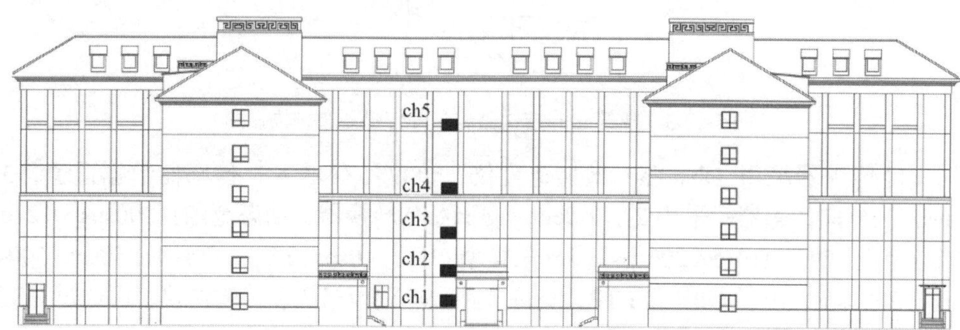

图 7-21-8　建筑四立面图及加速度传感器布设位置

建筑四的监测仪器和数据采集仪型号同建筑三。

5. 建筑五

建筑五为 5 层钢筋混凝土框架隔振结构，办公用房，8 度设防。建筑五加速度观测设备布设在隔振层地下 1 层（B1）、1 层、3 层和 5 层，共 4 个测点，测点分布统计见表 7-21-3。建筑五平面图和测点位置如图 7-21-9 所示。

建筑五测点分布统计表　　**表 7-21-3**

台阵名称	测点标号	测点楼层	测点位置	传感器类型
建筑五	1	B1	结构主体中部	力平衡式三分向加速度计
	2	1	结构主体中部	力平衡式三分向加速度计
	3	3	结构主体中部	力平衡式三分向加速度计
	4	5	结构主体中部	力平衡式三分向加速度计
合计	4			12 通道

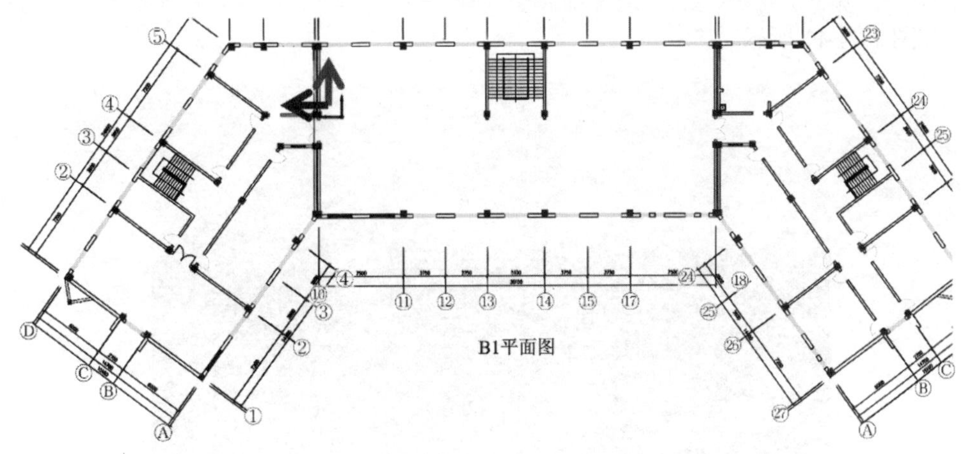

图 7-21-9　建筑五平面图和测点位置（B1 层、1 层、3 层、5 层）

6. 建筑六

建筑六为 3 层钢筋混凝土框架结构，办公辅助用房，8 度设防。建筑六加速度观测设备布设在 1 层和 3 层，每层 2 个测点，共 4 个测点，测点分布统计表见表 7-21-4。建筑六平面图和测点位置如图 7-21-10 所示。

建筑六测点分布统计表　　**表 7-21-4**

台阵名称	测点标号	测点楼层	测点位置	传感器类型
建筑六	1	1	结构北侧	力平衡式三分向加速度计
	2	1	结构南侧	力平衡式三分向加速度计
	3	3	结构北侧	力平衡式三分向加速度计
	4	3	结构南侧	力平衡式三分向加速度计
合计	4			12 通道

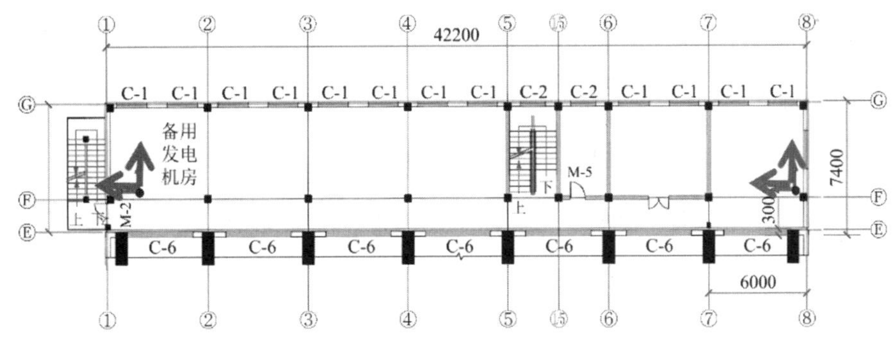

图 7-21-10　建筑六平面图和测点位置（1 层、3 层）

四、两座代表性桥梁地震反应台阵布设方案

1. 桥梁一

桥梁一为全桥跨径布置为 3 × 20m 后张预应力混凝土简支变连续小箱梁桥，全桥长

66m，如图 7-21-11 所示。

图 7-21-11　桥梁一外观图

桥梁一的监测点布置说明如下：

（1）中跨跨中

为获得正常运营状况下桥梁的振动信息，在中跨跨中布置 1 个竖向加速度传感器，如图 7-21-12 所示。

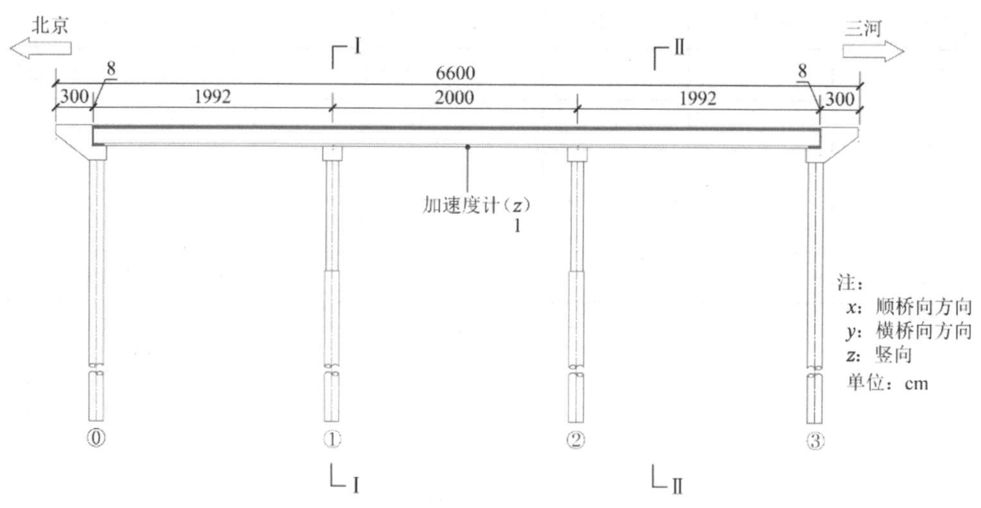

图 7-21-12　桥梁一中跨跨中测点布置立面图

（2）1 号桥墩

1 号桥墩系梁处：布置 1 个三向加速度计，监测地震作用下桥址处三个方向的地震反应；1 号桥墩墩帽处：布置 2 个加速度计，监测桥墩顶部顺桥向和横桥向加速度反应，用于震后结构参数识别；1 号桥墩顶部主梁：布置 1 个三向加速度计，监测主梁在地震作用下顺桥向、横桥向以及竖向地震加速度反应，用于震后结构参数识别；1 号桥墩顶部与主梁之间：布置 2 个位移计，监测主梁与桥墩之间顺桥向及横桥向之间的相对位移，用于震后结构状态评估及参数识别。

1 号桥墩监测仪器汇总见表 7-21-5，1 号桥墩测点布置如图 7-21-13 所示。

桥梁一 1 号桥墩监测仪器汇总　　表 7-21-5

位置	传感器	作用
1 号桥墩系梁处	1 个三向加速度计	监测桥址处三个方向的地震反应
1 号桥墩墩帽处	2 个单向加速度计（顺桥向和横桥向）	监测桥墩顶部顺桥向和横桥向加速度反应，用于震后结构参数识别
1 号桥墩顶部主梁	1 个三向加速度计	监测主梁在地震作用下顺桥向、横桥向以及竖向地震加速度反应，用于震后结构参数识别
1 号桥墩顶部与主梁之间	2 个位移计（顺桥向及横桥向）	监测主梁与桥墩之间顺桥向及横桥向之间的相对位移，用于震后结构状态评估及参数识别

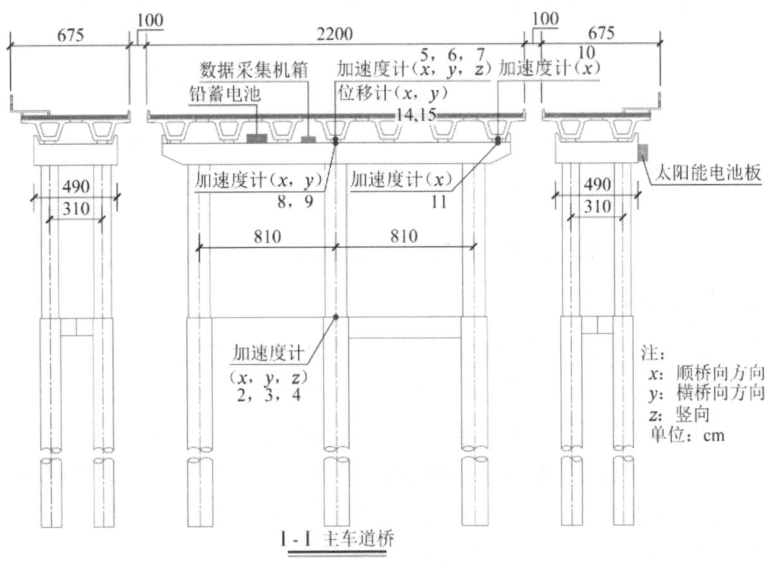

图 7-21-13　桥梁一 1 号桥墩测点布置剖面图

单向、两向、三向传感器均采用 941B 型加速度传感器，频率响应范围：0.25～80Hz，位移计采用 MPSFS-XS-200MM-V1 防水型位移计。

2. 桥梁二

桥梁二为简支连续梁桥，8 度设防。桥梁全长 560.28m，共 35 孔，单孔跨径为 16m，外观如图 7-21-14 所示。

图 7-21-14　桥梁二外观图

桥梁二的测点布置说明如下：

（1）中跨跨中

为获得正常运营状况下桥梁的振动信息，在中跨跨中布置 1 个竖向加速度传感器，如图 7-21-15 所示。

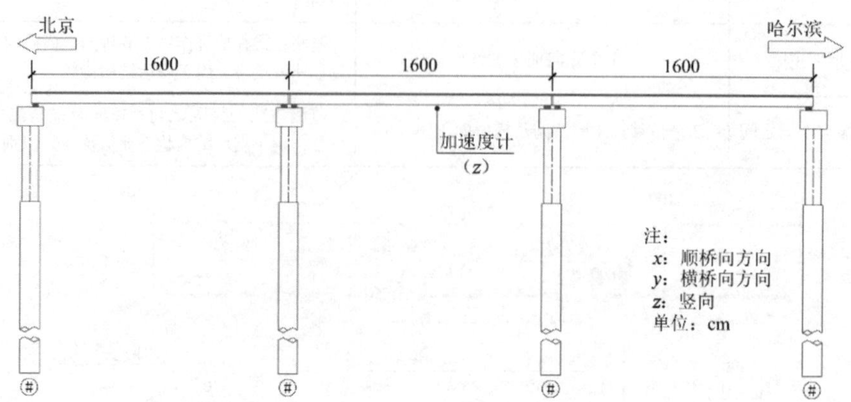

图 7-21-15　桥梁二中跨跨中测点布置立面图

（2）现场选定桥墩处

根据现场情况，选定#号墩作为监测对象，该墩处于跨线道路旁边。

#号桥墩系梁处：布置 1 个三向加速度计，监测地震作用下桥址处三个方向的地震反应；#号桥墩墩帽处：布置 1 个三向加速度计，监测桥墩顶部顺桥向、横桥向以及竖向加速度反应，用于震后结构参数识别；#号桥墩顶部主梁：布置 1 个三向加速度计，监测经过支座隔离后主梁顺桥向、横桥向以及竖向加速度反应，用于震后结构参数识别。

桥梁二#号桥墩测点布置图如图 7-21-16 所示。

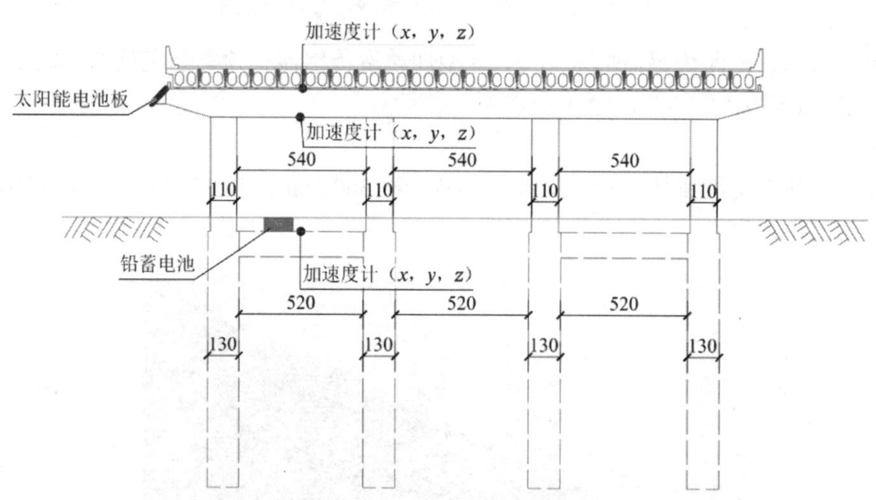

图 7-21-16　#号桥墩测点布置剖面图

加速度传感器采用与建筑一相同的、自行研制的三向 MEMS 加速度传感器。

第八章　振害诊断与治理

[实例 8-1] 上海陆家嘴某高层建筑振动长期监测及异常振动原因探究

一、工程概况

2013 年 2 月 7 日中午，上海某高层建筑内部分工作人员突然感觉到明显的晃动，根据大楼内相关人员的描述，异常振动持续近 2 小时，当时引起了人们的恐慌。异常振动发生后，业主、使用方及政府管理部门高度重视，组织了相关专家对大楼的振动情况进行评估，并寻找大楼异常振动的原因。

大楼位于上海市浦东新区陆家嘴开发区，南侧临世纪大道及地铁 2 号线。大楼于 1996 年开工，2001 年竣工使用，图 8-1-1 和图 8-1-2 分别给出了大楼的典型平面和剖面。大楼地面以上 41 层，主屋面高度约 183m，主屋面以上有 90m 高的通信铁塔，最高处约 273m；地下 4 层，地下室埋深约 16.5m。大楼建筑平面东西向长约 69.6m，南北向宽约 28.8m，采用钢-混凝土混合巨型结构，东西两端设置 13.2m × 28.8m 的混凝土筒体（构件内设置型钢），竖向自下而上设置 3 道（每道 4 榀）净跨度约 43.2m 的巨型钢桁架与端部混凝土筒体相连（第一道位于 7 层楼面至 10 层楼面之间，高度 18m；第二道位于 26 层楼面至 28 层楼面之间，高度 8m；第三道位于 40 层楼面至主屋面之间，高度 9m）；此外，在地下室顶层设置高度约 16m 的 4 榀钢筋混凝土预应力巨型桁架连接两端筒体。大楼楼盖形式为压型钢板 + 150mm 现浇混凝土板。大楼采用桩筏基础，筏板厚度 1.5～3.3m，其下设置长 35m、直径 609mm 的钢管桩，桩端持力层为⑦$_2$砂土层。

二、长期监测及分析

1. 监测概况

（1）振动监测点布置

在大楼主体结构内共布置了 15 个振动监测点（每个测点三个方向，共计 45 个拾振器），测点主要布置在各层弱电间的楼板边。各测点均测试了东西（大楼长边向）、南北（大楼短边向）、竖向三个方向的振动加速度。自 2013 年 9 月 23 日起对该高层建筑进行了长达四年的振动监测，期间大楼未发生异常振动。振动测点布置见表 8-1-1，测点布置平面和剖面见图 8-1-1 和图 8-1-2，测试仪器为 991B 型拾振器和配套的采集仪，测试时所有测点同步采集数据，数据采样频率为 200Hz。

振动测点布置一览　　表 8-1-1

标高（m）	−15.7	−15.7	0	0	34.5	53.4	89.5	125.5
测点位置	B4 东	B4 西	1 层东	1 层西	7 层	11 层	19 层	28 层

续表

标高（m）	149.5	165.5	182.5	178	89.5	125.5	165.5
测点位置	34层	38层	P1	41层西	19层中	28层中	38层中

注：表中“东”表示测点位于大楼东部，“西”表示测点位于大楼西部，“中”表示测点位于大楼中部，未注明测点均位于大楼东部。

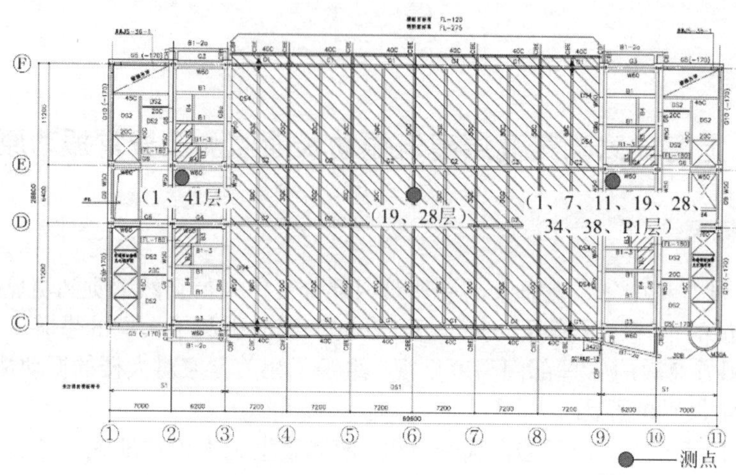

图 8-1-1　测点布置平面示意

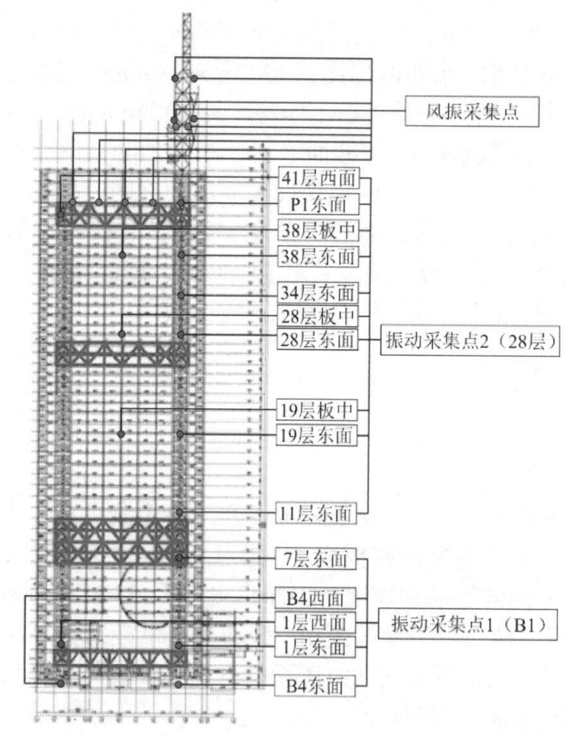

图 8-1-2　大楼振动监测测点布置剖面示意

（2）抗风监测点布置

在通信铁塔 20m 和 40m 的位置布置了风速风向监测点，在 P1 层和通信铁塔 20m 的位置布置了风振监测点，监测点布置平面见图 8-1-3，剖面见图 8-1-2。

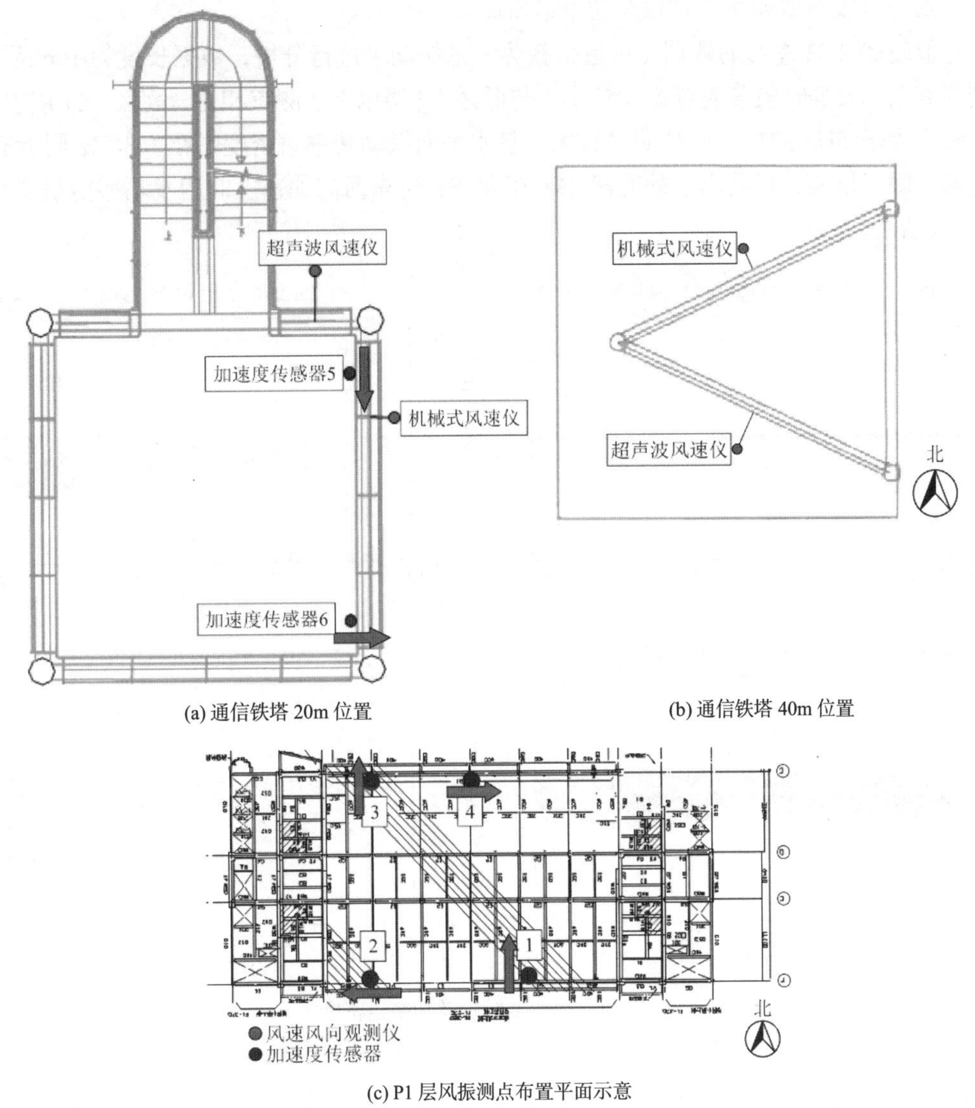

(a) 通信铁塔 20m 位置　　(b) 通信铁塔 40m 位置

(c) P1 层风振测点布置平面示意

图 8-1-3　抗风监测点布置平面示意

2. 振动监测分析结果

选取表 8-1-2 所示四种情况下的振动加速度数据进行分析，探讨大楼的自振特性及不同振源作用下大楼的振动特性。

测试数据分析情况一览　　**表 8-1-2**

情况类别	分析对象
安静时段	凌晨 2:03 左右的数据，可近似视为背景振动
地铁经过时	地铁经过时的数据
台湾地震作用时（远场地震）	台湾花莲地震发生时的数据
临港地震作用时（近场地震）	上海临港地震发生时的数据

（1）安静时段

①安静时段典型加速度时程及功率谱密度

选取凌晨 2:03 左右的数据（可近似视为背景振动）进行分析，数据长度为 10min。分析结果表明，安静时段各测点振动较小，与低区（7 层以下）测点相比，高区（11 层以上）测点频率小于 5Hz 的振动成分明显较大，且水平向振动功率谱密度图在 0.35Hz 附近有明显的峰。限于篇幅，仅给出安静时段 B4 东和 P1 层东西向加速度时程及功率谱密度，如图 8-1-4 所示。

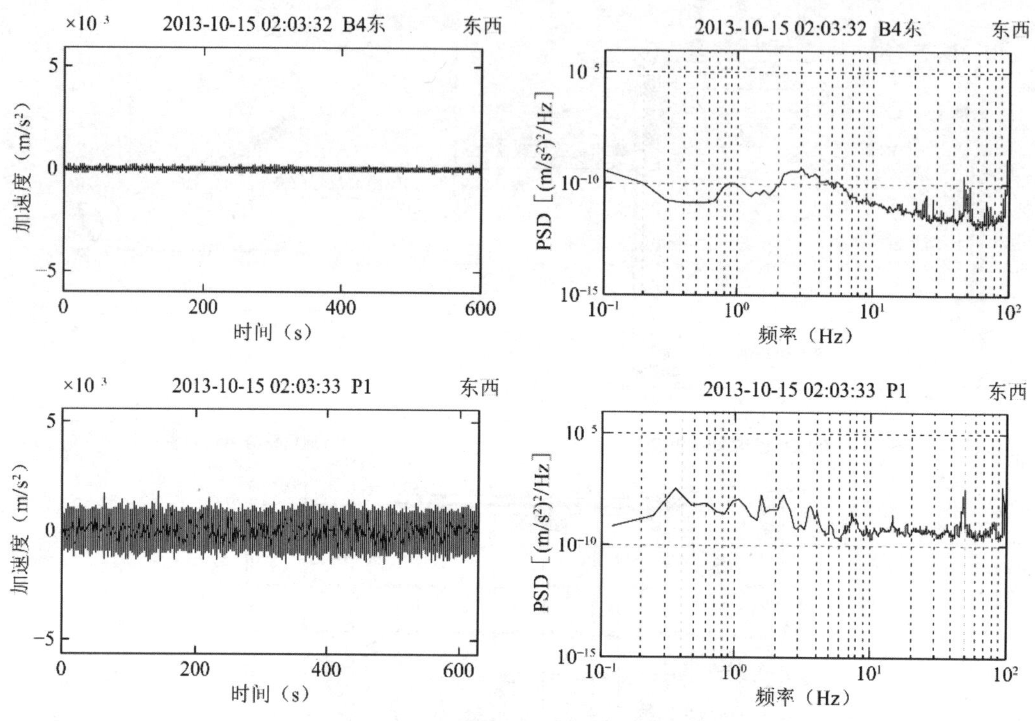

图 8-1-4　加速度时程及功率谱密度

②结构自振频率

P1 层测点水平振动功率谱密度见图 8-1-5、高区（11 层以上）测点水平振动功率谱密度见图 8-1-6。结构前 3 阶自振频率及采用半功率点法确定的阻尼比见表 8-1-3。

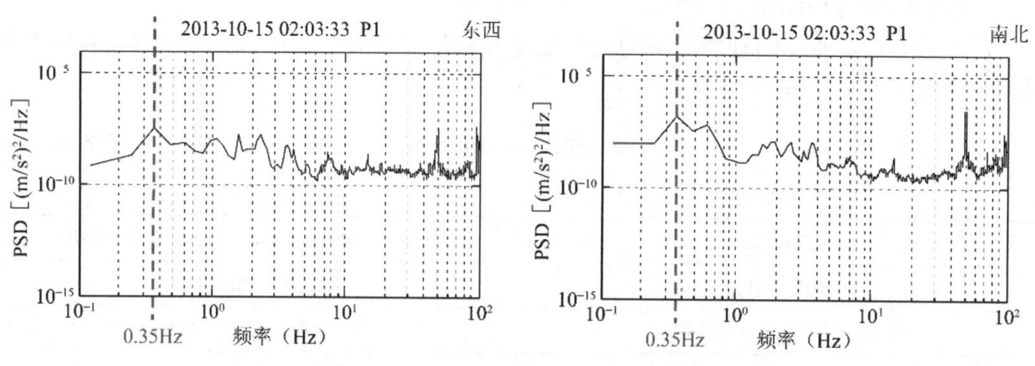

图 8-1-5　P1 层水平向振动功率谱密度图

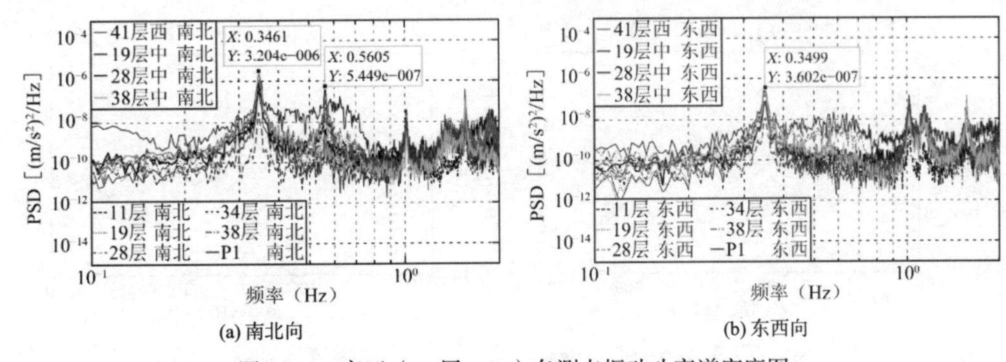

图 8-1-6　高区（11 层～P1）各测点振动功率谱密度图

大楼自振特性测试结果　　**表 8-1-3**

模态	频率（Hz）	阻尼比	振型描述
1	0.35	0.61%	南北向（两侧筒体同向）
2	0.35	1.12%	东西向
3	0.56	0.53%	南北向（两侧筒体反向）

（2）地铁经过时

选取地铁经过时的数据进行分析，数据长度为 1min。分析结果表明，地铁经过时 11 层以下水平向振动明显增大，19 层以下竖向振动明显增大。总体而言，地铁引起的结构振动频率主要为 60～80Hz；限于篇幅，仅给出地铁经过时 B4 东竖向典型加速度时程及功率谱密度，如图 8-1-7 所示。

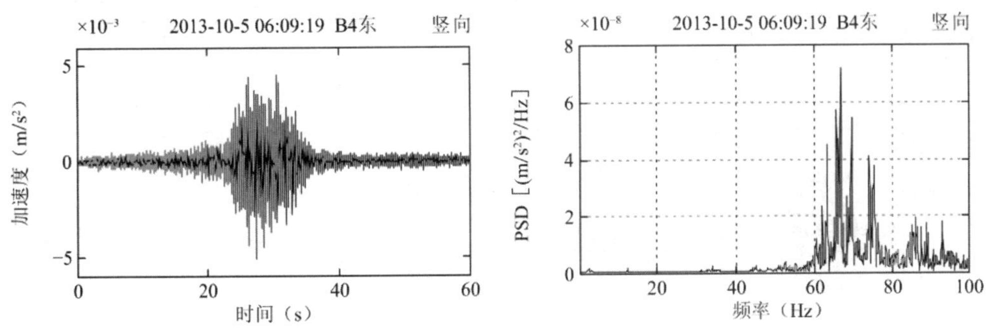

图 8-1-7　地铁经过时典型加速度时程及功率谱密度

（3）台湾地震作用时

据媒体报道，台湾花莲县在 2013 年 10 月 31 日 20 时 02 分发生了 6.7 级地震，震源深度约为 19.5km，距大楼约 800km。地震期间，大楼监测到了明显的地震响应。根据实际记录的数据，地震波传到大楼的时间约为 20 时 05 分。数据分析结果表明：①地震时大楼水平向低频振动明显增大，19 层以上测点竖向振动变化不明显，地震引起的大楼振动频率主要在 5Hz 以下；②大楼水平向振动的峰值频率为 0.35Hz（与建筑物的前 2 阶自振频率相同）；③大部分测点功率谱密度图在 1.08Hz 处也有明显的峰。限于篇幅，仅给出台湾花莲地震时 B4 东和 P1 层加速度时程及功率谱密度，如图 8-1-8 所示。

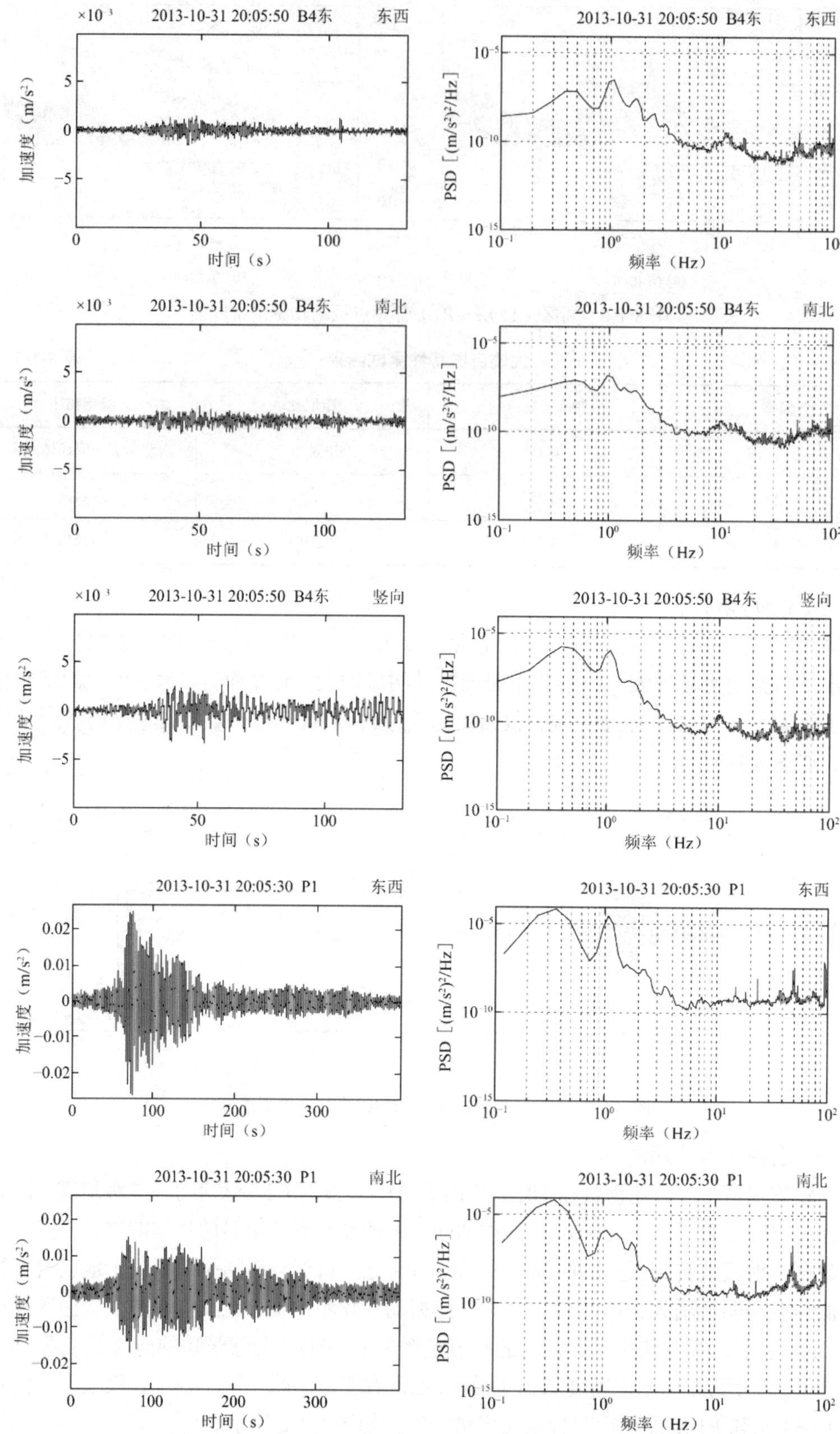

×10⁻³
2013-10-31 20:05:50 B4东 东西
加速度（m/s²）
时间（s）
2013-10-31 20:05:50 B4东 东西
PSD［(m/s²)²/Hz］
频率（Hz）
×10⁻³
2013-10-31 20:05:50 B4东 南北
加速度（m/s²）
时间（s）
2013-10-31 20:05:50 B4东 南北
PSD［(m/s²)²/Hz］
频率（Hz）
×10⁻³
2013-10-31 20:05:50 B4东 竖向
加速度（m/s²）
时间（s）
2013-10-31 20:05:50 B4东 竖向
PSD［(m/s²)²/Hz］
频率（Hz）
2013-10-31 20:05:30 P1 东西
加速度（m/s²）
时间（s）
2013-10-31 20:05:30 P1 东西
PSD［(m/s²)²/Hz］
频率（Hz）
2013-10-31 20:05:30 P1 南北
加速度（m/s²）
时间（s）
2013-10-31 20:05:30 P1 南北
PSD［(m/s²)²/Hz］
频率（Hz）

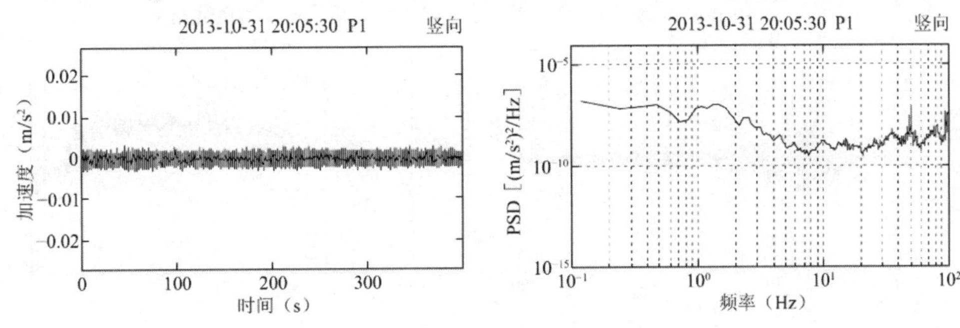

图 8-1-8　地震时加速度时程及功率谱密度

地震时各测点加速度最大振幅随高度的变化如图 8-1-9 所示，为避免局部高频振动的影响，分别绘制了不滤波和进行 5Hz 以下低通滤波时最大振幅随高度的变化图。由图可知：①水平振动随着高度增加逐渐增加，而竖向振动很快衰减；②东西向振动较南北向振动大；③东西向振幅在 19 层和 34 层达到局部极值。

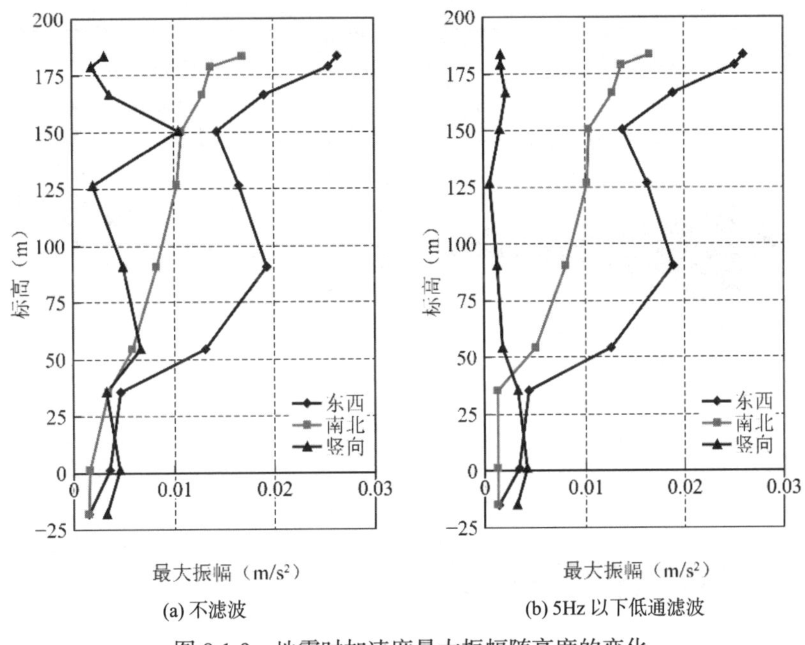

图 8-1-9　地震时加速度最大振幅随高度的变化

（4）临港地震作用时

据上海地震局官方微博，2014 年 7 月 10 日凌晨 01 时 44 分在上海市发生 2.0 级地震，震中位于北纬 30.9 度，东经 121.9 度，靠近滴水湖，震源深度 8km。地震期间，大楼监测到了明显的地震响应。

根据上海临港地震的时间截取各测点的振动加速度数据进行分析，分析结果表明：①与花莲地震引起的大楼振动不同，总体而言临港地震时大楼水平向振动小于竖向振动，且高频成分较丰富；②大楼竖向振动频率主要在 1～50Hz，水平向振动随着楼层的增加高频逐渐减小、低频逐渐增大。限于篇幅，仅给出上海临港地震时 B4 东和 P1 层加速度时程及功率谱密度，如图 8-1-10 所示。

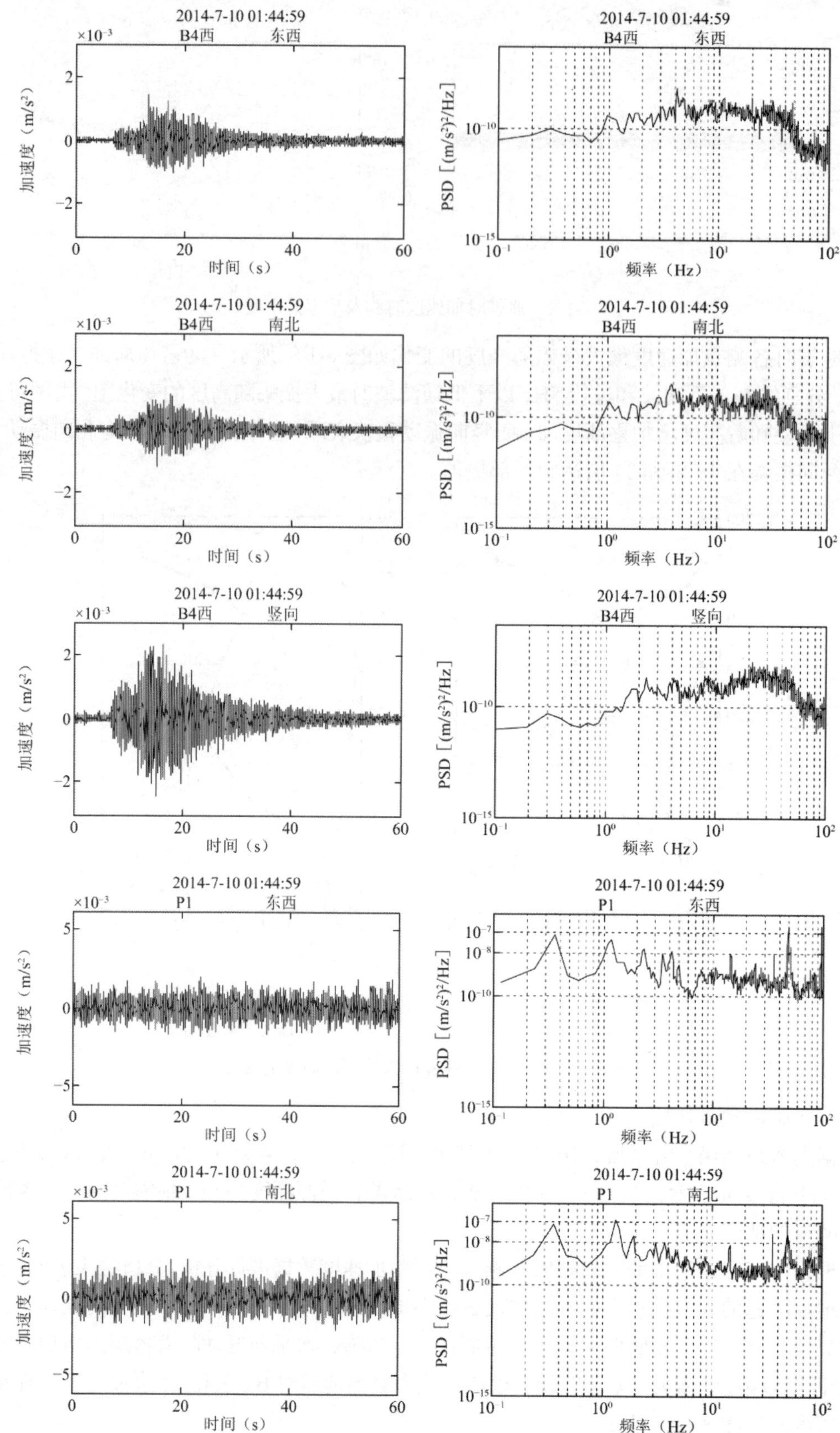
2014-7-10 01:44:59
B4西 东西
加速度（m/s²）
时间（s）
PSD［(m/s²)²/Hz］
频率（Hz）
B4西 南北
B4西 竖向
P1 东西
P1 南北

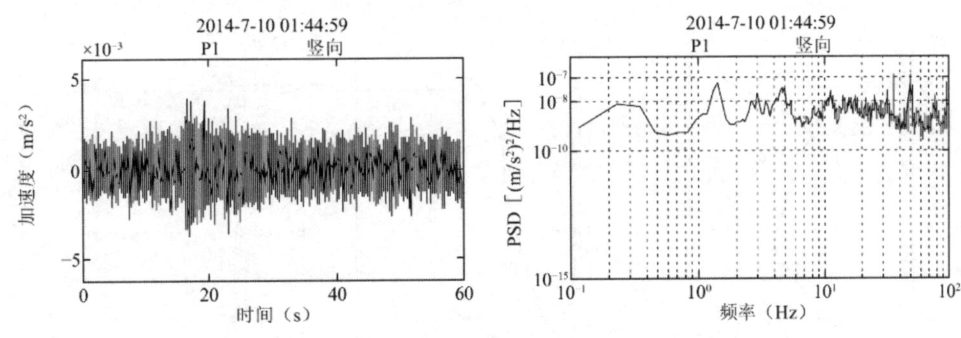

图 8-1-10　地震时加速度时程及功率谱密度

临港地震时各测点加速度最大振幅随高度的变化如图 8-1-11 所示。由图可知：①竖向振动明显大于水平向振动；②总体而言水平向振动随着高度的增加逐渐衰减，而竖向振动随着高度的增加无明显衰减；③一层振动大于地下四层振动；④地震时大楼最大加速度峰值约为 0.0039m/s²（P1 层竖向）。

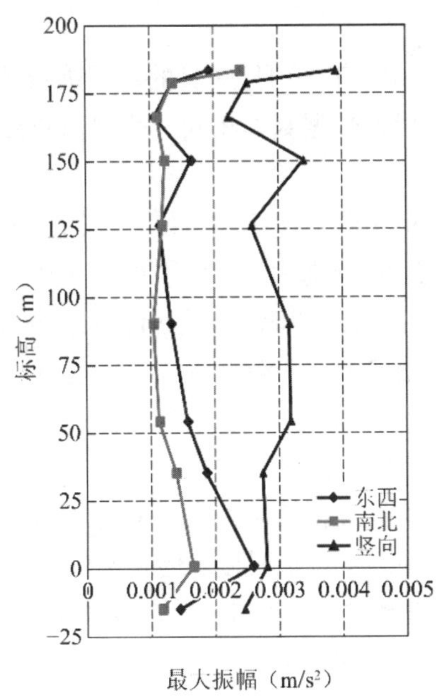

图 8-1-11　临港地震时加速度最大振幅随高度的变化

（5）不同振源作用下大楼振动对比

安静时段、地铁经过时、台湾花莲地震时、上海临港地震时各测点加速度最大振幅随高度变化见图 8-1-12，由图可知：①安静时段大楼三个方向振动均比较小，沿楼层高度方向变化不显著；②地铁交通引起的大楼振动随高度增加整体逐渐减小，其中，水平向振动在 19 层衰减至与背景振动值相当，竖向振动在 28 层衰减至与背景振动值相当；③台湾花莲地震引起的大楼振动以水平向为主，且东西向振动较南北向大，总体而言，水平向振动随着高度的增加逐渐增加，而竖向振动衰减很快；④对于低区测点，地铁交通引起的大楼振动大于台湾花莲地震引起的大楼振动；⑤上海临港地震时竖向振动明显大于水平向振动，总体而言，水平向振动随着高度的增加逐渐衰减，而竖向振动随着高度的增加无明显衰减。

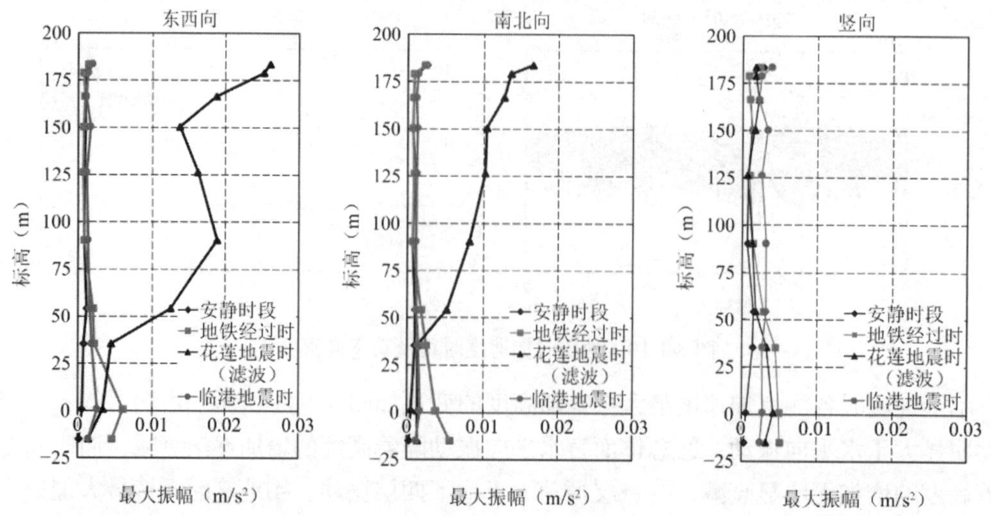

图 8-1-12　安静时段、地铁经过时、台湾花莲地震时、上海临港地震时各测点最大振幅随高度变化

3. 抗风监测分析结果

选取 2013 年 9 月 23 日—2014 年 10 月 23 日的数据进行了分析，主要结论如下：

（1）各个风速仪监测到的风速数据基本相同，监测到的最大瞬时风速约为 22m/s，平均风速约为 15m/s。

（2）通过对紊流度参数分析表明，超声风速仪 1 三个方向的湍流度I_u、I_v、I_w分别为 0.17、0.13、0.09，超声风速仪 2 分别为 0.13、0.07、0.06。紊流度比值I_u : I_v : I_w约为 1 : 0.75 : 0.5；不同时间段统计获得的湍流度值差别较大。从湍流度的统计结果可以发现，随着平均风速的增大，湍流度趋向于一个渐近值。根据超声风速仪 1 的监测结果，三个方向的湍流度I_u、I_v、I_w分别为 0.22、0.18、0.17，超声风速仪 2 的监测结果分别为 0.29、0.20、0.19。三个方向的I_u : I_v : I_w约为 1 : 0.75 : 0.71。

（3）风速与风致振动的相关性分析结果表明，平均风速一般不超过 15m/s，所以主体结构的振动加速度与风速的关系不是特别明显。但是通信铁塔的东西向振动与风速存在明显的相关性，说明脉动风是通信铁塔东西向振动的主要原因。

（4）没有观测到明显的涡激振动现象。

三、大楼的安全性与舒适度评价

（1）选取 2013 年 9 月—2014 年 10 月的部分监测数据进行了分析，测试期间东西向、南北向、竖向最大加速度分别为 0.0629m/s²、0.0734m/s²、0.0748m/s²（表 8-1-4），大楼振动的加速度远低于多遇地震的设计加速度 0.35m/s²，安全性满足要求。

各测点最大加速度统计（m/s²）　　**表 8-1-4**

时间	东西向	南北向	竖向
2013 年 9 月 23 日—2013 年 10 月 31 日	0.0629	0.0581	0.0721
2013 年 11 月 1 日—2013 年 12 月 6 日	0.0625	0.0568	0.0699
2013 年 12 月 7 日—2014 年 1 月 31 日	0.0560	0.0697	0.0748

续表

时间	东西向	南北向	竖向
2014 年 10 月 1 日—2014 年 10 月 31 日	0.0553	0.0734	0.0740
最大值	0.0629	0.0734	0.0748

（2）台湾花莲地震引起大楼产生较为明显的振动，其中 P1 层东西向加速度峰值最大，为 0.0263m/s²，但该加速度值远远低于多遇地震的设计加速度 0.35m/s²，该地震下大楼的安全性满足要求。

（3）选取 2013 年 9 月—2014 年 10 月的部分监测数据进行了分析，测试期间东西向、南北向、竖向最大加速度分别为 0.0629m/s²、0.0734m/s²、0.0748m/s²。低于《高层建筑混凝土结构技术规程》JGJ 3—2010 中关于舒适度的限值 0.15m/s²。

（4）地铁引起的基础底板振动振级为 45～50dB，远低于上海市地方标准《城市轨道交通（地下段）列车运行引起的住宅建筑室内结构振动与结构噪声限值及测量方法》DB31/T 470—2009 的控制值 67～72dB。

四、大楼异常振动原因探究

以往的工程经验表明，异常振动往往是由于振源的频率与建筑物自振频率比较接近，从而引发建筑物共振。目前，引起大楼异常振动的振源尚不清楚，据业主调查大楼内无潜在振源，因此，外部振源引起大楼异常振动的可能性较大。从振动的传播路径看，外部振源引起大楼异常振动又有两种情况：一种是外部振源引起的振动通过土体经建筑物基础传至上部结构（比如施工活动、机械运行、交通活动等引起的振动）；另一种是振动经上部结构直接传至建筑物，主要是风荷载引起的振动。

基于以上分析，采用数值模拟方法对通信铁塔激励引起大楼异常振动的可能性和基底激励引起大楼异常振动的可能性进行了分析，有限元分析模型见图 8-1-13。

1. 基底激励引起大楼异常振动的可能性分析

基底激励异常振动重现模拟结果表明：（1）若阻尼比取 0.005，基底作用为东西向单位位移简谐荷载$y=\sin 2\pi\times 0.35t$时，引起 P1 层最大振幅放大倍数约为 123.31，引起 20 层最大振幅放大倍数约为 50.50；（2）若阻尼比取 0.005，基底作用为南北向单位加速度简谐荷载$y=\sin 2\pi\times 0.35t$时，引起 P1 层最大振幅放大倍数约为 82.45，引起 20 层最大振幅放大倍数约为 24.58；（3）基底沿东西向振动时，引起的大楼振动大于基底沿南北向振动时引起的大楼振动。

根据以往的实测数据，上海地区土方车引起建筑物内水平向振动最大位移一般小于 2×10^{-5}m（时域值，峰值频率一般为 1～3Hz，0.35Hz 对应的振动幅值小于 2×10^{-5}m）。若假定 0.35Hz 对应的振动幅值为 2×10^{-5}m，阻尼比取 0.005，按照计算得到的放大倍数换算，当基底作用东西向振幅为 2×10^{-5}m 的位移简谐荷载$y=2\times10^{-5}\times\sin 2\pi\times 0.35t$时，引起 P1 层加速度最大振幅约为 0.012m/s²，引起 20 层加速度最大振幅约为 0.0049m/s²。

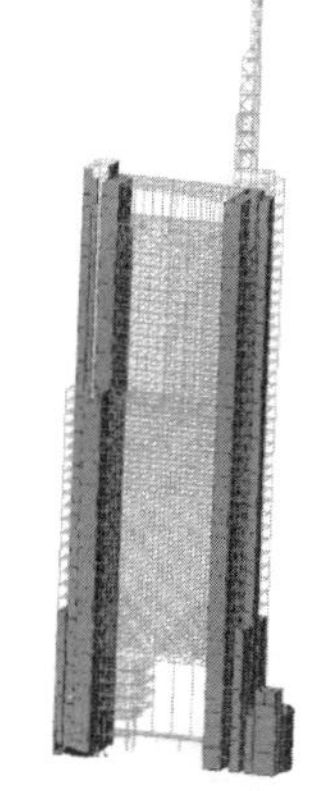

图 8-1-13　有限元分析模型

根据《高层建筑混凝土结构技术规程》JGJ 3—2010，当加速度达到0.05～0.15m/s^2（5～15Gal）时，振动为人有感振动。因此，一般情况下交通活动不会引起大楼的异常振动。

在上述假定下（阻尼比取0.005），要使P1层加速度达到0.05m/s^2，基底需持续作用东西向振幅为8.38×10^{-5}m的位移简谐荷载$y=8.38\times10^{-5}\times\sin2\pi\times0.35t$，这时荷载的振幅大约相当于土方车经过时路边的最大位移（时域值，峰值频率一般为1～3Hz）。

综上所述，交通荷载引起大楼异常振动的可能性较小，但当施工活动、机械运行等外部振源持续引起频率为0.35Hz且与大楼长边向或短边向基本平行且振幅较大的振动时，也有可能引起大楼的异常振动。

2. 通信铁塔激励引起大楼异常振动的可能性分析

通信铁塔激励异常振动重现模拟结果表明：（1）若阻尼比取0.005，通信铁塔上作用东西向单位加速度简谐荷载$\ddot{y}=\sin2\pi\times1.12t$时，引起P1层最大振幅放大倍数约为0.2032，引起20层最大振幅放大倍数约为0.1710；（2）若阻尼比取0.005，通信铁塔上作用南北向单位加速度简谐荷载$\ddot{y}=\sin2\pi\times1.01t$时，引起P1层最大振幅放大倍数约为0.0094，引起20层最大振幅放大倍数约为0.0157；（3）通信铁塔沿东西向振动引起的大楼振动远大于通信铁塔沿南北向振动引起的大楼振动。

实践证明当风较大时，人在通信铁塔上能明显感觉到铁塔的振动，风环境实测数据也表明，铁塔的东西向振动与风速存在明显的相关性，脉动风是铁塔东西向振动的主要原因。根据通信铁塔20m高处的振动实测结果，通信铁塔20m高处东西向加速度最大振幅可达0.405m/s^2，南北向可达0.218m/s^2。此外，2013年2月7日大楼内异常振动时拍摄的通信铁塔振动视频显示，当时铁塔持续以1Hz左右（约10s 10次）的频率沿东西向振动。

此外，根据大楼振动实测数据，大楼振动加速度功率谱密度在1Hz附近有明显的峰值。

综上所述，风荷载引起大楼异常振动的可能性较大，首先引起通信铁塔以1Hz左右的频率持续振动，当振动持续时间较长时，随着能量的积累，会引起整个大楼的明显振动。

[实例 8-2] 煤炭企业某选煤厂筛分车间异常振动诊断与治理

一、工程概况

某选煤厂筛分车间（图 8-2-1）建于 2006 年，结构形式为钢筋混凝土框架结构，共七层，五层（标高 15.680m）和六层（标高 23.180m）分别设置两台振动筛（振动筛支座为弹簧减振支座，如图 8-2-2 所示），长度为 35m，宽度为 18.5m，高度为 36.18m，总建筑面积约为 3336m^2。该车间自建成以来，发现振动筛在停机过程中车间结构存在异常振动现象，标高 23.180m 和标高 29.830m 平台X向（X向代表南北方向，Y向代表东西方向）水平振动尤为明显。

为保证结构安全和生产正常运行，通过振动测试及动力计算分析，找出该车间异常振动的原因，综合考虑现场实际情况，提出经济有效、可实施的振动治理方案。

图 8-2-1　筛分车间外观

图 8-2-2　振动筛弹簧减振支座

二、振动测试

1. 测试工况及测点布置

（1）测试工况

①工况一：振动筛不运行，在风力作用（环境激励）下，测试结构X向和Y向自振频率。

②工况二：振动筛空载启动过程中，测试楼盖X向和Y向水平振动速度。

③工况三：振动筛负载运行时，测试楼盖X向和Y向水平振动速度。

④工况四：振动筛空载停机过程中，测试楼盖X向和Y向水平振动速度。

（2）测点布置

在标高 29.830m、23.180m 和 15.680m 平台分别布置测点，测点布置见图 8-2-3～图 8-2-5。

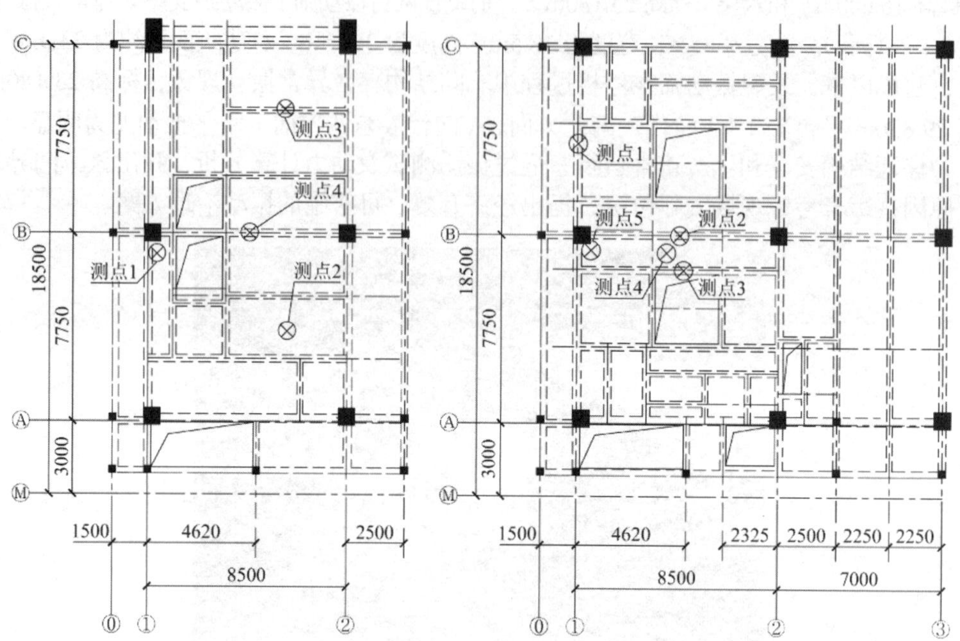

图 8-2-3　标高 29.830m 平台测点布置图

图 8-2-4　标高 23.180m 平台测点布置图

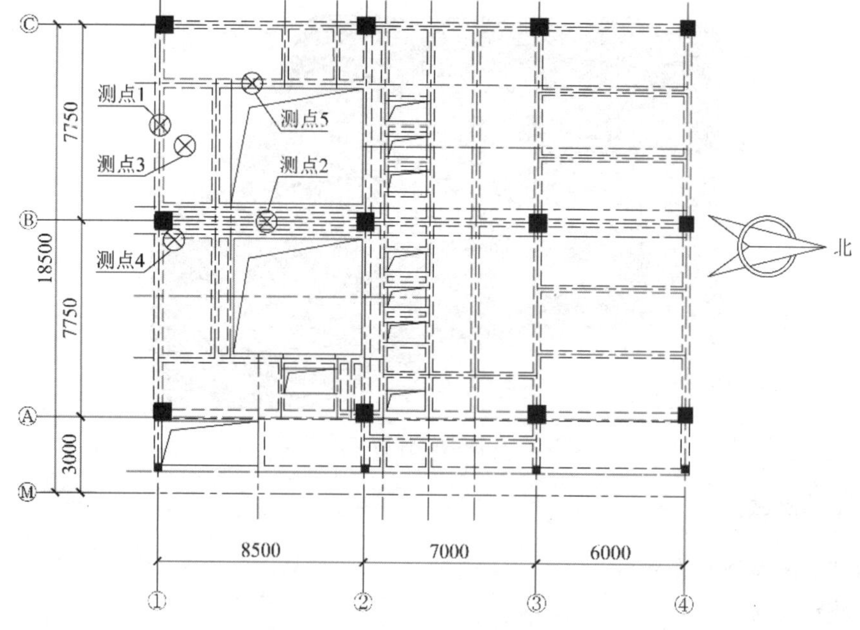

图 8-2-5　标高 15.680m 平台测点布置图

现场测试用设备见图 8-2-6，振动数据采集采用 941B 型超低频拾振器以及 INV3062C 分布式采集仪；数据分析采用 Coinv DASP V10。

图 8-2-6　现场测试设备

2. 测试结果

不同工况下筛分车间部分测点振动测试结果见表 8-2-1。结构模态测试结果见表 8-2-2，模态振型见图 8-2-7～图 8-2-10。

不同工况下筛分车间部分测点振动测试结果　　表 8-2-1

工况名称	标高（m）	测点编号	测试方向	最大速度（mm/s）	频率（Hz）
工况二	29.830	1	*X*	7.04	12.66
			Y	5.78	12.66
		2	*X*	6.51	12.64
			Y	1.08	12.64
	23.180	5	*X*	5.55	12.66
			Y	2.81	12.66
工况三	23.180	1	*X*	5.24	12.63
			Y	2.43	4.99
		5	*X*	2.1	12.58
			Y	5.15	4.99
工况四	29.830	1	*X*	17.25	1.31
			Y	5.55	1.31
	23.180	5	*X*	11.8	1.31
			Y	0.79	1.31
	15.680	4	*X*	9.61	1.31

结构模态测试结果　　表 8-2-2

测试方向	阶数	频率（Hz）	阻尼（%）
X	1	1.394	1.652
	2	3.338	—
	3	5.075	3.242
Y	1	1.481	1.720
	2	2.440	3.060
	3	4.216	4.218

根据测试结果可知：

（1）模态测试得到的*X*向一阶振型特征与实际水平振动现状吻合。结构*X*向自振频率为

1.39Hz，Y向自振频率为 1.48Hz。

（2）振动筛停机过程中，标高 29.830m 楼盖水平振动最为剧烈，个别测点振动速度达到 17.25mm/s，超出《建筑工程容许振动标准》GB 50868—2013 所规定的振动筛支承结构容许振动速度峰值的 72.5%（容许振动速度峰值为 10.0mm/s）。

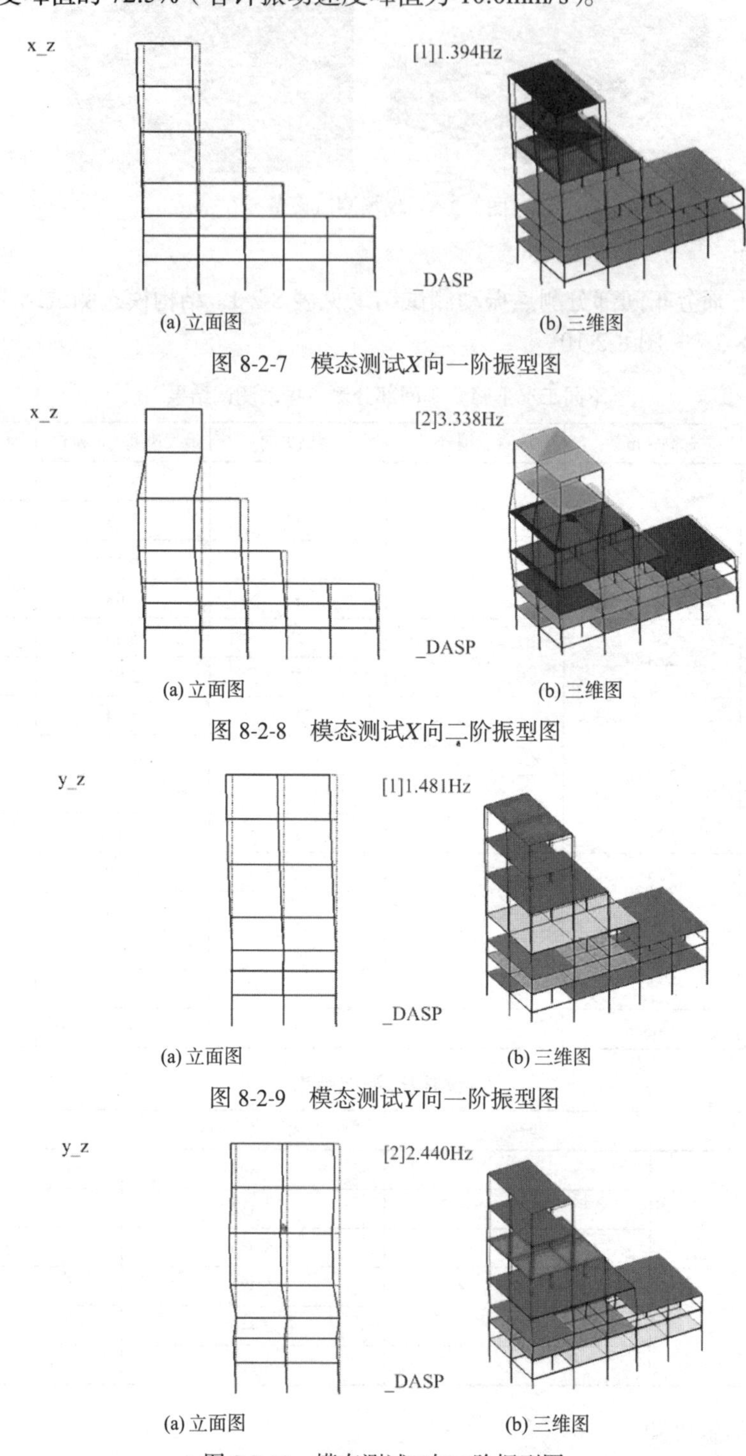

(a) 立面图　　(b) 三维图

图 8-2-7　模态测试X向一阶振型图

(a) 立面图　　(b) 三维图

图 8-2-8　模态测试X向二阶振型图

(a) 立面图　　(b) 三维图

图 8-2-9　模态测试Y向一阶振型图

(a) 立面图　　(b) 三维图

图 8-2-10　模态测试Y向二阶振型图

三、异常振动原因分析

振动筛在停机过程中的某个时段对结构的激励频率，与结构的X向自振频率非常接近，从而产生共振，且结构的X向抗侧刚度较小，故该结构X向在设备停机过程中的某个时段会发生明显振动。

四、振动治理方案

筛分车间结构虽有明显水平振动，但振动发生在振动筛设备停机过程中的某一时段，水平振动持续时间较短，尚不影响结构安全，宜对结构进行加固，消除异常振动。

工业建筑结构的异常振动可通过改变振源、隔振、吸振、改变结构动力特性等振动控制措施来达到振动控制的目的，应根据振动控制效果、技术可靠程度、施工难易程度、对生产的影响、经济因素等方面选择单独采用或综合采用。一般可从振动荷载输入、结构系统、动力响应三个层面采取振动控制措施。

该筛分车间为既有工业建筑，受生产、工艺等条件限制，难以采取改变振源、隔振或吸振等减振措施，综合比较，选择改变结构动力特性的振动治理方案实现振动控制。

五、振动治理效果

在 1-2/A（标高 29.830m 以下）、1-2/C（标高 29.830m 以下）、2-3/A（标高 23.180m 以下）及 2-3/C（标高 23.180m 以下）位置增设型钢交叉支撑（图 8-2-11 和图 8-2-12）。经此方法处理之后，结构水平向振动幅度会明显减小。

经计算和对比分析，得到异常振动楼盖在振动治理前后的测点最大速度幅值及减振效果。增设支撑前后，筛分车间不同楼盖X向速度时程曲线计算结果见图 8-2-13～图 8-2-15。通过动力计算结果比较可知，增设型钢交叉支撑后，结构X向最大振动幅值降低 63.5%（增设支撑前，结构X向最大振动幅值为 17.25mm/s；增设支撑后，结构X向最大振动幅值降至 6.30mm/s，满足相关国家标准和规范的容许振动值要求），减振效果明显。

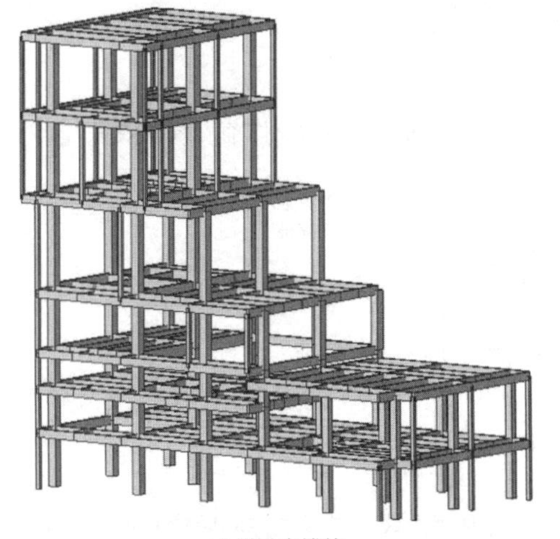

(a) 增设支撑前

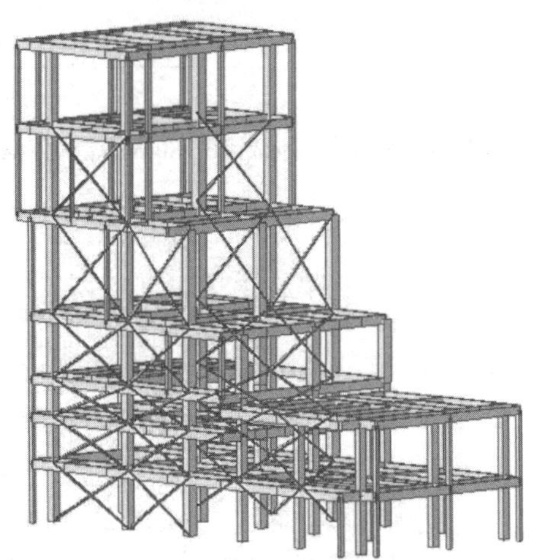

(b) 增设支撑后

图 8-2-11 振动治理前后的筛分车间三维模型

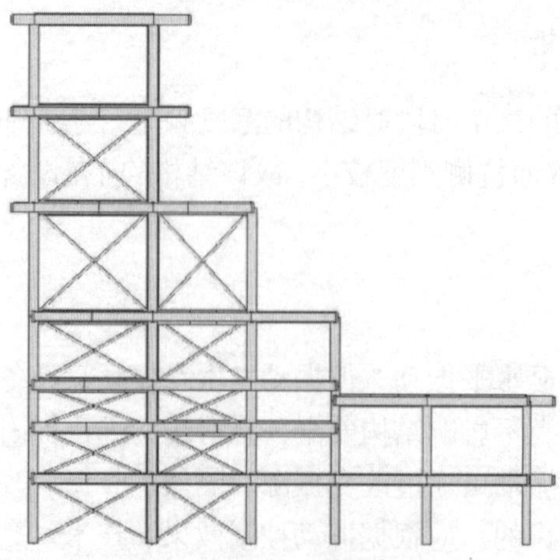

图 8-2-12　支撑布置立面图

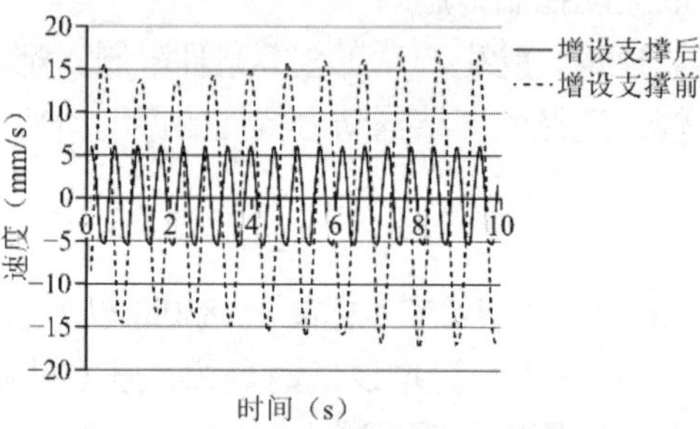

图 8-2-13　筛分车间标高 29.830m 平台测点X向速度时程曲线（增设支撑前后减振效果对比）

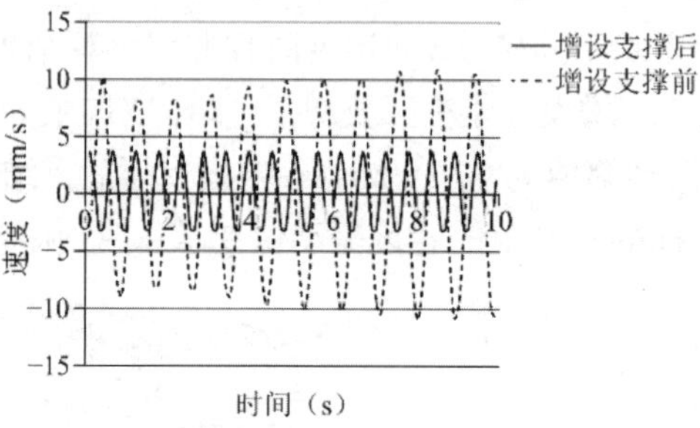

图 8-2-14　筛分车间标高 23.180m 平台测点X向速度时程曲线（增设支撑前后减振效果对比）

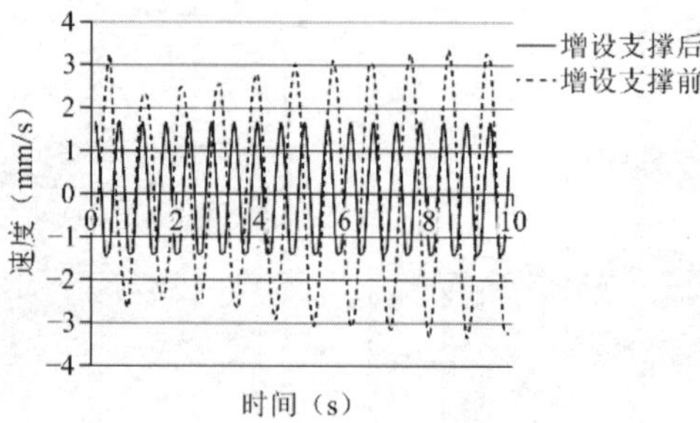

图 8-2-15　筛分车间标高 15.680m 平台测点X向速度时程曲线（增设支撑前后减振效果对比）

［实例 8-3］某选煤厂装车塔楼水平晃动原因分析与治理

一、工程概况

某选煤厂装车塔楼建于 2005 年，主体结构为钢框架-支撑结构体系，屋面及墙面围护结构均为彩钢板。共五层，标高分别为 8.209m、11.870m、14.864m、25.000m、33.500m，总建筑面积约为 352.6m^2。

该快速装车站装煤能力约 5000t/h。塔楼内部设备从上往下主要包括给煤机、缓冲仓、定量仓、摆动式溜槽，缓冲仓和定量仓底部分别有 4 个和 1 个液压式平板开关闸门，详见表 8-3-1。装车站底部装煤列车运行速度约 0.8～2.0km/h。每节车厢装车时间约 60s，每列车装车时间约 50～80min。

该快速装车站主要设备布置表　　**表 8-3-1**

序号	设备	位置	参数	备注
1	给煤机	标高 25.000m 处	—	与该胶带机机头相连
2	缓冲仓	标高 14.864～25.000m 之间	重量 300t	底部 4 个液压式平板开关闸门
3	定量仓	标高 8.209～14.864m 之间	重量 100t	底部 1 个液压式平板开关闸门
4	摆动式溜槽	标高 8.209m 以下	—	卸煤至列车车厢

该塔楼最近几年发现装车过程中存在南北向（Y轴）水平晃动现象，顶层平台（标高 25.000m）水平晃动尤为明显。

二、振动测试

1. 测试工况

（1）装车过程中，测试塔楼各层水平和竖向振动速度。

（2）不装车时，测试结构自振频率。

2. 测点布置

在标高 8.207m、11.870m、14.864m 和 25.000m 平台分别布置测点，测点布置见图 8-3-1～图 8-3-4。

3. 振动测试结果

装车过程中，该塔楼Y轴（南北）方向出现间歇性水平晃动，振动幅值的波动情况与定量仓底部液压闸门（标高 8.209m）开闭过程相吻合。部分楼层测点振动幅值超限，标高 25.000m 楼盖水平振动最为剧烈，个别测点振动速度达到 21.31mm/s，已明显超出振动标准限值。

振动测试结果详见表 8-3-2～表 8-3-5。结构模态测试结果见表 8-3-6，模态振型见图 8-3-5～图 8-3-7。

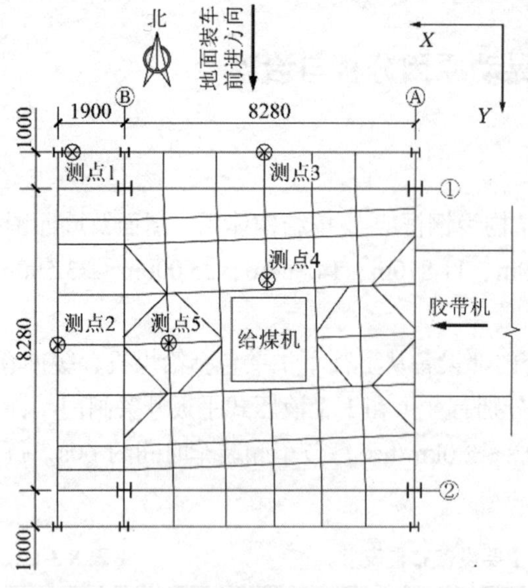

图 8-3-1　标高 25.000m 平台测点布置图

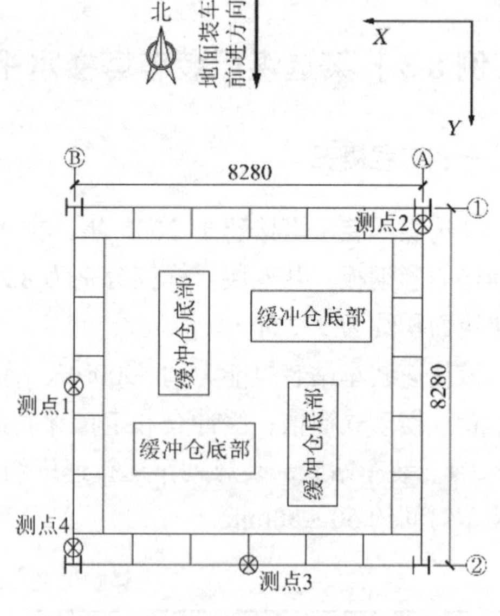

图 8-3-2　标高 14.864m 平台测点布置图

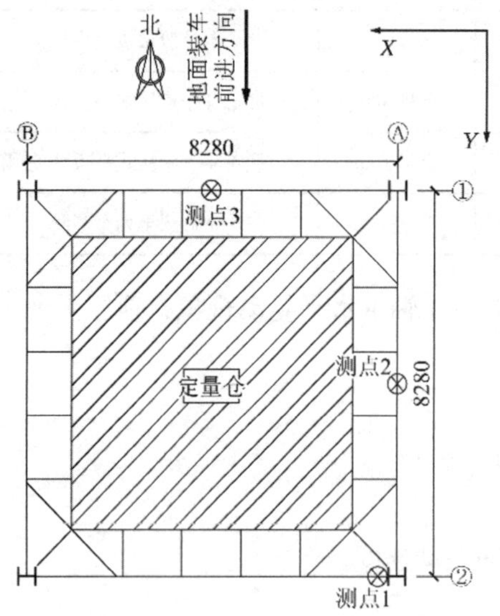

图 8-3-3　标高 11.870m 平台测点布置图

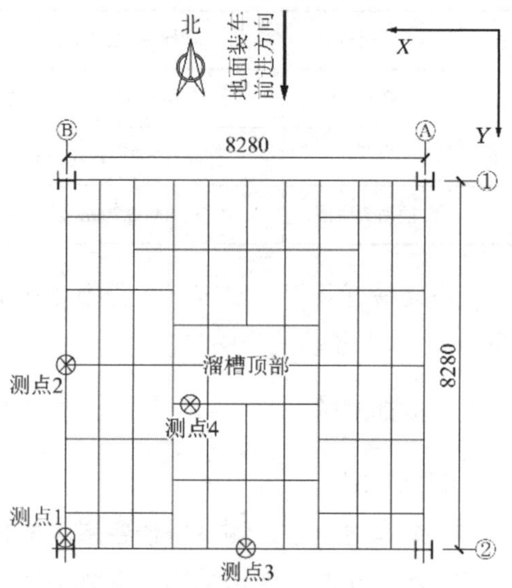

图 8-3-4　标高 8.209m 平台测点布置图

标高 25.000m 平台振动测试结果　　　　**表 8-3-2**

测点编号	测试构件/位置	测试方向	最大速度（mm/s）	频率（Hz）
1	1/B 柱	Y向	20.44	1.24
		X向	4.51	1.24
		Z向	2.92	—
2	1-2/B 梁	Y向	21.31	1.24
		X向	2.28	1.99
		Z向	—	—

续表

测点编号	测试构件/位置	测试方向	最大速度（mm/s）	频率（Hz）
3	A-B/1 梁	Y向	21.20	1.24
		X向	4.78	1.24
		Z向	4.05	7.28
4	见图 8-3-1	Y向	14.24	1.24
		X向	2.58	1.99
		Z向	4.17	7.28
5	见图 8-3-1	Y向	16.46	1.24
		X向	2.20	1.99
		Z向	—	—

标高 14.864m 平台振动测试结果　　　　**表 8-3-3**

测点编号	测试构件/位置	测试方向	最大速度（mm/s）	频率（Hz）
1	1-2/B 梁	Y向	15.11	1.20
		X向	2.966	1.99
		Z向	—	—
2	1/A 柱	Y向	8.36	1.20
		X向	3.31	1.99
		Z向	—	—
3	A-B/2 梁	Y向	11.24	1.20
		X向	3.64	1.20
		Z向	5.44	7.28
4	2/B 柱	Y向	15.4	1.20
		X向	3.68	1.20
		Z向	2.4	7.28

标高 11.870m 平台振动测试结果　　　　**表 8-3-4**

测点编号	测试构件/位置	测试方向	最大速度（mm/s）	频率（Hz）
1	2/B 柱	Y向	9.38	1.24
		X向	3.66	1.99
		Z向	2.21	7.28
2	A-B/2 梁	Y向	10.78	1.24
		X向	3.52	1.99
		Z向	2.01	7.28

续表

测点编号	测试构件/位置	测试方向	最大速度（mm/s）	频率（Hz）
3	1-2/A 梁	*Y*向	6.12	1.24
		*X*向	2.78	1.99
		*Z*向	1.84	7.28

标高 8.209m 平台振动测试结果　　表 8-3-5

测点编号	测试构件/位置	测试方向	最大速度（mm/s）	频率（Hz）
1	2/B 柱	*Y*向	11.89	1.20
		*X*向	4.00	—
		*Z*向	2.30	7.24
2	1-2/B 梁	*Y*向	11.89	1.20
		*X*向	2.62	—
		*Z*向	1.29	7.24
3	A-B/2 梁	*Y*向	8.49	1.20
		*X*向	4.44	—
		*Z*向	—	—
4	板中心	*Y*向	9.02	1.20
		*X*向	2.80	—
		*Z*向	16.27	7.24

结构模态测试结果　　表 8-3-6

模态号	频率（Hz）	振型特征
1	1.360	弯扭（*Y*向弯曲）
2	1.879	扭转
3	2.341	弯扭（*X*向弯曲）

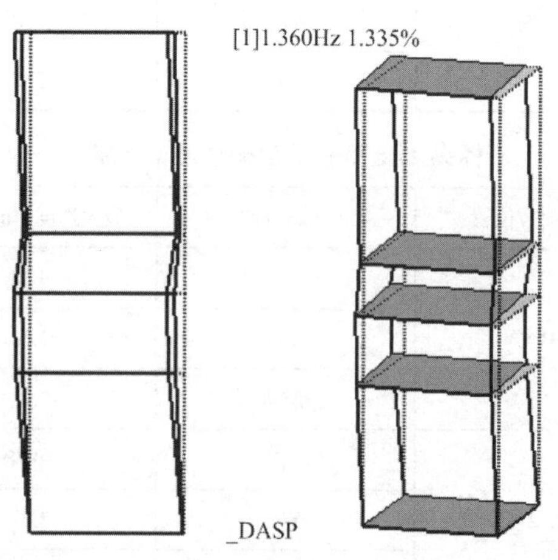

图 8-3-5　模态测试弯扭（*Y*向弯曲）振型图

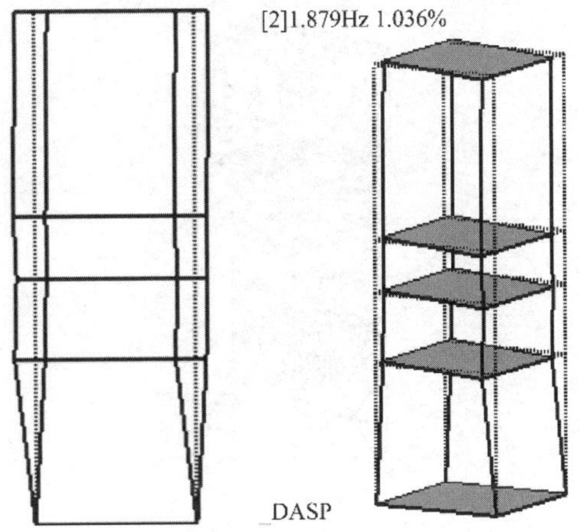

图 8-3-6　模态测试扭转振型图

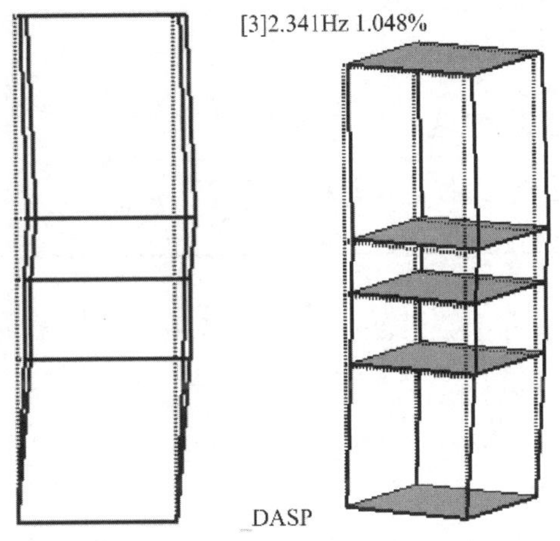

图 8-3-7　模态测试弯扭（*X*向弯曲）振型图

三、振动原因分析

装车过程中，定量仓底部装车闸门（标高 8.209m）每次开启时，对塔楼产生较大冲击力，塔楼结构自身，尤其是 B 轴方向抗扭刚度较弱，在较大的冲击力作用下发生冲击振动。

四、减振方案

该装车塔楼结构虽有明显水平振动，但振动发生在定量仓底部装车闸门（标高 8.209m）每次开启过程中，水平振动持续时间较短，宜对结构进行加固。治理方案如下：

在 B/1、B/2 钢柱外侧分别设置斜撑一道（标高 0.000～8.209m 之间，见图 8-3-8），增加 B 轴方向抗扭刚度，经此方法处理之后，结构水平向振动幅度会明显减小。

增设斜撑前、后，该塔楼不同楼层的速度时程曲线计算结果如图 8-3-9 和图 8-3-10 所示。通过计算结果比较（图 8-3-11）可知，增设型钢斜撑后，结构*Y*轴（南北）水平向最大振动幅值降低 93%，减振效果明显（增设斜撑前，结构*Y*轴水平向最大振动幅值为 21.31mm/s；增设斜撑后，结构*Y*轴水平向最大振动幅值降至 1.48mm/s）。

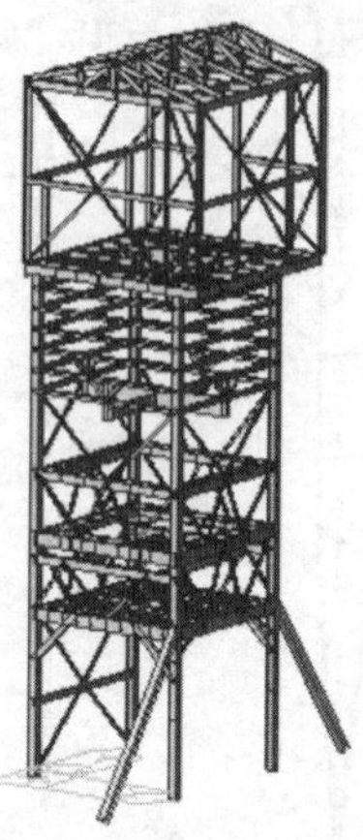

图 8-3-8　B 轴增设底部斜撑后的三维模型（红线为增加的斜撑杆件）

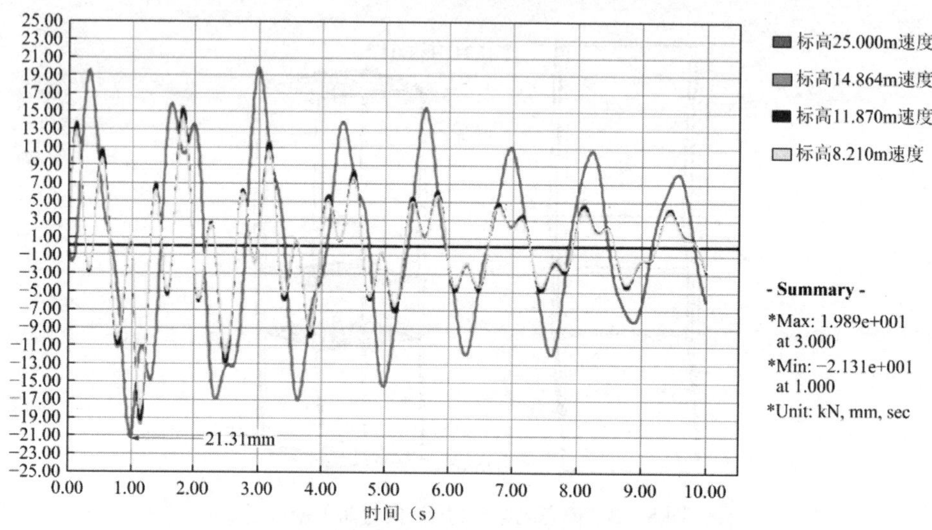

图 8-3-9　不同楼层Y轴方向速度时程曲线（增设斜撑前）

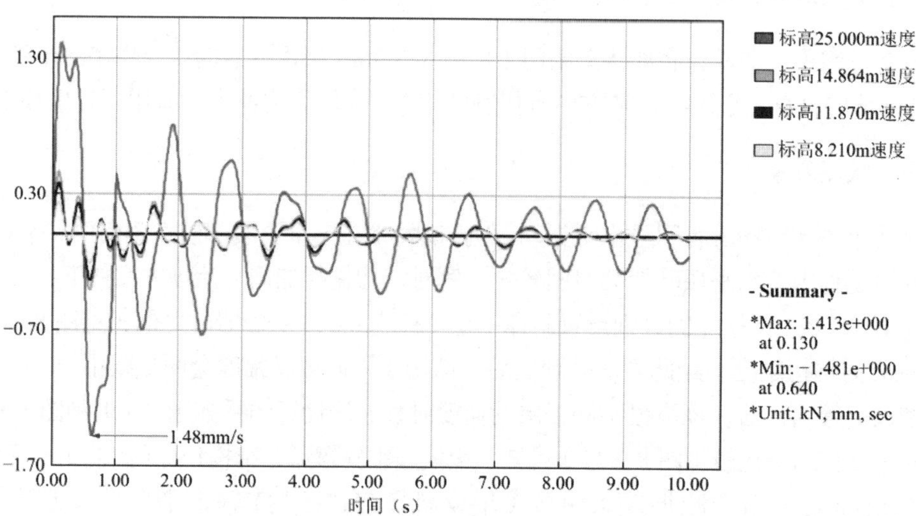

图 8-3-10　不同楼层Y轴方向速度时程曲线（增设斜撑后）

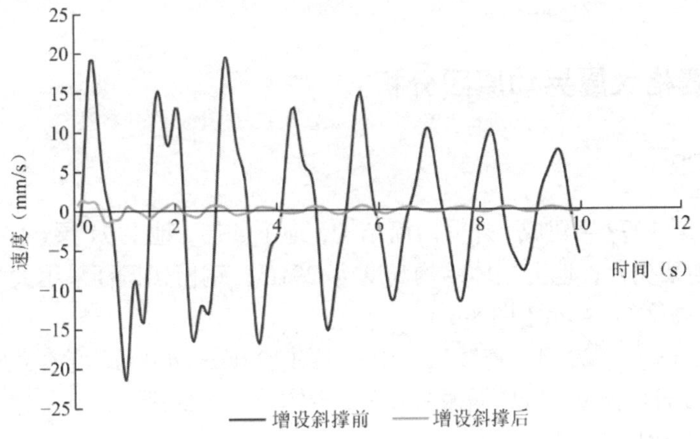

图 8-3-11　标高 25.000m 平台Y轴方向速度时程曲线（增设斜撑前后对比）

五、振动治理效果

该工程已于 2023 年 7 月份加固施工完毕，经现场感受及振动复测，顶层平台（标高 25.000m）已无明显晃动，振幅大幅减小，最大减振率约 90%，该工程振动诊断与治理取得良好效果。加固完成后现场照片见图 8-3-12。

图 8-3-12　加固施工完成后现场照片

[实例 8-4] 赛格大厦晃动原因分析

一、工程概况

深圳赛格大厦 1999 年建成，外框内筒结构，地下 4 层，地上 71 层，10 层以下设裙房，71 层顶部设钢桁架桅杆；地上主体结构高度为 291m，钢桁架桅杆采用大截面钢管构件，高度为 54m，总高度约 345m（图 8-4-1）。

2021 年 5 月 18 日～20 日，连续三天中午（约 13:00—14:00），赛格大厦发生较明显晃动，其中，5 月 20 日监测到：风场涡振激励下，主体结构顶部最大振动加速度为 $0.065m/s^2$，晃动主频率为 2.120Hz。

(a) 大厦主体结构

(b) 桅杆

图 8-4-1 赛格大厦主体结构及桅杆照片

二、模态测试

1. 模态测试方案

大厦主体结构模态测试采用 INV9580 无线振动采集仪（图 8-4-2a），分别在大厦 71、63、55、48、42、34、27、19、11 层每层核心筒周边布置 4 个振动测点（图 8-4-3a 和图 8-4-3c）。采用 GPS 授时同步，保证各台设备时钟精准，采样频率为 50Hz，采样时间为 1h。

桅杆模态测试采用 INV3062 分布式采集仪（图 8-4-2b），每个桅杆均匀布置 7 个测点（图 8-4-3d），每个测点平面内和平面外分别布置 941B 型传感器（图 8-4-2c）。采用 GPS 授时同步，保证各台设备时钟精准，采样频率为 50Hz，采样时间为 1h。

(a) INV9580 无线振动采集仪

(b) INV3062 分布式采集仪

(c) 941B 型传感器

图 8-4-2 测试用采集仪及传感器

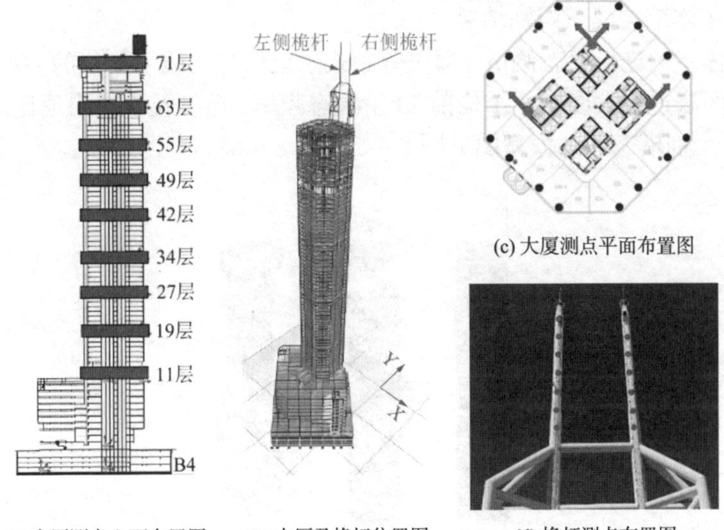

(a) 大厦测点立面布置图　(b) 大厦及桅杆位置图　(c) 大厦测点平面布置图　(d) 桅杆测点布置图

图 8-4-3　大厦主体结构及桅杆测点布置图

2. 模态测试结果

（1）桅杆模态识别结果

桅杆属于大厦主体结构的一部分，主体结构产生的多阶模态频率会传递至桅杆，本次测试仅关注桅杆频率幅值较大的频率点，通过对桅杆顶部数据与大厦 71 层振动数据进行对比，通过分布式采集仪与无线采集仪的 GPS 数据同步，并基于随机子空间法得到桅杆前 4 阶模态频率、振型及模态阻尼比，模态测试结果详见表 8-4-1 和图 8-4-4。

桅杆模态测试结果　　**表 8-4-1**

模态	振型描述	频率（Hz）	阻尼比（%）
1	平面外弯曲	1.603	0.088
2	平面外反对称弯曲	1.785	0.038
3	平面内弯曲	1.960	0.244
4	平面内反对称弯曲	2.117	0.082

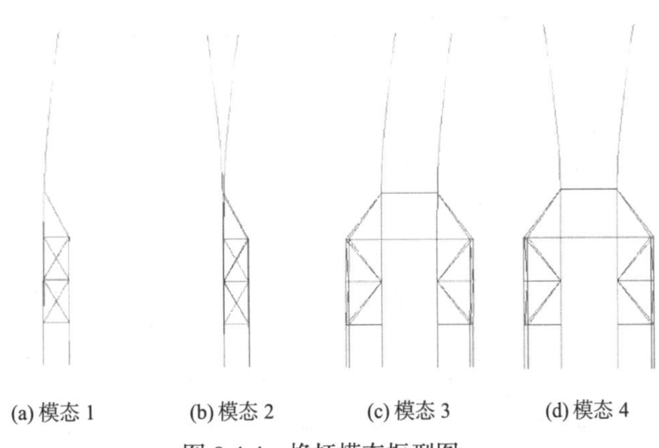

(a) 模态 1　(b) 模态 2　(c) 模态 3　(d) 模态 4

图 8-4-4　桅杆模态振型图

（2）大厦主体结构模态识别结果

对大厦主体结构进行模态测试，通过分布式采集仪与无线采集仪的GPS数据同步，并基于随机子空间法得到大厦主体结构前23阶模态频率、振型及模态阻尼比。模态测试结果详见表8-4-2，个别模态测试振型图见图8-4-5和图8-4-6。

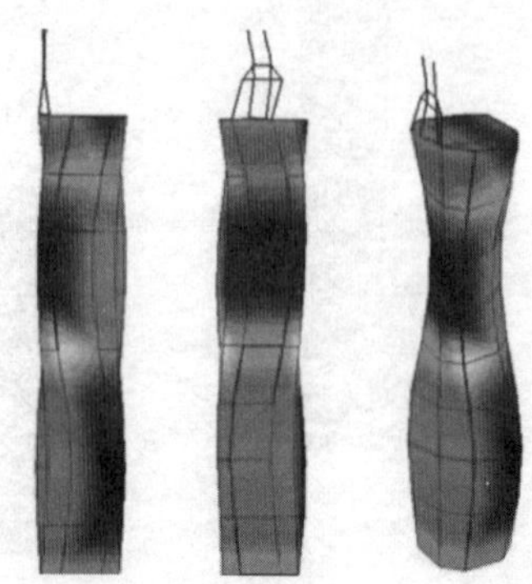

(a) 侧视图　(b) 正视图　(c) 三维视图

图8-4-5　大厦三阶扭转耦合桅杆三阶振型图

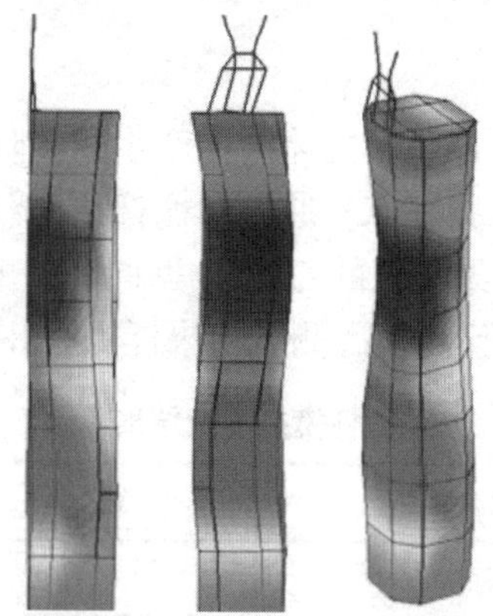

(a) 侧视图　(b) 正视图　(c) 三维视图

图8-4-6　大厦四阶扭转耦合桅杆四阶振型图

大厦主体结构模态测试结果　　表8-4-2

模态	振型描述	频率（Hz）	阻尼比（%）
1	X、Y向复合一阶弯曲	0.175	1.529
2	X、Y反向复合一阶弯曲	0.175	1.199
3	一阶扭转	0.381	0.755
4	平面内反对称弯曲	2.117	0.082
5	Y向二阶弯曲	0.673	0.556
6	X向二阶弯曲	0.731	0.473
7	二阶扭转	0.999	0.609
8	二阶扭转非对称（1）	1.290	0.426
9	二阶扭转非对称（2）	1.411	0.519

续表

模态	振型描述	频率（Hz）	阻尼比（%）
10	X向三阶弯曲	1.471	0.513
11	三阶扭转耦合桅杆三阶	1.960	0.320
12	三阶扭转	1.997	0.407
13	四阶扭转（非对称）耦合桅杆第四阶	2.112	0.535
14	四阶扭转（非对称）	2.154	0.277
15	X向四阶弯曲	2.282	0.396
16	竖向一阶	2.503	0.394
17	扭转五阶	2.802	0.236
18	扭转五阶	2.941	0.310
19	X向五阶弯曲	3.380	0.291
20	X、Y向复合五阶弯曲	3.499	0.224
21	扭转六阶	3.620	0.220
22	扭转六阶	3.757	0.092
23	X向六阶弯曲	4.151	0.311
24	Y向六阶弯曲	4.873	0.060

3. 测试结果分析

桅杆的前 4 阶振型频率分别为：1.603Hz（平面外同向弯曲）、1.785Hz（平面外反向弯曲）、1.960Hz（平面内同向弯曲）、2.117Hz（平面内反向弯曲）。其中，桅杆第三、四阶频率分别与大厦三、四阶扭转振型频率 1.997Hz、2.154Hz 接近，耦合后频率为 1.960Hz（图 8-4-5）和 2.112Hz（图 8-4-6）。

风场涡振激励频率 2.120Hz，桅杆第四阶模态频率 2.117Hz，大厦主体结构第四阶扭转模态频率 2.154Hz，大厦主体结构第四阶扭转振型与桅杆第四阶振型耦合频率 2.112Hz，以上四个频率接近是大厦产生异常晃动的必要条件。

三、桅杆不对称动力响应分析

1. 计算模型

采用 MIDAS Gen 软件建立桅杆有限元模型，所有杆件均采用梁单元，桅杆根部按固定支座考虑，杆件尺寸取现场实测值（图 8-4-7）。

2. 荷载说明

桅杆恒荷载仅考虑结构自重，无活荷载。左右桅杆（图 8-4-3b）分别施加面内反向均布的简谐动力荷载，动力荷载激励频率与结构固有频率相同。在左右桅杆各 20 个节点上分别施加荷载幅值为 1kN 的简谐动力荷载，见图 8-4-8。该荷载模型为：

$$P_{\mathrm{H}} = P_0 \sin(2\pi f_{\mathrm{s}} t + \theta) \quad (8\text{-}4\text{-}1)$$

式中：P_{H}——简谐动力荷载；

P_0——简谐荷载幅值；

f_s——简谐荷载频率，与桅杆第四阶固有频率一致；

t——时间；

θ——相位角。

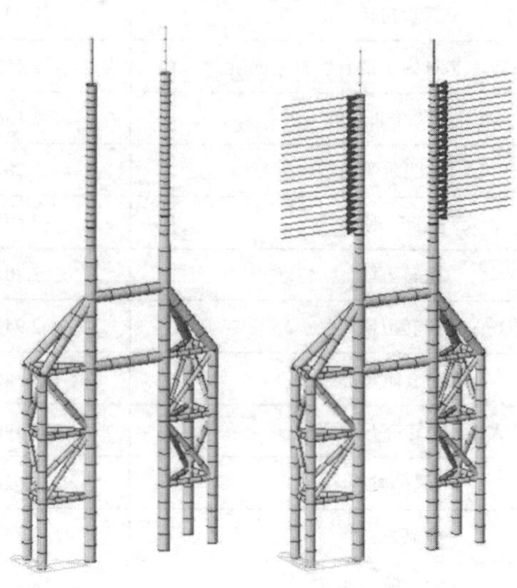

图 8-4-7 计算模型 图 8-4-8 节点动力荷载

3. 计算工况

分别对以下 5 种工况进行动力分析，其中，工况 1 为损伤不对称工况，工况 3～工况 5 为荷载不对称工况，工况 2 为损伤及荷载对称工况。

工况 1：对应的模型为损伤模型，考虑了焊缝部位的截面损伤，右侧桅杆对接焊缝锈损较严重，焊缝厚度原设计值为 20mm，损伤模型按 10mm 考虑。通过计算的第四阶振型结果和实测的振型位移比进行比较来调节损伤大小，直到左右两侧桅杆的计算振型位移比与实测结果吻合。动力荷载不存在相位差。

工况 2：对应的模型为未损伤模型，动力荷载不存在相位差。

工况 3：对应的模型为未损伤模型，但动力荷载存在 90°的相位差。

工况 4：对应的模型为未损伤模型，但动力荷载存在 45°的相位差。

工况 5：对应的模型为未损伤模型，但动力荷载存在 30°的相位差。

各工况基本情况详见表 8-4-3。

工况说明 表 8-4-3

工况号	桅杆第四阶固有频率计算值（Hz）	左右桅杆响应幅值比	动力荷载合力幅值（kN）	动力荷载频率（Hz）
1	2.140	1：0.93	左：20；右：20	2.140
2	2.142	1：1	左：20；右：20	2.142
3	2.142	1：0.72	左：20；右：20	2.142
4	2.142	1：0.88	左：20；右：20	2.142
5	2.142	1：0.91	左：20；右：20	2.142

4. 自振频率计算结果

5 种工况下自振频率计算结果见表 8-4-4。

自振频率计算结果　　**表 8-4-4**

工况号	各阶频率（Hz）			
	一阶	二阶	三阶	四阶
1	1.744	1.902	2.081	2.140
2	1.744	1.904	2.084	2.142
3	1.744	1.904	2.084	2.142
4	1.744	1.904	2.084	2.142
5	1.744	1.904	2.084	2.142
实测值	1.603	1.785	1.960	2.117

各工况下桅杆第四阶模态频率计算值较实测值偏差率不足 1.2%，可认为计算模型与实际结构基本一致。

5. 动力响应计算结果

5 种工况下，桅杆根部动力幅值计算结果见表 8-4-5～表 8-4-9，节点号及单元号见图 8-4-9。

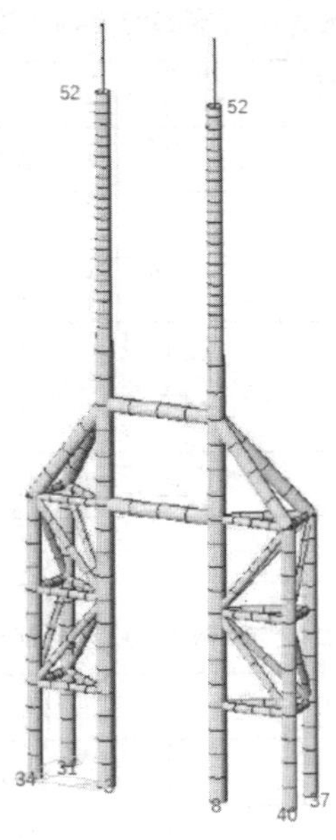

图 8-4-9　节点及单元位置图

工况 1 桅杆根部动力响应幅值　　**表 8-4-5**

序号	单元号	位置说明	支座反力（kN）
1	3	桅杆根部	34.7
2	8	桅杆根部	35.5

续表

序号	单元号	位置说明	支座反力（kN）
3	31	桅杆根部	6.4
4	34	桅杆根部	17.6
5	37	桅杆根部	43.1
6	40	桅杆根部	32.9
桅杆根部合力			170.2

工况 2 桅杆根部动力响应幅值 **表 8-4-6**

序号	单元号	位置说明	支座反力（kN）
1	3	桅杆根部	0.1
2	8	桅杆根部	0.1
3	31	桅杆根部	0.1
4	34	桅杆根部	0.0
5	37	桅杆根部	0.1
6	40	桅杆根部	0.0
桅杆根部合力			0.4

工况 3 桅杆根部动力响应幅值 **表 8-4-7**

序号	单元号	位置说明	支座反力（kN）
1	3	桅杆根部	120
2	8	桅杆根部	119
3	31	桅杆根部	86
4	34	桅杆根部	87
5	37	桅杆根部	59
6	40	桅杆根部	75
桅杆根部合力			546

工况 4 桅杆根部动力响应幅值 **表 8-4-8**

序号	单元号	位置说明	支座反力（kN）
1	3	桅杆根部	63
2	8	桅杆根部	62
3	31	桅杆根部	56
4	34	桅杆根部	52
5	37	桅杆根部	22
6	40	桅杆根部	38
桅杆根部合力			293

工况 5 桅杆根部动力响应幅值　　表 8-4-9

序号	单元号	位置说明	支座反力（kN）
1	3	桅杆根部	45
2	8	桅杆根部	44
3	31	桅杆根部	45
4	34	桅杆根部	37
5	37	桅杆根部	8
6	40	桅杆根部	22
桅杆根部合力			201

6. 计算结果分析

桅杆自振频率及桅杆根部动力响应计算结果表明：

（1）单根桅杆的局部截面损伤会导致振型位移比发生变化，但自振频率变化较小，以桅杆第四阶自振频率为例，不考虑截面损伤时自振频率为 2.142Hz，考虑截面损伤时自振频率为 2.140Hz，相差不足 0.1%。

（2）左右桅杆的损伤不对称，在立柱上施加对称的动力荷载，会导致桅杆和大楼连接部位产生明显的单向激励作用。桅杆在对称的动力荷载激励（两桅杆合力幅值均为 20kN）下，若两桅杆存在损伤差异，会在桅杆根部产生较大的动力响应（面内支座反力合力为 170.2kN，较动力荷载幅值 20kN 放大约 8.5 倍），从而带动大厦主体结构晃动；若不存在损伤差，桅杆根部动力响应不明显，合力接近 0kN（面内支座反力合力仅为 0.4kN），不会带动大厦主体结构晃动。

（3）左右桅杆动力荷载存在相位差 90 度、60 度、30 度时，也会在桅杆根部产生较大的动力响应（合力幅值分别为 546kN、293kN、201kN，较动力荷载幅值 20kN 放大倍数分别为 27.3、14.7、10），从而带动大厦主体结构晃动。

（4）两桅杆存在损伤差或两桅杆激励存在相位差，使桅杆和大楼连接部位产生明显的单向激励作用，是大厦产生晃动的根本原因。

四、振害诊断结论

（1）风场涡振激励频率 2.120Hz，实测桅杆第四阶模态频率 2.117Hz，实测大厦主体结构第四阶扭转模态频率 2.154Hz，大厦主体结构第四阶扭转振型与桅杆第四阶振型耦合频率 2.112Hz，以上四个频率接近，产生共振，是大厦产生异常晃动的必要条件。

（2）共振未必会使赛格大厦产生异常振动，若左右两桅杆不存在损伤差，动力荷载对称，则桅杆根部动力响应幅值接近 0kN，不会带动大厦晃动。

（3）大厦顶部桅杆存在一定的损伤差，或两桅杆存在非对称的动力荷载激励，则桅杆和大楼连接部位产生明显的动力响应放大作用，桅杆带动大厦晃动，这是大厦产生异常晃动的根本原因。

［实例 8-5］石化企业某焦炭塔结构振动故障诊断与治理

一、工程概况

某大型焦炭塔由混凝土框架（标高 0.000～25.700m）、焦炭塔塔体（双塔，标高 25.700～56.700m）、钢框架（25.700～114.407m）三部分组成（图 8-5-1）。混凝土框架柱截面尺寸为 3000mm × 3000mm，梁截面尺寸为 3000mm × 3000mm，混凝土强度等级均为 C50；钢框架及焦炭塔塔体所用钢材均为 Q345B。每个塔体根部通过 48 个 M64 地脚螺栓与混凝土框架相连接；钢框架柱根部通过地脚螺栓连接于混凝土框架项部；钢框架与焦炭塔塔体相互独立，之间无连接（图 8-5-2）。

2014 年投产以来，该焦炭塔在生产弹丸焦时，塔体、管线、框架及电梯振动明显。通过对焦炭塔振动原因、自振特性进行分析，结合振动测试结果，建立合理的动力时程函数，通过 MIDAS Gen 有限元分析软件进行动力模拟，将时程分析结果与实测结果进行对比，验证动力函数的准确性。在焦炭塔顶部安装 TMD，计算不同工况下、不同质量的 TMD 对减振效果的影响，并提出保证 TMD 减振效果的建议。

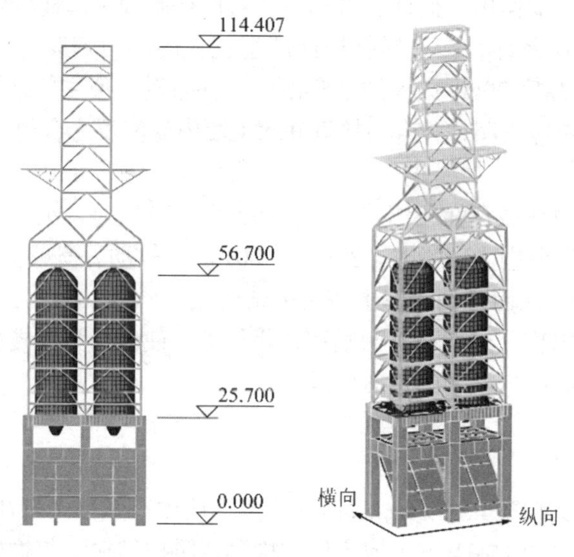

图 8-5-1　焦炭塔结构立面　　图 8-5-2　焦炭塔结构

二、振动测试

1. 测试方案

激励方式为环境激励，测点主要集中布置在以下部位：（1）混凝土框架柱顶、梁跨中位置（共 12 个测点）；（2）焦炭塔塔体（共 6 个测点）；（3）钢框架柱顶、梁跨中位置（共 42 个测点）。共获得 60 个测点的速度及加速度信号，部分测点位置见图 8-5-3，实心圆点表示测点。现场测试用设备见图 8-5-4，振动数据采集采用 891-Ⅱ型超低频拾振器以及 INV3062C 分布式采集仪；数据分析采用 Coinv DASP V10。

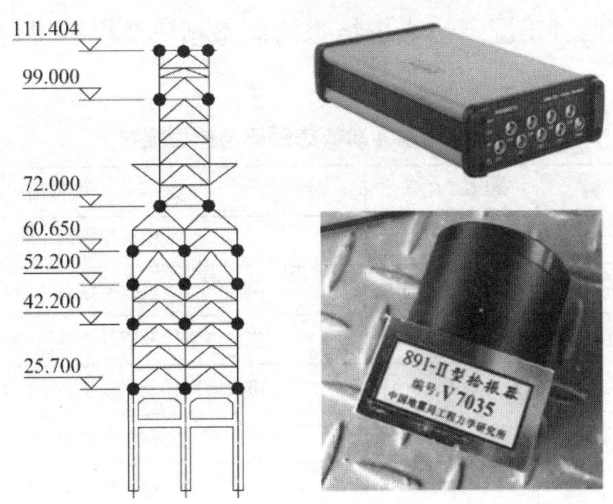

图 8-5-3　测点布置立面图　　图 8-5-4　现场试验设备

2. 测试结果

钢框架和焦炭塔塔体部分测点时域与频域测试结果如表 8-5-1 所示。

钢框架和焦炭塔塔体部分测点时域和频域振动测试结果　　**表 8-5-1**

结构	标高（m）	测试方向	最大速度（mm/s）	最大加速度（m/s^2）	主频率（Hz）
焦炭塔塔体	42.200	横向	11.17	0.116	1.63
		纵向	11.44	0.135	1.88
	52.200	横向	16.44	0.158	1.75
		纵向	16.93	0.191	1.80
钢框架	72.000	横向	30.59	0.202	1.05
		纵向	23.52	0.204	1.43
	111.404	横向	89.76	0.592	1.05
		纵向	73.72	0.662	1.43

测试结果表明：（1）总体而言，框架及焦炭塔塔体的振动幅值随高度的增加而增加；（2）钢框架横向、纵向振动频率比较稳定，分别为 1.05Hz 和 1.43Hz；（3）塔体横向及纵向振动频率非常接近，均在 1.63～1.88Hz 之间波动，振动频率未随塔内物料的增加出现明显降低的趋势。

三、自振特性计算分析

采用 MIDAS Gen 有限元分析软件建立有限元模型进行弹性分析，混凝土框架及钢框架均采用梁单元，焦炭塔塔体采用板单元；混凝土弹性模量为 34500MPa，钢材弹性模量为 206000MPa。分以下两种工况进行自振特性计算：

工况 1：一个塔空载，另一个塔满载（物料达到塔体高度的 2/3 时为满载）；塔满载质量为 3600t（包括塔体自身质量约 700t，塔内物料约 2900t）；

工况 2：两个塔内物料均为 1450t（满载的一半，物料达到塔体约高度的 1/3 时为满载的一半）。

通过计算，得到两种工况下焦炭塔结构的模态频率及模态识别结果，如表 8-5-2 和图 8-5-5 所示。

焦炭塔前 4 阶模态频率与振型描述　　表 8-5-2

工况	模态号	频率（Hz）	振型描述
工况 1	1	1.466	钢框架横向（Y向）弯曲
	2	1.701	钢框架纵向（X向）弯曲
	3	1.950	焦炭塔塔体及钢框架整体横向弯曲及绕X轴转动
	4	2.080	焦炭塔塔体及钢框架整体纵向弯曲及绕Y轴转动
工况 2	1	1.472	钢框架横向（Y向）弯曲
	2	1.712	钢框架纵向（X向）弯曲
	3	2.222	焦炭塔塔体及钢框架整体横向弯曲及绕X轴转动
	4	2.363	焦炭塔塔体及钢框架整体纵向弯曲及绕Y轴转动

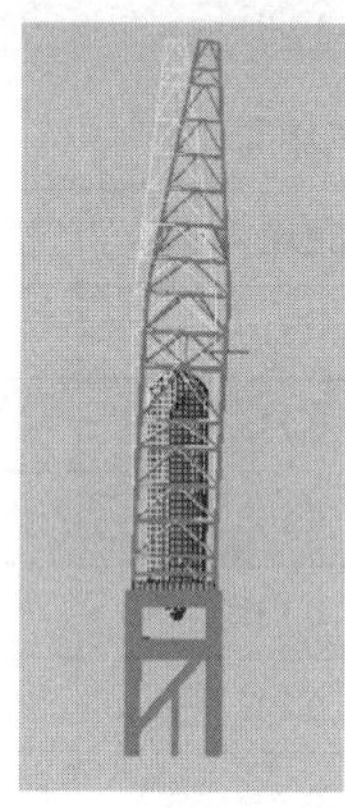
第 1 阶振型

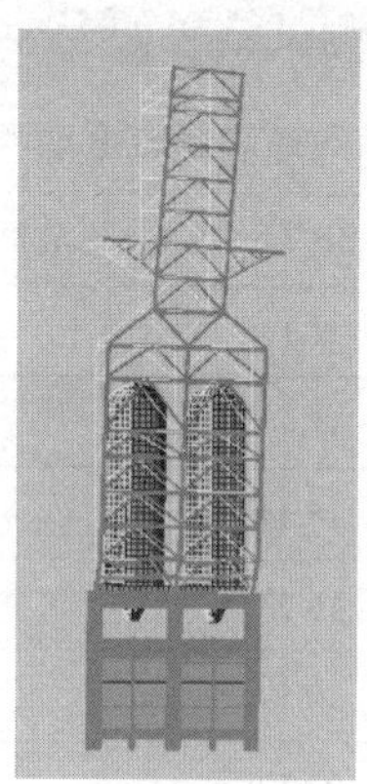
第 2 阶振型

第 3 阶振型

第 4 阶振型

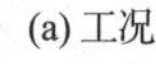
(a) 工况 1

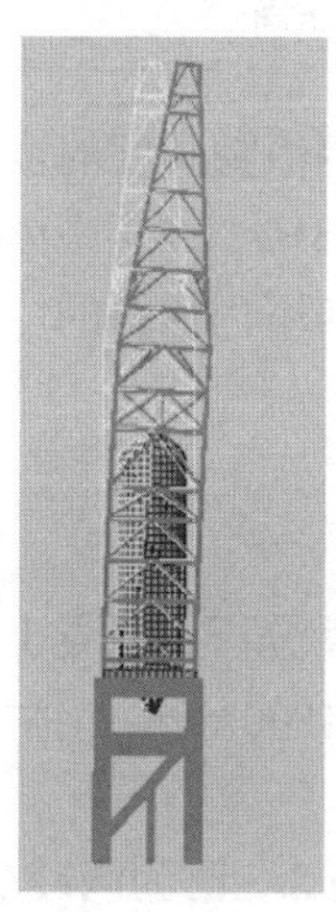
第 1 阶振型

第 2 阶振型

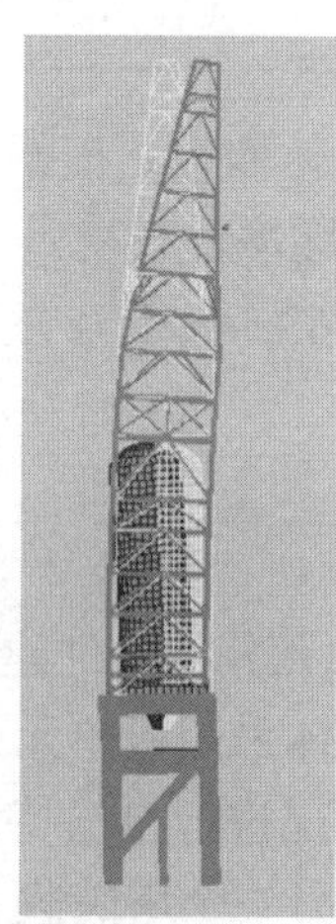
第 3 阶振型

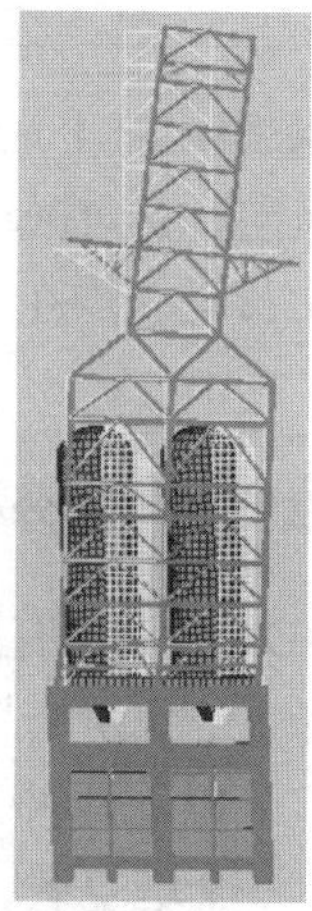
第 4 阶振型

(b) 工况 2

图 8-5-5　两种工况下振型分析结果

通过两种工况下结构自振特性的分析，得到以下结论：

（1）从第 1、2 阶振型工况看，振型向量坐标最大值位置在钢框架顶部，焦炭塔塔体变形相对于钢框架很小，焦炭塔塔体顶部X、Y向坐标值不足钢框架顶部位移的 1/10。结合第 1、2 阶振型图及振型方向因子，可以确定第 1、2 阶振型为钢框架横向、纵向弯曲振型。

（2）焦炭塔塔内物料反应直接激起第 3、4 阶模态的振动响应。原因如下：①第 3、4 阶模态不仅包含钢框架的侧向弯曲，同时也包括焦炭塔塔体的侧向弯曲，最大位移位置仍是钢框架顶部，但钢框架顶部的最大位移仅为焦炭塔塔体顶部最大位移的 2 倍左右；实测结果表明钢框架顶部最大加速度约为焦炭塔塔体顶部的 3～4 倍，考虑到实测值为多阶振型叠加结果，与单阶振型位移相比会存在一定差异，但可以认为计算与实际测试结果比较匹配。②两种工况下第 3、4 阶模态频率计算值均较接近，且不同工况下，相应模态频率相差仅为 0.3Hz 左右；而实测结果表明，焦炭塔塔体横向及纵向振动频率实测值亦非常接近，均在 1.63～1.88Hz 之间波动，波动幅度约为 0.25Hz；计算模态频率及其特点与实际测试结果接近。综上分析可得出，焦炭塔塔内物料反应直接激起的是结构整体的第 3、4 阶模态的振动响应。

四、振动原因

在生焦过程中，焦炭塔塔内物料（主要是弹丸焦）及气流对焦炭塔筒壁产生较大激励，使得焦炭塔第 3、4 阶振型被激起，引起塔体晃动，塔体晃动带动上部大油气管线晃动，且引起整个框架晃动。

五、振害治理方案

要使框架及管线晃动减小，主要应减小焦炭塔塔体的晃动。减小焦炭塔塔体晃动的方法是在塔体顶部安装调谐质量阻尼器（简称 TMD），TMD 是一个小的振动系统，由质量块、弹簧系统和阻尼系统组成。原结构加入 TMD 后，其动力特性会发生改变，当原结构承受动力作用而剧烈振动时，由于 TMD 质量块的惯性而向原结构施加反向作用力，其阻尼也发挥耗能作用，从而使原结构的振动反应明显减弱。

1. 减振振型选择

焦炭塔塔内物料直接引起第 3、4 阶模态的振动响应。因此，需针对第 3、4 阶模态进行减振分析。

2. 激振荷载模型

焦炭塔因物料无规律撞击塔壁引起结构振动，该激振荷载随机性太大难以模拟。考虑最不利荷载，假设在焦炭塔塔体施加频率与结构固有频率相同的正弦动力荷载（图 8-5-6），从而激起结构共振，分析该工况时结构的动力响应。该荷载模型为：

$$P_{\mathrm{H}} = P_0 \sin(2\pi f_{\mathrm{s}} t) \tag{8-5-1}$$

式中：P_{H}——正弦动力荷载；

P_0——正弦动力荷载最大值，P_0以塔体标高 52.2m 处加速度响应实测值为依据确定；

f_{s}——正弦荷载频率，与第 3 阶或第 4 阶模态频率一致；

t——时间。

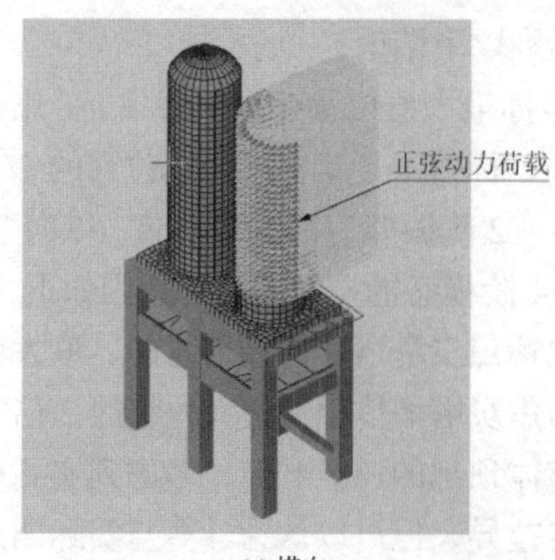

(a) 横向

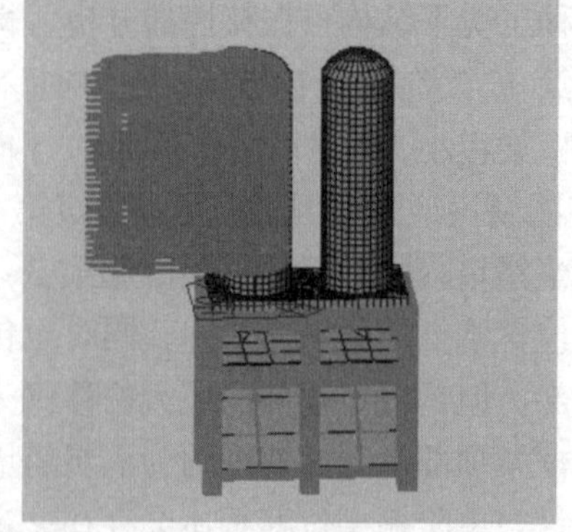

(b) 纵向

图 8-5-6　正弦动力荷载

3. 确定模态质量

MIDAS Gen 模态分析结果得到的振型是振型正交归一化后的振型，即得到的模态质量为 1，$M_n = \{\overline{\phi}\}_n^T[M]\{\overline{\phi}\}_n = 1$，根据 MIDAS Gen 模型单位制，得到模态质量单位为吨。而在焦炭塔顶部安装 TMD 以实现对整个结构的激励响应减振时，根据结构动力学原理需对振型进行归一化处理，$\{\overline{\phi}\}_n = \alpha\{\phi\}_n$，其中，$\alpha$为振型分量。

加入 TMD 后的振型为第 3 阶或第 4 阶振型中焦炭塔塔顶部振型分量归一化后的振型。

工况一：第 3 阶、第 4 阶振型按塔体顶部振型分量归一化之后的模态质量如下：

$M_3 = \frac{1}{\alpha}\{\overline{\phi}\}_3^T[M]\frac{1}{\alpha}\{\overline{\phi}\}_3 = \frac{1}{\alpha^2} = 1222.5\text{t}$（振型分量$\alpha = 0.0286$）；

$M_4 = \frac{1}{\alpha}\{\overline{\phi}\}_4^T[M]\frac{1}{\alpha}\{\overline{\phi}\}_4 = \frac{1}{\alpha^2} = 1189\text{t}$（振型分量$\alpha = 0.0290$）。

工况二：第 3 阶、第 4 阶振型按塔体顶部振型分量归一化之后的模态质量如下：

$M_3 = \frac{1}{\alpha}\{\overline{\phi}\}_3^T[M]\frac{1}{\alpha}\{\overline{\phi}\}_3 = \frac{1}{\alpha^2} = 1826\text{t}$（振型分量$\alpha = 0.0234$）；

$M_4 = \frac{1}{\alpha}\{\overline{\phi}\}_4^T[M]\frac{1}{\alpha}\{\overline{\phi}\}_4 = \frac{1}{\alpha^2} = 2268\text{t}$（振型分量$\alpha = 0.0210$）。

4. TMD 减振效果分析

根据不同工况、不同模态，在焦炭塔塔顶位置施加不同质量的 TMD，减振效果的分析对比结果如表 8-5-3 和表 8-5-4 所示。

工况一下施加不同质量 TMD 减振效果　　**表 8-5-3**

荷载激励方向	测点	TMD 有效质量（t）	质量比	加速度（m/s²）		减振率（%）
				安装 TMD 前	安装 TMD 后	
横向	焦炭塔塔顶	12	1%	0.199	0.0439	78
		24	2%	0.199	0.0375	81
		37	3%	0.199	0.0322	84
		48	4%	0.199	0.0299	85
		61	5%	0.199	0.0274	86
	钢框架顶部	12	1%	0.279	0.1070	62
		24	2%	0.279	0.0987	65

续表

荷载激励方向	测点	TMD 有效质量（t）	质量比	加速度（m/s^2）		减振率（%）
				安装 TMD 前	安装 TMD 后	
横向	钢框架顶部	37	3%	0.279	0.0777	72
		48	4%	0.279	0.0739	74
		61	5%	0.279	0.0700	75
纵向	焦炭塔塔顶	12	1%	0.246	0.0759	69
		24	2%	0.246	0.0629	74
		36	3%	0.246	0.0490	80
		48	4%	0.246	0.0477	81
		59	5%	0.246	0.0430	83
	钢框架顶部	12	1%	0.342	0.1465	57
		24	2%	0.342	0.1264	63
		36	3%	0.342	0.0970	72
		48	4%	0.342	0.0851	75
		59	5%	0.342	0.0690	80

工况二下施加不同质量 TMD 减振效果　　**表 8-5-4**

荷载激励方向	测点	TMD 有效质量（t）	质量比	加速度（m/s^2）		减振率（%）
				安装 TMD 前	安装 TMD 后	
横向	焦炭塔塔顶	18	1%	0.195	0.0811	58
		37	2%	0.195	0.0589	70
		55	3%	0.195	0.0448	77
		73	4%	0.195	0.0429	78
		91	5%	0.195	0.0340	82
	钢框架顶部	18	1%	0.303	0.1106	63
		37	2%	0.303	0.1042	66
		55	3%	0.303	0.0645	79
		73	4%	0.303	0.0639	79
		91	5%	0.303	0.0528	83
纵向	焦炭塔塔顶	22	1%	0.242	0.0822	66
		45	2%	0.242	0.0746	69
		68	3%	0.242	0.0420	83
		90	4%	0.242	0.0371	85
		113	5%	0.242	0.0356	85

续表

荷载激励方向	测点	TMD 有效质量（t）	质量比	加速度（m/s²）		减振率（%）
				安装 TMD 前	安装 TMD 后	
纵向	钢框架顶部	22	1%	0.362	0.1087	70
		45	2%	0.362	0.1018	72
		68	3%	0.362	0.0780	78
		90	4%	0.362	0.0753	79
		113	5%	0.362	0.0696	81

综合以上减振效果分析，得到以下结论：

（1）工况一时（一个塔满载、一个塔空载），第 3 阶、第 4 阶的模态频率、振型参与质量都很接近，仅仅是振动方向不同。当单个塔体顶部的 TMD 有效质量为 37t 时，钢框架及焦炭塔塔体的减振率可达 70%以上。在该工况下，满载塔的响应明显大于空载塔的响应，故两塔顶部都应安装有效质量为 37t 的 TMD 减振器。

（2）工况二时（两塔均为半载），对第 3 阶模态（2.22Hz）进行减振分析，TMD 总有效质量为 55t 时，钢框架及焦炭塔塔体的减振率才能达到 70%以上。而对第 4 阶模态（2.36Hz）进行减振分析，可知 TMD 总有效质量为 68t 时，钢框架及焦炭塔塔体的减振率才能达到 70%以上。该工况时，两塔的振型相同，TMD 安装对两塔的振动控制响应是相同的，因此，对于该工况，可考虑将 TMD 质量均分安装于两塔顶部。

（3）从表 8-5-3 和表 8-5-4 中分析结果可以看出，两种工况下，当质量比达到 3%时，焦炭塔塔体、钢框架减振率均已达到 70%以上。而继续增大质量比，减振率提高不明显，或者说再增加 TMD 有效质量对减振效果提升不大，却会带来较高的成本，且焦炭塔塔体需要承受更大的荷载。

（4）建议每个塔上安装的 TMD 质量控制在 40t 左右，即可达到 70%～80%的减振效果。

5. TMD 安装方案

在每个焦炭塔顶部安装 TMD，TMD 质量控制在 40t 左右。考虑到塔体不能直接施焊，在焦炭塔顶部设置钢箍，在钢箍上放置 TMD。考虑到钢箍不能直接套在塔体上，安装时将钢箍分段拼装，并将每个塔上 40t 左右的 TMD 均分成 8 个小型 TMD，小型 TMD 应沿塔体环形均匀分布（图 8-5-7）。

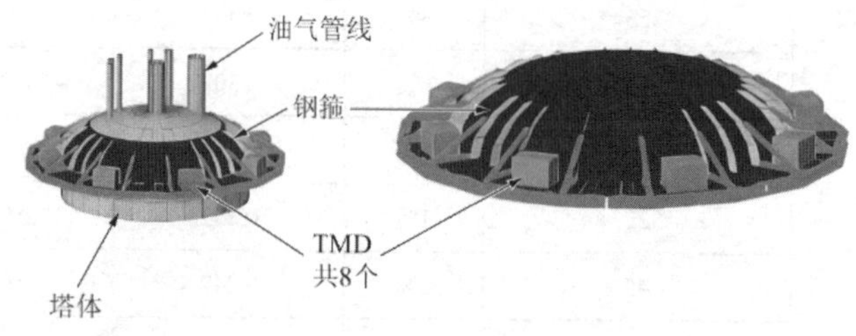

图 8-5-7　焦炭塔顶部加钢箍及 TMD 后整体效果图

[实例 8-6] 某冶炼厂风机振动故障诊断与治理

一、工程概况

某冶炼厂风机轴承监测部位，在运行时出现振动速度超过报警值的情况。该风机正式投入运行半年后，当变频器频率升至 45Hz 以上时，风机轴承监测部位振动速度值超过报警值 4.6mm/s，瞬时甚至超过联锁停车值 6.3mm/s，对生产流程造成严重影响。故障风机结构形式为双吸入双支撑离心风机，介质为含少量 SO_2 及微量固态杂质的饱和湿烟气，叶轮直径 2310mm，传动方式为 F 式，电机额定功率 1800kW，额定转速 980r/min，风机安装环境为室外，混凝土基础。

二、振动控制要求

针对该故障风机，对其振动数据进行采集，并通过时域和频域分析，判断其故障原因，通过合理的处理措施，使得风机恢复平稳安全运行。

三、振动测试方案

针对故障风机振动较大的情况，分别采用手持式测振仪和频谱仪对振动数据进行采集，并对采集数据进行时域和频域分析，以判断故障原因。

通过手持式测振仪对风机基础振动速度有效值进行采集，风机基础振动测点如图 8-6-1 所示。

通过频谱仪对风机轴承位置振动速度进行采集，轴承位置振动测点如图 8-6-2 所示。

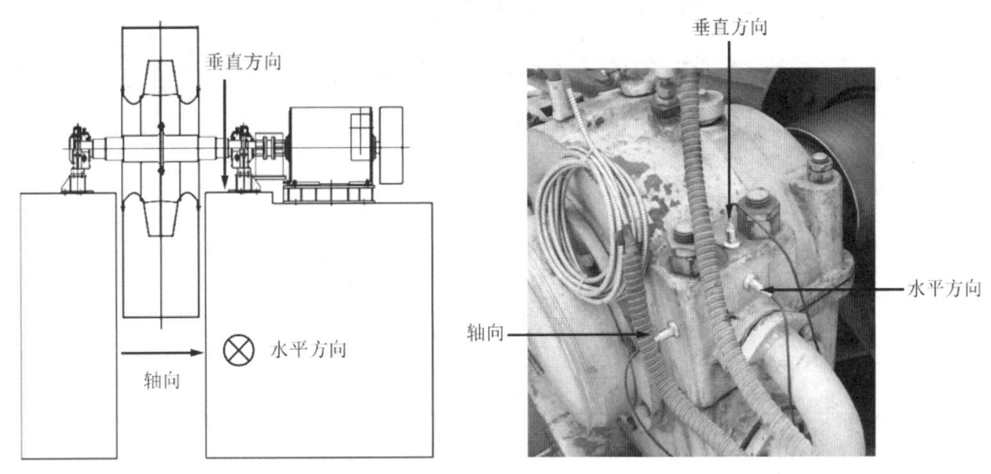

图 8-6-1　风机基础振动测点　　图 8-6-2　轴承位置振动测点

四、测试数据分析

故障风机变频器频率、转子转速、转子频率之间的对应关系如表 8-6-1 所示，故障风机振动数据如表 8-6-2 所示。

故障风机各频率、转速对应关系　　表 8-6-1

变频器频率（Hz）	转子转速（r/min）	转子频率（Hz）
35	686	11.43
40	784	13.07
43	842.8	14.05
45	881.8	14.70

故障风机振动数据　　表 8-6-2

测点位置	变频器频率（Hz）	振动速度有效值（mm/s）		
		垂直方向	水平方向	轴向
轴承位置	40	1.6	5.4	5.5
	43	1.83	8.1	4.0
	45	1.82	9.6	5.5
风机基础	45	0.13	2.61	0.31

从表 8-6-2 可以看出，风机基础振动速度较小，表明基础刚度较大，初步排除基础刚度不足的可能。风机轴承位置垂直方向的振动速度值均小于 4.6mm/s，低于报警值；水平方向的振动速度超过报警值，且随着转速增加，振动速度迅速增加，45Hz 时已超过报警值的 2 倍；轴向振动速度在 43Hz 时为 4.0mm/s，其余均超过 4.6mm/s，所测最大值为 5.5mm/s。整体来看，风机轴承位置水平方向和轴向振动均较大，垂直方向振动较小。

由于变频器长期运行在 45Hz 条件下，风机轴承位置振动较大，存在安全隐患。出于安全考虑，频谱仪采集了变频器频率为 35Hz、40Hz 和 43Hz 时风机轴承位置的振动数据，并通过快速傅里叶变换得到其频谱数据，振动速度频谱如图 8-6-3 所示。

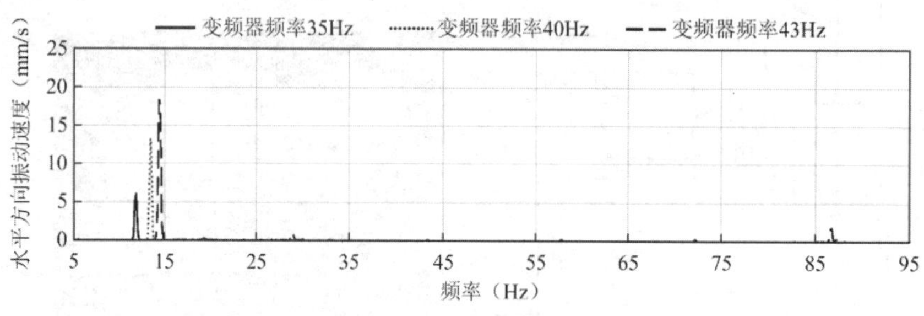

(a) 水平方向振动速度频谱图

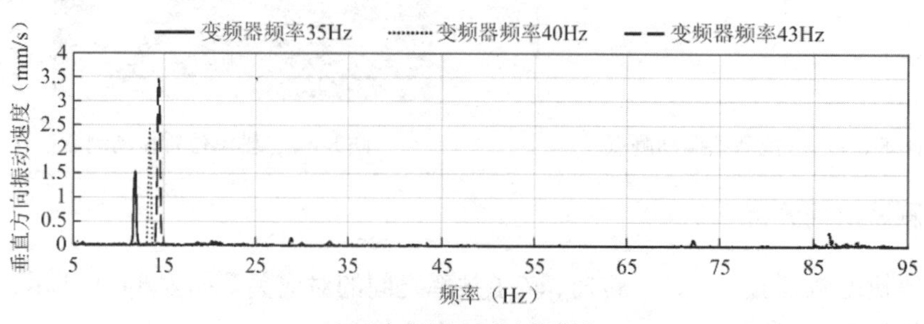

(b) 垂直方向振动速度频谱图

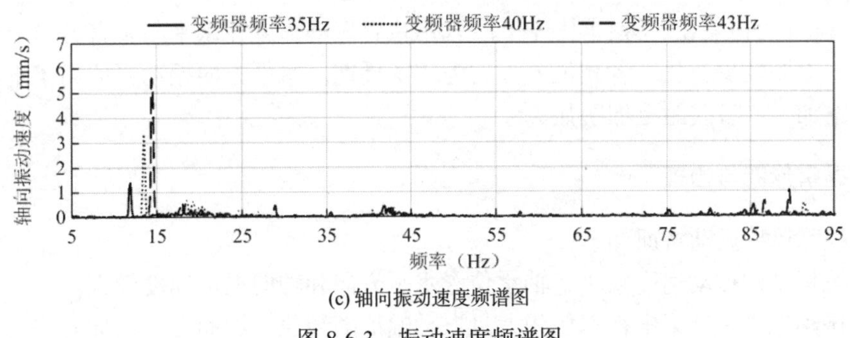

(c) 轴向振动速度频谱图

图 8-6-3　振动速度频谱图

从图 8-6-3 可以看出，水平方向、垂直方向和轴向的振动速度均在低频段出现峰值，对应频率均为 11.875Hz、13.438Hz 和 14.375Hz，与风机转子频率较为接近，表明对于不同转速和不同振动方向，振动能量均主要集中在转子单倍频处。此外，随着转速增加，三个方向的单倍频幅值均出现显著升高。

对变频器不同频率时的轴承位置时域振动数据进行分析。图 8-6-4 为水平和垂直方向振动速度时域图。

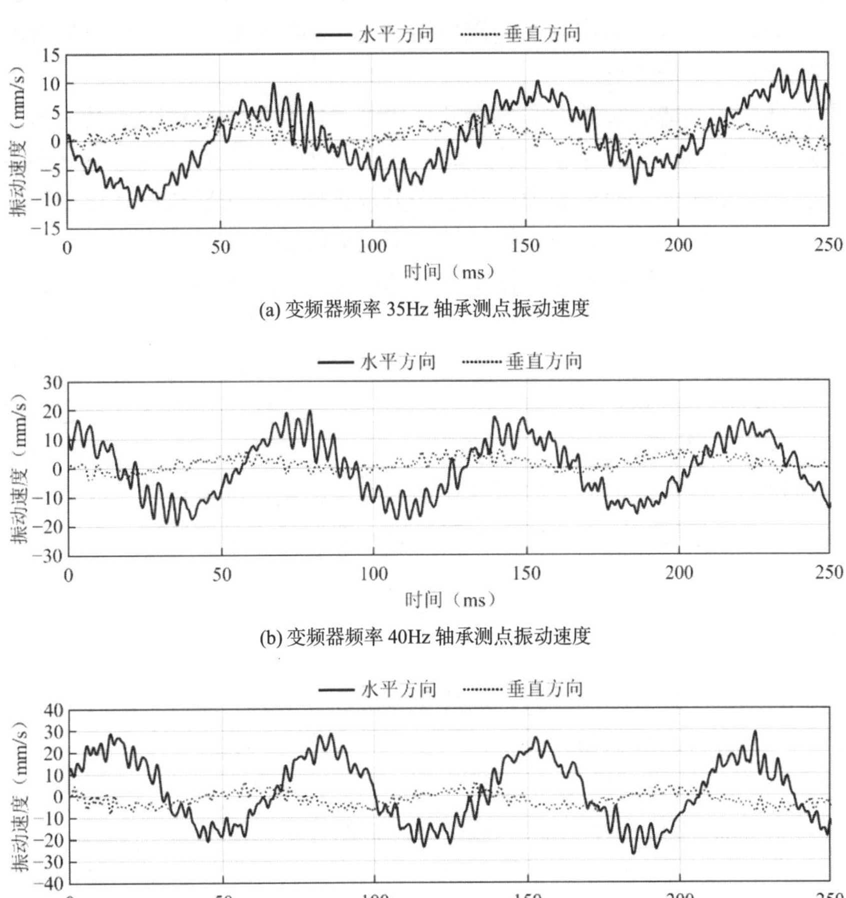

(a) 变频器频率 35Hz 轴承测点振动速度

(b) 变频器频率 40Hz 轴承测点振动速度

(c) 变频器频率 43Hz 轴承测点振动速度

图 8-6-4　振动速度时域图

从图 8-6-4 可以看出，在不同转速时，轴承位置振动速度在水平与垂直方向上均以简谐振动为主，毛刺较少，且二者相位差大约为 1/4 周期。水平方向振动幅值高于垂直方向，且随转速增加，二者差距更加明显。

五、振害诊断与治理

总结故障风机振动特征如下：

（1）风机基础振动速度较小，轴承位置水平方向和轴向振动速度较大。

（2）振动能量主要集中在单倍频，且振动幅值随转速增加而迅速增加。

（3）水平和垂直方向时域振动以简谐波为主，毛刺较少，且二者相位差为 90°左右。

由于风机设计时，避开了气流激振频率，且风机运行时并未出现喘振现象，因此排除了该方面的故障原因。

共振是由于转子频率与系统固有频率重合而导致，当转子频率越过系统固有频率时，振动下降，与故障风机振动幅值随转速增加而迅速增加的规律不符。

零部件或机器地脚松动都会导致转子组在一个旋转周期内受力不均，波形多毛刺，且频谱上会出现明显的多倍频成分，与本例不符。转子不对中时，平行不对中会引起以 2 倍频为主的径向振动，角度不对中会引起以单倍频为主的轴向振动，但也伴随着明显的 2 倍频和 3 倍频成分，与本例不符。

转子不平衡故障会造成转子质心偏离几何中心，体现为偏心运动。其时域振动波形为简谐波，且同一平面内x、y方向振动相位差为 90°。偏心运动频率对应于转子旋转频率，表现在频域单倍频能量较大；而离心力与转速平方成正比，从而导致振动幅值随转速增加而迅速增加。因此，该风机故障特征与转子不平衡故障特征相近。

综上分析，初步判断该故障风机振动速度超标是由于转子不平衡导致。转子不平衡主要原因有转子本身机械结构的失衡以及杂质在叶轮上的沉积。通过观察该风机历史振动数据，发现振动情况逐渐恶化，可能与杂质逐渐沉积相关。且风机运行前，对转子做过高精度动平衡，运行过程中也并未与风机产生过碰撞。因此，建议首先对转子进行清理，去除积垢和浮灰，然后对转子进行动平衡校正。

该厂通过对转子进行清理，去除了叶轮上的大量积灰，试运行后，测得轴承位置各方向振动速度均下降到报警值以下，证明故障原因确系转子不平衡导致，且不平衡的原因为叶轮上杂质的沉积。

六、振害诊断结论

本例对一台轴承位置振动速度超标的故障风机进行诊断，通过采集风机基础和轴承位置的振动数据，并进行时域和频域分析，初步判断故障原因为转子不平衡。通过对转子进行清理，试运行后，轴承位置振动下降到报警值以下，风机恢复平稳安全运行，表明故障原因确系转子不平衡导致，验证了本例振动故障诊断方法的准确性。

风机叶轮积灰是工业生产中的常见现象，积灰严重会导致转子不平衡等多种情况，进而引发振动增大、温度过高等现象，严重影响工业生产的进行，因此，对叶轮的防积灰设计以及积灰清理工作，需要进一步关注。

[实例 8-7] 某煤矿地面栈桥及厂房振动测试

一、工程概况

某煤矿位于陕西省延安市黄陵县，该建筑建于 2009 年左右，作为工业生产用房使用，包括 17 部皮带栈桥及驱动机房、主厂房 2 个。皮带栈桥建于 2008 年前后（部分栈桥建于 2019 年），多为钢结构桁架式栈桥，部分为钢筋混凝土结构栈桥，驱动机房为钢筋混凝土框架结构，平面轴线尺寸为 18m × 30m，檐口高度为 18m，厂房内部在 3.976m 和 7.567m 标高处设有设备平台。洗煤主厂房为五层钢框架结构。皮带栈桥及厂房分布见图 8-7-1。

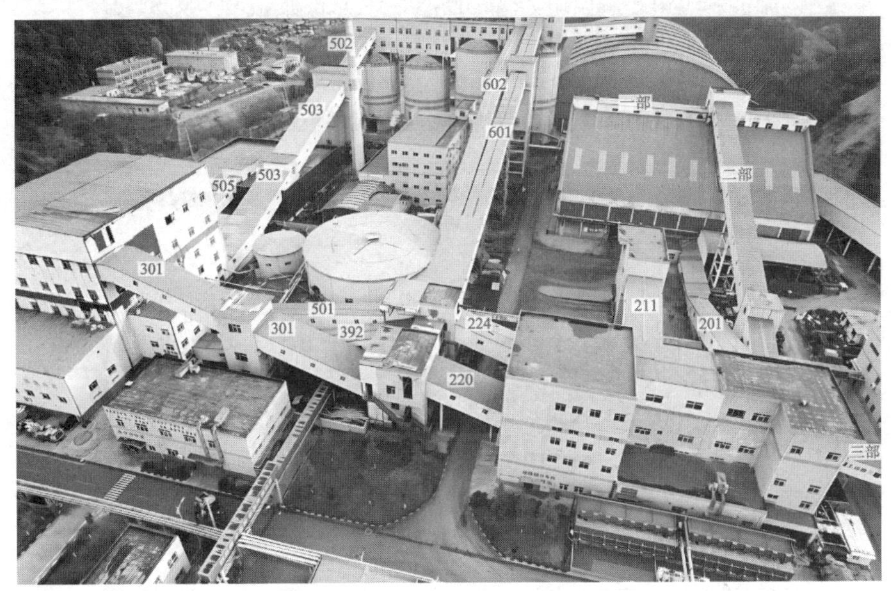

图 8-7-1　栈桥及厂房分布图

二、振动测试目的

为了解某煤矿地面栈桥及厂房日常生产中振动情况，对该地面栈桥及厂房振动响应进行测试，以确保后续正常使用。

三、振动测试方案

主厂房测试测点位于钢框架各层组合楼板上，驱动机房测试测点位于各层混凝土楼板上，测点沿x向（厂房南北方向）、y向（厂房东西方向）、z向（竖向）布置采集仪，测试楼板在设备满载运行时的振动速度峰值。

栈桥测试测点位于栈桥跨中，测点沿x向（栈桥短边方向）、y向（栈桥长边方向）、z向（竖向）布置采集仪，测试楼板在皮带满载运行时的振动速度峰值。

四、测试数据分析

1. 典型测试曲线

现场测试并记录各测点的加速度、速度、位移时程曲线数据，整理出各测点的振动响应峰值，典型测试数据如图 8-7-2 和图 8-7-3 所示。

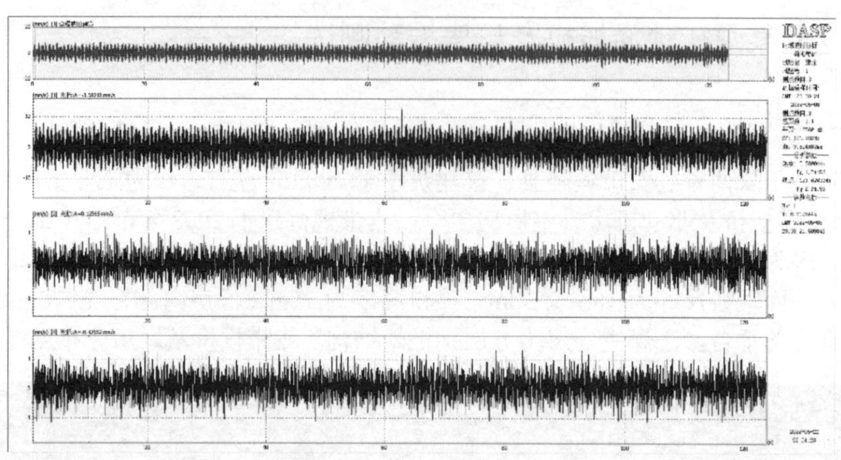

图 8-7-2　主厂房设备满载运行时四层 1-2/A-B 轴楼板x向、y向、z向振动曲线

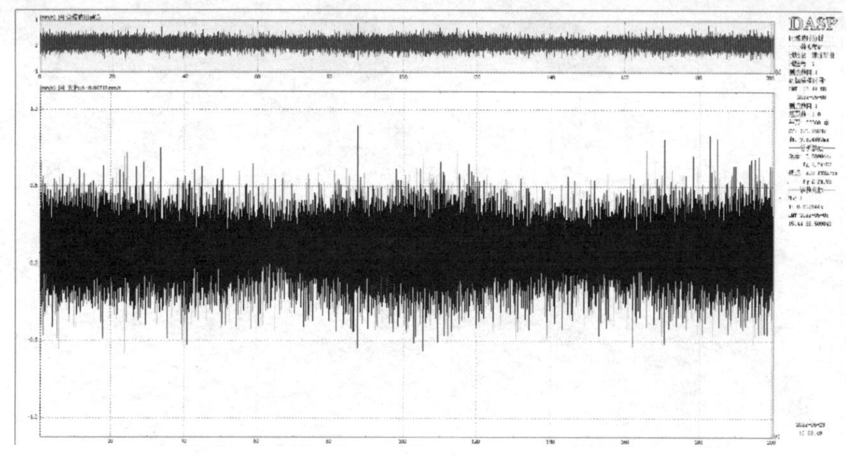

图 8-7-3　驱动机房设备满载运行时三层 6-7/C-D 轴楼板z向振动曲线

2. 主厂房设备满载运行工况分析

对主厂房设备满载运行时各层楼板振动速度峰值进行测试，测点位置及各测点速度峰值见表 8-7-1，测试结果表明主厂房所测点位设备满载运行时振动速度最大值为四层 1-2/A-B 轴楼板z方向，速度峰值 12.7686mm/s。

主厂房测点速度峰值　　　　**表 8-7-1**

测点	测试方向	最大值（mm/s）
夹层 4-5/A-B 轴楼板	x	0.78217
	y	1.09501
	z	2.17521
二层 2-3/A-B 轴楼板	x	1.36807
	y	1.61011
	z	9.44029

续表

测点	测试方向	最大值（mm/s）
二层 4-5/B-C 轴楼板	x	1.00973
	y	1.20643
	z	4.22325
三层 2-3/B-C 轴楼板	x	1.12845
	y	1.07072
	z	4.31286
三层 4-5/D-E 轴楼板	x	1.14538
	y	1.19816
	z	5.08888
四层 1-2/A-B 轴楼板	x	1.44214
	y	1.20447
	z	12.7686
四层 1-2/C-D 轴楼板	x	1.39717
	y	1.14443
	z	1.82588
五层 1-2/B-C 轴楼板	x	0.84448
	y	1.01907
	z	5.49988
五层 1-2/D-E 轴楼板	x	1.15128
	y	1.1659
	z	4.49877

注：x向为南北方向，y向为东西方向，z向为竖向。

3. 驱动机房设备满载运行工况分析

对驱动机房设备满载运行时各层楼板振动速度峰值进行测试，测点位置及各测点速度峰值见表 8-7-2，测试结果表明驱动机房所测点位振动速度最大值为三层 6-7/C-D 轴楼板z方向速度峰值 0.89683mm/s。

驱动机房测点速度峰值　　　　**表 8-7-2**

测点	测试方向	最大值（mm/s）
二层 3-4/B-C 轴楼板	x	0.55873
	y	0.5704
	z	0.81738
三层 6-7/C-D 轴楼板	x	0.77843

续表

测点	测试方向	最大值（mm/s）
三层 6-7/C-D 轴楼板	y	0.5947
	z	0.89683

注：x向为南北方向，y向为东西方向，z向为竖向。

4. 栈桥设备满载运行工况分析

对栈桥皮带满载运行时楼板振动速度峰值进行测试，各栈桥结构形式及测点速度峰值汇总见表 8-7-3，各栈桥测试数据详见表 8-7-4～表 8-7-20。

各栈桥结构形式及速度峰值　　表 8-7-3

序号	栈桥名称	结构形式	速度峰值（mm/s）
1	原煤储煤场至原煤准备车间（皮带 201）	混凝土梁式通廊 + 钢桁架通廊	z向 24.8258
2	准备车间至大块煤仓胶带（皮带 211）	钢桁架通廊	z向 4.61159
3	准备车间至 1 号转载点（皮带 220）	混凝土梁式通廊	z向 2.79488
4	1 号转载点至 2 号转载点（皮带 224）	混凝土梁式通廊 + 钢桁架通廊	z向 3.2128
5	2 号转载点至末煤仓（皮带 601）	钢桁架通廊	z向 4.50199
6	混煤储煤场栈桥（皮带 540）	钢桁架通廊	z向 6.30828
7	商品煤储煤棚（皮带 541）	钢桁架通廊	z向 3.28287
8	1 号转载点至主厂房（皮带 301）	钢桁架通廊	z向 8.64308
9	主厂房至新增 3 号转载点（皮带 392）	混凝土梁式通廊 + 钢桁架通廊	z向 1.64078
10	主厂房至 2 号转载点（皮带 501）	混凝土梁式通廊 + 钢桁架通廊	z向 2.05693
11	3 号转载点至末煤仓（皮带 602）	钢结构梁式通廊 + 钢桁架通廊	z向 3.89648
12	主厂房至中煤仓、矸石仓（皮带 503）	混凝土梁式通廊 + 钢桁架通廊	z向 3.0189
13	矸石仓至块煤产品仓（皮带 502）	钢桁架通廊	z向 3.05274
14	主厂房至煤泥卸载点（皮带 505）	混凝土梁式通廊 + 钢桁架通廊	z向 1.56506
15	原煤储煤场落煤塔（一部）	钢桁架通廊	z向 20.0195
16	原煤准备车间至原煤储煤场（二部）	钢桁架通廊	z向 4.44976
17	原煤准备车间至原煤储煤场（三部）	钢桁架通廊	z向 4.87014

原煤储煤场至原煤准备车间（皮带 201）栈桥测点速度峰值　　表 8-7-4

测点	测试方向	最大值（mm/s）
梁式通廊楼板跨中部位	x	0.79241
	y	1.26757
	z	1.5197
桁架通廊楼板顶端部位	x	3.63467
	y	4.38814
	z	24.8258

注：x向为短边方向，y向为长边方向，z向为竖向。

准备车间至大块煤仓胶带（皮带 211）栈桥测点速度峰值　　表 8-7-5

测点	测试方向	最大值（mm/s）
栈桥楼板跨中部位	x	1.44205
	y	2.00499
	z	4.61159

注：x向为短边方向，y向为长边方向，z向为竖向。

准备车间至 1 号转载点（皮带 220）栈桥测点速度峰值　　表 8-7-6

测点	测试方向	最大值（mm/s）
栈桥底板跨中部位	x	1.3032
	y	0.48317
	z	2.79488

注：x向为短边方向，y向为长边方向，z向为竖向。

1 号转载点至 2 号转载点（皮带 224）栈桥测点速度峰值　　表 8-7-7

测点	测试方向	最大值（mm/s）
GHJ 栈桥楼板跨中部位	x	0.84483
	y	0.88121
	z	3.2128

注：x向为短边方向，y向为长边方向，z向为竖向。

2 号转载点至末煤仓（皮带 601）栈桥测点速度峰值　　表 8-7-8

测点	测试方向	最大值（mm/s）
GHJ1 栈桥楼板跨中部位	x	1.34396
	y	1.01037
	z	3.42179
GHJ2 栈桥楼板跨中部位	x	1.37136
	y	0.93494
	z	4.50199
GHJ3 栈桥楼板跨中部位	x	1.17914
	y	1.16214
	z	4.00576
GHJ4 栈桥楼板跨中部位	x	1.34979
	y	0.95726
	z	4.21213

注：x向为短边方向，y向为长边方向，z向为竖向。

混煤储煤场栈桥（皮带 540）栈桥测点速度峰值　　表 8-7-9

测点	测试方向	最大值（mm/s）
栈桥楼板跨中部位	x	1.299
	y	2.27257
	z	6.30828

注：x向为短边方向，y向为长边方向，z向为竖向。

商品煤储煤棚（皮带 541）栈桥测点速度峰值　　表 8-7-10

测点	测试方向	最大值（mm/s）
栈桥底板跨中部位	x	1.01083
	y	0.99679
	z	3.28287

注：x向为短边方向，y向为长边方向，z向为竖向。

1 号转载点至主厂房（皮带 301）栈桥测点速度峰值　　表 8-7-11

测点	测试方向	最大值（mm/s）
GHJ1 栈桥底板跨中部位	x	2.2727
	y	1.78968
	z	8.64308
GHJ2 栈桥底板跨中部位	x	2.48036
	y	1.77255
	z	8.16819

注：x向为短边方向，y向为长边方向，z向为竖向。

主厂房至新增 3 号转载点（皮带 392）栈桥测点速度峰值　　表 8-7-12

测点	测试方向	最大值（mm/s）
梁式通廊栈桥底板跨中部位	x	0.44872
	y	0.46322
	z	1.19152
GHJ1 栈桥底板跨中部位	x	0.78925
	y	1.33804
	z	1.64078

注：x向为短边方向，y向为长边方向，z向为竖向。

主厂房至 2 号转载点（皮带 501）栈桥测点速度峰值　　表 8-7-13

测点	测试方向	最大值（mm/s）
GHJ1 栈桥底板跨中部位	x	1.03813
	y	0.93322
	z	2.05693
GHJ2 栈桥底板跨中部位	x	1.08825
	y	1.21521
	z	1.7761

注：x向为短边方向，y向为长边方向，z向为竖向。

3 号转载点至末煤仓（皮带 602）栈桥测点速度峰值　　表 8-7-14

测点	测试方向	最大值（mm/s）
GHJ1 栈桥楼板跨中部位	x	0.52671

续表

测点	测试方向	最大值（mm/s）
GHJ1 栈桥楼板跨中部位	y	1.03355
	z	1.6963
GHJ2 栈桥楼板跨中部位	x	1.59021
	y	1.10008
	z	3.89648
GHJ3 栈桥楼板跨中部位	x	0.83131
	y	0.87769
	z	2.25471
GHJ4 栈桥楼板跨中部位	x	1.05536
	y	1.32951
	z	3.69223

注：x向为短边方向，y向为长边方向，z向为竖向。

主厂房至中煤仓、矸石仓（皮带 503）栈桥测点速度峰值　　表 8-7-15

测点	测试方向	最大值（mm/s）
梁式通廊栈桥底板跨中部位	x	0.39841
	y	0.30302
	z	1.4429
GHJ1 栈桥底板跨中部位	x	0.66615
	y	0.4928
	z	2.32434
GHJ2 栈桥底板跨中部位	x	0.59446
	y	0.80027
	z	3.0189

注：x向为短边方向，y向为长边方向，z向为竖向。

矸石仓至块煤产品仓（皮带 502）栈桥测点速度峰值　　表 8-7-16

测点	测试方向	最大值（mm/s）
栈桥底板跨中部位	x	0.84149
	y	1.29721
	z	3.05274

注：x向为短边方向，y向为长边方向，z向为竖向。

主厂房至煤泥卸载点（皮带 505）栈桥测点速度峰值　　表 8-7-17

测点	测试方向	最大值（mm/s）
栈桥底板跨中部位	x	0.53597

续表

测点	测试方向	最大值（mm/s）
栈桥底板跨中部位	y	0.54889
	z	1.56506

注：x向为短边方向，y向为长边方向，z向为竖向。

原煤储煤场落煤塔（一部）栈桥测点速度峰值 **表 8-7-18**

测点	测试方向	最大值（mm/s）
栈桥底板跨中部位	x	1.95904
	y	3.9934
	z	20.0195

注：x向为短边方向，y向为长边方向，z向为竖向。

原煤准备车间至原煤储煤场（二部）栈桥测点速度峰值 **表 8-7-19**

测点	测试方向	最大值（mm/s）
GHJ1 栈桥底板跨中部位	x	1.18175
	y	1.69295
	z	4.44976
GHJ2 栈桥底板跨中部位	x	0.97544
	y	1.2792
	z	3.46616
GHJ3 栈桥底板跨中部位	x	1.36272
	y	2.32922
	z	4.19933

注：x向为短边方向，y向为长边方向，z向为竖向。

原煤准备车间至原煤储煤场（三部）栈桥测点速度峰值 **表 8-7-20**

测点	测试方向	最大值（mm/s）
栈桥底板跨中部位	x	2.51915
	y	1.66605
	z	4.87014

注：x向为短边方向，y向为长边方向，z向为竖向。

五、振害诊断结论及治理建议

（1）测试结果表明主厂房所测点位设备满载运行时振动速度最大值为四层 1-2/A-B 轴楼板z方向，速度峰值 12.7686mm/s，振动明显，应进行减隔振处理。

（2）测试结果表明驱动机房所测点位振动速度最大值为三层 6-7/C-D 轴楼板z方向，速度峰值 0.89683mm/s。

（3）测试结果表明原煤储煤场至原煤准备车间（皮带 201）所测点位振动速度最大值为 24.8258mm/s；原煤储煤场落煤塔（一部）所测点位振动速度最大值为 20.0195mm/s，振动明显，均应进行减隔振处理。

[实例 8-8] 临沂机场二次雷达隔声隔振电磁屏蔽工程

一、工程概况

1. 工程简介

临沂机场位于临沂市河东区，距市区 7km，机场性质为国内中型支线机场，飞行区等级 4D。本项目新建塔台位于现有通航服务楼和通航机库西侧的预留发展用地，用地面积约为 6073m²。塔台共十一层，建筑高度为 66.15m。塔台顶层设有二次雷达与塔台明室，用于开展空管工作。机场塔台顶层设立航管人员的工作空间（明室），能 360°俯瞰机场，是核心空管设施，为机场内最高建筑。将二次雷达架设于塔台上方，形成合建方案，在满足二次雷达与机场塔台场地建设要求的同时，能够减少雷达塔楼的重复建设成本，提高了机场空间利用率，该合建方案属国内首例。

除了二次雷达天线旋转时带来的振动噪声影响外，高频天线位置低于塔台管制室，存在电磁波辐射风险。因此，该项目在振动、噪声、电磁屏蔽方面均进行方案设计。

2. 控制目标：

（1）振动控制目标

二次雷达与雷达室地板之间的减振率为 85%，雷达室地板上振动加速度不高于 200mm/s²。安装完成后需进行调平检验，在二次雷达的运行过程中，天线基座倾斜度不得超过 0.1°。

（2）噪声控制目标

喷涂吸声材料，加装隔声顶板和地板、封闭管线井后，塔台明室内的噪声需低于 55dB。

（3）电磁控制目标

塔台明室内雷达波在 1030MHz 频段上电场强度不高于 28V/m，磁场强度不高于 0.075A/m，功率密度不高于 0.5W/m²。

二、振动控制方案

本设计方案面向由塔台二次雷达、电机及基座构成的系统在运行中对顶层指挥中心构成的振动、噪声、电磁辐射危害，进行系统性振动控制。

1. 减振方案

通过在雷达室主要电机设备间上部设置支承式低频高耗能减振机架层，在支撑部位配置精密可调的钢弹簧阻尼器单元，通过调谐频率和优化阻尼，并充分考虑质刚重合、增加惯性矩等方法，进行减隔振，如图 8-8-1 所示。

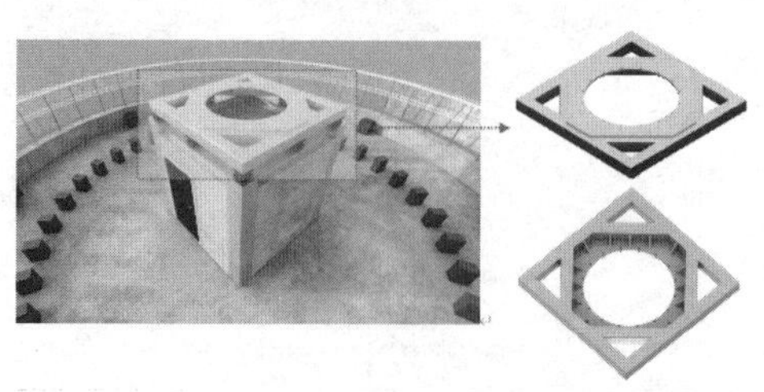

图 8-8-1　二次雷达隔振系统示意图

2. 降噪方案

共设置三道防线实现降噪。通过在雷达室电机间设置上封、内装及地铺的方式作为第一道防线，实现隔离与吸声降噪；在电机间内部电缆沟进出口位置及楼板洞口周圈增加软性隔声防火胶泥封堵作为第二道降噪防线；将塔台指挥室内通向屋顶的钢爬梯做隔声玻璃围挡，形成封闭式楼梯间作为第三道降噪防线，阻止噪声外泄，如图 8-8-2～图 8-8-4 所示。

图 8-8-2　电机间降噪第一道防线示意图

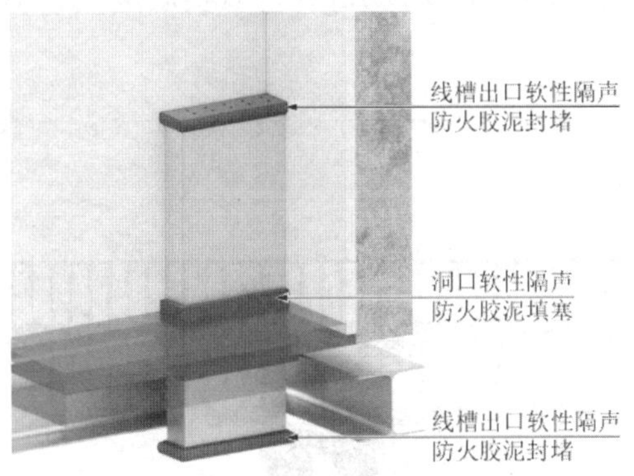

图 8-8-3　电机间降噪第二道防线示意图

图 8-8-4　电机间降噪第三道防线示意图

3. 电磁屏蔽方案

隔电磁波预案的实施方式为在塔台指挥室屋顶楼板内嵌电磁屏蔽网。试运行后进行环评测试，最大限度保障空管人员的人身安全。如图 8-8-5 所示。

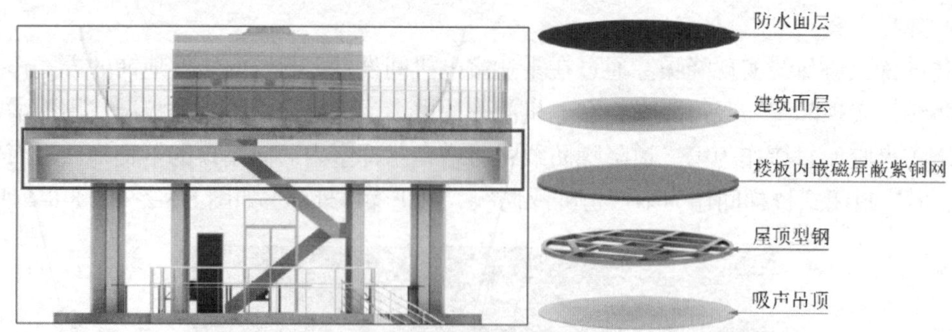

图 8-8-5　电磁屏蔽示意图

三、振动控制分析

1. 雷达结构重心分析

根据通用二次雷达各部分结构尺寸及对应重量，建立精细化有限元模型，分析雷达系统的质心位置。

计算模型中，雷达模型各部分质量严格按照各部分结构提供质量建模，以确保其计算质心位置误差在可接受范围内。计算采用 ANSYS 程序，程序版本为 R19.2。模型采用实体单元 Solid65，计算模型的总质量为 2129.7kg，与真实质量 2130kg 基本一致。计算模型如图 8-8-6 所示。

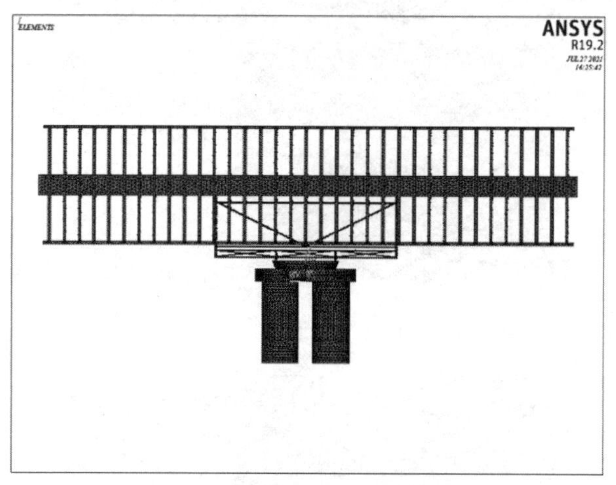

图 8-8-6　二次雷达有限元模型

对上述结构进行模态计算，初步推算结构的竖向质心位置，计算结果如下：

CENTER OF MASS$(X,Y,Z)=(-0.10353\text{E}-06,0.15639\text{E}-02,0.29231)$

以雷达转台系统底面圆心为坐标原点，其竖向质心位置约在 0.29m 高度，水平方向质心基本与轴线重合，稍有偏差。

2. 隔振系统振动分析

（1）隔振系统有限元模型

依据隔振系统设计图纸及设计院提供的结构图纸，对雷达及隔振系统与雷达间进行建模，计算隔振系统的隔振性能。计算采用 SAP2000 程序，程序版本为 V21.0.2。

计算隔振器选用自研定型隔振弹簧，刚度系数为1000N/mm，阻尼比为0.1，单个弹簧最大负载1000kg，共8组弹簧。墙、板模型取壳单元进行计算，支撑钢梁取杆单元进行模拟。雷达结构主要考虑其质量，以面、杆等二维单元进行模拟，对各不同结构赋予对应质量，雷达支架部分按刚性处理。本次计算仅针对雷达隔振体系及电机间结构进行分析，电机间墙体底部采用铰支固定，约束其平动自由度。有限元模型如图8-8-7所示。

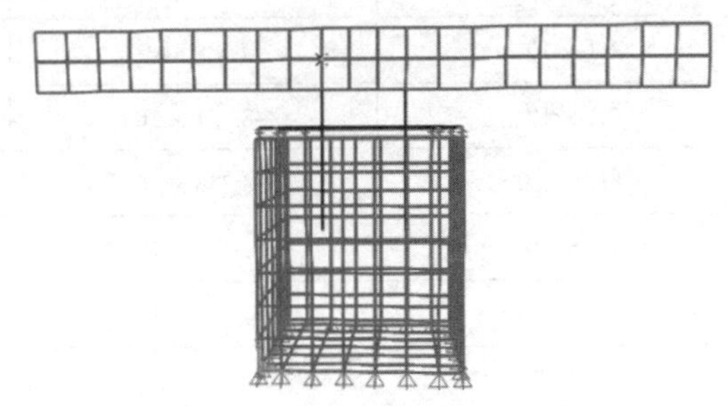

图8-8-7　隔振体系有限元模型

（2）振动输入

项目组前期对济南空管局二次雷达进行了类比测试，但测试过程中发现，难以直接对雷达设备振源进行直接测试，目前也尚未获得雷达设备的整体质量。因此，项目组首先构建未隔振的雷达间结构模型，将雷达承重梁的实测加速度数据乘以质量系数作为振动输入荷载，将计算得到的雷达间地面振动加速度情况作为输入与实测数据进行对比，并通过不断校核、调整模型与输入数据大小，直至未隔振情况下，钢梁振动响应数据与实测数据误差在可接受范围内。

输入荷载以集中力方式施加在雷达台座底面圆心，共20s三向时程荷载，同时考虑启动过程中存在50N · m的转矩，在雷达底座圆面四周施加对应大小的静荷载。

（3）静力计算结果

计算在当前结构形式的静力作用下，减振系统的静变形情况，提取各弹簧支座顶端静变形，简化模型如图8-8-8所示。

图8-8-8　钢框架计算简化模型

各节点位移计算结果如表8-8-1所示，计算结果显示在静力作用下，减振系统水平方向变形量极小，主要以竖向变形为主，各弹簧变形量接近，约−4.97mm，最大差值为8.3×10^{-5}mm。最大差值且距离较近的46～50与47～48点对应的隔振系统平整度误差为$9.1192 \times 10^{-4\prime}$。距离最近的点46～51及47～49相对位移差值较大，为4.3×10^{-5}mm。对应倾斜角为0.0026′，符合二次雷达工作最大倾斜角为0.1°的设计要求。

各点位移（mm）　　表 8-8-1

点号	X方向位移	Y方向位移	Z方向位移
44	-7.435×10^{-6}	-1.8×10^{-5}	−4.971016
45	-7.438×10^{-6}	1.9×10^{-5}	−4.971016
46	1.1×10^{-5}	-1.8×10^{-5}	−4.971062
47	1.1×10^{-5}	1.8×10^{-5}	−4.971062
48	2.1×10^{-5}	-8.751×10^{-6}	−4.970979
49	-1.7×10^{-5}	-8.738×10^{-6}	−4.971019
50	2.1×10^{-5}	8.757×10^{-6}	−4.970979
51	-1.7×10^{-5}	8.741×10^{-6}	−4.971019

（4）模态计算结果

前 20 阶模态分析结果见表 8-8-2。

模态分析结果（前 20 阶）　　表 8-8-2

阶数	周期（s）	频率（Hz）	圆频率（rad/s）
1	0.169334	5.905505085	37.10538278
2	0.169226	5.909243999	37.12887507
3	0.141622	7.06105131	44.36589385
4	0.037335	26.78470498	168.2932648
5	0.030547	32.73627248	205.6880662
6	0.023961	41.73444369	262.2252434
7	0.014293	69.96464611	439.6008365
8	0.011246	88.91876575	558.6930825
9	0.008241	121.3496458	762.4623117
10	0.008239	121.3786165	762.6443396
11	0.007445	134.3209485	843.9634098
12	0.007238	138.1592353	868.0800775
13	0.00682	146.628726	921.2954571
14	0.005552	180.1020104	1131.614305
15	0.00502	199.2141525	1251.699436
16	0.004582	218.2245331	1371.14518
17	0.004514	221.5162298	1391.827521
18	0.004082	244.9734895	1539.21383
19	0.004077	245.3006886	1541.269682
20	0.003928	254.5612683	1599.455621

根据模态计算结果，前两阶以水平向平动为主，第3阶以隔振系统竖向振动为主，对应频率分别为5.906Hz、5.909Hz、7.061Hz。两水平振型频率接近，竖向振型稍大，避开电机工作频率20Hz与实测主频30Hz，与天线自转主频0.25Hz和减速器主频0.74Hz相距较远，且刚度较大，满足整体平整度要求。

四、振动控制关键技术

面向雷达旋转系统，充分考虑建筑结构功能与改造设计，针对雷达旋转系统运行产生的振动问题，基于质刚重合、等能量封闭体等设计原理，建立以频率调谐为主、阻尼耗能为辅的振动控制体系，在同步降低二次固体辐射噪声基础上，对气动噪声进行三道防线处理，并对潜在电磁影响提出后置式控制方法。该方案的振动控制技术核心是在雷达室电机间剪力墙顶采用“支承式低频高耗能隔振机架”技术。

该隔振机架主体为一体式钢框架，四周支撑部分配置装配式可调钢弹簧阻尼器单元，调平后基座倾斜度 $< 6'$。通过频率调谐和优化阻尼，将“雷达-隔振机架-剪力墙”结构的自振频率与雷达驱动系统的激振频率错开，形成隔振层，使振动能量被封闭在结构体系内部，最终被阻尼器吸收耗散。

本项目的电磁屏蔽系统由三道电磁屏蔽层组成（图8-8-9），自上而下分别是喷涂在雷达间地坪上的电磁屏蔽涂料（吸收），嵌在雷达间与塔台明室楼板间的冷轧钢板（反射），以及铺设在塔台明式吊顶内的紫铜屏蔽网（隔离），三道屏蔽层构造吸收反射隔离一体化电磁屏蔽体系，实现对二次雷达工作波段上电磁波的有效隔离，保护塔台内工作人员的人身健康。

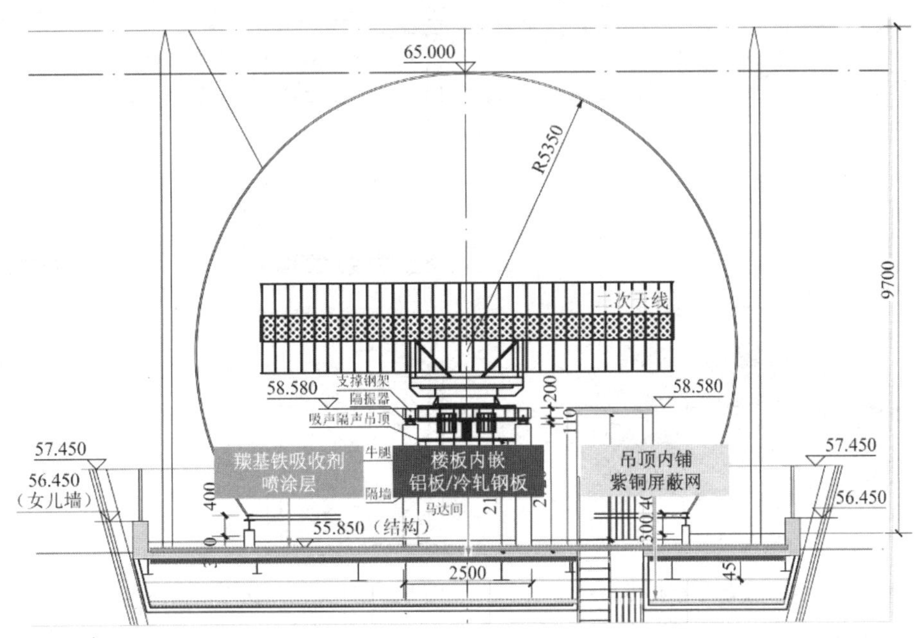

图8-8-9 电磁屏蔽系统方案示意图

五、振动控制装置

该方案隔振系统由支撑钢框架和钢弹簧阻尼器构成，支撑钢框架用于承载二次雷达，钢框架下方装有钢弹簧阻尼器，使二次雷达通过钢框架和钢弹簧阻尼器放置在雷达室电机间围墙上（图 8-8-10）。钢弹簧阻尼器的刚度系数是在振动测试和仿真计算后进行设计配置的，保证隔振系统的自振频率避开二次雷达旋转频率和驱动电机振动频率，将振动能量封闭在隔振系统内部，阻止沿着电机间围墙传播扩散，实现隔振功能。

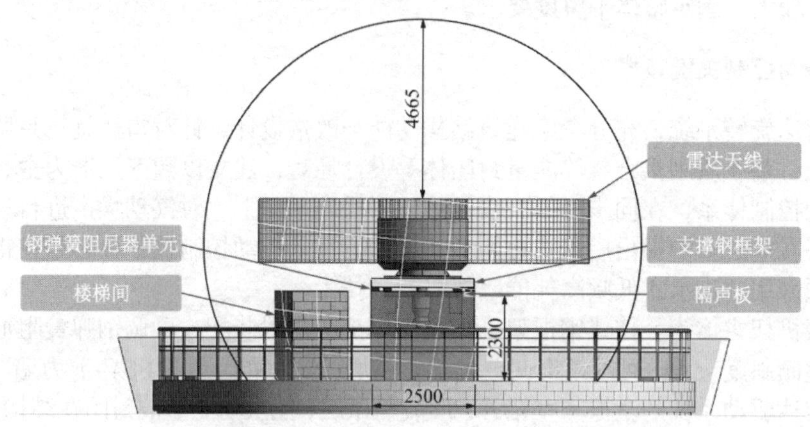

图 8-8-10　二次雷达隔振系统示意图

支撑钢框架由 8 根方钢管（200mm × 200mm × 8mm）和 1 块钢板（1900mm × 1900mm × 30mm）焊接而成，钢框架模型图如图 8-8-11 所示，工程图如图 8-8-12 所示。

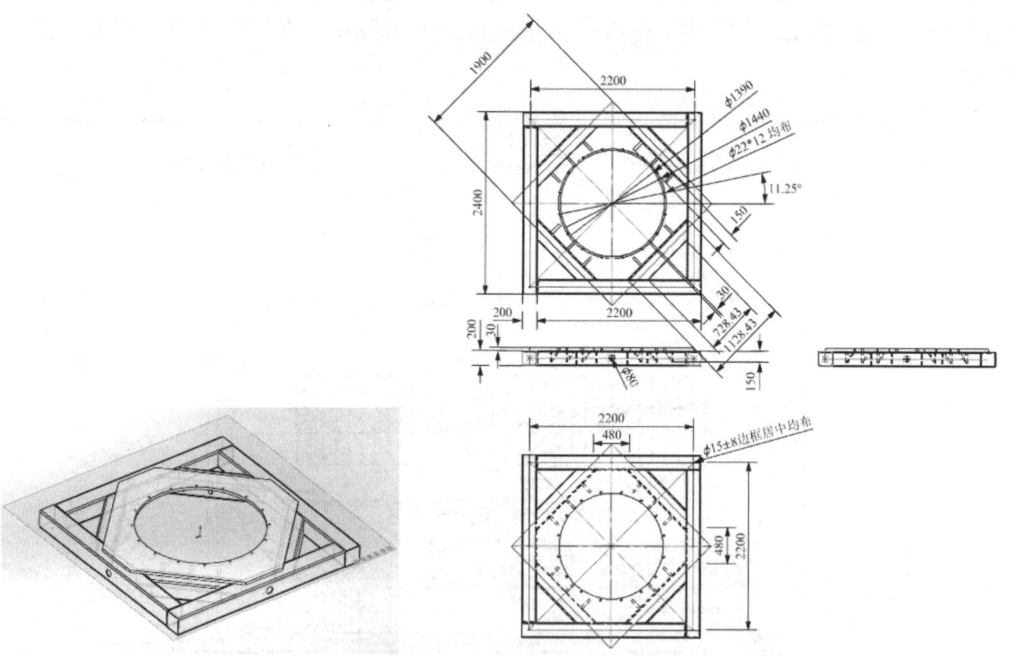

图 8-8-11　二次雷达支撑钢框架模型图

图 8-8-12　二次雷达支撑钢框架工程图

钢框架的外形尺寸和安装孔位可根据雷达厂商要求进行调整。根据现有二次雷达常规质量（2200kg），对该钢框架的承载能力进行了校核，校核使用 Solidworks Simulation Pro 完成，根据现有条件，二次雷达安装后，钢框架的最大变形量为 1.072mm，挠曲变形为 0.0688%（图 8-8-13），最大承载能力大于 8t，支撑钢框架有足够承载能力托起质量 2200kg 的荷载，且变形量在容许范围内。

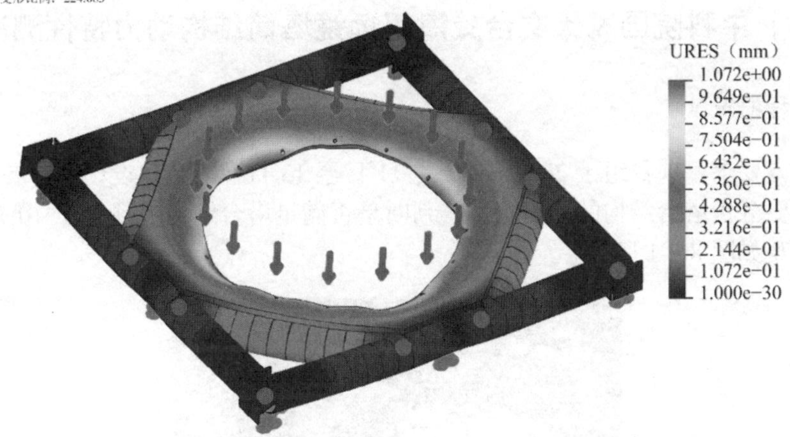

图 8-8-13　二次雷达支撑钢框架变形图

钢弹簧阻尼器单只承载能力为 1000kg，刚度系数为 1000N/mm，阻尼比为 0.1，带有稳定限位器，且在一定范围内调整。由于本隔振工程所使用的钢弹簧阻尼器自振频率需同时避开二次雷达旋转频率和二次雷达驱动电机工作频率，故项目组以前期对济南机场二次雷达振动测试数据为基础，结合二次雷达工作过程中倾斜角的要求，对隔振系统的刚度系数进行了校核计算。

六、振害治理效果

本方案经 ANSYS 和 SAP2000 计算校核，计算模型的尺寸与重量分布严格参照雷达设备供应商提资，动力荷载由现场类比测试获取，动力学计算校核保证了隔振系统的有效性。

根据现行行业标准《建筑楼盖结构振动舒适度技术标准》JGJ/T 441—2019 中对车间办公室、安装娱乐振动设备、生产操作区的楼盖结构的要求，其竖向振动峰值加速度不应大于表 8-8-3 中规定的限值。

竖向振动峰值加速度限值　　**表 8-8-3**

楼盖使用类别	峰值加速度限值（m/s^2）
车间办公室	0.20
安装娱乐振动设备	0.35
生产操作区	0.40

隔振后，竖向加速度振动峰值为 $6.61mm/s^2$，远低于标准规定的 $200mm/s^2$ 的标准限值要求。

［实例 8-9］中科院国家天文台威海望远镜塔筒结构动力特性测试分析

一、工程概况

应业主方要求，项目组于 2022 年 12 月 11 日至 13 日在塔台建设场地开展振动测试。本次测试主要分析塔台结构的动力特性，判断是否满足塔台结构基频大于 10Hz 的设计目标。塔台外观如图 8-9-1 所示。

图 8-9-1　望远镜塔台外观

二、测试方案

1. 测试工况

本次测试共分两组测试工况，分别为环境测试和激励测试。环境测试即测量项目现有振动环境。激励测试，采用重锤下落形式，施加脉冲荷载，以激发塔台振动。

其中，激励测试采用人工抛掷激振锤进行激励，锤重 35kg 左右，锤底距激振点 2m 左右，激振测试如图 8-9-2 所示。

图 8-9-2　重物激振试验

2. 测点布置

测试位置分为地面测点与塔台测点两部分。以激振点和塔台连线为地面测线，共布置 2 组测点，分别距激振点 10m、15m（图 8-9-3）。塔台布置 2 条测线，每条测线在塔台基础、塔身、塔顶共布置 3 组测点，塔台基础为 1 号测点，塔身为 2 号测点，塔顶为 3 号测点

（图 8-9-4），其中，第 1 条测线位于塔台至激振点连线方向，第 2 条测线为第一条测线沿塔台旋转 90°。每组测点测试两水平向和竖向共三个方向，本次测试采集数据为加速度数据，单位为 mm/s²，采样频率为 256Hz（图 8-9-5）。

(a) 地面 1 号测点距激振点 10m

(b) 地面 2 号测点距激振点 15m

图 8-9-3 地面测点位置

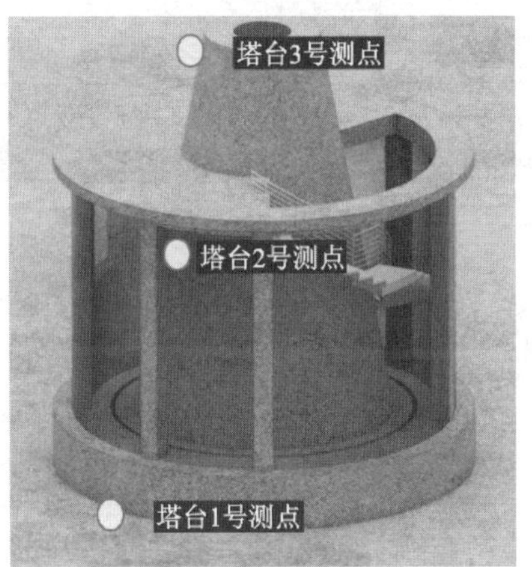

图 8-9-4 塔台测点示意图

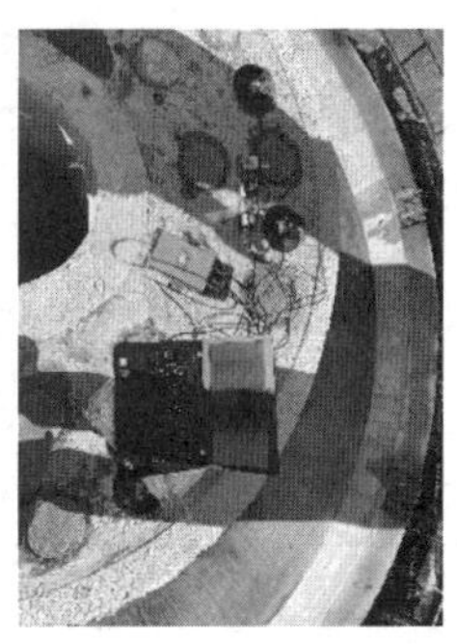

图 8-9-5 现场测试图片

三、测试分析

经分析比选，选择能够表征振动特性且利于说明情况的测点进行分析，其他测点目的在于前期数据的比选和确定，并为结果提供对比。地面测点指地面 2 号测点，塔台测点指塔台 1 号测线对应测点。规定X方向为塔身径向，Y向为塔身垂向，Z向为竖向。

项目主要分析思路为：对地面测点→塔台 1 号测点→塔台 2 号测点→塔台 3 号测点传递路径上的振动加速度响应的有效值进行对比，得到振动主要传递规律及塔台结构的振动响应情况。将地面与塔台结构的主要频率特性进行对比，排除环境振动干扰，得到塔台结构的主要振动频率，逐步锁定塔台基频范围，并通过地面至塔台结构的振动传递率对比，检验初步确定的频带范围是否为振动减弱最低甚至放大的部分，进一步确认频带范围的合理性。

1. 时域分析结果

通过地面测点的振动响应情况与塔台振动响应对比，判断塔台的主要振动特性。振动主要传递路径：地面→塔台基础→塔身→塔顶，对应测点为地面测点→塔台 1 号测点→塔台 2 号测点→塔台 3 号测点。

（1）环境振动测试工况时域特性对比

环境振动下各测点时域数据见图 8-9-6～图 8-9-9 和表 8-9-1。

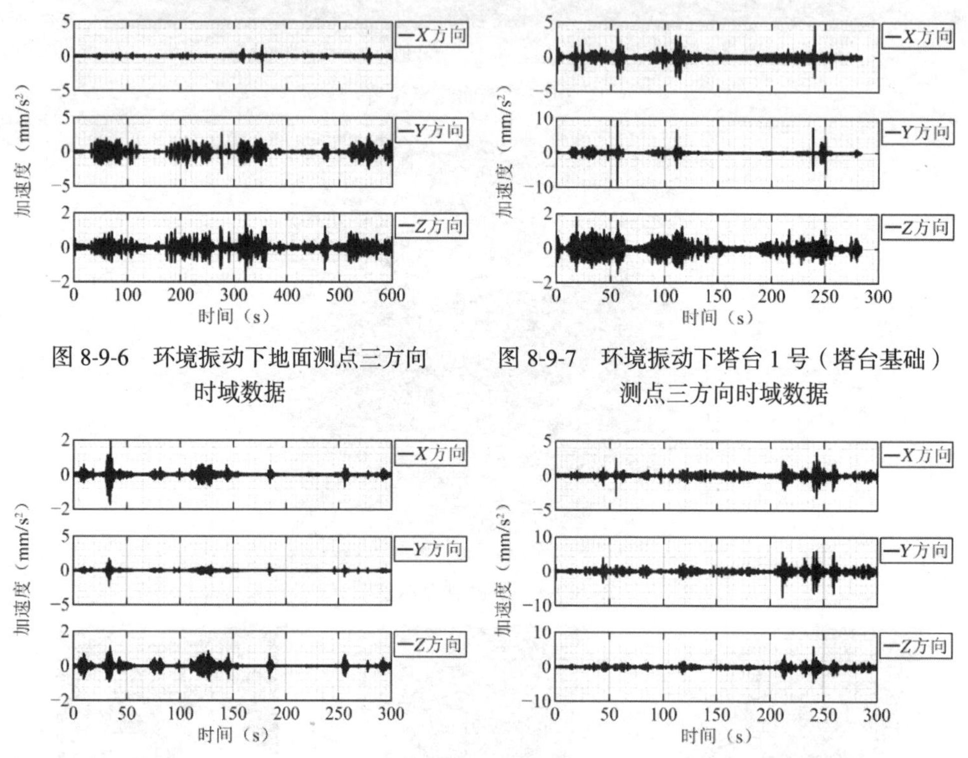

图 8-9-6　环境振动下地面测点三方向时域数据

图 8-9-7　环境振动下塔台 1 号（塔台基础）测点三方向时域数据

图 8-9-8　环境振动下塔台 2 号（塔身）测点三方向时域数据

图 8-9-9　环境振动下塔台 3 号（塔顶）测点三方向时域数据

环境振动下各测点三方向时域有效值统计　　**表 8-9-1**

测点位置	加速度有效值（mm/s²）		
	X方向	Y方向	Z方向
地面测点	0.0742	0.2725	0.1711
塔台 1 号测点	0.2564	0.2558	0.1943
塔台 2 号测点	0.0815	0.0803	0.0922
塔台 3 号测点	0.1930	0.3585	0.3015

小结：环境振动测试时，邻近场地有施工干扰，但塔台整体环境振动水平良好，加速

度有效值整体位于 0.35mm/s² 及以下（表 8-9-1）。

（2）激励振动测试工况时域特性对比

激励振动下各测点时域数据见图 8-9-10～图 8-9-14 和表 8-9-2。

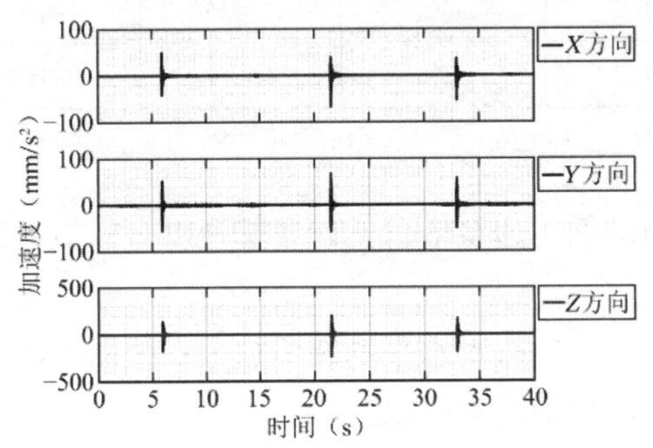

图 8-9-10　激励振动下地面测点三方向时域数据

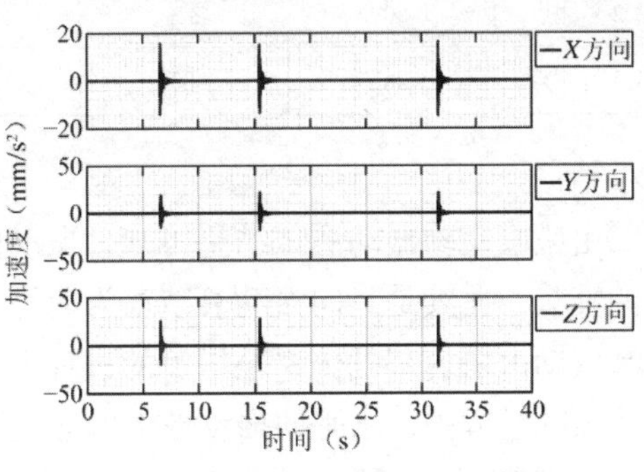

图 8-9-11　激励振动下塔台 2 号（塔身）测点三方向时域数据

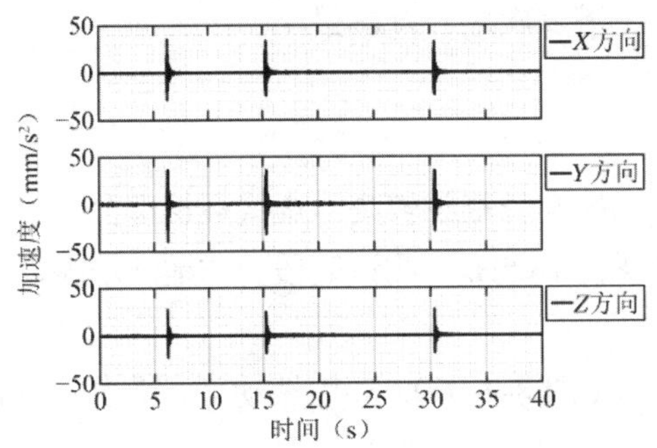

图 8-9-12　激励振动下塔台 3 号（塔顶）测点三方向时域数据

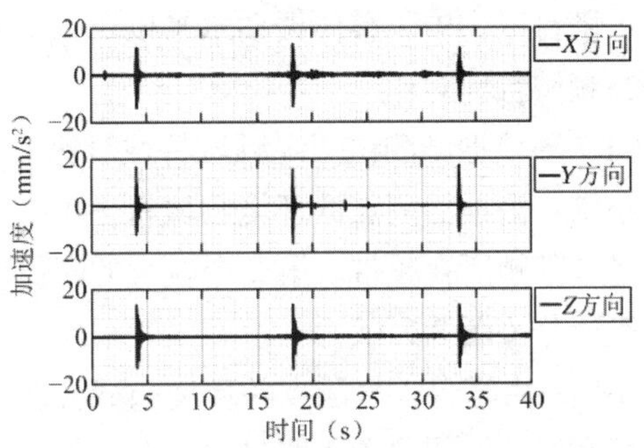

图 8-9-13　激励振动下塔台 1 号（塔台基础）测点三方向时域数据

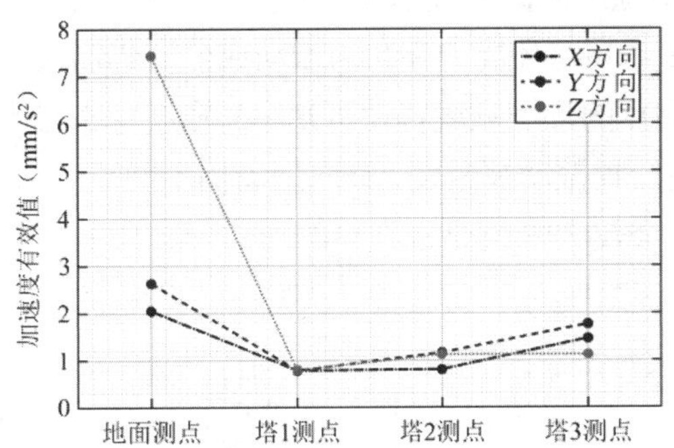

图 8-9-14　激励振动下各测点三方向时域有效值对比

激励振动下各测点三方向时域有效值对比　　**表 8-9-2**

测点位置	加速度有效值（mm/s²）					
	X方向	放大率	Y方向	放大率	Z方向	放大率
地面测点	2.0478	—	2.6274	—	7.4410	—
塔台 1 号测点	0.7856	−61%	0.7708	−70%	0.7954	−89%

续表

测点位置	加速度有效值（mm/s²）					
	X方向	放大率	Y方向	放大率	Z方向	放大率
塔台 2 号测点	0.8096	3%	1.1095	50%	1.0815	41%
塔台 3 号测点	1.4629	80%	1.7651	51%	1.1259	0.06%

小结：

①由激励实验振动测试结果可知，振动由地面传递至塔台基础，加速度有效值有比较明显的衰减，尤其是竖向振动衰减最为明显。

②振动由塔台基础传递至塔身的过程中，三方向振动水平均有所放大；振动由塔身传递至塔顶的过程中，水平向振动放大明显，竖向振动基本一致。

③地面振动以竖向振动为主，塔台基础与塔身三方向振动水平较为接近，塔顶水平向振动稍大于竖向振动。

④塔台结构中，整体振动水平以塔顶最大，塔身次之，基础最小。

2. 频域特性对比

（1）环境振动测试工况频域特性对比

小结：由地面测点的环境频域特性可知，场地本身基频较高，虚线标识部分，可大致认为是其基频所在频带。第一个较大的峰值出现在 13.5Hz，测试时段，场地环境振动存在该频率成分（图 8-9-15）。

小结：由塔台 1 号测点的环境频域特性可知（图 8-9-16），环境振动下，塔台的低频振动未被激发，低频振动不明显。

小结：由塔台 2 号测点的环境频域特性可知（图 8-9-17），环境振动下，塔台的部分水平向低频振动被激发，竖向振动仍不明显。第一个较大的峰值出现在 14.5Hz，且 10～14.5Hz 之间存在部分小峰，塔台基频与环境中存在的振动成分，仍需进一步分析。

小结：由塔台 3 号测点的环境频域特性可知，3 号点与 2 号点特性较为一致，环境振动下，塔台的部分水平向低频振动被激发，竖向振动仍不明显。X方向第一个较大的峰值出现在 15.75Hz，Y向第一个较大峰值出现在 14.5Hz，且 10～15.75Hz 之间存在部分小峰（图 8-9-18）。

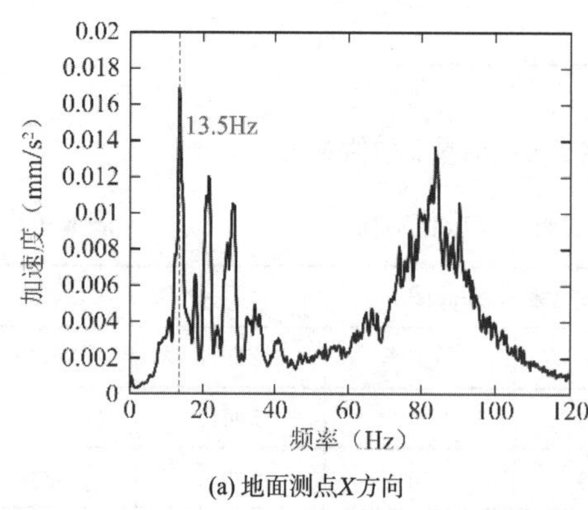

(a) 地面测点X方向

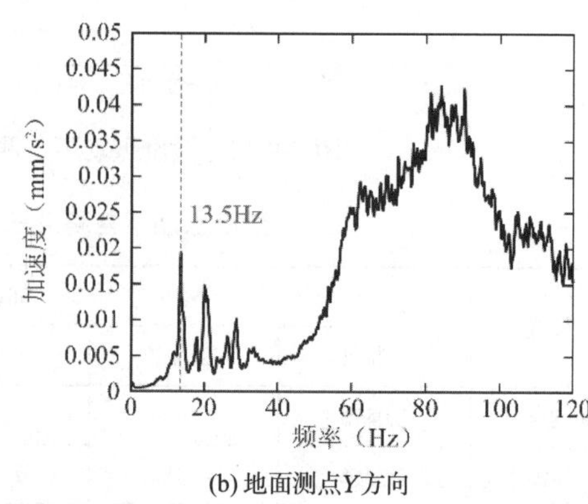

(b) 地面测点Y方向

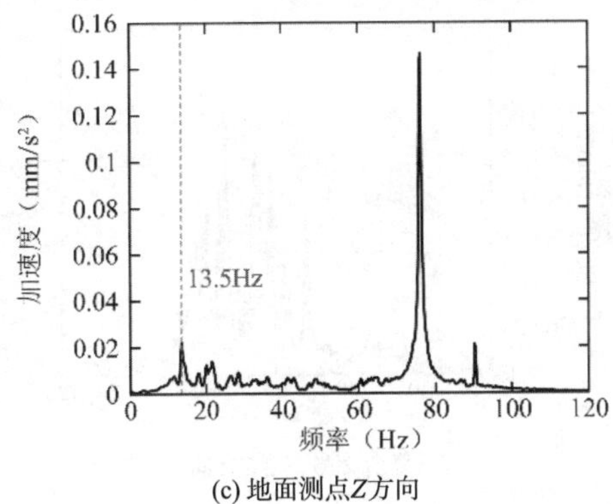

(c) 地面测点Z方向

图 8-9-15　环境振动下地面测点三方向频域数据

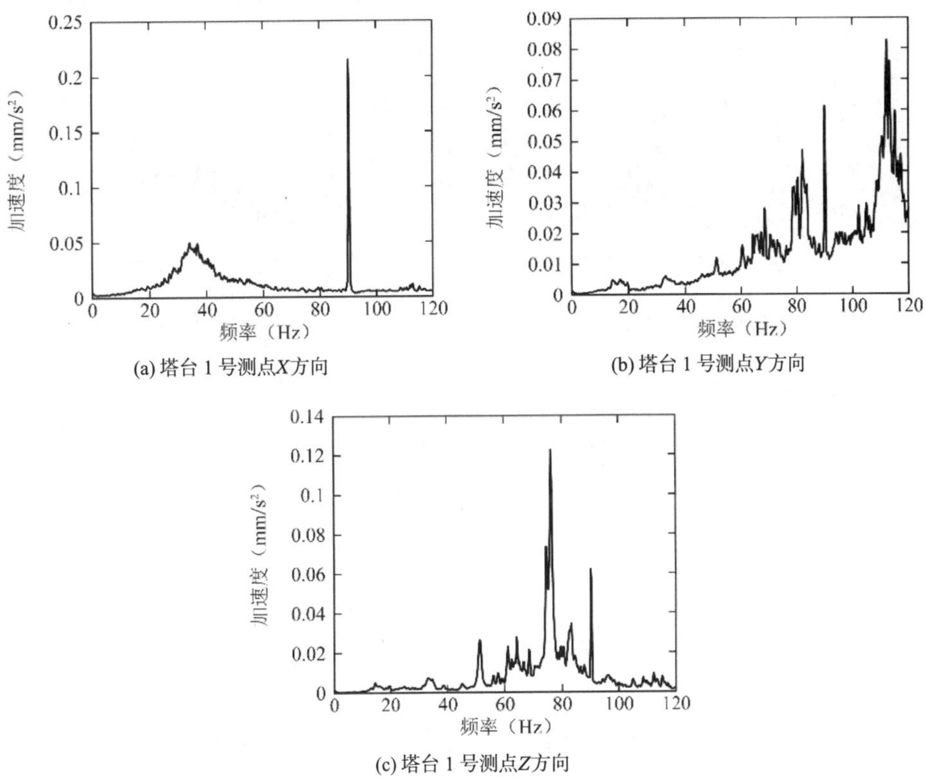

(a) 塔台 1 号测点X方向

(b) 塔台 1 号测点Y方向

(c) 塔台 1 号测点Z方向

图 8-9-16　环境振动下塔台 1 号（塔台基础）测点三方向频域数据

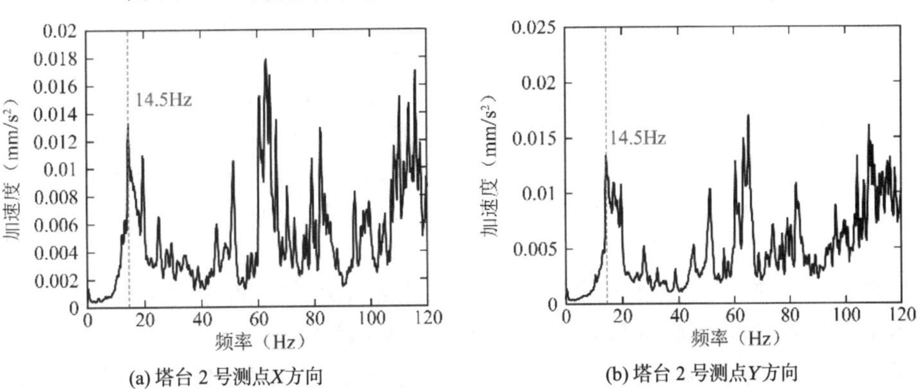

(a) 塔台 2 号测点X方向

(b) 塔台 2 号测点Y方向

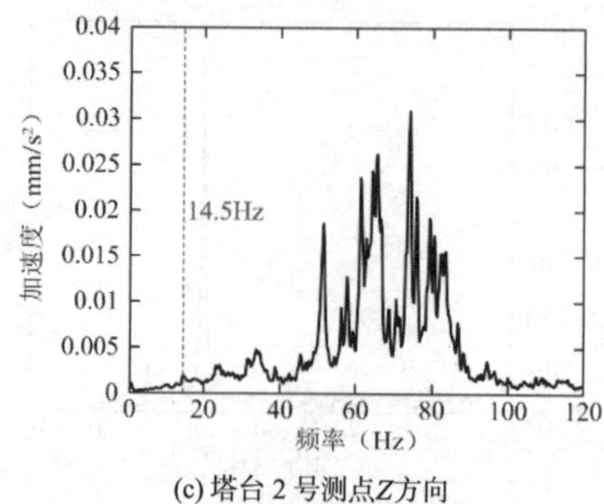

(c) 塔台 2 号测点Z方向

图 8-9-17　环境振动下塔台 2 号（塔身）测点三方向频域数据

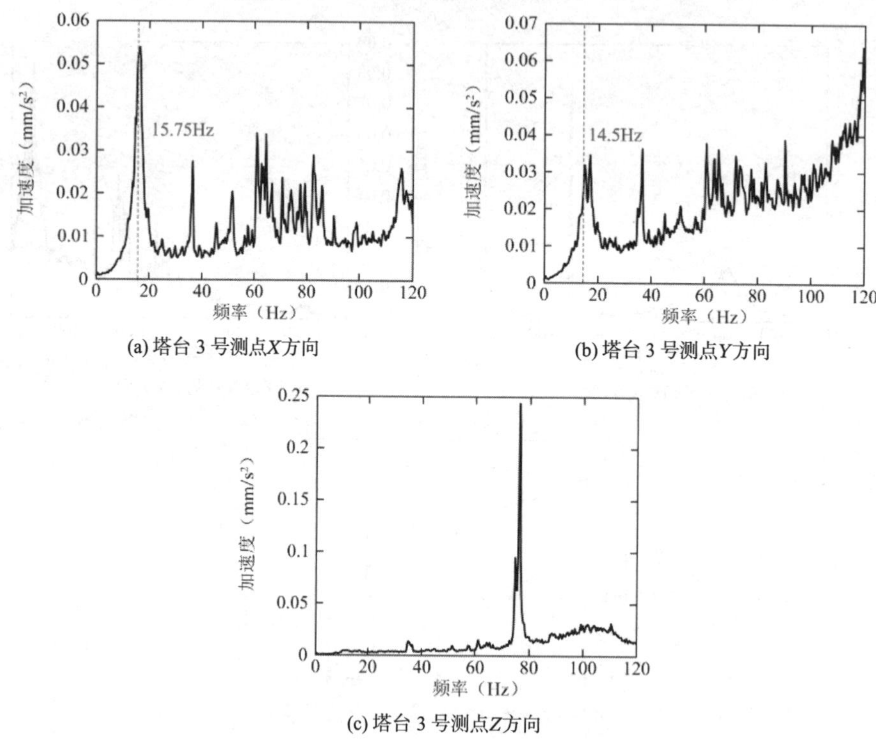

(a) 塔台 3 号测点X方向

(b) 塔台 3 号测点Y方向

(c) 塔台 3 号测点Z方向

图 8-9-18　环境振动下塔台 3 号（塔顶）测点三方向频域数据

（2）激励测试各测点频域分析

小结：由地面测点的激励频域特性可知，在脉冲荷载作用下，与环境振动不同，地面 19.5Hz 的振动放大明显，测试时段，场地环境振动存在该频率成分（图 8-9-19）。

小结：由塔台 1 号测点的激励频域特性可知，排除环境中存在的 13.5Hz 振动，脉冲荷载下，塔台 1 号测点的首个振动峰值约为 15Hz（图 8-9-20）。

小结：由塔台 2 号测点的激励频域特性可知，排除环境中存在的 13.5Hz 振动，脉冲荷载下，塔台 2 号测点的X方向首个振动峰值为 16.5Hz，Y向和Z向约为 15.25Hz（图 8-9-21）。

小结：

①由塔台 3 号测点的激励频域特性可知，排除环境中存在的 13.5Hz 振动，脉冲荷载下，塔台 2 号测点的首个振动峰值为 15.25Hz（图 8-9-22）。

②综合各塔台测点的振动响应情况，考虑不同测试位置存在的差异，可初步认为其振

动基频在 14～15Hz 附近。

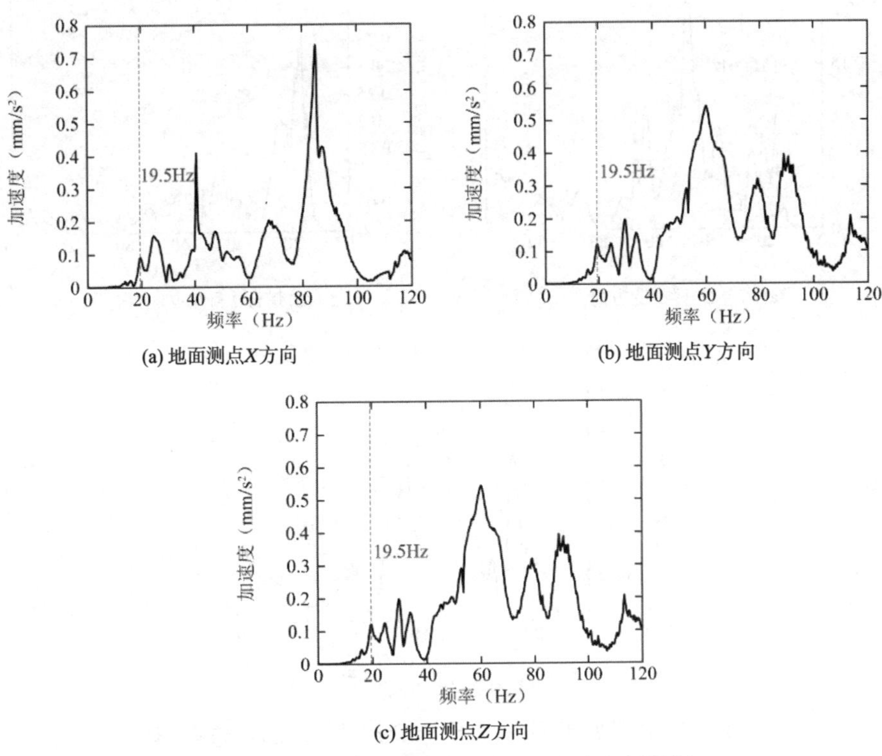

(a) 地面测点X方向　(b) 地面测点Y方向　(c) 地面测点Z方向

图 8-9-19　激励振动下地面测点三方向频域数据

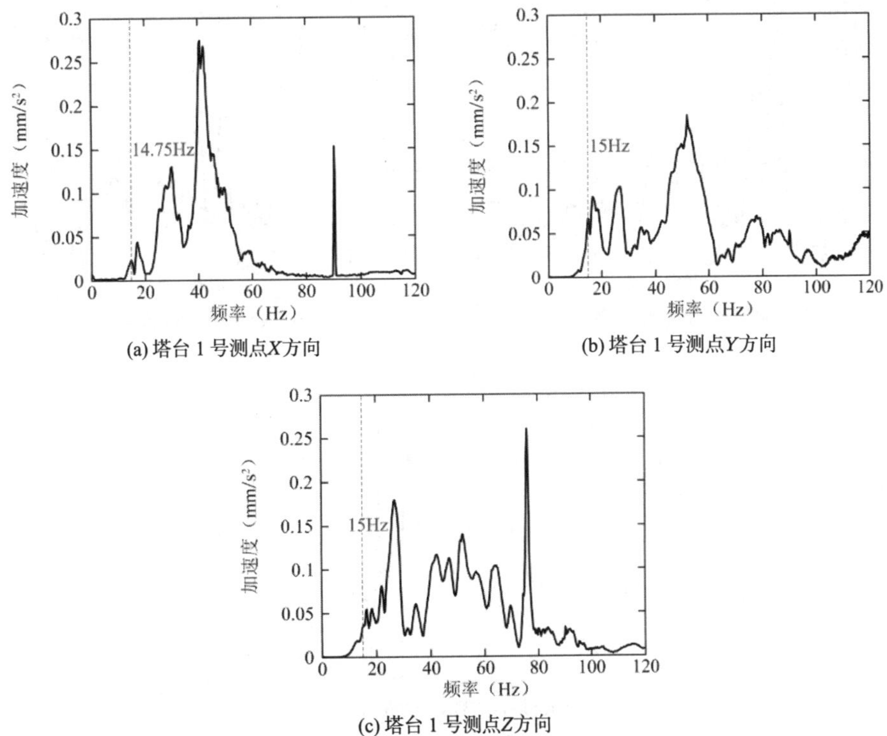

(a) 塔台 1 号测点X方向　(b) 塔台 1 号测点Y方向　(c) 塔台 1 号测点Z方向

图 8-9-20　激励振动下塔台 1 号（塔台基础）测点三方向频域数据

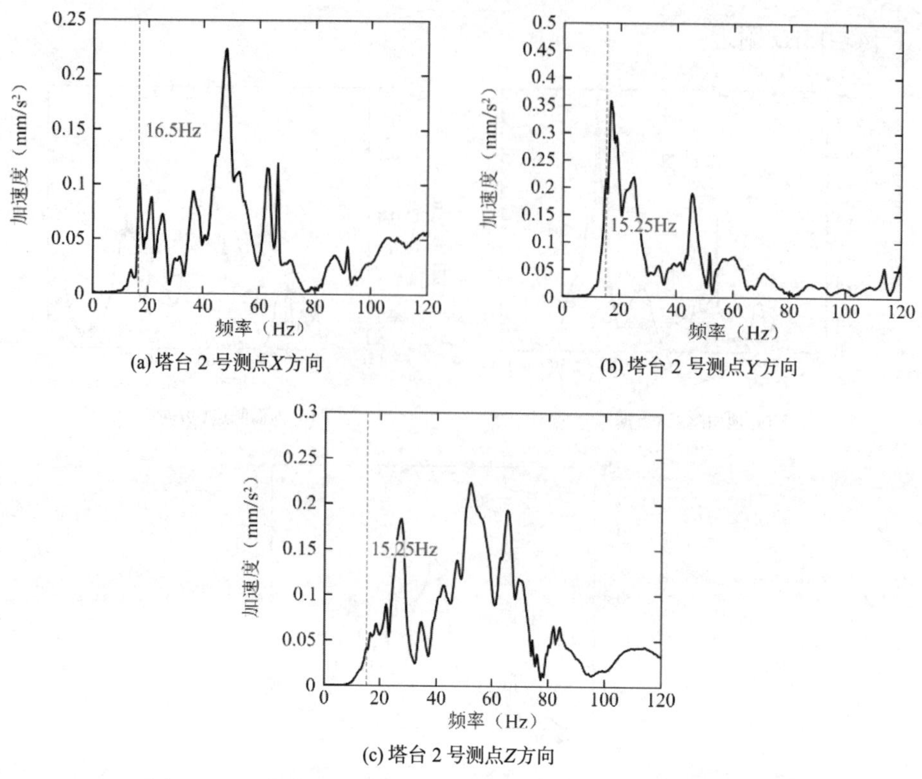

(a) 塔台 2 号测点X方向

(b) 塔台 2 号测点Y方向

(c) 塔台 2 号测点Z方向

图 8-9-21　激励振动下塔台 2 号（塔身）测点三方向频域数据

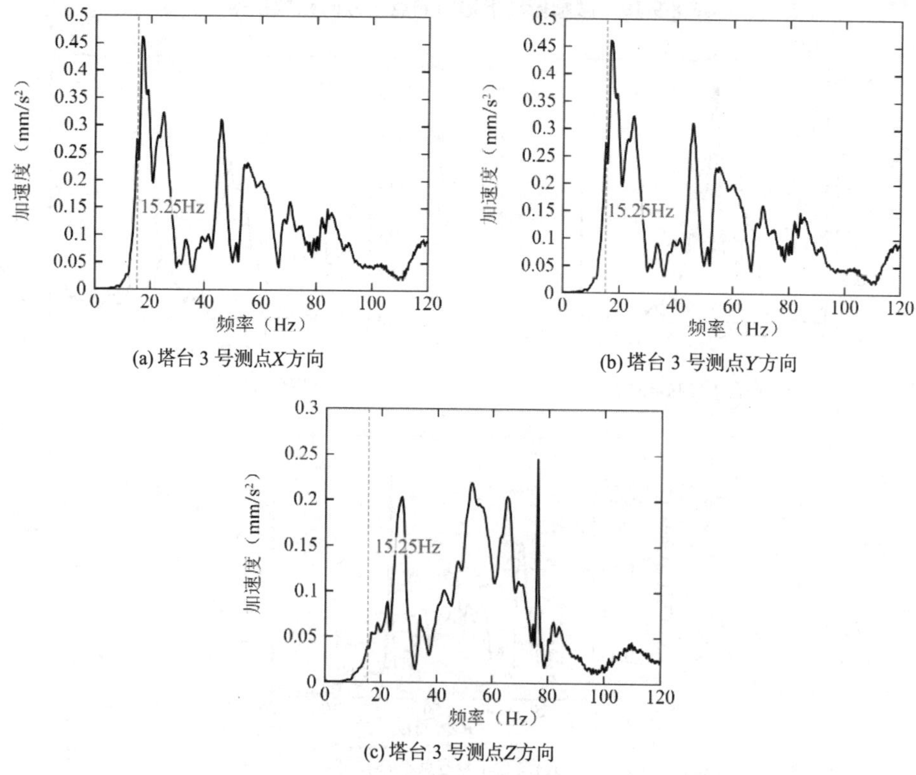

(a) 塔台 3 号测点X方向

(b) 塔台 3 号测点Y方向

(c) 塔台 3 号测点Z方向

图 8-9-22　激励振动下塔台 3 号（塔顶）测点三方向频域数据

3. 传递函数分析

通过地面测点至塔台 1 号测点的振动传递函数分析，由土体至塔台结构各频率成分变化规律，进一步分析塔台的动力特性。本项目中，激励测试下振动由土体传递至结构，各频段振动均有所衰减，因此，衰减效果最不明显的频段，即为塔台结构自振频率所在频段。

小结：根据传递函数分析结果（图 8-9-23～图 8-9-25），传函较大的频段对应范围约 11.5～16.5Hz，包含了预测的振动基频 14～15Hz 的频带范围，因此，可以判断塔台基频在 14～15Hz 范围内，满足基频大于 10Hz 的要求。

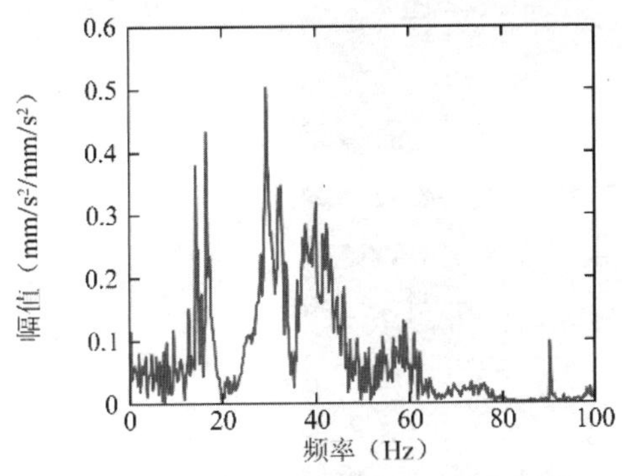

图 8-9-23　土体至塔台基础测点的X向振动传递函数

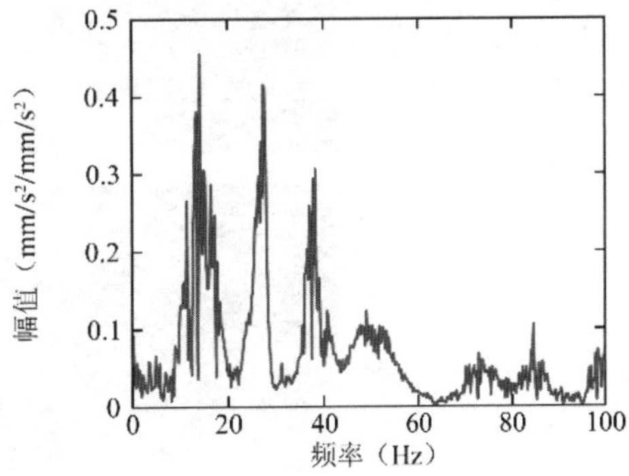

图 8-9-24　土体至塔台基础测点的Y向振动传递函数

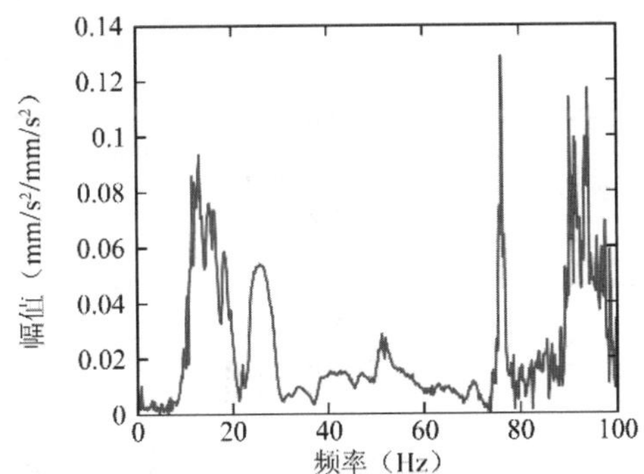

图 8-9-25　土体至塔台基础测点的Z向振动传递函数

四、振动测试数据总结

（1）项目所处环境振动水平良好，场地土本身刚度较大，基频较高，利于天线塔台的环境振动控制。

（2）脉冲荷载下，振动由土体传递至塔台基础过程中有较明显的衰减，三个方向振动加速度有效值的衰减率均在 60%以上。

（3）脉冲荷载下，振动由塔台基础到塔身最后到塔顶的传递过程中有所放大，特别是水平向振动放大效果明显，塔台基础至塔顶水平向振动加速度有效值放大约 80%以上，竖向振动放大约 40%。

（4）经地面、塔台测点的振动频域分析对比及传递函数分析，可初步确定塔台的基频在 14～15Hz 之间，满足塔台基频大于 10Hz 的设计要求。

五、振动控制方案

天文台振动控制方案效果图见图 8-9-26。

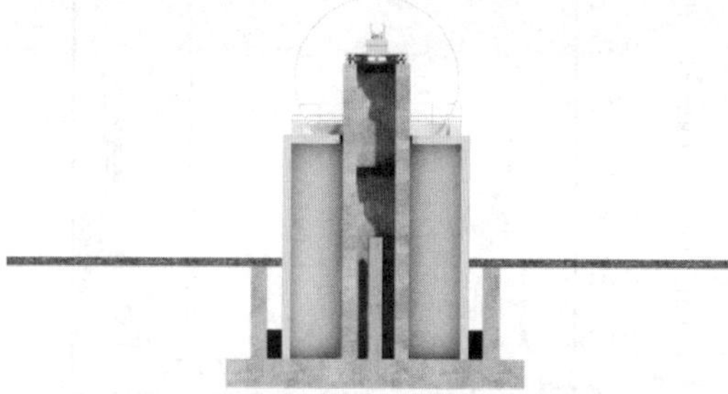

图 8-9-26　天文台振动控制方案效果图

[实例 8-10] 北京铁路局调度楼动力设备振动噪声超标改造项目

一、工程概况

北京铁路局调度楼动力设备振动噪声超标改造项目位于北京市海淀区复兴路 6 号，业主单位为中国铁路北京局集团有限公司。公司调度楼地下一层 B121、B132 两间动力站房的水泵、水源热泵机组等动力设备及附属设备管道在正常运行时会产生较大振动和噪声，部分设备虽已采取减隔振措施，但未进行系统的减隔振设计，且现有减振装置老化严重，同时站房内部的管道支架直接和地面、墙面、上层楼板刚性连接（图 8-10-1），因此，设备及管道的振动极易通过结构墙、柱传递至 1 层，引起 1 层展览室、水管间及办公区域和走廊振动，严重影响了 1 层部分办公区域的正常使用。

图 8-10-1　动力站房动力设备及管道现场

二、振动控制方案

改造区域主要涉及 B121 站房、B132 站房、水管间动力设备。对现有水泵及水源热泵机组设备的减振装置进行更新替换，即采用自主研发的弹簧油液阻尼减振器对设备进行减振处理。

对于混凝土基础尺寸不足的位置，用型钢对混凝土基础进行拓展，以满足隔振器安装需求。但隔振器主要支撑仍为混凝土基础，新增加的型钢外框对地面承重不造成负担。隔振器采用弹簧油液阻尼减振器进行减振处理，如图 8-10-2 所示。

图 8-10-2　动力设备、管道减振改造效果图

三、振动控制分析

对动力设备进行参数化建模,依据设备外形尺寸、重量建立分析模型,如图 8-10-3 所示。

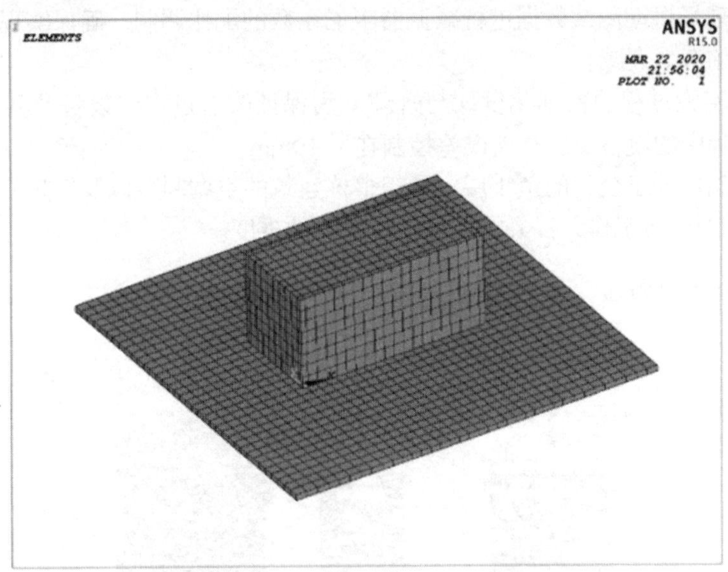

图 8-10-3　动力设备参数化建模

调整减振器刚度参数，进行模态分析，如图 8-10-4 所示。

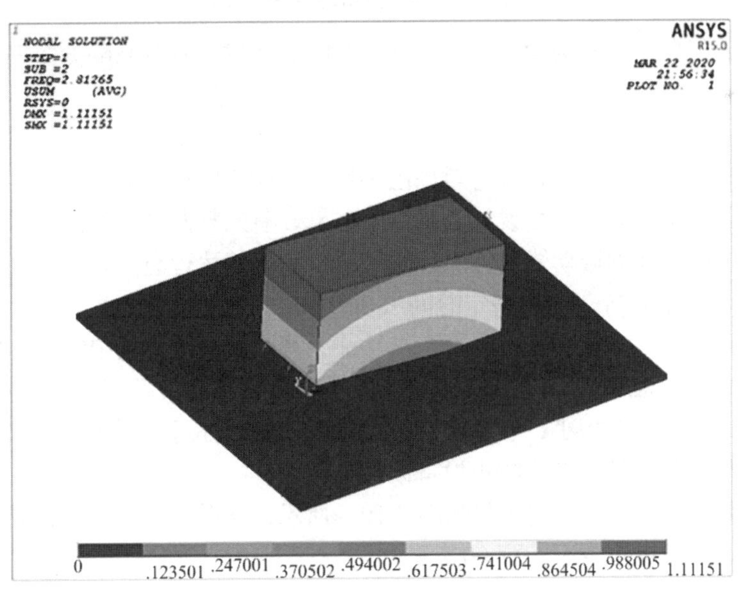

图 8-10-4　动力设备模态分析

四、振动控制关键技术

（1）弹簧油液阻尼减振器的设计难度大。主要体现在设备的尺寸大、质量重、设备及管道均已安装完成，因此，设备底部的安装空间有限。

（2）为了达到更好的减隔振效果，需进行多次静力学受力仿真、动力学振动衰减仿真、可靠性验证等设计计算过程。

（3）需根据负载对减振器进行定制化设计，目的是保证改造后的设备安装高度与现有安装高度误差小于 5mm。

（4）根据现场振动测试数据进行减振器阻尼系数的配比调制，确保实现合理的设备阻尼耗能及减振的有效衰减。

（5）改造实施过程的精细化设计与管理。为保证改造过程中设备及其连接管道的安全，将改造过程中的设备安装高度误差控制在 < 10mm。

（6）动力站房处于公司的负 1 层，承担整栋建筑的空调制冷以及供热的工作，需要全年 24 小时不间断开机工作，提升了项目整体改造的难度。

五、振动控制装置

本工程中所使用的振动控制装置如图 8-10-5 所示。

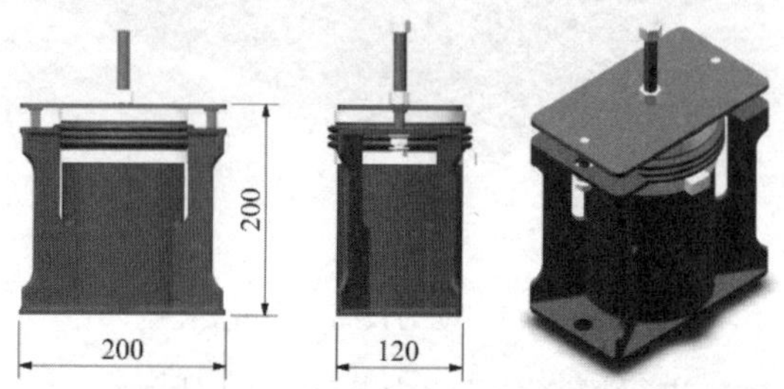

图 8-10-5　弹簧油液阻尼减振器外观图

弹簧油液阻尼器针对各类动力设备的减振和隔振研发，具有高隔振效率、快速稳定的优点。优势如下：

（1）系统垂向频率 3～5.5Hz。

（2）时域减振效率高，运行设备对周围环境的影响率降低 ≥ 90%。

（3）基于幂律流体本构关系设计的黏滞阻尼器，有效耗散系统的能量，不但能够降低所连接管道向楼内传递的振动能量，而且能够减少系统的运行磨损。

（4）系统阻尼比 0.05～0.2，稳定时间 < 3s。

（5）具有调节水平功能和保证水平基准功能，产品解决了市场中绝大多数隔振器无法保证统一安装高度的难题，不论设备重量如何，均可保证所有设备安装面为同一水平基准。

（6）独立式设计，体积小，便于安装，可独立使用，亦可根据承载要求组合使用。

（7）具备限位与保护功能，防止设备倾覆。

弹簧油液阻尼减振器的传递函数如图 8-10-6 所示，从图中可以看出，减振器的固有频率为 4.5Hz，10Hz 时减振效率达到 90%。

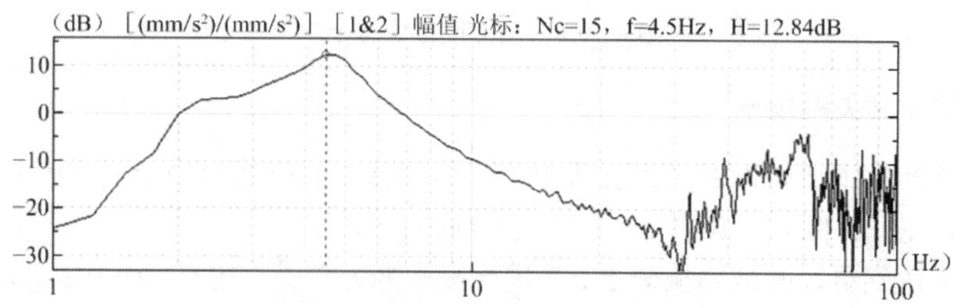

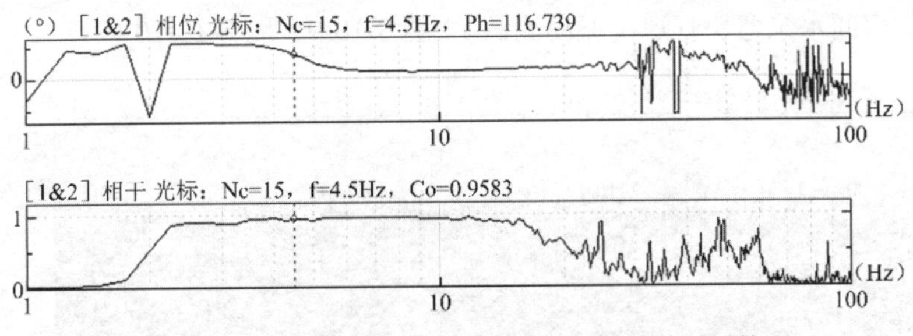

图 8-10-6　GWT-E 系列弹簧油液阻尼减振器传递函数

六、振动、噪声治理效果

1. B121 房间水泵（振动测试）（图 8-10-7、图 8-10-8）

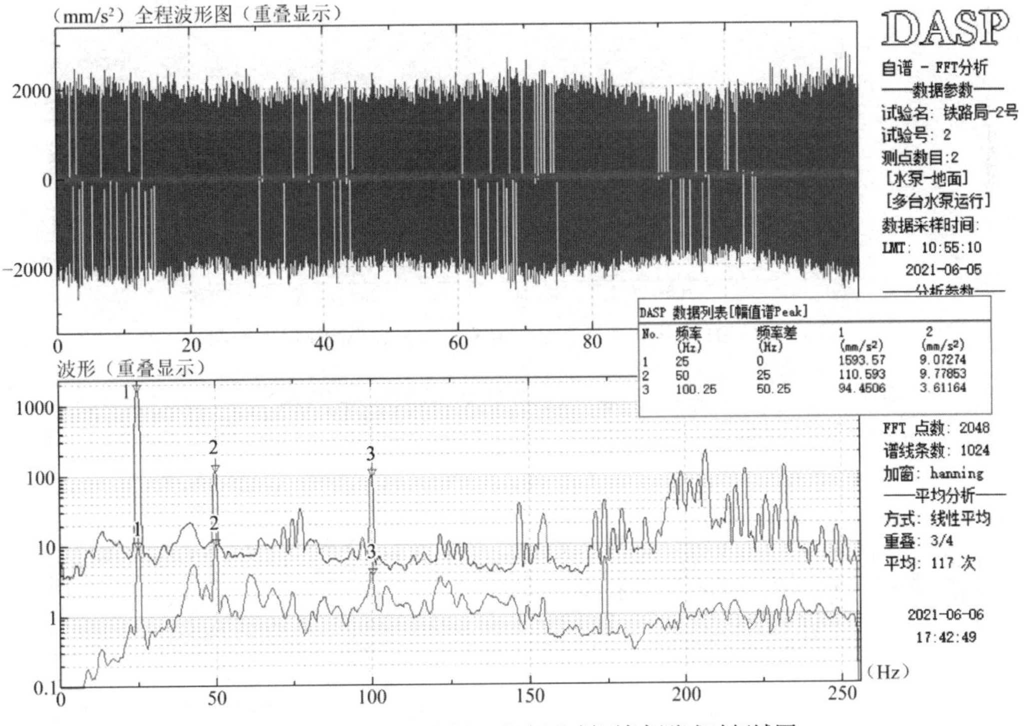

图 8-10-7　B121 房间 4 号水泵减振效率测试时频域图

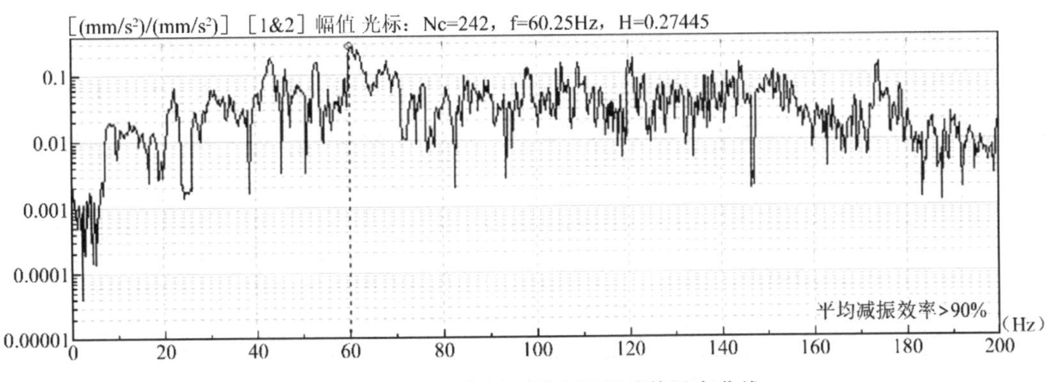

图 8-10-8　B121 房间 4 号水泵振动传递率曲线

2. B132 房间水泵弯头管道（振动测试）（图 8-10-9、图 8-10-10）

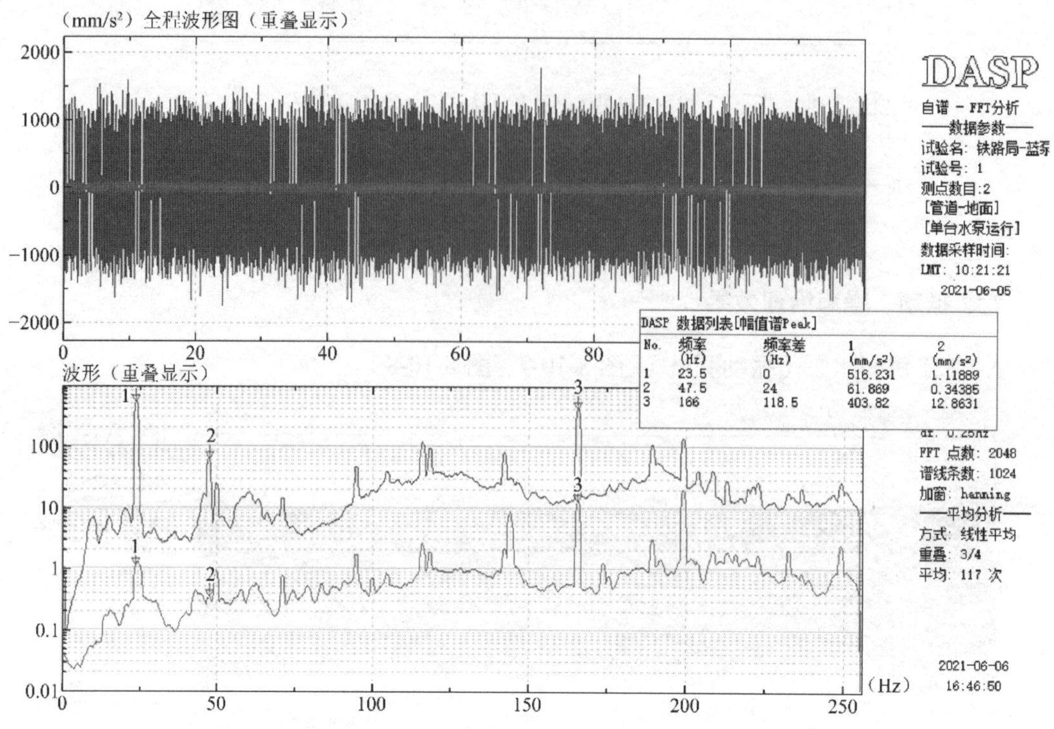

图 8-10-9　B132 房间 3 号水泵管道弯头减振效率测试时频域图

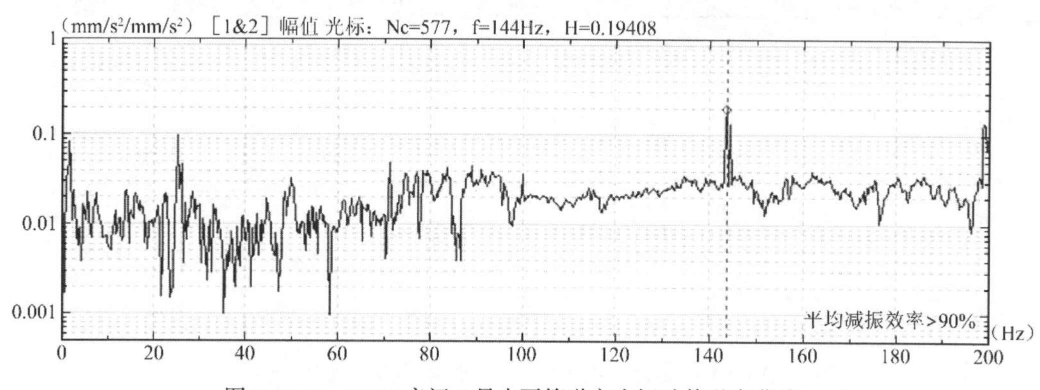

图 8-10-10　B132 房间 3 号水泵管道弯头振动传递率曲线

振动控制效果分析结论：根据时频域以及传递率测试对比结果，经过隔振器改造的主要位置减振效率较高，传递率曲线可看出，改造前与改造后的比值在整体上均小于 0.1，表明减振率均超过 90%，满足业主要求的 85%，具有良好的减振效果（图 8-10-7～图 8-10-10）。

3. 三层办公室房间（噪声测试）（表 8-10-1、图 8-10-11）

三层办公室改造前后 A 声级变化　　**表 8-10-1**

A 声级		高标准	低限标准
改造前	改造后	35	40
47.3dB	34.5dB		

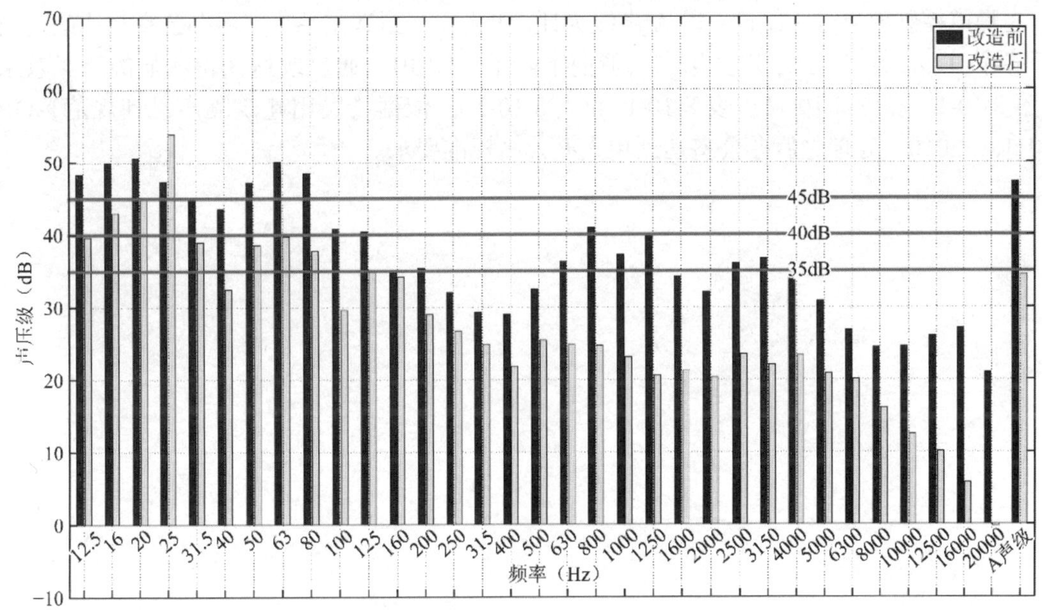

图 8-10-11　三层办公室声压级

4. 二层办公室房间（噪声测试）（表 8-10-2、图 8-10-12）

二层办公室改造前后 A 声级变化　　**表 8-10-2**

A 声级		高标准	低限标准
改造前	改造后	35	40
43.4dB	32.3dB		

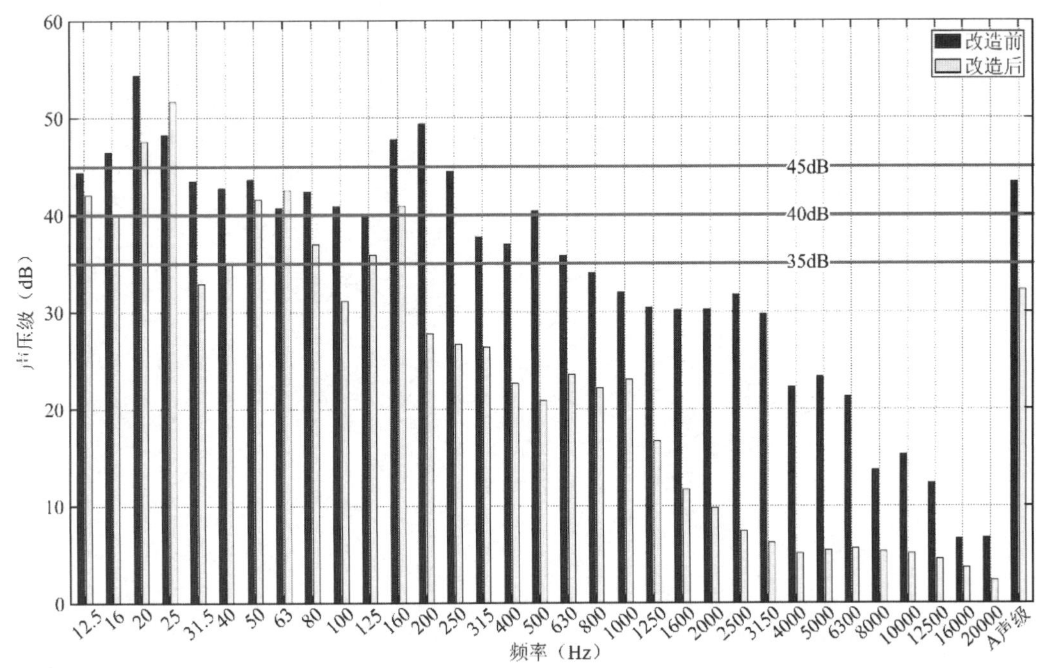

图 8-10-12　二层办公室声压级

噪声控制效果分析结论：以 A 声级为评价指标，经过改造后，三层办公室相比改造前下降了 12.8dB，二层办公室相比改造前下降了 11.1dB，通过改造获得明显的降噪效果（图 8-10-11 和图 8-10-12；表 8-10-1 和表 8-10-2）。依据《民用建筑隔声设计规范》GB 50118—2010，处理之后办公室达到单人办公高标准要求。

第九章 国家大科学装置振动控制

[实例 9-1] 天琴计划激光测距台站基础振动控制

一、工程概况

该工程是激光测距建筑，位于珠海市大南山山顶，是“天琴计划”的一部分。该计划所进行的试验，是由三颗全同卫星（SC1，SC2，SC3）组成一个等边三角形阵列，通过惯性传感器、激光干涉测距等系列核心技术，“感知”来自宇宙的引力波信号，探索宇宙的秘密。三颗卫星，形似太空里架起的一把竖琴，可聆听宇宙深处引力波的“声音”，这是中国科学家提出的空间引力波探测“天琴计划”（图 9-1-1）。

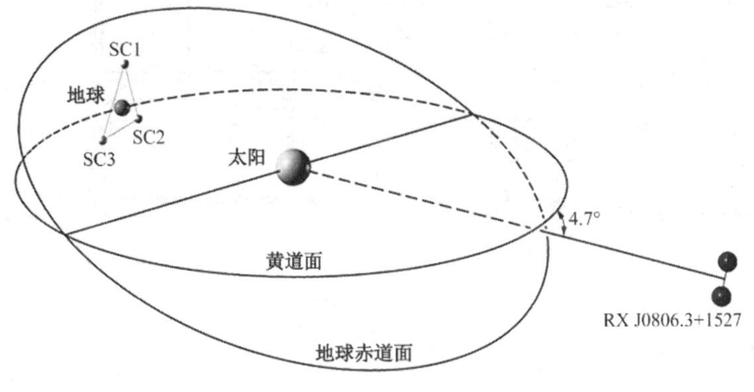

图 9-1-1 天琴计划示意

对于宇宙空间的探索，需要一些重要的地面研究基础设施，激光测距地面台站基础设施等工程建设就成为不可缺少的部分。

由于空间测试距离遥远，对测试精度要求非常高。在场地选择时，通常考虑环境振动小，空气质量高的地方。同时，需要地基土密实坚硬，需要具备较好的刚度。一方面，如果测试设备所处的场地环境振动较大，测试仪器就无法精确观测到相距遥远的星空；另一方面，如果地基刚度较弱，一阶固有频率较低，设备一旦受到外界干扰力的作用，仪器基础就会产生自由振荡，而且在短时间内不会停止。这样就会影响观察测试，无法得到有效数据。

由此可见，激光测距天文望远镜的设备基础动态设计显得尤为重要。对其基础刚度要求较高，工程实现难度很大。

建筑场地地面高程为 400.000m，建筑首层地面（±0.000）高程为 400.450m。建筑效果如图 9-1-2 所示，望远镜位于三层，安装在专用的独立基础之上，见图 9-1-3。

图 9-1-2　建筑效果图

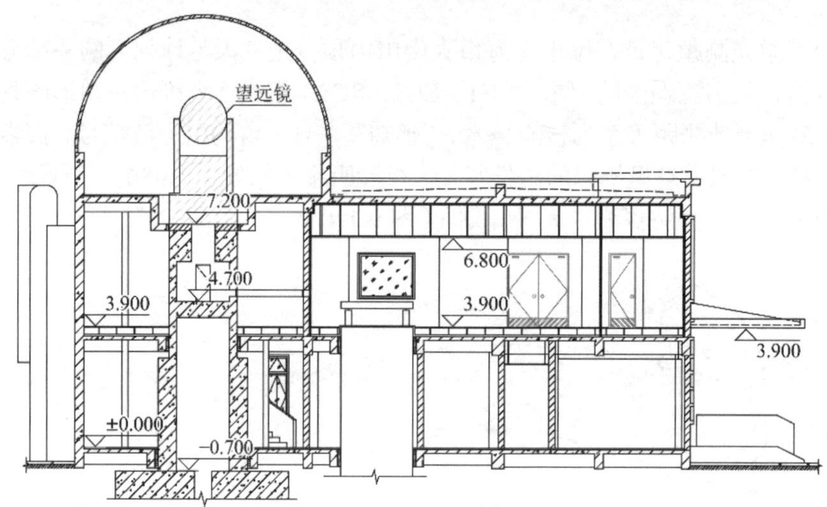

图 9-1-3　建筑剖面图

二、振动控制目标

望远镜基础设计技术要求如下：（1）望远镜基墩采用钢筋混凝土结构，与建筑主体结构设缝分开，成为独立的结构单体，以防止主体结构传来的振动对设备的工作造成影响；（2）望远镜基墩的刚度要求：基墩第一振型固有频率不小于 15Hz，以扭转为主的第一振型固有频率不小于 45Hz。

三、振动控制方案

根据地勘报告所示，场地地表为碎屑状强风化花岗岩，地面以下埋深约 6.0m 处（设计标高−6.200m）为中风化花岗岩层顶面，中风化花岗岩坚硬程度为较软岩，岩体完整程度为较破碎。

天文望远镜基础的设计，拟采用天然地基。根据岩土工程勘察报告及地基开挖情况，地面以下埋深约 6.0m 处（设计标高−6.200m）为中风化花岗岩层顶面。天文望远镜基础的设计，利用天然地基的有利条件，将基础置于中风化花岗岩岩层中，利用岩石自身刚度较大的特点，为基础提供较好的底面支撑条件，设置锚杆加固地基，提高基础与地基的整体性。基础埋置于地下的部分侧面支撑条件为：（1）底部侧面 1.5m 以下区域基础与基坑侧壁之间浇筑混凝土填实；（2）底部侧面 1.5m 以上为粗砂回填，填土顶面标高为−0.700m。基础构造做法如图 9-1-4 所示。

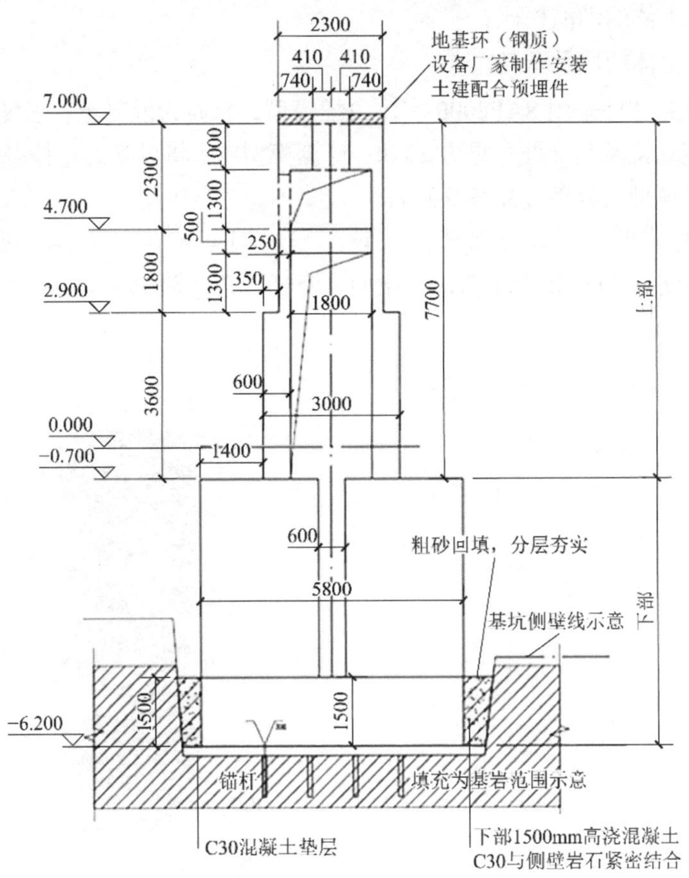

图 9-1-4　望远镜基础结构示意图

四、振动控制分析

天文望远镜基础的建模分析，将地基岩土视为半无限空间弹性体，基础置于其中。在数值计算模型中，基础的整体力学模型，简化为下部埋置于地基岩土中、上部悬臂的实体结构。基础底部及埋置于地基岩土中的侧壁部分的边界条件，视为接触面上刚度均布的弹簧支座（图 9-1-5）。因此，弹簧支座的动弹性模量的大小成为决定基础固有频率的重要条件。

根据岩土工程勘察报告，强风化花岗岩岩土层剪切波速为 450m/s，天然质量密度为 1.95g/cm^3；中风化花岗岩剪切波速未提供，按一般范围的较小值 800m/s 取值计算，天然质量密度为 2.10g/cm^3。由以下计算公式，强风化花岗岩岩土层动弹性模量为 987.2MPa（动泊松比取 0.25）；中风化花岗岩岩土层动弹性模量为 3360MPa（动泊松比取 0.25）。关于动泊松比的取值，因地基土的动泊松比一般在 0.25～0.45 之间，设计时取 0.25。夯实粗砂动弹性模量取值 150MPa。

《地基动力特性测试规范》GB/T　50269—2015 第 7.4.10 条：

$$E_{\mathrm{d}} = 2(1 + \mu_{\mathrm{d}})\rho v_{\mathrm{s}}^2 \tag{9-1-1}$$

式中：v_{s}——岩土体的剪切波速；

E_{d}——岩土体的动弹性模量；

μ_{d}——岩土体的动泊松比；

ρ——岩土体的质量密度。

数值模拟计算软件采用 SAP2000 实体力学模型，材质为混凝土，强度等级为 C30。置于基础顶面的望远镜及其配件总重为 13.0t，计算模型中，将设备总重按基础顶面的均布恒荷载考虑。计算模型边界条件见图 9-1-5。

模态分析的结果：望远镜基础固有频率与周期见表 9-1-1，第一振型固有频率为 15.42Hz，满足要求；以扭转为主的第一振型（绕竖直方向轴扭转）为第五振型，固有频率为 54.38Hz，满足要求。

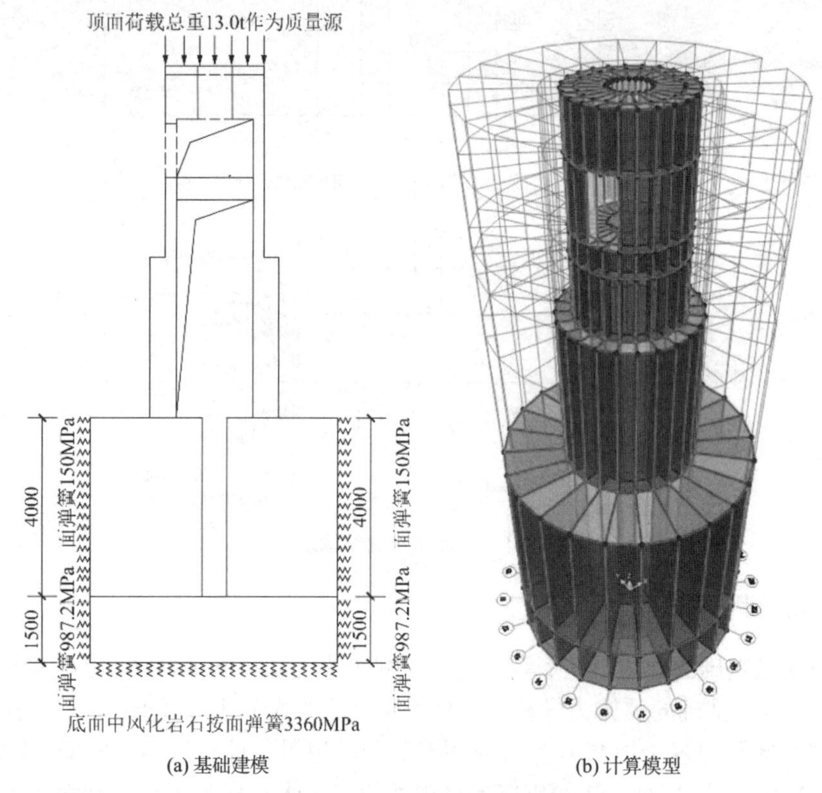

(a) 基础建模　　(b) 计算模型

图 9-1-5　基础计算模型示意图

望远镜基础整体模态分析结果　　**表 9-1-1**

模态阶数	周期（s）	频率（Hz）
1	0.064867	15.41625411
2	0.064655	15.46673018
3	0.019692	50.78278684
4	0.019617	50.97530882

续表

模态阶数	周期（s）	频率（Hz）
5	0.018389	54.38093783
6	0.01525	65.57379535
7	0.009408	106.2964425
8	0.008879	112.6235694
9	0.008369	119.4896376
10	0.008337	119.9479941
11	0.008273	120.8815884
12	0.008112	123.2695431

五、计算参数

如前所述，模拟计算时中风化花岗岩、强风化花岗岩、夯实粗砂的动弹性模量取值分别为 3360MPa、987.2MPa、150MPa。这一组动弹性模量取值的依据，多半为经验取值，并以较为保守的态度选取不利的取值。地基岩土体动弹性模量的变化范围较大，且岩土层的分布常有起伏。将前述一组动弹性模量取值，以不同的幅度整体增大或整体减小（表 9-1-2），采用不同的动弹性模量代入计算模型，计算出的各组固有频率如表 9-1-3 所示。

同时，在基坑中回填粗砂的范围，考虑到施工效果的离散性，夯实粗砂的动弹性模量的取值难以确定，因此，将此部分弹簧支撑的强度设为 0MPa 作为一种工况试算（工况 1）。

岩土体动弹性模量的不同取值（MPa）　　表 9-1-2

动弹性模量取值	工况 1	工况 2	工况 3	工况 4	工况 5	工况 6	工况 7	工况 8	工况 9
	试算	小 95%	小 80%	小 50%	小 20%	原取值	大 20%	大 50%	大 100%
中风化	168	168	672	1680	2688	3360	4032	5040	6720
强风化	49.36	49.36	197.44	493.6	789.76	987.2	1184.64	1480.8	1974.4
粗砂	0	7.5	30	75	120	150	180	225	300

岩土体动弹性模量的分析结果—固有频率（Hz）　　表 9-1-3

动弹模取值	工况 1	工况 2	工况 3	工况 4	工况 5	工况 6	工况 7	工况 8	工况 9
	—	小 95%	小 80%	小 50%	小 20%	原取值	大 20%	大 50%	大 100%
比例	—	0.05	0.2	0.5	0.8	1.0	1.2	1.5	2.0
1 振型	14.4285	15.2448	15.3606	15.398	15.4112	15.4163	15.4199	15.4239	15.4281
2 振型	14.4679	15.2933	15.4104	15.4483	15.4616	15.4667	15.4704	15.4744	15.4787
3 振型	34.5709	41.6842	50.4618	50.6873	50.7567	50.7828	50.8014	50.8213	50.8428
4 振型	38.8406	49.8239	50.6813	50.885	50.9504	50.9753	50.9931	51.0122	51.0329

续表

动弹模取值	工况 1	工况 2	工况 3	工况 4	工况 5	工况 6	工况 7	工况 8	工况 9
	—	小 95%	小 80%	小 50%	小 20%	原取值	大 20%	大 50%	大 100%
5 振型	38.9014	49.9004	53.5222	54.1722	54.3269	54.3809	54.4181	54.4564	54.4961
6 振型	55.6192	56.5786	65.3572	65.5148	65.5587	65.5738	65.584	65.5944	65.6048
7 振型	58.6083	64.7872	80.0072	102.458	105.713	106.296	106.606	106.869	107.095
8 振型	58.9489	98.3918	109.236	112.358	112.556	112.624	112.669	112.716	112.762
9 振型	64.6375	98.5891	111.629	118.506	119.452	119.49	119.513	119.535	119.557
10 振型	103.777	104.871	117.826	119.311	119.934	119.948	119.955	119.962	119.968
11 振型	108.432	109.116	119.884	120.141	120.819	120.882	120.923	120.965	121.007
12 振型	114.158	116.033	119.919	120.634	123.157	123.27	123.341	123.41	123.477

由此可见，在工况 2～工况 9 试算的范围内，望远镜基础第一振型的固有频率变化不大，变化幅度约 1.2%；以绕竖直轴扭转为主的第一振型为第五振型，其固有频率变化幅度约 8.5%。在工况 1 的边界条件下，即不考虑回填粗砂的约束条件时，望远镜基础的固有频率降低幅度较大，相比工况 6，第一振型的固有频率降低 6.4%，第五振型的固有频率降低 28.5%，且不满足使用者提出的要求，即第一振型的固有频率不小于 15Hz，以扭转为主的第一振型固有频率不小于 45Hz。

六、振动控制效果

（1）天文望远镜地基基础设计，为了确保刚度要求，需要考虑必要的构造措施，并选取合理的计算参数。计算结果为：第一横向振型的固有频率不小于 15Hz，第一扭转振型的固有频率不小于 45Hz，满足设计要求，并更接近实测结果。

（2）当天文望远镜基础的下部体型尺寸减小时（直径减小至 4200mm），自身整体刚度降低，在考虑风化岩石与回填粗砂的约束作用时，基础第一振型的固有频率变化幅度约 3%；以绕竖直轴扭转为主的第一振型即第五振型，其固有频率减小约 2%。在不考虑回填粗砂的约束条件时，基础的固有频率降低幅度较大，第一振型的固有频率降低 18.3%，第五振型的固有频率降低 8.1%。

（3）由以上结论可知，为保证天文望远镜基础的设计满足使用要求，基础自身应具有足够的刚度；基础置于地基岩土中，岩土体及回填土对基础的约束作用对基础的固有频率影响显著，特别是上层的回填土部分；岩土体对基础的约束作用越强，基础各振型的固有频率越高。

[实例 9-2] 某超大型离心机基础抗振设计

一、工程概况

本研究基于某在建超重力离心模拟与试验装置工程展开，该装置是我国“十三五”规划的国家重大科技基础设施项目之一，装置包括重载机、高速机和模型机 3 台超大型离心机，性能达到世界领先水平，其主要设计参数见表 9-2-1。

超大型离心机主机设计参数　　表 9-2-1

名称	容量（g·t）	离心加速度（g）	负荷（t）	转臂半径（m）
高速机	1500	1500	3	3.0
重载机	1900	500	32	7.2
模型机	1300	300	20	6.0

三台超大型离心机直列布置于离心机基础结构内部，如图 9-2-1 所示。基础埋置于软土地基中，南北纵向长$L = 101$m，东西横向宽$W = 29$m，竖向高度$H = 40$m，与上部建筑结构脱开。根据现场钻孔勘测，主要土层自上而下分别为淤泥层、黏土层、圆砾层、全风化泥质粉砂岩层和中风化泥质粉砂岩层，水平成层特征显著，覆盖层厚度在 30m 以上；地基整体条件较差，对基础的抗振比较不利。

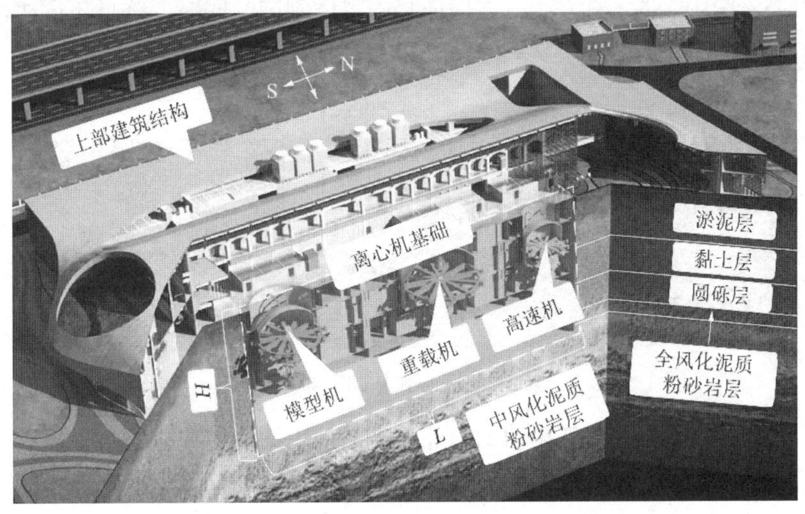

图 9-2-1　超大型离心机基础及地基剖面

二、振动控制目标

（1）离心机基础在所有运行工况下的各向振动位移幅值小于 50μm，以满足离心机主机运行要求。

（2）在离心机振动影响下，超大型离心机基础工程的外侧区域环境振动应满足国家和行业标准的要求。

三、振动控制方案

（1）针对超重力离心机基础所处的软土地基条件，采用钻孔灌注桩嵌入基岩，并对高速机侧采用混凝土换填，外侧设计 40m 深度的地下连续墙和基础形成整体，提高基础的抗水平回转刚度，进而提高基础的自振频率，解决基础的共振问题（图 9-2-2）。

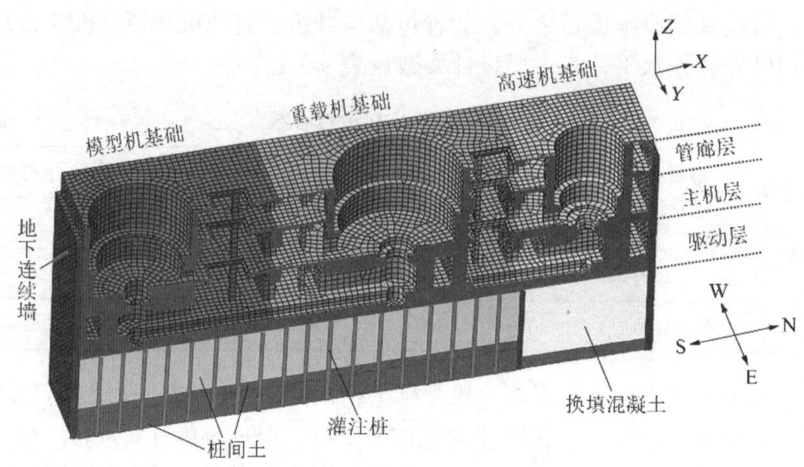

图 9-2-2　超大型离心机基础地基处理示意

（2）采用三机联合式基础，增大基础质量和阻尼，降低基础在离心机不平衡扰力荷载下的振动响应；采用局部分缝方法，在保证基础整体刚度的同时，降低不同机组之间的振动传播和相互影响（图 9-2-3）。

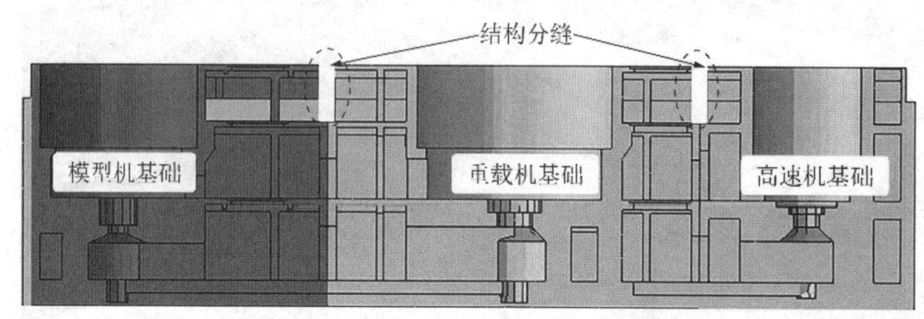

图 9-2-3　三机联合式基础局部分缝方案

（3）对于超重力离心机基础振动的向外传播，采用钻孔灌注桩增大了振动传播路径长度；同时地下连续墙 + 淤泥软土“刚柔结合”的振动屏障，可以显著降低不同高低频率段的振动传播率。

四、振动特性分析

1. 基础自振特性分析

对于超大型基础结构的整体模态，在考虑地基土体作用时，由于场地振动频率一般较低，易将结构的模态淹没。因此采用无质量地基方法，可以突出结构的自振特性，得到设备基础结构各阶模态的自振频率及振型。

从图 9-2-4 中可看出，离心机基础第 1 阶模态振型表现为基础整体在短轴水平方向即东西方向的水平摆动，自振频率为 6.01Hz；第 2 阶振型表现为基础整体在长水平方向即南北方向的水平摆动，自振频率为 7.04Hz。

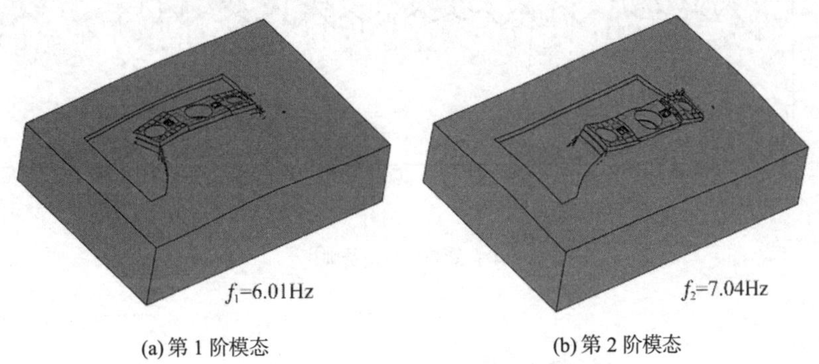

(a) 第 1 阶模态　　(b) 第 2 阶模态

图 9-2-4　超大型离心机基础前两阶模态

结合前 10 阶模态的振型和自振频率分布可发现：

（1）超大型离心机基础结构的第 1 阶自振频率为 6.01Hz，从振型上看主要表现为基础在东西方向的水平摆动。

（2）超大型离心机基础结构的第 2 阶模态自振频率为 7.04Hz，表现为基础整体在南北方向的水平摆动。

（3）从第 3、4 阶模态开始，局部结构模态较多，基础的自振频率显著升高至 10Hz 以上，振型表现为基础水平错动、局部振动、竖向振动以及扭转振动等。

2. 基础振动响应分析

在装置运行过程中，三台超大型离心机的工作是相互独立的，因此，存在两机甚至三机联合运行的工况。从各主机的运行工况看，重载机（1.28～4.2Hz）和模型机（1.11～3.52Hz）的运行频率范围比较接近，高速机（4.98～11.13Hz）的运行范围与前两者有一定的偏离（图 9-2-5）。

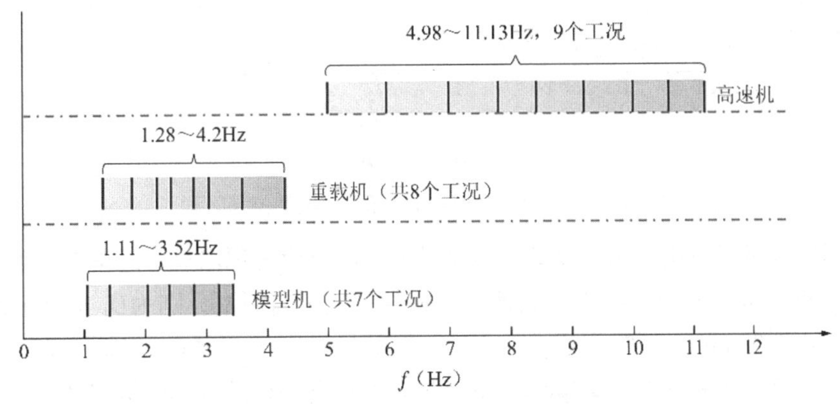

图 9-2-5　三个主机运行频率范围

根据分析，在高速机 4.98Hz + 重载机 4.2Hz + 模型机 3.52Hz 联合运行工况下，三机将处在振动位移最强烈的状态。开展动力时程计算，分别得到三个主机中机架基础的振动位移时程（图 9-2-6）。

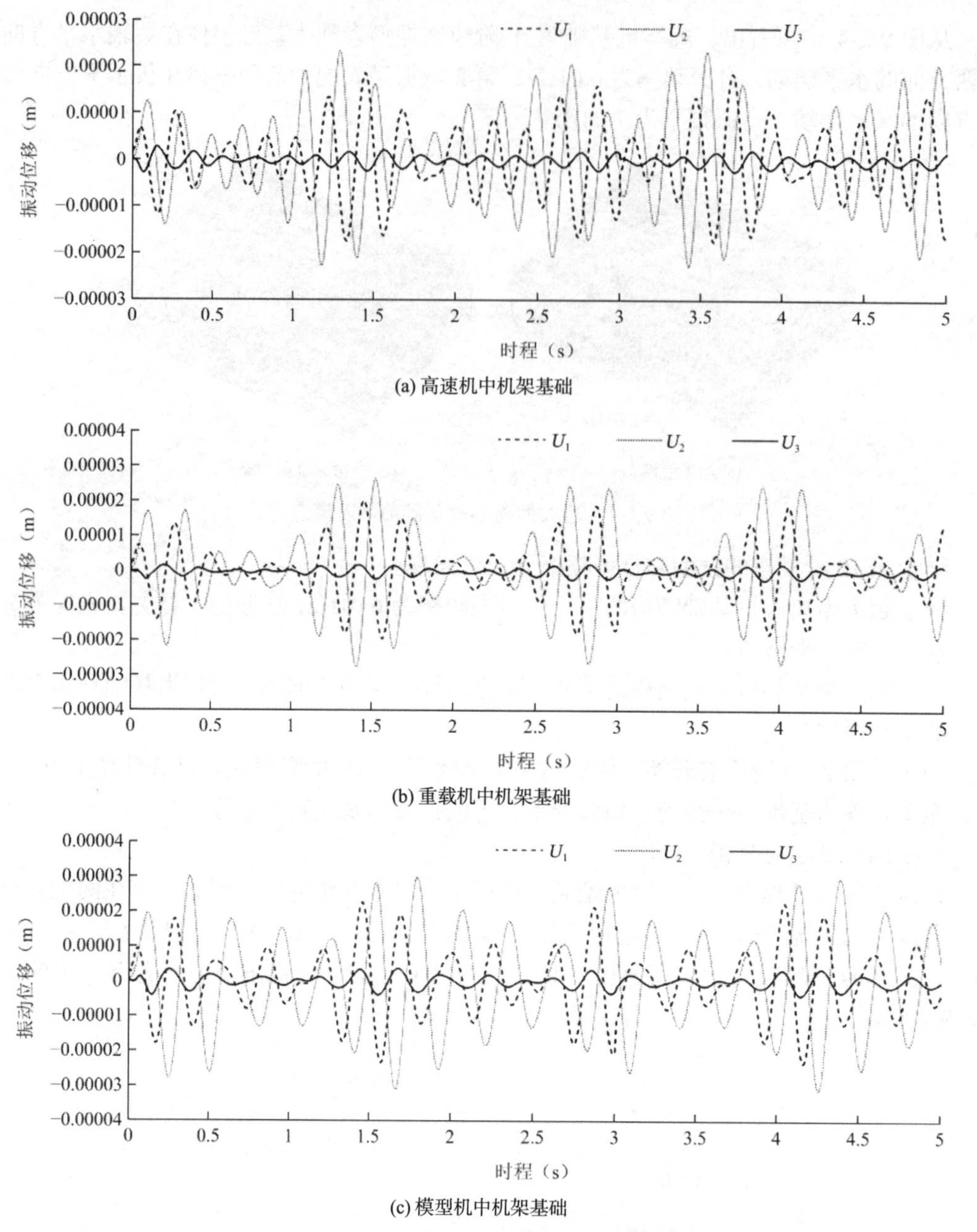

图 9-2-6　三主机联合运行工况下的振动位移时程

从计算结果可以看出，超大型离心机基础的振动响应呈现出显著的拍振特点。分别计算各主机中机架基础的振动位移，高速机中机架基础三向振幅分别为$U_1 = 18.8\mu m$、$U_2 = 23.6\mu m$ 和$U_3 = 2.2\mu m$，三向合成为 30.2μm；重载机中机架基础三向振幅分别为$U_1 = 20.5\mu m$、$U_2 = 26.7\mu m$ 和$U_3 = 2.2\mu m$，三向合成为 33.7μm；模型机中机架基础三向振幅分别为$U_1 = 22.8\mu m$、$U_2 = 29.9\mu m$ 和$U_3 = 3.7\mu m$，三向合成为 37.7μm。

从三主机的振幅对比和振动位移云图分布来看，基础振动整体呈现出模型机 > 重载机 > 高速机的规律。三个主机基础构成了超大型离心机基础的主体结构，外部包围有地下连续墙，形成一个整体。重载机和模型机基础下方采用了灌注桩基础，而高速机基础下方设置了大质量的回填混凝土，使得联合基础的整体重心更加偏向高速机一侧，而模型机相当于处在悬臂较长的一端，这导致在主机运行时，模型机基础更易表现出相对较大的振动位移。结合各主机的特性，模型机主机的转速最慢，容量最小，振动响应控制的难度相对较小；而高速机转速最快且容量较大，振动响应控制不易；采取这种结构设计，对于整个基础的振动控制是有利且合理的。

3. 环境振动响应分析

在以离心机基础中心为圆心的 200m 半径范围内，没有外部的其他建筑结构；在 200～500m 半径范围内，项目的东南侧有一块住宅建筑区域，项目的西侧有一工业厂房区域；在 500～1000m 半径范围内，项目南侧有大量的商业、住宅建筑，北侧的建筑则较少（图 9-2-7）。

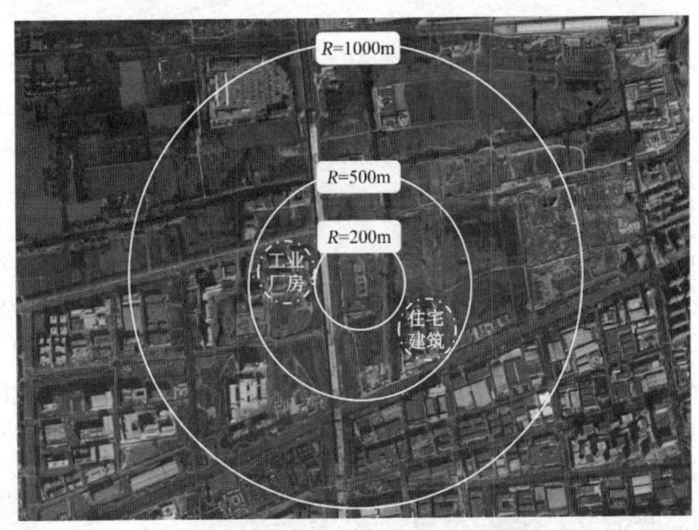

图 9-2-7　超重力离心模拟与实验装置项目外围场地卫星图

超大型离心机基础引发的振动在土中传播时，由于土的内部阻尼及振波的能量扩散，振动强度随着离振源距离的增大而逐渐减小，这种现象即为场地振动的衰减。参照《动力机器基础设计标准》GB 50040—2020，超大型离心机基础引起的地面振动的衰减可按下式进行计算和分析：

$$u_r = u_0\left[\frac{r_0}{r}\xi_0 + \sqrt{\frac{r_0}{r}}(1-\xi_0)\right]\mathrm{e}^{-f_0\alpha_0(r-r_0)} \tag{9-2-1}$$

式中：u_r——距基础中心r处的地面振动位移；

u_0——基础的振动位移；

f_0——机器的动荷载频率；

ξ_0——无量纲系数，表示了基础的大小和地基土体性质的影响；从规律上来看，基础越小，地基土体越硬，则该系数取值越大；参考离心机基础的条件，从规范中查表，可取 0.15；

α_0——地基土的能量吸收系数，参考离心机基础的条件，可取 0.0012s/m；

r_0——圆形基础的半径；对底面积为矩形的超大型离心机基础，可按下式计算：

$$r_0 = \mu_1\sqrt{\frac{S}{\pi}} \tag{9-2-2}$$

式中：S——基础底面积；

μ_1——动力影响系数，取为0.80。

根据计算结果，换算分别得到高速机、重载机和模型机工况的竖向Z振级如图9-2-8所示。

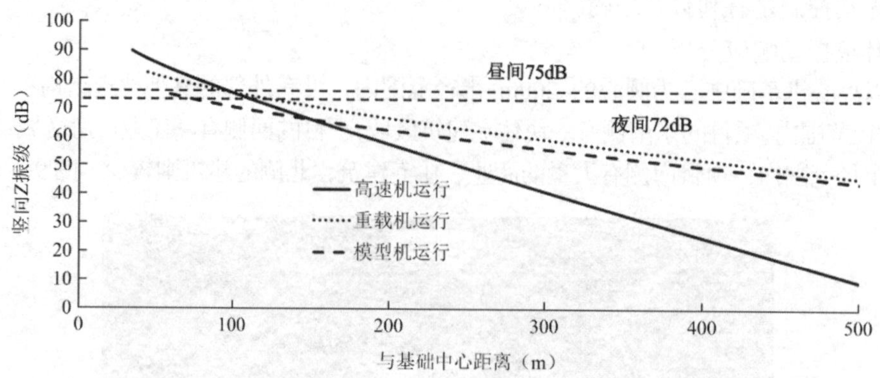

图9-2-8　竖向Z振级随距离的变化规律

从图9-2-8可以看出，竖向Z振级随与基础中心距离增加呈现线性减小的趋势，高速机引发的场地振动衰减十分迅速。由前文的卫星图可知，在200～500m范围内，有一些住宅建筑和工业厂房。经计算，在200m距离处的竖向Z振级分别为57.5dB（高速机运行工况）、66.5dB（重载机运行工况）和62.3dB（模型机运行工况），上述区域的环境振动是满足规范要求的。图9-2-9给出重载机工况下的环境振动竖向Z振级的分布图。

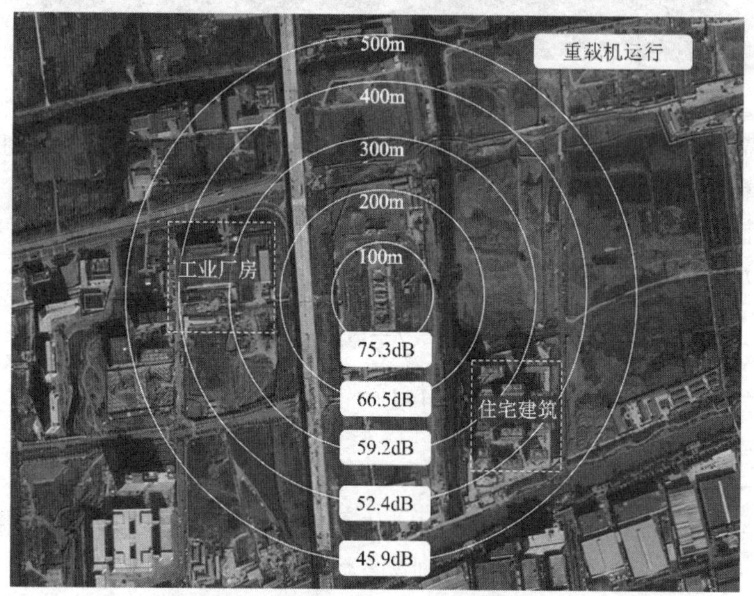

图9-2-9　重载机运行工况下项目外围场地环境振动Z振级分布图

五、振动控制效果

（1）通过采用钻孔灌注桩+地下连续墙+局部换填混凝土的设计方案，超大型离心机基础结构的第1阶自振频率可以达到6.01Hz，振型表现为基础在东西方向的水平摆动，基频可避开动力荷载最大的重载机和模型机的转频 30%以上。

（2）在三机联合运行工况下，基础可能出现的最大振动位移为 37.9μm，发生在模型机基础位置，可以满足主机运行的振动响应控制需求。

（3）离心机基础周边场地振动随着主机运行频率的增大而逐渐增大，随着地基深度的增大则振动越来越小；在距离超大型离心机基础中心 200m 以上的项目外围场地，其竖向 Z 振级在 66.5dB 以下；项目东南侧和西侧的建筑区域的振动约在 40～60dB 范围，满足《城市区域环境振动标准》GB 10070—1988 的要求。

[实例 9-3] 北京高能同步辐射光源防微振地基与基础关键施工技术

一、工程概况

北京高能同步辐射光源（High Energy Photon Source，HEPS）是我国第一台高能量同步辐射光源，该工程位于怀柔科学城核心区，建筑面积约为 12.5 万 m^2。HEPS 是“十三五”期间国家重大项目，为国家重大战略需求和前沿基础科学研究提供技术支撑平台的国家重大科技基础设施。建成后的北京高能同步辐射光源也将是世界上亮度最高的第四代同步辐射光源（图 9-3-1）。

作为第四代同步辐射光源，它的建设中所遇到的许多技术问题也是前所未有的。工程中的地基不均匀沉降控制、高精度室内温度控制、工程微振动控制、大体积及超长钢筋混凝土结构施工、超大体积重晶石混凝土施工、超大面积封闭环形金属屋面施工等许多前沿施工技术问题都是极具挑战性的。

该项目位于怀柔区怀柔新城 11 街区，是由中科院高能物理研究所投资，北京建工集团有限责任公司建设的重大科学实验装置。总建筑面积 124780.37m^2，地上建筑面积 123736.33m^2，地下建筑面积 1044.04m^2。建筑层数为一层，局部两层。建筑高度 13.01m，最大基坑深度−10.1m。建筑主要由 1 号装置区，2 号环外低温厅及综合动力站，3 号技术安全楼，4 号～8 号环境监测站及人防工程组成，其中，1 号装置区为项目建设最核心部分。建筑屋面防水等级为一级，耐火等级为二级，抗震设防烈度为 8 度。基础结构 1 号装置区储存环隧道及试验大厅底板为筏板基础，设置 1m 宽伸缩后浇带，整体结构不设变形缝；其他部分为独立基础 + 基础拉梁。主体结构为钢框架结构和钢筋混凝土框架结构。屋面结构采用现浇板和钢梁 + 檩条 + 直立锁边金属板结构。

本工程在微振动、微沉降、精密温控、超低电阻、防辐射等方面均已超过目前建筑施工规范、标准及施工工艺要求，且社会影响大，备受各方瞩目。地基稳定性及不均匀沉降要求高，储存环隧道不均匀沉降限值 10μm/10m/a；变形及微振动控制要求高，1～100Hz 的地面振动在 1s 内的均方根位移积分小于 25nm；机电系统及试验装置安装精度要求高，验收指标严苛，储存环隧道内温度控制精度要求为 25℃ ± 0.1℃。

图 9-3-1　工程示意图

高能同步辐射光源工程的超大体量素混凝土防微振地基换填层设计厚度为 3000mm，工程量为 125000m^3，材质为素混凝土，强度为 C15，现浇混凝土密度不应小于 2.35t/m^3，弹性模量不小于 2.2 × 104N/mm^2，泊松比 0.16～0.2，剪切波速不小于 2000m/s。防微振换填层的部位分布如图 9-3-2 所示。

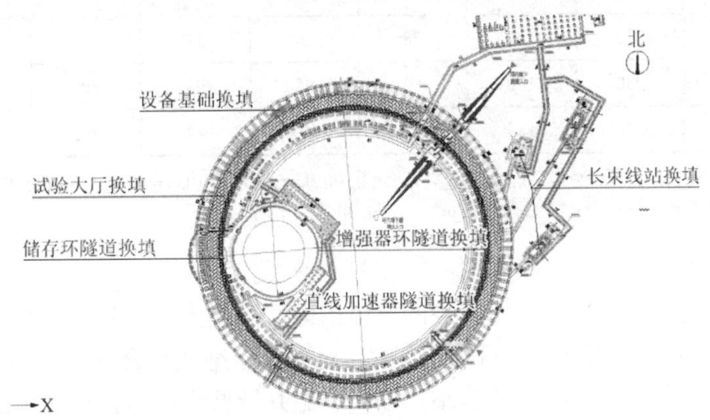

图 9-3-2　防微振换填部位分布图

二、防微振混凝土材料性能优化与参数分析

1. 原材料与初始配合比

水泥采用 P · O42.5 普通硅酸盐水泥。细骨料选择同一产地、同一基坑、高强度、低含泥量、低碱活性的Ⅱ区中砂，其细度模数为 2.6～2.9。粗骨料采用 5～25mm 连续级配的石子。掺合料选用微珠含量较高的 F 类Ⅱ级粉煤灰和 S95 级粒化高炉矿渣粉。外加剂为聚羧酸高性能减水剂。

选取粉煤灰和矿粉双掺方式，以大幅度减少水泥用量、降低水化热与大体积混凝土的内外温差，防止大体积混凝土开裂。考虑到水胶比、胶材总量、矿物掺合料掺量是影响大体积混凝土抗压强度和裂缝的关键因素，故选用正交表 L9（33）做三因素三水平的正交试验，其因素与水平见表 9-3-1。本试验的砂率为 42%，减水剂掺量为 1%，配合比见表 9-3-2。

因素与水平　　**表 9-3-1**

水平	因素		
	水胶比（A）	胶材总量（B）(kg/m^3）	掺合料掺量（C）(%）
1	0.64	230	56
2	0.66	250	66
3	0.68	270	76

C15 混凝土 L9（33）正交配合比　　**表 9-3-2**

编号	W/B	B	W	C	FA	KF	S	G	AN4000
1	0.64	230	147	55	123	51	829	1144	2.3
2	0.64	250	160	85	83	83	813	1127	2.5
3	0.64	270	173	119	130	22	799	1108	2.7
4	0.66	230	152	101	64	64	825	1144	2.3

续表

编号	W/B	B	W	C	FA	KF	S	G	AN4000
5	0.66	250	165	85	116	49	812	1123	2.5
6	0.66	270	178	65	176	29	797	1105	2.7
7	0.68	230	156	78	130	22	823	1141	2.3
8	0.68	250	170	60	95	95	809	1121	2.5
9	0.68	270	184	119	107	44	795	1102	2.7

注：W/B 为水胶比；B 为胶材总量（kg/m^3）；W 为水（kg/m^3），C 为水泥（kg/m^3）；FA 为粉煤灰（kg/m^3）；KF 为矿粉（kg/m^3）；S 为砂（kg/m^3）；G 为石（kg/m^3）；AN4000 为减水剂（kg/m^3）。

2. 配合比优化

绝热温升是控制大体积混凝土开裂的重要指标，混凝土绝热温升正交试验结果和分析见表 9-3-3 和表 9-3-4。由表 9-3-4 可知，水胶比对混凝土绝热温升的影响最大，胶材总量的影响次之，矿物掺合料掺量的影响最小。以绝热温升最低为试验指标确定的 3 个因素的最优组合为 A2B2C2，因此，确定混凝土配合比基准参数为：水胶比 0.66，胶材总量 $250kg/m^3$，掺合料掺量 66%。

绝热温升正交试验结果　　**表 9-3-3**

编号	因素			绝热温升（℃）
	水胶比（A）	胶材总量（B）（kg/m^3）	掺合料掺量（C）（%）	
1	0.64	230	76	35.6
2	0.64	250	66	36.8
3	0.64	270	56	39.0
4	0.66	230	56	36.2
5	0.66	250	66	34.5
6	0.66	270	76	37.1
7	0.68	230	66	37.0
8	0.68	250	76	36.2
9	0.68	270	56	34.7

绝热温升正交分析　　**表 9-3-4**

分析指标	绝热温升（℃）		
	A	B	C
k1	37.1	36.3	36.6
k2	35.9	35.8	36.1
k3	36.0	36.9	36.3
极差	1.2	1.1	0.5
优水平	A2	B2	C2

注：k1、k2、k3 分别指 A、B、C 三因素的 1 水平、2 水平、3 水平所对应的绝热温升的平均值。

为提高混凝土强度、减少收缩裂缝，使混凝土拌合物具有良好的工作性，在绝热温升最优的基础上对上述配合比进行优化，优化配合比见表 9-3-5。对优化配合比进行相应的试验研究，结果见表 9-3-6。

优化配合比 **表 9-3-5**

序号	W/B	B	（FA＋KF）/B	W	C	FA	KF	S	G	AN4000
1	0.66	250	0.66	165	85	116	49	812	1123	2.50
2	0.61	270	0.66	165	92	128	50	834	1106	3.51
3	0.57	290	0.66	165	100	140	50	875	1070	4.35

优化配合比试验结果 **表 9-3-6**

序号	28d 强度（MPa）	坍落度（mm）	弹性模量（$\times 10^4$N/mm^2）	泊松比	剪切波速（m/s）
1	20.3	175	2.68	0.17	2163
2	22.7	165	2.74	0.17	2195
3	23.8	165	2.99	0.19	2247

在保证混凝土拌合物工作性良好的前提下，降低坍落度有利于减少混凝土的收缩。从表 9-3-5 可看出，3 组优化配合比的试验结果均符合工程要求，从中选取抗压强度高、坍落度小且剪切波速富余系数较高的第 3 组配合比为工程配合比。

三、防微振混凝土振动特性仿真分析

1. 模型建立

（1）几何尺寸

采用 ABAQUS 建立三维实体有限元模型，采用完全积分的六面体单元（C3D8）建模。将换填层圆环形平面简化为矩形，边长 31m × 27m，其他尺寸与实际情况一致。模型几何信息如图 9-3-3 所示。

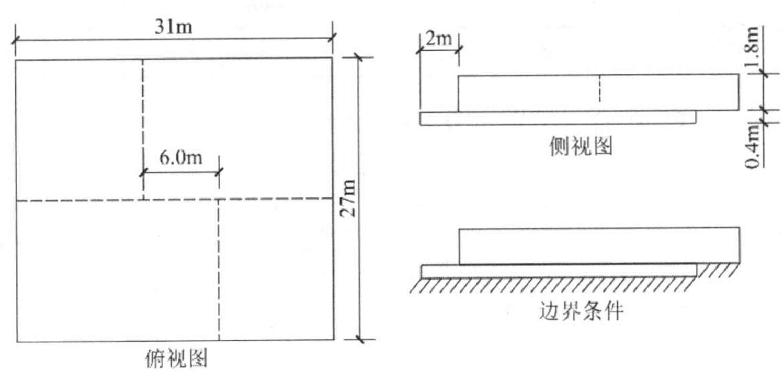

图 9-3-3　几何模型与边界条件

对裂缝的宽度和深度进行参数分析，宽度取 2mm、4mm、6mm，深度取 500mm、1000mm、1400mm、1800mm、2000mm，对组合得到的 15 种情况进行计算。由于暂无基床系数，将底部土层视为无限大刚性体，与模型底部刚接，错层处的悬臂部分也视为与下一仓混凝土刚接。

（2）裂缝模拟

为便于参数分析，同时避免裂缝底部出现应力集中，使用一层薄弱单元来模拟裂缝。裂缝单元同样采用六面体单元（C3D8）建模，该层单元的厚度同裂缝宽度，材料属性取微小值，弹性模量 3kPa（约为混凝土的 1/10000），密度 2.5kg/m³（约为混凝土的 1/1000）。

（3）网格收敛性分析

为了比较网格划分单元大小对计算结果的影响，进行网格收敛性分析。为了方便计算，两层混凝土材料性质均设定为$E_c = 30000$MPa，$\nu = 0.2$，$\rho = 2490$kg/m³，分别取单元特征尺寸为 1m、0.75m、0.5m、0.25m，计算结果如图 9-3-4 所示。

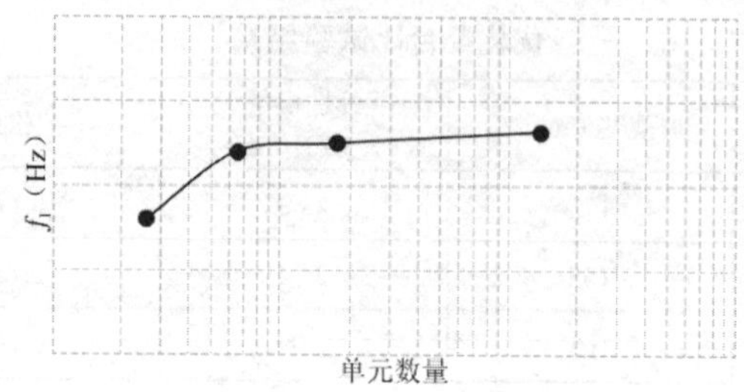

图 9-3-4　网格收敛性分析

单元特征尺寸小于 0.75m（单元数量约 7000 个）时，计算结果趋于收敛。综合考虑计算精度及计算效率，取单元特征尺寸为 0.25m。

（4）等效弹性模量计算

分别将材料设定为下列三种特性，研究弹性模量与一阶频率的关系，计算结果如表 9-3-7 所示。

弹性模量与一阶频率的关系　　**表 9-3-7**

E_c（MPa）	ν	ρ（kg/m³）	f_1（Hz）
35000	0.2	2490	262.75
30000	0.2	2490	242.78
25000	0.2	2490	222.07

对上述结果进行线性拟合，结果如图 9-3-5 所示。

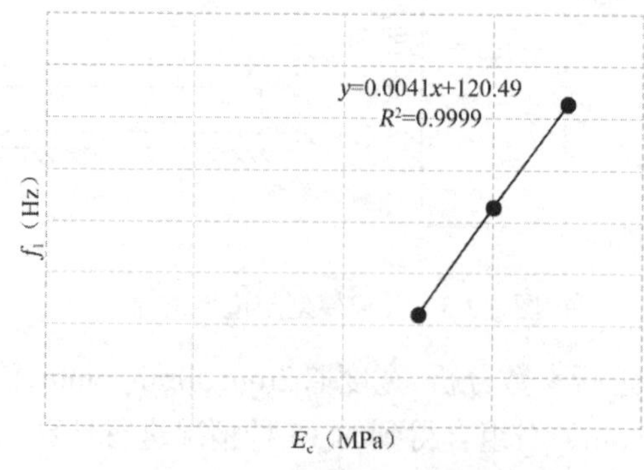

图 9-3-5　等效弹性模量换算

由此可以得到一阶频率和弹性模量的关系近似为：$f_1 = 0.0041E_c + 120.49$。对本工程结构进行计算时，上下两层按照实际的材料属性分层建模，通过有限元分析得到未开裂结构的一阶频率为 239.58Hz，求解得到未开裂结构的等效弹性模量$E_c = 29046\text{MPa}$。

2. 计算结果

有限元计算不同裂缝宽度和裂缝深度下的一阶频率，并换算成等效弹性模量E_{eq}，利用未开裂结构的等效弹性模量E_c归一化处理，结果见图 9-3-6。

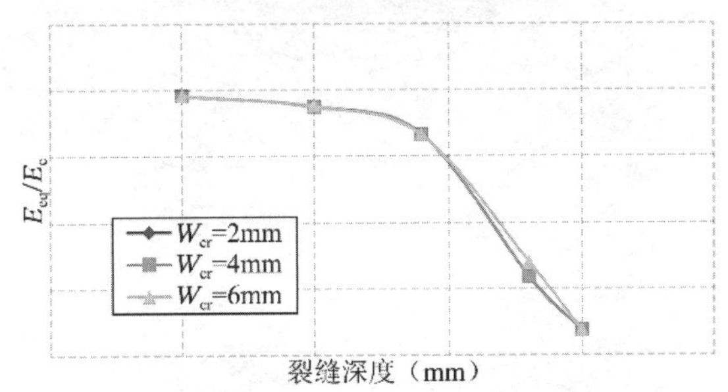

图 9-3-6　裂缝深度及裂缝宽度的影响

无裂缝和有裂缝结构的一阶振型如图 9-3-7 所示。

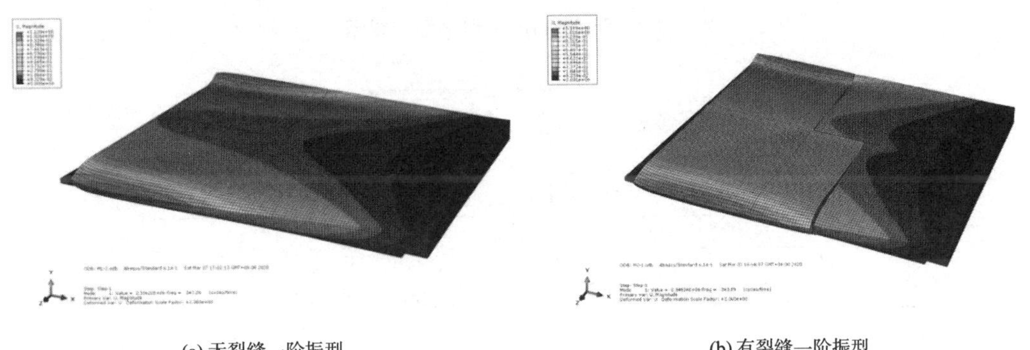

(a) 无裂缝一阶振型　　(b) 有裂缝一阶振型

图 9-3-7　一阶振型示意图

裂缝宽度对振动特性影响较小，裂缝深度对振动特性影响较为显著。在裂缝深度 < 1.4m 时，开裂结构的振动特性与未开裂较为接近，随着裂缝的加深，结构等效弹模快速降低，但仍保持在未开裂结构的 95%以上。

四、防微振混凝土施工方法

1. 施工方法

防微振素混凝土换填采用跳仓法施工（图 9-3-8～图 9-3-10），注意事项如下：

（1）地基防微振换填试验大厅分层共分为 3 层，第一层为 400mm 厚（储存环隧道 200mm），分块按外弧度尺寸计算（35.1m × 27m），然后预留 1m 宽后浇带，下一段 25.1m × 27mm。即 35.1m 与 25.1m 长浇筑段采用后浇带分格，交替预留。第一层 400mm 厚（储存环隧道 200mm）除预留后浇部位，连续浇筑完成，表面搓毛不压光，以便于上下层混凝土结合。

（2）第二层防微振换填为 1800mm 厚，尺寸为 31m × 27m，跳仓段长度方向每边比第一层边退回 2000mm，封仓段间隔 7 天后浇筑，浇筑时同时将 200mm 厚第一层后浇预留部位同时浇筑完毕。

（3）第三层防微振换填为 800mm 厚，采用流水施工，标准混凝土段 14.55m × 12.5m × 0.8m，段间设置 2000mm 宽 C35 微膨胀混凝土后浇带。

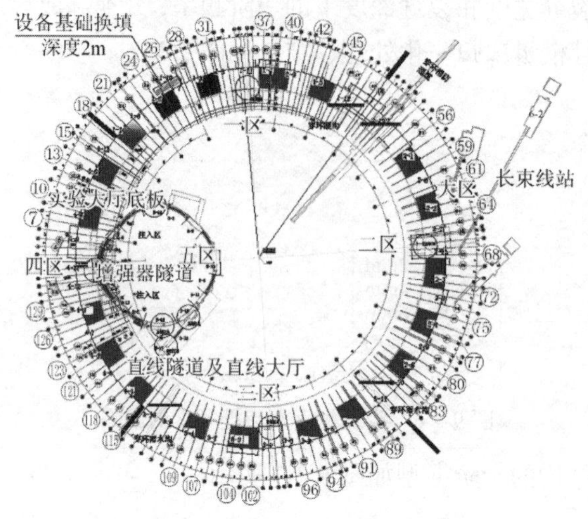

图 9-3-8　跳仓封仓 48 段平面布置图

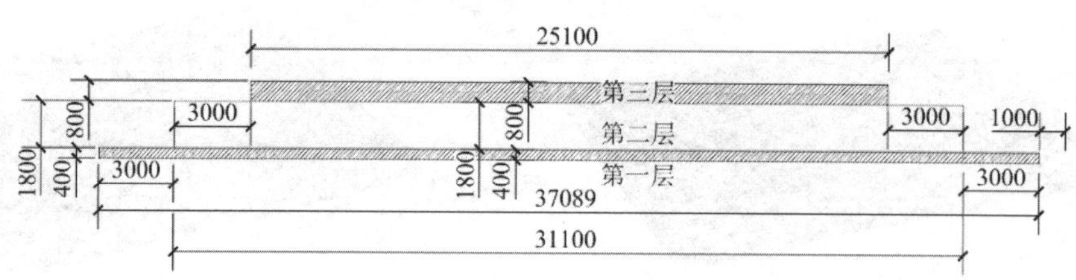

图 9-3-9　第一层、第二层跳仓段剖面

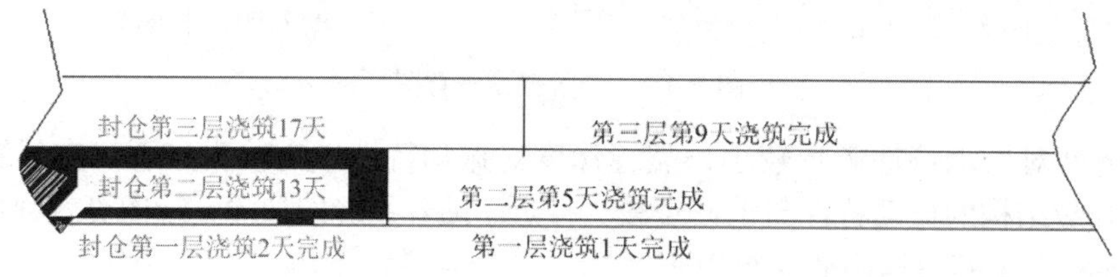

图 9-3-10　跳仓封仓浇筑时间

（4）储存环隧道，实验大厅底板下部地基换填，跳仓段第一层浇筑时间 1 天，养护 2 天达到 1.2MPa 后进行第二层跳仓浇筑，浇筑时间 1 天，养护 2～3 天达到 1.2MPa 后，进行第三层施工。

（5）封仓施工分层进行，每层封仓，两侧跳仓混凝土龄期均达到 7 天以上后进行封仓施工。封仓前，将接缝部位混凝土采用刨毛机剔凿处理，施工缝处理完毕后，进行封仓施工。第一层施工完毕后，养护 3 天达到 1.2MPa 后（同时两侧混凝土达到 7 天龄期）进行第二层封仓施工。第二层养护 3 天达到 1.2MPa 后（同时两侧混凝土达到 7 天龄期）进行第三层施工，第三层混凝土浇筑时，在每段接缝位置，设置收缩后浇带，宽度 2000mm，以便于释放每段混凝土的收缩量。沿直径方向，每段中间增加一道 2000mm 宽的后浇带。混凝土浇筑后，将混凝土收缩在 7 天内进行释放，7 天后浇筑 C35 微膨胀混凝土后浇带养护 7 天。

2. 混凝土浇筑振捣方法

防微振素混凝土换填采用吊车吊装组合振捣装置，注意事项如下：

吊装组合振捣装置包括多个振捣单元以及固定在振捣单元上的供电装置（图 9-3-11），振捣单元包括支撑架和振捣机构，支撑架包括底座，底座为矩形，底座上开设有螺栓孔，底座四周设有四块挡板，挡板上开设有螺栓孔，相邻的两个支撑架通过螺栓连接。振捣机构通过螺栓固定在底座上，振捣机构包括连接软管，连接软管一端连接有控制器，另一端连接有振捣棒，控制器顶部设置有把手，便于将振捣机构放置于支撑架内或从支撑架内取出（图 9-3-12），多个振捣单元通过支撑架的挡板相贴合再配合螺栓彼此连接，多组振捣单元连接后形成素混凝土振捣装置。

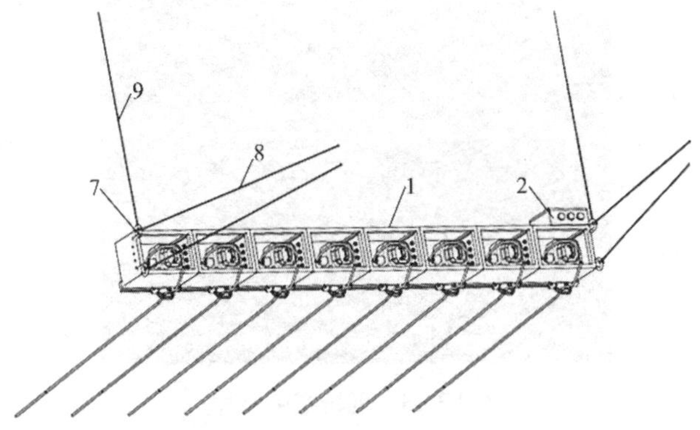

图 9-3-11　振捣梁整体设计图

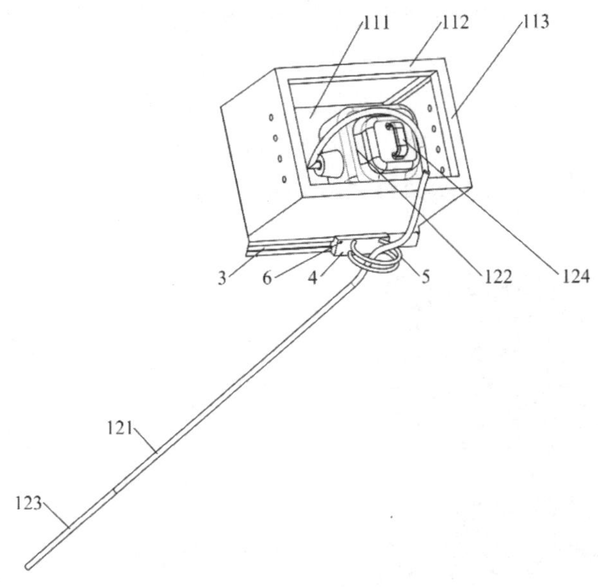

图 9-3-12　振捣梁控制箱

（注：1—振捣单元；2—供电装置；3—滑动轨道；4—滑块；5—固定环；6—限位孔；7—吊环；8—第一钢丝绳；9—第二钢丝绳；111—底座；112—第一挡板；113—第二挡板；121—橡胶管；122—驱动器；123—振捣棒；124—把手）

由于本项目单次换填的最大面积不超过 28m × 31m，所以使用 75t 吊车吊起振捣棒进行振捣，由 2 名工人分别在两端拖拽牵引绳，对振捣区域、振捣速度、振捣深度进行控制，由信号工指挥吊车司机横移。由混凝土工长对振捣效果进行监督，利用振捣梁对混凝土进行振捣，排除其中的空气，使混凝土密实结合，消除混凝土的蜂窝麻面等现象，提高其强度。现场实施见图 9-3-13。

图 9-3-13　现场实施照片

3. 混凝土施工缝处理

根据防微振基础研究，贯通缝影响剪切波速的传递，进而影响防微振地基的指标，因此，水平及竖向施工缝需进行凿毛处理便于上下层结合为整体。采用手持电动凿毛机进行竖向施工缝剔凿，剔除表面浮浆，至坚实部位，露出粗骨料，表面无松动石子，无油污浮浆杂物，采用水或压缩空气清理干净。水平施工缝，采用地面洗毛机，剔除表面浮浆，至坚实部位，露出粗骨料，表面无松动石子，无油污浮浆杂物，采用水或压缩空气清理干净（图 9-3-14）。

图 9-3-14　竖向和水平施工缝处理

通过防微振基础研究及混凝土性能研究，结合温度应力实体仿真模型分析，竖向施工缝易形成贯通裂缝，需在应力释放后进行处理。基于防微振混凝土特性及施工缝形态，研发了有限掺量水泥复合环氧树脂无压灌浆施工技术。

改性环氧注浆是由双官能团活性改性环氧树脂、稀释剂、改性固化体系及适量的表面活性剂等原料配制而成的材料。该产品固化体系接近无害，固结体无毒。与一般环氧浆材比，改性环氧注浆表面张力小，黏度低，高弹性，施工操作时间长，可注性好；内聚力强，具有优异的湿润和浸润能力，能渗透至混凝土内部毛细孔隙，且能以浆排水；在干、湿工况条件下均可进行施工。

五、防微振混凝土检测与评定

1. 防微振混凝土材料性能检测与评定

（1）物理力学指标分析

1）检测方案

①取样方案

试验芯样取自1号和12号钻孔（上述钻孔同时用作取芯及剪切波速测试），钻孔位置见图9-3-15～图9-3-17。其中，1号孔取样17件，12号孔取样19件。

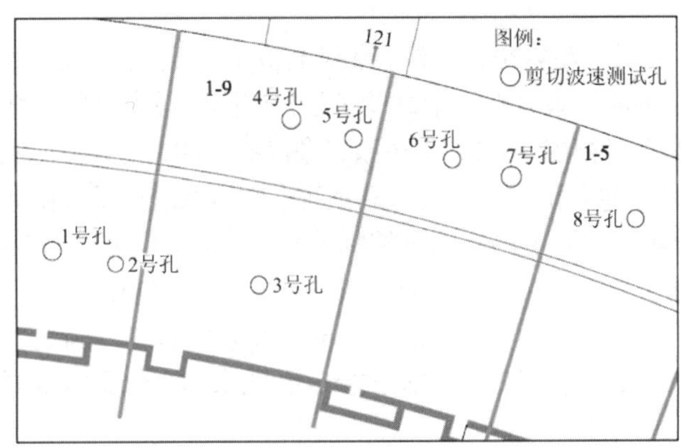

图9-3-15　1号孔位置图

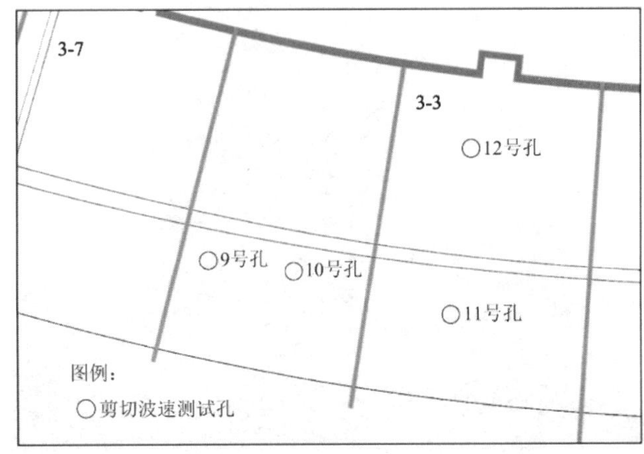

图9-3-16　12号孔位置图

图 9-3-17　混凝土芯样

②制样

试件采取岩心加工制成试件，试件为圆柱体，试件直径约为 50.0mm，进行单轴压缩的试件高度与直径之比约为 2.0，剪切试验的试件高度与直径之比约为 0.5。试件两端面不平整度误差小于 0.05mm，沿试件高度直径的误差小于 0.3mm，端面垂直于试件轴线最大偏差小于 0.25°；单轴压缩变形试验试件状态为干燥饱和状态。

③试验设备

物理力学试验采用 TAW-2000 微机控制电液伺服岩石三轴试验机（图 9-3-18）。TAW-2000 微机控制电液伺服岩石三轴试验机是目前国内最先进的、功能最全的岩石力学试验系统。试验机配置了德国 DOLI 公司原装进口的 EDC 全数字伺服控制器、美国进口 MOOG 公司的伺服阀、岩石引伸计、高低温系统、围压系统以及孔隙水压系统。试验机具有轴压、围岩、孔隙水压和温度独立闭环控制系统。主机采用美国 MTS 三轴主机结构，刚度大于 10GN/m，轴压 2000kN，围压 100MPa，孔隙水压 60MPa，工作温度−50～200℃，试件直径 25～100mm，最小采样时间间隔为 1ms。可进行单轴、三轴应力应变全过程试验，恒速、变速、循环加卸载及多种波形控制试验，孔隙水和高低温特性试验等。试验采用微机控制，实时显示试验全过程。

图 9-3-18　TAW-2000 微机控制电液伺服岩石三轴试验机

2）检验结果与分析

防微振地基换填层物理力学指标检测主要进行了密度、弹性模量、单轴抗压强度的试验检测，其中，1号孔、12号孔物理力学指标的统计见表9-3-8、表9-3-9，两个钻孔全部样品的综合统计见表9-3-10。

1号钻孔混凝土试验数据统计表　　**表9-3-8**

试验项目	样本数	最大值	最小值	平均值	标准差	变异系数
密度（g/cm^3）	17	2.64	2.35	2.46	0.09	0.035
单轴抗压强度（MPa）	17	49.2	20.5	29.3	9.67	0.330
弹性模量（GPa）	17	29.8	22.9	26.1	2.15	0.082

12号钻孔混凝土试验数据统计表　　**表9-3-9**

试验项目	样本数	最大值	最小值	平均值	标准差	变异系数
密度（g/cm^3）	19	2.49	2.36	2.45	0.03	0.012
单轴抗压强度（MPa）	19	58.2	30.9	40.9	7.28	0.178
弹性模量（GPa）	19	29.2	22.0	25.4	2.17	0.085

混凝土试验数据汇总统计表　　**表9-3-10**

试验项目	样本数	最大值	最小值	平均值	标准差	变异系数
密度（g/cm^3）	36	2.64	2.35	2.45	0.06	0.025
单轴抗压强度（MPa）	36	58.2	20.5	35.4	10.22	0.289
弹性模量（GPa）	36	29.8	22.0	25.7	2.15	0.084

由数据统计分析结果可以看出，密度、弹性模量全部满足设计要求，且数据离散性较小、变异系数较小；1号孔、12号孔物理力学指标的散点图见图9-3-19（密度散点）和图9-3-20（弹性模量散点）。

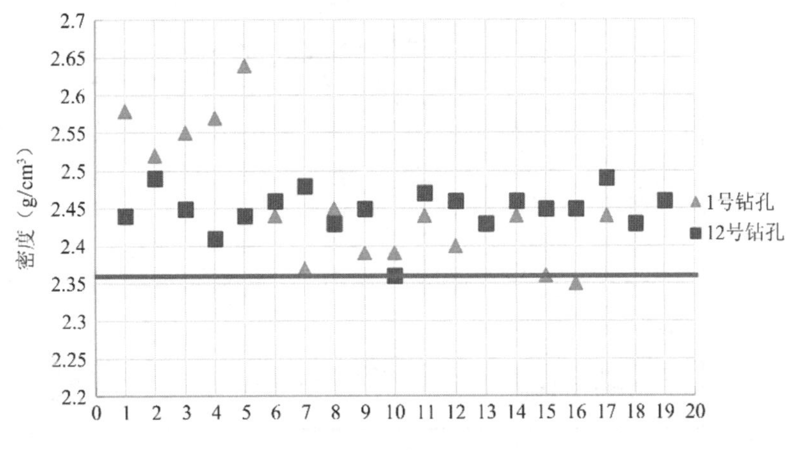

图9-3-19　密度散点图

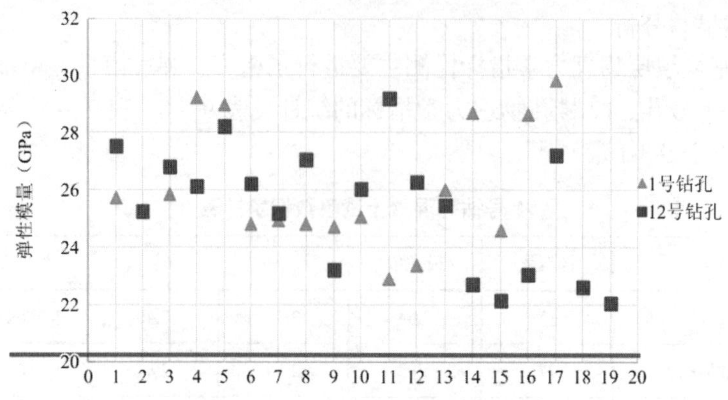

图 9-3-20　弹性模量散点图

（2）关键指标-剪切波速分析

1）单孔法波速测试

单孔法波速测试在 1 号、2 号、3 号、4 号、5 号、6 号、7 号、8 号、9 号、10 号、11 号、12 号钻孔中进行。地基换填层剪切波速测试孔分布见图 9-3-21 和图 9-3-22。现场测试见图 9-3-23。

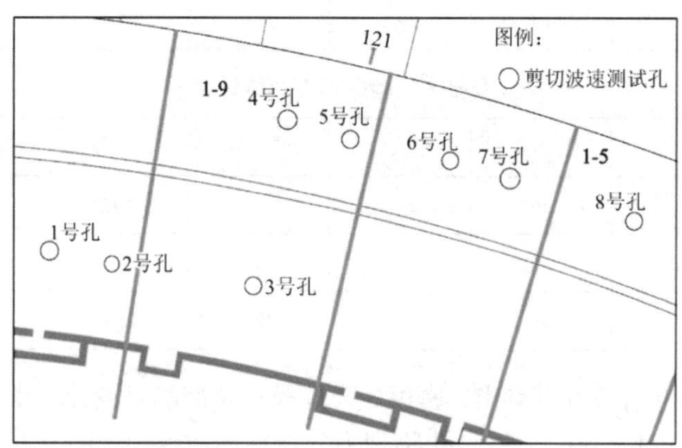

图 9-3-21　地基换填层剪切波速测试孔分布图（1～8 号孔）

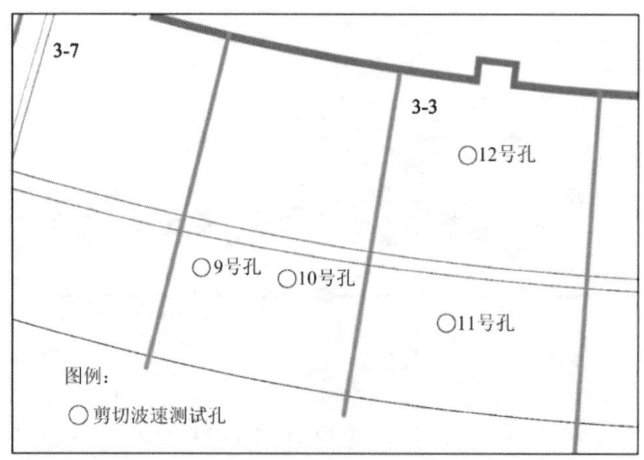

图 9-3-22　地基换填层剪切波速测试孔分布图（9～12 号孔）

图 9-3-23　单孔法剪切波速测试

单孔法波速测试采用地面激振、孔中接收的方式进行。先将三分量检波器放入孔中，使检波器贴壁，在距孔口 1～2m 处用重锤锤击上压重物的木板激发振动：水平方向敲击，增强剪切波能量，按 1～2m 的间距自下而上接收击振信号（图 9-3-24）。应用剪切波分析软件对现场实测波形进行处理分析，确定剪切波的初至时间，计算剪切波速度。

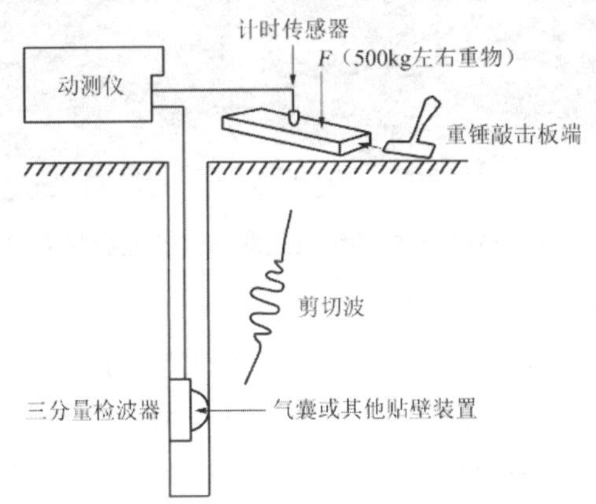

图 9-3-24　单孔法波速测试示意图

本次单孔法波速测试采用的主要仪器有：YL-SWT 型剪切波波速测试仪及配套井下检波器。YL-SWT 主机技术指标见表 9-3-11。

YL-SWT 主机技术指标　　**表 9-3-11**

型号	YL-SWT
主控单元	低功耗嵌入式工业计算机
显示屏	真彩液晶显示屏（高亮）800mm × 600mm
存储容量	8G
供电模式	内置高性能复充锂电池 ≥ 6h
操作方式	触摸屏
数据传输	USB2.0
采样间隔	5～65535μs
记录长度	512～8192 点五挡可调

续表

采样分辨率	16 位 AD
信号带宽	0.1～2000Hz
通道数	4 通道（外触发通道 1 个，采样通道 3 个）
工作温度	−20～+55℃
体积	266mm × 180mm × 50mm
重量	2.8kg

本次测试使用的单孔剪切波测试设备是武汉岩联工程技术有限公司生产的 YL-SWT 型剪切波波速测试仪（图 9-3-25）。

图 9-3-25　YL-SWT 型剪切波波速测试仪及配套井下检波器仪

2）跨孔剪切波速检测

跨孔法波速测试共布置 10 组，其中，试验台 SYD1 钻孔编号为：SYD1-S1、SYD1-N2、SYD1-D3，激发孔为 SYD1-N2，接收孔依次为 SYD1-S1、SYD1-D3；试验台 SYD2 钻孔编号为：SYD2-S1、SYD2-N2、SYD2-D3，激发孔为 SYD2-N2，接收孔依次为 SYD2-S1、SYD2-D3。换填层钻孔编号 4 号、5 号、6 号、7 号、8 号，激发孔为 6 号孔，接收孔为 4 号、5 号、7 号、8 号孔；钻孔编号 9 号、10 号、11 号，激发孔为 9 号孔、接收孔为 10 号、11 号孔。试验台剪切波速测试孔分布见图 9-3-26。现场测试见图 9-3-27。

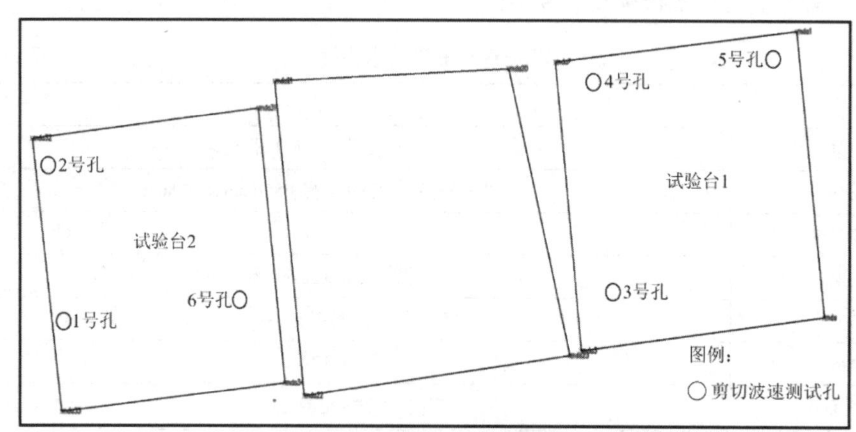

图 9-3-26　试验台剪切波速测试孔分布图

图 9-3-27　跨孔法剪切波速测试

跨孔波速测试原理及方法：跨孔波速测试利用两个钻孔进行，其中一个作为激发孔，另一个作为接收孔。试验时将井下剪切波振源和接收传感器同时放进预钻孔内进行。在激发孔内激发剪切波，接受孔内接收剪切波，然后计算出波行走的时间t，即可求得波速V_s（m/s），计算公式如下：

$$V_s = L/t \tag{9-3-1}$$

式中：L——由振源到达接收孔测点的距离；

t——剪切波的走时。

跨孔波速测试在两个孔中进行，激发设备和接收设备分别置于同一高程进行测试。测试示意见图 9-3-28。

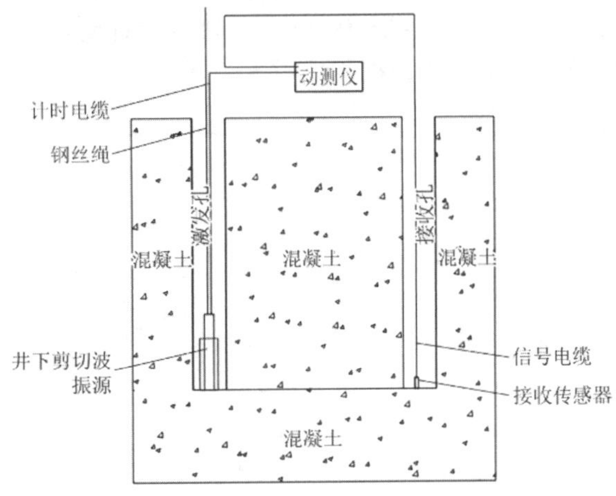

图 9-3-28　跨孔法波速测试示意图

RS-1616K 型动测仪（图 9-3-29）的主要技术指标如下：

■ 通道数：5 道（4 道接收 1 道外触发）；

■ 前放（高增益通道）：128 倍；

■ 瞬时浮点放大：100 倍；

■ AD 转换位数：16bit；

■ 采样间隔：10～32767μs；

■ 采样长度：1024 点；

■ 通道频带宽度：0～11kHz；

■ 触发方式：稳态触发、通道触发、外触发。

图 9-3-29 RS-1616K 型动测仪

（3）地基换填层剪切波速测试结果分析

对防微振地基换填层 1～12 号取芯钻孔进行了单孔剪切波速测试；对试验台 SYD1 取芯孔（南北方向、东西方向）、SYD2（南北方向、东西方向）进行跨孔剪切波速测试，对地基换填层 4～8 号孔、9～11 号孔进行跨孔剪切波速测试；共进行单孔剪切波速测试 12 孔，跨孔剪切波速测试 10 孔。

单孔剪切波速与跨孔剪切波速测试数据的统计分析见表 9-3-12，剪切波速散点图见图 9-3-30。由数据统计分析结果可以看出，单孔法测得的剪切波速度全部满足设计要求，且数据变异系数相对较小、离散性相对较小；跨孔法测得的剪切波速度除个别孔受孔内测试条件影响而不满足设计要求外（1942～1950m/s，接近设计要求），均满足设计要求，但数据变异系数较大、离散性与单孔法数据相比更大。

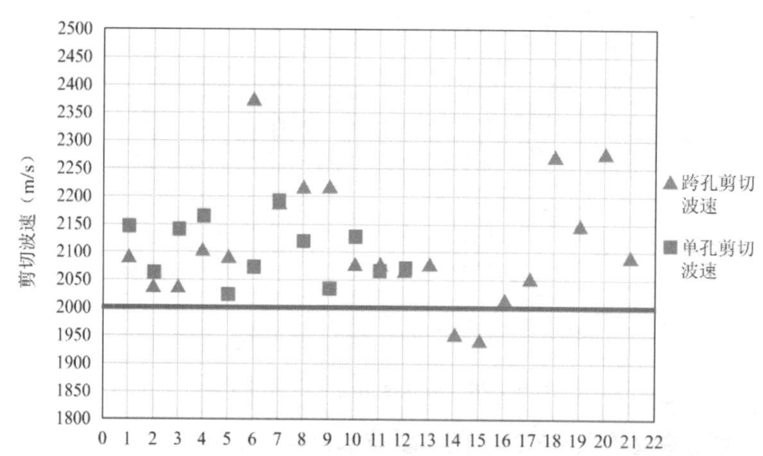

图 9-3-30 剪切波速散点图

剪切波速测试数据统计表 **表 9-3-12**

试验项目	样本数	最大值	最小值	平均值	标准差	变异系数
跨孔剪切波速（m/s）	21	2375	1942	2114.71	108.98	0.052
单孔剪切波速（m/s）	12	2193	2024	2101.83	53.93	0.026
全部数据（m/s）	33	2375	1942	2110.03	91.99	0.044

2. 施工后整体性能检测与评定

（1）公路交通荷载作用下基础底板振动响应

1）测试概述

①测试位置

测试地点：HEPS 施工现场 1 号门附近的防微振基础（109～111 轴）；

测试内容：测试场外道路上行驶车辆时，防微振基础的振动响应；

测试布置：

■ 测点 3：111 轴线，防微振基础顶面，标高 0.000m；

■ 测点 4：110 轴线，防微振基础顶面，标高 0.000m；

■ 测点 5：109 轴线，防微振基础顶面，标高 0.000m；

■ 测点 6：109 轴线，光束线中心，防微振基础顶面，标高 0.000m；

■ 测点 7：110 轴线，光束线中心，防微振基础顶面，标高 0.000m；

测试工况：重载卡车，载重 40t，行驶速度分别为 20km/h、30km/h、40km/h；

行车位置：场区外部项目部门口的道路，距离主环约 100m。

测点布置如图 9-3-31 所示。

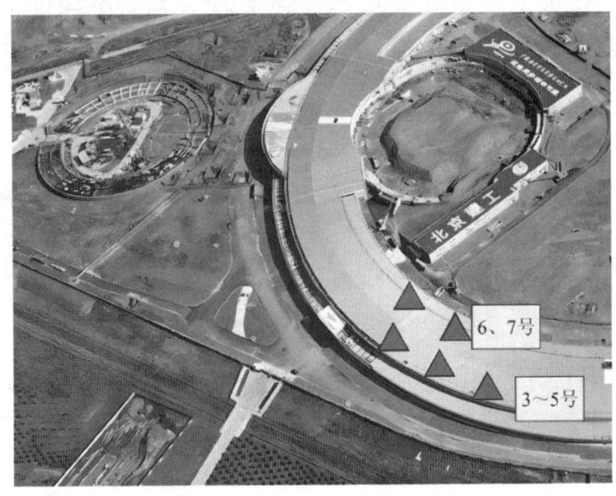

图 9-3-31　现场测点布置图

②测试仪器

微振动测试主要使用仪器如表 9-3-13 所示。

微振动测试主要使用仪器　　**表 9-3-13**

序号	仪器名称	实物照片	型号	参数
1	振动传感器		941B	灵敏度 23V · s/m；频响 0.07～100Hz
2	数字采集仪		INV3062T	24 位 Delta-Sigma 采集；120dB 动态范围；16 通道并行

续表

序号	仪器名称	实物照片	型号	参数
3	数据电缆线		ELine2	信号传输线缆
4	笔记本电脑		Lenovo X240	无

2）振动测试结果

①时域

为排除偶然因素引起的振动异常，测试时间选取在中午休息时间、周围施工暂停的情况下进行。每个速度下，重载卡车共行驶 6 次，在每个速度工况下选取振动响应信噪比最大的一组跑车数据进行分析，选取有代表性的 3 号测点速度时程，如图 9-3-32 所示。

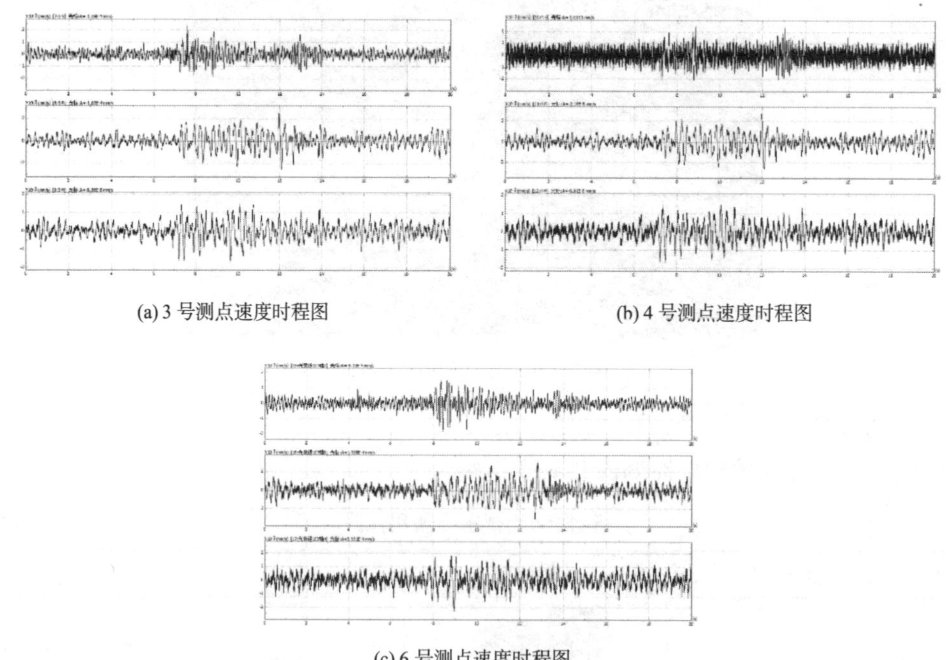

(a) 3 号测点速度时程图　(b) 4 号测点速度时程图

(c) 6 号测点速度时程图

图 9-3-32　各测点速度时程图

②频域

将上述振动信号进行频域分析，三个测点三个方向的频谱如图 9-3-33～图 9-3-35 所示。

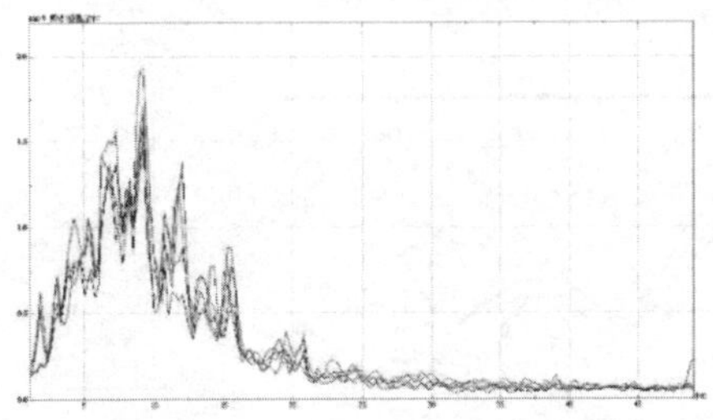

图 9-3-33　竖向振动响应频谱图

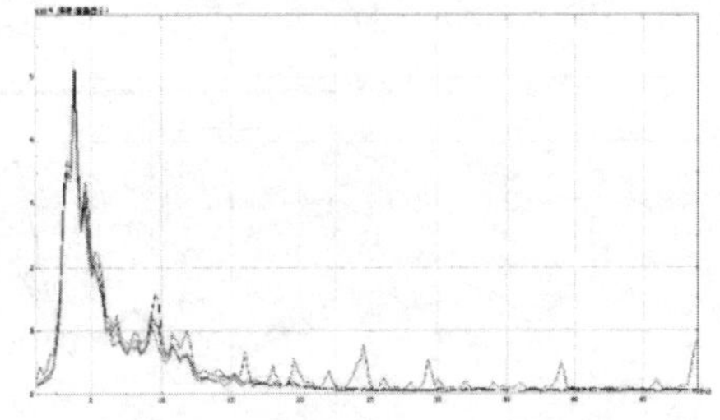

图 9-3-34　东西向振动响应频谱图

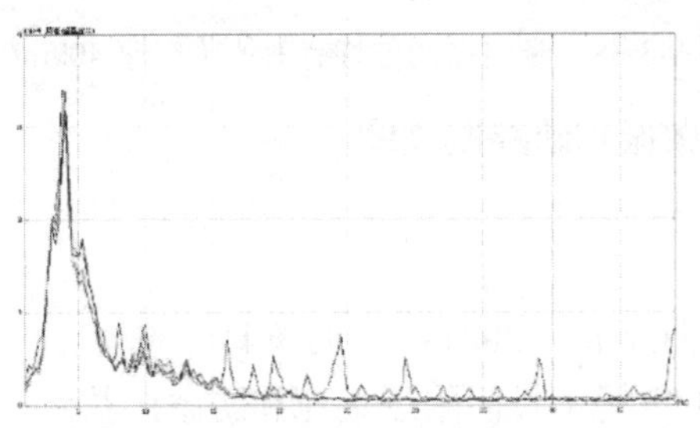

图 9-3-35　南北向振动响应频谱图

③振动位移有效值

选取 20s 数据进行分析，取 1s 内 1～100Hz 振动位移有效值的最大值，如图 9-3-36～图 9-3-38 所示。

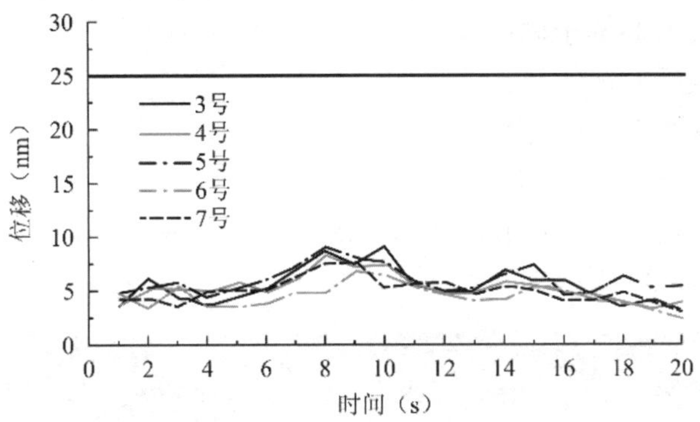

图 9-3-36　竖向振动位移有效值（车速 20km/h）

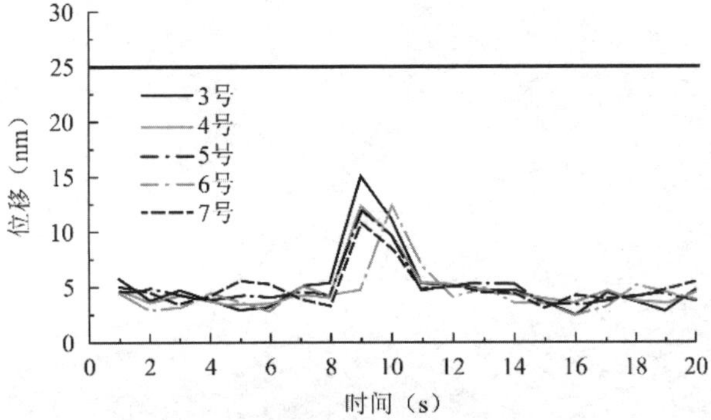

图 9-3-37　竖向振动位移有效值（车速 30km/h）

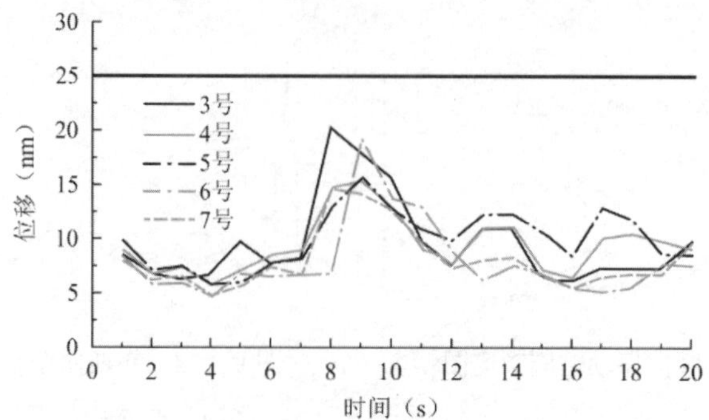

图 9-3-38　竖向振动位移有效值（车速 40km/h）

（2）激振器作用下防微振基础减振效果

1）测试概述

①测试信息

测试时间：2021 年 7 月 7 日—2021 年 7 月 9 日；

测试地点：HEPS 施工现场 1 号门附近场地和防微振基础；

测试内容：在 1 号门附近激振器作用下，测试防微振基础及距振源相同距离土体上的振动响应。

测试布置：

■ 测点 1：束流中心线（距振源 61.5m），防微振基础顶面，标高 0.000m；

■ 测点 2：防微振基础中心（距振源 53.5m），防微振基础顶面，标高 0.000m；

■ 测点 3：距振源 13m 土体；

■ 测点 4：距振源 13m 土体；

■ 测点 5：距振源 53.5m 土体；

■ 测点 6：距振源 61.5m 土体；

测试工况：激振器（1～100Hz，间隔 1Hz）。

测点布置如图 9-3-39 所示。

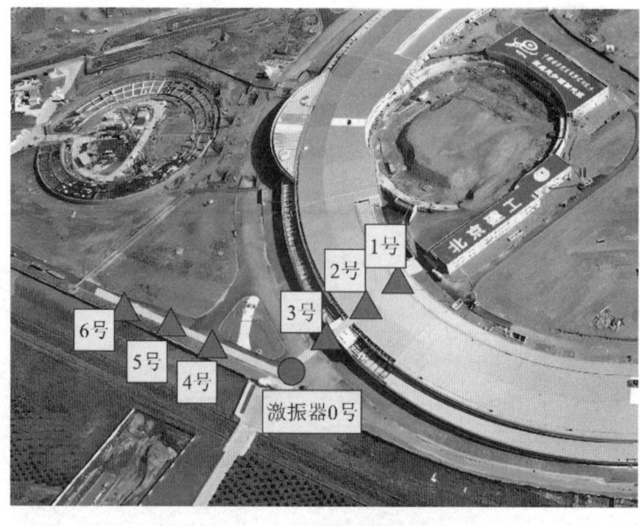

图 9-3-39　现场测点布置图

②测试仪器

微振动测试主要使用仪器如表 9-3-14 所示。

微振动测试主要使用仪器　　　　表 9-3-14

序号	仪器名称	实物照片	型号	参数
1	振动传感器		941B	灵敏度 23V · s/m；频响 0.07～100Hz
2	数字采集仪		INV3062T	24 位 Delta-Sigma 采集；120dB 动态范围；16 通道并行
3	数据电缆线		ELine2	信号传输线缆
4	笔记本电脑		Lenovo X240	无

2）振动测试结果

①时域

为排除偶然因素引起的振动异常，测试时间选取在傍晚工人下班时间、周围施工暂停的情况下进行。在激振器作用下，进行 1～100Hz、间隔 1Hz 的扫频加载，各测点的振动响应时程如图 9-3-40 所示。

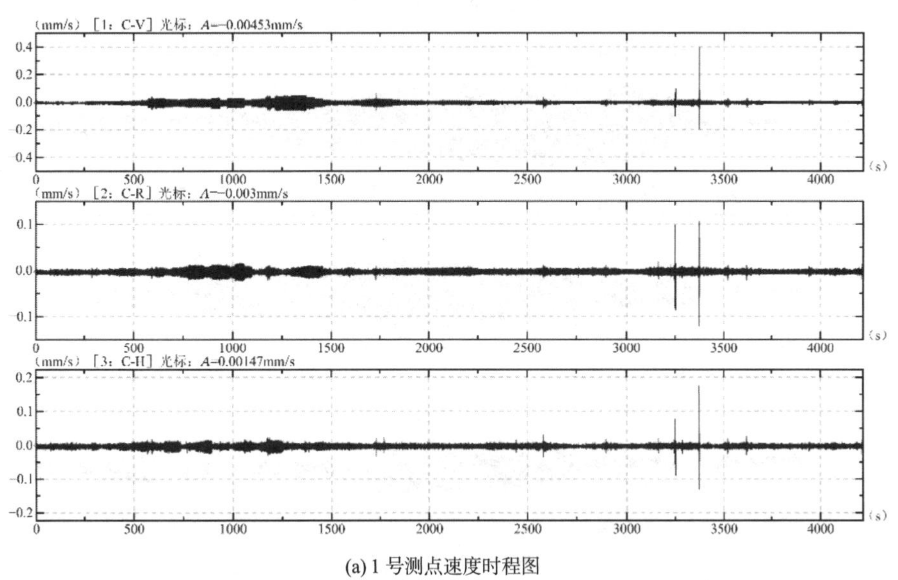

(a) 1 号测点速度时程图

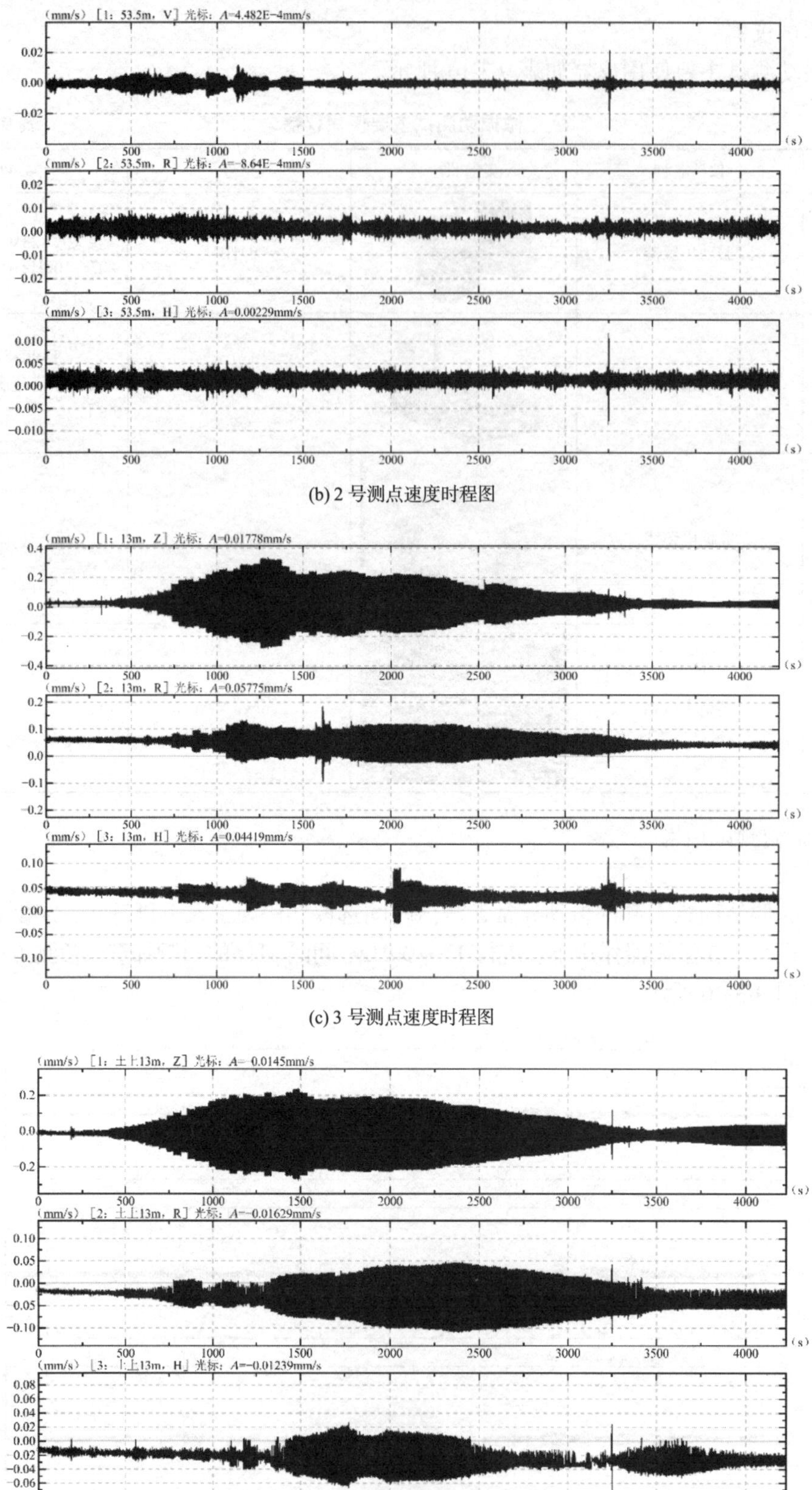

(b) 2 号测点速度时程图

(c) 3 号测点速度时程图

(d) 4 号测点速度时程图

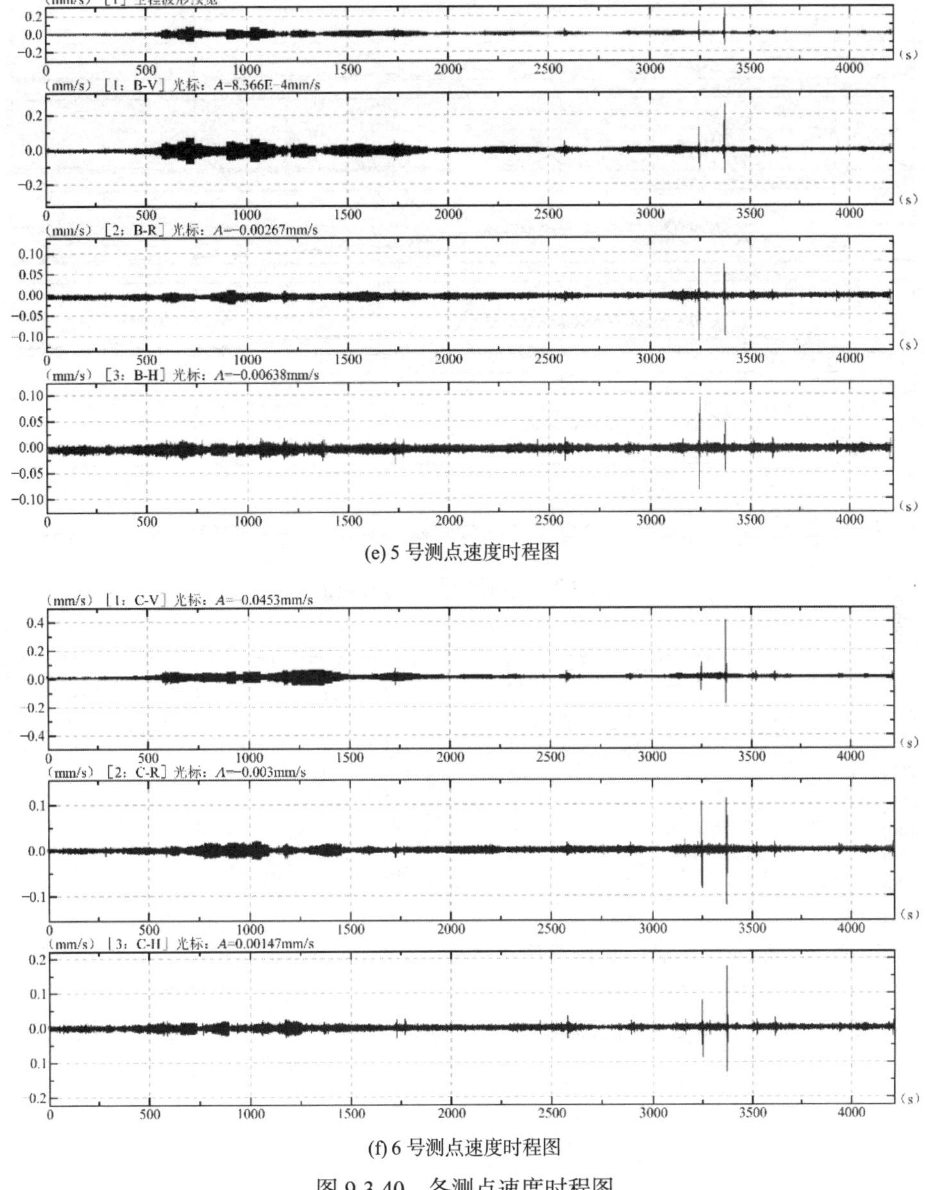

(e) 5 号测点速度时程图

(f) 6 号测点速度时程图

图 9-3-40　各测点速度时程图

②频域

将上述振动信号进行频域分析，由于激振器施加竖向荷载，因此给出各测点竖向频谱，如图 9-3-41 所示。

③防微振减振效果评价

对测点振动数据进行分析，对比相应测点在激振器作用下的位移响应，如图 9-3-42～图 9-3-44 所示。

从现场跑车试验和激振器试验数据分析结果可以得到以下结论：

（1）在距离防微振基础 100m 的道路上，40t 渣土车，以 40km/h 速度行驶时，防微振基础可以满足光源防微振控制要求。

（2）防微振基础对 1～100Hz 振动信号均有减振效果。

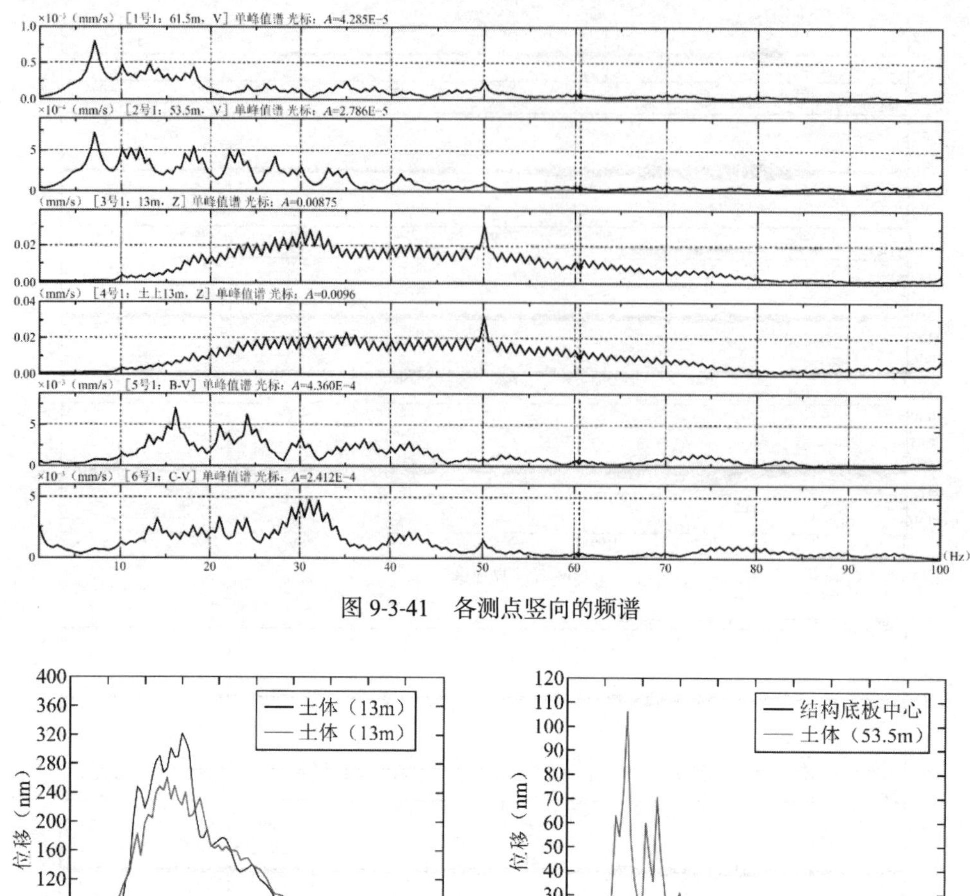

图 9-3-41　各测点竖向的频谱

图 9-3-42　距离振源 13m 土体两点振动响应

图 9-3-43　距离振源 53.5m 土体和防微振基础上两点振动响应

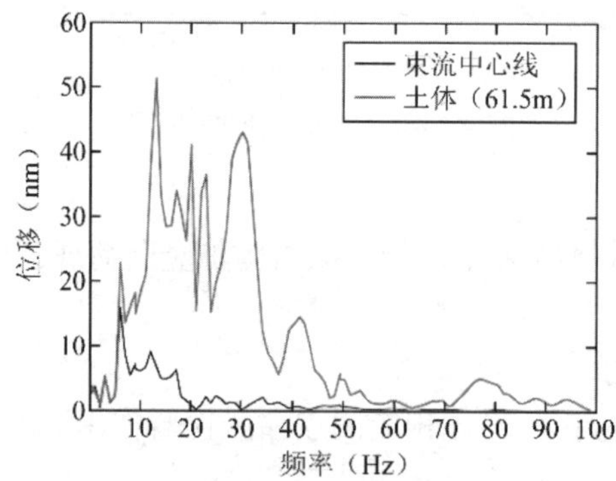

图 9-3-44　距离振源 61.5m 土体和防微振基础上两点振动响应

六、防微振地基实际性能与振动控制效果

（1）在大体积防微振混凝土中，裂缝宽度对振动特性影响较小，裂缝深度对振动特性

影响较显著。在裂缝深度小于 1.4m 时，开裂结构的振动特性与未开裂结构接近，随裂缝加深，结构等效弹性模量快速降低，但仍保持在未开裂结构的 95%以上。

（2）在水胶比、胶材总量和矿物掺合料掺量三个因素中，水胶比对混凝土绝热温升的影响最大，胶材总量的影响次之，而矿物掺合料掺量的影响最小。

（3）当配合比为水泥：粉煤灰：矿粉：砂：石 = 1：1.4：0.5：8.75：10.7、水胶比为 0.57 时，混凝土及其拌合物均具有较好的力学性能。

（4）防微振混凝土的施工方法、振捣设备和施工缝灌缝方法，有效保障了防微振混凝土的性能。

（5）经过材料性能检测和施工后整体性能检测可知，以上配合比及施工方法的材料指标和整体减振效果均满足项目相关要求。

[实例 9-4] 500m 口径球面射电望远镜（FAST）结构索力监测

一、工程概况

500m 口径球面射电望远镜（Five-hundred-meter Aperture Spherical radio Telescope，简称 FAST）位于中国贵州省黔南布依族苗族自治州境内，如图 9-4-1 所示，是国家“十一五”重大科技基础设施建设项目，是具有我国自主知识产权、世界最大单口径、最灵敏的射电望远镜。它于 2011 年 3 月动工兴建，于 2020 年 1 月通过国家验收，正式开放运行。

FAST 反射面是世界上跨度最大、精度最高、第一个采用主动变位工作方式的索网结构体系，该结构长期处于持续往复运动状态，大部分索内应力处于较高水平，拉索易产生松弛、疲劳等现象，故索力测量对于 FAST 整体有限元模型修正、反射面安全评估以及反射面控制系统的准确运行至关重要。因此，为了保证 FAST 安全稳定运行，对 FAST 反射面主索索力进行识别、实现在线监测是十分必要的。

图 9-4-1　500m 口径球面射电望远镜

目前，FAST 索网索力在线监测面临两个主要难题：（1）对于拉索边界条件时变且复杂的运营期结构，振动法测量索力是最合适的方法，但通过参数修正或拟合的索力计算公式对此类结构并不适用；（2）部分主索虽然已安装磁通量传感器，但 FAST 工作时需要电磁屏蔽，所有电类传感器无法使用，如图 9-4-2 所示。为解决上述难题，提出了一种可变弹性边界支承拉索的索力识别方法，自主研发了光纤光栅加速度传感器和光纤光栅解调仪，建立了 FAST 反射面主索索力在线监测系统。

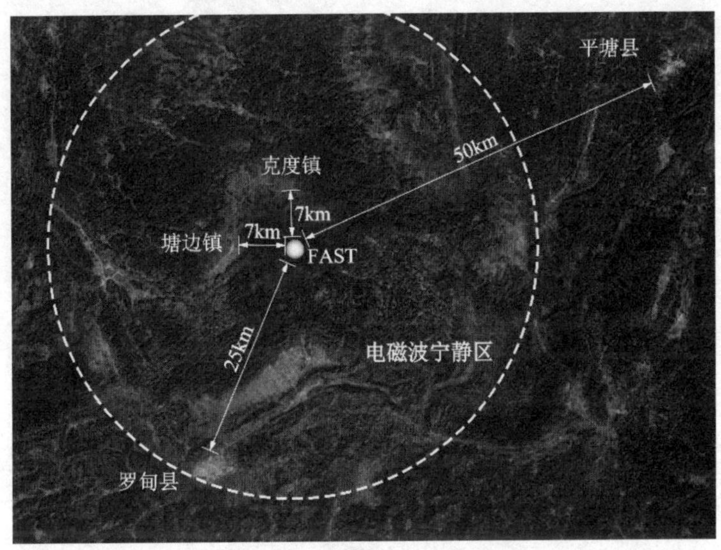

图 9-4-2　FAST 电磁波宁静区

二、考虑可变弹性边界支承的索力识别方法

针对 FAST 索网的工作特点，提出了一种考虑可变弹性边界支承的索力识别方法，主要理论推导如下：

两端铰接拉索在平衡状态下做微幅振动，忽略拉索抗弯刚度的影响，根据其平面内横向自由振动方程及边界条件，可求得拉索索力计算公式为：

$$T = \frac{4\overline{m}l^2 f_n^2}{n^2} \tag{9-4-1}$$

式中：T——拉索索力（N）；

$\overline{m}$——拉索单位长度质量（kg/m）；

l——索长（m）；

f_n——铰接拉索第n阶自振频率（Hz）。

FAST 索网拉索以节点盘形式连接，边界条件为弹性支承，且只有平动刚度，转动刚度很小，可忽略。故将索网中拉索的边界条件简化为轴向支承和竖向支承的弹簧，如图 9-4-3 所示。拉索在受到激励后，在竖向平面内做微幅自由振动，轴向弹簧支承对拉索自振频率几乎没有影响。

图 9-4-3　索网拉索简化模型

将铰接拉索和弹性支承拉索等效为单自由度模型，如图 9-4-4 和图 9-4-5 所示，进一步求解等效单自由度模型第 1 阶振型的广义质量和广义刚度。

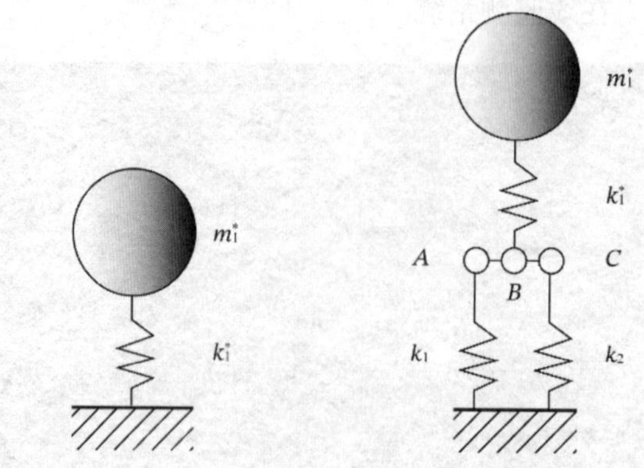

图 9-4-4　铰接拉索等效单自由度模型　图 9-4-5　弹性边界支承拉索等效单自由度模型

弹性边界支承拉索的第 1 阶振型可看作铰接拉索振型与竖向约束弹簧振型的叠加，可表示为$\varphi_1(x) = ax + b + \phi_0 \sin(\pi x/l)$，则其广义质量$M^*$为：

$$M^* = \int_0^l \overline{m}\,\varphi_1(x)^2\,\mathrm{d}x = \overline{m}l\left(\frac{a^2l^2}{3} + b^2 + \frac{\phi_0^2}{2} + abl + \frac{2a\phi_0 l}{\pi} + \frac{4b\phi_0}{\pi}\right) \tag{9-4-2}$$

$$a = (\phi_2 - \phi_1)/l、b = \phi_1 \tag{9-4-3}$$

式中：ϕ_0——铰接拉索的最大振型值；

ϕ_1、ϕ_2——两端约束弹簧的振型值。

ϕ_0、ϕ_1、ϕ_2均已归一化处理。

图 9-4-5 中竖向支承弹簧k_1、k_2与弹簧k_1^*形成的综合弹簧刚度K^*，用下式计算：

$$K^* = \frac{4\phi_1 k_1 k_1^*}{4\phi_1 k_1 + k_1^*(\phi_1 + \phi_2)} \tag{9-4-4}$$

定义弹性边界支承拉索的第 1 阶自振频率为$\overline{f}_1$，第 1 阶自振圆频率为$\overline{\omega}_1$，上述振动特性参数的关系如下所示：

$$\overline{\omega}_1 = \sqrt{K^*/M^*} = 2\pi \overline{f}_1 \tag{9-4-5}$$

两端铰接拉索的第一阶理论振型为$\varphi(x) = sin(\pi x/l)$，其第一阶振型的广义质量$m_1^*$为：

$$m_1^* = \int_0^l \overline{m}\,\varphi(x)^2\,\mathrm{d}x = \overline{m}l/2 \tag{9-4-6}$$

结合拉索抛物线方程，式 (9-4-5)可求得铰接拉索的广义刚度k_1^*为：

$$k_1^* = \frac{16M^*\overline{\omega}_1{}^2\phi_1 zT}{16z\phi_1 T - M^*\overline{\omega}_1{}^2 l(\phi_1 + \phi_2)y_1} \tag{9-4-7}$$

上述振动特性参数的关系如下所示：

$$\omega_1 = \sqrt{k_1^*/m_1^*} = 2\pi f_1 \tag{9-4-8}$$

经上述理论推导，将弹性边界支承拉索的第 1 阶自振频率$\overline{f}_1$转换为两端铰接拉索的频率f_1，再代入弦振动理论公式中，整理后得到索力计算公式为：

$$T = 4\overline{m}l^2 f_1^2 = \frac{32M^* l\phi_1 zT\overline{\omega}_1^2}{\pi^2\left[16z\phi_1 T - M^* ly_1\overline{\omega}_1^2(\phi_1+\phi_2)\right]} \tag{9-4-9}$$

因拉索各质点之间的位移比值与振型比值相等，即$y_1/z=\phi_1/\phi_0$，故式 (9-4-9)整理后索力T可表示为：

$$T = M^* l\overline{f}_1^2[32\phi_0+\pi^2(\phi_1+\phi_2)]/4\phi_0 \tag{9-4-10}$$

若已知待测拉索的线密度、长度等基本参数，仅在拉索跨中、两端各安装一加速度传感器（3 个测点），再经模态识别算法得到相应的模态参数（第 1 阶频率和振型），并对振型进行归一化处理即可得到ϕ_0、ϕ_1、ϕ_2，代入式 (9-4-10)即可求解索力大小，流程如图 9-4-6 所示。即使在 FAST 索网主动变位后结构形态发生变化，所提方法仍能通过当前结构状态下的加速度响应获取模态参数，进而得到新形态下的索力识别结果。

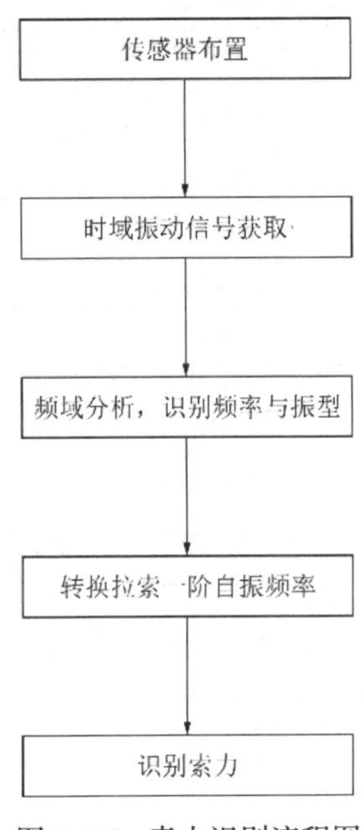

图 9-4-6　索力识别流程图

三、算法精度验证

1. 数值模拟

FAST 索网结构基准态模型如图 9-4-7 所示，从中挑选一根边缘主索进行建模，采用 link180 单元模拟拉索，用 combin14 单元模拟支承弹簧。此外，根据不同的索力工况，迭代求解拉索实际线形。拉索的基本参数如下：直径为 0.025m，全长为 12.39m，线密度为 2.89kg/m，弹性模量为 2.19×10^{11}Pa，额定拉断力为 726.80kN。定义一端竖向支承弹簧刚度与拉索线刚度比为γ_1，即$\gamma_1=lk_1/EA$；两端竖向弹簧的刚度比为γ_2，即$\gamma_2=k_1/k_2$；令两端轴向弹簧刚度k_3、k_4相等，其与拉索线刚度比为γ_3，即$\gamma_3=lk_3/EA$。

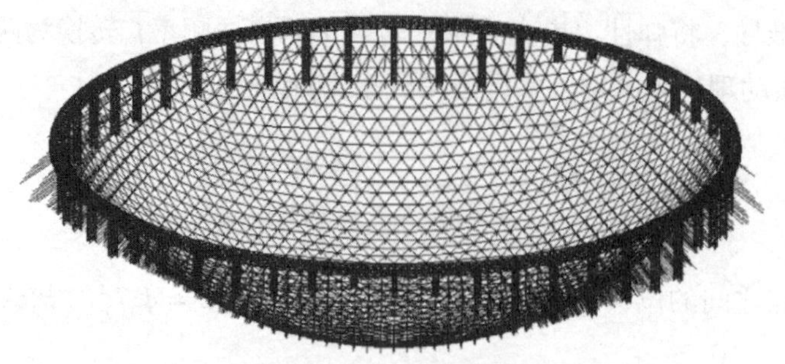

图 9-4-7　FAST 索网结构基准态模型

通过改变索力和轴向支承弹簧刚度建立不同参数的仿真模型，进而开展模态分析，得到如表 9-4-1 所示的自振频率数据。可以看出，不论轴向弹簧刚度如何变化，第 1 阶自振频率均保持恒定不变，验证了轴向支承弹簧对拉索自振频率没有影响的结论。

不同轴向弹簧刚度下拉索的自振频率　　**表 9-4-1**

设置索力（kN）	γ_3	第 1 阶自振频率（Hz）
145.36	80%	9.06
	100%	9.06
	完全铰接	9.06
436.08	80%	15.71
	100%	15.71
	完全铰接	15.71
726.80	80%	20.32
	100%	20.32
	完全铰接	20.32

对于刚度相等的弹性边界支承拉索，索力等级分别为额定拉断力的 20%、40%、60%、80%、100%，边界刚度比γ_1分别为 0.1、0.25、0.5、1 和+∞（完全铰接）。施加脉冲荷载，自由振动后部分加速度时程如图 9-4-8 所示，索力识别结果如表 9-4-2 所示。从表中可知，采用所提方法能得到较为精确的索力值，误差在 1%以内；直接采用弦振动理论计算索力，其误差是本项目方法的数倍以上，最大可达 28.84%，此时传统弦振动方法已失真，不适用于弹性边界支承拉索。

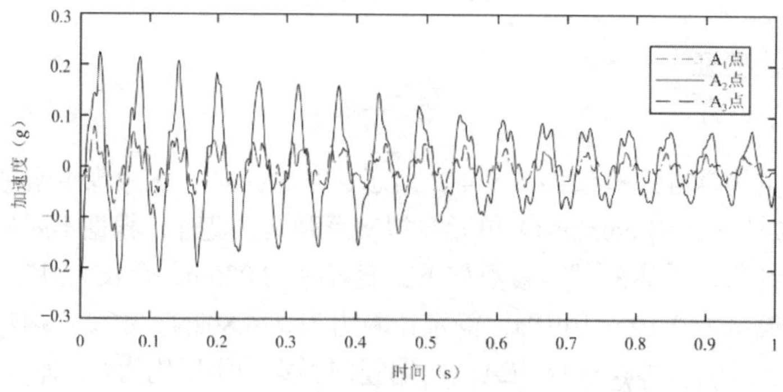

图 9-4-8　加速度时程曲线（$\gamma_1 = 10\%$、$T = 728.60\text{kN}$）

不同竖向弹簧刚度下索力识别结果　　表 9-4-2

设置索力（kN）	γ_1	提出方法		弦振动理论	
		识别索力（kN）	相对误差（%）	识别索力（kN）	相对误差（%）
145.36	10%	144.97	−0.27	134.89	−7.20
	25%	145.39	0.02	141.16	−2.89
	+∞	145.82	0.32	145.82	0.32
436.08	10%	434.12	−0.45	352.00	−19.28
	25%	436.34	0.06	400.61	−8.13
	+∞	434.39	−0.39	434.39	−0.39
726.80	10%	725.63	−0.16	516.90	−28.88
	25%	727.77	0.13	631.80	−13.07
	+∞	734.18	1.02	734.18	1.02

对于刚度不相等的弹性边界支承拉索，索力等级同表 9-4-2，边界刚度比γ_2分别取 1∶1、1∶3、1∶5 和 1∶10，部分索力识别结果如表 9-4-3 所示。可以看出，当两端竖向弹簧刚度比值越小时，索力识别算法的相对误差越大，但均小于 0.5%，而弦振动理论的测量误差仍为提出方法的数十倍，故本例提出的索力识别算法比弦振动理论具有更高的精度。

不同竖向弹簧刚度比下索力识别结果　　表 9-4-3

设置索力（kN）	γ_2	提出方法		弦振动理论	
		识别索力（kN）	相对误差（%）	识别索力（kN）	相对误差（%）
145.36	1∶1	145.39	0.02	141.16	−2.89
	1∶3	145.51	0.10	142.75	−1.80
	1∶5	145.51	0.10	143.05	−1.59
436.08	1∶1	436.34	0.06	400.61	−8.13
	1∶3	436.72	0.15	412.44	−5.42
	1∶5	436.00	0.21	415.10	−4.81
726.80	1∶1	727.77	0.13	631.80	−13.07
	1∶3	729.82	0.42	663.70	−8.68
	1∶5	729.83	0.42	670.78	−7.71

2. 原型试验

FAST 结构拉索由柳州欧维姆机械股份有限公司设计加工制造，试验在该公司生产车间内开展，采用 1∶1 原型索进行索力识别验证工作，拉索基本参数如表 9-4-4 所示。使用的张拉设备为液压加载机，可在控制端直接读取施加的拉力值，如图 9-4-9 所示。试验拉索采用与 FAST 索网相同的锚具连接在液压机两端，如图 9-4-10 所示，以最大程度还原拉索在索网中的连接方式。张拉时使用控制油泵施加 5 个不同等级的荷载并实时读取张力数值，对其施加人工激励，采用无线加速度传感器采集拉索中点及两端点的加速度响应，根据所提方法进行索力识别。

待测原型拉索基本参数　　表 9-4-4

规格	索长（m）	公称截面积（mm^2）	单位质量（kg/m）	弹性模量（Pa）	极限拉断力（kN）
S6J	12.156	898.8	9.192	2.15×10^{11}	1671.77

图 9-4-9　液压加载机

图 9-4-10　张拉钢索

拉索部分加速度时程如图 9-4-11 所示，所有加载等级的索力识别结果如表 9-4-5 所示。可以看出，所提方法能比较准确地得出各个加载等级的索力大小，相对误差均保持在 5%以内，具有良好的索力识别效果，满足了工程上索力测量精度的要求。

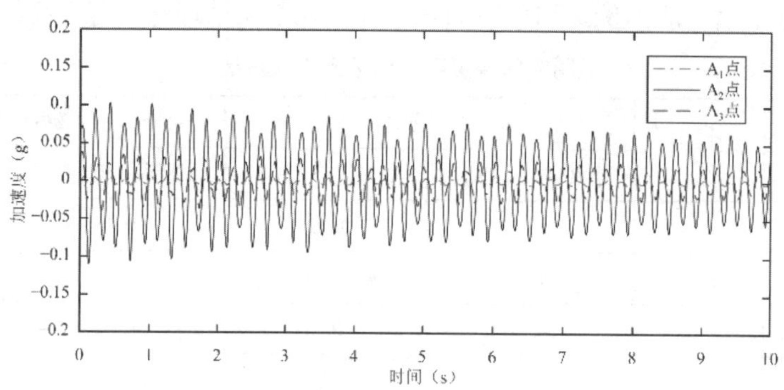

图 9-4-11　加速度时程曲线（$T = 834$kN）

不同加载等级下索力识别结果　　表 9-4-5

加载等级	第一阶频率（Hz）	识别索力（kN）	液压机读数（kN）	相对误差（%）	索力测量精度（%.F.S.）
1	6.99	412.21	417.00	−1.15	−0.29
2	8.56	543.65	556.00	−2.22	−0.74
3	9.14	656.02	665.00	−1.35	−0.54
4	9.40	684.42	695.00	−1.52	−0.63
5	10.15	847.70	834.00	1.64	0.82

四、索力在线监测系统

根据 FAST 反射面 A 区边缘主索及索头规格，采用定制的钢抱箍将 90 个光纤光栅加速度传感器布置在拉索中点、两端点；传输光缆均沿边缘拉索、圈梁原有桥架走线，并引入电磁屏蔽柜的光纤光栅解调仪中，最终数据处理系统运行监测程序对数据进行处理并存储到服务器中。其中索力在线监测程序是基于 LabVIEW 和 MATLAB 联合开发，LabVIEW 负责采集光纤加速度传感器数据并展示所有测量结果，而 MATLAB 平台则作为内部索力识别程序嵌入在 LabVIEW 中。索力在线监测程序及相关硬件设备调试完毕后，形成一个完整的索力在线监测系统，系统架构如图 9-4-12 所示。

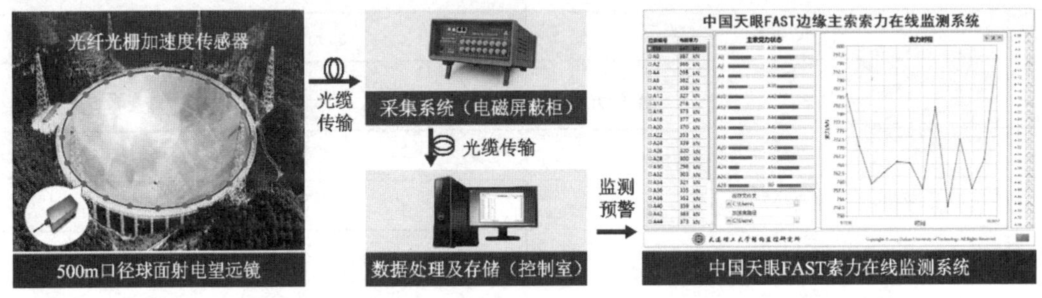

图 9-4-12　FAST 索力在线监测系统架构

该系统主要由以下模块组成：

（1）传感器模块：包括光纤光栅加速度传感器（图 9-4-13）、光纤和传输光缆等组件，传感器的技术参数详见表 9-4-6。

（2）数据采集与传输模块：该模块集成了光纤光栅解调仪、工控机等设备，并放置在电磁屏蔽柜内，如图 9-4-14 和图 9-4-15 所示，解调仪的技术参数详见表 9-4-7。

（3）数据处理模块：包括输入数据预处理、索力识别程序以及索力识别结果文件夹。该模块将采集到的数据进行预处理，并运行索力识别程序，最终将识别结果保存在指定的文件夹中。

以上是该索力在线监测系统的主要模块和组成部分，它们协同工作以实现对 FAST 索力的准确监测和识别。

图 9-4-13　光纤光栅加速度传感器

图 9-4-14　桥架走线

图 9-4-15　电磁屏蔽柜

光纤光栅加速度传感器技术参数　　**表 9-4-6**

型号	DACC 系列
量程	±2g
波长范围	1510～1590nm

续表

工作温度	−40～100℃
分辨率	1mg
精度	1%F.S.
尾纤规格	ϕ2.5mm 非金属耐火光缆
尺寸	56mm × 18mm × 22mm

光纤光栅解调仪技术参数　　表 9-4-7

型号	DUT-iFBG
光路数量	16
波长范围	1510～1590nm
工作温度	−20～55℃
稳定性	±2pm
光源	波长扫描型
FBG 反射光功率	−5dBm（Max）
扫描频率	5Hz

五、索力监测效果

1. 检修状态

为进一步验证提出方法的工程适用性，在 FAST 望远镜检修时，用所提方法和原有的磁通量索力传感器对部分拉索索力进行同步测量，索力识别对比结果如表 9-4-8 所示。可以看出，所提方法与磁通量传感器测量结果的相对误差最大为 4.93%，而传统的弦振动理论误差高达 62.61%，这主要是因为传统弦振动理论直接采用识别的拉索频率求解索力，没有考虑边界复杂约束的特点，而所提方法考虑了复杂边界效应的影响，并通过振型对拾取的第一阶频率进行修正，因此，可以得到更准确的索力识别结果。值得注意的是，磁通量传感器非常依赖于实验室标定参数，现场实测可能也会存在一定误差，表中计算的相对误差不代表提出方法的实际误差。但也可看出本文方法与磁通量传感器索力测量结果较为一致，说明提出方法满足了工程测量精度要求，可以应用于实际工程中。

检修状态下索力识别结果对比　　表 9-4-8

拉索编号	磁通量传感器（kN）	第 1 阶频率（Hz）	振动法索力识别结果			
			提出方法（kN）	相对误差（%）	弦振动理论（kN）	相对误差（%）
A32	572.70	10.34	562.26	−1.82	462.87	−19.18
A34	564.60	8.21	536.74	−4.93	288.30	−48.94
A38	656.50	13.02	625.66	−4.70	568.27	−13.44
A40	826.1	12.30	854.53	3.44	308.89	−62.61

2. 工作状态

表 9-4-9 为索力在线监测系统处理 2022 年 12 月 4 日 13 时 43 分采集的加速度数据得到的 30 根拉索索力，所有索力数值均在合理范围之内。

索力在线监测系统处理 2022 年 12 月 4 日 13:43 数据结果 **表 9-4-9**

编号	索力（kN）	编号	索力（kN）	编号	索力（kN）	编号	索力（kN）	编号	索力（kN）
E58	821.8	A12	395.1	A24	356.7	A36	459.6	A48	713.0
A0	590.8	A14	669.7	A26	631.9	A38	615.0	A50	671.0
A2	619.5	A16	562.6	A28	583.5	A40	532.1	A52	590.7
A4	447.7	A18	707.2	A30	673.7	A42	551.9	A56	424.4
A8	453.3	A20	581.8	A32	429.5	A44	646.4	A58	518.4
A10	515.2	A22	438.2	A34	667.4	A46	622.7	B2	675.9

［实例 9-5］合肥光源选址振动测试及四极磁铁设备测试与振动分析

一、工程概况

合肥先进光源设计定位世界唯一、位于中低能区、“具有鲜明衍射极限及全空间相干特色”的第四代同步辐射光源，将应用于动态世界的观测，为能源与环境、量子材料、物质与生命交叉等领域带来前所未有的机遇，建成后将是全世界最先进的衍射极限储存环光源。

先进光源项目拟建于合肥市岗集镇兴业大道与滨河西路交口西北侧，规划用地面积约 639550m^2，拟建场地长约 800m，宽约 800m，项目拟建场地位置如图 9-5-1 所示。

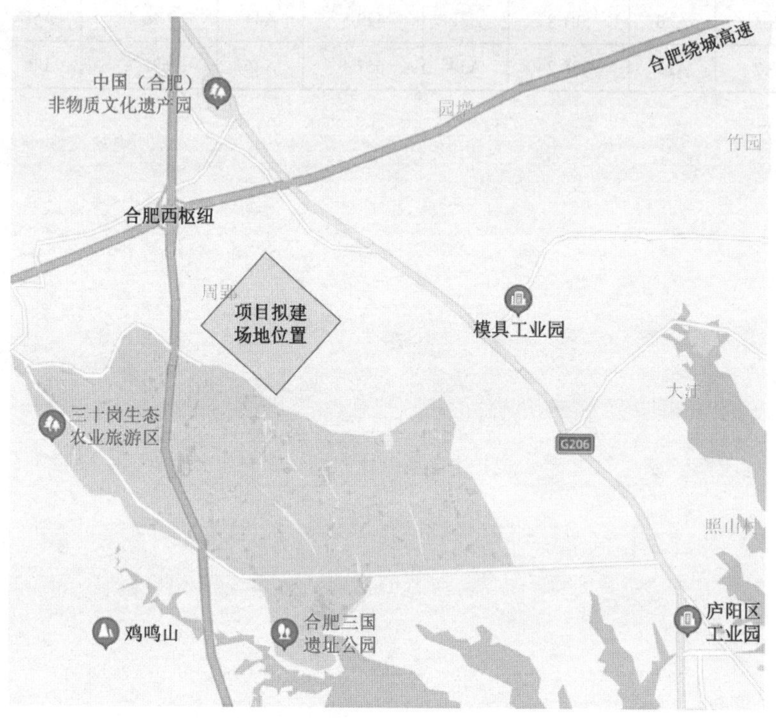

图 9-5-1　规划占地位置示意图

项目场地周边振源主要以交通振动为主，北西东三个方向被交通干道环绕，西侧 1.6km 附近有合肥绕城高速 G4001，北侧 1.5km 附近同样是合肥绕城高速 G4001，东侧是合淮路 G206，振动环境较为复杂。

对于同步辐射光源，束流轨道稳定性是影响装置性能的重要指标，储存环磁聚焦结构中各种机械组件的振动是影响束流轨道稳定性的重要因素，其中，项目的地基振动是造成机械组件振动的直接原因。因此，同步辐射光源项目对振动有严格要求，根据 HALS 的工艺指标，提出的振动控制标准为：在 1～100Hz 的垂直振动在 1 秒内的均方根振幅小于 25nm，与目前在建的北京高能同步辐射光源 HEPS 控制标准相同。

二、场地振动测试情况

场地振动测试时，项目尚处规划阶段，场地仍保持原状地貌，结合现场踏勘结果，本次测试选取场区内村间道路进行振动测试，场地环境如图 9-5-2 所示。

图 9-5-2　场地环境

对场地整体环境振动水平进行测试，测试工况为环境振动测试及 24 小时振动监测，其中，环境振动测试 8 个测点，每个测点连续测试 30min，测点位置见图 9-5-3 中“1～8 号测点”，24 小时振动监测 1 个测点，连续进行 24 小时振动监测，测点位置见图 9-5-3 中“监测测点”，该测点偶然振动干扰较小，且距离场地西南侧的高速干道较近。

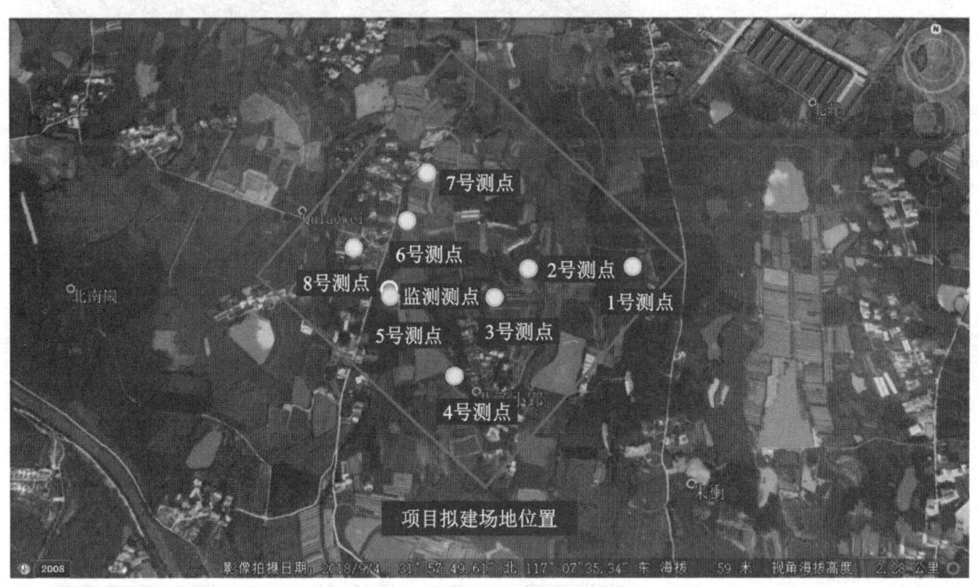

图 9-5-3　测点位置示意图

测试采集振动加速度信号，工程单位为 mm/s²，每个测点均进行三方向振动测试，其中，X方向为东西向、Y方向为南北向、Z方向为竖向。考虑部分测点存在交通振动及偶然振动干扰，在项目使用条件下该类振动并不存在，因此，为了解场地在无干扰条件下的地脉动振动水平，数据处理时截取无干扰数据。

本次测试中，位于道路上的测点采用胶泥固定在道路一侧，布置在场地土表面的测点，挖设测坑至坚硬土层后放置传感器。现以 1 号测点及 24 小时监测测点为例对本次测试情况及测试结果进行说明：

（1）1 号测点

1 号测点（图 9-5-4）位于场地东侧，西边临近道路，测试过程中有渣土车经过，经排查，附近有挖沙施工，测点位置周边是低矮灌木，测试时间为 2020 年 5 月 13 日 10:29。

图 9-5-4　1 号测点测试照片

①1 号测点全程三维谱阵分析（图 9-5-5）

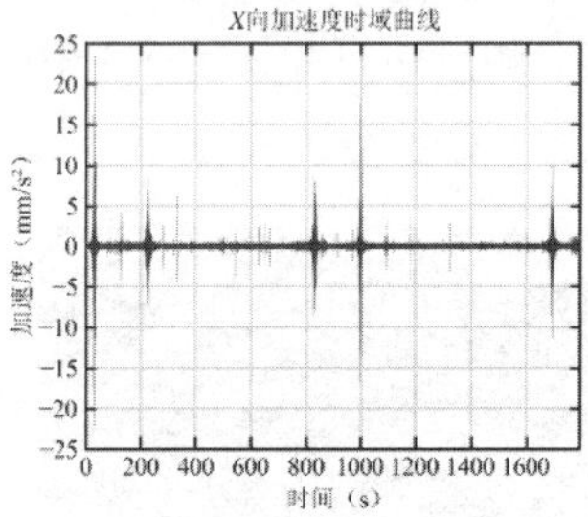

X向全程时域数据

X向全程三维谱阵分析

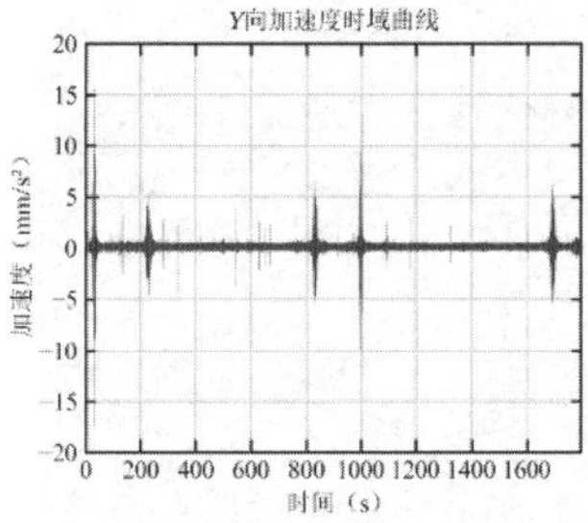

Y向全程时域数据

Y向全程三维谱阵分析

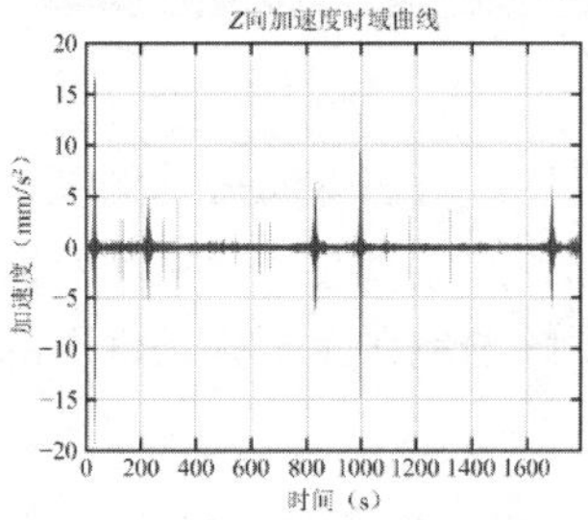

Z向全程时域数据

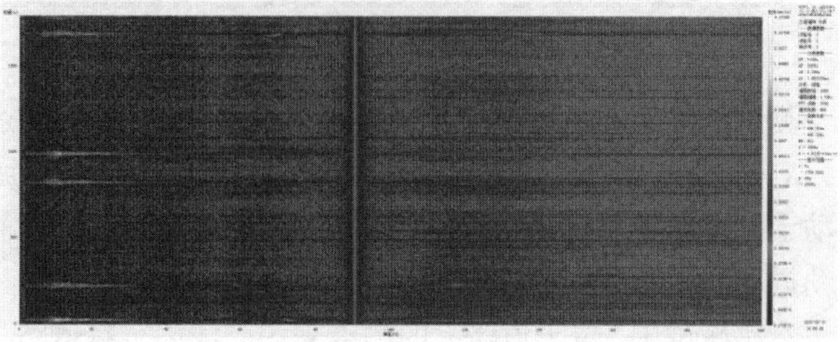

Z向全程三维谱阵分析

图 9-5-5　1 号测点三维谱阵分析

②1 号测点无干扰下时域、频域分析（图 9-5-6）

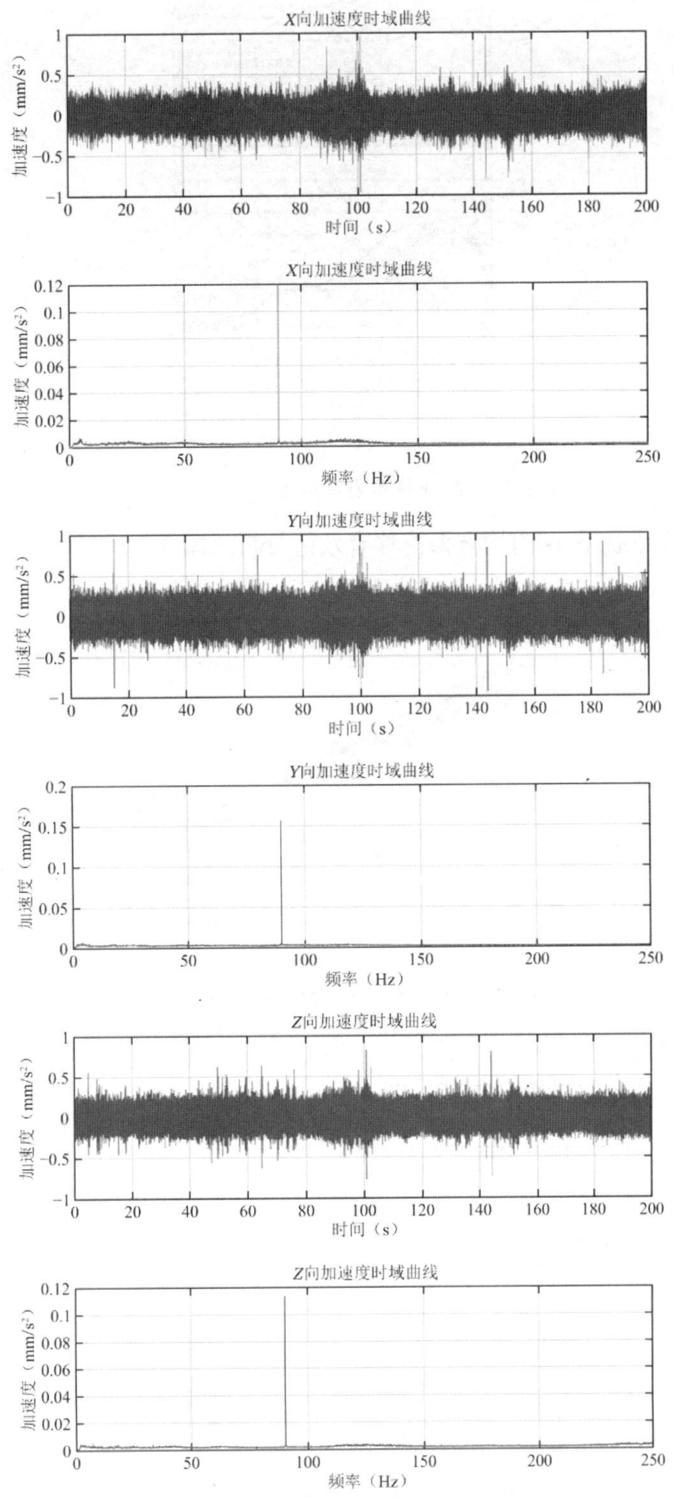

图 9-5-6　1 号测点时域、频域分析

③1 号测点无干扰下速度 1/3 倍频程分析（图 9-5-7）

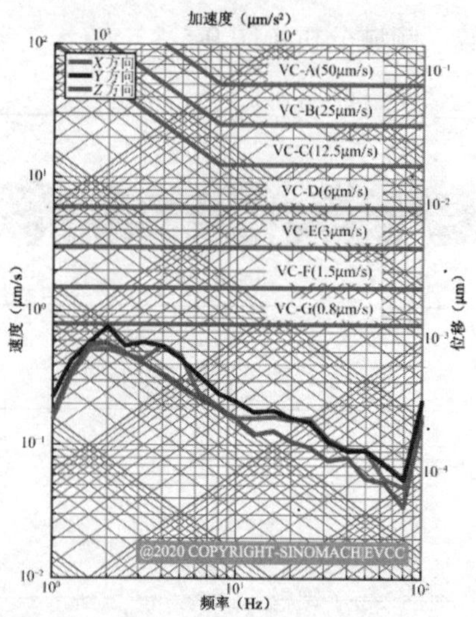

图 9-5-7　1 号测点速度 1/3 倍频程分析

④1 号测点无干扰下 1s 内均方根位移有效值分析（图 9-5-8）

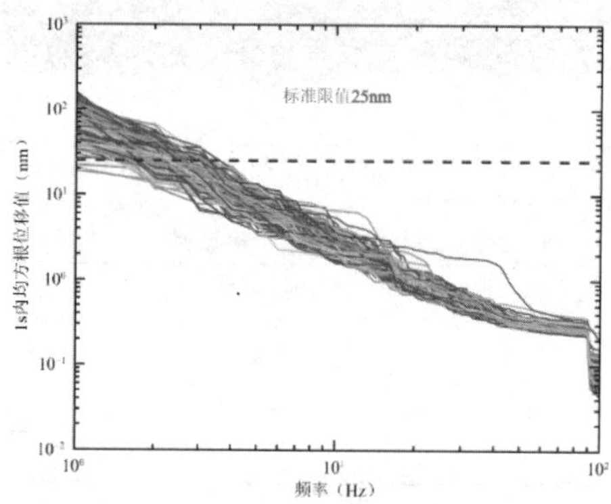

图 9-5-8　1 号测点 1s 内均方根位移值分析

（2）24 小时监测测点

①各小时加速度有效值变化规律（图 9-5-9）

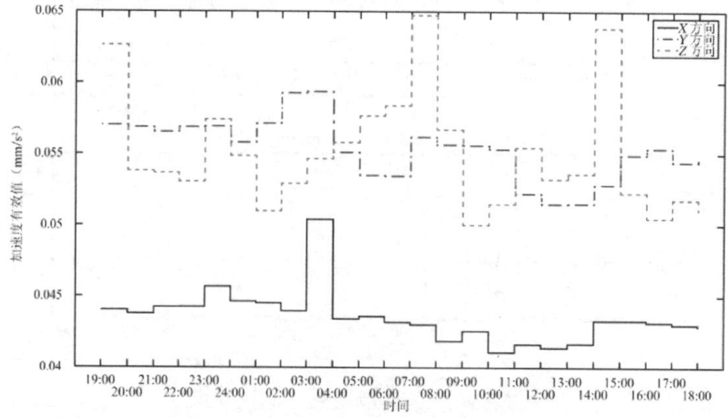

图 9-5-9　各小时加速度有效值变化规律

②各小时 1/3 倍频程对比

对各时段的竖向速度 1/3 倍频程进行计算，计算结果如图 9-5-10 所示。

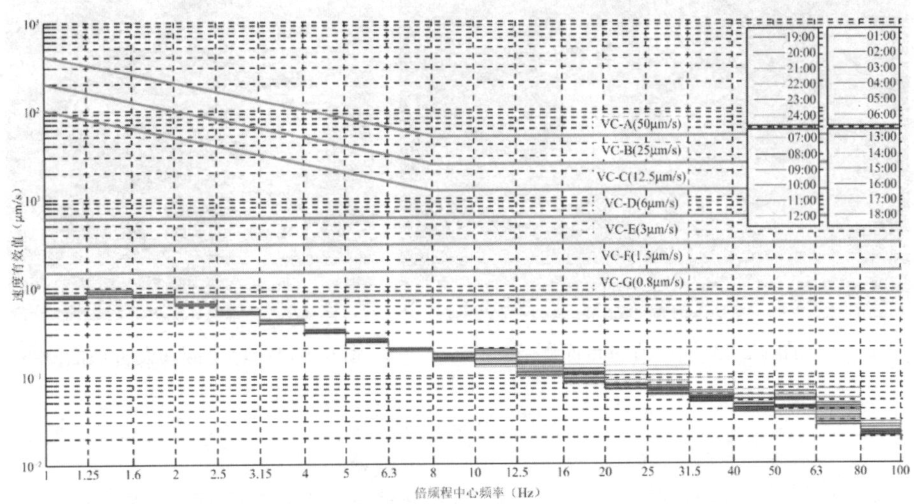

图 9-5-10 各小时竖向 1/3 倍频程对比

（3）测试结论

①根据时、频域分析结果，各测点因所处位置与振动环境不同，测试过程中呈现的振动特性也有所区别，但各个测点 5Hz 以内的低频振动相对较大，同时测试过程中多处测点（除 6 号测点外）在测试过程的全时段均出现 90Hz 振动成分。

②根据 VC 曲线评价标准，速度 1/3 倍频程有效值的峰值频率多出现在 2Hz，无干扰条件下，各测点振动均处于 VC-G 水平，整体振动水平较为良好，但低频振动偏大。

③根据垂直振动在 1s 内的均方根振幅小于 25nm 的评价标准，各测点振动情况均难以满足要求，主要超标频率集中在 3Hz 以下，3Hz 以上基本满足要求。

三、四极磁铁现场振动测试情况

对实验室地面及装置台面进行背景环境振动及不同流量下（2.1、2.4、4.2）的振动测试，测点位置如图 9-5-11～图 9-5-14 所示，现以 4.2 流量台面测点为例进行说明，如图 9-5-15～图 9-5-17 所示。

图 9-5-11 地面测点

图 9-5-12 环境、2.1 流量、2.4 流量台面测点

图 9-5-13　4.2 流量台面测点

图 9-5-14　环境振动设备顶面测点

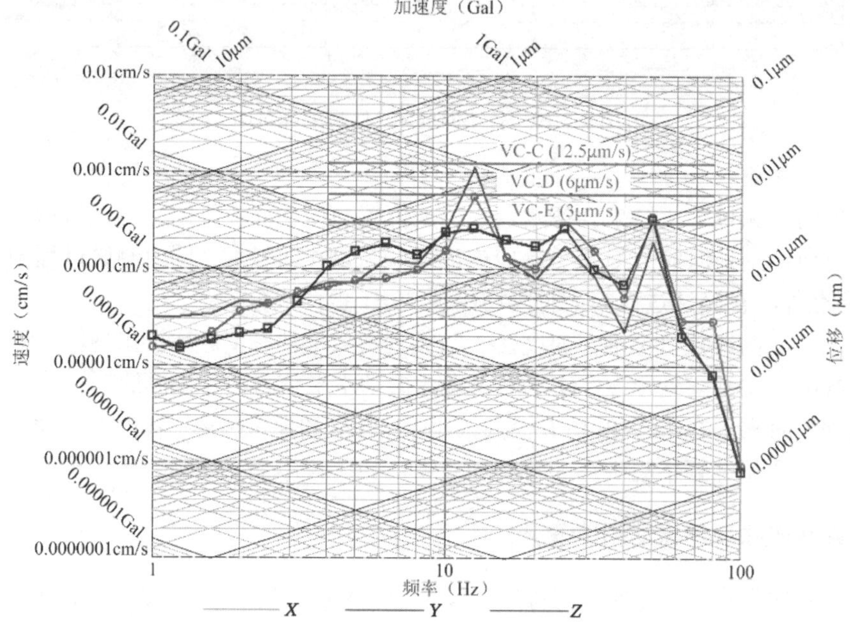

图 9-5-15　4.2 流量台面 VC 曲线

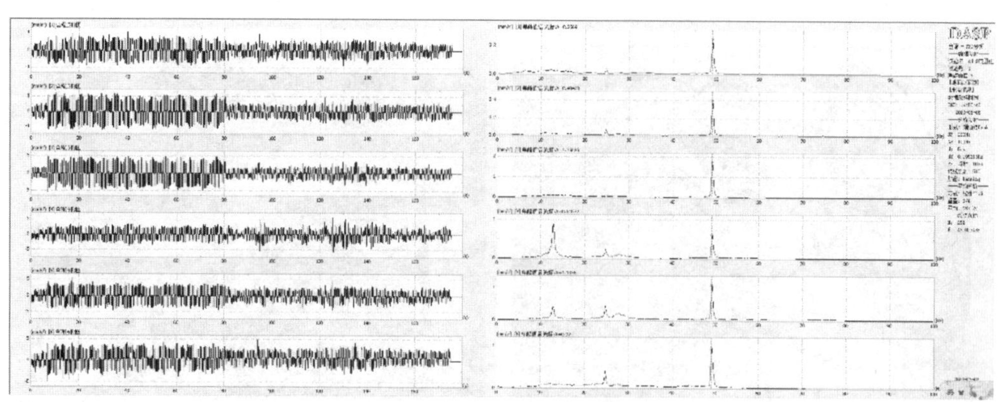

图 9-5-16　4.2 流量台面测点时频域图

数据列表

&4.2流量更换位1#时域指标统计

序号	指标	量纲	1D	2D	3D	4D	5D	6D
EU	工程单位	EU	um	um	um	um	um	um
1	最大值	(EU)	0.3513	0.7593	0.90593	1.98064	0.84577	0.75482
2	最小值	(EU)	-0.42436	-0.85157	-1.49281	-1.08813	-1.613	-0.77553
3	平均值	(EU)	1.366E-4	2.001E-4	-1.65E-4	-0.00129	0.00134	6.780E-4
4	平均幅值	(EU)	0.0612	0.17117	0.09004	0.13978	0.09394	0.08965
5	方根幅值	(EU)	0.0514	0.14474	0.07354	0.11357	0.07677	0.07297
6	有效值(均方根)	(EU)	0.07818	0.21511	0.12498	0.19465	0.13119	0.12297
7	均方值	(EU)^2	0.00611	0.04627	0.01562	0.03788	0.01721	0.01512
8	标准差(均方差)	(EU)	0.07818	0.21511	0.12498	0.19464	0.13118	0.12296
9	最大值-平均值	(EU)	0.35117	0.7591	0.90609	1.98194	0.84443	0.75414
10	最小值-平均值	(EU)	-0.4245	-0.85177	-1.49264	-1.08684	-1.61434	-0.7762
11	方差	(EU)^2	0.00611	0.04627	0.01562	0.03788	0.01721	0.01512
12	偏度指标	(EU)^3	-4.82E-5	0.00122	-0.00132	0.00338	-0.00164	-8.90E-5
13	峭度指标	(EU)^4	1.340E-4	0.00652	0.00295	0.01374	0.00446	0.00137
14	偏态因数	(无)	-0.10102	0.12344	-0.67764	0.45859	-0.7273	-0.04787
15	峰态因数(峭度)	(无)	3+0.58905	3+0.04584	3+9.08892	3+6.57721	3+12.0561	3+2.99689
16	波形因数	(无)	1.27732	1.25667	1.38797	1.3925	1.39653	1.37157
17	脉冲因数	(无)	6.93341	4.97484	16.578	14.1693	17.17	8.65009
18	峰值因数	(无)	5.42807	3.95874	11.944	10.1753	12.2947	6.30668
19	裕度因数	(无)	8.25529	5.8832	20.2973	17.439	21.0101	10.6274

图 9-5-17　4.2 流量台面测点时频统计指标

地面振动以竖向振动为主，水平向振动远小于竖向振动。振动等级在 VC-E 到 VC-D 等级。工作台面的测点，竖向振动水平与地面测点基本一致，水平向振动较地面测点有所放大，与竖向振动水平接近。除 4.2 流量振动等级达 VC-C 外，振动均在 VC-D 等级。

随着水流增加，振动有不同程度增大，地面测点主频为 50Hz，2.1、2.4 流量下台面测点在 25Hz 出现峰值，4.2 流量下台面测点水平向在 12.5Hz 附近也出现峰值。

四、有限元计算

有限元模型如图 9-5-18 所示。

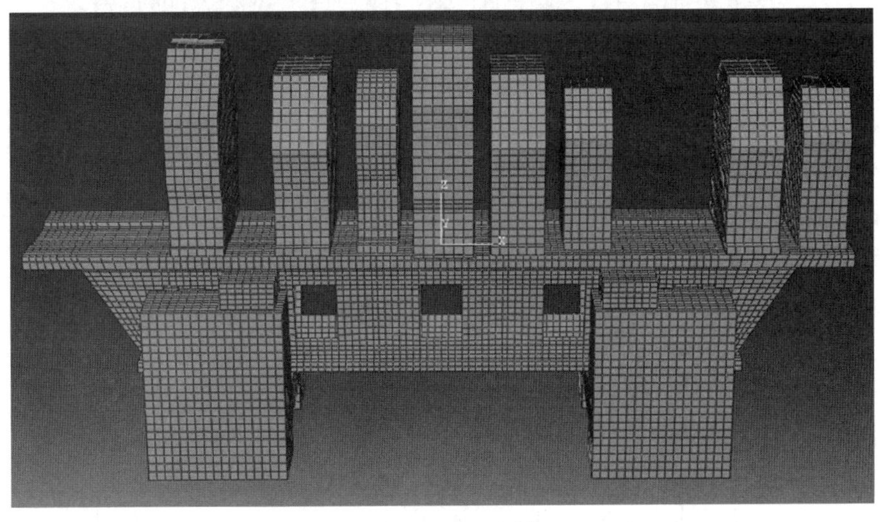

图 9-5-18　有限元模型

该设备受到地脉动与水流力，有限元模型建立后，分别计算以下工况：

（1）地脉动输入情况下设备的响应。

（2）水流力输入情况下设备的响应。

（3）地脉动与水流力共同作用下设备的响应。

地脉动输入情况如图 9-5-19 所示，输入地脉动为过滤掉 40Hz 以上的振动。

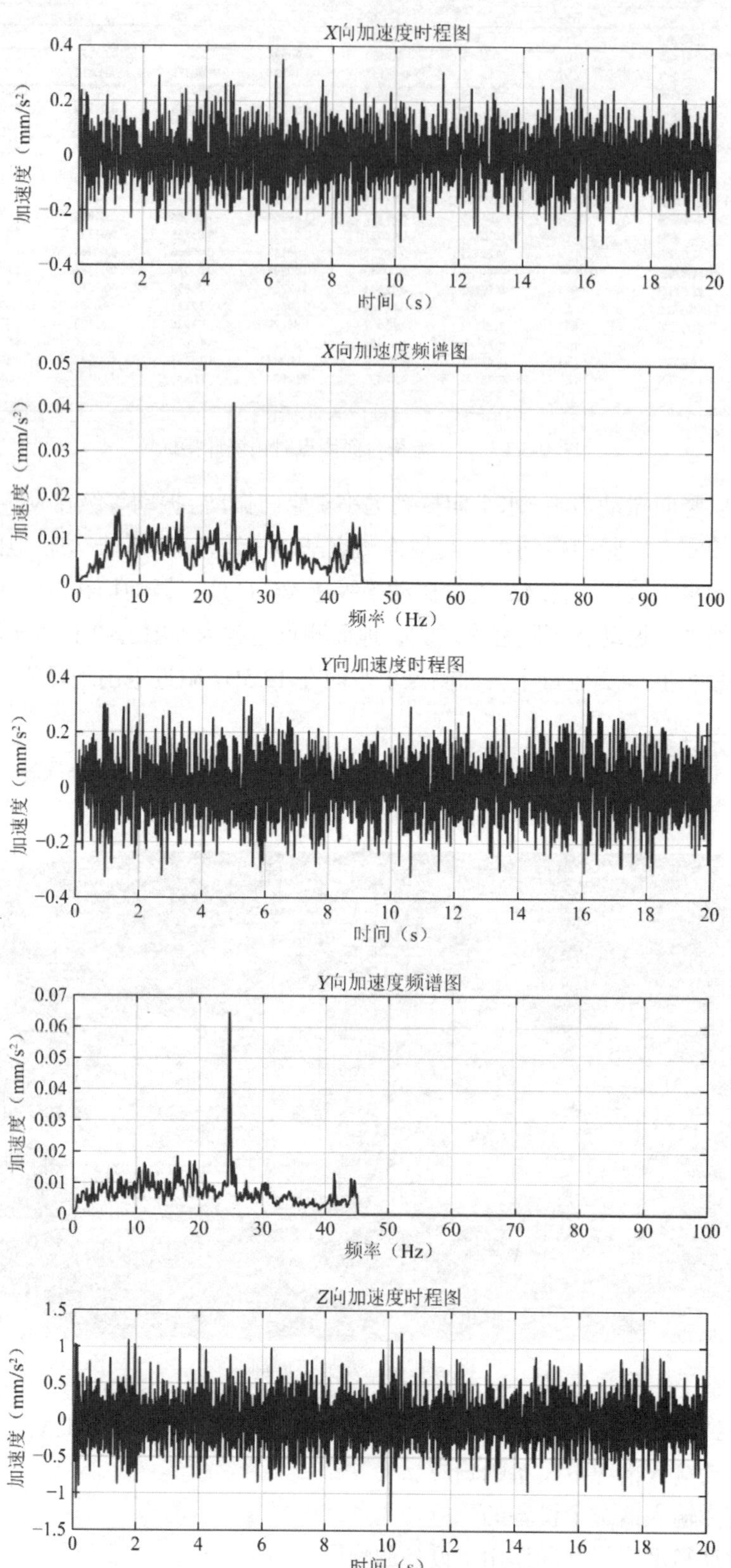

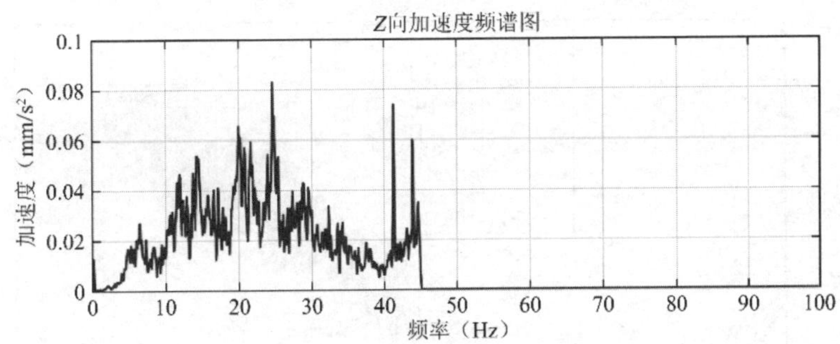

图 9-5-19　输入地脉动

水流力依据$F = F_0 \times \sin(2\pi ft)$获得，其中，$F_0 = 0.6A\text{MPa}$，$A$为管口面积，取管道直径为 4mm，$f$为水流频率，取$f = 0.23\text{Hz}$，可以求得输入的水流力$F$，如图 9-5-20 所示。水流力施加在$Y$方向上，各个部件水流力施加的位置如图 9-5-21 所示。

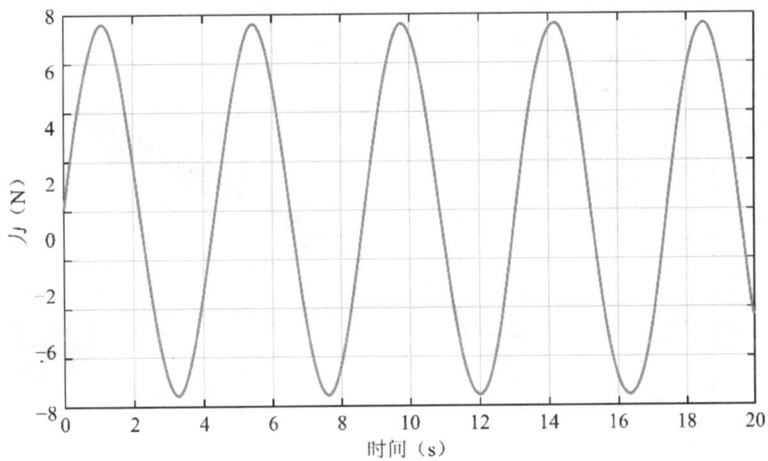

图 9-5-20　输入水流力

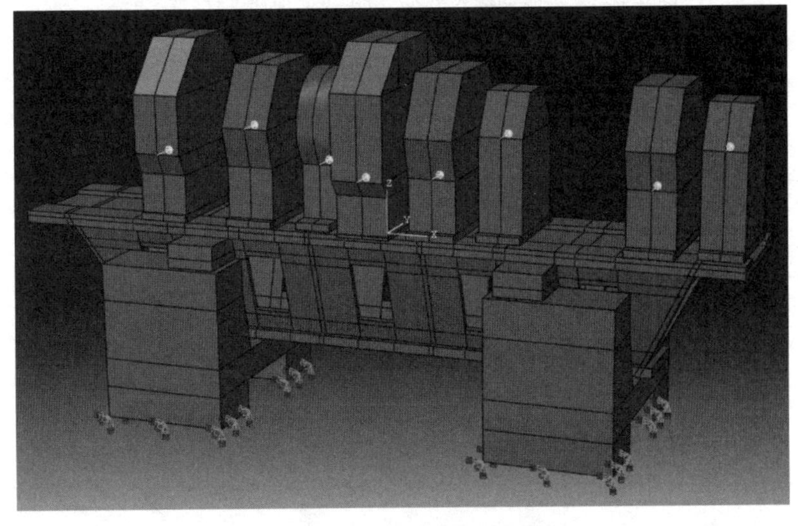

图 9-5-21　水流力施加位置

（1）地脉动输入情况下设备的响应（图 9-5-22～图 9-5-24）

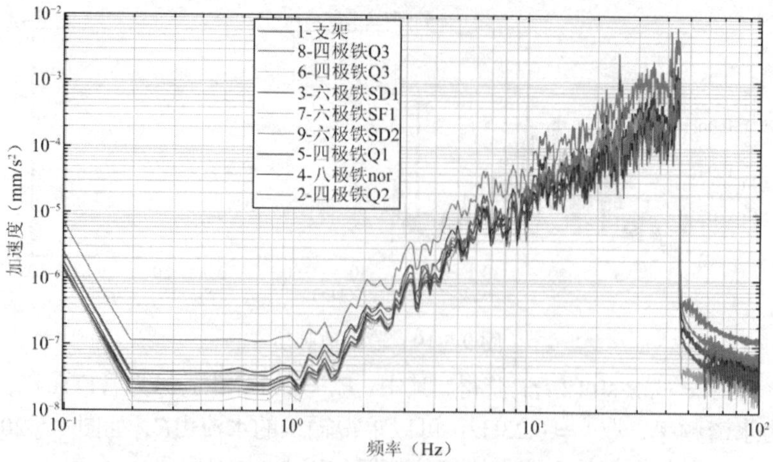

图 9-5-22　地脉动输入下各个部件X向加速度计算结果

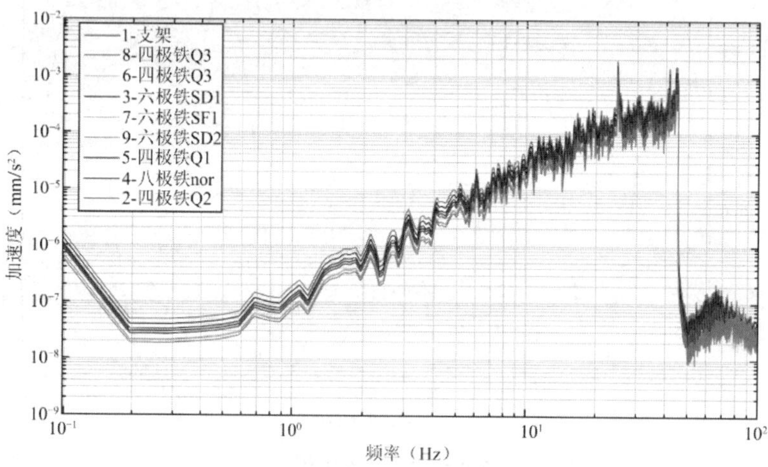

图 9-5-23　地脉动输入下各个部件Y向加速度计算结果

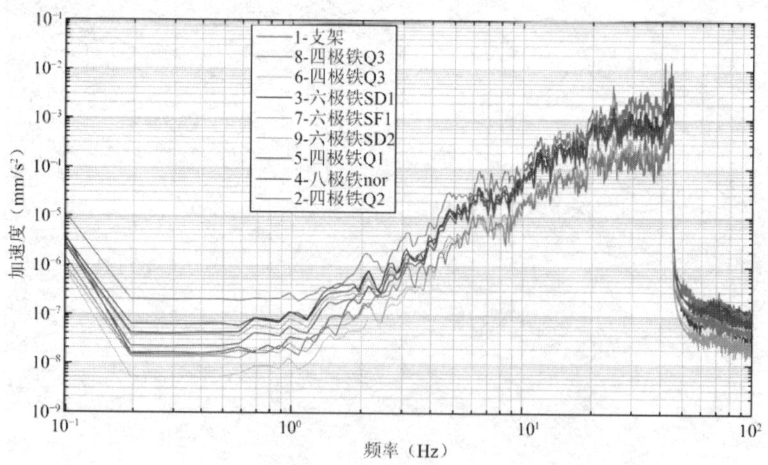

图 9-5-24　地脉动输入下各个部件Z向加速度计算结果

（2）水流力输入情况下设备的响应（图 9-5-25～图 9-5-27）

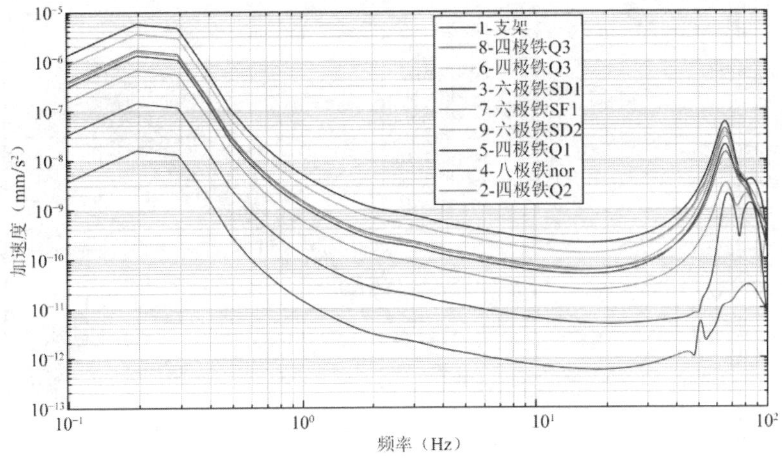

图 9-5-25　水流力输入下各个部件X向加速度计算结果

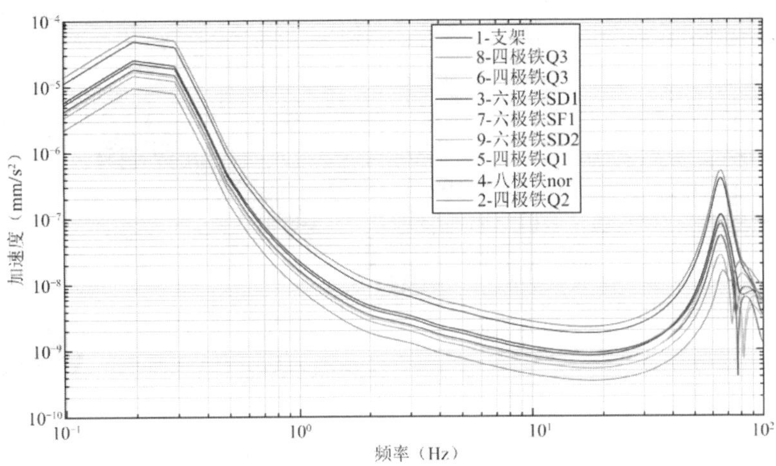

图 9-5-26　水流力输入下各个部件Y向加速度计算结果

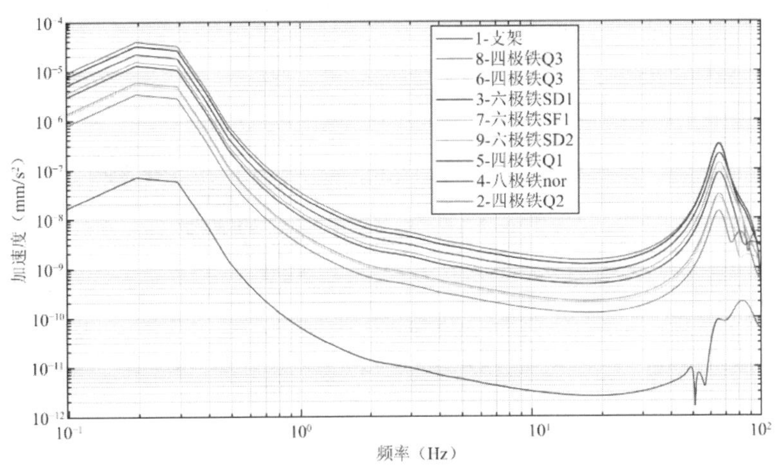

图 9-5-27　水流力输入下各个部件Z向加速度计算结果

（3）地脉动与水流力共同作用下设备的响应（图 9-5-28～图 9-5-30）

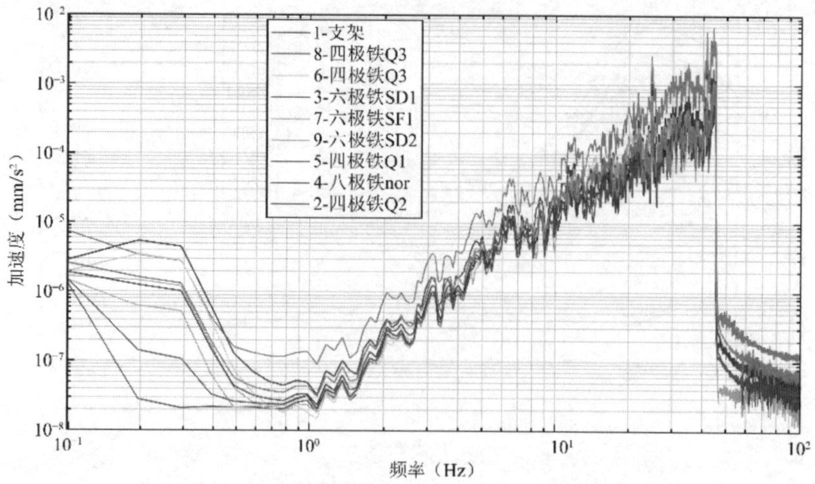

图 9-5-28　共同作用下各个部件X向加速度计算结果

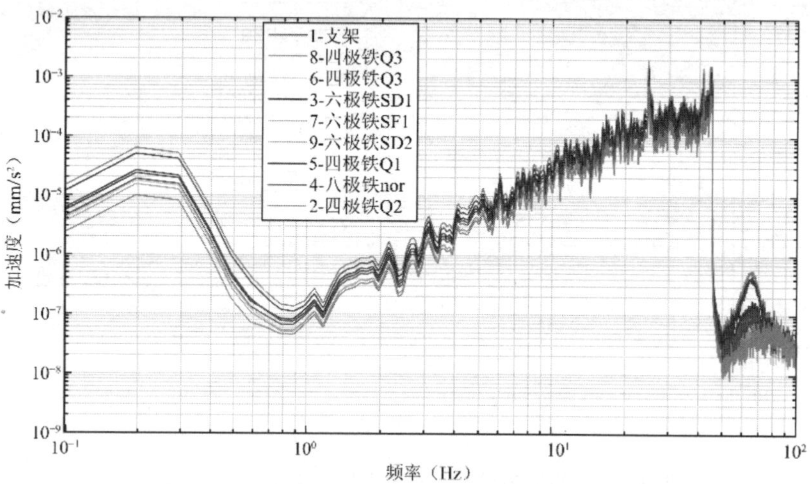

图 9-5-29　共同作用下各个部件Y向加速度计算结果

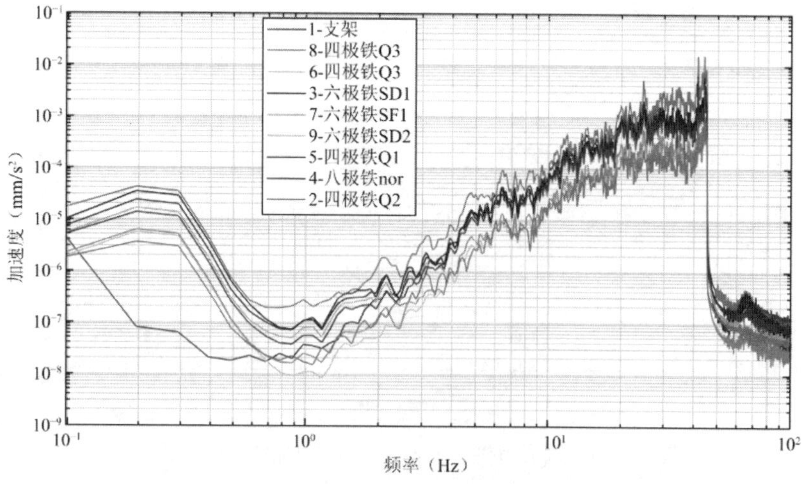

图 9-5-30　共同作用下各个部件Z向加速度计算结果

五、振动测试、分析结论及振动控制建议

（1）从加速度、速度计算情况可以看出，地脉动对设备产生的加速度与速度的数值大于水流力对设备产生的数值。

（2）从位移计算情况可以看出，水流力对设备产生的位移占主要因素，且影响较大。

（3）需要综合研判地脉动与水流力对设备造成的影响，确定设备正常使用时的相关指标限值，如各项参数超过限值，则需采用相应的措施进行控制，避免对设备的正常使用产生影响。

[实例 9-6] 基于量子光源的引力波探测地基观测装置原型机防微振设计

一、工程概况

1. 工程简介

本项目位于山西大学东山校区西北角，总建筑面积 14874.95m^2，其中，地上建筑面积 10908.92m^2，地下建筑面积 3966.03m^2。主要建设内容为新建引力波原型机实验室（“C”形）、综合楼（“一”字形），以上两部分通过连廊连接。引力波原型机实验室建筑抗震设防烈度为 8 度，综合楼抗震设防烈度为 6 度。

引力波原型机实验室位于用地北侧，建筑面积 5045.45m^2（地上 3531.02m^2，地下 1514.43m^2），地上二层，局部单层与地下贯通为半地下室，建筑高度为 14.40m，钢筋混凝土框架结构，抗震设防烈度 8 度，设计使用年限 50 年，主要功能为实验室及相关用房；综合楼建筑面积 9829.50m^2（地上 7377.90m^2，地下 2451.60m^2），地上建筑主体四层、地下一层，建筑高度 22.70m，钢筋混凝土框架结构，抗震设防烈度 8 度，设计使用年限 50 年。地下一层为百级洁净室、千级洁净室，一层为万级洁净室，二层为万级洁净室，三层为普通实验室，四层为科研用房。

2. 振动控制标准

（1）原型机大厅结构振动控制标准。引力波探测地基观测装置原型机大厅的结构筏形基础顶部振动容许标准为：负载情况下 VC-E（主要结构包括：1—非洁净区，即备件存放区和卫生间；2—过渡区，缓冲通道、风淋室；3—洁净区，即原型机装备试验空间大厅；本处振动控制标准是指在原型机正常作业情况下，原型机装备基础顶面的振动水平需要控制在 VC-E 标准，即 1～100Hz 内，振动频域速度倍频程值小于 3.0μm/s）。

（2）综合实验楼结构振动控制标准。综合楼地下一层有千级洁净室需做独立隔振地基，容许振动标准：负载情况下 VC-D（主要结构包括：1—非洁净区，即普通办公区；2—过渡区，缓冲通道、风淋室；3—洁净区，即精密观测实验室；本处振动控制标准是指在综合观测试验条件下，百级区内超精密观测设备基础顶面的振动水平需要控制在 VC-D 标准，即 1～100Hz 内，振动频域速度倍频程值小于 6.0μm/s）。

（3）工艺标准。对于本项目而言，其核心微振动控制目标是在所有供能设备开启条件下，保证引力波探测中激光干涉线路不因为引力波之外振动源影响发生漂移，从而能准确探测到引力波效应。

本项目以 LIGO 为原型模拟，其主要工艺特征如下：L 形干涉仪（单臂长 4km，直径 1.2m）；敏感度约 4.2 光年时，误差 ≤ 100μm；反射镜之间的距离变化大约为 10^{-19}m。其中，对振动敏感的工艺是反射镜之间的距离变化量，需要确保环境的振动一定要低于有效探测位移分辨率 10^{-19}m（本项目可等效为 10^{-17}m）。项目组基于对 LIGO、VIRGO、KWRA 研究调研，以及对中科院力学所的引力波项目的前期研究，将建筑结构基础-原型机工艺装备作为一个统一的振动系统来研究，并将容许振动标准定义为：即土建控制不高于 VC-E，罐体控制不高于 VC-H，镜面悬吊系统不高于 10^{-17}m。

二、振动控制方案

采用多道防线、逐级耗能、多种技术相结合的综合振动控制方法，将复杂的综合振动控制工程逐步梳理为单独可控的项目，保证具体技术措施的准确性和有效性，确保工程整体的可靠性和合理性。以下针对不同振源、振动传递路径和振敏对象，从建筑基础、结构设计，动力设备振动控制等方面进行研究，振动、噪声控制方法如表 9-6-1 所示。

振动噪声控制方案表　　**表 9-6-1**

控制对象	控制方向	控制措施	控制指标
引力波原型机实验楼基础振动控制	建筑工艺布局	避让原则，动力设备与控制对象尽量远离	VC-E
	地基基础防微振设计	桩筏基础 + 复合地基处理	
	主体结构防微振设计	引力波原型机基础方案比选 + 试验大厅与周边结构脱开设计	
综合楼洁净室基础振动控制	独立基础设计	综合地基处理技术 + 筏形基础	VC-D
动力设备振动控制	动力设备振动控制	多道防线、逐级耗能、多元技术	振动至少衰减 80%
	管道系统	针对管道支撑、悬吊、穿墙等多种情况进行多方案减隔振处理	
噪声控制	设备间噪声控制	通过减振手段降低固体声，通过装饰装修方案降低空气声	声环境满足国家标准

1. 建筑振动控制方案

（1）建筑工艺布局

从建筑布局设计角度出发，除引力波系统配套的工艺设备外，其余动力设备与引力波原型机宜尽量远离，增加动力设备与振敏设备的空间距离，以延长振动的传递路径，通过振动传递过程中的能量耗散减弱传递至引力波原型机基础的振动水平。

（2）地基基础防微振措施

项目地基土为湿陷性黄土，在自重或外部荷载作用下，受水侵蚀后结构迅速破坏，引起湿陷性变形。而本项目对建筑的微沉降、微倾斜以及微振动控制性能要求很高，因此，需进行有效的地基处理措施。本项目采用桩筏基础 + 复合地基处理的方式对基础进行处理，保证基础的沉降、倾斜性能。

（3）主体结构防微振措施

在建筑主体结构上，提出四种引力波原型机基础方案比选，并将原型机实验大厅和动力站房的地坪以及上部结构脱开，将原型机实验大厅和南部连廊的基础和地坪脱开，在控制好实验大厅建筑内外环境振动的基础上，截断其他建筑内振动的传递路径，减少其他建筑内部振源对实验大厅振动环境的影响。

为便于比较，将四种方案振动响应放在一起进行对比，并对比各方案工程量（表 9-6-2），可以看出，方案四是在方案一的基础上，提出的更加优化的方案，并具有如下优点：

①混凝土用量最少，工程造价低；

②基础结构刚度最高，振动控制效果最优；

③方案四与基础筏板间设沟，当场地周边存在临时振源或场地振动环境恶化时，能够

有效减少振动对引力波基础的影响，有较好的振动控制安全余量。

结合工程造价、施工难易程度及微振动控制效果，建议选择方案四。

多方案综合优化对比　　表 9-6-2

方案类别	效果图	项目	数量	单位	备注
方案一（基础筏板）		混凝土体积	2430	m^3	施工较便捷、隔振效果较好
		竖向一阶振动频率	25.7	Hz	
		振动等级	VC-D	—	
方案二（基础筏板设隔振沟）		混凝土体积	2380	m^3	需考虑隔振沟洁净、防水等做法
		竖向一阶振动频率	24.07	Hz	
		振动等级	VC-D	—	
方案三（基础筏板上增设大体积混凝土基础）		混凝土体积	2630	m^3	混凝土用量较多
		竖向一阶振动频率	24.09	Hz	
		振动等级	VC-D	—	
方案四（基础筏板＋隔振沟＋大体积混凝土基础）		混凝土体积	1650	m^3	混凝土用量少、隔振效果较好
		竖向一阶振动频率	29.02	Hz	
		振动等级	VC-E	—	

2. 动力设备振动控制方案

动力设备的振动能量较大，以高频为主，且振动传递过程难以有效衰减，实验大厅建筑内部的动力设备必须采取减隔振措施。对于水泵、压缩机、风机等动力设备，主要采取减振机架＋减振基础的振动控制方案，同时起到调谐耗能作用，多种手段减小振源振动。动力设备的支撑、管道为振动的主要传递途径，其与建筑结构连接的部分，均采用钢弹簧支撑或悬吊减振器等柔性连接，管道间也采用柔性接头进行连接。对于部分穿墙管道，采用柔性材料进行包裹，充分减小设备到建筑的振动传递。

3. 噪声控制方案

建筑内主要噪声源为动力设备站房，噪声主要分为固体声和空气声两部分，对于振动产生的固体声，通过减隔振手段，能够得到有效控制。对于空气声部分，主要噪声源房间采用隔声门、窗，房间内采用吸声材料装修。对于部分气动噪声较大的风管，在风管风口符合标准规定的基础上，可用吸声材料包裹其外壁进行降噪处理。

4. 振动控制方案技术流程（图 9-6-1）

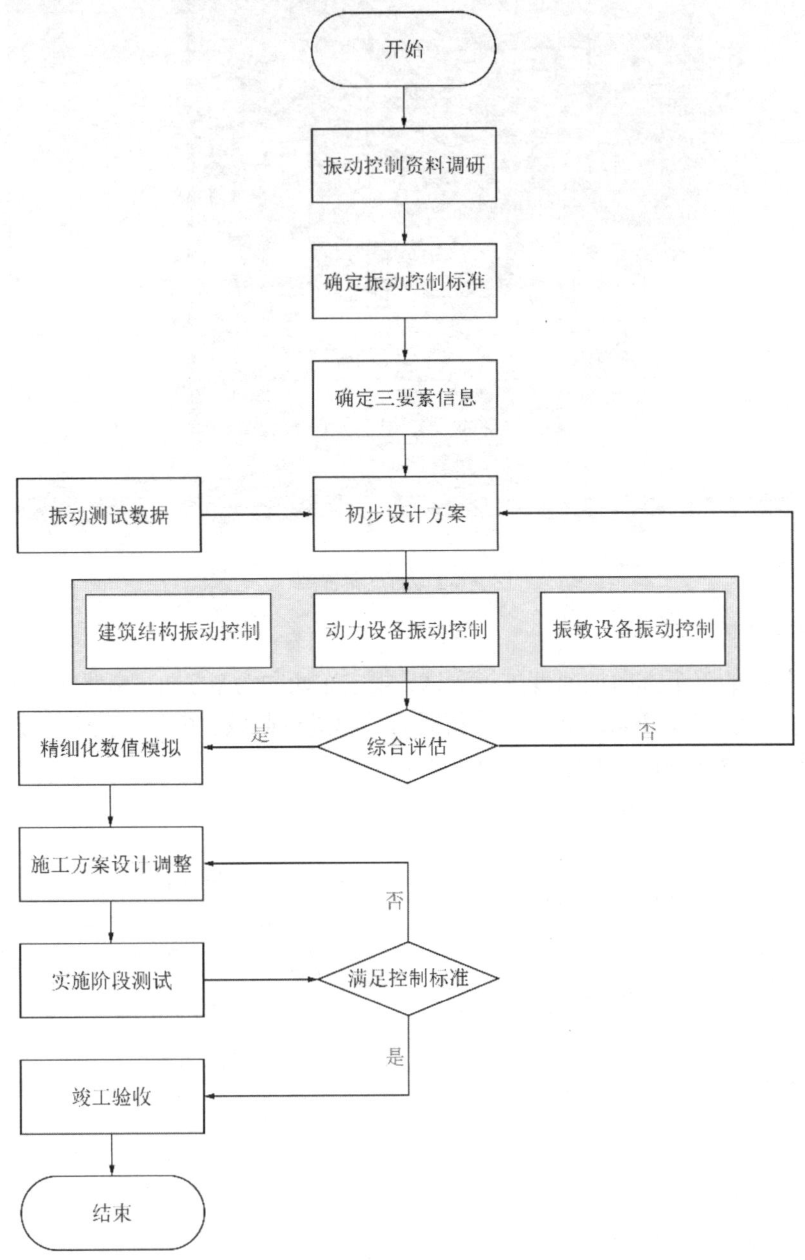

图 9-6-1　振动控制方案技术流程

三、振动控制分析

1. 测试情况分析

为获取场地振动情况，于项目前期对场地进行了测试，共选取了场地的 3 个测点，如图 9-6-2 所示。

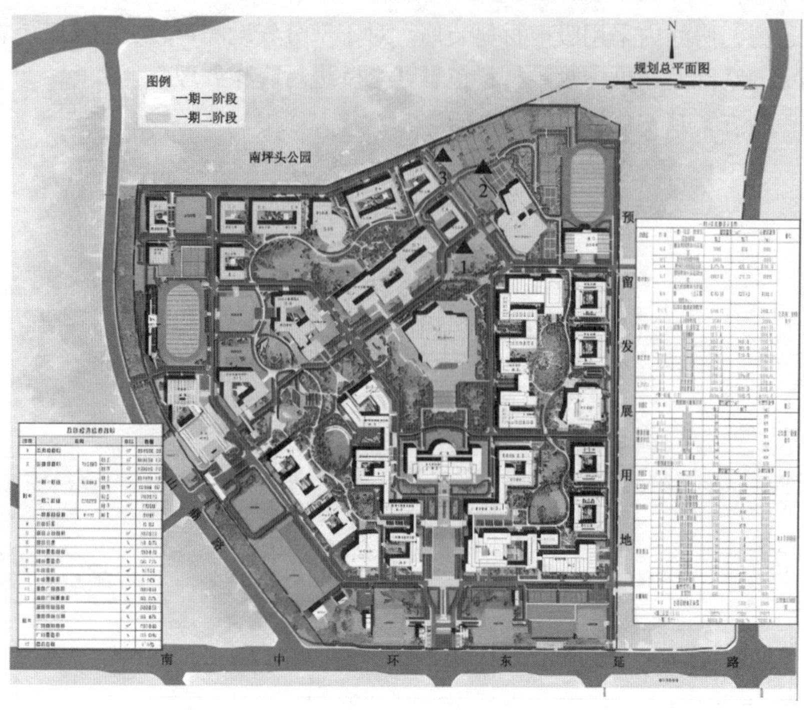

图 9-6-2　测点布置图

（1）测试参数

对每个测点的三个方向加速度进行测试，规定东西向为X方向，南北向为Y方向，竖向为Z方向。每点测试时间选取 10min，分析时对数据进行截取，排除周围人行走或者施工的干扰。数据单位为 mm/s²，采样频率为 200Hz。

（2）时、频域分析（图 9-6-3）

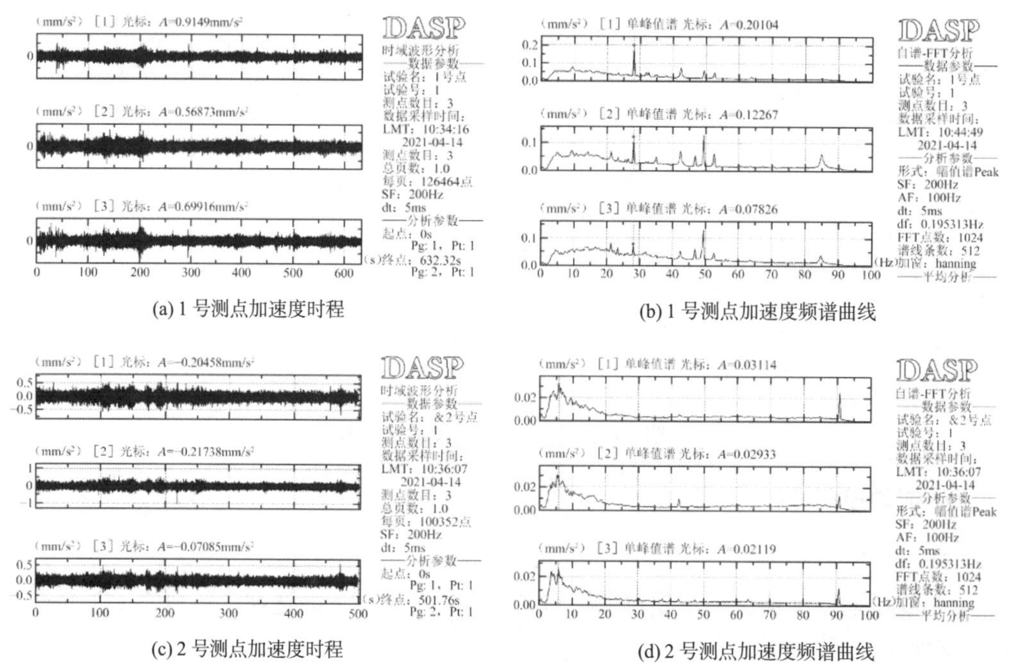

(a) 1 号测点加速度时程

(b) 1 号测点加速度频谱曲线

(c) 2 号测点加速度时程

(d) 2 号测点加速度频谱曲线

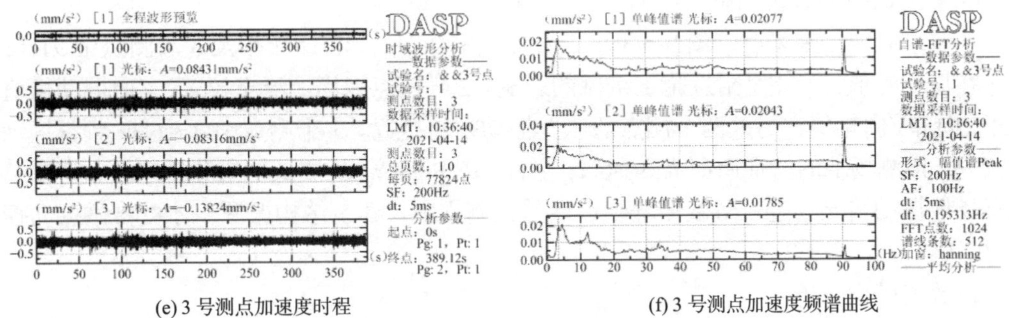

(e) 3 号测点加速度时程　　(f) 3 号测点加速度频谱曲线

图 9-6-3　各测点时频域分析图

（3）VC 曲线（图 9-6-4）

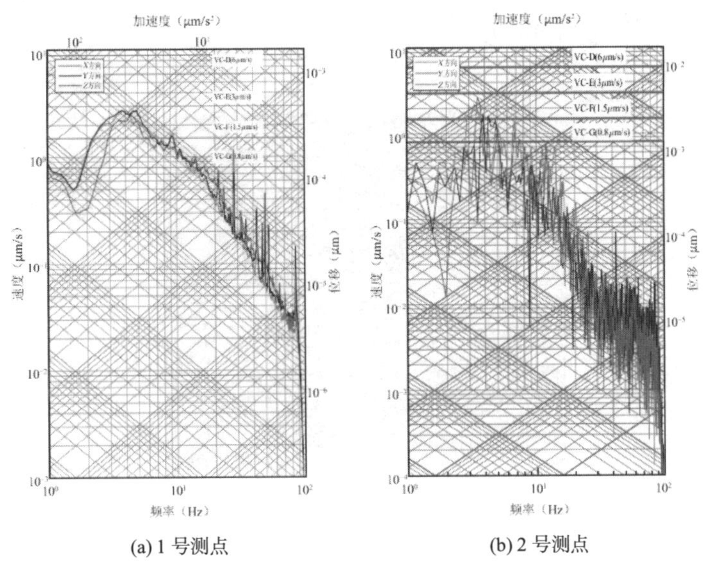

(a) 1 号测点　　(b) 2 号测点

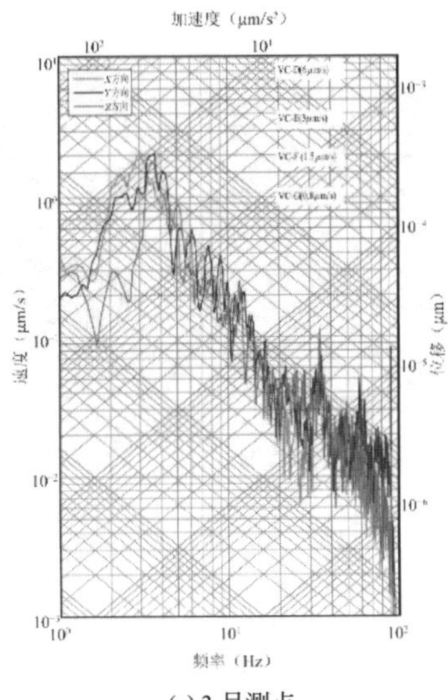

(c) 3 号测点

图 9-6-4　各测点 VC 曲线图

（4）测试数据分析结论

从时、频域结果来看（图 9-6-3），1 号测点中 28Hz、48Hz 频率及 3 号测点中 91Hz 频率存在振动峰值，可能是附近施工机械的影响。2 号测点因场地浮土较多，Z向振动幅值略小于X向和Y向幅值，另外两个测点的三向振动幅值接近。3 个测点中 3～6Hz 频率振动幅值较大，推测场地的特征周期为 3～6Hz 左右（图 9-6-4）。从测试结果分析来看，需要结合既有场地振动情况，进行防微振基础设计并控制周围及建筑结构振源，才可将微振动控制至 VC-E。

2. 数值模型分析

项目中原型机实验大厅西侧道路中轴线至大厅边缘约 15m，距离较近振动未充分衰减，可能对原型机实验大厅造成振动影响。为研究车辆荷载对建筑基础的影响，项目组采用有限元分析软件 ANSYS 建立土体-基础研究模型，将相似场地的车辆荷载作为输入，进行计算分析。计算模型如图 9-6-5 和图 9-6-6 所示。

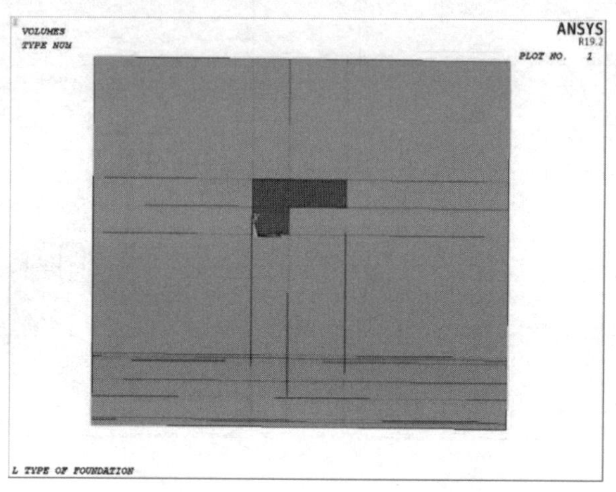

图 9-6-5　ANSYS 计算模型（一）

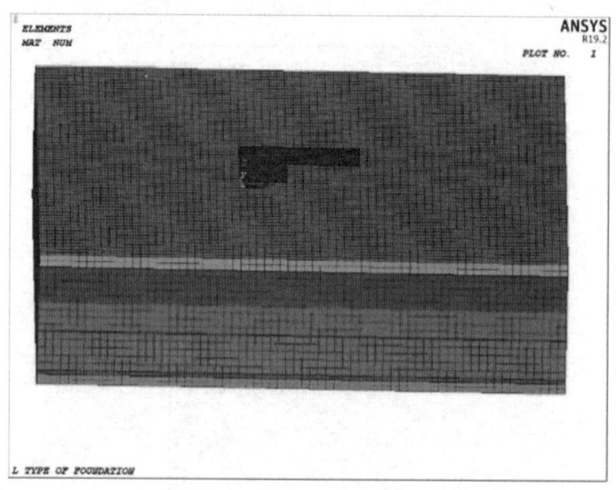

图 9-6-6　ANSYS 计算模型（二）

提取基础振动的竖向计算结果，采用基础处理与合理的减隔振措施后，基础的振动量级满足 VC-E 的设计要求（图 9-6-7）。

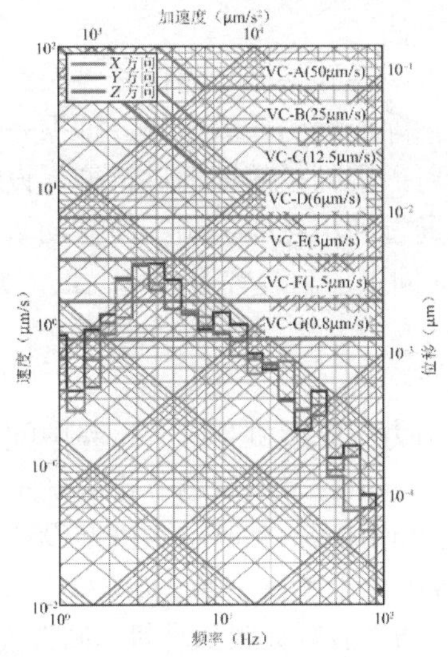

图 9-6-7　VC 曲线

四、振动控制关键技术

振动控制概念设计可以从多道防线、逐级耗能、多元技术三个部分来开展。

1. 多道防线振动控制设计方法

该方法是工业工程振动控制的重要原则，在时间上针对从选址到服役之间不同时间段，采取多种以防为主的设计方法；在空间上针对从振源到振敏设备之间建立由远及近的多种减振或抑振措施。工业工程中需要进行振动控制的项目，都应将振动控制作为重要的环境保障技术，自始至终地贯彻到立项、科研、环评、设计、施工、监测整个过程中。

工业工程振动源构成复杂，对新建项目应在大量研究成果和实测数据基础上进行整体规划。多道防线的主要原则包括：

（1）避让原则

对于已有振敏设备，当附近有新增振源时，宜使振源选址远离振敏设备位置。对于已有振源环境，当附近有新增振敏设备时，宜使振敏设备选址远离振源环境。如果同时新建，则宜经过工艺设计和经济分析，使二者选址尽量远离。

（2）空间上的多道防线

一是针对振源采取的主动减振措施，二是针对传递路径设置切断或减弱振动传播的屏障，三是针对振敏设备采用各种振动控制技术。

（3）时间上的多道防线

针对振源、传递路径和振敏设备，应进行整体的振动环境历史评估和发展预测，根据分析结果，使振动控制技术具有一定的振动控制能力时效性。关于空间上和时间上的多道防线，其主要的目的是制定工业工程整体振动控制的规划措施，以进行预期时效性评估，从经济性和可实施性角度进行初步设计方案的制定。

2. 层级耗能的原理

指通过延长振动传递路径并增设振动传递屏障等方法，逐级消耗振动能量，从而最终减小振动对振敏对象如精密设备的影响，确定每级的耗能指标是层级耗能的关键技术。

3. 多元技术振动控制设计方法

可分为四类：隔振、抑振、减振和除振。隔振是将振源和振敏对象之间的传递路径隔断，通过改变振动传递路径，消除或减弱振动传输。抑振是通过改变振动的传递率，限制振动的放大作用，工程中常针对一定频段的振动进行抑振设计，如改变结构动力特性、采用质量调谐阻尼器等。减振是通过利用耗能机制，使振动水平降低。除振是通过采用外界干扰措施，如 TMD、TI 和主动伺服控制装置等技术，抵消原有的振动。

五、模型试验设计

模型试验主要研究对象为引力波原型机基础，试验中配备气浮单元，其他罐体等上部设备主要以配重形式进行模拟。本项目采用量纲分析法确定相似关系，制作几何相似系数 1∶2 的大比例尺模型，模型尺寸如图 9-6-8 所示。模型设计遵循两个相似定理：相似物理现象的π数相等（第一相似定理）；n个物理参数、k个基本量纲可以确定（$n-k$）个π数。

项目采用合理的模型设计，通过有限元数值计算，调整模型参数，使基础重心移至基础内部，接近罐体布置位置，使结构质刚重合，增加系统稳定性，质心位置如图 9-6-9 所示。

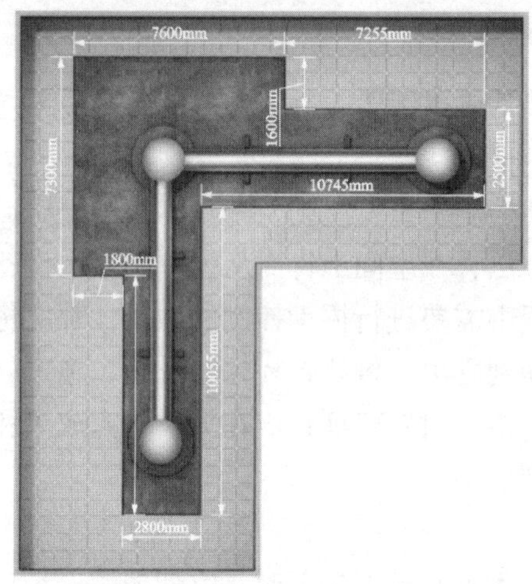

图 9-6-8 模型试验尺寸图

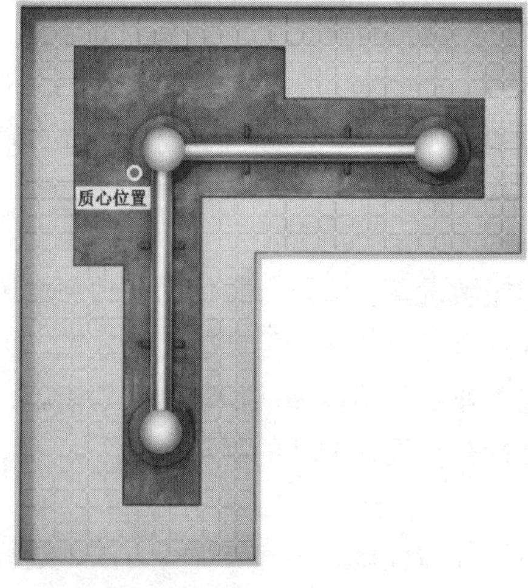

图 9-6-9 模型试验基础质心位置

本项目开展模型试验旨在分析研究引力波原型机基础的动力特性及其在环境振动、路面交通、动力设备等振源影响下的振动响应情况，提供基础的抗微振性能，综合验证原型机设计方案有效性。各项试验指标如表 9-6-3 所示。

模型试验主要指标　　**表 9-6-3**

试验指标	原型机设计方案需求	缩尺模型试验目标
自振特性	自振频率 > 10Hz	自振频率 > 15Hz
	基础与上部结构质量比 > 5	调整附加质量，满足基础与上部结构质量比 > 5
振动控制效果	VC-E 等级	通过等比例缩减振源输入，测试结果达到 VC-E 等级
	振源至基础的振动衰减 > 70%	振源至基础的振动衰减 > 70%

注：1 : 2 的缩尺模型满足对应指标后，能够验证原型机基础满足设计要求。

缩尺模型试验包括：（1）模态动力特性；（2）环境振动影响；（3）路面交通影响；（4）动力设备影响等主要测试工况，测试工况如表 9-6-4 所示。

模型试验主要工况　　**表 9-6-4**

测试内容	试验工况	测点布置方案
自振特性	模态测试	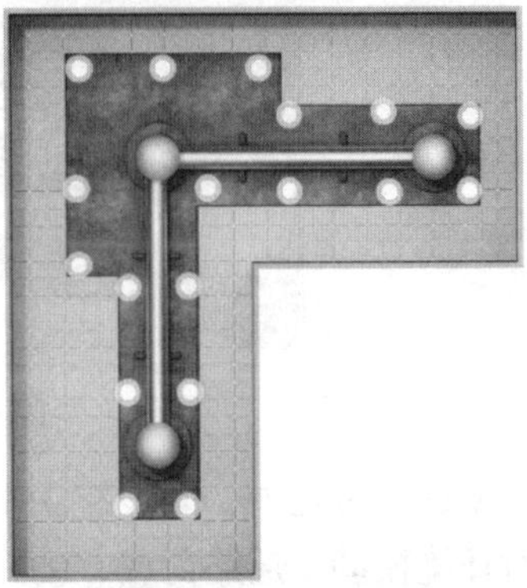
常时微振	日间	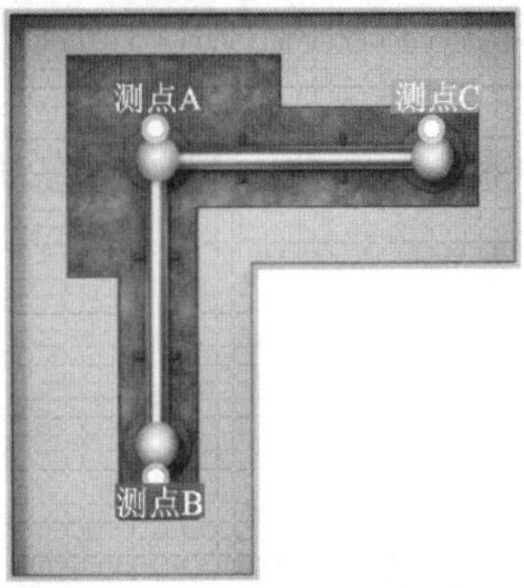
	夜间	
交通振动	不同车型车辆试验	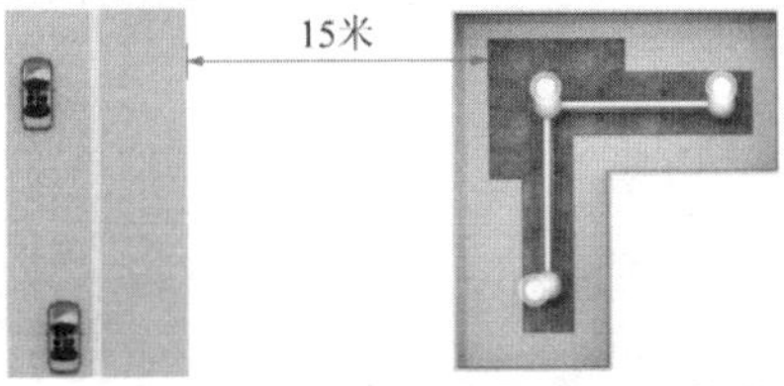
	不同车速车辆试验	

续表

测试内容	试验工况	测点布置方案
设备振动	激振器模拟动力设备主要频率稳态振动	模拟激振点
	激振器模拟设备启动扫频振动	

整体试验模型如图 9-6-10 所示。

图 9-6-10　模型试验整体效果图

模型试验过程中，同步建立模型基础的三维有限元分析模型，开展数值仿真计算，分别针对环境振动、道路荷载、动力设备荷载开展基础振动响应评估。在不同荷载条件下，对基础进行振动响应分析、基础振动位移综合优化分析、振动传递（衰减）特性分析。

总结基础参数与减振性能的关系，比选出适合进一步开展模型试验的基础方案，提高项目实施的可行性、合理性及经济性，并与试验结果相互校验，保证模型试验的准确无误。

[实例 9-7] 清华大学结构坍塌事故模拟实验平台浮筑基础项目

一、工程概况

1. 项目简介

清华大学城市安全重大事故防控技术支撑基地建设项目结构坍塌事故模拟实验平台包括一台最大负载 180t、台面尺寸为 9m × 9m 的振动试验台和三台最大负载 30t、台面尺寸 4m × 4m 的振动试验台阵，由于四台振动试验台距离较近，故四台设备采用一体式反力基础，基础长度为 59.9m，4m 台阵区域长度为 32.4m、宽度为 18.5m，9m 振动台区域长度为 27.5m、宽度为 28m，基础平面如图 9-7-1 所示。

振动台运行时通过液压作动器提供作用力，液压作动器的反力作用在反力基础上，反力基础支撑着整个振动台系统，如果振动台基础振动过大，将影响振动台的运行精度，且可能对实验室工作人员舒适性造成一定的影响，甚至危害到周围建筑物的安全性和其他实验设备的正常使用，因此，基础振动控制的设计尤为重要。目前，控制振动台基础振动超标的传统做法是设计合理的基础尺寸，即尽可能增大其重量，并提高其刚度，把基础振动水平控制在规范规定的限值内。若常规方法无法控制基础的振动限值时，则需对振动台基础采取相应的隔振设计。根据本项目的特点，采取钢弹簧隔振措施对振动台反力基础进行振动控制。

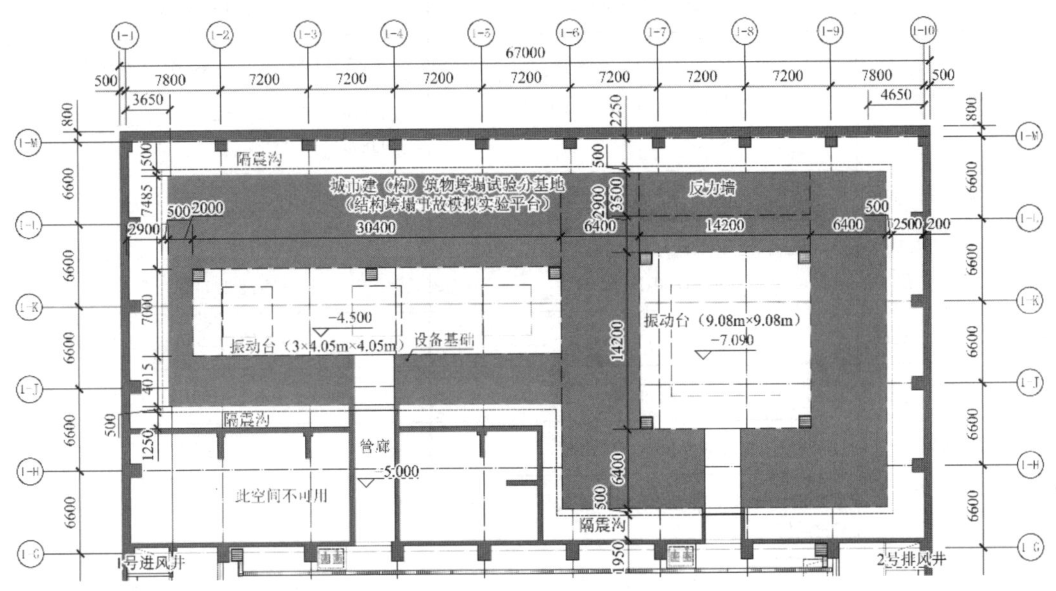

图 9-7-1 结构垮塌事故模拟实验平台反力基础平面图

2. 振动台控制参数

9m × 9m 振动台采用超大型多重过约束结构振动系统，系统采用 8-6-6 正交布置，系统集成 20 套作动器，包括竖向作动器 8 套、水平两个方向作动器各 6 套；4m × 4m 移动台三台阵系统，单个振动台的作动器采用 4-2-2 布置，即竖向作动器 4 套、水平两个方向作动器各 2 套，作动器分布示意如图 9-7-2 和图 9-7-3 所示，系统参数见表 9-7-1。

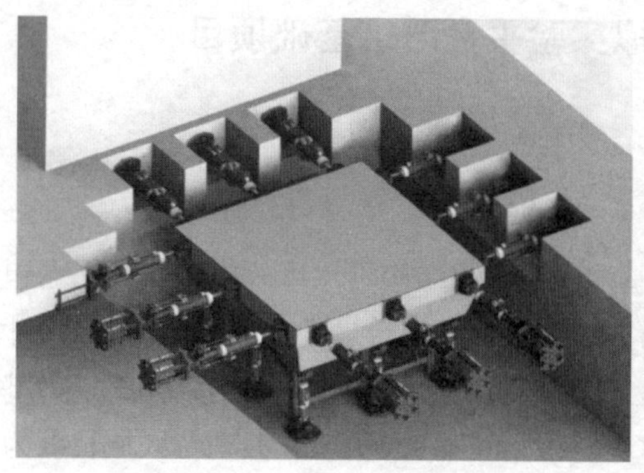

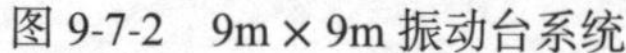

图 9-7-2　9m × 9m 振动台系统

图 9-7-3　4m × 4m 移动台三台阵系统

振动台系统参数　　**表 9-7-1**

<table>
<tr><th>名称</th><th>9m × 9m 振动台</th><th>4m × 4m 台阵</th></tr>
<tr><td>自由度</td><td>6DOF</td><td>6DOF</td></tr>
<tr><td>台面尺寸</td><td>9m × 9m/125t</td><td>4m × 4m</td></tr>
<tr><td>最大荷载</td><td>180t</td><td>30t</td></tr>
<tr><td>最大行程</td><td>X：±500mm
Y：±500mm
Z：±300mm</td><td>X：±150mm
Y：±150mm
Z：±150mm</td></tr>
<tr><td rowspan="2">满载最大加速度</td><td rowspan="2">X：1.5g；Y：1.5g；Z：1.2g</td><td>X：1.5g；Y：1.5g；Z：1.2g@30t</td></tr>
<tr><td>X：3.0g；Y：3.0g；X + Y（对角线方向）：4.0g；Z：4.0g@5t</td></tr>
<tr><td>最大倾覆力矩（同时提供最大加速度）</td><td>7500kN · m</td><td>700kN · m</td></tr>
<tr><td>最大偏心力矩</td><td>1800kN · m</td><td>180kN · m</td></tr>
<tr><td>单向最大正弦波速度</td><td>X：1.5m/s；Y：1.5m/s；Z：1.2m/s</td><td>X：1.2m/s；Y：1.2m/s；Z：1.0m/s</td></tr>
<tr><td>工作频率</td><td>0.1～50Hz</td><td>0.1～100Hz</td></tr>
<tr><td>液压油源</td><td>8000L/min@28MPa</td><td>—</td></tr>
<tr><td>控制系统</td><td>2 套 Pulsar 控制系统：采用高速共享内存卡进行实时通信</td><td>—</td></tr>
<tr><td>蓄能器</td><td>5 套 910L 高压蓄能器站；</td><td>—</td></tr>
<tr><td>运动模式</td><td>—</td><td>协同运动模式（同步和异步）；独立运动模式</td></tr>
</table>

3. 隔振基础技术要求

（1）9m × 9m 振动台基础隔振要求：

①隔振系统频率 ≤ 2.5Hz；

②内基础振动加速度（时域峰值）：

振动台工作频率不大于 5Hz 时，基础X向加速度 ≤ 0.1g，Y向加速度 ≤ 0.1g，Z向加速度 ≤ 0.1g；振动台工作频率为 5～30Hz 时，基础X向加速度 ≤ 0.5g，Y向加速度 ≤ 0.4g，Z向加速度 ≤ 0.4g；振动台工作频率大于 30Hz 时，基础X向加速度 ≤ 0.65g，Y向加速度 ≤ 1.0g，Z向加速度 ≤ 0.6g；

③内基础振动位移（时域峰值）：

振动台工作频率不大于 5Hz 时，基础X向位移 ≤ 3.5mm，Y向位移 ≤ 8.6mm，Z向位移 ≤ 6.0mm；振动台工作频率为 5～30Hz 时，基础X向位移 ≤ 0.6mm，Y向位移 ≤ 1.0mm，Z向位移 ≤ 1.2mm；振动台工作频率大于 30Hz 时，基础X向位移 ≤ 0.5mm，Y向位移 ≤ 0.5mm，Z向位移 ≤ 0.5mm；

④外基础三个方向的振动加速度 ≤ 0.02g（时域峰值）；

⑤动态变形范围内，内外基础之间不发生碰撞，隔振器弹簧不会压实，隔振弹簧系统具有刚性锁紧功能。

（2）4m × 4m 振动台基础隔振要求：

①隔振系统频率 ≤ 2.5Hz；

②内基础振动加速度（时域峰值）：

振动台工作频率不大于 5Hz 时，基础X向加速度 ≤ 0.1g，Y向加速度 ≤ 0.15g，Z向加速度 ≤ 0.1g；振动台工作频率为 5～30Hz 时，基础X向加速度 ≤ 0.3g，Y向加速度 ≤ 0.6g，Z向加速度 ≤ 0.4g；振动台工作频率大于 30Hz 时，基础X向加速度 ≤ 0.25g，Y向加速度 ≤ 1.1g，Z向加速度 ≤ 0.5g；

③内基础振动位移（时域峰值）：

振动台工作频率不大于 5Hz 时，基础X向位移 ≤ 4.0mm，Y向位移 ≤ 8.1mm，Z向位移 ≤ 4.0mm；振动台工作频率为 5～30Hz 时，基础X向位移 ≤ 0.6mm，Y向位移 ≤ 1.5mm，Z向位移 ≤ 1.2mm；振动台工作频率大于 30Hz 时，基础X向位移 ≤ 0.5mm，Y向位移 ≤ 0.5mm，Z向位移 ≤ 0.5mm；

④外基础三个方向的振动加速度 ≤ 0.02g（时域峰值）；

⑤动态变形范围内，内外基础之间不发生碰撞，隔振器弹簧不会压实，隔振弹簧系统具有刚性锁紧功能。

二、振动控制方案

1. 隔振器布置方案

本项目采用整体隔振方案，在振动台反力基础与结构筏板之间设置隔振层，隔振器采用钢弹簧，隔振层上部结构总重大于 30000t，系统设计基频 2.5Hz，隔振层竖向总刚度约为 6999.64kN/mm。

隔振器布置于反力基础底面，隔振器的布置位置沿长边与短边方向均与桩基础对应，即间隔 3.0m 布置一组隔振支座，隔振器数量为 160 组。该方案隔振器最大受力均小于 4000kN（单桩竖向承载力特征值），满足设计要求。

2. 钢弹簧隔振器

根据承载力设计和模态优化设计，共布置隔振器 160 组，支座布置如图 9-7-4～图 9-7-9 所示。表 9-7-2 给出隔振区中对应节点的支反力。

隔振支座刚度取值方法 **表 9-7-2**

工况序号	工况	竖向压缩量
1	1.0 × Dead	40mm

注：结构自重下的隔振器变形计算（用于确定隔振器的工作高度），采用 1.0 × Dead 的荷载组合。

图 9-7-4 隔振支座布置模型图

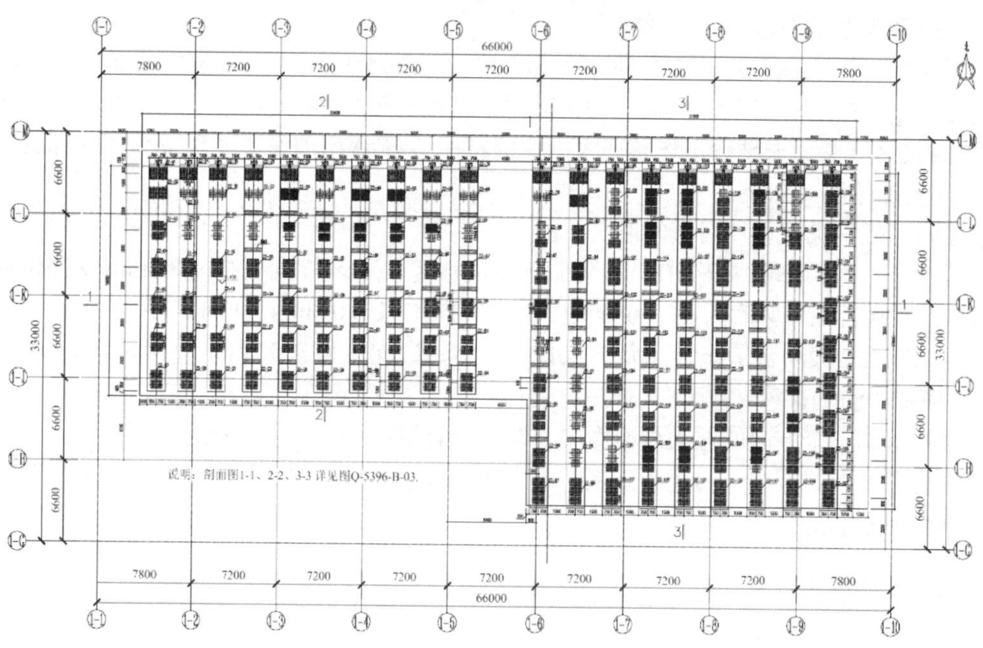

图 9-7-5 隔振支座布置平面图

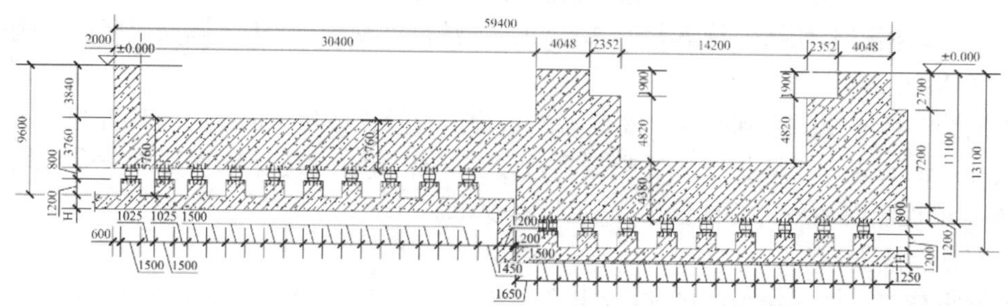

图 9-7-6 隔振支座布置剖面图（一）

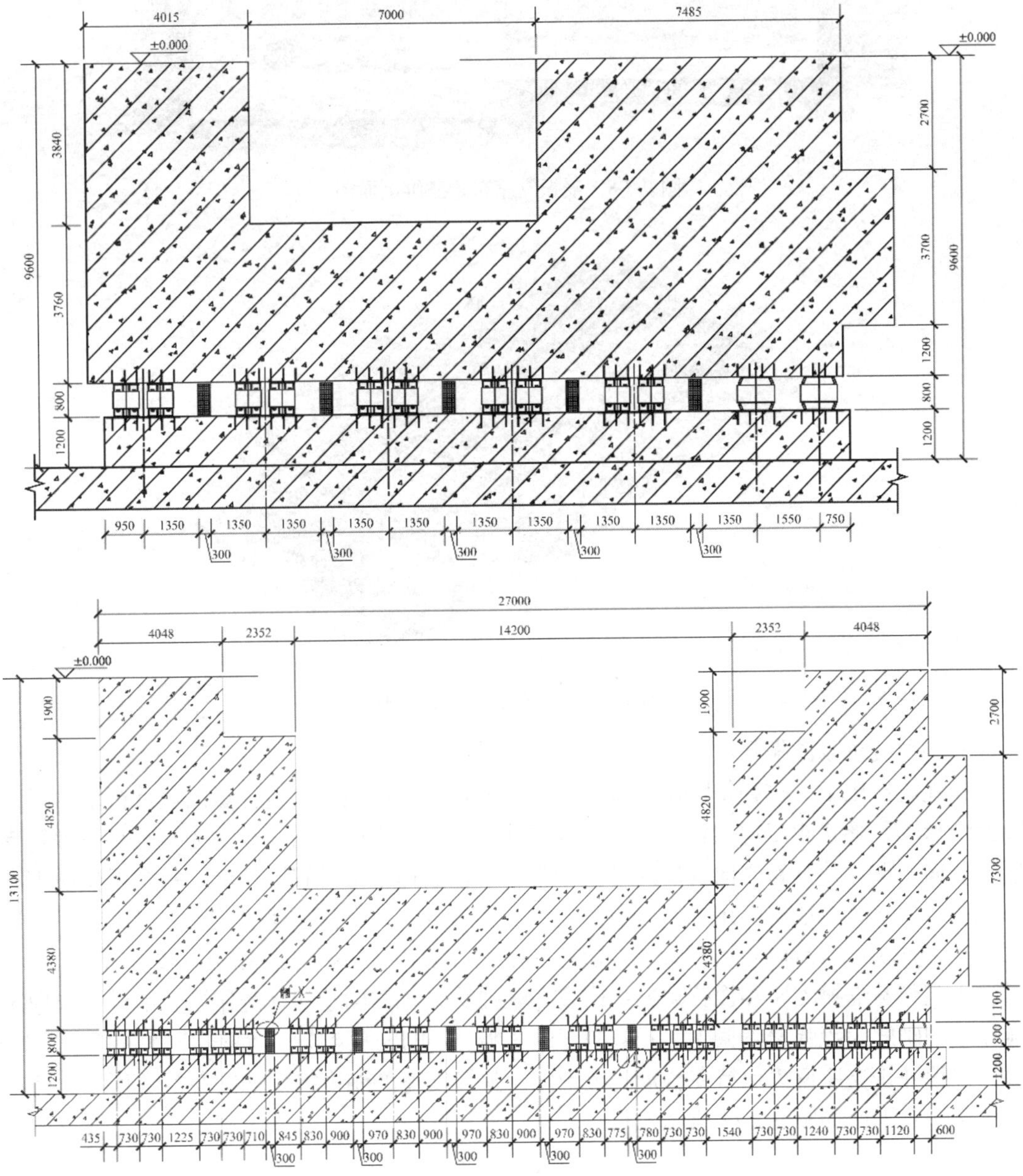

图 9-7-7　隔振支座布置剖面图（二）

图 9-7-8　隔振支座布置三维剖面图

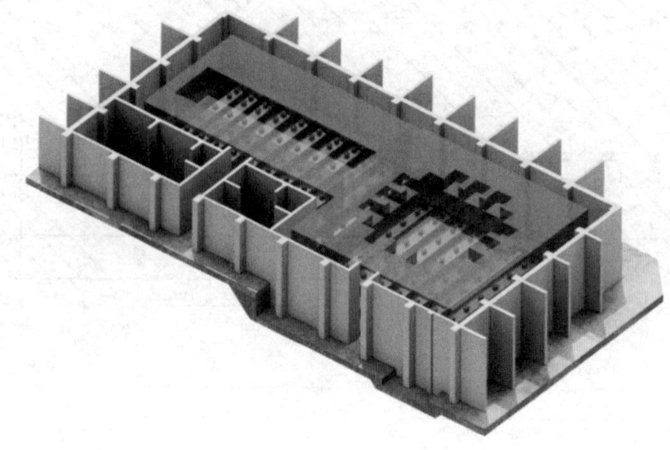

图 9-7-9　隔振支座布置透视图

3. 限位装置及减振垫

在地震作用下，钢弹簧隔振支座的竖向变形较大，可能会超过弹簧的设计极限变形，在此情形下，弹簧刚度增加较大，在结构构件中产生较大的冲击荷载。为了减小下弹簧支座的竖向变形，使弹簧竖向变形满足设计要求，在结构中部设置限位墩，每个限位墩上布置橡胶减振垫。在地震作用下，当弹簧竖向变形超过某一阈值（钢弹簧竖向最大压缩变形 70mm，考虑一定设计余量，本设计取 60mm，40mm 为 1.0 × Dead 作用下弹簧压缩变形）后，由钢弹簧隔振支座和橡胶减振垫构成并联弹簧系统共同承担地震作用。本设计取橡胶减振垫的刚度为钢弹簧隔振支座竖向刚度的 3 倍，既可以达到减小弹簧支座竖向变形要求，又可以使弹簧支座反力保持在合理的范围内。弹簧支座的刚度模型如图 9-7-10 所示，竖向限位墩布置平面如图 9-7-11 所示。

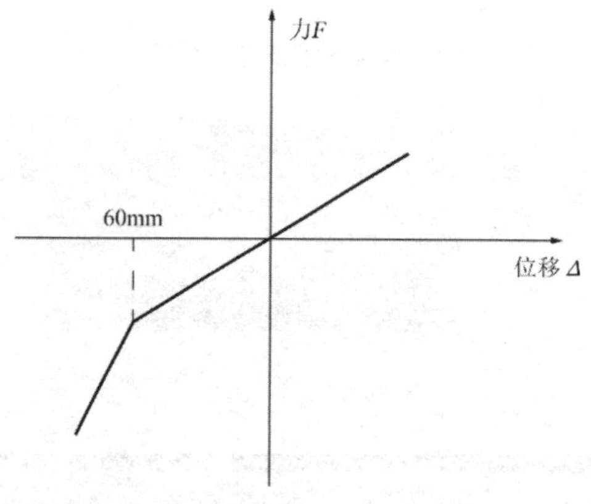

图 9-7-10　弹簧支座刚度模型

橡胶减振垫布置如图 9-7-12 所示。

在地震作用下，钢弹簧隔振支座的水平变形较大，会超过弹簧的水平设计极限变形，在此情形下，弹簧可能会因水平变形过大失去隔振作用，甚至会导致系统倾覆。为了减小下弹簧支座的水平向变形，使弹簧水平变形满足设计要求，在反梁中间空隙处设置水平限位装置，具体布置平面图和安装示意如图 9-7-13 和图 9-7-14 所示。

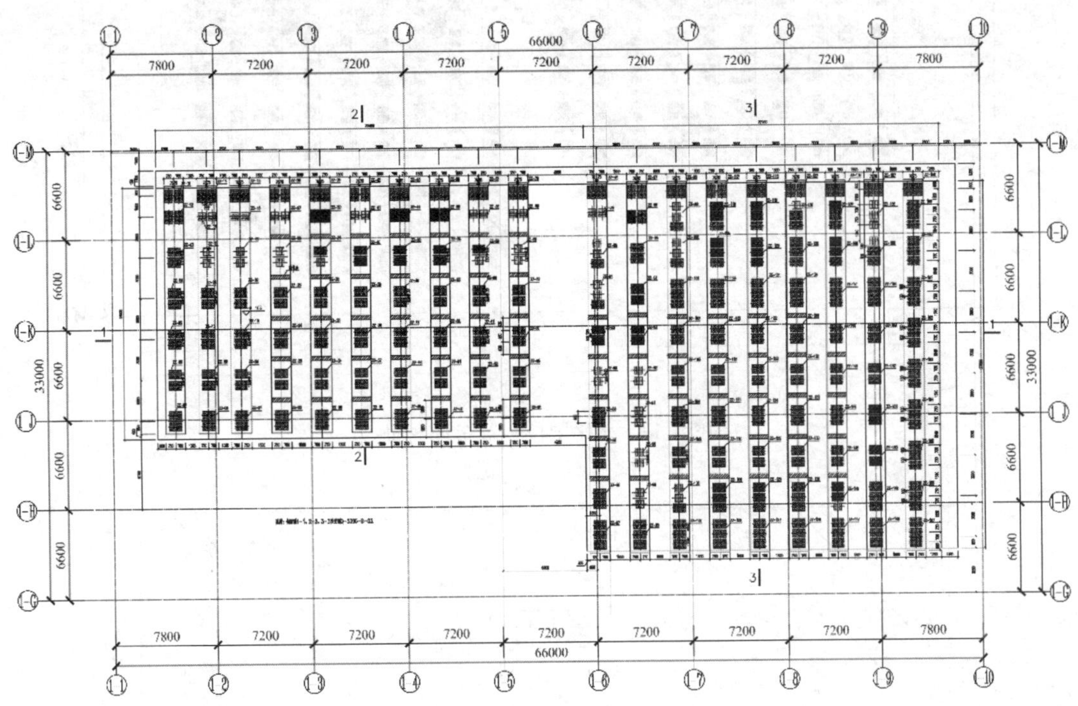

图 9-7-11　竖向限位墩布置平面图

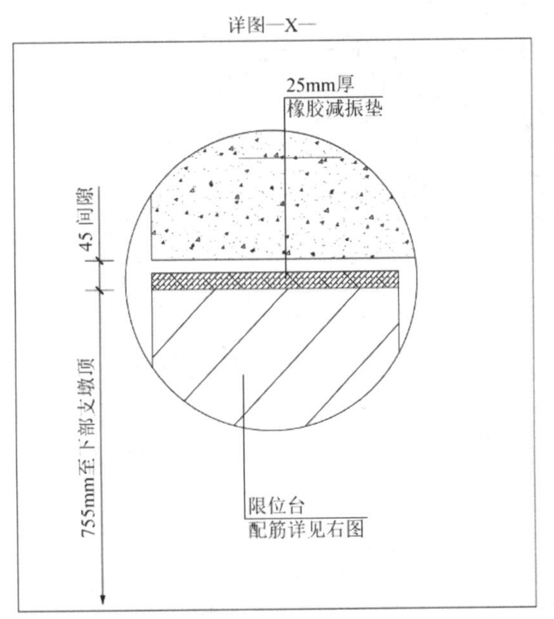

图 9-7-12　橡胶减振垫安装示意图

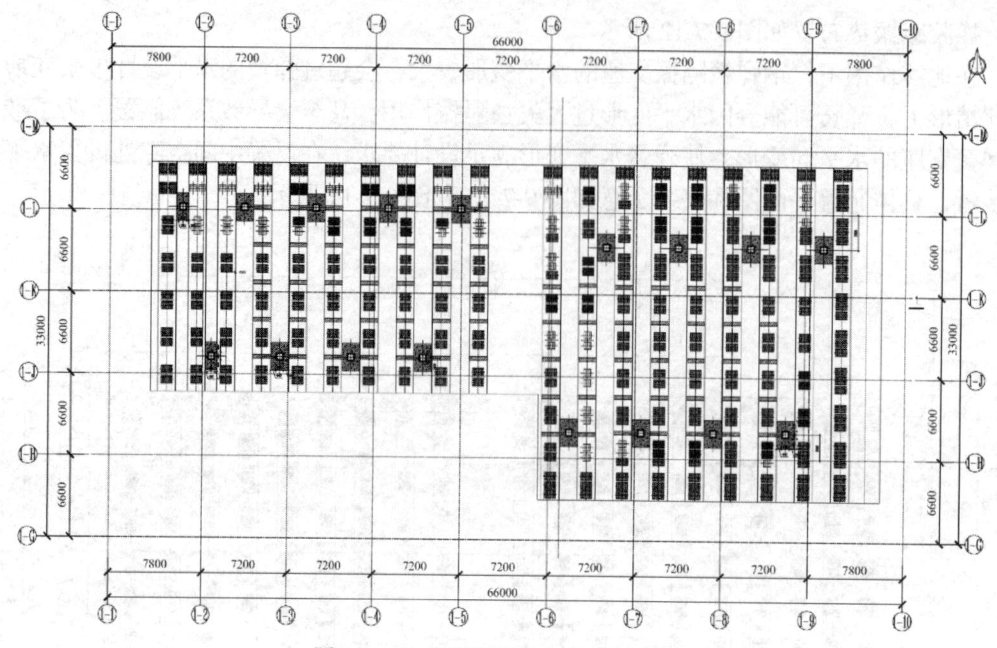

图 9-7-13 水平限位装置布置平面图

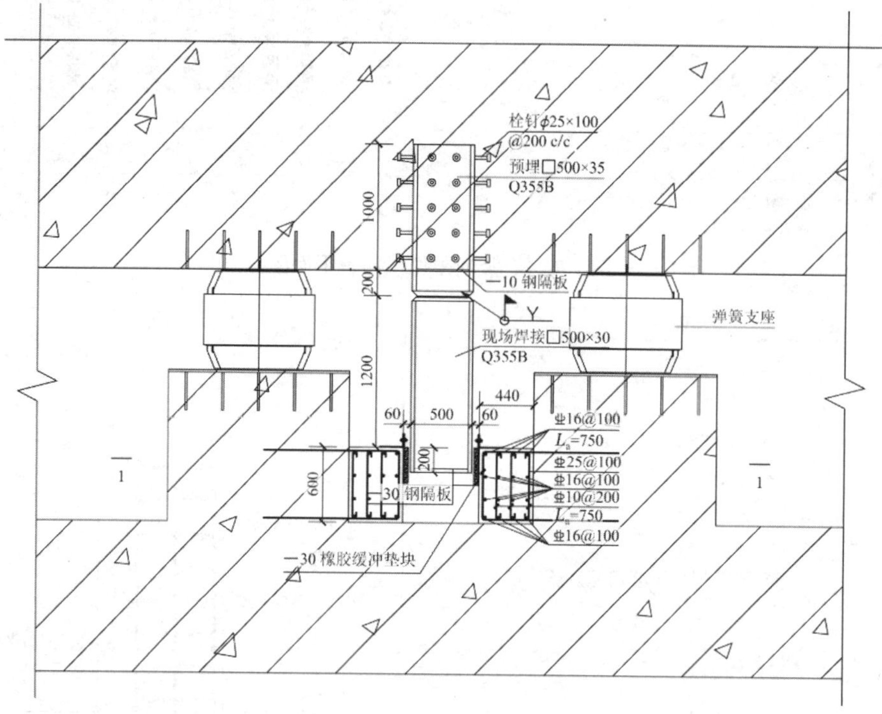

图 9-7-14 水平向限位装置示意图

三、振动控制分析

1. 模态分析

（1）模型信息

计算采用 Sap2000 软件，程序版本为 Sap2000V21.0.2。采用实体单元模拟反力基础，连接单元模拟钢弹簧隔振器，有限元模型见图 9-7-15。

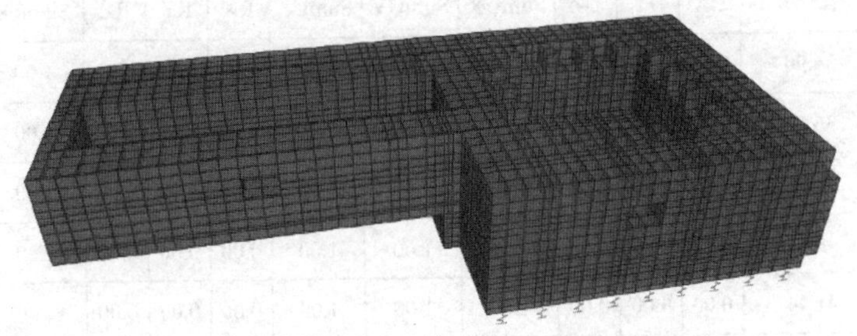

图 9-7-15　振动台反力基础有限元模型

（2）模态分析

①模型基本信息

隔振层总竖向刚度：6999.64kN/mm；

隔振层总水平刚度：1401.03kN/mm；

隔振固有频率（竖向）：2.41Hz；

隔振结构模态计算结果见表 9-7-3，系统的竖向固有频率见表中加粗显示。

振动台浮筑基础模态计算结果　　表 9-7-3

阶数	周期（s）	频率（Hz）	UX	UY	UZ	SumUX	SumUY	SumUZ	RX	RY	RZ	SumRX	SumRY	SumRZ
1	0.96	1.04	0.02	0.96	0.00	0.02	0.96	0.00	0.02	0.00	0.00	0.02	0.00	0.00
2	0.93	1.07	0.97	0.02	0.00	0.99	0.98	0.00	0.00	0.00	0.00	0.02	0.00	0.00
3	0.91	1.09	0.00	0.00	0.00	1.00	0.98	0.00	0.00	0.00	1.00	0.02	0.00	1.00
4	0.42	2.38	0.00	0.00	0.08	1.00	0.99	0.08	0.03	0.78	0.00	0.05	0.78	1.00
5	**0.41**	**2.41**	**0.00**	**0.00**	**0.74**	**1.00**	**0.99**	**0.82**	**0.23**	**0.01**	**0.00**	**0.27**	**0.79**	**1.00**
6	0.41	2.45	0.00	0.01	0.18	1.00	1.00	1.00	0.73	0.21	0.00	1.00	1.00	1.00
7	0.16	6.28	0.00	0.00	0.00	1.00	1.00	1.00	0.00	0.00	0.00	1.00	1.00	1.00
8	0.13	7.99	0.00	0.00	0.00	1.00	1.00	1.00	0.00	0.00	0.00	1.00	1.00	1.00
9	0.09	10.69	0.00	0.00	0.00	1.00	1.00	1.00	0.00	0.00	0.00	1.00	1.00	1.00
10	0.07	14.36	0.00	0.00	0.00	1.00	1.00	1.00	0.00	0.00	0.00	1.00	1.00	1.00
11	0.06	17.77	0.00	0.00	0.00	1.00	1.00	1.00	0.00	0.00	0.00	1.00	1.00	1.00
12	0.04	22.60	0.00	0.00	0.00	1.00	1.00	1.00	0.00	0.00	0.00	1.00	1.00	1.00
13	0.04	23.97	0.00	0.00	0.00	1.00	1.00	1.00	0.00	0.00	0.00	1.00	1.00	1.00
14	0.04	25.79	0.00	0.00	0.00	1.00	1.00	1.00	0.00	0.00	0.00	1.00	1.00	1.00
15	0.04	27.35	0.00	0.00	0.00	1.00	1.00	1.00	0.00	0.00	0.00	1.00	1.00	1.00
16	0.04	27.76	0.00	0.00	0.00	1.00	1.00	1.00	0.00	0.00	0.00	1.00	1.00	1.00
17	0.03	30.57	0.00	0.00	0.00	1.00	1.00	1.00	0.00	0.00	0.00	1.00	1.00	1.00

续表

阶数	周期（s）	频率（Hz）	UX	UY	UZ	SumUX	SumUY	SumUZ	RX	RY	RZ	SumRX	SumRY	SumRZ
18	0.03	35.90	0.00	0.00	0.00	1.00	1.00	1.00	0.00	0.00	0.00	1.00	1.00	1.00
19	0.03	36.67	0.00	0.00	0.00	1.00	1.00	1.00	0.00	0.00	0.00	1.00	1.00	1.00
20	0.03	36.82	0.00	0.00	0.00	1.00	1.00	1.00	0.00	0.00	0.00	1.00	1.00	1.00
21	0.03	39.44	0.00	0.00	0.00	1.00	1.00	1.00	0.00	0.00	0.00	1.00	1.00	1.00
22	0.02	41.44	0.00	0.00	0.00	1.00	1.00	1.00	0.00	0.00	0.00	1.00	1.00	1.00
23	0.02	43.01	0.00	0.00	0.00	1.00	1.00	1.00	0.00	0.00	0.00	1.00	1.00	1.00
24	0.02	44.84	0.00	0.00	0.00	1.00	1.00	1.00	0.00	0.00	0.00	1.00	1.00	1.00
25	0.02	45.81	0.00	0.00	0.00	1.00	1.00	1.00	0.00	0.00	0.00	1.00	1.00	1.00
26	0.02	47.71	0.00	0.00	0.00	1.00	1.00	1.00	0.00	0.00	0.00	1.00	1.00	1.00
27	0.02	49.46	0.00	0.00	0.00	1.00	1.00	1.00	0.00	0.00	0.00	1.00	1.00	1.00
28	0.02	50.77	0.00	0.00	0.00	1.00	1.00	1.00	0.00	0.00	0.00	1.00	1.00	1.00
29	0.02	51.79	0.00	0.00	0.00	1.00	1.00	1.00	0.00	0.00	0.00	1.00	1.00	1.00
30	0.02	53.49	0.00	0.00	0.00	1.00	1.00	1.00	0.00	0.00	0.00	1.00	1.00	1.00
31	0.02	53.65	0.00	0.00	0.00	1.00	1.00	1.00	0.00	0.00	0.00	1.00	1.00	1.00
32	0.02	56.87	0.00	0.00	0.00	1.00	1.00	1.00	0.00	0.00	0.00	1.00	1.00	1.00
33	0.02	57.98	0.00	0.00	0.00	1.00	1.00	1.00	0.00	0.00	0.00	1.00	1.00	1.00
34	0.02	59.78	0.00	0.00	0.00	1.00	1.00	1.00	0.00	0.00	0.00	1.00	1.00	1.00
35	0.02	60.79	0.00	0.00	0.00	1.00	1.00	1.00	0.00	0.00	0.00	1.00	1.00	1.00
36	0.02	62.91	0.00	0.00	0.00	1.00	1.00	1.00	0.00	0.00	0.00	1.00	1.00	1.00
37	0.02	63.99	0.00	0.00	0.00	1.00	1.00	1.00	0.00	0.00	0.00	1.00	1.00	1.00
38	0.02	64.31	0.00	0.00	0.00	1.00	1.00	1.00	0.00	0.00	0.00	1.00	1.00	1.00
39	0.02	66.25	0.00	0.00	0.00	1.00	1.00	1.00	0.00	0.00	0.00	1.00	1.00	1.00
40	0.01	67.74	0.00	0.00	0.00	1.00	1.00	1.00	0.00	0.00	0.00	1.00	1.00	1.00
41	0.01	68.76	0.00	0.00	0.00	1.00	1.00	1.00	0.00	0.00	0.00	1.00	1.00	1.00
42	0.01	69.18	0.00	0.00	0.00	1.00	1.00	1.00	0.00	0.00	0.00	1.00	1.00	1.00
43	0.01	72.08	0.00	0.00	0.00	1.00	1.00	1.00	0.00	0.00	0.00	1.00	1.00	1.00
44	0.01	73.14	0.00	0.00	0.00	1.00	1.00	1.00	0.00	0.00	0.00	1.00	1.00	1.00
45	0.01	74.54	0.00	0.00	0.00	1.00	1.00	1.00	0.00	0.00	0.00	1.00	1.00	1.00
46	0.01	74.70	0.00	0.00	0.00	1.00	1.00	1.00	0.00	0.00	0.00	1.00	1.00	1.00
47	0.01	76.99	0.00	0.00	0.00	1.00	1.00	1.00	0.00	0.00	0.00	1.00	1.00	1.00
48	0.01	78.64	0.00	0.00	0.00	1.00	1.00	1.00	0.00	0.00	0.00	1.00	1.00	1.00

续表

阶数	周期（s）	频率（Hz）	UX	UY	UZ	SumUX	SumUY	SumUZ	RX	RY	RZ	SumRX	SumRY	SumRZ
49	0.01	79.81	0.00	0.00	0.00	1.00	1.00	1.00	0.00	0.00	0.00	1.00	1.00	1.00
50	0.01	80.02	0.00	0.00	0.00	1.00	1.00	1.00	0.00	0.00	0.00	1.00	1.00	1.00

②振型信息（图 9-7-16～图 9-7-20）

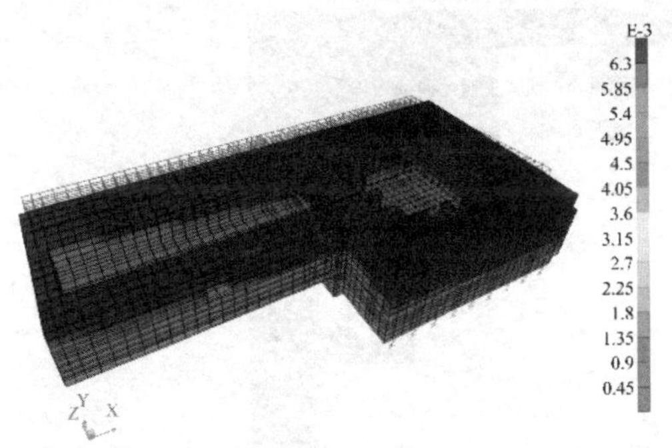

图 9-7-16　第 1 阶振型沿Y方向（短边方向）振动（f = 1.04Hz）

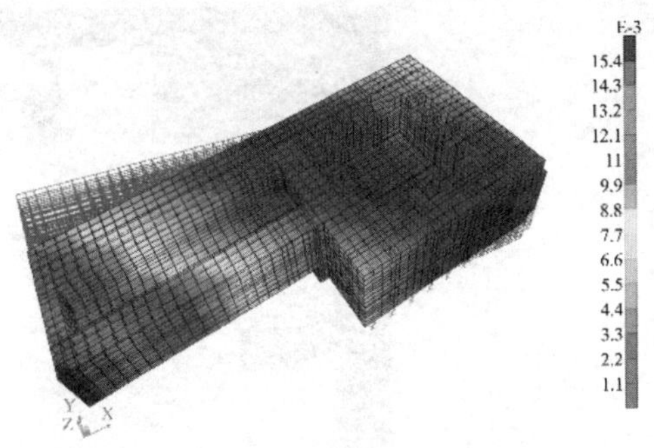

图 9-7-17　第 4 阶振型绕 9m 台对角线转动（f = 2.38Hz）

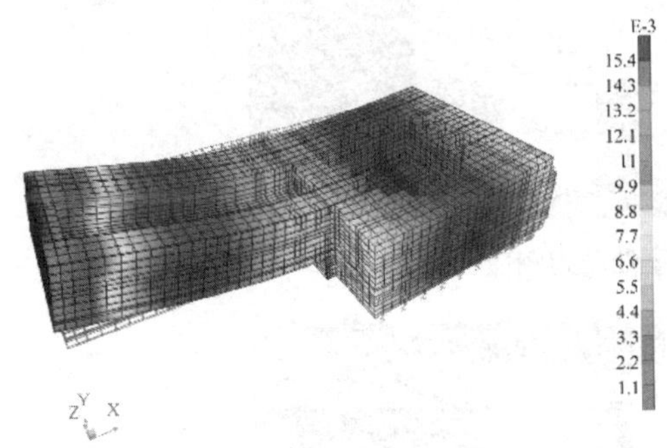

图 9-7-18　第 7 阶振型反力基础XZ平面弯曲振动（f = 6.28Hz）

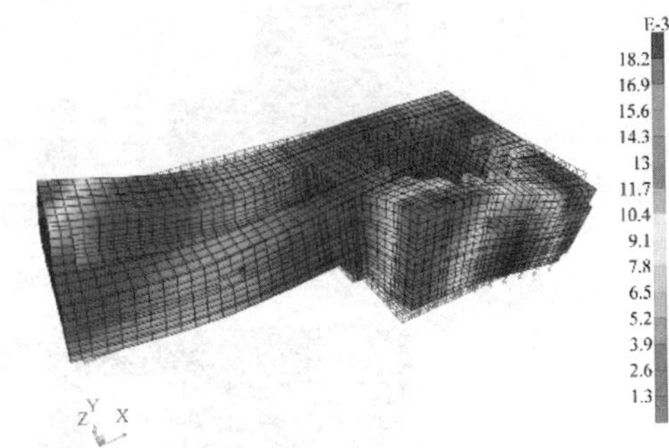

图 9-7-19　第 10 阶振型反力基础XY平面内二阶弯曲振动（f = 14.36Hz）

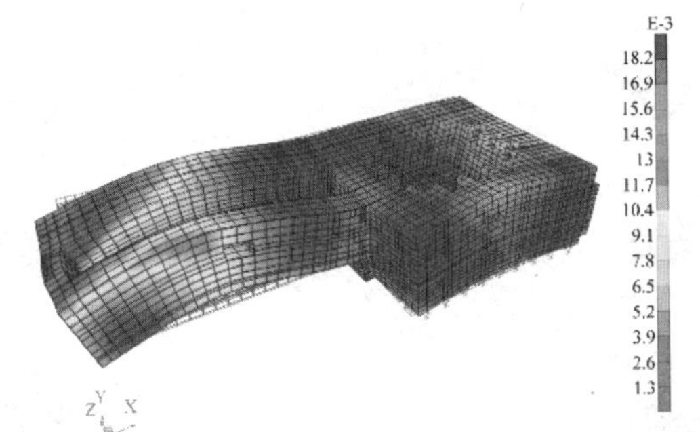

图 9-7-20　第 12 阶振型反力基础 4m 区弯曲振动（f = 2.60Hz）

（3）模态分析小结

从模态分析结果可以看出：前 6 阶振型是由隔振层弹簧刚度决定；从第 7 阶振型开始，是结构刚度决定。

2. 动力时程分析

输入振动荷载时程采用正弦曲线将不同工况下各方向作动器激振力，并施加在模型中激振器对应节点，输入时程幅值为对应作动器激振力，周期为激振力对应频率的倒数$T=1/f$，步长为$T/20$，时间长度为$20T$。将不同工况下对应频率各方向作动器的激振力时程输入模型后进行动力时程分析，提取各作动器支座处节点的加速度、位移响应与限值进行对比评价，各工况下动力响应提取节点如图 9-7-21～图 9-7-25 所示。

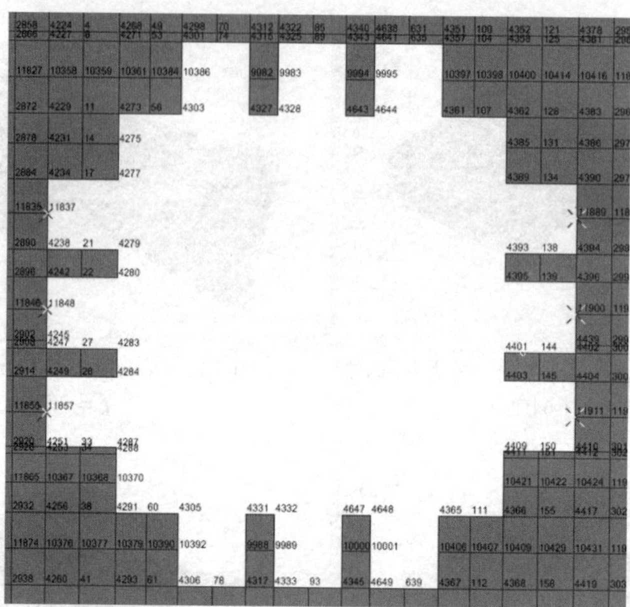

图 9-7-21　9m 振动台基础X向作动器支座处动力响应测点位置图（×号位置）

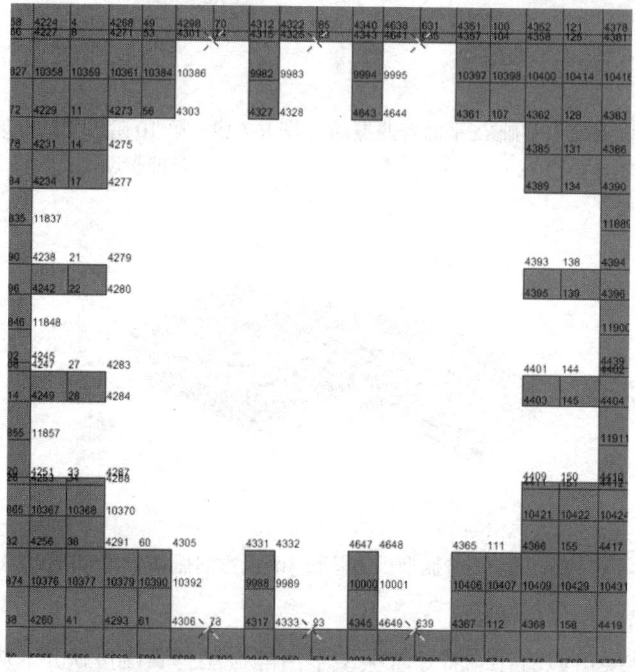

图 9-7-22　9m 振动台基础Y向作动器支座处动力响应测点位置图（×号位置）

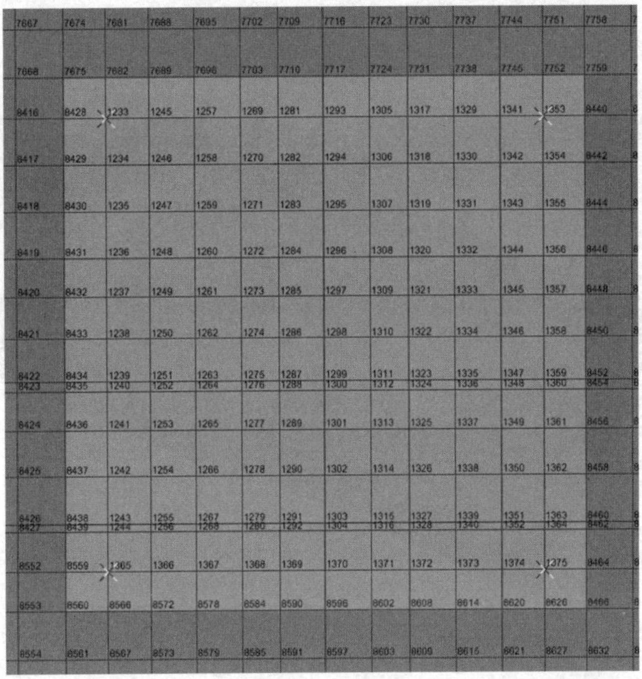

图 9-7-23　9m 振动台基础Z向作动器支座处动力响应测点位置图（×号位置）

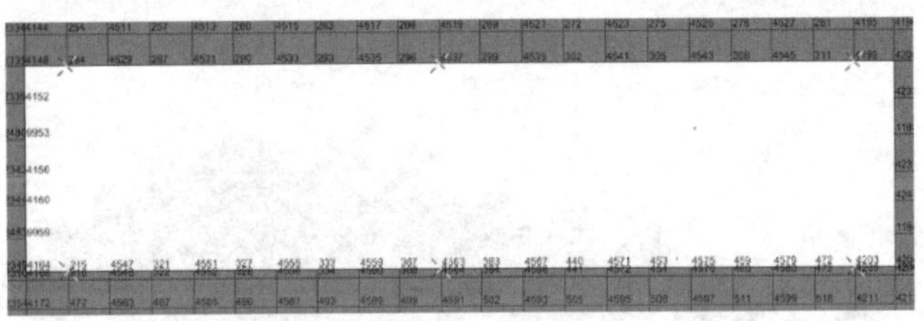

图 9-7-24　4m 振动台基础水平向作动器支座处动力响应测点位置图（×号位置）

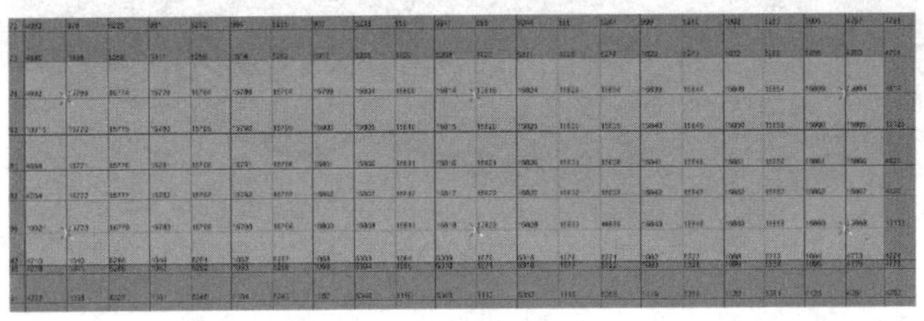

图 9-7-25　4m 振动台基础竖向作动器支座处动力响应测点位置图（×号位置）

3. 内基础隔振分析

（1）模型信息

采用 ANSYS 通用有限元分析软件建立振动台区域±0.000 以下结构模型，有限元模型中振动台反力基础（内基础）、筏板、内外墙及挡土墙均采用 SOLID65 实体单元模拟，外墙与挡土墙外侧土压力采用土弹簧模拟，桩基础按照《动力机器基础设计标准》GB 50040—2020 中地基动力特征参数简化成弹簧阻尼单元施加在筏板底面对应位置，钢弹簧隔振器、土弹簧、桩基弹簧均采用 COMBIN14 弹簧阻尼器单元模拟，有限元模型如图 9-7-26 所示。

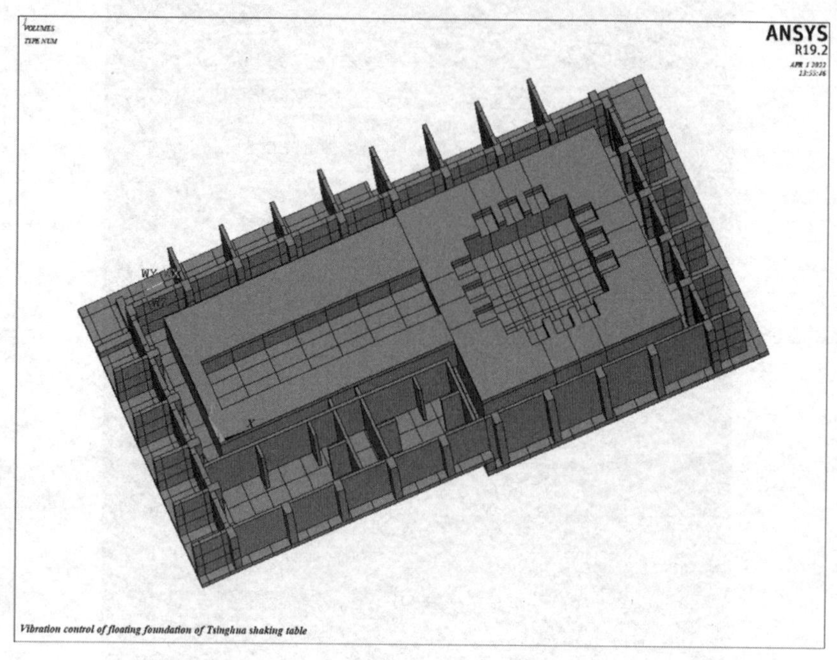

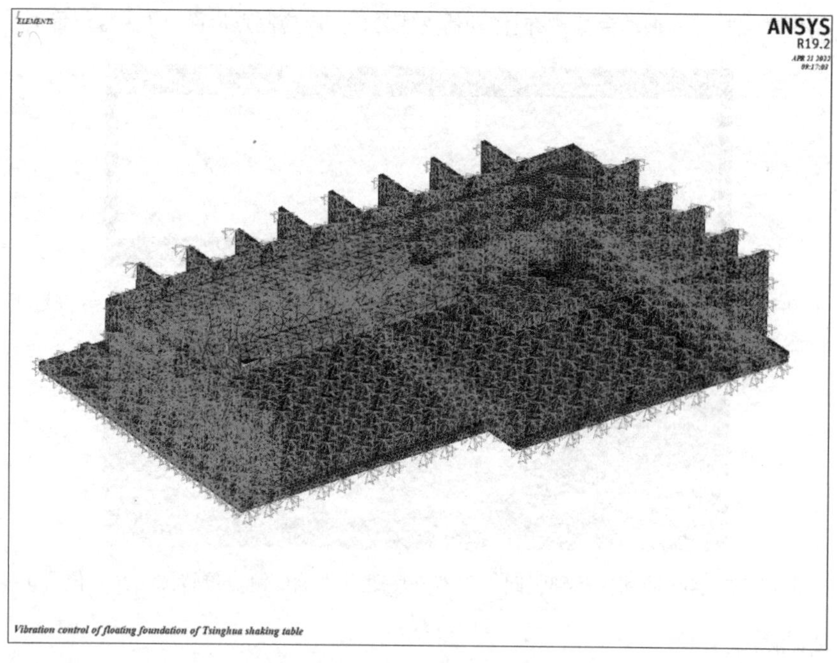

图 9-7-26　外基础有限元模型

（2）分析工况

外基础振动响应计算工况主要为 9m 振动台与 4m 台阵中振动加速度响应较大的工况，分别为 9m 振动台在 40Hz 处Y向单独加载和 40Hz 处Y、Z向同时加载；4m 振动台阵在 60Hz 处沿Y向单独加载和 60Hz 处Y、Z向同时加载，时程分析采用完全法。提取筏板上表面四角点和标高±0.000 处墙体四个角点、沿基础长度方向中间节点及内墙节点振动响应并与标准限值对比分析，共 11 个节点，节点位置如图 9-7-27 所示。

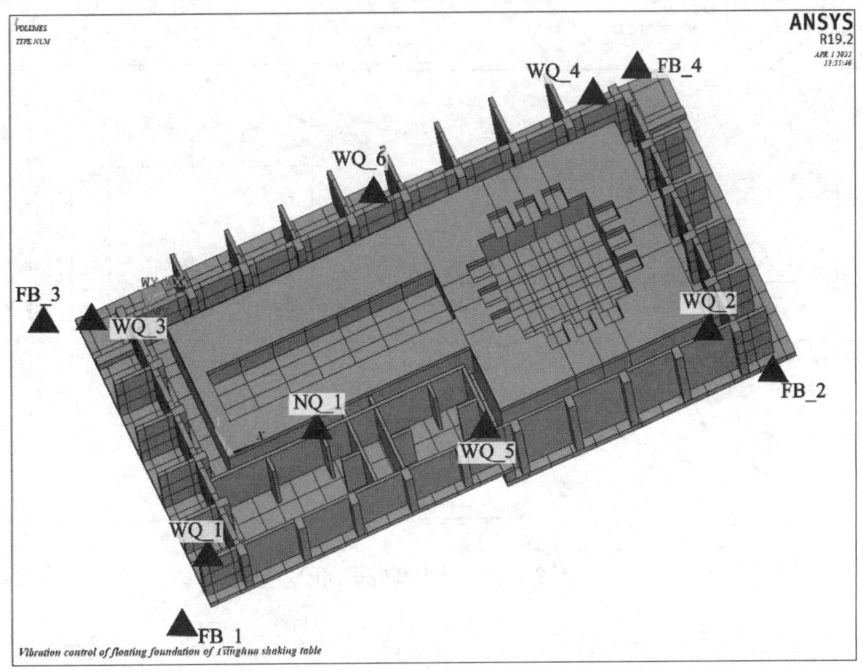

图 9-7-27　外基础振动分析提取点位置

四、振动控制关键技术

1. 关键难题汇总

（1）台阵数量较多，反力基础质量大

振动台包括 3 台 4m × 4m 台阵和 1 台 9m × 9m 振动台，其中，4m × 4m 振动台单台台面质量 19t，9m × 9m 振动台台面质量 125t。9m 振动台最大负载 180t、4m 振动台最大负载 30t，四台设备台面最大质量及负载约为 450t，另外除了台面自重和负载外，移动部分还包括其他随动质量，如作动器和作动器前端的球形铰，这些折算到移动质量当中，同时为控制反力基础台面振动响应，反力基础设计质量不小于 29000t。

由于反力基础质量较大，为满足桩基础单桩承载力的要求，需布置足够数量的隔振支座，另外基础截面不规则，导致隔振支座受力不均匀，实际计算后可知所有 160 个隔振支座受力不完全相同，其中，最大承载力 2702.74kN、最小承载力 1189.41kN。

（2）基础截面变形较大，属异形结构，振动控制难度较大

由图 9-7-28 和图 9-7-29 可知，振动台反力基础截面变形较大，在平面和立面上均为 L 形，且反力基础为长条形，反力基础沿长度方向刚度较小，导致反力基础扭转振型明显且振型频率较为集中，如表 9-7-4 所示，且主要振型频率均在振动台运行频段内，振动控制难度较大。

2. 设计思路

采用“内隔外抗”的设计思路，即内基础（振动台反力基础）采用钢弹簧隔振体系，外基础采用桩筏基础、地下连续墙与挡土墙相结合的设计思路。通过隔振器的弹性变形和阻尼消耗能量减少振动台运行时传递到筏板的振动，外基础则通过布置桩筏基础、地下连续墙和挡土墙提高整体性，增加外基础刚度以降低动力响应，如图 9-7-30 所示。

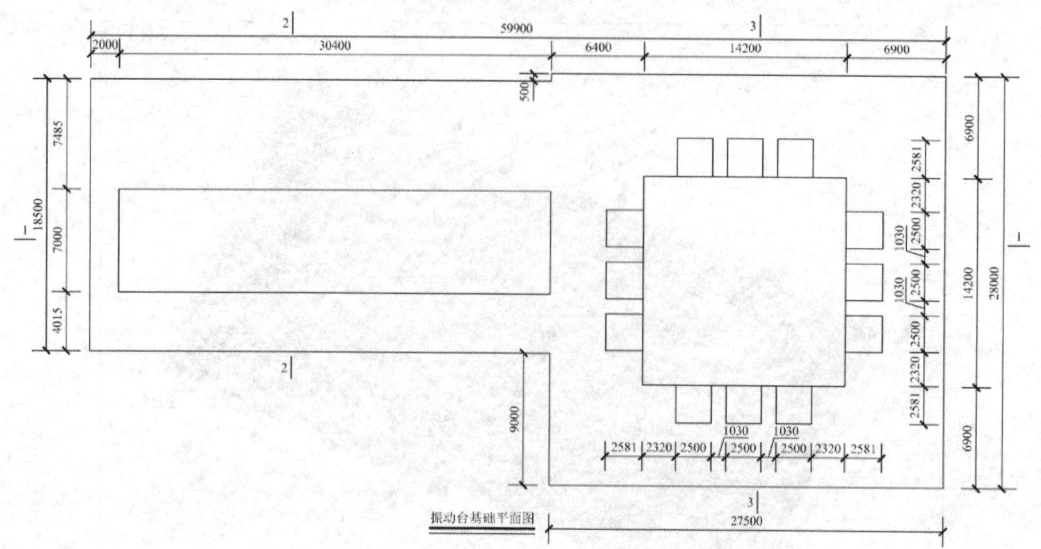

图 9-7-28　反力基础平面图

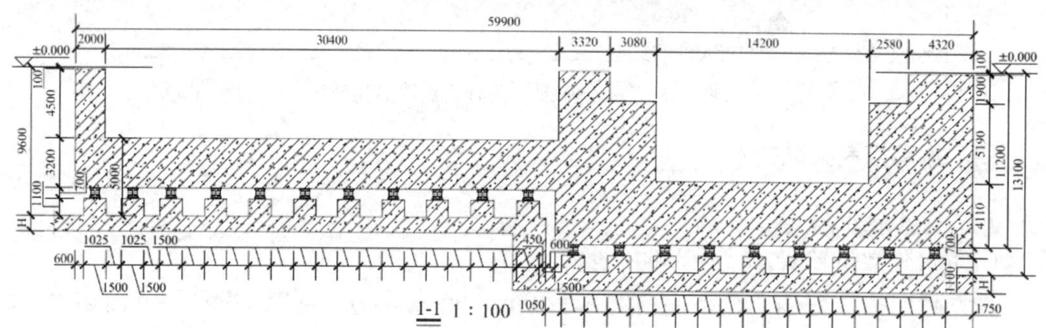

图 9-7-29　反力基础立面图

反力基础模态　　　　**表 9-7-4**

模态	频率（Hz）	模态	频率（Hz）	模态	频率（Hz）	模态	频率（Hz）	模态	频率（Hz）
1	1.04	11	18.49	21	41.05	31	55.83	41	71.57
2	1.07	12	23.52	22	43.13	32	59.19	42	72.00
3	1.09	13	24.95	23	44.76	33	60.34	43	75.03
4	2.38	14	26.84	24	46.67	34	62.22	44	76.13
5	2.41	15	28.46	25	47.67	35	63.27	45	77.58
6	2.45	16	28.88	26	49.65	36	65.48	46	77.75
7	6.51	17	31.81	27	51.47	37	66.60	47	80.14
8	8.29	18	37.37	28	52.84	38	66.93	48	81.85
9	11.12	19	38.16	29	53.90	39	68.96	49	83.07
10	14.94	20	38.32	30	55.68	40	70.50	50	83.29

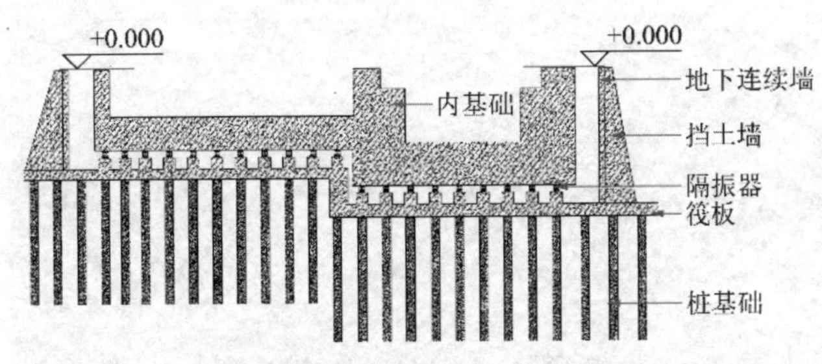

图 9-7-30　项目设计思路示意图

3. 设计流程

振动台反力基础振动控制设计流程如图 9-7-31 所示，主要包括以下步骤：

（1）初步方案设计：根据反力基础、厂房建筑、结构设计图、地勘报告及质刚重合的原则设计初步方案。

（2）隔振支座刚度计算：建立数值仿真模型，施加连接单元，并根据支反力逐步迭代分析调整隔振支座刚度直到所有隔振支座竖向变形满足要求。

（3）单桩承载力验算：根据各节点隔振支座最大受力验算是否满足桩基础单桩承载力要求，如不满足，则需要对初步方案进行调整。

（4）数值仿真分析：进行模态分析和动力时程分析。

（5）动力响应验算：提取内基础和外基础对应位置的加速度和位移响应，并与标准限值对比分析，如满足要求则可确定最终设计方案，如不满足，则需对方案进行调整并重复步骤（2）。

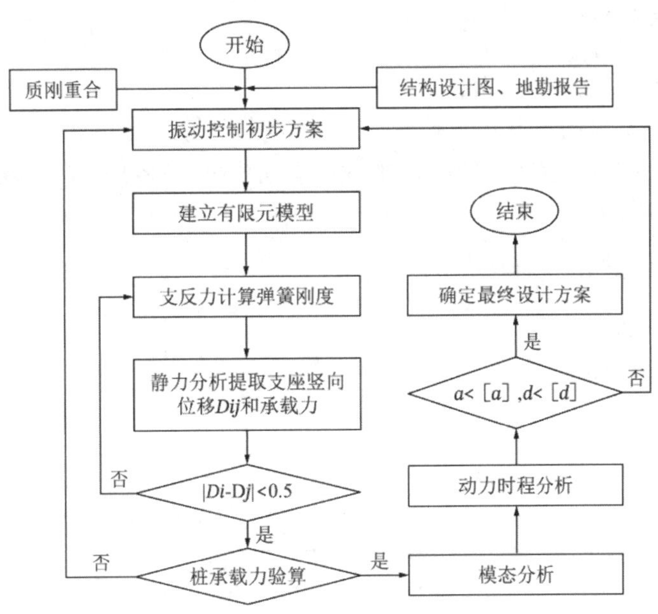

图 9-7-31　振动控制设计流程图

五、振动控制装置

本工程中所使用的控制装置如图 9-7-32 所示，设备的性能参数见表 9-7-5。

图 9-7-32　钢弹簧隔振装置

钢弹簧隔振装置性能参数　　　　表 9-7-5

名称	钢弹簧隔振装置
型号	THB-x.y
外形尺寸（mm × mm × mm）	920 × 630 × 800
最大变形（mm）	竖向 70，水平向 25
设计频率（Hz）	2.5

六、振动控制效果

1. 振动台内基础隔振效果评价

4m 振动台及 9m 振动台各方向不同工况加速度与位移最大值如图 9-7-33～图 9-7-36 所示。表中X-X工况指X向加载时提取X向加载点振动响应，XZ-X指X向和Z向同时加载时提取X向加载点振动响应。

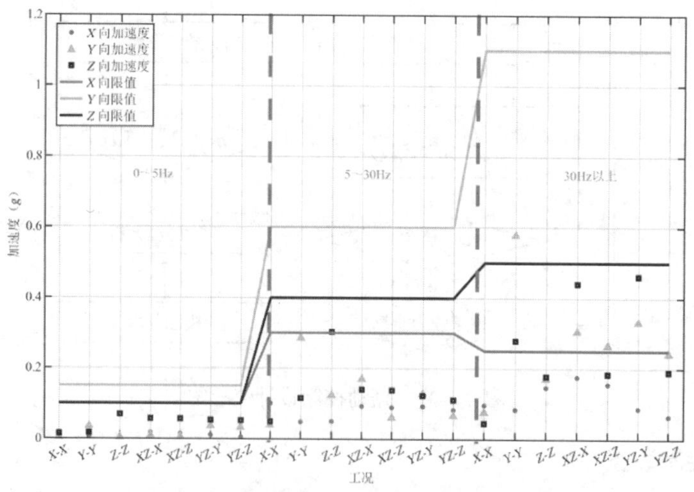

图 9-7-33　4m 振动台各方向不同工况加速度最大值

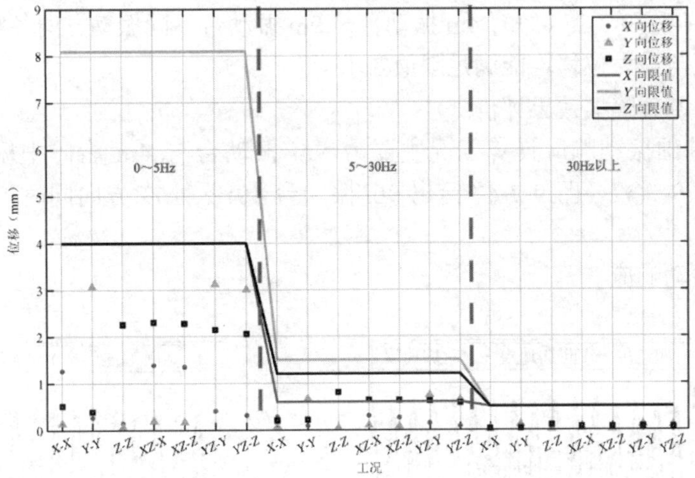

图 9-7-34　4m 振动台各方向不同工况位移最大值

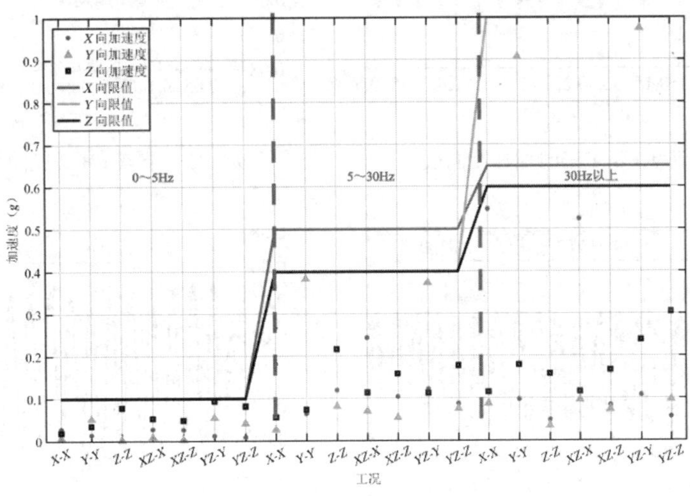

图 9-7-35　9m 振动台各方向不同工况加速度最大值

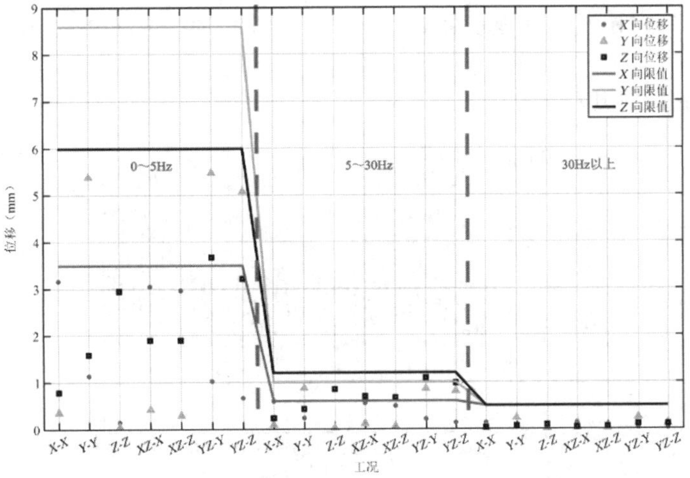

图 9-7-36　4m 振动台各方向不同工况位移最大值

从图 9-7-33～图 9-7-36 可知，4m 振动台与 9m 振动台不同振动方向各频率范围内基础三向最大加速度与最大位移均能满足限值要求。

2. 振动台外基础隔振效果评价

振动台外基础振动响应计算工况主要为 9m 振动台与 4m 台阵中振动加速度响应较大的工况，图 9-7-37～图 9-7-47 给出 9m 振动台 40Hz 处*YZ*方向同时加载各节点振动响应。

（1）筏板振动响应

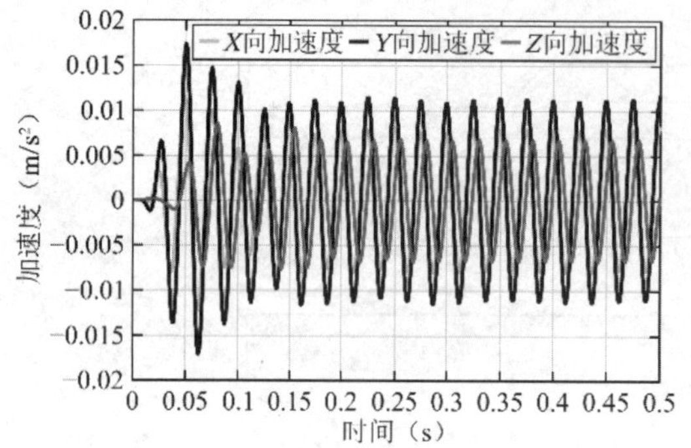

图 9-7-37　节点 FB_1 三向加速度曲线

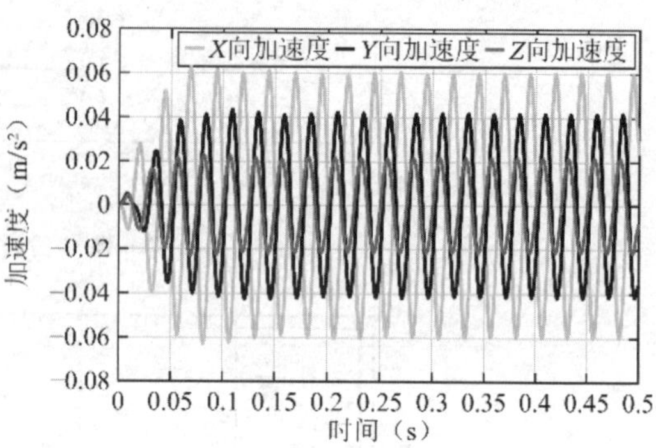

图 9-7-38　节点 FB_2 三向加速度曲线

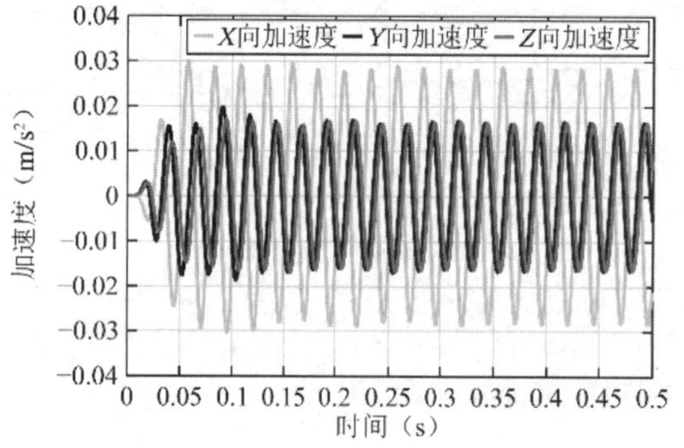

图 9-7-39　节点 FB_3 三向加速度曲线

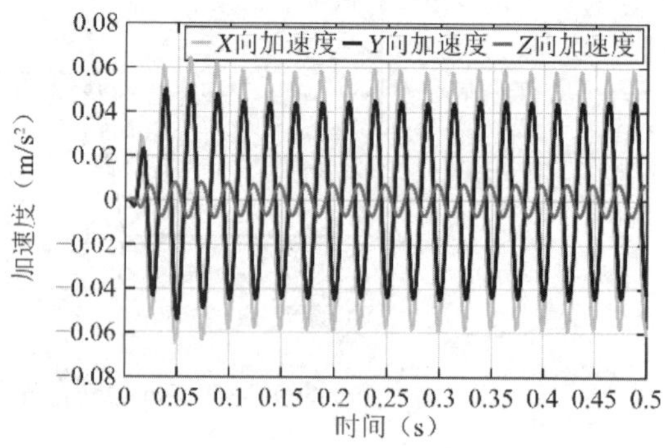

图 9-7-40　节点 FB_4 三向加速度曲线

（2）内外墙振动响应

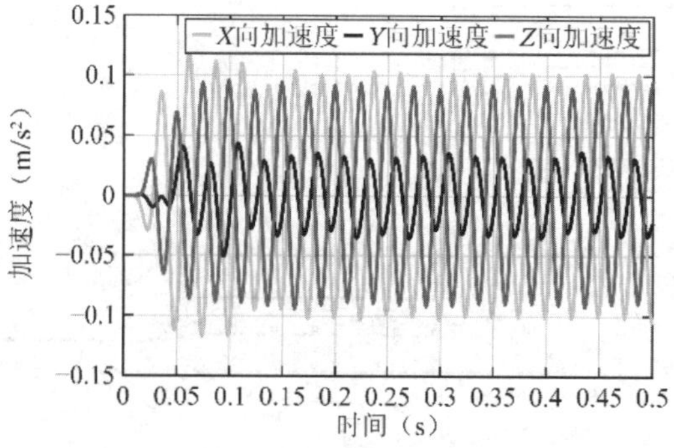

图 9-7-41　节点 NQ_1 三向加速度曲线

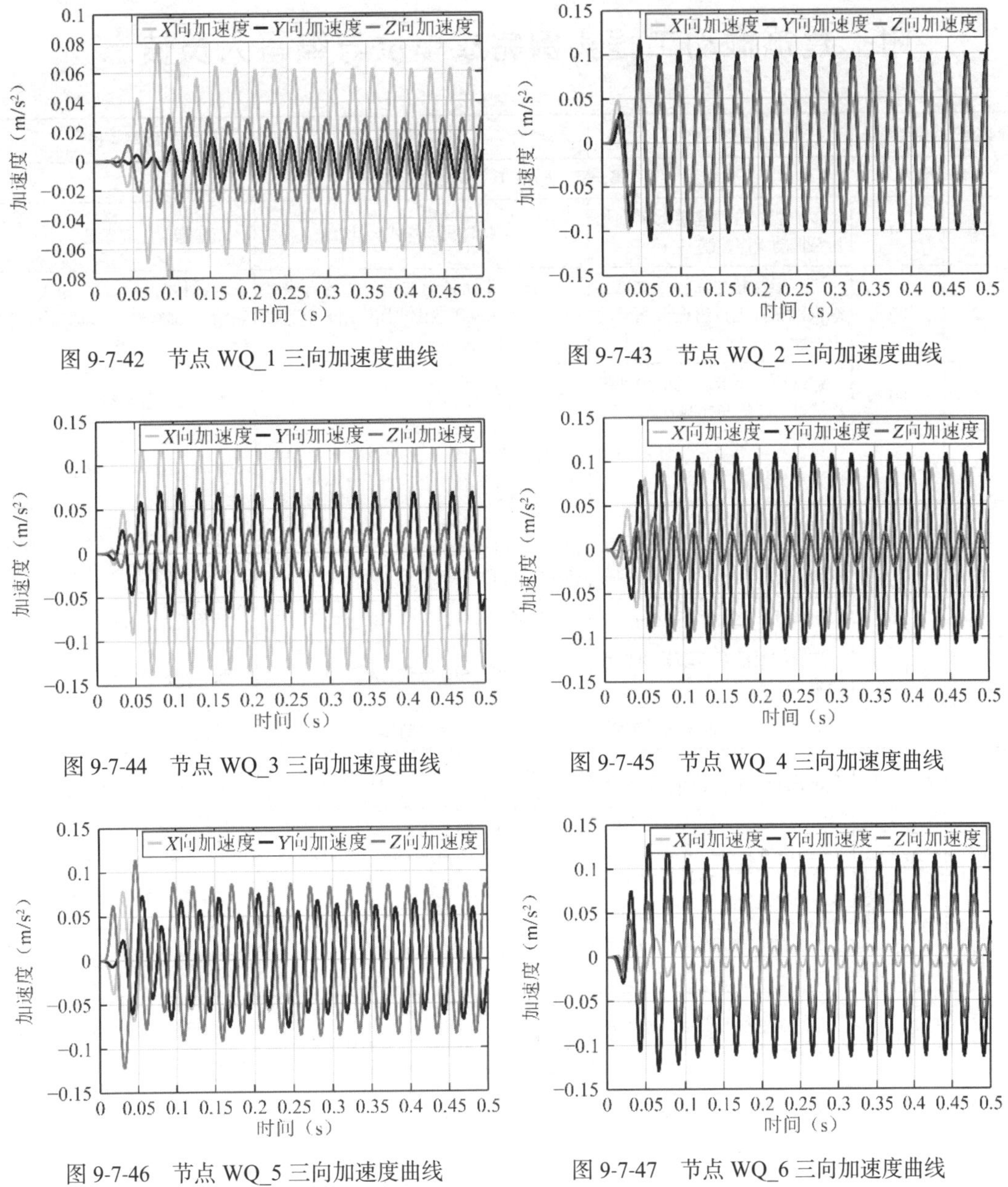

图 9-7-42　节点 WQ_1 三向加速度曲线

图 9-7-43　节点 WQ_2 三向加速度曲线

图 9-7-44　节点 WQ_3 三向加速度曲线

图 9-7-45　节点 WQ_4 三向加速度曲线

图 9-7-46　节点 WQ_5 三向加速度曲线

图 9-7-47　节点 WQ_6 三向加速度曲线

由图 9-7-37～图 9-7-47 可知，9m 振动台 40Hz 处*YZ*向同时加载时靠近 9m 振动台反力基础位置内墙处（节点 NQ_1），振动较大为 $0.14m/s^2 < 0.2m/s^2$，满足标准限值要求。

附：建筑振动工程实例完成单位与编写人员信息

序号	实例编号	实例名称	编写单位	编写人员
		第一章 动力机器基础振动控制		
1	1-1	多功能综合性建筑的辅助加压泵振动噪声控制	特许机器株式会社	董敏璇，上冈孝弘
2	1-2	百万千瓦超超临界二次再热东汽汽轮发电机组框架基础动力性能	1. 国机集团科学技术研究院有限公司；2. 中国能源建设集团广东省电力设计研究院有限公司	杜林林[1]，岳方方[1]，王进沛[1]，王浩[1]，邵晓岩[1]，胡云霞[2]，李伟科[2]
3	1-3	造纸厂大型鼓风机的振动噪声测试、评估和控制方案	特许机器株式会社	董敏璇，佐藤毅治
4	1-4	风机高速小型化设计对振动的影响分析	合肥通用机械研究院有限公司，高端压缩机及系统技术全国重点实验室	常超，陈启明，胡四兵，王弼
5	1-5	广东粤电大埔电厂二期工程汽轮发电机基础模型试验动力性能研究	1. 国机集团科学技术研究院有限公司；2. 中国能源建设集团广东省电力设计研究院有限公司	杜林林[1]，岳方方[1]，王进沛[1]，王浩[1]，邵晓岩[1]，冯颖[2]
6	1-6	压缩机系统及管路减振技术	合肥通用机械研究院有限公司	耿茂飞，张成彦
7	1-7	高压往复活塞压缩机组振动控制	合肥通用机械研究院有限公司	张成彦，李小仨
8	1-8	工业园区大型冲床振动控制	柳州东方工程橡胶制品有限公司	杨超
9	1-9	北方易初冲压车间振动噪声控制	1. 中国汽车工业工程有限公司；2. 洛阳北方易初摩托车有限公司；3. 洛阳双瑞橡塑科技有限公司	张铁良[1]，万叶青[1]，尹绪超[3]，张晓勤[2]，林虹[1]
10	1-10	高层商住建筑送排风及空调系统的振动控制	特许机器株式会社	董敏璇，上冈孝弘
11	1-11	服务器机房空调设备的振动控制	特许机器株式会社	董敏璇，久保和康
12	1-12	北汽麦格纳数据中心空调机隔振实例	1. 北汽蓝谷麦格纳汽车有限公司；2. 国机集团科学技术研究院有限公司；3. 中国汽车工业工程有限公司	王松[1]，许岩[2]，万叶青[3]，董本勇[3]
13	1-13	GPH 制冷机组的固体声控制	特许机器株式会社	董敏璇，久保和康
14	1-14	华晨汽车检测中心振动台基础设计	1. 机械工业第四设计研究院有限公司；2. 中国汽车工业工程有限公司	杨俭[1]，万叶青[2]，岳增旭[2]，马同峰[2]
15	1-15	宇通 APB 道路模拟试验机基础设计	1. 中国汽车工业工程有限公司；2. 宇通客车股份有限公司；3. 机械工业第四设计研究院有限公司	万叶青[1]，程静[3]，周广俊[2]，马同峰[1]
16	1-16	银隆新能源检测中心振动台基础设计	1. 中国汽车工业工程有限公司；2. 机械工业第四设计研究院有限公司	董本勇[1]，李学勤[1]，王亚峰[2]，刘涵硕[1]
17	1-17	圣德曼沸腾冷却床基础隔振设计	中国汽车工业工程有限公司	梁希强，唐红，王文俊
		第二章 精密装备工程微振动控制		
18	2-1	合肥某医学中心精密装置基础微振动控制	华东建筑集团股份有限公司	岳建勇，王沁平，蔡忠祥

续表

序号	实例编号	实例名称	编写单位	编写人员
第二章 精密装备工程微振动控制				
19	2-2	沈阳金杯三坐标测量机隔振基础设计	中国汽车工业工程有限公司	吴彦华，阮兵，王宏业，万叶青
20	2-3	光波导实验线精密设备防微振控制实例	1. 国机集团科学技术研究院有限公司；2. 中机十院国际工程有限公司；3. 中国汽车工业工程有限公司	许岩[1]，吴清华[2]，梁希强[3]，李瑞丹[3]
21	2-4	独立式主动隔振器的主动隔振台设计	特许机器株式会社	董敏璇，昆正哲，平田贵光
22	2-5	某铁路货车疲劳与振动试验台基础设计分析	1. 机械工业第六设计研究院有限公司；2. 西安经开产业园发展集团有限公司	王建刚[1]，柴浩[1]，苗钟月[1]，赵雷[2]
23	2-6	北京某科技公司设备主动控制隔振升级	中国电子工程设计院有限公司	颜枫，陈骝，窦硕，刘海宏
24	2-7	航天某所气浮隔振系统	中国电子工程设计院有限公司	刘海宏，陈骝，颜枫
25	2-8	中科院某所穿舱式气浮隔振系统	中国电子工程设计院有限公司	夏艳，陈骝，刘海宏，孙宁
26	2-9	某所卫星检测地基干扰隔振系统及微振动监测系统	中国电子工程设计院有限公司	孙宁，陈骝，夏艳，左汉文
27	2-10	暨南大学实验室防微振基础设计	国机集团科学技术研究院有限公司	黄伟，王辛，王希慧，刘鑫
28	2-11	南方科技大学科研大楼防微振工程	国机集团科学技术研究院有限公司	许岩，王菲，刘鑫，伍文科
29	2-12	之江实验室精密装备工程微振动控制项目	国机集团科学技术研究院有限公司	胡明祎，兰日清，许岩
30	2-13	白马湖量子楼实验室精密设备防微振平台效果评价	1. 国机集团科学技术研究院有限公司；2. 中国机械工业集团有限公司	兰日清[1]，徐建[2]，胡明祎[1]
31	2-14	清华大学纳米级超微振实验室微振动控制	1. 国机集团科学技术研究院有限公司；2. 中国机械工业集团有限公司	胡明祎[1]，徐建[2]，张皡[1]
32	2-15	天津大学精仪学院某科研楼微振动控制分析	1. 国机集团科学技术研究院有限公司；2. 中国机械工业集团有限公司	黄伟[1]，徐建[2]，王希慧[1]，王建宁[2]
第三章 建筑结构振动控制				
33	3-1	大疆天空之城空中连廊 TMD 减振	1. 隔而固（青岛）结构设计事务所有限公司；2. 隔而固（青岛）振动控制有限公司	黄燕平[1]，王海明[2]，罗勇[2]
34	3-2	某美术馆连桥振动控制	同济大学土木工程学院结构防灾减灾工程系	鲁正，施卫星，吕西林
35	3-3	亚青会北天桥振动控制	同济大学土木工程学院结构防灾减灾工程系	鲁正，施卫星，吕西林
36	3-4	某锂电池多层厂房机器人振动控制	1. 机械工业第四设计研究院有限公司；2. 中国汽车工业工程有限公司	耿卓[1]，黄杰[1]，赵广名[1]，江海鸿[2]
37	3-5	青岛胶东国际机场塔台风致振动控制	中国建筑西南设计研究院有限公司	李剑群

续表

序号	实例编号	实例名称	编写单位	编写人员
第三章 建筑结构振动控制				
38	3-6	波浪荷载下海上风电结构的TMD减振	1. GERB Schwingungsisolierungen GmbH & Co. KG；2. 隔而固（青岛）振动控制有限公司；3. 隔而固（青岛）结构设计事务所有限公司	C.Meinhardt[1]，高星亮[2]，黄燕平[3]，王鑫[2]
39	3-7	榆神能源化工乙酸乙酯粗分塔振动控制	1. 隔而固（青岛）结构设计事务所有限公司；2. 隔而固（青岛）振动控制有限公司	姜磊[1]，黄燕平[1]，罗勇[2]
40	3-8	宝马LYDIA工厂主办公楼噪声振动控制	1. 中国汽车工业工程有限公司；2. 机械工业第四设计研究院有限公司	阮兵[1]，吴彦华[1]，周蓉[1]，王宏业[1]，涂贵田[2]，李瑞丹[1]
41	3-9	宇通型材加工车间减振降噪控制实例	1. 中国汽车工业工程有限公司；2. 洛阳双瑞橡塑科技有限公司；3. 机械工业第四设计研究院有限公司	李瑞丹[1]，尹绪超[2]，杨言[3]，万叶青[1]，董本勇[1]
42	3-10	消声水池隔振设计实例	中国汽车工业工程有限公司	杨正东，万叶青，董本勇，李长亭
43	3-11	德国汉堡易北爱乐音乐厅的振动控制	1. 隔而固（青岛）振动控制有限公司；2. GERB Schwingungsisolierungen GmbH & Co. KG；3. 隔而固（青岛）结构设计事务所有限公司	高星亮[1]，A.Herrmann[2]，韩艳艳[3]
44	3-12	汾湖站枢纽跨穿高铁减振降噪二元一体系统解决方案	1. 国机集团科学技术研究院有限公司；2. 中国机械工业集团有限公司	胡明祎[1]，徐建[2]，王进沛[1]，张頔[1]
45	3-13	瑞典stockholm医院隔振（Hospital isolation，Stockholm，Sweden）	MASON UK LTD	Adam Fox
46	3-14	超静音输送设备振动噪声控制	中国汽车工业工程有限公司	祁文昌，阮兵，石波，梁希强
第四章 交通工程振动控制				
47	4-1	青岛胶东机场航站楼隔振	1. 隔而固（青岛）结构设计事务所有限公司；2. 隔而固（青岛）振动控制有限公司；3. 哈尔滨工业大学	王新章[1]，韩艳艳[1]，张斌[2]，王建[3]
48	4-2	市域快线预制钢弹簧浮置板道床应用研究	隔而固（青岛）结构设计事务所有限公司	陈高峰，张宁，罗艺
49	4-3	韩国首尔—釜山高速铁路天安站振动控制	1. 隔而固（青岛）结构设计事务所有限公司；2. GERB Schwingungsisolierungen GmbH & Co. KG	陈高峰[1]，G.Hüffmann[2]，孟伟[1]
50	4-4	江苏崇启大桥主桥钢箱梁TMD减振	1. 隔而固（青岛）振动控制有限公司；2. GERB Schwingungsisolierungen GmbH & Co. KG	罗勇[1]，C.Meinhardt[2]，高星亮[1]，张斌[1]
51	4-5	预制湿接长型浮置板研究与应用	隔而固（青岛）结构设计事务所有限公司	王建立，陈高峰，罗艺
52	4-6	青岛胶东国际机场振动控制分析及实测	中国建研院中建研科技股份有限公司	刘枫，张高明
53	4-7	北京清河站列车振动控制分析及实测	中国建研院中建研科技股份有限公司	张高明，刘枫

续表

序号	实例编号	实例名称	编写单位	编写人员
第四章 交通工程振动控制				
54	4-8	多层高等减振技术在城轨交通振动控制中的应用	洛阳双瑞橡塑科技有限公司	闫作为，曾飞，黄承，张文科
55	4-9	观景大桥重建工程的振动控制措施	特许机器株式会社	董敏璇，足立允教
56	4-10	北京丰台站高铁站房结构振动控制	东南大学土木工程学院	郭彤
57	4-11	振源智能反演技术在邻近地铁建筑物振动预测与评估中的应用	同济大学	顾晓强
58	4-12	多等级减振预制道床技术及其在青岛地铁的应用	青岛科而泰环境控制技术有限公司	尹学军，李会超，王乾安，张玉娥，许孝堂，刘永强，孔祥斐，付学智
59	4-13	南京地铁 1 号线大学城车辆段高架地铁车库—上盖物业振动控制	东南大学土木工程学院	郭彤
60	4-14	青岛胶东国际机场航站楼在高铁、地铁穿越下的振动控制	中国建筑西南设计研究院有限公司	陈志强
61	4-15	某拱桥吊索风致振动的被动吸吹气控制	哈尔滨工业大学	陈文礼
62	4-16	TOD 车辆段减振降噪综合评估和改造工程	北京九州一轨环境科技股份有限公司	邵斌，孙方遒，郝晨星
63	4-17	德国鲁尔区龙桥的 TMD 减振	1. 隔而固（青岛）振动控制有限公司；2. GERB Schwingungsisolierungen GmbH & Co. KG	高星亮[1]，F. Dalmer[2]，罗勇[1]，王海明[1]
第五章 古建筑振动测试、监测及控制				
64	5-1	应县木塔的动力性能测试	北京交通大学	杨娜，白凡
65	5-2	济南轨道交通 M1 线对邻近古建筑的振动影响预测评估	1. 山东建筑大学土木工程学院；2. 山东建筑大学建筑结构加固改造与地下空间工程教育部重点实验室	陈娟[1,2]，李元庆[1,2]
66	5-3	印度团结雕像 TMD 减振	1. 隔而固（青岛）振动控制有限公司；2. GERB Schwingungsisolierungen GmbH & Co. KG；3. 隔而固（青岛）结构设计事务所有限公司	罗勇[1]，张斌[1]，C.Meinhardt[2]，黄燕平[3]
67	5-4	应县木塔动力特性监测	四川省建筑科学研究研院有限公司	肖承波
68	5-5	定州开元寺塔模态测试及刚度中心识别	北京交通大学	杨娜，白凡
69	5-6	正阳门城楼及箭楼环境振动及交通振动测试	北京交通大学	杨娜，白凡
70	5-7	交通荷载激励下西安安远门城墙瓮城的模态参数识别与分析	1. 西安理工大学；2. 西安建大维固工程检测鉴定有限公司	夏倩[1]，李懿卿[2]，王亮[2]

续表

序号	实例编号	实例名称	编写单位	编写人员
第五章 古建筑振动测试、监测及控制				
71	5-8	西安钟楼 6 号线与 2 号线下穿振动影响评估	1. 国机集团科学技术研究院有限公司；2. 中国机械工业集团有限公司	胡明祎[1]，徐建[2]，刘鑫[1]，伍文科[1]
72	5-9	开封繁塔振动测试评估	1. 国机集团科学技术研究院有限公司；2. 中国机械工业集团有限公司	兰日清[1]，徐建[2]
第六章 建筑工程振震双控				
73	6-1	红树湾二变电站三维隔震（振）	柳州东方工程橡胶制品有限公司	陶旭
74	6-2	广州大学多层办公楼隔震设计实例	1. 中国汽车工业工程有限公司；2. 机械工业第四设计研究院有限公司	马同峰[1]，杨俭[2]，董本勇[1]，万叶青[1]
75	6-3	某大学教学楼振（震）双控技术的研究与应用	北方工程设计研究院有限公司	宫海军，王尚麒，张国良，李志坤
76	6-4	某市场结构受轨道交通影响整体隔振项目	1. 国机集团科学技术研究院有限公司；2. 中国机械工业集团有限公司	兰日清[1]，徐建[2]，伍文科[1]
77	6-5	北京歌舞剧院振震双控项目	1. 国机集团科学技术研究院有限公司；2. 中国机械工业集团有限公司；3. 北京市建筑设计研究院有限公司	兰日清[1]，徐建[2]，朱忠义[3]，胡明祎[1]，周忠发[3]
78	6-6	大兴区首创团河西地块定向安置房减振垫减振效果评价	1. 国机集团科学技术研究院有限公司；2. 中国机械工业集团有限公司	兰日清[1]，徐建[2]，韩蓬勃[1]
79	6-7	北京城市副中心枢纽工程 8 号楼振震双控	1. 国机集团科学技术研究院有限公司；2. 中国机械工业集团有限公司	胡明祎[1]，徐建[2]，杜林林[1]
80	6-8	上音歌剧院钢弹簧整体隔振	1. 隔而固（青岛）结构设计事务所有限公司；2. 隔而固（青岛）振动控制有限公司	王建立[1]，罗勇[2]，韩艳艳[1]
第七章 工程振动测试				
81	7-1	汽车涂装生产线输送设备振动测试	1. 中汽建工（洛阳）检测有限公司；2. 中国汽车工业工程有限公司	杨晓斌[1]，阮兵[2]，辛红振[1]
82	7-2	榆林市某煤矿高细破安装平台振动测试	1. 西安理工大学；2. 西安建大维固工程检测鉴定有限公司	夏倩[1]，李懿卿[2]，王亮[2]
83	7-3	铁路桥墩基础竖向状态动测评估	1. 北京交通大学；2. 中国铁道科学研究院集团有限公司	马蒙[1]，刘建磊[2]
84	7-4	武汉鹦鹉洲长江大桥涡激振动响应分析	华东交通大学土木建筑学院	庄海洋，周珍伟
85	7-5	超高压压缩机气流脉动测试	合肥通用机械研究院有限公司	耿茂飞，张成彦
86	7-6	戴姆勒中国研发中心公用设备振动控制	1. 中国汽车工业工程有限公司；2. 中汽建工（洛阳）检测有限公司	王金剑[1]，杨正东[1]，辛红振[2]
87	7-7	重庆轨道交通 6 号线地面振动特性现场测试	重庆大学	丁选明
88	7-8	高井 2 号地保障性住房用地项目 CFG 桩复合地基受地铁 6 号线振动影响评价	中兵勘察设计研究院有限公司	张清利，王浩，王双，杨振奎，杨建生

续表

序号	实例编号	实例名称	编写单位	编写人员
		第七章 工程振动测试		
89	7-9	地铁振动对既有砌体结构影响的试验研究	1. 西安理工大学；2. 西安建大维固工程检测鉴定有限公司；3. 西安建筑科大工程技术有限公司	夏倩[1]，李懿卿[3]，赵瑾[2]，刘军军[3]
90	7-10	某矿洞振动测试分析及控制方案设计	国机集团科学技术研究院有限公司	黄伟，王辛
91	7-11	青岛虚拟现实产业园项目厂房振动测试及结构响应分析	国机集团科学技术研究院有限公司	王希慧，伍文科，黄伟，王辛
92	7-12	盐城微振动选址测试	1. 国机集团科学技术研究院有限公司；2. 华北水利水电大学	刘鑫[1]，杨程[2]
93	7-13	光波导实验线场地振动测试	中汽建工（洛阳）检测有限公司	辛红振，杨晓斌，刘青林
94	7-14	高科技厂房不同建造阶段微振实测分析	同济大学	高广运
95	7-15	采用动力特性振动测试技术对高层框架剪力墙结构办公楼加固效果评价	四川省建筑科学研究研院有限公司	肖承波
96	7-16	河北省某景区人行悬索桥人致振动实测与分析	中国建研院中建研科技股份有限公司	刘枫，秦格，马明
97	7-17	山东海阳核电厂二期工程 4 号常规岛动力基础激振法测试	河北中核岩土工程有限责任公司	陈小峰
98	7-18	采用动力特性振动测试技术对砖混结构历史建筑加固效果评价	四川省建筑科学研究研院有限公司	肖承波
99	7-19	采用动力特性振动测试技术对超限底框砌体结构综合楼加固效果评价	四川省建筑科学研究研院有限公司	肖承波
100	7-20	东南大学地震模拟振动台运行期间振动监测与周边建筑物影响评估	东南大学土木工程学院	郭彤
101	7-21	环京某区域工程结构地震反应监测	中国地震局工程力学研究所	张令心，钟江荣
		第八章 振害诊断与治理		
102	8-1	上海陆家嘴某高层建筑振动长期监测及异常振动原因探究	华东建筑集团股份有限公司	岳建勇，王卫东，刘峰
103	8-2	煤炭企业某选煤厂筛分车间异常振动诊断与治理	1. 中冶检测认证有限公司；2. 中冶建筑研究总院有限公司；3. 中国京冶工程技术有限公司	邱金凯[1,2]，高涛[2,3]，赵立勇[1,2]，段威阳[1,2]
104	8-3	某选煤厂装车塔楼水平晃动原因分析与治理	1. 中国京冶工程技术有限公司；2. 中冶检测认证有限公司	高涛[1]，高鹏飞[2]，张俊傥[2]，张广灿[2]
105	8-4	赛格大厦晃动原因分析	1. 中冶检测认证有限公司；2. 中冶建筑研究总院有限公司	韩腾飞[1,2]，李晓东[1,2]，张广灿[1,2]，高鹏飞[1,2]
106	8-5	石化企业某焦炭塔结构振动故障诊断与治理	中冶检测认证有限公司	赵立勇，段威阳，邱金凯，张俊傥

续表

序号	实例编号	实例名称	编写单位	编写人员
		第八章 振害诊断与治理		
107	8-6	某冶炼厂风机振动故障诊断与治理	合肥通用机械研究院有限公司，高端压缩机及系统技术全国重点实验室	王枭，于跃平，王弼，孙丽娟
108	8-7	某煤矿地面栈桥及厂房振动测试	1. 西安理工大学；2. 西安建大维固工程检测鉴定有限公司	夏倩[1]，李懿卿[2]，王亮[2]
109	8-8	临沂机场二次雷达隔声隔振电磁屏蔽工程	国机集团科学技术研究院有限公司	张頔，伍文科
110	8-9	中科院国家天文台威海望远镜塔筒结构动力特性测试分析	国机集团科学技术研究院有限公司	胡明祎，贾中州，伍文科
111	8-10	北京铁路局调度楼动力设备振动噪声超标改造项目	国机集团科学技术研究院有限公司	孙健，许岩
		第九章 国家大科学装置振动控制		
112	9-1	天琴计划激光测距台站基础振动控制	1. 机械工业第四设计研究院有限公司；2. 中国汽车工业工程有限公司	李学勤[1]，苗寅[1]，万叶青[2]
113	9-2	某超大型离心机基础抗振设计	中国电建集团华东勘测设计研究院有限公司	王鸿振
114	9-3	北京高能同步辐射光源防微振地基与基础关键施工技术	1. 北京市建筑工程研究院有限责任公司；2. 北京建工集团有限责任公司	兰春光[1,2]，陈硕晖[2]，荣慕宁[2]
115	9-4	500m 口径球面射电望远镜（FAST）结构索力监测	大连理工大学	李宏男，付兴，孙思源
116	9-5	合肥光源选址振动测试及四极磁铁设备测试与振动分析	1. 国机集团科学技术研究院有限公司；2. 中国机械工业集团有限公司	黄伟[1]，徐建[2]，胡明祎[1]，韩蓬勃[1]
117	9-6	基于量子光源的引力波探测地基观测装置原型机防微振设计	国机集团科学技术研究院有限公司	胡明祎，黄伟，张頔，王辛
118	9-7	清华大学结构坍塌事故模拟实验平台浮筑基础项目	1. 国机集团科学技术研究院有限公司；2. 中国机械工业集团有限公司	伍文科[1]，徐建[2]，胡明祎[1]，黄伟[1]